“十二五”普通高等教育本科国家级规划教材
北京市高等教育精品教材立项项目

材料科学基础

第3版　下册

主编　余永宁
参编　杨　平　强文江　陈　冷

中国教育出版传媒集团
高等教育出版社·北京

内容简介

本书为“十二五”普通高等教育本科国家级规划教材，并入选北京市高等教育精品教材立项项目。

本次修订将前一版的一册分为上、下两册。上册包括第1~7章，分别为晶体学基础、固体中的电子运动与晶格振动、晶体结构、非晶态和半晶态、相图、有序介质中的点缺陷和线缺陷、面缺陷和体缺陷；下册包括第8~12章，分别为固体中的扩散、材料的塑性形变、凝固、固态相变、回复和再结晶。修订中坚持了前两版反映学科前沿重大新进展的编写原则，增加了大量材料科学前沿研究成果；内容涵盖金属材料、无机非金属材料、高分子材料等常用材料，改变了以往讲材料就是金属材料的情况；书中采用了大量例题，帮助学生更好地理解基本概念、基本原理。

本书可作为普通高等学校本科材料类各专业的专业基础课教材，也可供研究生及相关研究人员选用。

图书在版编目(CIP)数据

材料科学基础. 下册 / 余永宁主编. --3版. 北京：高等教育出版社，2025.7. --ISBN 978-7-04-063944-5

Ⅰ. TB3

中国国家版本馆CIP数据核字第2024AE4171号

Cailiao Kexue Jichu

策划编辑 庚 欣　　责任编辑 庚 欣　　封面设计 李卫青　　版式设计 曹鑫怡
责任绘图 黄云燕　　责任校对 刘丽娴　　责任印制 赵 佳

出版发行 高等教育出版社
社　　址 北京市西城区德外大街4号
邮政编码 100120
印　　刷 大厂回族自治县益利印刷有限公司
开　　本 787mm×1092mm 1/16
印　　张 32.25
字　　数 760千字
购书热线 010-58581118
咨询电话 400-810-0598

网　　址 http://www.hep.edu.cn
　　　　 http://www.hep.com.cn
网上订购 http://www.hepmall.com.cn
　　　　 http://www.hepmall.com
　　　　 http://www.hepmall.cn
版　　次 2006年7月第1版
　　　　 2025年7月第3版
印　　次 2025年7月第1次印刷
定　　价 62.00元

物 料 号 63944-00

第3版前言

本书为“十二五”普通高等教育本科国家级规划教材，并入选北京市高等教育精品教材立项项目。本书第2版于2012年出版。为了反映学科前沿发展，更好地满足教学需求，对本书进行了修订。

修订中对于上一版内容进行了修改和调整，主要改动如下：

(1) 上一版第10章相变的基本原理拆分到第10章凝固和第11章固态相变中介绍，使材料的凝固及固态相变两种相变过程与理论知识结合得更加紧密。

(2) 上一版第12章固态转变的内容细分为第11章固态相变和第12章回复与再结晶，以便于读者理解和比较这两种固态转变的特征。

(3) 上一版第2章“固体材料中的电子运动状态”更名为“固体材料中的电子运动与晶格振动”，增加了有关固体晶格振动的基础知识，全面介绍了固体材料微观组成粒子的运动状态，为读者建立有关固体材料内能的完整微观图像。

(4) 近年来，纳米材料显示了巨大的发展潜力，得到了广泛而深入的研究。在大部分章节中增加了纳米材料的相关知识，引入近期的研究数据与成果，拓宽读者的视野。这些内容可以根据教学安排选讲，也可作为自学内容。

(5) 增加了较多的图片与实验结果数据资料，使原理的讲述更具直观性，更有依据。这种变化得益于近年来材料分析与观测设备的进步，希望能够由此提高学习效果。

(6) 增加了一些MATLAB工具计算和作图程序，便于读者自主地开展一些定量计算工作，从而更好地理解定性的知识内容，并为更深入的学习或研究打下良好基础。

(7) 部分彩图或显微照片配有二维码，可用手机扫描观看。

(8) 考虑本书篇幅较长，本次修订分为上、下两册出版。

本书由余永宁担任主编。第1、8章由陈冷修订，第2章由强文江修订，其余各章由余永宁修订，余永宁对全书进行统稿。

李长荣教授审阅了全书，并提出很多建议和意见。顾新福老师、中国钢研集团孟利高级工程师在修订中提出了很多宝贵建议。他们为本书质量的提高作出了巨大贡献，在此表示诚挚的感谢！

由于编者水平所限，书中难免错误和不妥之处，敬请读者批评指正。

联系方式：yuyongn@sina. com

编　者

2024年8月

第 2 版前言

本书第 1 版作为普通高等教育“十五”国家级规划教材于 2006 年正式出版。为了更好地适应教学工作的需要，跟踪学科发展，根据几年的实际使用情况，对第 1 版书进行了修订，并被列为北京市高等教育精品教材立项项目，得到了北京市教委的支持。

本次修订，编者对于原教材进行了一些修改和调整，并增加了一些新内容。其中，第 2 章主要缩减了原第 2.5 节的部分内容并新增加了第 2.6 节，第 8 章将原教材的内容安排顺序进行了较大调整，其他章节也都适当地进行了调整和增删。

材料科学基础课程是材料科学与工程专业课程体系中的基础课程。该专业属于综合性比较强的工科专业，所需基础知识广泛涉及数学、物理、化学等，又与固体物理、物理化学等学科具有非常密切的联系。作为本科生早期学习的专业课程，材料科学基础不仅要应用前期基础课程的知识，而且要与后续专业课程紧密衔接。这样，本书的内容既广泛涉及相关的基础知识，又要在应用方面适当引出后续专业课程的内容。另外，自 1998 年本科专业目录调整以来，材料科学与工程专业一直在向着拓宽专业知识面的方向发展，为此要求本课程的内容尽量涵盖金属、陶瓷和高分子等各大类材料的共同基础。编者力求按照这样的要求编写本书。此外，高等教育教学工作强调人才综合素质与创新能力培养，为此本书还尝试引入一些帮助学生拓展视野、开阔思路的问题及分析讨论。

本书的修订工作仍然由第 1 版书的编者承担，第 1、8 章由陈冷修订，第 2 章由强文江修订，第 3~7 章由余永宁修订，第 9~12 章由杨平修订，全书由余永宁统稿。

材料科学基础课程的特点和教学工作的要求，需要编者具有全面的基础知识与专业知识。但由于我们水平有限，书中仍难免有不妥之处，敬请读者批评指正。

编　者

2012 年 5 月

第 1 版前言

我国于 1998 年调整了本科专业设置，材料类专业大幅度合并，并且设置了宽口径的材料科学与工程专业，以培养适应新世纪需求的材料类专业人才。2000 年成立的新一届国家材料科学与工程专业教学指导委员会审定了“普通高等教育‘十五’国家级规划教材”，本书成为本专业审定的 6 本规划教材之一。作为专业基础课程，本教材在拓宽专业口径方面担负着特殊的任务。

在这样的背景下，本教材从内容到形式都做了相当大的改动，选取材料学科最基础的结构及其转变、晶体缺陷、组织及其形成与转变、原子扩散等作为教材的基本内容，各部分内容都尽量涵盖金属、无机非金属和高分子材料，同时尽量兼顾结构材料、功能材料，并力争从学科的基础层面上对各类材料进行综合与融合。本教材侧重基础性内容，同时适当反映学科前沿的重大新进展；在形式上引入了数量较多的例题，目的是解释、说明基本概念、原理，进行应用练习，向外拓展基础知识，介绍实际应用，建立与其他专业课程的联系等。教材中的例题可以根据学时情况作为自学或选读内容。教材中给出了大量的练习题，读者可以利用课外时间进行自学，以理解和掌握课程的内容。

教材共分为 12 章，第 1、8 章由陈冷编写，第 2 章由强文江编写，第 3、4、5、6、7 章由余永宁编写，第 9、10、11、12 章由杨平编写，全书由余永宁主编。本书由北京航空航天大学谢希文教授审阅，代问民教授对第 2 章提出了修改意见。

本教材面向材料学科的各个方面，涵盖了各类材料，由于作者水平有限，教材内容难免存在以偏概全甚至错误之处，敬请读者批评、指正。

编　者

2005 年 9 月

目　录

8　固体中的扩散

9 材料的塑性形变

10 凝 固

11 固态相变

12 回复和再结晶

附 录

8 固体中的扩散

实际经验告诉我们,除了一些特殊情况外,一个成分不均匀的单相体系会趋向变成成分均匀的体系。把一滴红墨水滴入一杯静止的清水中,开始墨水沉入杯底,这是重力引起的物质宏观传质;过几天后,杯下部有几个厘米厚的红色液层,并且颜色从底部向上逐渐减弱;再过若干天后,整杯水变为均匀的浅红色。这一均匀化过程是原子(分子)扩散的过程。扩散过程的实质是原子(分子)无规律的布朗运动,这种运动导致整杯液体均匀混合。在气体中,扩散过程以每秒几厘米的速度进行;在液体中,扩散过程以每秒几分之一毫米的速度进行;在固体中,扩散过程是非常慢的,并且扩散速度随温度降低急剧减小。在熔点附近,固体扩散速度只有每秒约一微米,而在熔点一半的温度下,扩散速度则降为每秒约一纳米。但是,因为气体和液体中可以发生对流运动,物质的输运主要不依靠扩散,而在固体中不发生对流,传质过程主要是扩散过程。

由热力学可知,一般情况下均匀体系也是平衡体系。从不均匀体系到平衡体系的过程是一个不可逆过程,也是体系熵增过程。

扩散过程原子的迁移主要分为两类。一类是化学扩散,是由于扩散物质在晶体中分布不均,在化学浓度梯度的推动下产生的扩散。图 8-1 是材料 A 和 B 结合在一起后的扩散情况示意图。若 A 和 B 能完全互溶,在 A 和 B 之间出现 A(B)或 B(A)的固溶体,直至完全均匀的固溶体,这个过程的速度取决于个别原子或离子的扩散速度,如图 8-1a 所示;如果 A 和 B 之间形成新的化合物(例如 AB),如图 8-1b 所示,则材料通过中间层扩散要求连续时发生反应,这种扩散称反应扩散,扩散的速度取决于反应的速度。另一类是自扩散,在没有化学浓度梯度下,仅由热振动产生扩散。在以后各章的学习中将会看到,固体中发生的很多重要物理化学过程都与扩散过程相关。

固态扩散的研究起源于 19 世纪初,扩散科学所依托的主要理论基础有:① 连续统一体理论,是菲克(A. Fick)在气体和盐在水中扩散实验的启发下创建的;② 布朗运动,是微小粒子相互碰撞引起的无规运动,由植物学家布朗(R. Brown)发现,并在几十年后由爱因斯坦

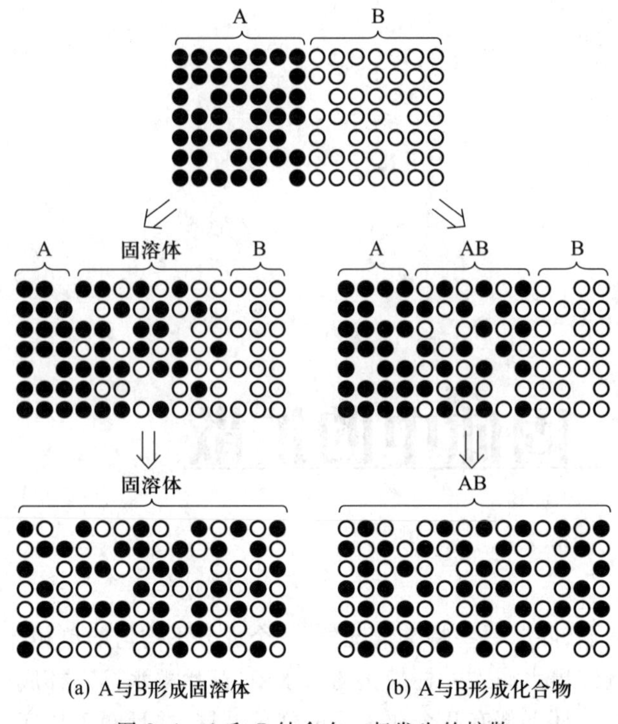

图 8-1 A 和 B 结合在一起发生的扩散

(A. Einstein)作出解释,这一理论架起了扩散的统计基础、力学与热力学联系的桥梁;③ 点缺陷是扩散的控制因素,并影响晶态材料的很多性质,这一理论由弗伦克尔(J. Frenkel)和肖特基(W. Schottky)提出。

对扩散的描述和研究大致可以归纳为两个方面,宏观描述和微观描述。宏观描述是从宏观的角度按照不可逆过程热力学描述扩散流量(单位时间通过单位面积的物质量)和导致扩散流的热力学力之间的关系,这种关系是线性的,它们之间的比例系数称为唯象系数。在这个基础上,根据物质守恒,还可以导出物质浓度随时间变化的微分方程。已知唯象系数,根据一定的边界条件可以解出(解析解或数值解)某一瞬间的浓度场。微观描述主要是描述扩散过程的原子机制,即原子以何种方式从一个平衡位置跳到另一个平衡位置。显然,这里最重要的参数是原子跳动的频率。与唯象系数不同,这些参数都有明确的物理意义,而唯象系数只是一个比例系数。如果扩散机制很清楚,那么唯象系数最终可以用原子跳动频率以及有关参数来描述。

本章主要介绍固体中原子扩散的宏观描述和微观描述,以及影响扩散系数的因素,同时介绍一些实例,更多的应用将在后面各章中介绍。

8.1 扩散的唯象理论

8.1.1 菲克定律

菲克定律是 1855 年由菲克提出,主要描述扩散流量和浓度梯度的线性关系,反映了扩散物质输运的规律。这一关系是经验性的，并不需要从基本概念导出，所以是纯唯象的。尽管如此，并不妨碍它的广泛应用。

在各向同性介质中，扩散粒子（原子、分子或离子）沿着浓度梯度的反向移动，即从浓度高处向浓度低处流动，其流量与浓度梯度成正比，这个关系称为菲克第一定律，可以写成如下形式：

$$\boldsymbol{J}=-D\nabla C \tag{8-1}$$

式中：$\boldsymbol{J}$ 是扩散流量，是单位时间流过单位面积的物质量，$mol/(cm^2 \cdot s)$ 或 $kg/(cm^2 \cdot s)$；C 是体积浓度，mol/m^3 或 kg/m^3；D 是比例系数，称为扩散系数，m^2/s；∇是哈密顿算符，也称矢量算符，表达为

$$\nabla=\frac{\partial}{\partial x}\boldsymbol{i}+\frac{\partial}{\partial y}\boldsymbol{j}+\frac{\partial}{\partial z}\boldsymbol{k} \tag{8-2}$$

式中：$\boldsymbol{i}$、$\boldsymbol{j}$、$\boldsymbol{k}$ 分别是笛卡儿坐标系三个方向的单位矢量。∇算符作用在浓度标量场 $C_{(x,y,z)}$，就是浓度梯度场∇C。

对于一维扩散，菲克第一定律可写成

$$\boldsymbol{J}=-D\frac{\partial C}{\partial x} \tag{8-3}$$

如果讨论的系统中没有物质的源和阱，在扩散过程中也没有化学反应，因为扩散方程是连续方程，在系统的一个体积元 ΔV 中，流入的物质与流出的物质的差值（$\nabla \cdot \boldsymbol{J}$）就是这个体积元在这一时间段的物质积聚量或消失量（$\partial C/\partial t$），遵从物质守恒则有如下关系：

$$\nabla \cdot \boldsymbol{J}+\frac{\partial C}{\partial t}=0 \tag{8-4}$$

式中第一项是矢量算符和流量的点乘，即流量的散度，表示在某处单位时间、单位体积的物质的变化量，第二项表示该处的浓度（单位体积的物质量）随时间的变化率。把（8-1）式代入（8-4）式，得到

$$\frac{\partial C}{\partial t}=\nabla \cdot (D\nabla C) \tag{8-5}$$

这就是菲克第二定律。实际上，除了自扩散，由于溶质原子的交互作用，D 一般都是浓度的函数（特别是高浓度溶体中）。因为扩散系数和浓度有关，所以在浓度场内各处的扩散系数也和位置有关，因此（8-5）式是非线性方程。非线性方程很难获得解析解，只能采用数值方法求解。如果所讨论的扩散过程浓度差的相对范围不太大（浓度最大变化和平均浓度的比值不超过 20%），则可以把扩散系数看作与浓度无关的常数，用这个浓度范围的扩散系数的平均值来近似作为扩散系数。这样，（8-5）式的非线性方程就变成线性方程

$$\frac{\partial C}{\partial t}=D(\nabla^2 C) \tag{8-6}$$

式中：$\nabla^2=\nabla \cdot \nabla$是拉普拉斯（Laplace）算符，表示为

$$\nabla^2=\frac{\partial^2}{\partial x^2}+\frac{\partial^2}{\partial y^2}+\frac{\partial^2}{\partial z^2} \tag{8-7}$$

对于一维扩散，菲克第二定律可写成

$$\frac{\partial C}{\partial t}=\frac{\partial}{\partial x}\left(D\,\frac{\partial C}{\partial x}\right) \tag{8-8}$$

如果 D 和浓度无关,(8-8)式可写成

$$\frac{\partial C}{\partial t}=D\,\frac{\partial^2 C}{\partial x^2} \tag{8-9}$$

一个体积中物质的积累量或消失量仅取决于体积边界的流量,例如一维扩散

$$\frac{\partial N}{\partial t}=\int_{x_1}^{x_2}\frac{\partial C}{\partial t}A\mathrm{d}x=\int_{x_1}^{x_2}\frac{\partial}{\partial x}\left(D\,\frac{\partial C}{\partial x}\right)A\mathrm{d}x=[\,J(x_1,t)-J(x_2,t)\,] \tag{8-10}$$

式中:N 是扩散通过面积 A 的物质量;x_1 和 x_2 是一维的两端边界。对于三维情况

$$\frac{\partial N}{\partial t}=\int_V\frac{\partial C}{\partial t}\mathrm{d}V=\int_V-\nabla\cdot\boldsymbol{J}\mathrm{d}V=-\int_S\boldsymbol{J}(r,t)\cdot\boldsymbol{n}\mathrm{d}A \tag{8-11}$$

式中:S 是 V 的边界;$\boldsymbol{n}$ 是 $\mathrm{d}A$ 的单位法线矢量;$\boldsymbol{J}(\boldsymbol{r},t)$ 是 t 时刻通过 $\mathrm{d}A$ 的扩散流量。这一方程的体积分是通过高斯定理转换为面积分的。

8.1.2 与菲克定律类似的其他物理定律

在菲克定律出现之前,已经有类似的方程——热流方程:

$$\boldsymbol{J}_q=-\kappa\,\nabla\,T \tag{8-12}$$

式中:$\boldsymbol{J}_q$ 是热流;T 是温度场;κ 是热导率。同样,$\nabla\cdot\boldsymbol{J}_q$ 是体积元中焓的变化,所以得出与(8-5)式相似的公式:

$$\begin{aligned}\rho c_p\,\frac{\partial T}{\partial t}&=-\nabla\cdot(-\kappa\,\nabla\,T)\\ \frac{\partial T}{\partial t}&=-\nabla\cdot\left(-\frac{\kappa}{\rho c_p}\nabla\,T\right)=\nabla\cdot(a\,\nabla\,T)\end{aligned} \tag{8-13}$$

式中:ρ 是密度;c_p 是比定压热容(假设为常数)。$\rho c_p\Delta T$ 就是单位体积因温度变化引起的热量变化,$a=\kappa/\rho c_p$ 称为热扩散系数。同样,该方程假设系统没有源和阱。

菲克定律描述的是物质输运,傅里叶方程描述的是热输运,这些输运都服从相同的规律。还有一个描述电荷输运的方程——欧姆(Ohm)定律:

$$\boldsymbol{J}_e=-\sigma_d\,\nabla\,U \tag{8-14}$$

式中:$\boldsymbol{J}_e$ 是电流密度;U 是电势场;σ_d 是电导率。这与上述的输运方程是相似的。菲克定律还可以推广应用到其他的流量场。

8.1.3 菲克定律在不同坐标系的表达形式

在讨论扩散问题时,除了常用的笛卡儿坐标系外,有时采用柱坐标系或球坐标系可能更为方便。图 8-2 所示为空间一点 P 在这三种坐标系中的不同描述方法。

线性扩散方程(8-6)式(扩散系数与浓度无关)对这三种坐标系的表达形式:

笛卡儿坐标系
$$\frac{\partial C}{\partial t}=D\left(\frac{\partial^2 C}{\partial x^2}+\frac{\partial^2 C}{\partial y^2}+\frac{\partial^2 C}{\partial z^2}\right) \tag{8-15}$$

柱坐标系
$$\frac{\partial C}{\partial t}=\frac{D}{r}\left[\frac{\partial}{\partial r}\left(r\,\frac{\partial C}{\partial r}\right)+\frac{\partial}{\partial \theta}\left(\frac{1}{r}\,\frac{\partial C}{\partial \theta}\right)+\frac{\partial}{\partial z}\left(\frac{1}{r}\,\frac{\partial C}{\partial z}\right)\right] \tag{8-16}$$

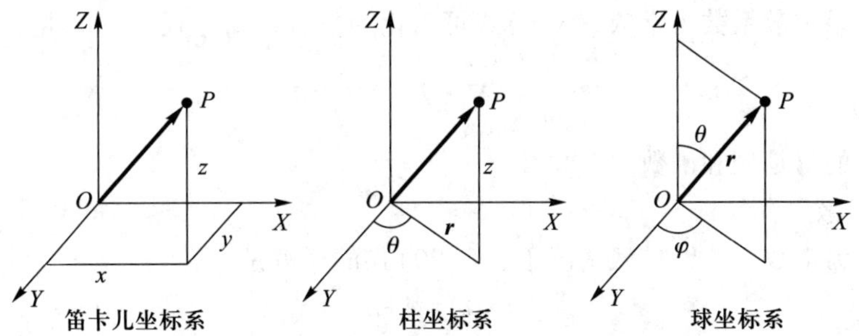

图 8-2 笛卡儿坐标系、柱坐标系和球坐标系

球坐标系

$$\begin{aligned}\frac{\partial C}{\partial t}&=\frac{D}{r^2}\left[\frac{\partial}{\partial r}\left(r^2\frac{\partial C}{\partial r}\right)+\frac{1}{\sin\theta}\frac{\partial}{\partial\theta}\left(\sin\theta\frac{\partial C}{\partial\theta}\right)+\frac{1}{\sin^2\theta}\frac{\partial^2 C}{\partial\varphi^2}\right]\\&=D\left(\frac{\partial^2 C}{\partial r^2}+\frac{2}{r}\frac{\partial C}{\partial r}+\frac{1}{r^2\sin^2\theta}\frac{\partial^2 C}{\partial\varphi^2}+\frac{1}{r^2}\frac{\partial^2 C}{\partial\theta^2}+\frac{1}{r^2}\cot\theta\frac{\partial C}{\partial\theta}\right)\end{aligned}\tag{8-17}$$

扩散的实验研究通常选用简单的几何设定、对称的浓度场，这样可以简化扩散方程。例如，若浓度场是轴对称的，则柱坐标系中沿轴方向 r 的扩散有 $\partial/\partial\theta=\partial/\partial z=0$，(8-16)式简化为

$$\frac{\partial C}{\partial t}=\frac{D}{r}\left[\frac{\partial}{\partial r}\left(r\frac{\partial C}{\partial r}\right)\right]=D\left(\frac{\partial^2 C}{\partial r^2}+\frac{1}{r}\frac{\partial C}{\partial r}\right)\tag{8-18}$$

又例如，若浓度场是球对称的，则球坐标系中沿球的径向 r 的扩散有 $\partial/\partial\theta=\partial/\partial\varphi=0$，(8-17)式简化为

$$\frac{\partial C}{\partial t}=D\left(\frac{\partial^2 C}{\partial r^2}+\frac{2}{r}\frac{\partial C}{\partial r}\right)\tag{8-19}$$

对于这些对称的问题，扩散方程通常有解析解。

8.2 扩散方程的解

在 8.1.1 中根据质量守恒给出了无源、阱和化学反应系统的扩散方程(8-5)式和(8-6)式，一般情况下，D 是浓度的函数，扩散方程(8-5)式是非线性的，需要用数值方法求解。如果 D 和成分无关，则扩散微分方程(8-6)式是线性的，在适当的边界条件和初始条件下可以获得解析解。

当扩散系数已知，可以根据具体边界条件和初始条件下的扩散方程来预测某一瞬时的浓度场；同样，在确定的边界条件和初始条件下进行扩散实验，从测定的浓度场可以反过来求出扩散系数。

边界条件不同，扩散方程的解是不同的，本节只讨论二元系扩散这种最简单情况的解，以此建立解的基本概念，介绍解的基本应用。详细的论述可参考一些专门的论著。

8.2.1 稳态扩散

扩散场中各处的浓度保持不变，即浓度场不随时间变化，$\partial C/\partial t=0$，这种扩散过程称为稳态扩散。如果扩散系数为常数，(8-6)式可简化为拉普拉斯方程：

$$\frac{\partial C}{\partial t}=-\nabla \cdot \boldsymbol{J}=\nabla^2 C=0 \tag{8-20}$$

拉普拉斯方程的解是调和函数。

1. 一维扩散

扩散系数为常数。一维扩散情况下，(8-20)式的通解是

$$C(x)=A+Bx \tag{8-21}$$

式中的 A 和 B 是常数，要根据边界的初始条件确定。

考虑通过一个厚度为 d 的薄板的扩散。扩散系数为 D，板两侧表面 $x=0$ 和 $x=d$ 的浓度分别为 C_1 和 C_2。把边界条件代入通解(8-21)式：

$$C_1=A+B\cdot 0,\qquad C_2=A+B\cdot d$$

解得

$$A=C_1,\qquad B=(C_2-C_1)/d$$

把 A 和 B 代回通解，得到薄板中的浓度分布

$$C(x)=\frac{x}{d}(C_2-C_1)+C_1 \tag{8-22}$$

$C(x)$ 如图 8-3 所示。由图可知，通过薄板的任一处的扩散流量是相等的，

$$J=-D\frac{C_2-C_1}{d} \tag{8-23}$$

如果已知板厚 d 和板表面的浓度 C_1、C_2，就可以从实验得到流量 J，再求出扩散系数 D。

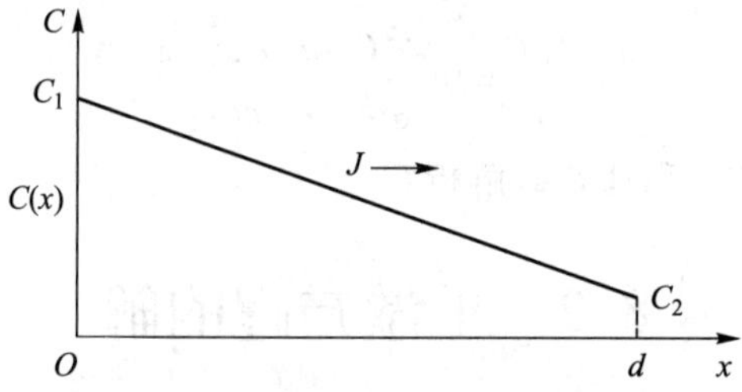

图 8-3 通过薄板稳态扩散的浓度分布 $C(x)$

++

例题 8-1 一块厚度为 d 的薄板，在 T_1 温度下两侧的浓度分别为 C_1、C_0($C_1>C_0$)，当扩散达到平稳态后，给出三种情况下的浓度分布示意图：① 扩散系数为常数，② 扩散系数随浓度增加而增加，③ 扩散系数随浓度增加而减小；并求出情况①板中部的浓度。

解 对于平稳态，$\nabla\cdot\boldsymbol{J}=0$。一维扩散时，$D(\mathrm{d}C/\mathrm{d}x)=$ 常数。

① 当扩散系数为常数时，$\mathrm{d}C/\mathrm{d}x$ 也为常数，故浓度分布是直线，如图 8-4a 所示，板中部的浓度 $C=(C_1-C_0)/2$。

② 当扩散系数随浓度增加而增加时，$\mathrm{d}C/\mathrm{d}x$ 应随浓度增加而减小，浓度分布是上凸的曲线，如图 8-4b 所示。

③ 当扩散系数随浓度增加而减小时，$\mathrm{d}C/\mathrm{d}x$ 应随浓度增加而增加，浓度分布是下凹的曲线，如图 8-4c 所示。

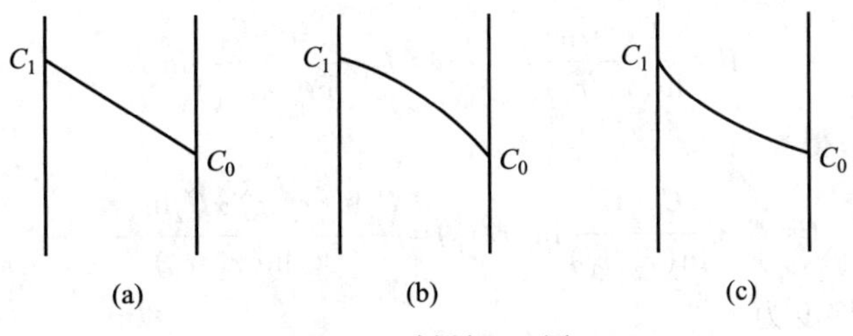

图 8-4 例题 8-1 图

++

例题 8-2 塑料薄膜用来在气流中分隔氢，稳态时薄膜的一侧氢的浓度为 0.25 mol/m^3，另一侧为 0.025 mol/m^3。已知薄膜的厚度为 100 μm，穿过薄膜的氢的流量是 2.25×10^{-6} mol/(m^2 · s)，假设在这个浓度范围氢的扩散系数 D 为常数，求该温度下的 D。

解 这是稳态膜的问题，$\nabla\cdot\boldsymbol{J}=0$，$J=-D(\mathrm{d}C/\mathrm{d}x)=$ 常数，故

$$D=-\frac{J}{(\mathrm{d}C/\mathrm{d}x)}\approx-\frac{J}{(C_2-C_1)/\Delta x}$$

即 $\mathrm{d}C/\mathrm{d}x=(C_2-C_1)/\Delta x$，再把题目给出的数据代入，求出

$$D=-\frac{J}{(C_2-C_1)/\Delta x}=-\frac{2.25\times10^{-6}}{(0.025-0.25)/(100\times10^{-6})}\ \mathrm{m^2\cdot s^{-1}}=1\times10^{-9}\ \mathrm{m^2\cdot s^{-1}}$$

++

2. 圆柱管(二维)扩散

壁厚为 d 的圆柱管，内壁半径为 r_1，外壁半径为 r_2，管的长度为 l，扩散物质从管内通过管壁不断向外扩散，达到稳态后内壁浓度为 C_1、外壁浓度为 C_2，如图 8-5 所示。

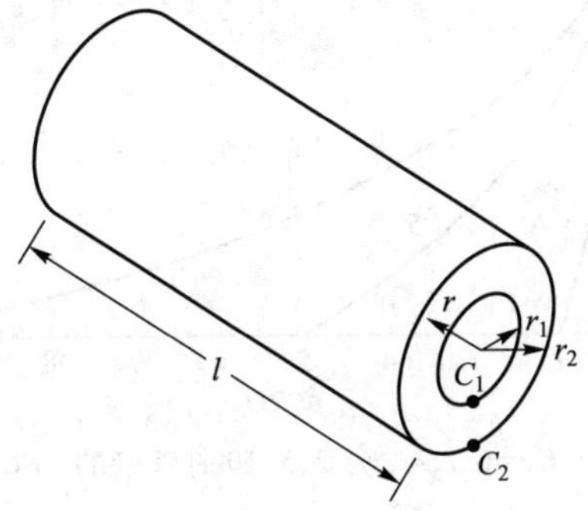

图 8-5 圆柱管(二维)扩散

这是轴对称问题，采用柱坐标系，(8-20)式的拉普拉斯方程表达：

$$\frac{\mathrm{d}}{r}\left(r\frac{\mathrm{d}C}{\mathrm{d}r}\right)=0 \tag{8-24}$$

这个方程的通解是

$$C=A+B\ln r$$

式中：A 和 B 是根据边界条件确定的系数。$r=r_1$ 时 $C=C_1$，$r=r_2$ 时 $C=C_2$，即

$$C_1=A+B\ln r_1,\qquad C_2=A+B\ln r_2$$

所以

$$B=\frac{C_2-C_1}{\ln(r_2/r_1)},\qquad A=C_1-\frac{C_2-C_1}{\ln(r_2/r_1)}\ln r_1 \tag{8-25}$$

把 A 和 B 代回通解，得

$$C=C_1+\frac{C_2-C_1}{\ln(r_2/r_1)}\ln(r/r_1)=\frac{C_1\ln(r_2/r)+C_2\ln(r/r_1)}{\ln(r_2/r_1)} \tag{8-26}$$

在管壁各处的浓度梯度为

$$\frac{\mathrm{d}C}{\mathrm{d}r}=\frac{1}{r}\ \frac{C_2-C_1}{\ln(r_2/r_1)} \tag{8-27}$$

由此看出，和薄板的情况不同，管壁各处的浓度梯度是不同的，但它们不随时间变化。管壁各处的扩散流量为

$$J=D\frac{1}{r}\ \frac{C_1-C_2}{\ln(r_2/r_1)} \tag{8-28}$$

扩散 t 时刻后，单位长度管中扩散的物质量：

$$M_t=2\pi rtJ=-2\pi tD\frac{C_2-C_1}{\ln(r_2/r_1)} \tag{8-29}$$

当实验测量出 M_t 后，即可计算出扩散系数 D。根据这个解的浓度表达式，可画出沿管壁厚度的浓度分布(C_0/C_1)曲线。若 $C_2=0$，C/C_1 曲线只与 r_2/r_1 有关。图 8-6 给出 $C_2=0$，r_2/r_1 为 2、5、10 时管壁的 C/C_1 曲线。

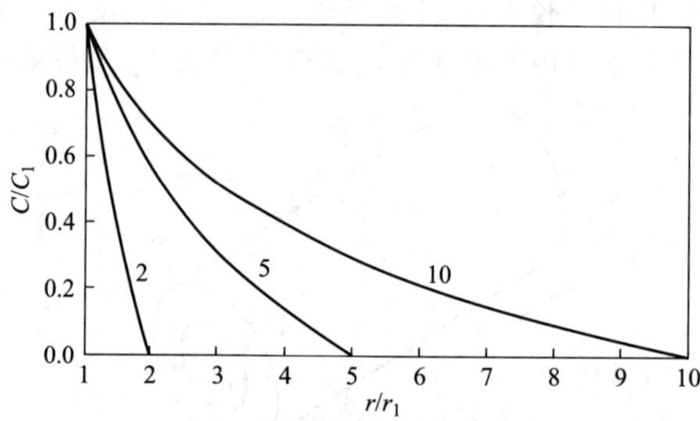

图 8-6 $C_2=0$，r_2/r_1 为 2、5、10 时管壁的 C/C_1 曲线

8.2.2 非稳态扩散

非稳态扩散系数不是常数的一维扩散方程的一般解，要利用(8-5)式求得。对于一维扩散的简单情况，菲克第二定律(8-5)式变为

$$\frac{\partial C}{\partial t}=\frac{\partial}{\partial x}\left[D\frac{\partial C}{\partial x}\right] \tag{8-30}$$

上式是非线性偏微分方程，以 $C=C(\lambda)$ 对上式作变量置换，其中 $\lambda=xt^{-1/2}$，则上式变成常微分方程

$$-\frac{\lambda}{2}\ \frac{\mathrm{d}C}{\mathrm{d}\lambda}=\frac{\mathrm{d}}{\mathrm{d}\lambda}\left(D\frac{\mathrm{d}C}{\mathrm{d}\lambda}\right) \tag{8-31}$$

这就是玻尔兹曼方程，这个方程右端展开并整理得

$$-\frac{\lambda}{2}\frac{d\lambda}{D}=\frac{dD}{D}+\frac{d(dC/d\lambda)}{dC/d\lambda} \tag{8-32}$$

左、右两端积分一次，得到

$$-\int_0^{\lambda}\frac{\lambda}{2D}d\lambda=\ln D+\ln\frac{dC}{d\lambda}-\ln k_2=\ln\left(\frac{dC}{d\lambda}\frac{D}{k_2}\right) \tag{8-33}$$

写成指数形式①：

$$\frac{dC}{d\lambda}\frac{D}{k_2}=\exp\left(-\int_0^{\lambda}\frac{\lambda}{2D}d\lambda\right)$$

再积分一次最后得到

$$C(\lambda,t)=k_1+k_2\int_0^{\lambda}\frac{1}{D}\exp\left(\int_0^{\lambda}-\frac{\lambda}{2D}d\lambda\right)d\lambda \tag{8-34}$$

式中：k_1 和 k_2 是积分常数。因为 D 和浓度 C 有关，即与 λ 有关，所以它不能提出积分号之外。把 λ 换回变量 x，上式变为

$$C(x,t)=k_1+k_2\int_0^{x/\sqrt{t}}\frac{1}{D\sqrt{t}}\exp\left[\int_0^{x/\sqrt{t}}\left(-\frac{x}{2Dt}\right)dx\right]dx \tag{8-35}$$

这个积分方程并不是一个直接的解，还需要用数值方法才能获得真正的解。

8.2.3 扩散系数为常数的一维扩散方程的误差函数解

半无限长扩散偶是由不同成分的两根半无限长试样焊接在一起构成的，如图 8-7a 所示；图 8-7b 是不同扩散时间试样中的浓度分布。这种条件下的扩散是一维扩散，扩散偶实验是最广泛采用的测量扩散系数方法。现在讨论扩散系数为常数（不随成分而变化）的情况。当讨论的体系中浓度相对变化范围（最大浓度变化和平均浓度之比）不大于 20%时，可用这个浓度范围的扩散系数的平均值来近似整个场中的扩散系数。

当 D 为常数时，(8-35)式中的 D 可以移出积分号外，变为

$$C(x,t)=k_1+\frac{2k_2}{\sqrt{D}}\int_0^{x/2\sqrt{Dt}}\exp\left(-\frac{x^2}{4\sqrt{Dt}}\right)d\frac{x}{2\sqrt{Dt}} \tag{8-36}$$

上式可以用误差函数表达。误差函数

$$\mathrm{erf}(\beta)=\frac{2}{\sqrt{\pi}}\int_0^{\beta}e^{-\zeta^2}d\zeta \tag{8-37}$$

其中：ζ 是一个哑变量。(8-36)式改用误差函数表达

$$C=k_1+\frac{k_2\sqrt{\pi}}{\sqrt{D}}\mathrm{erf}(\beta) \tag{8-38}$$

式中：$\beta=\dfrac{x}{2\sqrt{Dt}}$。误差函数是一个标准数学函数，误差函数特征示意图如图 8-8 所示。

---

① 本书中为了清楚表达指数，将复杂的指数函数写为 exp(　)的形式。

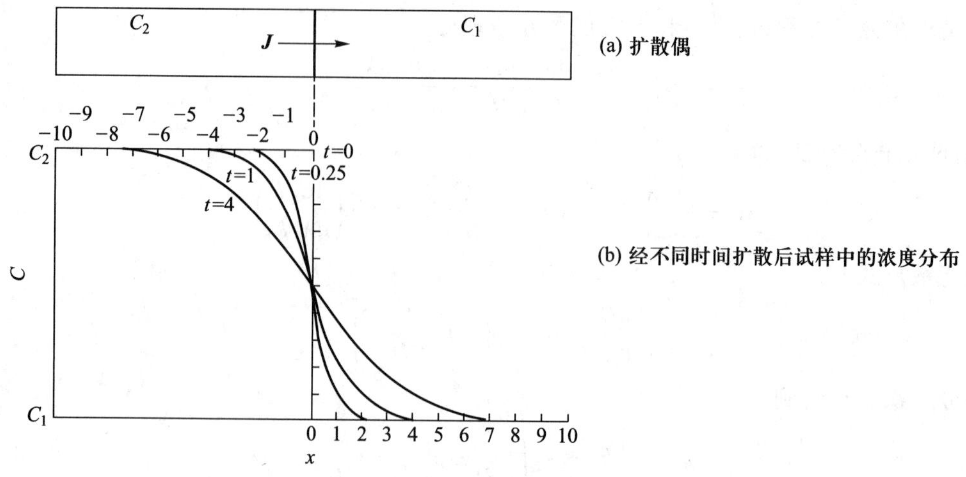

图 8-7 半无限长扩散偶的扩散

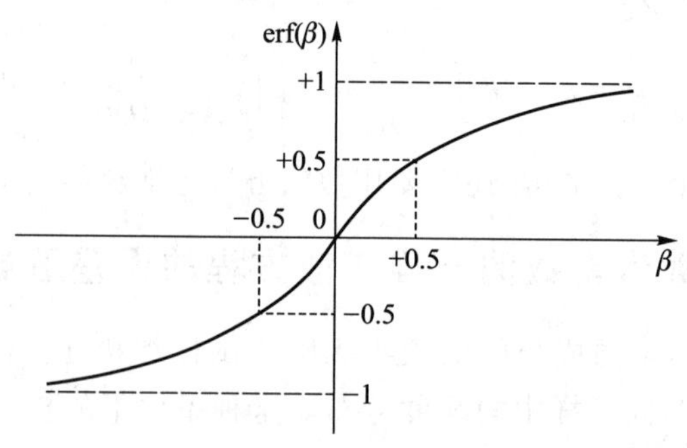

图 8-8 误差函数特征示意图

误差函数也是一个列表函数,其主要数值见表 8-1。

表 8-1 误差函数数值表

β	erf(β)	β	erf(β)	β	erf(β)
0	0	0.55	0.563 3	1.3	0.934 0
0.025	0.028 2	0.60	0.603 9	1.4	0.952 3
0.05	0.056 4	0.65	0.642 0	1.5	0.966 1
0.10	0.112 5	0.70	0.677 8	1.6	0.976 3
0.15	0.168 0	0.75	0.711 2	1.7	0.983 8
0.20	0.222 7	0.80	0.742 1	1.8	0.989 1
0.25	0.276 3	0.85	0.770 7	1.9	0.992 8
0.30	0.328 6	0.90	0.797 0	2.0	0.995 3
0.35	0.379 4	0.95	0.820 9	2.2	0.998 1
0.40	0.428 4	1.0	0.842 7	2.4	0.999 3
0.45	0.475 5	1.1	0.880 2	2.6	0.999 8
0.50	0.520 5	1.2	0.910 3	2.8	0.999 9

误差函数有如下性质：

$$\mathrm{erf}(-\beta)=-\mathrm{erf}(\beta),\mathrm{erf}(0)=0,\mathrm{erf}(\infty)=1 \tag{8-39}$$

除了用列表形式表达误差函数值外，还可以用下式精确地表达误差函数值：

$$\mathrm{erf}(\beta)=[1+\pi\exp(-2\beta^2/3)/4\beta^2]^{-1/2} \quad (\beta>0) \tag{8-40}$$

当 $\beta<0$ 时，利用 $\mathrm{erf}(-\beta)=-\mathrm{erf}(\beta)$ 可得相应的函数值。这个公式对变量所有范围（$-\infty<\beta<\infty$）的函数值最大误差不超过 0.4%。包含误差函数形式的解一般称为误差函数解。

图 8-7a 所示扩散偶的边界条件和初始条件是

$$\begin{cases}C(x>0,t=0)=C_1,C(x<0,t=0)=C_2\\C(x=\infty,t>0)=C_1,C(x=-\infty,t>0)=C_2\end{cases} \tag{8-41}$$

把边界条件代入(8-38)式，得到

$$k_1=\frac{C_1+C_2}{2},\quad k_2=\frac{C_1-C_2}{2}\sqrt{\frac{D}{\pi}}$$

最后，获得半无限长扩散偶在(8-41)式所表达的边界条件下的扩散方程解是

$$C=C_1+\frac{C_2-C_1}{2}\left[1-\mathrm{erf}\left(\frac{x}{2\sqrt{Dt}}\right)\right]=C_1+\frac{C_2-C_1}{2}\mathrm{erfc}\left(\frac{x}{2\sqrt{Dt}}\right) \tag{8-42}$$

式中：$1-\mathrm{erf}(\beta)$ 通常称为余误差函数，记作 $\mathrm{erfc}(\beta)$。余误差函数有如下性质：

$$\mathrm{erfc}(+\infty)=0,\quad \mathrm{erfc}(-\infty)=-\mathrm{erfc}(+\infty),\quad \mathrm{erfc}(0)=1 \tag{8-43}$$

如果以 $(C-C_1)/(C_2-C_1)$ 作纵坐标，以 $x/(2\sqrt{Dt})$ 作横坐标，那么不论 C_1 和 C_2 为何值，也不论何时，所得的曲线是相同的，如图 8-9 所示。

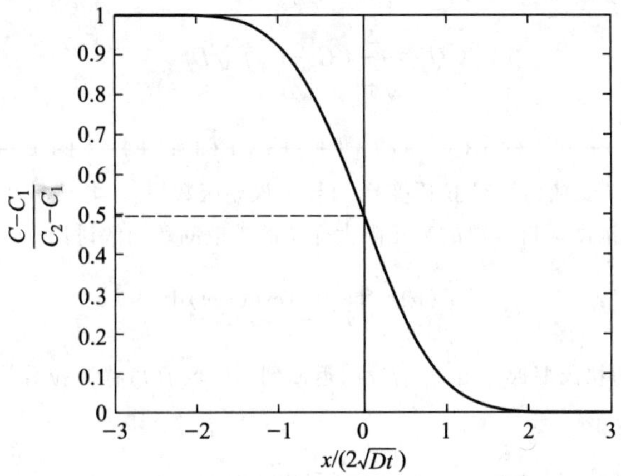

图 8-9 扩散偶的 $(C-C_1)/(C_2-C_1)$ $-x/2\sqrt{Dt}$ 曲线

(8-42)式得到的浓度 C 是单位体积的物质量，这个解也适用于扩散系数为常数的一维

浓度(单位长度的物质量)的扩散偶(图 8-10a)和二维浓度(单位面积的物质量)的扩散偶(图 8-10b)。

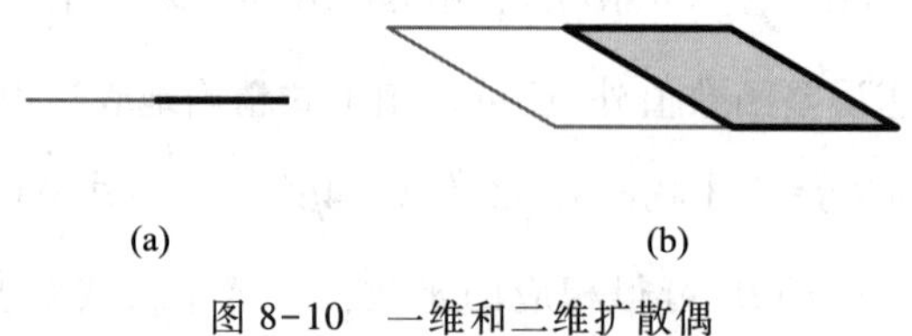

图 8-10 一维和二维扩散偶

8.2.4 表面浓度恒定、扩散系数为常数的一维扩散方程解

从(8-42)式看出,$x=0$(即在扩散偶接合面)处的浓度为常数,等于$(C_2+C_1)/2$,且不随时间改变;浓度分布曲线是以 $x=0$ 呈中心对称的。如果已知扩散系数,在扩散 t 时刻后,对不同 x 值求出 $x/[2(Dt)^{1/2}]$,然后从误差函数表查出[或由(8-40)式计算出]$\mathrm{erf}\{x/[2(Dt)^{1/2}]\}$的值,根据(8-43)式就可以获得浓度分布曲线,图 8-7b 表示经历三个时间段后的扩散浓度分布。当确定了初始值(C_1 和 C_2)以及要求的浓度值(C)后,误差函数的值以及 $x/[2(Dt)^{1/2}]$ 的值也就确定了,即 x 正比于$[2(Dt)^{1/2}]$,所以常用$[2(Dt)^{1/2}]$的值近似求扩散的距离。对很多表面浓度维持常数而尺度可看作是半无限长的实际扩散问题,可以套用这种解。如果试样表面浓度为 C_S,试样原始浓度仍为 C_1,则(8-38)式中的系数 k_1 变为 C_S,系数 k_2 变为$(C_1-C_S)\sqrt{D/\pi}$,这时的解为

$$C=C_S-(C_S-C_1)\sqrt{\frac{D}{\pi}}\mathrm{erf}\left(\frac{x}{2\sqrt{Dt}}\right) \tag{8-44}$$

注意,当 $x<0$ 时,这个解是没有意义的。t 时刻渗入的总量 Q_t 是$(C-C_1)$在整个空间的积分(从 0 到∞ 积分),积分后得

$$Q_t=\frac{2}{\sqrt{\pi}}(C_S-C_1)\sqrt{Dt} \tag{8-45}$$

++

例题 8-3 用拉普拉斯变换(简称“拉氏变换”)导出误差函数解。

解 先从简单的表面浓度保持常数的半无限大介质的扩散问题的解讨论。

$$\tilde{f}(p)=\int_0^\infty f(t)\exp(-pt)\,\mathrm{d}t$$

$\tilde{f}(p)$记为 $\mathscr{L}[f(t)]$,称为拉氏变换。由 $\mathscr{L}[f(t)]$返回到原函数 $f(t)$称为拉普拉斯逆变换(简称“拉氏逆变换”),记为:

$$f(t)=\mathscr{L}^{-1}[\tilde{f}(p)]$$

$f(t)$为拉氏逆变换 $\mathscr{L}^{-1}[\tilde{f}(p)]$的原函数。对于一维扩散方程

$$\frac{\partial C}{\partial t}=D\nabla^2 C$$

两边乘以 $\exp(-pt)$ 并对 t 从 0 到 ∞ 积分：

$$\int_0^\infty \exp(-pt)\frac{\partial C}{\partial t}\mathrm{d}t = D\int_0^\infty \exp(-pt)\frac{\partial^2 C}{\partial x^2}\mathrm{d}t \tag{8-46}$$

对上式等号右边项改变微分和积分次序：

$$D\int_0^\infty \exp(-pt)\frac{\partial^2 C}{\partial x^2}\mathrm{d}t = D\frac{\partial^2}{\partial x^2}\int_0^\infty C\exp(-pt)\,\mathrm{d}t = D\frac{\partial^2 \widetilde{C}}{\partial x^2}$$

对(8-46)式等号左边项的积分用分部积分处理：

$$\int_0^\infty \exp(-pt)\frac{\partial C}{\partial t}\mathrm{d}t = [C\exp(-pt)]_0^\infty + p\int_0^\infty C\exp(-pt)\,\mathrm{d}t$$

在初始条件($t=0, C=0, x>0$)以及 $t=\infty$ 时，上式中括号项的指数项为 0，得到

$$\int_0^\infty \exp(-pt)\frac{\partial C}{\partial t}\mathrm{d}t = p\int_0^\infty C\exp(-pt)\,\mathrm{d}t = p\widetilde{C}$$

故(8-46)式菲克第二定律的偏微分方程变为常微分方程：

$$D\frac{\partial^2 \widetilde{C}}{\partial x^2} = p\widetilde{C} \tag{8-47}$$

表面($x=0$)浓度保持 C_S($C=C_S, x=0, t>0$)，以相同的办法处理 $x=0$ 的边界条件：

$$\widetilde{C} = \int_0^\infty C_S\exp(-pt)\,\mathrm{d}t = \frac{C_S}{p} \tag{8-48}$$

满足(8-48)式，并且当 $x\to\infty$ 时保持有限值，(8-47)式的解：

$$\widetilde{C} = \frac{C_S}{p}\exp\left(-\sqrt{\frac{p}{D}}\right)x$$

进行拉氏逆变换(请查拉氏变换表)：

$$\mathscr{L}^{-1}\left[\frac{1}{p}\exp\left(-\sqrt{\frac{p}{D}}\right)x\right] = \mathrm{erfc}\left(\frac{x}{2\sqrt{Dt}}\right)$$

最后，获得解为

$$C = C_S\,\mathrm{erfc}\left(\frac{x}{2\sqrt{Dt}}\right) = C_S\left[1-\mathrm{erf}\left(\frac{x}{2\sqrt{Dt}}\right)\right]$$

这和 $C_1=0$ 的(8-44)式相同。如果 $C_1\neq 0$，从图 8-7 可以看出，上式的 C_S 为(C_S-C_1)，并且全式应加上 C_1，这样上式就与(8-44)式相同了。

++

设 $C_1=0$，图 8-11 给出按(8-44)式在不同渗入深度 $2(Dt)^{1/2}$ 下的 $C/C_S - x/[2(Dt)^{1/2}]$(浓度)曲线。

这类解可用于讨论金属表面渗层(例如钢的表面渗碳、渗氮、渗金属，硅的掺杂预沉积等)或脱层(如钢的脱碳)。因为渗层相对于工件尺寸很小，工件可近似看作无限大，如果渗层时表面浓度保持不变或近似不变，并且扩散系数近似看作常数，可以直接使用这些公式求近似解。

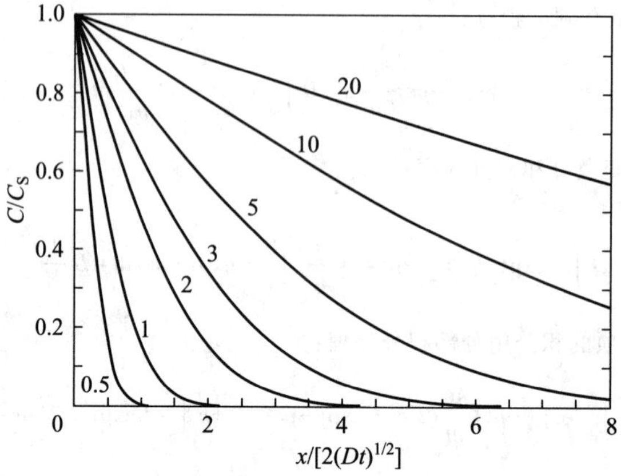

图 8-11 不同渗入深度 $2(Dt)^{1/2}$(曲线上的数字)下的浓度曲线

++

例题 8-4 一块厚钢板,$w_C=0.1\%$,在 930℃ 渗碳,表面碳浓度保持 $w_C=1\%$,设扩散系数为常数,$D=0.738\exp[-158.98/(RT)]\ (\mathrm{cm^2\cdot s^{-1}})$。问:① 距表面 $x_1=0.05$ cm 处碳浓度 w_C 升至 0.45%所需要的时间;② 在距表面 $x_2=0.1$ cm 处获得同样的碳浓度(0.45%),所需的时间是多少? ③ 导出扩散系数为常数时,同一温度下渗入距离和时间关系的一般表达式。

解 先求出 930℃ 的扩散系数。

$$\begin{aligned}D&=0.738\exp[-158.98/(RT)]\\&=0.738\exp[-158.98\times10^3/(8.314\times1\,203)]\ \mathrm{cm^2\cdot s^{-1}}\\&=9.22\times10^{-8}\ \mathrm{cm^2\cdot s^{-1}}\end{aligned}$$

按题意,浓度分布符合(8-44)式给出的误差函数解。现将 $C_S=1$、$C_0=0.1$、$C=0.45$(注意,菲克定律中的浓度是体积浓度,现在题目给出的是质量浓度,应该把质量浓度换算为体积浓度,但是误差函数解等号两侧都有浓度,两侧浓度的换算系数近似相等,所以直接用质量浓度计算。后面遇到类似问题也如此处理)代入误差函数解,求得误差函数

$$\mathrm{erf}\left(\frac{x}{2\sqrt{Dt}}\right)=\frac{C_S-C}{C_S-C_0}=\frac{1-0.45}{1-0.1}=0.611$$

查误差函数数值表[或用(8-40)式近似计算],得到

$$\beta=0.61=\frac{x}{2\sqrt{Dt}}$$

① $x_1=0.05$ cm,碳浓度为 0.45%所需要的时间 t_1

$$t_1=\frac{x^2}{4D\times0.61^2}=\frac{0.05^2}{4\times9.22\times10^{-8}\times0.61^2}\ \mathrm{s}=1.822\times10^4\ \mathrm{s}=5.061\ \mathrm{h}$$

② 因渗入浓度与上一问相同,故 erf(β)相同,亦为 0.611,即 β 为常数。在同一温度下,两个不同距离 x_1、x_2 所对应的时间 t_1、t_2 有如下关系:

$$\frac{x_1}{\sqrt{Dt_1}}=\frac{x_2}{\sqrt{Dt_2}},\text{即 } t_2=\left(\frac{x_2}{x_1}\right)^2t_1$$

在距表面 0.1 cm(x_2)处获得同样的碳浓度(0.45%)所需时间为

$$t_2=\left(\frac{0.1}{0.05}\right)^2\times1.822\times10^4\ \mathrm{s}=7.288\times10^4\ \mathrm{s}=20.24\ \mathrm{h}$$

③ 根据②的解释,同一温度下渗入距离和时间关系的一般表达式为

$$x=k\sqrt{t}$$

式中:k 为与扩散系数有关的常数。这就是渗入距离与时间的平方根关系。

++

前面导出的公式都是假设扩散偶是无限长或半无限长的,实际的工件不会是无限长的,但是,只要扩散距离小于工件的尺寸,都可以应用这些式子。如果工件比较小或扩散的时间很长,扩散的距离比工件尺寸大,则上面的式子就不适用了。有限长的工件保持表面渗入(或逸出)物质,在扩散足够长时间后,物质浓度会趋于均匀。若厚度为 L 的板内物质浓度为 C_0,板的两侧表面保持恒定浓度 C_S,若 $C_S>C_0$,物质将会渗入,若 $C_0>C_S$,物质将会逸出表面。

在 $t>0$ 的任一时刻,板内的平均浓度 C_m 可以近似为

$$C_m=C_S+\frac{8}{\pi^2}(C_0-C_S)\exp\left(-\frac{\pi^2}{L^2}Dt\right) \tag{8-49}$$

(8-49)式的有效范围是$(C_m-C_0)/(C_S-C_0)>0.8$(称为饱和分数),是长时间扩散。图 8-12 所示为板、球和圆柱的平均浓度随时间的变化曲线。用一个量纲为 1 的参数 $\sqrt{Dt}/L$(L 是半板厚、球半径、圆柱半径)来衡量均匀化的程度,对于板当 $\sqrt{Dt}=1.51L$ 时,对于圆柱当 $\sqrt{Dt}=1.01L$ 时,对于球当 $\sqrt{Dt}=0.751L$ 时均匀化基本完成$[(C_m-C_0)/(C_S-C_0)>0.98]$,这些关系可以快速估计给定条件下扩散控制过程完成的时间。

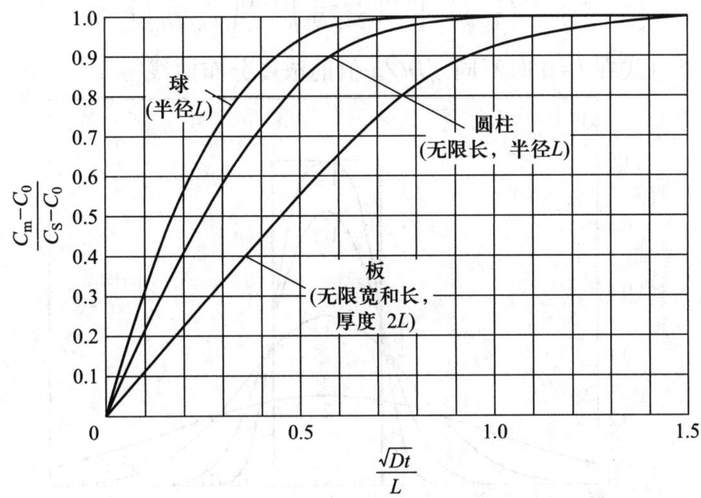

图 8-12 饱和分数$(C_m-C_0)/(C_S-C_0)$与 $\sqrt{Dt}/L$ 的关系

8.2.5 误差函数解的推广

前面导出误差函数解的扩散偶,其两侧初始成分分布是均匀的,在接合面处成分有突变。根据这一点,将误差函数解推广到以下情况初始时几个成分不同、厚度一定的片层接合在一起,并且整体近似无限长。这时,可以把解写成包含若干个误差函数的线性式,其中每个误差函数的距离变量对应每个成分突变位置,然后根据边界条件求出式中的系数来求解。

下面以一个例子说明这种求解方法。

一段长为 $2h$、成分为 C_2 的试样，两端各焊合成分为 0 的半无限长试样，在给定温度下保温扩散。如果把坐标原点放在成分为 C_2 的那段的中点，这种情况的解是在(8-38)式中引入 2 个误差函数，两个误差函数分别为 $\mathrm{erf}\left(\dfrac{x-h}{2\sqrt{Dt}}\right)$ 和 $\mathrm{erf}\left(\dfrac{x+h}{2\sqrt{Dt}}\right)$，则扩散方程的解为

$$C(x,t)=k_1+k_2\mathrm{erf}\left(\frac{x-h}{2\sqrt{Dt}}\right)+k_3\mathrm{erf}\left(\frac{x+h}{2\sqrt{Dt}}\right) \tag{8-50}$$

k_1、k_2 和 k_3 是待定系数，根据边界条件：$t=0$、$-h<x<h$ 时 $C=C_2$，得到

$$C_2=k_1-k_2+k_3$$

以及 $t>0$、$x=\pm\infty$ 时，$C=0$，得到

$$0=k_1+k_2+k_3$$

$$0=k_1-k_2-k_3$$

联立以上 3 个方程，解得

$$k_1=0,\qquad k_2=-\frac{1}{2}C_2,\qquad k_3=\frac{1}{2}C_2$$

代回(8-50)式得到

$$C(x,t)=\frac{1}{2}C_2\left[\mathrm{erf}\left(\frac{h+x}{2\sqrt{Dt}}\right)+\mathrm{erf}\left(\frac{h-x}{2\sqrt{Dt}}\right)\right] \tag{8-51}$$

图 8-13 给出(8-51)式在 $t=0$ 时不同 $\sqrt{Dt}/h$ 值的浓度分布曲线。

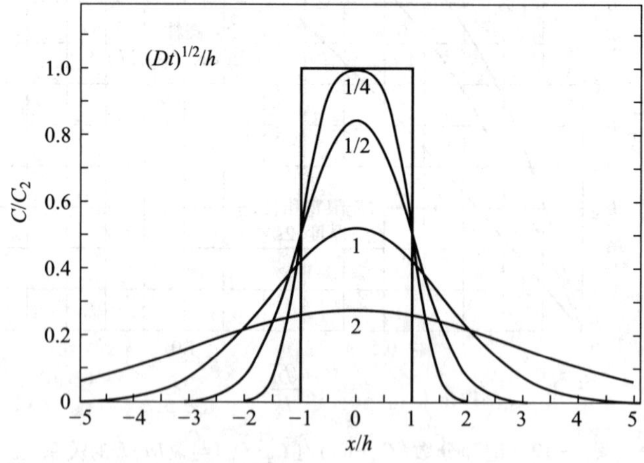

图 8-13 (8-51)式的浓度分布曲线(曲线上的数字是 $\sqrt{Dt}/h$ 值)

8.2.6 扩散系数为常数时用分离变量获得的扩散方程解(傅里叶级数解)

扩散系数为常数一维扩散的菲克第二定律(8-8)式包含 x 和 t 两个变量，它的解可以表达为以 x 为变量的函数 $X(x)$ 和以 t 为变量的函数 $T(t)$ 的乘积：

$$C(x,t)=X(x)T(t) \tag{8-52}$$

把上式代回(8-8)式,得到

$$\frac{1}{T}\frac{\partial T}{\partial(Dt)}=\frac{1}{X}\frac{\partial^2 X}{\partial x^2}=-\lambda^2 \tag{8-53}$$

由于 x 和 t 是独立变量,所以上式左端和右端必然等于同一个常数,式中 λ 为常数。这样上式可以分为如下两个常微分方程:

$$\frac{1}{T}\frac{\partial T}{\partial(t)}=-\lambda^2 D \tag{8-54}$$

$$\frac{1}{X}\frac{\partial^2 X}{\partial x^2}=-\lambda^2 \tag{8-55}$$

这两个微分方程解得

$$T=\exp(-\lambda^2 Dt)$$

$$X=A\cos(\lambda x)+B\sin(\lambda x)$$

得到解的形式为

$$C=[A\cos(\lambda x)+B\sin(\lambda x)]\exp(-\lambda^2 Dt) \tag{8-56}$$

式中:A 和 B 是积分常数。扩散系数为常数时扩散方程是线性的,它的通解应由上面类型的式子叠加,得到

$$C=\sum_{n=0}^{\infty}[A_n\cos(\lambda_n x)+B_n\sin(\lambda_n x)]\exp(-\lambda_n^2 Dt) \tag{8-57}$$

式中:A_n 和 B_n 是积分常数。从上面的解看出,(8-53)式的常数取负值($-\lambda^2$)是为了使浓度对时间 t 收敛。这种形式的解用于初始状态($t=0$)时浓度不均匀分布的情况是十分方便的。因为任何一个初始浓度分布 $C=f(x)$ 都可以展开为傅里叶级数,(8-57)式中 A_n、B_n 和 λ_n 相应也可求出。$\exp(-\lambda_n^2 Dt)$ 是各级谐波振幅随时间的衰减因子。$t=0$ 时,(8-57)式就是初始的浓度分布。随着时间延长,振幅下降,这是一个均匀化过程。一个成分不均匀材料,经保温扩散以使其成分均匀的处理,称为均匀化退火。

介绍一个简单的例子。设初始浓度沿一维呈正弦分布:

$$C(t=0)=C_0+(\Delta C)_0\sin\frac{\pi x}{L} \tag{8-58}$$

式中:$(\Delta C)_0$ 是初始状态的浓度振幅;L 是分布的半周期,如图 8-14 所示。根据(8-57)式,这种情况的解是

$$C=C_0+(\Delta C)_0\sin\frac{\pi x}{L}\exp\left(-\frac{\pi^2 Dt}{L^2}\right) \tag{8-59}$$

衰减因子中包含($-t/L^2$)项,所以原始浓度分布的波长越短,振幅衰减的速率就越大。例如,两个相同的合金都具有相同的不均匀成分,但其中一个经塑性变形压缩,厚度被压为原来的 1/10,其不均匀成分分布的波长也被压缩为原来的 1/10。设未压缩试样成分的半波长为 L_1,压缩试样成分的半波长为 $L_2=L_1/10$,两个合金放在同一温度下进行均匀化退火,使压缩试样成分振幅衰减为原来的 1/e(0.368 倍),即衰减因子等于 1/e 时

$$\exp\left(-\frac{\pi^2 Dt}{L_2^2}\right)=\exp\left(-\frac{100\pi^2 Dt}{L_1^2}\right)=\frac{1}{\mathrm{e}}$$

即
$$\frac{\pi^2 Dt}{L_1^2}=\frac{1}{100}$$
而对于未压缩的试样，在相同时间内的衰减为
$$\exp\left(-\frac{\pi^2 Dt}{L_1^2}\right)=\exp\left(-\frac{1}{100}\right)=0.99$$
可见，相同时间压缩试样成分振幅衰减了（1-0.368）= 0.632（63.2%），而未压缩试样成分振幅只衰减了 0.01（1%）。由此看出，波长对衰减速度的影响是非常大的。

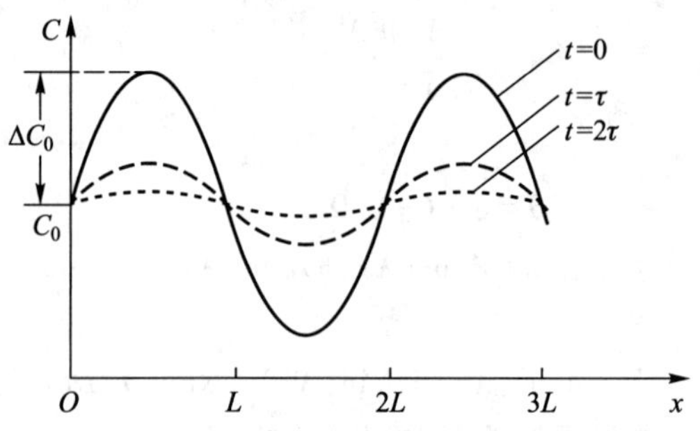

图 8-14 扩散退火时浓度振幅的衰减

如果原始成分不是正弦分布，但有一确定的波长数（$2L$），这样，总可以把原始成分用傅里叶级数描述，即将它分解成一系列谐波。初始浓度分布 $C(x,0)$ 展开傅里叶级数为
$$C(x,0)=\frac{A_0}{2}+\sum_{n=1}^{\infty}\left(A_n\cos\frac{n\pi x}{L}+B_n\sin\frac{n\pi x}{L}\right) \tag{8-60}$$
式中：
$$A_n=\frac{1}{L}\int_{-L}^{+L}C(\zeta,0)\cos\frac{n\pi\zeta}{L}\mathrm{d}\zeta$$
$$B_n=\frac{1}{L}\int_{-L}^{+L}C(\zeta,0)\sin\frac{n\pi\zeta}{L}\mathrm{d}\zeta$$
显然，其中 $A_0/2$ 等于平均浓度 C_m。原来的浓度分布分解为半波长为 L、$L/2$、$L/3$……无限个谐波叠加。按（8-57）式，这时的解为
$$C(x,t)=C_m+\sum_{n=1}^{\infty}\left(A_n\cos\frac{n\pi x}{L}+B_n\sin\frac{n\pi x}{L}\right)\exp\left[-\left(\frac{n\pi}{L}\right)^2 Dt\right] \tag{8-61}$$
每一种谐波都按其自身的衰减因子 $\exp[-(n\pi/L)^2Dt]$ 衰减。因为高阶谐波的波长短，衰减速度快，所以控制均匀化速度的是几个低阶谐波。在相同时间内当主波（$n=1$）振幅衰减到原来的 1/e（0.368 倍）时，定量地看次级（$n=2$）及第三级（$n=3$）谐波衰减的程度。对于主波（$n=1$），振幅衰减到原来的 1/e，即
$$\exp\left(-\frac{\pi^2}{L^2}Dt\right)=\frac{1}{\mathrm{e}}$$
得到
$$\frac{\pi^2}{L^2}Dt=1$$

对于次级($n=2$)谐波,在相同时间内振幅的衰减为

$$\exp\left(-\frac{4\pi^2}{L^2}Dt\right)=\exp(-4)=0.018$$

对于第三级($n=3$)的谐波,在相同时间内振幅的衰减为

$$\exp\left(-\frac{9\pi^2}{L^2}Dt\right)=\exp(-9)=0.000\ 12$$

可见,高阶谐波振幅的衰减速率比主波的快得多。这样,浓度分布很快就变成正弦(或余弦)分布。所以对于这类问题,特别是扩散时间较长时,为方便起见,常以单一的正弦(或余弦)波来近似描述。

在这种解中,有一些特殊位置在整个过程中浓度保持不变,即相位为 0、π、2π 以及和这些位置相当的地方,它们的浓度始终等于平均浓度,如图 8-14 所示。利用这一特点,可以把这种解应用到两侧表面浓度保持不变的有限厚度板的扩散过程中去。例如,将一块板放在某种气氛中,维持两侧表面浓度不变的情况下渗入或脱去其他元素的过程就可以应用此解。在初始时刻,板的浓度是均匀的,但表面浓度却不同于板内浓度(比板内的高或低);先以板的厚度为半波长,以表面浓度和板内浓度之差为振幅,把浓度分布展开成傅里叶级数;然后应用(8-61)式就可获得问题的解。

++

例题 8-5 设初始浓度 $C_0=0$、厚度为 L 的板,在维持表面浓度为 $C_S=4\%$ 的条件下向板内渗入某一扩散组元,求浓度分布随时间变化的表达式。

解 坐标原点设在板的一侧,把原浓度分布开拓成假想的周期函数,初始时刻的浓度分布是

$$C(0<x<L,t=0)=C_0$$

$$C(L<x<2L,t=0)=2C_S-C_0$$

把初始时刻的浓度分布展开成傅里叶级数,它的形式和(8-60)式相同。因为原浓度分布为奇函数,所以系数 $A_n(n\neq 0)$ 必为 0,则系数

$$A_0=\frac{1}{L}\int_0^L C_0\mathrm{d}x+\frac{1}{L}\int_L^{2L}(2C_S-C_0)\mathrm{d}x=2C_S$$

$$B_n=\frac{1}{L}\int_0^L C_0\sin\frac{n\pi x}{L}\mathrm{d}x+\frac{1}{L}\int_L^{2L}(2C_S-C_0)\sin\frac{n\pi x}{L}\mathrm{d}x=-\frac{4}{n\pi}(C_S-C_0)\times 100=-\frac{16}{n\pi}$$

式中:n 为奇数。把 A_0、B_n 代回(8-60)式,得

$$C(x,0)=C_S\times 100-\frac{4(C_S-C_0)}{\pi}\times 100\sum_{j=0}^{\infty}\frac{1}{2j+1}\sin\left(\frac{2j+1}{L}\pi x\right)=4-\frac{16}{\pi}\sum_{j=0}^{\infty}\frac{1}{2j+1}\sin\left(\frac{2j+1}{L}\pi x\right)$$

用 MATLAB 画出 $n=1,3,5,7,9$ 等几个谐波曲线,如图 8-15 所示,图中 x 从 0 到 L 是有效的部分。

* *

```
x=0:0.01*pi:8;
y=4-(16/pi)*sin(pi*x./4); y1=4-(16/(3*pi))*sin(3*pi*x./4);
y2=4-(16/(5*pi))*sin(5*pi*x./4); y3=4-(16/(7*pi))*sin(7*pi*x./4);
y4=4-(16/(9*pi))*sin(9*pi*x./4); y5=4-(16/(11*pi))*sin(11*pi*x./4);
plot(x,y,x,y1,x,y2,x,y3,x,y4,x,y5)
```

* *

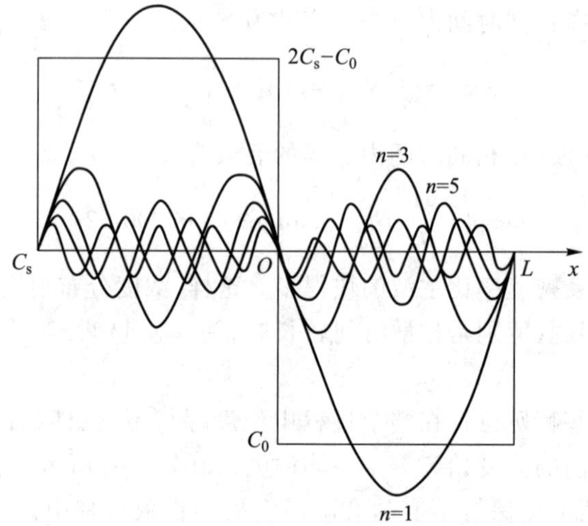

图 8-15 例题 8-5 傅里叶级数解的谐波曲线

虽然初始时刻的浓度分布展开成无限空间中的级数,但是在实际问题中,只有 $0<x<L$ 区间的解才有意义。最终的解为

$$C(x,t)=C_S-\frac{4(C_S-C_0)}{\pi}\sum_{j=0}^{\infty}\frac{1}{2j+1}\sin\left(\frac{2j+1}{L}\pi x\right)\exp\left[-\left(\frac{2j+1}{L}\pi\right)^2 Dt\right] \tag{8-62}$$

上式可以写成

$$\frac{C(x,t)-C_0}{C_S-C_0}=1-\frac{4}{\pi}\sum_{j=0}^{\infty}\frac{1}{2j+1}\sin\left(\frac{2j+1}{L}\pi x\right)\exp\left[-\left(\frac{2j+1}{L}\pi\right)^2 Dt\right]$$

根据初始条件,只取上式中级数的第 1 项(即 $j=0$),用 MATLAB 画出不同 $Dt/(4L^2)$ 下渗入物质的浓度分布曲线。因为浓度分布是以板的中面对称的,所以只画出半板厚的浓度分布曲线,如图 8-16 所示。

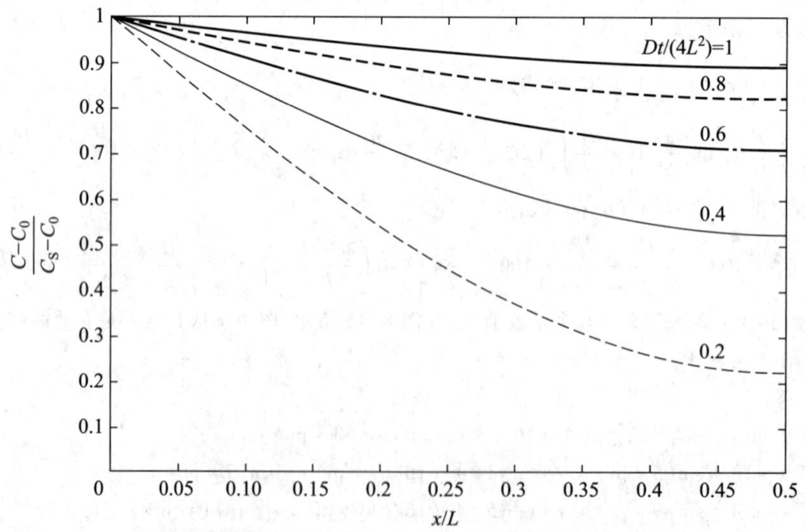

图 8-16 例题 8-5 解得不同 $Dt/(4L^2)$ 下渗入物质的浓度分布曲线

```
* * * * * * * * * * * * * * * * * * * * * * * *
>>x=0:0.01:2;
>> y1=1-(4/pi) * sin(pi * x./4) * exp(-(pi^2)/4);
>> y2=1-(4/pi) * sin(pi * x./4) * exp((-pi^2) * 0.8/4);
>> y3=1-(4/pi) * sin(pi * x./4) * exp(-(pi^2) * 0.6/4);
>> y4=1-(4/pi) * sin(pi * x./4) * exp(-(pi^2) * 0.4/4);
>> y5=1-(4/pi) * sin(pi * x./4) * exp(-(pi^2) * 0.2/4);
>> plot(x,y1,x,y2,x,y3,x,y4,x,y5)
* * * * * * * * * * * * * * * * * * * *
```

如果取(8-62)式中第1项和第2项(即 $j=0$ 和 $j=1$)计算,$Dt/(4L^2)=1$ 的浓度曲线和只取第1项计算的曲线几乎重合,可见扩散时间长时,级数项只取两三项就足够精确。

++

例题 8-6 利用例题 8-5 的结果,导出(8-49)式。

解 (8-49)式描述了初始浓度为 C_0、厚度为 L 的板,板两侧表面的浓度保持为 C_S,经长时间扩散后板内的平均浓度。例题 8-5 的结果给出了同样条件下板的浓度分布。因为扩散时间很长,例题 8-5 结果中的三角级数只取第一级的主波就足够了,这时解的形式简化(取 $j=0$ 一项)为

$$C(x,t)=C_S-\frac{4(C_S-C_0)}{\pi}\sin\frac{\pi x}{L}\exp\left[-\left(\frac{1}{L}\pi\right)^2 Dt\right]$$

现要求平均浓度 C_m,

$$\begin{aligned}
C_m &= \frac{1}{L}\int_0^L C(x,t)\,dx = C_S-\frac{1}{L}\frac{4(C_S-C_0)}{\pi}\exp\left[-\left(\frac{1}{L}\pi\right)^2 Dt\right]\int_0^L \sin\frac{\pi x}{L}dx \\
&= C_S+\frac{4(C_S-C_0)}{L\pi}\exp\left[-\left(\frac{\pi}{L}\right)^2 Dt\right]\frac{L}{\pi}\cos\frac{\pi x}{L}\bigg|_0^L \\
&= C_S+\frac{4(C_S-C_0)}{L\pi}\exp\left[-\left(\frac{\pi}{L}\right)^2 Dt\right]\frac{L}{\pi}(-1-1) \\
&= C_S-\frac{8(C_S-C_0)}{\pi^2}\exp\left[-\left(\frac{\pi}{L}\right)^2 Dt\right]
\end{aligned}$$

这个结果和(8-49)式相同。

++

8.2.7 扩散系数为常数时的高斯解

假设在一根无限长的棒中部插入一层极薄的扩散组元,组元向两边扩散,这样的扩散又称平面源扩散。扩散后,扩散浓度是以原扩散组元浓集平面对称分布的。

设原始浓度为0,在无限长棒状试样中部 $x=0$ 处嵌入厚度为 Δx、浓度为 C_2 的薄片,如图 8-17 所示。

按误差函数解进行分析,它的误差函数解为

$$\begin{aligned}
C(x,t) &= \frac{1}{2}C_2\left[\operatorname{erf}\left(\frac{x}{2\sqrt{Dt}}\right)+\operatorname{erf}\left(\frac{\Delta x-x}{2\sqrt{Dt}}\right)\right] \\
&= \frac{C_2}{\pi}\left[\int_0^{x/\sqrt{4Dt}} e^{-\zeta^2}d\zeta-\int_0^{(x-\Delta x)/\sqrt{4Dt}} e^{-\zeta^2}d\zeta\right]=\frac{C_2}{\pi}\int_{(x-\Delta x)/\sqrt{4Dt}}^{x/\sqrt{4Dt}} e^{-\zeta^2}d\zeta \qquad (8-63)
\end{aligned}$$

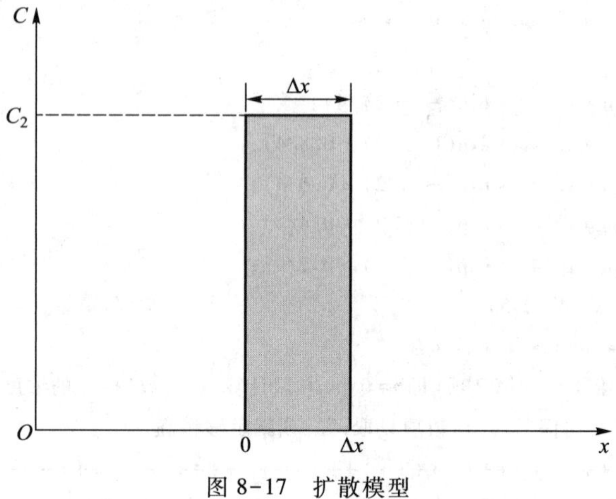

图 8-17 扩散模型

上式积分的结果为

$$C(x,t)=\frac{C_2\Delta x}{\sqrt{4\pi Dt}}e^{-x^2/(4Dt)}=\frac{M}{2\sqrt{\pi Dt}}e^{-x^2/(4Dt)} \tag{8-64}$$

式中：$M=C_2\Delta x$。对 x 从$-\infty$到$+\infty$积分，因上式是 x 的偶函数，所以积分可得

$$\int_{-\infty}^{\infty}\frac{M}{2\sqrt{\pi Dt}}e^{-x^2/(4Dt)}dx=\int_{0}^{\infty}\frac{M}{\sqrt{\pi Dt}}e^{-x^2/(4Dt)}dx=M \tag{8-65}$$

可见，M 是扩散组元浓集层中的扩散物质量。如果 $x=0(\Delta x\to 0)$，即 $t=0$ 时，$C(x,0)=M\delta(x)$，$\delta(x)$是 δ 函数，单位面积有浓集的扩散物质量 M（平面源），这就是所求平面源扩散的解。扩散后浓度分布由(8-64)式描述。因为这种解具有高斯分布的形式，并且扩散物质浓集在平面，所以这种解也称平面源的高斯解。图 8-18a 所示为平面源的扩散试样，图 8-18b 所示为平面源扩散三个不同时刻的浓度分布曲线，曲线上的数字是 Dt 的值。

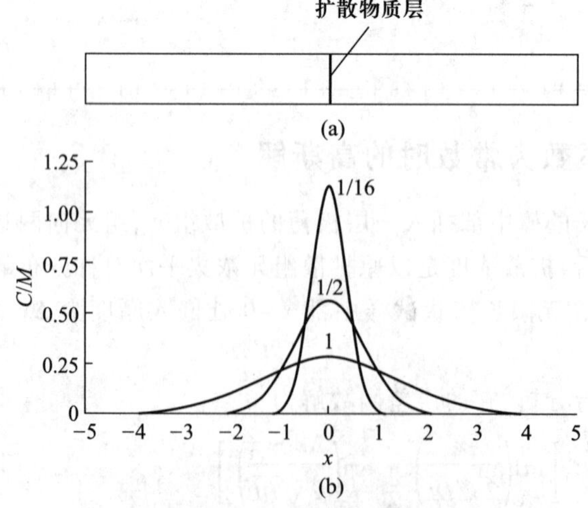

图 8-18 平面源扩散

从解得的(8-64)式看到:① 在 $x=0$ 处,$C(0,t)$ 随着 $1/\sqrt{t}$ 变化;② 在 $C(x,t)=C(0,t)/e$ 处,$x=2(Dt)^{1/2}$;③ $\partial C/\partial x$ 是 x 的奇函数,而 $\partial^2 C/\partial x^2$ 是 x 的偶函数,见图 8-19。因扩散流量 $\boldsymbol{J}\propto\partial C/\partial x$,所以 $\boldsymbol{J}$ 是 x 的奇函数,在 $x=0$ 处 $\boldsymbol{J}=0$;物质积累量 $\partial C/\partial t\propto\partial^2 C/\partial x^2$,是 x 的偶函数,$|x|$ 很小时为负值,而在 $|x|$ 很大时为正值。在 $C(x,t)$ 曲线的拐点处流量最大,但物质积累量为 0。

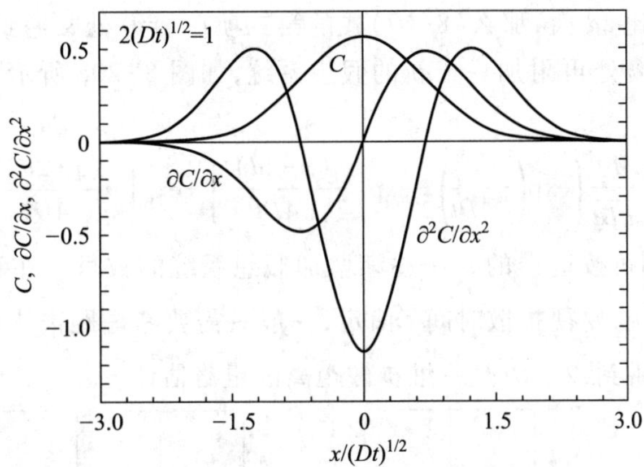

图 8-19 高斯解以及 $\partial C/\partial x$ 和 $\partial^2 C/\partial x^2$ 随 x 的变化

假设扩散过程中存在一堵不可穿透的“墙”,扩散物质抵达自由表面时物质不能穿越表面(墙)消失,而是滞留在试样之中。为了解决这样的问题,假想在“墙”的另一侧存在另一个系统(即假想系统),它是真实系统的镜像,这堵“墙”就成为真实系统和假想系统的对称平面。假想系统在真实系统一侧的扩散物质以及浓度分布就作为真实系统扩散物质遇到“墙”后反射回来的物质和浓度分布的描述。真实的扩散过程用这两个系统在没有“墙”的情况下解的叠加来近似描述。利用这种“反射”概念,可以把高斯解推广用于解决一些特殊的扩散问题。

例如,扩散组元开始时浓集于无限长试样的一侧表面(表面一薄层扩散组元),扩散组元只能向试样一侧扩散,这样表面就成为阻止扩散到另一侧的“墙”。利用“反射”概念,这时对称平面就是表面。真实系统和假想系统在没有“墙”时的浓度分布都一样。如果把表面定为 $x=0$,并且 x 的正向指向系统内,这时扩散方程的解应是(8-64)式的两倍:

$$C=\frac{M}{\sqrt{\pi Dt}}\exp\left(-\frac{x^2}{4Dt}\right) \tag{8-66}$$

当 $x<0$ 时,这个式子是没有意义的。

又例如,厚度为 d 的板在一侧涂上扩散物质,如果扩散时间比较短,扩散物质到达另一侧表面的量则可以忽略,如图 8-20a 的情况,此时可以直接用(8-66)式的结果。如果估计的扩散距离比板厚 d 大,就应该用“反射”概念来计算扩散物质的浓度分布。这时以板的另一侧表面为对称平面,放入一个假想系统,如图 8-20b 所示。这两个系统在没有“墙”时的浓度分布都可用(8-66)式表示:

$$C=\frac{M}{\sqrt{\pi Dt}}\exp\left(-\frac{x^2}{4Dt}\right) \qquad \text{(真实系统)}$$

$$C=\frac{M}{\sqrt{\pi Dt}}\exp\left[-\frac{(x-2d)^2}{4Dt}\right] \quad (\text{假想系统})$$

扩散过程的真实浓度分布是上面二者的叠加：

$$C=\frac{M}{\sqrt{\pi Dt}}\left\{\exp\left(-\frac{x^2}{4Dt}\right)+\exp\left[-\frac{(x-2d)^2}{4Dt}\right]\right\} \tag{8-67}$$

如果估计的扩散距离比 $2d$ 大，那么(8-67)式的第二项在 $x=0$ 处又遇到“墙”，因而要以 $x=0$ 为对称平面，在 $x=-2d$ 处再附加一个新的假想系统，如图 8-20c 所示。这种情况板内的浓度分布应为

$$C=\frac{M}{\sqrt{\pi Dt}}\left\{\exp\left(-\frac{x^2}{4Dt}\right)+\exp\left[-\frac{(x-2d)^2}{4Dt}\right]+\exp\left[-\frac{(x+2d)^2}{4Dt}\right]\right\} \tag{8-68}$$

如果扩散时间很长，则可按这样的办法逐渐增加假想系统的数目。在解决实际问题时究竟要采用多少个假想系统，要视扩散时间 t 而定，一般只需要考虑距离大约在 $2\sqrt{Dt}$ 以内的镜像假想系统。后面会讲到，$2\sqrt{Dt}$ 是一维扩散距离的粗略估计。

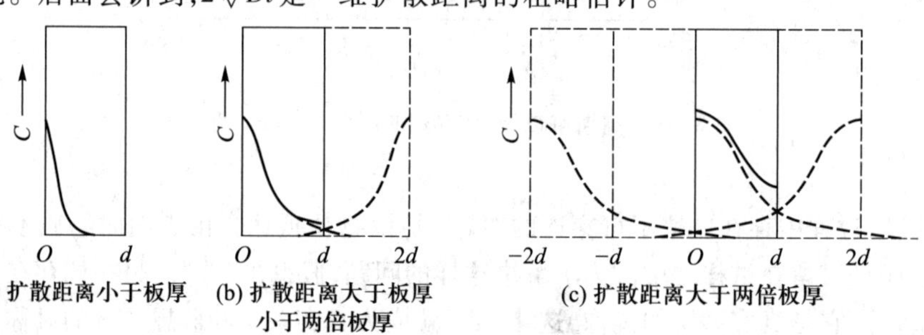

(a) 扩散距离小于板厚　(b) 扩散距离大于板厚小于两倍板厚　(c) 扩散距离大于两倍板厚

图 8-20　厚度为 d 板在一侧表面涂上扩散物质的扩散情况（图中实线是最终结果）

++

例题 8-7　试由高斯解导出误差函数解。

解　图 8-21a 给出了一侧浓度为 C_2、另一侧浓度为 C_1 的半无限长扩散偶（设截面积为 1），把浓度为 C_2 一侧分成厚度为 dx'（趋于无穷小）的无穷多小片，每片含 $(C_2-C_1)dx'$ 的扩散物质量，它们可以看作是平面扩散源。这些无穷多个平面源的扩散结果叠加就是这个扩散偶的解。(8-66)式给出的是平面源处在原点($x=0$)时的高斯解，对于处在 x' 处的平面源，其高斯解的形式是

$$\partial C(x,t)=\frac{(C_2-C_1)dx'}{2\sqrt{\pi Dt}}\exp\left[-\frac{(x+x')^2}{4Dt}\right]$$

现将所有平面源扩散的贡献叠加起来，扩散偶原来的浓度为 C_1：

$$\begin{aligned}C(x,t) &= C_1+\int_{-\infty}^{0}\partial C(t,x) = C_1+\int_{-\infty}^{0}\frac{(C_2-C_1)}{2\sqrt{\pi Dt}}\exp\left[-\frac{(x+x')^2}{4Dt}\right]dx' \\ &= C_1-\frac{1}{2}(C_2-C_1)\frac{2}{\sqrt{\pi}}\int_{\infty}^{x/\sqrt{4Dt}}\exp\left[-\left(\frac{x+x'}{\sqrt{4Dt}}\right)^2\right]d\frac{x+x'}{\sqrt{4Dt}} \\ &= C_1+\frac{1}{2}(C_2-C_1)\left[\frac{2}{\sqrt{\pi}}\int_{x/\sqrt{4Dt}}^{\infty}\exp(-\beta^2)d\beta\right] \\ &= C_1+\frac{1}{2}(C_2-C_1)\left[\frac{2}{\sqrt{\pi}}\int_{0}^{\infty}\exp(-\beta^2)d\beta-\frac{2}{\sqrt{\pi}}\int_{0}^{x/\sqrt{4Dt}}\exp(-\beta^2)d\beta\right]\end{aligned}$$

可以看出，上式方括号中的积分是误差函数 erf 积分，并且 erf(∞)= 1，erf(0)= 0，故

$$C(x,t) = C_1 + \frac{C_2 - C_1}{2}\left[1 - \frac{2}{\sqrt{\pi}}\int_0^{x/\sqrt{4Dt}} \exp(-\beta^2)\,d\beta\right]$$

$$= C_1 + \frac{C_2 - C_1}{2}\left(1 - \text{erf}\frac{x}{\sqrt{4Dt}}\right)$$

这就是误差函数解。

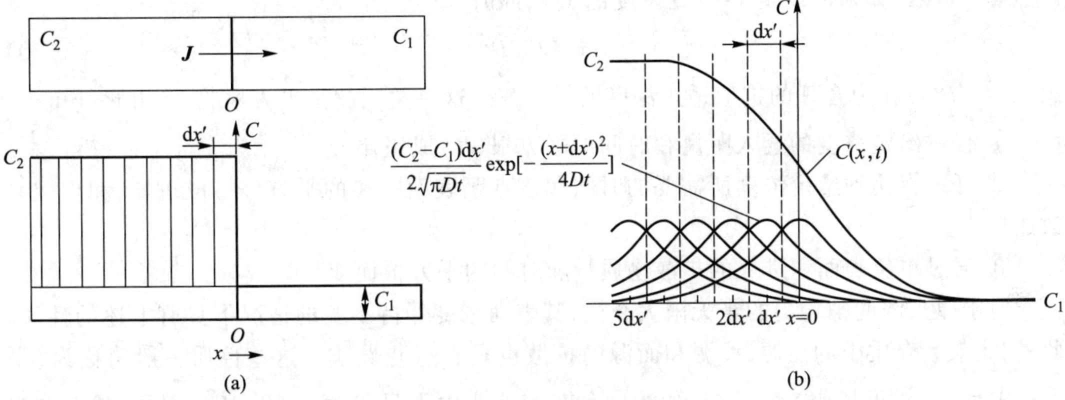

图 8-21　例题 8-7 图

++

对于二维情况，假设一根扩散物质棒（单位长度的扩散物质量是 M，物质棒的直径趋于 0）在无限大介质中扩散，此时很容易用一维解(8-66)式的乘积得出解：

$$C(x,y,t) = \frac{M_x}{\sqrt{4\pi Dt}}e^{-x^2/(4Dt)} \cdot \frac{M_y}{\sqrt{4\pi Dt}}e^{-y^2/(4Dt)} = \frac{M}{\sqrt{4\pi Dt}}e^{-r^2/(4Dt)}$$

式中：$M_x \cdot M_y = M$。对上式积分可知，M 是单位长度的扩散物质量，扩散物质棒就是线扩散源，$r^2 = x^2 + y^2$，这个结果是柱对称的。同样，假设在无限大介质中放入一物质球（扩散物质量为 M，物质球的直径趋于 0），这一物质球就是点扩散源。表 8-2 列出了点、线、面扩散源扩散方程的解。

表 8-2　点、线、面扩散源扩散方程解（扩散系数为常数）

解的类型		∇^2 的对称部分	基本解
一维扩散	一维的点源 二维的线源 三维的面源	$\frac{d^2}{dx^2}$	$C(x,t) = \frac{M}{(4\pi Dt)^{1/2}}e^{-x^2/(4Dt)}$
二维扩散	二维的点源 三维的线源	$\frac{1}{r}\frac{d}{dr}, r\frac{d}{dr}$	$C(r,t) = \frac{M}{4\pi Dt}e^{-r^2/(4Dt)}$
三维扩散	三维的点源	$\frac{1}{r^2}\frac{d}{dr}, r^2\frac{d}{dr}$	$C(r,t) = \frac{M}{(4\pi Dt)^{3/2}}e^{-r^2/(4Dt)}$

8.2.8 估算扩散透入的距离和扩散接近稳态的时间

从误差函数解(8-44)式看到,当 $[C(x,t)-C_S]/(C_1-C_S)=3/4$,或者等效于 $\mathrm{erf}\{x/[2(Dt)^{1/2}]\}=3/4$ 时,相应有

$$x\approx 1.6\sqrt{Dt} \tag{8-69}$$

从点源扩散看,如果浓度是 $x=0$ 处浓度的 $1/e$,此时

$$x\approx 2\sqrt{Dt} \tag{8-70}$$

因此,$2\sqrt{Dt}$可作为合理的扩散透入深度的估计值。这一关系就是平方根关系,由此可知:

① 任一给定浓度的透入距离和时间的平方根($\sqrt{t}$)成正比。

② 任一点达到给定浓度所需要的时间和该点距表面距离的平方(x^2)成正比,和扩散系数成反比。

③ 通过单位表面积进入的扩散物质量随时间的平方根而变。

对于原来浓度是均匀的半无限大介质,其表面浓度保持不变的情况下具有上述的性质;此外,无限大介质中的点源、线源和面源的扩散也具有这些性质。这些性质一般简称为“平方根关系”。对于其他扩散情况,如浓度分布表达式中不只包含 $x/(2\sqrt{Dt})$ 因子,或者在渗入时表面浓度有变化的情况,就不完全具有上述的性质。

8.3 扩散机制

材料是由原子、分子、离子等粒子构成的,这些粒子如何运动才使得物质发生宏观迁移?本章开始时已经提到,每个粒子在一定温度下都会发生无规的热运动,每一类粒子的热运动规律是相同的。当系统中存在扩散物质的浓度梯度,即各处的扩散物质量(粒子量)不同,每个粒子都做相等的无规跳动,就会使原来粒子多的地方的粒子数减少,原来粒子少的地方的粒子数增加,结果就发生了宏观的物质流动。在一个浓度均匀的材料系统中,粒子也是在不断地进行无规热运动,也会产生宏观的物质流动,这种过程称为自扩散。因为所有粒子是相同的,除非对某部分粒子打上记号(实际的做法是采用同位素示踪原子),否则系统的自扩散无法被感知。

晶态粒子呈空间的周期排列,不像气体和液体的粒子那样简单地随机跳动,晶体点阵限制了粒子跳动的方向和距离。这一节讨论在晶体中粒子(原子、分子或离子)从一个平衡位置跳动到另一平衡位置的方式,这些方式决定了粒子跳动的距离和速度,从而决定了扩散速度。

8.3.1 间隙机制

间隙位置的原子,从一个间隙位置跳到邻近的间隙位置,称为间隙机制,如图 8-22 中的情况 a。间隙固溶体的溶质原子就是以这种机制穿过晶体点阵扩散的。对于置换固溶体,因为自间隙原子的形成能很高,并且自间隙原子的平衡浓度十分低,因此间隙机制对扩散的贡献可以忽略。但是,如果晶体处于非平衡态,例如晶体经塑性变形或是辐照后,间隙原子浓度大幅度增加,则间隙机制的贡献不能忽略。这里所说的自间隙原子和间隙固溶体中的间隙溶质原子不同。自间隙原子的原子半径和处于平衡位置的原子相当,它们很难从一个间

隙位置挤到另一个间隙位置中，而是把相邻的一个原子挤入相邻的间隙，自己进入平衡位置来完成一次移动，如图 8-22 中的情况 b。在金属和合金中，自间隙原子的中心往往并不正好处在间隙位置的中心上。例如，在低温经辐照后，间隙原子形成一种挤列结构，如图 8-22 中的情况 c。这种挤列结构由排在一列的相邻的几个原子构成，由 n 个原子占据 $n-1$ 个原子位置，这时，n 个原子中没有一个原子的中心和间隙位置的中心相重合。当这一挤列向前推进一个小距离，挤列的最后一个原子回到平衡位置，把挤列前面一个原子纳入挤列，这相当于一个自间隙原子在这个方向移过了一个原子间距。高温时，这种间隙原子的挤列结构会转化为一种“哑铃”结构，即一个自间隙原子迫使一个处于平衡位置的原子离位，这两个原子以原来平衡位置为中心，沿某一方向成对称排列，形成一个哑铃形状的原子对。对于面心立方晶体，“哑铃”排列方向为<100>；对于体心立方晶体，“哑铃”排列方向为<110>。扩散时，哑铃原子对中的一个原子跳到邻近一个位置，使邻近的原子离位，构成新的哑铃原子对，而原来哑铃原子对的另一原子回复到平衡位置，这也相当于一个自间隙原子跳动了一个原子间距。图 8-23 表示了哑铃原子对以及原子跳动前、后的排列情况。

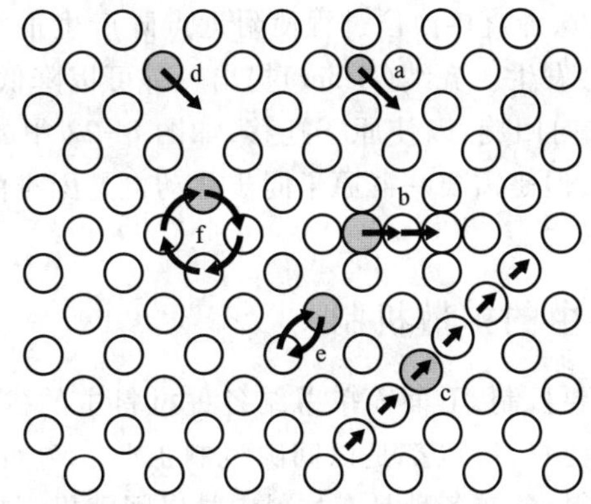

a—间隙机制；b—间隙原子邻近原子被挤入相邻间隙位置；
c—间隙原子挤列机制；d—空位机制；e—直接换位机制；
f—回旋换位机制

图 8-22 扩散机制示意图

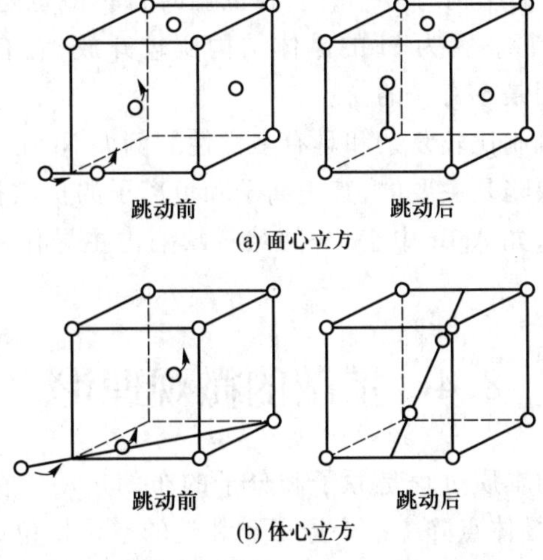

图 8-23 哑铃原子对以及原子跳动前、后的排列情况

8.3.2 空位机制

金属和合金中存在一定的平衡空位浓度,温度越高,平衡空位浓度越大,在接近熔点时,空位浓度达 $10^{-4} \sim 10^{-3}$ 位置分数。原子可以直接和空位交换位置而移动,如图 8-22 中的情况 d。显然,空位使原子易于移动。在晶体中,除了存在单空位外还存在一些空位团,例如双空位、三空位等。双空位与单空位数量的比值随温度的增加而增加,故双空位对扩散的贡献也随温度增加而增加。在稀溶体中,溶质和空位通常会结合,结果形成溶质原子-空位对,它们也对扩散有贡献。根据分子动力学计算,高温时原子跳动频率略有增大,在先、后两次跳动之间有动力学相关作用,使空位移动可以超过一个原子距离,这种空位双重跳动在高温时对扩散也有相当的影响。

8.3.3 换位机制

两个相邻原子直接换位而达到原子迁移的效果,称为直接换位机制,如图 8-22 中的情况 e。在致密晶体中,由于这种直接换位过程使附近点阵产生很大的畸变,需要很大的激活能,所以这种机制几乎不会发生。齐纳(Zener)提出一种可以降低换位激活能的回旋换位机制:n 个原子同时按一个方向回旋,以使原子迁移,如图 8-22 中的情况 f($n=4$)。虽然这样换位可以降低换位激活能,但是需要一群原子同步移动也是困难的,因此这种机制也是难以发生的。

8.3.4 各种材料中的扩散机制

上节给出了扩散的主要机制,下面简单总结各种材料中的扩散机制。尺寸小的溶质原子通常是占据基体的间隙位置,所以都是以间隙机制扩散。例如 H、C、N 等原子,它们的原子尺寸比溶剂原子尺寸小得多,在各种晶态材料中是以间隙机制方式扩散。

置换溶质原子通常以空位或间隙型缺陷换位的机制扩散。在 fcc、bcc 和 hcp 金属中,因为晶体的排列比较致密,自扩散主要是以空位机制,但在某些情况下,间隙机制对扩散也有少量的贡献。结构较为开放的 Ge(共价键,金刚石结构),自扩散通常是以空位机制进行。作为微电子器件材料的 Si 的结构与 Ge 相同,在低温时自扩散也是以空位机制进行,但在较高温度时则以间隙机制进行。因为 Si 的晶体结构比较开放,它有足够的空间容纳间隙原子,因而间隙机制能起作用是不奇怪的。

对于离子晶体,扩散机制比较复杂和具有多样性。例如 Ni 在 NiO 中自扩散机制是空位机制;在碱卤化物中空位缺陷是主要的,其正离子和负离子的扩散机制都是空位机制。离子晶体主导的缺陷类型很多,如 AgBr 中空位-间隙对缺陷占主导作用,较小的 Ag 正离子是以间隙机制扩散的。

8.4 扩散的微观理论

从微观角度看,扩散的本质过程是原子和分子的布朗运动。在晶体中原子扩散是原子在点阵中的单一跳动。在晶体点阵中一个原子和邻近的空位换位或者间隙原子的跳动这些基元跳动过程所持续的时间大约是德拜频率的倒数（约 10^{-13} s），这个时间比起原子在点阵位置停留的时间短得多。因此，点阵中扩散问题可以分为两个部分讨论。① 粒子在点阵中或多或少地无规行走。扩散跳动是单个原子固定距离的跳动，这一距离与点阵常数同一数量级。此外，在晶体的原子跳动经常是以空位或（和）间隙原子为媒介。因此，扩散是描述这些基元跳动的物理表述，这些物理量是原子的跳动速度、跳动距离、前后跳动的相关性（相关系数）等。② 如何触发每次跳动。跳动过程都是热激活的，因此跳动频率应服从阿伦尼乌斯（Arrhenius）关系，扩散系数是温度的强函数。

8.4.1 原子跳动与扩散系数

宏观扩散流是由大量原子无数次随机跳动组合而成的，这里假设原子向各个方向的跳动是等概率的。从统计学角度看，从浓度高的一侧跳到浓度低的一侧的原子数目比反向的多，这就是浓度梯度引起宏观扩散流的原因。由此看出，扩散系数的大小是由原子热运动的特性所决定的。

先从简单的情况，简单立方中的间隙原子扩散开始分析。间隙原子的溶解度都是很低的，设一个间隙位置到相邻的间隙位置的距离（即间隙原子跳动的距离）为 d（图 8-24），设跳动频率为 Γ（单位时间成功跳出平衡位置的次数），图 8-24 中在Ⅰ面单位面积的间隙原子数为 n_1，在Ⅱ面单位面积的间隙原子数为 n_2，在不存在任何跳动的驱动力的情况下，原子向三面六个方向（即上、下、左、右、前、后）跳动的速度相同，则从Ⅰ面跳到Ⅱ面的净流量 J 为：

$$J=\frac{1}{6}(n_1-n_2)\Gamma \tag{8-71}$$

Ⅰ面和Ⅱ面的体积浓度为 $n_1/d=C_1$、$n_2/d=C_2$，上式变为

$$J=\frac{1}{6}(C_1-C_2)d\Gamma \tag{8-72}$$

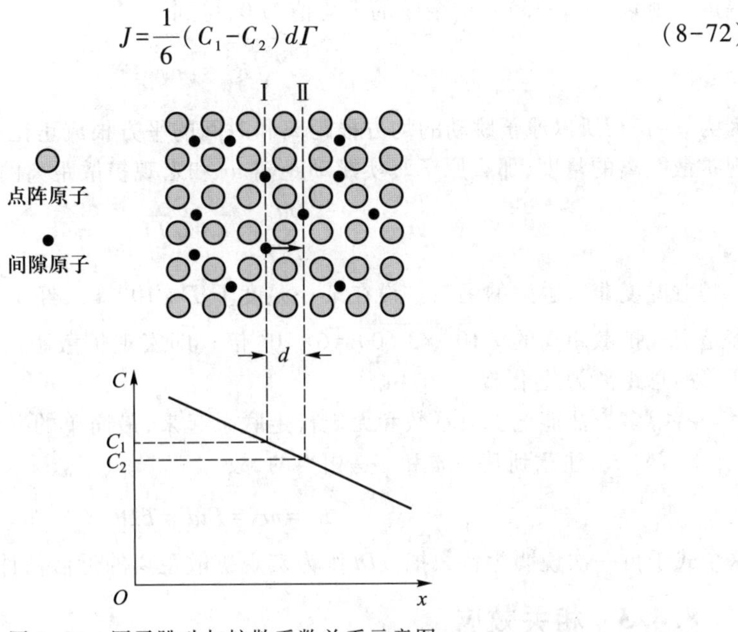

图 8-24　原子跳动与扩散系数关系示意图

d 很短，将 $\partial C/\partial x \approx (C_2 - C_1)/d$ 代入上式得

$$J = -\frac{1}{6}\Gamma d^2 \frac{\partial C}{\partial x} \tag{8-73}$$

上式与菲克定律对比，得

$$D = \frac{1}{6}d^2 \Gamma \tag{8-74}$$

这一方程称为爱因斯坦方程。扩散系数是取决于原子跳动距离 d 平方和跳动频率 Γ 的乘积。但是上面的式子是最简单的情况，它隐含着两个假设：① 原子跳动是随机的（事实上原子跳动并不完全随机，这将在后面的讨论中修正）；② 各方向每一次跳动的距离 d 是相同的［这只适用于立方系（立方晶系）晶体，对于非立方系晶体，不同方向的跳动距离和跳动频率都不相同，所以各个方向的扩散系数是不同的］。

8.4.2 随机行走与扩散距离

因为扩散过程中每个原子是随机跳动的，可以用随机行走模型来分析。在分析聚合物无规线团构象（见 4.2.7 节）时已经介绍了无规行走模型，在那里主要关心的是自回避的无规行走，而本节分析的模型中每个原子可以独立地“没有阻挡”地跳动。对于不需要自回避的无规行走，若每个原子跳动的距离为 r，跳动了 n 次（或 n 个原子跳动）后原子最终位置与原始位置的距离平方的平均值 $\overline{R_n^2}$ 为［见（4-15）式］

$$\overline{R_n^2} = nr^2\overline{\left(1 + \frac{2}{n}\sum_{i=1}^{n-1}\sum_{j=1}^{n-i}\cos\theta_{i,i+j}\right)} \tag{8-75}$$

因为原子向各方向跳动的概率是相等的，这样，任一个 $\cos\theta_{i,i+j}$ 的正负值出现的概率也是相等的。所以，（8-75）式中余弦的平均值为 0，得到

$$\sqrt{\overline{R_n^2}} = \sqrt{n}\,r \tag{8-76}$$

因为 $n = \Gamma t$，所以原子跳动的均方根距离和时间的平方根成正比（$\propto\sqrt{t}$），如果把 $\sqrt{\overline{R_n^2}}$ 作为宏观扩散距离的量度，那么原子真实跳动距离 nr 和宏观扩散距离的比为

$$\frac{nr}{\sqrt{n}\,r} = \sqrt{n} = \sqrt{\Gamma t}$$

Γ 是对温度非常敏感的函数。设在某一温度下 $\Gamma = 10^{10}\ \mathrm{s^{-1}}$，经 1 h 扩散后，原子真实跳动距离是宏观扩散距离的 $\sqrt{10^{10}\times 3\,600} = 6\times 10^6$ 倍。即宏观扩散距离为 1 mm，而每个原子平均迁移的总距离为几千米。

有很多方法能把扩散系数和无规行走联系起来，最简单的办法就是直接把（8-74）式代入（8-76）式，注意到其中 d 和 r 是相当的，故

$$\overline{R_n^2} = nr^2 = \Gamma t d^2 = 6Dt \tag{8-77}$$

这个式子再一次说明为什么把 $\sqrt{Dt}$ 作为宏观扩散距离的近似估计。

8.4.3 相关效应

上面讨论的每一次原子跳动是独立的，和前一次跳动无关，即没有记忆。这种跳动次序

称为马尔可夫链跳动序,只有少数扩散机制的原子跳动是这种情况。例如简单的间隙机制,因为间隙固溶体溶质浓度很低,所以可以认为每一个间隙原子邻近的间隙位置是空着的,间隙原子从一个间隙到邻近间隙的跳动在所有方向上的概率几乎都是相等的,即每次跳动都是独立的。

空位机制的扩散过程中,原子每次跳动都不是完全独立的,下面用一个二维密排堆垛结构的例子说明这个问题。如图 8-25 所示,一个示踪原子(位置 6)和邻近的空位(位置 7)换位后,下一次跳动的去向可能是相邻的 1、2、3、4、5 和 6 位置。如果示踪原子返回位置 6,直接和空位换位就可以了;如果示踪原子要跳到位置 1,那么要等待位置 1 的原子和空位交换位置后才有可能;如果示踪原子要跳到位置 2,那么要等待空位和其他原子换位若干次换到位置 2 才有可能。这样看来,示踪原子第二次向邻近各位置跳动的难易程度是不同的,显然跳回原来位置的机会最大,其次是跳到位置 1 或 5,再次为位置 2 或 4,跳到位置 3 的机会最小,这就说明原子的每次跳动不是独立的,而是和上次跳动相关。原子跳动的相关性,使真实扩散系数 D_{act} 和以原子完全随机跳动导出的扩散系数 D_{ran} 有差异,定义这两个扩散系数的比值 f_0 为相关系数:

$$f_0=\frac{D_{act}}{D_{ran}} \tag{8-78}$$

因为原子每次跳动的非完全独立性,(8-75)式的第二项不为 0,根据(8-78)式得到

$$f_0 = 1 + \lim_{n\to\infty}\frac{2}{n}\left\langle \sum_{i=1}^{n-1}\sum_{j=1}^{n-i}\cos\theta_{i,i+j}\right\rangle \tag{8-79}$$

当考虑了相关效应后,(8-77)式的扩散系数应该写成

$$D=\frac{1}{6}f_0 d^2 \Gamma \tag{8-80}$$

很明显,相关系数对扩散机制是非常敏感的。研究者对一些材料自扩散机制的相关系数做了精确计算,其结果列于表 8-3 中。

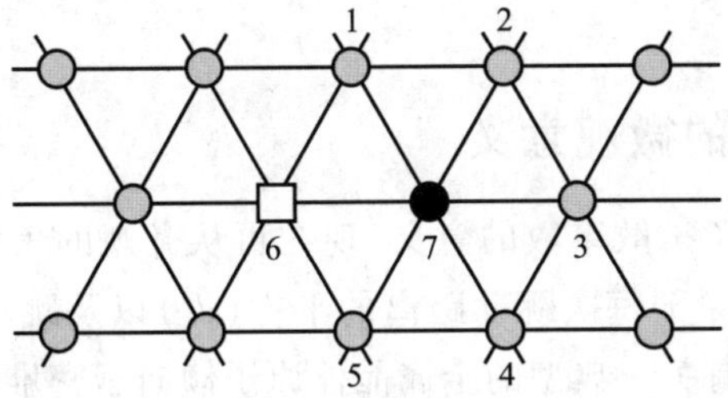

图 8-25 二维密排堆垛结构中示踪原子扩散移动相关性的说明

单凭经验看,原始空位第一次跳动时,跳到任一相邻位置的概率是相同的,如果配位数是 Z, 则这个概率等于 $1/Z$。前面已经说过,当置换原子(或基体原子)与其相邻的空位换位后,它的下一次向相邻位置的跳动概率就不相同,跳回原来位置的概率最大,但这样的跳动不会导致净位移,即取消了上一次的跳动。换句话说,跳动的有效次数不再是 n 而是 $n(1-2/Z)$。扩散系数会降低,相关系数等于

$$f_0 \approx 1-\frac{2}{Z} \tag{8-81}$$

Compaanh 和 Haven 指出,对于空位机制,可用如下简单公式估算相关系数:

$$f_0=\frac{Z-1}{Z+1}=1-\frac{2}{Z+1} \tag{8-82}$$

式中:Z 是原子在晶体中的配位数。这样,只需要了解晶体的简单几何知识,就可以近似估算相关系数。例如,简单立方、体心立方和面心立方的配位数 Z 分别为 6、8 和 12,用(8-82)式估算的 f_0 分别为 0.71、0.78 和 0.85,和表 8-3 的值比较,误差不超过 10%。

表 8-3　不同晶体结构中几种自扩散机制的相关系数 f_0

晶体结构	扩散机制	相关系数 f_0
金刚石结构	空位	0.500 00
简单立方	空位	0.653 11
体心立方	空位	0.727 22
面心立方	空位	0.781 21
面心立方	双空位	0.457 9
简单立方	(a)挤列式间隙 (b)非挤列式间隙	0.800 00 0.969 70
面心立方	(a)挤列式间隙 (b)非挤列式间隙 (c)<100>哑铃间隙	0.666 66 0.727 40 0.439 5

从表 8-3 看出,相关效应对扩散系数的影响并不是很大的,所以通常忽略相关效应对扩散系数的影响。但是相关效应理论还是重要的,根据它可以用不同方法测量扩散系数来求出 f_0,从而确定扩散机制。

8.4.4　扩散系数的微观意义

前面从宏观角度分析了扩散系数的意义,现在再从微观的角度讨论扩散系数。从(8-74)式可看出,扩散系数和原子每次跳动距离的平方(d^2)以及跳动频率(Γ)成正比,d 和晶体点阵类型以及点阵常数有关。典型的金属晶体原子倾向于密堆排列,所以 d 的差别不大。Γ 和邻近扩散原子的配位数 Z、邻近位置可以接纳扩散原子的概率 P 以及扩散原子跳离平衡位置的频率 ω 有关,所以 Γ 表示为

$$\Gamma=ZP\omega \tag{8-83}$$

ω 对温度非常敏感,对于空位机制,P 也对温度敏感,所以 Γ 对温度是敏感的。虽然温度改变由于热膨胀使 d 有所变化,但是 D 对温度非常强的关系主要来源于温度对 Γ 的影响。

间隙固溶体中间隙原子从一个间隙位置跳到邻近一个间隙位置时必须经历一个使点阵中溶剂原子挤开的过程,如图 8-26 所示。即间隙原子通过第一个间隙的中间位置时要克服

能垒ΔG_m,这个能垒称迁移激活自由能。一个间隙原子能够获得这种跳动的机会取决于ΔG_m和原子平均能量 $k_B T$ 的比值,故 ω 为

$$\omega = \nu \exp\left(-\frac{\Delta G_m}{k_B T}\right) \tag{8-84}$$

式中:ν 为原子的振动频率(德拜频率)。温度升高,原子平均动能加大,$\Delta G_m/k_B T$ 减小,扩散原子能跳入邻近间隙位置的概率增大。另外,因为间隙固溶体的饱和浓度都很低,可以看作间隙原子周围的间隙位置都是空着的,都可以让扩散原子跳入,所以 $P \approx 1$。显然原子跳动前后无相关性,$f_0 = 1$,故

$$D = \frac{1}{6} d^2 Z \nu \exp\left(-\frac{\Delta G_m}{k_B T}\right) \tag{8-85}$$

把迁移激活自由能写成$\Delta G_m = \Delta H_m - T\Delta S_m$,其中$\Delta H_m$ 是迁移激活焓,ΔS_m 是迁移激活熵,上式变为

$$D = \frac{1}{6} d^2 Z \nu \exp\left(\frac{\Delta S_m}{k_B}\right) \exp\left(-\frac{\Delta H_m}{k_B T}\right) \tag{8-86}$$

对于面心立方晶体,间隙位置的配位数 $Z = 12$,$d = a\sqrt{2}/2$,a 是点阵常数,而对于体心立方晶体,$Z = 8$,$d = a\sqrt{3}/2$。

置换固溶体中扩散原子以空位机制迁移时,也会使邻近原子发生位移,即也需要克服一个在过渡位置的能量位垒ΔG_m,所以 ω 的表达式也和(8-84)式相同。因为扩散原子要和空位换位,所以邻近位置可以让扩散原子跳入的概率 $P = x_v$,x_v 为空位浓度,故扩散系数为

$$D = \frac{1}{6} f_0 d^2 Z x_v \nu \exp\left(-\frac{\Delta G_m}{k_B T}\right) \tag{8-87}$$

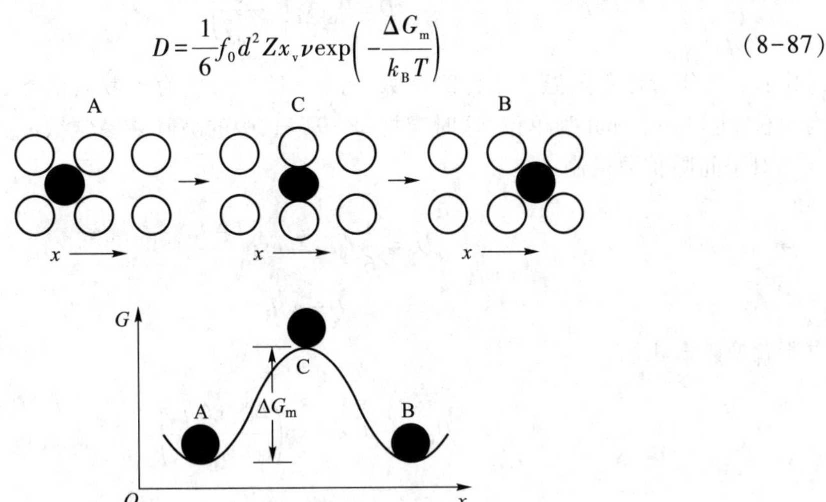

图 8-26 间隙原子从一个间隙位置(A)跳到相邻的间隙位置(B)经历的中间过程(C)及需要克服的能垒的示意图

如果在扩散时空位保持平衡浓度,对于金属晶体,空位的平衡浓度是

$$x_v = \exp\left(-\frac{\Delta G_f}{k_B T}\right)$$

式中：ΔG_f 为空位形成自由能，最后扩散系数为

$$D=\frac{1}{6}f_0d^2Z\nu\exp\left(-\frac{\Delta G_m+\Delta G_f}{k_BT}\right) \tag{8-88}$$

式中：$\Delta G_f=\Delta H_f-T\Delta S_f$，$\Delta H_f$ 和ΔS_f 分别是空位形成焓和形成熵，故

$$D=\frac{1}{6}f_0d^2Z\nu\exp\left(\frac{\Delta S_m+\Delta S_f}{k_B}\right)\exp\left(-\frac{\Delta H_m+\Delta H_f}{k_BT}\right) \tag{8-89}$$

对于金属晶体，面心立方晶体 $Z=12$，$d=a\sqrt{2}/2$；体心立方晶体 $Z=8$，$d=a\sqrt{3}/2$。

如果扩散过程中空位浓度不是平衡浓度，则扩散系数不能采用(8-89)式，而要把真实的空位浓度代入(8-87)式。例如某一材料在高温 T_2 保温后激冷到 T_1 温度，在 T_1 温度下进行扩散，若忽略了从 T_2 冷却到 T_1 过程中消失的空位，在刚到达 T_1 时，空位浓度仍保持 T_2 温度下的平衡浓度，这时的扩散系数应为

$$D=\frac{1}{6}f_0d^2Z\nu\exp\left(-\frac{\Delta G_f}{k_BT_2}\right)\exp\left(-\frac{\Delta G_m}{k_BT_1}\right) \tag{8-90}$$

随着在 T_1 温度下扩散时间延长，空位浓度逐渐到达 T_1 温度的平衡浓度，上式的 T_2 应改回 T_1，即扩散系数变回(8-89)式。

经验证明了扩散系数和温度间的指数关系，扩散系数的经验表达式为

$$D=D_0\exp\left(-\frac{Q}{k_BT}\right) \tag{8-91}$$

式中：D_0 近似看作不随温度变化的常数，称频率因子；Q 为扩散激活能，可以用电子伏特 eV 为单位，也可用 J/mol 为单位，这时应把(8-91)式中的玻耳兹曼常数 k_B 换成气体常数 R。

对于间隙扩散机制，

$$D_0=\frac{1}{6}f_0d^2Z\nu\exp\left(\frac{\Delta S_m}{k_B}\right)$$

$$Q=\Delta H_m$$

对于置换扩散机制，

$$D_0=\frac{1}{6}d^2Z\nu\exp\left(\frac{\Delta S_f+\Delta S_m}{k_B}\right)$$

$$Q=\Delta H_f+\Delta H_m$$

和间隙机制不同，空位机制的 D_0 还包含有关空位形成熵项，而且扩散激活能是空位形成焓和迁移激活焓的总和。表 8-4 列出一些金属自扩散的迁移激活焓ΔH_m、空位形成焓ΔH_f 和扩散激活能 Q，并且看到 Q 基本等于$\Delta H_f+\Delta H_m$。但在间隙机制中，间隙原子相邻的间隙位置就是间隙原子迁移的位置，所以 $Q=\Delta H_m$。此外，沿位错扩散、晶界扩散和表面扩散的扩散激活能都不相同。因此，了解某种扩散过程的激活能对于理解扩散的机制非常重要。

表 8-4 一些金属自扩散ΔH_m、ΔH_f 和 Q

金属	ΔH_m/eV	ΔH_f/eV	$\Delta H_m+\Delta H_f$/eV	Q/eV
Au	0.83	0.95	1.78	1.76
Al	0.62	0.67	1.29	1.28
Pt	1.43	1.51	2.94	2.9
Cu	0.71	1.28	1.99	2.07
Ag	0.66	1.33	1.79	1.76
W	1.7	~3.6	~5.3	<5.7
Mo	1.3	~3.2	~4.5	~4.5

一般认为,D_0 和 Q 的值与温度近似无关,只是随扩散机制以及材料不同而不同。如果确实如此,那么对(8-91)式两边同时取对数,$\ln D$ 对 $1/T$ 作图就应该得到一条直线,直线的斜率就是$-Q/k_B$(或$-Q/R$)。但是实验结果并不完全如此,主要原因有以下三点:

① D_0 和 Q 可能都随温度变化。例如,体心立方金属锆和钛的自扩散时,D_0 和 Q 都随温度有变化。

② 扩散可能以多种机制同时进行。例如,在正常的置换式固溶体中往往会有少量的间隙原子,于是扩散就可能以空位、间隙两种机制同时进行。

③ 某些材料的扩散机制可能随温度而改变。例如,Ge 在 Si-Ge 合金中,高温时是以间隙机制扩散,低温时是以空位机制扩散。

上面的分析没有考虑组元浓度不同对原子跳动的影响,所以只适用于纯组元的自扩散。对于间隙固溶体的简单间隙扩散机制,由于间隙原子浓度一般是极小的,上面的分析基本上是合适的。对于置换固溶体,因为异类原子存在,这首先是加大了扩散过程原子前后两次跳动的相关性,这是因为不同类型原子和空位换位的难易程度不同。由于情况非常复杂,目前为止还未能找到一个合适的一般式子来精确估计相关系数。

++

例题 8-8 图 8-27 所示为 Cu 在 Au 中扩散系数 D 的常用对数与热力学温度倒数的关系。确定扩散激活能 Q 及扩散常数 D_0。

解 根据(8-91)式可知,图 8-27 中直线的斜率为$-Q/(2.3R)$,直线在 $1/T=0$ 的截距为 $\lg D_0$ 的值。激活能为

$$Q=-2.3R\frac{\Delta \lg D}{\Delta(1/T)}=-2.3R\frac{\lg D_1-\lg D_2}{1/T_1-1/T_2}$$

式中:D_1 和 D_2 分别是 T_1 和 T_2 温度下的扩散系数。

任取 $1/T_1=0.8\times10^{-3}\ \mathrm{K^{-1}}$ 和 $1/T_2=1.1\times10^{-3}\ \mathrm{K^{-1}}$,从图得出对应的 D_1、D_2,再取对数 $\lg D_1=-12.4$、$\lg D_2=-15.45$(注意,图中给出的是扩散系数值而不是对数值),代入上式:

$$\begin{aligned}Q&=-2.3\times[8.31\ \mathrm{J/(mol\cdot K)}]\times\frac{-12.4-(-15.45)}{(0.8-1.1)\times10^{-3}\ \mathrm{K^{-1}}}\\&=194\ \mathrm{kJ/mol}\end{aligned}$$

把图中的直线外推到 $1/T$ 处(图未给出),因为 $\lg D$ 与 $1/T$ 呈线性关系,有

$$\lg D_0 = \lg D + \frac{Q}{2.3R} \cdot \frac{1}{T}$$

将 $1/T_2 = 1.1\times10^{-3}\ \mathrm{K}^{-1}$、$\lg D_2 = -15.45$ 以及 Q 值代入，得到

$$\lg D_0 = -15.45 + \frac{(194\ 000\ \mathrm{J/mol})\times1.1\times10^{-3}\mathrm{K}^{-1}}{2.3\times8.31\ \mathrm{J/(mol\cdot K)}} = -4.28$$

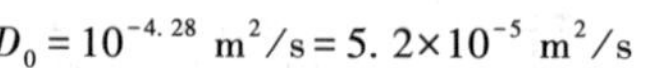

$$D_0 = 10^{-4.28}\ \mathrm{m^2/s} = 5.2\times10^{-5}\ \mathrm{m^2/s}$$

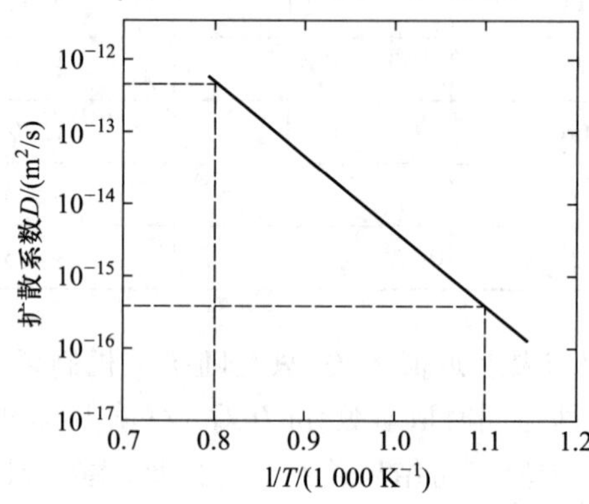

图 8-27 例题 8-8 图

8.5 互扩散和柯肯德尔(Kirkendall)效应

当固溶体存在溶质的浓度梯度时，原子的跳动就更为复杂，基体(溶剂)原子和溶质原子都会因梯度的存在而扩散，这时的扩散系数称为互扩散系数(记为 $\tilde{D}$)。显然，互扩散系数与浓度有关。

8.5.1 扩散的坐标系

扩散的一个重要参数就是扩散流量 $\boldsymbol{J}$，它表示单位时间内通过单位面积的物质量。流量总是相对于一定的参考坐标系而言的，如果系统中第 i 组元在某处相对于某一参考坐标系的移动速度为 $\boldsymbol{v}_i$，并且在那里的体积浓度为 C_i，则这个组元在该处相对于所选参考坐标系的流量为

$$\boldsymbol{J}_i = C_i \boldsymbol{v}_i \tag{8-92}$$

对于不同的参考坐标系，组元运动速度不同，从而流量也不同。研究扩散过程常遇到几种不同的坐标系，它们对描述不同的过程有各自的作用。

(1) 点阵坐标系(体积固定坐标系或 C-坐标系)：这种坐标系是把坐标系固定在晶体点阵的原子面上。由于原子面难以看见，很难应用这种坐标系。如果在晶体内插入惰性标志物，这些标志物可以是高熔点物质制造的细丝，也可以是存在于晶体内的氧化物粒子等，它们对所讨论的扩散过程既无贡献又不改变扩散过程，只是随着邻近的原子面移动，相当于固定在晶体点阵原子面上。如果扩散过程点阵发生移动，它随点阵一起移动。利用这些标志

物可以获得点阵坐标系的坐标架。相对这个坐标系描述一个多元系的扩散过程需要各组元的扩散系数 D_i（本征扩散系数）以及各组元的扩散流量（记为 $\boldsymbol{J}_i$）。

（2）实验坐标系（V-坐标系）：这种坐标系相对于观察者是不动的。一般把坐标系固定在研究试样的端部，忽略扩散过程的体积变化（定容），这种参考坐标系也可以固定在试样的不受扩散影响的任意固定位置上。相对这种参考坐标系描述扩散过程只需互扩散系数 $\tilde{D}$，称扩散流量记为 $\boldsymbol{J}^0$。

对于间隙固溶体，溶质原子处在溶剂点阵的间隙位置中，间隙原子扩散是从一个间隙位置到相邻的间隙位置，间隙原子只在固定的溶剂点阵框架的间隙穿行。因为间隙固溶体的浓度都是很低的，可以认为一个间隙原子近邻的间隙位置都是空的，所以原子跳动次序没有相关性。又因为溶质浓度很低，浓度变化引起的体积变化可以忽略，其扩散流量在上述的两种坐标系是相同的，即 $\boldsymbol{J}=\boldsymbol{J}^0$。溶剂和溶质之间没有交互的扩散，并且由于整个浓度场的浓度差异不大，通常可以用一个平均的扩散系数来描述各处的扩散系数。对于溶剂只有在点阵中自扩散。

下面以二元系扩散的简单情况讨论，其基本思想在多元系也是适用的。

8.5.2 置换固溶体中扩散

置换固溶体中溶质和溶剂的扩散，经常起作用的是原子和单个空位换位的机制。在没有其他场（如电场、温度场等）的作用下，只存在浓度场的扩散（即化学扩散）。从简单的相关效应看，溶剂原子和溶质原子的扩散相关性不同，从而本征扩散系数不同，即 $D_A \neq D_B$。对应不同坐标系，扩散的描述不同。

相对于 C-坐标系的一维扩散第一定律为

$$\boldsymbol{J}_A = -D_A \frac{\partial C_A}{\partial x}; \qquad \boldsymbol{J}_B = -D_B \frac{\partial C_B}{\partial x} \tag{8-93}$$

式中：$\boldsymbol{J}_A$ 和 $\boldsymbol{J}_B$ 分别是局域 C-坐标系中 A 和 B 的扩散流量，是本征扩散流量。因为 $D_A \neq D_B$，则 $\boldsymbol{J}_A \neq \boldsymbol{J}_B$。例如，二元系 A-B 的一维扩散偶扩散，若 $\boldsymbol{J}_A \neq \boldsymbol{J}_B$，若空位保持平衡浓度，就导致有净物质流通过扩散偶的结合面，使扩散偶相对于 C-坐标系一侧收缩、另一侧扩大。如果 $D_A > D_B$，在晶体坐标系（C-坐标系）观察，扩散流量（空位机制）的关系是

$$\boldsymbol{J}_A = -(\boldsymbol{J}_B + \boldsymbol{J}_v) \tag{8-94}$$

B 侧接受的超额原子在位错等缺陷处而使 B 侧扩大，A 侧的超额空位也将在位错等缺陷处湮灭，空位湮灭发生体积收缩，如图 8-28a 所示。因为在扩散偶两端扩散流量为 0，不涉及体积变化。所以，C-坐标系相对于固定坐标系（实验坐标系，V-坐标系）以 v 的速度向 A 侧发生移动，如图 8-28b 所示。C-坐标系平面又称柯肯德尔平面，柯肯德尔平面移动就是所谓的柯肯德尔效应，柯肯德尔平面移动速度记为 v_K。

1947 年，Smigelskas 和 Kirkendall 在铜与黄铜组成的扩散偶中首先观察到，二元合金中两个组元的扩散速度不同。他们把纯 Cu 和 $w_{Zn}=30\%$ 的 Cu-Zn 合金焊合，如图 8-29a 所示，在原始结合面（焊合面）放入细钼丝作为惰性标志物，这个面就是柯肯德尔平面。钼丝的熔点比铜的高得多，在钼丝中空位形成能和迁移能也比周围材料高得多，结果，在讨论的扩散

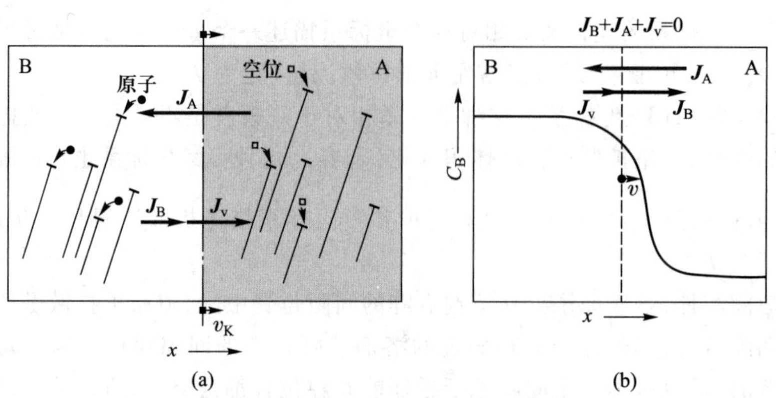

图 8-28 二元材料中以空位机制互扩散时组元的流量关系示意图

温度下，空位流不渗入标志物，标志物随点阵一起移动。实验表明，在 785 ℃扩散后，标志面移向富 Zn 的一侧，这一现象就是柯肯德尔效应。图 8-29b 是试样在 785 ℃保温后测得的界面（柯肯德尔平面）移动的距离与时间的关系。标志面的移动，说明 Zn 的扩散比 Cu 快（后来测得 D_{Zn} 比 D_{Cu} 大约大三个数量级）。如果扩散时没有发生孔洞或表面隆起，放入的标志面就是作为点阵参考系的面，标志面相对试样一端的移动就是点阵坐标系相对于实验坐标系的移动。只要移动速度 v 不为 0，两个本征扩散系数就不相等，标志面总是移向富扩散快的组元一侧。柯肯德尔效应是研究固态扩散的一个重要发现，根据它可以摒弃直接换位机制，因为如果两个组元直接换位，忽略原子尺寸差异，标志面就不会移动，它们的本征扩散系数只能相等。柯肯德尔效应为空位机制提出了间接的证明。

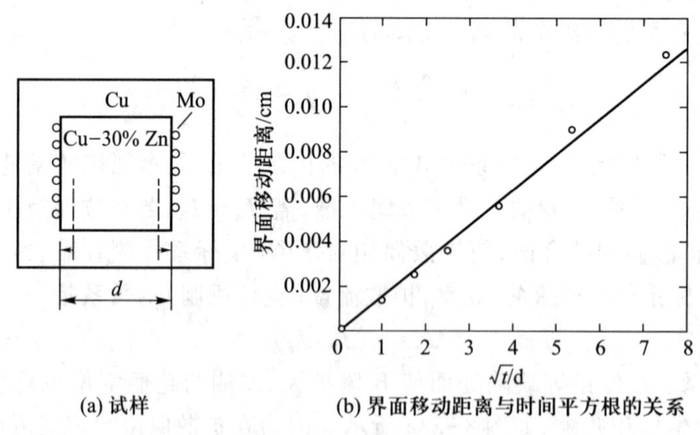

(a) 试样　(b) 界面移动距离与时间平方根的关系

图 8-29 Smigelskas 和 Kirkendall 的实验

下面讨论柯肯德尔平面移动速度 $\boldsymbol{v}_K$。若在某处点阵坐标系相对于实验坐标系的运动速度为 v_K，则在该处相对于两种参考坐标系的流量之间的关系为

$$\boldsymbol{J}_i^0=\boldsymbol{J}_i+C_i\boldsymbol{v}_K=C_i(\boldsymbol{v}_i+\boldsymbol{v}_K) \tag{8-95}$$

式中：$\boldsymbol{J}_i^0$ 和 $\boldsymbol{J}_i$ 分别是系统中 i 组元相对于实验坐标系和点阵坐标系的流量。对于空位机制，"组元"应包括空位，为了突出空位的作用，把空位流量另外写出，表示为 $\boldsymbol{J}_v$（或 $\boldsymbol{J}_v^0$），之后讨

论的 $\boldsymbol{J}_i$ 中的 i 组元不包括空位。设系统中含有 n 个组元,系统的总体积浓度 C 应为

$$C = \sum_{i=1}^{n} C_i \tag{8-96}$$

式中的 i 也不包括空位,因为空位浓度非常低,在计算其他组元浓度时可以忽略它。相对于点阵坐标系,由于点阵是固定的,所以通过点阵坐标系的流量总和为 0,即

$$\sum_{i=1}^{n} \boldsymbol{J}_i + \boldsymbol{J}_{\mathrm{v}} = 0 \tag{8-97}$$

如果在扩散过程能保持空位平衡浓度,即空位行为对不可逆过程的熵增不起作用,这时采用实验坐标系,由于坐标系相对于试样端部固定,相对于这个坐标系的空位流量为 0,所以其他各组元流量之和为 0,即

$$\sum_{i=1}^{n} \boldsymbol{J}_i^0 = 0 \tag{8-98}$$

联合(8-95)式、(8-96)式和(8-98)式,获得这两个坐标系间的相对运动速度(柯肯德尔平面移动速度) $\boldsymbol{v}_{\mathrm{K}}$ 和流量之间的关系:

$$\boldsymbol{v}_{\mathrm{K}} = -\frac{1}{C}\sum_{i=1}^{n} \boldsymbol{J}_i = \frac{1}{C}\sum_{i=1}^{n} D_i \nabla C_i \tag{8-99}$$

应再次强调,上式中的求和项不包含空位流量。上式的负号表明点阵坐标系移动的方向是总流量方向的反向。这个式子所表达的物理意义是很容易理解的。

8.5.3 互扩散系数与本征扩散系数的关系——达肯(Darken)公式

对于 A-B 二元系,按(8-99)式:

$$\boldsymbol{v}_{\mathrm{K}} = -\frac{1}{C}(\boldsymbol{J}_{\mathrm{A}} + \boldsymbol{J}_{\mathrm{B}}) = \frac{1}{C}(D_{\mathrm{A}} - D_{\mathrm{B}}) \nabla C_{\mathrm{A}} \tag{8-100}$$

互扩散和柯肯德尔效应的最早理论分析是由达肯给出的。以简单的 A-B 二元系为例讨论。因为 $x_i = C_i / C$,所以按(8-100)式:

$$\boldsymbol{v}_{\mathrm{K}} = -\frac{1}{C}(\boldsymbol{J}_{\mathrm{A}} + \boldsymbol{J}_{\mathrm{B}}) = (D_{\mathrm{A}} - D_{\mathrm{B}}) \nabla x_{\mathrm{A}} \tag{8-101}$$

将上式代入(8-95)式,因为 $x_i = C_i / C$,得到

$$\boldsymbol{J}_{\mathrm{A}}^0 = -\boldsymbol{J}_{\mathrm{B}}^0 = x_{\mathrm{B}} \boldsymbol{J}_{\mathrm{A}} - x_{\mathrm{A}} \boldsymbol{J}_{\mathrm{B}} \tag{8-102}$$

这就是组元在两个坐标系下的流量间的关系。上式展开并注意到 $x_{\mathrm{A}} + x_{\mathrm{B}} = 1$,得到

$$\boldsymbol{J}_{\mathrm{A}}^0 = -\boldsymbol{J}_{\mathrm{B}}^0 = -x_{\mathrm{B}} D_{\mathrm{A}} \nabla C_{\mathrm{A}} + x_{\mathrm{A}} D_{\mathrm{B}} \nabla C_{\mathrm{B}} = -(x_{\mathrm{A}} D_{\mathrm{B}} + x_{\mathrm{B}} D_{\mathrm{A}}) \nabla C_{\mathrm{A}} = -\tilde{D} \nabla C_{\mathrm{A}} \tag{8-103a}$$

同理有

$$\boldsymbol{J}_{\mathrm{B}}^0 = -\tilde{D} \nabla C_{\mathrm{B}} \tag{8-103b}$$

从上式看到,互扩散系数 $\tilde{D}$ 与本征扩散系数 D_{A} 和 D_{B} 的关系:

$$\tilde{D} = (x_{\mathrm{B}} D_{\mathrm{A}} + x_{\mathrm{A}} D_{\mathrm{B}}) \tag{8-104}$$

上式称达肯公式。从上式看出, x_{B} 趋于 0 时, $\tilde{D} \approx D_{\mathrm{B}}$。本征扩散系数是组元相对点阵坐标系

而言的，互扩散系数则是相对实验坐标系而言的，在 A-B 二元系中，本征扩散系数 D_A 和 D_B 数值是不同的，而互扩散系数只有一个 $\tilde{D}$。

8.5.4 扩散的热力学分析

一个 n 元系平衡时，体系唯一由规定的 $T, P, \mu_1, \mu_2, \cdots, \mu_n$ 以及 ϕ 确定。其中 μ_i 是组元化学势，ϕ 是任何相关的标量势（例如电势等）。因此，扩散流量和这些势的梯度成正比。在等温等压以及不存在任何相关的标量势 ϕ 的情况下，扩散流量仅与化学势成正比，即扩散的驱动力是化学势梯度。

本征扩散系数是某组元扩散速度的表征。可以根据扩散流量与化学势之间的关系，导出本征扩散系数与热力学性质之间的关系。但是这样的推导从概念上有些复杂，为了简化，这里用一种比较简单但概念不十分严格的方法来导出这些关系。

对于 A-B 二元系 B 在 A 中的稀溶液：当 x_B 趋于 0 时，$\tilde{D} \approx D_B$。在固溶体中组元 B 的迁移速度 $\boldsymbol{v}_B$ 与它所受的力 $\boldsymbol{F}_B$ 成正比，即

$$\boldsymbol{v}_B = M_B \boldsymbol{F}_B \tag{8-105}$$

式中的比例系数 M_B 称为 B 组元的迁移率。假设 A 组元的化学势梯度对 B 组元的作用可以忽略，从热力学看，对于一维扩散，$F_B = -\partial\mu_B/\partial x$，$\mu_B$ 是 B 组元的化学势。注意，这里的 x 没有下标，是表示距离。把（8-105）式代入（8-92）式得 $\boldsymbol{J}_i = \boldsymbol{v}_i C_i$。

$$J_B = -C_B M_B \frac{\partial\mu_B}{\partial x} = -C_B M_B \frac{\partial\mu_B}{\partial C_B}\frac{\partial C_B}{\partial x} \tag{8-106}$$

所以，B 组元的本征扩散系数 D_B 是

$$D_B = C_B M_B \frac{\partial\mu_B}{\partial C_B} \tag{8-107}$$

因为

$$\mu_B = \mu_B^0 + RT\ln a_B = \mu_B^0 + RT\ln \gamma_B x_B$$

式中：a_B 和 γ_B 分别是 B 组元的活度和活度系数。$\partial\mu_B/\partial C_B$ 为：

$$\frac{\partial\mu_B}{\partial C_B} = RT\frac{\partial\ln a_B}{\partial C_B} = \frac{RT}{C_B}\left[1 + \frac{\partial\ln\gamma_B}{\partial\ln x_B}\right] \tag{8-108}$$

把（8-108）式代回（8-107）式，得

$$D_B = M_B RT\left(1 + \frac{\partial\ln\gamma_B}{\partial\ln x_B}\right) \tag{8-109}$$

同理，对于 A 组元有

$$D_A = M_A RT\left(1 + \frac{\partial\ln\gamma_A}{\partial\ln x_A}\right) \tag{8-110}$$

（8-109）式和（8-110）式说明本征扩散系数和迁移率 M 成正比。根据吉布斯-杜安方程，在等温和等压条件下 $\sum n_i \mathrm{d}\mu_i = 0$，（8-109）式和（8-110）式中的括号项相等，得

$$1 + \frac{\partial\ln\gamma_A}{\partial\ln x_A} = 1 + \frac{\partial\ln\gamma_B}{\partial\ln x_B}$$

上式称为二元系热力学因子,以 φ 表示,即

$$\varphi=1+\frac{\partial\ln\gamma_B}{\partial\ln x_B}=1+\frac{\partial\ln\gamma_A}{\partial\ln x_A}=\frac{x_Ax_B}{RT}\frac{\partial^2G}{\partial x_A^2} \tag{8-111}$$

因此,D_B 和 D_A 可简写成

$$\begin{aligned}D_B&=M_BRT\varphi\\D_A&=M_ART\varphi\end{aligned} \tag{8-112}$$

对于 B 在 A 中的极稀固溶体,因为活度系数近似为常数,所以热力学因子 $\varphi=1$,这时(8-112)式变为

$$\begin{aligned}D_B&=M_BRT\\D_A&=M_ART\end{aligned} \tag{8-113}$$

因为 $x_B\to0$,所以互扩散系数可以不涉及 D_A 而直接写成 $\tilde{D}=D_B$。但是,对于溶剂原子的本征扩散系数 D_A 来说,不能用(8-113)式这样简单的形式。

++

例题 8-9 A-B 二元系热力学因子 φ 与 $\partial^2G/\partial x_A^2$ 的关系。

解 A-B 二元合金,自由能 G 是

$$G=x_AG_A^0+x_BG_B^0+RT(x_A\ln x_A+x_B\ln x_B)+RT(x_A\ln\gamma_A+x_B\ln\gamma_B)$$

自由能 G 对 x_A 的一阶导数:

$$\begin{aligned}\frac{\partial G}{\partial x_A}&=G_A^0-G_B^0+RT(\ln x_A+1-\ln x_B-1)+RT\left(\ln\gamma_A+x_A\frac{\partial\ln\gamma_A}{\partial x_A}-\ln\gamma_B-x_B\frac{\partial\ln\gamma_B}{\partial x_B}\right)\\&=G_A^0-G_B^0+RT(\ln x_A-\ln x_B)+RT\left(\ln\gamma_A+\frac{\partial\ln\gamma_A}{\partial\ln x_A}-\ln\gamma_B-\frac{\partial\ln\gamma_B}{\partial\ln x_B}\right)\\&=G_A^0-G_B^0+RT(\ln x_A-\ln x_B)+RT(\ln\gamma_A-\ln\gamma_B)\end{aligned}$$

其中引用了 $\partial\ln\gamma_A/\partial\ln x_A=\partial\ln\gamma_B/\partial\ln x_B$。自由能 G 对 x_A 的二阶导数:

$$\begin{aligned}\frac{\partial^2G}{\partial x_A^2}&=RT\left(\frac{1}{x_A}+\frac{1}{x_B}\right)+RT\left(\frac{\partial\ln\gamma_A}{\partial x_A}+\frac{\partial\ln\gamma_B}{\partial x_B}\right)\\&=RT\frac{1}{x_Ax_B}+RT\left(\frac{\partial\ln\gamma_A}{x_A\partial\ln x_A}+\frac{\partial\ln\gamma_B}{x_B\partial\ln x_B}\right)=RT\left(\frac{1}{x_Ax_B}+\frac{\partial\ln\gamma_A}{\partial\ln x_A}\frac{1}{x_Ax_B}\right)=\frac{RT}{x_Ax_B}\left(1+\frac{\partial\ln\gamma_A}{\partial\ln x_A}\right)\end{aligned}$$

所以,热力学因子为

$$\varphi=1+\frac{\partial\ln\gamma_A}{\partial\ln x_A}=\frac{x_Ax_B}{RT}\frac{\partial^2G}{\partial x_A^2}$$

++

上面讨论了两种扩散系数,即本征扩散系数(D_A、D_B)以及互扩散系数($\tilde{D}$)。本征扩散系数是相对点阵坐标系而言的,一般和浓度有关;互扩散系数是相对实验坐标系而言的,一般它也和浓度有关。$\tilde{D}$ 可以通过 C_A 或 C_B 的浓度曲线来测量,根据 $\tilde{D}$ 和惰性标志物移动的速度 v,可计算本征扩散系数(见 8.6.2 节)。

由于自扩散原子的不可辨认,为了感知自扩散现象,一般采用该物质的同位素为示踪物,把示踪物作为扩散组元。因为同位素示踪原子的化学性质和非同位素原子的没有区别,

它们的扩散行为是一样的，而示踪原子的浓度是可以测量的，这样就可以根据示踪原子的扩散行为来描述自扩散行为。例如，A-B 二元系测得的示踪原子 B^* 的扩散系数和极稀溶液中组元 B 的本征扩散系数相同：

$$\begin{aligned} D_B^* &= RTM_B^* = RTM_B \\ D_A^* &= RTM_A^* = RTM_A \end{aligned} \tag{8-114}$$

因此(8-112)式可表示为

$$\begin{aligned} D_B &= D_B^* \varphi \\ D_A &= D_A^* \varphi \end{aligned} \tag{8-115}$$

对于均匀的 A-B 固溶体，其中的 A 或 B 组元也会在这均匀固溶体内自扩散。同样可以以 A 或 B 的示踪原子 A^*-B 或 B^*-A 来描述这种行为。组元 A(或 B)在 A-B 均匀固溶体中的自扩散系数以 D_A^*(或 D_B^*)表示。这些扩散系数也是和浓度有关的。从(8-104)式和(8-115)式看出，互扩散系数可表示为

$$\tilde{D} = (x_A D_B^* + x_B D_A^*)\varphi \tag{8-116}$$

(8-115)式和(8-116)式都称为达肯公式。

雷诺等人以 Au-Ni 二元系扩散实验结果验证了上列方程。图 8-30a 是 Au-Ni 相图，在高于 800℃时组成完全互溶固溶体。图 8-30b 是根据热力学计算的 900℃下的 Au-Ni 合金的热力学因子 φ。图 8-30c 是实验测得的在 Au-Ni 合金中 Ni 和 Au 的自扩散系数 $D_{Ni^*}^{Au-Ni}$ 和 $D_{Au^*}^{Au-Ni}$。图 8-30d 中的实线是根据达肯公式用图 8-30b、c 数据计算的互扩散系数，虚线是实验测得的互扩散系数，计算值和实验值的差值在误差范围内。

置换合金的扩散是以空位机制进行的，达肯公式是在互扩散过程中空位保持平衡浓度得出的。发生柯肯德尔效应时，在互扩散区域某个位置产生一个空位必须在另一个位置湮灭一个空位以保持平衡浓度，这表示在扩散偶中空位源和阱是充足的。扩散还要考虑组元之间的交互作用，这样(8-116)式需要修正：

$$\begin{aligned} D_B &= D_B^* \varphi r_B \\ D_A &= D_A^* \varphi r_A \end{aligned} \tag{8-117}$$

式中：r_A 和 r_B 为空位风因子。修正的达肯公式为

$$\tilde{D} = (x_A D_B^* r_B + x_B D_A^* r_A)\varphi = (x_A D_B^* + x_B D_A^*) S\varphi \tag{8-118}$$

式中：S 称 Manning 因子，

$$S = \frac{x_A D_B^* r_B + x_B D_A^* r_A}{x_A D_B^* + x_B D_A^*} \tag{8-119}$$

修正的公式称为达肯-曼宁(Darken-Manning)公式。如果忽略组元之间的交互作用，即 $r_A = r_B = 1$，这时(8-118)式就回到了(8-116)式的形式。

对于达肯的理论，日本学者冲野隆久认为达肯方程与数学的基本理论不一致，而本征扩散概念只是一种假想。有兴趣的读者可参阅本章参考文献[9]。

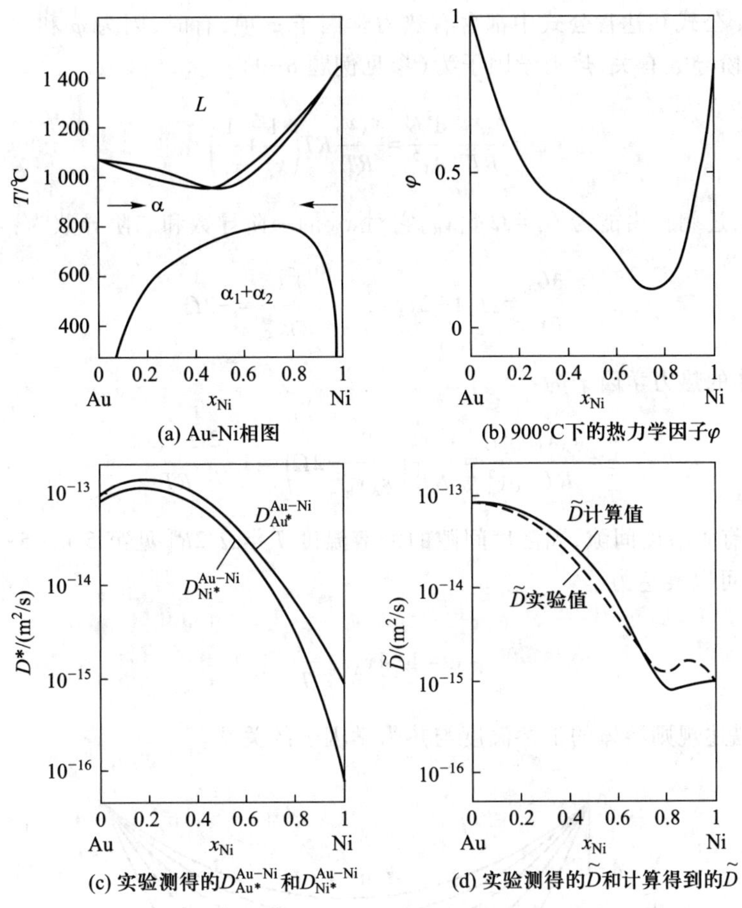

图 8-30 Au-Ni 合金的互扩散系数

++

例题 8-10 根据图 8-30b 和 c 给出的数据,计算 $x_{Ni}=0.4$ 以及 $x_{Ni}=0.6$ 两种 Au-Ni 合金在 900℃时的互扩散系数,并和实测数据进行比较。

解 从图中得到

x_{Ni}	φ	$D_{Ni^*}^{Au-Ni}/(m^2/s)$	$D_{Au^*}^{Au-Ni}/(m^2/s)$
0.4	0.4	8.8×10^{-14}	10^{-13}
0.6	0.24	2.45×10^{-14}	4.08×10^{-14}

把上表中数据代入 $\tilde{D}=(x_A D_B^*+x_B D_A^*)\varphi$,得到

$$\tilde{D}_{Ni=0.4}=3.7\times10^{-14}\ m^2\cdot s^{-1},\qquad \tilde{D}_{Ni=0.6}=8.23\times10^{-15} m^2\cdot s^{-1}$$

可以看出,计算结果和实测数据接近。

++

达肯-曼宁公式和达肯公式中都含有热力学因子 φ 项，有时，因为 φ 和二元系摩尔自由能对成分的二阶导数有关，热力学因子为（参见例题 8-9）

$$\varphi=\frac{x_A x_B}{RT}\frac{d^2G}{dx_A^2}=\frac{x_A x_B}{RT}RT\left(\frac{1}{x_A}+\frac{1}{x_B}\right) \tag{8-120}$$

对于规则溶体，过剩自由能为 $G_E=\Omega x_A x_B$，它对 x_A 的一阶导数和二阶导数为：

$$\frac{\partial G_E}{\partial x_A}=\Omega(1-2x_A), \qquad \frac{\partial^2 G_E}{\partial x_A^2}=-2\Omega$$

所以，规则溶体的热力学因子为

$$\varphi=\frac{x_A x_B}{RT}\frac{\partial^2 G}{\partial x_A^2}=\frac{x_A x_B}{RT}\left(\frac{RT}{x_A x_B}-2\Omega\right)=1-\frac{2\Omega x_A x_B}{RT} \tag{8-121}$$

如果规则溶体有固溶度间隙，固溶度间隙的汇溶温度 $T_c=\Omega/2R$［见第 5 章(5-43)式］，所以热力学因子 φ 可以表达为

$$\varphi=1-4x_A x_B\frac{T_c}{T} \tag{8-122}$$

图 8-31 描述规则溶体的汇溶温度与热力学因子的关系。

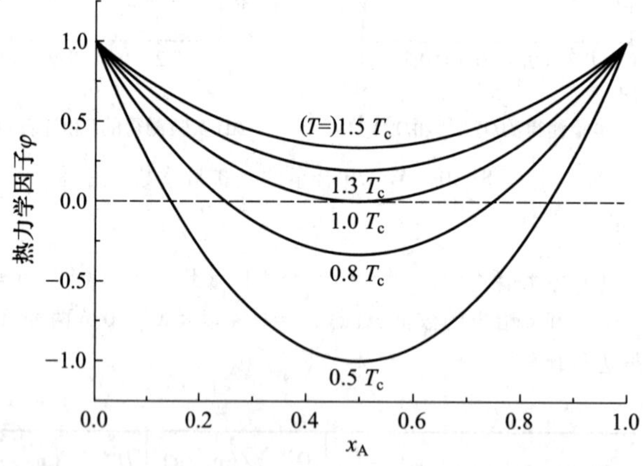

图 8-31　规则溶体的汇溶温度与热力学因子的关系

热力学因子 φ 随成分或温度的变化远比扩散系数中其他项严重得多。在含有固溶度间隙的二元系中，当成分接近拐点线时，$d^2G/dx_B^2\to 0$，即 $\varphi\to 0$，从而使扩散系数大幅度减小。当成分处在拐点线之内时，$d^2G/dx_B^2<0$，从而扩散系数为负值，组元扩散的方向变成是从低浓度区向高浓度区，这称之为“上坡”扩散。

+++

例题 8-11　在位错的应力场作用下，溶质原子 B 在位错周围形成原子气团［科特雷尔（Cottrell）气团］，到达平衡时气团不随时间变化。设体系很大，远离位错处间隙原子浓度保持为 C_0。导出相对位错不同位置气团的平衡浓度 C_B。

解　设位错线为 z 轴，柏氏矢量（伯格斯矢量）平行 x 轴（如图 8-32 所示），刃位错（刃型位错）的准水静压力（准静压强）P 为［见第 6 章（6-131）式］

$$P=\frac{\mu b(1+\nu)}{3\pi(1-\nu)}\frac{\sin\theta}{r}=\beta'\frac{\sin\theta}{r}=\beta'\frac{y}{x^2+y^2}$$

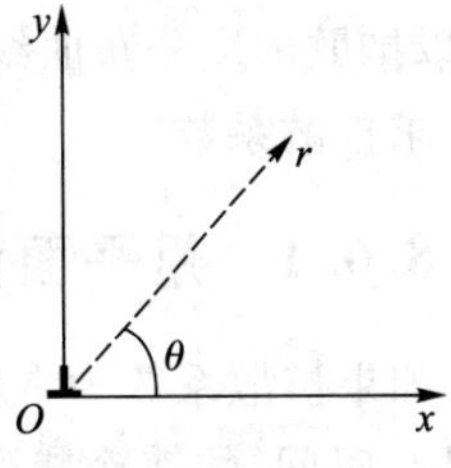

图 8-32　例题 8-11 图

式中：μ 是切变模量。刃位错的准水静压力 P 对溶质原子 B 作用的附加功 $dw=P\Delta V_B dC_B$。ΔV_B 是溶质原子 B 在溶体中引起的体积变化。溶质原子所受总力 F_B

$$F_B=-(\nabla\mu_B+\Delta V_B\nabla P)$$

$$\mu_B=\mu_B^0(P,T)+k_B T\ln(x_B\gamma)$$

式中：μ_B 是组元 B 的化学势，x_B 是溶质 B 的原子浓度。因为 $x_B=C_B/C$，C 是体系的总体积浓度，所以

$$\nabla\mu_B=\frac{k_B T}{x_B}\nabla x_B=\frac{k_B T}{C_B}\nabla C_B$$

扩散流量

$$\boldsymbol{J}_B=vC_B=MF_BC_B$$

式中：$M=D/(k_B T)$，是 B 原子的迁移率。

$$\boldsymbol{J}_B=MF_BC_B=-D_B\left(\nabla C_B+\frac{C_B\Delta V_{at(B)}}{k_B T}\nabla P\right)=-D_BC_B\nabla\left(\ln C_B+\frac{\Delta V_{at(B)}}{k_B T}P\right)$$

平衡时，扩散流量 $\boldsymbol{J}_B=0$，得到

$$\nabla\left(\ln C_B+\frac{\Delta V_{at(B)}}{k_B T}P\right)=0$$

上式的解为

$$\ln C_B+\frac{\Delta V_B}{k_B T}P=A(\text{常数})$$

因为 $P=0$ 处的浓度是溶质原来的浓度 C_0，所以 $A=\ln C_0$，上式转换为

$$\ln\frac{C_B}{C_0}=-\frac{\Delta V_B}{k_B T}P$$

得到平衡时位错附近溶质的浓度场为：

$$C_B=C_0\exp\left(-\frac{\Delta V_B}{k_B T}P\right)=C_0\exp\left(-\frac{\beta\sin\theta}{rk_B T}\right)$$

式中：$\beta=\beta'\Delta V_{at(B)}$。这就是第 6 章的（6-135）式。

+++

8.6 扩散系数测定

如果扩散系数不随成分变化，可以设计各种扩散实验，根据其初始条件和边界条件的解，以扩散浓度分布曲线进行拟合求得扩散系数。还可以直接由浓度分布曲线通过一定的办法求扩散系数。

8.6.1 用平面源扩散实验测定扩散系数

如果扩散系数为常数，以平面源扩散实验，单位面积平面源的物质量为 M，在温度 T 下保温 t_1 时间，快速冷却测得扩散后的浓度分布曲线（图 8-33），量出实验扩散曲线的半峰宽度（FWHM，也称半峰全宽）就可求得扩散系数。由图可知 $x=0$ 时浓度 $C(0,t_1)$ 是扩散曲线的峰值：

$$C(0,t_1)=\frac{M}{2\sqrt{\pi D t_1}}$$

当浓度是 $C(0,t_1)$ 的一半（即半峰高）时：

$$\frac{M}{4\sqrt{\pi D t_1}}=\frac{M}{2\sqrt{\pi D t_1}}\exp\left(-\frac{x^2}{4Dt_1}\right)$$

即 $x=2\sqrt{Dt_1}\sqrt{\ln 2}$。半峰宽度 FWHM $=2x$，所以在温度 T 的扩散系数为

$$D=\frac{\mathrm{FWHM}^2}{16t_1\ln 2} \tag{8-123}$$

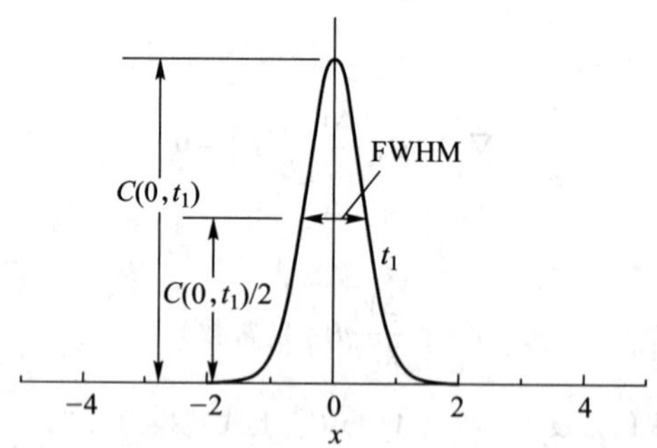

图 8-33 物质量为 M 的平面源在温度 T 下扩散 t_1 时间的浓度分布曲线

8.6.2 用扩散偶实验测定扩散系数

按成分要求设计的扩散偶，在要求的温度下保温一定时间，为了尽量减少在冷却过程中的扩散，把扩散偶快速冷却到室温，然后剖开试样，精确地测出浓度分布曲线，用浓度分布曲线和相应边界条件下的解公式拟合，从而提取扩散系数。

如果扩散系数不随浓度变化，说明扩散偶是由浓度为 C_2 和 C_1 的半无限大试样组成，在

给定温度 T_1 保温 t 时间后快速冷却，测得浓度分布曲线，在浓度分布曲线 $x=0$ 处（图 8-34 中的 P 点）作切线，在 $C=C_1$ 上截得 Z 点，由 OZ 计算扩散系数 D。

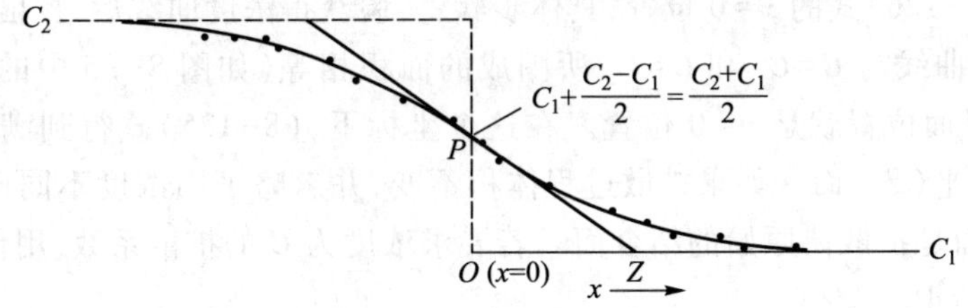

图 8-34 由实验扩散曲线提取 Z 值

从图 8-34 中可以看出，浓度曲线在 $x=0$ 处的斜率等于 $-(C_2-C_1)/2Z$。另外，根据（8-42）式又得到

$$\left(\frac{\mathrm{d}C}{\mathrm{d}x}\right)_{x=0}=\frac{C_1-C_2}{2\sqrt{\pi Dt}}$$

因此

$$-\frac{C_2-C_1}{2Z}=\frac{C_1-C_2}{2\sqrt{\pi Dt}}$$

于是得到 T_1 温度的扩散系数为

$$D=Z^2/(\pi t) \tag{8-124}$$

如果扩散系数 D 与成分有关，那么浓度分布不能直接应用（8-42）式描述，扩散偶中的浓度分布曲线不以结合面呈反对称，因此不能用（8-124）式求扩散系数。这时要按下面的玻尔兹曼-俣野（Boltzmann-Matano）分析方法，求得的扩散系数是互扩散系数。

以（8-31）式乘以 $\mathrm{d}\lambda$，然后从 C_1 到 C 积分，得

$$-\frac{1}{2}\int_{C_1}^{C}\lambda\,\mathrm{d}C=D\frac{\mathrm{d}C}{\mathrm{d}\lambda}\bigg|_{C_1}^{C}$$

因为在比速度为 C_1 处

$$\frac{\mathrm{d}C}{\mathrm{d}\lambda}\bigg|_{C_1}=0$$

所以

$$\frac{1}{2}\int_{C_1}^{C}\lambda\,\mathrm{d}C=D\frac{\mathrm{d}C}{\mathrm{d}\lambda}\bigg|_{C}$$

把 $\lambda=x/\sqrt{t}$ 代回，整理得到成分为 C、T_1 温度下的互扩散系数

$$\widetilde{D}=\frac{1}{2t\dfrac{\mathrm{d}C}{\mathrm{d}x}\bigg|_{C}}\int_{C_1}^{C}x\,\mathrm{d}C \tag{8-125}$$

根据上式，$C=C_2$ 时，分母为 0，如果分子不为 0，则扩散系数无限大，与实际不符，因此，（8-125）式必须满足

$$\int_{C_1}^{C_2} x\mathrm{d}C=0 \tag{8-126}$$

根据上式确定(8-126)式的 $x=0$ 位置,具体步骤:实验获得浓度曲线后,找出一个平面,在这个平面两侧浓度曲线与 $C=C_1$ 和 $C=C_2$ 所围成的面积相等(如图 8-35 中的面积 A_1 和面积 A_2 相等),这个平面位置就是 $x=0$ 位置。在这个坐标下,(8-125)式得到满足,这个平面称为俣野(Matano)平(界)面。如果扩散过程体积不变,并忽略了因浓度不同而引起的点阵常数变化,俣野平面是扩散偶原始的结合面。若要求浓度为 C 的扩散系数,用作图法求出曲线在 C 浓度的斜率$\left(\frac{\mathrm{d}C}{\mathrm{d}x}\right)_C$ 和 $\int_{C_1}^{C} x\mathrm{d}C$ 积分面积(图 8-35 中的画斜线的面积),把它们数值代入(8-125)式就可求得浓度 C 下的互扩散系数。

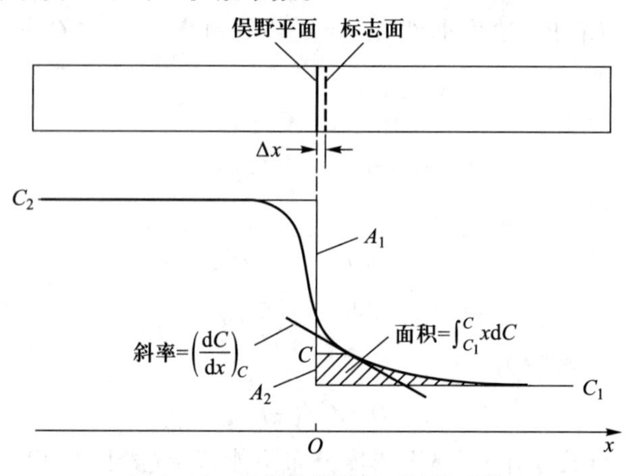

图 8-35 用扩散偶测量互扩散系数

图 8-36 是用 Ni 和 Cu 扩散偶测量扩散系数的例子。注意:扩散方程所用的浓度是体积浓度 C,但 Cu 和 Ni 的密度相近,分别是 8.93 $\mathrm{g/cm^3}$ 和 8.91 $\mathrm{g/cm^3}$,所以体积浓度 C 看作与原子分数 x 近似相等。图 8-36a 表示由 Ni 和 Cu 组成的扩散偶;图 8-36b 表示在扩散偶结合面安放标志物;图 8-36c 是扩散偶在 1 054 K 下扩散 312 小时后的浓度分布曲线,并在分布曲线上求得的俣野平面;图 8-36d 表示柯肯德尔平面(扩散偶原始结合面)移动的距离 x_k。从实验可以看出,$D_{\mathrm{Cu}}>D_{\mathrm{Ni}}$。在图 8-36d 可以测量 1 054 K 下任何成分的扩散系数。

对于本征扩散系数的测量,按上述方法求得 A-B 二元系的互扩散系数 $\widetilde{D}$ 后,如果还要测出组元 A 和组元 B 的本征扩散系数,那么还应知道扩散过程中点阵坐标系相对于实验坐标系的漂移速度 v_k。相对原始结合面位置,理论和实验都证明标志面(柯肯德尔平面)的漂移距离正比于$\sqrt{t}$,因而柯肯德尔平面漂移速度 $v_k=\Delta x/(2t)$,其中 Δx 是漂移距离。如果忽略因浓度不同而引起的点阵常数变化,并且空位保持平衡浓度的情况下,则后来的俣野平面位置就是原始结合面的位置,如图 8-36d 所示。根据测得的 v_k 和互扩散系数 $\widetilde{D}$:

$$\boldsymbol{v}_k=\frac{1}{C}(D_A-D_B)\nabla C_A=(D_A-D_B)\nabla x_A$$

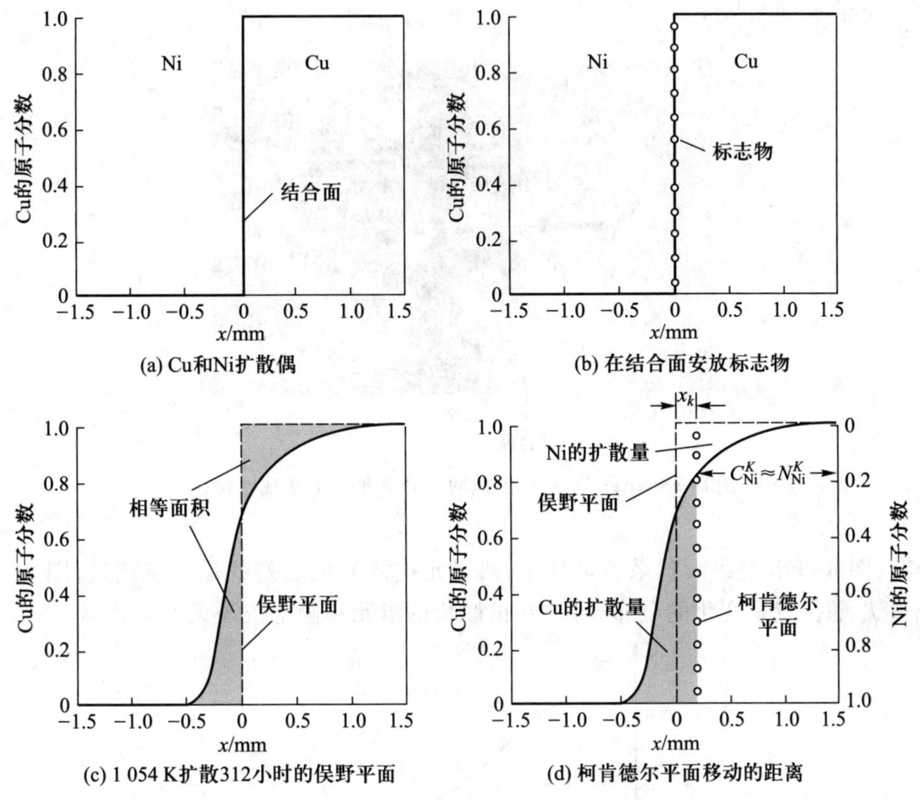

图 8-36 Ni 和 Cu 组成的扩散偶扩散

$$\widetilde{D}=x_A D_B+x_B D_A$$

就可以求出在标志平面处浓度的本征扩散系数 D_A 和 D_B。

柯肯德尔效应经常伴随有另一种称为弗仑克尔效应的现象，在扩散退火时结合面的一侧附近发生收缩并出现微孔洞，另一侧则有物质堆积，如图 8-37 所示。从图中可以看出 $D_A>D_B$，如果出现这一现象(8-125)式则不再适用，俣野平面也不再和原来的结合面重合。

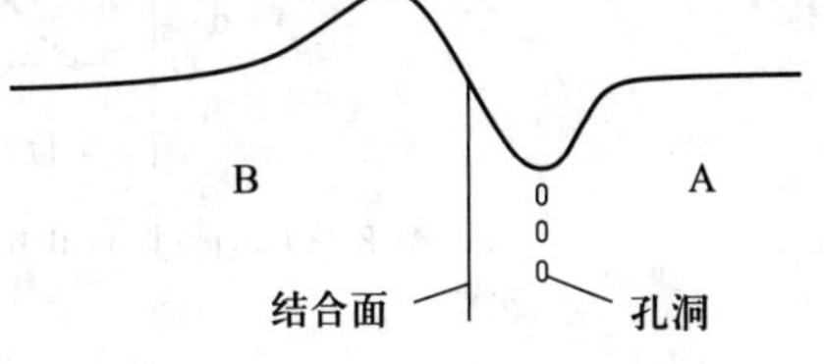

图 8-37 弗仑克尔效应示意图

图 8-38 是 Ag-Au 系扩散偶出现的弗仑克尔效应显微结构图，由于 Ag 在 Au 中的扩散快于 Au 在 Ag 中的扩散，原始结合面向 Ag 一侧移动，空位在 Ag 一侧累积形成孔洞，在 Au 的一侧产生强烈的弹性应变(或再结晶)。

出现弗仑克尔效应是因为空位和扩散原子没能在适当的阱和源湮灭和发生。因为扩散的空位机制，有净空位流向一侧，为了平衡在另一侧产生空位，原来的空位湮灭。位错、界面等地方是空位的源和阱，如果空位没有适当的源产生空位，就会有物质堆积；同样，如果空位没有适当的阱湮灭，就会聚积成为孔洞。

图 8-39 是通过 A-B 扩散偶($D_A>D_B$)分析弗仑克尔效应的示意图。图 8-39a 是 B 组元

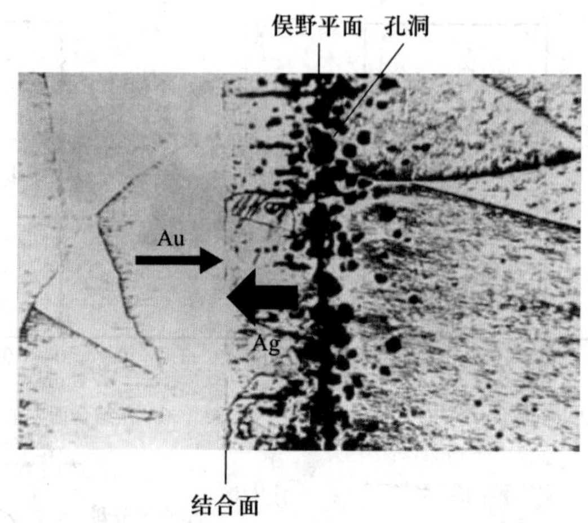

图 8-38 Ag-Au 系扩散偶的弗仑克尔效应微观结构图

浓度分布;图 8-39b 是组元扩散流量分布,两组元扩散流量之差就是空位流量;图 8-39c 是空位流量 J_v 随位置 x 变化的分布,可见在扩散快的组元一侧空位湮灭产生孔洞。

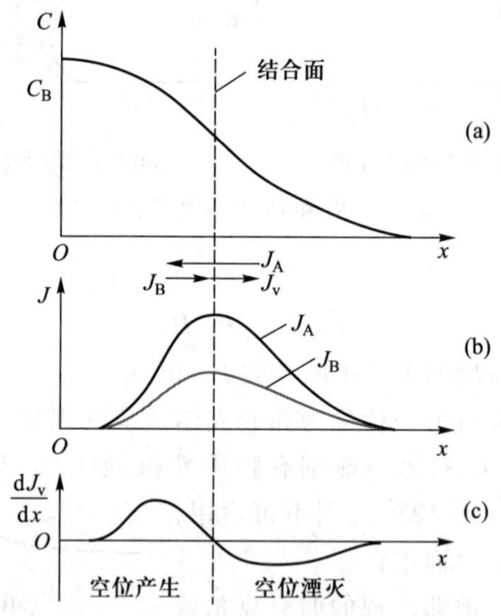

图 8-39 通过 A-B 扩散偶($D_A>D_B$)分析弗仑克尔效应示意图

因为弗仑克尔效应,用俣野方法测量扩散系数有两个重要的限制:

(1) 玻尔兹曼-俣野方程是以无限长的扩散偶导出的,扩散区域要远离试样的端部 。

(2) 扩散不会引起局部体积变化,即不能出现弗仑克尔效应。如果出现这一效应,俣野平面也不再和原始的结合面重合,就不能用上述方法测量互扩散系数和本征扩散系数。

8.6.3 自扩散系数测定

由于各个原子的不可辨认性,如果不采取特殊办法就不能描述自扩散现象。为了感知自扩散现象，一般采用该组无物质的同位素为示踪物，把示踪物作为扩散组元。因为同位素示踪原子的化学性质和非同位素原子没有区别，它们的扩散行为是一样的，而示踪原子的浓度是可以测量的，这样就可以根据示踪原子的扩散行为来描述自扩散行为，自扩散系数常表示为 D^*。

图 8-40a 是用平面源扩散实验方法测定纯组元自扩散系数的示意图：在纯组元 A（或 B）试样块的表面涂上一薄层放射性同位素 A^*（或 B^*），示踪原子的扩散行为就是纯 A（或纯 B）的自扩散。

对于均匀的 A-B 固溶体，其中的 A、B 组元也会在均匀固溶体内自扩散。同样可以以 A 或 B 的示踪原子与另一组元组成 A^*-B 或 B^*-A 固溶体（浓度与原来固溶体相同）来描述这种行为。组元 A^*（或 B^*）在 A-B 均匀固溶体中的自扩散系数以 $D_{A^*}^{A-B}$（或 $D_{B^*}^{A-B}$）表示。自扩散系数是和浓度有关的。在成分均匀的 A-B 固溶体试样块表面涂上一薄层同成分的 B^*-A 固溶体，如图 8-40b 所示，使 B^* 向 A-B 固溶体中扩散，即可测得某一浓度下的 $D_{B^*}^{A-B}$。

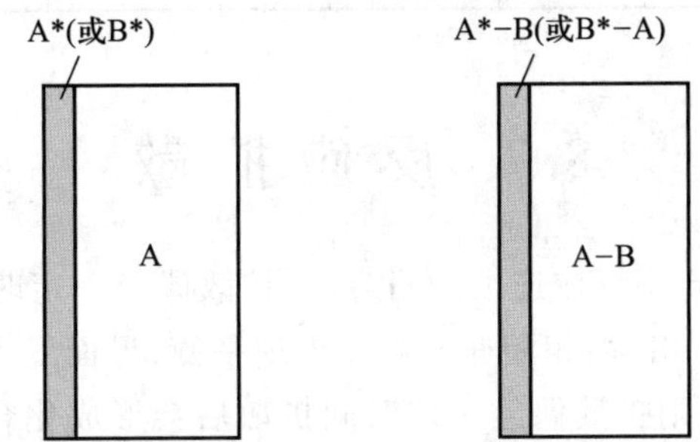

(a) 测量纯组元中的自扩散系数（D_{A^*}或D_{B^*}） (b) 测量均匀固溶体中的自扩散系数（$D_{A^*}^{A-B}$ 或$D_{B^*}^{A-B}$）

图 8-40 测量自扩散系数的实验试样

8.6.4 各种扩散系数的综合比较

表 8-5 为各种扩散系数的综合比较。

表 8-5 各种扩散系数的综合比较

符号	名称	关系式	相应的坐标系	说明
D^*	在纯金属中自扩散系数		C-坐标系或 V-坐标系	D^* 是在化学均单元系统中的自扩散系数，通常由其惰性放射同位素来测定；因为没有质量流动，所以 C-坐标系或 V-坐标系是相同的
D_{i^*}	在二元系中组元 i 的自扩散系数	$D_i \cong \left(1+\frac{\partial \ln \gamma_i}{\partial \ln x_i}\right) D_i^*$	C-坐标系或 V-坐标系	D_{i^*} 是在均匀的二元系中组元 i 的自扩散系数，D_i 与 D_{i^*} 相关，D_{i^*} 通常用同位素来测定；因为没有质量流动，所以 C-坐标系或 V-坐标系是相同的

续表

符号	名称	关系式	相应的坐标系	说明
D_i	本征扩散系数 $D_i = D_{i*}\Phi r$	$J_i = -D_i \nabla C_i$ $J_i^0 = -D_i \nabla C_i + \boldsymbol{v}C_v$	局域 C-坐标系 V-坐标系	D_i 是在不均匀系统中组元 i 与成分有关的本征扩散系数；在二元系中它是 i 组元流量与相应的浓度梯度联系的系数，Fick 定律在局域 C-坐标系下的应用，这个坐标系相对于 V-坐标系以 v 的速度移动
$\widetilde{D}$	互扩散系数	$J_i^0 = -\widetilde{D} \nabla C_i$ $\widetilde{D} = x_A D_B + x_B D_A$	V-坐标系 V-坐标系	$\widetilde{D}$ 是在不均匀系统中与成分有关的互扩散系数；在二元系中是 A、B 组元流量与浓度梯度联系的系数，非克定律在 V-坐标系下应用

8.7 反应扩散

A-B 扩散偶，如果 A-B 不形成连续的固溶体，扩散偶经一定时间扩散后会在 A 的固溶体（α 相）和 B 的固溶体（β 相）两相相遇的界面出现平衡，界面发生反应扩散才得以继续进行。若相图中存在中间相，则扩散偶经一定时间扩散后会形成化合物，出现化合物后，扩散偶通过中间化合物层扩散要求连续的反应。这些扩散过程的连续进行都要求界面反应发生相变，这类扩散称为反应扩散。

图 8-41a 是由 A（α 相）和 B（β 相）组成的扩散偶在 T_1 温度下扩散的模型，图 8-41b 为 α 相和 β 相的自由能曲线。在界面处 α 相、β 相的 B 化学势可以通过对 α 相及 β 相的自由能曲线相应成分点作的切线与 B 纵坐标的交点值来表示。在开始扩散时，α 相中 B 组元浓度趋于 0，B 在 β 相的浓度趋于 1。B 在 α 相的化学势就是图 8-41b 中的 $(\mu_B^\alpha)_0$ 点，此处化学势无穷小，B 在 β 相的化学势就是 G_B。这样，在扩散偶的结合面两侧有化学势的跳跃，使得 B 原子以很大的速度从 β 相转移到 α 相。同理，A 原子以很大速度转移到 β 相。随着扩散时间的延长，界面上 α 相一侧 B 浓度上升，β 相一侧 B 浓度下降（图 8-41c）。保温 t_1 时间后，设界面上 α 相一侧 B 浓度升高为 x_1^α，β 相一侧 B 浓度下降为 x_1^β（图 8-41d 的 t_1 曲线），B 组元在界面两侧的化学势分别为 $(\mu_B^\alpha)_1$ 和 $(\mu_B^\beta)_1$，在界面上仍存在化学势的跳跃（图 8-41c 的 t_1 曲线），B 从 β 相向 α 相以及 A 从 α 相向 β 相的转移继续进行。随着保温时间增加，界面两侧的浓度差减小，界面两侧的化学势差也减小（图 8-41c、d 的 t_2 曲线）。当扩散时间达到某一时刻（t_3）时，界面两侧浓度分别达到在 T_1 温度下两相的平衡浓度 x^α 和 x^β，这时界面两侧化学势相等 $\mu_B^\alpha = \mu_B^\beta$（图 8-41c、d 的 t_3 曲线），即在界面上两相达到局部平衡。虽然界面上两相达到局部平衡，在界面处没有化学势跳跃，但跨过界面仍存在化学势梯度，所以扩散仍在继续进行，B 原子仍从 β 相向 α 相转移，A 原子仍从 α 相向 β 相转移。继续扩散使界面一侧的 α 相中 B 浓度超过 x^α，另一侧的 β 相中 B 浓度低于 x^β，界面 α 相一侧 B 的化学势高

于 μ^{α}，β 相一侧 B 的化学势低于 μ^{β}，在界面上两相的局部平衡被打破，因而会发生相的反应（界面推移）以维持界面上的局部平衡。结果，扩散过程中两相界面一直维持平衡成分，即界面两侧成分有不连续跳跃，因此不会出现一个两相混合的区域。

在扩散过程中，界面的局部平衡不断打破又不断地调整恢复，这就会引起界面的推移，界面的推移速度取决于组元在两侧的扩散速度和界面两侧的浓度差。现以 $C^{\alpha\beta}$ 和 $C^{\beta\alpha}$ 表示两侧 α 相和 β 相的平衡体积浓度，D_{α} 和 D_{β} 分别表示 B 组元在 α 相和 β 相中的扩散系数。若界面在 Δt 时间内向 β 方向（图 8-41d 中的 y 方向）推移了 Δy 距离，因为在 $\Delta y\times 1$ 的体积内浓度从 $C^{\beta\alpha}$ 减小为 $C^{\alpha\beta}$，那么在单位面积上必须通过扩散把多余的 B 组元（量为 $\Delta y(C^{\beta\alpha}-C^{\alpha\beta})$）输运走，在 Δt 时间内通过界面输运的 B 组元的物质量为

$$\left[D_{\alpha}\left(\frac{\partial C_{\alpha}}{\partial y}\right)_{\text{界面}}-D_{\beta}\left(\frac{\partial C_{\beta}}{\partial y}\right)_{\text{界面}}\right]\Delta t$$

故

$$\Delta y(C^{\beta\alpha}-C^{\alpha\beta})=\left[D_{\alpha}\left(\frac{\partial C_{\alpha}}{\partial y}\right)_{\text{界面}}-D_{\beta}\left(\frac{\partial C_{\beta}}{\partial y}\right)_{\text{界面}}\right]\Delta t$$

界面推移速度为

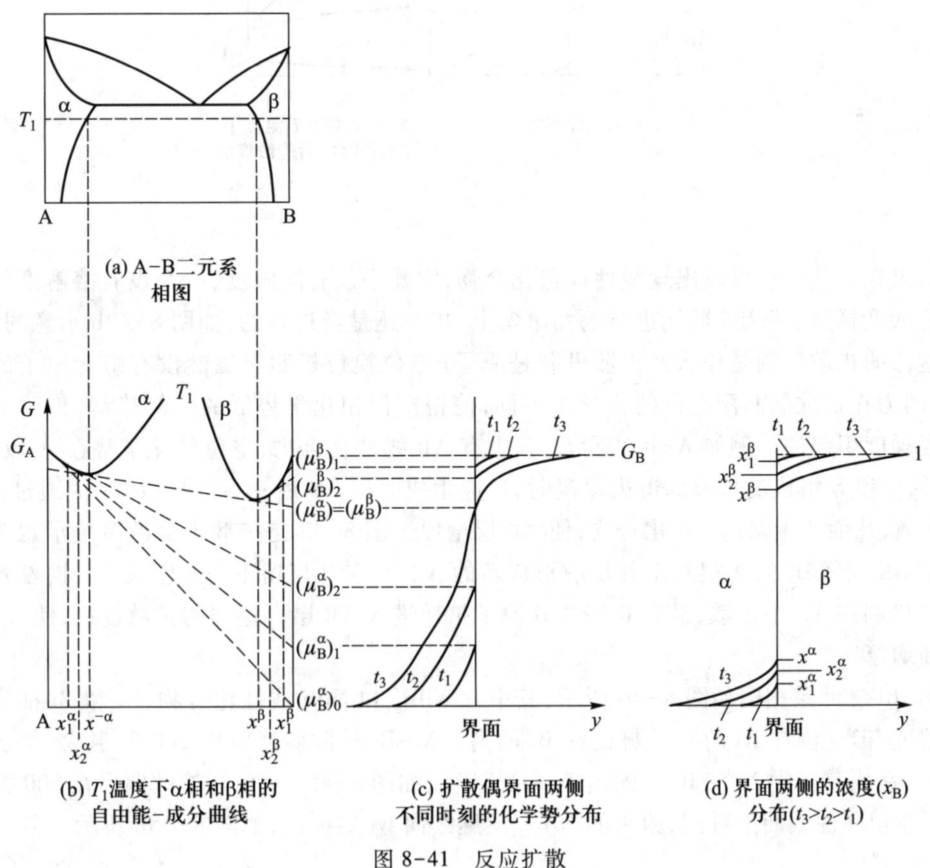

图 8-41 反应扩散

$$v=\frac{\Delta y}{\Delta t}=\frac{D_{\alpha}\left(\frac{\partial C_{\alpha}}{\partial y}\right)_{\text{界面}}-D_{\beta}\left(\frac{\partial C_{\beta}}{\partial y}\right)_{\text{界面}}}{C^{\beta\alpha}-C^{\alpha\beta}} \tag{8-127}$$

(8-127)式可用来计算扩散型相变相界面的推移速度。

若 A-B 二元系含有一些中间相，如图 8-42a 所示，那么 A-B 扩散偶在 T_1 温度下保温并扩散一定时间后，出现一系列相邻接的单相区，排列顺序和相图中的顺序相同，沿扩散偶的浓度分布在相界面处出现不连续的跳跃，如图 8-42b 所示。如果各相中的扩散系数差异不大时，扩散偶中各个相区所占的相对宽度大体和相图中各相所占的相对宽度成比例。

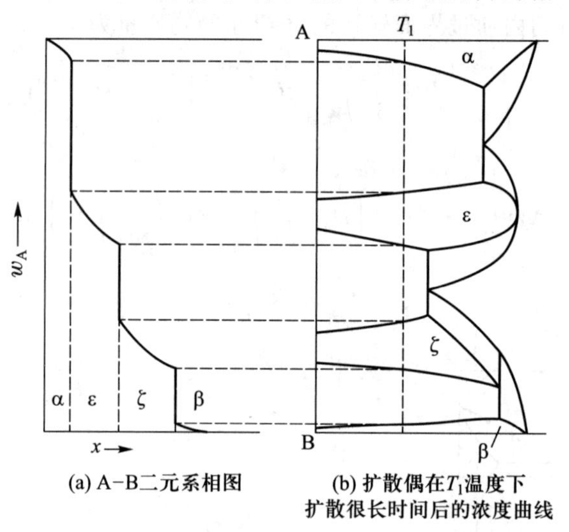

(a) A-B二元系相图　(b) 扩散偶在T_1温度下扩散很长时间后的浓度曲线

图 8-42　含有中间相的 A-B 二元系的反应扩散

如果在扩散过程反应出现线性计量化合物，它几乎没有溶解度，一个没有溶解度的相不可能有浓度梯度，那么扩散能进行吗？事实上，扩散还是会进行的，如图 8-42b 示意的那样。

这样的扩散机制是什么？扩散机制是原子-空位换位机制。虽然没有组元原子的浓度梯度，因为在扩散偶两侧空位的化学势不同，使得空位相化学势低的一侧移动，扩散是由空位浓度梯度引起的。例如 A-B 二元系，其中有 AB 线性化合物，空位的化学势在 A 最高，在 B 最低，A 和 B 组成的扩散偶退火保温时，反应生成薄层 AB 后，空位继续从 A 侧通过 AB 向 B 侧扩散，从而产生新的 AB 化合物，使 AB 层增厚。图 8-43 是扩散步骤的简单示意图。在 AB 层与 A 层间，B 向 A 层移动并反应形成新的 AB，并在 B 层留下一个空位 V_B，接着 B 原子以空位机制在 AB 中扩散，最后 B 侧的 B 原子扩散进入 AB 层。这样的扩散过程，使 AB 向 A 侧不断增厚。

Ni-Bi 二元系相图如图 8-44 所示，其中含 $NiBi_3$ 和 NiBi 线性化合物，Ni 和 Bi 都基本没有互溶度，但空位在 Ni 的化学势比在 Bi 的高。Ni-Bi 扩散偶经两次 200 ℃退火，每次保温 50 h 后，在横截面中 Ni 和 Bi 之间出现一层 $NiBi_3$，如图 8-45a 所示。扩散偶再在 200 ℃退火 100 h，在相同的截面上看到，原来的 $NiBi_3$ 层继续向 Ni 层推进，如图 8-45b 所示。

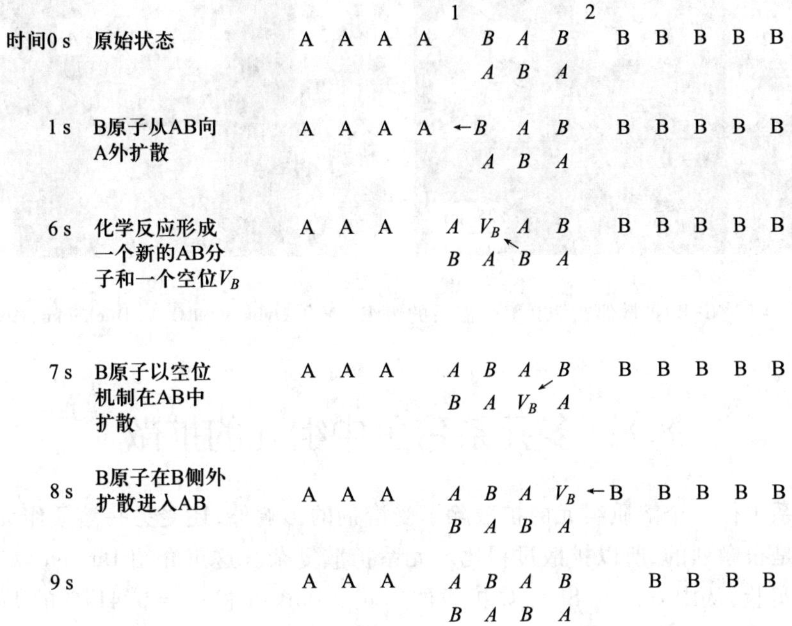

时间	过程	原子排列（1 … 2）
时间0 s	原始状态	A A A A　*B A B*　B B B B B *A B A*
1 s	B原子从AB向A外扩散	A A A A ←*B A B*　B B B B B *A B A*
6 s	化学反应形成一个新的AB分子和一个空位V_B	A A A　*A* V_B↖ *A B*　B B B B B *B A B A*
7 s	B原子以空位机制在AB中扩散	A A A　*A B A B*　B B B B B *B A* V_B↙ *A*
8 s	B原子在B侧外扩散进入AB	A A A　*A B A* V_B ←B　B B B B *B A B A*
9 s		A A A　*A B A B*　B B B B *B A B A*

图 8-43　在线性化合物中扩散的示意说明(中间斜体字母表示化合物)

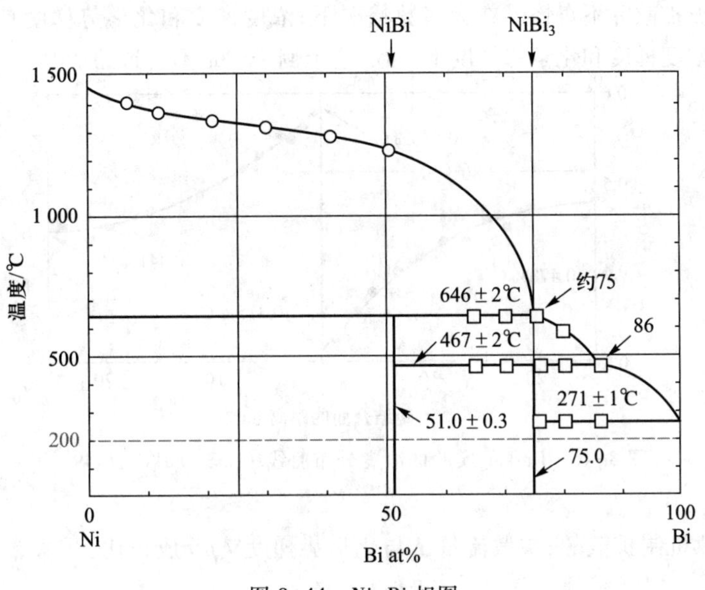

图 8-44　Ni-Bi 相图

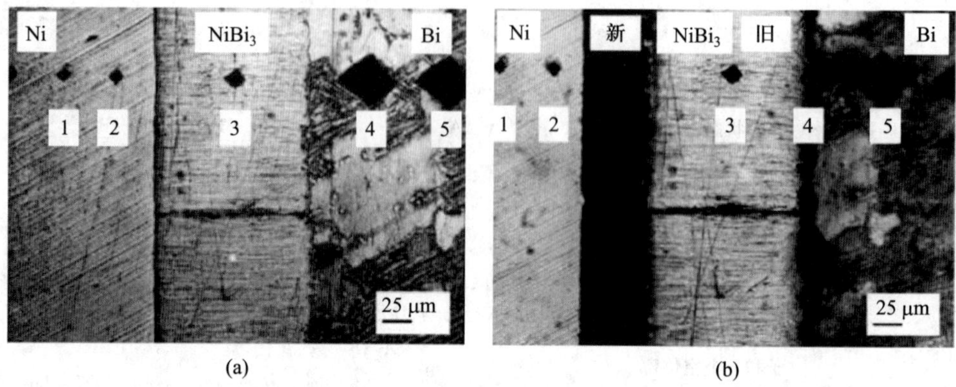

图 8-45 Ni-Bi 扩散偶在 200 ℃保温后的组织（V. I. Dybkov 和 O. V. Duchenko,1996）

8.8 多元系合金中组元的扩散

在多元系中任一个溶质组元的扩散除了受溶剂的影响外，还受另一溶质组元的影响，有时这种影响是很激烈的，所以扩散过程比二元系扩散复杂。这里介绍 Darken 以 Fe-Si-C 三元系所做的实验，从中看组元 Si 对 C 扩散的影响。Darken 将 $w_C=0.414\%$ 的 Fe-C 合金及 $w_C=0.478\%$、$w_{Si}=3.89\%$ 的 Fe-Si-C 合金组成扩散偶，在 1 050 ℃扩散退火 13 天，然后测量碳浓度的分布。在原来的扩散偶中，碳浓度基本是均匀分布的，而扩散退火后，在结合面处出现碳的浓度跳跃，出现了上坡扩散现象，如图 8-46 所示。因为扩散的驱动力是热力学力-化学势梯度，出现上坡扩散并不奇怪。在大多数情况下，浓度梯度和化学势梯度是一致的，但在一些特殊情况下，浓度梯度和化学势梯度不一致，这个例子就是不一致的情况。

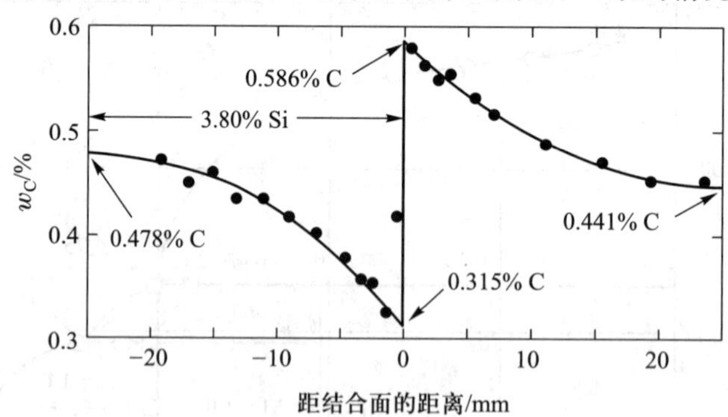

图 8-46 Darken 实验的浓度分布曲线（L. S. Darken,1949）

因为 C 是以间隙机制扩散的，扩散流量 $\boldsymbol{J}$ 与化学势梯度 $\nabla\mu_C$ 成正比：

$$J=-L_{CC}\nabla\mu_C \tag{8-128}$$

L_{CC} 是比例系数。而 $\mu_C=\mu_C^0+k_BT\ln a_C$，$a_C$ 是间隙原子 C 的活度，所以

$$J=-\frac{L_{CC}k_BT}{a_C}\nabla a_C \tag{8-129}$$

上式的比例系数 L_{CC} 是正的，所以 C 是向着活度降低的方向流动。因为 C 在高 Si 一侧的活度高于无 Si 一侧的活度，所以 C 从高 Si 一侧流向无 Si 一侧。同时，Si 也进行扩散，它也是从高 Si 一侧流向无 Si 一侧。由于 C 是间隙原子，Si 是代位原子，Si 的扩散比 C 的扩散慢得多，所以早期主要是 C 的扩散。开始时，界面两侧 C 的化学势不连续跳跃，促使 C 很快地从高 Si 一侧向低 Si 一侧转移，并逐渐调整界面两侧浓度以使在界面上两侧 C 的化学势相等，即在界面两侧 C 的浓度分别维持某一固定值（图 8-47a）。虽然 C 的化学势在界面相等，但在界面两侧仍存在 C 的化学势梯度，C 继续从高 Si 一侧流向低 Si 一侧（图 8-47a 的 t_1、t_2 曲线）。当保温时间足够长，Si 的扩散则不能忽略，而 Si 的扩散又影响 C 的化学势。当 Si 的浓度成连续分布时，界面上 Si 的浓度相等，导致 C 的浓度也相等，C 的浓度分布如图 8-47a 的 t_3 曲线所示。随后 C 的扩散受 Si 的扩散所控制。如果扩散偶有限长，最后，当 Si 扩散沿扩散偶分布均匀后，C 也随之分布均匀。图 8-47b 在三元相图恒温截面上示意地表示出扩散偶结合面两侧对称位置浓度随时间的变化。最后的成分达到 C 点，即达到均匀化。

当然，多元系中组元并不一定都产生上坡扩散，但是通过上面例子可看到，由于组元间的交互作用，扩散过程将会复杂化。

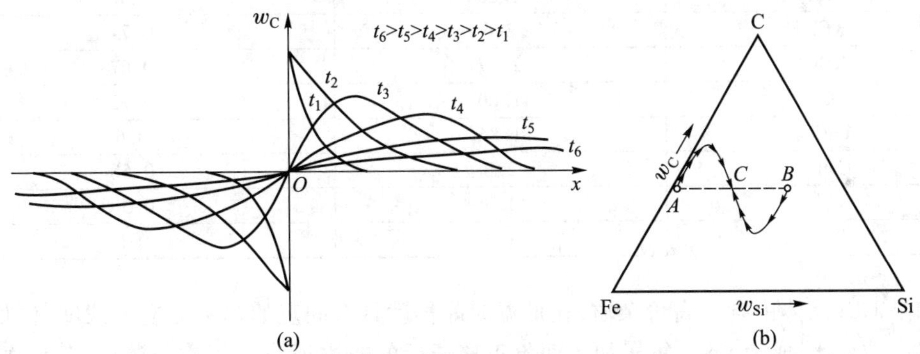

图 8-47　图 8-46 扩散偶中 C 和 Si 浓度分布随扩散时间的变化

8.9　离子晶体中的扩散

离子晶体中的扩散服从宏观扩散的菲克定律，并且上面讨论的基本规律也是适用的，扩散系数的表达式也和（8-88）式相同。但是，离子晶体中的扩散比金属晶体中的扩散要复杂，因为离子是带电的，为了保持迁动离子附近局部电的中性，单个离子迁动必伴随与之电荷相反等量的其他诸如空位、杂质原子或带电体迁动。显然，这些迁动慢的带电体对使扩散速度大大降低。

离子晶体的扩散机制主要是空位机制，空位机制的扩散系数包含空位浓度项［见（8-87）式］，而离子晶体的空位平衡浓度的表达式并不是唯一的，甚至正离子空位浓度与负离子空位浓度也不相同，这取决于离子化合物正、负离子的电价数（见 6.1.2 节）。例如钾离子在 KCl 中的扩散机制是钾离子与正离子空位换位，弗仑克尔缺陷的浓度是［见（6-14）式］

$$x_v = \exp\left(\frac{\Delta S_f}{2k_B}\right)\exp\left(-\frac{\Delta H_f}{2k_B T}\right) = x_i \tag{8-130}$$

所以空位机制扩散系数的 D_0 和激活能 Q 为

$$D_0 = \gamma d^2 \nu \exp\left(\frac{\Delta S_m + \Delta S_f/2}{k_B}\right) = 10^{-2} \sim 10$$

$$Q = \Delta H_m + \Delta H_f/(2k_B)$$

式中:γ 是因材料不同的常数。表 8-6 给出一些卤化物的肖特基缺陷形成能 ΔH_f 和正离子迁动的激活能 ΔH_m。

表 8-6 一些卤化物的肖特基缺陷形成能 ΔH_f 和正离子迁动激活能 ΔH_m

化合物	ΔH_f/eV	ΔH_m/eV
LiF	2.34	0.70
LiCl	2.12	0.40
LiBr	1.8	0.39
LiI	1.34,1.06	0.38,0.43
NaCl	2.30	0.68
NaBr	1.68	0.8
KCl	2.6	0.71
KBr	2.37	0.67
KI	1.60	0.72
CsCl	1.86	0.6
CsBr	2.0	0.58
CsI	1.9	0.58
TlCl	1.3	0.5

如果 KCl 晶体中含有高价杂质,在低温时晶体就具有固定的非本征空位浓度,例如加入 Ca^{2+},Ca^{2+}取代 K^+成为 $Ca_K^{\cdot}$,等于加入两价正离子后的非本征正离子空位浓度 V_K'。这时,钾离子的扩散系数表达为

$$D_K = \gamma \nu d^2 V_K' \exp\left(-\frac{\Delta G_m}{k_B T}\right) \tag{8-131}$$

图 8-48 给出含有 10^{-4} 和 10^{-5} 原子分数的二价正离子杂质的 KCl 晶体中钾离子的扩散系数的常用对数(以 10 为底)与热力学温度倒数之间的关系。在图 8-48 的右上角给出在 1 000~2 000 K 范围的本征和非本征空位浓度,水平线是不随温度变化的非本征浓度。对于具有典型的肖特基缺陷形成焓范围 35.89 kJ/mol(6eV)的 BeO、MgO、CaO 和 Al_2O_3 等氧化物,高价杂质浓度必须低于 10^{-5} 并在 2 000 ℃以上才能看到本征空位机制的扩散,因此,百万分之几的杂质浓度就足以控制空位浓度。图 8-48 中二价杂质离子浓度是 10^{-4} 时,当温度低至其溶解极限对应的温度后溶质就会发生沉淀,其非本征空位浓度会降低,相应在这个温度以下,扩散激活能会增加。图 8-48 中 A 线表示杂质浓度为 10^{-5} 的本征扩散,B 线和 C 线分别表示杂质浓度为 10^{-4} 和 10^{-5} 的非本征扩散,D 线表示杂质浓度为 10^{-4} 并发生溶质沉淀的非本征扩散。

大多数陶瓷晶体是氧化物,氧化物陶瓷晶体的扩散特性:首先看它的成分是否是化学计

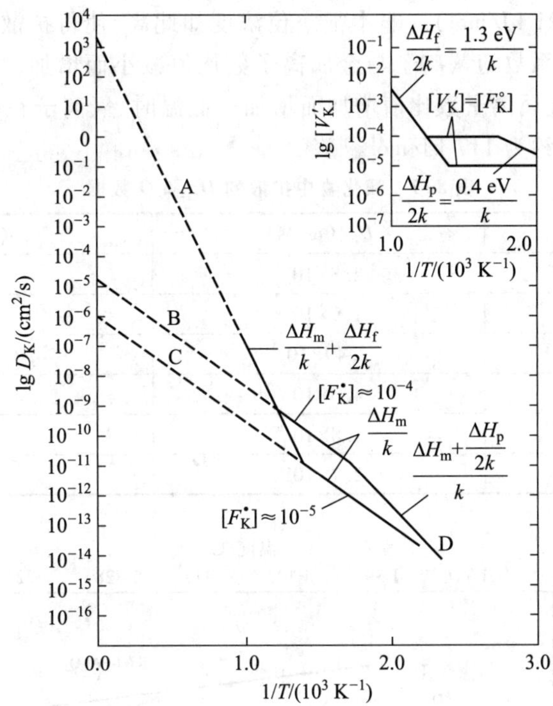

图 8-48 含有杂质的 KCl 晶体的扩散系数与温度的关系

量成分,如果不是化学计量成分,就会存在电洞(带电空位)浓度;其次,还要看它的扩散机制是本征空位机制还是非本征空位机制。扩散的类型可分为:① 化学计量成分本征空位扩散;② 化学计量成分非本征空位扩散;③ 非化学计量成分本征空位扩散;④ 非化学计量成分非本征空位扩散等四类。虽然这样的分类是合理的,但是实际上并不清楚扩散机制是本征空位或是非本征空位;有时在狭窄的成分范围也不清楚是化学计量成分还是非化学计量成分。关于以上问题在此不作详细讨论,有兴趣的读者可参阅本章的参考文献[6]。

表 8-7 给出一些用示踪原子测量的在氧化物中扩散的 D_0 和 Q 数据。图 8-49 给出一些氧化物陶瓷的扩散实验资料,由直线的斜率求出扩散激活能 Q(图右侧给出不同斜率的直线所对应的激活能大小。从图的测量数据看到,在氧化物中的扩散系数曲线并没有像在卤化物中因杂质引起的非本征空位扩散而出现弯折,这可能是测量的温度范围不够大的缘故。同时还看到,因为在大多数氧化物中正离子尺寸比氧离子尺寸小,所以在同一个氧化物中正离子的自扩散系数比氧离子的自扩散系数大。但是,对于一些如 UO_2、ThO_2 和 ZrO_2 等具有萤石结构的氧化物,加入 CaO 或 La_2O_3 等二价或三价正离子氧化物,由于加入的正离子电荷比基体的正离子低,所以一定伴随非本征氧离子空位的产生,这种空位浓度保持不变并和温度无关。因为存在这种非本征氧离子空位,使得氧离子的扩散系数大大增加。例如图 8-49 中的氧离子在 $Ca_{0.14}Zr_{0.86}O_{1.86}$ 中的扩散,$Ca_{0.14}Zr_{0.86}O_{1.86}$ 是 CaO 溶入 ZrO_2 的固溶体,在 ZrO_2 基体中正常的负离子阵点位置数与正离子阵点位置数的比例为 2∶1,所以溶入 CaO 后点阵中负离子阵点位置数与正离子阵点位置数的比例为 1.86∶1,在氧的阵点位置有 14% 的空位。这种非本征空位浓度不随温度变化,氧离子的扩散系数与温度的关系只取决于氧离子

的迁移激活能(约为 121 kJ/mol)。非本征空位浓度如此高,使得扩散系数非常大。可以看到,空位机制的氧扩散系数随氧离子与金属离子数比值减小而增加,相反,间隙机制的氧扩散系数则随氧离子与金属离子数比值增加而增加。低温时,氧离子在 UO_2 中的扩散机制是间隙机制,扩散激活能约为 117 kJ/mol。

表 8-7 氧化物中扩散的 D_0 和 Q 数据

材料	$D_0/(m^2/s)$	$Q/(kJ/mol)$
Al 在 Al_2O_3 中	2.8×10^{-3}	477
O 在 Al_2O_3 中	1.9×10^{-1}	636
Mg 在 MgO 中	2.49×10^{-5}	330
O 在 MgO 中	4.3×10^{-9}	344
Ni 在 MgO 中	1.8×10^{-9}	202
O 在 SiO_2 中	2.7×10^{-8}	111

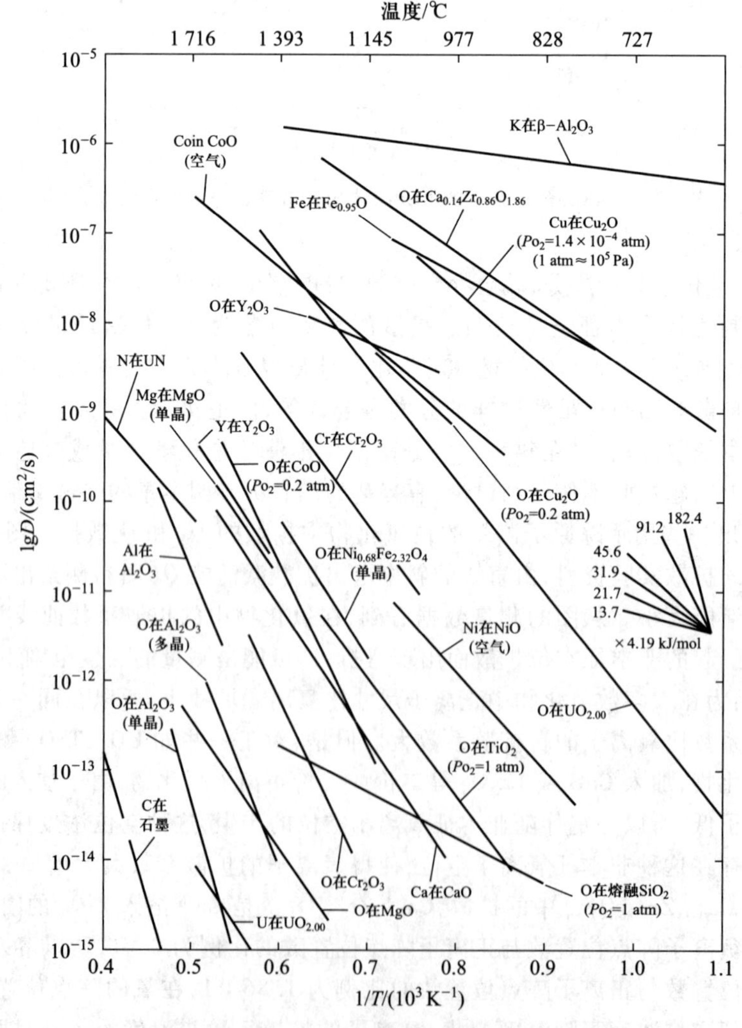

图 8-49 一些氧化物陶瓷的实验资料

化学计量成分的氧化物中正离子扩散系数的归类是比较困难的。例如,在镁的氧化物、钙的氧化物和尖晶石中正离子的扩散激活能很高,扩散系数在高温的测量值可能只是本征扩散而和小量杂质的非本征扩散无关,但是还缺乏准确的"高温"和"低温"测量数据,因此没有明确的结论。

++

例题 8-12 当 Si 试样暴露在空气中,表面会生长一层 SiO_2。这一氧化层的异常性能是 Si 在半导体工业占据重要地位的原因之一。氧化层成长机制是扩散控制的,当温度从 1 000 ℃增加至 1 090 ℃时测得,氧化物的长大速度翻一倍。设氧化物长大速度是 Arrhenius 过程。已知 O 在 SiO_2 中的扩散激活能是 112 kJ/mol,请确定氧化物长大速度是由 O 还是由 Si 通过 SiO_2 层扩散所控制。

解 根据长大速度服从 Arrhenius 方程,设氧化物长大过程的表观激活能为 Q,以 $v(T)$ 代表氧化物在 T 温度的长大速度,则有如下关系:

$$\frac{v(1\ 090\ ℃)}{v(1\ 000\ ℃)}=2=\exp\left[-\frac{Q}{R}\left(\frac{1}{1\ 363\ \mathrm{K}}-\frac{1}{1\ 273\ \mathrm{K}}\right)\right]$$

把 $R=8.314\ \mathrm{J/(mol\cdot K)}$ 代入,求得:

$$Q=8.314\times\ln 2(1/1\ 273-1/1\ 363)^{-1}\ \mathrm{kJ/mol}=111.1\ \mathrm{kJ/mol}$$

因为 O 在 SiO_2 中的扩散激活能是 112 kJ/mol,虽然没有给出 Si 在 SiO_2 中的扩散激活能,但由氧化物生长速度所得的 Q 值与 O 在 SiO_2 中扩散的 Q 值明显地相近,这说明 SiO_2 层生长很可能是由氧通过氧化物的扩散控制的。

++

上面讨论的扩散系数是示踪原子测量的,现在看两种陶瓷的互扩散,并且认为扩散过程中始终是固溶体,不出现新的相,这时互扩散系数可近似用达肯公式表达。考虑 NiO 与 CoO 在高温下的互扩散,因为在高温下形成的固溶体可以近似看成是理想固溶体,所以达肯公式表达为

$$\widetilde{D}=x_{\mathrm{Ni}}D_{\mathrm{Co}}^{*}+x_{\mathrm{Co}}D_{\mathrm{Ni}}^{*} \tag{8-132}$$

实际上达肯公式假设在互扩散区域处处保持局部平衡,这在陶瓷中并不是严格正确的。由图 8-50 可以看到,若一种带电离子移动比另一种快时所引起的电化学场会降低互扩散系数。图 8-50a 为 1 445 ℃和 1 300 ℃下在空气中 NiO-CoO 系实验测量的互扩散系数与计算的互扩散系数,图 8-50b 为 1 445 ℃和 1 300 ℃下示踪原子^{66}Co 和^{57}Ni 在$(\mathrm{Co}_C\mathrm{Ni}_{1-C})$O 晶体中的互扩散系数。

对于 NiO-MgO 系的互扩散,三价的镍离子与正离子空位结合使镍向 MgO 扩散的速度提高了。图 8-51a 是在空气中测量几个温度下 NiO-MgO 系的互扩散系数与镍浓度的关系,扩散系数随着镍的浓度增加而增加。因为这是在空气中测量的,所以三价镍有足够的机会支配正离子空位形成过程,即大多数空位是由于 $\mathrm{Ni}_{\mathrm{Mg}}^{\mathrm{g}}$ 的存在而出现的,这样类似(8-131)式的公式不能直接应用。图 8-51b 给出了其他体系(一些给定成分的氧化物)的互扩散资料。

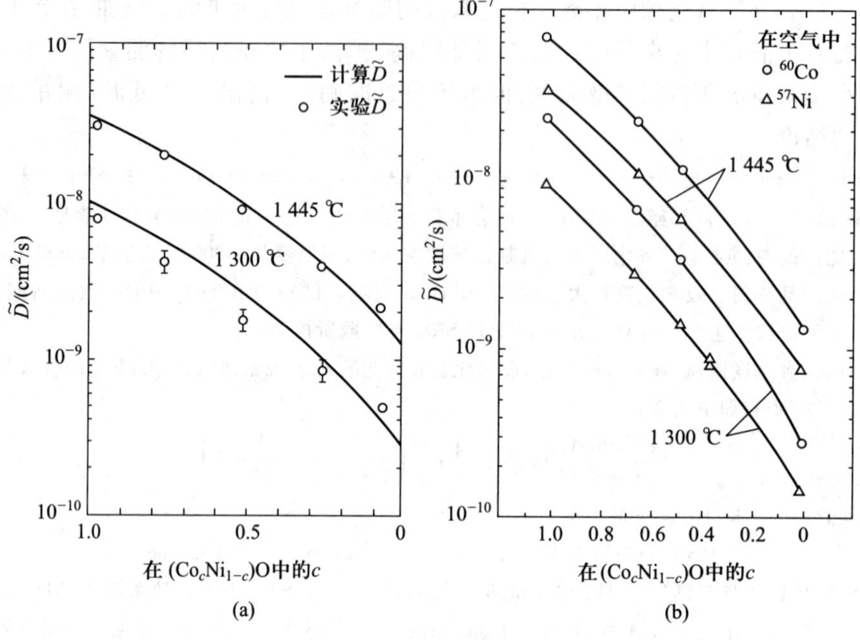

图 8-50 陶瓷中的扩散系

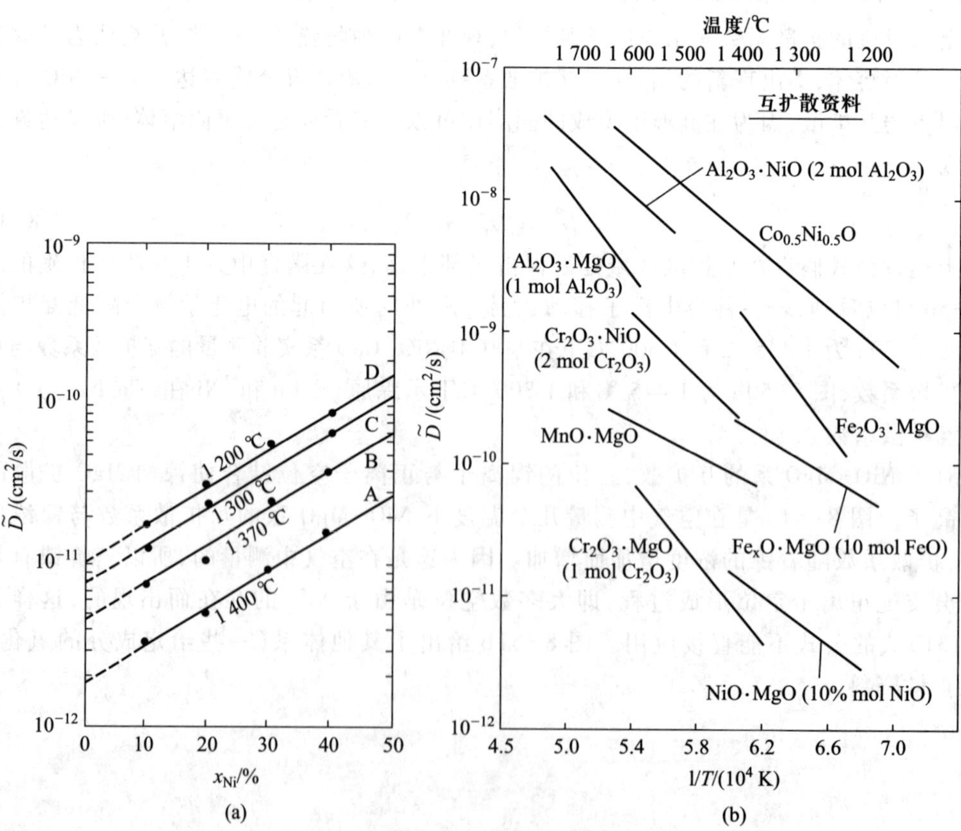

图 8-51 不同温度下 NiO-MgO 系的互扩散及其他体系的互扩散

8.10 高扩散率的通道

在晶体中存在如表面、晶界、相界面、位错等缺陷,在这些位置原子排列不像完整晶体那样规则,是比较复杂的。由于原子排列不是完全规则的,体积密度比较小,所以在这些位置原子跳动的速率比在完整的点阵快,即在这些地方的扩散系数比完整点阵的高。因为扩散较快,这些位置称为高扩散率通道,也称捷径扩散通道。图 8-52 示意地比较了点阵扩散距离与这些高扩散率通道的扩散距离,扩散源在上表面,如果沿点阵扩散,其扩散距离近似为 $(D_l t)^{1/2}$,D_l 是在完整点阵的扩散系数,而在晶界、位错和自由表面的扩散距离都大于 $(D_l t)^{1/2}$。晶界和位错是最常遇到的内部快速扩散通道。

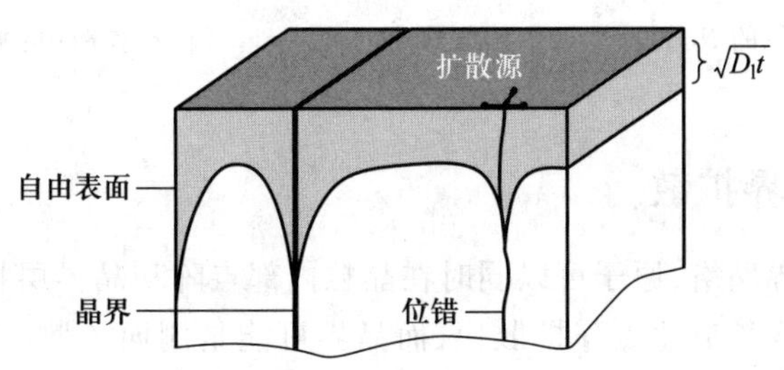

图 8-52 固体中各扩散率通道示意图

对高扩散率通道研究的原因是有一些动力学过程是由高扩散率通道扩散控制的。例如,多晶体在 $0.6T_m$ 以上(T_m 是熔点)时晶界扩散起主要作用,蠕变、不连续脱溶、扩散诱发晶界迁动、再结晶和烧结等过程都是由晶界扩散控制的。目前,很多高科技领域,如薄膜微电子器件、光电器件、磁存储器件等的结构变化是由高扩散率通道扩散控制的。这些器件由多层膜构成,而每层膜的厚度与在它们使用温度下的扩散距离相当,因而快速扩散会破坏薄膜的完整性或使层间的成分混合而导致失效。高扩散率通道扩散在这些领域是被非常重视的问题。

与位错、晶界和自由表面等位置相比,完整晶体点阵中原子跳动受的约束最大,原子跳动的激活能最大,扩散系数最小。通过实验知道,完整点阵的自扩散系数 D_l^*、沿位错扩散的自扩散系数 D_d^*、沿晶界扩散的扩散系数 D_b^* 以及沿表面扩散的扩散系数 D_s^* 的大小顺序是

$$D_l^* \ll D_d^* \leqslant D_b^* \leqslant D_s^* \tag{8-133}$$

完整点阵的扩散激活焓 ΔH_l、沿位错扩散的扩散激活焓 ΔH_d、沿晶界扩散的扩散激活焓 ΔH_d 以及沿表面扩散的扩散激活焓 ΔH_s 的大小顺序是

$$\Delta H_l > \Delta H_d \geqslant \Delta H_b > \Delta H_d \tag{8-134}$$

图 8-53 是 Ni 沿不同路径扩散的自扩散系数与温度的关系图。金属晶界自扩散的激活焓 ΔH_b 与点阵自扩散的激活焓 ΔH_l 之比($\Delta H_b/\Delta H_l$)一般为 0.4~0.6。沿点阵扩散比沿高扩散率通道扩散(特别是在低温)慢十几个数量级。

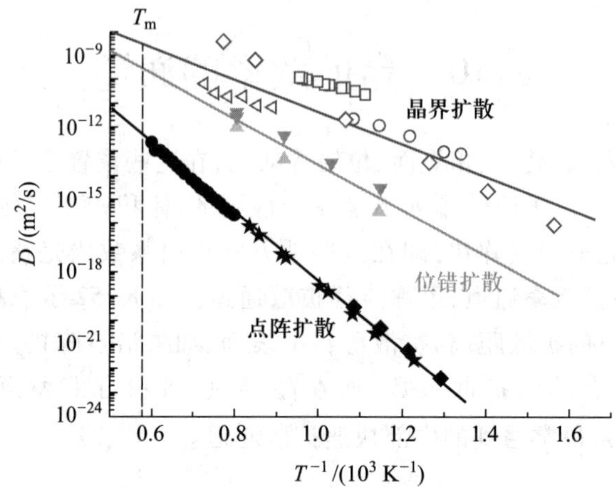

图 8-53　不同研究者测得的 Ni 的自扩散系数与温度的关系图　（位错扩散中：▼刃型位错，▲螺型位错）

8.10.1　沿晶界扩散

多晶体中包含晶界网络，原子可以同时在晶粒内部点阵和晶界层扩散，所以多晶体扩散是复杂过程。因为晶界扩散比点阵扩散快，而晶界可能是侧面扩散的“源”或“阱”，扩散过程还包括由晶界向侧面点阵的扩散，所以扩散过程因晶粒尺寸 d、晶界层的宽度 δ、温度 T、扩散时间 t 不同以及扩散时晶界是否迁动等有很大的差异。

图 8-54 是 Chellali 等用原子探针体积重构对沿晶界扩散的研究结果。研究是在钨试样的尖端溅射 Ni 和 Cu 的薄膜，薄膜包住钨试样的尖端，薄膜的晶粒尺寸是 20～30nm，如图 8-54a 右图所示。试样经 630 K 退火 45 min，在 Cu/Ni 双层（700 万原子）原子重构，看到 Ni 明显地沿 Cu 的晶界输运，如图 8-54a 左图所示。图 8-54b 是靠近晶界三叉棱（点）垂直晶界的局部分析，其成分分布符合高斯分布规律，最大浓度达 33.1at.%（原子百分比浓度），半峰宽度为 2.46 nm。

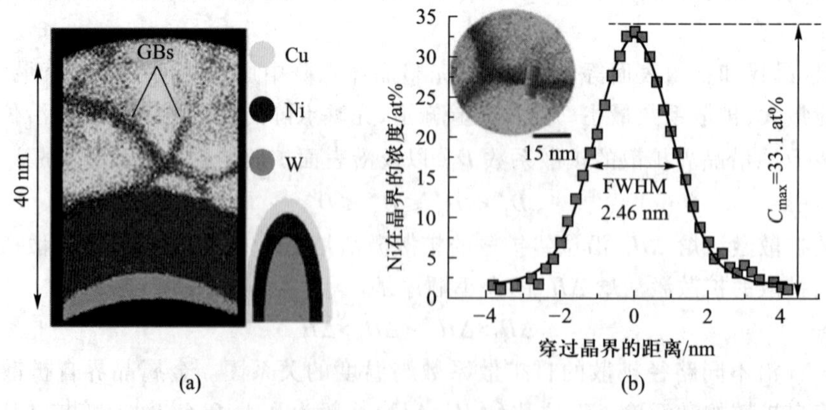

图 8-54　用原子探针体积重构对沿晶界扩散的研究结果（Chellali 等，2012）

沿晶界的三叉棱的扩散比晶界快。Chellali 等的研究也清楚地显示了扩散沿晶界的三叉棱浓集,如图 8-55a 所示。大量的原子探针体积重构提供的沿晶界三叉棱和沿晶界的扩散系数,说明前者的扩散激活焓比后者的扩散激活焓小,前者的扩散系数比后者的扩散系数大 2~3 个数量级。图 8-55b 是测得的 Ni 在 Cu 中沿晶界和沿晶界三叉棱的扩散系数,图中的 D_{gb} 和 D_{tj} 分别表示沿晶界和沿晶界三叉棱的扩散系数;Q_{gb} 和 Q_{tj} 分别表示沿晶界和沿晶界三叉棱的扩散系数激活能。

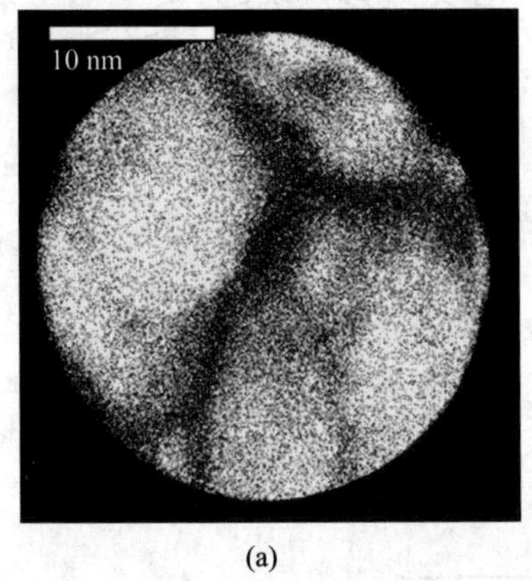

(a)

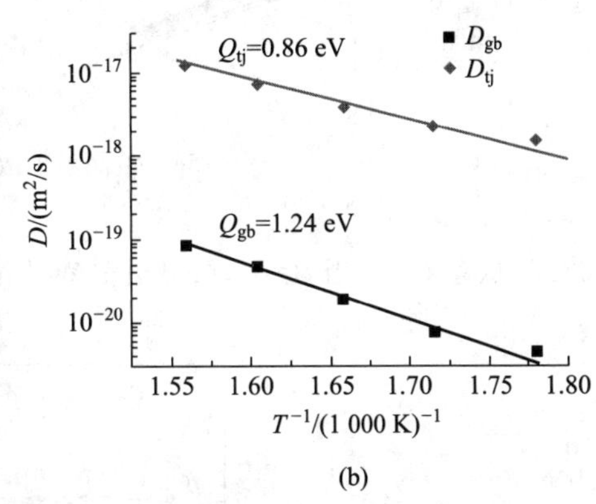

(b)

图 8-55 用原子探针体积重构显示 Ni 原子(蓝)沿着 Cu(黄)的晶界和晶界三叉棱浓集及相应的扩散系数(Chellali 等,2012)

为了描述晶界扩散,设计如下的扩散实验:晶界厚度为 2δ,垂直于表面,在表面上沉积一层扩散物质,扩散物质原子从表面向内扩散。所示为数学处理时,以 C_1 表示晶粒内浓度,C_b 表示晶界中浓度,D_1 和 D_b 分别表示晶粒内及晶界中的扩散系数,并把晶界处理成各向同性的均匀材料(服从菲克定律)。图 8-56a 表示在晶界中扩散浓度分布。在扩散过程中,沿晶界扩散快,晶界内扩散物质的浓度比晶界两侧的晶体高,使扩散物质原子也向晶界两侧扩散,图 8-56b 描述扩散过程晶界中以及晶界一侧的晶粒内的浓度分布。在晶界两侧的晶体内,扩散满足如下方程:

$$\frac{\partial C_1}{\partial t}=D_1\nabla^2 C_1 \quad (|x|>\delta) \tag{8-135}$$

晶界内浓度的变化除了受晶界内扩散的影响外,还受从晶界两侧向晶体内扩散的影响。因为晶界厚度不大,故假设晶界浓度和厚度方向 x 无关,这样得到的扩散方程为

$$\frac{\partial C_b}{\partial t}=D_1\frac{\partial^2 C_b}{\partial y^2}+\frac{D_1}{\delta}\frac{\partial C_1}{\partial x}\bigg|_{\delta+\varepsilon} \quad (x<\delta,\varepsilon\to 0^+) \tag{8-136}$$

式中右端第一项是沿 y 方向流量的散度,第二项是晶界与晶内之间的侧向物质交换量。目前讨论的情况,在两侧边界 $x=\delta$ 处,$C_b=C$;如果是溶质扩散,则 $C_b=KC$,K 是晶界偏析因子(这里假设 C' 比晶界的饱和浓度小,即在晶界上不沉淀出第二相的情况)。根据边界条件和初始条件,联合上面两个方程,有几种近似解。分析表明:当因子 $\beta=\frac{D_b}{D_1}\frac{K\delta}{(D_1 t)^{1/2}}>1$ 时,晶界渗入晶内的影响才明显可见。图 8-57 给出不同 β 值晶界一侧 $C=0.2C_0$(C_0 为表面浓度)的

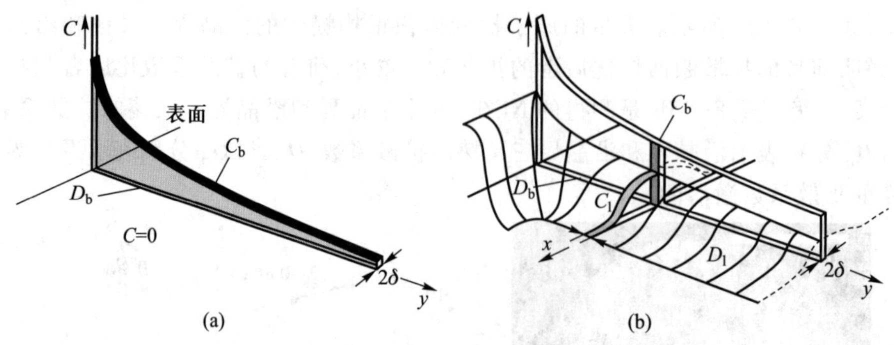

图 8-56 沿晶界扩散的浓度分布

浓度分布曲线，从图看出，当 $\beta=1$ 时，靠近晶界的浓度明显大于晶内的浓度。

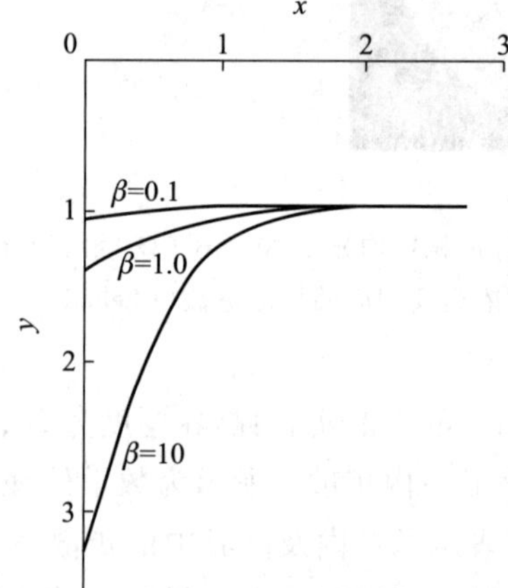

图 8-57 不同 β 值晶界一侧 $C=0.2C_0$ 的浓度分布曲线

图 8-58 是用有限差分模拟的表面恒源，晶界扩散系数 D_b、晶界厚度 δ 为常数，β 值分别为 10、10^3、10^5 的靠近晶界的等浓度曲线。在远离晶界处，晶界扩散的影响可以忽略，不同 β 值的等浓度曲线差异是由从表面向晶内扩散引起的。

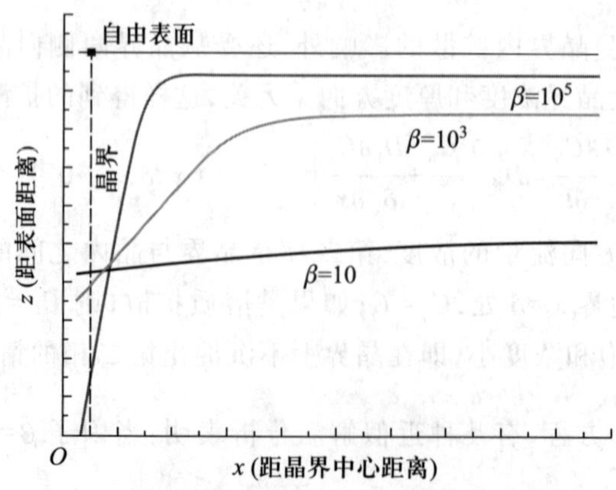

图 8-58 用有限差分模拟的表面恒源在靠近晶界的等浓度曲线

实验测定每一 δ_y 层扩散物质原子的量是容易的。所以通常以距表面某一距离 y 的浓度积分值 $\overline{C}$(x 从$-\infty$ 到$+\infty$ 积分,即所在层的平均浓度)作为实验和理论分析的对比,积分值

$$\overline{C}(y,t)=\int_{-\infty}^{-a} C_1(x,y,t)\,\mathrm{d}x+\int_{-a}^{a} C_b(x,y,t)\,\mathrm{d}x+\int_{a}^{+\infty} C_1(x,y,t)\,\mathrm{d}x$$

把 $C_1(x,y,t)$ 及 $C_b(x,y,t)$ 的近似解代入积分,再将积分结果取对数,得到

$$\ln \overline{C}(y,t)=\frac{-\sqrt{2}}{(\pi D_1 t)^{1/2}(\delta D_b/D_t)^{1/2}}y+\text{const} \tag{8-137}$$

(8-137)式说明,扩散平均浓度的对数 $\ln \overline{C}$ 与深入距离 y 呈线性关系。图 8-59 是 ^{237}U(同位素)在 UO_2 多晶体中自扩散的 $\ln \overline{C}$ 相对 y 的渗入浓度曲线,图中的各曲线是对应不同温度、不同时间的扩散结果。图中给出的不是浓度而是同位素强度的数值,与浓度成正比。图中渗层扩散的线性关系部分主要是晶界扩散的贡献,靠近表面偏离线性关系的部分主要是体积扩散的贡献。根据(8-137)式,可以通过实验测出 $\overline{C}$(同位素强度)并估算晶界厚度 2δ,即可求出 D_b。

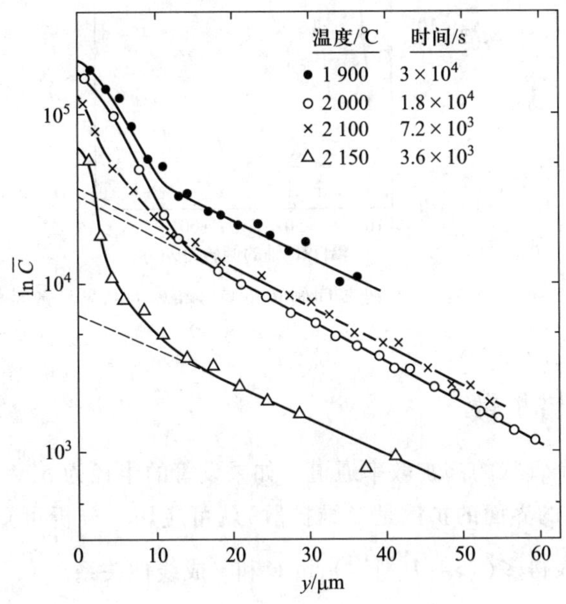

图 8-59 ^{237}U(同位素)在 UO_2 多晶体中自扩散的平均浓度 $\overline{C}$ 随渗入深度 y 的变化

对于氧化物晶体,在 Fe_2O_3 和 CoO 中看到氧沿晶界扩散的优势,但是在 BeO、UO_2、CuO_2、(ZrCa)O_2 和铱铝石榴石中却没有发现氧沿晶界扩散的优势。在 UO_2、$SrTiO_3$、(ZrCa)O_3 中发现有正离子沿晶界扩散的优势,分析认为在 Al_2O_3、Fe_2O_3、Ni_2O 和 BeO 中可能会有正离子沿晶界扩散的优势,实验中却没有发现。由于对离子晶体测量扩散系数比较困难,并且杂质对其影响非常大,所以现在所提供的有些资料常常不确定和相互矛盾。

另外,晶界中的扩散速度(或晶界扩散系数)取决于晶界的结构,与其他大角度晶界相比,沿着具有非常致密且接近完美晶体堆积(低 Σ)的特殊晶界,扩散速度明显较慢。小角度

晶界的情况类似。小角度晶界位错周围的畸变和更开放的晶格允许更快的扩散,因此随着倾转角的增加,这对应于小角度晶界单位面积上位错数量的增加,扩散速度加快。图 8-60 是铝沿[110]轴不同倾转角倾转晶界的晶界扩散系数。从图中看出,小角度晶界随着倾转角加大,晶界中位错密度加大,沿晶界的扩散系数加大;在(低 Σ)特殊界面的扩散系数降低,以 Σ_3 晶界最为显著。

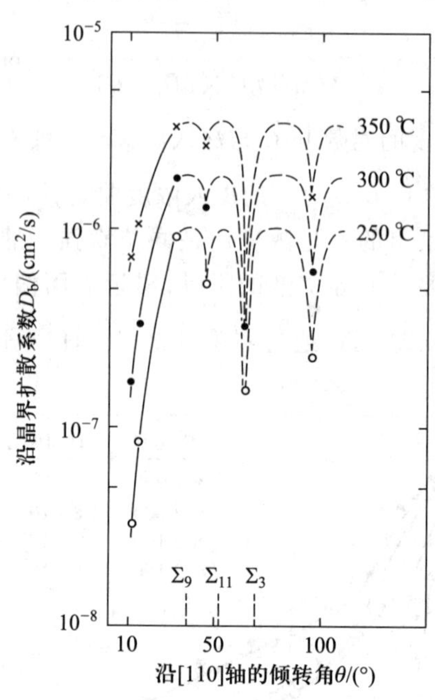

图 8-60 铝沿[110]轴不同倾转角倾转晶界的晶界扩散系数

8.10.2 沿位错扩散

位错可看作是一个管状的高扩散率通道。如果设管的半径为 δ,将(8-136)式中第二项适当修改(现在透过管的界面的扩散是二维扩散)就可应用。分析可知,若 y(沿位错方向)比在晶内的渗入深度大得多($y>4[D_l t]^{1/2}$),$\ln \overline{C}$ 和 y 成线性关系。

$$\frac{\partial \ln \overline{C}}{\partial y}=\frac{-A}{\left(K\delta^2\dfrac{D_d}{D_l}-\delta^2\right)^{\frac{1}{2}}} \tag{8-138}$$

式中:D_d 是沿位错的扩散系数,A 是随时间稍有变化的函数。粗略地看,对于单个独立的位错,$\ln \overline{C}$ 对 y 的变化斜率大体和时间无关。但是,如果位错排列成位错墙(小角度界面),则斜率随 $t^{-1/4}$ 变化。同样,若要测定扩散系数 D_d,也要测定式中的 K 和估算 δ。

8.10.3 沿表面扩散

处在晶体表面的原子,它的部分键被割断了,所以表面原子不像晶体内部原子那样规则排列，表面原子会发生弛豫或重构，出现较为松散的表面层，所以表面也是高扩散率通道。如果把图 8-56a 中的一个晶粒去掉换为真空，那么晶界就变成了表面，把(8-136)式稍加改变就可以应用于表面扩散。设表面层厚度为 δ，应用这些方程的解以及通过实验测量浓度分布可以求出 $D_s\delta$，D_s 是表面扩散系数。所以，要测定 D_s 也需要估算 δ 值。

一般来说，表面的结构是比较复杂的，因处于表面的晶面不同而有很大差异，同时也因温度变化而变化，所以表面的扩散机制往往不止一种。表面张力会引起物质沿表面输运而改变表面形状，可以利用这一现象来研究表面扩散。例如，一个露出表面的晶界，在高温下出现的沟槽就是通过表面扩散形成的。假设晶界和表面垂直，在晶界能 γ_b 的作用下，晶界力图在 y 方向缩小长度，直到表面张力 γ_s 与其平衡，如图 8-61 所示。在晶界与表面的交点处局部平衡时，γ_b 和 γ_s 的关系为

$$\gamma_b = 2\gamma_s \sin\theta \tag{8-139}$$

由于 γ_b 的作用，在晶界与表面相交处出现沟槽。沟槽两旁的表面出现曲面，此处的原子比平面处具有更高的化学势，驱使表面原子从晶界位置向两侧表面扩散。在界面张力以及表面扩散共同的作用下，沟槽会逐渐加深加宽。按这样的分析计算可以得出 γ_s 和 D_s。采用这种方法分析时，应该忽略体积扩散以及表面挥发或凝聚的影响，同时还应使表面不受污染。表面扩散的激活能 Q_s 比晶界扩散激活能 Q_b 小。

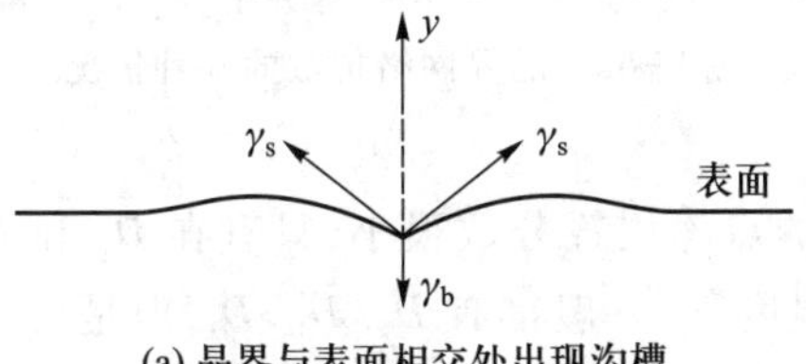

(a) 晶界与表面相交处出现沟槽

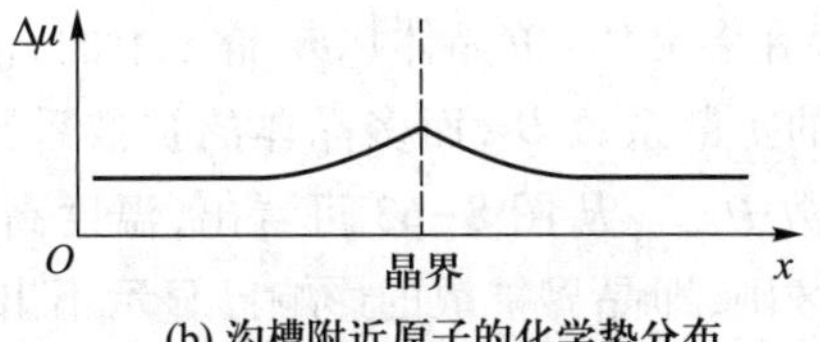

(b) 沟槽附近原子的化学势分布

图 8-61 晶体表面形成的高扩散率通道

如果表面有吸附(或偏析)原子，会影响表面的扩散系数。例如，具有清洁表面的含 C 的 Cu 或 Ni 试样，在高真空加热时 C 从内部扩散到试样表面，富 C 的表面层会大大降低表面的自扩散速度。但是，如果表面有 S 的偏析，S 在 Cu 或 Ag 表面会使表面自扩散系数 D_s 增加几个数量级。

8.10.4 高扩散率通道网络

在晶体中，晶界(相界)和位错等处的密度是很高的，呈无规则分布构成高扩散率通道网络。以 l 表示网络的特征值，对于晶界网络来说，l 就是晶粒的平均直径；对于位错网络来说，l 就是位错结点间的平均距离。按照体积扩散透入深度的估算值$(D_l t)^{1/2}$ 和 l 的相对大小不同，存在高扩散率通道网络时的扩散可以分成以下三种不同的情况。

（1）当体积扩散可以忽略，并且沿网络扩散透入深度大于 l 时，扩散后沿网络的浓度曲线和以 D_b 或 D_d 代替 D_l 的体积扩散浓度曲线相同。这种情况的晶界网络扩散如图 8-62a 所示。

（2）当体积扩散不能忽略，但体积扩散透入深度 $(D_l t)^{1/2}$ 比 l 小得多，高扩散率通道的网络之间没有交互作用，即一个通道的侧向扩散不会到达相邻的另一个扩散通道。这种情况的晶界网络扩散如图 8-62b 所示，这时可以根据 $\overline{C}$ 和 y 的关系导出 $2\delta KD_b$（或 $K\delta^2 D_d$）。

（3）当体积扩散深度大于 l 时，高扩散率通道扩散重叠。这种情况的晶界网络扩散如图 8-62c 所示。本节所提出的方程和它们的解都不适用。这时可以用一个简单的表达式来描述表观扩散系数 D_{app}：

$$D_{app}=fD'+(1-f)D_l \tag{8-140}$$

式中：D' 是 D_b 或 D_d；f 是高扩散率通道所占的点阵位置分数。

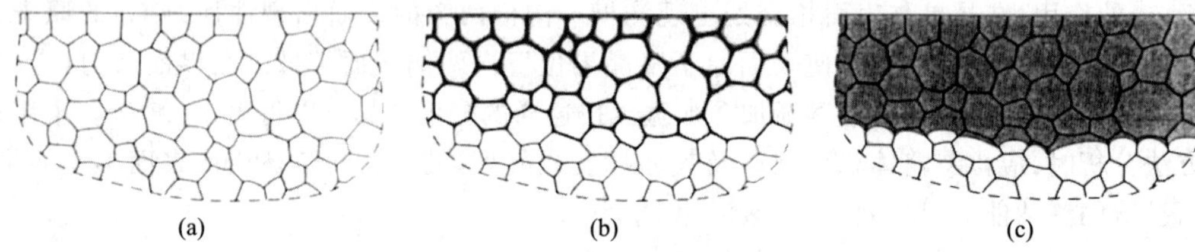

图 8-62 晶界网络扩散的几种情况

在多晶体中，晶界所占的点阵位置分数很小，只有在 D_b 和 D_l 差异比较大时，才显示晶界对 D_{app} 的影响。在任何温度下，一般都有 $D_s>D_b>D_l$，但是所有扩散系数和温度间的关系都有如(8-88)式的形式。高温下，D_l 和 D_b 的差异小一些，所以晶界扩散对整体扩散的影响显不出来。图 8-63 给出了银在多晶体、单晶体以及晶界中的自扩散系数和温度的关系，单晶体的扩散系数相当于晶内的扩散系数 D_l，而多晶体的扩散系数是多晶体中晶界和晶内扩散共同起作用的表观扩散系数 D_{app}。从图 8-63 可看出，温度高于 700 ℃后，多晶体银和单晶体银的扩散系数已经没有区别，即晶界扩散的影响已显示不出来了。

图 8-64 给出铝离子和氧离子在单晶体及多晶体 Al_2O_3 中的自扩散系数，从图中也可看出，高温时，晶界和晶内的扩散系数差别减小。图 8-64 中氧离子在单晶体 Al_2O_3 中的扩散有两条曲线，它们分别对应实验时采用两种浓度的氧同位素 O^{18} 气氛的实验结果。另外，在图 8-64 中还可以看出，经过退火后的试样，因为去除了一些位错、亚晶界和杂质等，使扩散系数降低。因此，预先的热处理对以后的扩散行为会有较大的影响。

对于纳米多晶材料，由于这些材料通常是通过远离热力学平衡的途径合成的，具有高密度的晶界和三叉棱，再加上在这些缺陷中的原子的高体积分数（高达 30%~50%），一般情况下，沿着晶界和三叉棱的扩散系数很大，甚至在低温条件下，纳米结构材料的有效扩散系数异常高。

但是，晶界扩散对晶界结构状态非常敏感，而且不同路线合成的纳米晶界结构也有很大的差异，因此研究纳米多晶的扩散要与微观组织研究相结合，因为从微观组织的演变、稳定性，杂质含量，溶质偏析，点缺陷、线缺陷的密度和排列等方面对扩散动力学有很大的影响。

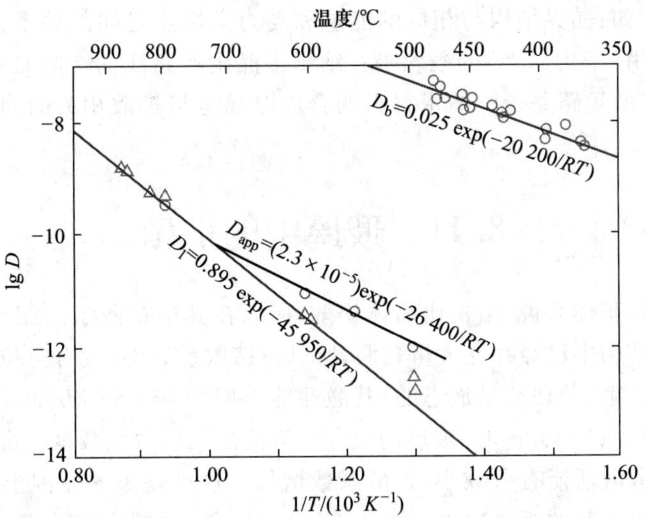

图 8-63　Ag 在多晶体、单晶体以及晶界中的扩散系数

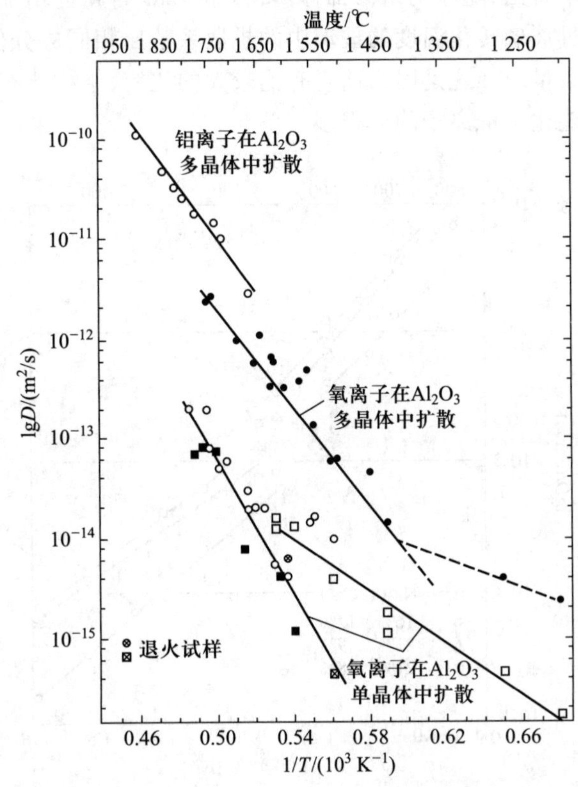

图 8-64　铝离子、氧离子在 Al_2O_3 晶体中的中的自扩散系数

扩散与这些因素的相互依赖的详细关系是复杂的，晶界扩散机制与晶粒尺寸是否有依赖性？尽管这个问题在对纳米材料扩散的理解上取得了相当大的进展，但许多其他的基本问题仍

然没有得到解决。如：晶界结构与相应的能量和动力学性质之间的关系是什么？在纳米结构材料中，可以应用“平均晶界”的概念吗？纳米多晶生产路线的影响是什么？哪些是纳米结构材料的主要扩散短路路径？纳米材料的合成路线是与扩散相关的问题，可查阅相关的文献。

8.11 玻璃中的扩散

玻璃是非晶体，整体来说，结构比晶体松散，所以在其中扩散激活能比在晶体中的扩散小。另外，在玻璃结构中已经存在大量孔洞，所以在扩散系数中，没有空位浓度一项。例如，Na^+在钠钙玻璃中扩散，若玻璃是液态的，其激活能一般为 63～83 kJ/mol，若玻璃是固态的，其激活能一般为 96～113 kJ/mol。玻璃的成分对激活能和扩散系数也有影响，当网络修饰体正离子量增加，扩散激活能有所减小，扩散系数增加。这种现象的原因推测是，网络修饰正离子断开网络，使离子间的距离减小。图 8-65 给出钠离子在不同成分的硅酸盐玻璃中的扩散系数与温度的关系，图 8-65 中直线断开处对应的是玻璃转化温度，在此温度以下硅酸盐玻璃是固态的。从图中看出，随着网络修饰体 Na_2O 和 CaO 含量的增加，扩散系数加大。网络修饰离子在快冷通过玻璃转化温度的玻璃中的扩散系数比相同成分但经很好退火的玻璃中的扩散系数大一个数量级。这是因为前者有比较大的比容，结构比较开放，另外两价离子在玻璃中的扩散激活能比单价离子的大很多。

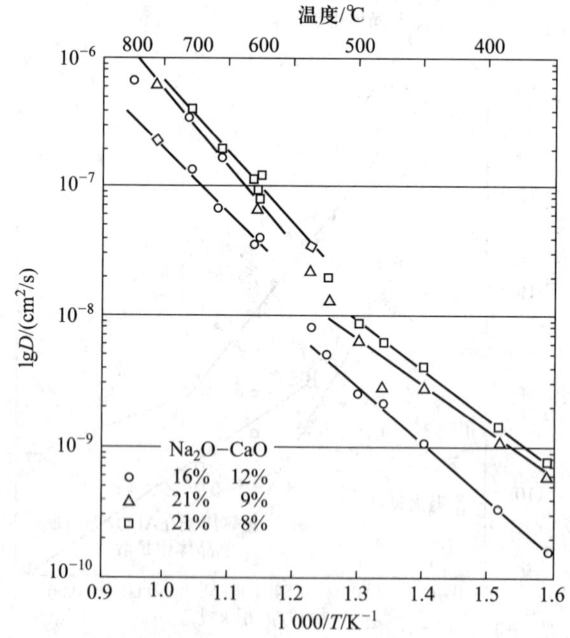

图 8-65 钠在不同成分的钠钙玻璃中的扩散系数

对于气态原子穿过玻璃的扩散，在这个领域的研究资料通常采用渗透率 K，而不是采用扩散系数 D。K 和 D 之间的关系是：

$$K = DS \tag{8-141}$$

K 的值等于 1 cm 厚的玻璃的两侧压力差为 1 个大气压时,每秒通过单位面积的气体(标准温压 STP)体积,K 的量纲是(cm^3 STP)(cm)/(cm^2 · s · Pa);S 是气体在标准温压下玻璃的溶解度,溶解度随温度升高而增加:

$$[S] = [S_0]\exp\left(-\frac{\Delta H_S}{RT}\right) \tag{8-142}$$

式中:ΔH_S 是溶解热。这样,渗透率同样与温度呈指数关系:

$$K = K_0\exp\left(-\frac{\Delta H_K}{RT}\right) \tag{8-143}$$

$$\Delta H_K = \Delta H_S + \Delta H_m$$

式中:ΔH_m 是原子从一个孔洞迁移到另一个孔洞的激活能。

原子或离子在玻璃中穿过的机制近似于在晶体中的间隙扩散,结构越开放,渗透率就越高。图 8-66 给出 He 在各种玻璃中的渗透率,从图中看出,室温下 He 在各种玻璃中的渗透率相差极大。例如,7740 Pyrex 与 X 射线罩玻璃的渗透率相差 5~6 个数量级,这些差别对某些应用是极为重要的。例如真空系统用的玻璃器件,真空系统工作时,为了保持需要的真空度必须定时抽气,若要延长每次抽气的间隔时间,必须选择渗透率低的玻璃。

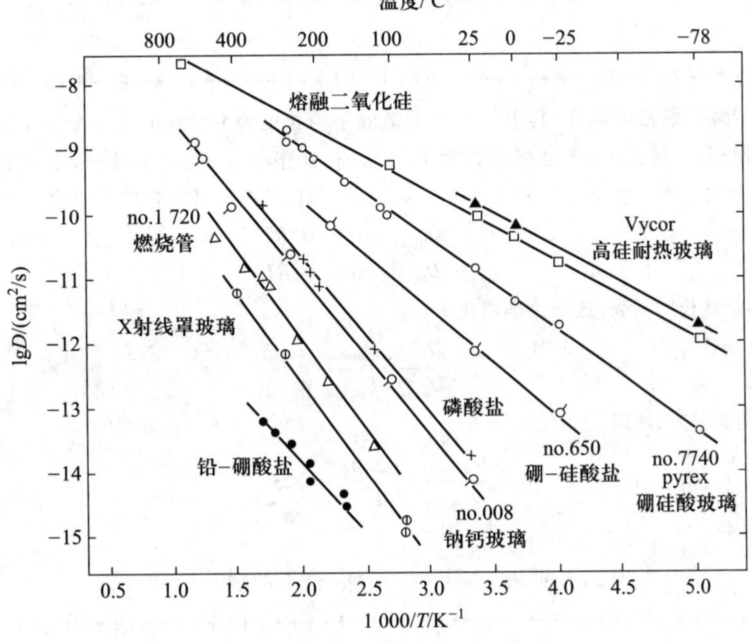

图 8-66 氦在各种玻璃中的渗透率

8.12 聚合物中的扩散

聚合物中的扩散一般也可以用菲克第一定律描述。但是,聚合物中的扩散机制与在其他材料中显著不同。由于聚合物链中单个原子不能单独自由移动,在聚合物中自扩散概念相当于整个热塑性链的移动。在晶态区域这种移动基本是不可能的,所以我们只讨论在非晶态区域以及在聚合物熔体中的聚合物链的移动。在非晶态区域以及在聚合物的熔体中,可用一种简化的模型(图 8-67)来描述聚合物链移动:聚合物链限制在弯曲的管道内,像蛇一样地爬行移动,而这个管被相邻的聚合物分子在空间缠绕所限制。可以用爬行理论的数学模型来讨论这种移动,理论获得的扩散系数也具有(8-91)式的形式,但其 D_0 与链长平方成反比。

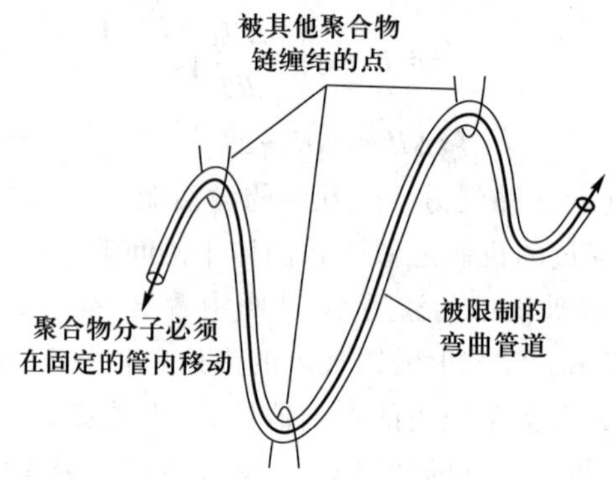

图 8-67 聚合物中长的分子链相互缠结限制了分子的自扩散

++

例题 8-13 两个聚乙烯试样,其中一个分子链的平均长度为 0.2 μm,另一个分子链的平均长度为 3.0 μm。如果较长分子链试样的自扩散系数为 10^{-18} m^2/s,计算在同一温度下另一试样的自扩散系数。

解 热塑性聚合物的自扩散系数服从 Arrhenius 方程,所以长分子链的扩散系数 D_{long} 可利用下式计算:

$$\frac{D_{long}}{D_{short}}=\frac{D_{0(short)}\exp(-Q/RT)}{D_{0(long)}\exp(-Q/RT)}$$

自扩散激活能不是链长的函数,这一比率简化为

$$\frac{D_{long}}{D_{short}}=\frac{D_{0(short)}}{D_{0(long)}}$$

因为 D_0 反比于链长平方,所以

$$\frac{D_{0(short)}}{D_{0(long)}}=\left(\frac{3.0}{0.2}\right)^2=225$$

结合以上结果,得到

$$D_{short}=225D_{long}=225\times10^{-18}\ m^2/s=2.25\times10^{-16}\ m^2/s$$

++

在晶体中的杂质扩散由单个原子或离子穿过点阵进行,而在非晶态聚合物区域的相对开放的结构中是整个分子穿过点阵。小分子从一个开放体积区域迁移到另一个类似的开放体积区域需要能量,这个能量相当于扩散时扩散分子的移动激活能 ΔH_m。聚合物中杂质的扩散系数 D 与温度 T 之间也呈(8-91)式给出的关系,并且很明显,杂质的扩散在非晶态区域比在晶态区域要快。表 8-8 给出 CO_2 和 O_2 在 PET、PE 和 PVC 中扩散的 D_0 和 Q,从表中的数据看出,虽然是分子扩散,但它们的扩散激活能比金属或离子晶体中的原子或离子扩散

低得多。

图 8-68 给出不同尺寸杂质分子在天然橡胶中的扩散系数,扩散系数因扩散分子尺寸加大而降低。

表 8-8 CO_2 和 O_2 在 PET、PE 和 PVC 中扩散的 D_0 和 Q

材料	$D_0/(m^2/s)$	$Q/(J/mol)$
CO_2 在 PET 中	6.0×10^{-5}	51
CO_2 在 PE 中	2.0×10^{-4}	38
CO_2 在 PVC 中	4.2×10^{-2}	64
O_2 在 PET 中	5.2×10^{-5}	47
O_2 在 PE 中	6.2×10^{-4}	41
O_2 在 PVC 中	4.1×10^{-3}	54

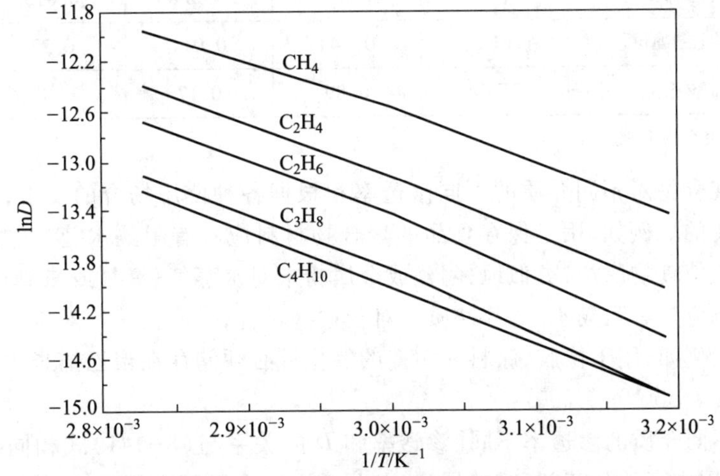

图 8-68 CH_4(甲烷)、C_2H_4(乙烯)、C_2H_6(乙烷)、C_3H_8(丙烷)和 C_4H_{10}(丁烷)在天然橡胶中的扩散系数与温度的关系

单个原子或离子甚至小分子从聚合物中穿过,与玻璃的情况一样,通常用渗透率而不是扩散系数来描述。因为聚合物中非晶态区域的结构是比较开放的,所以一些小的分子也可以在聚合物中穿过,其机制与金属中的间隙扩散相似。结构越开放,渗透率越高。

小分子通过聚合物膜扩散的一个步骤是膜材料中小分子的溶解。这种溶解是与时间相关的过程,如果比扩散慢,可能会限制整个扩散速度。因此,聚合物的扩散特性通常以渗透系数 K[见(8-141)式]来表征。对于通过聚合物膜的稳态扩散的情况,菲克第一定律表达为

$$J=K\frac{\Delta P}{\Delta x} \tag{8-144}$$

式中:ΔP 是气体穿过膜的压力差。外来分子的大小也会影响扩散速度,较小的分子比较大

的分子扩散得更快。此外,具有化学惰性的外来分子的扩散比能与聚合物发生反应的外来分子更快。例如,低密度聚乙烯比高密度聚乙烯的渗透率要高;聚乙烯的氧气渗透率要远远高于水蒸气渗透率;极性基聚合物(如乙烯醇)的水蒸气渗透率要高于氧气渗透率。表 8-9 列出了几种常见聚合物中氧、氮、二氧化碳和水蒸气在 25 ℃时的渗透系数 K。

表 8-9 几种常见聚合物中氧、氮、二氧化碳和水蒸气在 25 ℃时的渗透系数 K

聚合物	缩写	$K/[10^{-13}(cm^3\ STP)(cm)/(cm^2\cdot s\cdot Pa)]$			
		O_2	N_2	CO_2	H_2O
聚乙烯(低密度)	LDPE	2.2	0.73	9.5	68
聚乙烯(高密度)	HDPE	0.30	0.11	0.27	9.0
聚丙烯	PP	1.2	0.22	5.4	38
聚氯乙烯	PVC	0.034	0.008 9	0.012	206
聚苯乙烯	PS	2.0	0.59	7.9	840
聚偏二氯乙烯	PVDC	0.002 5	0.000 44	0.015	70
聚对苯二甲酸乙二醇酯	PET	0.044	0.011	0.23	—
聚甲基丙烯酸乙酯	PEMA	0.89	0.17	3.8	2 480

注:数据来源于聚合物手册。

根据各种聚合物对不同介质的不同渗透率和根据各种使用场合的要求,合理地选用聚合物是非常重要的。例如,用于保存食品的聚合物材料应具有阻隔水、空气等性质,以避免水和空气透过致使食物腐烂;类似地,陶瓷或金属粉末对水蒸气、氧气或二氧化碳等敏感,保存它们的容器也应具有阻隔水、气等性质。对于这些场合,一般会采用对空气渗透率低的高密度聚乙烯。又例如,用于橡胶、涂料和陶瓷的氧化锌必须储存在聚乙烯袋中以避免与空气中的水蒸气反应。

聚合物对不同介质的渗透率不同[渗透率和 D 的关系与(8-141)式相同],由于这一独特的性质,它可用作高效分离剂(过滤器)。如果需要分开两种有机气体,且这两种气体的分子尺寸相差较大,则可以通过寻找一种聚合物,使小的分子渗透通过这种聚合物膜到达另一侧,而把较大的分子留下来。聚合物膜不仅能够根据分子尺寸进行分离过滤,还可以根据其他性质(如极性)起到分离作用。如极性膜允许非极性分子通过,而对极性分子则是屏障。

8.13 影响扩散系数的因素

扩散系数是表征扩散量的一个重要参数,对于分析扩散的理论问题和实际问题都有重要意义。在上面各节的论述中已分析了扩散系数的宏观以及微观意义,并讨论了一些影响扩散系数的因素,在这里再概括讨论影响扩散系数的因素。

从扩散系数的表达式看,扩散系数受外界条件(例如温度、压力等)的影响,也受内部因素(例如晶体结构、组元性质以及化学成分等)的影响。这些内部因素是通过对扩散激活能 Q 和频率因子 D_0 的影响来对扩散系数起作用的。下面分别讨论这些问题。

8.13.1 温度和压力

如果扩散系数中的频率因子不随温度变化(一般间隙扩散和各向同性介质中的自扩散近似地属于这种情况),扩散系数和温度间的关系具有(8-91)式(Arrhenius 方程)的形式。扩散系数的对数 $\ln D$ 与温度的倒数 $1/T$ 呈线性关系,扩散系数随温度以指数形式升高。在实际应用中,稍许提高温度,就可以较大幅度提高扩散速度。对于扩散激活能,一般来说,它随温度增加而稍有增加,这些现象可以作如下解释:

① 熵项和焓项都随温度变化。

② 不止一种扩散机制起作用。例如,大多数扩散机制是单个空位的原子交换机制,而在高温时,双空位机制的贡献增加,使高温时 $\ln D-1/T$ 关系曲线弯曲;又例如,在存在缺陷的介质中,扩散是体积扩散和高扩散率通道扩散的叠加,使得 $\ln D-1/T$ 关系曲线出现两个不同斜率的直线段,如图 8-62 所示;再例如,如果扩散过程中发生几种类型的原子跳动,也会使 $\ln D-1/T$ 关系曲线偏离线性。

③ 对于半导体材料,$\ln D-1/T$ 关系曲线偏离直线是由高温和低温时存在的畴的性质不同所导致的;对于离子晶体,$\ln D-1/T$ 偏离直线则是由扩散机制是本征空位或非本征空位机制造成的结果。

压力对自由能的偏导是体积,一般增加压力会使扩散激活能增加。但对于凝聚态材料,除了在非常高的压力下,压力对扩散激活能的影响不大。

8.13.2 纯组元的特性和自扩散系数

反映原子结合键能的一些宏观量(如熔点(T_0)、熔化潜热(L_0)、弹性模量(E)、体积压缩系数(K_0)以及升华潜热(L_S)等)和自扩散激活能有密切关系,它们都是反映点阵稳定性的热力学指标,因此与扩散行为有一定的关系。根据经验,大多数金属的自扩散激活能有如下关系:$Q=0.034T_m$(kcal/mol)$\approx 0.14T_m$(kJ/mol);$Q=15.2L_m$;$Q=0.7L_S$;$Q=K_0\Delta V/4$,其中 ΔV(m^3/mol)是激活体积。因弹性模量也是与结合键相关的性质,所以扩散激活焓与弹性模量成正比。由经验得出,扩散激活焓 $Q\approx\Delta V/4K_0$,ΔV 是激活体积,K_0 是压缩系数。

表 8-10 列出了一些纯金属的自扩散资料。从表中看出,扩散激活焓 ΔH_D 与熔点 T_m 的比值或激活焓 ΔH_D 与熔化热 L_m 的比值近似为常数。Q 是移动激活焓及空位形成能之和,与破断邻近的键有关,而熔点可近似认为是破断所有键合能的温度,这个温度也和键合能大小有关,所以 $Q/(k_B T_m)$ 的值近似为常数。

表 8-10 一些纯金属的自扩散资料

纯金属的自扩散系数 $D^*=D_0\exp[-\Delta H_D/(k_B T)]$					
金属	结构	D_0/(cm^2/s)	ΔH_D/eV	$\Delta H_D/(k_B T_m)$/ (10^{-3} eV/K)	$\Delta H_D/L_m$
Au	fcc	0.09	1.8	1.5	13.2
Ag	fcc	0.4	1.9	1.6	16.2

续表

纯金属的自扩散系数 $D^* = D_0\exp[-\Delta H_D/(k_BT)]$					
金属	结构	$D_0/(\mathrm{cm}^2/\mathrm{s})$	$\Delta H_D/\mathrm{eV}$	$\Delta H_D/(k_BT_m)/$ $(10^{-3}\ \mathrm{eV/K})$	$\Delta H_D/L_m$
Cu	fcc	0.2	2.0	1.5	15.2
Ni	fcc	1.9	2.9	1.7	15.6
γ-Fe	fcc	0.4	2.8	1.6	17.4
W	bcc	1.9	5.6	1.6	16.9
α-Fe	bcc	2.0	2.5	1.4	15.5
Nb	bcc	1.3	4.1	1.5	14.8
Na	bcc	0.24	0.5	1.3	16.7
Mg	hep	1.3	1.4	1.5	18.5
Ge	dia	10.8	3.0	2.4	9.1

图 8-69 给出一些金属的扩散激活能和熔点间的关系，图中的直线对应 $Q=0.144T_m$(kJ/mol)。可以看出，大多数金属都和经验规律符合得较好，这类金属的自扩散属于正常自扩散，因此称这些金属为正常金属。通常，正常金属的自扩散系数在高温时亦会偏离 $\ln D-1/T$ 的线性关系（有个别金属例如钠在全部温度范围内的 $\ln D-1/T$ 关系都不是线性的），它们的 D 值比由低温外推所得的高。这是高温时双空位机制的贡献加大造成的结果。

从图 8-69 看到，有些体心立方金属，如β-Hf、γ-U、ε-Pa、γ-La、δ-Ce、β-Pr、γ-Yb 和 β-Cd 等，还有β-Ti 和 β-Zr（图中没有给出），它们的 Q 值反常地低，不符合 $Q=0.144T_m$(kJ/mol)的经验规律；另外，它们的 D_0 值也反常地低。从自扩散角度称这些金属为反常金属。在接近熔点时，这些反常金属的 D 值比正常金属的 D 值高 1~2 个数量级。对于反常金属扩散系数的反常情况的原因尚无确切的解释，但是，这 10 个金属都要经过一个或多个相变才能达到稳定的 bcc 结构区域，据此猜想在接近相变温度时可能出现一些有利于扩散结构的胚，从而使扩散系数反常地高。

自扩散资料与宏观性质的经验关系是很有用的。例如，当用一种新的没有扩散资料的材料时，可以用这些经验关系来获得近似的扩散资料。

8.13.3 材料的结构

材料的结构对扩散系数有很大的影响。一般来说，在密堆结构中扩散比在较开放的结构中扩散慢，这一规律既适用于代位溶质原子，也适用于间隙溶质原子。例如，晶体结构中，密排结构的 γ-Fe(fcc)中的自扩散系数比 α-Fe(bcc)中的小；非晶态材料的扩散系数比晶态材料的大。另外，扩散基体呈铁磁性或顺磁性也影响组元的扩散。以铁为例，体心立方的 α-Fe 有磁性转变，在低温时具有铁磁性，而在高温时具有顺磁性。而面心立方的 γ-Fe 则没有磁性转变，元素在铁中扩散的扩散激活能一般有如下关系：

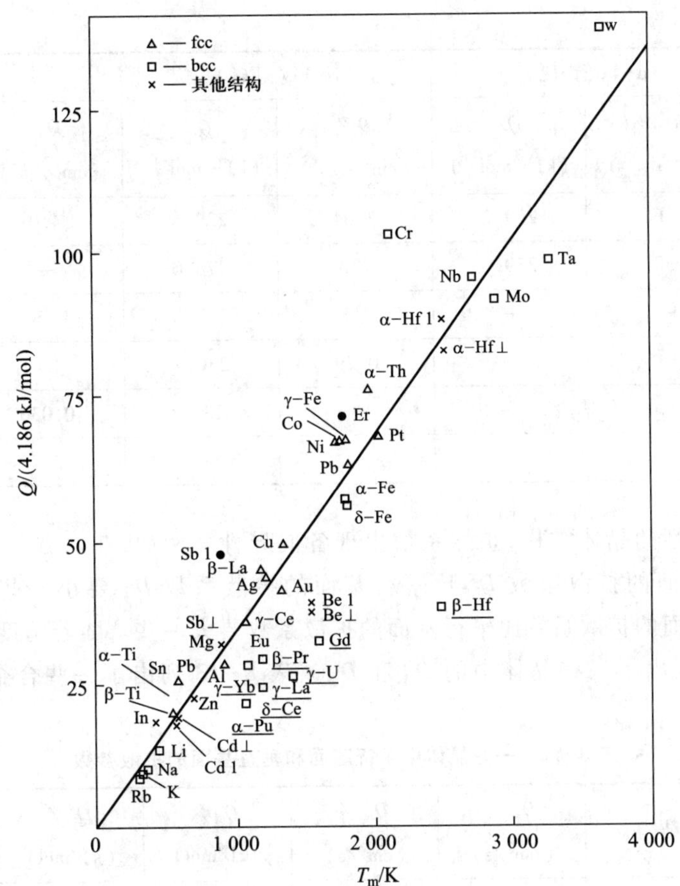

图 8-69　一些金属的自扩散激活能和熔点间的关系直线表达式（$Q=0.144T_m$ kJ/mol）

$$(Q_{\alpha\text{-Fe}})_p<(Q_{\alpha\text{-Fe}})_f<Q_{\gamma\text{-Fe}}$$

其中下标 p、f 分别表示顺磁性和铁磁性。表 8-11 列出了一些元素在 Fe 中的扩散数据。

表 8-11　一些置换元素在 Fe 中的扩散激活能和频率因子

扩散组元	α-Fe（铁磁）		α-Fe（顺磁）		γ-Fe	
	D_0/（$cm^2 \cdot s^{-1}$）	Q/（$kJ \cdot mol^{-1}$）	D_0/（$cm^2 \cdot s^{-1}$）	Q/（$kJ \cdot mol^{-1}$）	D_0/（$cm^2 \cdot s^{-1}$）	Q/（$kJ \cdot mol^{-1}$）
Fe	6.40	291.7	1.77	236.5	1.05	283.9
Co	7.19	260.4	6.38	257.1	1.25	305.2
Cr	0.44	253.3	8.52	250.8	4.08	286.8
Cu	0.47	244.4	0.57	238.6	4.16	306.2
Mn	1.49	233.6	0.35	219.8	0.16	261.7
Ni	1.4	245.8	1.3	234.5	1.09	296.8

续表

扩散组元	α-Fe(铁磁)		α-Fe(顺磁)		γ-Fe	
	D_0/ ($cm^2\cdot s^{-1}$)	Q/ ($kJ\cdot mol^{-1}$)	D_0/ ($cm^2\cdot s^{-1}$)	Q/ ($kJ\cdot mol^{-1}$)	D_0/ ($cm^2\cdot s^{-1}$)	Q/ ($kJ\cdot mol^{-1}$)
V	0.61	259.2	2.04	229.8	4.0	330.3
Ag	38	259.0	230	278.0	—	—
As	—	—	4.3	219.8	0.58	246.6
W	—	—	0.29	230.7	1.0	376.8
Mo	—	—	—	—	0.036	239.8
Pt	—	—	—	—	2.7	296.0

对于低对称性的晶体结构,扩散系数出现各向异性。例如,在六方晶体中,如果 $c/a>1.633$,则垂直基面的扩散系数 $D_{\perp}$ 比平行基面的扩散系数 $D_{\parallel}$ 要小一些;反之,若 $c/a<1.633$,则垂直基面的扩散系数比平行基面的扩散系数要大一些。随着温度升高,各向异性减弱。表 8-12 列出了一些晶体中的 $D_{\perp}$ 和 $D_{\parallel}$。表 8-13 列出了一些合金中的扩散参数数据。

表 8-12　一些晶体中平行基面和垂直基面的扩散参数

晶体	结构	$D_{0\parallel}$/ (cm^2/s)	$D_{0\perp}$/ (cm^2/s)	$Q_{\parallel}$/ (kJ/mol)	$Q_{\perp}$/ (kJ/mol)	$D_{\perp}/D_{\parallel}$ $T=0.8T_m$
Be	hcp	0.52	0.68	157	171	0.31
Cd	hcp	0.18	0.12	82.0	78.1	1.8
α-Hf	hcp	0.28	0.86	349	370	0.87
Mg	hcp	1.5	1.0	136	135	0.78
Tl	hcp	0.4	0.4	95.5	95.8	0.92
Sb	rhomb	0.1	56	149	201	0.098
Sn	diamond	10.7	7.7	105	107	0.4
Zn	hcp	0.18	0.13	96.4	91.6	2.05

表 8-13　一些元素和合金中扩散的 D_0 和 Q

扩散原子	基体金属	D_0/($m^2\cdot s^{-1}$)	激活能 Q	
			kJ/mol	eV
Si	Si	1.80×10^{-1}	460	4.77
Cu	Ag	1.20×10^{-4}	193	2.00
Zn	Cu	2.40×10^{-5}	189	1.96

续表

扩散原子	基体金属	$D_0/(m^2 \cdot s^{-1})$	激活能 Q	
			kJ/mol	eV
Zn	Ag	5.40×10^{-5}	174	1.81
Cu	Al	6.50×10^{-5}	136	1.41
Mg	Al	1.20×10^{-4}	131	1.35
Ni	Fe	7.70×10^{-5}	280	2.91
Cu	Ni	2.70×10^{-5}	256	2.65

在离子晶体中的扩散,要考虑局部电性的中性,一般正离子的自扩散激活能比负离子的自扩散激活能小,但有些情况因扩散机制不同可能出现相反的情况。

不论是金属晶体还是离子晶体,晶体中的缺陷都是快速扩散的通道。

聚合物的长链大分子在晶体中几乎是不可能扩散的,在非晶态的长链缠结结构中,自扩散也被限制在"管道"内爬行,扩散是很慢的。

8.13.4 固溶体的类型及加入固溶体的组元对扩散系数的影响

固溶体的类型也显著地影响扩散系数。间隙固溶体中的溶质原子处于基体的间隙位置,扩散可以直接迁移到邻近的间隙位置,而置换固溶体中置换原子通过空位机理扩散,需要邻近有空位,所以它的扩散激活能包含了空位形成能,其激活能比间隙固溶体溶质原子扩散的激活能大得多。例如:氢、氧、碳、氮、硼等在铁中的扩散,910 ℃的扩散系数比铁的自扩散系数大几个数量级。表 8-14 列出了这些间隙固溶体组元在铁中的扩散激活能和频率因子。

表 8-14 间隙固溶体的间隙组元在铁中的扩散激活能和频率因子

组元	α-Fe		γ-Fe	
	$D_0/(cm^2/s)$	$Q/(kJ/mol)$	$D_0/(cm^2/s)$	$Q/(kJ/mol)$
H	0.001 1	11.53	0.008 1	43.2
O	0.037 2	97.6	5.754	168.9
C	0.008 1	82.5	0.738	158.98
N	0.003	76.53	0.043	123
B	0.002 3	79.56	0.002	87.92

对于大多数金属溶剂的置换溶质原子扩散,溶质原子的扩散系数 D_2 与溶剂的扩散系数 D_1 的关系为 $1/100<D_2/D_1<100$,扩散激活焓 Q_2 与 Q_1 的关系为 $0.75<Q_2/Q_1<1.25$。

对于互扩散系数 $\widetilde{D}$,因为 $\widetilde{D}$ 和本征扩散系数有关,所以影响本征扩散系数的因素都间接影响互扩散系数。组元在元素周期表的位置相距越远,它们的原子尺寸相差越大,化学性质相差也越大，它们形成的固溶体中点阵畸变越大，降低了原子迁移的势垒，从而使 $\widetilde{D}$ 加大。由于两组元特性差异大，它们形成的固溶体的固溶度也低，所以加入溶解度低的组元时固溶体的 $\widetilde{D}$ 会加大。从熔点看，加入的组元使固溶体的熔点降低，就会使 $\widetilde{D}$ 增加，反之亦然。图 8-70 为一些固溶体的熔点与互扩散系数 $\widetilde{D}$ 的对应关系。

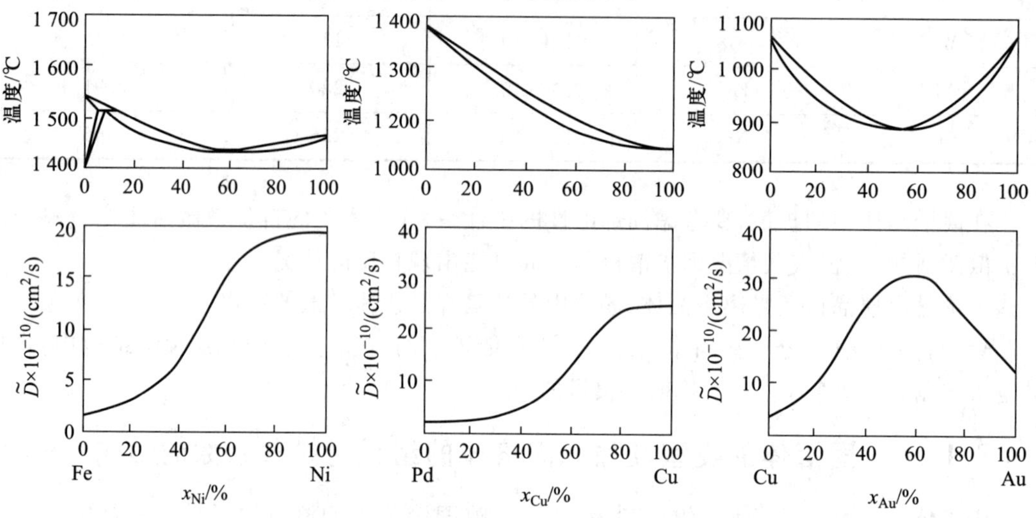

图 8-70　一些固溶体的熔点温度与互扩散系数 $\widetilde{D}$ 的对应关系

如果固溶体含多个组元，组元之间的交互作用会影响扩散系数。例如，在铁-碳合金中形成碳化物的元素，即能形成比渗碳体更稳定的碳化物的合金元素，它们和碳的结合比铁和碳的结合强，使碳在基体 Fe 中迁移困难，从而使碳的扩散激活能 Q 和频率因子 D_0 都有所增加，综合的结果是使扩散系数减小。这些碳化物形成元素有锰、铬、钼、钨、钒、钛等，它们对扩散的影响程度随着它们碳化物的稳定程度增加而增加。对于那些在铁-碳合金中不能形成碳化物的元素，如镍、硅等，它们和碳的结合比铁和碳的结合弱，因此不参与和碳的结合，只增加晶体点阵的不完整性，使碳的扩散激活能减小，从而增加了扩散系数。

固溶体中新组元与原组元交互作用的方式是多种多样的，新组元和缺陷（空位、间隙原子、晶界等）的交互作用也能影响原组元的扩散系数。组元之间交互作用对扩散系数影响的理论和实验分析研究仅限于某些领域中所应用的组元和某些局部浓度范围，现存资料和数据比较分散，在此不一一列举。

总　结

在 0 K 以上，原子、离子或分子等都会绕着其平衡位置摆动，它们的能量也是绕着平均能量随机起伏的。当其中一些质点具有一定的超额能量时，可以离开其原平衡位置到达一个新的平衡位置，这种原子、离子或分子的无规热运动图像就是扩散的微观图像。大量的原子、离子或分子随机无规跃迁，可以构成物质的宏观输运。

描述和研究扩散可以归纳为两个方面:宏观描述和微观描述。

扩散宏观描述的唯象理论是把扩散系统看作连续介质,研究和建立物质的宏观输运规律,即建立和求解微分方程——扩散的菲克第一定律和菲克第二定律:

菲克第一定律描述在某处扩散流量(单位时间通过单位面积的物质量)与浓度梯度成正比,其比例系数就是扩散系数 D,D 是表征扩散速度的参数。对于稳态扩散,即浓度场不随时间变化的扩散,可以直接应用菲克第一定律讨论。

菲克第二定律描述非稳态扩散的浓度场随时间变化,可以利用第一定律和物质守恒导出。如果扩散系数与成分无关(若讨论的问题涉及的浓度范围不大,常以这个浓度范围的 D 的平均值作为常数来求解),则扩散微分方程是线性的,可以有解析解。这种情况,菲克第二定律有三种典型解:误差函数解、高斯解和三角级数解,这三种解是互通的,可以通过数学方法相互转换。这些宏观的解析解,可以在已知扩散系数以及边界和初始条件下解出浓度场;反过来,可以根据一定条件下的实验数据求出扩散系数。如果扩散系数是浓度的函数,菲克第二定律的微分方程是非线性的,这就需要用数值方法求解。

扩散的微观理论主要描述扩散过程的原子机制,即原子是从一个平衡位置跃迁到另一个平衡位置,并从微观机制诠释了宏观扩散系数的意义。原子或离子从一个平衡位置跃迁到另一个平衡位置的方式有多种,其中最重要的有间隙机制和空位机制。不论哪一种机制,都可导出公式 $D=D_0\exp(-Q/kT)$。原子或离子的跃迁需要的超额能量(扩散激活能 ΔH_m)决定了跃迁的难易和跃迁的概率,此外,一个成功的跃迁还受跃迁原子或离子周围的环境所限制,即能接纳跃迁过来的原子、离子的机会和位置的多少。对于间隙机制扩散,扩散激活能 $Q=\Delta H_m$。对于空位机制扩散,要考虑跳动原子或离子周围的空位浓度,所以扩散激活能与空位浓度的表达式有关:简单的金属扩散情况,扩散激活能 $Q=\Delta H_m+\Delta H_f$,ΔH_f 是空位形成焓。

原子或离子跃迁前、后是相关的,使真实扩散系数和以原子完全随机跳动导出的扩散系数有差异,定义这两个扩散系数的比值为相关系数。相关效应对扩散系数的影响并不大,通常可以忽略。

在固溶体中的扩散,组元的扩散系数不相同。为了描述组元扩散的差异,设立不同的坐标系:点阵坐标系(C-坐标系)和实验坐标系(V-坐标系)。C-坐标系是把坐标系固定在晶体点阵的原子面上(晶体内插入惰性标志物)。第 i 组元相对于 C-坐标系的扩散系数称为本征扩散系数,记为 D_i,扩散流量记为 $\boldsymbol{J}_i$。V-坐标系是相对于观察者不动的,一般把坐标系固定在所研究试样的端部或固定在离试样端部不受扩散影响的任一固定的距离处。相对这种参考系的扩散系数称为互扩散系数,记为 $\widetilde{D}$,扩散流量记为 $\boldsymbol{J}^0$。固溶体组元的本征扩散系数不相等时,扩散时 C-坐标系会相对 V-坐标系移动,对于 n 元系,移动的速度 $\boldsymbol{v}=-\left(\sum\limits_{i=1}^{n}\boldsymbol{J}_i\right)/C$,式中的 $C=\sum\limits_{i=1}^{n}C_i$。对于 A-B 二元系,互扩散系数与本征扩散系数之间的关系是:$\widetilde{D}=(x_A D_{B^*}^{AB}+x_B D_{A^*}^{AB})\varphi$,称为达肯公式。式中 $D_{A^*}^{AB}$(或 $D_{B^*}^{AB}$)是组元 A(或 B)在 A-B 均匀固溶体(二元系)中的自扩散系数,φ 是二元系的热力学因子:$\varphi=1+\partial\ln\gamma_A/\partial\ln x_A=1+\partial\ln\gamma_B/\partial\ln x_B$。

如果扩散系数不随成分变化，可以设计各种扩散实验，根据其初始条件和边界条件的解，以扩散浓度分布曲线进行拟合求得扩散系数。还可以直接由浓度分布曲线通过一定的办法求扩散系数。例如，用平面源扩散实验测量出实验扩散曲线的半峰宽度（FWHM）来求扩散系数；又如，用扩散偶扩散实验测量出浓度分布曲线坐标原点处的切线在距离坐标上所截的距原点的距离，也可求得扩散系数。如果扩散系数 D 与成分有关，扩散偶中的浓度分布曲线不会以结合面成反对称。所以要找出俣野平面，以俣野平面作为坐标原点，再以作图法求出曲线在 C 浓度的斜率和 $\int_{C_1}^{C} x\mathrm{d}C$ 积分面积，从而求出互扩散系数。若要进一步求本征扩散系数，则根据实验测出标志平面漂移速度 v 和达肯公式联立求出。还要注意，若实验出现弗仑克尔效应的现象，则不能用上述方法测量互扩散系数和本征扩散系数。

两相连接发生的扩散，如果经一定时间后两相界面出现平衡，则在界面需要发生反应扩散才能得以继续，反应的结果是界面移动，移动的速度和移动的方向取决于组元在两相中的扩散速度。

多元系固溶体中任一个组元的扩散除了受溶剂的影响外，还受其他溶质组元的影响。其他溶质组元会改变扩散组元的化学势，有时这种影响很激烈。例如，当某组元分布不均匀时，可能会使扩散组元的化学势分布也不均匀而引起扩散。

离子化合物晶体，对于 MX 型离子晶体（M 是正离子，X 是负离子），如果形成的点缺陷是肖克莱缺陷对（弗仑克尔缺陷对），扩散激活能 $Q=\Delta H_m+\Delta H_f/2$；对于正离子和负离子价数不相同的离子晶体，则扩散激活能中关于空位形成能一项还会有变化；另外，在离子化合物中，因存在非本征空位，它们的浓度只与晶体成分（或者说杂质含量）有关，而与温度无关，这些影响不反映在激活能项，而是反映在扩散系数指数前的 D_0 项，即在 D_0 中含有非本征空位的浓度。因为扩散系数含 D_0 和 Q 两个重要参量，一切提高 D_0 和降低 Q 的因素都会提高扩散系数，但 Q 存在于指数项，它对扩散系数的影响更为明显。

非晶态玻璃中的扩散也服从菲克定律，由于非晶态结构比较松散和开放，原子通过其间的扩散要比晶态容易。对于聚合物，其长链分子在其晶态区域的自扩散几乎是不可能的，而在非晶态区域，其缠结的长分子也是只能依靠一种蛇的爬行机制进行。单个原子或小分子穿过非晶态的扩散行为，往往用渗透率而不是扩散系数来描述，但是渗透率和扩散系数有正比的关系。扩散原子和小分子的尺寸以及非晶态（玻璃和聚合物）的特性（例如玻璃的网络、聚合物分子的极性）对渗透率有重要影响，这些特性可用作过滤膜。

晶体中存在自由表面、晶界和位错等缺陷，这些缺陷处的原子排列不像完整晶体那样规则，它们与点缺陷以及溶质原子有交互作用，因此这些缺陷处的扩散系数比完整晶体的高。因为这些缺陷处的扩散较快，故称为高扩散率通道。在实际晶体中可以把无规则分布的晶体缺陷看成是高扩散率通道网络，用一个简单的表达式来描述某组元在晶体中的表观扩散系数：$D_{app}=fD'+(1-f)D_1$，式中 D' 是 D_b 或 D_d，f 是高扩散率通道所占的点阵位置分数。

扩散系数是表征扩散量的一个重要参数，从扩散系数的表达式看，扩散系数既受外界条件(如温度、压力等)影响,也受内部因素(如晶体结构、组元性质以及化学成分等)影响。这些内部因素是通过对扩散激活能 Q 和频率因子 D_0 的影响来对扩散系数起作用的。

关键术语

连续统一体(continuum)
传质过程(mass transport)
化学扩散(chemical-diffusion)
唯象系数(phenomenal coefficient)
扩散流量(fluxes)
浓度梯度(concentration gradient)
傅里叶定律(Fourier law)
稳态扩散(steady state diffusion)
迁移率(mobility)
哑变量(dummy)
傅里叶级数解(Fourier series solution)
半峰宽度(半峰全宽)(full width at half maximum)
扩散机制(mechanism of diffusion)
挤列结构(crowdion configuration)
空位机制(vacancy mechanisms)
无规行走(random walk)
相关因子(correlation factor)
激活熵(activation entropy)
实验(室)参考系(laboratory reference frame)
自扩散系数(self-diffusion coefficient)
本征扩散系数(intrinsic diffusion coefficient)
同位素(isotope)
柯肯德尔(克肯达尔)效应(Kirkendall effect)
化学势梯度(chemical potential gradient)
上坡扩散(uphill diffusion)
体扩散(volume diffusion)
位错扩散(dislocation pipe diffusion)
不可逆过程(irreversible processes)
布朗运动(Brownian motion)
唯象理论(phenomenal theory)
菲克第一定律(Fick's first law)
扩散系数(diffusion coefficient)
菲克第二定律(Fick's second law)
欧姆定律(Ohm law)
扩散偶(diffusion couple)
误差函数(error function)
扩散距离(diffusion distance)
高斯解(Gaussian solution)
衰减因子(decay factor)
间隙机制(interstitial mechanism)
哑铃结构(dumbbell split configuration)
换位机制(exchange mechanisms)
均方距离(mean square distance)
激活焓(activation Enthalpy)
参考系(reference Frame)
点阵参考系(lattice reference frame)
互扩散系数(mutual diffusion coefficient)
标志物(marker)
示踪物(tracer)
俣野平(界)面(Matano interface)
热力学因子(thermodynamic factor)
高扩散率通道(high-diffusivity path)
晶界扩散(grain boundary diffusion)
渗透率(permeability)

练习题

8-1 一个封闭钢管,外径为 0.6 cm,内径为 0.4 cm,长度为 10 cm;管内为渗碳气氛,管外为脱碳气氛。1 000 ℃保温 100 h 后(达到平稳态扩散),共有 3.60 g 碳逸出钢管。钢管的碳浓度分布如下:

r/cm	w_C	r/cm	w_C
0.553	0.28	0.491	1.09
0.540	0.46	0.479	1.20
0.527	0.65	0.466	1.32
0.516	0.82	0.449	1.42

计算各个浓度下的扩散系数,并画出浓度-扩散系数曲线图。

8-2 通过钯(Pd)板扩散去除系统的氢气。已知 500 ℃时氢在钯中的扩散系数是 1.0×10^{-8} m²/s,一块钯板两侧表面的氢浓度分别保持为 2.4 kg/m³ 和 0.6 kg/m³,在稳态扩散下,求每小时通过面积为 0.2 m²、厚度为 5 mm 钯板的氢量(用 kg 表示)。

8-3 在纯铜圆柱一个顶端电镀一层薄的放射性同位素铜。在高温退火 20 h 后,对铜棒逐层剥层并测量各层的放射性强度 α(α 正比于浓度)的数据如下:

剥层距顶端距离 x/cm	0.1	0.2	0.3	0.4	0.5
α(任意单位)	5 012	3 981	2 512	1 413	524.8

求铜的自扩散系数。

8-4 一块 α-Fe 板,厚度为 1.2 mm。一侧是渗碳气氛,另一侧是脱碳气氛,两侧表面浓度分别是 w_C = 0.012%和 w_C = 0.007 5%,在 750 ℃保温,当板内达到稳态扩散后,测得扩散流量为 1.4×10^{-8} kg/(m²·s)。求此温度下碳的扩散系数(w_C = 0.8% ≡ 60 kg/m³)。

8-5 由材料 A 和 B 组成双层平板,A 板的厚度是 L,B 板的厚度是 $2L$,如图 8-71 所示。扩散组元在 A 板一侧表面的浓度为 $C_A = C_0$(常数),在 B 板一侧表面的浓度 $C_B = 0$,在 A 和 B 板界面浓度保持连续,扩散组元在 A 和 B 板中的扩散系数均为常数,分别为 D^A 和 D^B。求稳态时的扩散流量 J。

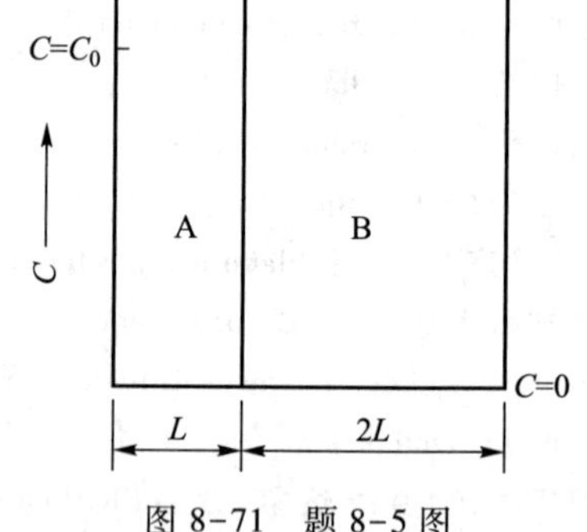

图 8-71 题 8-5 图

8-6 (1) 计算 450 ℃时镁在铝中的扩散系数 $D_0 = 1.2\times10^{-4}$ m²/s,$Q = 130\times10^3$ J/mol。

(2) 在温度为 550 ℃时,计算需要多长时间才能产生与 450 ℃下扩散 15 h 相同的扩散结果(以某一特定点的浓度计算)。

8-7 一个圆柱管(设为无限长),内径为 R_{in},圆柱壁厚为 ΔR,内壁的浓度为 C_{in},外壁的浓度为 C_{out};设圆柱中心为坐标原点,距原点的距离为 r,扩散组元在管内的扩散系数 $D(r)$是浓度的函数。扩散到达平稳态后,写出圆柱管内浓度分布的表达式。

8-8 在半导体器件的预沉积热处理中,先把需要扩散进硅片的表面预沉积一定的扩散原子浓度,然后扩散进入硅片中。镓(Ga)原子在 1 150 ℃下持续 2.5 h 向硅中扩散,如果在表面以下 2 mm 处所需的 Ga 浓度为 8×10^{23} 个原子/m³,问表面所需预沉积的 Ga 浓度是多少?假设:① 表面浓度保持不变;② 硅的本底 Ga 浓度为 2×10^{19} 个原子/m³;③ 扩散系数经验表达式中 $D_0 = 3.74\times10^{-5}$ m²/s、Q = 3.39 eV。

8-9 α-Fe 薄板中含有一定量的氢,均匀分布,在 20 ℃下脱氢。设表面浓度为 0,若薄板厚度为 10 mm,问除掉 90% 的氢量需要多长时间?(扩散系数经验表达式中 D_0 = 0.001 1 cm²·s⁻¹、Q = 11.5 kJ·mol⁻¹)

8-10 设一个钢板在 920 ℃分隔两种碳势气氛,钢板的厚度 d 为 4 mm,原始碳含量 w_C 为 0.1%,钢板一侧与气氛的平衡碳势为 0.9%，另一侧为 0.4%。

（1）求 60 h 后钢板的浓度分布。

（2）达到平稳态后，碳以多大的流量从钢板的一侧扩散到另一侧？（$D=9.22\times10^{-8}\ cm^2\cdot s^{-1}$）

8-11　$w_C=0.5\%$碳钢制作的齿轮，要求在 900 ℃下渗碳 10 h。在这个温度渗碳的成本每小时为 1 000（任意单位），而在 1 000 ℃下渗碳的成本每小时为 1 500（任意单位）。

（1）从经济角度考虑，在哪个温度渗碳更合理？

（2）除了经济条件外，还应考虑哪些因素？（C 在 γ-Fe 的扩散激活能是 137.72 kJ/mol）

8-12　在 400 ℃下用 α-Fe 来阻隔氢气，使每平方厘米每年的氢气损失不高于 50 g。设内表面的氢浓度为 0.005 原子/晶胞，外表面为 0.001 原子/晶胞，求最小的铁片厚度。（H 在 α-Fe 的扩散系数经验表达式中 $D_0=0.001\ 2\ cm^2/s$、$Q=15.050\ kJ/mol$）

8-13　一纯铜棒和另一个 $x_{Zn}=29.4\%$的 Zn-Cu 合金棒焊合成扩散偶，退火 360 h 后，Zn 浓度和距离 y 的关系如下：

$x_{Zn}/\%$	0.3	1.5	4.4	8.8	14.7	20.6	23.5	25.0	26.5	27.9	28.8	29.1
$y/10^{-2}$ cm	35.1	33.2	31.5	30.0	28.2	24.7	21.6	19.1	15.8	10.2	4.0	0.0

确定俣野平面的位置；计算 $x_{Zn}=5\%$处的互扩散系数。

8-14　证明柯肯达尔平面相对 V-坐标系的移动速度 $v_k=\alpha t^{1/2}$（α 是常数，t 是时间）。

8-15　纯铜和 $x_{Zn}=30\%$的 Zn-Cu 合金组成扩散偶，在结合面上插入标记丝，在 785 ℃保温 56 d 后，测得标记丝移动了 0.010 5 mm，标记平面的 $x_{Zn}=22\%$，浓度梯度 $\partial x_{Zn}/\partial x=-0.089\ mm^{-1}$，$\int_0^{0.22} x\mathrm{d}N_{Zn}=0.016\ 1\ mm$。

（1）求浓度 $x_{Zn}=22\%$时合金的互扩散系数和本征扩散系数。

（2）问扩散偶中的标记丝向扩散偶的哪一侧移动？

8-16　若以热扩散率 $a=\lambda/(\rho c_p)$（其中 λ 是导热系数，ρ 是密度，c_p 是等压热容）代替扩散方程的扩散系数，温度代替浓度，则可得到传热方程。钢的顶端淬火试样（图 8-72，单位 mm）加热到 915 ℃后取出，在底端喷水冷却，水温维持 24 ℃；设只从底面散热，冷却时钢的转变潜热可忽略，并设 λ、c_p 等不随温度变化。求冷却 5 s 后以及 1 min 后沿棒长的温度分布曲线（作出距顶端 0 cm、0.2 cm、0.6 cm、1.0 cm、2.0 cm、4.0 cm、8.0 cm 处的温度即可），并求出各点在 725 ℃）时的冷却速度。（$a=0.127\ cm^2\cdot s^{-1}$）

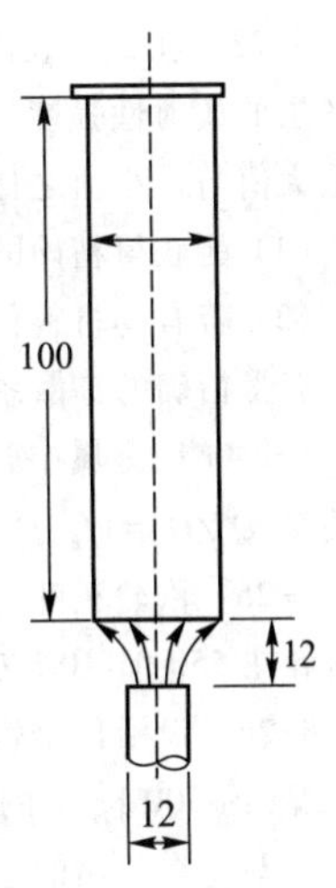

图 8-72　题 8-16 图

8-17　在 10^5 Pa、25 ℃下，氢分子平均运动速度是 1.3×10^5 cm/s，运动的平均自由程是 1.9×10^{-5} cm，计算氢分子的扩散系数。

8-18　一个浓度场的边界条件如下：

$$C(x,t=0)=\begin{cases}0 & x>h\\ \dfrac{M}{h}(1-x/h) & 0<x<h\\ \dfrac{M}{h}(1+x/h) & -h<x<0\\ 0 & x<-h\end{cases}$$

$$\frac{\partial C}{\partial x}(x=\pm\infty)=0$$

其中 M 为常数。设扩散系数为常数。

(1) 用叠加的方法,解出浓度场随时间的变化。

(2) 证明当 $2\sqrt{Dt} \gg h$ 时,(1)的解简化为标准的平面源的解。

解题时可以应用如下表达式(ε 很小时):

$$\mathrm{erf}(z+\varepsilon)=\mathrm{erf}(z)+\frac{2\varepsilon}{\sqrt{\pi}}\mathrm{e}^{-z^2}+\cdots \quad , \quad \mathrm{e}^{\varepsilon}=1+\varepsilon+\cdots$$

8-19 在介质中放入一定量 M 的扩散物质,扩散物质近似为一个点,其体积可以忽略。扩散物质沿三维扩散,其扩散方程解为

$$C(r,t)=\frac{M}{8(\pi Dt)^{3/2}}\exp\left(-\frac{r^2}{4Dt}\right)$$

(1) 给出在 $r\sim(r+\mathrm{d}r)$ 球壳内发现扩散物质的概率。

(2) 给出 t 时刻扩散原子所走的平均距离 $\overline{r^2}$。

(3) 导出 $D=\Gamma d^2/6$。

8-20 一个 W 原子吸附在原子尺度光滑的 W 的表面上,被吸附的原子可以在低温由场离子显微镜观察。试样反复加热,然后观察每次冷却后 W 原子的吸附位置,测得距原始位置的距离 Δx。经每次加热保温 100 s 的 Δx 分别为 1.0、0.9、1.5、0.5、1.1,单位为 nm,估算吸附原子在表面的扩散系数 D_s。(提示:这是二维扩散。)

8-21 氢气在 10^5 Pa、25 ℃下分子的平均速度是 1.3×10^5 cm/s,平均自由程是 1.9×10^{-5} cm。计算氢气的扩散系数。(可以把平均速度看作均方根速度。)

8-22 许多氧化玻璃的强度可以通过在玻璃表面将较大的离子交换为较小的离子而大大提高,这一过程称为离子填充。例如,将锂-铝-硅酸盐玻璃体浸入大约 500 ℃的熔融硝酸钾(KNO_3)中 4 h,可以让钾离子取代较小的锂离子,使表面受压;组分剖面显示,在 20 μm 深处,钾的浓度百分数从 0 增加到大约 10%。当钾的表面浓度约为质量的 16%,估计有效扩散系数。

8-23 在试样表面嵌入一层放射性同位素后,保温进行扩散,保温时间 t 扩散后,从表面逐层剥层并测量各层的放射性强度,利用扩散的高斯解来计算扩散系数。若扩散保温时间为 10^6 s(约 12 天),设每层浓度最大值与最小值之比为 1 000,剥层的厚度约为 0.001 cm。

(1) 能获得精确的扩散系数的最小值是多少?

(2) 若有一材料估计它的自扩散系数的频率因子 D_0 约为 0.1 $\mathrm{cm^2/s}$、扩散激活能 Q 约为 220 kJ/mol,为了获得精确的扩散系数,扩散保温温度应不低于多少 K?

8-24 纯金属中若存在空位浓度梯度会引起空位扩散流,证明空位扩散系数 D_v 和自扩散系数 D_s 有如下关系:$D_v/D_s=(f_0x_v)^{-1}$,其中 x_v 是空位的原子浓度。

8-25 汽轮机叶片由金属原子通过氧化物扩散到达金属表面,并和氧反应形成氧化物而被氧化。这一材料在 550 ℃ 10 h 后形成 8 μm 的氧化物层,求在 100 h 后氧化层的厚度。

8-26 设沿位错每隔 10^3b 长度有一个割阶,外力场在滑移面滑移方向的分切应力为 5×10^5 Pa,求位错在室温(约 300 K)下的滑移速度。$b=0.3$ nm,自扩散系数 $D_s=0.009\exp[-1.9\ \mathrm{eV}/(kT)]\ \mathrm{cm^2\cdot s^{-1}}$。

8-27 在位错的应力场作用下,间隙原子 B 在位错周围形成原子气团(Cottrell 气团),达到平衡时,气团不随时间变化。设体系很大,远离位错处间隙原子的浓度保持为 C_0。导出气团相对位错不同位置的平衡浓度 $\overline{C}_B$。

8-28 考虑当一个刃位错突然插入到一种最初具有均匀的间隙溶质原子(B)浓度的材料中时,其附近的扩散流量。

(1) 计算在一个轴与位错重合、半径为 R 的圆柱中,溶质增加的初始速率。

(2) 写出质量扩散停止时浓度梯度的表达式。

8-29 Ge 和 Cu 的自扩散都是空位机制，当二者在可比温度下进行扩散，哪一个的自扩散系数大？为什么？

8-30 在某些 Al-Cu 合金中，高温淬火后扩散增强。根据下面给出的 Al-4 %Cu 合金的数据，退火合金中扩散的激活能等于 $Q=\Delta H_f+\Delta H_m$，计算空位的形成能量 ΔH_f 和迁移能量 ΔH_m。

T/℃	D/(m^2/s)	热处理
500	3.63×10^{-14}	退火
25	8.61×10^{-30}	退火
25	2.76×10^{-21}	500 ℃淬火

8-31 银的体积扩散系数

$$D_l=7.2\times10^{-5}\exp\left(-\frac{190}{RT}\right)\ m^2/s$$

晶界扩散系数

$$D_b=1.4\times10^{-5}\exp\left(-\frac{90}{RT}\right)\ m^2/s$$

一个多晶体，晶粒尺寸为 2×10^{-5} m，晶界厚度为 5×10^{-10} m。求 527 ℃、727 ℃及 927 ℃的有效扩散系数。在哪一个温度下，晶界扩散的贡献可以忽略？

8-32 图 8-63 中单晶体银在 500 ℃时自扩散系数的实测值比高温外推所得值高约两个数量级，可能的原因是什么？设位错线每个原子面“包含”约 10 个原子，沿位错线的扩散系数

$$D_d=0.1\exp\left(-\frac{82}{RT}\right)\ m^2/s$$

估计晶体的位错密度 ρ(cm/cm^3)。

8-33 (1) 如果银的晶粒尺寸增加一倍，什么因素会改变晶界扩散系数的净扩散？

(2) 在 1 000 K 时，假设晶界宽度 δ= 30 nm，求晶界扩散净输运与原始晶粒尺寸的晶界扩散输运相同时的温度。(Ag 在点阵中的自扩散系数中 $D_0=90\times10^{-6}\ m^2/s$、$Q_l=193$ kJ/mol，在晶界中的自扩散系数中 $D_{gb}=2.3\times10^{-9}\ m^2/s$、$Q_{gb}=110.9$ kJ/mol)

8-34 一块 Cu-6%Al 的合金焊接到一块 Cu-14%Al 的合金上，加热到 700 ℃。经过 扩散后，示意画出扩散后的浓度分布曲线。

8-35 用下面的数据画出 ln D-1/T 的曲线图，假设所有误差集中在 D 上，用最小二乘法求 D_0 和 Q。

D/($cm^2\cdot s^{-1}$)	10^{-8}	10^{-9}	10^{-10}	10^{-11}
T/K	1 350	1 100	950	800

8-36 图 8-73 是 A-B 二元系在温度 T_1 时的摩尔自由能-成分(摩尔分数)图。设将一块浓度为 x_1 的 α 相的材料 A 和一块浓度为 x_2 的 β 相的材料 B 焊合在一起。

(1) 问，在这个温度下 A 和 B 原子迁移的方向是什么？

(2) 指出到达两相平衡时两相的浓度。

(3) 若原来 α 相厚度为 l_1，β 相厚度为 l_2，当整块合金达到平衡后，在图 8-73 中表示系统的自由能降低量？

(4) 两相界面距原来的结合面多远？

（设 A 和 B 的相对原子质量分别为 A_A 和 A_B，忽略 A 和 B 摩尔体积的差异）。

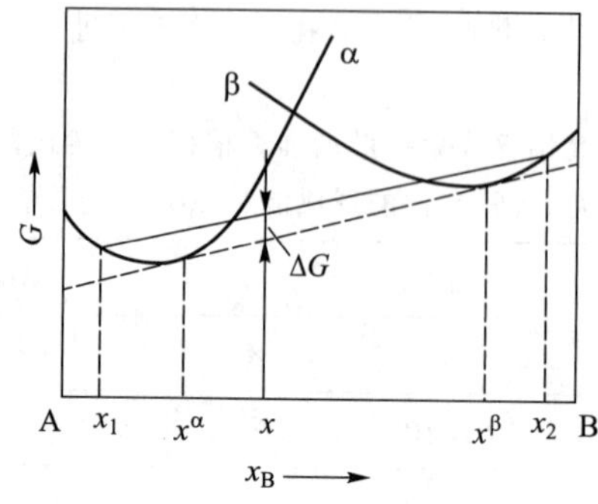

图 8-73 题 8-36 图

8-37 氧化锌在充分还原的气氛中脱 O。

（1）给出氧负离子空位浓度的表达式，说明为何随着大气中氧压的降低，氧负离子空位浓度增大。

（2）给出氧负离子亚晶格的自扩散系数 $^*D^0$ 与氧压及温度的表达式，说明为何在恒温条件下随着氧压的降低 $^*D^0$ 增大。

8-38 假设 1 000 ℃时 Al 原子透过 Al_2O_3 晶体扩散距离 x 需要 3 h。

（1）估计 Al 原子透过同一 Al_2O_3 晶体扩散距离为 $9x$ 所需要的时间。

（2）计算 Al 透过 Al_2O_3 的扩散速度是 1 000 ℃时的 10 倍时的温度[即找出 $D(T)=10D(1\ 000\ ℃)$]。

8-39 （1）陶瓷氧化物在哪些温度范围会发生本征空位扩散机制，在哪些温度范围会发生非本征空位扩散机制？

（2）在多晶体陶瓷中，占主导地位的是沿晶界扩散还是通过点阵扩散？

（3）陶瓷扩散是空位换位机制还是回旋式换位机制？

8-40 Mg^{2+}在 MgO 中扩散。问，在接近熔点（2 800 ℃）时要加入多大的三价正离子杂质浓度，才能使 Mg^{2+}主要以非本征空位机制扩散？

8-41 Na^+、Ca^{2+}和 Si^{4+}在退火的钠钙硅玻璃中的扩散系数如图 8-74 所示。

（1）为什么 Na^+比 Ca^{2+}和 Si^{4+}扩散更快？

（2）若玻璃是淬冷的，图 8-74 的曲线会有什么变化？

（3）估算 Na^+在液态玻璃中扩散的扩散激活能。

8-42 Ca 在 NaCl 中的扩散机制是 Ca^{2+}与 Na 的亚点阵空位交换，写出 D_{Ca} 与 $[Ca_{Na}^{\cdot}]$（Ca^{2+}占据 Na 的亚点阵的浓度）之间的关系，说明此时不能用$\partial C/\partial t=D\partial^2C/\partial x^2$ 的原因。

8-43 聚酯（PET）地毯纤维直径为 50 μm，浸入煮沸的 100 ℃的含水、染料袋和染料（一种能溶于水的流质）的染料池中。水、染料袋和染料的扩散系数分别是 1.0×10^{-12}、1.0×10^{-13} 和 1.0×10^{-14}（单位为 m^2/s）。

（1）估计水、染料袋和染料渗入纤维中心所需要的时间。

（2）如果纤维直径增加一倍，(1)题中的时间作何改变？

（3）若 PET 的热导率 $\kappa=0.24\ W/(m\cdot K)$、密度 $\rho=1.38\ g/cm^3$、等压热容 $c_p=1.0\ kJ/(kg\cdot K)$，热传入直径为 50μm 的纤维中心需要多长时间？

8-44 当食物包装在聚乙烯（非极性聚合物）中并放入冰箱时，包装内部冰的含量随着放入冰箱的时间增加而增加，而用含高极性原子聚合物制成的 Saran（PVDC，聚偏二氯乙烯）包装则不会出现这种现象。解释产生以上差异的原因。

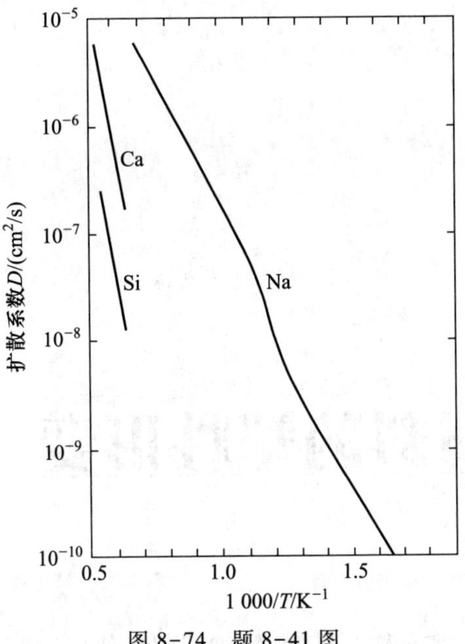

图 8-74 题 8-41 图

参考文献

[1] BALOGH Z,SCHMITZ G. Diffusion in Metals and Alloys[M]//LAUGHLIN D E,HONO K. Physical metallurgy:Vol 1. 5th ed. Amsterdam: Elsevier B V,2015,389-559.

[2] KIRKALDY J S,YOUNG D J. The institute of metals. Diffusion in the Condensed State [M]. London: Carlton House Terrace,1987.

[3] PORTER D A,EASTERLING K E,SHERIF M Y. Phase transformation in metals and alloys[M]. 3rd ed. London: Taylor & Francis Group,2008.

[4] 波特 D A,伊斯特林 K E,谢里夫 M Y. 金属和合金中的相变[M]. 陈冷,余永宁,译. 3 版. 北京: 高等教育出版社,2011.

[5] CRANK J. The mathematics of diffusion [M]. 2nd ed. Oxford: Oxford University Press,1975.

[6] MEHRER H. Diffusion in solids: fundamentals,methods,materials,diffusion-controlled processes [M]. Berlin: Springer,2007.

[7] BALLUFFI R W,ALLEN S M,Carter W C. Kinetics of materials[M]. New Jersey: Wiley,2005.

[8] KINGERY W D,BOWEN H K,UHLMANN D R. Introduction to ceramics[M]. New York: Wiley,1976.

[9] OKINO T. Ending of darken equation and intrinsic diffusion concept[J]. Journal of Modern Physics,2013,4(11),1495-1498.

材料的塑性形变

材料形变(本书参考文献较多,“形变”“变形”都有使用)就基本特征而言,可以分为弹性形变、塑性形变和黏性形变。一般来说,晶体(包括金属和晶体陶瓷)多为弹塑性体,而聚合物和非晶体陶瓷可呈现从弹性形变到黏性流变的各种状态。随着形变温度的提高或应变速率(时间)的变化,还会出现高温蠕变或超塑性过程。

各类材料,如金属、陶瓷(无机非金属材料)和聚合物(高分子材料)的机械性能有很大的差异,这种差异是由不同结构决定的。不同的结构使各种材料的形变行为和形变机制有很大的差异。金属与陶瓷材料的晶体结构(包括键合类型)、缺陷(主要是位错)是决定其形变行为的主要因素;而对于聚合物材料,其分子链的构形、交联与缠结则是形变行为的主要因素。本章只讨论金属材料低温下的塑性形变。金属的弹性形变及与时间相关的塑性形变(蠕变等)在后续课程“材料力学性能”中介绍。金属高温形变时的组织变化(动态回复及动态再结晶)将在第 12 章中介绍。

材料的塑性形变是材料制备过程和使用过程中所经历的一个必要环节。材料在制备成零件或构件时,形变不仅使材料得到最终的形状,内部组织结构也相应发生变化。因此,形变也是调整优化组织结构的手段,按实际应用的要求调整形变工艺可以达到强度与塑性的最佳配合。零件和构件使用时受到力的作用,在断裂破坏前经历一定程度的塑性形变,了解塑性变形过程中微观组织的变化,并有效地控制这些变化,对提高材料使用寿命是十分必要的。

金属单晶体和多晶体低温塑性形变的基本方式有滑移、孪生和扭折 3 种。金属塑性形变的机制是位错的运动,所以研究金属塑性形变要关注位错行为。而陶瓷、聚合物的塑性形变常常不是位错行为,这时要关注相应的塑性形变机制及差异。本章最后还简要介绍了热塑性聚合物的塑性形变。

9.1 晶体滑移

9.1.1 晶体的滑移要素——滑移系

滑移是指在外力作用下晶体沿着某些特定的晶面和晶向相对滑开的形变方式(图 9-1a)。滑移的特定晶面称滑移面,特定的晶向称滑移方向,特定的滑移面和滑移方向组合称滑移要素——滑移系。对于确定的晶体结构,不论载荷大小或载荷的方向如何,滑移系的类型一般都是确定的(一般是一种,特殊情况可能有两三种)。因为塑性变形的滑移主要是位错移动的结果,所以晶体中选择的滑移系由如下两个相互补充的准则来确定:(a) 能量准则——位错线能量最小(即位错的柏氏矢量最小),它所在面之间切变刚度最小;(b) 迁移率准则——位错迁移经受最小的晶格阻力。第 6 章(6-99)式说明,晶格阻力随位错核心的宽度与柏氏矢量的比值呈指数降低,从一级近似看,位错核心宽度大体与位错滑移面的面间距成正比,即位错滑移面的面间距与位错的柏氏矢量比值最小时,位错有最高的迁移率。这些准则正确地预测了晶体的滑移系由晶体的最密排面(或密排面)与密排方向组成。表 9-1 列出了常见晶态固体的滑移要素——滑移系。

表 9-1 常见晶态固体的滑移要素

晶格类型	晶体结构	滑移面	滑移方向
fcc	Cu, Au, Ag, Ni, CuAu, α-CuZn, AlCu, AlZn	{111}	<110>
	Al	{111}	<110>
		{100}	<110>(1)
bcc	α-Fe	{110}	<111>
		{112}	<111>
		{123}	<111>
	Mo, Nb, Ta, W, Cr, V	{110}	<1>
		{112}	<111>(2)
hcp	Cd, Zn, ZnCd(c/a>1.85)	(0001)	$\langle 2\bar{1}\bar{1}0\rangle$
		$\{10\bar{1}0\}$	$[11\bar{2}0]$(3)
		$\{11\bar{2}2\}$	$[\bar{1}\bar{1}23]$(3)
	Mg(c/a=1.623)	(0001)	$\langle 2\bar{1}\bar{1}0\rangle$(4)
		$\{10\bar{1}1\}$	$\langle 2\bar{1}\bar{1}0\rangle$(4)
		$\{10\bar{1}0\}$	$\langle 2\bar{1}\bar{1}0\rangle$(5)
	Be(c/a=1.568)	(0001)	$\langle 2\bar{1}\bar{1}0\rangle$
		$\{10\bar{1}0\}$	$\langle 2\bar{1}\bar{1}0\rangle$
	Ti(c/a=1.587)	$\{10\bar{1}0\}$	$\langle 2\bar{1}\bar{1}0\rangle$(6)
		$\{10\bar{1}1\}$	$\langle 2\bar{1}\bar{1}0\rangle$(6)
		(0001)	$\langle 2\bar{1}\bar{1}0\rangle$(6)

续表

晶格类型	晶体结构	滑移面	滑移方向
金刚石立方	Ge,Si,ZnS	{111}	<101>
菱方	As,Sb,Bi	(111) $(10\bar{1})$	$[10\bar{1}]$ [101]
岩盐结构	NaCl,KCl,KBr,KI,AgCl,LiF	{110} {001}	<110> <110>(7)
氯化铯结构	MgTl,LiTl,AuZn,AuCd, NH_4Br,CsI,CsBr,TlCl-TiBr,CsCl	{110}	<100>

注:(1) 450 ℃以上;(2) 在高温时的第二滑移系;(3) 250 ℃以上;(4) 225 ℃以上;(5) 在室温以及室温以下;(6) 锥面和基面滑移比棱柱面滑移难激活;(7) 在高温时的第二滑移系。

对于 fcc 结构的晶体,一般出现的滑移面是{111},但在高温下,特别是层错能比较高的金属还观察到{100}、{110}、{112}和{122}滑移面。对于 bcc 结构的晶体,可能的滑移面为{110}、{112}和{123}、{110}<111>,这一滑移系应该是所有 bcc 过渡金属首选的滑移系。一般来说,选择什么滑移面与温度有关:温度低于 $T_m/4$(T_m 为熔化温度),首选滑移面为{112};在 $T_m/4$ 与 $T_m/2$ 之间,首选滑移面是{110};高于 $T_m/2$,首选滑移面为{123}。α-Fe 在室温时三种滑移面都会开动。对于 hcp 结构的晶体,室温的滑移系一般为(0001)$\langle 2\bar{1}\bar{1}0\rangle$,滑移系较少。其他的非基面滑移系开动取决于温度和 c/a 值,$c/a>1.633$ 的金属在较高温度时选择$\{10\bar{1}0\}\langle 11\bar{2}0\rangle$(棱柱滑移)和$\{11\bar{2}2\}\langle\bar{1}\bar{1}23\rangle$滑移系,$c/a>1.633$ 的金属在低温时选择$\{10\bar{1}1\}\langle 2\bar{1}\bar{1}0\rangle$(锥面滑移)或$\{10\bar{1}0\}\langle 2\bar{1}\bar{1}0\rangle$等滑移系。

一个滑移面和滑移面上的一个滑移方向组成一个滑移系,面心立方结构一般有 12 个滑移系,体心立方结构有 48 个滑移系,而密排六方结构一般只有 3 个滑移系。在外力作用下,并不是所有的滑移系都会开动,只是其中一个或几个滑移系开动,那些没有开动的滑移系称为潜在滑移系。

++

例题 9-1 在 fcc 金属晶体中,下列中的哪个是有效滑移系?

① $(a/2)[111](10\bar{1})$

② $(a)[1\bar{1}0](111)$

③ $(a/2)[101](111)$

④ $(a/2)[101](\bar{1}11)$

解 fcc 晶体的滑移系是$(a/2)$<110>{111}。① 滑移系是无效的,因为面和方向不正确。② 滑移系是无效的,因为矢量的大小不正确。$(a)[1\bar{1}0]$相应于面对角线全长,而不是面对角线的一半,面对角线的一半才是等同位置的最短距离。③ 滑移系是正确的形式,但它也是无效的,因为滑移方向必须包含在滑移面上,而[101]方向并不在(111)面上,这是因为滑移方向与滑移面的法线点乘不等于零。④ 滑移系是 fcc 晶体中的有效滑移系,它有正确的形式,并且[101]处在($\bar{1}11$)面上。

++

9.1.2 滑移带和滑移线

当某一滑移系开动时,并不是在这个滑移系中所有的晶面都会均匀地滑移,而仅是部分晶面上发生滑移。若在形变前把晶体表面仔细抛光,形变后在表面上会观察到很细的滑移痕迹——滑移带,图 9-1a 是钴单晶在室温形变后用扫描电镜观察到的表面的滑移带,图 9-1b 是铝单晶经 7%形变后用光学显微镜观察到的表面滑移带。仔细观察,每一个滑移带是由很多细线——滑移线组成。图 9-1c 是滑移带结构示意图。一个滑移带是由若干滑移层构成,滑移层则对应于滑移线。滑移层的宽度约为 100 个原子直径,滑移量约为 1 000 个原子直径。

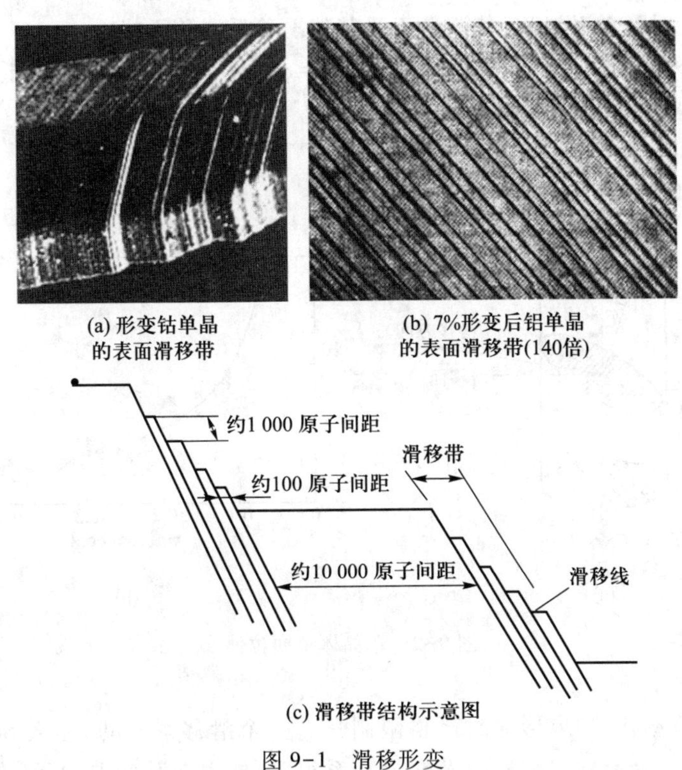

(a) 形变钴单晶的表面滑移带

(b) 7%形变后铝单晶的表面滑移带(140倍)

(c) 滑移带结构示意图

图 9-1 滑移形变

形变时,观察到滑移带(滑移线)是从无到有,由浅到深(对应滑移带内新的滑移线增多,整个滑移带的滑移量增加),由短到长(两头增长),数目由少到多。由此看出,整个形变过程是不连续的。

9.1.3 施密德(Schmid)因子,施密德定律

晶体滑移时,滑移面沿滑移方向相对滑动,这需要在滑移面上沿滑移方向上有适当的分切应力。现在分析拉伸应力 σ 和滑移面内沿着滑移方向分切应力 τ 之间的关系。设拉伸力

F 与滑移面法线夹角为 φ,与滑移方向夹角为 λ,如图 9-2a 所示。从图中不难看出

$$\tau=\frac{F\cos\lambda}{A_1}=\frac{F\cos\lambda}{A_0/\cos\varphi}=\frac{F}{A_0}\cos\lambda\cos\varphi=m\sigma \tag{9-1}$$

式中:$m=\cos\lambda\cos\varphi$ 是外加力相对于晶体滑移系的取向因子,又称 Schmid 因子。图 9-2b 所示为同一形变温度及相同形变速度下的一些六方金属(Zn、Cd 和 Mg)晶体开始塑性变形的正应力 σ 与滑移系(基面滑移)分切应力 τ 的比值 σ/τ 与 m 的关系,图 9-2b 的曲线是双曲线,说明 (9-1)式中的 $m\sigma$ 为一常数,即滑移系开动所需要的分切应力是一个定值,和外加力的取向无关。把滑移系开动所需要的最小分切应力称为临界分切应力(CRSS),记为 τ_{CR}。滑移系开动所需要的临界分切应力是和外力取向无关的常数,这一规律称为 Schmid 定律或临界分切应力定律。如果把滑移面开动所对应的正应力看作是屈服强度 σ_s,则屈服强度和外加力的取向有关。图 9-2b 所示的实验数据来自六方晶体,因为六方晶体的潜在滑移系少,可以保证开始时是单系滑移,使测量不受其他滑移系滑移干扰。

屈服强度和外加力的取向有关。$m=0.5(\lambda=\varphi=45°)$ 时屈服强度最低,即这种取向最"软";m 的数值越小,屈服强度越高,取向越"硬"。

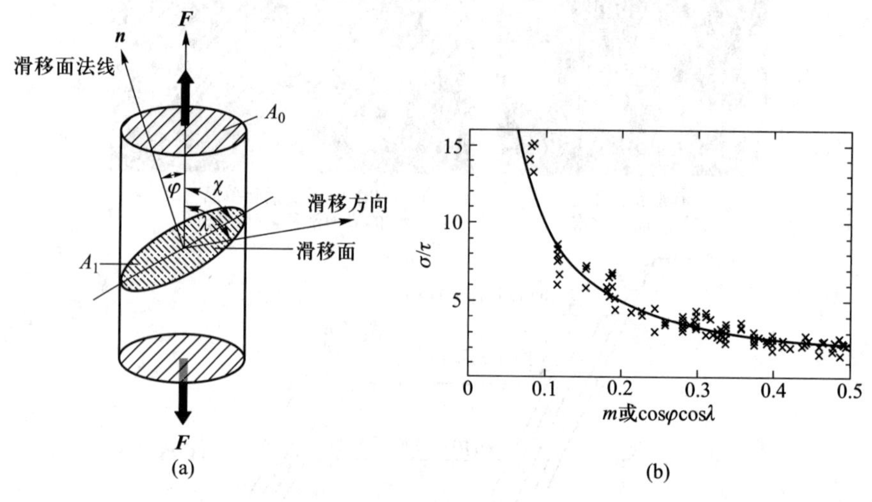

图 9-2 单晶体单向拉伸

对于面心立方结构,如果形变时严格限制只有一个滑移系开动,那么 Schmid 定律还是成立的。但是,由于面心立方结构的潜在滑移系很多,外力在某些取向下,在两个或几个潜在滑移系的分切应力相等,因而会有不止一个滑移系开动,从而使问题复杂化。所以,Schmid 定律只在某些取向范围(只有单系滑移)内才适用。图 9-3a 是铜单晶体的临界分切应力与外加拉伸应力(拉伸轴)取向的关系,可以看出,只有取向在(001)极射赤面投影三角形中间部分时,才较好地遵守 Schmid 定律。图 9-3b 是 fcc 金属等 Schmid 因子线(等取向因子线)的分布,可直观看出外力轴取向与滑移难易的关系。

体心立方结构一般不遵守 Schmid 定律,这是由它的位错核心的特殊结构造成的(见第 6 章 6.2.11 节)。

前面说过,在同一形变温度、形变速度下临界分切应力 τ_c 是常数。显然,温度、形

变速度还有晶体的杂质等都会影响 τ_c。温度升高,τ_c 降低,在高于某一温度以后,τ_c 不再变化。

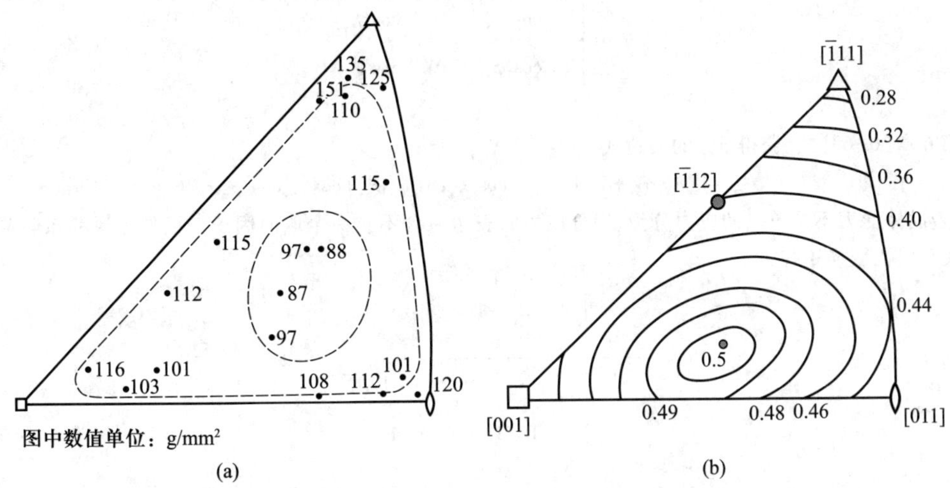

图 9-3 fcc 金属外力取向与滑移难易的关系

++

例题 9-2 一个 fcc 晶体在[$\bar{1}$23]方向、2MPa 的正应力下屈服,滑移面是(111),滑移方向是[$\bar{1}$01],确定这个晶体的 τ_{CR}。

解 根据(9-1)式,首先求出 φ 和 λ。可以用第 1 章的公式或用矢量点乘来计算。因为立方系的面指数与其法线方向指数相同,所以 φ 是[$\bar{1}$23]与[111]之间的夹角,故

$$\cos\varphi=\frac{[\bar{1}23]\cdot[111]}{|[\bar{1}23]|\cdot|111|}=\frac{-1+2+3}{\sqrt{14}\times\sqrt{3}}=0.617$$

λ 是[$\bar{1}$23]与[$\bar{1}$01]之间的夹角,故

$$\cos\lambda=\frac{[\bar{1}23]\cdot[\bar{1}01]}{|[\bar{1}23]|\cdot|[\bar{1}01]|}=\frac{1+0+3}{\sqrt{14}\times\sqrt{2}}=0.756$$

把上面计算的 $\cos\lambda$ 和 $\cos\varphi$ 代入(9-1)式,得

$$\tau_{CR}=\sigma\cos\lambda\cos\varphi=2\text{MPa}\times0.617\times0.756=0.933\text{MPa}$$

++

例题 9-3 Al 单晶受如下的应力作用:在[100]方向的正应力 $\sigma_{xx}=250$ MPa,在[010]方向的正应力 $\sigma_{yy}=50$ MPa,其他应力分量为 0。在(111)[1$\bar{1}$0]滑移系的分切应力如何表达?在这个滑移系的分切应力是多大?

解 建立一个新的坐标系,以滑移面法线为 y'轴,滑移方向为 x'轴,则在新坐标系下滑移系的分切应力是 τ'_{xy}。设 y'轴在晶体坐标系的 x 和 y 的分量是 $\cos\varphi_x$ 和 $\cos\varphi_y$,即 φ_x 和 φ_y 分别是 y'轴与 x 轴和 y 轴的夹角;x'轴在晶体坐标系的 x 和 y 的分量是 $\cos\lambda_x$ 和 $\cos\lambda_y$,即 λ_x 和 λ_y 分别是 x'轴与 x 轴和 y 轴的夹角。新坐标系与晶体坐标系变换矩阵 $\boldsymbol{A}$(因为不关心 z 轴的情况,只列出 x'轴和 y'轴的变换):

	x	y
x'	$\cos\lambda_x$	$\cos\lambda_y$
y'	$\cos\varphi_x$	$\cos\varphi_y$

根据第 6 章(6-63)式,获得 σ'_{xy} 的表达式:

$$\sigma'_{xy}=A_{xx}A_{yx}\sigma_{xx}+A_{xy}A_{yy}\sigma_{yy}=\cos\lambda_x\cos\varphi_x\sigma_{xx}+\cos\lambda_y\cos\varphi_y\sigma_{yy}$$

可见,若晶体受力不是单一的应力分量,则分应力的表达包含不止一个取向因子。把具体滑移系与晶体坐标的关系代入变换矩阵:

	x	y
x'	$1/\sqrt{2}$	$-1/\sqrt{2}$
y'	$1/\sqrt{3}$	$1/\sqrt{3}$

在滑移面的分切应力

$$\tau'_{xy}=\cos\lambda_x\cos\varphi_x\sigma_{xx}+\cos\lambda_y\cos\varphi_y\sigma_{yy}=\left(\frac{250}{\sqrt{2}\times\sqrt{3}}-\frac{50}{\sqrt{2}\times\sqrt{3}}\right)\ \text{MPa}=81.6\ \text{MPa}$$

从这个例子看出,所谓 Schmid 因子,是针对某一单向应力而言的,对于复杂应力状态就无所谓 Schmid 因子了。

++

9.1.4 交滑移

两个或多个滑移面共同按一个滑移方向滑移称交滑移。图 9-4a 是交滑移的模型,滑移面Ⅰ和滑移面Ⅱ共同按同一个滑移方向滑移,所以交滑移形成的滑移线(带)是折线形状。图 9-4b 是铝单晶体形变后在表面上形成的交滑移痕迹。当很多滑移面参与交滑移时,滑移线(带)甚至可以变成弯曲的形状。体心立方结构的滑移面可以是{110}、{112}和{123},而滑移方向都是$\langle 11\bar{1}\rangle$,所以很容易多个滑移开动而发生交滑移,结果滑移线(带)就不是折线而变成弯曲的线。α-Fe(Fe-3%Si)形变出现波浪形的滑移线(图 9-4c)就是一个典型的例子。

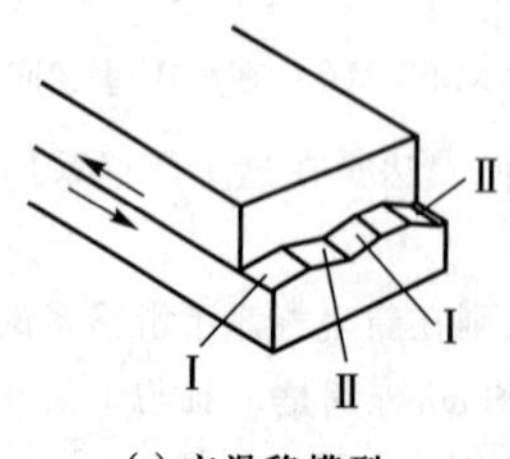

(a) 交滑移模型

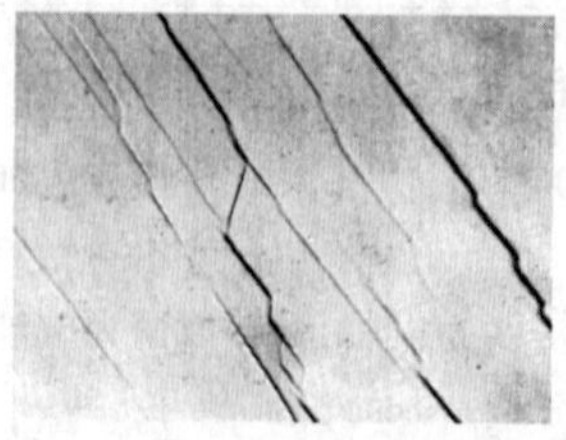
(b) 铝单晶体表面交滑移痕迹

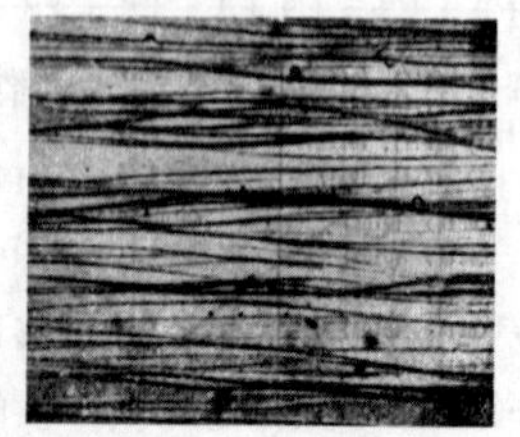
(c) α-Fe 合金在室温形变后观察到的波浪形的交滑移痕迹

图 9-4 交滑移

阿尔弗雷德·西格(Alfred Seeger)分析和解释了 bcc 晶体形变出现波浪形滑移带的原因,如图 9-5 所示。根据他的研究:在很低的温度时,出现一般情况的直滑移线;在较高温度时,螺型位错(螺位错)在{112}面频繁发生交滑移,使滑移线呈波纹状;在更高温度时,流变应力与形变速率 $\dot{\varepsilon}$ 无关,在更低的流变应力下,仍然是发生交滑移,形成波浪形滑移线。

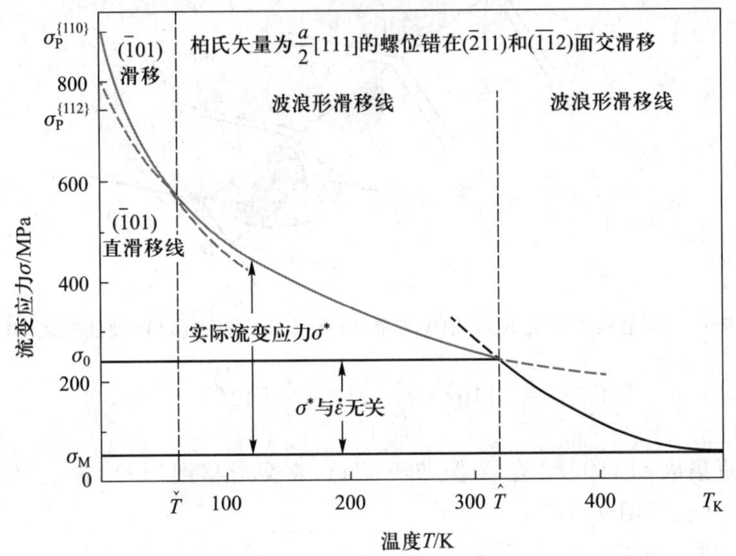

图 9-5 体心立方滑移带与流变应力和形变温度的关系(Alfred Seeger,2001)

螺位错的柏氏矢量和位错线平行,所以原则上通过位错线的任何面都可能是滑移面。但是,在实际晶体中螺位错也倾向于在某些特殊的晶面滑动(晶体的滑移系),这是因为在这些面上滑动需要克服的晶格阻力是最小的。螺位错可以在特定的滑移面晶面族之间滑动,所以交滑移的本质是螺位错从一个滑移面转到另一个滑移面的移动,而不是图 9-4a 交滑移模型所表示的几个滑移面"同时"滑动。例如,在 fcc 晶体中,滑移系的晶面是{111},螺位错可以以它的柏氏矢量方向⟨110⟩为交线的两个{111}面上转移完成交滑移。图 9-6 示意说明交滑移过程。在图 9-6a 中,$b=(a/2)[\bar{1}01]$ 的位错在(111)面上滑动,$(1\bar{1}1)$面也包含$[\bar{1}01]$方向,如果在某点局部应力场发生改变使得在这个面上滑动有利,那么螺位错可以交滑移到这个面上,并在这个面上滑动,如图 9-6c 所示。同样,在合适条件下,这个过程可以反向进行,即螺位错滑回原来的(111)面,这种情况称为双交滑移,如图 9-6d 所示。双交滑移是位错绕过滑移面上障碍物的重要机制,也是有多种滑移面材料产生波浪形滑移线的原因。

一个纯螺位错是可以交滑移的,但分解成扩展位错后在扩展状态是不能进行交滑移的,因为部分位错离开层错所在的面会引起严重错排。如果扩展位错要发生交滑移,首先在外力作用下扩展位错在局部束集成一小段全位错,然后这段全位错交滑移到另一滑移面,在另一滑移面重新分解成扩展位错。这个过程可用图 9-7 来说明,图中在$(\bar{1}11)$面上柏氏矢量为 $a[110]/2$ 全位错,分解为

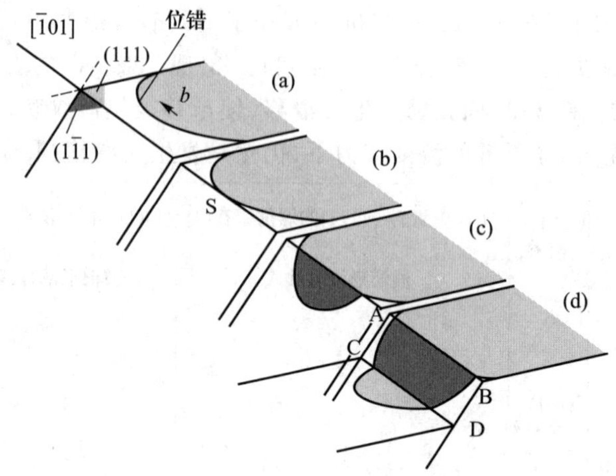

图 9-6 fcc 金属中的交滑移,柏氏矢量平行于(111)面和(1$\bar{1}$1)面的交线[$\bar{1}$01]

$$\frac{a}{2}[110]\to\frac{a}{6}[211]+\frac{a}{6}[12\bar{1}]$$

其中一段位错束集成 $a[110]/2$ 全位错(图 9-7a),它交滑移到(1$\bar{1}$1)面上,然后在(1$\bar{1}$1)面上再分解成扩展位错(图 9-7b):

$$\frac{a}{2}[110]\to\frac{a}{6}[121]+\frac{a}{6}[21\bar{1}]$$

随着两个滑移面交线上的两个结点沿交线向外延伸,完成整根位错的交滑移。

扩展位错束集是热激活过程,这一过程是要耗费能量的,它耗费的能量大小和位错扩展宽度有关。层错能越低,扩展位错宽度越大,耗费的能量越大,位错交滑移越困难。所以,对于低层错能的材料,位错很难交滑移,这时位错运动是平面型的,称为平面滑动。对于高层错能的材料,位错比较容易交滑移,滑移线呈波浪形,称为波纹滑动(图 9-4c)。在下面的讨论将会知道,交滑移容易与否对材料的应变硬化有很大的影响。层错能越低,位错不易通过交滑移越过障碍,从而加大了应变硬化(见 9.4 节)。

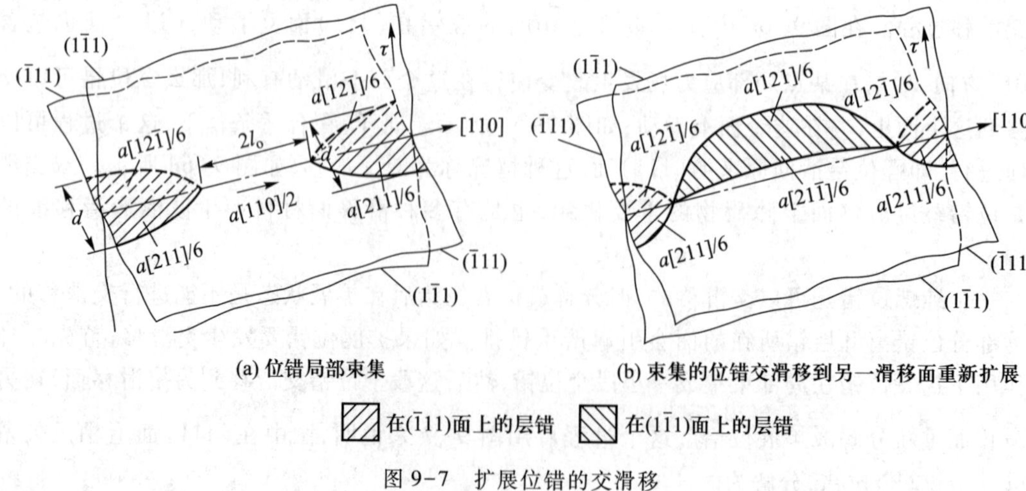

(a) 位错局部束集　　(b) 束集的位错交滑移到另一滑移面重新扩展

图 9-7 扩展位错的交滑移

++

例题 9-4 fcc 晶体中在$(\bar{1}11)$面柏氏矢量 $\boldsymbol{b}=a[110]/2$ 的螺位错及 bcc 晶体中在$(\bar{1}01)$面柏氏矢量 $\boldsymbol{b}=a[111]/2$ 的螺位错可能发生交滑移的晶面是哪些?

解 fcc 晶体的滑移面是{111},用晶带定律很容易知道[110]与 $(1\bar{1}1)$面平行,并且是$(\bar{1}11)$和$(1\bar{1}1)$面的交线方向,所以在$(\bar{1}11)$面柏氏矢量 $\boldsymbol{b}=a[111]/2$ 的螺位错可以交滑移到$(1\bar{1}1)$面上。

bcc 晶体的可能的滑移面是{110}、{112}及{123},用晶带定律很容易知道,对于{110}面族,[111]与$(1\bar{1}0)$面平行,并且是$(1\bar{1}0)$与$(\bar{1}01)$面的交线方向,所以在$(\bar{1}01)$面柏氏矢量 $\boldsymbol{b}=a[111]/2$ 的螺位错可以交滑移到$(\bar{1}01)$面上;对于{112}面族,[111]与$(\bar{1}\,\bar{1}2)$面平行,并且是$(\bar{1}01)$与$(\bar{1}\,\bar{1}2)$面的交线方向,所以在$(\bar{1}01)$面柏氏矢量 $\boldsymbol{b}=a[111]/2$ 的螺位错也可以交滑移到$(\bar{1}\,\bar{1}2)$面上;对于{123}面族,[111]与$(\bar{1}\,\bar{2}3)$面平行,并且是$(\bar{1}01)$与$(\bar{1}\,\bar{2}3)$面的交线方向,所以在$(\bar{1}01)$面柏氏矢量 $\boldsymbol{b}=a[111]/2$ 的螺位错也可以交滑移到$(\bar{1}\,\bar{2}3)$面上。综合看,bcc 晶体在$(\bar{1}01)$面柏氏矢量 $\boldsymbol{b}=a[111]/2$ 的螺位错可以交滑移到$(\bar{1}01)$面、$(\bar{1}\,\bar{1}2)$面和$(\bar{1}\,\bar{2}3)$面上。可以看出,bcc 晶体中的螺位错可能交滑移的面比 fcc 晶体多。

++

9.1.5 等效滑移系和多系滑移

当外力的取向使两个或多个滑移系上的分切应力均达到临界分切应力值时,这些滑移系是等效滑移系,它们可以同时开动而发生多系滑移。

按照例题 9-3 所述的方法,可以计算任意取向的拉伸所对应最先开始滑移的滑移系。图 9-8a 是 fcc 晶体一个晶胞中的滑移系,在图 9-8b 中将 fcc 晶体极射赤面投影图 3 个{001}类型面[001]、[100]、[010]的极点标为 w_1、w_2、w_3,4 个{111}类型滑移面(111)、$(1\bar{1}1)$、$(\bar{1}11)$、$(\bar{1}\,\bar{1}1)$的极点分别标记为 A、B、C、D;6 个⟨110⟩类型滑移方向[101]、$[\bar{1}01]$、$[0\bar{1}1]$、[011]、[110]、$[1\bar{1}0]$的迹点分别标记为Ⅰ、Ⅱ、Ⅲ、Ⅳ、Ⅴ、Ⅵ。若外力轴取向处在每一个由{001}、{101}、{111}为顶点的曲边三角形内,只有 1 个滑移系的取向因子最大,即只有 1 个滑移系最先开动。图 9-8b 中将外力轴处在各曲边取向三角形所对应最先开动的滑移系以 AⅠ、AⅡ、…、BⅤ、BⅥ等方式标出。例如力轴取向处在图 9-8b 所示的 w_1-Ⅰ-A,即 001、101 和 111 这 3 个极点为顶点的取向三角形内时,只有 1 个滑移系($(1\bar{1}1)$[011]即 BⅣ)的取向因子最大,这个滑移系最先开动。又例如拉伸力轴取向处在图 9-8b 所示的 w_1-Ⅳ-A,即 001、011 和 111 这 3 个极点为顶点的三角形内时,只有 1 个滑移系($(\bar{1}11)$[101]即 CⅠ)的取向因子最大,这个滑移系最先开动。图 9-8b 中投影面上每个区域所标出的符号代表最大取向因子的滑移系。图 9-8c 所示为力轴处不同取向能开动的等效滑移系数目。

晶体具有对称性,立方系晶体的任一个晶向都有 24 个等效方向,在投影图中也有 24 个等效的曲边三角形。研究立方系晶体时,采用[001]标准极射投影图中的一个曲边三角形就有足够的代表性。通常用以 001、101 和 111 这 3 个极点为顶点的曲边三角形(图 9-8c)作为取向三角形的代表(基本投影三角形)。

因为晶体的对称性,只要知道其中一个取向三角形内最先开动的滑移系,就可以推出其他任一个取向三角形内最先开动的滑移系。例如,已知图 9-8b 中 w_1-Ⅰ-A 取向三角形内

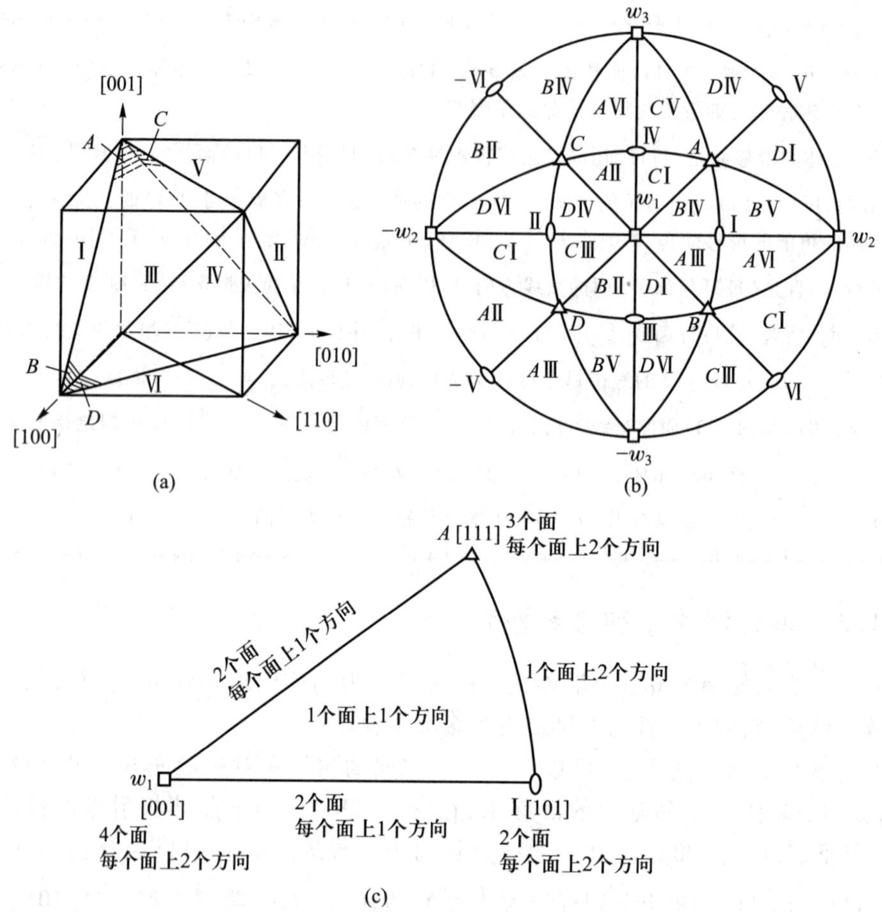

图 9-8　fcc 晶体不同取向的拉伸轴对应最先开动的滑移系

开动的滑移系是 BⅣ,以Ⅴ-Ⅴ线[$(1\bar{1}0)$面的迹线]为对称面,则 w_1-Ⅳ-A 取向三角形内开动的滑移系的滑移面是与 B 点对称的 C(面),开动的滑移方向是与Ⅳ点对称的Ⅰ(方向),即开动的滑移系为 CⅠ。又例如,w_1 是 4 次旋转轴,当 w_1-Ⅰ-A 取向三角形绕 w_1 逆时针转动 90°就成为 w_1-Ⅳ-C 取向三角形,在这个取向三角形内开动的滑移面是由 B 点绕 w_1 逆时针转动 90°对应的 A(面),滑移方向时由Ⅳ点绕 w_1 逆时针转动 90°对应的Ⅱ点(方向),即开动的滑移系为 AⅡ。其他取向三角形内开动的滑移系可按类似的方法推出。

若拉伸轴取向处于取向三角形的边上,有两个滑移系的取向因子最大且相等,这两个滑移系就是这个取向三角形边邻接的两个区域所开动的滑移系。例如,当拉伸轴取向处于图 9-8b 的 A-Ⅰ线上时(同时参看图 9-8c),能同时开动的滑移系是 BⅣ和 BⅤ,即同一个滑移面分别与面上的两个滑移方向组成两个滑移系;当拉伸轴取向处于图 9-8b 的 w_1-A 线或 w_1-Ⅰ线上时(同时参看图 9-8c),前者能同时开动的滑移系是 CⅠ和 BⅣ,后者能同时开动的滑移系是 AⅢ和 BⅣ,它们都是两个滑移面,每个面上一个滑移方向,组成两个滑移系。

当拉伸轴取向处于⟨110⟩迹点时,迹点邻接的 4 个取向三角形内所能开动的滑移系的取向因子相等且最大，这四个滑移系能同时开动。例如拉伸轴取向处于图 9-8b 的 Ⅰ 迹点时（同时参看图 9-8c），能同时开动的滑移系就是 BⅣ、BⅤ、AⅢ 和 AⅥ，即两个滑移面上各有两个滑移方向，组成四个滑移系。

当拉伸轴取向是〈111〉时，〈111〉极点邻接的 6 个取向三角形内所能开动的滑移系的取向因子相等且最大，这 6 个滑移系能同时开动。例如拉伸轴取向处于图 9-8b 的极点 A 时（同时参看图 9-8c），能同时开动的滑移系是 BⅣ、BⅤ、CⅠ、CⅤ、DⅠ 和 DⅣ，即三个滑移面上各有两个滑移方向，组成六个滑移系。

当拉伸轴取向是〈100〉时，〈100〉极点邻接的 8 个取向三角形内所能开动的滑移系的取向因子相等且最大，这 8 个滑移系能同时开动。例如拉伸轴取向处于图 9-8b 的迹点 w_1 时（同时参看图 9-8c），能同时开动的滑移系是 CⅢ、BⅡ、DⅠ、AⅢ、BⅣ、CⅠ、AⅡ 和 DⅣ，即四个滑移面上各有两个滑移方向，组成 8 个滑移系。能同时开动的滑移系称等效滑移系，具有等效滑移系是晶体对称性的必然结果。

发生多系滑移时，在抛光表面看到不止一组的滑移线，而是两组或多组交叉的滑移线。由于多个滑移系开动，位错交截产生割阶，及位错带着割阶运动使位错运动阻力增加，因而强度也增加。外力轴处于只有 1 个滑移系开动的取向，材料的强度是比较低的，这样的取向称为软取向；外力轴处于易于多滑移的取向称为硬取向。对于 fcc 晶体（001）极射赤面投影图上的每个曲边三角形中心部分，因这时只有 1 个滑移系开动，所以是软取向；在靠近三角形各边及顶点的部分，很容易有多个滑移系开动，所以是硬取向。图 9-3 所示的关于铜单晶临界分切应力值与拉伸轴取向的关系，临界分切应力的大小分布和上述分析的“软”和“硬”取向的分布是相对应的。虽然临界分切应力应该是常数，和拉伸轴取向无关，但这是对单一滑移系开动而言的。在实际测量屈服点时，往往有一定的塑性变形量，对于 fcc 晶体，拉伸轴处在易发生多滑移的取向附近时很难不发生多滑移，所以测得的临界分切应力高。

体心立方结构的滑移系很多，也容易出现多系滑移；而密排六方结构由于滑移系少，不易出现多系滑移。

9.1.6 拉伸和压缩时晶体的转动

如果晶体在拉伸时不受约束，滑移时各滑移层会像推开扑克牌那样一层层滑开，每一层与力轴的夹角 λ_0 保持不变，不发生转动，如图 9-9a 所示。但是在实际的拉伸中，夹头不能移动，迫使晶体转动。在靠近夹头处，由于夹头的约束晶体产生弯曲，在远离夹头处，滑移层发生转动，转动的方向是使滑移方向转向力轴的方向，如图 9-9b 所示，λ_1 是滑移面与力轴的夹角。固定夹头压缩时也会使滑移层转动，转动方向是使滑移方向与力轴垂直的方向，如图 9-10 所示。

对于 fcc 晶体，若拉伸轴在取向三角形（图 9-8c 中的 w_1-Ⅰ-A 三角形）内，拉伸时开动的滑移系是 BⅣ（即$(1\bar{1}1)[011]$），拉伸轴向着[101]方向转动，直至 w_1-A([001]-[111])边（图 9-11a）。拉伸轴在[001]-[111]边上时，另一个共轭的滑移系 CⅠ（即$(\bar{1}11)[101]$）滑移系上的分切应力相等，也可以开动滑移。这一对共轭的等效滑移系同时开动，使拉伸轴沿着 w_1-A([001]-[111])边向着[011]和[101]合成的方向[112]转动，直至到达[112]方

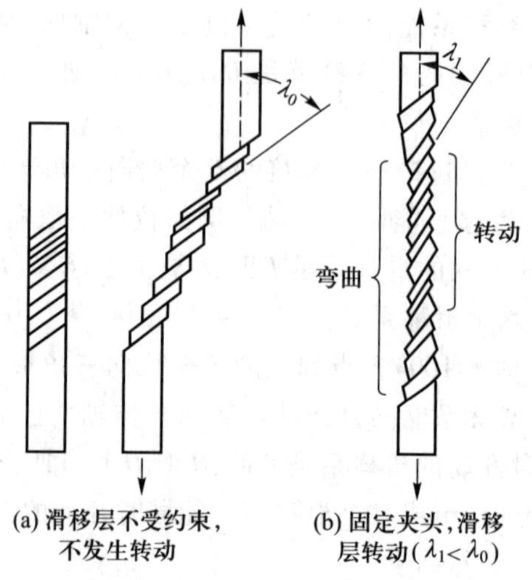

(a) 滑移层不受约束，不发生转动　　(b) 固定夹头，滑移层转动($\lambda_1<\lambda_0$)

图 9-9　拉伸时晶体的转动状态

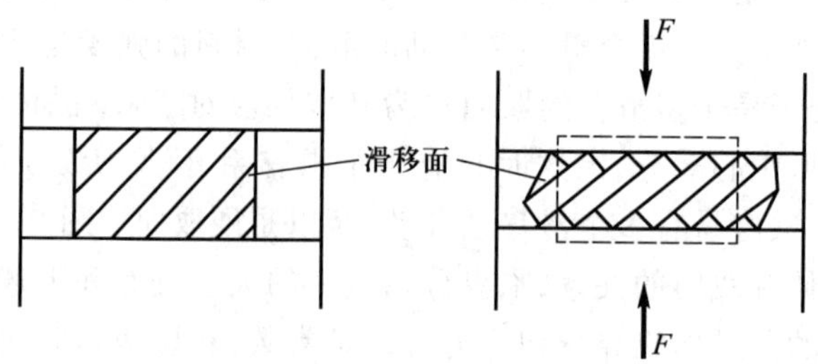

图 9-10　压缩时晶体的转动状态

向。如果力轴按任何方向离开[112]方向，变形转动都会使力轴回到[112]方向(图 9-11b)，所以这是最终稳定方向。

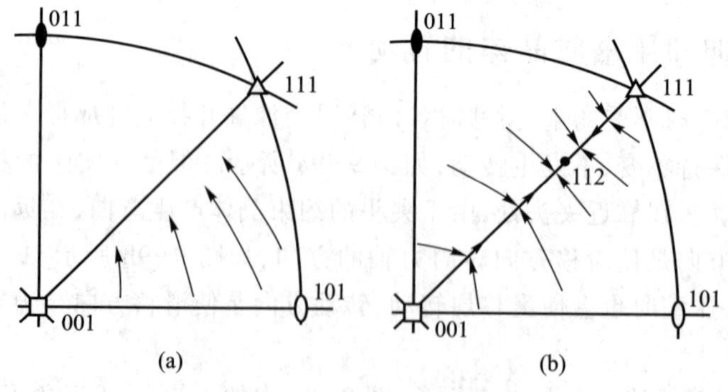

图 9-11　fcc 晶体拉伸时的转动

实际上，当力轴转动到达[001]-[111]边上时，虽然共轭的等效滑移系可以开动，但共轭滑移系中的潜在硬化比原来的滑移系的实际硬化要大一些，所以原滑移系继续滑动，共轭滑移系暂不能开动，当力轴继续转动超过[001]-[111]边进入另一个取向三角形后，共轭滑移系才开动,如图 9-12 所示,这一现象称为"超射现象"。之后,力轴过超射位置且沿着[110]做反向运动,重新回到[001]-[111]边上,这一共轭滑移系滑移也有可能发生超射现象。对于超射现象不严重的晶体,经一次或两次超射后,就在[001]-[111]边上转动直到拉伸轴与[112]晶向重合为止([011]+[101]=[112]),因为当拉伸轴与[112]方向重合时,两个滑移方向与拉伸轴同在一个平面上,并处在拉伸轴两侧,转动的效应完全抵消,继续拉伸将不再发生取向的变化。

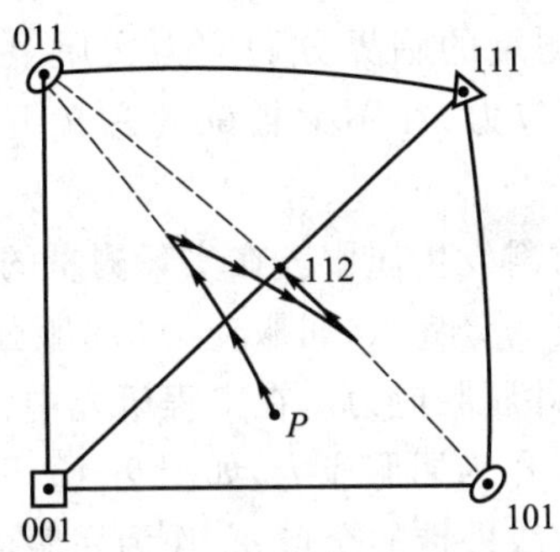

图 9-12 fcc 晶体滑移过程中晶体转动的超射现象

发生超射的原因是存在"潜在硬化",所谓潜在硬化,是指在一个潜在的、或基本未参与的滑移系上观察到的硬化现象。滑移系要开动时,它的滑移位错会与原来滑移面的位错交截,开动需要更大的分切应力,这是潜在硬化的原因。这样看来,如果材料的层错能越低,扩展位错越宽,其潜在硬化就越强。这一设想与实验结果完全吻合:高层错能的 Al 没有超射现象,而低层错能的 Cu 有超射现象;α-黄铜(Cu-30%Zn 合金)因合金化降低层错能,使其超射更为明显。

拉伸滑移时晶体发生转动,使晶体各部分相对外力的取向不断改变,各滑移系的取向因子也因之发生变化。如果起始取向 φ_0 和 λ_0 大于 45°,在转动时取向因子加大,出现软化,这种软化称为几何软化。若转动使 φ 和 λ 小于 45°,取向因子又重新减小,出现硬化,这种硬化称为几何硬化。

体心立方晶体滑移转动一般不会出现超射现象,这说明体心立方晶体共轭滑移系的潜在硬化总是比原来滑移系的实际硬化小。

以上讨论了单晶较大变形后必然导致某些晶面或晶向与外力轴一致,这种过程发生在多晶中则造成不同晶粒内相同晶面或晶向都平行于外力轴(称为晶粒的择尤取向),出现形变织构(见第 9.16 节),最终带来性能的各向异性。

9.2 起始塑性形变及流变应力

Schmid 定律描述了起始塑性形变的临界分切应力。临界分切应力的确切物理意义是什么呢?理论上说,它是滑移系上第一个位错开动所需要的切应力(剪切应力)。但是,实验中,这样微小的塑性形变不可能测量到。实际测得的屈服点都是对应某一定量的塑性形变应力,即此时已有了一定数量的位错运动。这样,测出的临界分切应力(塑性形变的起始应力)已不是一个位错运动需要克服的阻力,还应包含一些运动位错间交互作用引起的阻力。可以设想,如果测量仪器的灵敏度越高,所测量出来的塑性形变的起始应力就越低。

流变应力是指在某一塑性形变量下的应力。从理论上看,流变和起始塑性形变属于同一类问题,因为流变应力可看作经一定形变的材料的临界分切应力。但是,经过了一定预形变后的材料中的位错结构和原始状态的不同,所以这两者研究的对象还是有一定的差异。再次强调,实际测量的临界分切应力实质上是一定形变量下的应力,也可以说是在一定形变量下的流变应力,在不太精确的意义下不再细致地区分二者的差异,可按同类问题处理。

材料起始塑性变形标志着材料发生屈服。在实际测量的应力-应变曲线中,大多数材料没有明确的弹性形变和塑性形变的分界点,屈服应力(屈服强度)一般是人为地按一定条件来确定的,这种屈服应力称为条件屈服应力。在工程研究中,特别对多晶材料,用具有 0.2% 残余塑性形变所对应的应力 $\sigma_{0.2}$ 作为屈服应力,如图 9-13a 所示。另一种方法是把应力-应变曲线的弹性阶段及塑性阶段曲线外推的交点 σ_c 作为屈服应力,如图 9-13b 所示。这些条件屈服应力显然不是实际屈服所需要的临界应力。

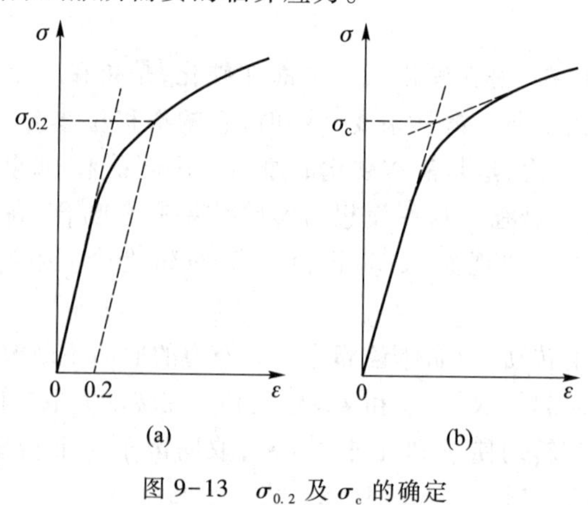

图 9-13 $\sigma_{0.2}$ 及 σ_c 的确定

从理论上分析,位错源激活放出第 1 个位错并滑出晶体可看作塑性形变的开始。如前面所述,即使用比较精密的仪器,也不可能测量如此微小的塑性形变,所以实验所获得的起始塑性形变实质上已经有了一定量的位错运动。位错源开动所需要的应力、位错运动所要求克服的种种阻力都可以作为起始塑性形变应力——临界分切应力的估计。下面分别讨论临界分切应力的各种估算。

(1) 在第 6 章已经讨论了以 F-R 源开动所需切应力作为临界分切应力的估算方法。开动 F-R 源所需的切应力为(参见第 6.2.9 节)

$$\tau_e = \frac{\mu b}{l} \tag{9-2}$$

式中:l 是位错源的长度。l 可以看作三维位错网的网孔直径,一般为 $10^{-3} \sim 10^{-5}$cm,由此估算出的临界分切应力和实际的相近。

(2) 从位错运动克服位错间的长程交互作用估算。例如刃位错在滑移面移动，要克服平行滑移面上其他刃型位错弹性作用产生的阻力，这个阻力 τ_G 正比于 $\mu b^2/l$(参见第 6.2.7 节)，其中 l 是平行滑移面的距离。如果把这一阻力看作对临界分切应力的主要贡献，则

$$\tau_G = \alpha \frac{\mu b}{l} \tag{9-3}$$

式中:α 为常数，取决于位错排列情况。

(3) 从位错运动克服位错间的短程交互作用估算。位错在滑移面运动，和穿过滑移面的其他位错(称为“林位错”或“位错林”)交割形成割阶，割阶形成能约为 $\alpha'\mu b^3$，α'是小于 1 的常数(参见第 6.2.8 节)，形成割阶所耗费的能量必须靠外力做功来补偿。如果把这外加切应力看作对临界分切应力的贡献，它的估算如下:设位错核心宽度为 d，林位错的平均间距为 l(图 9-14)，滑移面上 1 个滑移位错截过每个林位错，外加切应力做功为 $\tau_j bld$，若位错能截过，外力做功应和割阶形成能相等:

$$\tau_j bld = \alpha' \mu b^3 \tag{9-4}$$

故位错截过林位错所需的切应力为

$$\tau_j = \alpha \frac{\mu b}{l} \tag{9-5}$$

式中:α 是常数(约为 0.1)。

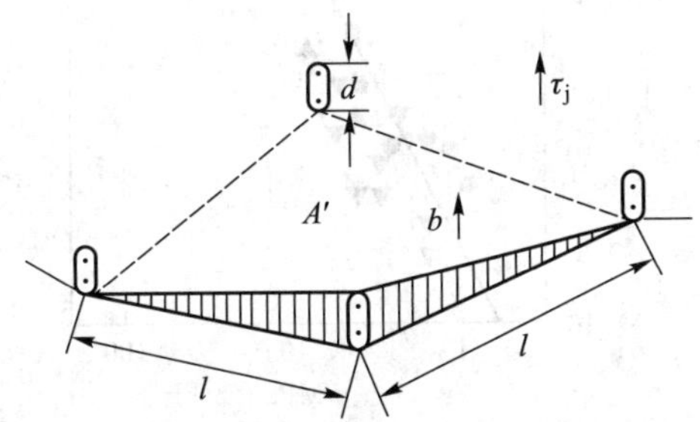

图 9-14　在滑移面上位错与林位错交截做功示意图

(4) 带割阶位错运动时必伴随产生点缺陷(参见第 6.2.8 节)，以此进行估算。设每 l 长位错有 1 个割阶，则每 l 长位错滑移前进 b 距离就产生 1 个点缺陷，如果位错能拖着割阶前进，形成点缺陷所消耗的能量必须靠外加应力做功来补偿。若把这个外加切应力看作对临界分切应力的贡献，它的估算如下:设产生的点缺陷是空位，空位形成能为 $\alpha\mu b^3$，外加切应力 τ_D 在 b 距离做功为 $\tau_D lb^2$。故

$$\tau_D = \alpha \frac{\mu b}{l} \tag{9-6}$$

式中:α 是常数(约为 0.2)。

从上面的讨论可知，除了晶格阻力外，临界分切应力可以看作由 τ_G、τ_j、τ_{ju}、τ_D，甚至 F-R 源开动的切应力 τ_e 贡献，它们都具有相同的形式:

$$\tau = \alpha \frac{\mu b}{l}$$

虽然 α 因不同机制而略有差异，但所有结果和实验测得的临界分切应力的数量级一样。各式中的 l 也可以近似设为截面上两个位错露头的间距，即位错面密度的平方根 $\sqrt{\rho_s}$ 的倒数，则上面讨论的各式也可以写成

$$\tau=\alpha\mu b\sqrt{\rho_s} \tag{9-7}$$

式中：α 约为 0.45。上式称为泰勒（Taylor）关系式。因为流变和起始塑性形变属于同一类问题，因此该式对于一般的流变应力也适用。图 9-15 所示为 Cu 形变的流变应力 τ 与平均位错密度 ρ 的关系，其中包括一个、两个、六个滑移系开动以及多晶体变形的情况，都与（9-7）式符合得很好。

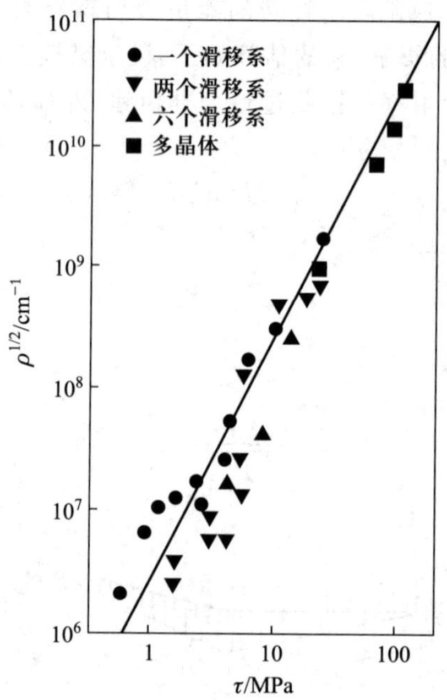

图 9-15　Cu 形变的流变应力 τ 与平均位错密度 ρ 的关系

9.3　温度和形变速率对临界分切应力的影响

临界分切应力随温度升高有所降低。从上面讨论的各种机制的公式来看，临界分切应力随温度的变化仅来自切变模量随温度变化的间接影响，这一影响是比较小的，所以长程交互作用引起的阻力随温度的变化是很小的。位错和林位错交割形成割阶或带着割阶滑动等短程交互作用所引起的阻力只涉及几个原子间距，热激活对这些过程有很大作用。温度上升使这些过程易于进行，所以临界分切应力随温度上升而降低。当温度很高时，热激活提供足够的能量，使得临界分切应力不再随温度变化。图 9-16a 是两种不同形变速率 $\dot{\varepsilon}$ 下的镉单晶基面滑移的临界分切应力与温度间的关系，锌单晶和镁单晶也得到了类似的结果。六方晶系非基面滑移的临界分切应力比基面滑移高很多，并且随温度变化也剧烈得多。图 9-16b 是镁单晶基面滑移和棱柱面滑移的临界分切应力与温度的关系。在 bcc 金属中，$P-N$

应力是低温下位错滑动的主要障碍，热能可以有效地帮助位错克服这些应力，所以 bcc 金属（Fe、Cr、Ta、W 等）表现出更高的温度和应变速率敏感性。图 9-16c 是 Fe-0.03%C 和 Ta 屈服应力随温度的变化，可以看出，应力的非热分量为 $\sigma_G \approx 50$ MPa，而热分量 σ^* 在 0 K 时超过 1 000 MPa。对于 fcc 金属，位错与林位错相交割是位错运动的主要障碍，热能在帮助位错克服这些障碍方面不太有效。fcc 金属的层错能对临界分切应力与温度的关系有明显影响，层错能低的比层错能高的临界分切应力随温度变化得更缓慢。图 9-16d 是 Cu-2%Sn 合金（层错能低）屈服应力与温度的关系。

总的来看，软金属的临界分切应力一般比较低，随温度变化也较小，硬金属的临界分切应力比较高，随温度变化也比较剧烈。一般可以把临界分切应力与温度关系在高温及低温用两条不同斜率的直线来近似（图 9-16a），甚至有的金属（例如 99.96%纯铁）单晶可以近似为三段直线。这说明临界分切应力可能是上面所说的各种机制的应力在不同温度范围起着主导作用的机制不同。

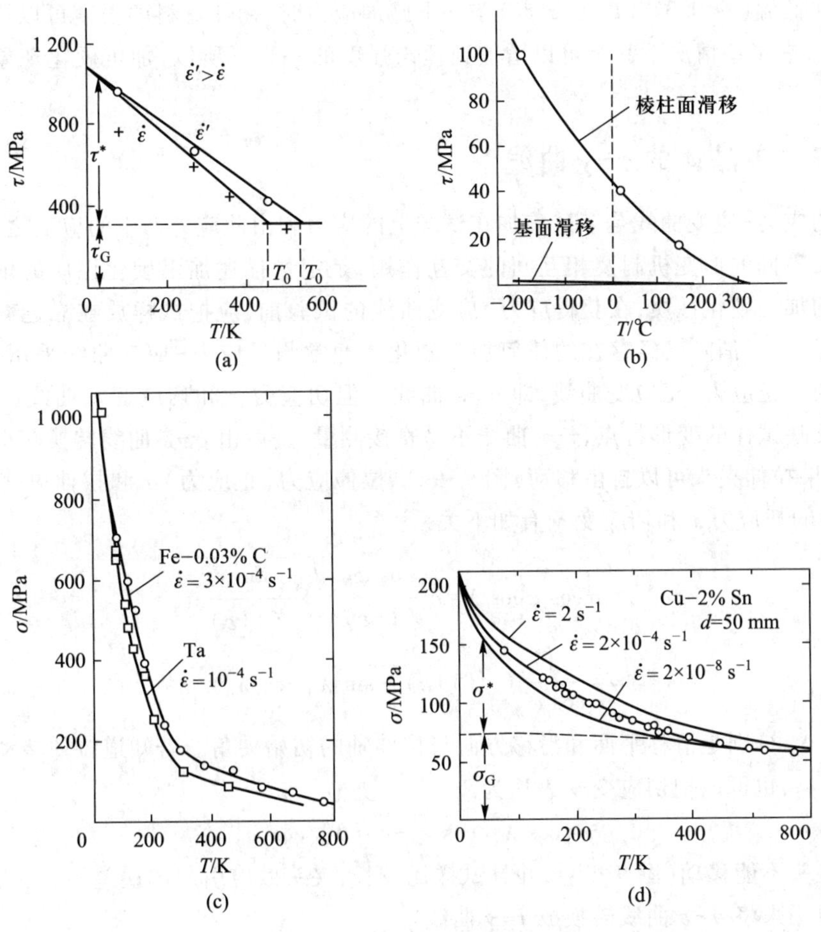

图 9-16 临界分切应力或屈服应力与温度的关系

9.4 晶体应变硬化

材料的当前行为仅仅与它的当前状态(组织结构)有关。在外力作用下,位错的长程滑移导致低温条件下的塑性变形。应变硬化的主要机制是位错密度随塑性应变的增加而增加,以及随后移动的位错与这些增加的位错衍生障碍的相互作用。例如:位错弹性应变场与缺陷之间的相互作用,非共格析出相和分散颗粒、大角度晶界和孪晶界等物理障碍都会增加位错运动的阻力。任何晶体点阵的缺陷都会增加位错移动的应力。

位错的弹性应力场会阻碍其他位错的运动,故流变应力取决于当前的位错密度。运动位错可以在晶体表面、晶界等缺陷处湮没,但这种消失是不完全的,有些位错是以位错段或位错环的方式留存下来,并且它们在当前的应力水平下不能移动。这样就改变了当前的组织状态,即增加了位错密度。材料加工时强度和硬度都会增加,这种现象称为加工硬化或应变硬化。在低温($T<0.3T_0$,T_0 是熔点)条件下施加应力时,韧性材料的强度可以增加 2 个到 3 个数量级,在某些情况下甚至可以增加到理论强度的一半。所以,加工硬化现象是十分值得关注的。

9.4.1 单晶体的 $\tau-\gamma$ 曲线

材料的应力-应变曲线是表述施加在试样上的应力和由此应力产生的应变之间的关系,综合反映了不同的形变机制及相互间的交互作用,是定量描述加工硬化性质的依据。为了了解金属的加工硬化性质,在获得应力-应变曲线的试验前,应把试样放在靠近熔点的温度下长时间退火,以消除已经存在的任何加工硬化。通常测量应力-应变曲线采用拉伸试验,这时获得的是正应力-正应变曲线,即 $\sigma-\varepsilon$ 曲线。但切应力 τ 和切应变 γ 曲线($\tau-\gamma$ 曲线)能更好地反映试样的变形特点,$\tau-\gamma$ 曲线不易直接测量,一般由 $\sigma-\varepsilon$ 曲线转换获得。对于单系滑移,如果拉伸夹头可以自由移动(图 9-9a),拉伸应力(正应力)σ 和拉伸应变(正应变)ε 与滑移面的切应力 τ 和切应变 γ 有如下关系:

$$\tau=\sigma\cos\varphi\cos\lambda=\sigma\frac{\cos\varphi_0}{(1+\varepsilon)}\sqrt{1-\frac{\sin^2\lambda_0}{(1+\varepsilon)^2}} \tag{9-8}$$

$$\gamma=\frac{1}{\cos\varphi_0}\left(\sqrt{(1+\varepsilon)^2-\sin^2\lambda_0}-\cos\lambda_0\right) \tag{9-9}$$

式中:φ_0 和 λ_0 分别是滑移平面和滑移方向与拉伸轴的初始夹角。若知道拉伸转动后的最终取向 φ_1 和 λ_1,也可以把切应变 γ 表达为

$$\gamma=\cos\lambda_1/\cos\varphi_1-\cos\lambda_0/\cos\varphi_0 \tag{9-10}$$

如果夹头不能移动(图 9-9b),并且试样比较长,夹头效应引起的误差不太大,上面的式子也可近似用来将 $\sigma-\varepsilon$ 曲线转换成 $\tau-\gamma$ 曲线。

图 9-17a 所示为不同晶体结构金属单晶体的应力-应变曲线,从图中可以看出曲线形状与晶体结构有很大关系。金属的 $\tau-\gamma$ 曲线并非简单地呈抛物线关系,而是随应变大致分为Ⅰ、Ⅱ和Ⅲ三个阶段,如图 9-17b 所示。除了这三个典型的硬化阶段外,当应变很大时,特别

是多晶体，还会出现第Ⅳ和第Ⅴ阶段。应力-应变曲线的斜率 $d\tau/d\gamma$ 表示增加应变需要增加的应力，称为应变硬化率 Θ，Θ 对变形温度 T 和应变速率 $\dot{\gamma}$ 都很敏感。

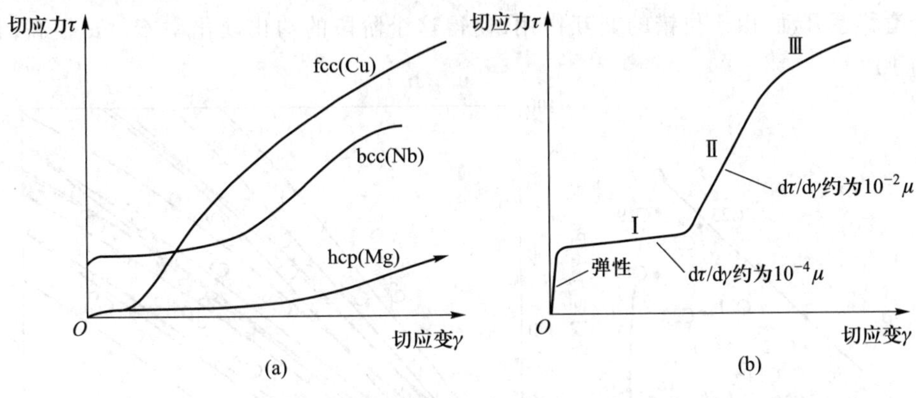

图 9-17 单晶体的应力-应变曲线

单晶体变形的第Ⅰ阶段只有单一的最大取向因子 m 的滑移系开动，滑移形态是层状的，在 TEM（透射电子显微镜）观察到均匀分布的位错偶极子。因为是单系滑移，位错间的弹性交互作用力很弱，所以 $\tau-\gamma$ 曲线的斜率（硬化率）Θ_{I} 很低，约为 $10^{-4}\mu$，这一阶段又称易滑移阶段。易滑移阶段终止在应变为 0.05~0.2 处。

当多个滑移系开动就进入变形的第Ⅱ阶段，在多系滑移位错相遇产生位错反应，形成位错的三维结构（位错缠结结构），随后这些缠结结构封闭形成位错胞（参见第 9.4.3 节及第 9.7.2 节）。这些过程产生大量的位错滑移障碍，应力和应变关系仍是线性的，但是曲线斜率 Θ_{II} 比第Ⅰ阶段的高出几十倍，约为 $\mu/300$。它与试样相对于轴的取向、温度以及合金成分等关系不大，这一阶段称为线性硬化阶段。

第Ⅲ阶段应力-应变曲线为抛物线。本阶段一些螺位错交滑移对消、刃位错攀移对消以及剩余刃位错重排列，发生动态回复，使得随着应变和应力加大硬化率减小。这一阶段称为抛物线或动态回复阶段。fcc 晶体的第Ⅲ阶段一般在应变为 0.3~0.5 处开始，具体数值与试验温度有很大的关系。因为发生交滑移时开始第Ⅲ阶段，所以第Ⅲ阶段开始时的应变非常依赖于金属的层错能大小。例如，黄铜、青铜和奥氏体不锈钢有较宽的层错带，这些金属交滑移需要较高的激活能，交滑移难以进行，延迟进入第Ⅲ阶段。而 Al 等高层错能金属几乎没有层错带，因此可以在比较小的应变下进入第Ⅲ阶段。温度较高时，易于热激活交滑移，可以在较低的应变下开始进入第Ⅲ阶段，而当温度非常低时，第Ⅲ阶段甚至会消失。

图 9-18 所示为 Cu（fcc 结构）单晶在室温下拉伸力轴（拉伸轴、拉伸应力轴）不同取向的 $\tau-\gamma$ 曲线，左图的取向三角形说明各曲线的拉伸轴的取向，图中每条曲线都标出了Ⅰ、Ⅱ、Ⅲ三个阶段的界线。从曲线看出，相对于晶体取向是软取向的拉伸力轴，即开始滑移的滑移系获得较大分切应力的取向有 C14、C18、C21、C25、C26 和 C28 等，变形开始于第Ⅰ（易滑移，层状滑移）阶段，并且第Ⅰ阶段比较长。因为在这个阶段只有单一滑移系开动，约化硬化率 Θ_{I}/μ（其中 $\Theta_{\mathrm{I}}=d\tau/d\gamma$）比较小，其典型值为 $(2\sim5)\times10^{-4}$。相对于晶体取向是硬取向的拉伸力轴，接近晶体高对称取向的拉伸力轴有 C19、C22、C23、C29 等取向，这时有多于一个的

潜在滑移系,两个或几个相交的滑移系都能很快获得滑移的分切应力,多个滑移系开动,结果使第Ⅰ阶段的单系滑移很快耗尽,使第Ⅰ阶段很短,很快就出现第Ⅱ阶段。在第Ⅱ阶段因为多个滑移系开动,由于位错的交互作用,使得这个阶段的约化硬化率 $\Theta_{Ⅱ}/\mu$ 很高,其典型值约为 10^{-2}。

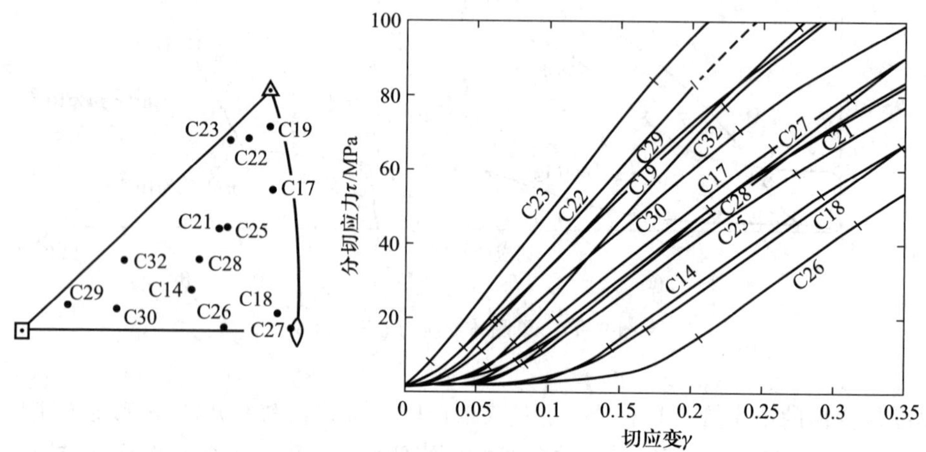

图 9-18 fcc Cu 单晶在室温下不同拉伸力轴取向的 $\tau-\gamma$ 曲线(右图中各曲线对应左图中的拉伸力轴取向)

金属变形的第Ⅰ、Ⅱ、Ⅲ阶段范围的大小取决于金属的纯度、形变温度(和形变速度)、表面条件以及晶体的原始取向、大小和形状等因素。

位错滑移阻力越小,则硬化的第Ⅰ阶段越长,但 $\Theta_{Ⅰ}$ 变化不大。相反,若位错滑移障碍较大或很强时,硬化的第Ⅰ阶段越短。晶体试样的尺寸越小,位错越易于滑出晶体,第Ⅰ阶段越长。多系滑移相交的滑移本身就存在滑移障碍;而含有不易切割的第二相颗粒的非均匀合金,这些颗粒是位错群集的有效位置,也是滑移的有效障碍。这些障碍阻力足够大时,硬化的第Ⅰ阶段很快结束进入第Ⅱ阶段。高熔点纯 fcc 金属在室温形变时,也因为位错滑移的阻力大,单系滑移还未能充分进行,即在形变开始时就进入第Ⅱ阶段。例如具有多个潜在滑移系的 fcc、bcc、NaCl 结构晶体都属于此类。

体心立方晶体的潜在滑移系很多,非常容易发生多系滑移,所以一般很难观察到应力-应变曲线的第Ⅰ阶段。图 9-19 是不同取向 Nb(铌)单晶切应力与切应变曲线,箭头表示共轭滑移开始的计算应变(开始多系滑移)。对于一些精心准备的试样并在合适的取向下,例如图 9-19 的曲线 7,在室温形变时获得三个阶段明显的切应力-切应变曲线,它的 $\Theta_{Ⅱ}$ 约为 $\mu/600$;99.95%纯铁也观察到形变的三个阶段,它的第Ⅰ阶段不如铌的长,$\Theta_{Ⅱ}$ 的范围为 $\mu/400\sim\mu/900$。

密排六方晶体的滑移系少,它的滑移面主要是基面或棱柱面,直到形变的后期都不会发生多系滑移。除非在很大的应变下,一般很难出现变形的第Ⅱ阶段。图 9-20 所示为形变的力轴取向对纯锌(99.995%,hcp)单晶 $\tau-\gamma$ 曲线的影响。从图中看出,当拉伸力轴取向合适时,滑移只限于在基面上进行,这样就只有一组平行的滑移面滑移,使第Ⅰ阶段很长,切应变可达 100%~200%。这时第Ⅰ阶段是支配形变的阶段,又称 A 阶段。当力轴取向远离 $[0001]-[10\bar{1}0]$ 对称线时(参看图中右下的标准投影图),六方晶体的 $\tau-\gamma$ 曲线也会出现如

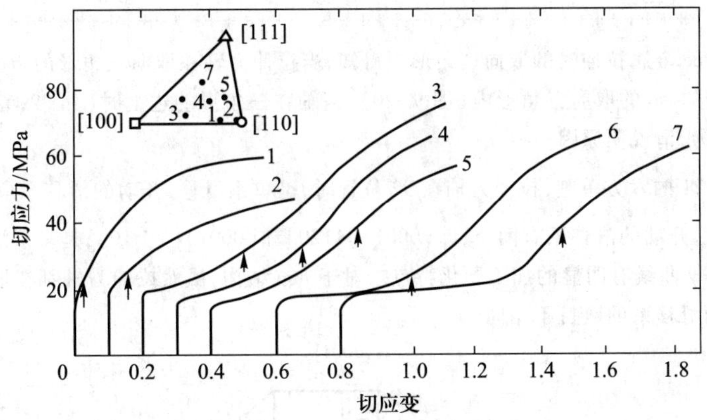

图 9-19 不同取向 Nb(bcc)单晶切应力与切应变曲线(T. E. Mitchell,1964)

面心立方晶体应力-应变曲线的三个典型阶段;如果力轴取向靠近[0001]-[10$\bar{1}$0]对称线,由于有基面以外的滑移系出现,第Ⅰ阶段缩短甚至消失。

上面对三种不同晶体结构的讨论都可看到应力-应变曲线存在三个阶段的普遍特征,但是,实际上第Ⅱ阶段不是完全线性的,第Ⅲ阶段也不是真正的抛物线。后来知道,在第Ⅲ阶段中,材料的硬化能力降低的速率比抛物线降低得快,而且在大多数情况下,它的降低会渐近到达一个饱和应力 τ_s^{III} 值。多晶体形变时由于要与相邻晶粒进行弹塑性协调(见 9.7 节),结果在超过微塑性范围后,单个晶粒就会激活一个以上的滑移系,所以在应力-应变曲线上不存在第Ⅰ阶段。

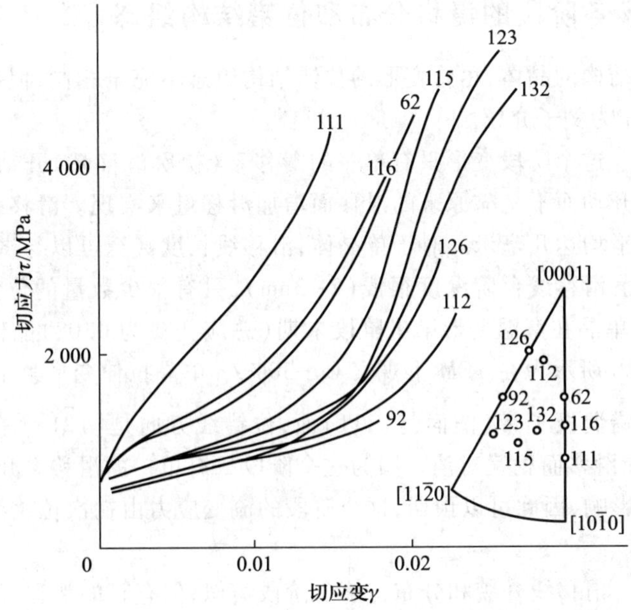

图 9-20 变形的力轴取向对纯锌单晶(294K)应力-应变曲线的影响

++

例题 9-5 从 fcc 金属拉伸时的取向三角形中得知，当拉伸力轴在取向三角形的边上时，开动的滑移系是两个；在 hcp 结构的 Zn 的取向三角形内（图 9-20），当轴在三角形的边上时（如 92,62 曲线）表现出截然不同的加工硬化行为，请说明原因。

解 参见图 9-21 的六方单胞，拉伸力轴在 92 位置时，是单系滑移，开动的滑移系应是(0001)[$11\bar{2}0$]；而拉伸力轴为 62 时，开动的滑移系有两个，即(0001)[$11\bar{2}0$]和(0001)[$2\bar{1}\bar{1}0$]，是多系滑移，因而会出现位错间的交互作用，$\tau-\gamma$ 曲线有明显的加工硬化特点。对于 hcp 结构，虽然拉伸力轴都在取向三角形边上，但处在的边不同，开动滑移系的数目不相同。

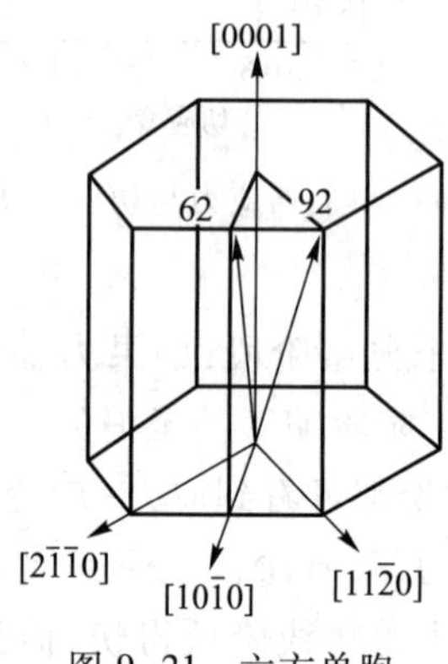

图 9-21 六方单胞

++

9.4.2 变形各阶段的滑移分布和位错结构组态

对于不同晶体结构的晶体，尽管变形的位错结构组态不完全相同，但基本是相似的。下面主要以 fcc 晶体作为例子介绍。

(1) 第Ⅰ阶段 这个阶段变形只有单一的滑移系（初次滑移系）开动，滑移的总量主要是通过新滑移面的开动而不是靠原来的滑移面增加滑移量来实现。滑移线是直的并均匀地分布，滑移线很长，平均达几毫米。对于单晶体，滑移线长度甚至可以与试样的尺寸相当，即位错可以滑出晶体。滑移线台阶深度很浅（2～3nm），只有很少数量的位错滑过。图 9-22a 所示为 Cu-30%Zn 单晶在室温变形第Ⅰ阶段末期（总应变量为 0.08）晶体表面观察到的滑移线分布。图 9-22b 所示为在 TEM 下观察 Cu-30%Zn 单晶拉伸变形第Ⅰ阶段积累的位错，其中主要是刃型位错偶极子带（图面是(111)面，位错线方向是[$1\bar{2}1$]，柏氏矢量是[$10\bar{1}$]/2)，而螺型位错因交滑移而相互对消。因为这个阶段只有单一的滑移系开动，它不受其他滑移系开动的位错的影响，因此可以预期，这个阶段的流变应力由初次位错源是否容易开动所控制。

(2) 第Ⅱ阶段 滑移线外貌和分布与第Ⅰ阶段类似，但有新的滑移线出现，并且滑移线越来越短，到第Ⅱ阶段末期只有 10 μm 长。从位错角度看，当所加的应力增加至使它在第二滑移系的分切应力足以激活靠近偶极子的第二位错源时，第Ⅱ阶段开始。第二滑移系位错与在偶极子群以及在偶极子群间隙的初次滑移系位错有交互作用，形成位错群集的“位错

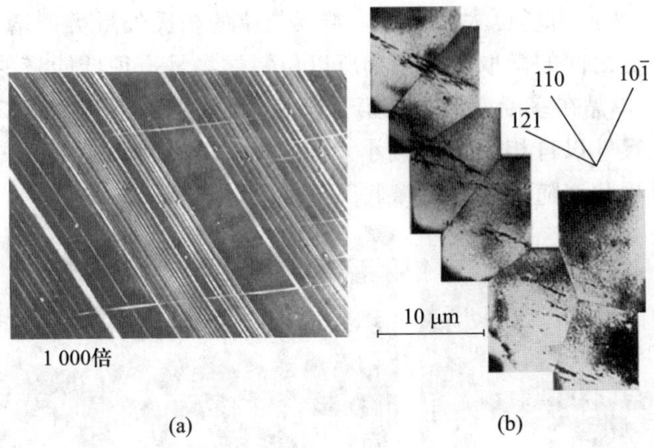

图 9-22 Cu-30%Zn 单晶拉伸形变第Ⅰ阶段显微结构(Wilswrf 和 Fourie,1956)

辫”。图 9-23a 是 Cu 单晶在 77 K 变形(变形抗力为 20 MPa)时,初次滑移面位错辫的 TEM 照片。位错辫含有高浓度的直、短、平行于[$1\bar{1}0$]和[110]方向、不动的 L-C 位错段。随着变形量的增加(变形抗力为 40 MPa),又形成其他不动位错,这些不动位错成为随后位错移动的障碍,如图 9-23b 所示。当位错靠近呈现缠结状态的高位错密度区域时,因弹性交互作用而停止移动,位错在此处塞积。二次滑移可以部分松弛位错塞积的长程内应力,使分散的塞积转变为包含二次位错网络和位错偶的高位错密度区域。因为在每个障碍附近产生一个低应变区,所以,逐渐形成二维的、不规则开放的、由缠结位错构成的胞状结构。随着应变的增加,塞积的数量增加,位错辫的间距明显减小(比较图 9-23a 和 b),位错滑移的距离减小,滑移线逐渐变短,在第Ⅱ阶段末期滑移线只有 10 μm 长。

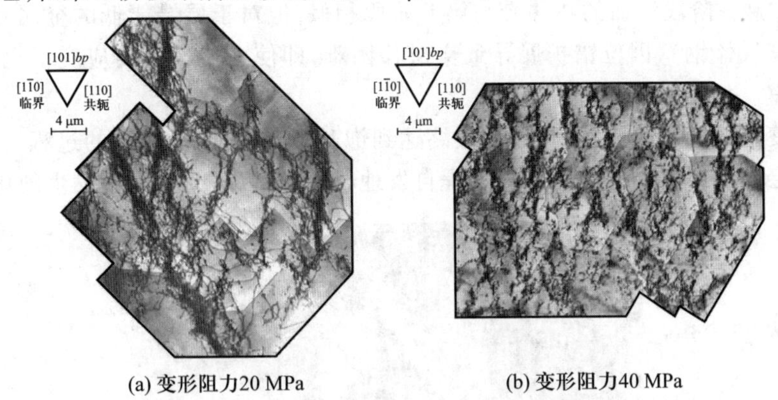

(a) 变形阻力20 MPa (b) 变形阻力40 MPa

图 9-23 Cu 单晶在 77 K 变形时初次滑移面位错辫的 TEM 照片(Plum 和 ARGON,1979)

(3) 第Ⅲ阶段 滑移以形成粗、深的断续滑移带方式增加,如图 9-24a 所示。位错辫闭合形成封闭的位错胞,胞壁是密度高的位错缠结,胞内的位错密度是低的。这种胞状结构是外力引发位错运动后为了降低整体能量而产生的松弛结构。随机分布位错群集实质上是“回复”过程(回复的详细介绍见第 12 章),位错群集使它们间的交互作用能大大地降低,并且因相互屏蔽而使长程应力场也大大降低。群集位错的柏氏矢量类型增多会使应力屏蔽更有效，同时也使位错胞之间的微取向差减小所以位错群集是一种低能量的位错结构（LED）。图 9-24b 所示为 Cu 单晶在室温变形进入第Ⅲ阶段形成封闭位错胞的 TEM 照片。随着流变应力增加，位错胞的尺寸以自相似形貌减小。在这一阶段发生动态回复，发生大量交滑移，使硬化率降低，并且硬化率随温度升高降低得更多。

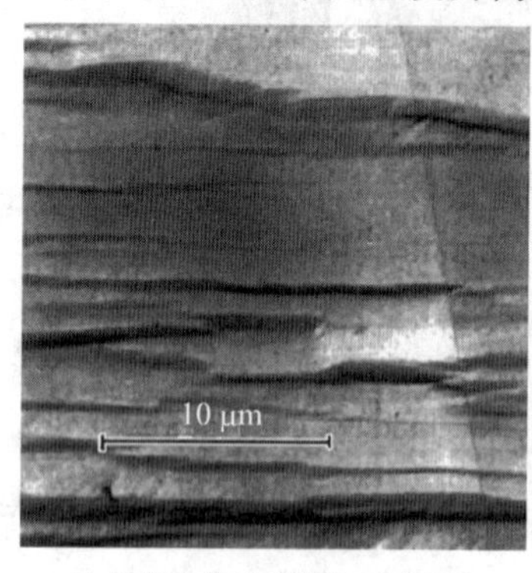

(a) 晶体中有破碎的粗滑移带和二次滑移的痕迹 (A.Seeger, 1957)

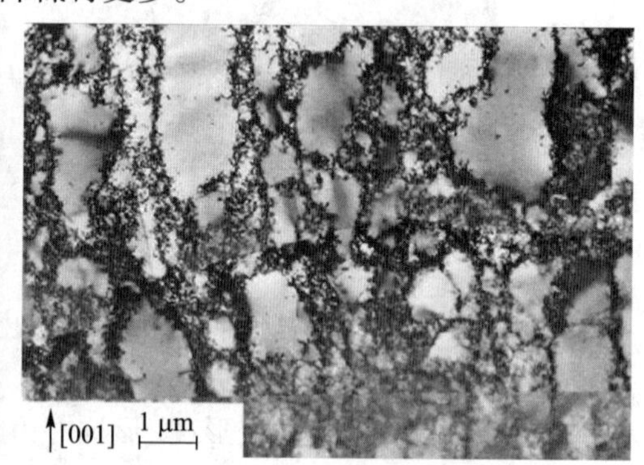

(b) ([100]取向)封闭位错胞的TEM照片 (Mughrab等, 1986)

图 9-24　Cu 单晶室温变形第Ⅲ阶段

（4）第Ⅳ阶段　从第Ⅲ阶段过渡进入第Ⅳ阶段后，对于高层错能的金属和合金（例如 Al），位错易于交滑移，位错缠结可以调整排列，使位错胞壁逐渐锋锐，胞壁界清晰，储存位错几乎全部集中在位错胞壁，在胞内几乎没有位错。在整个第Ⅳ阶段，锋锐的位错胞沿主拉伸轴伸长。图 9-25 所示为纯 Al 多晶体室温变形第Ⅳ阶段中典型的蜂窝胞状位错结构（切应变为 3.46）。这一阶段增加的滑移带与第Ⅱ阶段相似，但对于层错能低的金属和合金（例如黄铜、青铜、奥氏体钢），因位错扩展导致交滑移困难，即使在比较大的应变下也难以形成锋锐的位错胞壁。

（5）在变形的第Ⅴ阶段，硬化过程最终达到饱和，这是由回复控制的过程。因为在胞内的弹性应变会由胞壁启动的次级滑移过程自发地松弛，所以这个阶段不发生硬化。

图 9-25　纯 Al 多晶体室温变形第Ⅳ阶段中典型的蜂窝胞状位错结构（Rollett, 1986）

从上面的讨论可知，形变各阶段的硬化原因不同。图 9-26 是 fcc 金属各应变硬化阶段硬化系数的变化曲线。单晶在单滑移变形开始时出现“易滑移”阶段，对应的硬化系数 Θ 值较低。当多个滑移系开动，进入第Ⅱ阶段。通过多滑移连接反应形成三维位错结构——位错缠结，进而演变为细胞周围的细胞壁。这个阶段的特征是 Θ 值恒定，即应力随应变线性增加（线性硬化）。当 Θ 随着应变和应力的增加而减小时，第Ⅲ阶段开始。第Ⅲ阶段开始时对温度和应变速率有很强的依赖性，在高温下第Ⅱ阶段可能消失。第Ⅳ阶段 Θ 稳定在一个相当低的值。

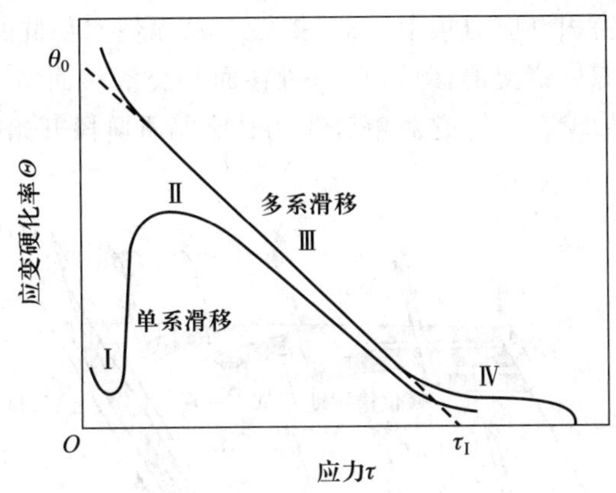

图 9-26 fcc 金属各应变硬化阶段硬化系数变化曲线

9.4.3 加工硬化（应变硬化）理论

应变硬化的主要机制是位错密度随塑性应变的增加而增加，以及移动的位错与增加的位错衍生之间的阻碍作用。影响加工硬化行为的内、外因素很多，内部因素有晶体结构、晶体取向或织构、堆垛层错能、化学成分、显微组织的几何形状和尺寸以及当前位错亚结构；外部因素有温度、应变速率、形变模式、预形变史以及试样的尺寸、表面积与体积比等。尽管影响因素如此之多，但对于晶体结构差异很大的材料，加工硬化现象几乎是一样的，这可从上述的几种晶体结构的应力-应变曲线看出。下面着重介绍加工硬化的一般性行为。

对于 fcc 金属，已经形成了复杂的应变硬化理论，但对于 bcc 和 hcp 材料的应变硬化理论还较少。

目前对于第Ⅰ阶段和第Ⅲ阶段的加工硬化理论没有很大的分歧，但对第Ⅱ阶段的硬化理论的看法有很大的分歧。下面简单介绍各阶段的硬化理论：

硬化的第Ⅰ阶段（易滑移阶段）只有单一的滑移系开动，滑移的总量主要是通过新滑移面的开动而不是靠原来的滑移面增加滑移量来实现。由于应力水平低，同一个滑移面放出的位错的间隔比较大。这个阶段的硬化是来自单个位错间的长程应力场，所以硬化率很低。

硬化的第Ⅱ阶段（线性硬化阶段）的理论很多，但不管哪种理论都会涉及如下的一种或多种机制。(1) 原滑移系中位错塞积产生的长程应力场导致另一滑移系（次滑移系）开动，于是产生大量林位错，位错滑移和林位错交割，增加了位错滑移的阻力。(2) 林位错滑移使原滑移系中的 F-R 源产生大量割阶，带割阶的位错运动阻力加大。(3) 第二滑移系开动，形成越来越多不动的L-C位错，以L-C位错为核心逐渐形成包括位错环、长位错偶组成的位错辫，它成为位错塞积的有效障碍。位错辫的长程应力场又阻止相邻滑移面中的位错滑移，位错密度越来越大，这样就增大了形变抗力。(4) 由局部应力场(短程交互作用)引起硬化。

第Ⅱ阶段硬化理论除了能定性解释硬化原因外，还能定量地说明硬化的线性关系，并且估算的硬化率和实测的相符。这里不做详细介绍。

硬化的第Ⅲ阶段(动态回复阶段)是在应力足够大时，螺位错大量交滑移到别的滑移面，或者塞积群前的障碍在塞积群应力集中下被“摧毁”，从而使塞积群的高应力场得以松弛，硬化率下降。塞积群中的螺位错交滑移后，在原滑移面和交滑移面留下两群刃位错(见图9-27)。因为热激活也能帮助交滑移，这就解释了为什么第Ⅲ阶段开始时所需的应力因形变温度升高而降低。

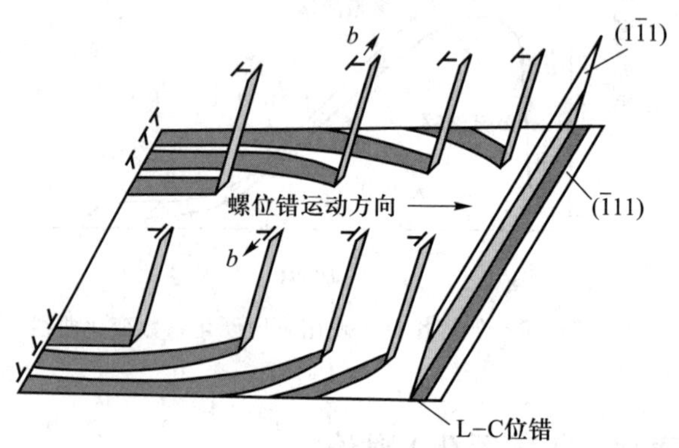

图9-27 塞积群中螺位错交滑移后留下两群刃位错

第Ⅰ、Ⅱ、Ⅲ阶段存在范围取决于金属的纯度、形变温度(和形变速度)、晶体的原始取向(力轴相对于晶体的取向)、晶体的大小和形状等因素：

(1) 金属纯度　金属纯度越高，位错滑移阻力越小，第Ⅰ阶段越长；金属纯度越低，位错滑移障碍越大，则硬化的第Ⅰ阶段越短。

(2) 力轴相对于晶体的取向　力轴是软取向时(单滑移时)，第Ⅰ阶段比较长，Θ_{I}较小；力轴为硬取向时，特别在取向三角形靠近[111]和[001]边时，第Ⅰ阶段比较短，Θ_{I}较大。力轴取向对Θ_{II}也有类似影响，但不如对Θ_{I}的影响大。

(3) 形变温度　形变温度越低，第Ⅰ、Ⅱ阶段越长，但Θ_{I}和Θ_{II}与温度无关。第Ⅲ阶段开始时的应力τ_{III}对温度非常敏感，形变温度越高，τ_{III}越小，形变温度很低时第Ⅲ阶段会消失。

(4) 形变速度　其影响和温度的影响相反，温度降低的影响相当于形变速度增加的影响。

硬化的第Ⅳ阶段已经建立了完整的蜂窝状锋锐位错胞，这个阶段的主要特征是硬化率很低，并且硬化率与温度和应变速度无关。这一阶段的硬化是胞内和胞壁的硬化和回复对硬化贡献的叠加，即切变阻力是胞内阻力和胞壁阻力贡献的叠加。

9.5 形变孪晶

孪生是塑性形变的另一种机制,孪生是产生孪晶的过程。孪晶是指晶体中原子排列以某一晶面(称孪生面)成镜面对称的部分。孪晶可以在形变过程形成,可以在晶体生长时形成(如自然孪晶),也可以在退火及相变过程形成。图 9-28a 是天然石英和方解石孪晶的外形图。图 9-28b 为金刚石(面心立方结构)孪晶的高分辨率电镜照片,照片中可以清楚地看出原子以孪晶面成对称排列的情况。

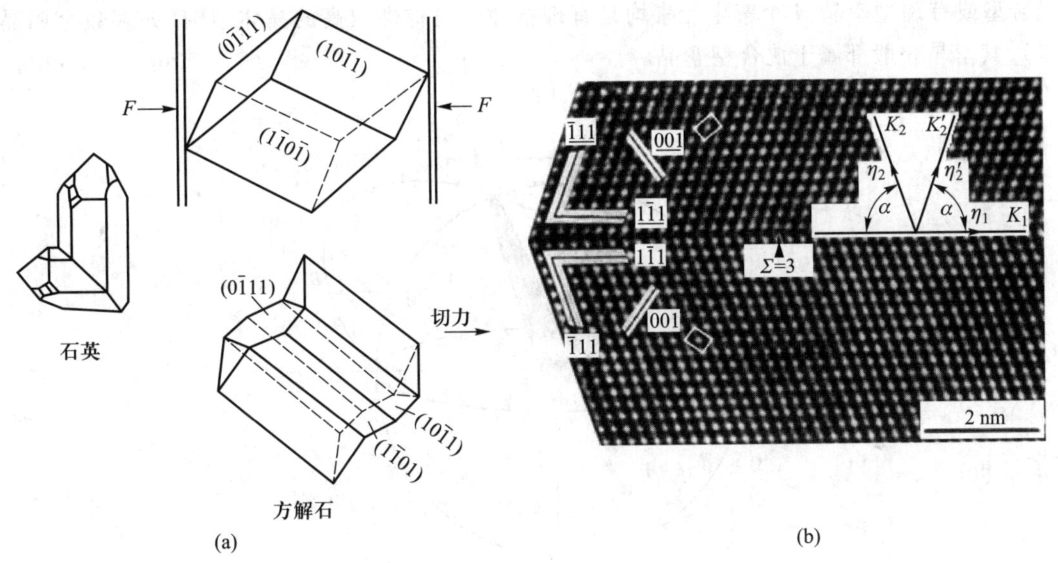

图 9-28 孪晶

9.5.1 孪晶几何

下面用一个半径为单位长度的晶球来说明孪晶几何(图 9-29)。把直角坐标系的原点放在球心上,赤道平面(XOY 面)是孪生面,球的上半部形成孪晶。在孪生过程中,赤道平面既不改变形状又不改变位置,因此又称为第一不畸变面,以 K_1 表示。孪生的切动方向称为孪生方向,以 η_1 表示。垂直于 K_1 面并包含 η_1 方向的平面称为切变平面。孪生切动时,上半球各点的 X 和 Z 坐标都不改变,只有 Y 坐标改变。设球的顶点($Z=1$)切动的距离为 S,即孪生切变 $S/Z=S$。在不同的 Z 坐标点的切动距离为 SZ,即孪生切动的大小与距孪生面的距离成正比。切动后,上半球变成一个和原来体积相等的椭球。从图 9-29 看出,在孪生切动后,只有一个垂直于切变平面的面在切动前后形状和尺寸不发生改变(图中的 OC 面),这个面称为第二不畸变面,以 K_2 表示。K_2 和切变平面的交线以 η_2 表示。第一不畸变面和第二不畸变面间的夹角记为 α。和切变平面垂直并和 K_1 的夹角小于 α 的面(例如图 9-29 中的 OA 面),在孪生切动后变短;和切变平面垂直并和 K_1 的夹角大于 α 的面(例如图 9-29 中的 OB 面),在孪生切动后变长。根据图 9-29 可得出孪生切变 S 与 α 之间的关系:

$$\tan(90°-\alpha)=\frac{SZ}{2}\frac{1}{Z}=\frac{S}{2}$$

即

$$S=2\cot\alpha \tag{9-11}$$

K_1、K_2、η_1 和 η_2 是表述孪生几何的重要参量，称为孪生元素(twin elements)。在三种典型的金属结构中，按照孪生元素的性质，可把孪晶分成四类。Ⅰ类孪晶，K_1 和 η_2 具有有理指数，K_2 和 η_1 具有无理指数；Ⅱ类孪晶，K_2 和 η_1 具有有理指数，K_1 和 η_2 具有无理指数；倒易孪晶，若有一个孪晶，它的孪生元素 K'_1、K'_2、η'_1 和 η'_2，如果它和原孪晶的孪生元素有如下关系，$K'_1=K_2$、$K'_2=K_1$、$\eta'_1=\eta_2$ 和 $\eta'_2=\eta_1$，则称这个孪晶是原孪晶的倒易孪晶，反过来也是如此；混合型或有理型孪晶，4 个孪生元素均是有理指数。对称性较高的晶体结构(如多数金属晶体)，其孪晶一般都属于混合型孪晶。

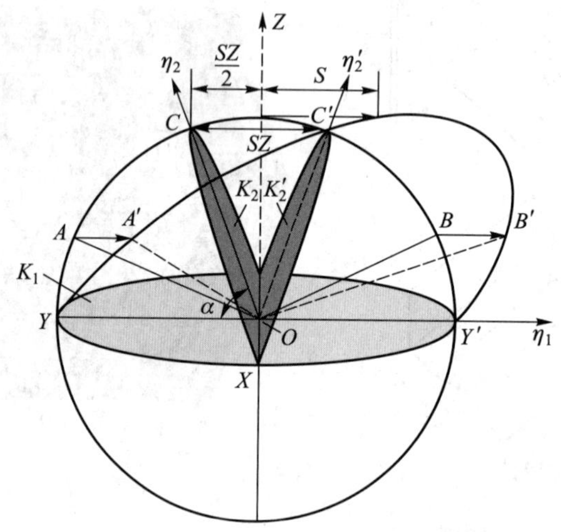

图 9-29 说明孪晶几何的晶球模型

表 9-2 列出 3 种典型金属晶体结构的孪生元素、孪生切应变 S 以及孪生所产生的最大相对伸长。不同结构的孪生元素不同，在六方结构晶体中，因 c/a 轴比不同，其孪生元素也不同。六方金属中还有其他孪晶系的报道。

表 9-2 一些金属的孪生元素

晶体结构	金属	c/a 轴比	K_1	K_2	η_1	η_2	S	$(l'/l)_{max}$/%
fcc	Al,Cu Au,Ni Ag,γ-Fe		{111}	$\{11\bar{1}\}$	$\langle 11\bar{2}\rangle$	$\langle 112\rangle$	0.707	41.4
bcc	α-Fe		{112}	$\{\bar{1}\bar{1}2\}$	$\langle \bar{1}\bar{1}1\rangle$	$\langle 111\rangle$	0.707	41.4
hcp	Cd	1.886	$\{10\bar{1}2\}$	$\{\bar{1}012\}$	$\langle 10\bar{1}\bar{1}\rangle$	$\langle 10\bar{1}1\rangle$	0.17	8.9
	Zn	1.856	$\{10\bar{1}2\}$	$\{\bar{1}012\}$	$\langle 10\bar{1}\bar{1}\rangle$	$\langle 10\bar{1}1\rangle$	0.138	7.2

续表

晶体结构	金属	c/a 轴比	K_1	K_2	η_1	η_2	S	$(l'/l)_{max}/\%$
hcp	Mg	1.624	$\{10\bar{1}2\}$	$\{\bar{1}012\}$	$\langle 10\bar{1}\bar{1}\rangle$	$\langle 10\bar{1}1\rangle$	0.129	6.8
			$\{10\bar{1}1\}$	$\{10\bar{1}\bar{3}\}$	$\langle 10\bar{1}\bar{2}\rangle$	$\langle 30\bar{3}2\rangle$	0.64	37.0
	Zr	1.589	$\{10\bar{1}2\}$	$\{\bar{1}012\}$	$\langle 10\bar{1}\bar{1}\rangle$	$\langle 10\bar{1}1\rangle$	0.173	8.7
			$\{11\bar{2}1\}$	$\{0001\}$	$\langle 11\bar{2}\bar{6}\rangle$	$\langle 11\bar{2}0\rangle$	0.63	36.3
			$\{11\bar{2}2\}$	$\{11\bar{2}\bar{4}\}$	$\langle 11\bar{2}\bar{3}\rangle$	$\langle 22\bar{4}\bar{3}\rangle$	0.225	11.9
	Ti	1.587	$\{10\bar{1}2\}$	$\{\bar{1}012\}$	$\langle 10\bar{1}\bar{1}\rangle$	$\langle 10\bar{1}1\rangle$	0.175	8.7
			$\{11\bar{2}1\}$	$\{0001\}$	$\langle 11\bar{2}\bar{6}\rangle$	$\langle 11\bar{2}0\rangle$	0.638	36.9
			$\{11\bar{2}2\}$	$\{11\bar{2}\bar{4}\}$	$\langle 11\bar{2}\bar{3}\rangle$	$\langle 22\bar{4}\bar{3}\rangle$	0.225	11.9
	Be	1.568	$\{10\bar{1}2\}$	$\{\bar{1}012\}$	$\langle 10\bar{1}\bar{1}\rangle$	$\langle 10\bar{1}1\rangle$	0.199	10.4

9.5.2 面心立方结构晶体中的孪晶

面心立方结构的孪生元素是 $K_1=(1\bar{1}1)$、$K_2=(\bar{1}11)$、$\eta_1=\langle\bar{1}12\rangle$、$\eta_2=\langle 1\bar{1}2\rangle$。$(1\bar{1}1)$和$(\bar{1}11)$的夹角 $\alpha=70.53°$，故孪生切应变 $S=2\cot 70.53°=0.707$，孪生的切变平面为(110)。图 9-30 是$(1\bar{1}0)$面原子排列示意图，$(1\bar{1}0)$面是按每两层重复堆垛的，右图中○和●分别表示这两层$(1\bar{1}0)$面原子的排列位置。图中长方形对角线是 $\eta_1=\langle 11\bar{2}\rangle$方向，也是一层(111)面在切变平面的迹痕，(111)面是按每 3 层重复堆垛的，堆垛顺序为

…BCABCABCABC…

如果从某一层(例如 B 层)开始，每层都切动 $a[11\bar{2}]/6=0.408\ 2a$，即 B 层切动到 C 层位置，C 层切动到 A 层位置，依此类推，结果堆垛顺序变成

…ABCABCÂCBACBA…

这就是以 Â 层为孪晶界的孪晶。如果把孪晶面左侧的点阵向右侧穿插，对比孪晶的排序：

…ABCABCÂCBACBA…

…ABCABC A BCABCA…

可以看出，孪晶界是 Σ3 重合位置点阵的密排面。

(111)面的面间距为 $a\sqrt{3}/3=0.577\ 4$，而每层面切动 $a[11\bar{2}]/6=0.408\ 2a$，所以孪生应变 $S=0.408\ 3/0.577\ 4=0.707$，这和前面的计算是相符的。图 9-28b 给出的金刚石的(110)面原子排列高分辨率电镜照片，图中标出了 K_1、K_2、η_1 和 η_2，这个照片和图 9-30 右图的原子排列是一致的。

面心立方结构一般不易出现形变孪晶，原因是它的滑移系很多且孪生切变很大($S=0.707$)，并且层错边界就是孪晶界(见第 5 章)，层错能高的晶体孪晶界能高，所以只有一些层错能比较低的面心立方结构晶体会出现形变孪晶，并且孪晶片很窄，图 9-31 是一些低层

错能面心立方的孪生条痕的照片。

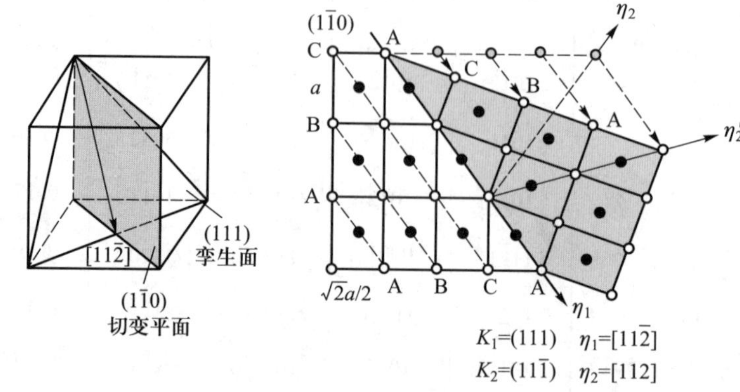

图 9-30 (1$\bar{1}$0)面原子排列示意图

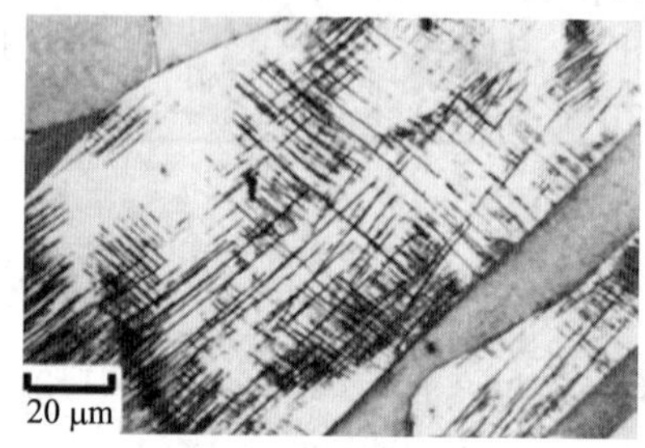

(a) Cu-30%Zn经14%压缩观察到的应变条痕(孪晶)

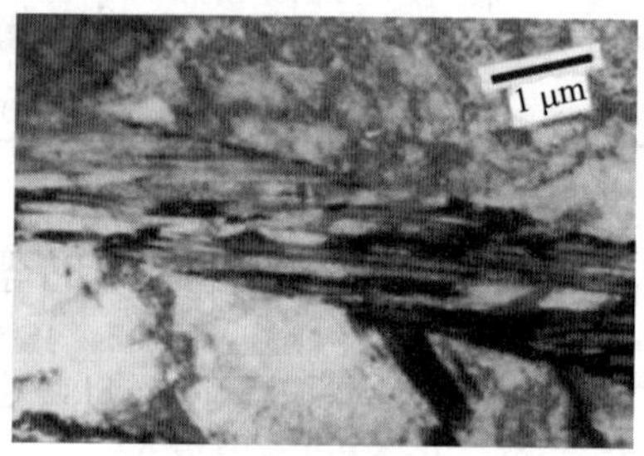

(b) Cu-30%Zn经30%冷轧的形变孪晶(RD-ND截面，1 μm标尺平行于轧向)

图 9-31 面心立方晶体的孪生条痕

对于层错能高的 fcc 金属(例如 Al)和合金，以前认为不能出现形变孪晶。但在近期的研究中发现，通过动态等径角挤压在超高应变速率(约 $10^6 s^{-1}$)和大切应变变形(200%)下的单晶铝中形成了形变孪晶，如图 9-32 所示。

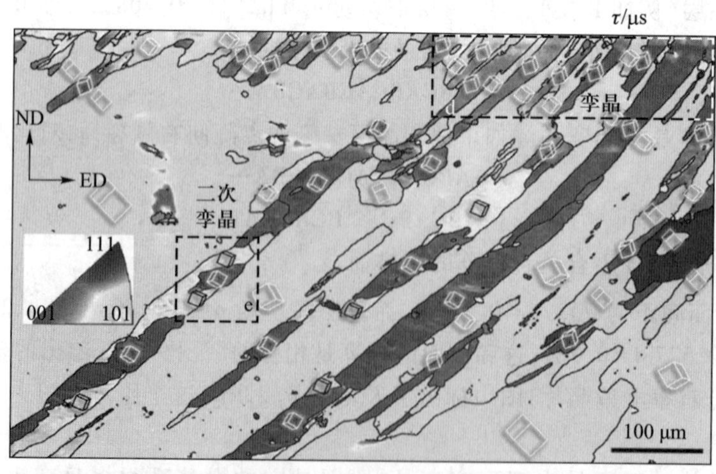

注：图中左边的小方框是反极图

图 9-32 单晶铝通过动态等径角挤压形成形变孪晶(F. Zhao 等，2016)

9.5.3 体心立方结构晶体中的孪晶

体心立方结构的孪生要素是 $K_1=\{112\}$、$K_2=\{11\bar{2}\}$、$\eta_1=<11\bar{1}>$、$\eta_2=<111>$。(112)与(11$\bar{2}$)面的夹角 $\alpha=70.53°$,故孪生应变 $S=2\cot 70.53°=0.707$。孪生的切变平面是 (1$\bar{1}$0)。图 9-33 是(1$\bar{1}$0)面原子排列示意图,(1$\bar{1}$0)是按每 2 层重复堆垛的,图中○和●分别表示这 2 层(1$\bar{1}$0)面的排列位置。图中的长方形对角线方向是 $\eta_1=[11\bar{1}]$,也是一层(112)面和(1$\bar{1}$0)的交线。(112)面是按每 6 层重复堆垛的,堆垛顺序为

$$\cdots ABCDEFABCDEF\cdots$$

如果从某一层(例如图 9-33 中的 A 层)开始,每层都切动 $a[11\bar{1}]/6$ 第一层(A 层)沿[11$\bar{1}$]切动 $a\sqrt{3}/6=0.2886a$(即 A 层切动到 E 层位置),第二层沿[11$\bar{1}$]切动 $2a\sqrt{3}/6$(即 B 层切动到 D 层位置),如此切动逐层递增,结果堆垛顺序变成

$$\cdots ABCDE\hat{F}EDCBA\cdots$$

这就是以 $\hat{F}$ 层为孪生面的孪晶,如果把孪晶面左侧的点阵向右侧穿插,与没孪晶的排序相比:

$$\cdots FABCDE\hat{F}EDCBAF\cdots$$

$$\cdots FABCDE\hat{F}ABCDEF\cdots$$

可以看出,孪晶界是 Σ3 重合位置点阵的密排面。

(112)面的面间距为 $\sqrt{6}\,a/6=0.4082\,a$。距孪生面最近邻的(112)面切动距离为 $0.2886a$。这样,孪生应变 S 应等于 $0.2886/0.4082=0.707$,这和前面的计算是相符合的。

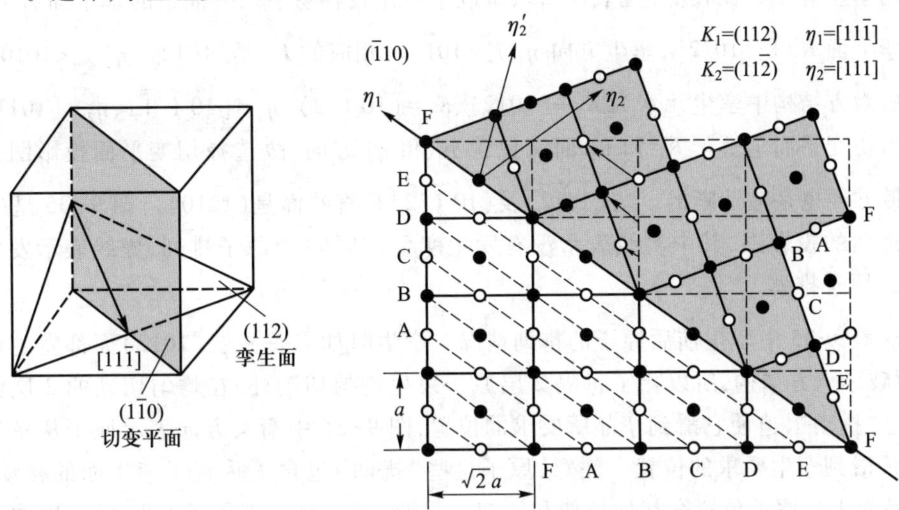

图 9-33 (1$\bar{1}$0)面原子排列示意图

和面心立方结构一样,体心立方结构形变孪晶的切变量很大,也是难以产生形变孪晶

的。体心立方结构晶体中的孪晶现象最早研究的对象是铁，体心立方结构中少量的间隙原子会抑制孪生，一般在高应变速率或在低温形变中容易形成孪晶。钨、钼、铌等合金在室温、低应变速率下也能形成孪晶。图 9-34a 是 Fe-Si 合金的变形孪晶照片（孪晶切变比较大，形变不容易产生孪晶），在照片中看到 bcc 孪晶界面不是平直的，钢中这种孪晶形貌也称纽曼带（诺伊曼带，Neumann line）。图 9-34b 是钨晶体中（箭头所指）的孪晶。因为晶粒的取向不同，孪晶不能穿越晶界，大部分孪晶都在一个晶粒中从一侧晶界穿越到另一侧晶界。

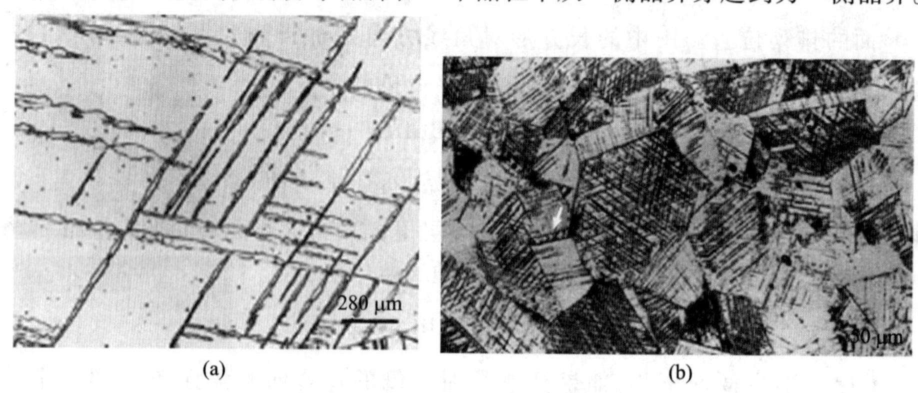

图 9-34 体心立方晶体中的孪晶

9.5.4 六方结构晶体中的孪晶

在 3 种典型金属结构中，六方晶系金属最常出现孪晶。因为孪生往往在滑移困难时出现，六方晶系的滑移系很少，所以容易出现孪晶；此外，孪生引起的应变能和 S^2 成正比，因六方晶系的孪生应变 S 比较低（见表 9-2），所以孪生比较容易。六方晶系的孪生面有多种，但常见的孪生面 K_1 是 $\{10\bar{1}2\}$，孪生方向 η_1 是 $\langle 10\bar{1}\bar{1}\rangle$，相应的 K_2 是 $\{\bar{1}012\}$、η_2 是 $\langle 10\bar{1}0\rangle$。

分析六方结构中孪生元素为 $K_1=(10\bar{1}2)$、$K_2=(10\bar{1}\bar{2})$、$\eta_1=[10\bar{1}\bar{1}]$、$\eta_2=[10\bar{1}1]$ 的孪生。因为切变平面垂直于 K_1 和 K_2 面又包含 η_1 和 η_2 方向，故选择切变平面投影图来分析孪生是最方便也是最清晰的。与 $(10\bar{1}2)$ 及 $(10\bar{1}\bar{2})$ 垂直的面是 $(1\bar{2}10)$。图 9-35 是 $(1\bar{2}10)$ 面原子排列的投影图，其中实线表示没有发生孪生（基体）的原子排列，虚线表示发生孪生（孪晶）的原子排列。

考察图 9-35 中孪生前后原子的排列情况。孪生时如果每一层 $(10\bar{1}2)$ 面都发生均匀切变，则会破坏六方结构，所以除了每隔 2 层原子发生均匀切动外，在均匀切动的 2 层面之间原子发生“扰动”，迫使它滑到孪晶所要求的位置，图 9-35 中箭头方向表示原子从孪生前位置“扰动”滑到孪生要求的位置。注意，原子这些“扰动”包含了垂直于孪生面的移动分量，使得孪晶面上的原子位置交替地拉伸和压缩。显然，孪生时要求原子“扰动”发生的垂直孪晶面的移动越小，对形成孪晶越有利。图 9-36 所示为 Zn 晶体中的形变孪晶。Zn 晶体的 $c/a=1.856>\sqrt{3}$，孪生使晶体在平行于基面方向伸长，拉伸时形成孪晶；为了减小孪生发生的应变能，孪晶呈透镜状，也不穿越晶界。

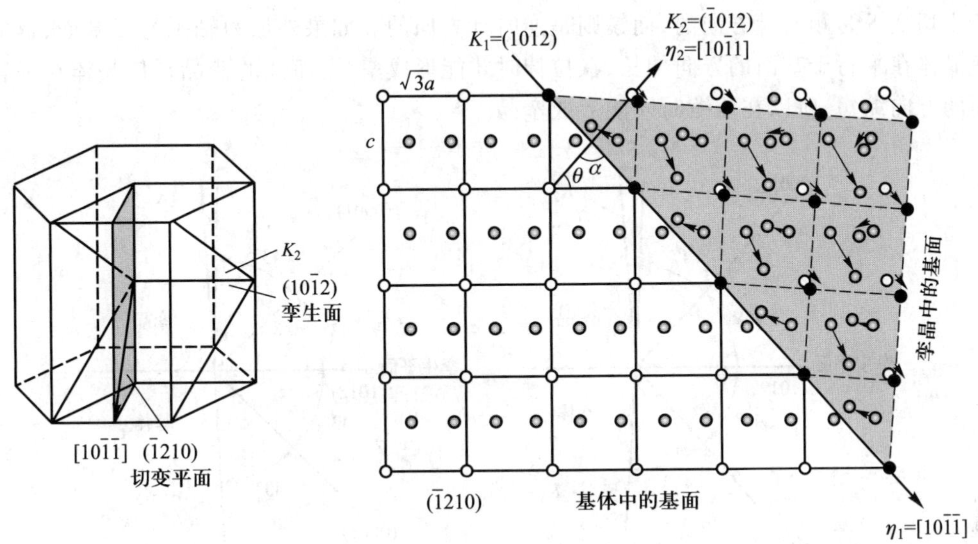

图 9-35 (1$\bar{2}$10)面原子排列投影图

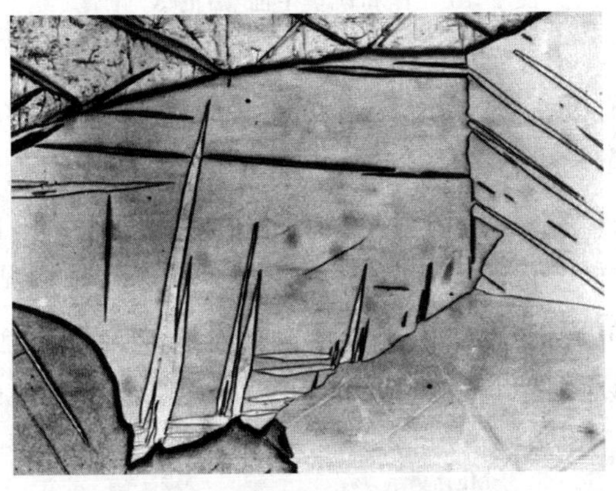

图 9-36 Zn 晶体中的形变孪晶

从图 9-35 看出，K_1 和 K_2 的夹角 $\alpha=180°-2\theta$，而 $\tan\theta=c/(\sqrt{3}a)$，所以

$$S=2\cot\alpha=2\frac{1}{\tan\alpha}=2\frac{1}{\tan(180°-2\theta)}=-2\frac{1}{\tan 2\theta}$$
$$=\frac{\tan^2\theta-1}{\tan\theta}=[(c/a)^2-3]\frac{\sqrt{3}a}{3c} \tag{9-12}$$

切变 S 随 c/a 值而变化。当 $c/a=\sqrt{3}$，即 $\alpha=90°$时，$S=0$；$c/a>\sqrt{3}$时，S 是正值；$c/a<\sqrt{3}$时，S 是负值。即六方结构晶体的孪生是有极性的，c/a 以$\sqrt{3}$为分界，使孪生切动的方向相反。

以锌($c/a=1.856$)和镁($c/a=1.624$)的孪生进一步说明这一问题。从图 9-35 看出，K_1 和 K_2 面的分角平面恰好是(0001)面，锌的(10$\bar{1}$2)面(K_1 面)与(0001)面夹角为 47°，镁的(10$\bar{1}$2)面(K_1 面)与(0001)面的夹角为 43°，图 9-37 给出锌和镁孪生前、后的 K_2 位置。锌

的孪生切变 S 是顺时针方向的,而镁则是逆时针方向的。如果外加力轴平行于基面,锌的孪生使晶体在平行于基面的方向伸长,在拉伸时才能形成孪晶;而镁的孪晶则使晶体在平行于基面的方向缩短,所以在压缩时才能形成孪晶。

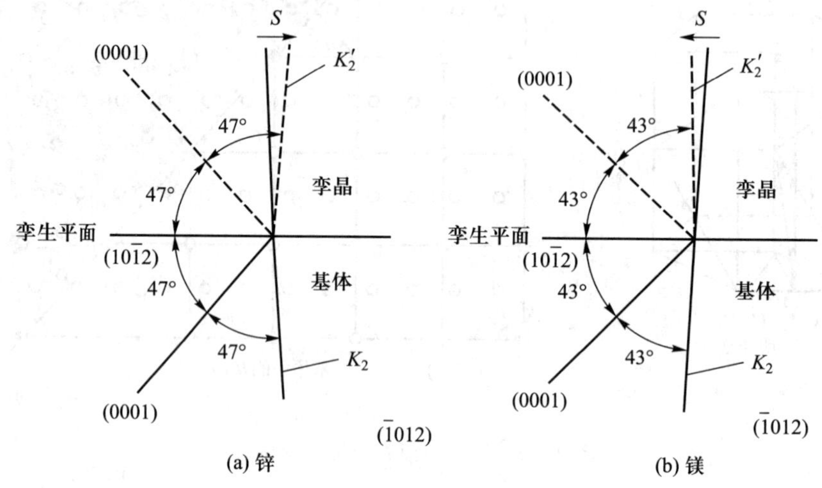

图 9-37 锌和镁孪生前、后的 K_2 位置

因为六方晶系孪晶有极性,轴比 c/a =1.633 时为最密堆,而 $c/a=\sqrt{3}=1.732$ 时不能发生孪晶。所以:① 当 $1.633<c/a<1.732$、沿 c 轴压缩时,不能发生基面滑移和孪生,只有沿 c 轴拉伸时才能形成孪生,(孪晶面是{10$\bar{1}$2}),塑性很差;② 当 $c/a<1.633$ 时,可以发生基面滑移、柱面滑移和锥面滑移,通常塑性较好(Ti 和 Zr 就属于这种情况);③ 当 $c/a>1.732$ 时,可以发生基面滑移和{10$\bar{1}$2}面孪生,但孪生塑性有限,基面滑移时独立滑移系少,不能产生 c 轴方向的塑性变形,所以塑性也较差(Cd 和 Zn 就属于这种情况)。图 9-38 描述了上述三种情况的 c/a 范围。

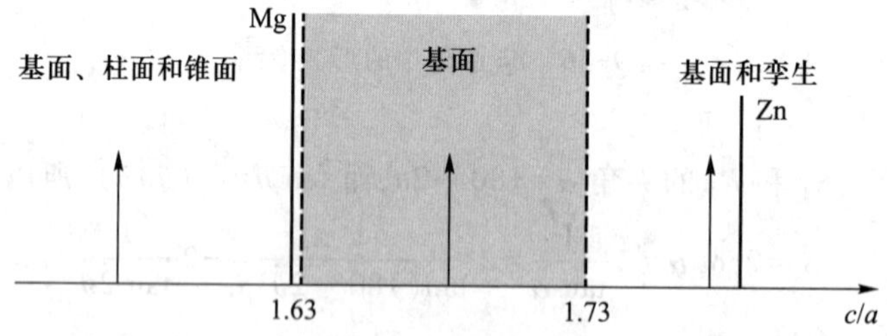

图 9-38 六方晶系在压缩应力下轴比 c/a 对形变的影响

++

例题 9-6 锌的轴比 $\gamma=c/a=1.856$,镁的轴比 $\gamma=1.624$。计算锌和镁在{10$\bar{1}$2}⟨10$\bar{1}\bar{1}$⟩面发生形变孪生的切变量。并与立方晶系发生孪晶的切变量比较。

解 根据(9-12)式,将锌的轴比 $\gamma=c/a=1.865$ 代入得

$$S=[(c/a)^2-3]\frac{a}{\sqrt{3}c}=(1.856^2-3)\frac{1}{\sqrt{3}\times1.856}=0.138$$

也可按定义 $S=2\cot\theta$ 来计算，先计算 $K_1(10\bar{1}2)$ 和 $K_2(\bar{1}012)$ 两个不畸变面的夹角 θ，再将两个面指数换成三轴坐标指数 $K_1(102)$、$K_2(102)$。按(1-77)式，得

$$\cos\theta=\frac{[h_1h_2+(h_1k_2+h_2k_1)/2+k_1k_2]4\gamma^2+3l_1l_2}{[(h_1^2+h_1k_1+k_1^2)4\gamma^2+3l_1^2]^{1/2}[(h_2^2+h_2k_2+k_2^2)4\gamma^2+3l_2^2]^{1/2}}$$

$$=\frac{[1\times(-1)+0+0]\times4\gamma^2+3\times2\times2}{[(1+0+0)\times4\gamma^2+3\times2^2]^{1/2}\times[(1+0+0)\times4\gamma^2+3\times(-2)^2]^{1/2}}$$

$$=\frac{-4\gamma^2+12}{(4\gamma^2+12)^{1/2}\times(4\gamma^2+12)^{1/2}}=\frac{-\gamma^2+3}{\gamma^2+3}=\frac{3-(1/1.856)^2}{3+(1/1.856)^2}=0.069$$

$\theta=\arccos 0.069=86.04°$，故

$$S=2\cot\theta=2\cot 86.04°=0.138$$

将镁的轴比 $c/a=1.624$ 代入(9-12)式得

$$S=[3-(c/a)^2]c/(\sqrt{3}a)=(3-1.624^2)/(1.732\times1.624)=0.129$$

六方晶系的锌和镁产生孪晶的切变量分别是 0.138 和 0.129，比立方晶系的 0.707 小得多。六方结构的滑移系少，孪生时的切变小，所以特别容易产生孪晶。对于锌，因为 $c/a>\sqrt{3}$，$\theta>90°$，切变是正的，在 c 轴方向压缩产生孪晶。对于镁，因为 $c/a>\sqrt{3}$，$\theta<90°$，切变是负的，在 c 轴方向拉伸产生孪晶。

+++

9.5.5 孪生的位错机制

由前面讨论可知，孪生时产生的均匀切变是由每层原子面都分别切动同一个矢量得来的。可以想象，这种均匀切变是部分位错相继扫过每一层面而形成的。例如体心立方结构的孪生，可以想象为每一层{112}面都有一个柏氏矢量 $a\langle11\bar{1}\rangle/6$ 的部分位错扫过。但是，不能设想每层{112}面都恰好有一个柏氏矢量为 $a\langle11\bar{1}\rangle/6$ 的部分位错存在并同时扫过。所以问题是：一个部分位错在一个面上扫过后如何转入相邻的一个面上去的。科特雷尔(Cottrell)和比利(Billy)提出的极轴孪生机制的设想能很好地解决这问题。下面仍以体心立方结构为例，介绍这种设想孪生的位错机制。

假设在(112)面上有柏氏矢量为 $a[111]/2$ 的全位错(如图 9-39 中的 AOC)，在适当条件下，全位错中的一段 OB 发生分解

$$\frac{a}{2}[111]\rightarrow\frac{a}{3}[112]+\frac{a}{6}[11\bar{1}] \qquad (9-13)$$

式中的 $a[112]/3$ 部分位错在(112)面不能滑移，而 $a[11\bar{1}]/6$ 部分位错则能在(112)面上滑移。所以，原来 OB 段全位错变成柏氏矢量为 $a[112]/3$ 的 OB 段及柏氏矢量为 $a[11\bar{1}]/6$ 的 $OEDB$ 段的部分位错，在两个位错间夹着一片层错。(112)和($\bar{1}21$)面交线方向是$[11\bar{1}]$，OE 段的部分位错就是螺位错，在适当条件下，OE 可以交滑移到($\bar{1}21$)面。OE 段的位错在($\bar{1}21$)面扫动时，因为 O 点被不能滑移的 OB 段位错拉住，所以在孪生过程中不动，成为极轴机制中的 1 个结点。OB 位错可以作如下分解：

$$\frac{a}{3}[112]\rightarrow\frac{a}{6}[\bar{1}21]+\frac{a}{2}[101] \qquad (9-14)$$

$a[\bar{1}21]/6$ 是$(\bar{1}21)$面的面间距，即 OB 段位错的柏氏矢量有 1 个垂直于$(\bar{1}21)$面大小为$(\bar{1}21)$面间距的分量，OE 位错每扫过$(\bar{1}21)$面一次，和极轴位错相交截一次，产生一个大小为 $a[\bar{1}21]/6$ 的割阶，扫动位错就到了邻近的$(\bar{1}21)$面。随着这个过程不断进行，就形成了孪晶。

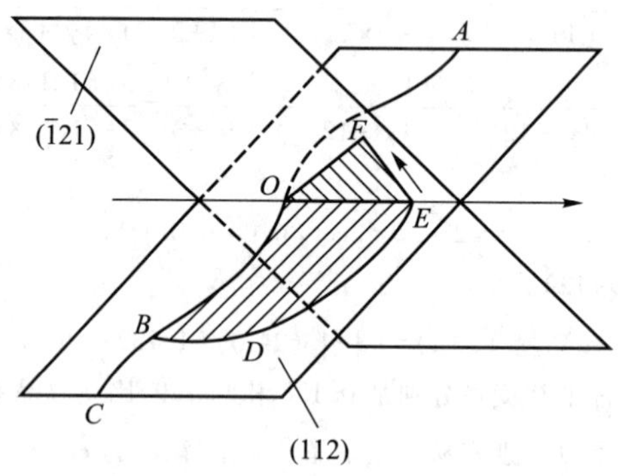

图 9-39 体心立方结构中的孪生位错机制

但这种极轴孪生机制受到质疑，简单的质疑点是：bcc 晶体的层错能 γ_{SFE} 很高，为 200~1 000 mJ/m^2，所以在(112)产生很宽的单层层错是不可能的，即使在外力的帮助下，也是较难实现的。因为产生层错所需的应力为 γ_{SFE}/b，对一般 bcc 金属而言，低温时这一应力为 10^{-2}~$10^{-1}\mu$，另外还要附加应力使孪生位错拱弯，所以只有在极大的应力集中下，这种过程才会出现。现在有证据表明，bcc 孪生时有点阵螺位错形核，但并不是极轴孪生机制。

虽然极轴孪生机制理论模型已不再作为 bcc 晶体的孪生模型，但是，极轴孪生机制的原始想法仍然被认为对孪生的长大位错机制理论具有里程碑式的意义，在这一模型基础上发展出了“棘轮”机制模型和其他的孪生机制模型。

对形变孪晶形成机制的较新的综述文章见参考文献[4]，不同晶体结构中的形变孪晶都有相应的位错机制。

9.5.6 孪生的一般特点

1. 孪生和滑移的区别

(1) 滑移使滑移面两侧相对滑动一个完整的平移矢量(柏氏矢量)，而孪生则在孪晶内所有的面都滑动，滑动的距离并非是完整的平移矢量，每个面的滑动量和距孪生面的距离成正比。

(2) 滑移后整个晶体的位向没有改变，而孪生则使孪晶部分的位向与基体成对称。

(3) 滑移使表面出现台阶(滑移线)，表面重新抛光后，滑移线消失；孪生则使表面出现浮凸，因孪晶与基体的取向不同，表面重新抛光并浸蚀后仍能看到滑移线。

图 9-40a 是锌预先抛光并形变后观察到的表面形变痕迹，除了看到孪晶外还能看到自左下到右上的滑移线，图 9-40b 是图 9-40a 的同一试样再次抛光和浸蚀后的组织，这时已看不到滑移线，只看到孪晶。

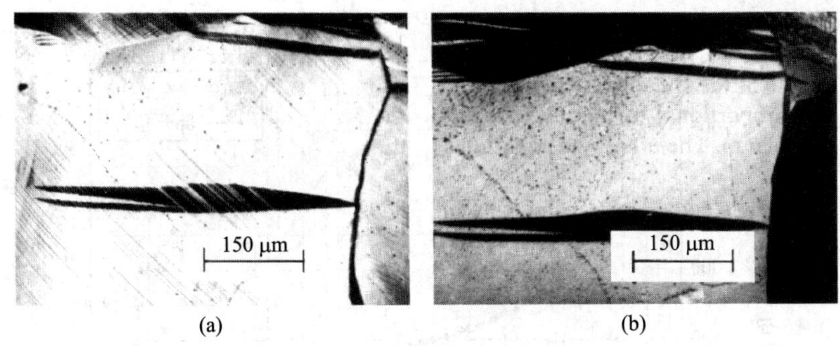

(a) (b)

图 9-40 锌形变后表面组织

2. 产生形变孪生的应力

产生孪生是不是和滑移一样存在一个临界分切应力？这一问题尚有争议。滑移机制是热激活的，而孪生机制不是热激活的，产生孪晶的切应力 τ_t 与切变模量 μ 的比值 τ_t/μ 不依赖于温度。位错移动的 τ/μ 随温度降低而升高，在低温下位错的热激活运动变得非常困难，所以低温或高速变形有利于产生孪晶。托马斯（G. Thomas）给出了图 9-41 所示图形，从图中看出，孪生的 τ/μ 基本不随温度变化，而位错低速移动（低的应变速率）时，在温度 T_t 以下，孪生比位错移动容易，在温度 T_t 以上，则难以发生孪生。例如，室温下六方晶体孪生所需应力为基面滑移的 5~10 倍。因而形变时一般先发生滑移，当滑移受阻碍时，才在高应力集中处萌发孪晶核心。如果位错高速移动（高的应变速率），则在很大的温度范围内都可能产生孪晶。

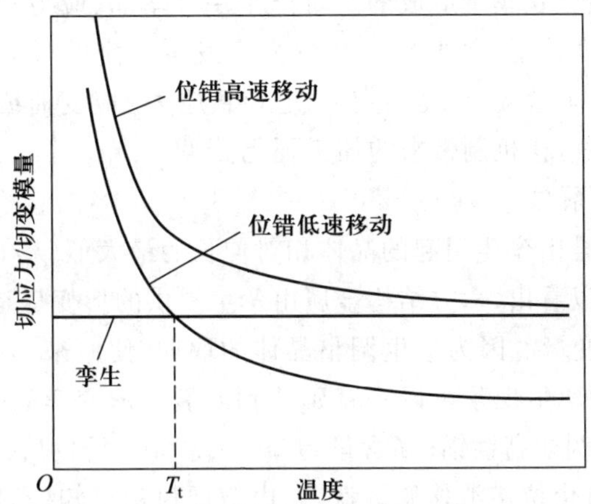

图 9-41 温度对孪生和滑移所需应力的影响

层错的边界就是孪晶界，所以，部分位错和堆垛层错可以促进变形孪晶的产生。根据萨拉（I. Sara）和艾哈迈德（Ahmed）等用经典位错理论的计算，激活一个全位错和部分位错所需的切应力随晶粒尺寸减小而增加，当晶粒尺寸减小约几个 nm 的临界尺寸时，激活部分位错所需的切应力比激活全位错要小。图 9-42 所示为对 Al 计算得到的激活部分位错和激活全位错晶格的临界切应力随晶粒尺寸的变化（晶粒临界尺寸约 7 nm）。低于临界尺寸时，形变机制主要是孪生。

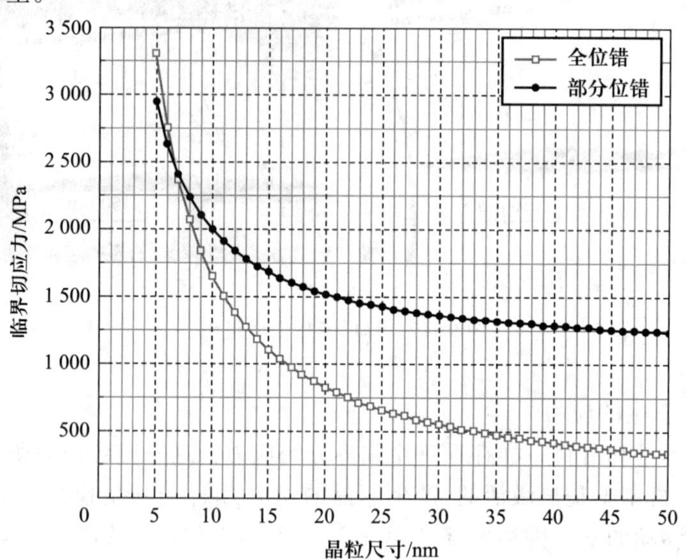

图 9-42 Al 中激活一个全位错和部分位错所需的切应力随晶粒尺寸的变化(I. Sara、Ahmed 等,2020)

孪生“形核”所需要的应力远比使孪生长大(位错的滑动)的大,因而出现孪生时应力-应变曲线会有突然下降。图 9-43a、b 分别为镉单晶和 Au-25%Ag 合金单晶的应力-应变曲线,曲线上的锯齿状起伏就是孪生造成的。每产生一片孪晶,应力-应变曲线伴随着一次起伏。孪生以近声速的速度传播,每形成一片孪晶会发生一定的应力松弛,有时会发出爆裂声,即所谓孪生“喊叫”。在多晶中,孪生不一定导致应力-应变曲线的下降,因为孪晶的数量是有限的,同时还存在滑移机制带来的加工硬化。

3. 孪生与变形量关系

表 9-2 中给出了完全由孪生引起的晶体相对伸长的最大值$(l'/l)_{max}$(其中 l'和 l 是孪生前和孪生后的长度),可以看出,六方结构金属由孪生提供的形变量是很小的,而面心立方金属孪生可提供较大的形变量。因为孪生调整晶体的取向,使原来不易的滑移可能得以继续进行,塑性较大的金属的孪生现象可以一直延续到断裂。形变孪晶的一项工业应用是孪生诱发塑性(简称 TWIP),例如高锰钢(锰含量为 20%~30%),诱发后其延伸率可超过 60%,最高可达 90%(当然这里有全位错滑移的贡献)。由前面讨论可知,孪生时要求基体有滑移或扭折等方式协调以减小孪生产生的应变,如果基体的塑性不好、不易协调将会促发裂纹。裂纹常出现在孪晶的交叉点和孪晶与晶界相交处,图 9-44a 是在孪晶交叉处及孪晶与晶界相交处产生裂纹的示意图,图 9-44b 是 Fe-3%Si 合金中孪晶交界处产生的裂纹的照片。

4. 孪生与其他缺陷的交互作用

根据孪晶几何的分析,孪生区域应由两个与基体共格的孪生面为边界。事实上,孪晶的形貌经常是透镜状的(图 9-40),所以孪晶界面必含共格及非共格部分。按照孪生的位错机制,非共格部分界面可以由部分位错排列来组成,如图 9-45 所示。透镜状的孪晶透镜角 β

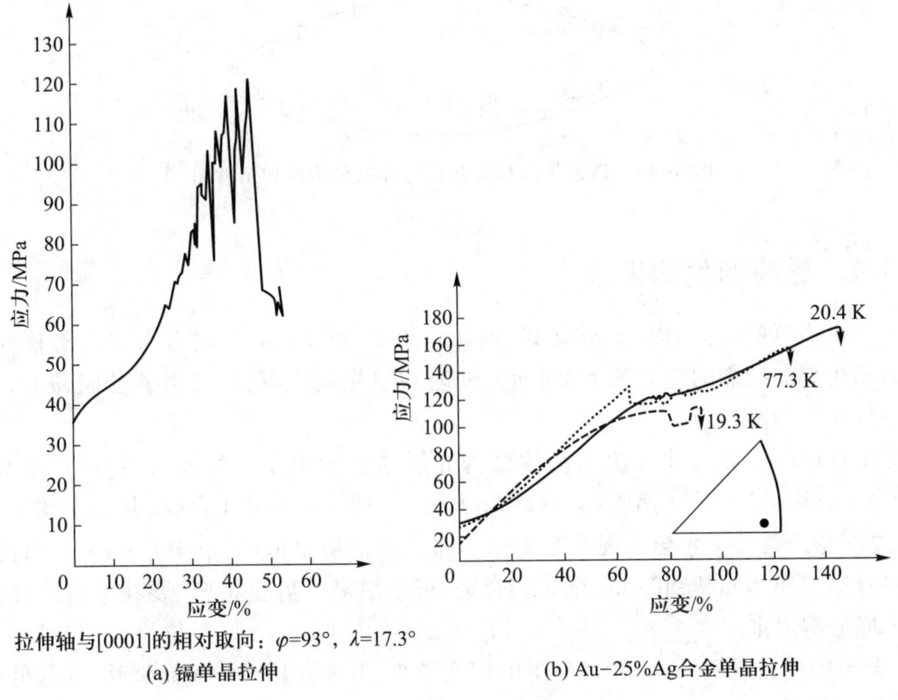

(a) 镉单晶拉伸　　(b) Au-25%Ag合金单晶拉伸

图 9-43　产生孪晶时应力-应变曲线出现锯齿状

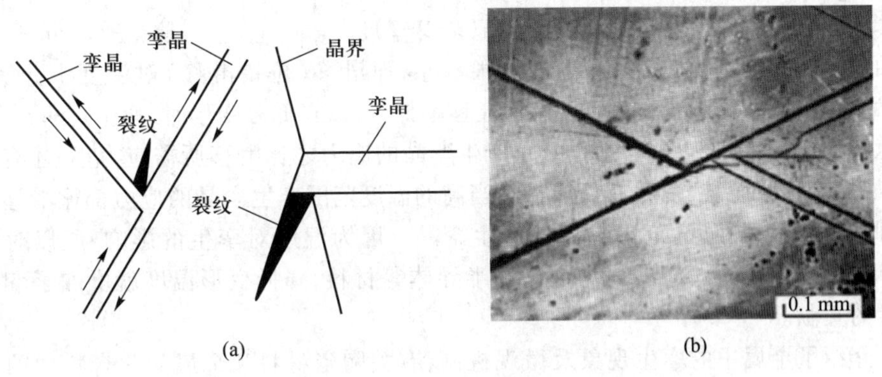

(a)　　(b)

图 9-44　孪晶交叉处及孪晶与晶界相交处产生裂纹

是控制孪晶厚度的。如果孪生切变大，孪生伴随的畸变切应变大，β 角减小（孪晶厚度减小）；相反，孪生切变小，孪生伴随的畸变切应变小，β 角增大（孪晶厚度增大）。因为 hcp 结构的孪生切变比立方系的低（表 9-2），所以它的孪晶厚度比立方系的大（比较图 9-36 和图 9-34、图 9-32）。另外，由于孪生时会引起不均匀应变，所以必须沿孪晶透镜直径有某些类型的点阵调整。如果基体塑性较好，很容易以点阵的扭折带或滑移来减低或消除孪生引起的不均匀应变，这样，β 角就比较大（孪晶厚度大）；相反，如果基体塑性不好，不容易用其他变形方式消除孪生引起的不均匀应变，β 角就比较小（孪晶厚度小）。

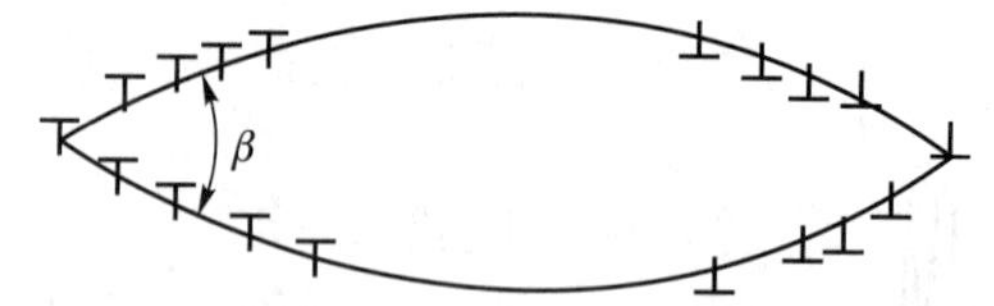

图 9-45　透镜状孪晶非共格边界的位错排列示意图

9.5.7　影响孪生的因素

产生孪生需要的应力通常比滑移高，例如六方晶体孪生所需应力为基面滑移的 5～10 倍。因为萌生孪晶所需的应力很大，因而形变时一般先发生滑移，当滑移受阻碍时，才在高应力集中处萌发孪晶核心。

孪晶出现的频率和尺寸取决于晶体结构和层错能的大小。如前所述，层错能高的 Cu（层错能 $\gamma_{SEF}\approx 80\ mJ\cdot m^{-2}$）、Al（$\gamma_{SEF}\approx 170\ mJ\cdot m^{-2}$）等 fcc 金属和合金，其形变的主要机制是滑移，要在特殊条件下才会出现形变孪晶。即使是低层错能（$\gamma_{SEF}\approx 20\ mJ\cdot m^{-2}$）的银、黄铜（图 9-31）、奥氏体不锈钢等 fcc 金属和合金，形变孪晶一般也很窄，要在电镜或高分辨率电镜下才能分辨出来。

hcp 金属的潜在滑移系少，并且孪生的切变量小，形变开始时一般是滑移，在很低的应变量（$\varepsilon<0.2$）下就发生孪生。在低应变时，孪晶通常是长的薄层状，并且很快加厚变成宽的透镜状（图 9-40）。另外，当 $c/a>1.633$ 时，只在 1 个孪晶系 $\{10\bar{1}2\}$ $\langle 10\bar{1}1\rangle$ 发生孪晶；而当 $c/a<1.633$ 时，可以在多个孪晶系发生孪晶（表 9-2）。

前面说过，产生孪生的应力对温度不很敏感，而滑移（位错滑移）对温度十分敏感（图 9-41），因为在低温和高应变速率下，位错迁移率低，所以在低温变形时，孪生是非常重要的。当变形速度低时（低于图 9-41 中的 T_t），产生孪晶的应力才比滑移所需应力小，才有可能产生孪晶；如果变形速度足够高，有可能在相当高的温度范围产生孪晶的应力都比滑移所需要的小，因此在相当大的温度范围都可以产生孪晶。因为温度对孪生的影响，所以对大多数 bcc、fcc、hcp 结构的金属、金属间化合物和半导体等材料，降低变形温度就增加了孪生对塑性变形量的贡献。

以上介绍了金属中的孪生现象及微观机制，有关陶瓷材料和金属间化合物中的形变孪晶可参阅本章参考文献[4]。

9.6　不均匀变形的扭折带

在理想情况下，单晶体滑移和孪生都不会产生点阵畸变。事实上，因为各种原因会出现变形协调而产生局部点阵畸变，即局部的不均匀形变。在不均匀形变区域的点阵取向和基体并不对称，点阵转动的大小取决于晶体结构以及形变量的大小，这个区域和基体间的连接面一般是高指数面。常见的这类不均匀形变主要有扭折带和形变带，关于多晶体变形发生的扭折带（切变带）和形变带将在下一节讨论。这里主要讨论单晶体的扭折带。

扭折也是塑性形变的一种基本形式。一般在滑移和孪生发生困难时才会发生扭折，扭折是突然出现的。图 9-46a 照片中镉单晶体压缩方向平行于滑移面压缩时产生的扭折带。平行于滑移面方向的压缩显然是不容易滑移的,为了松弛外力,局部晶格绕某轴产生旋转而形成扭折。在扭折带中包含了大量不均匀堆积的滑移位错,图 9-46b 是描述图 9-46a 扭折带中位错分布的示意图,图中的平行线表示滑移面。图 9-47 是锌单晶在拉伸形变时出现的扭折带外貌和描述扭折带的示意图。

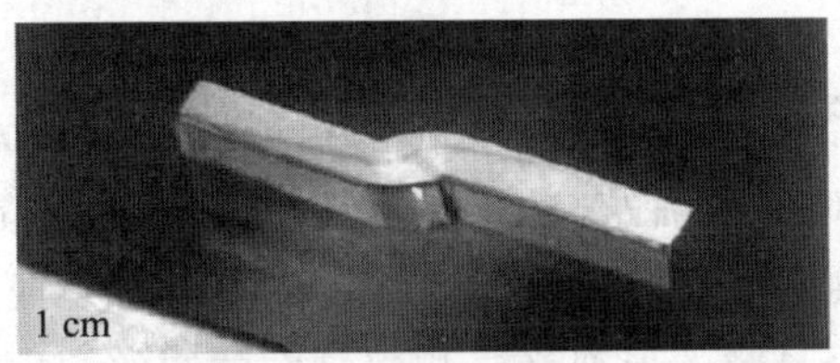

(a) 扭折带

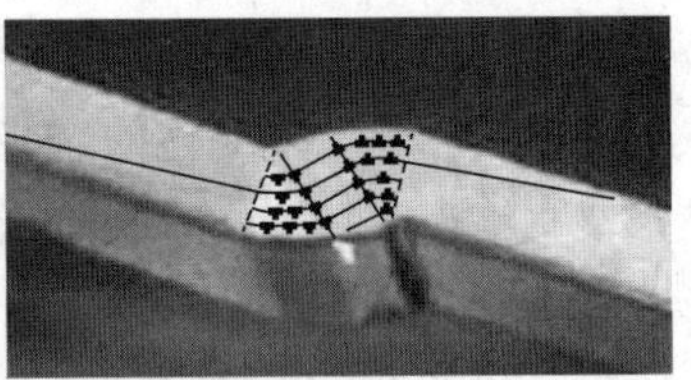
(b) 扭折带中位错分布示意

图 9-46 Cd 单晶体的扭折

在面心立方结构的金属,如铝、铜、银、金、镍和α-黄铜中均发现扭折带,扭折带往往在形变的第Ⅲ阶段出现。图 9-48a 是铝单晶室温拉伸时表面看到的扭折带形貌(很多研究者认为这种扭折带就是下节讨论的形变带),宽约 0.05 mm,间距约 1 mm,带的取向一般垂直于滑移面。扭折带的结构可以看作是以<112>方向为轴相对于基体的局部晶格旋转,因此扭折带中的位错分布可能会如图 9-48b 所描述的那样。面心立方结构拉伸时,当拉力轴接近(100)标准极射赤面投影图的基本取向三角形的<100>-<110>边时,扭折带特别明显,带的间距大;当力轴接近<100>-<111>边时,扭折带不太明显;当力轴处在<100>-<111>边上时,扭折带会完全消失;当力轴接近<111>-<110>边时,扭折带细而不规则,宽度也加大。

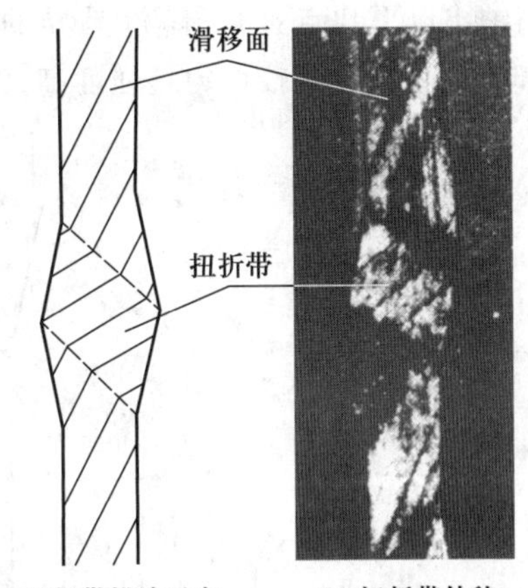

(a) 扭折带描述示意 (b) 扭折带外貌

图 9-47 锌单晶体拉伸时的扭折带

(a) 显微照片

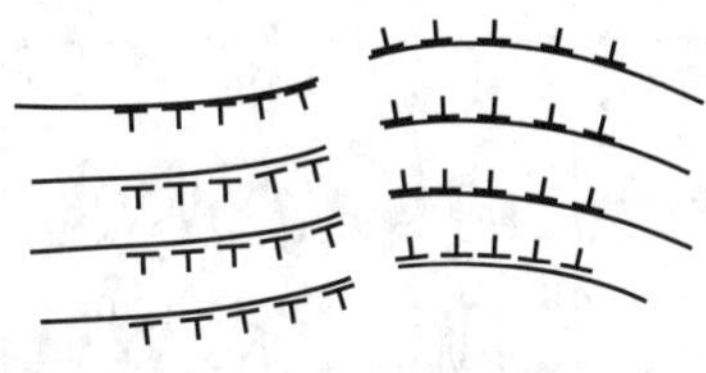
(b) 扭折带中位错排列示意

图 9-48 铝单晶在室温拉伸时出现的扭折带

9.7 多晶体塑性变形

9.7.1 多晶体形变的特点

多晶体由单晶体组成。一般情况下,多晶体中各晶粒的取向是随机分布的,两个相邻取向不同的晶粒间会存在晶界。多晶体的这些结构特点使它的形变行为与单晶体有很大差异。

多晶体形变时,每一个晶粒的取向相对于力轴的"软"和"硬"情况不同,各晶粒形变的先后以及形变量也不同。如果各晶粒可独自不受约束地变形,晶粒间会开裂或重叠,如图9-49a所示。为了保持整体的连续性,每个晶粒的形变必受相邻晶粒的制约,且每个晶粒不同边界所邻接的晶粒的取向关系亦不相同,使每个晶粒从晶内到晶粒的各个边界的形变不同。图9-49b是铝多晶体形变试样局部(对应试样A-B部分)延伸率的变化。从图中可以归纳出以下几点:(1)跨过晶界的延伸率变化是连续的;(2)靠近晶界处的延伸率较小;(3)细晶粒形变较均匀且强度高,大晶粒形变不均匀,强度低。

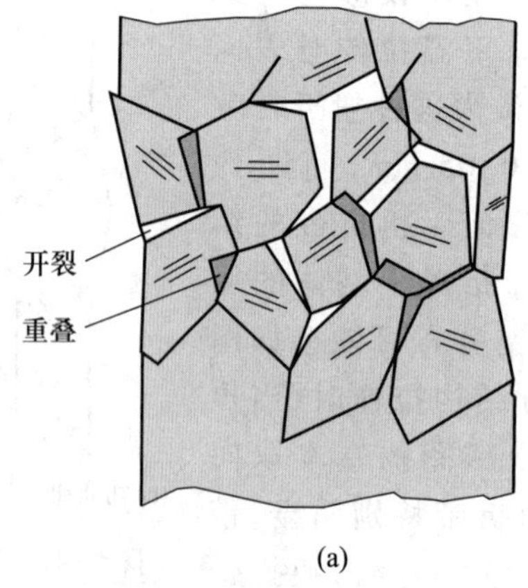

(a)

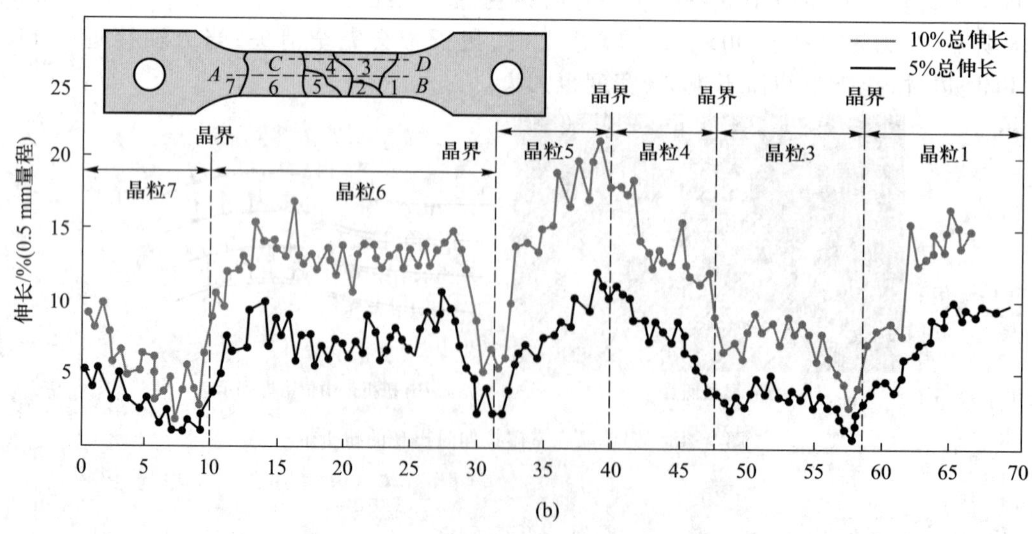

(b)

图9-49 多晶体变形情况

晶界本身的性质除了在脆性断裂以及在高温蠕变过程中有重要作用外，而在低温变形时，晶界本身的性质对变形过程的影响并不是主要的，而最重要的因素是相邻晶粒间的取向差。双晶试样作拉伸试验表明，试样的屈服强度随两个晶粒间取向差的加大而加大。图 9-50a 所示为由多个单晶体连接组成的多晶体在垂直晶界方向拉伸形变示意图，从图中看到，试样呈现竹节状，晶界附近产生一个劈形区，在这个区域没有出现滑移，而在晶粒中部已发生滑移。这说明滑移从一个晶粒过渡到另一个晶粒是困难的。由于相邻晶粒取向不同，为了保持形变时应变连续。多晶体变形需要宏观协调，这里的“宏观”是指光学显微镜观察的尺度范围而言的，在晶界附近会有多个滑移系开动。图 9-50b 是铝多晶体形变时晶界附近多系滑移的照片，这个多系滑移层有几个微米厚，正是这些多系滑移增加了形变阻力，从而增加了材料强度。

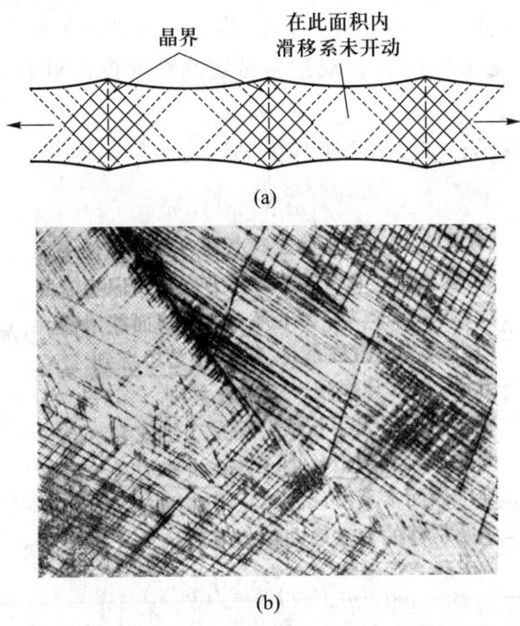

图 9-50 多晶体在垂直晶界方向拉伸形变

9.7.2 多晶体形变过程的宏观应变协调及组织变化

为了使变形时晶粒不出现局部重叠或裂开的现象，晶粒间必然要相互协调并与外应力、应变状态保持一致。

任意一个应变状态要用 6 个应变分量来描述，因为塑性形变体积基本不变，即 3 个正应变之和不变，所以 6 个应变分量中只有 5 个是独立的。即只要改变 5 个独立应变分量就可以获得任何一种应变状态。因此，要使晶粒间的应变保持连续，则必须有 5 个独立的滑移系开动。所谓独立滑移系是指滑移的结果不能由共同开动的其他滑移系组合所代替。例如，对于密排六方晶体只能进行基面滑移，只有两个独立滑移系，当处在有利于基面滑移的取向时，单晶可充分进行塑性变形；但对多晶锌，晶粒取向不同很难保持各晶粒间的应变协调，在很小的形变量下试样就断裂了。

一般情况下,多晶体中各晶粒的取向是随机分布的,两个相邻的取向不同的晶粒之间存在晶界。多晶体不会发生单系滑移,所以一般不存在变形的第Ⅰ阶段。在大应变下,第Ⅲ阶段后还会出现非常长的称之为第Ⅳ阶段的低应变硬化阶段和单独由回复控制的第Ⅴ阶段。

传统上,多晶体的塑性变形问题都是在单晶体变形的基础上按唯象的塑性连续理论处理。最早的萨克斯(Sachs,1928)模型的假设是:多晶体中各个晶粒的变形是自由的不受约束的,即多晶体各处的应力状态是连续的,以多晶体中各个晶粒独立变形的最小拉伸阻力的平均值来作为多晶体拉伸阻力。泰勒(Taylor,1938)模型考虑了应变的连续性,即多晶体各处的应变状态是连续的。显然,这两个模型都不能反映真实情况。

为检查所提出的模型是否和实际相符,通常是对比由单晶拉伸的 $\sigma-\varepsilon$ 曲线导出多晶的拉伸 $\sigma-\varepsilon$ 曲线,再与实际的多晶 $\sigma-\varepsilon$ 曲线比较,考察它们符合的程度。

设 m' 为多晶体中一个晶粒相对于多晶体拉伸轴最有利的滑移系的取向因子的倒数,即 $m'=1/m=1/\cos\lambda\cos\varphi$[见(9-1)式],对这一特定晶粒的拉伸阻力 σ_i 应为

$$\sigma=m'\tau \tag{9-15}$$

对于多晶体,可唯象地假设 m' 存在一个平均值 $\overline{m}'$:

$$\overline{m}'=\frac{\int m'N(m')\,\mathrm{d}m'}{\int N(m')\,\mathrm{d}m'} \tag{9-16}$$

式中:$N(m')\,\mathrm{d}m'$ 为 m' 值在 $m'\sim m'+\mathrm{d}m'$ 间的晶粒数。由实验求得单晶的切应力 $\tau-\gamma$:

$$\tau=f(\gamma) \tag{9-17}$$

按形变功相等:$\sigma\mathrm{d}\varepsilon=\tau\mathrm{d}\gamma$,可得到

$$\gamma=\overline{m}'\varepsilon \tag{9-18}$$

式中:ε 是沿拉伸轴方向的正应变。将(9-17)式和(9-18)式代回(9-15)式就得到由单晶应力-应变曲线导出的多晶体的拉伸曲线:

$$\sigma=\overline{m}'f(\gamma)=\overline{m}'f(\overline{m}'\varepsilon) \tag{9-19}$$

不同的形变模型求出的 $\overline{m}'$ 值不同。如果滑移不受限制,并且滑移系数目无限多的话,获得的 $\overline{m}'$ 值最小,等于 2。Taylor 模型考虑了应变的连续性,以最小功原理求出面心立方多晶体的 $\overline{m}'$ 等于 3.06。图 9-51 是纯 Al 在室温下不同取向单晶和多晶拉伸的应力-应变曲线、单晶平均取向拟合的拉伸应力-应变曲线、按 Taylor 模型($\overline{m}'=3.06$)用靠近<111>方向单晶拉伸的应力-应变曲线导出的多晶体应力-应变曲线。单晶<111>取向拉伸形变会产生多系滑移,所以它的计算更接近多晶形变的情况,但是单晶曲线的平均值拟合却较差,Sachs 系数=2.24。后来有很多修正的 Taylor 模型和 Sachs 模型,或放松边界条件,或考虑晶粒周围其他晶粒的反作用,从而使计算值与实测值更接近。高对称取向的单晶和多晶,没有易滑移阶段。

因为多晶体拉伸曲线基本上不出现变形的第Ⅰ阶段,所以在工业上常把多晶体的拉伸曲线表达为抛物线关系,获得的应力与应变的 1/2 次方成比例。再考虑原始屈服应力,拉伸曲线的一般形式表示为

$$\sigma=\sigma_0+K\varepsilon^n \tag{9-20}$$

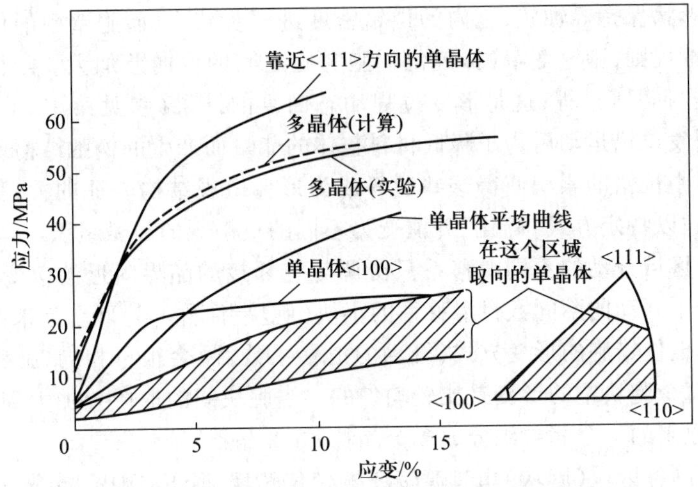

图 9-51 纯 Al 在室温下不同取向单晶、多晶体的应力-应变曲线以及导出的多晶体应力-应变曲线

式中:K 为常数;σ_0 是屈服应力。n 为小于 1 的常数,称加工硬化系数。

形变过程除了位错滑移以外的其他热激活过程,使形变过程对温度和形变速度敏感。在高温($T>0.5T_0$,T_0 是熔点温度)时

$$\sigma = K'\dot{\varepsilon}^{m}$$

式中:K' 是另一常数,$\dot{\varepsilon}$ 是应变速率,m 是应变速率敏感系数。m 定义为

$$m = \frac{\mathrm{d}\ln\sigma}{\mathrm{d}\ln\dot{\varepsilon}}$$

对于晶格阻力对屈服强度没有显著贡献的金属(fcc 金属),通常有以下结果:$m<0.5T_0$(≈ 0.01),$m \geqslant 0.5T_0$(≈ 0.2)。

9.7.3 多晶体形变过程的微观应变协调与微观组织变化

多晶体形变的整体协调,要求各个晶粒中不同区域开动一定数量的滑移系。因为应变场任一点的应变有 5 个独立分量,所以按照 Taylor 的应变连续模型,理论上满足应变连续应该有 5 个独立滑移系开动。但实际开动的滑移系数目的多少受一定条件的制约。首先,开动的滑移数目不能太少,因为这会使形变协调困难;其次,为了形成的位错结构是低能态(LED),也需要一定数量的滑移系开动。但是,如果开动的滑移系数目太多,则位错交截形成的割阶数目多,使得在给定应变下的流变应力高,这样在能量上是不利的。综合这些方面的因素,各区域开动的滑移系的合理数目一般是 3~5 个。

多晶体的塑性变形的位错行为和前面讨论单晶体的塑性变形的位错相似,位错结构的最基本形式是相同的。位错可以是随机分布或是以位错缠结状态分布(图 9-23)。对于高层错能金属多晶体,位错易于交滑移和攀移,在形变时位错群集形成位错缠结、二维的位错墙及三维形状近似等轴的位错胞状结构的低能位错结构(LED)。位错胞是形变组织的最小体积元,胞壁是稠密的位错缠结,胞内分布稀疏的位错。随着应变量的增加,虽然晶粒被拉

长，但位错胞的形状保持等轴状，胞内的位错密度进一步减小，而胞壁中的位错密度逐渐增加，并且排列逐渐规则，胞壁变窄（锋锐化），胞与胞之间的取向差加大。随机分布位错的群集过程实质上是“回复”过程，这是形变过程动态回复的结果（参见第 12.1.5 节）。这种胞状结构是外力引发位错运动后为了降低材料整体的能量而产生的松弛结构。

位错胞边界中位错的累积使得这些边界成为形变微观结构表征的关键特征。因此，随形变的进行，晶粒以特定方式“碎化”并演变为不同的更微观的显微组织。

在晶粒内各区域开动的不同滑移系只协调与它邻接的晶界附近的应变保持连续，而整个晶粒则由若干个开动的不同数目滑移系的小块（胞块，简称 CB）联合起来共同协调。各胞块与相邻接的其他位错胞的形变方式（开动的滑移系数目）会很不相同，胞块之间出现一定的取向差，而在每个胞块中的形变是比较均匀的。当胞块间的取向差加大到一定程度时，将形成新的晶粒，原来的一个晶粒细分成多个晶粒，好像晶粒“碎化”了。

晶粒内细分的各区域（胞块）由过渡带或稠密位错墙（简称 DDW）分隔开。不同的胞块中激活的滑移系不同，但它可以少于塑性变形理论要求开动的多个滑移系。在胞块中含位错胞状结构（位错胞），在 CB 内所有的位错胞结构内开动的滑移系基本是相同的，所以胞内变形比较均匀。

图 9-52 是多晶体形变的显微结构示意图，图 9-52a 显示了晶粒“碎化”形成的胞块以及对应的各胞块的滑移线等显微结构。

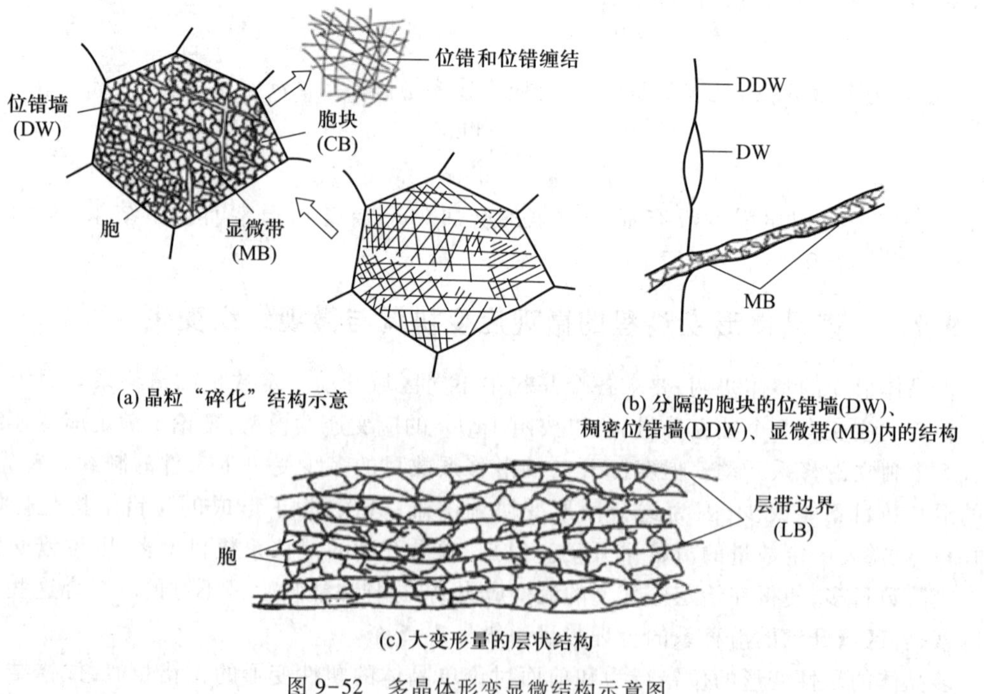

(a) 晶粒“碎化”结构示意

(b) 分隔的胞块的位错墙(DW)、稠密位错墙(DDW)、显微带(MB)内的结构

(c) 大变形量的层状结构

图 9-52　多晶体形变显微结构示意图

随着形变的变形量加大，DDW 会分裂成两个或多个大体平行的位错墙，平行的位错墙构成显微带（简称 MB）。图 9-52b 描述了 MB 中的显微结构，在 MB 内同样含有位错胞，MB

中开动的滑移系与它分隔的 CB 的不同。当形变量继续增大时，会产生层状结构，如图 9-52c 所示。

休斯(Hughes)和汉森(Hansen)研究了 Cu、Al 和 Ni 多晶体中普遍存在的胞块边界，将它分为两种主要的类型。①几何必需边界。晶粒细分“碎化”成胞块(CB)，CB 中的应变与宏观应变不同。应变差异由生成位错阵列形成胞块的边界来调节，因为它是协调形变所必需的，所以称为“几何必需位错”(GND)，分隔 CB 的边界如 DDW 和 MB 称为“几何必需边界”(GNB)。除了可能是由于晶粒内部的非均匀应变形成，也可能是由于晶粒边界和三叉连接附近的非均匀应变形成。各个 CB 内开动的滑移系数目不同，因此 CB 间的取向差(即 GNB 两侧的取向差)比较大。② 伴生位错边界(简称 IDB)。在 CB 内的位错胞结构是形成低能位错结构的结果，位错胞边界可以通过滑移位错的相互捕获而形成，群集了随机分布的位错，因此位错胞胞壁称为“偶然伴生位错边界”。图 9-53 给出两种类型小角度晶界形成的差异。伴生位错边界是单个滑移系的位错进入位错墙形成的，而几何必需边界是不同胞块内部不同滑移系开动形成的位错流入边界而形成的。严格地说，伴生位错边界在一定程度上也是几何协调所必需的，否则它们在以后的再结晶退火过程中将会消失，而不会形成小角度亚晶界。图 9-54 是纯镍经 20%形变量冷轧的位错组态，从图看到各种位错结构边界。

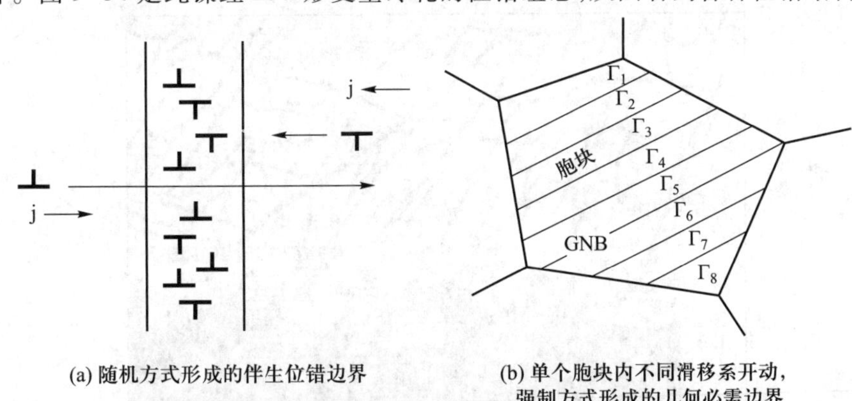

(a) 随机方式形成的伴生位错边界　(b) 单个胞块内不同滑移系开动，强制方式形成的几何必需边界

图 9-53　两种类型小角度晶界形成的差异(Pantleon 和 Hansen，2001)

图 9-55 所示为纯镍冷轧压缩 20%后(相当于 Mises 应变 $\varepsilon_{vM}=0.26$)位错组织的显微图。观察面是含法向和轧制方向的纵断面。图的上部是对下面 TEM 照片的描绘，说明由 IDB 和 GNB 组成的胞块结构。由 GNB 分割为各个胞块，在胞块中含有 IDB，长的 GNB 几乎平行于主{111}滑移面，并略倾向于轧制方向(RD)。两个晶粒的在截面的晶界(GB)沿图的对角线伸展。

因为在胞块(CB)内开动的滑移系基本是相同的，即在 CB 内所有的位错胞结构内开动的滑移系基本是相同的，所以位错胞结构之间的取向差(即 IDB 两侧的取向差)是很小的，而 GNB 之间的取向差比较大。

随着应变量加大，即相邻的胞块之间的取向差加大到一定程度时，使得 CB 内各位错胞开动的滑移系不再完全相同，位错胞的胞壁中的位错密度增至一定程度时，它们就成为新的胞块(CB)，这样位错胞壁已从 IDB 转变成 GNB，即 CB 细化了。所以，GNB 和 IDB 两侧的取

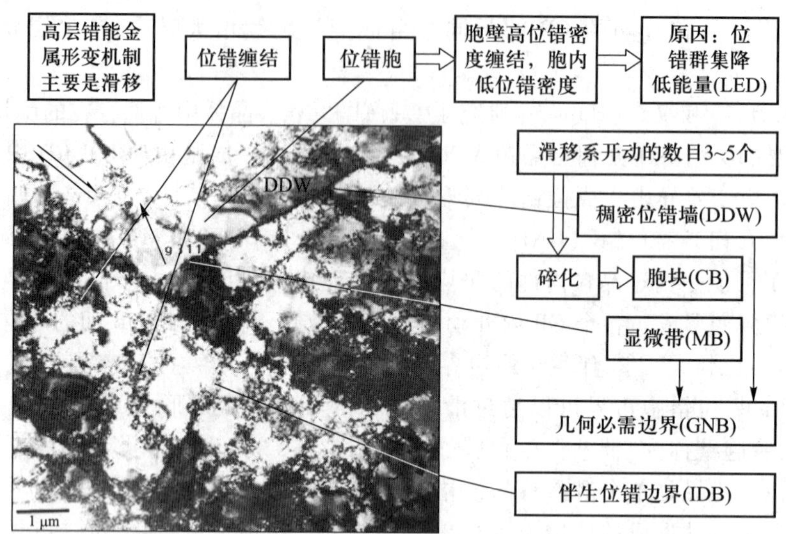

图 9-54　纯镍经 20%形变量冷轧的位错组态

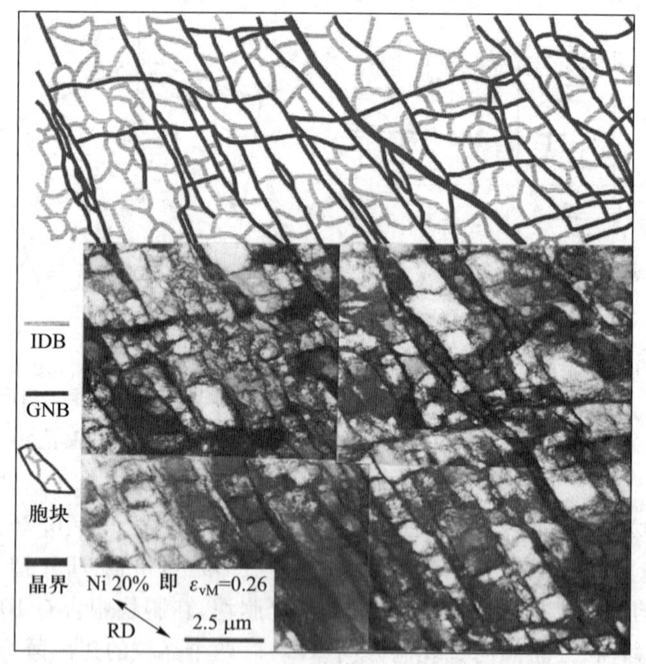

图 9-55　纯镍冷轧压缩 20%后的位错结构
显微图(Hughes 和 Hansen,2003)

向差都随应变量加大而增大,而它们间的间距都随应变量加大而减小,但 GNB 两侧的取向差增加量和间距的减小量比较大,而 IDB 两侧的取向差增加量和间距的减小量比较小。图 9-56 是冷轧镍的 GNB 和 IDB 的平均间距 D_{av}、平均取向差角 θ_{av} 和塑性应变 ε_{vM} 的关系曲线。随着应变的增大,平均间距单调减小,平均取向差角增大,这种进化趋势可以持续到大应变而不饱和。同时看到,GNB 的变化比 IDB 大得多。

图 9-57 是冷轧镍的透射电镜照片,显示结构细化遵循比例关系。图 9-57a 压缩应变为 0.8,GNB 平均间距为 0.5 mm。图 9-57b 压缩应变为 4.5,GNB 平均间距为 0.13 mm。该结构细化了 4 倍,但在其他结构方面非常相似。

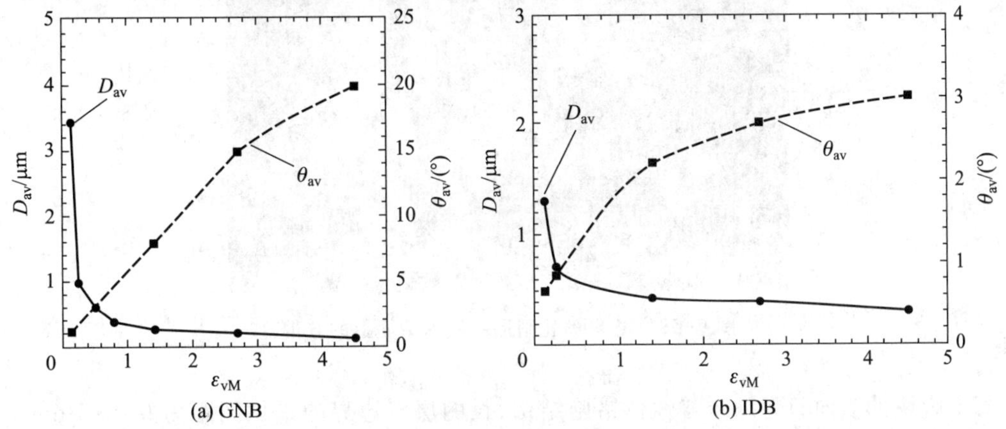

图 9-56 冷轧镍 GNB、IDB 的平均间距和平均取向差角与塑性应变的关系(Hughes 和 Hansen,2004)

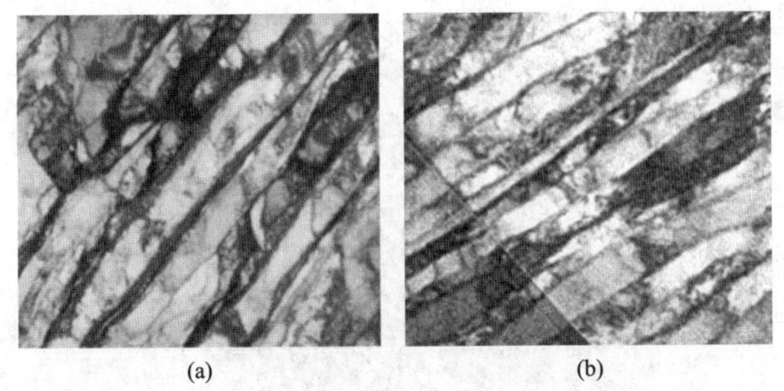

图 9-57 冷轧镍的 TEM 照片(Barlow 和 Hansen,2007)

MB/DDW 的取向可以是晶体学的(即平行于滑移面)和非晶体学的。根据晶粒原始取向不同导致开动的滑移系数目不同,使得 MB/DDW 的取向不同。如果开动的滑移系属于一个或两个滑移面,则 MB/DDW 倾向于平行滑移面{111},即它的取向是晶体学的;如果开动的滑移系属于三个和四个滑移面,则 MB/DDW 是非晶体学的。

在中等应变量时,局部切变使已存在的显微带受干扰形成 S 形的结构,这些局部切变区域称为 S 带(S-Band),又称切变带。图 9-58 是铝经 50%轧制形变纵截面上看到的 S 带,图中的点线表示 MB 是如何被 S 带切动产生局部倾斜的,箭头及标出的“S”字母处表示 S 带,S 带的切平面大体平行于$(1\bar{1}1)$面,即它们与$(1\bar{1}1)$面的夹角不超过 5°。

在较大应变量时,S 带内继续切动形成长的层状位错边界,在原来一些 S 带之间形成新的 S 带,密集的层状位错边界构成大体与轧制方向平行的层状结构,其中的胞块(CB)长而

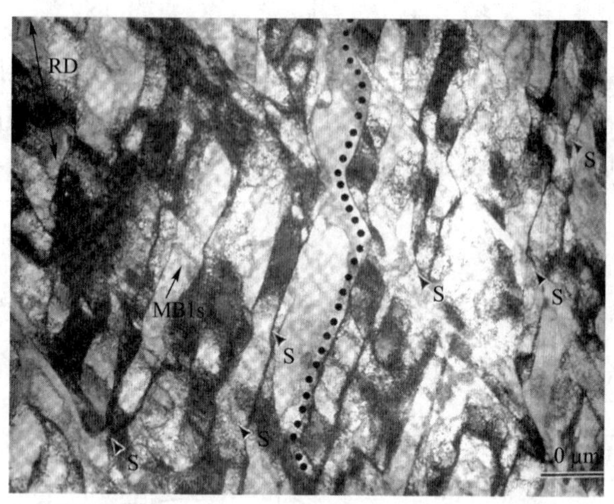

图 9-58 经 50%轧制形变铝纵截面上的 S 带

窄,每个胞块的横向只含 1 个普通位错胞结构,长的层状边界的平均间距为 0.5~1 μm。层状边界团集形成长的层带(简称 LB),层带的宽度为 1~10 μm。图 9-59 是铝板经 60%轧制形变纵截面的组织结构示意图(在示意部分没有画出普通的位错胞结构)。图中标出了 S 带、MB、LB 以及轧制方向(RD)和原来的晶界(GB)。

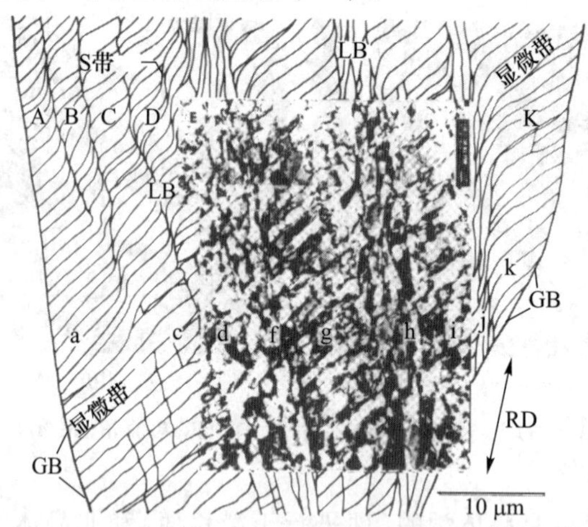

图 9-59 经 60%轧制形变铝板纵截面的组织示意图

对于奥氏体不锈钢和一些如 Al-Mg 合金等低层错能金属,因位错不易交滑移和攀移,位错为平面滑移,扩展的位错壁形成块状而不是胞块,并包含更均匀地分布位错,即所谓“泰勒点阵”(TL)。图 9-60 所示为热轧 Al-5%Mg 合金纵截面的位错显微结构图,扩展的边界形成了泰勒点阵(TL)块状结构。

9.7.4 形变多晶体显微尺度的组织结构——形变带和切变带

从另一个角度(显微尺度)来表述多晶体形变组织,在较大变形量下,出现形变带和切变

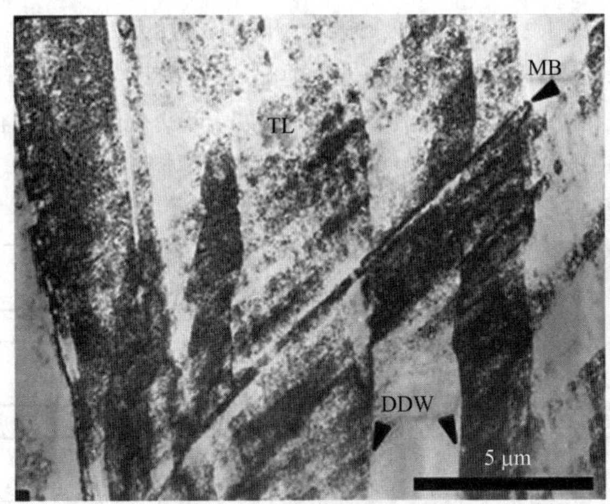

扩展的边界标记为DDW和MB

图 9-60 Al-5%Mg 在 50 ℃经 30%压缩纵截面的位错显微结构图(Hughes 和 Godfrey,1998)

带。图 9-61 为描述形变带和切变带的示意图。

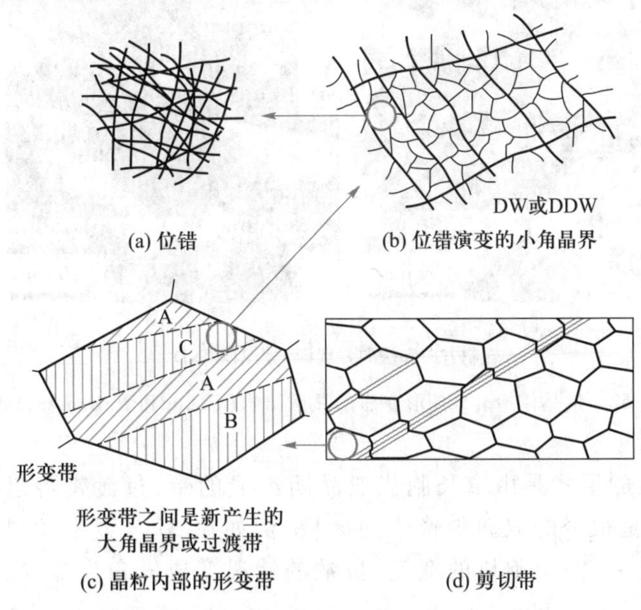

图 9-61 金属多晶在滑移机制下的组织演变

变形时,因为晶粒传播到相邻晶粒的不均匀应力或晶粒塑性变形的固有不稳定性,会引起不同方向的转动,力图转到稳定的应力取向,结果在个别的晶粒,特别在大晶粒中分割为互补的取向局部区域,称形变带。如图 9-61c 所示。许多情况下形变带具有平行的边界,图中 A 是近似原来晶粒的取向区域,B 和 C 是取向不同于原来晶粒取向 A 的形变带。不论 A 或是 B、C,统称为基体带。这种特殊形式的形变带也称为扭折带(参见图 9-48)。

晶粒相邻的区域(如图 9-61c 中的 A 和 C)开动不同的滑移系,并且这些相邻的区域最终转动到各自的取向,在基体带之间形成一个薄层的过渡带。相邻基体带之间的取向差被容纳在过渡带中,跨过过渡带累积较高的取向差,取向变化激烈,有很大的取向梯度。图 9-62a 是铝晶体冷轧 30%形变后观察的 SEM 隧道对比度图像,图中上、下两个方框分别对应图 9-62b、c 所显示的基体带和过渡带的 TEM 显微照片。

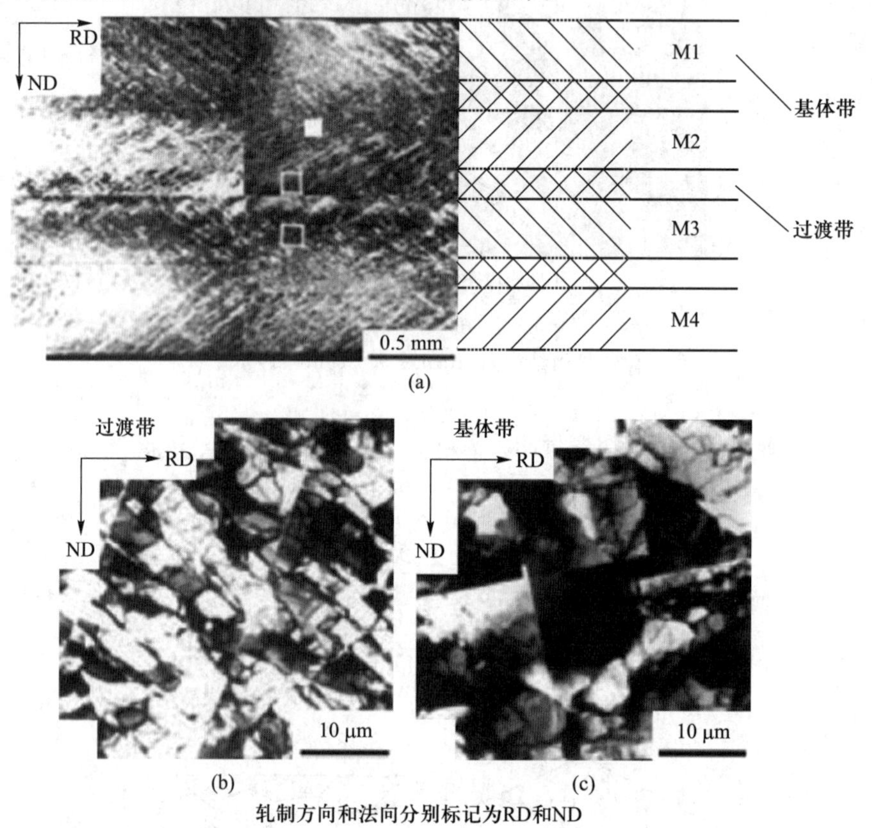

图 9-62 铝晶体冷轧30%形变后的显微结构(Q. Liu 和 N. Hansen,1999)

过渡带最常见的形式是由窄长胞或亚晶团组成的带,过渡带可以是较宽的取向漫散的区域,也可以是很窄的取向很锋锐的区域,例如在 Al 合金中发现过渡带的宽度有时会减小到只具有一、两个胞块的宽度,极端的情况变成大角度晶界,也就是形变诱生晶界。

原始晶粒大小也影响变形时形变带的出现。例如 Cu,每个晶粒出现的形变带数目随着晶粒尺寸减小而减小;又例如 Al,当晶粒尺寸小于 20 μm,将不出现形变带。形变温度影响变形的不均匀性,形变温度越高,形变的不均匀性越小,越不容易出现形变带。例如,平面应变压缩变形的 Al-30%Mn 合金,形变温度升高,出现形变带的规模(出现形变带的晶粒的百分数)减小;形变应变量增加,出现形变带的机会增加。

很多形变金属和合金都会产生剪切带,剪切带是很窄的具有强烈切变的带状区域,它的产生与晶体结构以及一般的晶体学无关。剪切带是晶体滑移受阻时出现的一种非晶体学特征的形变不均匀区。在轧制材料中,剪切带一般与轧面成约 35°角并与横向平行,可穿过数个晶粒甚至整个样品,如图 9-61d 所示。在低层错能或低温变形的 fcc 金属中剪切带很显著,它是塑性不稳定的产物,等效于拉伸时发生的“缩颈”变形状态。

在中等或高层错能的金属中,例如高应变($\varepsilon>1.2$)的 Cu,剪切带以群集的形式形成,每个带群中只发展一组平行的带。带群通常有几个晶粒厚,在交替的带群中剪切带的方向相反,形成人字形的式样。图 9-63a 所示为表面预先抛光并在表面刻上一条轻划痕的 Cu,它经 83%形变冷轧后在表面观察到的剪切带。从图中看到,交替的剪切带群中,剪切带成人字式样,并且跨过任何晶界的剪切带群都没有使划痕发生偏折。图 9-63b 所示为 Al-Zn-Mg 合金经 90%形变冷轧后的剪切带。

图 9-64 中箭头所指为钛的剪切带,试样的晶粒尺寸为 50 μm,剪切带宽约 10 μm,在剪切带内部有精细微晶结构,其晶粒尺寸约为 0.2 μm。

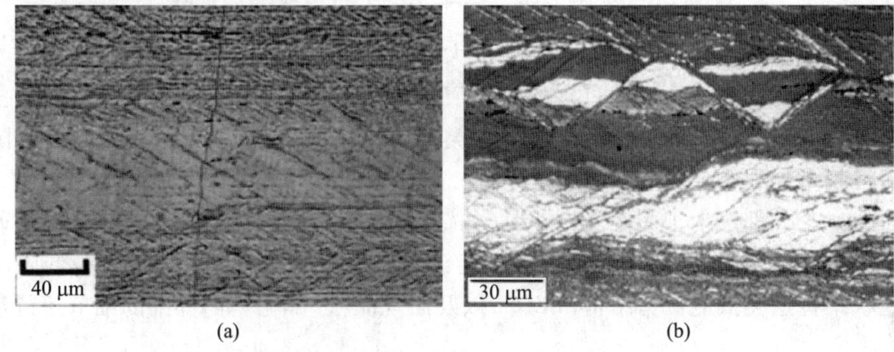

(a) (b)

图 9-63 剪切带形貌

图 9-64 钛的剪切带

剪切带的发生取决一系列因素:晶粒尺寸增加出现剪切带的倾向增加;加入溶质,例如铜中加入锰,虽然它不影响层错能,但促发大量的剪切带形成,同样锰也促发铝形成剪切带;温度影响,在高温时不大出现剪切带。达克汉姆(Duckham)等综合了温度、应变量对 Al-1% Mg 合金形成剪切带的影响,如图 9-65 所示。

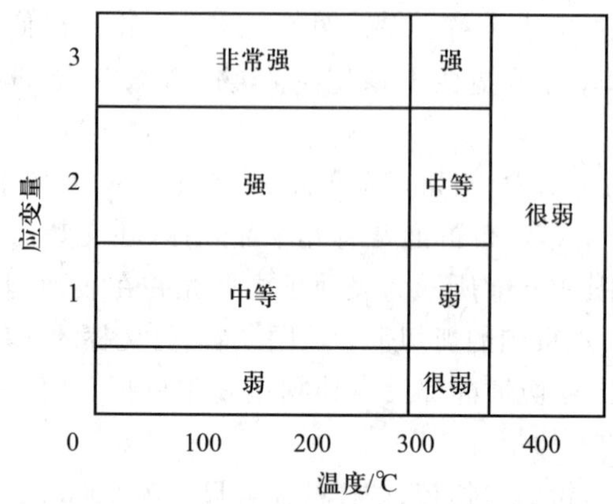

图 9-65 温度、应变量对 Al-1%Mg 合金形成剪切带的影响

形变带的过渡区域(过渡带)可以转化成大角度晶界,在不出现形变带时,层带的发展也可以转化成大角度晶界。从变形过程的组织演变看出,形变初期晶界是位错运动的主要障碍,但是在形变的过程中,晶粒内部形成各种类型的次生界面,使得原始晶界的作用随应变的增加变得越来越不重要了。

上面的讨论大都集中于面心立方金属(如铝、镍和铜等),因为近期对这些金属的研究比较详细。对于其他金属,它们形变时也很可能会出现类似的结构,已经知道,最低限度会出现位错胞状结构这类低能位错结构(LEDS)以及出现晶粒"碎化"等,详细的细节还待进一步研究。

9.8 影响冷形变金属和合金微观组织结构的因素

冷形变组织结构会因金属的结构、晶粒大小、层错能大小,是否有溶质原子以及形变方式不同等内在因素,以及形变量、形变温度、应变速率等外在因素而发生变化。

(1) 晶粒大小和尺寸分布

晶粒越细小,形变时晶粒与周围相邻晶界的交互作用越显著,形变越均匀,滑移系开动得越多。相反,晶粒尺寸越大,晶粒内部不同区域受到不同的相邻晶粒的作用,开动的滑移系就不同,晶粒中心部位滑移系数目相对较少,晶界附近则形变不均匀且形变显著。小晶粒形变均匀,应力集中小,不易诱发孪生;另外,因多系滑移不适合基于扩展位错运动的孪生机制。大晶粒比小晶粒表现出更明显的不均匀形变行为,晶粒"碎化"更显著,形成 MB 的倾向也更大。在多晶体形变过程中,除了原始晶粒是大晶粒外,一般不会出现形变带。例如原始晶粒尺寸为 800 μm 的铝形变时会出现形变带,而原始晶粒尺寸为 50~100 μm 的铝形变时就很难观察到形变带。对于中小尺寸(35~80 μm)晶粒,其中的 MB 有从晶粒一侧晶界扩展到另一侧晶界的倾向,而大尺寸(>80 μm)晶粒中,MB 往往在晶粒中部终止。

当讨论晶粒尺寸时,一般都用晶粒的平均尺寸。但是同一平均尺寸的多晶体,如果尺寸分布的标准差很不同,大、小晶粒数量的比例不同,显然其屈服应力会有差异。这一影响对纳米材料更为重要。

（2）晶体结构和层错能

晶体结构不同，对称性不同，滑移系的数目不同，晶粒间塑性变形的协调能力不同，滑移、孪生出现的难易也不同。高层错能金属，层错能对微观组织结构影响不大，组织为胞状结构、DDW、MB 及亚晶等。例如 Ni 和 Ni-Co 合金，随着层错能增加，位错数量增加，同时 MB 的间距增加。低层错能的 Ag、黄铜、奥氏体不锈钢中存在大量层错，难以交滑移，不易形成明显的普通胞状结构，会出现大量孪晶，形成所谓的平面型形变泰勒点阵（TL，图 9-60），一组平行的、密度大体均匀反号的位错的三维排列结构。黄铜、奥氏体不锈钢等中等层错能金属，根据其晶粒的局部取向，有些易于滑移，有些易于孪生。结果有些位置有胞状结构，有些位置有孪晶，有些位置胞状结构、孪晶都有。图 9-66 所示为拉伸变形铜横截面的 TEM 照片，在孪晶（T）中形成了均匀的胞状结构，与基体部分（M1）的结构形成对比。孪晶边界对孪晶和基体的结构演化没有明显的影响。

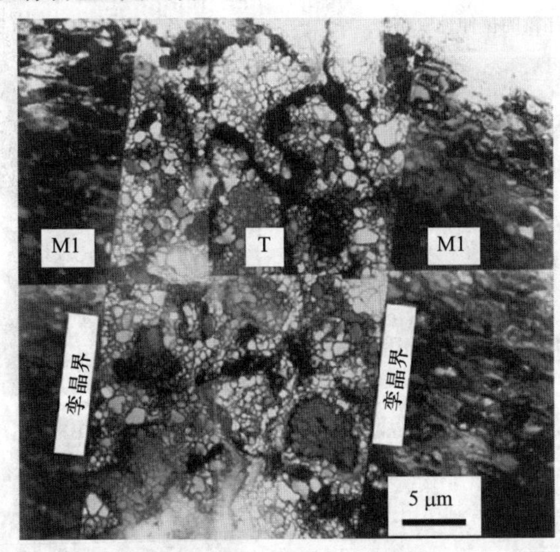

图 9-66　拉伸变形铜横截面的 TEM 照片（Hansen 等，2011）

（3）晶粒取向和织构

塑性应变引起的微观组织细化可能会受到晶体或晶粒的结晶取向的显著影响，这在许多单晶研究中得到证实。图 9-67 为 Cu（晶粒尺寸约 100mm）不同拉伸轴取向拉伸应变的三种类型结构：拉伸轴在晶粒投影三角形的中部时（图 9-67a 中的▲，在<113>-<332>-<110>取向围成的区域），形成 1 型结构，其 GNB 是直线且平行，相对于拉伸轴有一个明确的宏观取向（图 9-67b）；拉伸轴在晶粒投影接近<100>角附近的一小块区域时（图 9-67a 中的○），形成没有 GNB 胞块的 2 型结构，在纵向截面上沿拉伸轴方向延伸，因此 Cu 中的 2 型结构可以描述为一个三维圆柱形单元结构（图 9-67c）；拉伸轴方向在晶粒投影三角形的上部<111>角时（图 9-67a 中的□，接近<112>-<111>取向的区域），形成 3 型结构，类似 1 型的 CB 结构，每个 GNB 由许多长段或短段组成。大部分线段相对于拉伸轴的方向是相似的，但也存在一些线段，其宏观方向和形成角度不同，以主导线段为主，最大可达 20°左右。这些特征使

GNB 在较远距离上呈现相当清晰的宏观倾斜，但在局部尺度上呈现一定程度的弯曲（图 9-67d）。

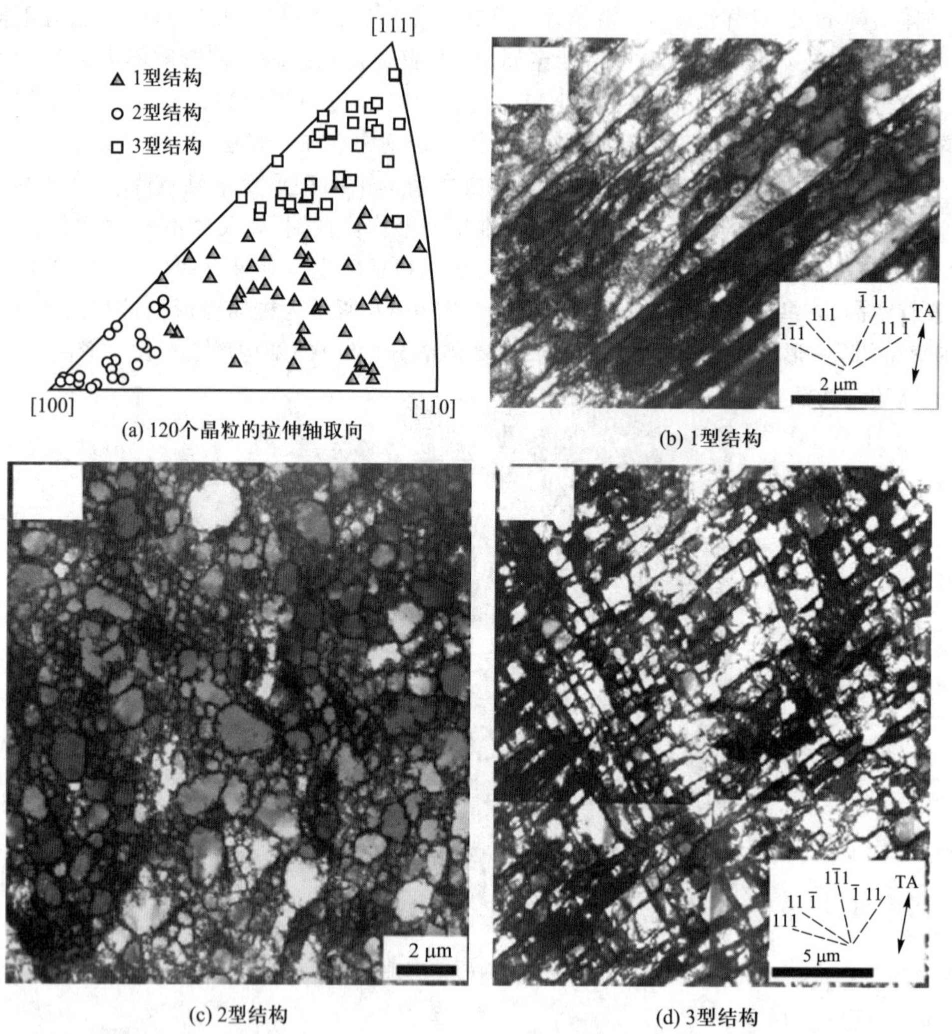

(a) 120个晶粒的拉伸轴取向

(b) 1型结构

(c) 2型结构

(d) 3型结构

图 9-67 99.99%铜（晶粒尺寸 = 9mm）拉伸应变轴的晶粒取向与结构类型的关系（Huang 和 Winther，2007）

在其他冷变形的多晶体中也有类似的结构类型及其晶粒取向关系。

当多晶体晶粒有择优取向（织构）时，整体的材料行为将在一定程度上反映晶体的各向异性。在低对称性晶体结构中，织构的影响是显著的。

（4）溶质原子和第二相颗粒

溶质原子会改变滑移的临界分切应力，并通过与位错的额外交互作用而影响位错运动，防止过早形成胞状结构；溶质原子可以通过对层错能的影响来影响形变行为，从而影响形变组织。典型的例子是 Cu 中加入微量的 P 便使层错能明显降低，又如 Zn 也能降低 Cu 的层错能，促进形成形变孪晶，从而影响形变组织。溶质原子常与位错发生交互作用。当溶质原子偏聚在位错形成溶质原子气团时，降低了位错的运动率，也降低形成普通胞状结构的倾向。

第二相颗粒尺寸不同，与位错的交互作用不同，一般大尺寸颗粒要与周围基体形变协调，颗粒较硬，形变时由于形变协调的需要，使周围软的金属基体发生显著形变，取向转动，形成所谓的形变不均匀区，其中有更多的GNB，取向梯度加大，在给定应变量下有更高的位错密度。位错集中在颗粒附近，可形成形变带及大小约为0.1μm的亚晶。图9-68是变形黄铜中在二氧化硅颗粒上、下侧滑移面(111)形变区域的位错分布。

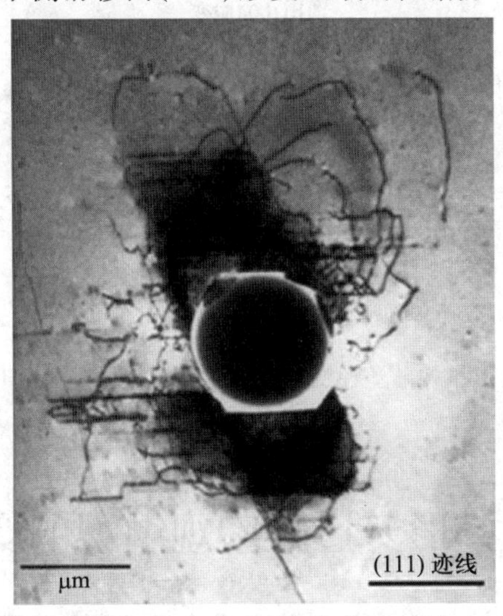

图9-68 变形黄铜中在二氧化硅颗粒上、下侧滑移面(111)形变区域的位错分布

小尺寸颗粒，GNB所需的位错常以位错环或位错缠结分布在粒子附近。弥散粒子钉扎位错，使位错不易交滑移，阻碍普通胞状结构形成。图9-69是弥散强化铝（体积分数为3.8 vol%的 Al_2O_3）在冷轧和冷拔过程中变形结构随塑性变形演化示意图。颗粒的等效球形直径为30~50 nm，最大应变高达90%（$\varepsilon=2.3$）。在低应变（$\varepsilon=0.04$）的结构特点是在颗粒周围位错缠结，在颗粒密度低的区域，已经形成了位错边界，而在粒子密度高的区域，许多颗粒是位错活动的中心。这些观察结果表明，颗粒影响的重要性，即使在很小的浓度下也可能加速位错边界的形成，而在较高的浓度下，颗粒可以减少位错在低能量边界结构中排列的趋势。在中等应变(0.16、0.69)下，位错边界趋于取代高颗粒密度区域的位错缠结，边界间的平均间距随着应变的增加而迅速减小；在高应变(1.2、2.3)下，开始出现动态回复影响结构特征的迹象。位错壁的位置受氧化铝颗粒的影响较小。一些位错边界已经瓦解，形成了性质不同的位错缠结和位错网。整体位错密度似乎下降，晶格应变由此减小。

(5) 外界因素：形变温度的提高有利于位错交滑移和攀移，因而普通胞状结构明显，并且胞块的尺寸增大；形变量加大时，晶粒碎化更显著，位错缠结向显微带、形变带、剪切带更多的方向发展；新的大角度晶界不断形成。形变速率的作用与温度的作用相反，提高形变速率相当于降低形变温度。

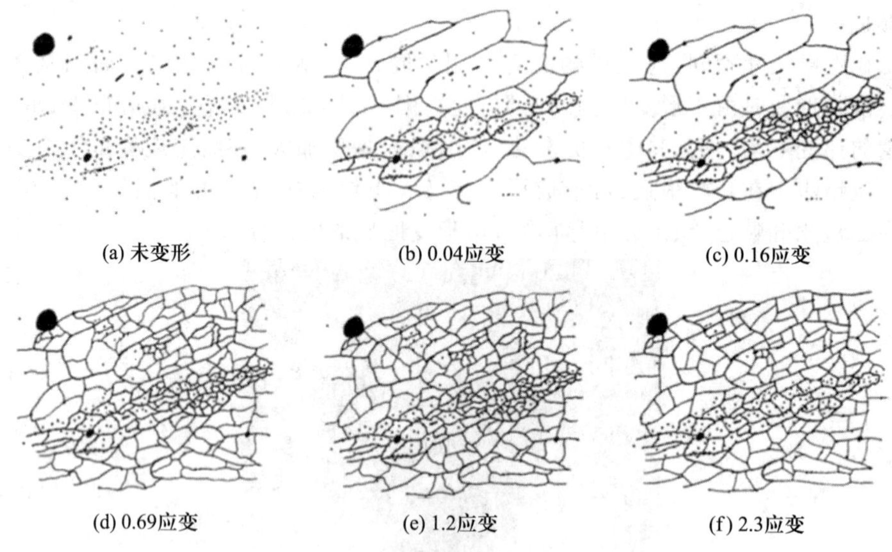

图 9-69　变形结构随塑性变形演化示意图(Barlow 和 Hansen,1989)

9.9　形变过程宏观组织的变化

多晶体形变时,原来等轴状的晶粒形状会发生改变,改变的方式因加工方式而异。在轧制时,晶粒的等轴形状转变为扁平状。当轧制变形约为50%时,原始晶粒仍容易辨认,随着应变的增加,原始晶粒结构因变形诱发的次生结构而变得模糊,当变形约为90%时已不能辨认原始晶粒了。图 9-70 是低碳钢经65%形变冷轧后轧面(R)、纵截面(L)和横截面(T)的晶粒形状照片。拉拔时,等轴晶粒沿拉拔方向拉长,转变为长的细棒或细丝状。在纵截面看,晶粒是长的平行于拉伸轴的棒状,而在横截面晶粒仍为等轴状。对于体心立方金属,拉拔后在横截面却是卷曲的晶粒结构,图 9-71 是经 2.7 真应变拉拔的铁丝横截面观察到的卷曲的晶粒结构。这种结构是体心立方金属拉拔形变早期形成的<110>拔丝织构(参见第 9.10 节)以及多个滑移系开动的几何关系造成的。面心立方金属在大形变的轴对称压缩时也会出现这类组织。在旋压时,晶粒在轴向也是伸长的纤维状(图 9-72a),而在横截面则出现螺线状组织(图 9-72b)。图 9-72 是压缩量为 87%的旋压钨丝的纵截面和横截面的组织结构。

变形时,除了晶粒形状发生改变外,材料中夹杂物的形状和分布也会发生改变。可变形的夹杂物沿形变方向伸长,而不易变形的夹杂物则跟着金属基体沿流变方向分布。形变时晶粒形状的改变连同夹杂物形状和分布的改变使在宏观上出现流线,在模锻时流线平行于锻模的轮廓(图 9-73)。如果锻件在使用时锻造流线平行于主应力轨迹和垂直于潜在裂缝开裂方向,锻件的断裂抗力会明显加强。正因为如此,锻件性能优于铸件。

应注意的是,形变后的组织是不稳定的,在一定温度下会转变为稳定组织,所以上述的晶粒形状改变只是对冷加工而言。如果是热加工,在形变过程晶粒变形时又伴随再结晶(参

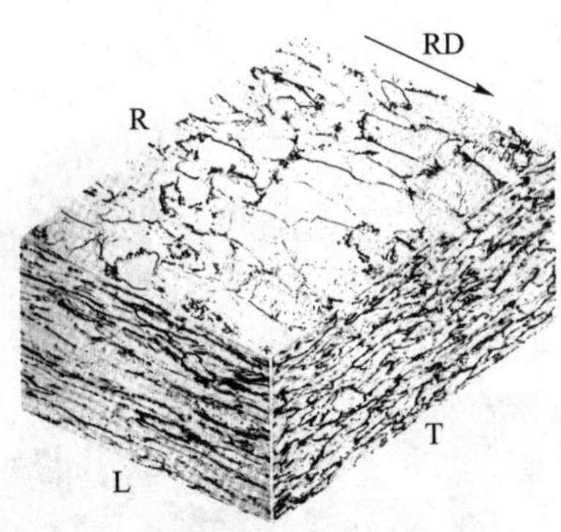

图 9-70 低碳钢经 65%形变冷轧后各面的晶粒形状照片

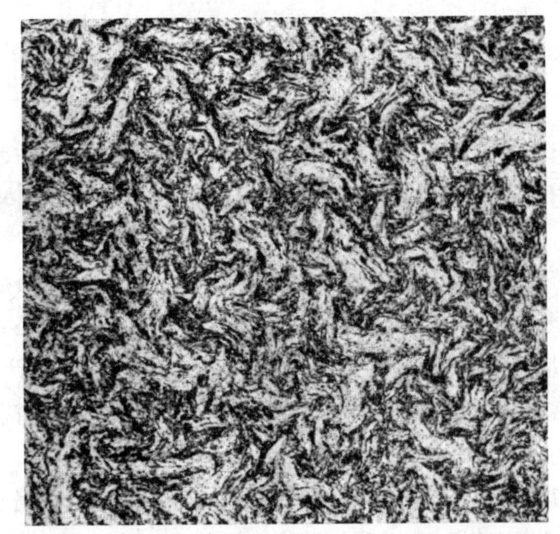

图 9-71 经 2.7 真应变拉拔的铁丝横截面晶粒结构

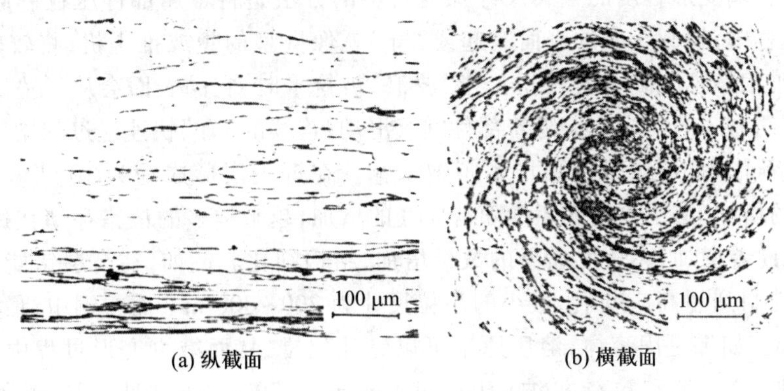

(a) 纵截面 (b) 横截面

图 9-72 压缩量为 87%的旋压钨丝组织结构

见第 12 章)，晶粒可能回复为等轴状，但是夹杂物却不会因热加工而回复加工前的形状，所以热加工后流线仍然存在。

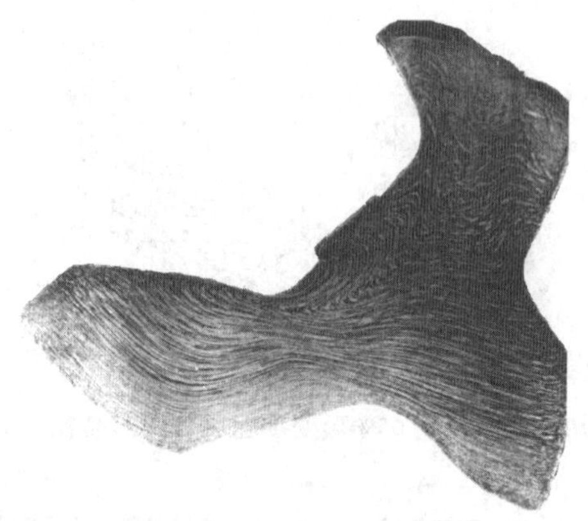

图 9-73 模锻件截面上的流线

9.10 利用严重变形(SPD)获得超细晶粒和纳米级晶粒结构

前面分析的形变行为和组织结构主要是对一般晶粒尺寸的材料。近年来,对超细晶粒和纳米级晶粒材料有很多研究,其中有一些不同的特点。有多种制备纳米级材料的方法,例如许多基于剪切或平面应变压缩的非传统工艺,是专门为在材料中产生非常细的晶粒结构而开发的,如通过用非常大(5~10 或更高)的塑性应变,这些工艺的特点是引入高的内部应变,获得超细的晶粒结构,同时提高强度。

材料的大多数失效都发生在表面,包括疲劳断裂、微动疲劳、磨损和腐蚀等,这些失效对材料表面的结构和性能非常敏感。表面结构和性能优化的梯度材料,材料的整体性能得到提高。

一种获得极端变形程度的金属尺寸梯度材料的方法是将金属部件压在一起,然后相互滑动。滑动过程中,较硬金属的表面突起或"脊"就像微型的犁或推土机,将较软金属(铜)表面不平的"波浪"向上推,然后压平。当"波浪"被拉平时,它的表面会从下垫层向前移动,产生一个估计约为 3 的切应变。随着部件继续滑动,连续的"脊"快速通过加剧了这种变形。在大的滑动载荷作用下,通过变形产生了纳米铜。在近表层形成约为 10 纳米大小的微结构,随着深度的增加,结构逐渐变粗。随着应变的增加,越来越多的位错存储在边界中,导致边界的平均取向差增加,大角度晶界的数量增加,结构细化。例如,在高层错能和容易交滑移的铝中,在轧制到超高应变后,最小的晶粒尺寸为 200~300 nm,而在铜中,最小的晶粒尺寸约为 100 nm。如果是固溶体,溶质原子可以钉扎位错,从而减少变形过程中位错的湮灭量。利用这种机制,韩和拉维尔纳(Han 和 Lavernia, 2005)通过低温研磨,休斯和汉森(Hughes 和 Hansen, 2001)通过摩擦磨损,将铝中的晶粒尺寸降低到 100 nm 左右,铜中的晶粒尺寸降低到 5~10 nm。

可锻高纯铸铜(99.99%)的块试样,初始退火的晶粒尺寸为 100 μm,表面以硬化铜平面在 12 MPa 的压力下相互滑动摩擦变形产生的梯度纳米结构。图 9-74 描述了铜摩擦变形产生的梯度纳米结构横截面。图 9-74a 是在正压力下滑动时铜中的几何必需边界(GNB),图的左边与表面重合。图 9-74b 是图 9-74a 的 GNB 的勾画。图 9-74a 和图 9-74b 中右图是左图中矩形框组织的放大,矩形框宽为 70 nm。从放大的图中看到,GNB 平均间距 D_{av}^{GND} = 12 nm。GNB 分开了相互旋转的晶体体积,GNB 间的取向差角度从最低(<4°)到高(>15°),在空间混合分布。对于 $D^{GNB}>30$ nm 的间距,边界之间的缺陷结构可以清楚地分辨。图 9-70c 是表面 20 μm 以下的组织。

图 9-74a 从左向右扫描,观察到从表面以下 2 μm 增加到 20 μm 时,D_{av}^{GND} 从 50 nm 增加到 170 nm。虽然 D^{GNB} 更大,但观察到的形貌是相同的。

这样高度变形的纯铜可以在室温发生再结晶,因为在变形过程中从表面扩散,从 0 到 6 μm 深度发生原位合金化,最终的铜近表面区域是由 1%铁(还可能有来自空气中的氧)的稳定固溶体。因为这种原位合金化抑制了细小结构的再结晶,保持了纳米结构。

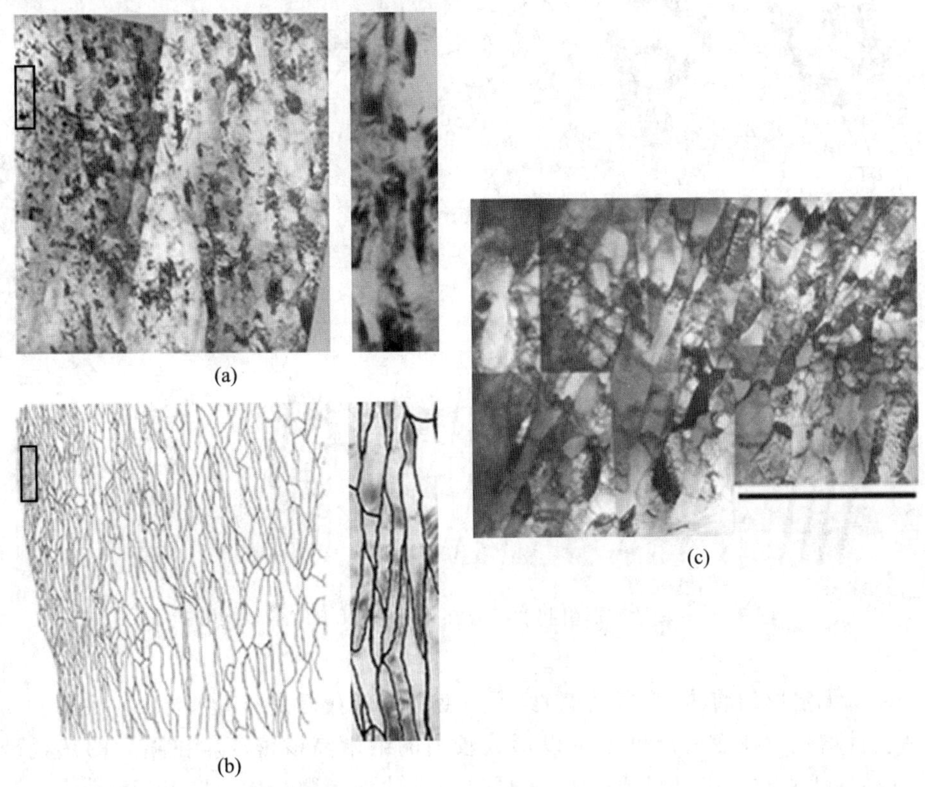

图 9-74 铜摩擦变形产生的梯度纳米结构的横截面的 TEM 照片
(图中标尺为 21 μm,D. A. Hughes 和 N. Hansen, 2001)

陶(N. R. Tao)等通过对表面机械磨损制备的 Fe 梯度材料塑性变形微观结构演变的研究,提出了可能的晶粒细化机制,包括位错活动、亚晶界和晶界的形成。塑性变形时粗晶粒的细化过程取决于许多内、外因素,如材料的结构和堆垛层错能、应变强度和应变速率、变形温度等。图 9-75 是他们描述的塑性变形引起的晶粒细化过程:(a) 位错活动导致在表面层的原始晶粒中形成稠密位错墙(DDW)和位错缠结(DT),这些位错构型的发展形成主要是由 DDW 和 DT 分隔的单个位错胞,逐渐导致原始晶粒的细分,随着切应力的增加,晶格位错密度增加,导致 DDW 间距和位错胞尺寸减小(图 9-75 中的 A1 和 B1);(b) 在一定的应变水平下,为了使系统总能量最小化,在 DDW 和 DT 中发生位错湮灭和重排,转变为分隔单个位错胞的亚边界(图 9-75 中的 A2 和 B2);(c) 应变进一步增加,晶粒间的取向变得完全随机,并形成高度取向差的晶界,这是通过在晶界中积累和湮灭更多的位错来实现,或者通过在某些应变下晶粒相对于彼此的旋转(或晶界滑动)来实现(图 9-75 中的 A3 和 B3);(d) 随着应变的进一步增加,DDW 和 DT 可以在细化的亚晶粒和晶粒内部形成,细化的亚晶和晶粒可以按照类似的机制细分(图 9-75 中的 AA12 和 BB12 到 AA4 和 BB4)。随着应变的继续增加,细分在越来越精细的尺度上进行。当位错增殖率与湮灭率相平衡时,应变的增加不再减小亚晶粒尺寸,而是使晶粒尺寸稳定。

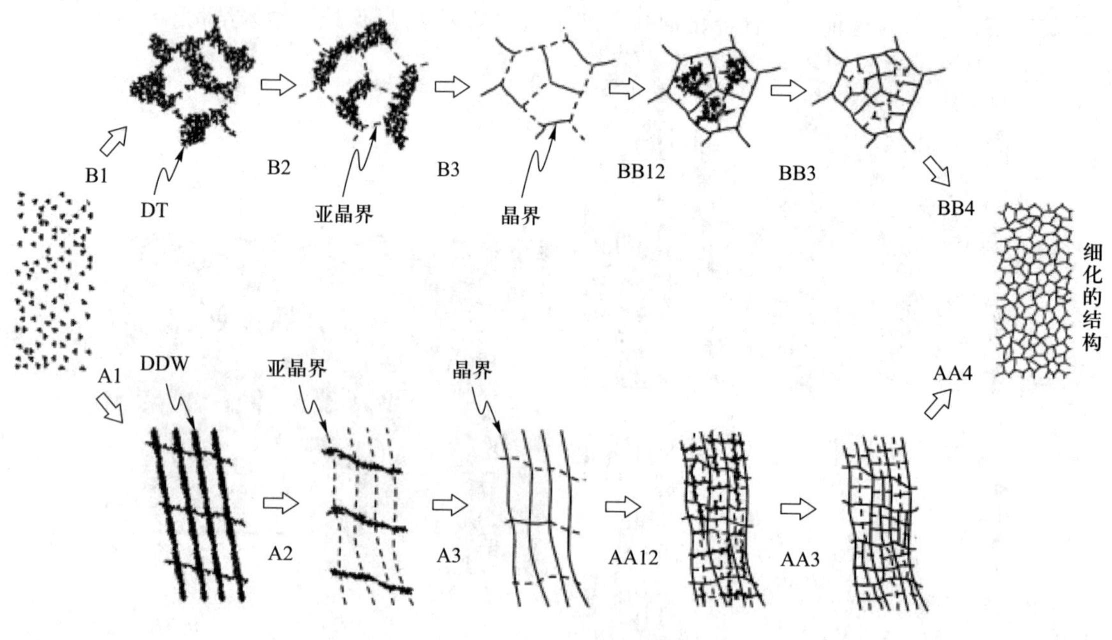

图 9-75 塑性变形引起的晶粒细化过程(N. R. Tao 等,2002)

还可以从无定形的前体(金属玻璃)经严重变形处理获得完全纳米材料。由于剪切带内的原子活动性增强。在变形温度下可以形成较高的纳米晶核密度。在随后的热处理过程中,纳米晶核在生长过程中过早地撞击,呈现出完全的纳米微结构。图 9-76 是通过这种方法形成富 Al-Y-Fe 合金纳米结构的例子。图 9-76 是由熔融纺丝而成的金属玻璃在室温下扭曲变形的显微照片,图 9-76a 显示在高的压力下产生了非常高密度的纳米晶核,图 9-76b 是随后在低温下退火产生完全的晶富 Al 纳米合金,具有相当均匀和细小的晶粒,平均晶粒度为 75 nm。

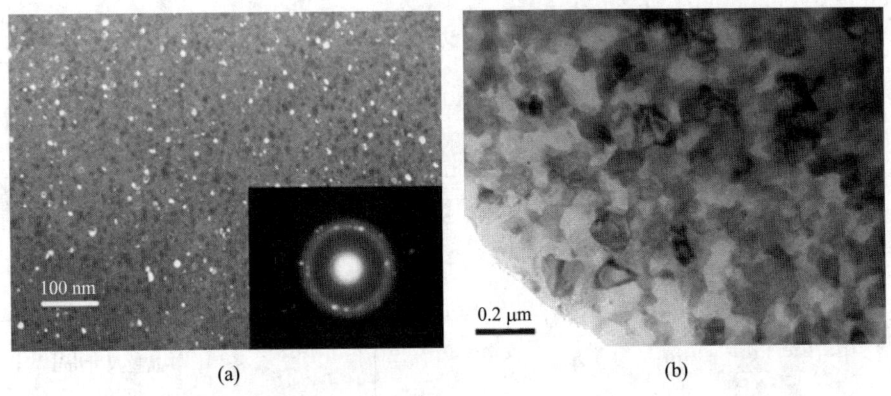

(a) (b)

图 9-76 金属玻璃室温下扭曲变形显微照片(Boucharat 等, 2005)

9.11 金属晶粒尺寸(纳米级)和层错能大小对变形机制的影响

很多研究发现,纳米级晶粒尺寸减小塑性变形机制会改变。由前面图 9-42 看到,当 Al 晶粒尺寸减小到约 10 nm 时,激活部分位错比激活全位错所需的切应力低。研究者制备梯度纳米纯 Cu 时发现,当晶粒尺寸低于 70 nm 时,变形机制由全位错主导变为由不全位错主导,同时存在大量变形孪晶。在纯 Ni 和纯 Ag 也有类似现象。图 9-77a、b 是对表面大变形的梯度纳米纯 Ni 不同尺寸晶粒内部位错、孪晶、层错的统计:当晶粒尺寸小于 100 nm,随着晶粒尺寸减小,晶内全位错(D)所占的比例持续减小(图 9-77c),孪晶(T)所占的比例先增加后减小(图 9-77d),层错(SF)所占的比例持续增加(图 9-77e)。这说明随着晶粒尺寸减小,主要的形变机制由全位错向不全位错转变。由于分析技术的原因,标记为"干净"(没有孪晶、层错或位错)并不意味着一定不存在缺陷。

除晶粒尺寸外,层错能的大小与金属的塑性形变行为有密切关系。因不全位错的边界和孪晶界就是层错,所以,低层错能的金属开动不全位错所需的外力小,在形变过程有利于形成层错和孪晶。一些低层错能的合金如奥氏体不锈钢、Cu-Al 和 Cu-Zn 等合金,塑性变形机制主要是孪生;中高层错能如 Ni、Al、Cu-Ni、Cu-Mn 等合金,塑性变形机制主要以滑移为主,变形时一般难以产生孪晶。图 9-78 是不同层错能的 Cu 合金在 Z 参数[$Z=\dot{\varepsilon}\exp(Q_0/RT)$,参见 12 章(12-42)式,式中 $\dot{\varepsilon}$ 是应变速率,Q_0 为表观形变激活能]下的微观结构,分为三个区域。区域Ⅰ中,变形以位错滑移为主,微观结构以源自尺寸为 100~300 nm DC(位错胞)的超细晶粒为特征。区域Ⅱ中,位错滑移和变形孪晶相互竞争,形成纳米级 T/M(孪晶/基体)片层,源自 T/M 片层的纳米晶粒和源自 DC 的超细晶粒的混合微观结构为其特征。纳米 T/M 片层和纳米晶粒的比例随着 SFE 的降低或 $\ln Z$ 的增加而增加。此外,降低 SFE 和增加 $\ln Z$ 会导致更小的 λ(T/M 片层厚度)和 D(横向晶粒尺寸)。区域Ⅲ中,变形主要通过变形孪晶发生。微观结构主要由纳米孪晶和纳米晶粒组成,λ 和 D 随着 SFE 的降低或 $\ln Z$ 的增加而减小。从该图中可以明显看出,降低 SFE 和增加 $\ln Z$ 会增强变形孪晶的趋势,实现纳米级

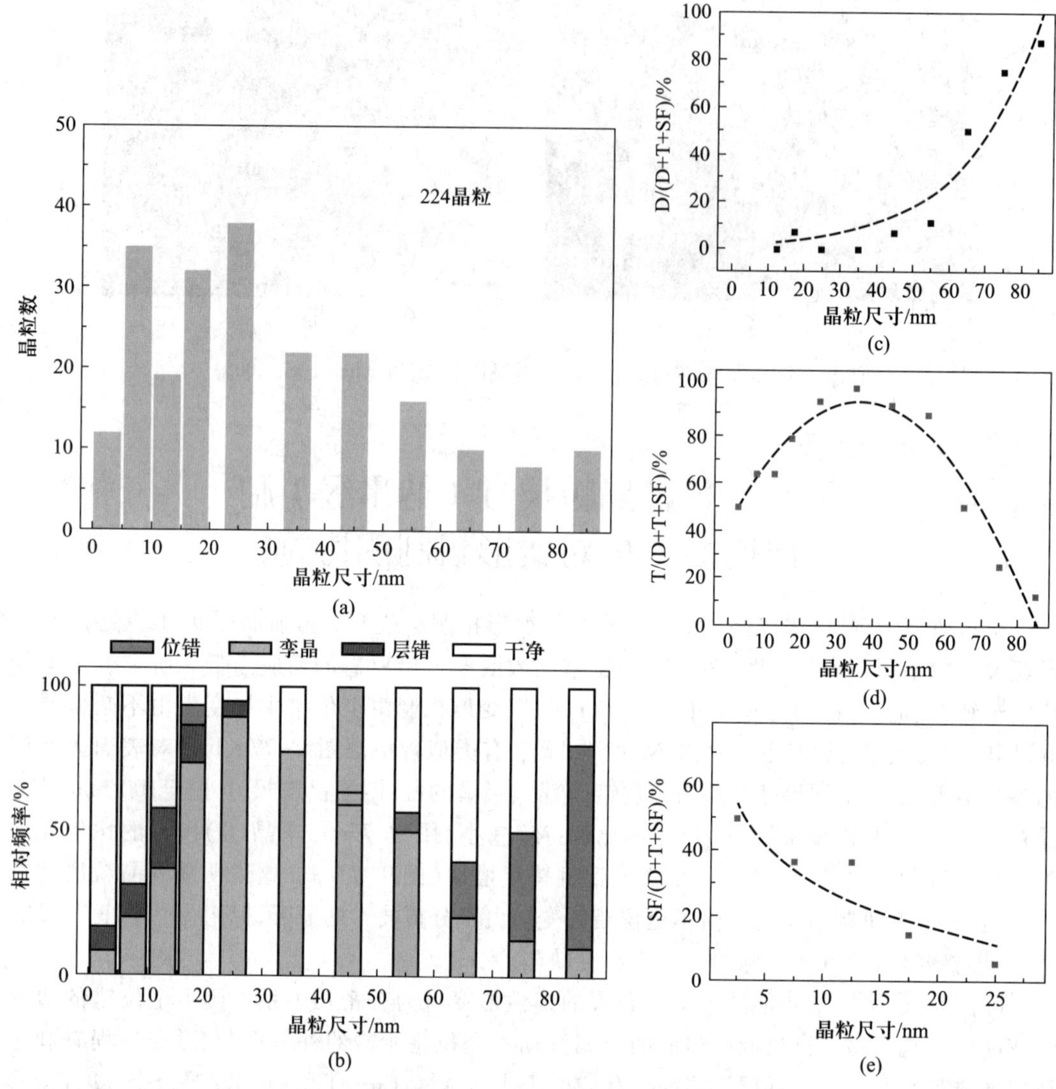

图 9-77 金属晶粒尺寸对变形机制的影响(Gu 等, 2021)

T/M 片层和纳米尺寸晶粒的混合纳米结构方面发挥着类似的作用。若保持形变 Z 参数不变,层错能从高到低变化,形变机制则从滑移主导转为孪生主导。

研究者根据实验观察和分子动力学(MD)模拟,把变形机制随晶粒尺寸的变化分为四个区域,如图 9-79 所示。图中各区域的分界用灰色带而不是明确的分界线的原因是:各区域的分界都是近似确定的,并且这个分界还取决于层错能和显微结构等材料常数。

纳米 1 区:在 TEM 观察和 MD 模拟都没有发现变形的位错机制,变形机制为晶界滑动,尺寸低于 8 nm(有时也会低于 10 nm)时屈服强度不变还是降低还不明确(图中用“?”表示)。MD 模拟预测在这一区域到超细晶粒区域会发生拉伸/压缩(T/C)的屈服不对称,拉伸屈服强度比压缩屈服强度低。

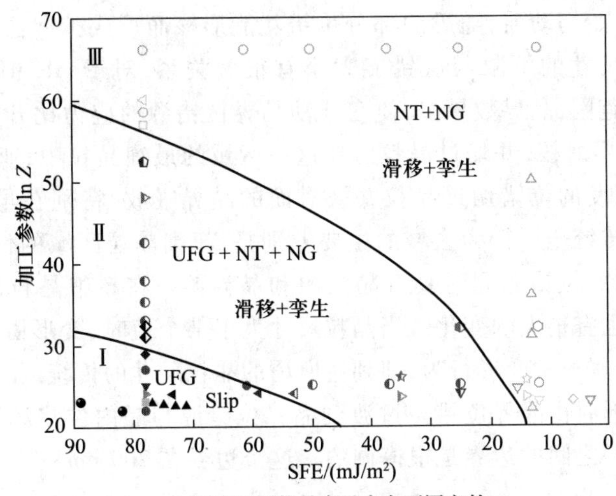

图 9-78 Cu-Al 合金在 SFE-ln Z 图中的变形模式和应变诱导微观结构图（Y. Zhang、N. R. Tao、K. Lu 等，2011）

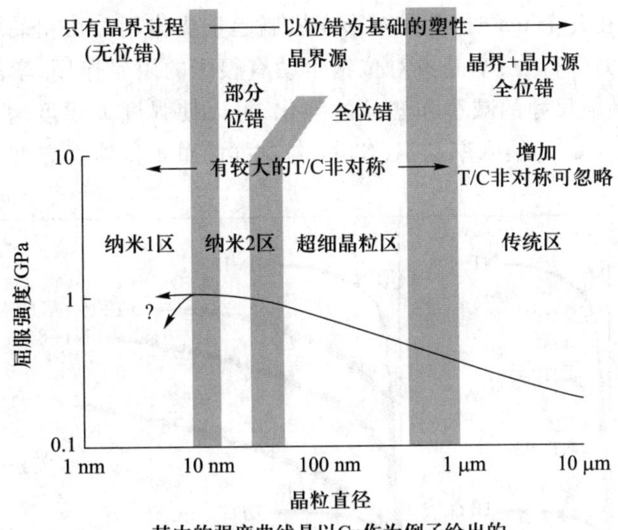

图 9-79 fcc 金属的变形机制图（Cheng、Spencer、Milligan）

纳米 2 区：当晶粒尺寸高于纳米 1 区与纳米 2 区边界时，fcc 金属中的部分位错首先被激活，因层错能不同，纳米 1 区与纳米 2 区边界尺寸不同，Cu 是 8 nm，Ni 是 12 nm。在这一区域，肖克莱部分位错切动，被另一侧晶界吸收，在晶粒留下禀性层错。这一现象只有在 MD 模拟预测到，而在 TEM 没有观察到。bcc 金属应该不会存在纳米 2 区，因为它一般不存在部分位错。

超细晶粒区:晶粒尺寸超过这一区域的下边界后,在 fcc 金属中全位错可以切过晶粒,即在领先的部分位错开始切动前,随后的部分位错就能形核而形成扩展位错。因层错能的不同,这一区域中晶粒尺寸的下限与层错能大小有很大关系,对于 Al,MD 模拟得出为 20~30 nm。在超细晶粒范围,晶界数量多,使在开动晶界位错源的应力比开动晶内位错源的应力低,点阵位错在晶界形核,并切过晶粒。在这一区域的最细晶粒中,亚马罗夫(Yamakov)等在线观察到晶界萌发的位错切过晶粒并被对面的晶界吸收,特别在早期塑性变形阶段。所以,在这一区域与传统金属行为区域的主要差别是:超细晶粒区域的位错源仅是晶界源,而传统金属行为区域的位错源同时具有晶内源和晶界源。在超细晶粒区域的其他变形效果,特别是应变硬化也有很大的变化。当晶粒尺寸大于某个值时,变形由晶内位错源与晶界源相互竞争而回到金属正常变形行为,即到达所谓的晶粒尺寸的传统区。

传统区:对于变形时由晶界位错源过渡到晶界位错源与晶内位错源混合区的明确界线研究得不多,所以他们之间的边界是很模糊的。这个边界在 200 nm~1 μm 之间。更多的信息,还待进一步研究。

9.12 纳米晶材料的孪晶强化

近期对于图 9-79 中纳米 1 区的研究发现,小晶粒尺寸对形变机制的影响也应考虑。前面说过,当晶粒尺寸在几个 nm 时,孪晶对形变机制起重要作用。在粗晶粒或纳米结构材料中,孪晶可以影响其力学行为,孪晶界对位错运动有很强的阻碍作用,孪晶的出现显著提高了拉伸强度。结合晶粒尺寸的减小和孪晶的强化,可以使强度大幅度增加。例如,图 9-80 所示为不同孪晶厚度(λ)的纳米孪晶铜(NT-Cu)试样的单轴拉伸真应力-真应变曲线,其中

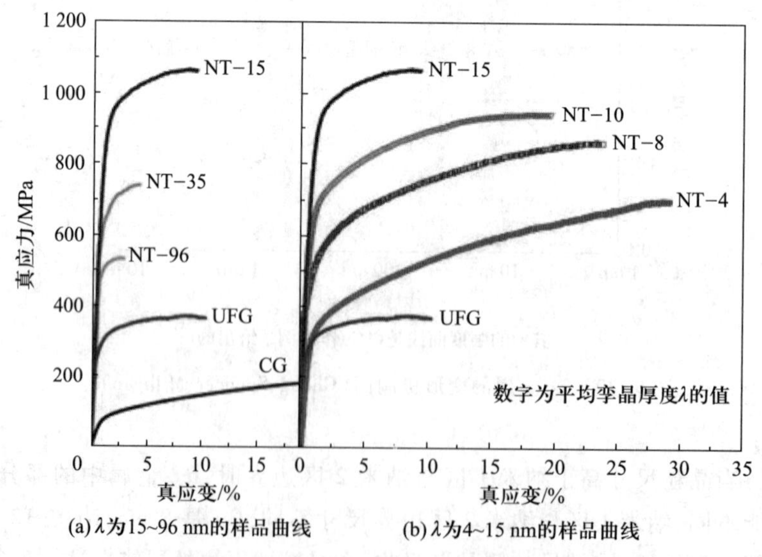

图 9-80 应变速率为 $6\times10^{-3}\,s^{-1}$ 的 NT-Cu 试样单轴拉伸真应力-真应变曲线(L. Lu 等,2009)

NT-Cu 的应力-应变曲线与粗晶铜(CG-Cu,平均晶粒尺寸为 500 nm)和超晶铜(UFG-Cu,平均晶粒尺寸为 10 nm)的应力-应变曲线相似,但均在它们的应力-应变曲线之上。表明通过在亚微米晶粒中引入孪晶可对材料进行强化,但是这种强化并不与孪晶厚度 λ 成线性关系。当 $\lambda>15$ nm,应力-应变曲线随 λ 的减小而向上移动(图 9-80a),随着 λ 的进一步减小到极限尺寸($\lambda<10$ nm),应力-应变曲线向下移动(图 9-80b)。测量的屈服强度 $\sigma_{0.2}$ 在 $\lambda\approx$ 15 nm 时达到最大值 900 MPa,所以 15 nm 是最强晶粒尺寸。$\lambda<15$ nm 将出现逆 H-P 关系(见下节)。

一些金属的分子动力学(MD)模拟和实验获得的最强晶粒尺寸见表 9-3。

表 9-3 分子动力学(MD)模拟和实验获得的最强晶粒尺寸

金属	尺寸峰值/nm	来源,年份
Cu (fcc)	16 20 15	D. E. Spearot 等,2009 M. A. Meyers 等,2006 J. Schiøtz 等,2003
Ni (fcc)	10	A. V. Sergueeva 等,2001
Mg (hcp)	30 22	H. Y. Song 等,2012
Zr (hcp)	16 25	C. J. Ruestes 等,2014
Zn (hcp)	11	J. Narayan 等
Ta (bcc)	30	Y. Tang 等,2013
Fe (bcc)	15	J. B. Jeon 等,2011
WC (hex)	15	H. Conrad 等,2011

莎拉(I. Sara)等对平均晶粒尺寸为 29 nm 的原位固结块状纳米晶 Al 的研究也显示(图 9-81):与传统的粗晶商业纯铝相比,这种纳米晶铝具有极高的抗拉强度、硬化率和延展性。在总延伸率为 10%的情况下,该粗晶铝的抗拉强度至少是粗晶铝的 10 倍。前面对 Al 分析可知(图 9-42),随着晶粒尺寸的减小,部分位错比晶格位错更容易激活,对原位固结块状纳米晶 Al 中含孪晶晶粒的统计分析表明,孪晶形成发生在尺寸为 10~25 nm 的较小晶粒中。原位固结块状纳米晶 Al 的强化作用主要来自晶粒细化。在小晶粒中形成的形变孪晶也会获得高的强度。因为粗晶或纳米结构材料中的孪晶可以影响其力学行为。孪晶界对位错运动起到了强大的阻挡作用,从而提高了合金的抗拉强度。

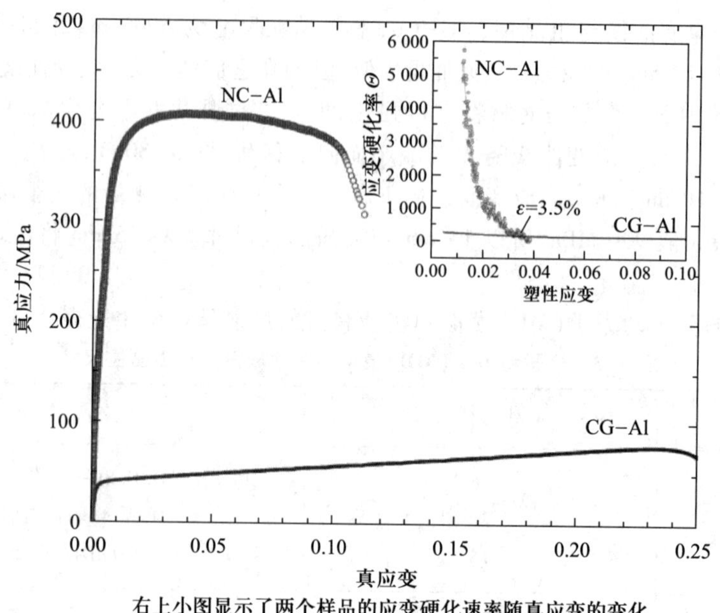

右上小图显示了两个样品的应变硬化速率随真应变的变化

图 9-81 纳米孪晶 NC-Al 和粗晶 CG-Al 的拉伸真应力-真应变曲线（I. Sara 和 Ahmed 等，2020）

9.13 硬化和回复与屈服现象

有些材料在变形初始时的屈服应力很高，但随后流变应力有大幅度的降落，这种现象称屈服现象。屈服现象来源于位错增殖与耗损间的异常关系。

变形时由于位错间的长程弹性交互作用，形成了复杂的位错结构。由于位错移动产生的产物的积累，如不动位错结构、位错碎片、位错缠结等，使得移动位错与应变速率之间的关系发生变化。

第 6 章(6-104)式给出了塑性变形 γ_p 与移动位错密度 ρ_m、位错移动的平均距离 $\bar{x}$ 间的关系，将此式对时间全微分得到

$$\dot{\gamma}_p=\phi(\rho_m b\bar{v}+\dot{\rho}_m b\bar{x}) \tag{9-21}$$

式中：$\dot{\gamma}_p$ 和 $\dot{\rho}_m$ 分别是塑性变形速率和移动位错密度随时间的变化率。(6-104)式忽略了上式右端的第二项。把(9-21)式作如下处理：

$$\dot{\gamma}_p=\phi\left(\rho_m b\bar{v}+\frac{\partial\rho_m}{\partial x}\frac{\partial x}{\partial t}b\bar{x}\right)=\phi(\rho_m+\Delta\rho_m)b\bar{v} \tag{9-22}$$

式中：$\Delta\rho_m=(\partial\rho_m/\partial x)x$ 是描述位错移动 x 引起位错密度的变化。当移动使位错增殖，$\Delta\rho_m$ 为正；当移动使位错减耗，$\Delta\rho_m$ 为负。若应变速率为常数，位错移动时任何使位错增殖的因素都使位错移动速度减小，从而降低相应的流变应力[见(6-100)式]。例如，半导体材料锗在屈服时大量增殖位错，产生明显的屈服降落现象，如图 9-82 所示。

移动位错密度 ρ_m 和位错移动速度 v 都随应力和应变变化。为了维持普通拉伸时的应变速率，在恒应变速率下：

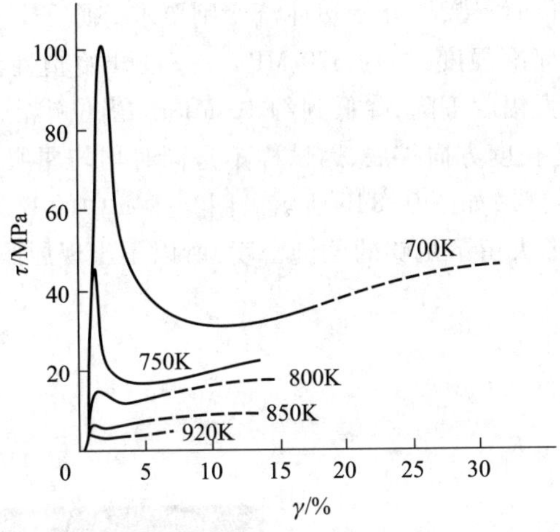

图 9-82 锗晶体的屈服降落现象(Dupas 等,2002)

$$\rho_{mu} v_u = \rho_{ml} v_l \tag{9-23}$$

式中:下标 u、l 分别表示上、下屈服。因为 $v \propto \tau^m$[见(6-101)式],所以,上、下屈服应力之比为

$$\tau_u / \tau_l = (v_{mu}/v_{ml})^{1/m} = (\rho_{ml}/\rho_{mu})^{1/m} \tag{9-24}$$

式中:m 因材料而异。对于纯的金属晶体,300 K 时 $m \approx 1$;随着加入合金元素,m 增加到 2~5;当温度降低到 77 K 时,m 增加到 4~12。原始位错密度和 m 值对上、下屈服点(上、下屈服强度)有很大的影响。图 9-83a、b 分别描述原始位错密度和 m 值对上下屈服点的影响。

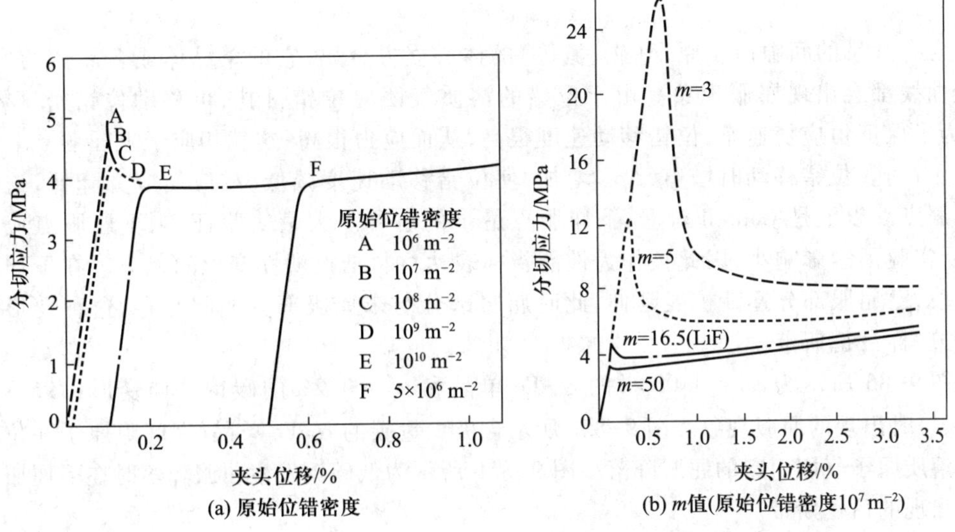

图 9-83 原始位错密度和 m 值对上、下屈服点的影响

若原始晶体含有极少位错,例如直径为亚微米的金属晶须、纳米丝等,变形时因位错急剧增殖会出现明显的屈服降落现象。图 9-84a 所示为亚微米尺寸的 Cu 晶须的超常大的屈

服现象。因为晶须缺少可动位错，要开始塑性流变则要求有原子尺度的表面台阶发射位错，所以屈服强度很高，接近理论强度，约为 370 MPa。一旦开始塑性流变，在局部地方位错密度很快增加，使流变应力大幅度下降，降低到约 10 MPa。当位错密度达到适当的水平后，塑性变形的前沿沿着晶须的长度方向扩展，因试样不是同时均匀屈服，形成屈服与未屈服相间部分，称为吕德斯(Lüders)带，如图 9-84b 所示。图 9-84a 中的 B 曲线是晶须先在 670 ℃退火 1 h 的形变曲线，因为退火留下足够的位错密度，所以不出现屈服降落现象。

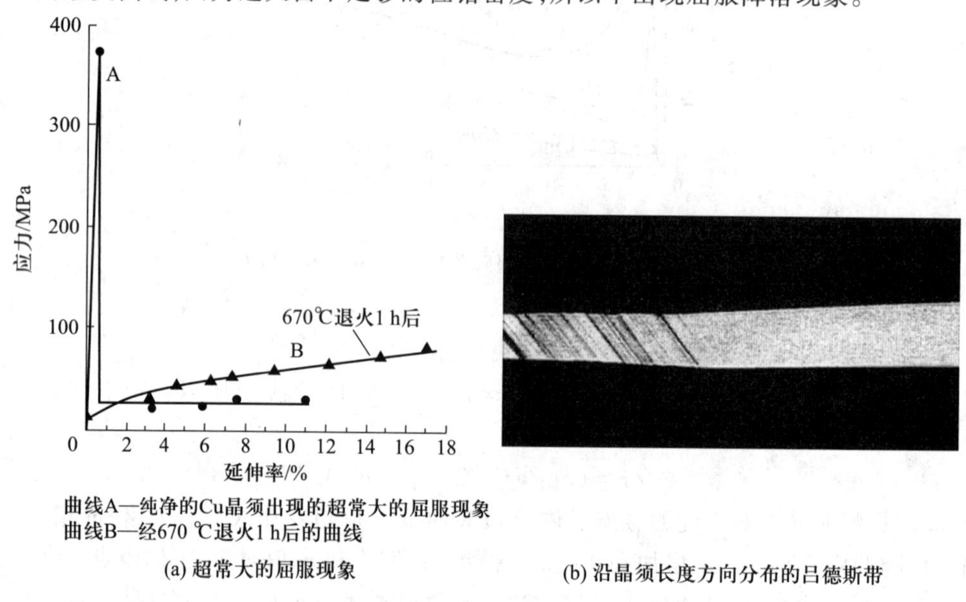

(a) 超常大的屈服现象 (b) 沿晶须长度方向分布的吕德斯带

图 9-84 亚微米级晶须的超常大屈服现象

含有微量的间隙溶质原子(碳、氮等)的体心立方金属，它的单晶体或多晶体的应力-应变曲线都会出现屈服现象。由于位错的溶质气团对位错钉扎，可移动位错密度 ρ_m 很低，为了保证恒应变速率，位错移动速度很高，从而应力很高，这就相应于上屈服点。一旦摆脱了钉扎，位错移动时增殖，$\Delta\rho_m$ 增加，使位错移动速度减低，相应使应力降低，这就是下屈服点。以上是 Cottrell 对上、下屈服点最早的解释。大量实验证实，下屈服点应力稳定，受实验因素影响小，因此被作为性能指标表达材料抵抗塑性变形的能力。在下屈服变形阶段，已屈服部分逐渐扩展延伸，此时屈服部分与未屈服部分相间并存，这种变形不均匀痕迹，称吕德斯带。

图 9-85 所示为 $w_C = 0.003\%$ 的 α-Fe 单晶和 $w_C = 0.2\%$ 的碳钢拉伸变形(195 K，$\dot{\varepsilon} = 10^{-5}\text{s}^{-1}$)时出现的屈服现象。图 9-85a 所示含极少量碳的 α-Fe 单晶，因间隙原子在位错形成的溶质原子气团引起的屈服降落。图 9-85b 所示为低碳钢发生屈服降落时在下屈服变形阶段出现的吕德斯带。

低碳钢出现屈服现象是微量的间隙溶质原子与位错的交互作用引起的，所以，经过屈服降落的下屈服变形卸载后立刻重新加载，因为位错屈服移动时 $\Delta\rho_m$ 增加，溶质原子没有时间在新增殖的位错上形成溶质气团，故不会出现屈服降落现象，如图 9-86 中的 A 曲线所示。图 9-86 中的 B 曲线是经过屈服降落卸载后加热到 100℃保温 10 min，再重新加载的情况，

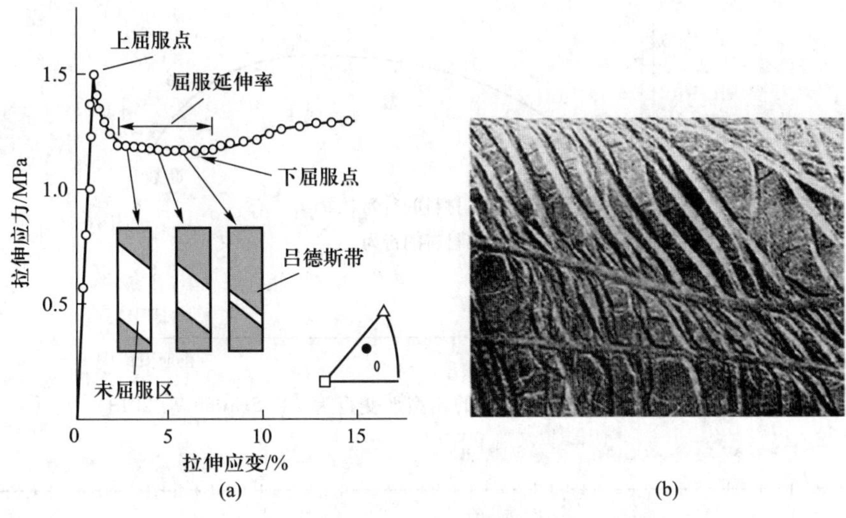

图 9-85 屈服现象和吕德斯带

因为保温时溶质原子有时间在新增殖的位错上形成溶质原子气团，所以重新加载时又出现屈服降落现象。甚至在 100 ℃ 只保温 1 min，也会重新出现微弱的屈服降落现象（图 9-86 中的 C 曲线），这种现象称为应变时效。

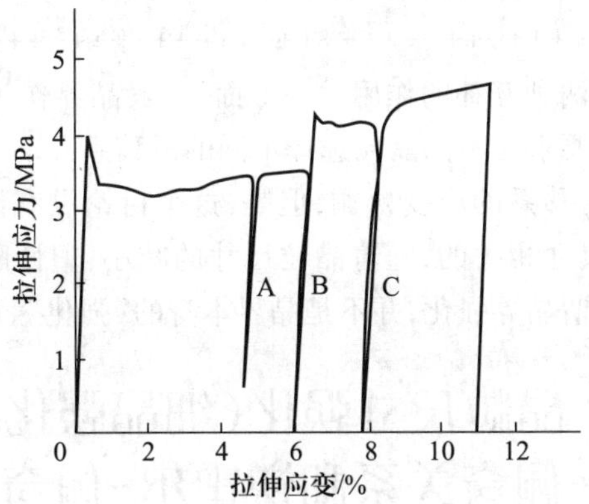

图 9-86 w(C) = 0.2%碳钢的屈服现象（应变速率为 $10^{-5}s^{-1}$）。

除了金属和合金外，金属玻璃、离子晶体、聚合物，甚至岩石等大部分的材料都会出现屈服点现象。施瓦布（R. Schwab）等认为，真实的上屈服强度 $\sigma_{u(tr)}$ 远高于通常观察到的上屈服强度 σ_u，如图 9-87 所示。这是由于拉伸试验的试样不可避免的轻微错位、缺口和残余应力导致的应力集中引起的过早屈服。而下屈服强度 σ_l 的应力水平一般认为是塑性变形吕德斯带前沿仍未屈服区域的应力，而所观察到的下屈服强度 σ_l 的应力水平主要是吕德斯带前沿三轴应力状态发展的结果，所以比真实的下屈服强度 $\sigma_{l(tr)}$ 高。

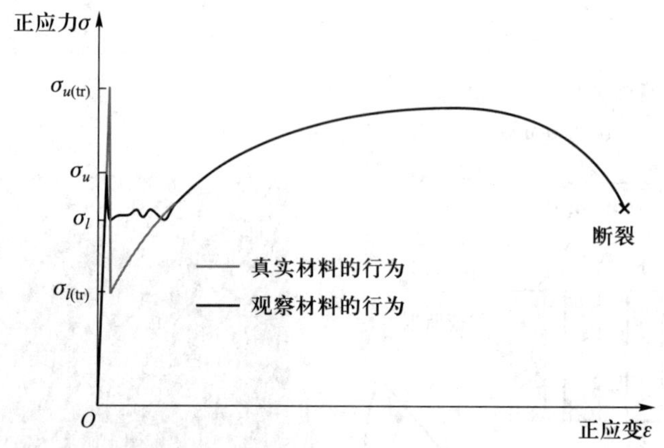

图 9-87 拉伸试验中结构钢的典型形变行为（R. Schwab 等,2013）

++

例题 9-7 含 C、N 的纯铁或低碳钢拉伸时会出现上、下屈服现象,如何避免?

解 出现上、下屈服现象的原因是 C、N 间隙溶质原子在位错形成科氏气团。避免这一现象出现的方法是预应变,应变量超过下屈服点的应变量,这时位错“摆脱”溶质钉扎,工件已进入均匀变形阶段,然后立刻进行最终变形,不再出现上、下屈服现象。预防或缓解的措施是加入 V、Nb、Ti 等微量合金元素(它们与 C、N 原子有强的亲和力),将 C、N 原子固定在化合物中,制成无间隙原子钢,即 IF 钢,从而避免或缓解加工时出现上、下屈服现象,使工件不出现吕德斯带(表面缺陷)。

++

在多晶体中,晶界起着两种互补的作用。一方面,一般晶界作为位错不能穿越的“墙”,而另一方面,多晶体变形协调要求在不同晶粒选择不同的滑移系开动。在 9.7.1 节讨论了 Taylor 提出的基于开动五个独立滑移系的应变协调,但是,这个讨论没有涉及晶粒尺寸。实际上,多晶体的塑性阻力是与晶粒尺寸相关的,随着晶粒尺寸的减小,塑性阻力增加,这说明晶界起着强化的作用。这也说明,所谓晶界强化,并不是晶界本身的“强化”,而是它的存在引起的强化。

9.14 晶粒尺寸强化(细晶强化)——霍尔-佩奇关系和逆霍尔-佩奇关系

9.14.1 霍尔-佩奇 (Hall- Petch)关系

霍尔(1951)和佩奇(1953)对低碳钢多晶体屈服过程进行观察,在屈服区域观察到个别晶粒由单独的滑移系激活,然后滑移过程从一个晶粒进入到另一个晶粒,最终引起整体屈服。这个过程可能是在相对于拉伸力轴取向较软晶粒中位错源先被激活,位错在晶界塞积,位错塞积群在晶界的应力集中激发了邻近较硬晶粒的位错源开动。这时对应的拉伸应力认为就是多晶体的屈服应力 σ_y。据此获得如下的霍尔-佩奇关系(简称 H-P 关系)

$$\sigma_y=\sigma_0+k_y d^{-1/2} \tag{9-25}$$

式中:σ_0 称晶内阻力,包括 P-N 阻力、加工硬化、固溶、沉淀、林位错等各种强化;k_y 是和晶格类型、弹性模量、位错分布及位错被钉扎程度有关的常数。σ_0 和 k_y 都是拟合参数。Hall-Petch 关系指出,多晶体的屈服强度与晶粒的直径 d 成(−1/2)次方的关系,即晶粒越细,强度越高;多晶体的强度高于单晶体。图 9-88 所示为一些金属材料的屈服强度(Y. S.)与晶粒尺寸 d 的关系。大多数碳钢和合金钢以及多晶体材料的屈服强度与晶粒尺寸都符合或类似符合这一关系。

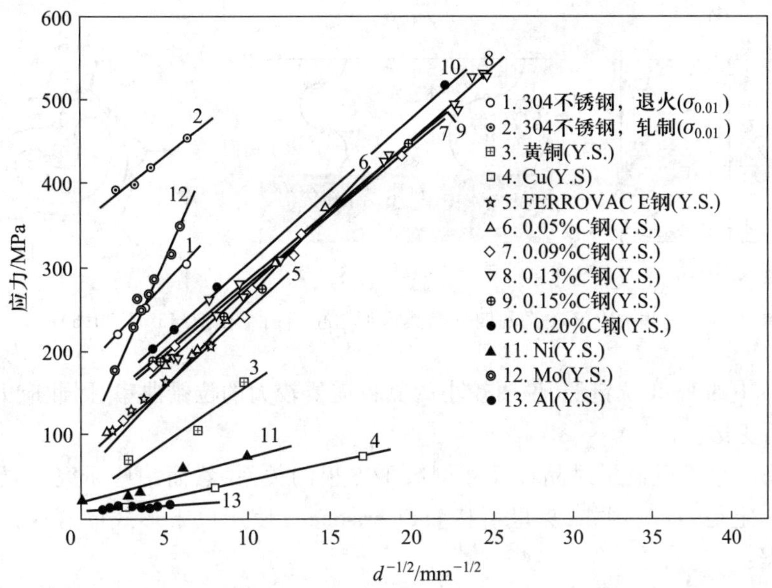

图 9-88　一些金属材料的屈服强度(Y. S.)与晶粒尺寸 d 的关系

关于 H-P 关系有四种经典模型。图 9-89a 位错塞积模型:位错在晶界前塞积的应力集中,引起相邻晶粒位错源开动,认为相邻晶粒的位错源开动就是晶体屈服。塞积的应力集中和塞积群的位错数目成正比,而塞积群的位错数目亦与晶粒直径 d 成正比,晶粒越小,塞积位错数减少(见(6-108)式),因此需要更大的应力来引起相邻晶粒的滑移。据此可导出 H-P 关系。图 9-89b 晶界台阶或网状位错模型:晶界不是光滑的(见图 7-10 的 TLK 模型),与晶界坪台凸起的台阶可作为位错源,单位面积的坪台台阶基本上是常数,因此生成的位错网络的密度 ρ_{nt} 与晶粒尺寸成反比,而强度与位错密度的平方根成正比[见(9-7)式],据此可导出 H-P 关系。图 9-89c 几何必需位错(GND)和应变梯度模型:由 9.7.2 节可知,为了多晶体形变的协调,晶界处晶粒间的错配会导致局部的高位错密度,这些是几何必需位错(GND),随着 GND 密度的增加在晶界处产生很强的应变梯度,GND 密度与晶粒尺寸成反比,同样,晶体强度与位错密度的平方根成正比,据此可导出 H-P 关系。图 9-89d 塑性应变模型:小晶粒位错滑移距离 $\bar{x}$ 比大晶粒的短,根据(6-103)式,在同一应变量下,小晶粒中位错密度比大晶粒的高,因此可导出 H-P 关系。

微电子器件生产中常有晶体外延生长另一相薄膜的过程,外延生长达到某一临界厚度时,弹性应变能太大便会萌生失配位错以松弛弹性应变能。衬底上的外延应变层中的 F-R (Frank-Read)位错源和单边位错源会受外延层厚度的限制(图 9-89e),研究者据此对薄金属多层膜进行了计算,导出晶粒直径与位错曲率成反比,与应力成反比的关系。图 9-89f 显

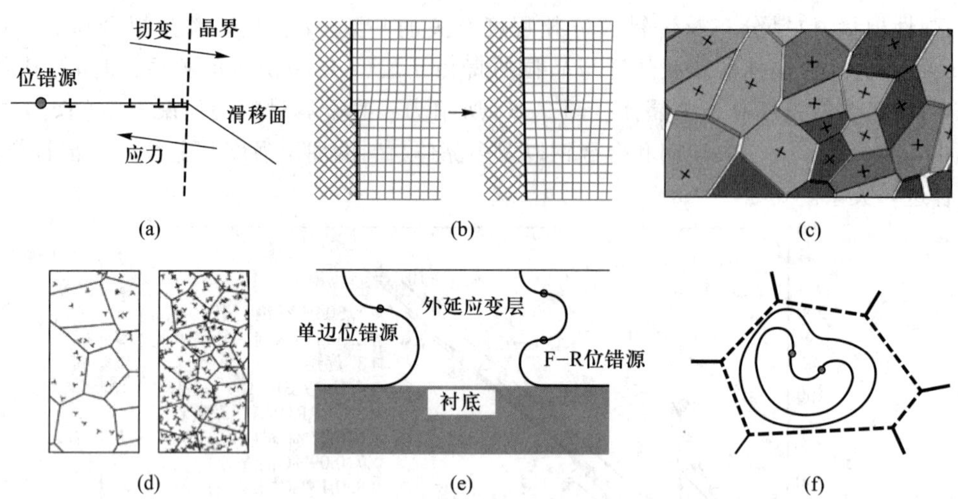

图 9-89 H-P 关系的四种经典模型与位错曲率模型(Li 等,2016)

示了单个晶粒中的 F-R 位错源,说明较小的晶粒需要较大的位错曲率,因此应力随 $1/d$ 或 $\ln d/d$ 的变化而变化。

虽然所有模型都预测了对晶粒尺寸倒数平方根的关系,然而一些研究人员提出了晶粒尺寸指数不一定是-1/2,例如,克里斯特曼(Christman)使用以下形式的幂律拟合实验晶粒尺寸强化数据:

$$\sigma=\sigma_0+kd^{-x} \tag{9-26}$$

其中:x、σ_0 和 k 都是拟合参数,发现 fcc 金属的 $x=1/3$,而 bcc 金属的 x 在 1/2 和 0.9 之间变化。最近,学者邓斯坦和布什比(Dunstan 和 Bushby,2014)认为,因为移动位错所需的应力与其曲率半径有关,而曲率半径受多晶体晶粒尺寸的限制,得到 $x=1.0$。

从导出 H-P 关系的模型看出,H-P 关系式中的 k_y 和材料的切变模量 μ 和柏氏矢量 $\boldsymbol{b}$ 有关,为了避免这些材料因素的差异,k_y 可以通过剪切模量 μ 和 $b^{1/2}$ 归一化为 $\tilde{K}$:

$$\tilde{K}=\frac{k_y}{\mu\sqrt{b}} \tag{9-27}$$

对于大多数材料,归一化系数 $\tilde{K}=0.1\sim0.6$。并且,大多数 fcc 金属(铜、铝、金、镍)的 $\tilde{K}$ 值较小,而大多数 bcc 金属(铁、钼、W、Ta)的 $\tilde{K}$ 值较大。

除了屈服强度外,流变应力、断裂强度等与晶粒尺寸间也有类似于(9-25)式的关系,只是不同情况下式中常数 σ_0 与 k_y 的意义和数值不同。

++

例题 9-8 若铁遵循霍尔-佩奇关系,平均晶粒直径为 5×10^{-2} mm 时下屈服点为 135 MPa,平均晶粒直径为 8×10^{-3} mm 时下屈服点增加到 260 MPa。求下屈服点为 205 MPa 对应的晶粒直径尺寸。

解 按照 H-P 关系,有

$$\sigma_0+k_y(5\times10^{-2}\,\text{mm})^{-1/2}=135\ \text{MPa}$$

$$\sigma_0+k_y(8\times10^{-3}\,\text{mm})^{-1/2}=260\ \text{MPa}$$

两式相减：

$$k_y[(8\times10^{-3}\text{mm})^{-1/2}-(5\times10^{-2}\text{mm})^{-1/2}]=(260-135)\text{MPa}$$

$$k_y=\frac{260-135}{[(8\times10^{-3})^{-1/2}-(5\times10^{-2})^{-1/2}]}\text{MPa}\cdot\text{mm}^{1/2}=\frac{125}{6.71}\text{MPa}\cdot\text{mm}^{1/2}=18.63\ \text{MPa}\cdot\text{mm}^{1/2}$$

把 k_y 代入上面的式子，求 σ_0：

$$\sigma_0=135\ \text{MPa}-18.63\times(5\times10^{-2})^{-1/2}\ \text{MPa}=51.68\ \text{MPa}$$

如果下屈服点为 205 MPa，则晶粒直径

$$d=\left(\frac{\sigma_y-\sigma_0}{k_y}\right)^{-2}=\left(\frac{205-51.68}{18.63}\right)^{-2}\text{mm}=1.48\times10^{-2}\text{mm}$$

++

9.14.2 逆霍尔-佩奇关系

很多实验数据表明，当晶粒尺寸在纳米级范围时，晶粒尺寸与强度的关系不遵循 H-P 关系。很多对纳米级多晶体的研究指出，当 $d\leqslant20$ nm，会发生 H-P 关系的反向行为，即随着晶粒减小而屈服强度下降。图 9-90 是对 Cu 小尺寸晶粒的研究结果集合（数据比较分散），当晶粒尺寸<25 nm 时，其行为偏离经典的 H-P 模型，即表现出逆 H-P 关系。还有一些研究者认为，当 $d\leqslant10$ nm 才会表现这种逆 H-P 关系。

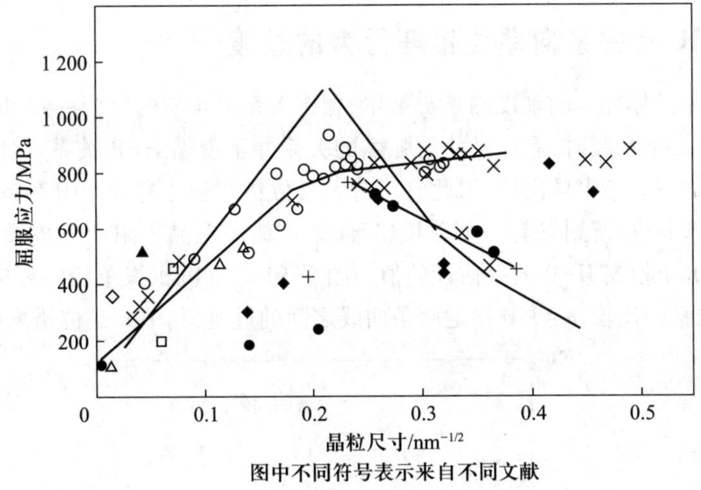

图 9-90 对 Cu 小尺寸晶粒的研究结果集合（Meyers 等，2006）

对于逆 H-P 关系，除了实验观察数据外，还有很多分子动力学（MD）模拟研究，提出了一些逆 H-P 关系的解释。首先注意到当晶粒尺寸到达纳米级时，晶界所占的体积分数是不能忽略的（参见图 7-109）。例如，设晶界厚度为 0.5 nm，则 $d=30$ nm 和 $d=10$ nm 的多晶体中分别有 10%和 30%的原子处在晶界中，晶界的作用不容忽略。这种逆 H-P 关系归因如下：

（1）虽然变形时仍有一些位错被激活，由于晶界的自扩散激活能比晶粒内低得多，纳米材料的主导变形是从位错控制转换到晶界协调滑动和扩散（科斯洛斯基等，2011；迈尔斯，2006）、Coble 蠕变扩散（潘德等，2009）和晶粒转动（奥维迪奥，2002）等转变，使得变形阻力减小，室温下也能由晶界产生大量塑性变形，导致屈服强度随晶粒尺寸减小而降低。

（2）存在无序晶界，使塑性流变更容易在晶粒之间传递（阿姆斯特朗，2016）。

（3）因为与粗晶和微晶材料相比，纳米材料在晶界中的比例较高，而晶界中材料的固有相对柔软性导致其强度降低（Kuhr 等，2019）。一些实验研究指出，位错的晶界源与晶内源起主要作用的临界晶粒尺寸 d_c 为 30～100 nm（还取决于金属加工过程以及显微结构，如织构、杂质、晶粒尺寸分布等）。当晶粒尺寸低于这一临界尺寸时，移动位错很快被晶界吸收而不留下痕迹。对 fcc 晶体，大多数研究者认为临界尺寸大约为 30 nm，在这个尺寸范围屈服强度与晶粒尺寸就偏离了 H-P 关系而转入近似水平状态。

偏离经典 H-P 关系的行为也在其他材料，包括铁、镍和钛中观察到。

但是，这类小晶粒材料的很多研究数据仍不太一致，部分原因是制造小晶粒材料非常困难，还有部分原因是制造方法不同，合成纳米微晶过程中，不完全致密化会导致残留孔隙率，使纳米晶粒之间结合不良，材料强度降低（科赫等，2000）。对于 MD 模拟，尽管 MD 模拟允许直接模拟原子并研究尺寸小于 10 nm 的晶粒的晶界结构，但模拟的应变速率太高以至于无法进行实验；由于计算限制，模拟无法处理尺寸超过数百纳米的样本，因此不能简单地与宏观实验相对照。所以，对于逆 H-P 关系目前还没有统一的认识，有很多争论，仍在摸索研究。甚至有研究者（康拉德等，2005）认为逆 H-P 关系是一种假象，认为是在纳米晶的制备过程中产生了如孔洞、夹杂物等软化缺陷引起的。

9.14.3 H-P 关系向单位错环行为的过渡

尽管一些纳米晶体样品的硬度测量与霍尔-佩奇关系所预期的行为一致，但很多实验数据表明，当晶粒尺寸在纳米级时，晶粒尺寸与强度的关系并不遵循 H-P 关系。如(9-25)式是基于位错塞积引起的应力集中导出的，因此它只对大量位错塞积才有效。随着晶粒尺寸减小，塞积位错数量趋于饱和，过渡到只有一个单位错环，该位错环在晶界阻力下扩展。根据计算，单位错环的应力值大于根据 H-P 关系估计的值。图 9-91 是电沉积镍单位错环应力与晶粒尺寸的关系与 H-P 关系的比较，$n=1.0$ 标记两条曲线之间的过渡，其中 n 是位错堆积的数量。

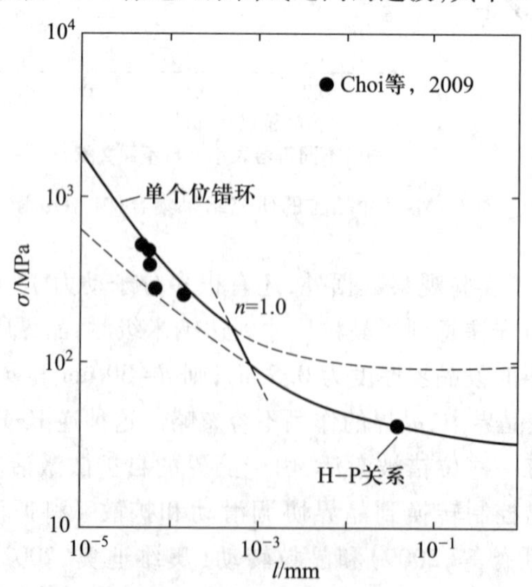

图 9-91 电沉积镍单位错环计算的 $n=1$ 的应力与晶粒尺寸 l 关系与 H-P 关系的比较（R. W. Armstrong，2016）

9.15　“超硬”纳米晶体材料的合成

纳米晶体材料内晶界的性质受合成方法的影响,可以利用调整合成方法以产生“超硬”纳米晶体材料(“超硬”材料)。严重塑性变形（SPD）产生的材料屈服应力和硬度大于由其晶粒尺寸范围外推的H-P关系,在H-P关系中观察到的正斜率表明这些材料出现了超强度。图9-92是SPD处理的商业纯度(CP) Ti的显微维氏硬度HV(一般是屈服强度的3倍)与晶粒尺寸的关系,其H-P关系保持在10 nm以下。

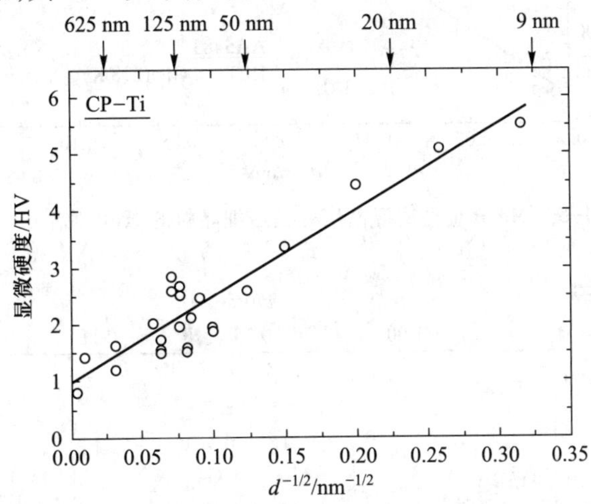

图9-92　CP Ti的显微硬度与晶粒尺寸关系(N. Balasubramanian 等,2016)

较大匝数的高压扭转(HPT)加工可获得超细晶粒尺寸和高分数的大角度晶界,在达到合理的最强晶粒尺寸(表9-3)后,可以同时获得高强度和高塑性,这一情况被Al-5% Mg合金最新研究所证实,如图9-93所示。图中显示了粗晶材料以及在经6.0 GPa从1/4匝至10匝的HPT后的显微硬度数据。随着高温高压处理中匝数的增加,大角度晶界形成,使得所有HPT加工(除了加工匝数少于1的材料,在少量的匝数下,单个晶粒尺寸的分布和晶界特征分布都有显著的变化,)的细晶粒和一般的粗晶粒的结果都位于同一条H-P关系线上。

图9-94显示了超细晶粒（UFG)Ti中H-P关系的结果集合,涵盖了非常广泛的文献资料,其中G1到G4表示Ti的等级,较高的数值表示Fe、N和O的杂质含量增加,从而增加了强度。很明显,在所有情况下,通过SPD处理可改善屈服强度,在6.0 GPa和10次高压扭转(HPT)后,Ti(G4,晶粒尺寸约为110 nm)产生的最高强度约为1450 MPa（R. K. Islamgaliev等,2008)。

瓦利耶夫(R. Z. Valiev)及巴拉苏布拉-曼尼亚(B. Manian)和兰登(Langdon)将“超硬”纳米材料归因于三个主要影响:(1) 大角度晶界的比例较大。在纳米SPD材料的早期研究中(R. Z. Valiev 等,2000)已经表明,累积真应变ε>6~8会导致形成以大角度晶界为主的超细晶粒。高压扭转(HPT)合成的纳米晶体,扭转次数从1/2增加到10,大角度晶界的比例可以从55% 增加到80%（Hu 等, 2017)。因为大角度晶界的晶体取向差大,它在阻止位错滑

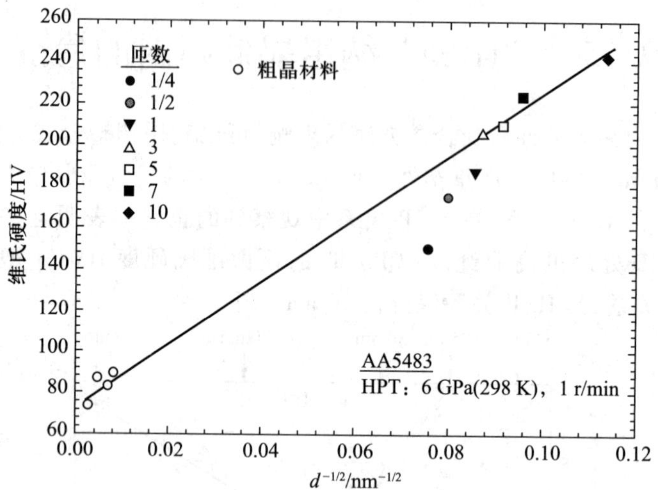

图 9-93 粗晶粒 Al-5% Mg 合金经高温高压处理后细晶粒的 H-P 关系(P. Bazarnik 等,2015)

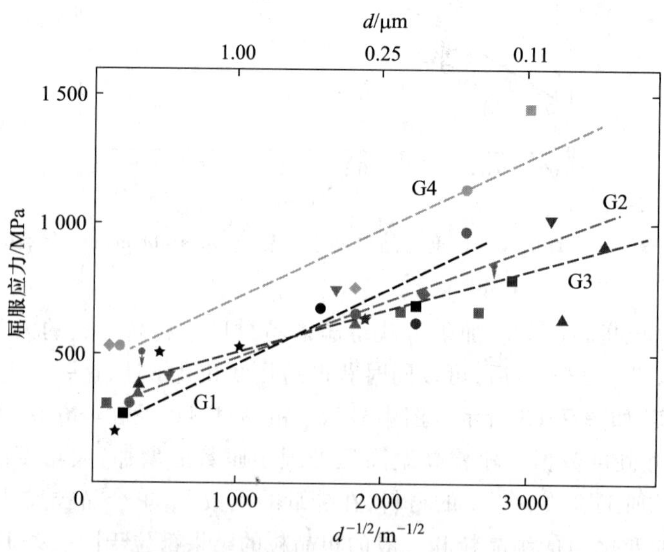

图 9-94 不同等级 Ti 的 H-P 关系(N. Balasubramanian, 2016)

移更有效,这导致晶界滑动只能沿大角度晶界发生。(2) 晶界处杂质和合金元素的偏析。这些偏析形成“云”或团簇,尺寸为 3~5 nm,晶界区域中这种结构抑制了晶界发射位错。另外,晶界沉淀会对几何必需位错(GND)产生阻力。(3) 非平衡晶界(参见图 7-118)、特殊的孪晶界 SPD 产生的位错比几何上需要的更多。这些非本征位错对强度的贡献,以及它们与偏析体的相互作用,导致强度值高于 H-P 关系的预测(N. Balasubramanian, 2016;R. Z. Valiev,2014)。

“超硬”材料的观察结果,H-P 关系中有两个临界长度 d_{cr1} 和 d_{cr2},如图 9-95 所示。对于 UFG 材料,在 $d_{cr2}<d<d_{cr1}$ 的区域,H-P 指数在-1/2 到-1 之间变化,在 $d<d_{cr2}$ 的区域,H-P

指数为-3,其中还给出了正斜率和异常硬化,如图 9-95 中曲线 2 所示。相比之下,图 9-95 中曲线 1 对应于传统的 H-P 关系,在非常小的晶粒尺寸下出现负斜率或软化行为。

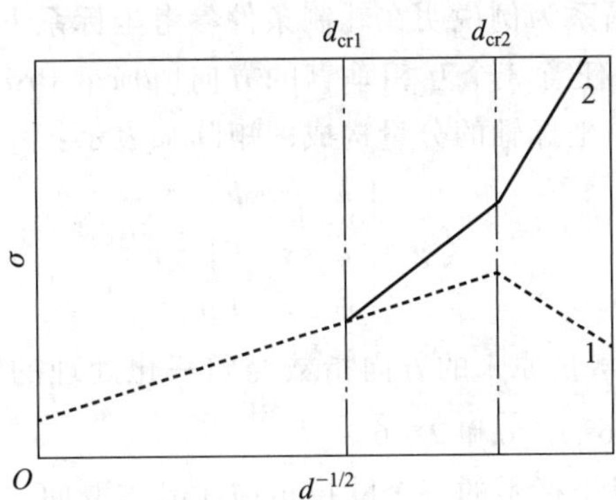

图 9-95 传统材料(曲线 1)和超"硬"材料(曲线 2)的 H-P 关系示意图(S. A. Firstov 等,2009)

关于超细晶粒和纳米晶粒材料的变形机制以及晶粒尺寸与强度的关系,是近 20 年的研究热点,有大量的文献,存在不同论点和争论。但这一领域将有广阔的应用前景。这里只介绍了一些基本概念。

9.16 形变织构

形变总是在取向有利的滑移系和孪生系上发生,结果使得形变后晶体的取向并非是任意的。随着形变进行,各晶粒的取向会逐渐转向一个或多个稳定的取向,这些稳定取向的具体数值取决于金属材料的晶体结构及形变方式。多晶体的晶粒取向集中分布在一个或一些取向附近的现象称为择尤取向,多晶体的择尤取向称为织构。从广义上看,多晶体中晶粒取向偏离随机分布的现象都称为织构。晶粒取向的择尤(即织构的出现)使得随机取向的伪各向同性的多晶变为类似于单晶的各向异性,从而造成性能上的各向异性。由于大多数材料要经过形变,所以织构的存在是不可避免的,同时它还可能导致随后退火再结晶或晶粒长大时出现新的织构(见第 12 章),因此有必要认识形变织构及其形成规律。

9.16.1 晶体取向的描述

晶体取向是指晶体的 3 个晶轴([100]、[010]、[001])在给定参考坐标系(例如轧板中的轧向 RD、侧向 TD 和法向 ND)的相对方位。1 个晶轴的方向在坐标系中由 3 个变量(晶轴的单位矢量在 3 个坐标轴的分量)确定。3 个晶轴共有 9 个变量,但这 9 个变量并非完全独立。因为单位矢量 3 个坐标分量的平方和等于 1,这样 3 个晶轴就有 3 个约束条件;另外,3 个晶轴之间也有确定的关系(参看第 1 章表 1-3),例如立方晶系 3 个晶轴相互垂直,这样它们也有 3 个约束条件。所以只需 3 个独立的参数就可以描述晶体的取向。

在实际描述晶体取向时,因形变条件不同而设定不同的参考坐标系。例如,对于轧制形变,通常设定参考坐标系的 3 个轴为轧制方向(RD)、轧制面的法向(ND)以及轧板的横向(TD,在轧面上和轧向垂直的方向)。另外,在描述晶体取向时也不一定采用 3 个晶轴,而是采用某一晶面$\{hkl\}$的法线(立方晶系法线的晶向指数和晶面指数相同)、晶面上的某一晶向$[uvw]$以及在晶面上和$[uvw]$垂直的另一方向$[rst]$3个相互垂直的方向在参考坐标系上的取向来描述。下面以立方晶系为例说明在轧制条件参考坐标系下对晶体取向的描述。

3个晶轴转换到晶体的任意3个互相垂直的方向$[uvw]$、$[rst]$和$[hkl]$的变换矩阵$\boldsymbol{g}$可以用它们的单位矢量在3个坐标轴的分量构成的矩阵来表示:

$$\boldsymbol{g}=\begin{bmatrix} u & r & h \\ v & s & k \\ w & t & l \end{bmatrix} \tag{9-28a}$$

注意,上面矩阵中的元素是原来的方向指数经归一化处理的数值。例如[112],在取向矩阵中3个分量分别是$1/\sqrt{6}$、$1/\sqrt{6}$和$2/\sqrt{6}$。

经常用晶体相对于参考坐标系的三个欧拉角描述晶体取向。若参考坐标系是轧制形变的RD、TD、ND,晶体的3个晶轴和参考坐标轴重合时的取向就称为原始取向。从原始取向相对于坐标轴作3个独立的转动来获得任意取向,这3个独立的转动如图9-96所示。首先以板的法线方向ND(即晶体的[001]方向)转动φ_1角,然后以转动后的[100]轴再转动ϕ角,最后以两次转动后的[001]轴再转动φ_2角获得最终的取向。φ_1、ϕ和φ_2三个独立的转角称欧拉角。以3个欧拉角为坐标,构成取向空间。最一般的情况,φ_1、ϕ和φ_2的取值范围都是$0\sim2\pi$,考虑晶体和试样的对称性,对于立方晶系,φ_1、ϕ和φ_2的取值范围在$0\sim\pi/2$即可。

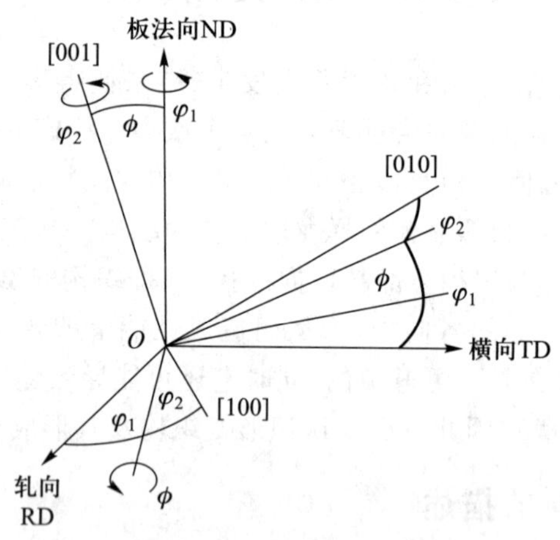

图9-96 晶体取向的3个欧拉转动角

根据坐标变换(参照第1章的(1-15)式)获得经欧拉角转动后的晶体取向$\boldsymbol{g}$为

$$\boldsymbol{g}=\boldsymbol{g}_{\varphi_2}\cdot\boldsymbol{g}_{\phi}\cdot\boldsymbol{g}_{\varphi_1}=\begin{bmatrix} \cos\varphi_2 & -\sin\varphi_2 & 0 \\ \sin\varphi_2 & \cos\varphi_2 & 0 \\ 0 & 0 & 1 \end{bmatrix}\begin{bmatrix} 1 & 0 & 0 \\ 0 & \cos\phi & \sin\phi \\ 0 & \sin\phi & -\cos\phi \end{bmatrix}\begin{bmatrix} \cos\varphi_1 & -\sin\varphi_1 & 0 \\ \sin\varphi_1 & \cos\varphi_1 & 0 \\ 0 & 0 & 1 \end{bmatrix}$$

$$=\begin{bmatrix} \cos\varphi_1\cos\varphi_2-\sin\varphi_1\sin\varphi_2\cos\phi & \sin\varphi_1\cos\varphi_2+\cos\varphi_1\sin\varphi_2\cos\phi & \sin\varphi_2\sin\phi \\ -\cos\varphi_1\sin\varphi_2-\sin\varphi_1\cos\varphi_2\cos\phi & -\sin\varphi_1\sin\varphi_2+\cos\varphi_1\cos\varphi_2\cos\phi & \cos\varphi_2\sin\phi \\ \sin\varphi_1\sin\phi & -\cos\varphi_1\sin\phi & \cos\phi \end{bmatrix} \tag{9-28b}$$

对比(9-28a)式和(9-28b)式,可以得出任意取向(hkl)[uvw](加上[rst])在轧制形变坐标系中对应的取向空间欧拉角(φ_1,ϕ,φ_2),或由取向空间中任意的欧拉角(φ_1,ϕ,φ_2)得出所对应的晶体(hkl)[uvw]取向。

例如,以欧拉角表示的取向(35,45,0),表示与外部坐标系重合的立方晶胞先绕 ND 转 35°,再绕新的 RD 转 45°,最后绕新的 ND 转 0°,其结果得到如图 9-96 所示的取向位置。根据(9-28)式换算成米勒指数是(110)[$1\bar{1}2$],即此时晶胞的(110)面平行于轧面,[$1\bar{1}2$]方向平行于轧向,这是黄铜轧后的稳定取向。

9.16.2 取向分布的描述

1. 极图

极图是常用的描述取向分布的方法。极图是表示被测材料中各个晶粒的某一选定晶面{hkl}取向分布的图形。为了便于测定和表示晶面的取向,参考坐标系必须与材料的外观几何相联系。在极图表示法中,选材料外观上 3 个彼此正交的特征方向作坐标系,例如轧制板材的 RD、TD 和 ND 作坐标系。以轧面作为投影面,作出各晶粒某晶面{hkl}在参考球面上极点,把每个点代表的晶粒体积作为这个点的权重,这些极点在球面上的加权密度分布称为极密度分布,球面上极密度分布在赤道上的投影称为{hkl}极图。如果多晶体是完全无规取向的,极密度分布在整个参考球面上是均匀分布的;相反,如果多晶体存在织构,则球面上的极密度分布是不均匀的,极密度会在某些取向上偏高,投影后,极点也在这些取向附近密集。为了便于在极图上分析,常在极图上勾画出等密度线,类似于地质学中描述山脉高度时所用的等高线。等密度线的值通常使用对数级数,这样来显示织构细节更有指导意义。图 9-97 是绘制三维{200}极密度分布的轮廓,导出标准的二维极射赤面投影密度,图中标出的等密度线水平是指随机分布的倍数。

在分析极图所表示的织构时应注意以下几点。① 对于一个单晶的具体取向,无论以什么面作投影面,在{hkl}极图上表现的极点数就是{hkl}面的等价数目,与标准投影图一致。例如,立方晶系中每个晶粒有 4 个{111}面、3 个{100}面,所以在(111)极图上只有四个点,在(200)极图上只有三个点。② 对于多晶体,{hkl}极图是描述各晶粒的{hkl}面极点的分布的。如果没有织构,则{hkl}极图几乎布满整个投影面。若存在轧制织构{hkl}<uvw>(见下节),则(hkl)极图中各晶粒的极点都聚集在(hkl)极点附近。但是,聚集的点可以多于在①中所叙述的点数,这是因为{hkl}<uvw>可以有不同搭配的结果。如{110}<$1\bar{1}2$>同一织构的两组等效搭配取向(110)[$1\bar{1}2$]和(101)[$12\bar{1}$],在(200)极图的投影面是(110)面和(101),因此各晶粒的(200)极点就聚集在不止三个点附近,如图 9-98 所示。但是对于密排六方晶系,(0001)面只有一个,则任何织构的(0001)极图各晶粒的(0001)极点只聚集在 1 个点附近。

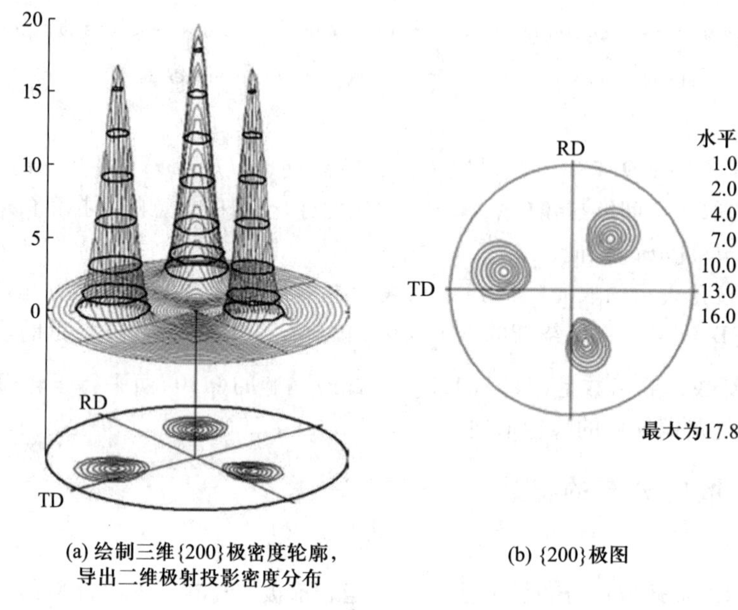

(a) 绘制三维{200}极密度轮廓，导出二维极射投影密度分布

(b) {200}极图

图 9-97 绘制极图的方法

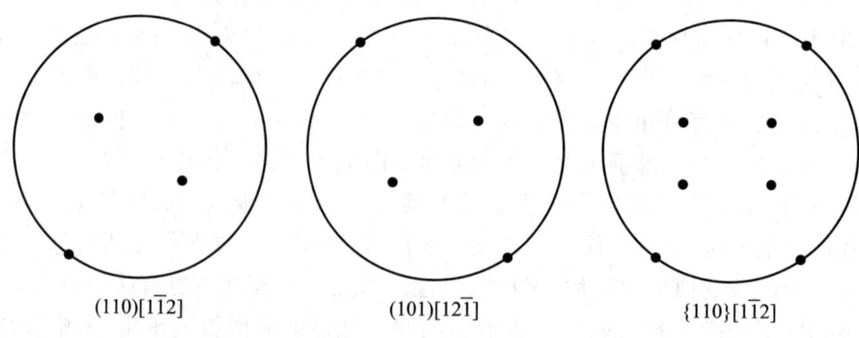

图 9-98 {110}<$1\bar{1}2$>织构(200)极图以及两组等效搭配

取向需要 3 个独立变量来表达，而极图是 1 个二维平面图，所以在极图上要用 3 个或 3 个以上的点来表示 1 个取向，这样会导致在极图分析中选点和点的组合时不可避免地带有任意性。这种任意性使得材料的极图不仅在弱织构会导致误判，甚至对于强织构也有误判的可能。

2. 反极图

和极图相反，反极图是描述多晶体材料中平行于某一外观特征方向的晶向在晶体坐标系的空间分布的图形，参考坐标系的 3 个轴一般取晶体的 3 个晶轴（或低指数的晶向）。作反极图时，将设定的外观特征方向的晶向均标于其中，从而反映该外观特征方向在晶体学空间的分布。取与晶体的主轴垂直的面作为投影面，把这一立体分布图形经极射赤面投影成为被测材料该特征方向的反极图。图 9-99 是钛挤压等效应变为 1.75 的挤压轴反极图，它在由轴(0001)、(11$\bar{2}$0)、(10$\bar{1}$0)组成的六角形标准三角形用等密度线描述。显示挤压轴在(1010)附近的密度,图中数字是等密度值。从图看出,基面法线垂直于挤压轴,这是六方晶系材料挤压变形常见的纤维织构。

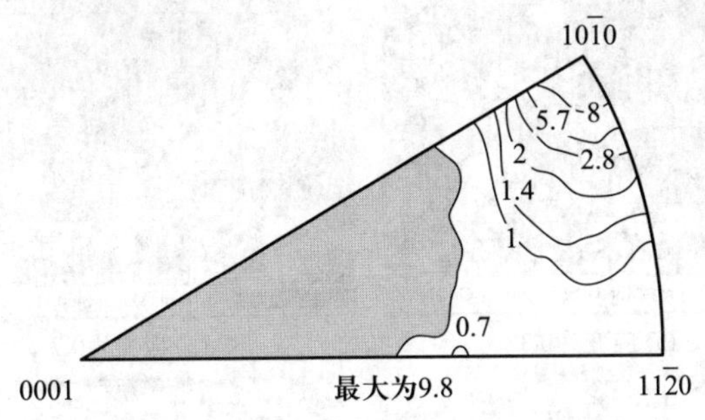

图 9-99 钛挤压等效应变为 1.75 挤压轴反极图

3. 取向分布函数

极图和反极图是用二维图形来描述空间取向分布的,都有局限性。采用空间取向 $\boldsymbol{g}(\varphi_1,\phi,\varphi_2)$ 的分布密度 $f(g)$,则可以表达多晶体在整个空间的取向分布,并根据极图的极密度分布计算出空间取向分布函数(ODF)。计算的方法是把极密度分布函数展开成球函数级数,相应地把空间取向分布函数展开成广义球函数的线性组合,建立极密度球函数展开系数和取向分布函数的广义球函数展开系数的关系,测量若干个极图(极密度分布),就可以计算出 ODF。也可从测出的大量单个晶粒的取向并考虑每个晶粒的权重直接计算。ODF 表示的是三维图形,用立体图表示不方便,一般用固定 φ_2(或固定 φ_1)的一组截面来表示。例如,用每 5°为间隔的 φ_2 作出 0°,5°,…,90°等 19 个截面的一组 ODF 图形(见图 9-103、图 9-105b)。

应用扫描电镜下的电子背散射衍射(EBSD)技术可直接快速获取多晶材料中不同晶粒的取向、取向差、取向梯度等信息,有助于全面认识材料的组织结构变化规律。表示取向信息需要用到晶粒取向和晶粒取向分布(包括取向分布函数 ODF)的概念及表达方式。

图 9-100 是低碳钢在 700℃ 热压缩过程晶粒取向变化的 EBSD 绘图(EBSD mapping)对应的组织图。原始晶粒等轴并且取向基本上是随机分布的,在应变为 0.3 时,一些晶粒转到{111}面平行于压缩面的取向(灰色,原图是红色),另一些晶粒转到{100}面平行于压缩面的取向(白色,原图是黄色);应变为 0.7 时,晶粒不是转到{100}就是{111}平行于压缩面的取向,其他取向晶粒很少;应变为 1 时,平行压缩面的{100}晶粒稍多于{111}晶粒,侧面观察到晶粒压成扁平的形状,内部出现许多亚晶界;至应变为 1.6 时,平行压缩面的{100}取向晶粒明显多于{111}取向的晶粒,说明中等形变量主要的织构是{100}和{111},大形变量时{100}取向更稳定。显然,形变过程中随着组织的变化晶粒取向也在变化,是不可分割的过程。

9.16.3 形变织构的类型

形变织构的类型取决于形变金属的本质及加工方式。其中有轧制织构、拉拔织构等。

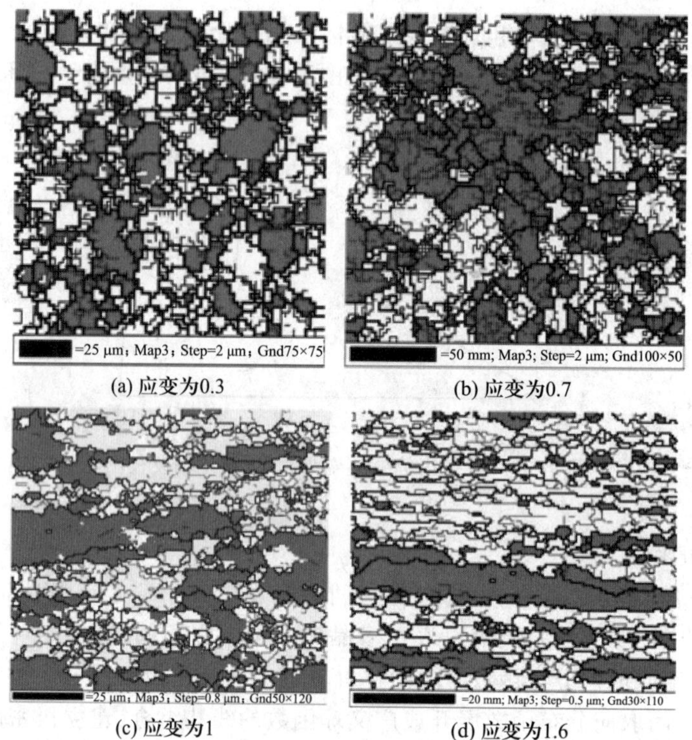

(a) 应变为0.3　(b) 应变为0.7

(c) 应变为1　(d) 应变为1.6

图 9-100　EBSD 绘图描述低碳钢热压缩时取向的变化

1. 轧制织构

轧制织构是在轧制形变时出现的织构，表现为在轧板中各晶粒的某一晶面{*hkl*}趋向平行于轧制面（晶面的法线方向为 ND），某一方向<*uvw*>趋向平行于轧制方向（RD），这样的轧制织构表示为{*hkl*}<*uvw*>。与 ND 和 RD 垂直是方向是 TD，三者构成笛卡儿坐标系。

（1）面心立方金属轧制织构

面心立方（fcc）金属可能出现的轧制织构组分以及它们的名称和对应的取向空间欧拉角列于表 9-4。

表 9-4　轧制 fcc 金属织构组分

组分，符号	{*hkl*}	<*uvw*>	φ_1	ϕ	φ_2
铜，C	112	$11\bar{1}$	90	35	45
S	123	$63\bar{4}$	59	37	63
戈斯，G	011	100	0	45	90
黄铜，B	011	$21\bar{1}$	35	45	90
立方	001	100	0	0	0

图 9-101 表示 fcc 金属和合金常出现的轧制织构组分在欧拉取向空间的位置，这些取向

在欧拉取向空间主要处于两条取向线上。其中一条是 β 取向线，它在取向空间的位置是：$\varphi_2=45°\to 90°$，而 φ_1 和 ϕ 不十分确定，随不同金属和不同变形条件而略有变动，大体是在从 B 取向经 S 取向到达 C。另一条是 α 取向线，它在取向空间位置是：$\varphi_2=90°$（或 $0°$），$\phi=45°$，$\varphi_1=0°\to 90°$，在这条取向线上 $\langle 011\rangle//$ND。B 取向处在 β 取向线和 α 取向线的交点上。为了在欧拉空间方便地描述 TD、RD 和 ND 方向，引入 γ 取向线和 τ 取向线。γ 取向线处在 $\phi=54.7°$，$\varphi_2=45°$，$\varphi_1=60°\to 90°$，在 γ 取向线上 $\langle 111\rangle//ND$。τ 取向线处在 $\varphi_1=90°$，$\varphi_2=45°$，$\phi=0°\to 90°$，在 τ 取向线上 $\langle 011\rangle//$TD。C 取向和 D 取向处在 τ 取向线上，C 取向是 β 取向线和 τ 取向线的交点。如果轧制时是理想平面应变，没有切变，则其稳定取向应是 D 取向。

因为四方对称的等价欧拉取向空间可分为三个等价空间，如图 9-101 的 Ⅰ、Ⅱ 和 Ⅲ 区间所示，所以同一种取向在四方对称的等价欧拉取向空间中可以出现 3 个位置。例如 B 取向，出现在(54.74,90,45)（相应的取向 $(110)[1\bar{1}2]$）、(35,45,0)（相应的取向 $(011)[2\bar{1}1]$）和(35.26,45,90)（相应的取向 $(101)[\bar{1}\bar{2}1]$）位置；C 取向出现在(90,35.26,45)（相应的取向 $(112)[\bar{1}\bar{1}1]$）和(39.23,65.91,26.57)（相应的取向 $(121)[1\bar{1}1]$）位置；S 取向出现在(58.98,36.7,63.43)（相应的取向 $(213)[\bar{3}\bar{6}4]$）、(27.03,57.69,18.43)（相应的取向 $(132)[6\bar{4}3]$）和(52.87,74.5,33.69)（相应的取向 $(231)[3\bar{4}6]$）位置；G 取向出现在(90,90,45)（相应的取向 $(110)[001]$）、(0,45,0)（相应的取向 $(011)[100]$）和(0,45,90)（相应的取向 $(101)[0\bar{1}0]$）位置。上述取向在欧拉取向空间的等价位置见图 9-101。

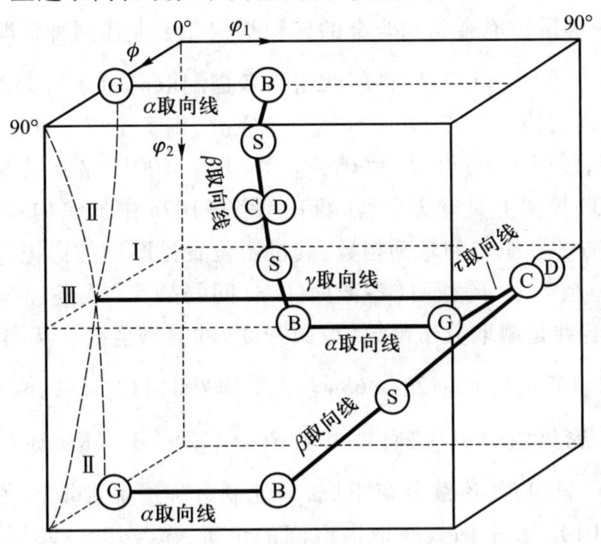

图 9-101 fcc 金属和合金轧制织构组合在欧拉取向空间的位置

++

例题 9-9 若参考坐标系设为 TD、RD、ND，求立方晶系 $(112)[11\bar{1}]$ 取向的欧拉角。

解 立方晶系晶面的法向指数与晶面指数同名，所以 ND 方向为 $[112]$。现在 RD 方向是 $[11\bar{1}]$，TD 方向是 $[112]\times[11\bar{1}]=3[\bar{1}10]$，简化为 $[\bar{1}10]$。立方晶系 $[112]$ 晶向、$[11\bar{1}]$ 晶向和 $[\bar{1}10]$ 晶向的模分别为

$$H_{112}=(1^2+1^2+2^2)^{1/2}=\sqrt{6},\qquad H_{11\bar{1}}=(1^2+1^2+1^2)^{1/2}=\sqrt{3},\qquad H_{\bar{1}10}=(1^2+1^2+0)^{1/2}=\sqrt{2}$$

根据(9-28)式求出变换矩阵：

$$g=\begin{bmatrix}1/\sqrt{3} & -1/\sqrt{2} & 1/\sqrt{6}\\ 1/\sqrt{3} & 1/\sqrt{2} & 1/\sqrt{6}\\ -1/\sqrt{3} & 0 & 2/\sqrt{6}\end{bmatrix}$$

如果只求欧拉角，只需知道变换矩阵 g 的第一和第三列。上式与(1-110)式对比，得到

$\cos\phi=g_{33}=2/\sqrt{6}$ 即 $\phi=\arccos(2/\sqrt{6})=35.26°\approx35°$

$\cos\varphi_2\sin\phi=g_{23}=1/\sqrt{6}$ 即 $\cos\varphi_2=(1/\sqrt{6})/\sin 35.26°=0.707$ $\varphi_2=\arccos(0.707)=45°$

$\sin\varphi_1\sin\phi=g_{31}=-1/\sqrt{3}$ 即 $\sin\varphi_1=(-1/\sqrt{3})/\sin 35.26°=-1.00$ $\varphi_1=270°$

立方晶系 $\varphi_1=270°$ 和 $\varphi_1=-90°$ 等价，最后得到立方晶系(112)[$11\bar{1}$]取向对应的欧拉角是 $\varphi_1=-90°$，$\phi=35°$，$\varphi_2=45°$。

++

高层错能的金属(如纯铝和纯铜)在大形变量轧制后获得的织构的(111)极图如图 9-102a 所示，而低层错能金属和合金(如银和黄铜等)在大形变量轧制后获得的织构的(111)极图如图 9-102b 所示。这两种情况的轧制织构有明显差别。通常把高层错能材料对应的形变织构称纯金属型织构，而把低层错能材料对应的形变织构称合金型织构。从图中看出，合金型织构主要含{110}<$1\bar{1}2$>(B 织构)组分，也含少量的 G 织构组分。在轧制形变时，B 取向不断增强，而 G 取向保持一定的强度。合金元素可显著降低层错能，改变形变方式，从而改变织构类型。中等层错能金属和合金的轧制织构介于上述两种情况之间。

图 9-102b 中同一{110}<112>织构的两组等效搭配取向(110)[$1\bar{1}2$]和(101)[$12\bar{1}$]，在(111)极图中两个取向对应 8 个点，其中存在一个重叠，则 7 个点。如同{hkl}晶面族，hkl 中 0 或相同的数字越多，极图上的点(峰)就越少。对{100}<001>立方织构，在(111)极图上只有 4 个点(峰)，在 200 极图上只有 3 个点(峰)。图 9-102a 中的织构较复杂，由三种织构组合而成，见极图右下方 3 种织构的米勒指数，其投影位置见图中的标记。

图 9-103 是用一组等 φ_2 的截面(各截面的 φ_2 间隔是 5°)描述经 90%冷轧形变工业纯铝的取向分布，其中各线是截取分布函数(取向密度)的等密度线。从图看出，纯金属型织构主要含有{110}<$1\bar{1}2$>(B 织构)，{123}<$63\bar{4}$>(S 织构)和{112}<$11\bar{1}$>(C 织构)等。但是织构也不是只由这些高密度组分组成，而是由{110}<$1\bar{1}2$>(B 织构)通过{123}<$63\bar{4}$>(S 织构)到{112}<$11\bar{1}$>(C 织构)的连续分布组成，即轧制过程中晶粒取向在取向空间内沿 β 取向线聚集(见图 9-101)。β 取向线在取向空间的位置：$\varphi_2=45°\to90°$，φ_1 和 ϕ 不十分确定(见图 9-101)。另外，在轧制过程中常会出现{110}<$1\bar{1}2$>(B 织构)和{011}<100>(G 织构)，它们的空间位置处在 $\varphi_2=0°$(或 90°)，$\phi=45°$，$\varphi_1=0°\to90°$的 α 取向线上(见图 9-101)。B 取向处在 β 取向线和 α 取向线的交点上。因为面心立方金属的织构的取向都集中在 α 和 β(或者 τ)取向线上，所以只要考察这些取向线(附近的一个区域)的取向的变化，就可以看出形变过程中(形变量增长)各种取向密度相对强弱的变化。前面说过，因为在四方对称的等价欧拉空间中可分为三个等价空间，所以同一种织构在四方对称的等价欧拉空间

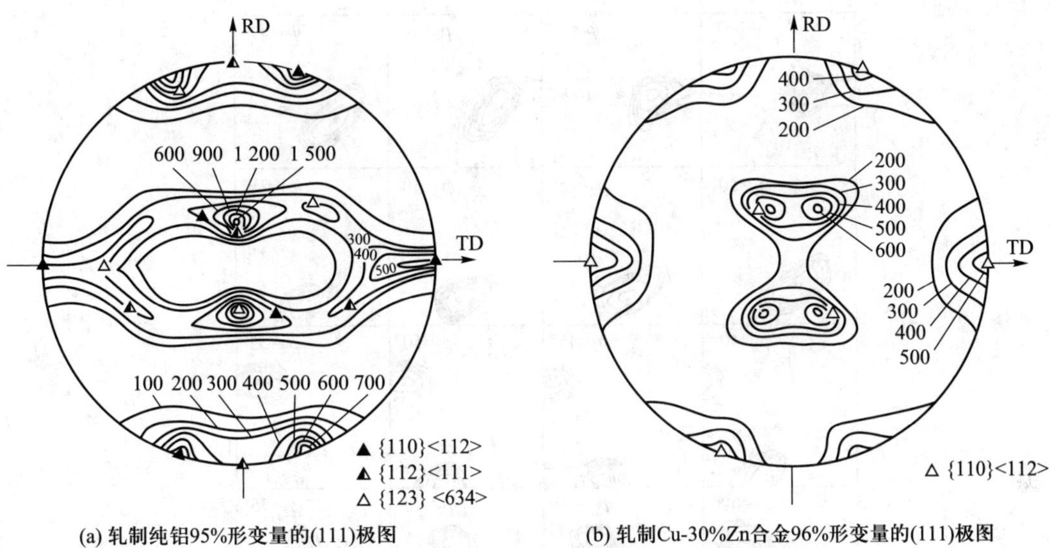

(a) 轧制纯铝95%形变量的(111)极图　　(b) 轧制Cu-30%Zn合金96%形变量的(111)极图

图 9-102　轧制极图

中可以出现不止一个位置。

(2) 体心立方金属轧制织构

体心立方金属轧制织构主要有{111}<*uvw*>和{*hkl*}<110>两类，如{112}<110>、{111}<110>、{111}<112>、{001}<110>和{110}<110>等类型。表 9-5 给出这些取向在取向空间的欧拉角，注意这些织构都处在欧拉取向空间的 $\varphi_2=45°$ 等截面上，所以从 $\varphi_2=45°$ 的 ODF 截面上最易看出各类织构的特点。

表 9-5　轧制 bcc 金属的织构组分

{*hkl*}	<*uvw*>	φ_1	ϕ	φ_2
001	110	0	0	45
112	110	0	35	45
111	011	60	54.7	45
111	112	90	54.7	45
110	110	0	90	45

图 9-104a 所示为体心立方金属形变以及再结晶(参看第 12 章)时取向的聚集区域。其中的 α 取向线是：$\varphi_1=0°$，$\phi=0°\to90°$，$\varphi_2=45°$，α 取向线上所有取向都有一个<110>方向平行于轧向，聚集在 α 取向线的晶粒取向称为<110>//RD 的线织构或 α 线织构。在 α 取向线上重要取向有{001}<110>、{112}<110>、{111}<1$\bar{1}$0>等。γ 取向线是：$\varphi_1=60°\to90°$，$\phi=54.7°$，$\varphi_2=45°$，γ 取向线上所有取向都有一个<111>方向平行于轧板的法向，聚集在 γ 取向

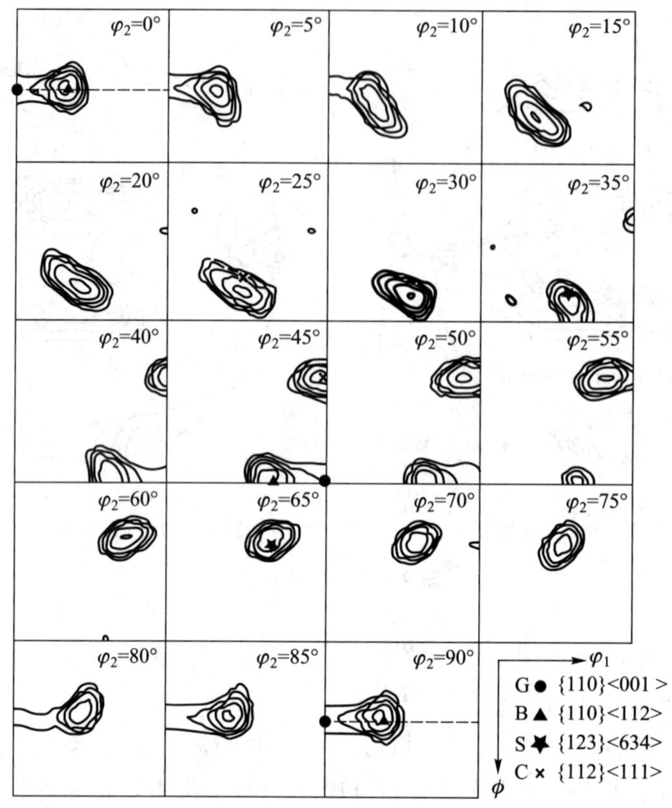

图 9-103 工业纯铝经 95%形变量冷轧的织构(密度水平:2, 4, 7, 12, 20, 30,最大密度=27.0)

线的晶粒取向称<111>//ND 的线织构、<111>线织构或 γ 线织构。γ 取向线上重要的取向有{111}<011>、{111}<11$\bar{2}$>等。α 取向线与 γ 取向线在(0°,54.7°,45°)处相交。η 取向线:$\varphi_1=0°,\phi=0°\to45°,\varphi_2=0°$。$\eta$ 取向线上的重要取向有立方取向{001}<100>,它的取向欧拉角是(0°,0°,0°);戈斯取向 G{011}<100>,它的取向角是(0°,45°,0°),这些取向一般在再结晶时出现。聚集在 η 取向线的晶粒取向称<001>//RD 的线织构。此外还有 ζ 取向线和 ε 取向线,ζ 取向线:$\varphi_1=0°\to90°,\phi=45°,\varphi_2=0°$,聚集在 ζ 取向线的晶粒取向称<011>//ND 的线织构。ε 取向线:$\varphi_1=90°,\phi=0°\to90°,\varphi_2=45°$,聚集在 ε 取向线的晶粒取向称<110>//TD 的线织构。

因为 bcc 金属轧制织构的欧拉空间(图 9-104a),所以描述它的轧制织构通常采用一组不同 φ_1 截面,而不是像 fcc 金属那样采用一组 φ_2 截面。同时,bcc 金属变形和再结晶的最重要的取向都在 α 取向线和 γ 取向线上,这两条取向线都在 $\varphi_2=45°$的截面上(图 9-104b),所以研究者经常简单地用一个 $\varphi_2=45°$的截面来讨论 bcc 的织构。图 9-104c 是 bcc 金属典型织构{001}极图的极点位置。

bcc 金属变形的{001}<110>取向的稳定性比较高,但滑移系比较多,变形过程比较复杂,使得变形时取向的流动不如面心立方那样明显。图 9-105a 所示为低碳钢冷轧形变的典

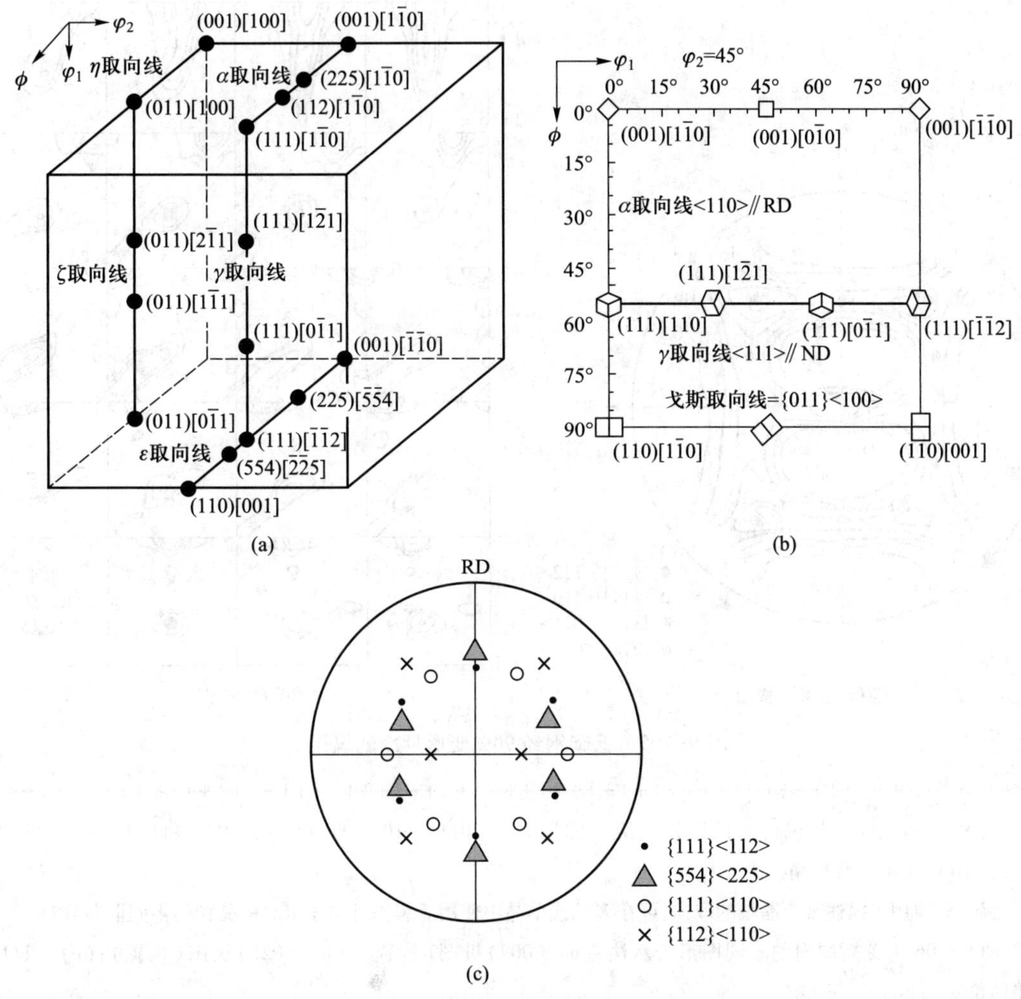

图 9-104 bcc 金属晶粒取向在空间内的聚集区域

型{200}极图,其中有四种突出的织构组分:{111}<112>,{110}<011>,{211}<011>和{111}<110>。图 9-105b 所示为低碳钢冷轧形变的 ODF 图(φ_1=常数,间隔 5°),它们的欧拉角如表 9-5 所列。铁和低碳钢轧制变形的工艺参数,甚至如剪切带等重大微观结构不均匀性对轧制织构的主要组分影响不大。

材料的化学成分对体心立方金属各形变织构组分的强弱有很大影响。工业纯铁的冷轧织构组分主要有{001}<110>和{112}<110>,若含有少量的碳或氮(低于 0.01%),则冷轧织构除了{001}<110>和{112}<110>组分外,还会有{111}<110>和{111}<112>组分。

因为体心立方金属冷变形织构的取向都是集中在 α 取向线和 γ 取向线上,简单起见,可以只看这两条取向线上取向强弱的变化就可以得出形变过程中织构的变化。

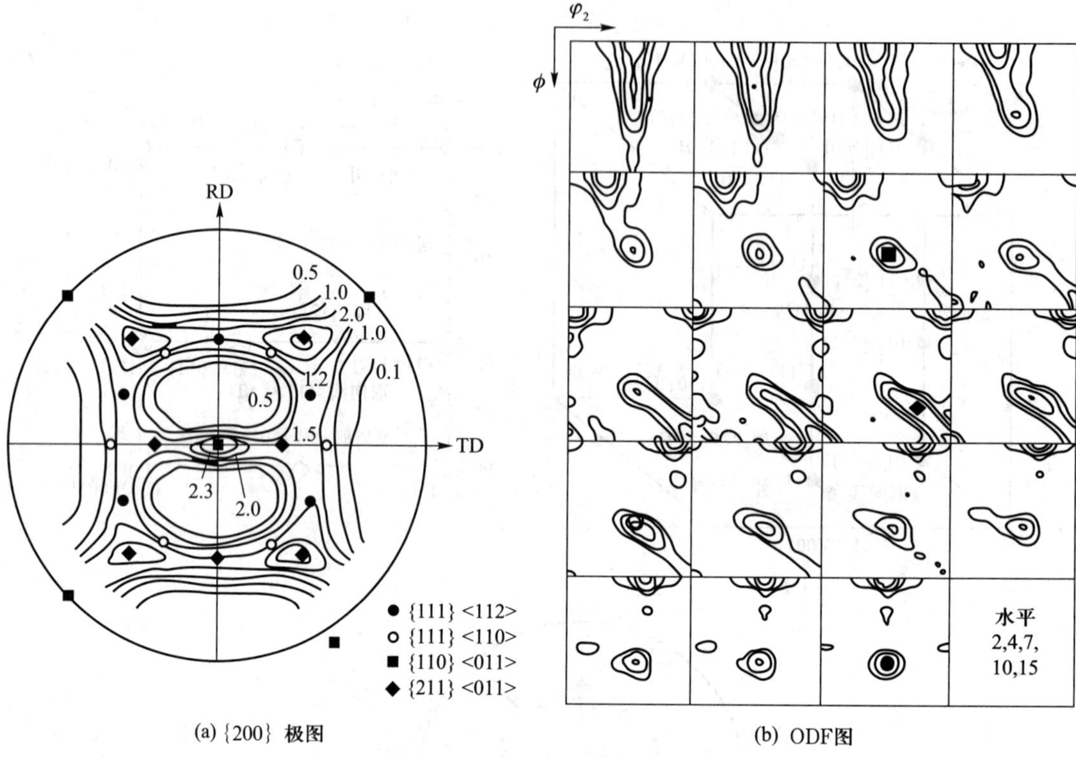

(a) {200} 极图 (b) ODF图

图 9-105 低碳钢经 90%变形量冷轧织构

++

例题 9-10 取向与织构有何区别？给出戈斯取向(011)<100>的(001)、(011)和(111)极图，计算(011)<100>取向的欧拉角。

解 取向用于描述某个晶粒的取向，可在多晶或单晶中使用。织构可描述多晶中晶粒的不同取向分布。

图 9-106 为戈斯取向的不同图形表示法：(a) (002)极图(位置)；(b) (022)极图(位置)；(c) (111)极图(位置)；(d) 空间方位。

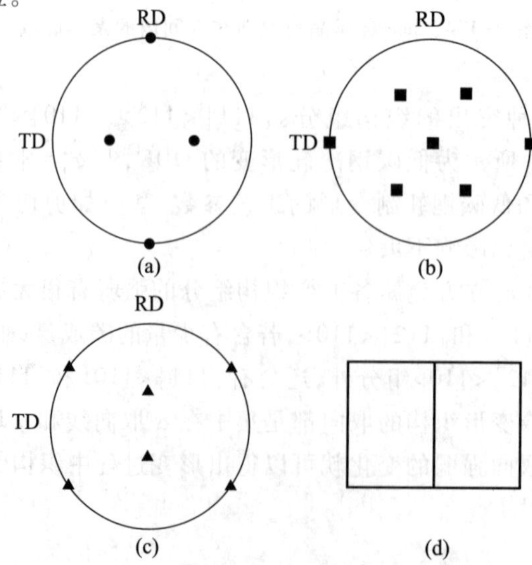

图 9-106 戈斯取向的不同图形表示法

用米勒指数表示的戈斯取向之一为(011)[100];用欧拉角表示为(0,45,0);用矩阵 $\boldsymbol{g}$ 表示为

$$\begin{bmatrix} 0.707 & 0.707 & 0 \\ -0.707 & 0.707 & 0 \\ 0 & 0 & 1 \end{bmatrix}$$

+++

(3) 六方金属的轧制织构

六方(hcp)金属的轧制织构研究比较少。c/a 接近理想值(1.633)的金属,例如 Mg,由于主要在基面滑移,轧制织构有很强{0001}<$10\bar{1}0$>组分(图 9-107a)。c/a >1.633 的锌和镉等金属,轧制时滑移和孪生共同作用,织构组分是基面以 TD 轴为转轴倾转 20°~30°(图 9-107b)。c/a<1.633 的铍、铪、锆和钛等金属,织构组分是基面以 RD 轴(<$10\bar{1}0$>)为转轴转 30°~40°(图 9-107c)。图 9-107 极图下方给出示意对应六方单胞的方位。注意(0001)基面法线方向在投影图中的位置。

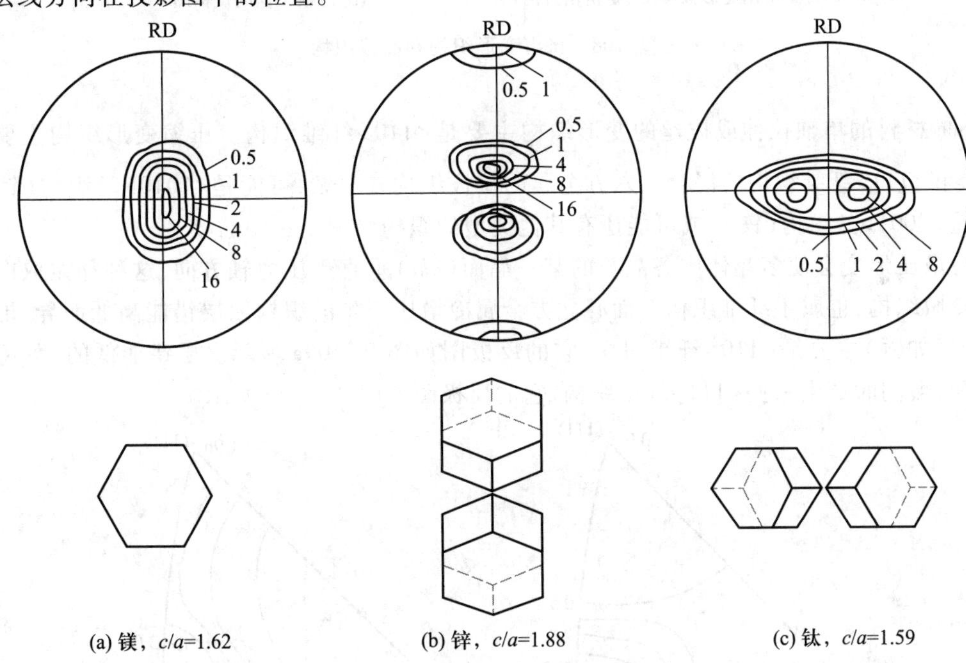

(a) 镁, c/a=1.62 (b) 锌, c/a=1.88 (c) 钛, c/a=1.59

图 9-107 hcp 金属的轧制织构(0002 极图)

2. 纤维织构和冷墩织构

材料经单轴变形如:拉伸、拉拔、挤出等过程会使多晶体各晶粒某个晶向平行于拉伸或拉拔方向,这种晶粒的择尤取向称为拉拔织构或丝织构,统称为纤维织构,因为只规定一个变形轴,所以纤维织构常用反极图描述,以平行于拉伸或拉拔方向的晶向<uvw>表示。

fcc 材料经拉伸或单轴挤出的变形织构主要是变形轴平行于<111>和<100>的纤维织构。图 9-108a 所示为 Al-Li 合金挤出变形后的极图,图 9-108b 所示为冷拔 Al 丝的反极图,它都是具有<111>和<100>两种纤维织构的例子。<111>和<100>两种纤维织构的比例主要取决于层错能的大小,层错能很高的金属(例如 Al)含有非常少量<100>织构,而层错能

低的金属(例如 Ag)含有几乎 100%<100>织构。

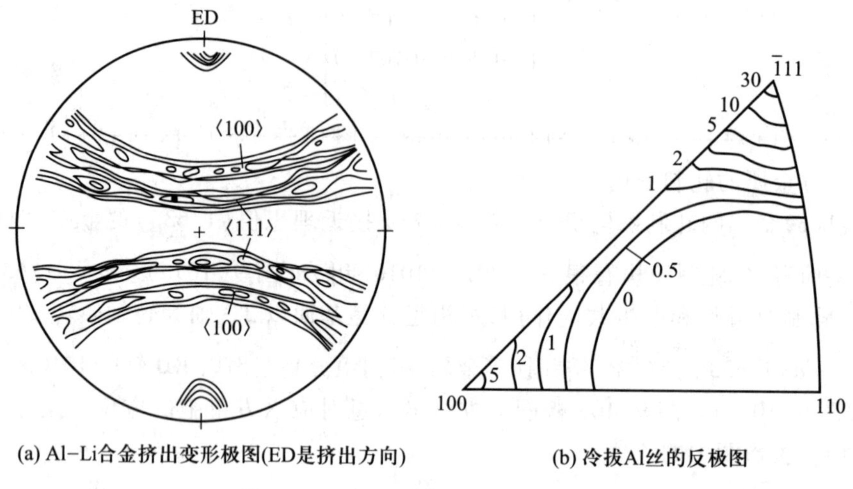

(a) Al-Li合金挤出变形极图(ED是挤出方向)　(b) 冷拔Al丝的反极图

图 9-108　挤出变形织构和冷拔织构

bcc 材料的单轴拉伸或拔丝的变形织构主要是<110>纤维织构。压缩变形织构主要是<100>和<111>纤维织构的混合。六方金属的拉拔织构较复杂,可能是<10$\bar{1}$0>丝织构(钛),可能是<0001>丝织构(镁),或可能还有其他类型的织构。

冷墩压形变会使多晶体中各晶粒的某一晶面(*hkl*)垂直于压力轴方向,这种择尤取向分布称冷墩织构,也属于纤维织构。面心立方金属冷墩压产生的织构因层错能高低而异,层错能高的(如铜)主要是<110>纤维织构,它的反极图如图 9-109a 所示。层错能低的(如 Cu-30%Zn)会同时产生一些<111>纤维织构,它的反极图如图 9-109b 所示。

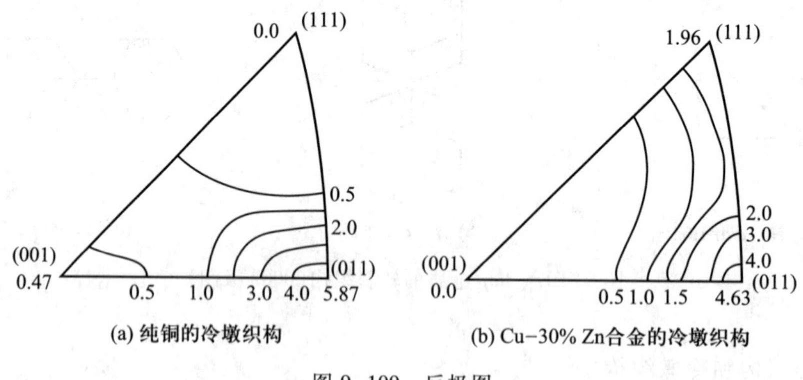

(a) 纯铜的冷墩织构　(b) Cu-30% Zn合金的冷墩织构

图 9-109　反极图

金属中出现织构后,它的力学性能、磁性能和导热性能等会出现各向异性。织构出现是否有利视具体使用场合而定。例如,为了避免力学性能的不均匀性,不希望出现织构,但是有时会利用织构达到定向强化和某些物理性能的目的。

9.17 残余内应力及弹性储存能

金属和合金经受变形时，外力做功大部分以热的形式散逸掉，只有一小部分（约百分之几）以残余内应力的弹性能储存在形变金属中，这种储存能主要依附于点缺陷、位错、晶界和层错等形式的缺陷存在于晶体中。微观结构主要以位错和位错胞壁的形式存在。对于许多金属和合金，位错密度从退火态的 $10^{10}\sim10^{11}/m^2$ 增加到适度变形后的 $10^{12}\sim10^{13}/m^2$，甚至在低温下剧烈变形后达到 $10^{16}/m^2$。当将这些值转换为位错之间的平均间距时，弱变形材料为 1 μm，严重变形金属为 10 nm。储存能 E_{sto} 随形变量加大而加大，但它占形变总功的百分比却随形变量加大而减小，如图 9-110 所示。

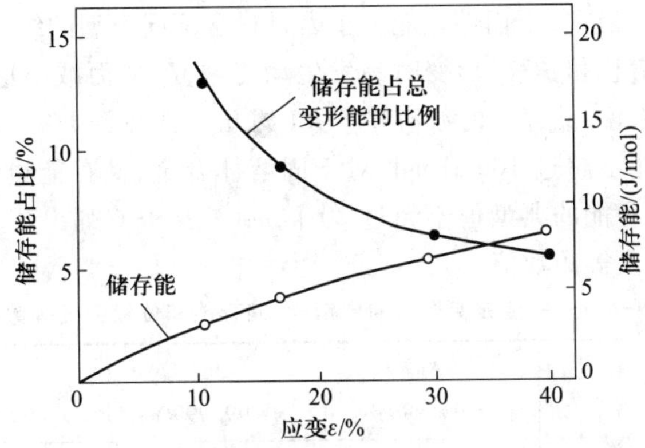

图 9-110 纯铜冷加工后储存能及储存能占形变总功的百分比随形变量的变化

残余内应力是去除外加应力下残存的应力。变形时在变形体内因各种原因发生不均匀变形，卸载后，各处的弹性变形不能完全回复，弹性体内要调整获得新的力平衡，从而残存内应力。除了变形外，材料不均匀加热、不均匀冷却时各部分的膨胀、收缩不同会引起内应力。材料中的成分不均匀，多晶体各晶粒的取向不同，在加热、冷却或变形后卸载也会引起残余内应力。内应力的强度在材料各处不同，但是，在一个区域存在拉应力则必须在另一区域存在压应力以获得平衡，所以在任一截面中，内应力的总和以及总力矩必须为零。根据残余内应力分布的范围大小，通常把残余内应力分为三类。

第一类残余内应力　它是在整个工件中处于平衡的力。当除去工件的任何一部分时，这种力的平衡就被破坏，并会引起变形。这类内应力是由宏观尺度上的不均匀形变引起的。例如在轧制时若轧制的板材表面的形变量比中心部分的形变量大，为了保持板材的连续性，形变量大的表面层承受压缩的内应力，而心部承受拉伸的内应力。这类内应力使金属的力学性能和磁学性能形成局部有向性，故在工业上有重要意义。这类残余内应力产生的弹性应变能很小，约占总储存能的 1%。

第二类残余内应力　它是在晶粒或亚晶粒以及滑移面所包围的体积内处于平衡的力，大小和方向是无规的。这类内应力是在晶粒尺度范围内的不均匀形变引起的，产生的弹性应变能占总储存能的 10%左右。

第三类残余内应力(残留畸变) 它是在晶界或滑移面附近少量原子群范围的亚稳定平衡的力,是由形变产生的位错和点缺陷引起的。由于它涉及的范围太小,称之为应力并不恰当,更确切地应称之为“畸变”。因为第三类残留畸变和原子热运动偏离平衡位置的作用有类似之处,所以相对于热运动的动畸变而言称之为静畸变。这类畸变的能量是形变后储存能的主要组成部分,可以根据这些缺陷的密度和能量来估计储存能的大小。

因为空位和间隙原子的迁移率很高,除在极低的温度下变形外,它们会在形变过程中散逸,所以对储存能的贡献很小。在室温形变的情况,大部分储存能是由形变过程位错的积累(包括密度增加和排列方式)引起的。根据机械性能用(9-7)式估计位错密度 ρ_s,再根据位错能量 E_d 来估计储存能 E_D,$E_D=\rho_s E_d$。如果形变组织是由亚晶组成,储存能由亚晶直径 D 和小角度界面能 γ_s 来估算。单位体积的亚晶界面积约为 $3/D$,则储存能 $E_D\approx 3\gamma_s/D$。由于 γ_s 和晶界两侧的取向差有关,因而储存能大小因材料含不同类型的织构而不同。另外,高层错能材料的位错易交滑移和攀移,形变时易发生动态回复,从而减小形变后的位错密度,致使储存能减小。一般来说,储存能的数值并不大(约几十到几百 J/mol),在室温形变时大多数纯金属晶体的储存能不超过 100 J/mol,对于固溶体合金,储存能也很少超过 200 J/mol。小形变量的单晶体,储存能的典型值不超过 20 J/mol。表 9-6 列出了一些金属变形后的层错能、储存能和位错密度等的数值。

表 9-6 一些金属变形后的层错能、储存能和位错密度等数值

	Al $x=99.999\%$	Pb $x=99.999\%$	Cu $x=99.997\%$	Ag $x=99.999\%$
约化层错能(γ_{SFE}/mb)/100	26	15	4.7	2.6
切应变	6.75	5.97	6.75	5.2
储存能 E_D/(J/mol)	69.6	21.5	216	220
总耗费能 E_{exp}/(J/mol)	3151	1400	5592	4914
E_D/E_{exp}	0.022	0.015	0.039	0.045
位错密度*/(m/m^3)	3.1×10^{15}	1.7×10^{15}	10×10^{15}	8.7×10^{15}

储存能的数值比相变潜热(熔化热为几十 kJ/mol,多形性转变潜热亦达几 kJ/mol)小得多,但从热力学角度看,冷形变金属是不稳定的,只要有合适的动力学条件,它就会向低能状态转变,即消除形变所带来的“损伤”,恢复形变前的组织结构状态。任何能导致减小或消除“形变损伤”的热处理,都称为退火。

9.18 聚合物的形变简述

塑料、橡胶、化学纤维都是聚合物,是经高分子聚合而成。对于半晶态的聚合物,它的塑性变形用折叠层状结晶区域与非晶态区域间的交互作用描述。在变形的第一阶段,非晶态区域的分子链相互沿着拉力方向滑开,同时折叠拉链块相对滑动;在变形的第二阶段,折叠层块内的层开始倾斜,晶态的折叠层转向拉伸方向;在变形的第三阶段,晶态的折叠层块分成小块,各块之间仍由链带保持接触;在变形的最后阶段,折叠层块的层和链带都以拉伸轴取向,产生强的取向结构。对于球晶结构,中等变形程度时球晶形状发生变化,但在大变形程度时球晶则被破坏。球晶结构变形过程是可逆的,形变终止后加热退火会恢复到变形前的状态。

因为聚合物大多是长链结构,在力的作用下大分子链很容易沿某一特定方向择尤排列,这种现象在高分子领域称为取向。一般来说,非晶态聚合物在玻璃化温度以上的高弹态,链段的取向和解取向都很容易进行,但在低温时,外力解除后不能自发地恢复原状,即不能解取向。

总　结

材料的塑性形变是材料制备过程和使用过程中必须经历的一个环节,也是材料得到最终形状和调整优化材料组织结构的手段。低温时,塑性形变的基本方式有滑移、孪生和扭折3种。

晶体滑移是外力作用下晶体沿着某些特定的晶面和晶向相对滑开的形变方式,滑移的特定晶面称滑移面(一般是晶体的密排面),特定的晶向称滑移方向(一般是晶体的密排晶向),特定的滑移面和滑移方向的组合称滑移要素(滑移系)。开动特定的滑移系所需的切应力是固定的,这被称为临界分切应力定律。外力在滑移系分切应力的比例系数称为取向因子。外力相对滑移系取向不同,因而在滑移系的取向因子和分切应力不同,而开动滑移系所需的切应力是固定的,所以外力有所谓硬取向和软取向之分。由于晶体的对称性,当某一外力使相同族的滑移系的分切应力相同但不超过临界分切应力时,这些滑移系相对着外力是等效滑移系,可以同时开动,即多系滑移。外力使晶体滑移时伴随晶体的转动,改变滑移系相对外力的取向因子,也就伴随着几何硬化或几何软化,也是产生形变织构的原因。

理论上,临界分切应力是塑性形变的起始应力,也是在滑移系上第一个位错开动所需要的切应力。但从实际的实验来看,测出的临界分切应力已不是单一的一个位错开动需要克服的阻力。根据位错理论,以位错开动克服不同阻力来估算临界分切应力τ,结果都与位错密度的平方根$\sqrt{\rho_s}$成正比。因为位错移动克服不同阻力是热激活过程,所以临界分切应力随形变温度升高或应变速率减小而下降,直至某一温度后保持不变。

材料的应力-应变曲线是表述施加在试样上的应力和由此应力产生的应变之间的关系,是定量描述加工硬化性质的依据。单晶体典型的应力-应变曲线在塑性范围分为三个阶段:易滑移阶段,硬化率很低(约为$10^{-4}\mu$),主要是单系滑移;线性硬化阶段,发生多系滑移,位错间反应,形成位错的三维结构,位错缠结结构和封闭形成位错胞,硬化率比易滑移阶段大几十倍(约为$\mu/300$);第3阶段的应力-应变曲线为抛物线状,这个阶段一些位错交滑移对消,发生动态回复,随着应变和应力加大硬化率减小。这阶段称抛物线或动态回复阶段。

孪晶是指晶体中原子排列以某一晶面(称孪生面)成镜面对称的部分。孪生是塑性形变的另一种机制，孪生几何的重要参量是第一、第二不畸变面 K_1、K_2 和第一、第二不畸变方向 η_1 和 η_2，这些参量称为孪生元素。因为六方晶系孪生的切变量比较小，同时六方晶系的滑移系数量少，所以容易产生形变孪晶。但是由于六方的轴比 c/a 不同，使孪生有极性。而立方晶系孪生的切变量很大，特别对于层错能高的金属和合金，不易出现形变孪晶，要在特殊的加工条件（形变速度大、形变量大、低温）才可能出现形变孪晶，并且孪晶都是很窄的条纹。孪晶可以改变形变条件，增加延展性，但孪生时要求基体有滑移或扭折等方式协调以减小孪生产生的应变，如果基体的塑性不好，不易协调，将会促发裂纹。

多晶体的塑性变形的位错行为和前面讨论单晶体的相似，位错结构的基本形式是相同的，位错可以是随机分布或是以位错缠结状态分布。但多晶体中各晶粒的取向是随机分布的，两个相邻的取向不同的晶粒间存在晶界。形变时，因多晶体中每个晶粒的取向相对于力轴的"软""硬"情况不同，各晶粒形变的先后以及形变量也不同。为了保持晶体的连续，各晶粒的变形需要协调。在晶粒内由若干个开动不同数目滑移系（一般是 3~5 个）的胞块（CB）联合起来共同协调。胞块之间有取向差，当胞块间的取向差加大到一定程度形成新的晶粒，晶粒被细分（晶粒"碎化"）。分隔胞块的边界可是稠密位错墙（DDW）或显微带（MB），它们成为几何必需边界（GNB）；在胞内群集了随机分布的位错，形成位错缠结的位错胞，位错胞边界称为伴生位错边界（IDB）。随着应变量加大，位错胞的胞壁中的位错密度增至一定程度时，就成为新的胞块，位错胞壁从 IDB 转变成 GNB，胞块细化。

从宏观尺度看，在较大变形量下会出现形变带和剪切带。形变带在晶粒内分割为互补的取向局部区域，剪切带与基体间有薄层过渡带，来容纳它们之间的取向差。剪切带是正常晶体学滑移受阻时出现的一种非晶体学特征的形变不均匀区，可以跨过晶界贯通整体。

大形变会"碎化"晶粒，因此利用严重变形获得纳米级晶粒梯度结构。材料的大多数失效都发生在表面，表面结构和性能优化的梯度材料可以有效地增强材料的整体性能。梯度材料塑性变形的微观结构演变取决于许多内、外因素，包括位错活动、亚晶界和晶界的形成、材料的结构和堆垛层错能、应变强度、应变速率和变形温度等。

研究发现，一些金属晶粒尺寸减小到纳米级时，其塑性变形机制会改变：由全位错主导变为由不全位错主导，纳米级晶粒孪生是主要的形变机制。孪晶界对位错运动有很强的阻碍作用，孪生和晶粒细化结合能大幅度提高材料强度。

形变前材料位错因各种原因受阻，能动的位错密度低，要获得一定的应变需要高的位错移动速度，相应需要高的应力，一旦位错开动而增殖，可动位错密度增加，形变所需的应力就会降低，这是出现上、下屈服点的原因。与此同时出现形变不均匀区域的吕德斯带。

一般工业金属材料的强度因晶粒细化而提高，屈服应力 σ_y 与晶粒尺寸 $d^{1/2}$ 正比，这就是所谓的 H-P 关系。但是，当晶粒尺寸在纳米级范围时，晶粒尺寸与强度的关系不遵循 H-P 关系，还可能出现逆 H-P 关系。对于逆 H-P 关系，目前还没有统一的认识，有很多争论，还在摸索研究中。

多晶体形变过程晶粒会逐渐转向某一个或多个稳定的取向，晶粒取向不再是随机分布，这就产生了织构。织构可以用极图或反极图、取向分布函数来描述。按照形变方式不同，形变织构有轧制织构、拉拔织构（或丝织构）和冷墩织构。轧制织构以{hkl}<uvw>表示，其中{hkl}趋向平行于轧制面，<uvw>趋向平行于轧制方向。拉伸、拉拔、挤出等过程会使多晶体各晶粒某个晶向<uvw>平行于拉伸或拉拔方向，以<uvw>表示。冷墩形变会使多晶体中各晶粒的某一晶面{hkl}垂直于压力轴方向，以此晶面的法线的表示。

形变对材料做的功大部分以热的方式去除，小部分以缺陷形式残留在材料中，形成材料的残余内应力及弹性储存能。虽然残余储存能不大，很少超过200 J/mol，但它是后来的回复和再结晶的驱动力。

关键术语

塑性（plasticity）
弹性模量（elastic modulue）
切变模量（shear modulue）
泊松比（Poisson's Ratio）
蠕变（greep）
滑移（slip）
孪生（twin）
扭折（kink）
滑移系（slip system）
潜在滑移系（potential slip system）
滑移带（slip band）
滑移线（slip line）
取向因子（orientation factor）
临界分切应力（critical resolved shear stress）
屈服强度（yield strength）
交滑移（cross-slip）
双交滑移（double cross slip）
平面滑动（planar glide）
波纹滑动（wavy glide）
多系滑移（polyslip）
几何软化（geometrical softening）
超射（overshoot）
流变应力（flow stress）
加工硬化（work hardening）
应变硬化（strain hardending）
易滑移阶段（region of easy glide）
线性硬化阶段（region of linar hardening）
抛物线或动态回复阶段（region of parabolic or oynamic recovery）
第一不畸变面（first undistorted plane）
孪生元素（twin elements）
旋压（swage）
流线（flow line）
低能位错结构（low energy dislocation structure, LED）
稠密位错墙（dense dislocation wall, DDW）
胞块（cell block, CB）
显微带（microband, MB）
几何必需边界（geometrically necessary boundary, GNB）
伴生位错边界（incidental dislocation boundary, IDB）
剪切带（shear band）
严重塑性变形（severe plastic deformation, SPD）
稠密位错墙（dense dislocation walls, DDW）
位错缠结（dislocation tangles, DT）
层状位错边界（lamellar boundary）
层带（lamellar band, LB）
霍尔-佩奇关系（Hall-Petch relationship, H-P关系）
原位压结（in-situ sinter）
择尤取向（preferred orientation）
织构（texture）
极图（pole figure）
反极图（inverse pole figure）
取向分布函数（orientation distribution function, ODF）
轧制织构（rolling texture）
拉拔织构（fiber 或 wire texture）

练　习　题

9-1 细铜棒两端固定，从 100℃ 冷却到 0℃，问产生的内应力有多大？（铜的热膨胀系数 $\alpha=1.5\times10^{-6}/℃$，弹性模量 $E=1.103\times10^{11}$ Pa）。

9-2 板材轧制时，设弹性变形量从表面到中心是线性的。（1）压下量不大时，表面仍处在弹性范围，画出加载及卸载时从表面到中心的应力分布图；（2）表面发生了塑性形变，但中心仍处于弹性围，画出加载及卸载时从表面到中心的应力分布图。

9-3 体心立方晶体可能的滑移面是{110}、{112}及{123}，若滑移方向为[$1\bar{1}1$]，具体的滑移系有哪些？

9-4 铜单晶表面平行于(001)面，若晶体可以在各个滑移系滑移，画出表面出现的滑移线的痕迹，求出滑移线间的角度。若铜晶体表面平行于(111)面，情况又如何？

9-5 铝的临界分切应力为 2.40×10^5 Pa，当拉伸轴为[001]时，引起屈服所需要的拉伸应力是多大？

9-6 一个简单立方晶系的双晶，它们滑移系为{100}<100>，双晶体的取向及力轴取向如图 9-111 所示，问哪一个晶体首先滑移？在哪一个滑移系滑移？

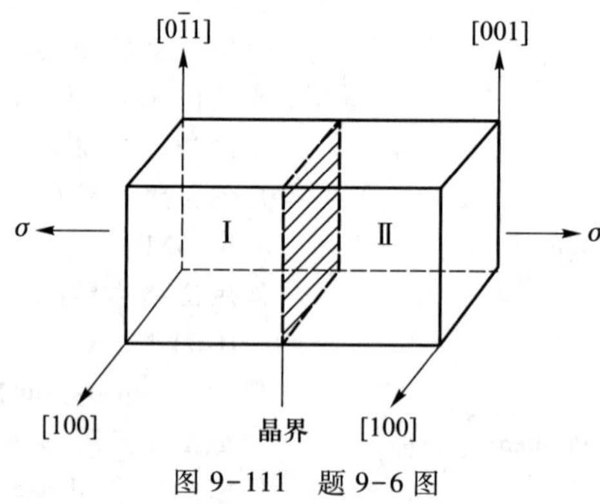

图 9-111　题 9-6 图

9-7 面心立方晶体拉伸时，力轴处在[001]及[110]组成的面上，它的等效滑移系有哪几个？

9-8 面心立方晶体拉伸时，力轴为[$1\bar{1}0$]，写出滑移的等效的滑移系。

9-9 面心立方晶体沿[131]轴拉伸，拉伸应力为 6.9×10^5 Pa，确定如下滑移系的分切应力：(111)[$0\bar{1}1$]、(111)[$10\bar{1}$]、(111)[$1\bar{1}0$]。

9-10 Mg 可在{$10\bar{1}0$}及基面间交滑移，又可在{$10\bar{1}1$}及基面间交滑移：

（1）以一单胞表示出这两种交滑移的可能性；

（2）在($10\bar{1}0$)及($10\bar{1}1$)间能否交滑移？并说明原因。

9-11 分析单晶体拉伸时发生的转动方向，说明原因。

9-12 示意画出单晶的应力-应变($\tau-\gamma$)曲线，并表示出各阶段。分析铝（层错能约为 200 mJ/m^2）和不锈钢（层错能约为 10 mJ/m^2）哪一种材料形变第Ⅲ阶段开始得更早，这两种材料滑移特征有什么区别？

9-13 一个圆柱形面心立方单晶，晶体的原始取向是[517]，平行于圆柱中心轴线：（1）在(001)标准极射赤面投影图上标出加载轴线的起始位置；（2）最开始滑移的滑移系是哪一个？（3）确定第一次超射的加载轴线位置、晶体转动角度切应变量。

9-14 fcc 晶体，在[432]方向施加 10 MPa 的正应力，这个方向的拉伸应力对应的最大取向因子的滑移系是$(11\bar{1})[011]$:(1) 求在这个滑移系的分切应力;(2) 如果没有具体的实验资料，只知 Al 和 Ni 晶体的切变模量μ(切变方向的模量)分别为 7.1×10^{10} Pa 和 2×10^{11} Pa，粗略估算这两种晶体会不会屈服，为什么？

9-15 应变速率 $\dot{\varepsilon}$ 为 10^{-3}/s，位错以 10^{-2} m/s 滑动的切应力为 280 MPa，应力与位错运动速度关系的指数 $n=20$，柏氏矢量 $b=2\times10^{-10}$ m。当滑动位错密度由原来的 $10^9/m^2$ 增加两个数量级，估计上屈服切应力和屈服降落量。

9-16 晶粒直径为 50 μm 和 10 μm 的多晶体，若晶界的应力约为 $\mu/50$ 就可以使相邻的晶粒中的位错源开动(屈服)，估计这两种多晶体的屈服强度。$\mu=10^9$ Pa。

9-17 面心立方金属孪生的 K_1 和 K_2 都是{111}，在一个特定的{111}面，例如(111)面有几种产生孪晶的方法，写出它们孪生方向 η_1 的方向指数。

9-18 计算 Be 和 Zr 孪生时的切应变量。Be 和 Zr 的孪生元素：

Be:$c/a=1.5847$,$K_1=\{10\bar{1}2\}$,$K_2=\{\bar{1}012\}$；

Zr:$c/a=1.589$,$K_1=\{11\bar{2}2\}$,$K_2=\{11\bar{2}4\}$。

若 Be 和 Zr 晶体表面是基面，孪晶的宽度为 h，求表面浮凸的高度是多少？

9-19 $c/a=1.800$ 的 hcp 金属，最可能的滑移系是什么？图 9-112 所示的三种取向及加载方式，确定哪一种会产生滑移，哪一种会产生孪生(只考虑$\{10\bar{1}2\}$的孪生)。

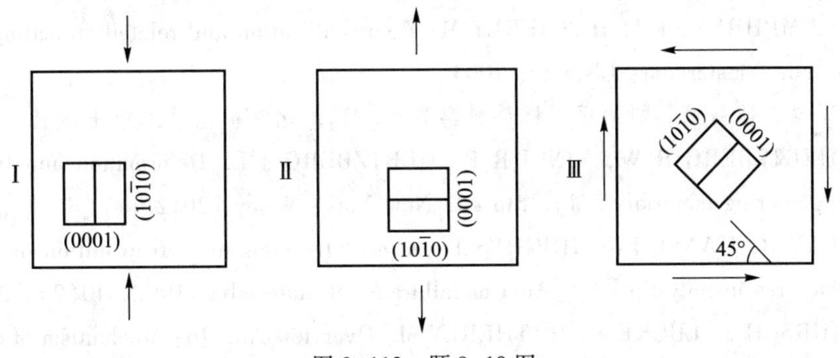

图 9-112 题 9-19 图

9-20 低碳钢在 1/s 的应变速率下进行拉伸试验时表现出上、下屈服点。如果屈服现象前、后的移动位错密度为 $10^{11}/m^2$ 和 $10^{14}/m^2$，估计上屈服点的位错速度，以及屈服降落的幅度。(合金的晶格参数设为 0.28 nm，位错速度的应力依赖性设为指数 $n=35$。)

9-21 画出立方系(100)[001]轧制织构的(100)极图。

9-22 画出铝的[100]拉拔织构及铁的[110]拉拔织构的反极图。

9-23 晶粒平均直径为 10^{-2} mm Fe 的下屈服点应力为 230 MPa，晶粒直径为 6×10^{-3} mm 时，下屈服点应力增加至 275 MPa。若下屈服点应力为 310 MPa，相应的晶粒直径为多大？

9-24 一个 Fe 试样在 800℃ 加热获得的数据如下：

晶粒直径/mm	屈服强度/MPa	保温时间/h
0.028	300	10
0.010	385	1

计算该材料在 800℃保温 3 h 的屈服强度。

9-25 低碳钢不同晶粒大小的下屈服点数据如下：

$d/\mu m$	250	111	37	18	10	6.9	5.4	3.0
σ_s/MPa	103	131	193	207	275	303	341	428

问 d 和 σ_s 间是否符合 Hall-Petch 关系？用最小二乘法求出 Hall-Petch 关系中的常数。

9-26 描述形变带、过渡带、扭折带、显微带(MB)、剪切带的基本含义及它们之间的联系与差异。

参考文献

[1] HANSEN N, BARLOW C Y. Plastic deformation of metals and alloys[M]//LAUGHLIN D E, HONO K. Physical metallurgy: Vol Ⅱ. 5th ed. Amsterdam: Elsevier, 2015: 1681-1764.

[2] 哈宽富. 金属力学性质的微观理论[M]. 北京：科学出版社，1983.

[3] 卡恩 R W，哈森 P，克雷默 E J. 材料科学与技术丛书：第6卷[M]. 北京：科学出版社，1998.

[4] HUMPHREYS F J, HATHERLY M. Recrystallization and related annealing phenomena[M]. 2nd ed. Amsterdam: Elsevier, 2004.

[5] 冯端，师昌绪，刘治国. 材料科学导论[M]. 北京：化学工业出版社，2002.

[6] HERTZBERG R W, VINCI R P, HERTZBERG J L. Deformation and fracture mechanics of engineering materials [M]. 5th ed. New York: Wiley, 2012.

[7] BAY B, HANSEN N, HUGHES D, et al. Overview no. 96 evolution of f. c. c. deformation structures in polyslip [J]. Acta metallurgica et materialia, 1992, 40(2): 205-219.

[8] HIRSCH J, LÜCKE K, HATHERLY M. Overview No. 76: Mechanism of deformation and development of rolling textures in polycrystalline f. c. c. Metals-Ⅲ. The influence of slip inhomogeneities and twinning [J]. Acta Metallurgica, 1988, 36(11): 2905-2927.

[9] CHRISTIAN J W, MAHAJAN S. Deformation twinning [J]. Progress in materials science, 1995, 39(1-2): 1-157.

[10] RAABE D. Recovery and recrystallization: phenomena, physics, models, simulation [M]// LAUGHLIN D E, HONO K. Physical metallurgy: Vol Ⅲ. 5th ed. Amsterdam: Elsevier, 2015: 2291-2397.

[11] RÖSLER J, BÄKER M, HARDERS H. Mechanical behaviour of engineering materials: metals, ceramics, polymers, and composites [M]. Berlin: Springer, 2007: 257-293.

[12] RAABE D, CHEN N, CHEN L. Crystallographic texture, amorphization, and recrystallization in rolled and heat treated polyethylene terephthalate (PET) [J]. Polymer, 2004, 45(24): 8265-8277.

[13] ZHAO F, WANG L, FAN D, et al. Macrodeformation twins in single-crystal aluminum[J]. Physical Review Letters, 2016, 116(7): 075501.

[14] BALASUBRAMANIAN N, LANGDON T G. The strength-grain size relationship in ultrafine-grained metals[J]. Metallurgical and Materials Transactions A, 2016, 47: 5827-5838.

[15] OVID'KO I A, VALIEV R Z, ZHU Y T. Review on superior strength and enhanced ductility of metallic nanomaterials [J]. Progress in Materials Science, 2018, 94: 462-540.

[16] NAIK S N, WALLEY S M. The Hall-Petch and inverse Hall-Petch relations and the hardness of nanocrystalline metals [J]. Journal of Materials Science, 2020, 55: 2661-2681.

[17] AHMED S I, MKHOYAN K A, YOUSSEF K M. The activation of deformation mechanisms for improved tensile properties in nanocrystalline aluminum[J]. Materials Science and Engineering: A, 2020, 777: 139069.

10 凝固

在相图一章中已知,相结构受温度、压力、外场(如电场、磁场、应力场)的影响,在不同条件下会发生结构变化,即发生相变。凝固是从液相转变为固相的相变,是典型的相变之一。金属和合金的固态主要是晶体,其凝固过程是晶化过程,即结晶过程。清楚地剖析结构转变的本质,要从热力学、动力学、晶体学及形貌变化特征四个方面描述结构转变。

凝固是相变类型之一,本章首先介绍一般相变的分类和特点,其次讨论凝固过程的细节。

10.1 相变分类

相变的分类方法有多种,下面分别进行介绍。

10.1.1 按热力学分类

按热力学分类即按相变时热力学参数变化的特征分类,埃伦费斯特(Ehrenfest)把相变分为一级相变和高级(二级、三级……)相变。

由一个相(Ⅰ相)转变为另一个相(Ⅱ相)时,两相的化学势相等,$\mu_{\mathrm{I}}=\mu_{\mathrm{II}}$,但化学势的一阶偏微商不相等,这类相变称一级相变。一级相变时

$$\begin{cases}\left(\dfrac{\partial\mu_{\mathrm{I}}}{\partial T}\right)_P\neq\left(\dfrac{\partial\mu_{\mathrm{II}}}{\partial T}\right)_P\\[2ex]\left(\dfrac{\partial\mu_{\mathrm{I}}}{\partial P}\right)_T\neq\left(\dfrac{\partial\mu_{\mathrm{II}}}{\partial P}\right)_T\end{cases}\tag{10-1}$$

而

$$\left(\frac{\partial\mu}{\partial T}\right)_P=-S\quad\left(\frac{\partial\mu}{\partial P}\right)_T=V$$

所以一级相变时有体积 V 和熵 S(及焓 H)的突变。其中,用焓的突变表示相变时,有相变潜

热的释放或吸收

$$\begin{cases}\Delta V\neq 0\\ \Delta S\neq 0\\ \Delta H\neq 0\end{cases} \tag{10-2}$$

图 10-1 表示一级相变时自由能 G、熵 S、体积 V 及焓 H 的变化。由图可知，在转变时熵、体积和焓都有突变。晶体的凝固、沉积、升华和熔化，金属及合金中多数固态相变均为一级相变。

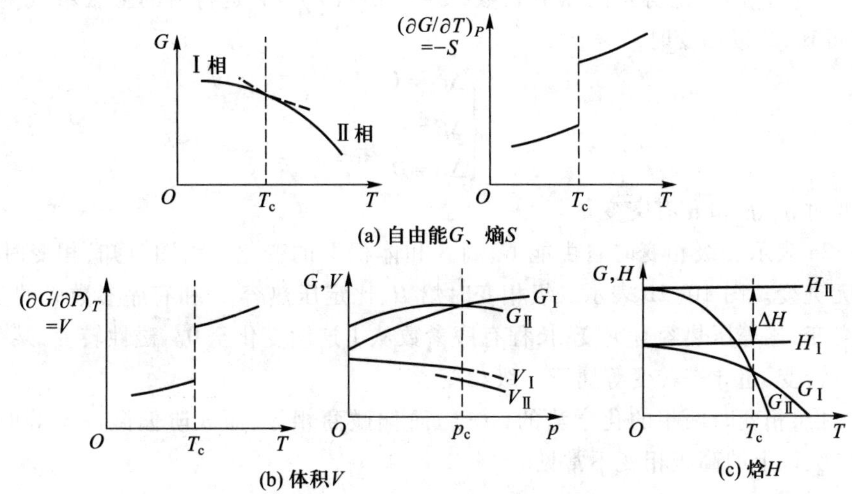

图 10-1　一级相变时物理量的变化

由一个Ⅰ相转变为另一个Ⅱ相时，两相的化学势相等，$\mu_Ⅰ=\mu_Ⅱ$，化学势的一阶偏微商也相等，即相变时无体积、熵（和焓）的突变，但化学势的二阶偏微商不相等，这类相变为二级相变。因为相变时有比热容、膨胀系数和压缩系数的突变，所以化学势的二阶偏微商可以用材料的比热容、膨胀系数及压缩系数来表达。

$$\mu_Ⅰ=\mu_Ⅱ \quad \left(\frac{\partial\mu_Ⅰ}{\partial T}\right)_P=\left(\frac{\partial\mu_Ⅱ}{\partial T}\right)_P \quad \left(\frac{\partial\mu_Ⅰ}{\partial P}\right)_T=\left(\frac{\partial\mu_Ⅱ}{\partial P}\right)_T$$

$$\begin{cases}\left(\dfrac{\partial^2\mu_Ⅰ}{\partial T^2}\right)_P\neq\left(\dfrac{\partial^2\mu_Ⅱ}{\partial T^2}\right)_P\\ \left(\dfrac{\partial^2\mu_Ⅰ}{\partial P^2}\right)_T\neq\left(\dfrac{\partial^2\mu_Ⅱ}{\partial P^2}\right)_T\\ \left(\dfrac{\partial^2\mu_Ⅰ}{\partial T\partial P}\right)\neq\left(\dfrac{\partial^2\mu_Ⅱ}{\partial T\partial P}\right)_T\end{cases} \tag{10-3}$$

$$\begin{cases}\left(\dfrac{\partial^2\mu_{\mathrm{I}}}{\partial T^2}\right)_P=\left(\dfrac{\partial S}{\partial T}\right)_P=-\dfrac{c_p}{T}\\ \left(\dfrac{\partial^2\mu_{\mathrm{I}}}{\partial P^2}\right)_T=\left(\dfrac{\partial V}{\partial P}\right)_T=-V\beta\\ \left(\dfrac{\partial^2\mu_{\mathrm{I}}}{\partial T\partial P}\right)=\left(\dfrac{\partial V}{\partial T}\right)_P=\alpha V\end{cases}\tag{10-4}$$

式中：$\beta=-(\partial V/\partial P)_T/V$ 是材料的压缩系数；$\alpha=-(\partial V/\partial T)_P/V$ 是材料的膨胀系数。因此，由(10-4)式可知，二级相变时

$$\begin{cases}\Delta c_p\neq 0\\ \Delta\beta\neq 0\\ \Delta\alpha\neq 0\end{cases}\tag{10-5}$$

即二级相变时，c_p、β 和 α 有突变。

图 10-2a 表示二级相变时自由能 G、熵 S 和体积 V 的变化。由图可知，相变时，熵 S 和体积 V 均无突变。图 10-2b 表示二级相变时焓 H、比定压热容 c_p 和有序参数 ζ 的变化。相变时焓无突变，比等压热容有突变，长程有序参数从 1 连续变化至 0。磁性转变、某些合金中的有序无序转变、超导态转变等属于二级相变。

依此类推，相变时两相的化学势的 $(n-1)$ 阶偏微商相等，而 n 阶偏微商不等时，称为 n 级相变。二级以上的高级相变不常见。

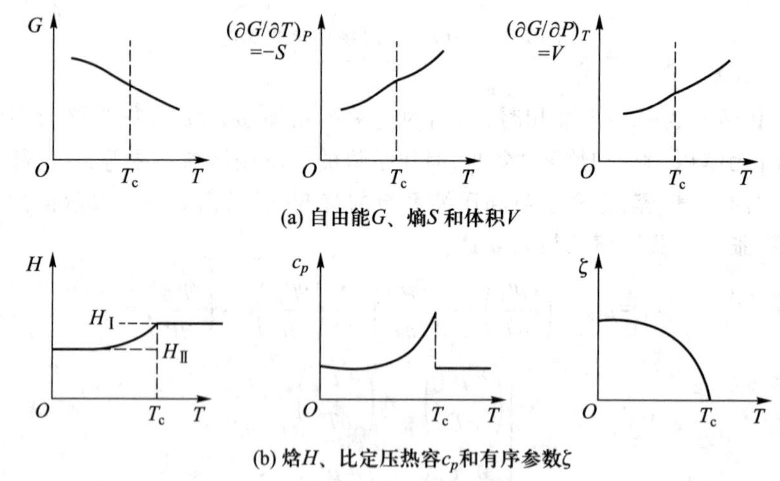

(a) 自由能G、熵S 和体积V

(b) 焓H、比定压热容c_p和有序参数ζ

图 10-2 二级相变时物理量的变化

10.1.2 按相变方式分类

相变过程一般经历能量涨落和结构涨落，吉布斯把涨落分为两类。一类是在大范围（大体积）中原子发生轻微重排的涨落，在转变的早期就像一个成分波，在相变的始态和终态之间存在一系列连续的状态，可以由后一种涨落连续地长大成新相，这类相变称为连续型相

变,如调幅分解。另一类是在小范围(小体积)中原子发生相当强烈的重排的涨落,由涨落形成新相核心(晶核),然后向周围长大。由于形成核心,核心和母相间有界面存在,因而引入了不连续区域,由此可见,此类相变是非均匀的、不连续的,也称为非均匀相变或不连续相变。由于在材料科学中非均匀和不连续常常有别的意义(如非均匀形核、不连续脱溶),为了不引起歧义,通常把这类相变称为形核长大型转变。图 10-3 示意性地描述了这两类相变过程的浓度变化。

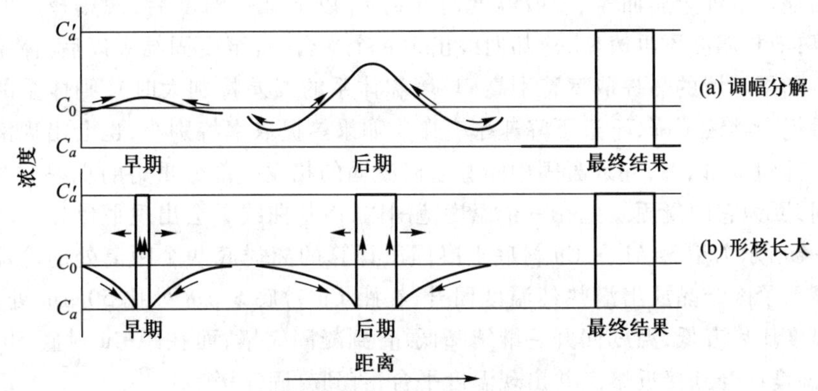

图 10-3 两种类型相变的浓度变化示意图

10.1.3 按相变时原子迁移特征分类

相变过程依靠原子(或离子)的扩散来进行,这类相变称为扩散型相变;若相变过程没有原子(或离子)的扩散,或虽存在扩散,但不是相变所必须的或不是主要过程,则称为无扩散型相变。

当母相转变到新相时,只引起结构的对称性改变,相变过程以有序参量表征,称为有序-无序转变。另外,并不是所有转变都涉及原子迁移,例如磁性转变仅涉及电子旋转方向的改变。

以上是从不同角度对相变进行分类。显然,任何一种相变在不同分类中都会有不同的位置。

凝固相变是一级、形核长大型、扩散型相变。在器件生产工艺中,铸锭、铸件、连续铸造、半导体的单晶生长、复合材料的定向凝固、现代合金和玻璃的快速凝固、焊接等都涉及凝固过程。这些过程中,主要的相变是液相转变为固相。但是,有些过程不只是凝固过程,例如连续铸造过程还会与形变、其他相变、再结晶等过程重叠。尽管如此,还是需要了解每一种相变过程的热力学、动力学、晶体学及形貌特征等,才有可能综合分析实际生产过程。

了解凝固机制以及影响凝固的参数(如,温度分布、冷却速度、合金化等),对控制材料凝固后的性能是很重要的。虽然对金属和合金的凝固转变的研究已有很长时间,但从液态转变到固态的原子过程至今仍不完全清楚,没有比较满意的理论来描述和解释它所涉及的机制,所以此处的讨论更多是唯象水平的。

10.2 凝固的过冷与再辉

凝固结晶是一个放热(凝固潜热)的过程,实际测得的冷却曲线表明,在某一过冷度($\Delta T=T_0-T$,T_0 是熔点温度,T 是开始结晶温度)下结晶,因为凝固潜热的释放,液相的温度又会升高,这就是"再辉"现象。再辉的强弱与环境对系统的热提取率有关,热提取率越高,再辉越不明显。对纯金属而言,一般温度回升到 T_0 以下某一温度后,潜热释放的速率和热提取率相等,液相温度不再改变,冷却曲线出现一个平台,直至凝固结束以后,体系的温度又继续降低。如果环境的热提取率特别高(环境和体系的温差特别大时),则体系的温度在结晶出现以后仍会继续下降,不过下降速率变慢。如果热提取率特别小,也会出现潜热释放使液相温度回升到 T_m 以上,导致凝固中断甚至已凝固的相发生部分重熔的现象。对于合金固溶体的凝固,因为它的凝固发生在一个温度范围内,冷却曲线不会出现平台。

图 10-4 所示为熔融 Al 在 Cu 衬底上凝固所计算的离衬底两个距离处的冷却曲线。两条曲线都显示了因结晶放出潜热使温度回升,在距 Cu 衬底 5 μm 处比 50 μm 处传热快,所以回升的温度比后者低,温度回升后继续降低,直到凝固完毕;而在距 Cu 衬底 50 μm 处,因传热较慢,温度回升到接近熔点并出现温度平台,直到凝固完毕。

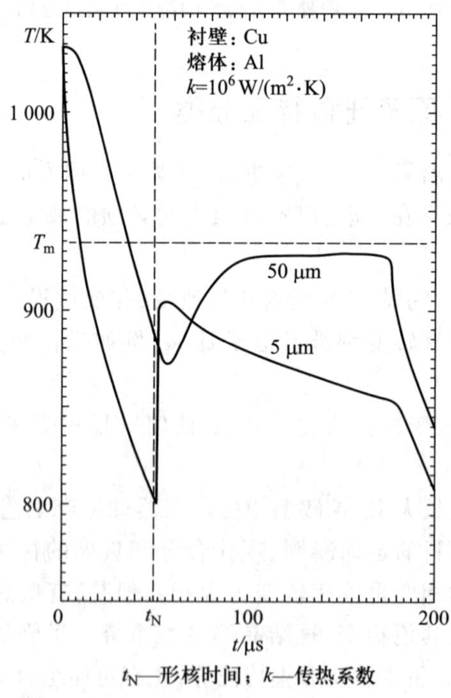

图 10-4 熔融 Al 在 Cu 衬底上凝固的冷却曲线

++

例题 10-1 金在 20 ℃和熔点之间的等压热容可用 $c_p=23.72+5.18\times10^{-3}T$ J/(mol · K)表示,金的熔化潜热 $\Delta H=12\ 570$ J/mol,平衡凝固温度为 1 337 K,试求 1 mol 金在绝热条件下需要多大过冷度,才能完全凝固而温度不回升到熔点？

解 过冷液体凝固放出潜热，使液体温度升高，在绝热系统中，若每摩尔液体由温度 T 上升到熔点吸收的热等于摩尔熔化热时，凝固的液体会重新熔化，即 $\Delta H = \int_{T}^{T_m} c_p \mathrm{d}T$

$$12\,570 = \int_{T}^{1\,337} (23.72 + 5.18 \times 10^{-3}) T\mathrm{d}T = 23.72(1\,337 - T) + \frac{1}{2} \times 5.18 \times 10^{-3}(1\,337^2 - T^2)$$

$$= 31\,713.6 - 23.72T + 4\,629.8 - 2.59 \times 10^{-3} T^2$$

整理得

$$2.59\times10^{-3}T^2+23.72T-27\,083.8=0$$

解以上方程，得

$$T=1\,026\ \mathrm{K}, \Delta T=(1\,337-1\,026)\ \mathrm{K}=310.3\ \mathrm{K}$$

注意，这仅是理论计算的结果。一般情况下，纯金属发生均匀形核的最大过冷度约为 $0.2T_m$（见表 10-2），另外，凝固时往往非均匀形核起主导作用，故在实际条件下不可能达到上述计算所得的过冷度。

++

10.3 凝固驱动力

液相在低于熔点温度（称过冷）失稳，凝固过程会自发进行。如果是封闭体系，过程会引起摩尔熵的增加；若体系处在恒温、恒压下，则会使摩尔吉布斯自由能降低。在恒温恒压条件下，通常把摩尔吉布斯自由能（自由能）的净降低量称为相变驱动力。根据转变前后的自由能变化，可以计算转变驱动力。

对于纯组元的凝固，液相 L 降温并过冷时发生 L →α 的转变（α 是固相），由液相 L 转变成固相 α 的相变驱动力（自由能 G 的变化）$\Delta G^{\mathrm{L}\to\alpha}$（单位为 J/mol）为

$$\Delta G^{\mathrm{L}\to\alpha}=\Delta H^{\mathrm{L}\to\alpha}-T\Delta S^{\mathrm{L}\to\alpha} \tag{10-6}$$

式中：$\Delta H^{\mathrm{L}\to\alpha}$ 及 $\Delta S^{\mathrm{L}\to\alpha}$ 分别表示 L 转变为 α 的焓及熵的变化。$\Delta H^{\mathrm{L}\to\alpha}$ 就是凝固潜热。图 10-5 所示为液相 L 和固相 α 的自由能 G 随温度 T 变化的曲线。在 0 K 时，自由能的熵项为 0，晶态是有序排列的，液相是无规排列，固相 α 的自由能（焓）比液相 L 的低。随着温度升高，固相和液相的自由能都下降，因为液相 L 的熵比固相 α 的熵大，液相的自由能随温度降低比固相快，所以它们的自由能曲线在某一温度 T_0 相交。在 T_0 温度以上，液相的自由能比固相的低，所以液相是稳定的；相反，在 T_0 温度以下，固相的自由能比液相的低，所以固相是稳定的。在 T_0 温度，$\Delta G^{\mathrm{L}\to\alpha}=0$，$T_0$ 是固、液两相转变的临界温度（平衡熔点）。根据（10-6）式，在温度 T_0 时

$$\begin{aligned}\Delta H_0^{\mathrm{L}\to\alpha}&=T_0\Delta S_0^{\mathrm{L}\to\alpha}\\ \Delta S_0^{\mathrm{L}\to\alpha}&=\Delta H_0^{\mathrm{L}\to\alpha}/T_0\end{aligned} \tag{10-7}$$

式中：$\Delta S_0^{\mathrm{L}\to\alpha}$ 和 $\Delta H_0^{\mathrm{L}\to\alpha}$ 分别是在熔点温度 T_m 的熵变和焓变。只有 $T<T_0$ 时（过冷时）$\Delta G^{\mathrm{L}\to\alpha}<0$，即在此时才有 L →α 转变的驱动力。在冷却过程，$T_0-T=\Delta T$ 称过冷度，即降温发生的相变必须有过冷度才能进行。相反，如果是升温发生的相变，即 α →L 的转变，此时 $T-T_0=\Delta T$ 称过热度，升温发生的相变必须有过热度才能进行。若转变温度离平衡熔点温度不远，$\Delta H^{\mathrm{L}\to\mathrm{S}}$ 和 $\Delta S^{\alpha\to\beta}$ 可近似以两相平衡熔点温度 T_0 时的 $\Delta H_0^{\mathrm{L}\to\alpha}$ 和 $\Delta S_0^{\mathrm{L}\to\alpha}$ 表示。这时 $\Delta G^{\mathrm{L}\to\alpha}$ 可

表达为

$$\Delta G^{L\to\alpha}=\Delta H_0^{L\to\alpha}\frac{\Delta T}{T_0}=\Delta S_0^{L\to\alpha}\Delta T \tag{10-8}$$

如果过冷度比较大，$\Delta H^{L\to\alpha}$ 和 $\Delta S^{L\to\alpha}$ 不能用平衡熔点温度 T_0 时的值，这时应按标准的热力学方法求出相变驱动力 ΔG。表 10-1 列出一些金属的凝固潜热，凝固潜热一般比固态转变的潜热大。

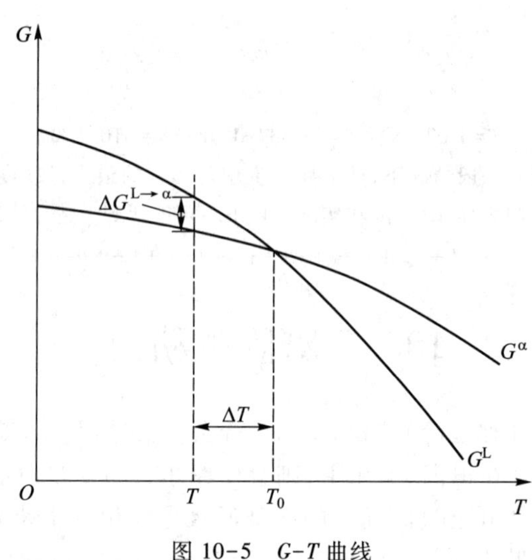

图 10-5 G-T 曲线

表 10-1 一些金属的转变潜热

元素	转变	潜热 ΔH/(kJ/mol)	T_0/K
Fe	液→固	-15.5	1 809
Ti	液→固	-18.9	2 133
Al	液→固	-10.7	973
Mg	液→固	-9.0	923
Zn	液→固	-6.7	692.6

对于合金的凝固，过冷的液体是过饱和的，凝固理论与纯金属凝固基本相同。区别是，合金凝固的驱动力是液相的过饱和，凝固驱动力 $\Delta G^{L\to S}$ 是浓度的函数而不是过冷度的直接函数。

一个 A-B 二元合金，它的相图如图 10-6 的上部所示，成分为 x_0^L(摩尔浓度，物质的量浓度)的合金从熔体冷却到 T_1 温度，平衡时有 L+β 两相。图 10-6 的下部是 T_1 温度时 L 相和 β 相的自由能 G-x 曲线。

当凝固终了体系达稳定平衡态后，即 L 相和 β 相的成分都是该温度的平衡成分时，两相的成分由 G^L-x 曲线和 G^β-x 曲线的公切线切点确定，即图中的 x^L(L′)和 x^β。这时整体反应的驱动力 $\Delta G^{L\to L'+\beta}$ 为

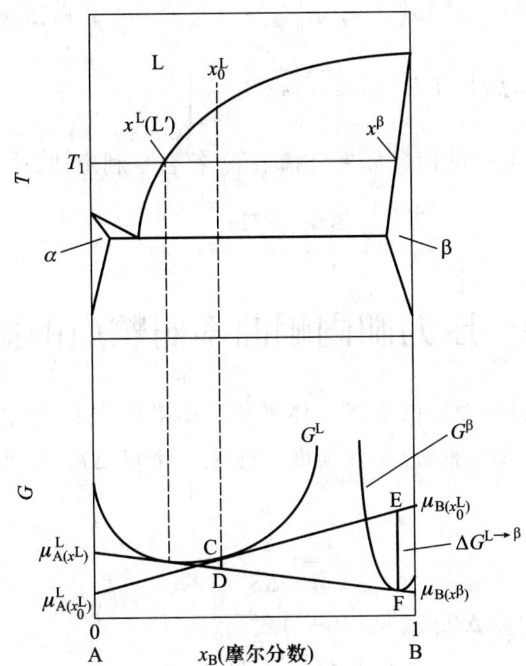

图 10-6　A-B 二元合金的相图以及 $G-x$ 曲线

$$\Delta G^{L\to L'+\beta}=G^{L+\beta}-G^{L} \tag{10-9}$$

式中：$G^{L'+\beta}$ 是（L′+β）混合组织的摩尔吉布斯自由能；G^L 是转变前 L 相的自由能。$\Delta G^{L\to L'+\beta}$ 的值就是图 10-6 下图中的 DC 对应的值。化学势可由图 10-6 下图中自由能曲线相应成分点的切线在 A 轴和 B 轴的截距定义。根据热力学关系式 $G=\sum x_i\mu_i$，其中 μ_i 是 i 组元的偏摩尔自由能（化学势），则

$$G^{L}=(1-x_0^L)\mu^L_{A(x_0^L)}+x_0^L\mu^\beta_{B(x_0^L)} \tag{10-10}$$

相应为图 10-6 下图中的 C 点。

$$G^{L'+\beta}=(1-x_0^L)\mu^L_{A(x^L)}+x_0^L\mu^\beta_{B(x^L)} \tag{10-11}$$

相应为图 10-6 中的 D 点。

$$\Delta G^{L\to L'+\beta}=(1-x_0^L)(\mu^L_{A(x^L)}-\mu^L_{A(x_0^L)})+x_0^L(\mu^\beta_{B(x^L)}-\mu^\beta_{B(x_0^L)}) \tag{10-12}$$

$\Delta G^{L\to L'+\beta}$ 的值等于 CD 段对应值。组元 i 在 Φ 相的化学势为

$$\mu_i^\Phi=G_i^\Phi+RT\ln a_i^\Phi$$

式中：a_i^Φ 是 i 组元在 Φ 相中的活度。把化学势公式代入 $\Delta G^{L\to L'+\beta}$ 式，L 相一般是理想熔体，活度和成分相等，则

$$\Delta G^{L\to L'+\beta}=RT\left[(1-x_0^L)\ln\frac{1-x^L}{1-x_0^L}+x_0^L\ln\frac{x^L}{x_0^L}\right] \tag{10-13}$$

但是，对于形核开始，凝固新相的量相对母相的量来说是很少的，这时自由能变化不能用（10-13）式计算。当从大量的浓度为 x_0^L 的液相中凝固很少量的浓度为 x^β 的 β 相时，即把成分为 x_0^L 的少量物质由 L 相移至 β 相，这时液相自由能的变化（形核驱动力）为

$$\Delta G_1=(1-x^{\beta})\mu^{L}_{A(x^L)}+x^{\beta}\mu^{L}_{B(x^L)}-[(1-x^{\beta})\mu^{L}_{A(x^L_0)}+x^{\beta}\mu^{L}_{B(x^L_0)}]$$
$$=RT\left[(1-x^{\beta})\ln\frac{1-x^L}{1-x^L_0}+x^{\beta}\ln\frac{x^L}{x^L_0}\right] \tag{10-14}$$

相应为图 10-6 中 FE 段对应的值。如果是稀溶液，符合亨利定律，$x^{\beta}\approx1$，上式可简化为

$$\Delta G_1=RT\ln\frac{x^L}{x^L_0} \tag{10-15}$$

10.4 压力和固相曲率对熔点的影响

处于熔点的固体金属与相应的金属熔体平衡。如果压力 p_0 增加一个 Δp 量，压力变为 $p=p_0+\Delta p$，则会产生一个新的平衡，并且温度会改变一个量 ΔT。根据克拉珀龙－克劳修斯方程：

$$\frac{dT}{dp}=\frac{\Delta V^{L\to S}}{\Delta S^{L\to S}} \tag{10-16}$$

$\Delta S^{L\to S}$ 近似用熔点温度的量 $\Delta H_0^{L\to S}$（见(10-7)式）代入

$$\frac{dT}{dp}=\frac{T_0\Delta V^{L\to S}}{\Delta H_0^{L\to S}}=\frac{T_0(V^S-V^L)}{-\Delta H_0} \tag{10-17}$$

或

$$\Delta T_0=T_0(p)-T_0(p_0)=\frac{T_0(V^L-V^S)}{\Delta H_0}\Delta p \tag{10-18}$$

式中：ΔT_0 是熔点温度的变化；p_0 为常压（通常为 1 个标准大气压），$p=p_0+\Delta p$；$T_0(p)$ 是压力 p 下的熔点温度。

因为金属熔体的摩尔体积通常大于固体金属的摩尔体积，并且熔化热为正，因此压力的增加会导致熔点的增加。但是，金属熔体凝固的 $\Delta V=(V^L-V^S)$ 是很小的，所以压力对熔点温度的依赖性非常小。在铸造和凝固过程中，除了 $>10^2$ 标准大气压的压力之外，这种影响通常可以忽略。

上面的讨论都是假设固相曲率 K 为 0，即忽略了相界面曲率对自由能的影响。但是，实际相的曲率 K 不可能为 0，这是因相界面张力 σ（表面能 γ）使相界面曲率对相变的平衡温度发生影响。这种界面张力 σ（表面能 γ）的作用称为“毛细管效应”。

两相间曲面上一点的表面存在压差。由于固相 S 和液相 L 两相之间曲面上的表面张力（表面能 γ）使两相之间存在压差[参见第 7 章(7-50)式]：

$$\Delta p=\gamma\left(\frac{1}{r_1}+\frac{1}{r_2}\right)=\gamma K \tag{10-19}$$

式中：r_1 和 r_2 分别是界面主曲率半径。如果固相 S 是球形颗粒，曲率 $K=2/r$，上式为

$$\Delta p=2\gamma K \tag{10-20}$$

若是平面，K 为零，$\Delta p=0$。因此，当固体表面是弯曲的而不是平面时，压力 Δp 将改变。固相的自由能随着尺寸 r 减小而加大，液相的自由能保持不变，ΔG_r（下标 r 表示固相颗粒半径）为

$$\Delta G_r = V^{S}\Delta p \tag{10-21}$$

V^{S} 是固相摩尔体积，根据(10-8)式，上式表示为：

$$\Delta H_0^{L\to\alpha}\frac{\Delta T}{T_0} = V^{S}\Delta p \tag{10-22}$$

所以固相熔点温度颗粒曲率 K 减小而下降，下降量 ΔT 为：

$$\Delta T = \frac{T_0 V^{S}}{\Delta H_0}2\gamma K = \frac{T_0}{\Delta H_{V(0)}}2\gamma K = 2\Gamma K \tag{10-23}$$

式中：$\Gamma = T_0 V^{S}\gamma/\Delta H_0 = T_0\gamma/\Delta H_{V(0)}$ 为吉布斯-汤姆孙(Gibbs-Thomson)系数，其中 $\Delta H_{V(0)} = \Delta H_0/V^{S}$ 是单位体积的熔化焓。大多数金属的 Γ(单位为 m·K)值为 10^{-4} 数量级。

图 10-7 描述了毛细管效应对 A-B 二元相图的影响，其中下图是靠近纯 A 的部分相图，左上图是纯 A 的自由能与温度的关系。当固相的曲率半径不是无限大时，因增加表面能 γ 使固相摩尔自由能升高，看到 A 组元的熔点从界面曲率为 ∞ 的 T_0 下降为 T_0^r。右上图是在 T_1 温度的自由能 $G-x_B$ 曲线。当固相的曲率半径不是无限大时，因增加表面能使固相摩尔自由能升高，看到使两个平衡相的溶质 B 浓度 x_B 降低。右下图说明固相的曲率半径不是无限大时，相图的固、液相线向低温移动。对大多数金属 γ 的影响只有在尺寸小于约 10 mm 时才会比较显著。所以在相变形核、界面扰动、枝晶尖端、共晶等过程毛细管效应起很大作用。

对于固溶体，它的曲率越大(曲率半径越小)，其溶解度越大，这就是吉布斯-汤姆孙效应[参见(11-51)式]，当溶解度加大，相对平衡温度降低。

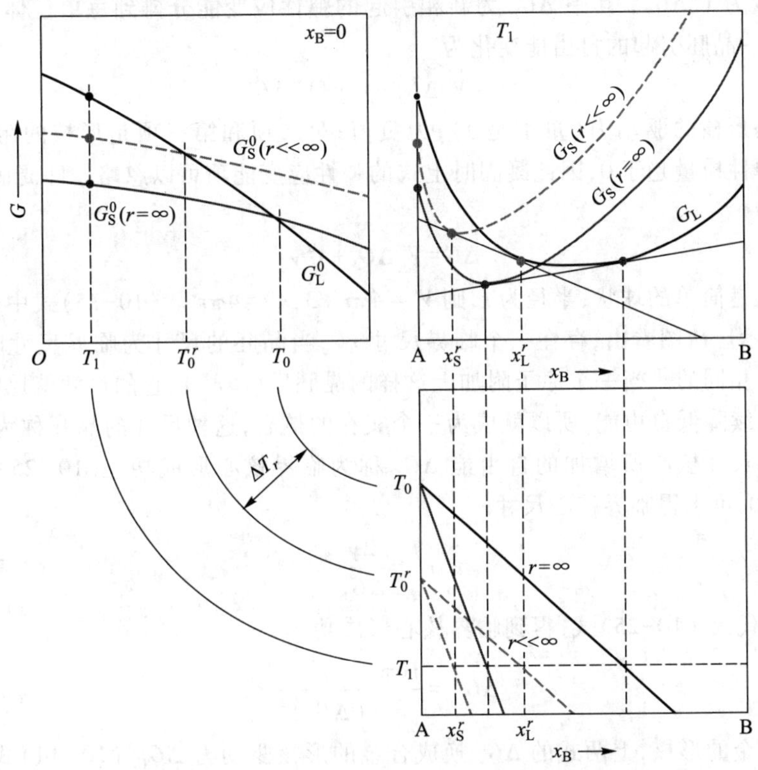

图 10-7 毛细管效应对 A-B 二元相图的影响

10.5 凝固的形核

形核分为均匀形核和非均匀形核。如果核心不依附任何靠背自发形成,在均匀的母相中各处形成核心的概率相同,称为均匀形核或自发形核;如果核心依附母相中存在的某些"靠背"(例如液相中杂质、承载液体的模子的模壁)形成,称为非均匀形核或非自发形核。在下面的分析中可知,非均匀形核要克服的势垒比均匀形核小得多,在相变的形核过程中通常都是非均匀形核优先。

10.5.1 凝固的均匀形核

液相通过成分和结构涨落发展形成的小团簇,这种小团簇若是固相稳定(或亚稳定)结构,就是新相核心。经典形核理论是由 Volmer 和 Weber 以及 Becker 和 Doring 对气-液和气-固相变提出的,称 VWBD 理论,并且由 Becker 首先将其应用于固态相变。在不稳定母相中形成新相晶胚,体系能量有两方面的变化。一方面,由于新相形成使系统自由能降低(驱动力),降低量为 $V^{\alpha}\Delta G_V$,其中 V^{α} 是新相核心的体积,ΔG_V 是相变的体积自由能变化量($\Delta G_V=\Delta G/V^{\alpha}$,$\Delta G$ 是相变摩尔自由能的变化量,V^{α} 是 α 固相的摩尔体积,ΔG_V 的量纲是 J/m^3)。另一方面,因为生成新的形成界面以及新相和母相的比容差别,使系统能量增加。相界面能增加为 $A^{\alpha}\gamma$,其中 A^{α} 为核心相界面的面积,γ 是两相的比相界面能;比容差别使系统增加的能量为 $V^{\alpha}\Delta G_E$,其中 ΔG_E 为新相引起的弹性应变能分摊到每单位体积新相的值。所以,形成这一晶胚引起的自由能变化为

$$\Delta G=V^{\alpha}\Delta G_V+A^{\alpha}\gamma+V^{\alpha}\Delta G_E \tag{10-24}$$

上式第一项是形核的驱动力(量纲是 J),为负值;第二项和第三项是形核的阻力,为正值。由于液体的弹性模量趋于0,因此凝固时上式的弹性应变能项可以忽略。即凝固晶胚引起的自由能变化为

$$\Delta G=V^{\alpha}\Delta G_V+A^{\alpha}\gamma \tag{10-25}$$

若设新相晶胚是简单的球状,半径为 r,则 $V^{\alpha}=4\pi r^3/3$,$A^{\alpha}=4\pi r^2$。(10-25)式中 ΔG 随 r 变化如图 10-8 所示。从图看出,存在一个临界尺寸 r^*,当晶胚的尺寸为临界尺寸时,它长大和消失的概率是相同的。当一个原子附加上这样的晶胚后($r>r^*$),它的尺寸就比临界尺寸大,长大时可以连续降低自由能,所以就成为一个实在的核心,这种尺寸的晶胚称为临界尺寸核心。形成临界尺寸核心所增加的自由能 ΔG^* 称为临界核心形成功。(10-25)式对 r 取导数,并令其为0,可求得临界核心尺寸

$$r^*=\frac{2\gamma}{\Delta G_V} \tag{10-26}$$

把(10-26)式代入 (10-25)式,得到临界核心形成功

$$\Delta G^*=\frac{16\pi}{3}\frac{\gamma^3}{(\Delta G_V)^2} \tag{10-27}$$

如果是合金的形核,上两式的 ΔG_V 换成合金的形核驱动力 ΔG_I[(10-14)式或(10-15)式]。把过冷度与驱动力的近似关系(10-7)式代入(10-26)式和(10-27)式,并且把其中的

熔点温度摩尔熔化焓 ΔH_0 换成熔点温度的体积熔化焓 $\Delta H_{V(0)}=\Delta H_0/V^{\alpha}$（$V^{\alpha}$ 是 α 相的摩尔体积），得到临界晶核尺寸 r^* 和临界晶核形成功 ΔG^* 与过冷度间的关系

$$r^*=\frac{2\gamma T_0}{\Delta T\Delta H_{V(0)}} \tag{10-28}$$

$$\Delta G^*=\frac{16\pi\gamma^3 T_0^2}{3(\Delta H_{V(0)}\Delta T)^2} \tag{10-29}$$

随着过冷度（或过热度）加大，临界晶核尺寸 r^* 和临界晶核形成功 ΔG^* 也相应减小。如果是凝固过程，则 r^* 与过冷度成反比，ΔG^* 与过冷度平方成反比。图 10-8 表示两种过冷度的球状新相晶胚尺寸 r 与 ΔG 的关系。

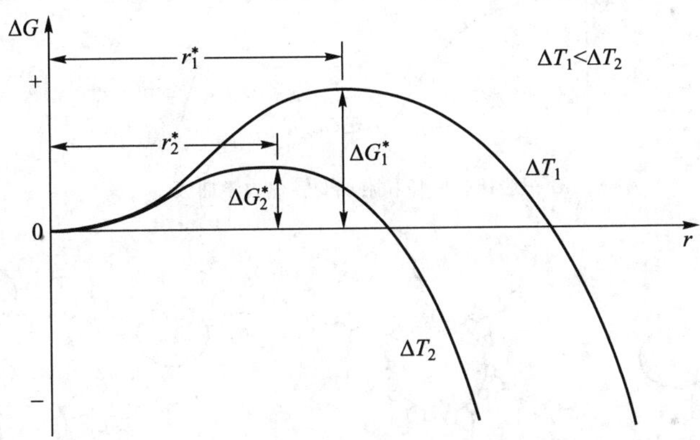

图 10-8　球状新相晶胚 $\Delta G-r$ 图

由于临界晶核的表面积 $A^*=4\pi(r^*)^2=16\pi\gamma^2T_0^2/(\Delta H_{V(0)}\Delta T)^2$，所以 ΔG^* 又可以表述为

$$\Delta G^*=\frac{1}{3}\gamma A^* \tag{10-30}$$

即均匀形核时母相和新相体积吉布斯自由能之差只能补偿界面能的 2/3，余下的 1/3 表面吉布斯自由能只能靠母相中能量分布的涨落提供。由此可见，在具有过冷的条件下，还需要母相的能量涨落才能使晶核的形成成为可能，从而实现相变。

从毛细管效应考虑，临界半径 r^* 晶界受到一个指向曲率中心的净压力，使平衡温度降低 ΔT［见（10-23）式］：

$$\Delta T=\frac{T_m}{\Delta H_{V(0)}}2\gamma K=\frac{T_0}{\Delta H_{V(0)}}2\gamma\frac{1}{r^*}$$

即

$$r^*=\frac{2\gamma T_0}{\Delta T\Delta H_{V(0)}}$$

上式和（10-28）式完全相同。$T_0-\Delta T$ 即为临界核心对应的与液相平衡的温度。

图 10-9 展示了利用均匀形核和核心长大原理制作纳米颗粒的过程。当核心（纳米颗粒）被特殊的吸附元素（分子、气氛）所包围时，形成了一个保护层，其表面能将比纯组元时减小，因而总的自由能也相应减小。这时，纳米相颗粒尺寸的增加会要求系统破坏保护层，即重新增加颗粒的表面能，同时改变表面结构，其长大过程在热力学和动力学上都会受到阻

碍,因而抑制进一步长大,形成纳米颗粒。图 10-9a 描述了一般核心成长和附加变性抑制的热力学曲线,图 10-9b~d 是表面变性的具体的例子。图 10-9b 所示为颗粒表面同性电荷集中(表面静电效应),造成颗粒之间相斥,不搭接,无合并长大的物理条件;图 10-9c 所示为热力学效应,表面金属离子与分子或离子结合,络合形成很稳定的新的离子颗粒表面,抑制颗粒长大;图 10-9d 所示为表面静态惰性化,由大分子团(聚合物)覆盖,成为惰性颗粒。

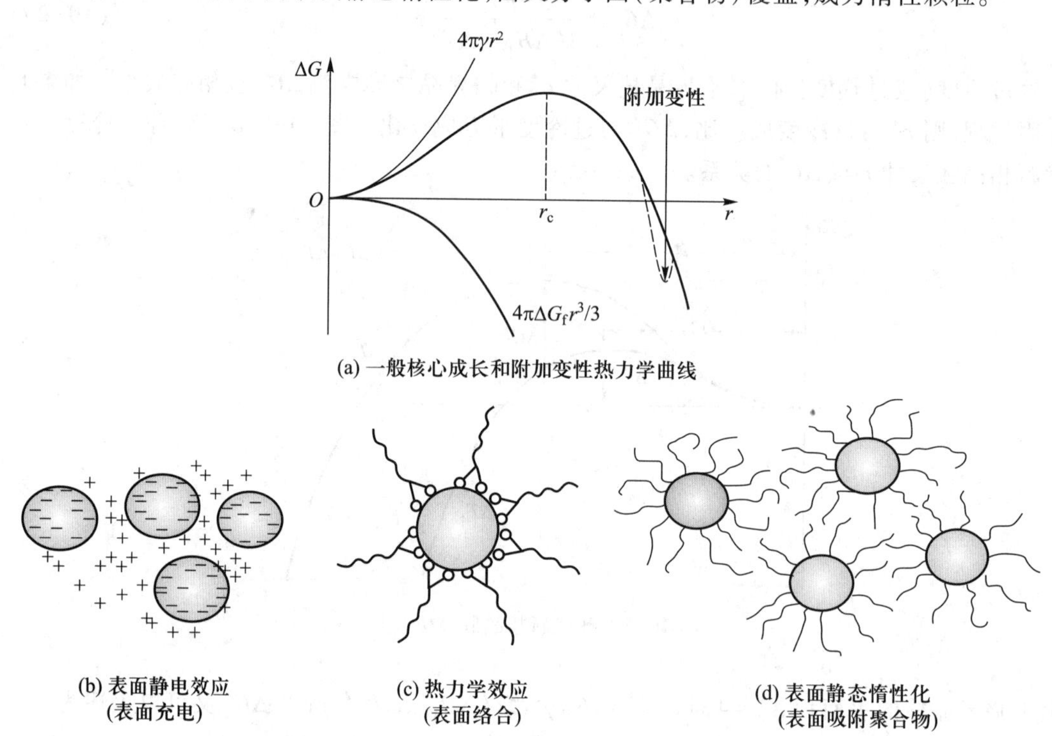

图 10-9 利用均匀形核和核心长大原理制作纳米颗粒

在图 10-8 描述的经典成核过程中,亚稳态无序致密液体团簇或非晶态固体团簇自发地不可逆地转变成晶核。从热力学可知,核心在无序态团簇和晶态团簇之间是动态和可逆起伏的,当尺寸小于临界尺寸 r^* 时,继续长大的概率比重新回复无序态的概率小,而在临界尺寸 r^* 时,长大和回复无序态的概率相同,只有尺寸超过 r^* 后,长大的概率大于回复无序态的概率,才有可能成为实在的核心。当核心尺寸超过一定大小(例如对应图 10-8 中 $\Delta G=0$ 的尺寸),回复无序态的概率可以忽略。

Sungho Jeon 等在单层石墨烯支撑膜上合成了氰化金纳米带(2~5 nm 的 AuCN),用像差校正透射电子显微镜观察,电子探测器的电子束作为显像源和还原剂,用闪烁耦合低剂量成像照相机观察石墨烯衬底上金晶体的形成。图 10-10 所示为金纳米晶体形成过程:比例尺 5 nm,每帧左下方显示纳米晶体的原子模型,红色虚线表示纳米晶体<111>的方向;每帧右下方显示一幅快速傅里叶变换(FFT)图像,比例尺为 1 nm;框架中的 Au 晶格和 AuCN 纳米线区域分别以红色(细黑线)和浅绿色(细黑线)呈现。蓝色(粗黑线)圆圈表示纳米团簇处于无序状态,紫色(粗黑虚线)圆圈表示无法定义的状态(晶体与无序的分类尚不清楚)。早期阶段,金纳米团簇主要处于无序状态并持续波动,有少数短暂的晶体状态出现,但寿命相对较短。

图 10-10a 显示核心在无序态和晶体态之间发展的动态和可逆波动,在这些转变过程中,只有当晶格条纹消失和重新出现时,晶格取向才会发生突变。第一个晶格条纹在 150 ms 突然出现,在 170 ms 消失。之后,第二个晶格条纹在 190 ms 以不同的晶格取向出现,并在 200~230 ms 的某个时间点消失。从 230~1 190 ms,没有观察到晶格条纹。在 0~4 s,类似结晶早期的过程不断重复,短寿命的晶格条纹反复出现和消失,而大多数的帧内没有观察到晶格条纹。

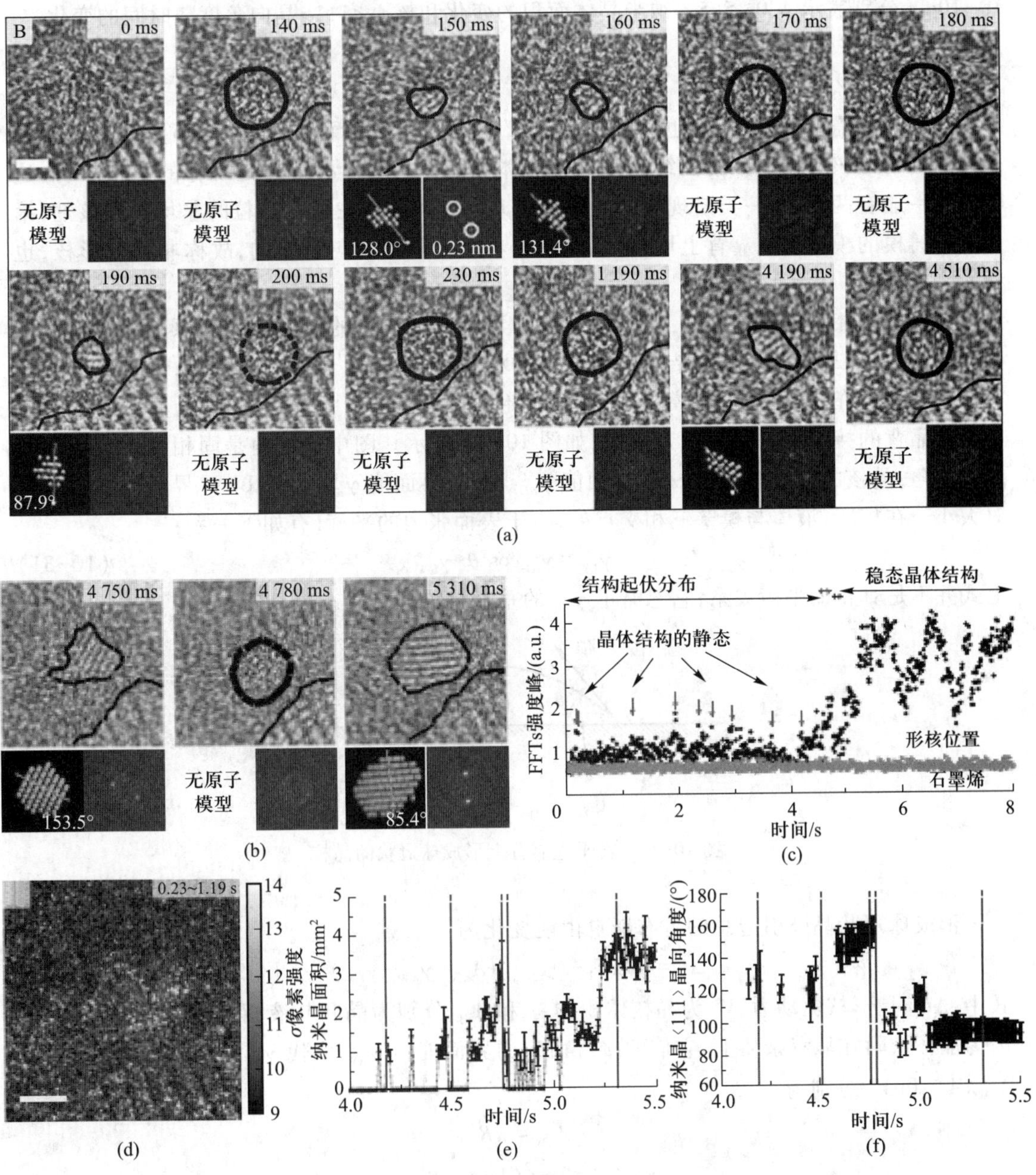

图 10-10 金纳米晶体形成过程(Sungho Jeon 等,2021)

图 10-10b 三幅图片是在最后阶段(约 5 s 后),稳定的晶格条纹逐渐生长,没有进一步的突变。从 230~1 190 ms 没有观察到晶格条纹,而中心像素强度的强烈波动表明原子团簇的存在(图 10-10d)。图 10-10c 是透射电镜跟踪帧的 2D 快速傅里叶变换(FFTs)最大强度随时间的变化,图中看到多个小峰值,证实了动态和可逆波动。约 4 s 后,晶格条纹开始横向生长,但这种增长不是渐进的,多次观察到显示有晶格和没有晶格的图像之间的交替出现。在这些转变过程中,只有当晶格条纹消失和重新出现时,晶格取向才会发生突变(图 10-10e、f)。在最后阶段(约 5 s 后),稳定的晶格条纹逐渐生长,没有进一步的突变。图 10-10e、f 分别表示 4.0~5.5 s 纳米晶体面积的变化和核心<111>晶向角度随时间的变化。

10.5.2　凝固的非均匀形核

均匀形核需要的过冷度(也称“过饱和度”)非常大(见后面的例题 10-5),一般相变都是以非均匀形核开始的。凝固结晶时母相液体中的非均匀形核地点是现存的形核靠背,这种靠背一般有两类:第一类是现有的夹杂物或人为加入的旨在细化晶粒的非均匀形核剂,第二类是铸模的模壁。在靠背上形核,形核位置不全是随机均匀分布的,故称非均匀形核,也称非自发形核。

晶核在液相某一现存界面上形成时,核心与靠背杂质间的界面取代了原来杂质与液相间的界面,如果靠背的结构与结晶晶体的结构相似,核心的总界面能会降低,大大促进了形核过程。假设在靠背杂质(或模壁 W)平面上形成球冠状的 α 相晶核,核心的曲率半径为 r,与杂质靠背的接触面是半径为 R 的圆,如图 10-11 所示。图中的 θ 角是固相和靠背杂质间的润湿角,晶核的大小取决于 α-L 界面能 $\gamma_{\alpha L}$、α-W 界面能 $\gamma_{\alpha W}$ 以及 L-W 界面能 γ_{LW} 的相对大小。在核心、液体与模壁三相交点处,由于表面张力的平衡,有如下关系:

$$\gamma_{LW}=\gamma_{\alpha L}\cos\theta+\gamma_{\alpha W} \tag{10-31}$$

上式并不是真正的平衡关系,它忽略了 $\gamma_{\alpha L}$ 的垂直分量.

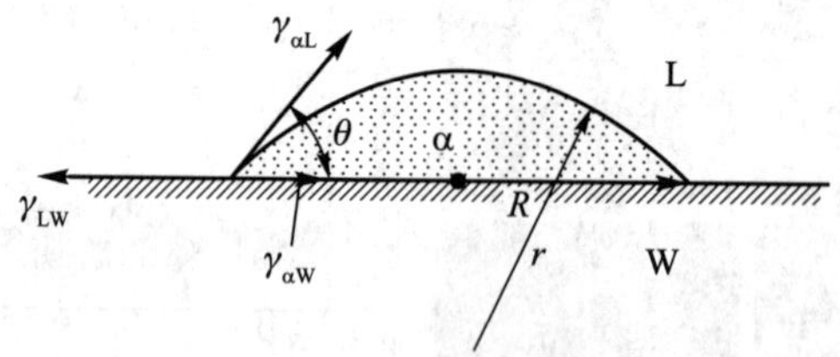

图 10-11　在平直靠背上形成球冠状的晶核

形成球冠状晶胚引起总的吉布斯自由能变化为

$$\Delta G=V^{\alpha}\Delta G_V+A_{\alpha L}\gamma_{\alpha L}+A_{\alpha W}(\gamma_{\alpha W}-\gamma_{LW}) \tag{10-32}$$

式中:ΔG_V 是形核驱动力,V^{α} 为晶核体积,$A_{\alpha W}$ 和 $A_{\alpha L}$ 分别为晶胚与液相和模壁的接触面积。因为晶胚依附在靠背杂质上,它们的接触面积的界面能由 $\gamma_{\alpha W}$ 取代 γ_{LW}。对于球冠状晶核,$A_{\alpha W}$、$A_{\alpha L}$ 和 V^{α} 分别为

$$A_{\alpha W}=\pi R^2$$

$$A_{\alpha L}=2\pi r^2(1-\cos\theta)$$

$$V^{\alpha}=\pi r^{3}\left(\frac{2-3\cos\theta+\cos^{3}\theta}{3}\right)$$

式中：$R=r\sin\theta$。把这些关系代回(10-32)式，得

$$\Delta G=\left(\frac{4}{3}\pi r^{3}\Delta G_{V}+4\pi r^{2}\gamma_{\alpha L}\right)\left(\frac{2-3\cos\theta+\cos^{3}\theta}{4}\right)=\Delta G_{ho}f(\theta) \tag{10-33}$$

上式右边第一个括号内的值相当于均匀形核时的能量变化 ΔG_{ho}，后一个括号内的值是和润湿角 θ 有关的函数，以 $f(\theta)$ 表示。和均匀形核相比，非均匀形核的能量变化多了一个 $f(\theta)$ 因子，根据(10-26)式和(10-27)式，可直接写出非均匀形核的临界核心半径 r^{*} 和临界核心形成功 ΔG_{he}^{*}：

$$r^{*}=\frac{2\gamma_{\alpha L}}{\Delta G_{V}}$$

$$\Delta G_{he}^{*}=f(\theta)\frac{16\pi\gamma_{\alpha L}^{3}}{3(\Delta G_{V})^{2}}=f(\theta)\Delta G_{ho}^{*} \tag{10-34}$$

在相同的过冷度下，非均匀形核的临界曲率半径和均匀形核的临界半径是相同的。因为和润湿角有关的 $f(\theta)$ 总是小于 1，所以非均匀形核的临界形核功总比均匀形核的小。图 10-12 给出了 $f(\theta)$ 和 θ 的关系曲线，θ 越小，即晶核和靠背的润湿越好，则 $f(\theta)$ 越小，即形核功越小，模壁促发形核的作用越大。润湿的好坏取决于晶核和靠背基体间接触的结构，如果它们的原子排列能有较好的匹配，晶格参数越接近，则 $\gamma_{\alpha W}$ 就越小，即润湿越好。$0°<\theta<180°$，$0<f(\theta)<1$，$\Delta G_{he}^{*}<\Delta G_{ho}^{*}$。

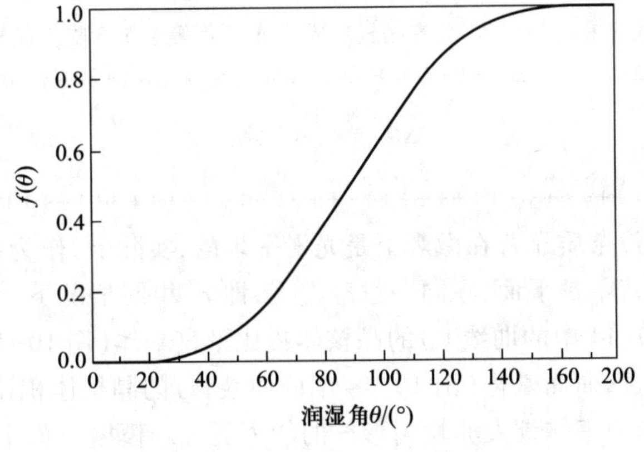

图 10-12　$\theta-f(\theta)$图

图 10-13 描述了润湿角对晶核形状和大小的影响。若 $\theta=0°$，$f(\theta)=0$（相当于基底和晶核结构相同），$\Delta G_{he}^{*}=0$，不存在形核，可直接长大，称为外延生长。若 $\theta=180°$，$f(\theta)=1$，晶核和基底完全不润湿，基底不起作用，$\Delta G_{he}^{*}=\Delta G_{ho}^{*}$，相当于均匀形核。根据计算，当 $\theta=45°$时，$f(\theta)=0.58$；$\theta=90°$时，$f(\theta)=0.5$；$\theta=135°$时，$f(\theta)=0.943$。说明即使 θ 很大，基底对非均匀形核的作用也十分可观。

不论是均匀形核或是非均匀形核，很容易得出，临界晶核形成功与临界晶核的体积 V^{*} 有如下的关系：

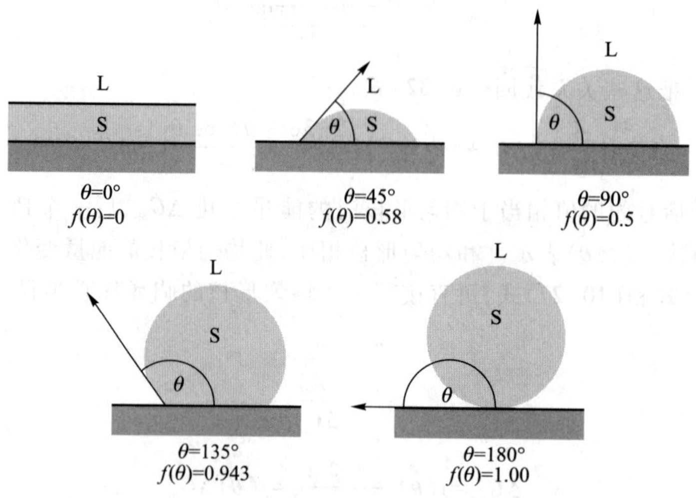

图 10-13 润湿角对晶核心形状和大小的影响

$$\Delta G^* = \frac{1}{2} V^* \Delta G_V \tag{10-35}$$

++

例题 10-2 证明对非均匀形核和均匀形核下式均成立:

$$\Delta G^* = \frac{1}{2} V^* \mid \Delta G_V \mid$$

解 不论均匀形核还是非均匀形核,临界晶核形成功 ΔG^* 都等于 1/3 临界晶核的总表面能,故

$$\Delta G^* = -V^* \Delta G_V + \text{临界晶核的总表面能} = -V^* \Delta G_V + 3\Delta G^*,\text{故}$$

$$\Delta G^* = -\frac{1}{2} V^* \Delta G_V$$

++

上面的讨论是假设杂质靠背在微观上是光滑平坦的,实际上,作为靠背的基底一般是不光滑的。若形核的靠背不是平面,在同一过冷度下,即 r^* 相同情况下,为了保持相同的润湿角,凸曲面基底(图 10-14 中的曲线 C)的晶核体积比平直基体(图 10-14 中的曲线 B)的大,从而形核功大。相反,凹曲面基体(图 10-14 中的曲线 A)的晶核体积比平直基体的小,从而形核功小。所以,凹曲面基体催发非均匀形核的能力更大。模壁表面上的微裂纹、小孔实质上是凹曲面基底的一种特殊形式,它们对形核过程有相当重要的作用。

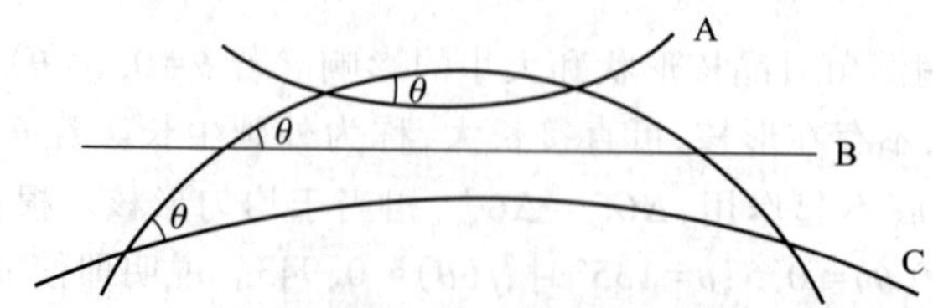

图 10-14 靠背基底的曲率不同对临界晶核体积的影响

虽然非均匀形核的形核功比均匀形核的形核功小得多，但还不能认为非均匀形核的形核率一定比均匀形核的形核率高，因为非均匀形核还取决于是否存在靠背以及靠背的多少。实际上，凝固时液相中都含有大量的形核靠背，例如盛放液体的容器模壁、液体中含有的微小固态微粒等。所以，实际凝固过程中非均匀形核的形核率总比均匀形核的形核率高得多。即使 ΔG_{he}^* 与 ΔG_{ho}^* 相差不大，由于大量靠背的存在，也使非均匀形核的形核率比均匀形核的形核率高很多。非均匀形核使临界过冷度大幅度减小，形核温度大大提高，凝固不能获得大的过冷度。特别对于金属和合金，除了非均匀形核外，再加上它有很大的结晶倾向，更是难以用一般的手段获得较大的过冷度。

++

例题 10-3 分析铸模壁裂缝表面的张角在非均匀形核中的作用。裂缝在表面张口宽度如何影响非均匀形核？

解 一个半角为 α 的圆锥形裂缝，如图 10-15a 所示，θ 是固相与模壁间的润湿角。晶核的形状由 α 和 θ 决定。在给定过冷度下，均匀形核与非均匀形核的临界核心形成功之比等于临界核心体积之比 B（把这个比值称作形状因子）：

$$B=\frac{\Delta G_{he}^*}{\Delta G_{ho}^*}=\frac{V_{he}^*}{V_{ho}^*}$$

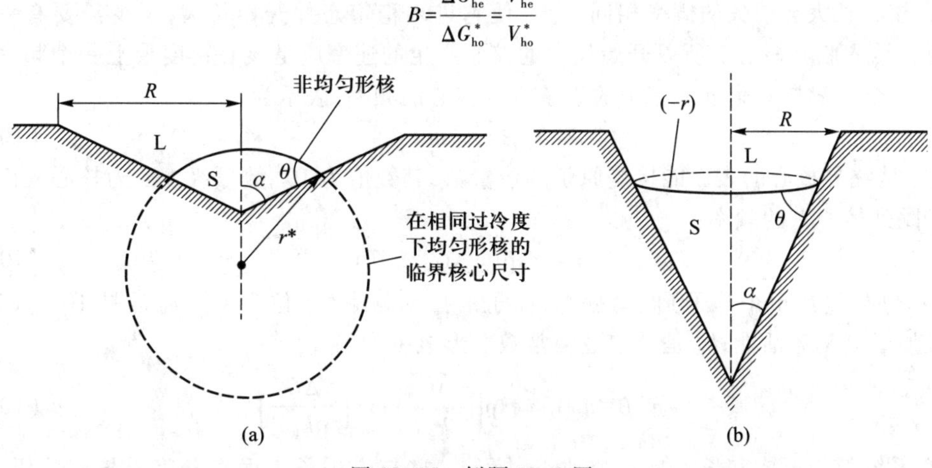

图 10-15 例题 10-3 图

从图 10-15a 可以看出，形状因子 B 随裂缝的 α 角减小而减小，若核心在裂缝根部形成，即使润湿角 θ 很大，其临界体积也很小，在裂缝根部也可能形成核心。当 $\alpha<(90°-\theta)$ 时，固相表面的曲率为负，可以在没有过冷下向前长大。但是，要使晶体长出裂缝，裂缝的开口要足够大。当晶体长大直至到达圆锥裂缝的棱边。进一步向液相中长大则要求固/液界面半径能越过其最小半径（裂缝圆锥的最大半径为 R，见图 10-15b）。这时晶体的曲率半径 r 与 R 相同：

$$R=\frac{2\gamma T_0}{\Delta H_{V(0)}\Delta T}$$

与曲率半径为 R 所对应的过冷度为

$$\Delta T=\frac{2\gamma T_0}{\Delta H_{V(0)}R}$$

可以看出，裂缝张口（R）越大，进一步长大要求的过冷度越小。

++

10.5.3 均匀形核的形核率

形核率定义为每单位时间单位体积内形成的核心数目，它是描述转变动力学的一个重要参数。从统计力学的结构起伏可知，在某一瞬间，液体中会有许多小的密排团簇存在，它们在此瞬间有和固相一样的晶体排列，半径为 r 的球状团簇的平衡平均数量为

$$n_r = n_V \exp\left(-\frac{\Delta G_r}{k_B T}\right)$$

n_V 是体系中的原子总数，ΔG_r 是团簇的附加自由能。当液相温度高于熔点温度 T_0 时，这个关系适用于任何温度；当温度低于 T_0 时，只能用于 $r \leqslant r^*$ 的情况。对于临界尺寸为 r^* 的团簇，可能成为实际的晶核。根据上式，临界尺寸 r^* 的团簇平衡浓度(个/单位体积) n^* 为

$$n^* = n_V \exp\left(-\frac{\Delta G^*}{k_B T}\right) \tag{10-36}$$

式中：n_V 是单位体积中能够形成核心的原子位置数。但是，n^* 并不等价于系统中可以长大的核心密度，原因如下。

① 核心长大与消失的概率相同，为了使它进入稳定态并开始长大，至少需要有一个原子由母相转入临界核心。所以开始长大的核心产生的速率应是核心密度乘上一个频率因子 β。β 为一个临界核心附近母相中的原子进入核心的频率，表示为

$$\beta = A^* \omega \tag{10-37}$$

式中：A^* 是临界核心的表面能接受原子的位置数，其数值为 10^2 数量级。ω 为核心表面附近的原子跳到核心上的频率：

$$\omega = \nu \exp(-\Delta G_m / k_B T) \tag{10-38}$$

式中：ν 是原子(或单个分子)振动频率，原子的振动频率(单位为 s^{-1})通常是 10^{13} 数量级；ΔG_m 是原子迁动激活能；k_B 是玻尔兹曼常数。形核率为

$$I = n^* \beta = n_V A^* \nu \exp\left(-\frac{\Delta G_m}{k_B T}\right) \exp\left(-\frac{\Delta G^*}{k_B T}\right) \tag{10-39}$$

② 系统核心形成和长大是一个动态过程：一些核心因长大而离开临界核心队伍，而热起伏又不断产生新的临界核心来补充。形核开始一段时间之内，系统中的临界核心密度将达到平衡，出现准稳定态。显然，准稳定态下临界核心密度低于平衡态下的密度。塞尔多维奇(J. B. Zeldovich)从理论上分析了稳定态系统中临界核心密度与平衡态系统中临界核心密度的关系。考虑大于临界尺寸的核心可能重新分解而消失，他建议这些将导致形核率下降的因素用一个因子 z(塞尔多维奇因子)描述，其近似表达式为

$$z = \frac{-1}{2\pi k_B T}\left(\left.\frac{\partial^2 \Delta G(i)}{\partial i^2}\right|_{i=i^*}\right)^{1/2} \tag{10-40}$$

式中：$\Delta G(i)$ 是含 i 个原子的晶胚引起的自由能变化，i^* 是临界核心包含的原子数目。典型情况下，z 为 0.05 左右，数值变化不大。

代入 z 后，形核率为

$$I = zn^* \beta = zn_V A^* \nu \exp\left(-\frac{\Delta G_m}{k_B T}\right) \exp\left(-\frac{\Delta G^*}{k_B T}\right) = I_0 \exp\left(-\frac{\Delta G^*}{k_B T}\right) \tag{10-41}$$

式中：$I_0 \approx z n_V A^* \nu \exp(-\Delta G_m / k_B T)$。因为临界形核功 ΔG^* 的大小依赖于驱动力，驱动力是随温度变化的，这导致形核率 I 随温度激烈变化，所以形核速率公式指数前因子的精确数值无重要意义。如果把凝固时 ΔG^* 与过冷度 ΔT 的关系（10-29）式代入（10-41）式，得到

$$I = I_0 \exp\left(-\frac{16\pi\gamma^3 T_0^2}{3(\Delta H_{V(0)} \Delta T)^2 k_B T}\right) \tag{10-42}$$

（10-41）式说明形核率一方面取决于原子丛集具有超额能量为 ΔG^*（形核功）的概率 $\exp(-\Delta G^*/k_B T)$，另一方面取决于扩散的 $\exp(-\Delta G_m/k_B T)$ 因子（ΔG_m 基本不随温度而变化）。在两个因素的共同作用下，形核率随温度降低增加，在某一温度达最大值后，随温度降低而降低，如图 10-16 所示。$\exp(-\Delta G^*/k_B T)$ 一项随温度降低先增加而后降低，而 $\exp(-\Delta G_m/k_B T)$ 则随温度降低单调下降，在这一项的影响下，使最大形核率温度有所上升。

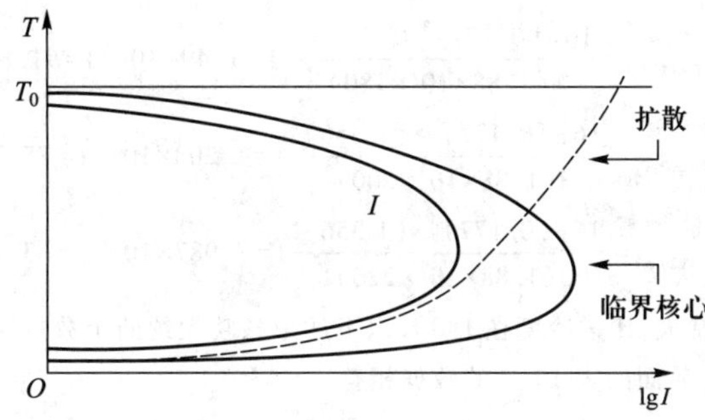

图 10-16　过冷度对形核率的影响

因为液相的扩散系数比较大，凝固时对最大形核率温度影响不显著。对于金属的凝固过程，因为金属的结构比较简单，同时受非均匀形核的影响，很难获得很大的过冷，所以不会出现形核率随温度降低而降低的情况。对于升温的相变，随着过热度的增加，原子基团具有超额能量为 ΔG^* 的概率和原子扩散能力都增加，所以形核率随过热一直增加。

++

例题 10-4　对于凝固过程，若过冷度不是很大时，形核率可近似为

$$I = 10^{33} \exp\left(-\frac{\Delta G^*}{k_B T}\right)$$

设每 s 每 cm^3 产生一个核心就能感知形核，不同温度的临界形核激活能（临界形核功）要多大才能感知形核？

解　每 s 每 cm^3 产生一个核心，即

$$I = 10^{33} \exp\left(-\frac{\Delta G^*}{k_B T}\right)$$

故

$$\Delta G^* = \ln 10^{33} k_B T = 76 k_B T$$

即形核功 $\leqslant 76 k_B T$ 才可以感知形核。

++

例题 10-5　铜的 $\Delta H_0 = 13\ 290$ J/mol，$T_0 = 1\ 356$ K，$\gamma_{SL} = 0.177$ J/m^2，密度为 8.93×10^6 g/m^3。求在过冷度为 10 K，180 K，200 K，220 K 下的临界形成功 ΔG^*。

解　根据（10-29）式：

$$\Delta G^* = \frac{16\pi\gamma^3 T_0^2}{3(\Delta H_{V(0)}\Delta T)^2}$$

其中：$\Delta H_{V(0)}$ 是体积熔化热，而题目给出的是摩尔熔化热 ΔH_0，所以首先要把 ΔH_0 转化为 $\Delta H_{V(0)}$。查得 Cu 的原子质量为 63.55，因此，其摩尔体积 V 为：

$$V = \frac{原子质量}{密度} = \frac{63.55}{8.93\times10^6}\,\mathrm{m^3\cdot mol^{-1}} = 7.12\times10^{-6}\,\mathrm{m^3\cdot mol^{-1}}$$

则

$$\Delta H_{V(0)} = \frac{\Delta H_0}{V} = \frac{132\ 901}{7.12\times10^{-6}}\,\mathrm{J\cdot m^{-3}} = 1.88\times10^9\,\mathrm{J\cdot m^{-3}}$$

把题目给出的各项数值代入 ΔG^* 公式，得到各过冷度下的临界晶核形核功：

$$\Delta G^*_{(\Delta T=10\ \mathrm{K})} = \frac{16\pi(0.177)^3\times(1\ 356)^2}{3(1.88\times10^9\times10)^2}\,\mathrm{J} = 4.84\times10^{-16}\,\mathrm{J} = 26\ 057k_B T$$

$$\Delta G^*_{(\Delta T=180\ \mathrm{K})} = \frac{16\pi(0.177)^3\times(1\ 356)^2}{3(1.88\times10^9\times180)^2}\,\mathrm{J} = 1.49\times10^{-18}\,\mathrm{J} = 91.8k_B T$$

$$\Delta G^*_{(\Delta T=200\ \mathrm{K})} = \frac{16\pi(0.177)^3\times(1\ 356)^2}{3(1.88\times10^9\times200)^2}\,\mathrm{J} = 1.208\times10^{-18}\,\mathrm{J} = 75.7k_B T$$

$$\Delta G^*_{(\Delta T=220\ \mathrm{K})} = \frac{16\pi(0.177)^3\times(1\ 356)^2}{3(1.88\times10^9\times220)^2}\,\mathrm{J} = 9.987\times10^{-19}\,\mathrm{J} = 63.7k_B T$$

过冷度为 10 K 时的形核非常大，比过冷度在 180 K 以下的形核功大约两个数量级。过冷度在 200 K 以下才可能观察到均匀形核。这与后面的表 10-2 的数据相符。

++

从例题 10-5 可知，当过冷度较小时，形核的驱动力 ΔG_V 很小，形核率很小，实验难以察觉，直至过冷度增大至某一值，即形核驱动力 ΔG_V 达某一值时，形核率才爆发式地增加，如图 10-17。

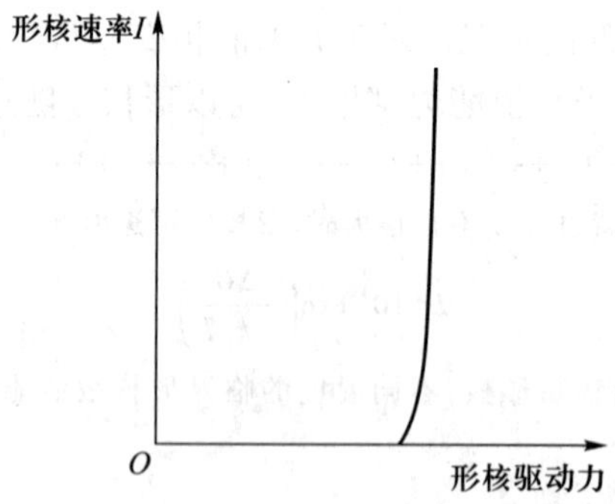

图 10-17 形核率与形核驱动力间的关系

现在分析液相中晶胚（也称“晶核”）的来源。比起固相来说，液相中的原子排列要松散得多，不存在长程有序排列。但在一定温度下，由于原子（分子）的热运动，虽然在一段时间内，原子的排列是完全无规的，但在某一瞬间，则有许多的小而紧密排列的原子团存在。在这些小原子团内，原子的排列类似于晶体，这就是晶胚的来源。这些原子团在空间上此起彼伏，在时间上时散时聚，但在固定的温度下它们的统计分布不会改变。Turnbull 将液体假设为大小不同的小原子团组成的理想溶液。若含有 i 个原子的小原子团有 n_i 个，单个原子的数目为 n，形成 n_i 个含 i 个原子组成的原子团的吉布斯自由能为

$$\Delta G = n_i \Delta G_i - T\Delta S$$

式中：ΔG_i 为生成一个由 i 个原子组成的原子团的吉布斯自由能增量；ΔS 为 n_i 个原子团引起的组态熵。对于理想溶液，组态熵为

$$\Delta S = -k_B \left[n_i \ln\left(\frac{n_i}{n_i+n}\right) + n\ln\left(\frac{n}{n_i+n}\right) \right]$$

当原子集团与单个原子相混合达到平衡状态时，$\partial \Delta G/\partial n_i = 0$，并且考虑到 $n \gg n_i$，得到

$$n_i = n\exp\left(\frac{-\Delta G_i}{k_B T}\right) \tag{10-43}$$

式中：k_B 为玻尔兹曼常数。式(10-43)就是玻尔兹曼分布。换言之，出现由 i 个原子组成的原子团的概率为 $\exp[-\Delta G_i/(k_B T)]$。式(10-43)在 T_m 温度以上时对任何大小的原子集团都适用，但在 T_m 温度以下时，只对 $r \leqslant r^*$ 的原子团适用，因为 $r > r^*$ 的原子团已成为稳定的固相了。事实上，式(10-43)中的 ΔG_i 和(10-9)式中的 ΔG_I 相当。随着原子团尺寸的增加，出现该尺寸原子团的概率急剧降低。例如，在 1 m^3 液态铜中，平衡熔点时半径为 0.3 nm 的原子团有 104 个，但半径为 0.6 nm 的原子团则只有 10 个。这种估计虽然是非常粗糙的，但确实说明不同温度下会有不同的最大原子团尺寸 r_{max}。通过仪器观察，大于这个尺寸的原子团已难以观察到了。n_i 对温度也是敏感的，当温度降低（即过冷度加大）时，ΔG_i 也减小，$\Delta G_i/(k_B T)$ 的总体减小，结果使 n_i 增大。如果以出现的概率来定义 r_{max}，则 r_{max} 随温度降低而加大。把临界晶核尺寸 r^* 随温度的变化曲线和 r_{max} 随温度的变化曲线描绘在一起，如图 10-18 所示，这两条曲线有一交点，交点所对应的过冷度为 ΔT^*。当 $\Delta T < \Delta T^*$ 时，r^* 比 r_{max} 大，不可能有稳定的核心存在；当 $\Delta T \geqslant \Delta T^*$ 时，就有足够的概率出现大于 r^* 的原子团并成长为稳定的固相晶体。所以，只有在过冷度大于一定值时才可能形核，这个过冷度值称为形核临界过冷度 ΔT^*，相应的温度就是形核温度 T。临界过冷度 ΔT^* 约为$(0.15 \sim 0.25)T_0$。表 10-2 中列出了一些材料均匀形核温度的实验数据。

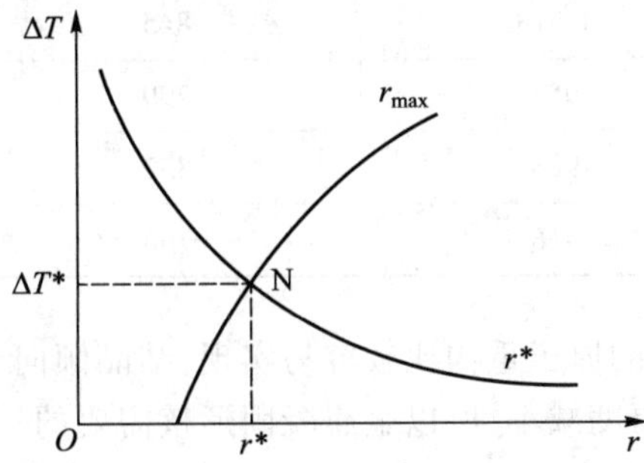

图 10-18 r^* 和 r_{max} 随过冷度 ΔT 的变化

表 10-2 一些材料均匀形核温度实验数据

材料	T_m/K	T^*/K	$\Delta T^*/T$
Hg	234.3	176.3	0.247
Sn	505.7	400.7	0.208
Pb	600.7	520.7	0.133
Al	931.7	801.7	0.140
Ge	1 231.7	1 004.7	0.184
Ag	1 233.7	1 006.7	0.184
Au	1 336	1 106	0.172
Cu	1 356	1 120	0.174
Fe	1 803	1 508	0.164
Pt	2 043	1 673	0.181
三氟化硼 BF_3	144.5	126.7	0.123
二氧化硫 SO_2	197.6	164.6	0.167
CCl_4	250.2	200.2±2	0.202
H_2O	273.2	232.7±1	0.148
C_5H_5	278.4	208±2	0.252
$C_{10}H_8$	353.1	258.7±1	0.267
LiF	1 121	889	0.21
NaF	1 265	984	0.22
NaCl	1074	905	0.16
KCl	1 045	874	0.16
KBr	1 013	845	0.17
KI	958	799	0.15
RbCl	988	832	0.16
CsCl	918	766	0.17

金属材料从液态到固态的原子重构比较容易实现，结晶倾向十分强烈，并且金属凝固时都是非均匀形核，形核功大幅度减小，所以金属凝固形核需要的过冷度非常小。

10.5.4 经典形核模型的局限与优点

经典形核模型定量解释有关实验事实还存在很多困难，原因如下。

(1) 缺少界面能的可靠资料。因为经典形核模型假设核心的界面能与大块晶体的界面能相等，但晶核只含几十或几百原子集团，它的界面是非常漫散的。这样漫散的相界面，界面的体积占晶胚体积的比例可观，所以晶胚的界面能与大块晶体的界面能相等显然只能是一种近似。只有受界面严重影响的区域非常薄，即界面的厚度比核心尺寸小得多的情况（过冷度小），以及核心原子数量比较大的情况，这种近似才是合理的近似。另外，因为界面的漫散，形成晶胚的能量不可能简单地分成体积项和面积项。

（2）晶核出现后，熟化过程也随着开始（参见第 11 章），熟化效应会使一些成长的核心再度溶解而消失，这些尚无十分可靠的计算方法。

（3）目前有关形核的实验数据的精确度都不太高，为理论分析带来困难。

但是，经典形核模型也有很大的优点：模型简单，并且对解释很多相变实际问题还是比较准确的。最突出的例子是，形核理论可以成功地解释形核率随过冷度微弱增加而急剧增加的原因：因为临界形核功 ΔG^* 反比于形核驱动力 ΔG_V 的平方，所以形核率对形核驱动力 ΔG_V 也是非常敏感的。由例题 10-4 可知，如果形核功为 $76k_BT$，形核率为 1 $cm^{-3}\cdot s^{-1}$；若形核功降低为 $55k_BT$（以 $T=1\ 000$ K 估算，$55k_BT=0.76\times10^{-18}$ J），则形核率增加为 $1.3\times10^9\ cm^{-3}\cdot s^{-1}$，即 1 $cm^3\cdot s$ 有 1.3 亿个核心形成；相反，若形核功增加至 $95k_BT$（以 $T=1\ 000$ K 估算，$95k_BT=1.24\times10^{-18}$ J），则形核率减少为 $9.9\times10^{-9}\ cm^{-3}\cdot s^{-1}$，即约 3.2a（年）才会在 1 cm^3 中形成一个核心。图 10-19 展示了形核功的少量变化可以引起形核率的巨大变化。

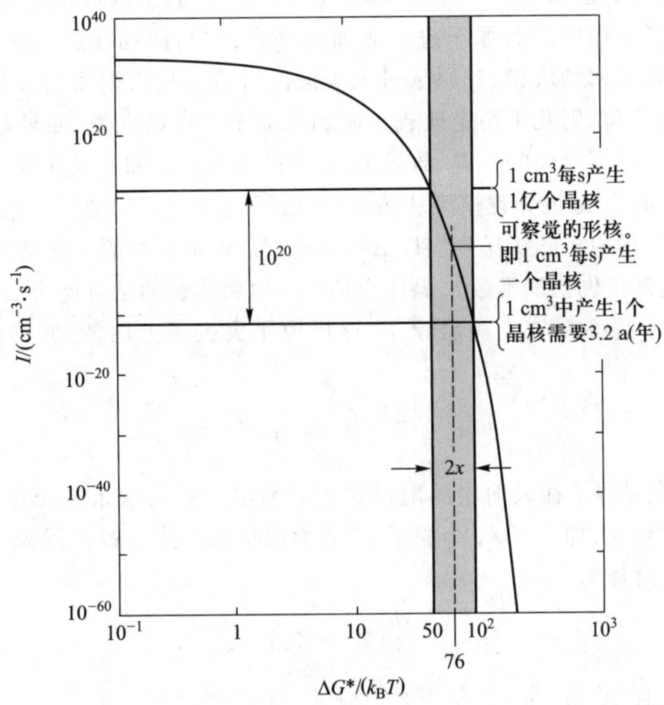

图 10-19　形核功的少量变化引起形核率的巨大变化

经典形核理论获得的形核率对形核功（从而对界面能 γ）非常敏感，如果能降低界面能 γ 则可以使形核率大幅度增加，这可以解释固态转变过程经常出现一些与母相在界面上匹配较好的亚稳相的实事。类似地,形核理论还可以解释固态转变过程新相和母相间出现的各种取向关系:因为这些取向关系会导致界面能 γ 有最低的值(参见第 11 章)。另一个对经典形核定性支持的事实是,形核所需的过冷度比上述均匀形核模型预期的小:因为核心大都在液相中的形核靠背上形成,这可以减小核心的体积,从而减低形核的势垒。这就是下面要介绍的非均匀形核。

10.6 凝固的核心长大

晶核形成后,原子必须连续地进入晶体才能使晶核长大。控制其生长过程的因素是:热扩散、质量扩散和界面张力。这些因素的相对重要性不仅取决于物质本身,还取决于凝固条件。

10.6.1 液-固相界面的结构

在讨论晶核长大之前,有必要首先了解液-固相界面的微观结构。界面的结构不同,晶体长大时液相原子在其上附着的难易程度也不同,从而对晶体的长大方式及长大速度有很大的影响。

第 7 章已经介绍过表面 T-L-K 模型。凝固时,当一个原子从液相进入液相表面的不同位置,它的稳定性是不同的。若原子进入表面的平台,它与固相接触的面积远比与液相的小,有很大的机会可以回到液相;若原子进入表面的台阶、扭折,则回到液相的机会降低;如果原子进入表面的空位,则几乎稳定地成为固相的原子。可以设想,如果晶体的液-固界面结构不同,上述各种类型界面的位置、数目不同,它的长大方式和长大速度必然不同。

杰克逊(Jackson)用最近邻键模型从热力学讨论了液-固界面结构。他假设原来界面是平面,在平面上加入的原子随机排列。以 $\Delta h=\Delta H_0/N_A$ 表示每个原子平均的熔化焓(ΔH_0 是摩尔熔化焓,N_A 是阿伏伽德罗常数),晶体内部每一对邻接键的结合能为 $\Delta h/Z$(Z 为晶体的配位数)。如果整个界面都铺上一层原子,这层原子失去了上层的键,界面上的原子结合能为

$$\frac{\Delta h}{Z}(Z_s+Z_{in}) \tag{10-44}$$

式中:Z_s 和 Z_{in} 分别是原子在表面层的配位数和表面层与下层联系的配位数。设界面上有 n_i 个能加入原子的位置,加入了 n_A 个原子后,表面原子所占的位置比例为 $X=n_A/n_i$,则表面原子实际的平均结合能为

$$\frac{\Delta h}{Z}(Z_sX+Z_{in}) \tag{10-45}$$

因此表面没有铺满时($X=n_A/n_i$)。每个表面原子引起的焓差为

$$\frac{\Delta h}{Z}(Z_s+Z_{in})-\frac{\Delta h}{Z}(Z_sX+Z_{in})=\frac{\Delta h}{Z}Z_s(1-X)=\Delta h\xi(1-X) \tag{10-46}$$

式中:$\xi=Z_s/Z$,是修正界面上平均近邻数的晶体学因子。在平衡温度下,表面原子位置占比为 $X=n_A/n_i$,引起焓的变化为 $n_iX(1-X)\xi\Delta h$。

n_A 个原子在 n_i 个位置排列所引起的组态熵为 $-n_i k_B[X\ln X+(1-X)\ln(1-X)]$。加入了 n_A 个原子引起平衡温度的吉布斯自由能变化 ΔG_s 为

$$\begin{aligned}\Delta G_s &= n_i X(1-X)\xi\Delta h+n_i k_B T_m[X\ln X+(1-X)\ln(1-X)]\\ &= n_i k_B T_m[X(1-X)\xi\Delta h/k_B T_m+X\ln X+(1-X)\ln(1-X)]\\ &= n_i k_B T_m[\alpha X(1-X)+X\ln X+(1-X)\ln(1-X)]\end{aligned} \tag{10-47}$$

式中：$\alpha=\xi\Delta h/(k_B T_m)$。根据上式作出不同 α 值下的 $\Delta G_s/(n_i k_B T_m)\sim X$ 曲线，如图 10-20 所示。可以看出，当 $\alpha\leqslant2$ 时，$X=0.5$ 处有一个极小值。按照杰克逊的想法，实际界面结构应使 ΔG_s 最小，这种情况下 X 应等于 0.5，即实际界面上应有一半位置被固相原子随机占据。同样，已连接在固相界面上的第一层原子面上也应该有一半位置被固相原子随机占据。从原子尺度看，这种界面是不平整的，存在几个原子厚的过渡层，过渡层内两相不能截然分开，通常将这类界面称为粗糙或非光滑界面。当 $\alpha>5$ 时，X 在接近 0 和 1 处出现极小值，此时界面上几乎所有位置都被液相（X 接近 0）和固相（X 接近 1）原子占据，因此从原子尺度看界面是光滑的，液、固两相被截然分开，这类界面称光滑界面。当 $\alpha=2\sim5$ 时，界面结构比较复杂。图 10-21 所示为不同 α 值的界面结构示意图。

图 10-22 是霍伊特（Hoyt）等用分子动力学模拟的完全有序固相与无序液相之间过渡层的粗糙界面结构（上层是完全有序结构，下层是无序结构）。

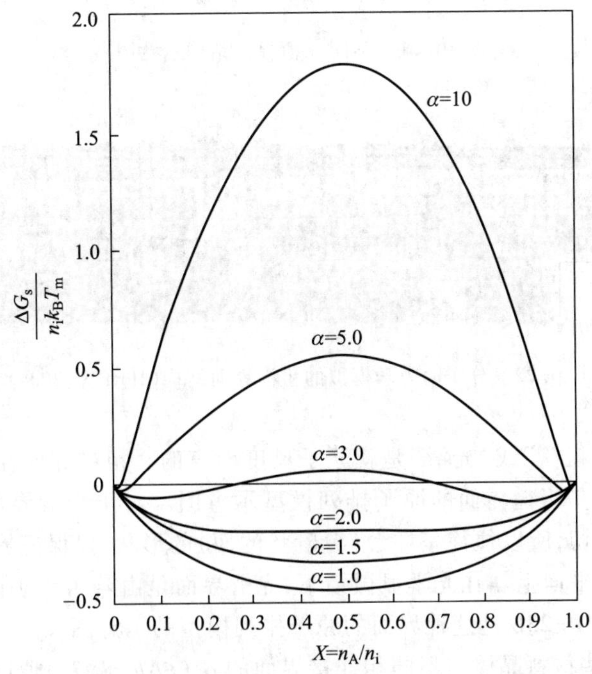

图 10-20 不同 α 值下 $\Delta G_s/(n_i k_B T_m)$ 随 n_A/n_i 的变化

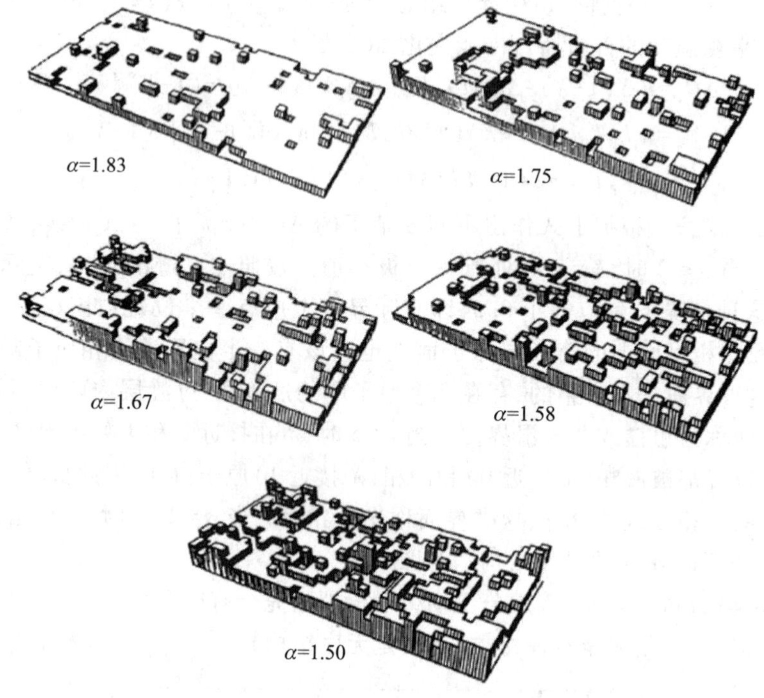

图 10-21 不同 α 值界面结构示意图

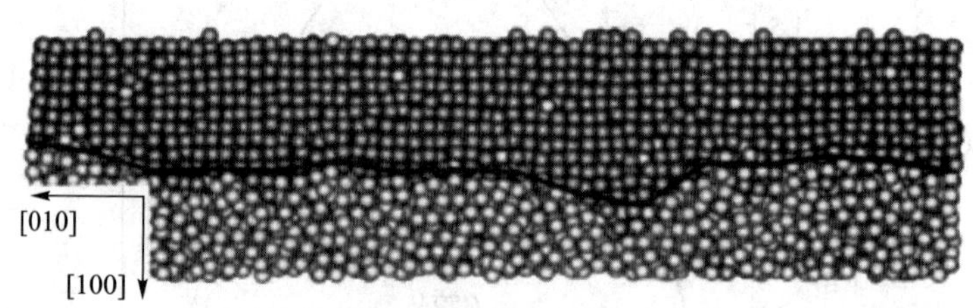

图 10-22 分子动力学模拟的粗糙界面结构（Hoyt 等，2004）

特别强调，所谓“粗糙”或“光滑”是就原子尺度而言的。粗糙界面在光学显微镜下看仍是平整的，图 10-23a 是粗糙界面的原子排列模型示意图。对于光滑界面，由于其能量和晶体学位向的关系很密切，所以往往呈坪台（台阶状的面）的形状，以保证界面的大部分面积处于能量较低的晶体学平面上。在光学显微镜下，光滑界面是由若干个小面组成，所以也称为小面（刻面）界面，图 10-23b 是这种界面的原子排列模型的示意图。

表 10-3 列出一些材料晶体与不同相连接界面的 α $(\xi\Delta h/k_BT_0)$ 值以及界面形貌。实验证明，大多数金属和合金的液/固相界面是粗糙界面，多数无机化合物界面属光滑界面，某些类金属，如 Bi、Sb、Si 的界面是这两类界面间的过渡型界面。图 10-24 是 $Na_2O\cdot SiO_2$ 结晶时的界面形貌（光滑界面），图的上侧是液相，下侧是固相，其形貌和图 10-23b 相近。

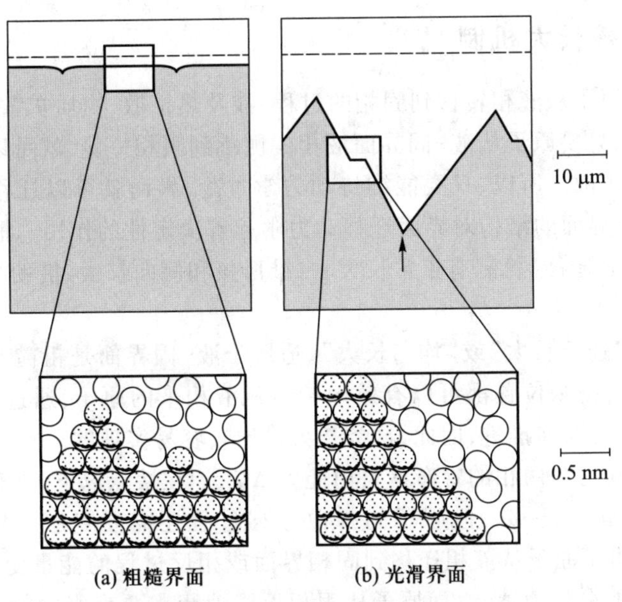

图 10-23 界面原子排列模型示意图

表 10-3 一些材料晶体与不同相连接界面的 α 值以及界面形貌

α 值	材料	与晶体连接的相	界面形貌
约 1	金属	熔融液体	粗糙
约 1	晶态聚合物	熔融液体	粗糙
2~3	半导体	溶液	粗糙/光滑
2~3	半金属	溶液	粗糙/光滑
约 6	分子晶体	溶液	光滑
约 10	金属	气相	光滑
约 100	聚合物	熔融液体	光滑

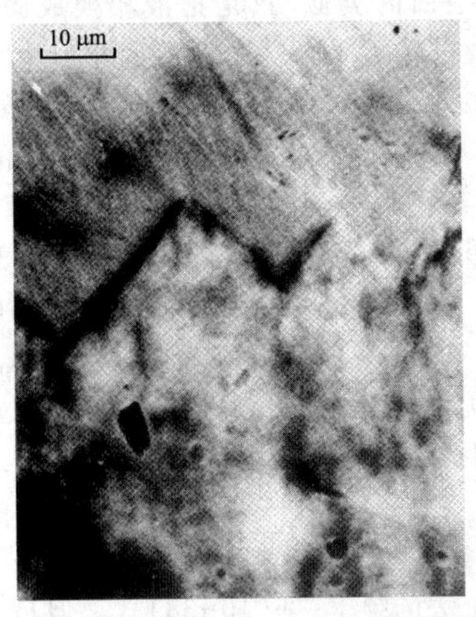

图 10-24 $Na_2O \cdot SiO_2$ 结晶时的界面形貌

10.6.2 晶核长大机制

晶核的长大是原子从液相转移到固相的过程，涉及热扩散、物质扩散和界面反应等基元过程。对于纯金属，只要原子从液-固界面液相一侧跳到固相一侧，就可以完成物质的输运，不需要原子的长程扩散。所以，只要能维持动力学过冷，界面就可以迁移，迁移速度由界面过程所控制。这样，界面的结构对界面迁移动力学起着决定性的作用。根据液-固界面结构不同，晶核长大（界面迁移）机制有正常长大、二维形核和侧向长大、借助晶体缺陷长大三种。

1. 正常长大

正常长大也称“连续长大”或“均匀长大”，适用于液-固界面是粗糙型界面的长大过程。由于粗糙界面的所有空缺位置都可以有效地接纳从液相来的原子，通过原子不断地随机进入这些位置，界面即可向前推进，因此，这类长大是比较容易实现的。

界面迁移的驱动力是两相的吉布斯自由能差 ΔG_{LS}。在熔点以下，具有相变驱动力，原子会自发地从液相向固相迁移。但原子的扩散迁移过程还需要克服一定的能垒 ΔG_m。图 10-25 示意性地示出了原子从液相迁移到固相界面或相反过程的能量变化。原子从液相迁入固相需要克服的能垒仅为 ΔG_m，而原子从固相返回液相需要克服的能垒则为 $\Delta G_m+\Delta G_{LS}$。如果在液-固相平衡温度（即 $\Delta G_{LS}=0$），原子从液相迁移到固相与原子从固相迁移回液相的概率是相同的，在存在过冷的情况下（$\Delta G_{LS}\neq 0$），从液相向固相迁移的原子数才大于从固相向液相迁移的原子数，从而实现界面的宏观迁移。由此可见，晶粒的长大同样需要一个过冷度，通常将这种过冷度称为动力学过冷。通过下面的讨论可知，粗糙型界面迁移所需要的动力学过冷是很小的，一般只是几分之一摄氏度。

在界面的液相一侧单位时间可以迁至单位面积固相界面的原子数为

$$P_1 n_L \nu_L \exp[-\Delta G_m/(k_B T)]$$

式中 ν_L 为液相原子振动频率；n_L 为界面的液相一侧单位面积的原子数；P_1 是固相在界面能接纳原子的概率。同理，单位时间、单位面积界面上的原子返回液相的原子数为

$$P_2 n_S \nu_S \exp[-(\Delta G_m+\Delta G_{LS})/(k_B T)]$$

式中：ν_S、n_S 和 P_2 的意义与上面的类似，只是把液相换成固相就可以了。在平衡熔点，$\Delta G_{LS}=0$，不会有净的原子流通过界面，即从液相迁到固相与从固相迁到液相的原子数相等，得 $P_2 n_S \nu_S = P_1 n_L \nu_L$。这样，单位时间通过单位面积从液相进入固相的净原子数为

$$J_{L\to S}=P_1 n_L \nu_L \exp\left(-\frac{\Delta G_m}{k_B T}\right)\left[1-\exp\left(-\frac{\Delta G_{LS}}{k_B T}\right)\right]$$

设界面迁移速度为 v，原子体积为 $\Omega(=V_m/N_A$，V_m 为摩尔体积，N_A 为阿伏加德罗常数），则

$$\boldsymbol{v}=J\Omega=\frac{P_1 n_L \nu_L V_m}{N_A}\exp\left(-\frac{\Delta G_m}{k_B T}\right)\left[1-\exp\left(-\frac{\Delta G_{LS}}{k_B T}\right)\right] \tag{10-48}$$

正常长大的接纳因子 P 近似为 1，而 $a_0=n_L P_1 \Omega$ 是单位动力学过程界面推进的距离（即进入一层原子或分子界面推进的距离）。则式（10-48）又可以写成

$$\boldsymbol{v}=a_0\omega\left[1-\exp\left(-\frac{\Delta G_{LS}}{k_B T}\right)\right] \tag{10-49}$$

式中的 ω 是原子能跳到核心上去的频率，见（10-38）式。但是，对于黏性大的液体（例如一

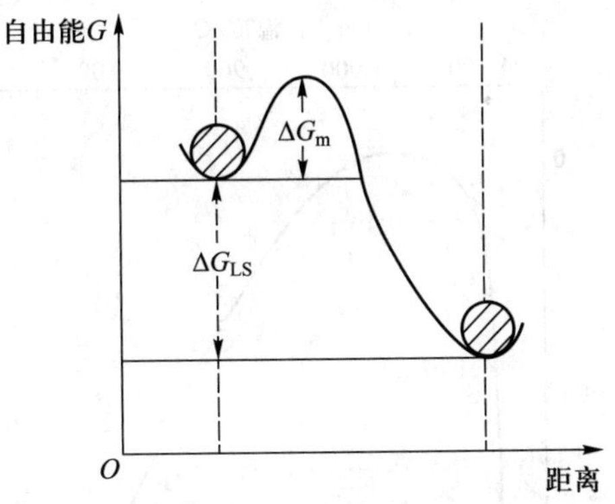

图 10-25 固液界面两侧吉布斯自由能

些氧化物),原子的活动性不能用原子(分子)扩散移动的(10-38)式表示,原子活动性与黏度 $\boldsymbol{\eta}$ 成反比,(10-49)式的 $\boldsymbol{v}$ 应换成:

$$\boldsymbol{v}=\frac{k_B T}{3\pi(a_0)^3\boldsymbol{\eta}} \tag{10-50}$$

液态的黏度随温度成指数下降,在过冷度大时,$\boldsymbol{\eta}$ 是控制长大速度的主要因素。

一般金属凝固的过冷度不会很大,可以认为 $\Delta G_{LS} \ll k_B T$,$1-\exp[-\Delta G_{LS}/(k_B T)]\approx \Delta G_{LS}/(k_B T)$,则

$$\boldsymbol{v}=a_0\omega\frac{\Delta G_{LS}}{k_B T} \tag{10-51}$$

ΔG_{LS} 与过冷度成正比,并且,由于过冷不大时,把 $\exp[-\Delta G_{LS}/(k_B T)]$ 粗略地视为常数,则长大速度 $\boldsymbol{v}$ 也和 ΔT 成正比

$$\boldsymbol{v}=k_1\Delta T \tag{10-52}$$

金属的凝固多属于这种情况。有学者估计 k_1[单位为 cm/(s·K)]的数量级约为 100,因此界面前沿只要有很小的动力学过冷就可能获得较高的长大速度。黏性大的液体因为黏度随着温度下降而增加,长大速度在低温时 v 项起主导作用,从而长大速度随温度降低开始时升高,然后降低。图 10-26 是 GeO_2 熔融液相冷却结晶时晶体长大速度与过冷度的关系,从图中看到其晶体长大速率随温度下降开始增加然后下降的情况。

2. 二维形核和侧向长大

凝固时,原子在光滑的固相表面的附着能力很低,若单个原子从液体附着到光滑的固体表面,很容易重新回到液体中去。但是如果原子附着在坪台的凸壁和扭折处(见第 7 章图 7-10),则附着在固相的机会就大得多。所以,设想在固相光滑表面长大时,首先形成一个原子厚度的二维晶核(如图 10-27 所示),然后原子再附着在二维晶核所造成的凸壁上,即二维晶核侧向长大,直至铺满整个原子层,然后重复这一过程,每铺满一层原子后,界面向前前进一个原子尺度。因为侧向长大的速度是很大的,所以晶核的长大速度是由二维核的形核速度所控制。和导出三维形核的形核率方法相似,导出这种情况下长大速度为

$$\boldsymbol{v}=k_2\omega\exp[-b/(T\Delta T)] \tag{10-53}$$

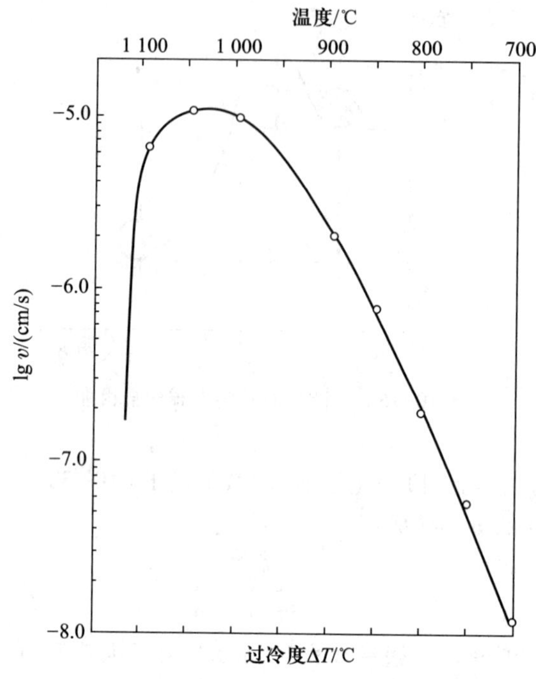

图 10-26 GeO_2 晶体长大速度与过冷度的关系

其中：k_2、b 为常数，b 取决于用以分析的模型，但一般是正比于二维晶核边缘的表面能的平方。这种长大机制的实验数据不多。实际上，在过冷度不大时，二维晶核的临界晶核尺寸 r^* 相当大，依靠涨落来克服形核能垒（即形核功）是十分困难的，所以，要在相当大的过冷度下才可能以这种方式长大。

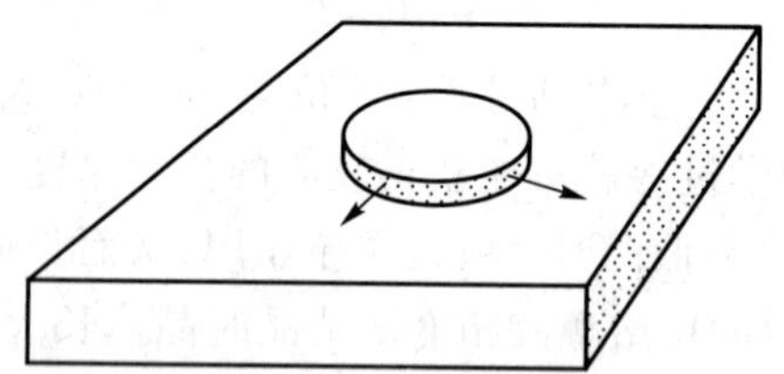

图 10-27 凝固时在固相光滑表面上形成的二维晶核

3. 借助晶体缺陷长大

实际晶体内部存在着各种缺陷，有些缺陷可以提供连续长大的凸壁。例如，螺位错在晶体表面露头就是这种凸壁（图 10-28a 中 P）。螺位错产生螺旋的凸壁，原子很容易进入螺旋凸壁侧面，这种侧向长大使螺旋面永远不会消失，因而晶体可以不断地沿螺旋面长大。如果原子以相等速度进入凸壁的各个部位，即凸壁侧向各处延伸的线速度相同，由于凸壁有一处（位错露头处）不动，所以凸壁侧向各处延伸的角速度不同，靠近位错露头处最大，远离位错露头处较小，随着生长进行凸壁发展为螺线状，图 10-28b ~e 示意描述了这一长大过程。以这种方式长大的长大速度为

$$v=f\omega a_0\left[1-\exp\left(\frac{\Delta G_{LS}}{k_B T}\right)\right] \tag{10-54}$$

式中：a_0 为台阶高度；f 是液体中长大时晶体在界面上生长的有利位置的分数，近似为

$$f\approx\frac{\Delta T}{2\pi T_m} \tag{10-55}$$

f 随过冷度增大而增加，反映过冷增大卷曲的位错变成更紧密的螺线，减小了位错棱间的距离。从(10-54)式看到，若过冷度不是很大，则长大速率与过冷度平方成正比

$$v=\mu_S(\Delta T)^2 \tag{10-56}$$

式中：μ_S 是材料常数。这种生长方式在具有光滑界面物质的凝固过程中常常被观察到。图10-29是碘化镉晶体在其溶液中长大时出现的表面螺线的干涉衬度显微镜照片。

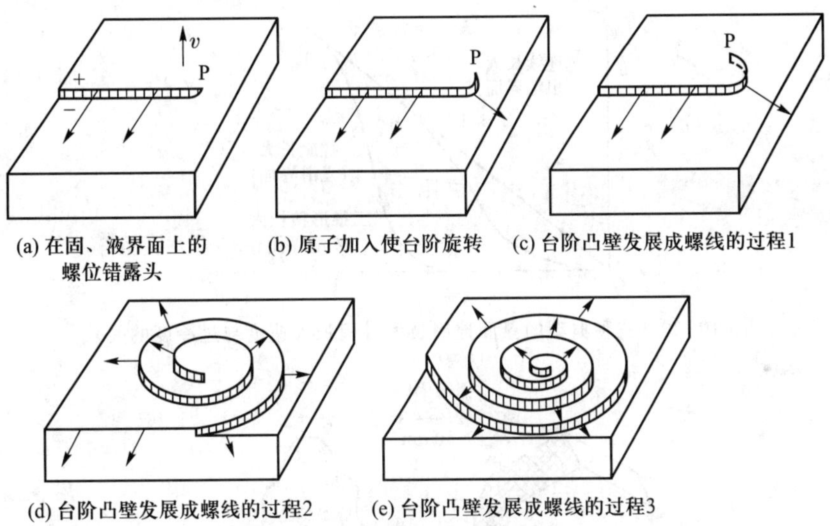

图 10-28 晶体借助于螺位错露头长大

图 10-29 碘化镉晶体在其溶液中长大时的表面螺线（干涉衬度显微镜照片，1 025 倍）

将上面三种凝固时界面控制长大过程的长大速度 v 和界面过冷度 ΔT 的关系描绘于图 10-30 中。从图中看出，在较小的过冷度下，具有光滑界面的物质借助螺位错方式长大；在较大的过冷度下，按类似粗糙界面连续长大的方式长大。因为过冷度较小时，二维晶核不可能形成，而当过冷度较大时，长大更易于按连续方式进行。所以，以二维形核方式长大的可能性是很小的。从定性的角度考虑，对于以光滑界面形态生长的材料，如金属间化合物和矿物质，高指数界面固有的粗糙形态更容易接纳原子，因此生长得很快，结果使高指数界面消失，生长较慢的低指数界面成为晶体的表面，这样形成的表面往往是平直的或棱角形的（图 10-31a）。以连续长大机制生长的材料，因为界面的粗糙特性，如果长大前沿区域有过冷，粗糙凸出部分可以凸出长大，形成树枝状的形态（图 10-31b）。

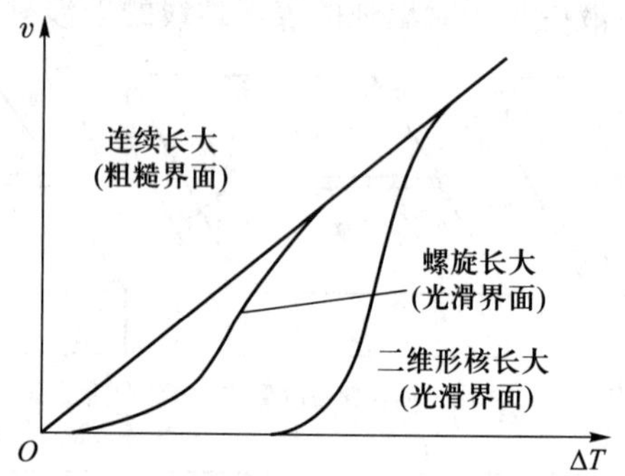

图 10-30 三种典型的界面控制长大过程长大速度与过冷度的关系

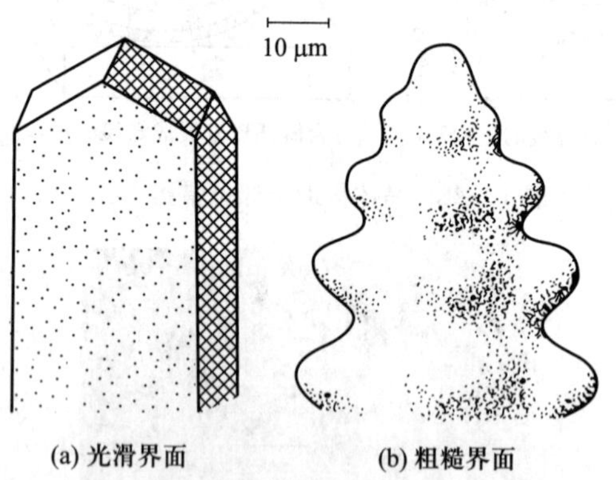

图 10-31 光滑界面和粗糙界面晶核生长形态

++

例题 10-6 晶体生长时两个邻接向前推进的光滑界面Ⅰ、Ⅱ，长大速度分别为 $\boldsymbol{v}_1$、$\boldsymbol{v}_2$，如图 10-32 所示，它们之间的夹角为 θ，讨论什么条件下晶体生长过程Ⅰ面（或Ⅱ面）会覆盖Ⅱ面（或Ⅰ面）。

解 如果 $\boldsymbol{v}_1<\boldsymbol{v}_2\cos\theta$，Ⅰ面将会扩大，Ⅱ面将会缩小，如图 10-32a 所示；如果 $\boldsymbol{v}_2<\boldsymbol{v}_1\cos\theta$，Ⅱ面将会扩大，Ⅰ面将会缩小，如图 10-32b 所示。

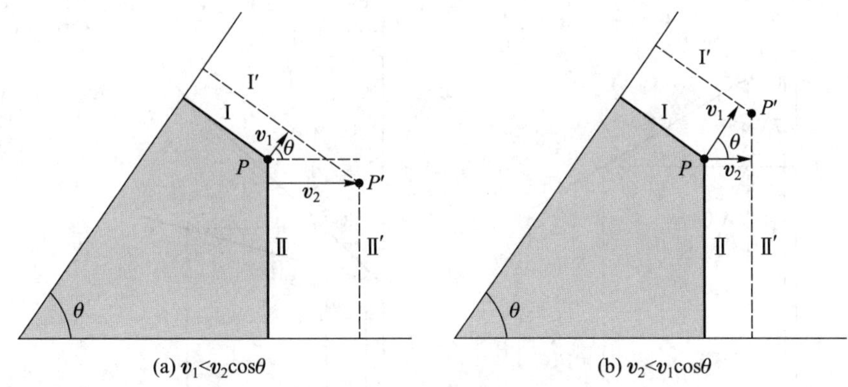

(a) $v_1<v_2\cos\theta$　(b) $v_2<v_1\cos\theta$

图 10-32　例题 10-6 图

++

对于有成分变化的凝固过程,界面的推进除了受界面过程控制外,还受界面前沿溶质扩散和热扩散过程的控制。溶质扩散速率比界面速率及热扩散过程速率慢得多,故界面长大速率的控制性因素为其前沿的溶质扩散;相应地,晶体的外形也主要由温度场及溶质扩散场所决定。但是,由于界面能的各向异性,晶体的生长也会存在微弱的各向异性特征,在一定条件下,会出现沿一定晶体学方向生长的树枝状晶。

10.7　固溶体凝固

10.7.1　平衡分配系数

固溶体凝固是在一个温度范围内进行,并且在两相区范围液相和固相的平衡成分不同。把固相平衡成分(质量浓度)w_S 和液相平衡成分(质量浓度)w_L 的比值定义为平衡分配系数 k_0,即

$$k_0=\frac{w_S}{w_L} \tag{10-57}$$

图 10-33 所示为不同平衡分配系数体系的相图。图 10-33a 是 $k_0<1$ 的情况,图 10-33b 是 $k_0>1$ 的情况。下面的分析中如果没有特别指出,则是 $k_0<1$ 的情况。

分配系数是以固相和液相质量浓度的比值来定义的,如果是其他类型的浓度,例如摩尔浓度 x 或体积浓度 C,在讨论分配系数时必须转换为质量浓度,但是,如果转换系数可以近似看作相同的情况,则分配系数也近似地以其他类型浓度比值来表达。

10.7.2　平衡凝固与非平衡凝固浅述

平衡凝固是指在凝固过程中固相和液相始终保持平衡,它们的成分是平衡成分,即冷却时固相和液相的整体成分分别沿着固相线和液相线变化。为了使冷却经历的每一个温度体系都保持平衡,要保证每个温度都有足够时间使固相和液相成分能扩散均匀,这要在非常缓慢的冷却条件下才能实现。现讨论图 10-34a 中的成分(质量浓度,后同)为 w_0 的 A-B 体系

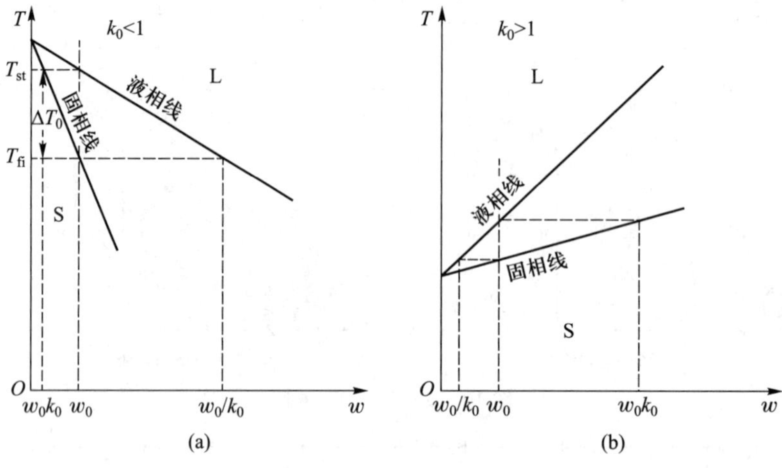

图 10-33 平衡分配系数

的液相凝固。液相缓慢冷却到液相线温度时开始凝固,结晶的固相成分是 k_0w_0;冷却到温度 T_2 时,固相和液相的成分分别为 α_2 和 L_2,用杠杆定理(杠杆规则)求得固相和液相的质量浓度分别是 10%和 90%。继续冷却到温度 T_3、T_4 时也存在平衡的固相和液相,不过固相的质量浓度增加。冷却到达固相线温度时凝固完毕,固相的成分即为系统的成分 w_0。平衡凝固在每一温度下的液相和固相成分可以由相图获得,因而在每一温度下液相和固相的质量浓度可以用杠杆定理求得。因为每个温度结晶出来的固相成分不同,冷却过程需要有足够的时间扩散均匀。所以,这样的凝固必须在非常慢的冷却速度下才能实现。如果把液相线近似为直线,m_L 为液相线的斜率,则凝固经历的温度范围为

$$\Delta T=T_s-T_f=-m_Lw_0+m_Lw_L \tag{10-58}$$

式中:T_s 和 T_f 分别是开始凝固温度和结束凝固温度,$w_L=w_0/k_0$,所以

$$\Delta T=m_Lw_0\left(\frac{1}{k_0}-1\right) \tag{10-59}$$

平衡凝固一般是很难实现的。当冷却速度稍大时,在每个温度间隔固相的溶质分子不可能扩散均匀,即固相的整体成分不可能达到平衡成分,这就是非平衡凝固。

图 10-34b 是一个成分为 w_0 的 A-B 体系的非平衡凝固过程。设结晶时液-固界面两侧固相和液相保持局部平衡,当液相合金冷却到液相线以下某 T_2 温度时开始结晶,按照相图可知,这时结晶的固相成分应为 α_2,界面处的液相成分为 L_2。继续冷却,在 T_3 温度下凝固的固相成分为 α_3。因为在固相中的溶质原子来不及扩散均匀(有时在液相中也是如此),这样,在温度 T_2 和 T_3 之间,固相的平均成分应介于 α_2 和 α_3 之间,设为 α_3'。同样,在液相中液相的平均成分也与 L_3 有所偏离。因为原子在液相中的扩散能力要大得多,即使不考虑液相流动造成浓度的均匀化过程,这种偏离较之固相也要小得多。在随后的冷却过程中,这种情况不断重复,一直到全部液相都凝固完毕为止。这样,把冷却过程每温度下固相和液相的平均成分分别连接起来,得到图 10-34b 相图中偏离平衡固相线和平衡液相线的两条曲线(虚线)。因为原子在液相中的扩散系数比在固相中的大几个数量级,所以液相线偏离平衡液相

线很小,甚至可以忽略。而冷却速度越高,固相线偏离平衡固相线越大。根据杠杆定理可以发现,在同一温度下,非平衡凝固的固相量比平衡凝固的固相量少;另外,非平衡凝固完全凝固的温度比平衡凝固完全凝固的温度低,即非平衡凝固经历的温度范围比平衡凝固的大。

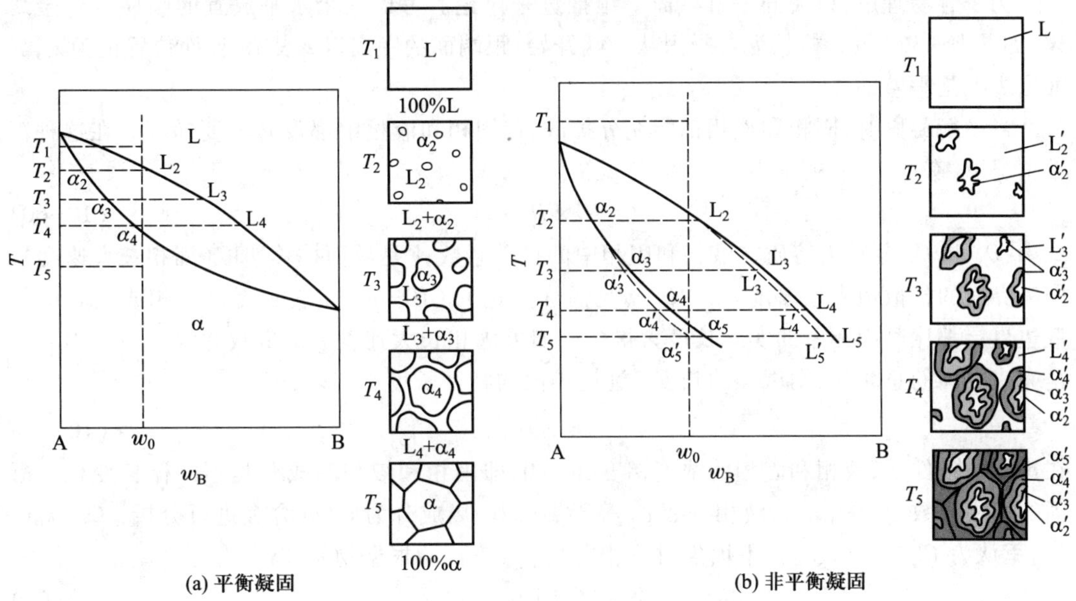

图 10-34 固溶体凝固过程的示意图

由于固体中没有扩散均匀,一个晶粒内从结晶开始心部到晶粒外缘的成分是变化的。图 10-34b 右侧示意性地描述各凝固阶段晶粒内的成分不均匀分布。成分的不均匀分布称为偏析。因为合金结晶通常呈树枝状长大,这种成分不均匀分布是树枝状的,同时不均匀分布的尺度只是一个晶粒的大小,所以称这种偏析为晶内偏析或树枝状显微偏析。具有这种偏析的凝固体,由于其内部成分不均匀,经浸蚀后各处的浸蚀程度不会相同,在光学显微镜下会显现出树枝状的形态。图 10-35 是 $x_{Cu}=25\%$的 Ni-Cu 合金快冷凝固后的组织,显示出凝固后的树枝状偏析。凝固的这种偏析不是平衡态,如果把具有偏析的合金加热到高温,并保温足够时间,成分会重新均匀化,树枝状的形态会消失。

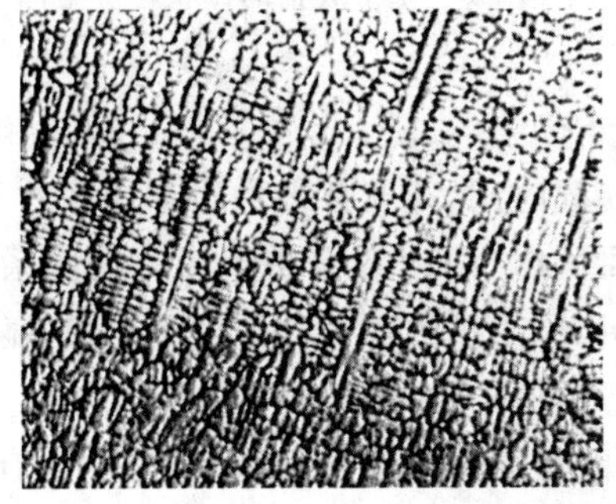

图 10-35 $x_{Cu}=25\%$Ni-Cu 合金快冷凝固后的树枝状偏析(10 倍)

10.7.3 凝固过程的溶质再分布

1. 平衡凝固的杠杆定则

为了容易理解,以凝固平直界面一维推进来讨论。考虑一个水平放置的圆棒状合金熔体,如图 10-36 所示,棒长为 l,凝固从一端开始,距端面的距离以 z 表示,界面位置记为 z_j,界面宏观上是平整的。

当平衡凝固时,固相和液相都能充分扩散,在固相和液相中都没有浓度梯度。在这种简单情况下,有如下关系:

$$D_L \gg D_S \gg lv \tag{10-60}$$

式中:D_L 和 D_S 分别为溶质在液相和固相中的扩散系数;v 是界面推移速度(固相长大速度)。因为界面的扩散边界层厚度 $\delta_c = 2D/v$(见后面讨论),(10-60)式表示无论液相或固相的扩散边界层都比凝固体系的实际长度大得多。如果固相长大速度 v 是常数并等于 l/t_f,其中 t_f 是完成凝固的总时间,则试样的长度 l 远比扩散的特征长度小得多,即

$$l \ll \sqrt{D_S t_f} \tag{10-61}$$

在这样的条件下,液相和固相的浓度梯度都为 0,即固相和液相的成分是不随棒长变化。凝固的固相分数 ζ_S 等于 z/l,液相分数 ζ_L 等于 $1-z/l$。以成分为 C_0 的合金进行分析,$C_S = k_0 C_L$(这里认为 $C_S/C_L \approx w_S/w_L$,下面的讨论相同),$\zeta_L = 1-\zeta_S$。根据物质守恒,有

$$C_S\zeta_S + C_L(1-\zeta_S) = C_0 \tag{10-62}$$

即

$$C_S\zeta_S + C_S(1-\zeta_S)/k_0 = C_0 \tag{10-63}$$

整理上式:

$$C_S = \frac{k_0 C_0}{1-(1-k_0)\zeta_S} \tag{10-64}$$

这就是平衡凝固时固相成分随凝固量变化的式子,也称平衡杠杆。

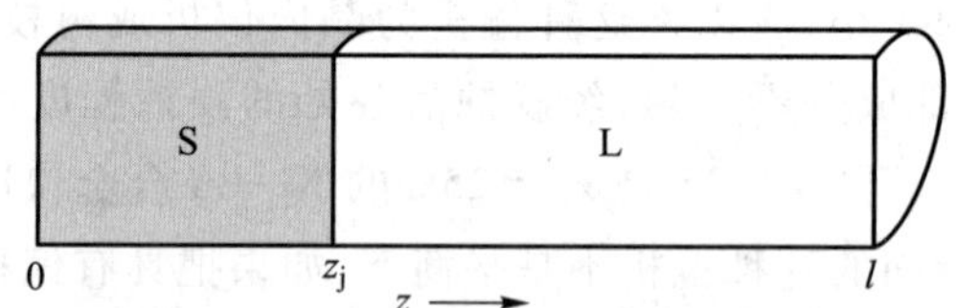

图 10-36 水平放置的棒状合金熔体

2. 非平衡凝固的溶质再分布

平衡凝固要在非常长的凝固时间,即非常慢的冷却速度才可能发生,这样的条件一般是难以达到的。在讨论非平衡凝固时,因为溶质在固相的扩散系数比液相的扩散系数小几个数量级,凝固时温度消散速度比原子扩散均匀的速度大得多,随着降温结晶出来的固相不可能扩散均匀。非平衡凝固使溶质原子在凝固过程发生再分布:一方面,在已凝固的固相中溶质成分不均匀分布,使凝固后的合金出现偏析,对合金的性能有重要影响;另一方面,凝固时溶质原子在液相(特别在界面的前沿)富集,降低了 $k_0<1$ 合金的熔点,并由于热消散的结果,在液相中存在温度梯度,结果可能会出现所谓的组分过冷,导致固-液界面的不稳定,从而凝

固对组织形貌有重大的影响。

以图 10-36 所示棒状合金分析简单平直界面前沿的溶质原子再分布。凝固从一端开始,逐渐向液相推进,这时宏观界面是平整的。讨论时作如下的假设:

(1) 凝固速度不是很高,晶体长大时界面始终处于局部平衡状态。

(2) 没有过冷,也不考虑长大时的动力学过冷。

(3) 界面的推移由其前沿的溶质扩散所控制。

(4) 一般情况下,由于溶质在液体内的扩散系数(约为 $10^{-5}cm^2/s$)比固体内的(约为 $10^{-8}\ cm^2/s$)大几个数量级,因此忽略固相内的扩散。

(5) 相图中的液、固相线均近似为直线,即平衡分配系数不随温度变化。

下面分析液相溶质完全均匀混合的情况——沙伊尔(Scheil)方程。

如上假设,固相完全不扩散,现在还设液相通过扩散以及均匀搅拌混合,这是一种非平衡凝固中最简单的情况。实践证明,在相当多的情况下,可以近似按照这种情况处理。成分为 C_0 的合金凝固,当凝固的固相体积分数为 $\zeta_S(=z_j/l$,见图 10-36)时有 $d\zeta_S$ 的固相形成,如果界面两侧固相成分(体积浓度)为 C_S、液相成分为 C_L。由溶质质量守恒可知,形成微量固相 $d\zeta_S$ 所排出的溶质原子量 $(C_L-C_S)d\zeta_S$ 应等于液相内溶质原子量的变化 $(1-\zeta_S)dC_L$:

$$(C_L-C_S)d\zeta_S=(1-\zeta_S)dC_L \tag{10-65}$$

对上式整理,并且用 $C_S=k_0C_L$ 关系,得

$$\frac{d\zeta_S}{1-\zeta_S}=\frac{dC_L}{C_L(1-k_0)}$$

上式两边积分,并因为 $\zeta_S=0$ 时 $C_L=C_0$,得

$$(k_0-1)\ln(1-\zeta_S)=\ln\left(\frac{C_L}{C_0}\right)$$

即

$$C_L=C_0\zeta_L^{(k_0-1)} \tag{10-66}$$

或

$$C_S=k_0C_0(1-\zeta_S)^{(k_0-1)} \tag{10-67}$$

式中:$\zeta_L=1-\zeta_S$ 为液相的体积分数。上式称为非平衡杠杆定理或 Scheil 方程。图 10-37 所示为不同 k_0 值(包括 $k_0>1$ 的情况)合金定向凝固时按 Scheil 方程描述的固相浓度分布。图中的固相体积分数取 $\zeta_S=0.9$,因为凝固量接近 1 时,Scheil 方程得出的固相浓度趋于无穷大,即 Scheil 方程在凝固末端是不适用的。

图 10-38a 所示为成分为 C_0 的 A-B 体系合金凝固的成分分布。合金液体自一端冷却,在 T_1 温度开始凝固,此时生成的固相成分为 k_0C_0,由于固相把溶质原子排到液相,液相成分比 C_0 高,如图 10-38b 所示。随着温度下降,凝固的固相成分比开始凝固时高,同时液相富集的溶质原子越多,如图 10-38c 所示。当温度下降到共晶温度 T_E 时,界面上的固相浓度达到了固溶体的最大溶解度浓度 C_{max},而余下液相的浓度达到共晶浓度 C_E,这部分液相最后凝固为共晶组织,如图 10-38d 所示。凝固后固相的浓度分布与(10-67)式的描述相符。图 10-38a 中的固相虚线表示凝固的固相平均浓度。

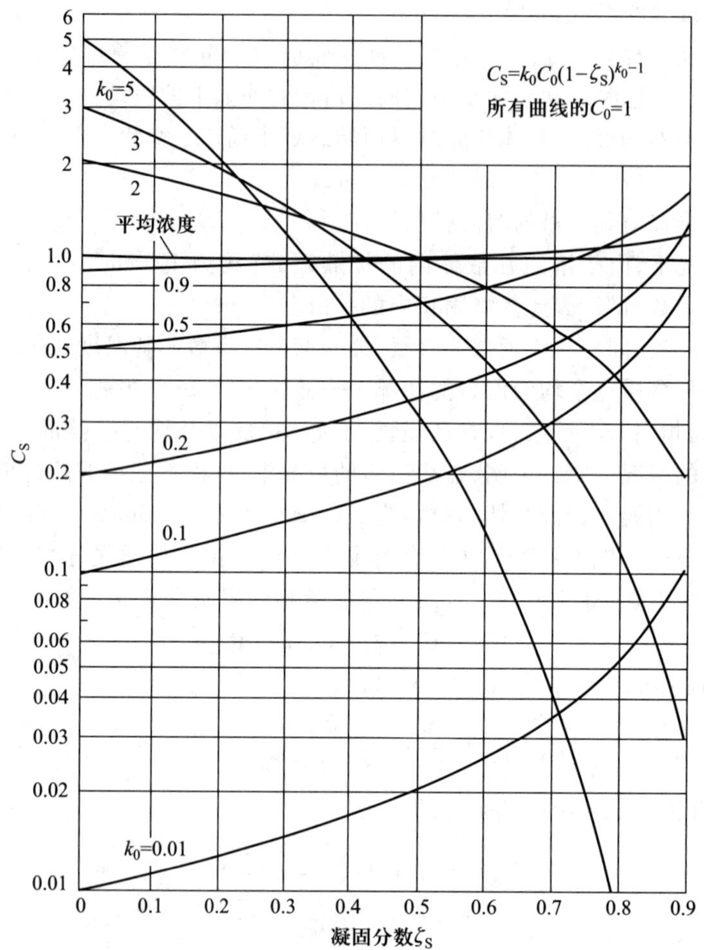

图 10-37 不同 k_0 值定向凝固的固相浓度分布

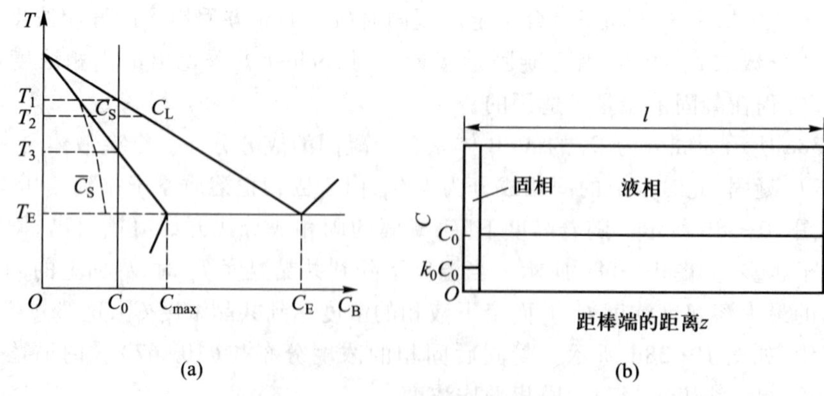

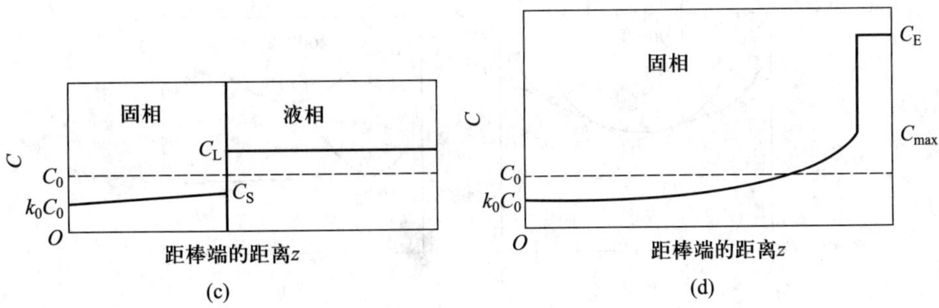

图 10-38 成分为 C_0 的 A-B 体系合金凝固的成分分布

++

例题 10-7 根据图 10-39 给出的二元相图:(1) 画出 900 ℃和 600 ℃各相的自由能-成分曲线示意图。(2) 说明 $w_B=15\%$的合金在缓慢冷却时发生的组织变化;计算组织的相对量和相的相对量。(3) 如果从一端顺序冷却,设固体的扩散可以忽略,液体完全搅拌均匀,这时共晶量比缓慢冷却时多了多少?

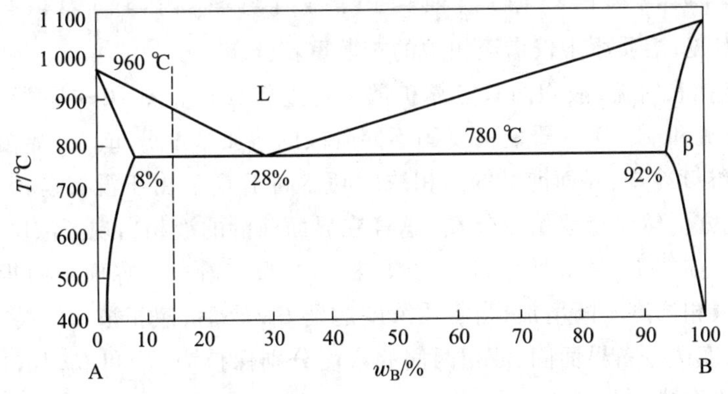

图 10-39 例题 10-7 图

解 (1) 900 ℃和 600 ℃下的成分-自由能曲线如图 10-40 所示。

(2) $w_B=15\%$合金缓冷时先析出 α 相,达到共晶温度后进行共晶反应生成 α+β 共晶体,先析出的 α 相相对量 A_α 和 α+β 共晶体的相对量 $A_{\alpha+\beta}$ 分别是

$$A_\alpha=\frac{28-15}{28-8}=65\%,\quad A_{\alpha+\beta}=1-A_\alpha=35\%;$$

α 相的相对量 A_α,β 相的相对量 A_β 分别是

$$A_\alpha=\frac{92-15}{92-8}=91.7\%,\quad A_\beta=1-A_\alpha=8.3\%。$$

(3) $w_B=15\%$合金在一端顺序冷却,固体的扩散可以忽略时,结晶出的 α 相成分以及剩余液相成分可用(10-67)式描述。根据相图,平衡分配系数 k_0 为

$$k_0=\frac{8}{28}=0.285\ 7,$$

液相成分变为 $w_B=28\%$时,剩余的液相将全部转变为共晶组织。用(10-66)式,得到

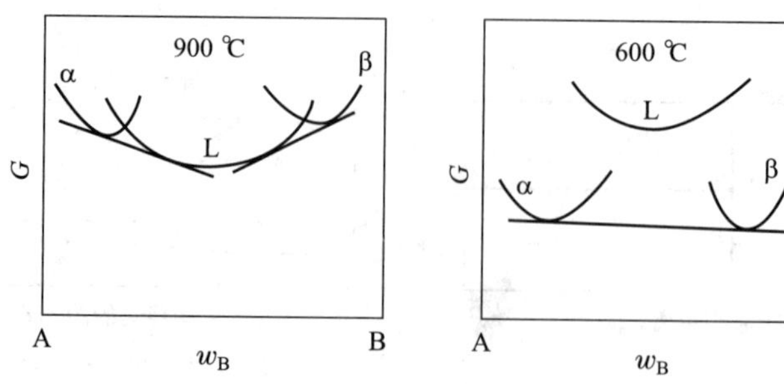

图 10-40 900 ℃、600 ℃各项的自由能-成分曲线

$$C_L=C_0\zeta_L^{k_0-1}=0.15\zeta_L^{0.2857-1}=28$$

即

$$\zeta_L=\left(\frac{28}{15}\right)^{\frac{1}{0.2857-1}}=41.7\%;$$

这部分液相随后全部转变为共晶，所以共晶量比平衡凝固多了 41.7%-35%=6.7%。

++

3. 液相无对流，溶质原子仅借液相中的扩散重新分布

如果没有搅拌和对流，液相内只能靠扩散进行重新分布。图 10-41a 所示为成分 C_0 的合金在液相无对流和搅拌下一维定向凝固不同阶段的溶质浓度分布。开始凝固时固相的溶质浓度为 C_0k_0，继续冷却，界面前沿的液相浓度必然高于 C_0。由于没有搅拌和对流，液相中离界面较远的地方仍然保持原始成分 C_0，这样在界面前沿的液相出现了浓度梯度，界面靠扩散控制向前推进，如图 10-41b 所示，这一阶段称初始瞬态阶段。界面向前推进排出溶质原子，使界面前沿液相浓度不断增加，当溶质浓度达到 C_0/k_0 后，液相浓度维持不变，界面的温度保持固相线温度 $T_{S(C_0)}$，界面固、液相两侧的浓度分别保持为 C_0 和 C_0/k_0，如图 10-41c 所示，这一阶段称稳态阶段。最后，当液相内的溶质富集厚度等于剩余液相区长度时，溶质扩散受到棒末端边界的阻碍，使界面两侧的固相和液相的浓度同时升高，如图 10-41d 所示，这一阶段称最终瞬态阶段，其中Ⅰ是初始瞬态区域，其中Ⅱ是稳态区域，Ⅲ是最终瞬态区域。初始瞬态阶段和最终瞬态阶段比较短，下面主要分析稳态阶段。

设界面为原点 $z=0$，界面推移速度为 $\boldsymbol{v}$，稳态时液相的扩散流量 J_L 为

$$J_L=-D_L\frac{\partial C_L}{\partial z}-\boldsymbol{v}C_L \tag{10-68}$$

稳态时液相的扩散方程是

$$\frac{\partial C_L}{\partial t}=-\nabla\cdot\boldsymbol{J}=D_L\frac{d^2C_L}{dz^2}+\boldsymbol{v}\frac{dC_L}{dz}=0 \tag{10-69}$$

这个方程是常系数线性常微分方程，利用其特征代数方程求根，然后得出通解：

$$C_L(z)=a_1+a_2\exp(-vz/D_L) \tag{10-70}$$

利用现在的边界条件：

$$C_L(\infty,t)=C_0,\quad a_1=C_0,\quad C_L(0,t)=C_{LS} \tag{10-71}$$

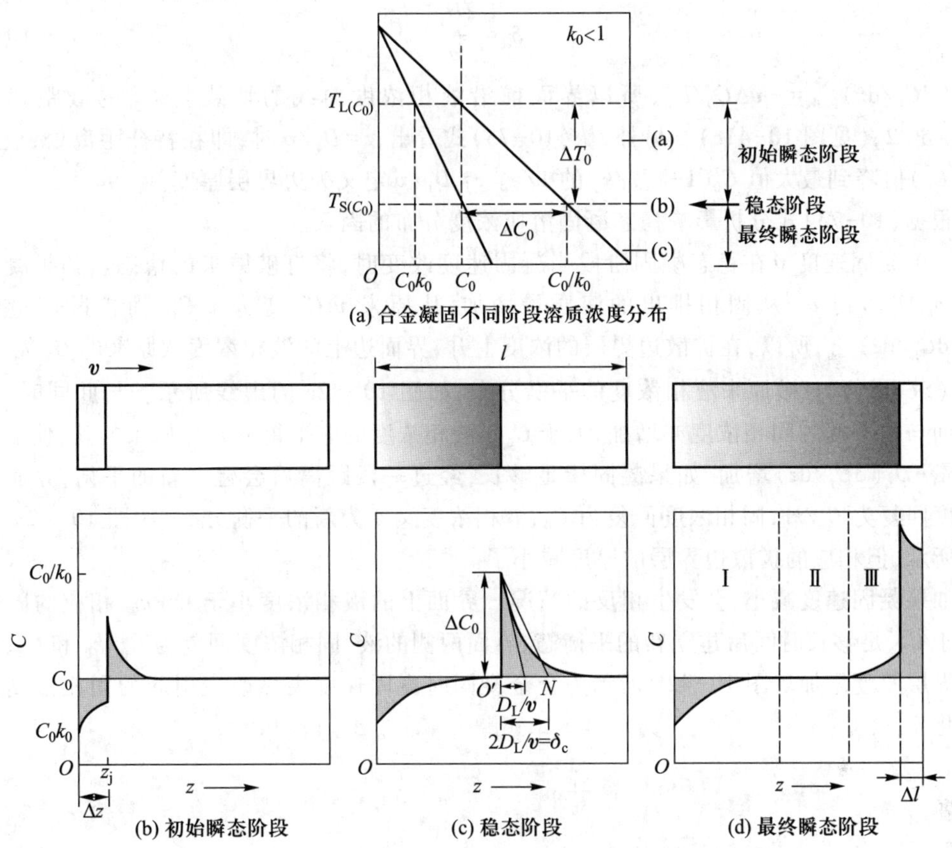

图 10-41　成分为 C_0 合金在液相无对流和搅拌下的定向凝固过程

其中 $C_{LS}=C_S^*/k_0=C_0/k_0$ 是界面边缘液相的浓度。稳态阶段界面边缘固相的浓度 $C_S^*=C_0$，代入求出

$$a_2=C_0(1-k_0)/k_0=\Delta C_0 \tag{10-72}$$

把(10-71)式和(10-72)式代入(10-70)式，最后获得到稳态时界面前沿液相的溶质浓度分布为

$$C_L=C_0\left[1+\frac{1-k_0}{k_0}\exp\left(-\frac{vz}{D_L}\right)\right]=C_0+\Delta C_0\exp\left(-\frac{vz}{D_L}\right) \tag{10-73}$$

从理论看，液相的扩散的边界层厚度（即从界面到浓度降为 C_0 处）是无限大的，但是当离开界面一定距离后，液相浓度已经很接近于 C_0 了。定义一个等效扩散边界层厚度 δ_c，如图 10-41c 中的 $O'N$ 长度，利用界面浓度点与 $O'N$ 构成的三角形面积与整个液相中大于 C_0 的浓度相等来计算 δ_c：

$$\frac{\Delta C_0\delta_c}{2}=\Delta C_0\int_0^{\infty}\exp\left(-\frac{vz}{D_L}\right)\mathrm{d}z \tag{10-74}$$

结果：

$$\delta_c = \frac{2D_L}{\boldsymbol{v}} \tag{10-75}$$

又因$(\mathrm{d}C_L/\mathrm{d}z)_{z=0} = -\boldsymbol{v}\Delta C_0/D_L$，所以界面前沿液相浓度曲线的切线与 C_0 的截距就等于 $D_L/\boldsymbol{v}=\delta_c/2$，（见图 10-41c）。另外，从（10-73）式看出，$z=D_L/\boldsymbol{v}$ 时，即在特征距离处，液相的(C_L-C_0)值降到最大值 $C_0(1-k_0)/k_0$ 的 $1/\mathrm{e}$。$z=D_L/\boldsymbol{v}$ 定义为边界层厚度。

根据（10-73）式分析影响稳态凝固溶质浓度分布的因素。

（1）凝固速度 $\boldsymbol{v}$ 在稳态凝固阶段当凝固速度改变时，将打破原来的稳态。如果凝固速度从 $\boldsymbol{v}_1$ 增加到 $\boldsymbol{v}_2$，从固相排出的溶质量增加，从原来 $\boldsymbol{v}_1C_L$ 变为 $\boldsymbol{v}_2C_L$，而扩散流量仍为 $-D_L(\mathrm{d}C_L/\mathrm{d}z)_{z=0}$，所以，在扩散边界层的浓度上升，界面边上的液相浓度从原来的 C_0/k_0 上升为$C_L^*(>C_0/k_0)$，打破原来液相浓度的平衡分布，如图 10-42a 的虚线所示。与此同时，相应在界面与之平衡的固相浓度亦增加，大于 C_0。液相浓度的非平衡分布比原来的陡，使液相扩散流量$-D_L(\mathrm{d}C_L/\mathrm{d}z)$增加，如果凝固棒足够长，经过一段距离后会建立新的平衡，界面上液相浓度回复为 C_0/k_0，固相浓度回复为 C_0，液相浓度又变为新的平衡分布，如图 10-42a 中 $\boldsymbol{v}_2$ 曲线所示，但相应的扩散边界层的厚度减小了。

如果凝固速度减小，会发生相反的情况。界面上的液相浓度小于 C_0/k_0，相应的固相浓度小于 C_0，足够长时间后建立新的平衡态，界面两侧的液、固相浓度回复为 C_0/k_0 和 C_0，但扩散边界层厚度增加。图 10-42b 所示为合金凝固时凝固速度突然改变引起的固相浓度分布的变化。

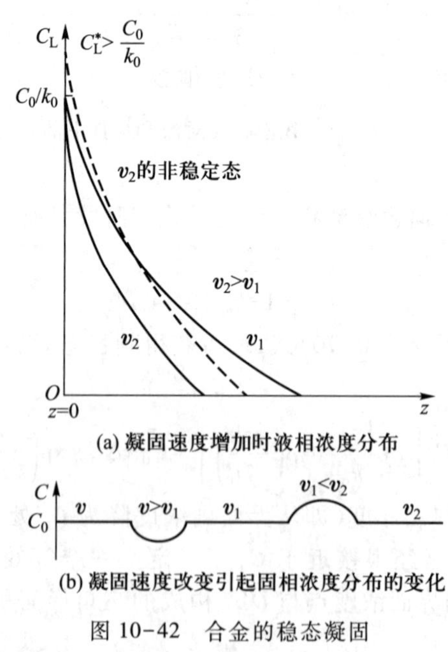

图 10-42 合金的稳态凝固

（2）液相扩散系数 D_L。扩散系数 D_L 大时，扩散比较快，在界面前沿的浓度分布比较缓，从而扩散边界层比较厚，这和（10-73）式描述的一致。图 10-43a 所示为扩散系数对液相浓度分布的影响。

(3) 平衡分布系数 k_0。因为扩散边界层的厚度与 k_0 无关，当 k_0 小时在界面边界的液相浓度 C_0/k_0 比较高，在相同的扩散边界层厚度下，液相的浓度分布比较陡。图 10-43b 所示为平衡分配系数对液相浓度分布的影响。

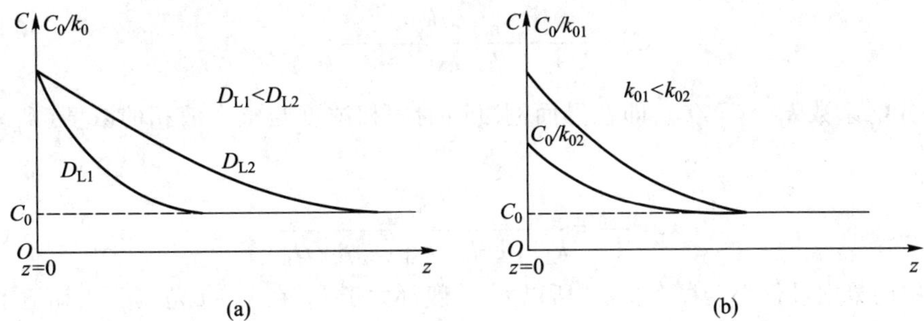

图 10-43　扩散系数 D_L 和平衡分配系数 k_0 对平稳态凝固界面前沿浓度的影响

4. 对流对界面前沿浓度分布的作用

实际生产中，要使液相完全混合需要强烈的搅拌，这难以实现，但对流的作用总是或多或少地存在，它可能由液相中各部分温度差异而造成（自然对流），也可能由某些人为实施搅拌（强制对流）造成。此时，物质的宏观输运由对流和扩散两个过程完成，精确描述这种情况的浓度分布极其困难。但不管对流如何强烈，对流作用在液-固界面总会受到一定的阻碍，在界面前沿会有一个平行于界面的薄层流，其中流体的运动方向平行于界面，因此这种层流不可能导致垂直于界面的物质输运，扩散边界层厚度 δ_c 必然减小。在这一薄扩散边界层内，仅能依靠扩散进行物质输运，基于这一事实，可以将界面前沿的液体分为扩散边界层和扩散边界层以外两个部分。在边界层内，成分的均匀依靠扩散实现；在扩散边界层以外，对流使成分得以保持均匀。

当液相存在对流时，并且当 $z=\delta_c$ 时，$C_L(\delta_c,\ t)=C_0$。另外，在界面边上的 $C_L(0,t)=C_L^*$，根据稳态凝固的通解(10-70)式和边界条件，求出系数 a_1 和 a_2，最后得到

$$\frac{C_L-C_0}{C_L^*-C_0}=1-\frac{1-\exp(-vx/D_L)}{1-\exp(-v\delta_c/D_L)}$$

将上式整理得到

$$C_L=\frac{C_0-C_L^*\exp[-v\delta_c/(1-k_0)D_L]+(C_L^*-C_0)\exp(-vz/D_L)}{1-\exp(-v\delta_c/D_L)} \tag{10-76}$$

当 $v\delta_c/D_L\to\infty$ 即 $\delta_c\to\infty$ 时，即液相内无对流而只有扩散时，$C_L^*=C_0/k_0$，上式可转化为只有扩散的式子。

在界面两侧的固相浓度 C_S^* 和液相浓度 C_L^* 满足边界的物质流量条件，即在平稳态时，即凝固所排出的溶质量等于扩散走的溶质量：

$$v(C_S^*-C_L^*)=-D_L\left[\frac{\mathrm{d}C_L}{\mathrm{d}z}\right]_{z=0} \tag{10-77}$$

根据(10-76)式，$(\mathrm{d}C_L/\mathrm{d}z)_{z=0}$ 为

$$\left[\frac{\mathrm{d}C_L}{\mathrm{d}z}\right]_{z=0}=\frac{v}{D_L}\frac{C_L^*-C_0}{1-\exp(-v\delta_c/D_L)} \tag{10-78}$$

把(10-78)式代入(10-77)式,并应用 $C_S^*=k_0C_L^*$,得

$$C_S^*=\frac{C_0k_0}{k_0+(1-k_0)\exp(-v\delta_c/D_L)} \tag{10-79}$$

定义有效分配系数 $k_E=C_S^*/C_0$,即在界面刚凝固的固相浓度与整个液相的浓度($\bar{C}_L\cong C_0$)的比率:

$$k_E=\frac{C_S^*}{C_0}=\frac{k_0}{k_0+(1-k_0)\exp(-v\delta_c/D_L)} \tag{10-80}$$

实际生产中的凝固过程都会存在扩散,所以 k_E 一般都大于 k_0,在 k_0 ~1 范围。当知道了界面推进速度 v 和扩散边界层厚度 δ_c 就可以得到 C_L^*(C_S^*),从而(10-79)式的浓度场也就完全确定了。其实,最重要的是 C_L^*(C_S^*)与 v、δ_c 间的关系。当系统确定后,C_0、k_0 和 D_L 都是确定的。

当 $v\delta_c/D_L\to\infty$,即 $\delta_c\to\infty$、$k_E=1$、$C_S^*=C_0$、$C_L^*=C_0/k_0$,这相当于液相中只有扩散时的情况。δ_c 越小,C_S^* 越低;相反,固相长大速度 v 越大,C_S^* 则越接近于 C_0。当对流或搅拌的激烈程度加大,δ_c 减小时,为了使 C_S^* 保持不变,则必须使特征距离 $D_L/v<\delta_c$,即必须增大长大速度 v。当 $v\delta_c/D_L\to 0$,即 $\delta_c\to 0$ 时,$k_E=k_0$,这相当于液相完全搅拌混合均匀的情况。所以 k_E 一般都大于 k_0,在 k_0~1。

图 10-44 描述了长大参数 $v\delta_c/D_L$ 对不同 k_0 值的有效分配系数 k_E 的影响。不管原始的 k_0 值是多大,当长大参数加大时,k_E 都趋向于 1。

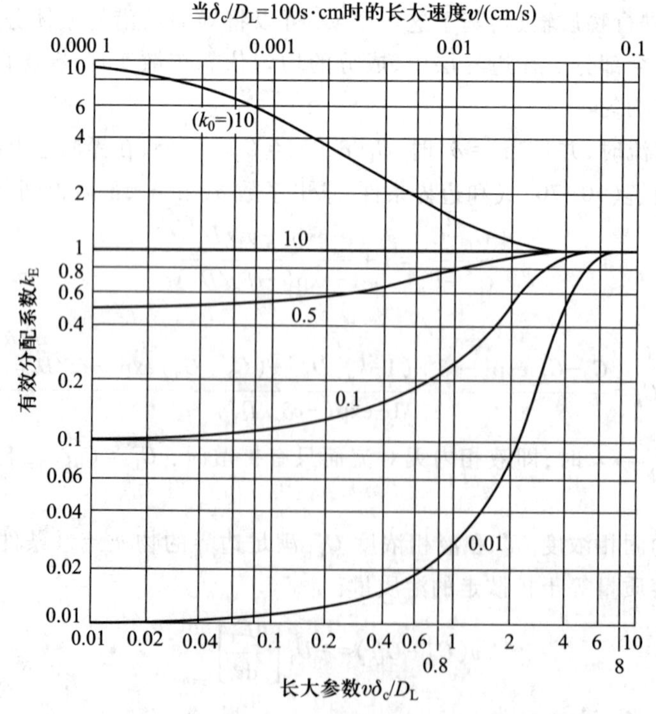

图 10-44 长大参数 $v\delta_c/D_L$ 对不同 k_0 值的有效分配系数 k_E 的影响

图 10-45 所示为不同 k_E 值凝固后固相中的溶质分布。液体中溶质完全混合均匀（曲线 B），溶质部分混合（曲线 D），液相中只存在扩散（曲线 C）。在图中还给出平衡凝固，即在凝固过程液相和固相都完全扩散均匀时的固相溶质分布（图 10-45 中的 A），实际上这种凝固是难以实现的。

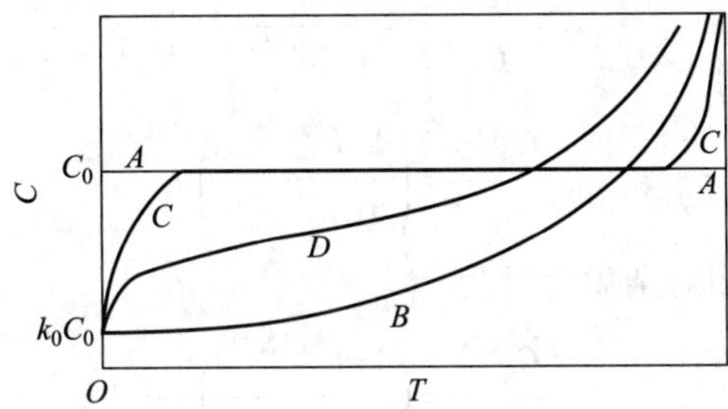

图 10-45 浓度为 C_0 的液体凝固后试棒中的溶质浓度分布曲线

按照溶质守恒，仍有类似于（10-65）式的溶质分布的微分方程，即

$$(\bar{C}_L - C_S^*)\,d\zeta_S = (1-\zeta_S)\,dC_L$$

在凝固开始即 $\zeta_S = 0$ 时，$C_S^* = k_E C_0$。显然，只需将 Scheil 公式中的 k_0 和 C_S 用 k_E 和 C_S^* 代替，就可得到上式的解，即

$$C_S^* = k_E C_0 (1-\zeta_S)^{(k_E-1)} \tag{10-81}$$

上两式称为修正的正常偏析方程，它适用于任何一种单相（k_E 为常数）生长的稳态的情况，但上式在最终瞬态是不适用的。

最后必须强调，所有这些分析都是以液、固相界面是平面为前提的。如果界面形状发生改变，这些分析只能给出大致估计。界面形状为非平面时溶质原子的分布仍是当前凝固理论研究的一个重要课题。

5. 区域提纯与区域致匀

从 Scheil 方程看出，$C_S/C_0 \leqslant 1$ 的区域可以净化。当 $C_S/C_0 = 1$ 时，Scheil 方程变为

$$f_S^* = 1 - \frac{1}{k_0^{1/(k_0-1)}} \tag{10-82}$$

式中：f_S^* 是 $C_S/C_0 = 1$ 对应的凝固分数。按这个原理，把 $C_S/C_0 > 1$ 的材料去除，则材料可以得到净化。从图 10-46 看出，对于 $k_0 < 1$ 的材料，如果 $k_0 > 0.1$，这样要掉弃的材料太多。如果凝固重复 n 次，则

$$f_S^{*(n)} = \left(1 - \frac{1}{k_0^{1/(k_0-1)}}\right)^n \tag{10-83}$$

第一次凝固后净化区的相对杂质含量为

$$\frac{\langle C_S^{(1)} \rangle}{C_0} = \frac{k_0}{f_S^{*(1)}} \int_0^{f_S^{*(1)}} (1-f_S)^{k_0-1}\,df_S = \frac{k_0}{f_S^{*(1)}}\left[1-(1-f_S^{*(1)})^{k_0}\right] \tag{10-84}$$

把 $f_S^{*(1)}$ 代入上式：

$$\frac{\langle C_{\mathrm{S}}^{(1)}\rangle}{C_0}=\frac{1-k_0^{k_0/(k_0-1)}}{1-k_0^{1/(k_0-1)}} \tag{10-85}$$

同理,第二次净化相对第一次净化净化区的相对杂质含量为

$$\frac{\langle C_{\mathrm{S}}^{(2)}\rangle}{\langle C_{\mathrm{S}}^{(1)}\rangle}=\frac{1-k_0^{k_0/(k_0-1)}}{1-k_0^{1/(k_0-1)}}$$

即

$$\frac{\langle C_{\mathrm{S}}^{(2)}\rangle}{C_0}=\left(\frac{1-k_0^{k_0/(k_0-1)}}{1-k_0^{1/(k_0-1)}}\right)^2 \tag{10-86}$$

经 n 次净化后,净化区的相对杂质含量为

$$\frac{\langle C_{\mathrm{S}}^{(n)}\rangle}{C_0}=\left(\frac{1-k_0^{k_0/(k_0-1)}}{1-k_0^{1/(k_0-1)}}\right)^n \tag{10-87}$$

净化次数 n 越多,净化效果越好;k_0 越大净化效果越差,如果 $k_0>0.1$,净化效果比较差。图 10-46 描述不同 k_0 值($k_0<1$)材料经不同净化次数(n)净化区的相对杂质含量。

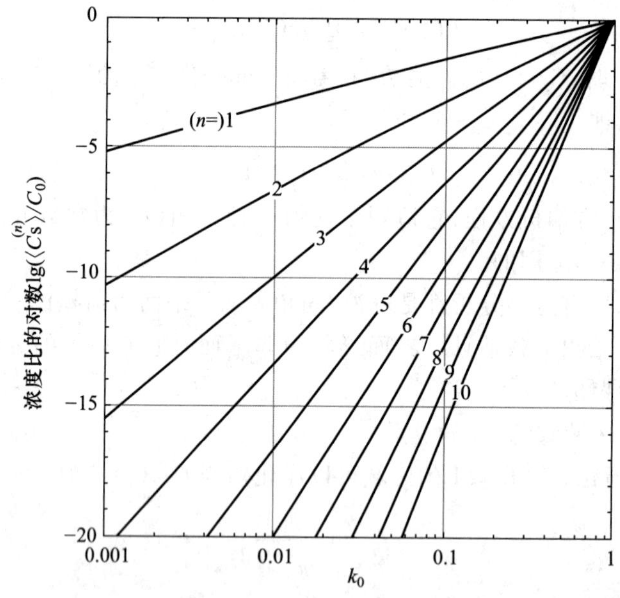

图 10-46 不同 k_0 值材料经不同净化次数(n)净化区的相对杂质含量

为了提高效率,把平行于材料截面的薄层区域熔化,熔区以恒定的速率 v 沿样品移动,可以提高净化效率,这种区域熔化重复次数越多,提纯净化的效果越好,这种技术称为"区域提纯"。若同时有几个熔化区(图 10-47),材料相对加热器移动一次可以达到多区域熔化提纯的效果。

第一次熔化时,原始试样成分是均匀的,设为 C_0,并设熔化区域长度为 l_{E},一般 l_{E} 比扩散边界层厚度大得多(即 $l_{\mathrm{E}}\gg\delta_{\mathrm{c}}$)。第一次熔化时,当熔化区移动 $\mathrm{d}z$,在熔化区获得的溶质量为($C_0-C_{\mathrm{S}}^*$)$\mathrm{d}z$,熔化区液相增加的浓度为

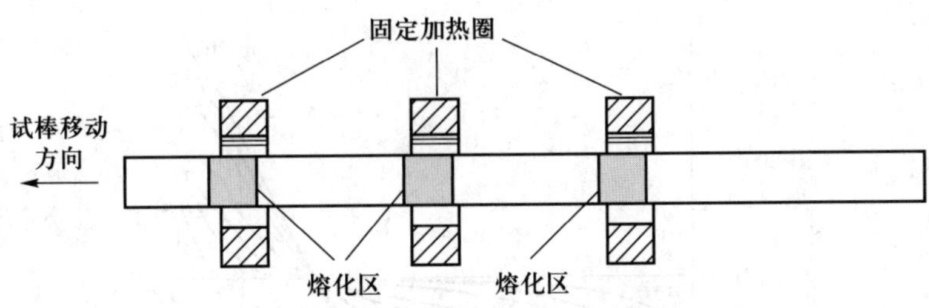

图 10-47 多区域熔化提纯示意图

$$dC_L=\frac{C_0-C_S^*}{l_E}dz \tag{10-88}$$

因 $l_E \gg \delta_c$,上式忽略了扩散边界层浓度的影响。而 $C_S^*=k_EC_L$,设 $y=k_EC_L$,上式积分表述为

$$\int_{k_EC_0}^{C_S^*}\frac{dy}{C_0-y}=\int_0^z\frac{k_E}{l_E}dz \tag{10-89}$$

将上式两边积分,得到

$$-[\ln(C_0-y)]_{k_Ec_0}^{C_S^*}=\frac{k_E}{l_E}z$$

将上式整理重排列,因为 l_E 是沿 z 方向移动的,$C_S^*(z)$就是沿棒长的固相浓度分布:

$$C_S^*=C_0[1-(1-k_E)\exp(-k_Ez/l_E)] \tag{10-90}$$

该式在试样的末端不适用。目前还没有描述经多次区域熔化后溶质浓度分布的一般方程,但可以建立第 n 次和第 $n-1$ 次的固相溶质浓度分别为 $C_{S(n)}(z)$ 和 $C_{S(n-1)}(z)$ 之间的基本微分方程,凝固过程溶质进入熔化区的量等于熔化区内溶质增加的量

$$l_EdC_{S(n)}(z)=k_E[C_{S(n-1)}(z+l_E)-C_{S(n)}(z)]dz \tag{10-91}$$

区域提纯在生产纯净的半导体材料方面有很重要的应用。图 10-48 表示经过 n 次区域提纯后固相溶质的相对浓度分布。

与区域提纯相反,如果熔化区域 l_E 很短,k_E 很大,通过的次数很少,材料整体的浓度差不多是均匀的 C_0。用这种区域熔化方法可以使材料成分均匀,称作"区域致匀"。

10.7.4 液-固相界面形貌

凝固时,固相在生长过程中,界面前沿可能因温度的波动、溶质从固相的排出等原因出现扰动。界面能否保持平面推进,即界面是否稳定主要看扰动能否造成凸出稳定长大而定。如果凸出的凸缘处于有利的生长条件,并随凝固过程不断加快,则界面是不稳定的;相反,如果凸缘面临不利的生长条件,并随凝固过程而逐渐消失,则界面是稳定的。图 10-49 所示为用光学显微镜观察透明有机物(它的界面是非光滑型的)凝固时的情况。图 10-49a 所示的界面因偶然扰动凸出而继续向前生长,这是界面不稳定的情况;图 10-49b 所示的界面因偶然扰动凸出,而凸缘部分重新熔化保持了平面界面,这是界面稳定的情况。

1. 纯物质凝固时液-固界面的稳定性

纯物质凝固时,液、固相界面形貌由传热条件决定。分析图 10-50a 所示铸件由模壁散

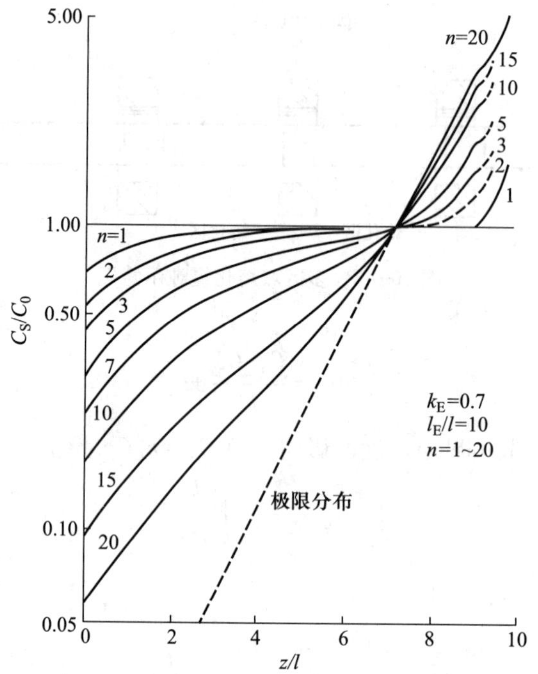

图 10-48　经过 n 次区域提纯后固相溶质的相对浓度分布

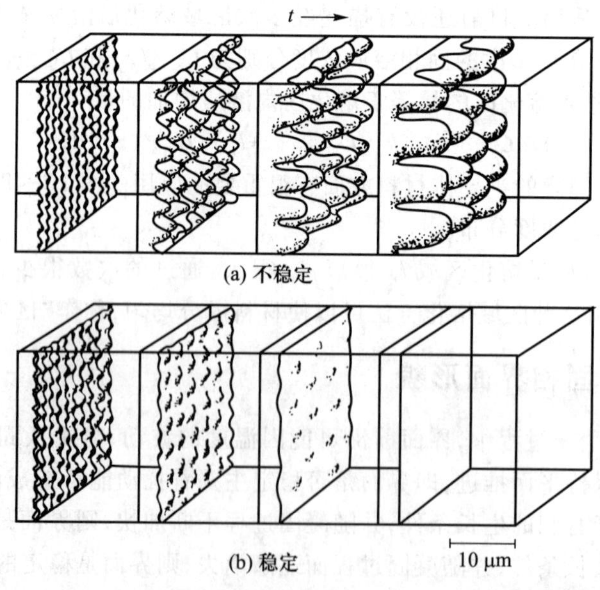

图 10-49　用光学显微镜观察透明有机物凝固时的情况

热凝固的情况。凝固从模壁开始,液、固界面向模子的中心推进,推进的速度取决于固相放出的凝固潜热从模壁散出的速度,散热的方向是从液相中心(图 10-50a 的 C 处)通过固相直到模壁,液相中心温度 T_C 最高,温度沿着从中心到模壁的方向降低,模壁的温度 T_W 最低。

从凝固的方向看，固相和液相的温度梯度都是正的。图 10-50c 的箭头表示界面散热方向和界面推进方向。图 10-50b 所示为液相和固相的自由能-温度曲线，图中的虚线表示从中心的液相到凝固的固相的自由能范围。如果界面有偶然凸出，因为凸缘没有过冷，则会重新熔化消失保持平面状态。同时凸缘前沿的液相等温线密集，如图 10-50c 所示，这时，凸缘前沿液相的温度梯度加大，使更多的热流入凸起的固相，使它的温度上升重新熔化而保持平面界面，这种情况界面是稳定的。

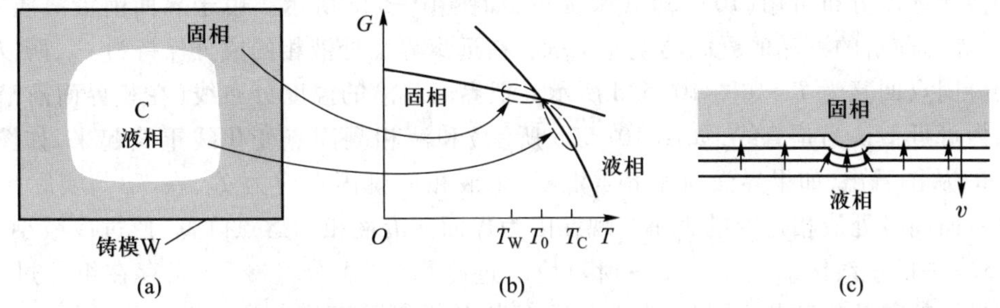

图 10-50　纯金属在铸模中凝固的情况

如果纯金属在过冷液相中形核并长大，这时，固相周围都是过冷液相，如图 10-51a 所示。固相长大放出的凝固潜热从固相到液相直到模壁散出。从凝固的方向看，液相的温度梯度是负的。图 10-51c 的箭头为界面散热方向和界面推进方向。图 10-51b 所示为液相和固相的自由能-温度曲线，图中虚线表示现在的固相和液相的自由能范围。在这种情况，如果固相有偶然凸出，凸缘伸进过冷液相，并且在凸出的固相前沿液相等温线密集，如图 10-51c 所示，这时，在凸出固相前沿液相的温度梯度加大，加大了散热速度，从而加速了凸出部分的凝固速度，使凸出部分稳定地向前生长。但是，因凸缘的曲率引起的毛细管力会抑制其凸起（曲率半径小熔点温度低，减小了此处的过冷）。因此，界面是否稳定要看这两种矛盾因素综合作用的结果。

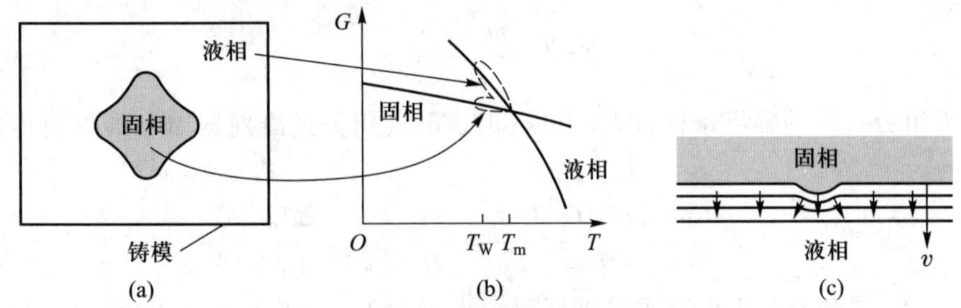

图 10-51　纯金属在过冷液相中形核长大的情况

2. 合金凝固时液、固相界面的稳定性（组分过冷）

合金凝固时因在固、液相界面前沿有溶质排出（$k_0<1$），所以，固相生长除了受热通量影响外，还受溶质扩散的影响。溶质的扩散往往对界面形貌起主要控制作用。当液、固界面前沿温度梯度为负时，和纯物质凝固的情况相同，界面可以凸出长大，并可能呈树枝状长大。

当液、固界面前沿温度梯度是正时，根据溶质扩散分布情况的不同，界面的稳定性不同，导致界面形貌的多样性。

对于纯物质凝固的情况，如果液、固界面前沿液相温度梯度是正的，那么在固-液界面前沿任何地方都不存在过冷。但是，对于合金凝固的情况，即使在液、固界面前沿有正的温度梯度，在液、固相前沿也可能出现过冷。分析图 10-52a 所示成分为 C_0 的合金体系凝固，设合金体系的 $k_0(<1)$ 为常数，并且在液相中无任何对流，只有溶质的扩散。在平稳态时，界面前沿的溶质浓度分布可用(10-73)式来描述，如图 10-52c 所示。由于界面前沿溶质富集，相应地，界面前沿的液相的凝固温度比 T_0 低，在远离界面处液相的成分保持为 C_0，所以该处液相的凝固点回复为 T_0，如图 10-52d 所示。把界面前沿的温度分布线(在相界面前沿不远的距离内可近似认为是直线，如图 10-52b 所示)和液相凝固点变化线重叠起来，如图 10-52e 所示，从图看出，如果界面前无溶质堆积，则液相的凝固点应为 T_0，在 T_0 与实际温度线之间是界面前各处液相过冷的大小。现在因为界面前沿液相的熔点降低，使过冷减小，只余图 10-52e 中的影线区的大小。影线所对应的过冷称为“组分过冷”。当存在组分过冷时，使平直界面的偶然扰动凸出可以持续长大，这样的界面是不稳定的。界面前沿的组分过冷区大小取决于实际温度场的温度梯度($\mathrm{d}T_h/\mathrm{d}z$)和熔点分布曲线在界面处的温度梯度($\mathrm{d}T_L/\mathrm{d}z$)，只有($\mathrm{d}T_L/\mathrm{d}z$)>($\mathrm{d}T_h/\mathrm{d}z$)才会存在组分过冷。

设液相线斜率为常数 m_L，则溶质成分和其平衡熔点 T_L 的关系可表达为

$$T_L=T_m+m_L C_L \tag{10-92}$$

把(10-73)式代入上式，获得界面前沿平衡熔点 T_L 的分布为

$$T_L=T_m+m_L C_0\left[1+\frac{1-k_0}{k_0}\exp\left(-\frac{\boldsymbol{v}z}{D_L}\right)\right] \tag{10-93}$$

设界面前沿液相的温度梯度为 G_L，界面前沿各处的温度为

$$T=T_b+G_L z \tag{10-94}$$

其中：T_b 是界面温度。平稳态下界面处的液相浓度为 C_0/k_0，故 $T_b=T_m+m_L C_0/k_0$，则上式可以写成

$$T=T_m+\frac{m_L C_0}{k_0}+G_L z \tag{10-95}$$

按照不出现组分过冷的临界条件($\mathrm{d}T_L/\mathrm{d}z$)<($\mathrm{d}T_h/\mathrm{d}z$)(组分过冷判据 MC，即界面稳定判据)得到

$$\frac{G_L}{\boldsymbol{v}}\geqslant\frac{|m_L|C_0}{D_L}\frac{1-k_0}{k_0}=\frac{|m_L|}{D_L}\Delta C_0=\frac{\Delta T_0}{D_L} \tag{10-96}$$

式中：ΔT_0 是 C_0 成分合金平衡凝固温度间隔(图 10-52a)，$\Delta T_0= m_L C_0(k_0-1)/k_0=m_L\Delta C_0$。所以，凝固温度间隔越大，出现组分过冷的倾向越大。因为界面前出现组分过冷，平直界面就遭到破坏，如果凝固前沿的液相温度梯度固定，则从平面生长过渡到凸出胞状生长的临界速度 $\boldsymbol{v}_{pc}$ 为

$$\boldsymbol{v}_{pc}=\frac{G_L D_L}{\Delta T_0} \tag{10-97}$$

上面的分析中一直假设液相中没有对流。如考虑液体中存在对流，则将(10-76)式代入

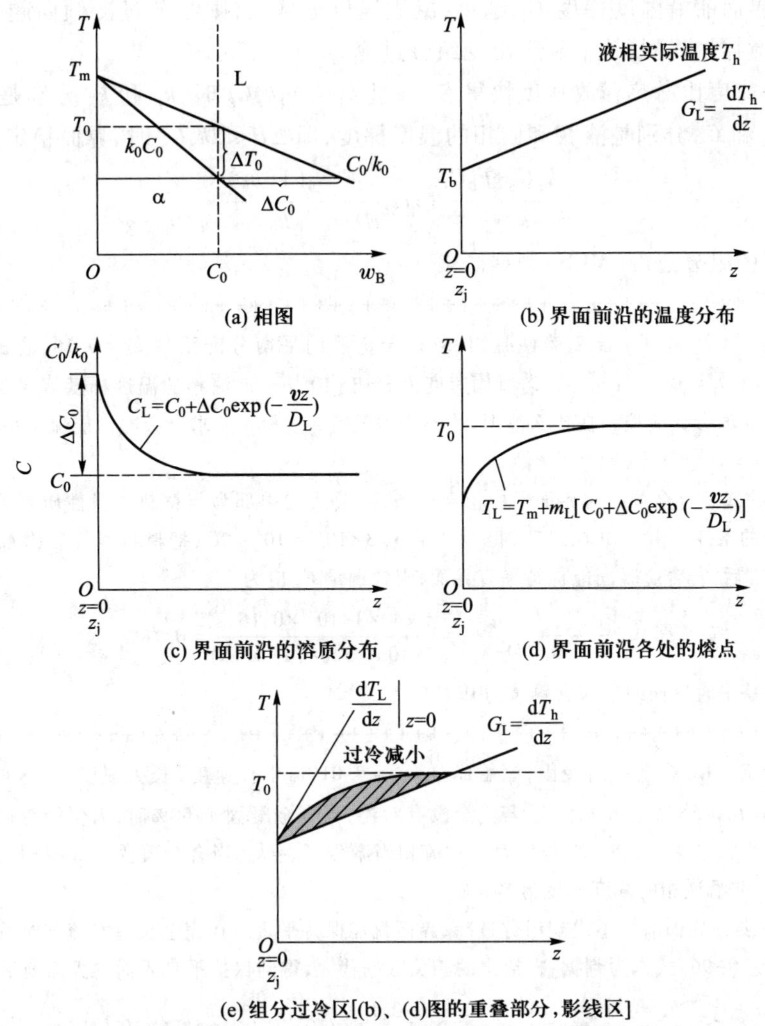

图 10-52 合金凝固的过冷度减小——组分过冷

(10-92)式,并利用(10-79)式,按上述相同的步骤可得界面稳定判据:

$$\frac{G_L}{v}\geqslant\frac{|m_L|}{D_L}C_0\frac{1-k_0}{k_0+(1-k_0)\exp(-v\delta_c/D_L)}=\frac{\Delta T_0}{D_L}k_E \tag{10-98}$$

这个公式是考虑液相有对流且不出现组分过冷的界面稳定判据式,并包含了(10-96)式,当不存在对流时,$\delta_c\to\infty$,即 $k_E\to1$,它和(10-96)式是相同的。当考虑液相对流时,则从平面生长过渡到凸出胞状生长的临界速度为

$$v'_{pc}=\frac{G_LD_L}{k_E\Delta T_0} \tag{10-99}$$

出现组分过冷的倾向大小取决于合金系本身的物理特性和外界条件。合金系的液相线斜率 m 越大,原始浓度 C_0 越高;溶质在液相的扩散系数 D_L 越小,k_0 越小($k_0<1$)则组分过冷倾向越大。实验表明,在一般的凝固条件下,固溶体中溶质浓度如超过 0.2%便会出现组分

过冷。另外，界面前沿温度梯度 G_L 越小，凝固速度 v 越大，则组分过冷倾向越大。同时，δ_c 越小，即对流搅拌越强烈，越不利于出现组分过冷。

如果传热速度比潜热释放速度快得多，并且 $k_LG_L \approx k_SG_S$ 时，k_L 和 k_S 分别是液相和固相的热导率，G_L 和 G_S 分别是液相和固相的温度梯度，即 $\Delta H \ll 2k_SG_S$ 时，界面稳定判据为

$$\frac{k_SG_S+k_LG_L}{k_S+k_L} \geqslant m_L \frac{v}{D_L} \frac{C_0(1-k_0)}{k_0} \tag{10-100}$$

这被称为修正的组分过冷(MCS)判据。

++

例题 10-8 一个 Al-Cu 合金铸件凝固，若该合金系的平衡分配系数 $k_0=0.16$，液相线斜率 $m_L=-320$ ℃，扩散系数 $D_L=3\times10^{-5}\text{cm}^2/\text{s}$。若凝固速度为 $v=3\times10^{-4}\text{cm/s}$，液相的温度梯度 $G_L=30$ ℃/cm。问，反映材料本身性质的参数应控制在什么范围，才不会出现组分过冷？并求合金凝固能保持平直界面的最大含铜量。

解 (10-96)式是合金凝固时界面保持稳定的条件，公式的中部为与材料本身性质有关的参数，公式左侧为外界控制的条件。由已知 G_L 和 v，得 $G_L/v=30/3\times10^{-4}=10^5$ s/℃，把材料本身参数 k_0、D_L、m_L 和 C_0 按(10-96)式整理后，若合金凝固能保持平直界面，则含铜量 C_0 应为

$$C_0 \leqslant \frac{G_L}{v} \frac{D_Lk_0}{|m_L|(1-k_0)} = \frac{30\times3\times10^{-5}\times0.16}{3\times10^{-4}\times320\times(1-0.16)} = 0.18\%$$

即合金凝固能保持平直界面的最大含铜量为 0.18%。

++

例题 10-9 Ge-Ga 合金定向凝固，原始成分 $w_{Ga}=0.01‰$，生长速度(长大速度) $v=8\times10^{-3}\text{cm/s}$，$k_0=0.1$、$m_L=4$ ℃/%、$D_L=5\times10^{-5}\text{cm}^2/\text{s}$。① 若完全没有对流，当合金凝固了 50% 时，为保持界面平直，要求界面前沿液相的浓度梯度为多大？② 若凝固的对流相当激烈，$k_E \approx k_0$，当合金凝固了 50% 时，为保持界面平直，此时要求界面前沿液相的浓度梯度为多大？

解 ① 设只要在界面前沿不出现组分过冷，界面就能保持平直。在完全没有对流的情况下，保持界面平直的条件可用(10-96)式作为判据，把给出的相关数据代入，得到保持平直界面的界面前沿温度梯度为

$$G_L \geqslant \frac{|m_L|C_0}{D_L} \frac{1-k_0}{k_0} v = \frac{4\times1\times10^{-5}}{5\times10^{-5}} \times \frac{1-0.1}{0.1} \times 8\times10^{-3} \text{℃/cm} = 5.76\times10^{-2} \text{℃/cm}$$

② 如果对流强烈，扩散边界层厚度 $\delta_c \to 0$，$k_E \approx k_0$，根据(10-98)式，保持平直界面的界面前沿温度梯度 G_L' 应为完全无对流时梯度的 k_0 倍，即

$$G_L' = k_0G_L = 0.1\times5.76\times10^{-2} \text{℃/cm} = 5.76\times10^{-3} \text{℃/cm}$$

++

前面提出的组分过冷判据是过分简化的，它只考虑温度梯度和浓度这两个相反的因素，没有考虑凝固过程移动界面的扰动，并忽略了固相和液相的传热、凝固放出的潜热以及液-固界面的界面能等因素。马林斯(Mullins)和塞克尔卡(Sekerka)提出界面稳定性的动力学理论(MS 模型)解决这一问题，提出温度场和浓度场的扰动振幅和时间的依赖关系，以及扰动对界面稳定性的影响，得出界面绝对稳定(AS)的判据：

$$\boldsymbol{v}_{abs} \geqslant \frac{m_LC_0(k_0-1)D_L}{k_0^2T_0\Gamma} = \frac{\Delta T_0D_L}{k_0T_0\Gamma} \tag{10-101}$$

式中：$\boldsymbol{v}_{abs}$ 是界面绝对稳定的生长速度；$\Gamma = T_0\gamma/\Delta H_{v(0)}$。因此，长大速度 $\boldsymbol{v}$ 很大时界面才有

可能达到绝对稳定。图 10-53 给出不同成分的 Al-Cu 合金凝固时界面稳定性与各参数间的关系。图的横坐标是界面推移速度 $\boldsymbol{v}$,纵坐标是液相的温度梯度 G_L,图中从左而上的直线是等 $G_L\boldsymbol{v}$(等于冷却速度 dT/dt)线。从图看出,在非常高的界面推移速度下,界面是绝对稳定的,这个稳定界限和液相的温度梯度无关;在很低的界面推移速度下界面也是稳定的;只在中等的界面速度下界面才是不稳定的。这个不稳定区域范围的大小取决于合金成分和液相的温度梯度,成分越低、液相温度梯度越高,不稳定的界面速度范围越小。合金定向凝固时组分过冷判据是很好的近似;但界面扰动的空间波长比较短并且界面推移速度大时,由于毛细管力的作用,界面是绝对稳定的;绝对稳定的界面速度取决于溶质浓度而和液相的温度梯度无关。

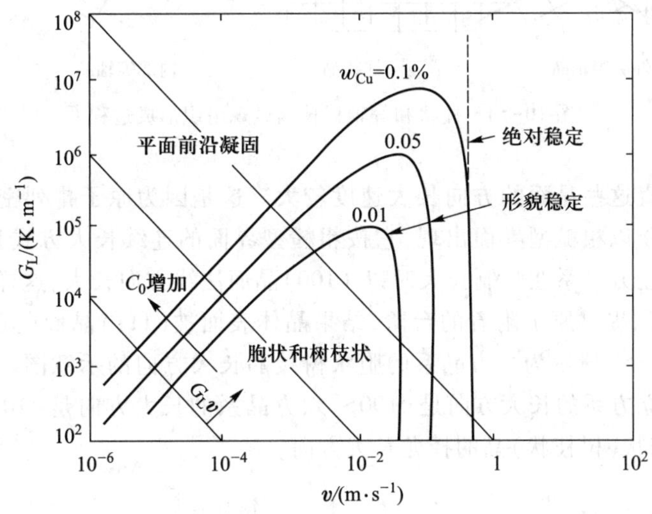

图 10-53 不同成分 Al-Cu 合金凝固时界面稳定性与各参数间的关系

10.7.5 固溶体凝固微观组织

1. 强制性生长和自由生长

熔融液体注入模子后,热通过模壁向外散逸,晶体以散热相反的方向生长(即定向凝固或柱状凝固),这通常称为强制性生长,即等温线的前进速度限定了晶体的生长速度。凝固时首先在模壁上形核,它们的晶体学取向是随机的,但是长大速度最快的晶体学取向和传热方向平行的晶核会更快地长大伸入液相,这样的竞争长大结果会导致晶粒的择尤取向。这些伸入液相的晶粒可能是胞状晶或树枝状晶,由晶体前沿界面是否稳定和温度梯度的大小决定。但无论是胞状或树枝状,因长大晶体的主干(称一次树枝晶,见后面讨论)的侧向总会与相邻的主干最后相遇,结果形成向前生长的柱状晶。因为柱状晶的择尤取向,柱状晶与其相邻接柱状晶之间的晶体学取向相差很小,它们间的晶界大都是小角度晶界。图 10-54 示意描述了这个过程。

强制性长大时,胞状或树枝状长大方向往往是以密排面形成的锥体的主轴方向,晶体生长时这些方向的长大线速度最大。这是由于液相原子易于相固向原子排列密度较小的晶面

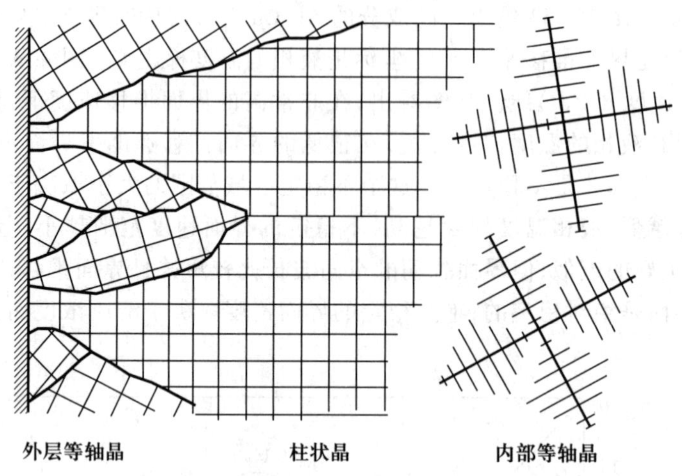

图 10-54 柱状和等轴树枝晶微观组织形成过程

上堆放,所以在垂直这些晶面的方向长大速度较大。这是因为原子排列密度较小的晶面的配位数比较小,易于以粗糙型界面出现,它按粗糙型界面的连续长大方式长大,因此长大速度比较快。例如,立方晶系在强制长大时以(100)晶面法线方向长大,这样的长大为密排晶面(111)的侧向扩散提供原子附着的台阶,结果晶体表面被(111)晶面(其法线长大速度较慢)所覆盖。图 10-55 所示为立方晶系的胞状树枝晶长大方向的示意图。不同晶系的晶体学长大方向不同,立方系的长大方向是<100>,六方晶系的长大方向是<10$\bar{1}$0>。表 10-4 列出了一些晶体的胞状(树枝状)晶的择尤长大方向。

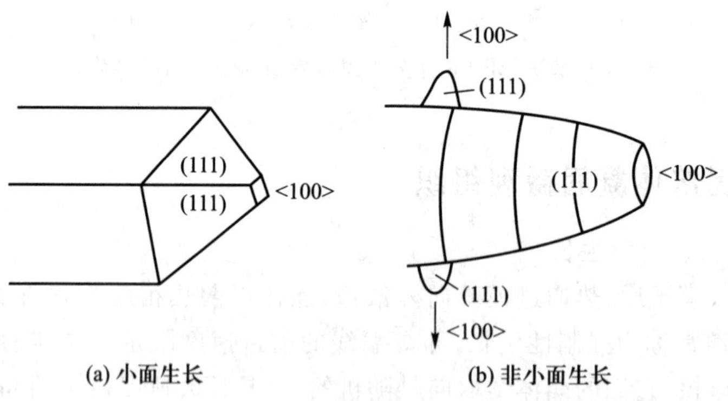

图 10-55 胞状树枝晶的长大方向示意图

表 10-4 一些晶体的胞状树枝晶的择尤长大方向

结构	长大方向	实例
面心立方	<100>	Al
体心立方	<100>	δ-Fe

续表

结构	长大方向	实例
密排六方	<10$\bar{1}$0>	H_2O(雪花)
	<0001>	$Co_{17}Sm_2$

如果液相普遍存在过冷,则在液相中各处可以独立形核和生长,这些晶核长大直至与其他晶核长大相遇为止,最后获得等轴晶粒。通常称这种长大方式为自由生长。无论强制生长或者自由生长,只要长大的界面不稳定(或简述为,前沿有过冷、组分过冷),都可能以树枝状方式长大。在强制性长大时,经常遇到的一种情况是,凝固进行到一定程度后,在柱状晶生长前沿的熔液因逐渐冷却而获得少许过冷,在模子中部就可能单独形核以自由方式长大,在模子中部形成等轴枝晶(图 10-54)。

2. 胞晶的形成

在强制性生长的定向凝固时,若存在使界面失稳的条件,界面受到扰动就会失稳凸出。界面成为凸峰和凹谷的正弦形状。若体系的 $k_0<1$,则凸端除了向生长方向排出溶质外,还向侧向排出溶质,而凹谷处往往积累由凸端排出的多余溶质,因此凹谷处生长得慢,并且使它附近的长大受到抑制。另外,凹谷的出现又会激发起凹谷邻近区域发生另外的凸出,这时,界面形状不再是正弦形状,其间距比初始扰动的波长大得多,这样的过程最终形成胞状组织。胞状组织凸出的长度不能超过组分过冷区的长度(一般为 0.01~0.1 cm)。图 10-56a~e 所示为从平直界面发展(被破坏)为胞状的过程示意图。凸出的胞晶在适当的条件下也可能发展为树枝晶,这将在下面讨论。

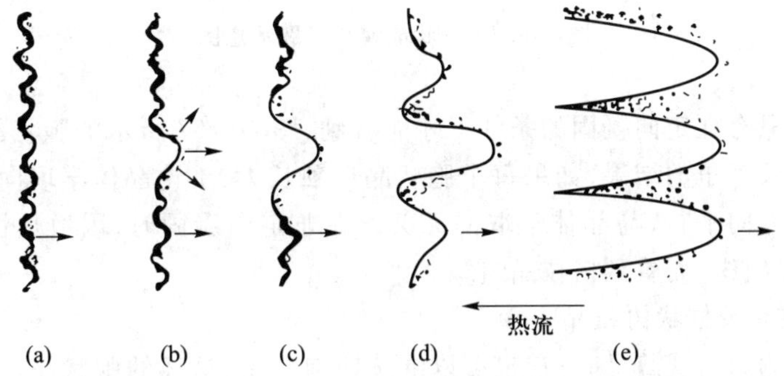

图 10-56 平面界面被破坏而变成胞状的过程示意图

图 10-57 所示为胞状晶演化发展示意图。界面前沿的组分过冷不大时,平面界面开始破坏,界面只能有凸出不大的小点,小点的边上的凹谷不会相互连接,界面前沿只有一些分离的溶质富集的小凹坑,或称之为痘点,这是平直界面遭到破坏的临界状态,见图 10-57 中 A 处。一个晶粒和液相接触的界面往往有不止一处凸出,即一个凸缘并不是对应一个晶粒。有些合金,例如四方结构的 Sn 基合金和面心立方结构的 Pb-Sn 合金,痘点排列是规则的;而密排六方结构的 Zn-Cd 合金,痘点排列是不规则的。晶体学及晶体取向对开始破坏的平面界面的形貌有很大影响。开始时,界面突起的原始波长比较短,使得可以快速长大发展成胞

状晶，这时的胞状晶的波长大体是原始波长的两倍。胞状晶之间的距离并非是常数。原始胞状晶会遏制某些胞的生长以减少胞状晶的数目，见图 10-57 中 B 处；或者一个胞状晶分裂为两个胞状晶以增加胞状晶的数目，如图 10-57 中 A 处两个分枝连续生长的情况。胞状晶形貌的这种自身调整是要获得最有利的长大形式。界面前沿的组分过冷增大，界面上的胞状晶凸出多一些。胞状晶是不规则的，边上的凹谷部分连接形成断续的不规则沟槽网络。组分过冷再加大，不规则胞状晶边的凹谷沟槽完全连接起来。组分过冷继续增大，形成伸长的胞状晶，组分过冷很大时，胞状晶大体是正六边形，这可能与界面张力有关，因为在一定的界面面积，六角形截面分布是最稳定的。应该注意，一个晶粒发展起来的胞状晶是亚结构，它们之间的界面是小角度晶界，取向差为 1°~5°。组分过冷继续增加，规则的胞状晶侧向出现新的突出小胞，见图 10-57 中 C 处，这说明胞状晶之间的液相也具有使界面不稳定的驱动力，这会导致树枝状晶的形成。

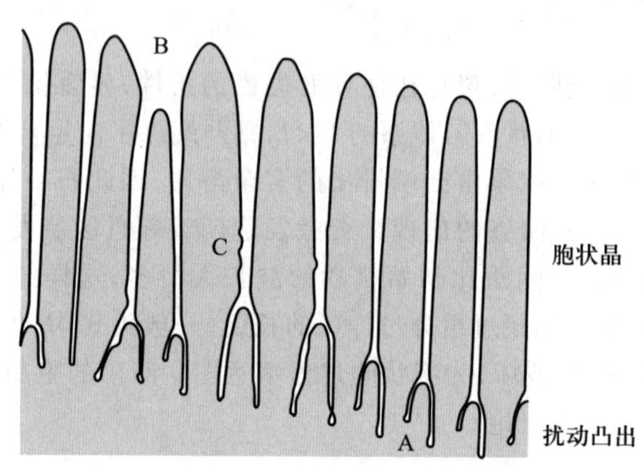

图 10-57 胞状晶演化发展示意图

胞状晶组织只有在定向凝固的条件下才能看到，图 10-57 所示的胞状晶的择尤取向是不同取向晶体生长竞争的结果，如果每个胞状晶单独长大，不论晶体学取向如何，生长轴的方向一定与热流方向平行，与晶体学取向无关。在非定向凝固时，因散热性质是各向同性的，看不到胞状晶组织，而看到树枝晶组织。

3. 胞状树枝晶及柱状树枝晶

当胞状晶的侧面出现凸缘时，它也可以继续向前突出，这样的胞状晶称为胞状树枝晶。胞状树枝晶的主干称一次树枝晶臂，它平行于热流方向，一次枝晶臂间距以 λ_1 表示；主干侧面凸缘发展形成二次树枝晶干，也称二次树枝晶臂，二次树枝晶臂间距以 λ_2 表示。对于溶质量少或凝固范围（即两相区的温度间隔）窄的合金，其胞状树枝晶形貌是在主干上长出短而密的二次树枝晶。如果凝固范围较宽和冷却速度足够大，从二次树枝晶上还可以长出三次或更高次的树枝晶。这种由胞状树枝晶发展为高度分枝的树枝晶，称柱状树枝晶。前面说过，一个凸缘并非是一个晶粒，所以，由相邻凸缘发展而成的胞状树枝晶或柱状树枝晶会是来自一个晶粒。

为了系统地看清界面从不稳定凸缘发展为胞状组织，再发展为胞状树枝晶和柱状树枝晶的过程，用透明的材料作研究。图 10-58 所示为琥珀腈-4%香豆素液、固相界面在温度梯度 6.7 K/mm 下长大的形貌演变过程。长大速度从 0 加速到 3.4 μm/s 时失稳凸缘、从稳定到不稳定的过渡(图 10-58 a、b),胞状(图 10-58c、d),树枝晶的形貌演变(图 10-58e、f)。从界面简单的组分过冷失稳判据知道,加大长大速度,界面越易于失稳。所有失稳凸缘、胞状、树枝晶形貌都有自己的波长和排列间距,由于相邻晶体的长大竞争,大的胞晶之间的平均间距通常比平面原始凸缘的大,树枝主干的平均间距(一次枝晶间距 λ_1)比平稳的晶胞的间距大。

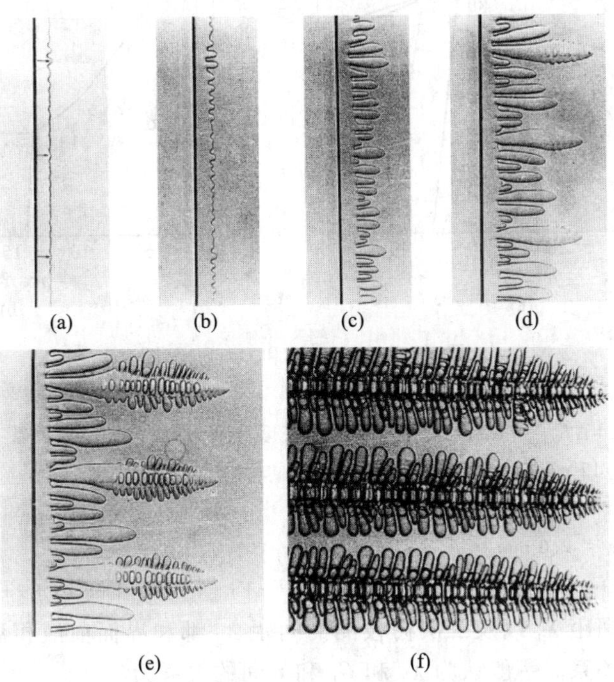

图 10-58 琥珀腈-4%香豆素的形貌演变过程

对于给定的合金,枝晶尖端的温度是合金的液相线温度,枝晶底部的温度是最后凝固的液体的固相线温度,虽然这温度可能低于合金的平衡固相线,但液相线和固相线的温度间隔($T_L - T_S$)大小可以粗略提供形成长或短枝晶的相对趋势的估计。根据热梯度 G_L 和相图,可以估计枝晶的长度 L:

$$L = \frac{T_L - T_S}{G_L} \tag{10-102}$$

例如,对比 Cu-Zn 和 Cu-Sn 相图(图 10-59a、b),可以看出为什么 Cu-Sn 铸件形成了很长的枝晶,而 Cu-Zn 铸件却没有。Cu-Sn 合金的固液温度范围大得多,导致枝晶长得多。

++

例题 10-10 估算凝固中含下列各种元素含量的铜合金的树枝晶突出长度:① 5% Zn;② 5% Sn;③ 0.05% Sn。每种情况下,假设热梯度为 G_L = 0.5 ℃/mm,并假设枝晶尖端和基部的温度为合金液相线和固相线温度的平衡。

解 从相图中可以看出:① $\Delta T_{\text{freezing}}$ = 6 ℃;② $\Delta T_{\text{freezing}}$ = 130 ℃;③ $\Delta T_{\text{freezing}}$ = 1.3 ℃。

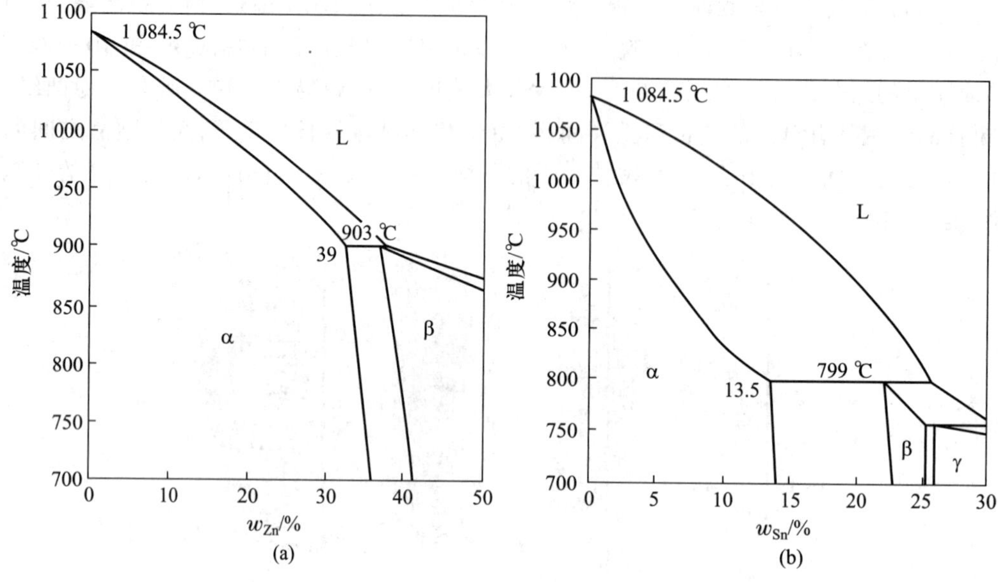

图 10-59 Cu-Zn 和 Cu-Sn 相图

估计枝晶的长度 $L=\Delta T_{freezing}/G$。三种合金枝晶的长度分别为

① $L=6/0.5$ mm $=12$ mm;

② $L=130/0.5$ mm $=260$ mm;

③ $L=1.3/0.5$ mm $=2.6$ mm。

+++

一次树枝晶的间距 $\boldsymbol{\lambda}_1$ 以及二次树枝晶的间距 $\boldsymbol{\lambda}_2$ 都和界面前液相温度梯度 G_L 及界面生长速度 $\boldsymbol{v}$ 有密切关系。一般认为 λ_1 和 G_L 和 $\boldsymbol{v}$ 间的关系为

$$\boldsymbol{\lambda}_1=A_L G_L^{-m}\boldsymbol{v}^{-n} \tag{10-103}$$

式中:A_L、m 和 n 都是常数。对于稀合金熔体,A_L 大约正比于成分的 4 次方根,在给定 $\boldsymbol{v}$ 和 G_L 下,浓合金比稀合金的一次枝晶臂间距大; $m\approx0.5$,$n\approx0.25$。之前,很多研究者认为 $\boldsymbol{\lambda}_1$ 与该处的冷却速度($G_L\boldsymbol{v}$)相关性更强,$m=n\approx0.5$。另一方面,对于钢,m 和 n 的实验数据都有很大的分散性。

二次枝晶的间距为

$$\boldsymbol{\lambda}_2=B_L(G_L\boldsymbol{v})^{-n} \tag{10-104}$$

式中:B_L 为常数,$n\approx1/3$。因为枝晶间距和冷却速度($G_L\boldsymbol{v}$)有一定关系,所以常用凝固后的枝晶间距来估计凝固的冷却速度。图 10-60 是 Al-4%Cu 和 Al-11%Si 合金的二次枝晶的间距 $\boldsymbol{\lambda}_2$ 与冷却速度 $G_L\boldsymbol{v}$ 之间的关系曲线。但在凝固完毕之前,二次枝晶还会发生粗化。

4. 自由树枝晶

自由树枝晶又称等轴树枝晶,这种晶体是在过冷液相中形成。整个晶体的界面前沿温度梯度都是负的,如果液-固界面能是各向同性的,晶体呈球形时总表面能最小,因此开始时晶体是球状,在平衡状态时可能在整个凝固过程保持球状。但因晶体的各向异性,晶体倾向于以低界面能的晶面露在外面,使晶体成为一个接近球形的多面体。各向异性较强的晶体

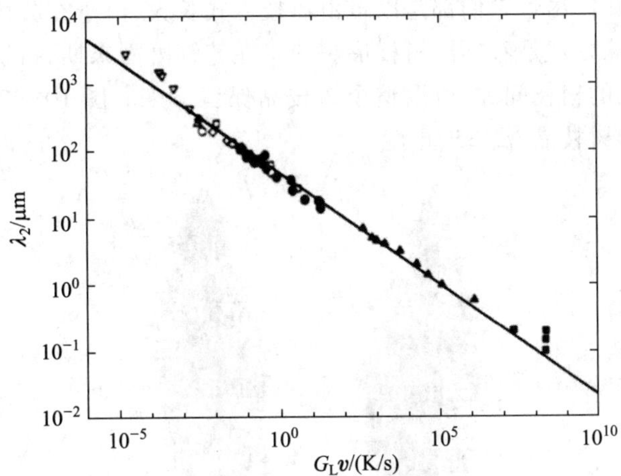

图 10-60 Al-4%Cu、Al-11%Si 合金二次枝晶间距 λ_2 与冷却速度 $G_L\boldsymbol{v}$ 之间的关系曲线(Jones 等,1984)

(例如非金属晶体),其平衡形态是清晰的多面体。

非平衡情况的更一般情况下,因界面失稳长成树枝状,整个树枝的整体形状是等轴的,故称等轴树枝晶。因为晶体是在过冷液相中长大,它可以在各个方向自由长大,所以这种晶体又称自由树枝晶。显然,一个树枝晶就是一个晶粒。因为结晶放出潜热,凝固的树枝变得比周围液相热,潜热向周围液相消散,长大由溶质扩散和热扩散所控制。对于纯金属自由树枝晶,长大只由热扩散控制。

因为界面能各向异性,由于多面体棱角前沿的液相的溶质浓度梯度比较大,扩散速度比较大,从而长大速度比较高,多面体便逐渐成长为星形,进而生长出分枝成为自由树枝晶,图 10-61a ~d 为这一过程的示意图。图 10-61e 是用扫描电镜观察到的钢锭收缩处的自由树枝晶。钢锭最后的中心区域是以等轴的自由树枝晶方式凝固,因为在缩孔处生长的自由树枝晶最后没有液相填补树枝间隙,所以显露出树枝形状。

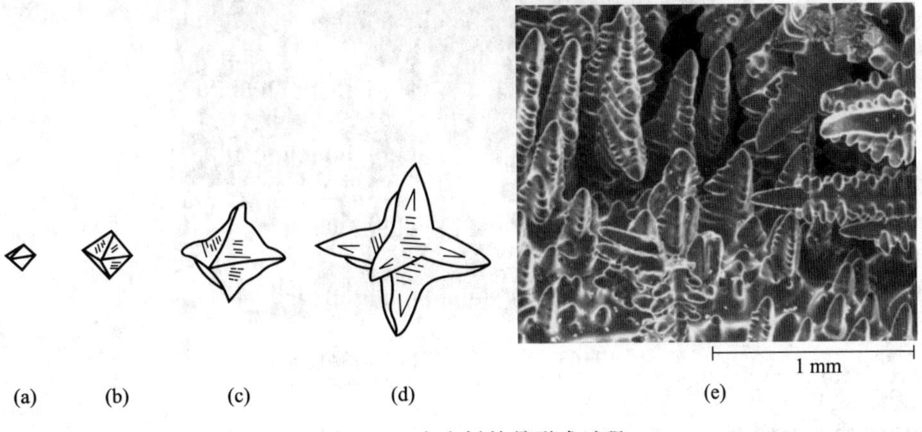

图 10-61 自由树枝晶形成过程

合金固溶体凝固时,尽管它们都是以自由树枝方式长大,由于在凝固完毕后所有树枝间隙都被填满,不经特殊处理是看不出树枝形貌的。在铸锭凝固末期,铸锭上部由于凝固收缩没有液体填充树枝晶的树枝间隙,所以整个树枝晶保留下来。图 10-62 是在大型钢锭的顶部发现的发育良好的树枝晶,高 35 厘米。

图 10-62 大型钢锭顶部的树枝晶(Tschernoff,1870)

如果在凝固未完成前激冷,可以保留凝固当时的形貌,图 10-63 是 0.4% C 的碳钢在凝固过程激冷后看到的 δ-铁素体树枝晶,树枝晶中的溶质扩散到熔体中,减少了对树枝晶附近熔体的侵蚀效应,导致出现白色区域。

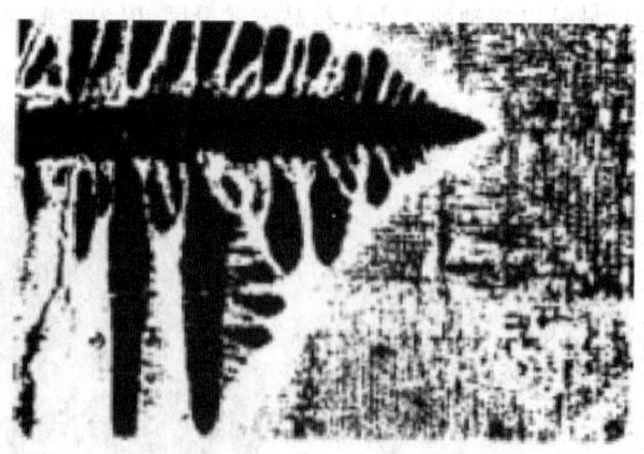

图 10-63 含 0.4% C 钢中的树枝晶

树枝间隙含有较多的溶质,这种形式的成分不均匀分布称为枝晶偏析。故可通过深浸蚀把树枝间的基体去掉。因基体与树枝晶的衬度不同,树枝晶被显露出来,如图 10-35 所示

的 $x_{Cu}=25\%$Ni-Cu 合金凝固后的树枝状偏析。如果是含共晶反应的合金系，对于非共晶成分的合金，凝固开始时先共晶相凝固，到达共晶温度时剩余的液相凝固为共晶。这时，先共晶相好像被“冻结”在共晶组织之中，所以在凝固的最终组织中可以看到先共晶相凝固过程的形貌。例如 $x_{Ce}=5\%$的 Ni-Ce 合金，合金凝固后最终组织为先共晶相 Ni(Ce)固溶体(Ce 在 Ni 中几乎没有溶解度，可以简单表示为 Ni)和 Ni+Ni_5Ce 共晶。图 10-64 为这一合金在非强制冷却下凝固后的光学显微组织照片。凝固开始时，先共晶相 Ni 结晶，然后冷却到 1 210 ℃发生共晶反应。因为合金在非强制冷却下凝固，先共晶相 Ni 生长成自由树枝晶。图 10-64 照片中白的树枝晶是 Ni 相，基体是 Ni+Ni_5Ce 共晶。

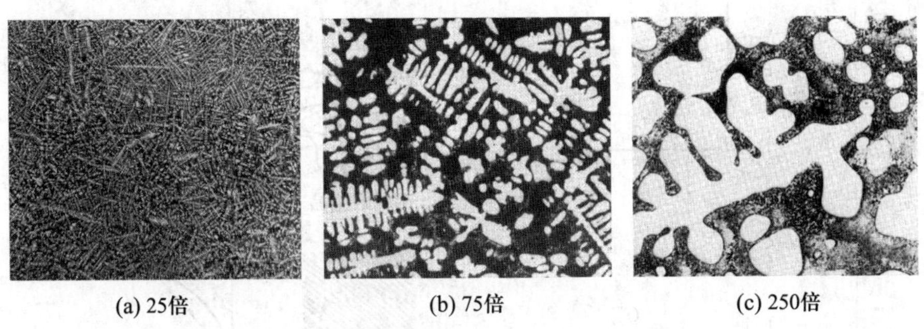

(a) 25倍　(b) 75倍　(c) 250倍

图 10-64　$x_{Ce}=5\%$的 Ni-Ce 合金凝固后(磨面浸蚀后)的光学显微组织照片

5. 凝固参数和微观组织形态之间的关系

图 10-65a 示意性地说明了组分过冷对定向凝固组织的影响。当不出现组分过冷时，凝固以平面向前生长，随着组分过冷加大，在组分过冷的两相区以胞状晶-胞状树枝晶向前生长。当组分过冷足够大时，在两相区内的游离小晶或非均匀形核可以以自由等轴晶生长。

从凝固前沿表面开，界面前沿的组分过冷不大时，界面只能有凸出不大的胞晶，胞边上的凹谷不会相互连接，界面前沿只有一些分离的小凹坑，称之为痘点。一个晶粒和液相接触的界面往往不止有一处凸出，也就是说，一个凸出的部分并不是一个晶粒。有些合金，例如四方结构的 Sn 基合金和面心立方结构的 Pb-Sn 合金，其痘点排列是规则的；而密排六方结构的 Zn-Cd 合金，痘点排列是不规则的。界面前沿的组分过冷增大，界面上的胞晶凸出多一些，胞晶是不规则的，边上的凹谷部分连接出来，形成断续的不规则沟槽网络；组分过冷再加大，不规则胞晶边的凹谷沟槽完全连接起来；组分过冷继续增大，形成伸长的胞晶；组分过冷很大时，胞晶大体是正六边形的。在一个晶粒发展起来的胞晶是亚结构，它们间的边界是小角度晶界，取向差 1°~5°。图 10-65b 是 Pb-Sn 合金凝固的界面形貌随组分过冷加大的变化。

G_L 和 $\boldsymbol{v}$(用冷却速度$\partial T/\partial t$ 控制)是重要的凝固参数，它们对显微组织的影响已在前面分别做了详细的介绍。现把这两个参数对凝固组织的影响综合在一个简图上，如图 10-66 所示。该图与图 10-53 是相同的，这里所取 $\boldsymbol{v}$ 的范围比图 10-53 小。

一个固定的 $G_L\boldsymbol{v}$(相当冷却速度)值对应某一恒定不变的微观组织形态(平面晶、胞状晶、树枝晶、等轴晶)；另一方面，一个 $G_L/\boldsymbol{v}$ 值相应于一个组织的不变尺度。图中自右下方引

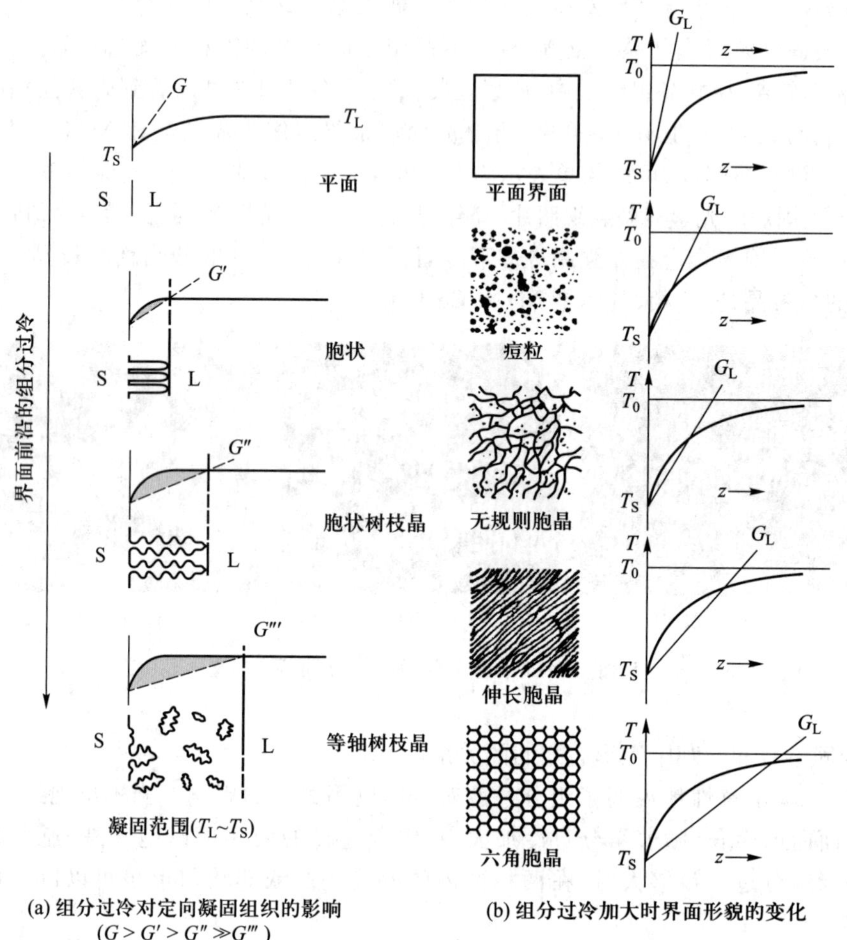

(a) 组分过冷对定向凝固组织的影响
($G > G' > G'' \gg G'''$)

(b) 组分过冷加大时界面形貌的变化

图 10-65　组分过冷

向左上方的一组直线是等 $G_L\boldsymbol{v}$(等冷却速度)线,冷却速度从左下方向右上方增大。而从左下方引向右上方的线(图中灰带区)是等 $G_L/\boldsymbol{v}$ 线。随着 $G_L/\boldsymbol{v}$ 逐渐减小,凝固界面从平直状变成胞状,然后再变成树枝晶,最后组分过冷很大,又以等轴树枝晶生长。图中两条灰带区是由平面界面转化为柱状树枝晶以及由柱状树枝晶转化为等轴树枝晶的界限。同一个 $G_L/\boldsymbol{v}$ 值下,即相应同类凝固形态下,随着 $G_L\boldsymbol{v}=\mathrm{d}T/\mathrm{d}t$ 增加(即从图中的左下角向右上角方向推移),组织变细。这个图对实际生产中的组织控制是很有帮助的,例如生产单晶涡轮叶片所需的条件是在粗水平线 D. S(定向凝固)的左上区域。生产完善的单晶(例如半导体单晶硅)的条件,应在这条粗水平线的左端。对于单晶生长来说,必须淘汰所有最初存在的晶体而剩余一种。在常规铸造中,生长条件随时间的变化大体遵循图 10-66 中倾斜箭头的方向。急冷凝固是在右上方很远的区域,这样的冷却条件下,k_E 将趋近于 1,当 G_L、$\boldsymbol{v}$ 能独立改变时,不论粗的和细的树枝晶都可以产生。定向凝固方法的价值也就在于此,即可以将材料的微观组织控制到某种程度以获得最佳性能。

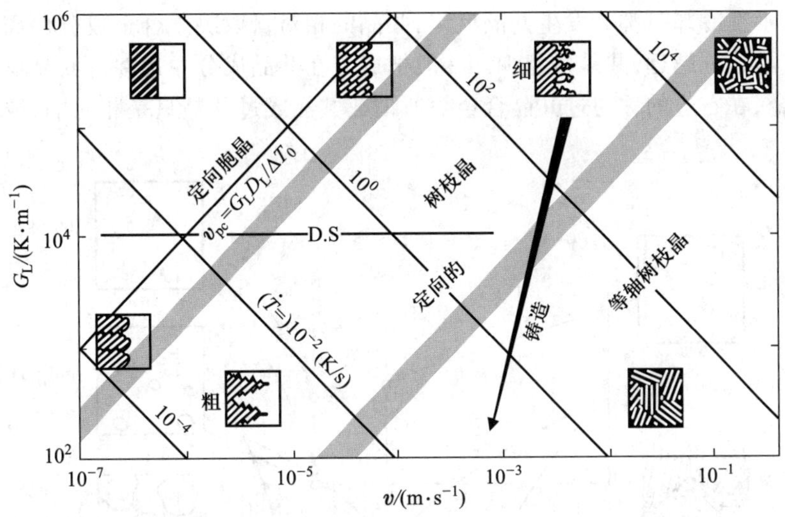

图 10-66 单相合金凝固的组织形貌与 v、G_L 的关系

10.8 共晶合金的凝固

在多元系中两个相或多个相同时结晶称共晶,但最常见是两个相同时结晶的共晶。在铸造工业中,共晶或靠近共晶成分的合金是非常重要的,因为:① 有比纯组元低得多的熔点温度,使熔化和铸造操作简单;② 凝固温度范围小或为 0,有效地限制存在树枝晶状的粥样区,降低偏析和收缩孔洞,从而有优良的模具充填性;③ 有可能形成原位的复合材料。在工业应用的共晶和接近共晶的合金中,最普通的如铸铁、Al-Si 合金、耐磨合金和焊料等。很多树枝晶状凝固的合金,往往在凝固结尾处会出现共晶凝固(见图 10-38)。

10.8.1 共晶平衡凝固浅述

图 10-67 是一个含共晶反应的 A-B 二元系相图。成分为 $w_B=60\%$(共晶成分)的合金从液态冷却到共晶温度 T_E 发生共晶反应:$L_{(60\%B)}\rightarrow\alpha_{(30\%B)}+\beta_{(90\%B)}$。α 和 β 两个相在液相中交替长大成两相混合组织(称共晶组织),凝固完毕后继续冷却,共晶组织形貌不会改变,但由于 α 和 β 的平衡成分改变,使共晶中 α 和 β 两个相的相对量有所改变。图 10-67 左边是共晶成分合金平衡凝固过程的组织示意图。如果合金成分偏离共晶成分,例如图 10-67 成分为 $w_B=80\%$的合金,从液态冷却时进入 L+β 两相区,首先结晶出 β 固溶体,随着温度下降,β 相的相对量增多。当合金冷却到共晶温度稍高的温度($T_E+\Delta T$)时,液相成分近似等于共晶成分(60%),β 相成分近似等于最大溶解度成分($\beta_{2(90\%B)}$)。冷却到共晶温度稍低的温度($T_E-\Delta T$),共晶成分的液体全部反应成共晶体,而 β 相成分仍近似于 β_2 的成分。结果最后组织为 β+α 共晶体。这时只有 α 和 β 两相,但 α 相全部在共晶体中,而 β 相则一部分在共晶体中,另一部分是共晶前结晶出来的,把共晶前凝固的 β 相称为先共晶相。图 10-67 右边是 $w_B=80\%$合金平衡冷却过程的组织示意图。从相图可看出,凡处在 α_2 和 β_2 之间成分

范围的合金,平衡冷却时都会发生共晶反应,共晶的相对量取决于合金成分偏离共晶成分的大小,偏离共晶成分越远,共晶量越少。一般把成分在共晶成分左边并有共晶反应的合金称为亚共晶合金,在右边的称为过共晶合金。所谓亚共晶或过共晶只是相对的,取决相图怎样放置。

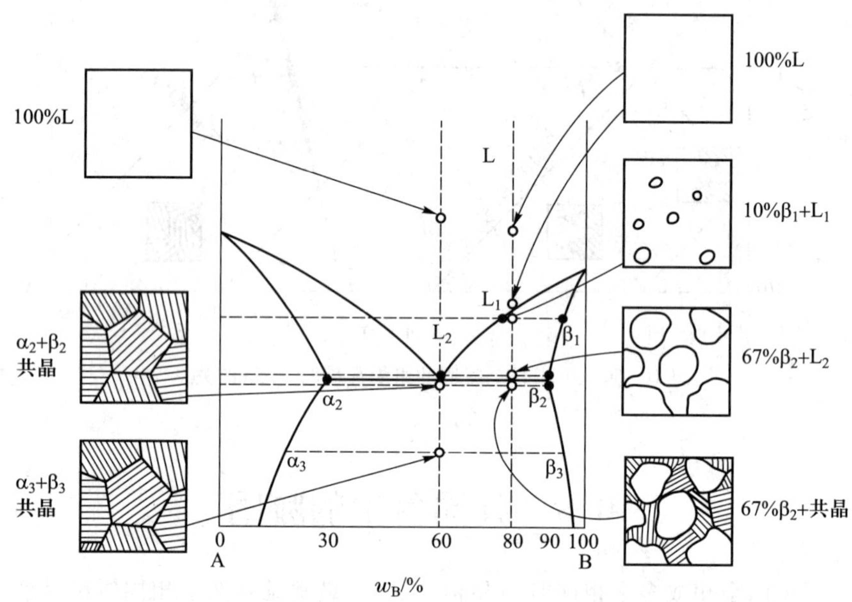

图 10-67　A-B 含共晶反应的二元合金缓慢冷却的平衡结晶过程

10.8.2　共晶的分类

共晶中不止一个相(大多数是两个相),在相同的凝固条件下,共晶中相的间距只有胞状或树枝状的枝晶臂间距的1/10左右,即在共晶中的相界面面积非常大,例如在 1 cm^3 共晶中一般约有 1 m^2 的相界面面积。共晶中两个相排列的方式很多,又受总界面能的制约,所以共晶的形貌显示出多样性。

Hunt 和 Jackson 提出了一个简单的分类方案:根据相的界面动力学(见 10.5.1 节)把共晶形貌与组成的相的熔化熵联系起来。此方案将共晶分为:① 两个相都是低熔化熵的,即两个相的熔化熵都小于 $4R$(R 是气体常数),共晶是非光滑-非光滑(nf-nf)型,大多数金属-金属(或金属间化合物)共晶是这一类型;② 两个相中一个是低熔化熵另一个是高熔化熵的,即一个相的熔化熵小于 $4R$,另一个相的熔化熵大于 $4R$,共晶是非光滑-光滑(nf-f)型,这类共晶一般是金属-非金属共晶;③ 两个相都是高熔化熵的,共晶是光滑-光滑(f-f)型,这类共晶非常少。

nf-nf 型共晶(正常或规则型共晶)的两个相的 α 值都小于 2.0(参见图 10-20)。因为界面在原子尺度上是粗糙的,共晶前沿的等温面基本上平直的(图 10-68),表明共晶体中两相的生长速度相同,同时协同地向液相生长。它们或成交替片状,如 Al-$CuAl_2$ 共晶(图 10-69a);或一相成棒状分布在另一相中,如 Sb-MnSb 共晶(图 10-69b)。控制它们长大的是热流方向和组元在液相中的扩散。

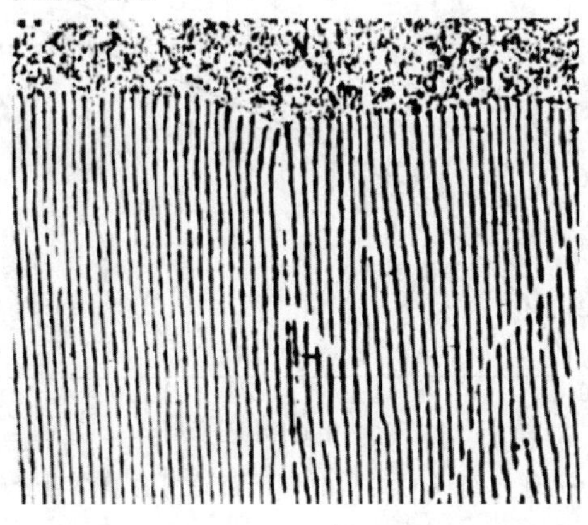

图 10-68 定向凝固 Cd-Sn 共晶(210 倍)

(a) Al-$CuAl_2$共晶组织(180倍) (b) Sb-MnSb共晶组织(基体为Sb，400倍)

图 10-69 nf-nf 型共晶

正常共晶凝固的共晶体组织形貌究竟是片层状或是棒状,是由共晶组织的总界面能决定。可以证明,如果两相的间距(即一相中心到另一相中心的间距)相同,若两相中的一相体积百分比在 28%以下,则棒状分布的相界面总面积较片层状分布的小,否则,片层状共晶相界面的总面积小。另一方面,片层状组织的相界是平面,两相可能呈某种取向关系以降低比界面能。如果假设共晶两相简单的立方几何排列,并假设相界面能为常数,相界面能确定共晶形态(片层、棒和分离球体),使总相面积作为小相的体积分数 f 和两相分隔距离 λ 的关系,如图 10-70 所示(计算见练习题 10-18):

当 $f \geqslant 31.8\%$,片层面积最小;

当 $14.2\% \leqslant f \leqslant 31.8\%$,棒状面积最小;

当 $f \leqslant 14.1\%$,分离球体面积最小。

因此,当一相体积在 31%~50%时,总是有利于片层组织的形成;而一相体积在 30%以下时,共晶组织是片层状还是其他形状,如果相界面能是各向异性则看降低总界面面积还是降低比界面能起主导作用而定。

因为共晶中的相界面积很大,为了降低体系的能量,共晶中两相尽量以低能的相界面连接,从而两相间有一定的取向关系,并呈片层状。为了降低总的界面能,有些合金即使共晶

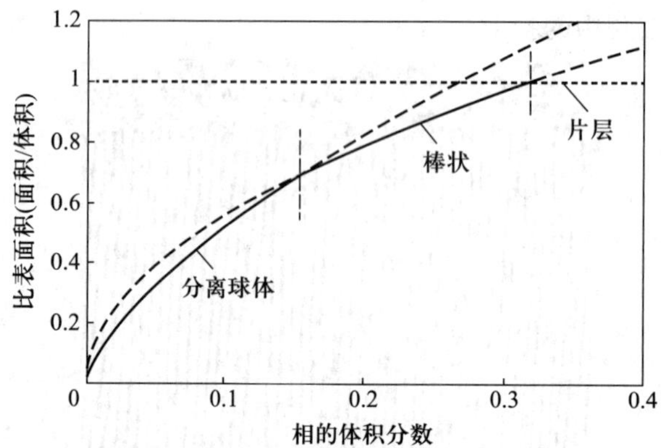

图 10-70 片层、棒状和分离球体组成的共晶中相界面面积的相对数量(以片层的界面积为单位)

中一个相的相对量小于 0.25,共晶也会呈片层状。表 10-5 列出了用定向凝固方法获得的一些合金共晶中的取向关系。

表 10-5 一些合金共晶中的取向关系

共晶	生长方向	平行相界面的晶面
Ag-Cu	$[110]_{Ag}$, $[110]_{Cu}$	$(211)_{Ag}$, $(211)_{Cu}$
Ni-NiMo	$[1\bar{1}2]_{Ni}$,$[001]_{NiMo}$	$(110)_{Ni}$, $(100)_{NiMo}$
Pb-Sn	$[211]_{Pb}$, $[211]_{Sn}$	$(1\bar{1}\bar{1})_{Pb}$,$(0\bar{1}\bar{1})_{Sn}$
Ni-NiBe	$[112]_{Ni}$, $[110]_{NiBe}$	$(111)_{Ni}$, $(110)_{NiBe}$
Al-AlSb	$[110]_{Al}$, $[211]_{AlSb}$	$(111)_{Al}$, $(111)_{AlSb}$

异常共晶凝固中,共晶体中一个固相的相界面是光滑的,另一个相是非光滑的,属于 nf-f 型共晶(非规则型共晶);一个相的 α 值小于 2,另一个相的 α 值大于 2。共晶的形貌基本上是片层状和棒状两种,取决于两相的相对量大小。α 值大于 2 的相界面是光滑的,晶体长大的各向异性更强,液、固界面为特定的界面,虽然在共晶也是侧向扩散协同生长,但共晶前沿的界面是非平面的,共晶中的一个固相通常比另一固相率先伸入液体中,共晶体的前沿是不规则的。图 10-71a 所示为 nf-f 型片层状和棒状共晶组织的横截面示意图,图 10-71b 所示为典型的 nf-f 型片层状共晶的照片。图 10-72 为定向凝固 Al-Si 共晶的前沿形貌,共晶体的形貌非常多样化,前沿的等温面也不是平直的。

克罗克(Croker)用熔化熵对共晶组织进行分类,以熔化熵等于 23J/(mol·K)(~2.8R, R 是气体常数)作为分界,熔化熵小于 23J/(mol·K)的是 nf-nf 型共晶,即规则型共晶;熔化熵大于 23J/(mol·K)的是 nf-f 型共晶或 f-f 型共晶,即不规则型共晶。在规则型和不规则型共晶中也因两相的相对量不同而形貌有所不同,正如前面介绍的在规则型共晶中,其中一个相的体积分数小于 0.25 的大多是棒状,体积分数大于 0.25 的大多是片层状。图 10-73 所示为生长速度为 5 μm/s 时共晶中的光滑界面相的体积分数 ζ 与熔化熵对组织形貌的影响。其中,A 区是规则片层状,B 区是规则棒状,C 区是不规则树枝片层状,D 区是混乱的薄

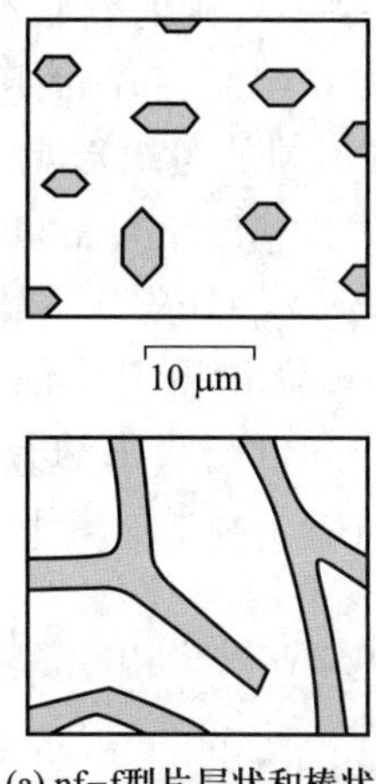

(a) nf-f型片层状和棒状共晶组织横截面示意图

(b)是典型的nf-f型片层状共晶(琥珀腈-茨醇共晶)的照片

图 10-71 nf-f 型共晶

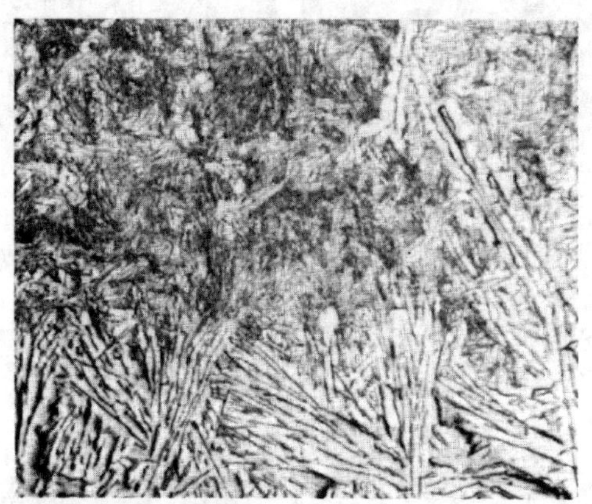

图 10-72 定向凝固 Al-Si 共晶前沿形貌(×100 倍)

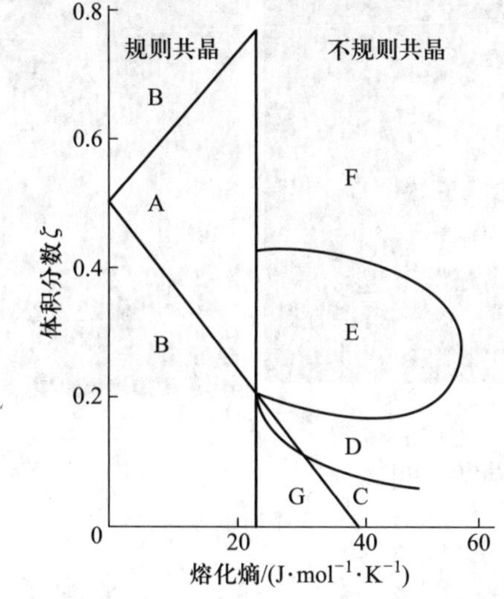

图 10-73 共晶中的光滑界面相的体积分数与熔化熵对组织形貌的影响

片，E 区是复杂的规则结构，F 区是准规则结构，G 区是不规则的丝状结构。在图中的 A 区或 B 区，根据相的体积分数不同，可以是片层状或是棒状组织，和前面所讲的一致。

对于非规则共晶，当两相的体积分数不同时还有不同的组织形貌。最典型的是一个相的体积分数处在 10%～20%范围（图 10-73 中的 D 区）的 Al-Si 共晶和 Fe-C（石墨）共晶，体积分数小的相呈混乱的片状。图 10-74a 所示为 Al-Si（$w_{Si}=13\%$）共晶，其中黑色针片状的是界面光滑的 Si 相。图 10-74b 所示为 Fe-C（石墨）共晶组织，其中黑色片状的是界面光滑石墨相。在一个共晶团中，界面光滑的相（Al-Si 中的 Si，Fe-C 中的石墨）往往是连接的整体，图 10-75 所示为这两种共晶经深浸蚀显露的初生的 Si 相（图 10-75a）和石墨相（图 10-75b）。

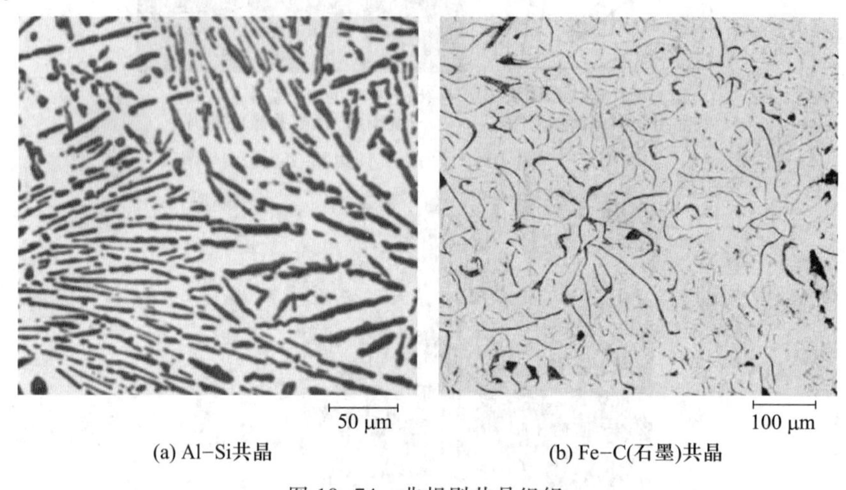

(a) Al-Si共晶　　(b) Fe-C(石墨)共晶

图 10-74　非规则共晶组织

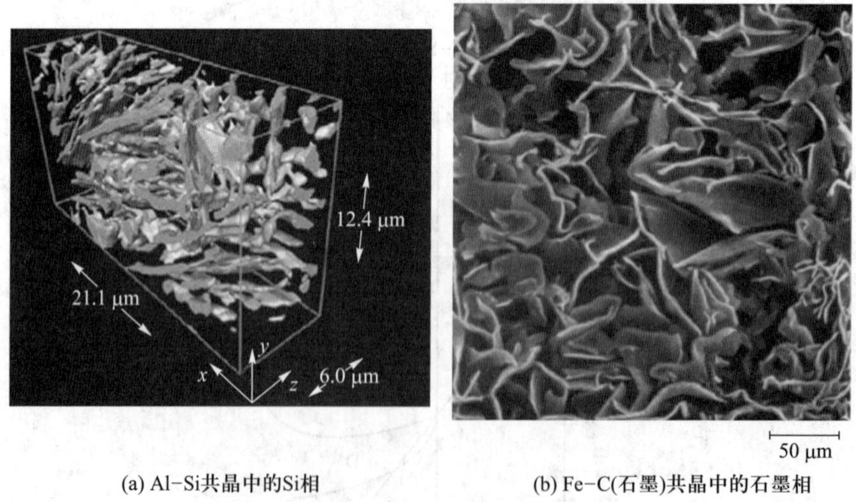

(a) Al-Si共晶中的Si相　　(b) Fe-C(石墨)共晶中的石墨相

图 10-75　共晶团中界面光滑相

体积分数小于 10%的非规则共晶（图 10-73 中的 C 区），共晶组织变为破断的片层结构。但在熔化熵较小时(图 10-73 中的 G 区),片层状转变为丝状组织。

体积分数大于 40%的非规则共晶(图 10-73 中的 F 区),组织形貌为准规则的结构,γ-Fe-Fe_3C 共晶是典型的例子。共晶中 Fe_3C 是界面光滑的相,它是领先结晶的相,共晶组织是片层状和棒状的混合组织,如图 10-76a 所示,图中黑色组织是 γ-Fe(在室温已转变为珠光体),白色组织是 Fe_3C。通常,片层状组织的扩展方向与热流方向一致,而棒状组织则与片层状组织相垂直,如图 10-76b 所示。当液相中温度梯度减小或生长速度增加时,棒状组织的比例将会增加。

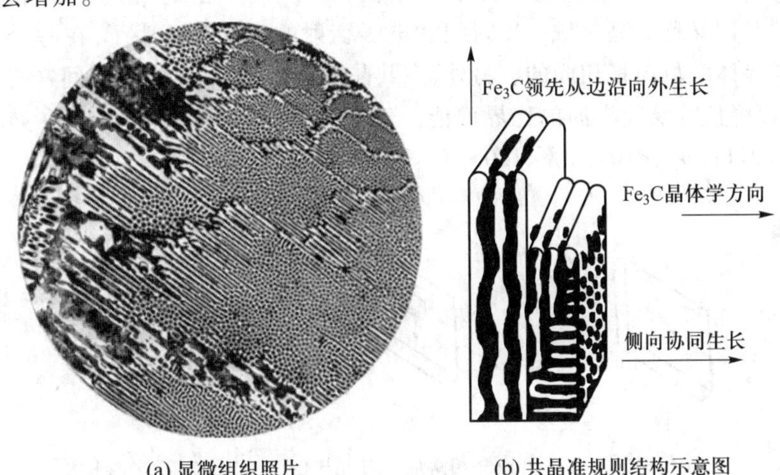

(a) 显微组织照片　(b) 共晶准规则结构示意图

图 10-76　γ-Fe-Fe_3C 共晶组织

在正常与非正常共晶之间,某些合金系会发生一种伪连续型共晶。如果体积分数 20%~35%时(图 10-73 中的 E 区),共晶组织为复杂的规则结构。一个例子是 Mg-Mg_2Sn 共晶,图 10-77a 所示为这一共晶的组织照片,其中黑色的相是光滑界面的 Mg_2Sn 相。这一共晶的形貌比较复杂,有人称这一形貌为“中国字”形貌。有些规则型共晶因受其中相的晶体结构的影响,显露出相的晶体结构特征。图 10-77b 所示的 Zn-$MgZn_2$ 共晶,因 $MgZn_2$(和 Zn)是六方结构,它们的共晶显示出六方形的片层状组织。但是,晶体结构并不总是在组织中显示它的结构特征。

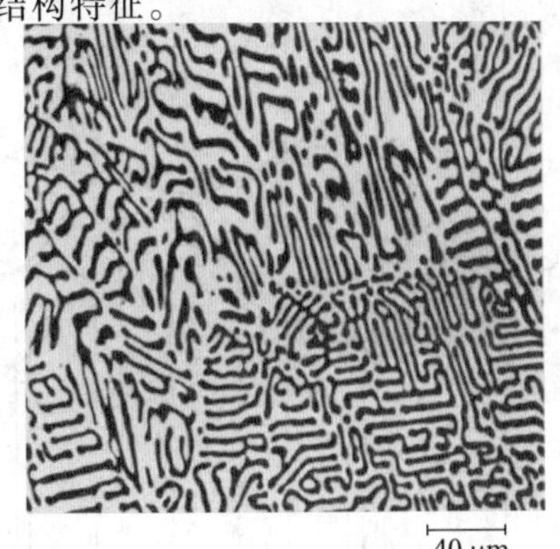

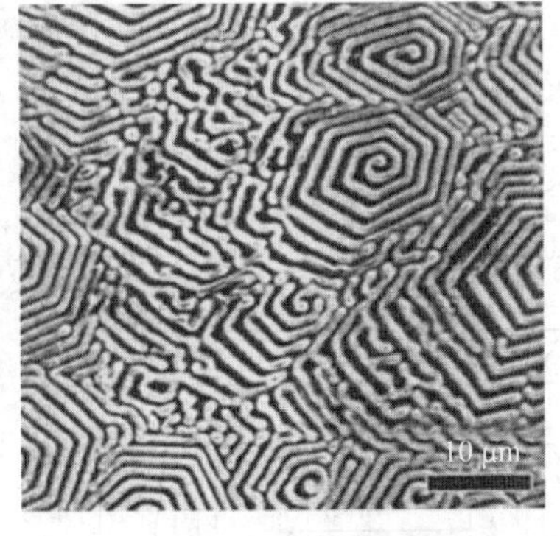

(a) Mg-Mg_2Sn共晶组织　(b) Zn-$MgZn_2$共晶组织

图 10-77　共晶组织结构特征

10.8.3 nf-nf(金属-金属)型共晶的凝固

在共晶温度下虽然可以同时结晶出两个固相,但是,共晶凝固时总是有一个相领先形核。随着领先相的形成,会排出(或吸收)溶质原子,使界面附近液相富(或贫)溶质原子,必然有利于另一相的结晶,另一相结晶时也如此,于是就形成了两相的交替组织。共晶中两相交替成长,并不意味着共晶中每一片都要单独形核。其实各片之间实际上是通过如图 10-78 所示的"搭桥"方式相连接,使同类相的片层增殖形成一个共晶团。由一个晶核成长出一个两相交替的共晶团又称共晶领域。X 射线和电子衍射的研究都证明了,在一个共晶领域内同一相的片层晶体学位向是相同的。另外,在共晶反应中,共晶体的两相间常有一定的位向关系,这样可以降低片层间界面的比界面能。例如在 Al-$CuAl_2$ 共晶中,存在如下的取向关系:$\{111\}_{Al}//\{211\}_{CuAl_2}$,$<101>_{Al}//<120>_{CuAl_2}$。

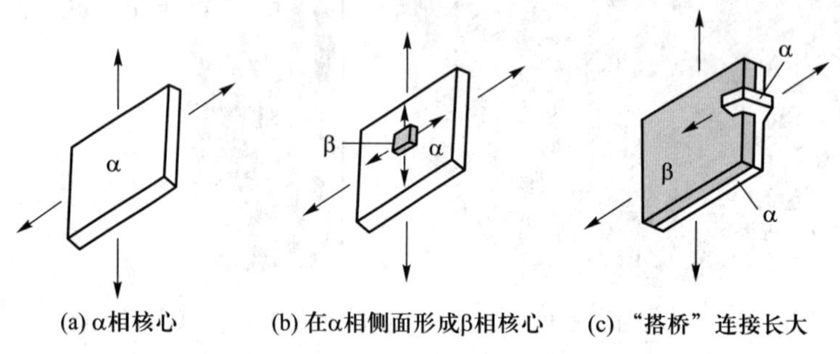

图 10-78 片层状共晶"搭桥"连接长大过程

图 10-79 所示为一个共晶系的相图和吉布斯自由能-成分曲线。在过冷度 ΔT 温度下,从共晶成分液相凝固出来的 α 相和 β 相的成分分别为 $x_{\alpha L}$ 和 $x_{\beta L}$(摩尔浓度),在 α 相及 β 相前沿的液相成分分别为 $x_{L\alpha}$ 和 $x_{L\beta}$。这样,在片层共晶前沿侧向就存在浓度差 $\Delta x_L = x_{L\alpha} - x_{L\beta}$。由于在共晶体前面较远的地方液相仍保持为 x_E,所以在共晶体前沿的正向也存在浓度梯度。图 10-79 中,下标"∞"表示大块晶体,下标"λ_c"和"λ"表示片层间距为 λ_c 和 λ 的情况,界面能使共晶中两相的吉布斯自由能增加。

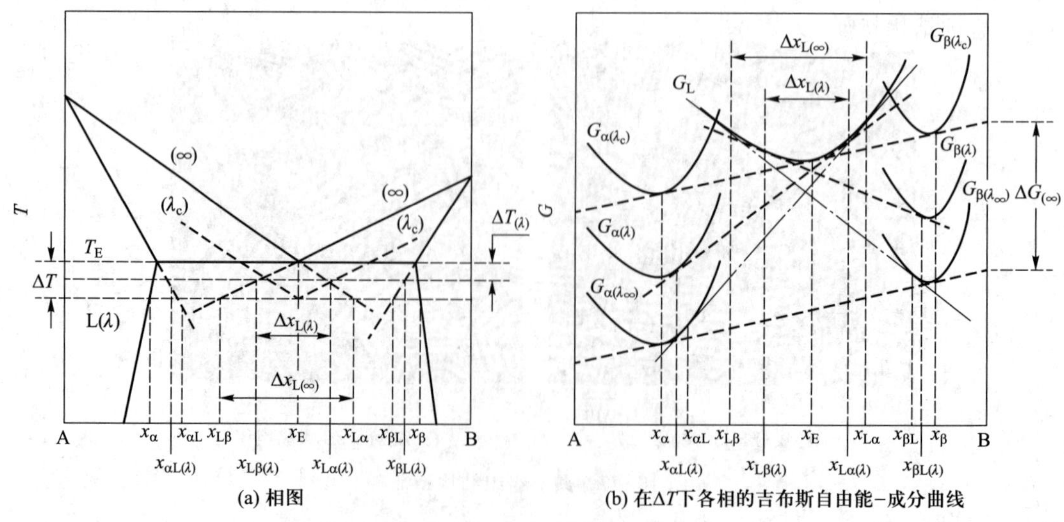

图 10-79 共晶凝固

图 10-80a 所示为共晶体 α 和 β 相前沿 B 的浓度分布（和图 10-79 不同，图 10-80 用的是体积浓度），图 10-80b 表示共晶体长大时 B 的扩散流。一般来说，共晶体的生长是由其界面前沿的侧向扩散控制的，片层间距 λ 越小，即两相中心距离越短，则扩散距离也越短，且浓度梯度也越高，两相的生长速度也就越高。但是，共晶体的片层间距不能无限地减小，因为 λ 越小，总的相界面积越大，系统因增加大量的界面能而使系统的能量大幅度升高。增加的界面能会抵消一部分转变驱动力，从而抑制共晶的生长。在这两种相反的因素共同作用下，可以期望在一定凝固条件下会有一个特定的片间距 λ。

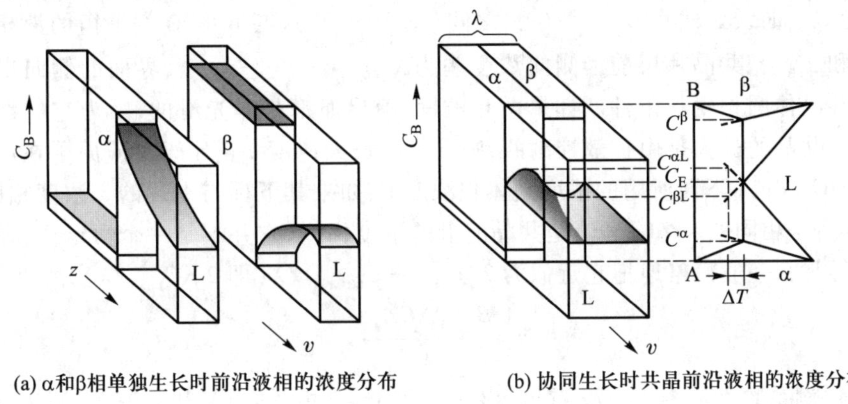

(a) α和β相单独生长时前沿液相的浓度分布　(b) 协同生长时共晶前沿液相的浓度分布

图 10-80　共晶生长

这里暂不考虑共晶前沿两相的曲率的影响。在单位体积中片层间距为 λ 的共晶体的总相界面积为 $2/\lambda$，所以，凝固产生片层间距为 λ 的共晶体的摩尔自由能变化 $\Delta G_{(\lambda)}$ 为

$$\Delta G_{(\lambda)}=\Delta G_{(\infty)}+\frac{2\gamma V_m}{\lambda} \tag{10-105}$$

式中：$\Delta G_{(\infty)}$ 是 $\lambda\to\infty$ 时共晶反应的化学吉布斯自由能变化（为负值）；V_m 为共晶的摩尔体积，γ 是共晶中两固相间的比界面能。显然，$\Delta G_{(\infty)}$ 的数值必须达到足以补偿总的界面能时共晶凝固才能进行。对于 $\Delta G_{(\infty)}$ 仅能完全补偿总界面能（即 $\Delta G_{(\lambda)}=0$）的极限情况，这时所对应的片层间距 λ_c 是可能的最小的片层间距。

$$\lambda_c=\frac{2\gamma V_m}{\Delta G_{(\infty)}} \tag{10-106}$$

在过冷度 ΔT 不是很大时，存在关系见（10-8）式：

$$\Delta G_{(\infty)}=-\frac{\Delta H_m\Delta T}{T_E}$$

式中：T_E 是共晶平衡温度；ΔH_m 是共晶熔化潜热。把它代回（10-106）式，得

$$\lambda_c=\frac{2\gamma V_m T_E}{\Delta H_m\Delta T} \tag{10-107}$$

对于给定的合金，γ、V_m 及 T_E 都是常数，ΔT 越大，则 λ_c 越小。当共晶具有 λ_c 片层间距时，凝固的相变驱动力 $\Delta G_{(\infty)}$ 全部耗费于界面能上，这实际上是不可能进行转变的。我们还可以从吉布斯自由能曲线的变化来看这个问题。由于界面能存在，使 α 和 β 相的摩尔自由能升高，

当共晶具有 λ_c 片层间距时，α 和 β 相的摩尔自由能分别提高到使液相和共晶中 2 个固相处于三相平衡，即液相和共晶产物的吉布斯自由能相等（图 10-79b），这当然也不会有共晶反应。另外，也可以理解为因存在较高的总界面能，使 α 和 β 相的熔点下降，即相图中的液相线下降，相应地共晶温度也下降。片层间距为 λ_c 时共晶温度下降恰好是ΔT（图 10-79a）。在这个温度下，两个固相前沿的液相成分均为 x_E，侧向没有浓度梯度，不可能有定向的传质过程，显然不可能有共晶反应。如果 λ 处在 $\infty \sim \lambda_c$ 之间，则总界面能 $(2\gamma V_m)/\lambda$ 小于 $(2\gamma V_m)/\lambda_c$，驱动力$\Delta G_{(\infty)}$除了补偿总界面能外，还有部分可供驱动共晶生长。这时 α 和 β 相的自由能 $G_{(\lambda)}$ 曲线必然在 $G_{(\infty)}$ 和 $G_{(\lambda_c)}$ 之间（图 10-79b），与 α 和 β 相平衡的液相成分分别为 $x_{L\alpha(\lambda)}$ 和 $x_{L\beta(\lambda)}$，共晶片层前沿侧向浓度差为$\Delta x_{L(\lambda)} = x_{L\alpha(\lambda)} - x_{L\beta(\lambda)}$，界面的侧向出现浓度梯度，造成共晶体两相生长条件。如果两相的固/液界面都是非光滑的，因为它们都容易迁动，所以这种共晶的长大是由扩散控制的，则共晶的长大速度 v 正比于溶质原子在液相的扩散流量 $D_L(dC_L/dy)$（下面所用的浓度是体积浓度 C，如果其下标与上述的 x 浓度相同，表示二者经换算后是相同的）。dC_L/dy 是共晶前沿的浓度梯度，它并不是一个恒定值，在扩散区内各处是不同的，一般粗略地把它近似为 $2(C_{L\alpha(\lambda)} - C_{L\beta(\lambda)})/\lambda$（即 $2\Delta C_{L(\lambda)}/\lambda$），所以

$$\boldsymbol{v} = \frac{B_1 D_L \Delta C_{L(\lambda)}}{\lambda} \tag{10-108}$$

式中：B_1 是比例系数。从图 10-79 看出，$\Delta C_{L(\lambda)}$（和$\Delta x_{L(\lambda)}$相对应）又和 λ 有关，当 $\lambda \to \infty$ 时为$\Delta C_{L(\infty)}$（和$\Delta x_{L(\infty)}$相对应），它的值可以由相图平衡液相线（$\lambda = \infty$）外延得到。而 $\lambda = \lambda_c$ 时，$\Delta C_{L(\lambda)} = 0$。可以把$\Delta C_{L(\lambda)}$表达为

$$\Delta C_{L(\lambda)} = \Delta C_{L(\infty)} \left(1 - \frac{\lambda_c}{\lambda}\right) \tag{10-109}$$

将上式代回（10-108）式，得到

$$\boldsymbol{v} = B_1 D_L \Delta C_{L(\infty)} \frac{1}{\lambda}\left(1 - \frac{\lambda_c}{\lambda}\right) \tag{10-110}$$

在过冷度不大时，$\Delta C_{L(\infty)}$ 和过冷度ΔT 成正比，于是上式又可写成

$$\boldsymbol{v} = B_2 D_L \Delta T \frac{1}{\lambda}\left(1 - \frac{\lambda_c}{\lambda}\right) \tag{10-111}$$

式中：B_2 是另一个比例系数。（10-108）式和（10-111）式的 λ 是未知数，所以仍不能得出 v。实验结果表明，一定的过冷度与一定的片层间距相对应。Zener 假设在给定的过冷度下 λ 的值应使共晶的长大速度最大，把（10-111）式对 λ 取导数求 v 的极值，得到最大长大速度时的 λ 等于 $2\lambda_c$，把 $\lambda = 2\lambda_c$ 代入（10-111）式，得到

$$v = B_2 D_L \frac{\Delta T}{2\lambda_c}$$

由（10-107）式可知$\Delta T \propto 1/\lambda_c$，于是有如下关系

$$v\lambda^2 = B_3（常数） \tag{10-112}$$

$$\frac{\boldsymbol{v}}{(\Delta T)^2} = B_4（常数） \tag{10-113}$$

实际上，最大长大速度假设并没有明显的物理根据，但在很多情况下，（10-106）式和

(10-107)式不但对片层共晶而且对棒状共晶也与实验结果相符得很好。图 10-81 是片层共晶的实验结果。例如,Pb-Sn 共晶实验测定得到 $B_3 = 33\ \mu m^3 \cdot s^{-1}$、$B_4 \approx 1\ \mu m \cdot K^{-2}$,也就是说,如果凝固速度 $v = 1\ \mu m \cdot s^{-1}$,则片间距约为 5 μm,$\Delta T$ 约为 1 K。

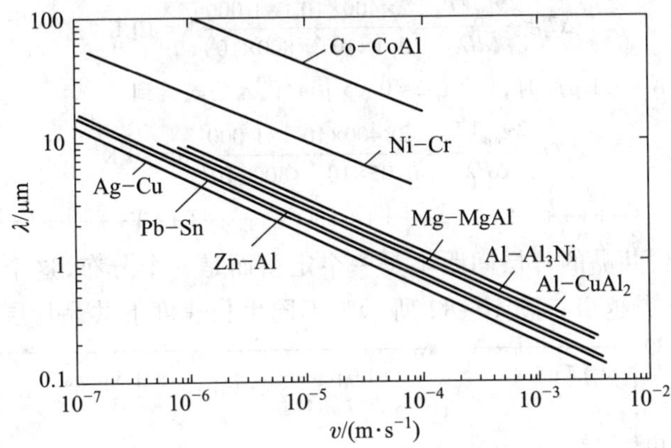

图 10-81 一些共晶系的共晶片层间距与凝固速度的关系

++

例题 10-11 证明共晶最大长大速度对应的共晶片层间距 $\lambda = 2\lambda_c$。

解 根据(10-111)式

$$v = B_2 D_L \Delta T \frac{1}{\lambda}\left(1 - \frac{\lambda_c}{\lambda}\right)$$

求 v 的极值

$$\frac{dv}{d\lambda} = B_2 D_L \Delta T \frac{d(1/\lambda - \lambda_c/\lambda^2)}{d\lambda} = B_2 D_L \Delta T(-\lambda^{-2} + 2\lambda_c \lambda^{-3}) = 0$$

故

$$-\lambda^{-2} + 2\lambda_c \lambda^{-3} = 0$$

得到

$$\lambda = 2\lambda_c$$

++

前面的讨论没有考虑共晶体中两相表面曲率的影响,事实上,共晶前沿的过冷包括两方面的贡献:

$$\Delta T = \Delta T_r + \Delta T_D \tag{10-114}$$

式中:ΔT_r 是克服界面曲率影响所需要的过冷;ΔT_D 则为造成界面前沿侧向浓度梯度所需要的过冷(严格地说,还应有一项动力学过冷 ΔT_i,但目前考虑的是正常凝固,两个固相和液相的界面都是非光滑的,ΔT_i 很小,可以忽略不计)。完善的共晶理论还应考虑液-固界面前的液相成分分布,由于这个成分连续地变化,所以从 α 相前沿到 β 相前沿的 ΔT_D 也是连续变化的。因为界面基本是等温的,即 ΔT 约为常数,从而 ΔT_r 也必须伴随变化,这样共晶体 α 相和 β 相前沿的曲率是变化的。更详细的理论在这里不作讨论。

++

例题 10-12 若共晶以最大速度生长的片间距 λ 为 0.2 μm 和 0.1 μm,问界面的过冷是多少?已知 $\gamma_{\alpha\beta} = 400\ mJ \cdot m^{-2}$,$\Delta H/V = 800\times10^6\ J \cdot m^{-2}$,$T_E = 1\ 000\ K$。

解 形成共晶因其大量的界面,界面能耗费相变驱动力,相当于共晶温度降低。根据(10-107)式:

$$\Delta T=\frac{2\gamma_{\alpha\beta}VT_E}{\Delta H\lambda_c}$$

最大速度生长的片间距 λ =0.2 μm 时，$\lambda_c=\lambda/2=0.1$ μm。将已知数据代入上式：

$$\Delta T=\frac{2\gamma_{\alpha\beta}VT_E}{\Delta H\lambda}=\frac{2\times400\times10^{-3}\times1\ 000}{0.1\times10^{-6}\times800\times10^{6}}\ \text{K}=10\ \text{K}$$

最大速度生长的片间距 λ=0.1 μm 时，$\lambda_c=\lambda/2=0.05$ μm，代入公式得到

$$\Delta T=\frac{2\gamma_{\alpha\beta}VT_E}{\Delta H\lambda}=\frac{2\times400\times10^{-3}\times1\ 000}{0.05\times10^{-6}\times800\times10^{6}}\ \text{K}=20\ \text{K}$$

++

细致的研究指出，共晶的片层间距不是一个定值而是一个分布，这个分布与生长速度有关，生长速度增大，分布越窄。图 10-82 所示为不同生长速度下共晶片层间距的分布。

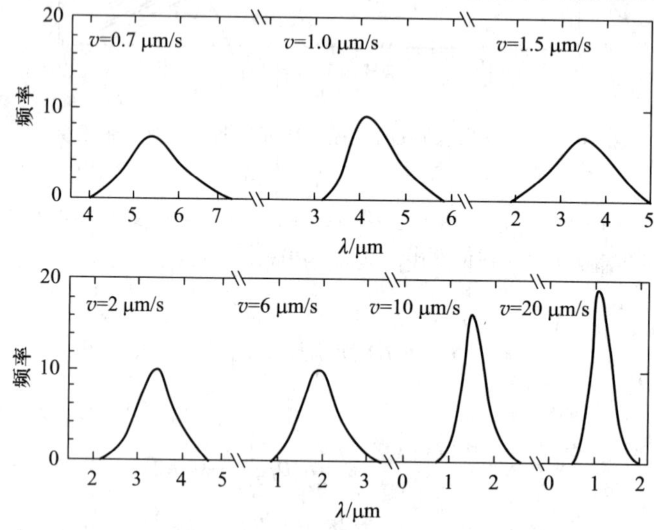

图 10-82 不同生长速度下共晶片层间距的分布

10.8.4 杂质组元对共晶凝固的影响

如果有杂质组元存在，并且它在共晶两个相中的分配系数 k_0 小于 1，则在共晶生长时把第三组元排到液相中，并在界面前沿积聚，积聚的厚度比较宽，如果界面前沿液相的温度梯度比较小，则与固溶体凝固相同，会出现组分过冷区。这时平面的共晶界面将变为类似固溶体凝固时的胞状结构。共晶中的胞状结构通常称为“群集结构”。图 10-83a 所示为定向凝固的不纯 Al-$CuAl_2$ 共晶集群组织结构的纵截面照片。从图中看出，从一个群集到另一个群集的片层方向有所改变，在群集相遇的边沿片层会弯曲，这是因为共晶前沿是胞状凸起，而片层垂直于界面所引起的。在群集内两个相的相位各自是相同的。

当第三组元的浓度较大或在大的凝固速度下，胞状共晶会发展为树枝状共晶，图 10-83b 所示为这种共晶组织的照片。

如果从定向凝固的横截面看，群集结构以蜂窝状排列，如图 10-84a 所示，同样看到在群集的边缘片层变宽。在非定向凝固也会看到群集结构，如图 10-84b 所示，图中的蜂窝状排

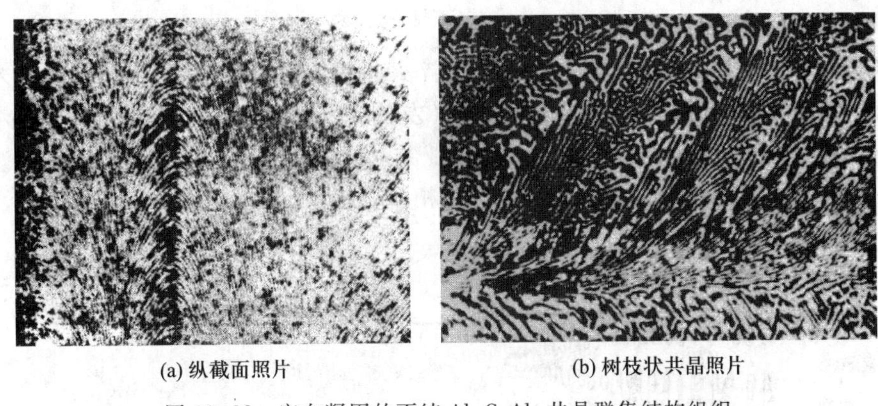

(a) 纵截面照片　(b) 树枝状共晶照片

图 10-83　定向凝固的不纯 Al-$CuAl_2$ 共晶群集结构组织

列是该金相界面垂直于该集群生长方向；图中的扇状排列是该金相界面平行群集的生长方向。

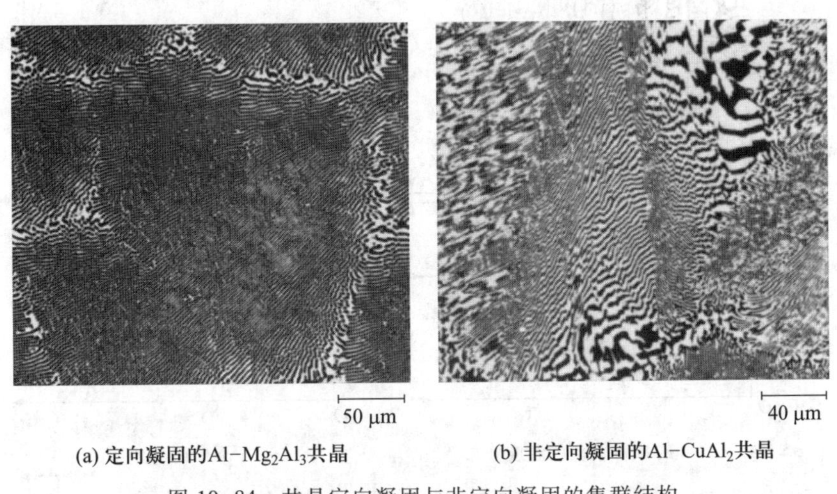

(a) 定向凝固的Al-Mg_2Al_3共晶　(b) 非定向凝固的Al-$CuAl_2$共晶

图 10-84　共晶定向凝固与非定向凝固的集群结构

10.8.5　亚共晶和过共晶合金的凝固

当合金成分偏离共晶成分但冷却时仍发生共晶反应的合金，在冷却过程中先结晶出固溶体晶体，然后再产生共晶。

1. 定向凝固

图 10-85 中成分为 C_0 的亚共晶合金的液相在略低于 T_1 的温度发生凝固，形成树枝状先共晶 α 相，树枝主干及二次（高次）枝晶长大时把溶质排出到界面附近的液相中，当溶质富集到达共晶成分 C_E 时便凝固成共晶，α 相树枝晶仍伸入到 α 相和液相的两相区内（图 10-85a）。共晶前沿的温度接近于共晶温度 T_E，而树枝晶尖端的温度接近于 T_1。凝固结束后，在树枝晶先共晶相周围分布着共晶组织。如果冷却过程每一瞬间不能保持平衡的话，先共晶相的成分会偏离平衡成分，在心部的溶质原子含量少而在边缘的溶质原子含量多，与此

同时，使共晶组织的相对量增加。

图 10-86a 是亚共晶灰口铁定向凝固中途淬火的组织，可以看到奥氏体枝晶伸入液相，在凝固区中奥氏体枝晶间是奥氏体+石墨共晶（左侧），未凝固液相在急冷淬火后形成共晶莱氏体（右侧）。10-86b 是普通铸造的 Al-Ge 亚共晶组织，黑色为先共晶铝枝晶。

过共晶合金的冷却凝固过程和亚共晶合金相似，仅是先共晶相不同。

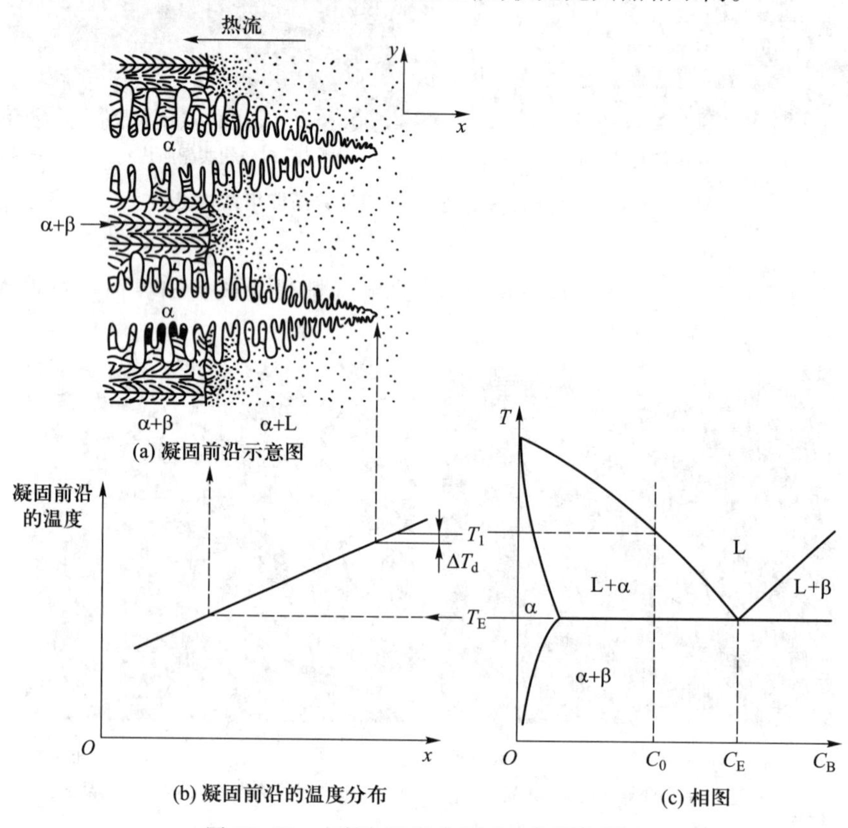

图 10-85　在某一温度梯度下亚共晶的凝固

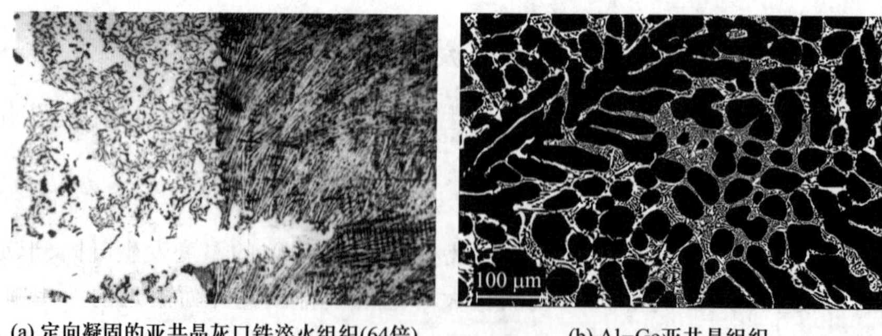

图 10-86　亚共晶组织

2. 共晶成分扩展-伪共晶

一般来说,只有共晶成分的液相冷却时才能得到完全共晶组织。然而实验表明,在非平衡凝固的条件下,成分在共晶点附近的合金也可能获得100%的共晶组织。这种非共晶成分的合金凝固后得到的100%共晶组织称为伪共晶组织。

液态合金只要能过冷到液相线延长包围的区域(如图10-87a中的阴影线区),两个固相都具有过冷度。从热力学考虑,两个相可以同时结晶而获得共晶(伪共晶)组织。阴影线区为共晶的共生区。合金的成分越接近共晶成分,就越容易得到伪共晶组织。

如果把动力学条件也考虑在内,则共晶共生区成分范围不一定和图10-87a的相同。当共晶中两相结晶速度相差很大时,那么结晶快的相就会形成类似先共晶相的组织,而不能得到全部共晶组织。所以,真正的共晶共生区并不一定在平衡液相线的延长线下方。Kofler发现,在两个组成相具有相近熔点的情况下才出现对称的共晶共生区。而当两组成相的熔点相差悬殊时,平衡共晶成分点通常偏向低熔点相一边,而共晶共生区则偏向高熔点相一边。出现这种现象的原因是:两个组成相的形核生长都需要组元的扩散,如果组成相的成分与液相差别比较大,则通过扩散达到所要求的成分相对困难,于是结晶速率就比较低。如果液相成分偏向高熔点组元一边,则有助于减小液相和该组元成分的差别,从而使两个组成相成长速度趋于一致,形成有利于两相协调长大的条件。图10-87b、c表示两共晶组元熔点差异而使共晶共生区偏离共晶对称位置的情况。图10-87c是Al-Si合金共晶共生区的情况,因为Si的熔点比Al的熔点高得多,共晶共生区偏向Si的一边。图10-88是$w_{Si}=12.7\%$(共晶成分)的Al-Si合金在450 ℃凝固后微观组织,因为共晶的共生区偏向Si的一边,所以凝固时先出α相,液相的Si含量逐步升高,直至到达共生区才出现共晶 。

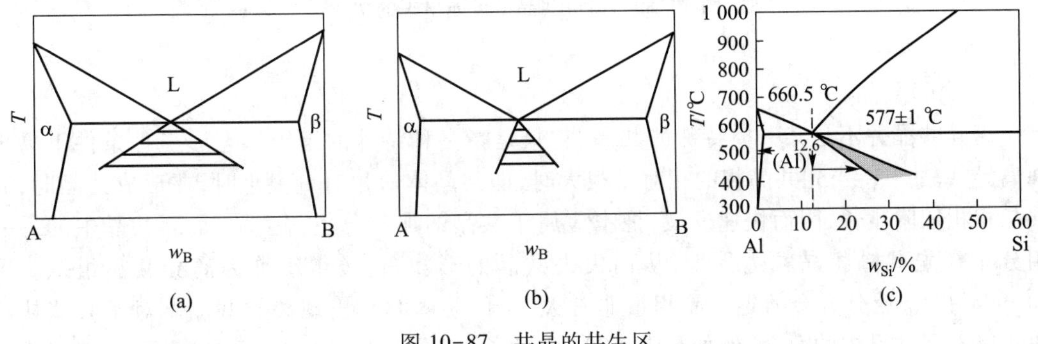

图10-87 共晶的共生区

进一步考虑激冷的情况。对于含α+β共晶反应的简单相图,α相和β相可能的T_0线如图10-89所示。如果固相线弯曲急降到低温,T_0线也急降到低温,又如果α相和β相的晶体结构相同,固相线不是随温度的变化不是很急剧,这两个相的T_0线会连接起来,如图10-89a所示。如果α相和β相的结构不同,它们的T_0线不会连接,如图10-89b所示。T_0线是一个可以发生纯扩散转变的下限,从图10-89c左侧的L→α看,是图中T_0^{α}线以上液相线以下的区域(β)。在T_0^{α}线以下,母相(这里是液相)可以不需要改变成分转变为新相。虽然转变母相和新相成分相同,但是如果过冷度不是很大,如图10-89c中的Ⅱ区域,这种转变是扩散的;如果过冷度很大,如图10-89c中的Ⅰ区域,转变是无扩散的。这种情况也在固

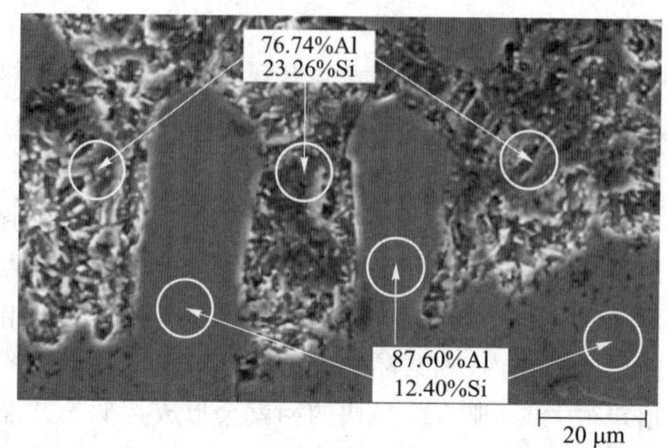

图 10-88 $w_{Si}=12.7\%$(共晶成分)的 Al-Si 合金在 450 ℃凝固后微观组织

相/固相转变中(块形转变和马氏体转变,见第 11 章)。在图 10-89c 的共晶示意图中,T_0^{α} 和 T_0^{β} 线下降并不相遇,在这种情况下,可以形成大量的金属玻璃(BMG)。

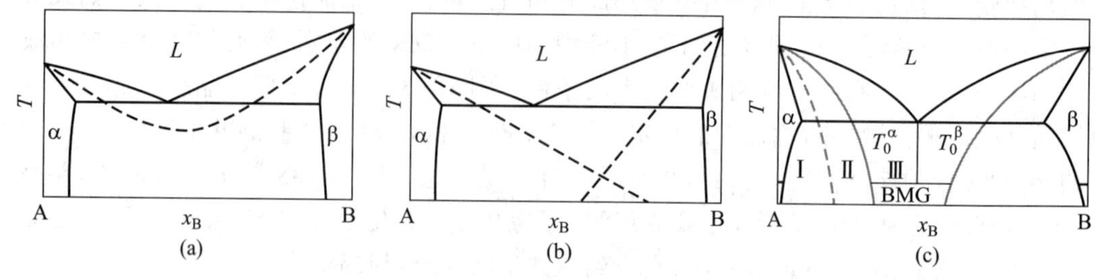

图 10-89 简单共晶系可能出现的 T_0 线

3. 离异共晶

离异共晶并不是某一类特殊的共晶,它只是指一种特殊的组织形态。三种条件下易出现离异共晶。① 当先共晶相的相对量很大时,即共晶体的相对量很小时,在形成共晶时,先共晶相相依附生长,因而快速发展,把本应属于共晶的那部分也占去了,最后共晶中的另一相分布在先共晶相晶粒边界上,从而失去共晶的形貌,这类组织称为离异共晶组织。图 10-90a 中 C_0 成分合金的先共晶相量非常大,所以凝固时易出现离异共晶。对于某些从相图看得不到共晶体的合金,例如图 10-90a 中的 C_1 成分合金,如果非平衡凝固,因固相线偏离平衡固相线,也可能出现共晶,但是由于共晶量很小,往往出现离异共晶组织。由于这种组织是非平衡的,在低于共晶温度长时间扩散退火可以消除这种组织。② 当共晶成分点很靠近一个纯组元一边,即共晶体中两相的相对量相差悬殊时,相对量很小的相往往分布在相对量大的相的缝隙中,失去通常的共晶形貌,这也称离异共晶。例如,Sn-Al 系合金就是这种情况(图 10-90b),在该系共晶成分靠左的合金,甚至共晶成分合金凝固时都可能出现离异共晶组织。图 10-90c 是 $x_{Al}=50\%$ 的 Sn-Al 合金凝固后所观察到的离异共晶组织。③ 共晶两相结构差异较大或受第二组元的影响,如灰口铁中加入稀土球化剂时,片状石墨变为球状石墨,两相互相配合的共晶生长特征消失,石墨球与奥氏体按离异方式生长,如图 10-91 所示。

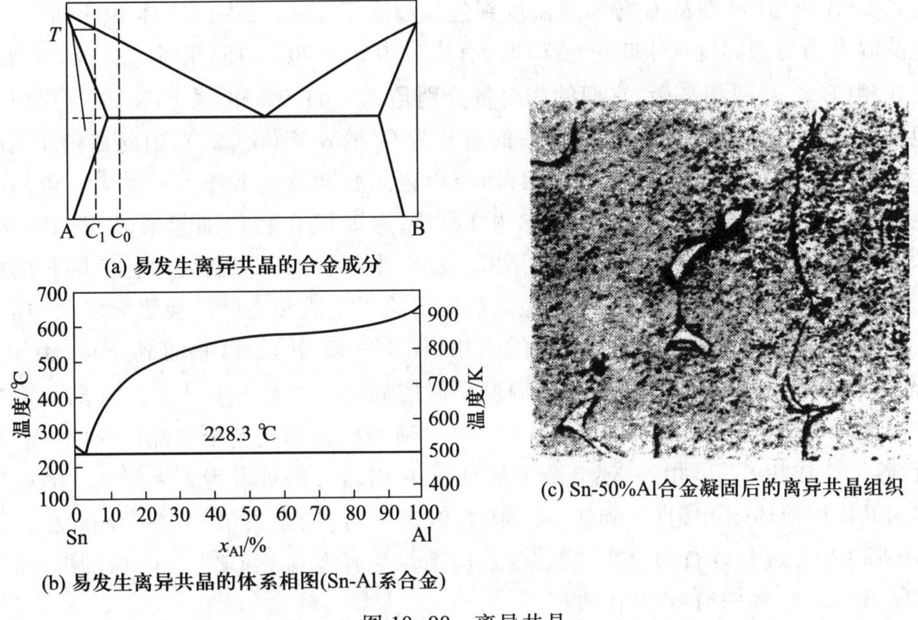

(a) 易发生离异共晶的合金成分

(b) 易发生离异共晶的体系相图(Sn-Al系合金)

(c) Sn-50%Al合金凝固后的离异共晶组织

图 10-90 离异共晶

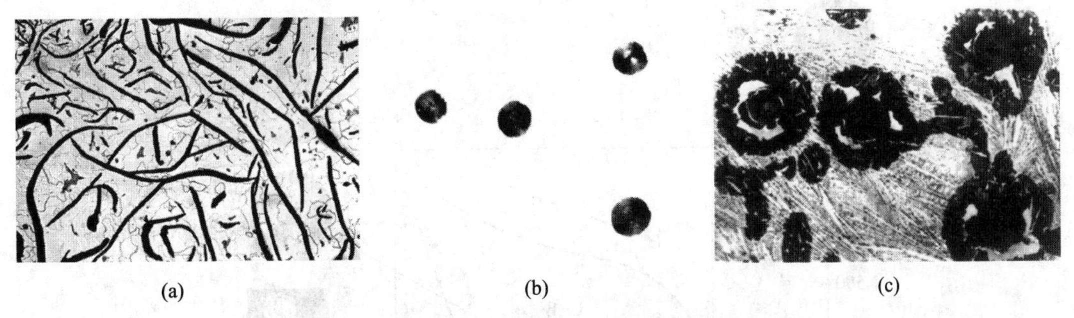

(a) (b) (c)

图 10-91 石墨因稀土的加入而按离异方式生长

10.9 含包晶反应合金凝固

图 10-92 所示为含 L+α→β 包晶反应的典型相图,包晶反应温度为 T_p,C_p 成分点称包晶点。在平衡凝固条件下,在 $C_p \sim C_\beta$ 范围的成分都可能发生包晶反应。在金属合金中含包晶凝固反应是非常普遍的,很多重要的工业合金如钢、铜合金、稀土永磁材料、高 T_c 的超导体(T_c 是超导的临界温度)等的相图显示,包晶反应范围产生的相和组织对材料加工工艺及性能的选择都是非常重要的。

10.9.1 包晶平衡凝固浅述

图 10-92 的 A-B 相图中 C_0 成分(w_B=40%)的合金在缓慢冷却(平衡凝固)时,当合金

冷却进入 L+β 两相区（即从 β 液相线温度到包晶温度 T_p）时，发生固溶体 β 相结晶，当温度到达包晶温度稍高的温度（例如 $T_p+\Delta T$）时，有成分为 $w_B=20\%$ 的液相（$L_{(20\%)}$）和成分为 $w_B=77\%$ 的 β 相（$\beta_{(77\%)}$）两相平衡，它们的相对量分别是 $A^L=64.9\%$ 和 $A^\beta=35.1\%$。这两个相在经过包晶温度发生包晶反应，转变为单一的成分为 C_0 的 α 相（$\alpha_{(40\%)}$），因此在包晶温度稍低的温度（例如 $T_p-\Delta T$）全部为单一的 α 相，即经历包晶温度发生 L+β→α 反应。包晶反应一般是生成相（α 相）依附于反应的固相（β 相）形核，逐渐把 β 相包围起来，如图 10-92 右侧的图示意了这一过程。如果合金成分偏离 C_0 成分，则在包晶反应温度存在的两相的相对量不是正好发生完全反应的比例，这样在包晶反应后除了生成相之外还会留下多余的液相（图 10-92 中 C_0 以左的成分）或者留下多余的固相（图 10-92 中 C_0 以右的成分）。例如图 10-92 中的 C_1（$w_B=27\%$）成分合金，在包晶温度稍高的温度下也是存在 $L_{(20\%)}$ 和 $\beta_{(77\%)}$ 两相，两相的相对量分别是 $\zeta^L=73.4\%$ 和 $\zeta^\beta=26.6\%$，其中液相的比例比完全包晶反应的大。在包晶反应后，除了生成相 $\alpha_{(40\%)}$ 相外，还会余下部分液相 $L_{(20\%)}$，相对量为 $\zeta^L=65\%$。随后冷却液相继续结晶出固溶体 α 相，直至到达 α 的固相线温度时，剩余的液相全部结晶为 α 相。对于图 10-92 中 C_0 成分以右的合金，在包晶反应前也是有 $L_{(20\%)}$ 和 $\beta_{(77\%)}$ 两相，但包晶反应后余下的是 $\beta_{(77\%)}$ 相，最终有 α 和 β 两相。

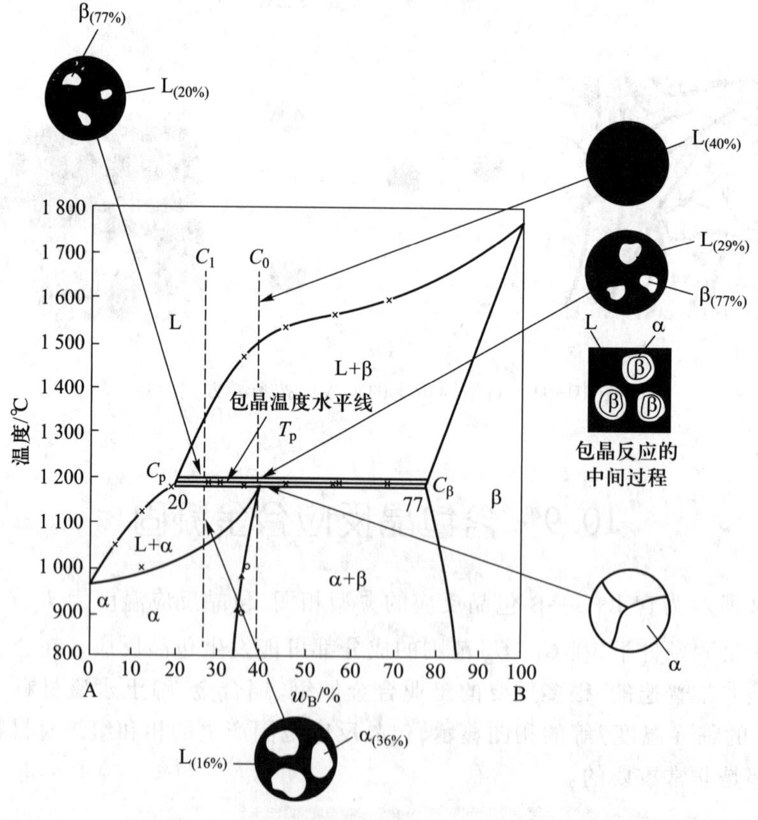

图 10-92 一个含包晶反应的体系及平衡凝固过程和组织（小图中数字是 w_B）

10.9.2 包晶凝固机制

包晶凝固过程是由一个液相和一个固相反应生成另一个固相，例如图 10-92 的 L+β→α，其中 β 是富 B 相。α 的生成可以有三种机制：① 在连续冷却时 α 相不依附 β 相形核，直接在液相中单独生长；② α 相依附 β 相形核，但 B 原子在液相扩散，使 α 相向液相推进，同时液相向 β 相推进，如图 10-93a 所示，这个过程被称为包晶反应；③ α 相依附 β 相形核，α 相把液相与 β 相隔开，然后通过 B 原子在 α 相扩散，使 α 相同时向液相和 β 相两方扩展，如图 10-93b 所示，这个过程被称为包晶转变。第②种机制常在高生长速度下发生，这时第二相（α 相）的生长不仅取决于合金系还取决于生长条件。连续冷却定向凝固时，经常发生第①种机制情况。若包晶生成相在原来固相的树枝晶间隙形成，生成相可能以第②种机制或第③种机制生长。

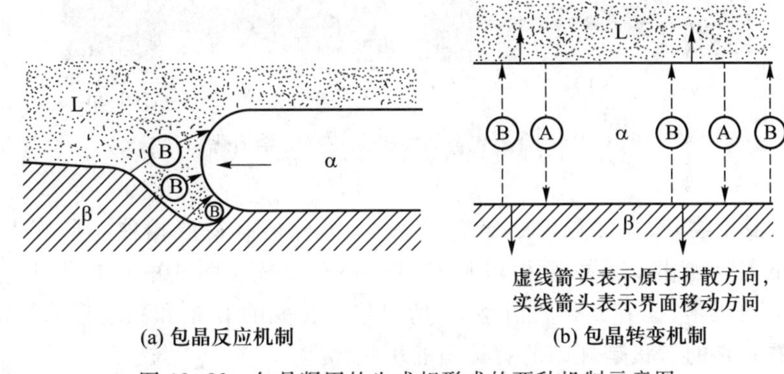

图 10-93 包晶凝固的生成相形成的两种机制示意图

因为一般的包晶转变要通过固相扩散，这个过程是很慢的，所以在一般的冷却条件下包晶反应是很难反应完全的，即使是如图 10-92 中的 C_0 成分合金，甚至是 C_0 以左的成分合金，冷却后仍然有 β 相留下；而在 C_0 以右成分的合金，则有比平衡时多的 β 相。同时，无论在 β 相或 α 相内，都存在晶内偏析。这些非平衡组织在适当的温度长时间保温会通过扩散慢慢回复为平衡组织。

Fe-C 相图中也包含有包晶转变 δ+L→γ，但由于 C 原子在高温下的扩散系数很高，包晶转变进行得很快，可以将全部δ铁转变为比较稳定的 γ 铁。图 10-94 所示为用共焦扫描激光显微镜观察在红外影像炉 1 765 K 保温的 w_c = 0.42%的 Fe-C 合金经历包晶转变 L+δ→γ 的原位动力学演化图片（Fe-C 相图见图 5-24）。开始时（图 10-94a、b）存在液相和 δ 相，保温 0.2 s 后，在 δ 相外围包围一层 γ 相（图 10-94b，图中虚线表示 γ/δ 的相界面），保温时间延长至 3 s，γ 相层向液相和向 δ 相两边推进而增厚（图 10-94c），保温时间继续延长至 7 s，大多数 δ 相块完全消失（图 10-94d）。

图 10-95a 为 w_{Au} = 40%的 Bi-Au 合金相图，图 10-95b 为 Bi-Au 合金以包晶转变机制生成的包晶组织。试样从液相冷却到 450 ℃ 保温 5 h，这时有液相 L 和（Au）相，然后冷却到 300 ℃（在包晶平台温度 373 ℃以下）保温 2 h，此时进行包晶转变：L+（Au）→β（Au_2Bi_3），β 相（图 10-95b 中灰色的相）在初生的（Au）相（图 10-95b 中白色的相）上形核并把（Au）相

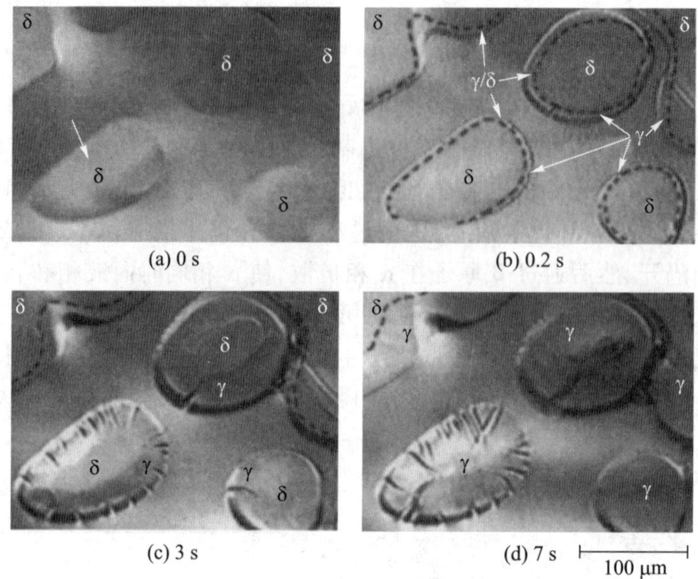

图 10-94 合金包晶转变的原位动力学演化图片

包围使(Au)与液相隔开,在保温时进行包晶转变,另外还有在液相独立形核生成的 β 相。转变完成后还剩余液相,这些液相最后形成 Bi+β 共晶(图 10-95b 中黑色的基体)。β(Au_2Bi_3)化合物的液/固界面是光滑型的,所以包晶转变的 β 相和独立形核生成的 β 相不是树枝晶状,看到它的形状是规则的有棱角的块状晶体。

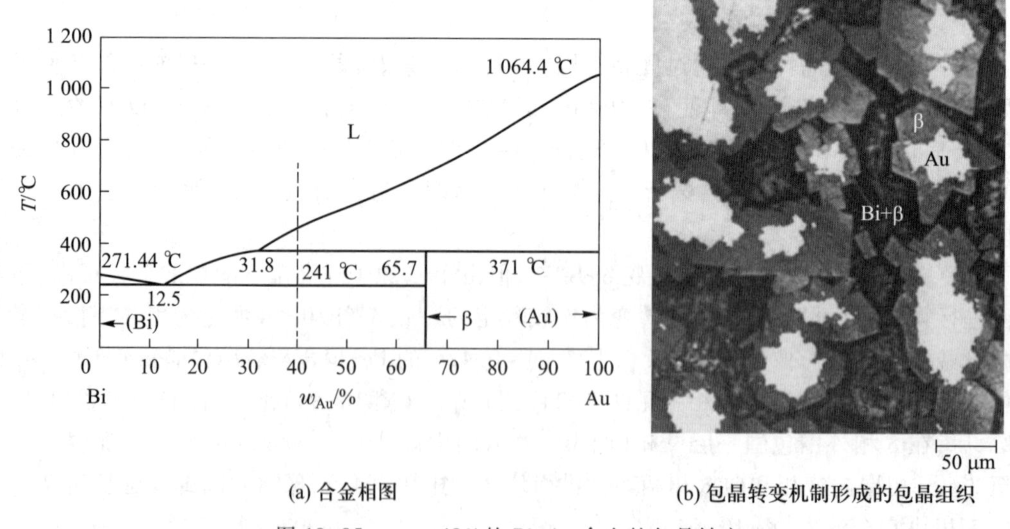

(a) 合金相图　(b) 包晶转变机制形成的包晶组织

图 10-95 $w_{Au}=40\%$ 的 Bi-Au 合金的包晶转变

++

例题 10-13 已知一个包晶体系如图 10-96a。某一合金 C_0 的缓冷(平衡)组织如图 10-96b。① 确定各是哪些相？② 若岛状相的质量分数为 40%，忽略凝固后的固态转变，问合金成分 C_0 大致是多少？③ 若不是缓慢冷却，两相中存在明显的偏析，沿 XY 线示意画出大致的浓度分布。

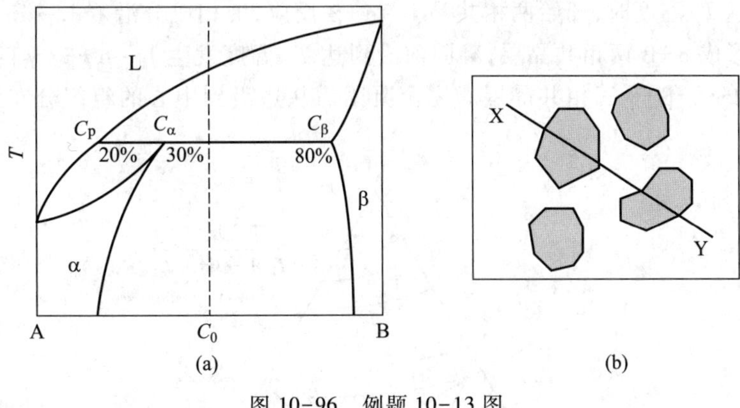

图 10-96 例题 10-13 图

解 ① 因岛状相有规则形状，应是先结晶出的相——β 相，周围基体为 α 相。

② 如果忽略凝固后的固态转变，即刚凝固完 β 相的成分为 80%，α 相的成分为 30%，按照杠杆规则，有

$$\zeta^{\beta}=0.40=\frac{C_0-C_\alpha}{C_\beta-C_\alpha}$$

所以

$$C_0=0.40\times(C_\beta-C_\alpha)+C_\alpha=0.4\times(0.8-0.3)+0.3=0.5$$

③ 因为是非平衡冷却，在固态中扩散不完全，所以无论在 β 相还是在 α 相都有偏析。岛状 β 相最先析出，析出的 β 相成分为 k_0C_0。随着 β 相长大，从中心到边缘 B 浓度逐渐下降，当液相成分变为 C_L、相应 β 相成分为 C_β 时开始包晶反应，所以 β 相的边缘成分是 C_β。在靠近 β 相的 α 相是最早包晶反应产物，其成分是相图中的 C_α 成分，因为包晶反应是 B 组元要通过 α 相扩散，而扩散有不充分，所以随着离开 β 相其 B 成分逐渐降低。成分分布示意图应如图 10-97 所示。

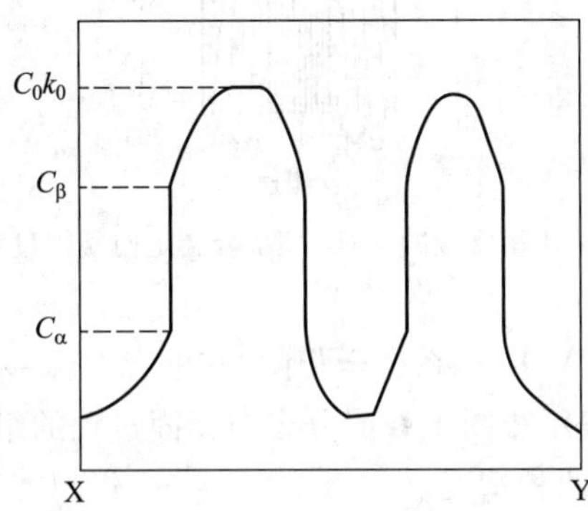

图 10-97 沿 XY 线的浓度分布

++

10.9.3 三元合金凝固的简例

图 10-98 上图是含单的 L→α+β+γ 四相反应的 A-B-C 系合金相图，下图表示相图中●

成分定向凝固过程的组织示意图。合金在 T_L 温度进入 L+α 两相区,发生 L→α,结晶出 α 相;随着凝固前沿降温,液相 L 的成分沿着如图液相面箭头所示变化,到达 T_2 温度前,形成单相 α 层;到达 T_2 温度时,开始两相共晶 L→α+β 反应,液相成分沿着 L→α+β 单变量线下降,在 α 层前形成 α+β 两相共晶层;凝固前沿到达 T_E 温度发生 L→α+β+γ 四相反应,形成最后直至中心的 α+β+γ 三相共晶层。完全凝固后从边沿到中心的组织分布为:α—α+β—α+β+γ。

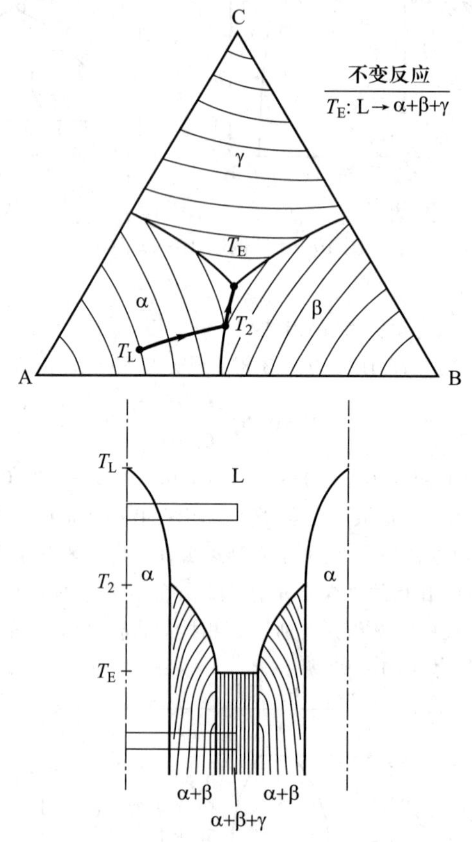

图 10-98 含单一的 L→α+β+γ 四相反应的 A-B-C 系合金定向凝固过程示意图(J. William 等,2015)

图 10-99 两图中上图是 A-B-C 系合金相图,其中含 L+α→δ+γ(T_2)和 L→β+δ+γ(T_E)两个四相反应,$T_2>T_E$;下图表示相图中●成分定向凝固过程的组织示意图。

图 10-99 表示了凝固的两种情况。

第一种情况(图 10-99a)。冷却凝固过程近似平衡凝固过程,合金在 T_L 温度进入 L+α 两相区, 发生 L→α,结晶出 α 相;随着凝固前沿降温,液相 L 的成分沿着 α 液相面如箭头所示变化,到达 T_1 温度前,形成单相 α 层;凝固前沿到达 T_1 温度时,开始两相共晶 L→α+δ 反应,液相成分沿着 L→α+δ 单变量线下降,在 α 层前形成 α+δ 两相共晶层;凝固前沿到达 T_2 温度发生 L+α→δ+γ 四相反应,因为定向凝固前沿只有成分为相图 T_2 对应成分的液相,难以完成四相反应;凝固前沿继续降温,液相成分沿 L→δ+γ 单变量线下降,在 α+δ 两相共晶

层前形成 δ+γ 共晶层，凝固前沿到达 T_E 温度发生 L→β+δ+γ 四相反应，形成最后直至中心的 α+β+γ 三相共晶层。全凝固后从边沿到中心的组织分布为：α—α+δ—δ+γ—α+β+γ。

第二种情况（图 10-99b）：合金到达 T_1 温度前的情况和第一种情况相同，凝固前沿继续降温，在单相 α 层前的液相直接沿 δ 液相面变化（如图中箭头所示），在 α 层前形成 δ 相层；凝固前沿到达 T_3 温度，液相成分落在 L→δ+γ 单变量线上，液相成分沿着 L→δ+γ 单变量线变化，形成 δ+γ 共晶层；凝固前沿到达 T_E 温度发生 L→β+δ+γ 四相反应，形成最后直至中心的 α+β+γ 三相共晶层。完全凝固后从边沿到中心的组织分布为：α—δ—δ+γ—α+β+γ。

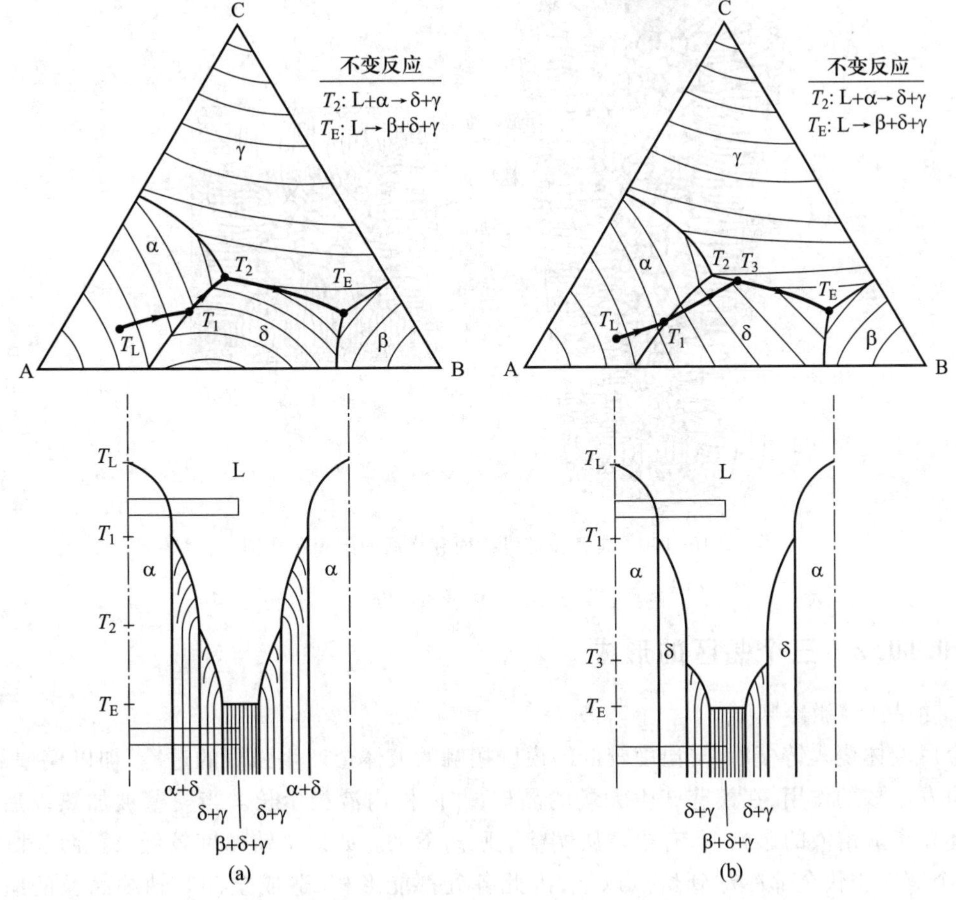

图 10-99　含 L+α→δ+γ（T_2）和 L→β+δ+γ（T_E）两个四相反应的 A-B-C 系合金定向凝固过程示意图（J. William 等，2015）

10.10　铸锭的凝固

10.10.1　铸锭的宏观组织

典型的铸锭组织表现为三个不同的区域：在铸锭的最外层是细晶区，又称激冷区，由随机取向的等轴细晶组成;然后是柱状晶区,由平行于热流方向排列的柱状晶粒组成;铸锭中心为等轴晶区,由较粗大的随机取向等轴晶粒组成。图10-100所示为典型的铸锭纵截面和横截面的组织示意图。铸锭的成分、凝固条件和凝固时的液体流动对这三个区域的形成和发展有很大的影响。有时铸锭中可能只有其中的一个或两个晶区。例如不锈钢常常全部是柱状晶,而经细化晶粒处理的铝合金中则全部为等轴晶。对铸锭组织的广泛研究是因为铸锭组织对铸件的机械性能有很大的影响。

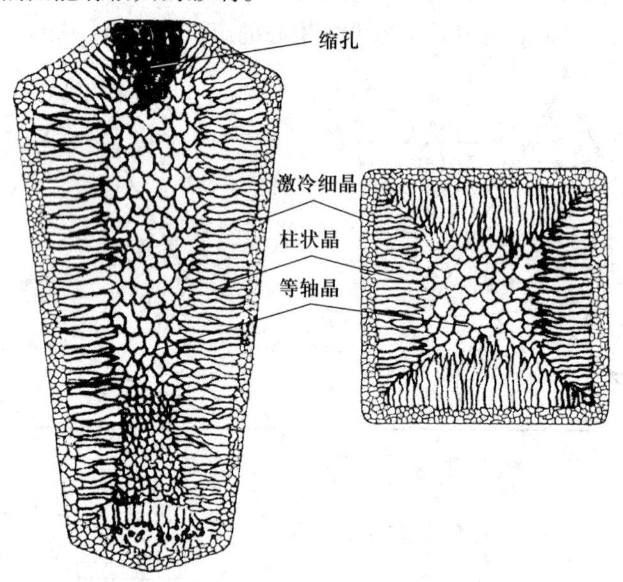

图10-100 典型铸锭纵截面和横截面组织示意图

10.10.2 三个晶区的形成

1. 细晶区(激冷区)

金属液体浇入铸模后,与温度较低的模壁接触的液体会产生强烈的过冷,加以模壁的触发非自发形核的作用,在模壁产生大量的晶核,并向模内液相生长。当模壁被加热以后,这些晶体在湍流熔液的影响下,有很多从模壁上脱离下来。如果浇铸温度较低,铸锭尺寸不很大,整个液体很快全部冷却到熔点以下,因此各处都能形核,造成全部等轴细晶粒的组织。在一般情况下,铸模中心部分的液体会长时间停留在液相线温度以上,因此大部分离开模型的晶粒会重新熔化,只有那些仍然靠近模壁的晶粒成长而形成细晶区。

激冷区组织的形成和激冷区的厚薄取决于液体金属流、金属-铸模之间的热传导、激发形核和枝晶的生长等复杂的交互作用。冷的、表面粗糙的铸模,低的浇注温度和熔体的搅拌和强烈的对流,这些都有利于细晶在激冷区中形核和以增殖机制形核,从而有利于细晶区形成。

2. 柱状晶区

当激冷区发展到一定程度后,模壁被金属加热温度不断升高,并且由于结晶时潜热的释放,使激冷区前沿的温度梯度降低。随着液相温度逐渐降低,已生成的晶体向液体内生长,形成大体垂直于模壁的柱状晶。但由于晶粒生长速度是各向异性的,例如,fcc 和 bcc 合金,<100>是生长最快的晶向,各种取向的晶粒会竞争生长。图 10-101 所示为三个晶粒竞争生长的示意图,图中左边和右边的晶粒的<100>晶向大体垂直于等温线(与散热方向平行),中间晶粒的<100>晶向偏离散热方向一个 θ 角度。每个晶粒向前(等温线方向)生长速度相同,等于 $\boldsymbol{v}_{\mathrm{L}}$,但中间的晶粒树枝晶(枝晶)的端部的生长速度 $\boldsymbol{v}_{\theta}=\boldsymbol{v}_{\mathrm{L}}/\cos\theta$,它大于 v_{L}。根据强制生长的树枝晶的动力学可知,枝晶端部生长的速度越大,它端部的过冷也越大。这样,中间晶粒的枝晶端过冷比较大,其端部距液相线温度相等的等温线的距离比较大,如图中的 $\Delta z_{\theta}>\Delta z_{0}$,中间的枝晶前沿落后于两边的枝晶,在它的一侧一些枝晶的生长受阻,另一侧则留出空间,使邻近的枝晶发展为二次枝晶和三次枝晶。这样的竞争生长,使最快生长方向与散热方向不一致的枝晶在生长过程中被"淘汰"。

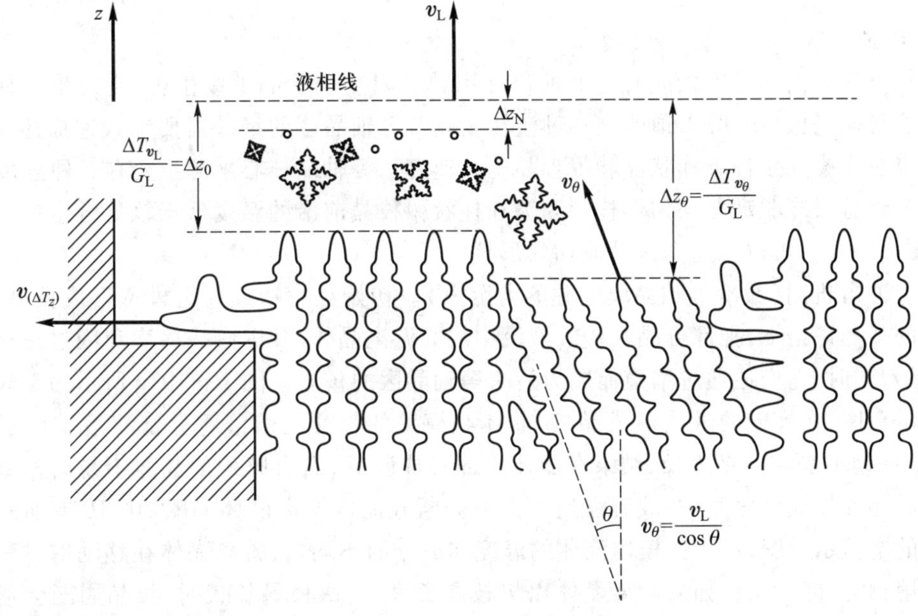

图 10-101 晶粒竞争生长示意图

在每个柱状晶都含许多一次枝晶轴,同时,因为柱状晶是择尤生长的结果,所以柱状晶通常有择尤取向,这种择尤取向称铸造织构。另外,因为形核的过冷比枝晶端部的过冷小得多,即距液相线温度等温线的某个距离 Δz_{N} 直到 Δz_{θ} 或 Δz_{0} 的范围内可以形成等轴枝晶。

液流对柱状晶组织有很大影响。在常规的铸锭中,侧向是沿水平方向(温度梯度是水平方向)的,如果液相对流扫过液、固界面,则柱状晶不垂直于模壁,而是沿对流方向与垂直模壁方向有一定的倾斜。如果通过磁场或铸模转动以抵消对流,则柱状晶会恢复垂直模壁生长。

图 10-102 所示为从激冷区发展为柱状晶的过程以及柱状晶竞争生长的宏观示意图。

液流对柱状晶组织有很大影响。在常规的铸锭中,侧向是沿水平方向(温度梯度是水平方向)的,如果液相对流扫过液/固界面,则柱状晶不垂直于模壁,而是沿对流方向与垂直模壁方向有一定的倾斜。如果通过磁场或铸模转动以抵消对流,则柱状晶会恢复垂直于模壁生长。

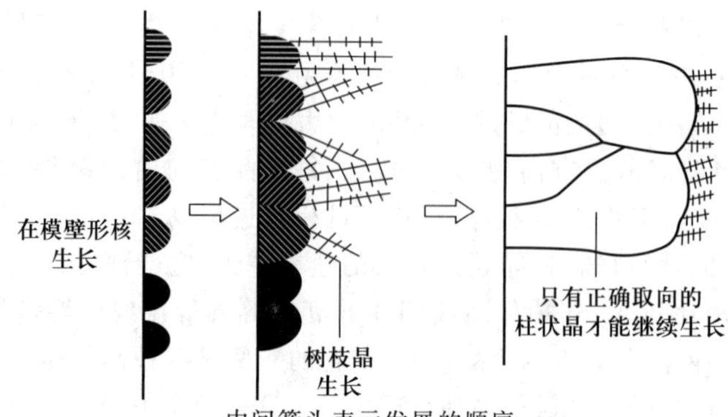

图 10-102 从激冷区发展为柱状晶的过程以及柱状晶竞争生长的宏观示意图

3．等轴晶区

在柱状晶区前面的等轴晶有足够的尺寸和数量阻止柱状晶继续生长，则发生从柱状晶区过渡到等轴晶区（CET）。预测这一过渡转变以及等轴晶区的尺寸需要细致地描述等轴晶的来源以及在凝固条件下柱状晶和等轴晶生长速度。等轴晶核心来源主要有三种途径：

（1）组分过冷驱动非均匀形核。因为在柱状树枝晶前沿的温度低于该处合金液相线温度（见图 10-52），可以在这个区域非均匀形核。

（2）冲击机制（激冷等轴晶模壁脱落与游离）。初始在模壁或靠近模壁形成枝晶，在浇注液流的强烈冲击下，把部分晶粒代入液流中成为游离晶体，其中有一些幸免因过热重新熔化而留下，同时，它们还通过增殖而成为后来等轴晶区的核心。图 10-103a 所示为游离晶体形成的示意图，在模壁的激冷形成晶核，晶体与模壁的相交处熔液将会富集溶质原子（k_0<1），使这些地方晶粒不易生长，结果在晶体根部形成脖颈，具有脖颈的晶体不易沿模壁方向与邻近晶体连接成凝固壳，在液流强烈冲击下会断开而成游离晶体。图 10-103b 所示为游离晶体的增殖示意图，由于铸模内液体的温度和成分的不均匀，游离晶体在移动的过程中有可能重熔，亦可能成长。如果游离晶体以树枝晶长大，一次枝晶长大时，枝晶周围会形成溶质聚集层，当一次枝晶侧面开始长出二次枝晶时，枝晶根部的溶质浓度变得更高，相应熔点降低，其生长速度就要慢于枝晶的前端，而形成一个较细的颈部。另一方面，晶体生长时要放出潜热，液体中的对流又造成温度波动，这些都可能使部分枝晶细颈重熔导致二次枝晶和一次枝晶的脱离，这就使游离晶体增殖。图 10-103 所示为游离晶体增殖的示意图。柱状枝晶长大时也会按类似的机制使部分枝晶熔断而成游离晶体。

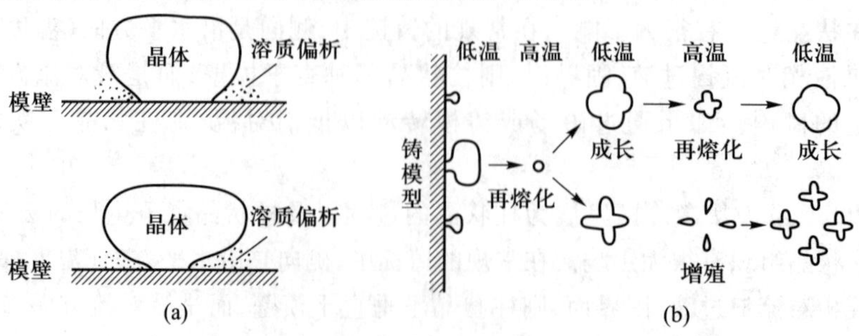

图 10-103 游离晶体的形成

（3）树枝晶的熔断。生长着的柱状枝晶在凝固界面前方熔断、并游离和增殖，成为内部等轴晶晶核的来源。在液面冷却产生的晶粒下雨似地沉积到柱状晶区前方的液体中，下落过程中也发生熔断和增殖，这也是铸锭凝固时内部等轴晶晶核的主要来源。

10.10.3 铸件宏观结晶组织的控制

细晶区通常只有几个晶粒大小的厚度，对铸锭性能的影响有限。决定铸锭力学性能的最重要因素是柱状晶区和中心等轴晶区的相对宽度、中心等轴晶区晶粒的大小等。所以控制铸件的宏观结晶组织主要是控制柱状晶区与等轴晶区的相对大小。

柱状晶区中常有择尤取向，相互平行的柱状晶接触面及相邻垂直的柱状晶粒界面常常聚集杂质、非金属夹杂物和气泡等，它是铸锭的脆弱结合面。例如方锭的对角线处就是这些弱面，铸锭在热加工时很容易沿这些面断裂。等轴晶没有择尤取向，没有脆弱的界面，性能是各向同性的，加载时裂纹不易生长，所以一般铸件都要求等轴晶粒组织。另一方面，柱状晶区组织较为致密，不像等轴晶区含有较多的气孔和疏松。对于塑性好的金属，有时为了获得较致密的铸锭而要求得到柱状晶。在某些情况下，如要求某一方向的特殊性能也可以用一定的工艺使铸件由取向相近的柱状晶组成。

柱状晶区和等轴晶区的大小是互补的，如果是等轴晶区容易形成，则柱状晶区范围小，相反，则柱状晶区范围大。为了控制铸锭的组织，了解在什么时候柱状晶区会转变为等轴晶区，什么因素影响这一转变是重要的。分析这一问题的经典模型是由 Hunt 提出的：设在柱状树枝晶的界面前沿的过冷区形核并以自由树枝晶生长，如果在柱状晶前沿形成的等轴晶可以忽略，则柱状晶仍然可以向前推进；相反，如果等轴晶生长很快并占据柱状晶前沿的大部分体积（Hunt 设为 66%），结果就形成等轴晶区。据此得出液/固界面前的温度梯度 G_L 与柱状晶区或等轴晶区生长的判据公式：

$$G_{L(c)} > 0.617(100N_0)^{1/3}(1-\Delta T_n^3/\Delta T_c^3)\Delta T_c \tag{10-115}$$

$$G_{L(c)} < 0.617N_0^{1/3}(1-\Delta T_n^3/\Delta T_c^3)\Delta T_c \tag{10-116}$$

式中：N_0 为形核位置密度；ΔT_n 为非均匀形核所需的过冷度；ΔT_c 为柱状枝晶端的过冷度。（10-115）式是柱状晶区生长的条件，（10-116）式是等轴晶区生长的条件。当 G_L 在这两个式子之间，则生成柱状晶与等轴晶混合的区域。按照这一模型，促使等轴晶形成的条件是：合金有大的溶质浓度，在固定生长速度下的 ΔT_c 大；低的温度梯度，在柱状树枝晶前沿有较宽的可以形核的区域（这一条件说明为什么等轴晶区域常出现在铸锭凝固的最后区域，因为此时的温度梯度小）；小的形核势垒，从而需要小的形核过冷 ΔT_n，大量的核心等。图 10-104

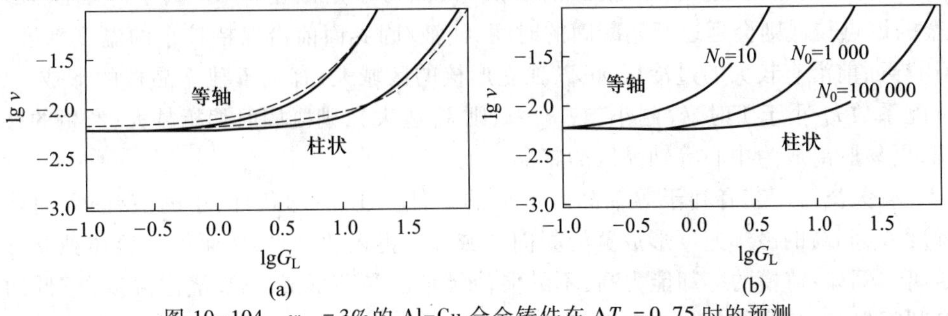

图 10-104 $w_{Cu}=3\%$ 的 Al-Cu 合金铸件在 $\Delta T_n=0.75$ 时的预测

所示为按 Hunt 模型对 $w_{Cu}=3\%$ 的 Al-Cu 合金铸件在 $\Delta T_n=0.75$ 时的预测结果：10-104a 以 v 和 G_L 表示的柱状晶区和等轴晶区生长的连接条件，实线是近似分析，虚线是精确分析；10-104b 设形核位置数目 N_0（个/cm^3）不同等轴晶区生长的临界条件，当形核位置数目加大时，可以在更低的凝固速度下生长等轴晶区（Hunt 1984）。

Rappaz 和 Gandin 对 Al-Si 合金采用元胞自动机（CA）方法模拟柱状晶到等轴晶的转变（CET），如图 10-105 所示：图 a 和图 b 分别是 Al-5%Si 和 Al-7%Si 铸件在 2.3 K/s 冷却的最终晶粒组织，因为 Al-7%Si 合金比 Al-5%Si 合金的溶质浓度大，有利于等轴晶形成，所以在相同的冷却速度下，等轴晶区较大。而图 10-105c 合金的成分与图 10-105b 合金相同，但冷却速度为 7.0 K/s（Rappaz 和 Gandin，1993），比图 10-105b 合金的大，凝固的过冷度大，所以等轴晶区比图 b 合金的大。模拟结果与 Hunt 提出的模型是符合的。

(a)

(b)
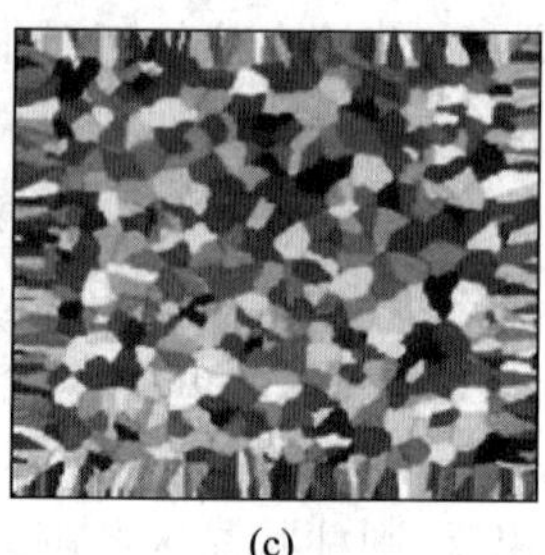
(c)

图 10-105　对 Al-Si 合金采用 CA 方法模拟 CET

Hunt 的模型忽略了树枝晶生长和等轴晶形核的复杂性（例如忽略了液体对流的影响），并且假设形核在一个温度而不是在一个温度范围，因此不能预测凝固条件对等轴晶尺寸的影响。但是，这个模型可以帮助我们了解从柱状晶区过渡到等轴晶区的主要参数。

从上面讨论的各晶区的形成和转变机制知道，铸件中各晶区的相对大小和晶粒尺寸的大小都是由过冷熔体独立形核的能力和各种形式晶粒游离、增殖或重熔的程度这两个基本条件综合作用所控制。一切能强化熔体独立形核，促进晶粒游离，以及有助于游离晶的残存与增殖的各种因素都将抑制柱状晶区的形成和发展，从而扩大等轴晶区的范围，并细化等轴晶组织。据此，控制和影响铸件等轴晶区大、小（从而柱状晶区的小、大）的条件归纳如下。

（1）有关液体金属本身的性质影响等轴晶区形成的条件。① 相图中液、固线间的间距，即凝固温度范围的大小。大的液、固线间的间距的合金在同样的温度梯度下，一次枝晶比较长，有利于细弱的颈状二次枝晶的形成，枝晶易于熔断游离，有利于等轴晶区形成。② 合金的熔点较低则会延迟开始凝固的时间，使液/固界面前沿保持较小的温度梯度，从而在液/固界面前沿有较大的过冷区，可以独立形核的区域大，有利于独立晶核的形成。③ 溶质的分配系数 k_0 小于 1 时，k_0 越小（或 $k_0>1$，则 k_0 越大），则凝固时偏析越大，产生的枝晶脖颈很细，更易脱离成为中心等轴晶区的籽晶。

（2）有关浇铸工艺有利于等轴晶区形成的条件。① 冷却条件，小的液/固界面前沿的温度梯度 G_L 和高的冷却速度形成宽的凝固区域和获得大的过冷，从而促进熔体独立形核和晶粒游离。例如：铸模的冷却能力高，不易促使等轴晶晶核形成。② 浇注温度，较低的浇注温度有利于保存游离晶体，防止它们重新熔化，获得较大的细等轴晶区。但过低的浇注温度会将降低液态金属的流动性，导致浇注不足和冷隔等缺陷的产生。③ 浇注方式，通过改变浇注方式（例如通过多孔浇注）强化熔体对流和对模壁激冷晶的冲刷作用，能有效地促进细等轴晶的形成。但必须注意不要因此而引起大量气体和夹杂的卷入而导致铸件产生相应的缺陷。

（3）孕育处理。浇注之前或浇注过程中向液态金属中添加少量孕育剂，孕育剂的作用主要促进非自发形核和促进晶粒游离，达到细化晶粒并使等轴晶区扩大的效果。孕育剂能细化晶粒的主要原因是它含有直接作为非自发形核靠背的弥散化合物（一般是高熔点化合物）颗粒。良好的孕育剂（形核靠背物）应该具有的特点：这种靠背物不熔于熔体；靠背物的低指数面与成核固体之间的界面必须是共格或近似共格的；孕育剂与熔体之间的界面能必须高于成核固体与熔体之间的界面能。

考察了 20 多种氮化物和碳化物，其中五种是较成功的铁素体形核剂，见表 10-6。同时可以看到，形核剂与铁的晶体点阵错配度对过冷度的影响。

表 10-6　形核剂与铁的晶体点阵错配度对过冷度的影响

形核剂	典型过冷度/℃	相对铁的错配度/%
TiN	1.7	3.9
TiC	1.8	5.9
ZrN	7.0	11.2
ZrC	13.6	14.4
WC	16.1	29.4

同样，从经孕育处理和未经孕育处理的铸件的显微组织照片（图 10-106）可以看到孕育处理的作用。

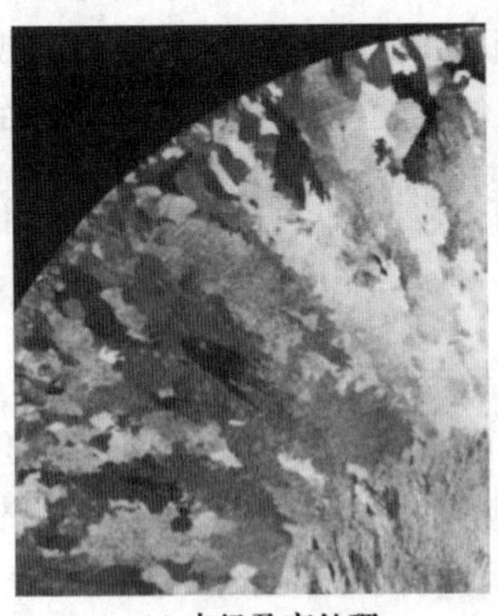

(a) 未经孕育处理

(b) 经孕育处理

图 10-106　直径为 150 mm 的 Al 合金（含少量的 Fe、Si 和 Ti）直接激冷半连铸铸锭的横截面

（4）能量诱导细化。一系列能量诱导增加形核的方法来改细化铸件的组织，典型的方法是对液体金属施加搅拌和机械振动，如超声振荡、旋转磁场、电磁搅拌、模子振动等，超声振荡可以促发形核，其他的方法都可以帮助枝晶的熔断、破碎，增加游离细晶的数目。另外

还因这些处理可以加快消除过热，可以保留中心等轴晶区的籽晶。

++

例题 10-14 如图 10-107 三种条件下铸出的铝锭组织示意图，浇铸条件分别为 780 ℃（金属模），680 ℃（砂模），680 ℃（金属模），说明各组织对应的形成条件及原因。已知铝的熔点为 658 ℃。

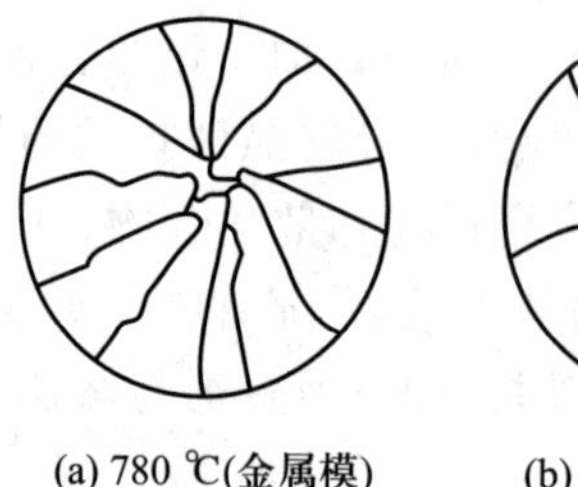
(a) 780 ℃(金属模)

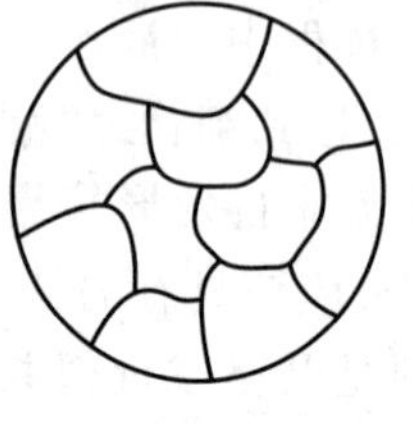
(b) 680 ℃(砂模)

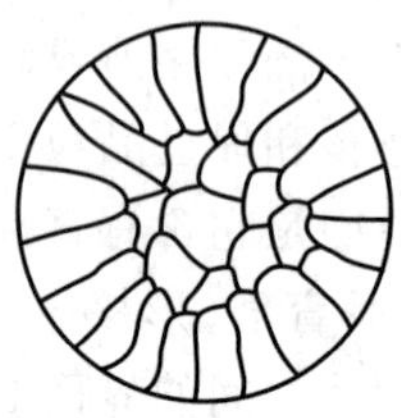
(c) 680 ℃(金属模)

图 10-107

解 图 10-107a 金属模导热快，并且浇铸温度高（比熔点高 100 ℃），因此在铸模中会有大的温度梯度，故形成全部柱状晶；图 10-107b 砂模导热慢，并且浇注温度较低（比熔点高 22 ℃），不易造成浇铸熔体中大的温度梯度，整体比较均匀冷却，全部形成粗大等轴晶；图 10-107c 虽然金属模导热快，但浇注温度较低（比熔点高 22 ℃），冷却条件介于图 10-107a、b 之间，开始凝固时存在一定的正的温度梯度，形成柱状晶，最后中心区域整体过冷，形成等轴晶。

++

10.10.4 微观偏析和宏观偏析

合金在凝固过程中有溶质的再分布，并且凝固过程往往未能扩散均匀，使凝固后的固相的成分不均匀，这就是所谓的偏析现象。在第 10.6.3 节中已经较多地讨论了凝固过程中以及凝固后的溶质分布，但是由于偏析问题的重要性，故在这里再系统地加以概括描述。根据偏析存在的尺度大小，通常把偏析分为宏观偏析和显微偏析两大类。宏观偏析是指毫米以上甚至工件尺寸相当的尺度范围内的成分不均匀性。微观偏析是指存在的尺度是一次枝晶间距或晶粒大小的范围的成分不均匀，它包括跨过胞晶或树枝晶的成分变化以及在胞晶之间和树枝晶之间形成的其他相。

1. 显微偏析

按存在的形式不同显微偏析可分为胞状偏析、枝晶偏析和晶界偏析三种。

（1）胞状偏析。单相合金凝固界面前沿出现组分过冷时，平直界面会失稳。当组分过冷不大时，界面以胞状前沿推进。$k_0<1$ 时，在胞状晶边界接点处溶质富集最严重。当 $k_0>1$ 时，情况恰好相反。这种成分的不均匀性称胞状偏析。定量的实验研究表明，在胞状晶边界接点处的溶质浓度比平均浓度可能大 2 个数量级。但是，由于实际条件的复杂性，至今尚无满意的理论来定量讨论胞状偏析。胞状偏析可以通过扩散退火来减轻或消除。

（2）枝晶偏析。合金在树枝状凝固时，枝晶干的中心和外部溶质浓度不同，这就是枝晶偏析。溶质浓度的分布因液相中溶质的混合条件不同而不同。当 $k_0<1$ 时，由于溶质在枝晶间富集，在有些情况下，会出现第二相。图 10-108 是用电子探针测量 Al-Cu 合金枝晶偏析的例子，图中给出 Cu 的等浓度线，线的数字越高，Cu 的浓度越高，在一些地方（图中的黑块）

还出现 $CuAl_2$ 相。冷却速度越快,扩散越不充分,则偏析越严重;元素在固相中扩散系数 D_S 越小,偏析越严重,相图中液固相线水平距离(成分间隔)越大,偏析越严重;第三组元使某元素的溶质平衡分配系数 k_0 减小($k_0<1$),则偏析加大。

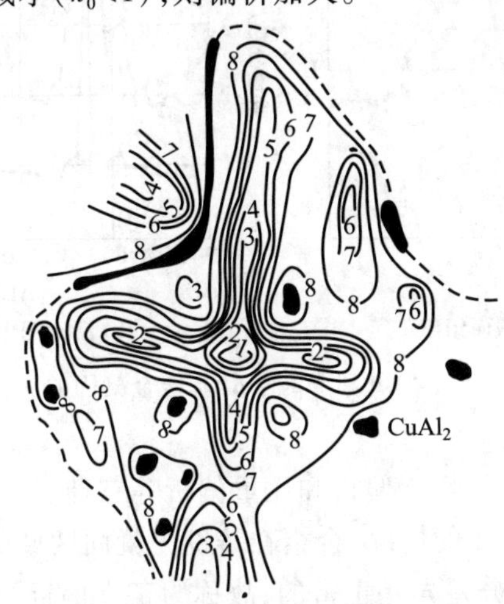

图 10-108 Al-Cu 合金等轴晶内的 Cu 等浓度线

(3) 晶界偏析。凝固时若晶界与长大方向平行,由于表面能的要求,在晶界与界面相交之处会产生沟槽,如图 10-109a 所示。典型的沟槽深约 10^{-3} cm。若存在组分过冷时,会在晶界沟槽处产生明显的偏析。另外,若界面前溶质原子堆积($k_0<1$),在 2 个长大的晶粒相碰时形成晶界,晶界收纳了较多的溶质原子,如图 10-109b 所示。这两种情况形成的偏析就是晶界偏析。图 10-110 描述含 Cu 和 Mg 的 Al 基合金凝固在晶界的 Cu 和 Mg 偏析。

枝晶偏析或晶粒内偏析可以通过扩散退火来减轻或消除。偏析的均匀化速度强烈地依赖于枝晶间距(即浓度分布的间距)而不是原始浓度的最大差别。

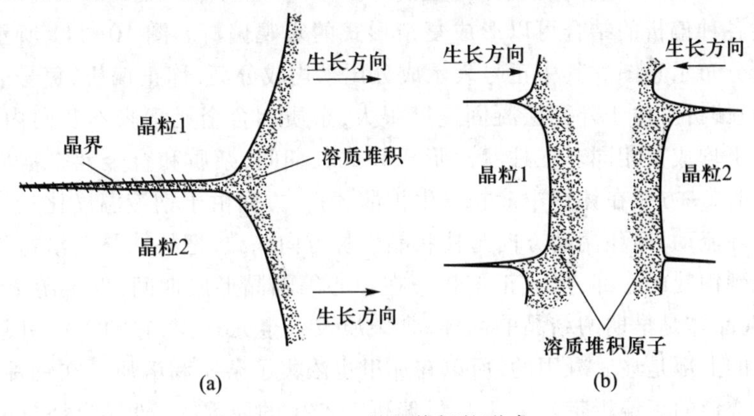

图 10-109 晶界偏析的形成

2. 宏观偏析

宏观偏析表现为铸件、铸锭的内外或上下各部位之间化学成分的不均匀性。铸锭或铸

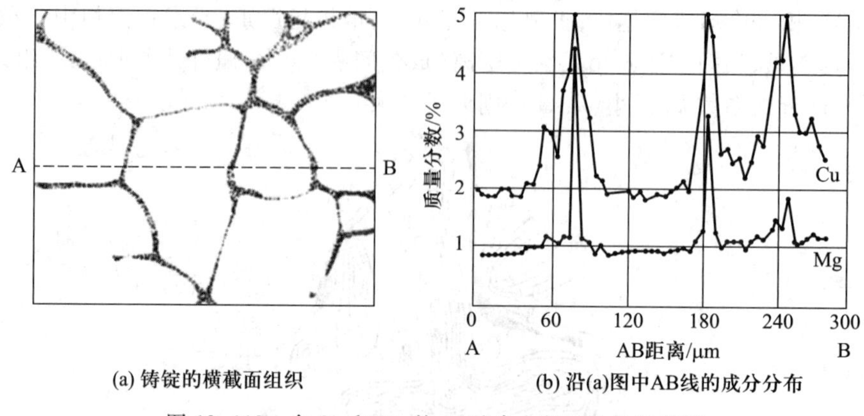

(a) 铸锭的横截面组织　　(b) 沿(a)图中AB线的成分分布

图 10-110　含 Cu 和 Mg 的 Al 基合金凝固的晶界偏析

件的宏观偏析主要有正常偏析,反常偏析和比重偏析等三种。

(1) 正常偏析。对于 $k_0<1$ 的情况,合金在铸锭先凝固区域的溶质浓度低于后凝固的区域($k_0>1$,则相反),这样的成分差异是正常的,故称为正常偏析。这种偏析通常是凝固的液/固界面呈平面状或近乎平面状才有可能产生。如果枝晶状组织得到充分发展,由于明显的枝晶偏析,使铸锭中心部分不会富集很多的溶质。

(2) 反常偏析。成分分布的情况与正常偏析的正好相反,对于 $k_0<1$ 的合金铸锭或铸件,外层的溶质元素含量高于内层。引起反常偏析的原因一般认为是在枝晶最后凝固时由于体积收缩,富集溶质的液体沿枝晶间的间隙通道倒流回收缩区域,使铸锭外层溶质浓度反常地高。显然凝固时膨胀的合金(这类合金很少),一定不会产生反常偏析。

(3) 比重偏析。如果结晶出来的固相和液相的密度差别很大,结晶出来的固相就会上浮或下沉,而开始结晶的固相含溶质少($k_0<1$),这就在铸锭上、下部造成成分的差异。因固相密度不同而引起的成分不均匀性称比重偏析。

所有上述各种偏析的结合可以形成复杂形式的宏观偏析。图 10-111 所示为镇静钢大铸锭中的偏析分布示意图。其中正号表示成分比平均成分高,称正偏析;负号表示成分比平均成分低,称负偏析。由于外壳层凝固速度很大,杂质和合金元素来不及向内转移,所以它的成分和钢的平均成分相同。在柱状晶形成和成长期间,杂质和合金元素富集在柱状晶间的隧道中。这时,一方面在铸锭中液相发生扩散,另一方面由于钢液温度比较高、密度低,产生了钢液的循环流动,循环流动方向与柱状晶生长方向一致,把柱状晶前沿富集杂质和合金元素的钢液带到钢锭的心部,形成正偏析。在中心等轴晶形成期间,发生游离晶体下沉,形成沉积锥,游离晶体是早期的结晶的晶体,含杂质及合金元素少,它的下沉引起钢锭下部的负偏析。钢锭的上部是最后凝固的,所以在那里也浓集了杂质和溶质。在钢锭的纵截面上,还看到 V 形及 Λ 形的正偏析带。关于 V 形偏析带产生的原因,一般认为是与钢锭心部大小不同枝晶的 V 形沉积有关。沉积层发生凝固收缩时,枝晶的沉积层妨碍钢液穿过,于是形成 V 形偏析带。关于 Λ 形偏析产生的原因,有多种说法。有人认为当中心等轴晶带结晶初期晶体下沉时,被排挤的一部分钢液上升,而与此同时,钢锭在继续凝固,这部分富集杂质及合金元素的钢液被仍在生长的柱晶带留住,形成了 Λ 形偏析带。Λ 形偏析带有多条,说明这个过程是周期性进行的。

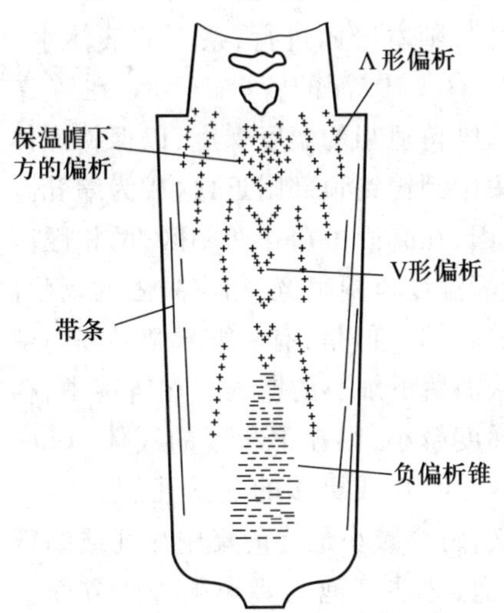

图 10-111 镇静钢大铸锭中的偏析分布示意图

总的来说,铸锭中是不希望存在偏析的,因为它对机械性能有明显的影响。显微偏析可以借助于均匀化扩散退火加以消除,但是,固相扩散太慢,这要消耗很长的时间和能源。至于宏观偏析,不可能靠扩散退火来消除,只能靠控制凝固过程来防止或减弱它。由于凝固收缩和枝晶间液相的温度差、浓度差所造成的密度差异会使两相区内液体在枝晶间隙内流动,这些液体通常是高度偏析的,它的宏观流动必然会造成宏观偏析。如枝晶间液体流动速度正好能供给局部凝固收缩所需要的物质量,则不会有宏观偏析产生。而在单位时间内局部凝固收缩所需的物质量取决于凝固速度 v(等温线移动速度)及收缩率 β,收缩率 β 的值一般都很小的,因此如果凝固速度 v 的绝对值大,枝晶间液相流动速度足够小,并且两者方向相反,就有利于消除宏观偏析。根据上面的讨论,减小宏观偏析的措施为如下。

(1) 保证液相原始均匀,在凝固过程中液体的密度差别尽量小,从而减少液体流动速度。

(2) 铸锭的高度不宜过高,以避免过高的流体静压力,从而减少液体流动速度。

(3) 加入孕育剂细化枝晶组织,或者先造成枝晶状骨架,增加流动阻力。

(4) 在凝固开始阶段,加速液体的对流,可以细化晶粒,但在后来的凝固过程,应该停止液相对流运动。如果需要,要用人为的方法(如外加磁场)使对流停止。由此看到,对于离心铸造的铸件宏观偏析是大的。

(5) 加大冷却速度,缩短两相区凝固时间,增加固液相界面推进速度 v。

(6) 较低的浇注温度和较慢的浇注速度。这可以减小凝固时间,从而减缓宏观偏析。

10.10.5 凝固时的体积变化以及孔洞、夹杂的形成

铸件中的孔洞和夹杂对铸件的致密程度和机械性能有很大的影响。

1. 孔洞

大多数的金属和合金固态的密度都比液态的大,凝固时体积要收缩,如果没有液态金属

补充,便会出现收缩孔洞。在凝固时为了避免形成孔洞必须使液体向着凝固区域流动。铸件或铸锭从模壁顺序向内凝固,随着凝固进行,余下的液体水平面也连续下降,当凝固完成时铸件或铸锭顶部出现空洞(缩孔)或深的管(缩管)。在铸造实践中,为了避免出现缩管,往往在铸锭上端放置保温帽,维持适当的温度梯度,以保持液体从保温帽到凝固前沿的一个开放的通道,被凝固的收缩集中到铸锭顶部附近,这成为缩孔。

合金在一个温度范围凝固,在凝固中存在两相区,两相区因有固相存在,与粥状相似,所以也称粥状区。如果合金凝固温度范围很宽,相应凝固的粥状区也很宽,枝晶的缝隙处凝固时,需要液体流入以补充它的收缩。但是,有一些缝隙在完全凝固之前已被封闭了,液体无法流入以填补充它的收缩,从而留下细小的空洞。在铸锭中,存在的这些小空洞称疏松。当合金的凝固范围越大,温度梯度越小,则在粥状区的液体流动通道越会是弯曲不通畅,液体更不易流动填补枝晶凝固的收缩,形成更多的显微孔洞。因为特定的铸件或铸锭的收缩量是一定的,所以如果存在疏松,将会减小最终的集中缩孔或缩管。

在金属锭子中常存在气泡,这些气泡主要来源于两方面。① 在液态中溶入了气体,气体在固相的溶解度远低于液相,从而冷凝时将脱溶析出形成气泡,它随着晶体长大而长大。如果气泡长大速度比晶体生长速度大,气泡长大到一定尺寸后会逸出液相;如果气泡长大速度比晶体长大速度小,晶体长大会把气泡包围,把气泡留在锭内。② 由于在凝固时发生化学反应产生气泡。例如沸腾钢锭结晶时,钢中的碳和氧反应形成 CO 及少量 CO_2 等气泡,如果气泡没有逸出液体,则留在凝固后的铸锭中。

2. 夹杂

铸件中存在夹杂对材料的断裂行为有非常重要的影响,因此引起了很大的关注。

一种类型的夹杂称之为一次夹杂,包括:① 外来夹杂,如卷入的渣、模壁材料、耐火材料等;② 在熔体处理时带入的溶剂和盐;③ 在铸件表面熔体氧化产物被涡流卷入液体中等。这些夹杂之所以称为一次夹杂是因为它们在合金的液相线温度以上是固体,是以固态卷入铸造液体中的。在钢铁工业中,使它们上浮黏附在或溶解熔液表面上以减少这类夹杂。在铝合金工业往往通过对熔液过滤的办法来减少这类夹杂。

另一类类型的夹杂称为二次夹杂,凝固后形成金属间化合物(包括脱氧产物)。因为工业合金中成分常带有杂质含量,如钢铁中常含小量的 S、Mn、O、P 等杂质元素,铝合金中常含小量的 Si、Fe 等杂质元素,在凝固时发生反应形成金属氧化物、硫化物、硅酸盐等,它们留在铸件中而成为夹杂。

10.11 连续铸造和熔焊

10.11.1 连续铸造

连续铸造是近几十年来铸造行业最重要的技术发展之一,它取代了传统的铸锭生产而直接铸造板坯和型坯等半成品,甚至生产供研究和高科技领域的单晶。图 10-112 所示为弧形连铸机的示意图。钢液从钢包到中间包、再到结晶器,在结晶器形成一定厚度的凝固壳,然后,带有液芯的铸坯引入二次冷却区,在二次冷却区由夹棍和侧导棍把坯拉大向前并喷水冷却,完成全部凝固的板坯。

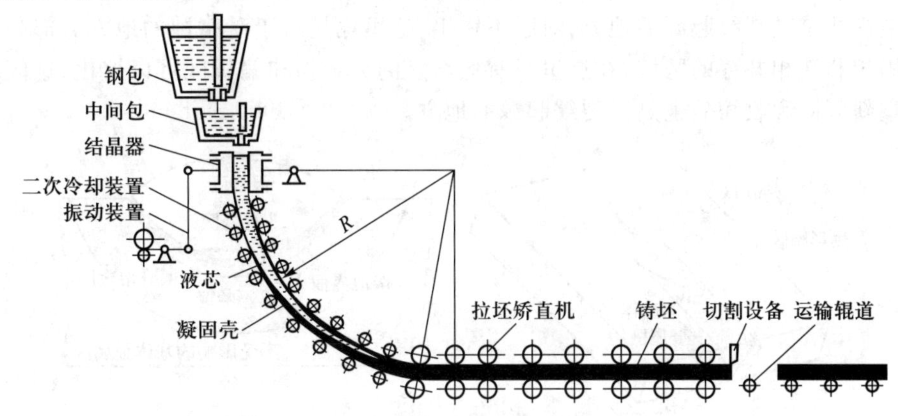

图 10-112 弧形连铸机示意图

连铸机各部分的作用:

(1) 钢包:盛放钢液,可以在底部吹氩搅拌,使钢液成分和温度均匀,并可以去除夹杂物。

(2) 中间包:是一个中间容器,由铸塞杆或滑门阀控制控制钢液流的浇铸速度,还可以在中间作一些如吹气、过滤及加热等冶金操作。

(3) 结晶器:使铸坯形成规定形状,强制钢水冷却,保证形成足够强度和厚度的均匀坯壳。

(4) 振动装置:使结晶器振动以防止钢坯壳黏结,避免钢坯拉漏,使得到良好的铸坯表面(光滑、浅的振痕),准确地实现钢坯圆弧轨迹。

(5) 二次冷却装置:直接喷水或喷混合水和气直接冷却铸坯,使铸坯加速凝固;通过夹棍和侧导棍,对带有液芯的铸坯起支撑作用,防止并限制铸坯发生鼓肚、变形和漏钢事故;在弧形连铸机中完成对铸坯的顶弯作用。铸坯在二次冷却区完全凝固后,进入矫直区,最后切割成一定尺寸的钢坯。

由于在不同凝固阶段的界面情况变化、金属液体在结晶器内的运动等使实际连铸过程相当复杂,显然,适当地控制凝固壳的形成和拉壳的速度是保持工艺连续和稳定的关键。现代利用计算机技术对连铸过程模拟,可获得温度分布、凝固壳出现的位置及沿轴向尺寸的变化等资料,这些资料可提供优化连铸过程和获得优质连铸坯的依据。

10.11.2 熔焊

熔焊焊接时,焊条和基体金属之间产生电弧,基体金属和焊条熔化,形成熔池,随着焊接电弧移动,一边产生熔池而另一边则是熔池的凝固,这个过程和连续铸造过程很相似。图 10-113a 所示为熔焊熔池及附近不同区域的示意图,其中有熔化区(FZ),热影响区(HAZ),不受影响的基体金属区(BM)等三个主要区域。从冶金学角度熔化区还可以细分为好几个亚区,如图 10-113b 所示:它包括混合区(CZ)、非混合区(UZ)和在熔化区和热影响区之间有部分熔化区(PMZ)。混合区是焊条材料与基体金属混合的熔化区。非混合区是在混合区下面的一薄层没有与焊条材料混合的基体金属的区域，它随着热源移动熔化和重新凝固。这一区域往往是微裂纹起源的地方，对于不锈钢，这里也是易于受腐蚀的地方。部分熔化区是焊件固相和液相共存的区域，在这里只有低熔点的夹杂物和偏析区可以熔化，这区域在后来冷却重新凝固和收缩后也是微裂纹起源的地方。

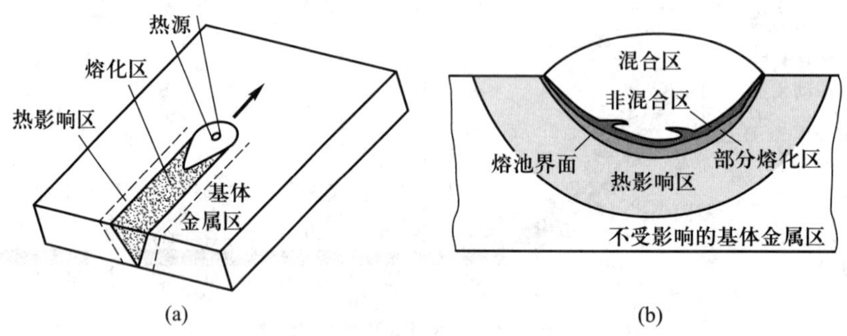

图 10-113　熔焊熔池及附近不同区域的示意图

凝固过程的冷却速度是从一般铸造的 $10^{-2}\sim10^{2}$ K/s 到快速凝固的 $10^{4}\sim10^{7}$ K/s 之间。对于焊接过程，由于熔池的区域比起被焊接的基体金属小得多，在一般电弧焊条件下，熔池的体积最大也只有 30 cm^3，重量不超过 100 g，因此，对熔池来说，基体金属是一个大的热阱，熔化的熔池的冷却速度很大，相对于传统的焊接过程，其冷却速度在 $10\sim10^{3}$ K/s 范围，但对于使用现代的如电子束（EB）和激光束（LW）等高能束熔化，其冷却速度达到 $10^{3}\sim10^{6}$ K/s 范围。除此之外，在熔池内各处的局部条件和冷却速度变化也很大。因此，焊接熔池的凝固涉及两个极端即传统凝固和高速凝固的过程，要理解和分析熔池的凝固组织，都要用到前面讨论的这两方面凝固知识。还注意到由于在熔池中有金属-气体、金属-液体的交互作用，熔池的凝固及凝固后的固态转变，热影响区的固态转变等，使焊接后的组织非常复杂。焊接时的凝固过程同样包括形核与长大两个阶段。

（1）形核。焊接产生的熔池的成分和基体金属相差不大，两者之间浸润性很好，润湿角几乎为 0°，所以，几乎没有形核位势垒，熔池温度稍低于平衡熔点温度就会在基体金属上形核。更准确地说，并没有独立的形核事件，只有基体金属在液/固相界面的外延生长。凝固晶体及其赖以生长的基体金属的晶粒间有相同的晶体结构和晶体学取向。

（2）长大。因为熔池中的温度梯度很大，致使焊缝中柱状晶得到充分发展。在开始时晶体以平界面的方式长大，随着时间的推移，温度梯度逐渐下降，平面界面转变为胞状前沿。类似于铸锭的凝固，在凝固的初期阶段，如果某些晶粒的位向较之其他晶粒更有利于长大，这些晶粒就会长得更快，更粗大，并且阻止了位向不利的晶粒生长，而导致形成有一定取向的柱状晶组织。图 10-114a 所示为焊缝中的柱状晶尽量在平行温度梯度方向长大；图 10-114b 所示为当择尤方向（主轴方向）偏离温度梯度方向时，长大方向突然改变。

为满足焊接过程连续性，晶体的成长速度 V_w 和焊接速度 v_w 必须保持同步。如果晶体生长各向同性，为使晶体局部生长速度 V_w 跟上焊接方向热源移动的速度 v_w，则必须满足如下关系（如图 10-115a 所示）：

$$v_w = V_w \cos\theta_1 \tag{10-117}$$

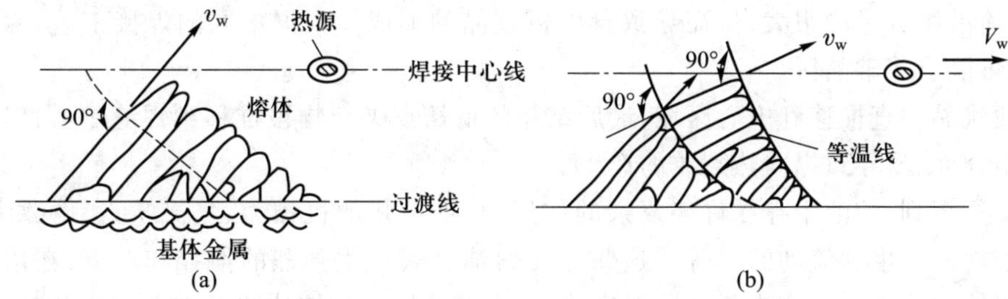

图 10-114 焊缝中柱状晶的形成

式中:θ_1 是局部生长方向与焊接方向的夹角。如果晶体生长是各向异性,则最优生长方向并不与等温线垂直,它与等温线的夹角为 θ_1',如图 10-115b 所示,这时,v_w 与 V_w 之间要满足如下关系:

$$v_w=\frac{v_n}{\cos(\theta_1'-\theta_1)}=\frac{V_w\cos\ \theta_1}{\cos(\theta_1'-\theta_1)} \tag{10-118}$$

式中:v_n 是垂直等温线的生长速度。但无论焊接速度如何,在开始结晶时即熔池边缘处 θ_1 总是最大(即 $\cos\ \theta_1$ 最小)的,故晶体成长速度 v_w 也最小,而在中心线处($\theta_1 \approx 0°$)v_w 最大,同时,此处的温度梯度最小,因为离热源的距离最大。

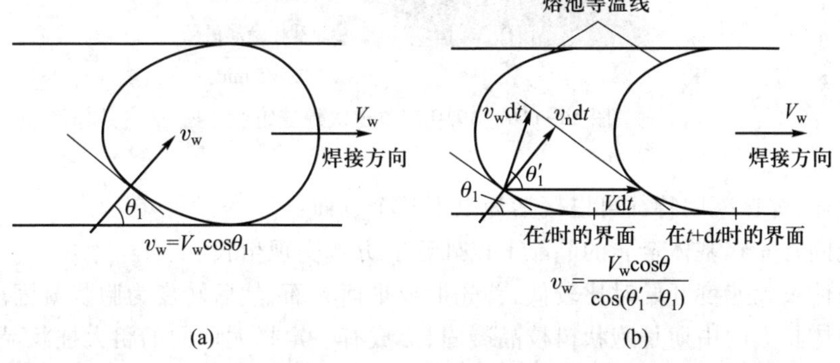

图 10-115 熔池不同位置的凝固速度

因熔池金属中加热与冷却速度很快,在熔池不同区域的温度很不相同,因而各处的温度梯度也很不相同。例如,电弧焊接低碳钢或低合金钢,熔池中心温度高达 2 100~2 300 ℃,而熔池后部表面温度只有 1 600 ℃左右,熔池平均温度为 1 700±100 ℃。随着热源的不断移动,对于给定的位置,温度梯度的方向也在不断改变,对于生长各向同性的晶体,成长中的柱状晶为了保持其主轴(即成长速度最大的方向)和温度梯度方向一致(即和等温面垂直),同时又保持它们的择尤长大方向的要求,通常造成长大方向的突然改变(图 10-114b)。$\cos\ \theta_1$ 由热源周围温度分布决定,而电热源周围温度分布则由焊接工艺和被焊金属的热物理性质所决定,因此,凝固组织形貌与工艺参数有十分密切的关系。焊速(热源移动速度)越大,θ_1 越大,柱晶主轴的成长方向越垂直于焊缝的中心线。相反,当焊接速度越小时,柱晶的主轴越弯曲。但无论焊接速度如何,在开始结晶时即熔池边缘处 θ_1 总是最大(即 $\cos\ \theta_1$ 最小)的,故晶体成长速度 v_w 也最小,而在中心线处($\theta_1 \approx 0°$)v_w 最大,同时因为这里的温度梯度最低，界面前沿组分过冷很大，从而导致自由树枝晶的形成。根据不同的焊接工艺，除了柱状晶外，还可能有等轴晶区。

若柱状晶一直推移到中心区域，最后结晶的低熔点夹杂物被推移到焊缝中心区域，形成脆弱的结合面，易导致纵向热裂纹的产生。

还要注意到，熔池中存在许多复杂的作用力，如电弧的机械力、气流吹力、电磁力，液态金属中密度差产生的流动的力等。这些力使熔池金属产生强烈的搅拌和对流，在熔池上部的熔体流动方向是从熔池头部向尾部流动，而在熔池底部的熔体流动方向与之相反，这有利于熔池金属成分分布的均匀化与纯净化。

图 10-116 所示为 A710 钢（成分为 $w_C=0.25\%$、$w_{Mn}=1.65\%$、$w_{Si}=0.9\%$）单道次焊缝组织。从图中可以清楚地看到焊缝的三个区域，并且在熔化区还可以看到混合区、部分混合区，柱状晶生长朝焊缝中心线推进，并且在生长过程中的方向的改变。

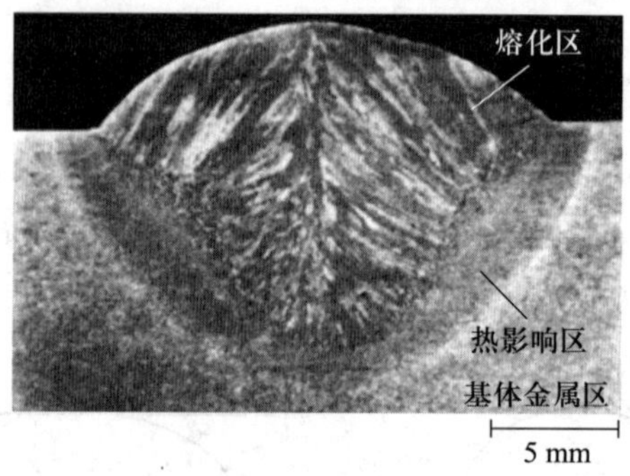

图 10-116　A710 钢单道次焊缝组织

综上所述，焊接凝固特征可以概括为以下几个方面：

（1）凝固首先在基体金属的晶粒上以外延的方式实现生长。

（2）晶体长大速度开始时比较低，首先形成平面界面，然后转变为胞状凝固。

（3）晶体长大的中期是胞状树枝晶凝固，形成有一定择尤取向的粗大柱状晶组织。

（4）在凝固中心线的最后凝固阶段，晶体长大速度很快，此处有显著的偏析。最后的枝晶结构可能是等轴的。

10.12　快速凝固

凝固时加大冷却速度可以细化晶粒，减小偏析，获得过饱和固溶体，可能获得亚稳相，更大的冷却速度还可以形成金属玻璃。图 10-117 近似描述快速冷却和凝固对一般工业用合金的组织结构特征的影响。图中所示的关于常规显微组织和改善显微组织的内容已经在前面讨论过。在这个冷却速度范围加大冷却速度，起作用主要是显微组织细化，这是因为加快冷却速度使凝固过程枝晶粗化的时间减短的缘故。即细化是由固相生长条件变化所引起的，而不是因为由形核过程引起的。这时，不论是粗枝晶还是细枝晶，固/液界面上基本保持局部平衡状态。再进一步加大冷却速度，熔体的过冷度加大，固/液界面越来越离开平衡状态，越发截留溶质原子，使偏析减小，甚至成为完全无偏析的凝固，并扩大了固溶体的溶解度极限,还可能形成新的亚稳相。

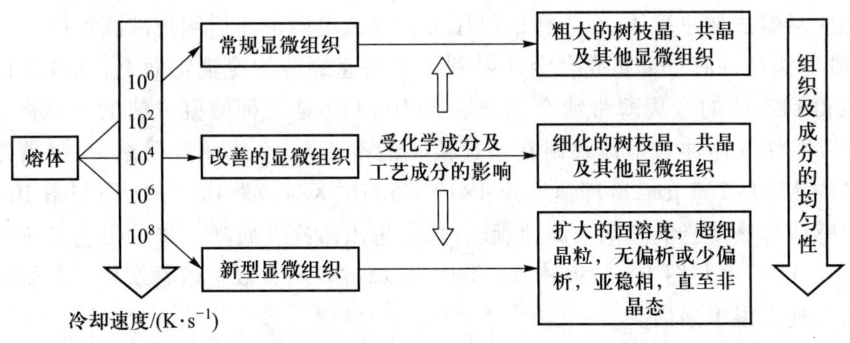

图 10-117 快速凝固和凝固对一般工业用合金组织结构特征的影响

激冷技术用于产生金属玻璃(非晶态合金),金属玻璃保留了液态金属的短程有序的类似原子团簇的结构,微观组织中不存在晶界、位错和偏析等缺陷,其结构类似于普通玻璃。由于金属玻璃结构的特点。使它具有一系列独特的性能:例如拉伸强度可高达 3~4 GPa,具有很好的耐腐蚀性能、优异的软磁性能、优良的超导性能、较高的热稳定性和较低的表面活性等。金属玻璃已经或可望应用于机械结构材料、磁性材料、声学材料、仿生材料、光学材料等方面的应用。

实现快速凝固需要使液相在结晶以前获得很大的过冷,达到这个要求有两种可能的途径:① 高的冷却速度,冷却速度在 $10^5 \sim 10^7$ K/s 范围,使液相来不及形核便已冷却到很低的温度;② 避免非均匀形核以获得大的过冷。由于技术上的困难,目前多是通过第一条途径来实现快速凝固,所以有时也称为急冷凝固(RSP)。

从传热学的观点看,要获得很高的冷却速度必须具备的条件是:小的试样断面,与热阱间有良好的热交换(很低的界面热阻)以及热阱本身应具有极佳的导热能力。目前的急冷凝固手段主要有三种:① 雾化方法;② 旋凝激冷法;③ 衬底自淬火法。

雾化方法是把液体金属雾化形成细小的液滴,它是当今最广泛使用的方法。其原理如图 10-118a 是高能射流使金属液体雾化示意图。在高压气体、蒸汽或水射流的作用下,金属熔液柱流被冲击雾化成很小的液滴,雾化的液滴在环境中飞行,急速冷却凝固,成为微细的固态粉末。这种方法在亚声速射流的情况下,冷却速度一般不超过 10^4K/s;如采用超声射

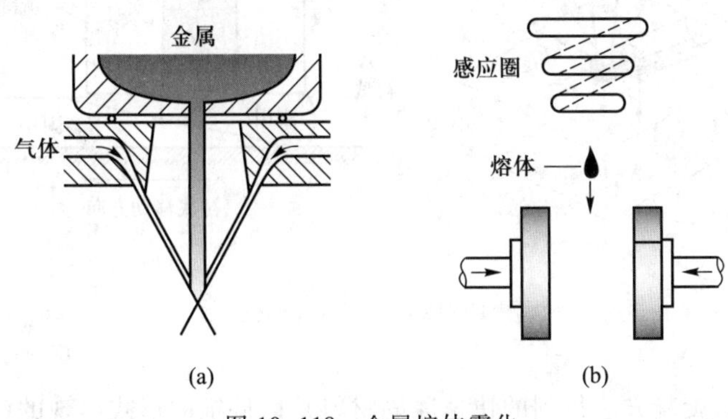

图 10-118 金属熔体雾化

流，冷却速度可达 10^5 K/s，此时粉末尺寸可达到 1μm 左右。图 10-118b 是降粉碎机雾化示意图，用感应悬熔法加热熔体，在工作区以压缩空气或电磁加速活塞把液滴粉碎。

旋凝激冷法是将液态金属或合金冲射到一个高速旋转的冷辊轮面上，在合适的工艺条件下，即能得到连续的金属薄带或金属丝。图 10-119 是三种旋凝方法的示意图。图 10-119a 所示为惰性气体冲射熔体黏附在高速旋转的冷盘上，金属滴经受激冷，随着冷盘甩出薄带，带厚约为 20~200 μm，冷却速度为 4×10^5~5×10^5 K/s。图 10-119b 图与图 10-119a 相似，但采用感应加热使悬液滴落入高速旋转冷盘，甩出激冷金属丝。这种工艺又称单辊熔融纺丝。图 10-119c 也与图 10-119a 相似，但使用双轮激冷，是双辊熔融纺丝。双辊熔融纺丝的效率不高，现在很少采用。

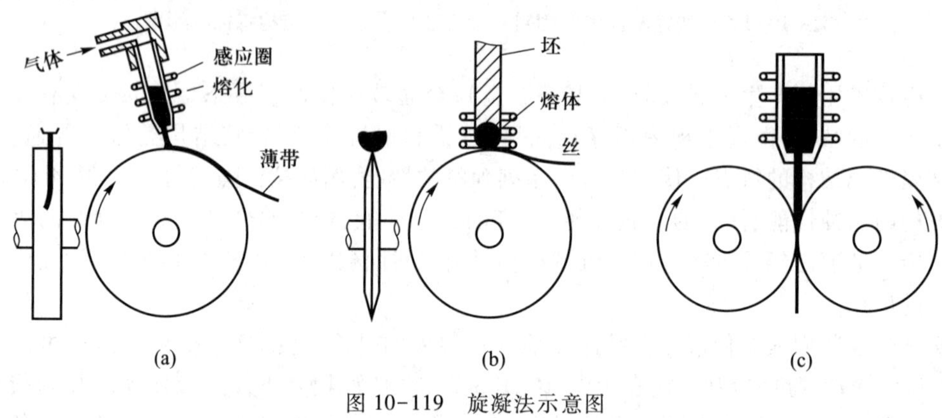

图 10-119 旋凝法示意图

衬底自淬火法是利用很大蓄热的衬底吸收熔体的热量使熔体激冷。图 10-120a 是采用移动的高能束流（激光束）使金属局部熔化，因为熔化的体积（熔池体积）比衬底金属小得多，当高能束流移开后，衬底金属吸热使熔区激冷重新凝固。图 10-120b 所示为“平面流铸造”示意图，它是熔融纺丝的变体。由喷管将熔融金属喷敷在很大的金属衬底上，金属基体将其激冷成薄带，薄带的厚度取决于喷管移动的速度。薄带的厚度在 70 μm（移动速度为 15 m/s）到 20 μm（移动速度为 50 m/s）之间。

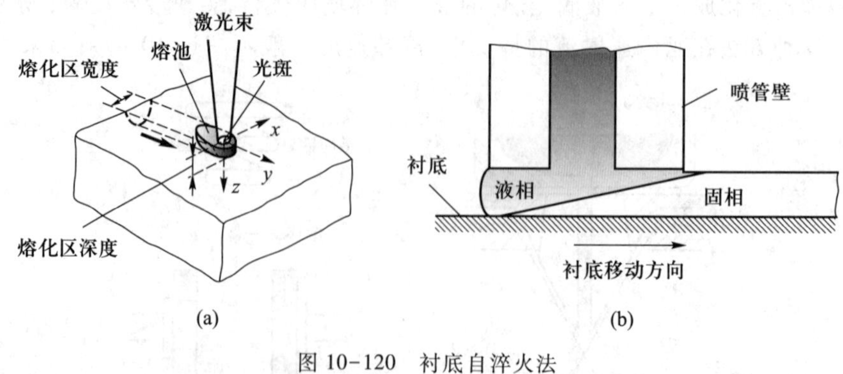

图 10-120 衬底自淬火法

由上述的雾化、旋凝方法得到的快速凝固材料是以低维的形式出现的（微细粉末可看作是零维;薄带可看作是一维),如成为实用性的三维材料,一般需经过烧结(如热挤压、热等静压,烧结成形)。如果烧结工艺不当,例如长时间的高温停留会在很大程度上丧失快速凝固后的组织优势,实际上这一点也成为快速凝固材料转入商用的一个重要阻碍。

10.13 玻璃体的形成与晶化

玻璃体是玻璃态物质的总称。玻璃态是不稳定的,加热保温会重新结晶,这就是玻璃晶化。越容易形成玻璃的系统,则晶化过程越慢。

从热力学看,图 10-121 所示的 A-B 二元系当液相快速冷却到 T_0 温度以下,就有可能形成同成分晶体,因此 T_0 可看作是多元系的多型性转变温度。从玻璃形成温度 T_g 看,当液体的黏度约 10^{13}p 形成玻璃,T_g 一般随着溶质浓度增加而增加。T_g 与 T_0 线的交点,溶质成分大于这点成分不可能形成同成分晶相,在动力学条件合适时,可以形成玻璃。

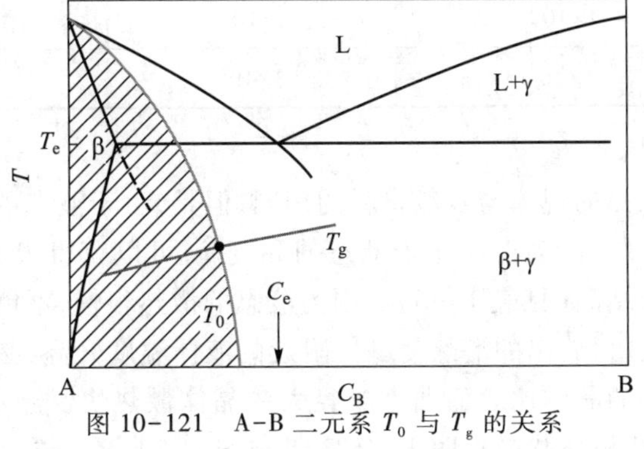

图 10-121 A-B 二元系 T_0 与 T_g 的关系

玻璃材料从液态冷却结晶时,除了在表面或极少量在内部的气泡非均匀形核外,一般都是均匀形核。如果人为地加入形核剂,也可以非均匀形核。如果非均匀形核,核心与形核剂之间的浸润角 θ 的大小影响非均匀形核率,从而影响形成玻璃的能力。对于氧化物 $Na_2O \cdot 2SiO_2$,实验发现,当浸润角 $\theta \leqslant 80°$ 时,对结晶的动力学有显著影响,$\theta > 80°$ 后这影响就降低,当 $\theta > 120°$ 后对动力学不再有影响。图 10-122 是 $Na_2O \cdot 2SiO_2$ 非均匀形核的 TTT 开始结晶(结晶的体积分数为 10^{-6})曲线,显示了不同润湿角对非均匀形核的影响。

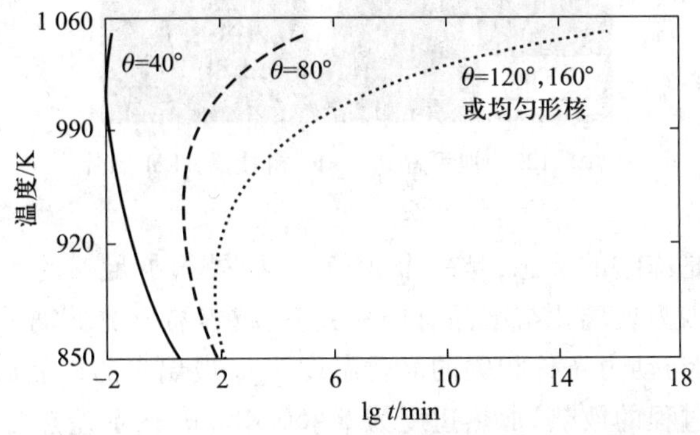

图 10-122 $Na_2O \cdot 2SiO_2$ 非均匀形核的 TTT 开始结晶曲线

一般均匀形核的形核温度约在 $0.2T_0$(见表 10-2),为了获得材料形成玻璃态所需的冷却速度,用 $T_r=\Delta T/T_0=0.2$ 时的临界形核功来估算,此时 $\Delta G^*\approx 50kT$,估算结果列于表 10-7 中。从表看出,氧化物是容易形成玻璃态的,而金属则难以形成玻璃态。

表 10-7 一些材料形成玻璃态的冷却速度估算值

材料	$dT/dt/(K/s)$ 均匀形核 $\Delta G^*=50kT, T_r=0.2$	$dT/dt/(K/s)$ 非均匀形核 $\theta=80°$ $\Delta G^*=50kT, T_r=0.2$	$dT/dt/(K/s)$ 均匀形核 $\Delta G^*=60kT, T_r=0.2$
$Na_2O\cdot 2SiO_2$	4.8	46	0.6
GeO_2	1.2	4.3	0.2
SiO_2	7×10^{-4}	6×10^{-3}	9×10^{-5}
萨罗	14	220	1.7
金属	1×10^{10}	2×10^{10}	1×10^{9}
水	1×10^{7}	3×10^{7}	1×10^{6}

注:萨罗为水杨酸苯酯。

玻璃材料从液态结晶的规律与一般材料的相同,但是,由于液态的、黏度比较大,使得扩散比一般材料慢,液态原子活动性反比于液态的黏度 η,可以获得很大的过冷,甚至在极慢的冷却速度也可以避开结晶(见表 10-5)。因为液态的散热很慢,不能忽略散热的作用。在过冷液态中的核心长大时,放出的潜热使晶体附近的液体温度升高,必须把热散出晶核才能长大。表面曲率半径小的晶体比表面曲率半径大的晶体散热快,导致表面突出部分得以较快的速度长大,结果形成树枝状晶。图 10-123 是玻璃态 $Fe_{81}B_{13.5}Si_{3.5}C_2$ 在 450 ℃保温形成的典型晶态 α-Fe 树枝晶 TEM 照片。

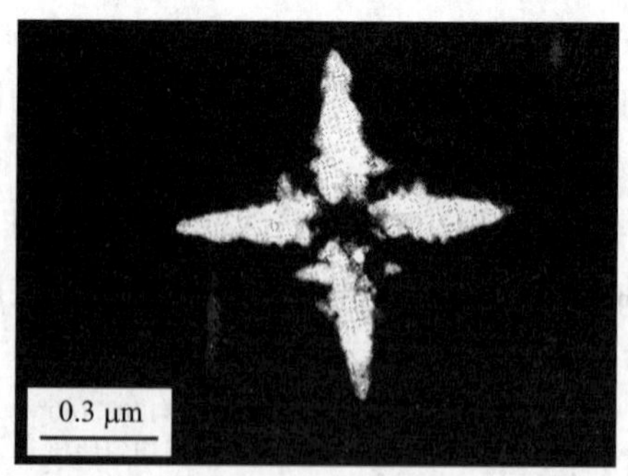

图 10-123 典型晶态 α-Fe 树枝晶 TEM 照片

玻璃结构的本质是冻结的液态,是一个亚稳态,如果给予足够的时间,非晶态的晶化可以在任何温度发生。因为玻璃化与结晶有倒易关系,越容易形成玻璃的系统,则晶化的过程越慢。为了比较,定义与动力条件相关的晶化温度 T_x。玻璃态的析晶放出潜热,如果用差热分析来测量玻璃晶化过程的放热,加热速度为 5~50 K/min 在示差热分析曲线上会看到(一个或几个)放热峰,放热峰的开始温度就是晶化温度 T_x。显然,T_x 与加热速度有关,而且和很多其他因素如玻璃的热历史、制作玻璃的方法等有关。多数非晶合金的 T_x 在 $0.4\sim0.6T_0$（熔点,K）之间。可以用（T_x-T_g）值来估计晶化的难易程度。对硅酸盐玻璃（T_x-T_g）>0,此值越大玻璃越稳定。对放热峰曲线上有两个以上峰时,前一个峰对应的是生成亚稳相的放热,最后的峰才是生成稳态相的放热。晶化的驱动力仍可用(10-8)式近似表示:

$$\Delta G=\left(\frac{\Delta H}{T_L}\right)\Delta T \tag{10-119}$$

式中:ΔH 为熔化潜热;ΔT 是液相线以下的过冷度;T_L 为液相线温度。可以预见,低熔化潜热体系具有低的晶化驱动力。原子活动性与液态黏度 η 成反比[见(10-50)式],因此,为了估算氧化物玻璃的玻璃形成特性,($\Delta H/T_L$)和($1/\eta$)的乘积用来作为冷却时形成玻璃倾向的指数,也是玻璃化难易的指数。指数低说明晶化驱动力低、黏度高,相应体系较易于形成玻璃。表 10-8 归纳了一些氧化物和晶态材料的玻璃化指数。

表 10-8 一些氧化物和晶体材料的玻璃化指数

成分	T_m/℃	$\Delta H_m/T_L$/ ($J\cdot mol^{-1}\cdot K^{-1}$)	$(1/\eta)$/ $(Pa\cdot s)^{-1}$	$(\Delta H_m/T_L)(1/\eta)$	评注
B_2O_3	450	7.3	2×10^{-5}	1.5×10^{-4}	良好玻璃形成体
Si_2O	1 713	1.1	1×10^{-6}	1.1×10^{-6}	良好玻璃形成体
$Na_2Si_2O_5$	874	7.4	5×10^{-5}	3.7×10^{-3}	良好玻璃形成体
Na_2SiO_3	1 088	9.2	5×10^{-3}	4.5×10^{-2}	弱玻璃形成体
$CaSiO_3$	1 544	7.4	10^{-1}	0.74	很难形成玻璃
NaCl	800	6.9	50	345	非玻璃形成体

如果是非晶合金,根据合金的成分不同,晶化过程不同,晶化过程可能出现过渡的亚稳相,如过饱和固溶体的脱溶现象相似(参见第 11 章)。

一般的玻璃不希望出现晶化,因为玻璃出现晶体会影响它的透明度,甚至会变得不透明,同时使机械强度和热稳定性大大降低。但是,如果设法获得直径小于 1~2 μm 的结晶量达 95%~98% 的微晶玻璃(玻璃陶瓷材料),它的机械强度很高,是一类获得很大应用的材料。

10.14 聚合物的凝固

聚合物的分类、结构特点已在第 3 章介绍,聚合物分热固性聚合物和热塑性聚合物。热固性聚合物具有交联或网状结构,没有结晶态,是不溶和不熔的,只有在分解温度以上才能使结构破坏;热塑性聚合物具有线型结构,可以反复加热熔化及冷却凝固,视凝固条件可以得到晶态、半晶态、非晶态或玻璃态。聚合物晶过程是分子链从无序到有序排布的过程,由于聚合物的分子链长、结构复杂及熔体黏度大等因素,使得大多数聚合物结晶缓慢,并且不能全部结晶,一般结晶度在 50%左右。在第 4 章讨论了影响结晶度的因素,结晶度与聚合物分子结构有紧密关系，而结构越复杂，越难以结晶，易于形成玻璃态，所以聚合物形成晶态能力与形成玻璃态能力有倒易关系。

聚合物结晶的始态可以不同，如：熔体、玻璃态中结晶等，结晶过程同样也是形核和长大的综合过程，通常发生非均匀形核。高聚物熔体冷却到熔点 T_m（聚合物的熔化温度不是唯一固定的）以下（即具有过冷度）进行结晶，可以等温或非等温结晶。如果连续冷却，结晶开始的温度 T_c 强烈依赖冷却速度，如果冷却速度足够慢以使其比较复杂的构造单元有充分的时间排列规则的重复式样，那么形成宽广的结晶区域。另外，熔体可以经过激冷成玻璃态后，从新加热到玻璃化温度以上进行结晶（参见上一节）。聚合物结晶动力学具有 Avrami 方程相同形式的动力学方程［参见第 11 章（11-49）式］。

10.15 增材制造（additive manufacturing，AM）

增材制造是依据三维计算机辅助设计软件（CAD）数据将材料逐层累加的方法制造实体零件的技术，相对于传统的材料去除（切削加工）方法，是一种“自下而上”材料累加的制造方法。增材制造主要方法包括：分层实体制造（LOM），选区激光烧结（熔化）（SLS，SLM），熔融沉积造型（FDM）等。所谓的 3D 打印，就是 FDM 增材制造。

图 10-124a 描述了 AM 一道次的金属成形过程，定向局部的高能热源熔化小体积的基底（粉末床）或前一道次沉积材料以及馈送的新材料，热源不断地相对于基底和新增的沉积材料运动。从图看出，AM 系统包括热源（激光、电子束、等离子体等），供料（粉末、粉末喷送、线料馈送等）以及所有独立于基底的运动系统（热源与部件的耦合运动）。AM 过程的熔化和凝固的气氛可能是真空、惰性气体或空气。下面主要介绍金属的增材制造。

图 10-124b 是熔化池凝固过程示意图，热源以 v 高速移动，熔池有很高的温度梯度 G，温度在液相线温度以下凝固为固相 S 和液相 L 的两相混合区。凝固过程与焊合的熔池相似。因为 AM 过程本质上是一个高度局部化的溶化和凝固过程，制造部件的组织和性能由热输运、相变、组成元素和相的热物理性质决定；凝固后的宏观和微观组织特征可以用与凝固相关的理论来理解。

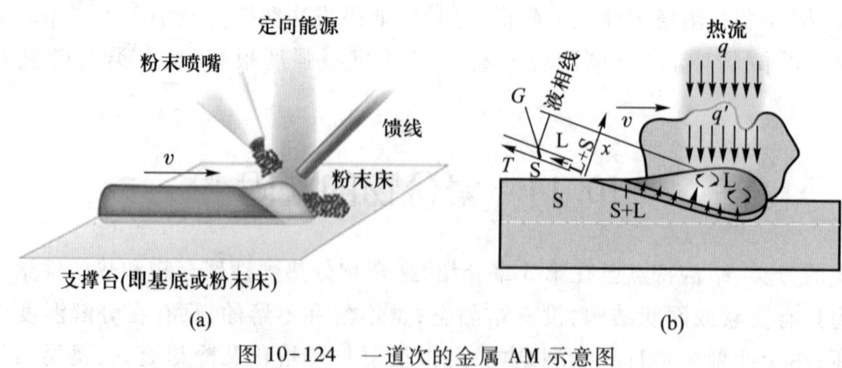

图 10-124 一道次的金属 AM 示意图

熔池中沿着热梯度方向长成柱状晶，其长轴与制件表面往往呈一定倾斜角度。柱状晶以生长速度最大方向长成并伴随着织构（例如类似铸造易出现的<100>纤维织构）以生长速度最大方向与表面倾斜。由于下一道次热源扫描的方向与前一道次的方向相反,因此,下一道次的柱状晶与表面倾斜的方向与上一道次的相反,如图 10-125a 所示,造成柱状晶穿过不同层之间的类似"Z"形外貌。图 10-125b 是 Ti-6Al-4V 合金的选择性激光选区熔化(SLM)过程的显微组织。

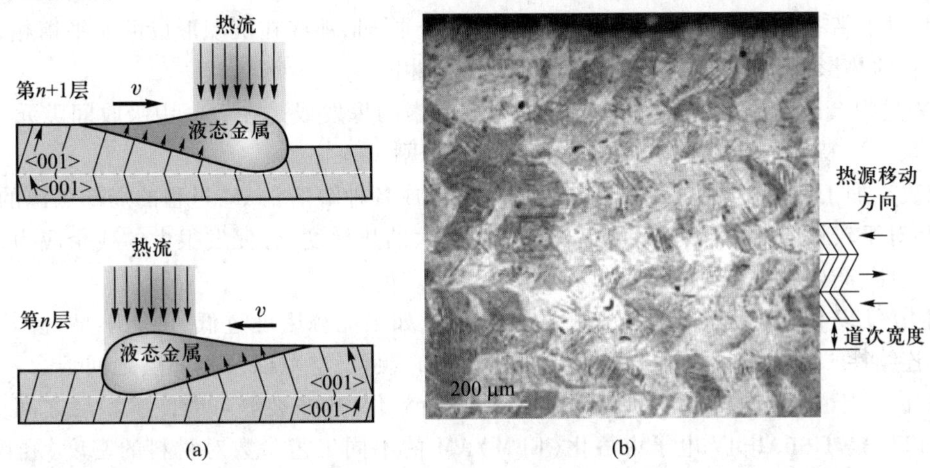

图 10-125 相邻道次 AM 凝固的顺序及 Ti-6Al-4V 合金 SLM 过程显微组织

在每一道次层中,经常不全是柱状晶。在每一道次沉积的熔池中,底面与上一道次层接触,散热速度大,在凝固界面前沿存在较大的组分过冷,固相以树枝状晶向前生长,而在熔池的上侧,液相与保护气氛接触,也向外散热,也存在过冷区,在这个过冷区只能形成自由树枝晶,如图 10-126a 所示;图 10-126b 描述了在第 n+1 层沉积的情况,先前沉积层的等轴晶一部分重新溶化,由于重熔,层的整体高度略小于原来层的高度;图 10-126c 是激光选区熔化沉积 Ti-5Al-5Mo-5V-1Cr-1Fe 合金最后两层的显微组织形貌,在单层中 β 晶粒在下侧是柱状晶,在上侧是等轴晶。

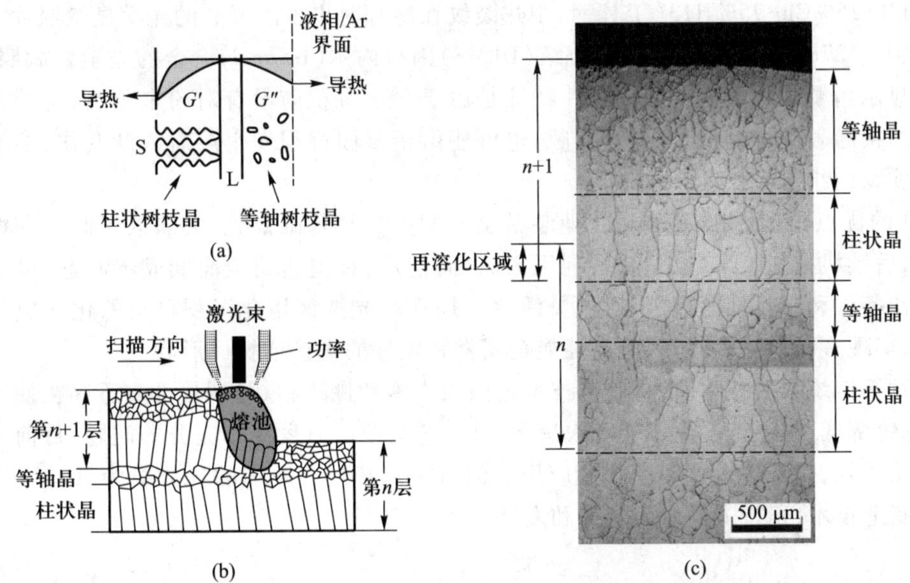

图 10-126 熔池上、下侧的导热和过冷区示意图以及激光选区熔化沉积(C. M. Liu,2013)

因为熔池发生的高速冷却，无论 L→S（液→固）和 S→S′（固→固）相变都是远离平衡状态的。在移动的 L/S（或 S/S′）界面前的溶质没有足够时间来重新分配，随着分配系数 k_0 逐渐接近 1，相与相之间的成分差减小，甚至转变为无扩散相变（参见第 11 章）。在这样的沉积条件下，显微组织结构的演化是温度的空间和时间起伏的结果，可能导致生成相的溶解和再沉淀，对于某些材料，还可能获得新的沉淀贯序。同时，那些在沉积形成的非平衡相，在后一层沉积的热影响，也可以全部或部分分解为稳定相。

AM 过程会改变原来设定的成分，例如组成元素的挥发或是在大气中吸收间隙元素（如氧、氮、氢等），特别是供料是粉末时，这种情况会加剧。

取决于加工和环境因素，使 AM 成件中可能形成各种缺陷。AM 过程的局部热源的高度运动，相对于较慢的热传导，使 AM 成件中产生巨大的热梯度，会促发很大的残余应力，导致成件的扭曲、产生微裂纹或热撕裂等。

图 10-127 概括了 AM 成件可能出现的缺陷。如果能源密度过低，供能不足，会导致材料的不连续性。不连续性包括未熔化或部分熔化的颗粒、空隙以及相邻层之间熔合不完整等。另外，由于膨胀或收缩以及形成层的意外表面氧化、热撕裂等可能使沉积层之间分离。图 10-127a 是 Ti-6Al-4V 电子束溶化（EBM）AM 的不同工艺参数对材料的密度（孔隙度）的影响。当电子束为 1 mA、以 400 mm/s 扫描时，能源密度非常不足，成件材料的相对密度只有 0.64。图 10-127b 是 Ti-6Al-4V 激光选区烧结（SLS）的由于能源不足使相邻层之间的局部润湿不足而产生相邻层之间的部分不熔合。在 AM 过程中材料产生的任何不连续都可能是持久的，没有后续处理可以消除。

如果能源过高，在非常高的过热下，元素的挥发会形成类球状缺陷。球化效应是一个复杂的物理金属学过程，在液相黏度较高、表面张力大，以及熔体材料不浸润固相颗粒和基底等因素的影响下，液相界面的不稳定会导致球化效应。它的出现妨碍进一步成形的顺利进行。图 10-127c 是（SLM）工业纯 Ti 出现的球化效应图片。图 10-127d 是直接金属激光重熔（DMLR）25%Cu-75%H13（工具钢）中热裂纹在冷却时出现的撕裂的光学显微照片。

图 10-127e、f 是直接金属激光烧结（DLMS）因科内尔（Inconel）合金的光学显微照片，其中暗线显示鱼鳞片状组织特征。鳞片特征是由于每层沉积前没有对粉末预热，烧结过程颗粒之间的接触较少，使熔池边界有空隙；也可能由于凝固过程发生溶质浓度变化，熔池边界出现沉淀物的结果。

AM 的优点是：无须大型铸锻工业装备及其相关配套基础设施，无须锻坯制备和锻造模具制造，后续机械加工余量小、材料利用率高、周期短、有望达到全面低成本制造；可根据零件的工作条件和服役性能要求，通过灵活改变局部激光选区熔化沉积材料的化学成分和显微组织，实现多材料、梯度材料等高性能金属材料构件的直接增材成形。

相对于传统制造技术，增材制造技术还面临许多新挑战和新问题，目前还存在使用成本高，制造效率低，制造精度尚不能令人满意，其工艺与装备研发尚不充分等问题，目前主要应用于产品研发，尚未进入大规模工业应用。但 AM 以其制造原理的优势成为具有巨大发展潜力的制造技术，正待人们努力研究和发展。

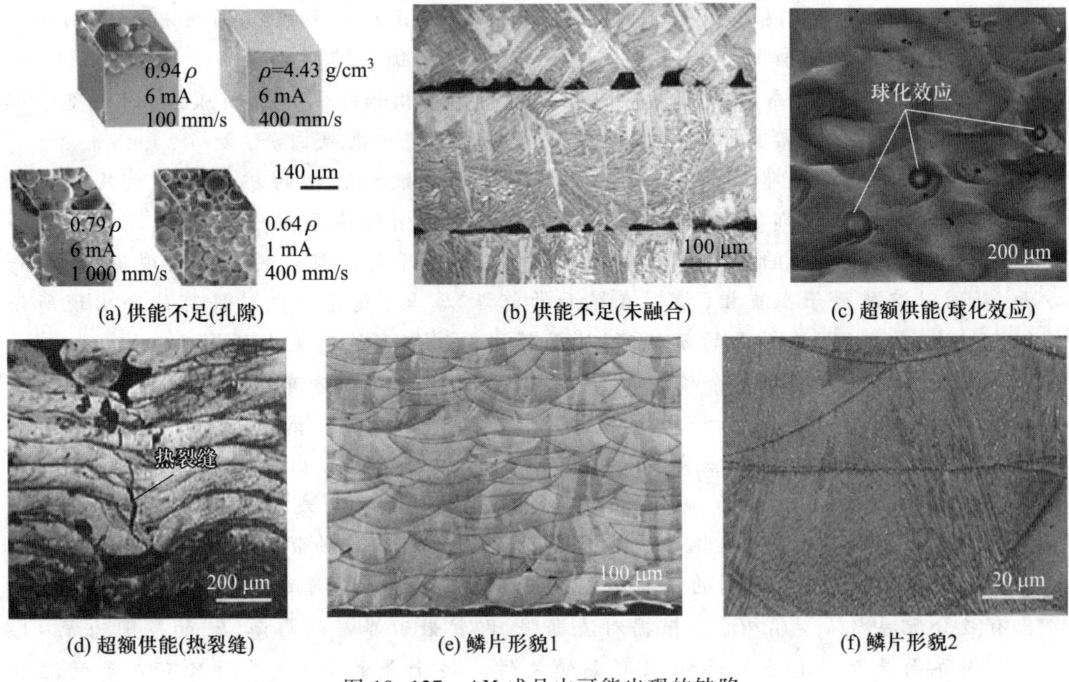

(a) 供能不足(孔隙) (b) 供能不足(未融合) (c) 超额供能(球化效应)

(d) 超额供能(热裂缝) (e) 鳞片形貌1 (f) 鳞片形貌2

图 10-127 AM 成品中可能出现的缺陷

总 结

凝固即从液相转变为固相的相变,包括结晶过程和形成半晶态或非晶态固相的过程,它是典型的相变之一。按相变时热力学参数变化的特征分类:相变分为一级(first-order)相变和高级(high-order,二级、三级、……)相变。按相变方式分类。相变过程一般经历涨落,形核和长大型不连续相变和成分涨落连续地长大成新相的连续型相变。凝固是一级相变、形核和长大型相变。

一个恒温转变过程自发进行是自由能降低的,即转变后与转变前的自由能差ΔG为负时转变才可以发生。一般把ΔG称为转变驱动力,这是转变的热力学条件。

凝固是一级相变、形核和长大型相变。形核是转变的开始,只有一定尺寸的核心(临界核心)才可以稳定长大,临界核心尺寸随离开平衡温度加大而减小。形核时,核心的驱动力要补偿核心与母相间的界面能。但是,驱动力只能补偿临界核心界面能的2/3,所以形成一个稳定的核心还需要额外的能量(形核势垒),这部分能量称临界核心形成功,它随离开平衡温度加大而减小。

核心形成可以是均匀的(即核心不依赖靠背在材料内部各处形成)、也可以是非均匀的(即核心以诸如模壁、晶界、位错等作为靠背形成),非均匀形核可以降低形核势垒,导致在不大的过冷度下就能够迅速形核。对于液、固相转变,实际上总是非均匀形核的。形核速度取决于过冷度和原子的迁移率,冷却的转变过程,温度对二者的共同影响,因此形核速率在某个过冷度下出现最大值。

单相固溶体的凝固是在一个温度范围内进行，并且在两相区范围液相和固相的平衡成分是不同，固相平衡的溶质质量成分 w_S 和液相平衡的溶质质量成分 w_L 的比值 $w_S/w_L=k_0$ 定义为平衡分配系数。平衡凝固过程固相和液相始终保持平衡成分，因为整个过程需要扩散均匀，所以需要非常缓慢的冷却才可能获得平衡凝固。

一般凝固过程都是非平衡的，由于固相的扩散系数比液相的扩散系数大几个数量级，所以一般凝固过程都忽略固相的扩散。非平衡凝固使溶质原子在凝固过程发生再分布：一方面，在已凝固的固相中溶质成分不均匀分布，使凝固后的合金出现偏析；另一方面，凝固时溶质原子在液相（特别在界面的前沿）富集（或贫化），结果可能会出现所谓的组分过冷，导致固-液界面的不稳定，从而凝固对组织形貌有重大的影响。

如果凝固时液相溶质完全均匀混合，凝固后固相的成分分布可用 Scheil 方程描述。因为凝固后固相的偏析，可以利用这一原理来作提纯或致匀。如果凝固时液相无对流，溶质原子仅靠液相中的扩散重新分布。在短暂的初始瞬态后出现稳态，这时凝固的固相保持体系的平均成分，最后，由于液相的溶质的过分堆积（或贫化），形成最终瞬态。如果凝固时液相存在对流，液相的扩散只在界面前沿一层薄的扩散边界层内，这样影响界面两侧的平衡浓度，由两侧的固相浓度 C_S^* 和液相浓度 C_L^* 满足边界的物质流量条件，导出有效分配系数 $k_E=C_0/C_S^*$。根据对流弱强，即扩散边界层的厚薄，k_E 的范围为 $k_0\sim1$。

凝固界面是否稳定是最终组织形成的关键。纯金属的固/液界面只有在负的温度梯度下才会失稳，纯金属的固、液相界面只有在负的温度梯度下才会失稳，而合金当界面是非光滑时，在组成过冷的影响下，即使在正的温度梯度下也会失稳。失稳的出现造成固液界面的形貌由平界面向胞状界面、胞状枝晶界面、枝晶状界面发展，生长方式也由定向生长向自由生长过渡。组成过冷出现与否的取决内、外因素。内部因素是指凝固合金本身的参数，有体系液相线的斜率 m_L、原始成分 C_0、平衡分配系数 k_E、液相的扩散系数 D_L 等；外部因素有液相的温度梯度 G_L、界面推进速度 v 等。

熔融液体中晶体只以散热相反的方向生长（即定向凝固或柱状凝固），这称为强制性生长。由于晶体生长的各向异性，晶体总是以最大生长的取向平行于强制性生长方向，从而出现择尤取向，即出现铸造织构。如果液相普遍存在过冷，则在液相中各处可以独立形核和生长，这称为自由生长。无论强制生长或者自由生长，只要长大的界面不稳定（或简单看，前沿有过冷、组分过冷），都可能以树枝状方式长大。在强制性长大时，经常遇到的一种情况是，凝固进行到一定程度后，在柱状晶生长前沿的熔液因逐渐冷却而获得少许过冷，就可能单独形核以自由方式长大，结果在模子凝固体的中部形成等轴晶。

在多元系中两个相或多个相同时结晶称共晶，但最常见是两个相同时共生的共晶。根据相的界面动力学把共晶形貌与组成的相的熔化熵联系起来，共晶主要分为：① 两个相都是低熔化熵的，即两个相的熔化熵都小于 $4R$，R 是气体常数，共晶是非光滑-非光滑（nf-nf）型，称正常共晶，大多数金属-金属（或金属间化合物）共晶是这类型；②两个相中一个是低熔化熵另一个是高熔化熵的，即一个相的熔化熵小于 $4R$，另一个相的熔化熵大于 $4R$，共晶是非光滑-光滑（nf-f）型，称异常共晶，这类共晶一般是金属-非金属共晶。正常（nf-nf）型共晶两相同时协同地向液相生长，控制它们长大的是热流方向和组元在液相中的扩散，它们或成交替片状或一相成棒状分布在另一相中。组织形貌是片层状或是棒状，由共晶组织的总界面能决定。异常共晶凝固中，共晶中的一个固相通常比另一固相率先伸入液体中，共晶体的前沿是不规则的。共晶体的形貌非常多样化，前沿的等温面也不是平直的。

共晶中的相间距非常窄，因此共晶生长是靠共晶前沿侧向扩散的，两相片层间距越薄，前沿液相的浓度梯度越陡，使共晶成长速度越大，但是，共晶中庞大的界面能抵消了部分相变驱动力，不利于共晶生长，在这两方面相反的作用下，共晶总以生长速度最大的片层间距成长。这一片层间距是极限片层间距的两倍。片层间距与过冷度平方成正比。但是，共晶的片层间距不是一个定值而是一个分布，这个分布与生长速度有关，生长速度增大，分布越窄。如果有第三组元存在，共晶体的前沿也可能出现“组分过冷”区，这时平面的共晶界面将变为类似固溶体凝固时的胞状结构，甚至会发展为树枝状共晶。

一般来说，只有共晶成分的液相冷却时才能得到完全共晶组织。但在非平衡凝固的条件下，成分在共晶点附近的合金也可能获得100%的共晶组织。这种非共晶成分的合金凝固后得到的100%共晶组织称为伪共晶组织。这是因为共晶中两个相的生长速度差异较大引起的。生长速度大的相会形成类似先共晶相的组织，不能得到全部共晶组织。所以，真正的共晶共生区并不一定在平衡液相线的延长线下方，共生区往往偏向熔点高的组元一侧。

若共晶成分点很靠近一个纯组元一边，即共晶中两相的相对量相差很大，两相不能协调生长，相对量小的相依附相对量大的相的边沿形成，失去共晶的一般形貌，称离异共晶。类似的情况，当先共晶相的相对量很大时，形成共晶时，共晶中不是先共晶相的那个相不易依附在先共晶相上形核，因而使先共晶相继续发展，另一相分布在先共晶相晶粒边界上，从而失去共晶的形貌，成为离异共晶。

包晶成分合金凝固过程是由一个液相和一个固相反应生成另一个固相。最常见的反应机制是生成固相依附已存在的固相形核，然后溶质原子通过液相扩散生成固相并向液相推进，同时溶质原子也通过生成固相扩散，是使生成固相向原来固相推进。但是，由于固相扩散很慢，所以在一般的冷却条件下包晶反应很难反应完全，并存在晶内偏析。这些非平衡组织在适当温度下长时间保温可以通过扩散慢慢回复为平衡组织。

典型的铸锭组织表现为三个不同的区域：在铸锭的最外层是细晶区，又称激冷区，由随机取向的等轴细晶组成；然后是柱状晶区，由平行于热流方向排列的柱状晶粒组成；铸锭中心为等轴晶区，由较粗大的随机取向等轴晶粒组成。细晶区通常只有几个晶粒大小的厚度，对铸锭性能的影响有限。决定铸锭力学性能的最重要因素是柱状晶区和中心等轴晶区的相对宽度、中心等轴晶区晶粒的大小等。柱状晶区和等轴晶区的大小是互补的，如果是等轴晶区容易形成，则柱状晶区范围小，相反，则柱状晶区范围大。影响等轴晶区和柱状晶区大小的因素，有液体金属本身的性质例如：合金的熔点，合金液、固线间的间距，溶质的分配系数等，以及浇铸工艺，如冷却条件、浇注温度、浇注方式等。还有可以外加孕育剂进行孕育处理，用能量诱导增加形核来细化组织。

合金在凝固过程中有溶质的再分布，在凝固过程往往未能扩散均匀，使凝固后的固相的成分不均匀而产生偏析。根据偏析存在的尺度大小，通常把偏析分为宏观偏析和显微偏析两大类。宏观偏析是指毫米以上甚至工件尺寸相当的尺度范围内的成分不均匀性。微观偏析是指存在的尺度是一次枝晶间距或晶粒大小的范围的成分不均匀性，它包括跨过胞晶或树枝晶的成分变化以及在胞晶之间和树枝晶之间形成的其他相。显微偏析可以借助于均匀化扩散退火加以消除，但是，宏观偏析一般不可能靠扩散退火来消除，只能靠控制凝固过程来防止或减弱它。

在凝固时还可能因体积变化以及孔洞，冷凝时气体脱溶析出或发生化学反应形成气泡。在熔炼时卷入的渣、模壁材料、耐火材料、表面熔体的氧化产物等而形成的夹杂物，另外还因熔体含有的小量杂质元素在凝固时发生反应形成的夹杂物。这些夹杂物是对铸件性能不利的。

熔焊焊接时，焊条和基体金属之间产生电弧，基体金属和焊条熔化，形成熔池，随着焊接电弧移动，一边产生熔池而另一边则是熔池的凝固，这个过程和铸造过程很相似，但是基体金属是一个很大的热阱，熔池的冷却速度很大，有不同于一般凝固的特点。

凝固时加大冷却速度可以细化晶粒，减小偏析，获得过饱和固溶体，可能获得亚稳相，更大的冷却速度还可以形成金属玻璃。从传热学的观点看，要获得很高的冷却速度必须具备的条件是：小的试样断面；与热阱间有良好的热交换（很低的界面热阻）以及热阱本身应具有极佳的导热能力。主要是以下三种方法获得激冷：① 雾化方法；② 旋凝激冷法；③ 衬底自淬火法。但是快速凝固材料是以低维的形式出现，如成为实用性的三维材料，一般需经过烧结（如热挤压、热等静压，烧结成形）。如果烧结工艺不当，例如长时间的高温停留会在很大程度上丧失快速凝固后的组织优势，这也是快速凝固材料转入商用的一个重要阻碍。

玻璃的形成是从液态冷却时避开结晶而玻璃的晶化是不稳定的玻璃态加热保温重新结晶，它们是相反的过程，越容易形成玻璃的系统，则晶化的过程越慢。玻璃材料从液态结晶的规律与一般材料的相同，但是，由于液态的黏度比较大，使得扩散比一般材料慢，并且液态原子活动性与液态的黏度 η 成反比，可以获得很大的过冷，甚至在极慢的冷却速度也可以避开结晶。不稳定的玻璃态加热保温会重新结晶。一般的玻璃不希望出现晶化，但可通过烤制晶化过程获得强度很高的玻璃陶瓷材料。

聚合物凝固或结晶在宏观上与金属结晶相似。金属的简单分子和聚合物复杂的高分子的差异主要反映在动力学快慢上；黏度起重要作用。其组织变化并不比金属结晶复杂。

增材制造（AM）是依据三维计算机辅助设计软件（CAD）数据将材料逐层累加的方法制造实体零件的技术，相对于传统的材料去除（切削加工）技术，是一种“自下而上”材料累加的制造方法。所谓的3D打印，就是熔融沉积造型（FDM）增材制造。AM的优点是：无须大型锻铸工业装备及其相关配套基础设施，无须锻坯制备和锻造模具制造，后续机械加工余量小，材料利用率高，周期短，成本低；可根据零件的工作条件和服役性能要求，通过灵活改变局部激光选区熔化沉积材料的化学成分和显微组织，实现多材料、梯度材料等高性能金属材料构件的直接净成形。AM技术还面临许多挑战和问题，目前存在使用成本高、效率低、制造精度低、工艺与装备不完善等问题。AM技术现在主要应用于产品研发，尚未进入大规模工业应用。但AM技术以其制造原理的优势具有巨大的发展潜力，还需要更深入的研究和推进。

关键术语

分配系数(partition coefficient)
区域提纯(zone-refining)
胞晶的形成(cell formation)
胞状树枝晶(cellular dendrite)
柱状树枝晶(columnar dendrite)
共晶的凝固(eutectic solidification)
包晶凝固(peritectic solidification)
偏析(segregation)
熔焊(fusion welding)
快速凝固(rapid solidification)
连续铸造(continuous casting)
树枝状显微偏析(dendritic microsegregation)
非平衡杠杆定律(non-equilibrium lever rule)
组分过冷(constitutional supercooling)
胞状组织(cellular structure)
二次枝晶(secondary dendrite)
一次树枝晶(primary dendrite)
枝晶偏析(dendritie segregation)
亚共晶合金(hypoeutectic alloy)
过共晶合金(hypereutectic alloy)
片状(lamellar)
棒状(rod-like)
共晶领域(eutectic colony)
伪共晶(pseudo-eutectic)
离异共晶(divorced eutectic)
激冷区(chill zone)
柱状晶区(columnar zone)
等轴晶区(equiaxed zone)
收缩空洞(shrinkage cavity)
疏松(porosity)
非金属夹杂物(non-metallic inclusion)
熔池(weld pool)
混合区(composite region)
热影响区(heat-affected Zone)
增材制造(additively manufactured, AM)
直接金属激光重熔(direct metal laser remelting, DMLR)
分层实体制造(laminated object manufacturing, LOM)
选区激光烧结(熔化)(selective laser sintering melting, SLS, SLM)
熔融沉积造型(fused depostion modeling, FDM)

练习题

10-1 假设一个熔体在形核之前,因某种原因过冷 $0.18T_0$(T_0 是熔点温度),而在发生凝固时潜热的释放提高了熔体的温度,但没有向周围环境传递热量。计算在液体温度上升到 T_m 之前凝固的熔体的比 ζ。设热容的典型值 $C=25$ J/mol,凝固潜热 $\Delta H_0=T_0\Delta S_0$,其中 $\Delta S_0=10$ J/(mol·K)。

10-2 纯铝的凝固时,如果界面以 5 mm/min 的速度移动,估计液-固体界面附近的固体温度梯度。铝的导热系数 $\kappa=4.8$ Jm/(K·s),凝固潜热为 397 kJ/kg,密度为 2.7 mg/m^3。

10-3 纯金的熔点温度 $T_0=1\ 064$ ℃,熔化潜热 $\Delta H_{v(m)}=1.16\times10^9$ J/m^3,表面能 $\gamma=0.132$ J/m^2,均匀形核的过冷度 $\Delta T=230$ ℃。

(1) 纯金凝固如果是均匀形核,计算核心的临界半径 r^* 和临界晶核形核功 ΔG^*。

(2) 计算纯金在临界大小的晶核的原子数量。(假设固体金在其熔点温度下的点阵参数为 0.413 nm。)

10-4 设 A-B 二元系(相图如图 10-128 所示)液、固相都是理想熔体,液、固界面能为 0.2 J/m^2,按照经典形核理论,均匀形核要求的驱动能 ΔG_1 约为 10^3 J/mol。计算 $T_1=1\ 000$ K 时达到相应驱动能的熔体过饱和度(即浓度 x_0 与平衡浓度 x_e 的比值)。

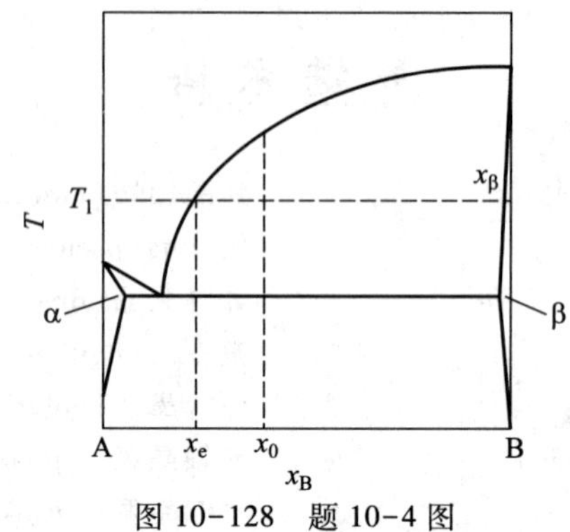

图 10-128 题 10-4 图

10-5 Ni 熔体中含有大量的小颗粒，这些颗粒与固体镍的润湿角 $\theta=30°$。计算在连续冷却时熔体的最大过冷度。（晶核胚的数量是每 mol 中有 1 个；纯镍的材料常数：镍的摩尔体积 $V=6.6\times10^{-6}\ m^3/mol$，熔点 $T_0=1\ 726$ K，液/固界面能 $\gamma=0.255\ J/m^2$，凝固潜热 $\Delta H=17.2$ kJ/mol。）

10-6 （1）当固体 Cu 以半径为 r 的小球体存在于液体 Cu 中时，其摩尔自由能增加多少。

（2）如果液态中固体铜的直径为 2 μm、2 nm，液态铜过冷度为多大时这些颗粒才能生长？（Cu 的熔点 $T_m=1\ 085$ ℃ $=1\ 358$ K，固/液界面能 $\gamma=0.144\ J/m^2$，熔化潜热 $H=13\ 300$ J/mol，相对原子质量 63.55 g/mol，密度 $8.93 g/cm^3$。）

10-7 铜的熔点温度 $T_0=1\ 356$ K，液态铜的原子体积为 $1.6\times10^{-29}\ m^3$，液/固界面能 $\gamma=0.177\ J/m^2$。

（1）估计在 1 mm^3 的熔点温度铜中含有 10 个、60 个，100 个原子的球状团簇的晶体样团簇的数量。

（2）包含一个 100 个原子团簇的铜液体积可能多大？

10-8 含 2%B 的 A-B 合金的非平衡固相线，即固体的平均成分与温度的函数。假设在液体中完全混合，固体扩散可以忽略。熔点为 1 083 ℃，液相线温度可近似为 $T_L=1\ 083-6C_L$，C_L 是液相浓度百分数。平衡分布系数 $k_0\approx0.20$。

10-9 画出 $k_0>1$ 时与图 10-45 对应的 A、B、C、D 各线。

10-10 图 10-129 给出 Pb-Bi 二元相图。若 $w_{Bi}=20\%$ 合金定向凝固，设固相无扩散，液相完全混合，求共晶体的量。

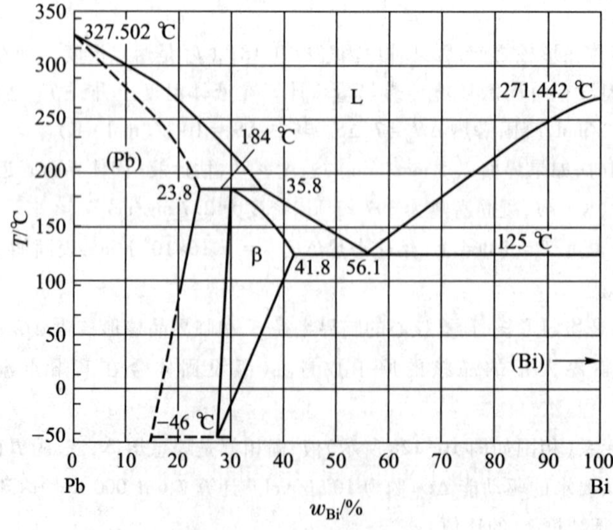

图 10-129 题 10-10 图

10-11 Al-5%Cu 定向凝固,假设固体没有扩散和液相混合均匀,纯铝熔点是 660 ℃。共晶温度为 548 ℃时,液体成分为 33.2%Cu,固体成分为 5.65%Cu。假定液相线和固线是直线。

(1) 给出平衡分配系数 k_0。

(2) 当凝固完成 40%时,计算液体的成分 。

(3) 在这一点上固体的平均成分 C_{av}^{S} 是多少?

(4) 此时液、固相界面的温度是多少?

(5) 会形成多少共晶?

10-12 如果界面前沿温度梯度很低,碳在 δ 铁中扩散很快(能完成包晶反应),画出 $w_C=0.25\%$的 $Fe-Fe_3C$ 合金凝固界面附近的组织示意图。若温度梯度很大,界面是稳定的,设所有液、固相线都是直线,忽略固相中的扩散,并且液相完全均匀混合,画出组织分布图,并定量地说明各种组织的相对量。

10-13 图 10-130 给出简化的 Al-Cu 相图,T_0(Al)= 660 ℃,共晶温度 $T_E=546$ ℃,铜在铝中的最大溶解度 $w_{Cu}=5.65\%$,共晶成分 $w_{Cu}=33\%$,固、液相线均为直线。液相中铜的扩散系数 $D_L=3\times10^{-9}\ m^2\cdot s^{-1}$,设合金在无对流的条件下凝固,液、固相界面是平面的,界面推移速度为 5 μm · s^{-1}

(1) $w_{Cu}=0.5\%$的 Al-Cu 合金在平稳态下凝固时界面温度是什么? 扩散层(即溶质富集的特征距离)厚度是多大? 为了保持平面界面,根据组分过冷判据估算液相温度梯度应为多大。

(2) 如合金成分为 $w_{Cu}=2\%$,与前面的条件相同,回答同(1)中的各个问题。

(3) 如合金成分为 $w_{Cu}=2\%$,固相无扩散,液相充分混合,画出凝固后固相的成分分布;固相百分比是多少时出现共晶组织?

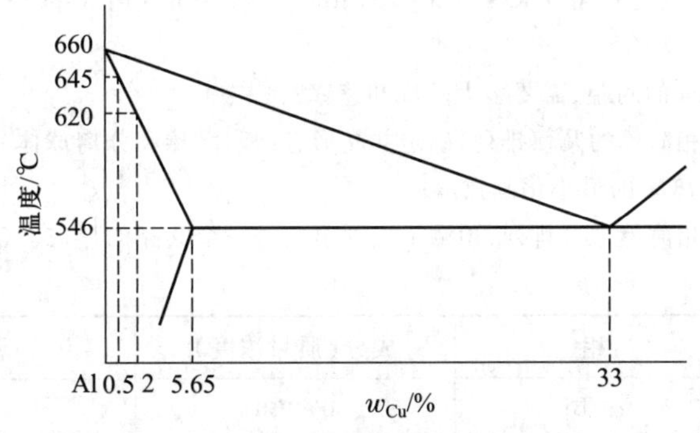

图 10-130 题 10-13 图

10-14 考虑 $C_0=0.55\%$铜的铝合金的稳态凝固。在稳态凝固时,假设液固界面以 $v=80$ mm/s 的速度移动。铜在液态铝中的扩散系数 $D_L=3\times10^{-9}\ m^2/s$。(纯铝熔点是 660 ℃。共晶温度为 548 ℃时,液体成分为 33.2%Cu,固体成分为 5.35%Cu。假定液相线和固线是直线)。

(1) 界面温度是多少?

(2) 边界层的厚度是多少?

(3) 需要什么样的温度梯度才能保持界面为平面长大?

10-15 图 10-131 是含共晶反应的 A-B 相图。

(1) 求成分为 w_0 的合金在平衡凝固、固相无扩散(液相完全搅拌均匀),这两种情况凝固时界面温度沿长度的变化,并以图形表示。

(2) 固相无扩散,液相仅有扩散的平稳态,示意画出凝固时界面温度沿长度的变化。

10-16 $w_{Ga}=0.001\%$的 Ge-Ga 晶体单相凝固生长,$k_0=0.1$。在强烈对流下其扩散边界层厚度 $\delta_c=0.005$ cm,液相的扩散系数 $D_L=5\times10^{-5}\ cm^2/s$,若凝固速度 $v=8\times10^{-3}$ cm/s,当凝固量 $\zeta^S=50\%$时,在界面的

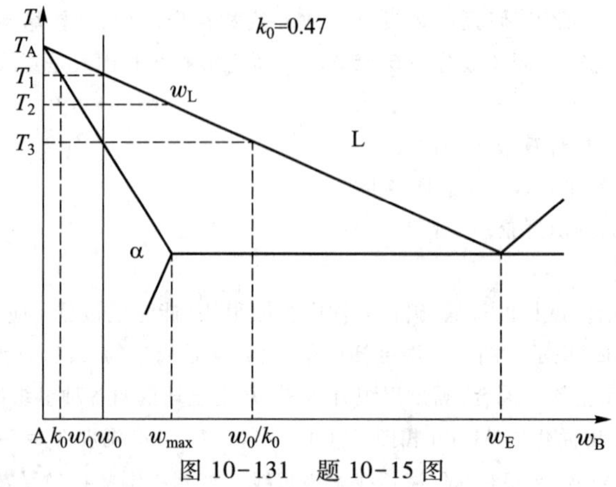

图 10-131 题 10-15 图

固相成分 C^{*S} 是多少？并画出凝固量 $\zeta^S=95\%$之前的固相浓度分布。

10-17 在区域提纯过程中：

(1) 写出沿提纯方向 $z(z=0\sim1)$提纯后清除的杂质量 Q 的式子；

(2) Si 中含杂质量 $C_0=10^{-6}$，分配系数 $k_0=10^{-5}$，经一次提纯后，求在材料前半部的平均杂质浓度？

10-18 枝晶臂间距 λ 与冷却速率 v 的关系是 $\lambda=kv^{-n}$（其中常数 k 包含了界面前液相温度梯度 G_L。设凝固的温度梯度 G_L 相同）。当 $v=0.1$ K/s 时 $\lambda=100$ μm，当 $v=60$ K/s 时 $\lambda=10$ μm。

(1) 求 k 和 n。

(2) 要产生 $\lambda=10$ mm 的间距，需要多大的冷却速率？

10-19 假设共晶两相简单的几何排列，确定共晶形态（板片、棒和分离球体），使总相面积作为小相的体积分数 f 和两相分隔距离 λ 的最小化函数。

10-20 假设共晶两相简单立方排列，预测下面列出的每一个共晶的形态。（成分摘自金属手册，密度是估计的。）

合金系	相	成分（质量浓度）	密度 $\rho/(kg/m^3)$
Bi/Cd	α-Bi	0% Cd	9.8
	共晶	49.7% Cd	
	β-Cd	100% Cd	7.9
Fe/C	γ	2.1% C	7.9
	共晶	4.3% C	
	石墨	100% C	2.25
Cu/Al	θ	47% Al	6.6
	共晶	66.8% Al	
	α	94% Al	2.7
Bi/Pb	$BiPb_2$	42% Bi	11.4
	共晶	56% Bi	
	Bi	100% Bi	9.8

10-21 图 10-132 是一个假想的二元相图，若忽略 A 和 B 的比容差异，成分为 20%B 的合金定向凝固：(1) 缓慢冷却；(2) 液相完全混合均匀。画出结晶后两者的组织分布；计算两者的组织相对量；问两者的共晶量哪个大？并证明。

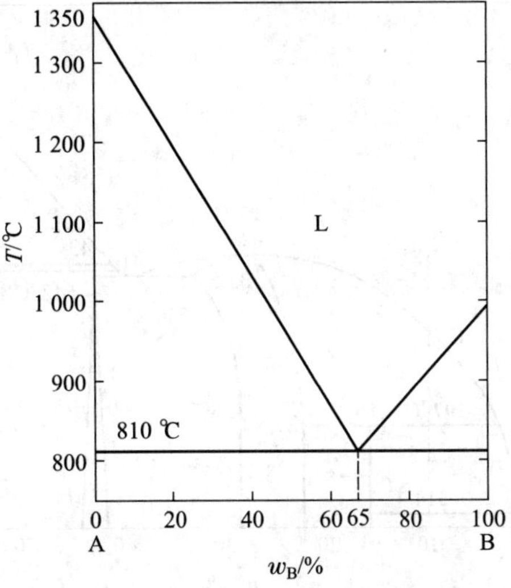

图 10-132 题 10-21 图

10-22 测得片层状共晶(α+β)的片层间距为 $\lambda_1 = 0.2\ \mu m$。界面能 $\gamma_{\alpha/\beta} = 0.4\ J/m^2$，相变潜热 $\Delta H = 800\times10^6\ J/m^3$，共晶温度 $T_E = 1\ 000\ K$，估算共晶凝固时的过冷度。(假设相变驱动力有 1/3 消耗于共晶片层的相界面能)。若片层间距为 $\lambda_2 = 1.0\ \mu m$，共晶凝固时的过冷度又是多大？

10-23 图 10-133 所示为两种假想的 A-B 相图($w_B = 20\%$)，忽略 A、B 的比重和原子尺寸的差异。

(1) 图 10-133a，从一端定向凝固，设忽略固相扩散，液相完全搅拌均匀，写出凝固后的固相成分分布式；并求凝固后固相的平均浓度，此时的共晶量比平衡凝固的共晶量改变了多少？

(2) 经缓慢冷却凝固，图 10-133a、b 中合金的组织相对量是否有差别，为什么？

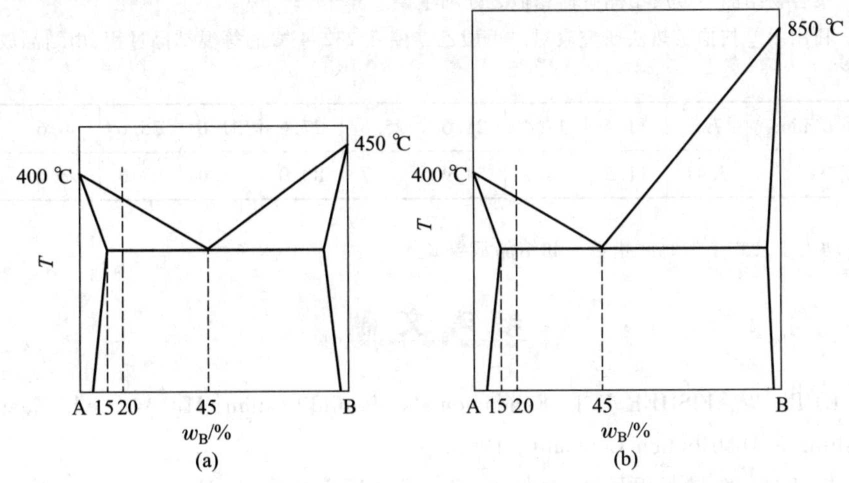

图 10-133 题 10-23 图

10-24 图 10-134 所示为 Cd-Cu 相图(部分)。$w_{Cu}=10\%$的 Cd-Cu 合金从液相冷却到 410 ℃保温一段时间,示意给出保温后的组织;再冷却到 305 ℃保温一段时间,最后冷却到室温,示意给出最后的组织形貌,并说明原因。

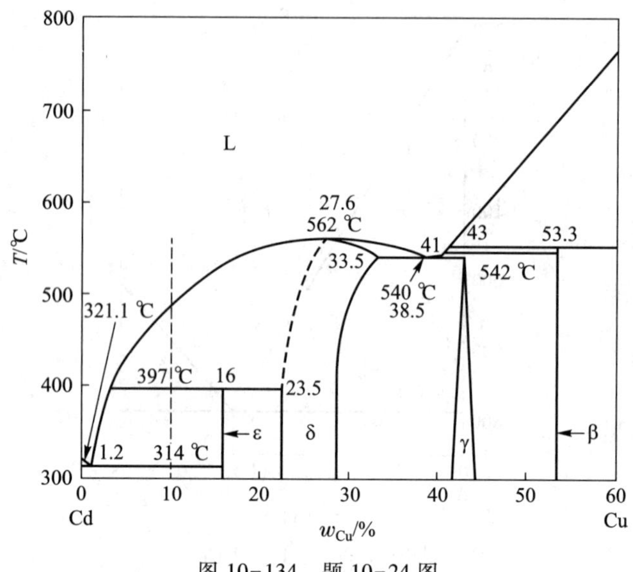

图 10-134 题 10-24 图

10-25 含硅的低合金铸锭,存在枝晶偏析,枝晶臂距是 500 μm。在 1 200 ℃下扩散退火,问偏析振幅减小到原来的 10%,应保温多长时间?(设 1 200 ℃下碳在奥氏体的扩散系数是 2.23×10^{-6} cm^2/s,硅的扩散系数是 7.03×10^{-11} cm^2/s。)

10-26 CuZn 合金凝固后,会出现不希望的微观偏析。在 600 ℃下退火 3 h,可以消除这种不均匀性。由于生产率的限制,希望将退火时间缩短到 30 min,应该选择哪个温度?(Zn 在 CuZn 中的扩散激活能 $Q=$ 184 kJ/mol。)

10-27 聚合物结晶与金属结晶有何相似之处和主要差异?

10-28 利用示差扫描量热法研究聚对二甲酸乙二酯在 232.4 ℃的等温结晶过程,由结晶放热峰测出如下数据:

结晶时间 t/min	7.6	11.4	17.4	21.6	25.6	27.6	31.6	35.6	36.6	38.1
结晶度/%	3.41	11.5	34.7	54.9	72.7	80.0	91.0	97.3	98.2	99.3

求出 Avrami 动力学公式中的时间指数 n 和结晶常数 Z。

参考文献

[1] KURZ W, FISHER D J. Fundamentals of solidification[M]. 4th ed. Zuerich: Enfield Publishing & Distribution Company, 1998.

[2] 胡汉起. 金属凝固原理[M]. 北京: 机械工业出版社, 1999.

[3] DAVIS S H. Theory of solidification[M]. New York : Cambridge University Press, 2001.

[4] BOETTINGER W J. BANERJEE D K. Solidification[M]//LAUGHLIN D E, HONO

K. Physical metallurgy:Vol Ⅰ. 5th ed. Amsterdam: Elsevier, 2015: 639-850.

[5] VANDYOUSSEFI M, KERR H W, KURZ W. Two-phase growth in peritectic Fe-Ni alloys[J]. Acta Materialia, 2000, 48(9): 2297-2306.

[6] 卡恩 R W, 哈森 P, 克雷默 E J. 材料科学与技术丛书: 第5卷 材料的相变[M]. 北京:科学出版社, 1998.

[7] 冯端,师昌绪,刘治国. 材料科学导论[M]. 北京:化学工业出版社,2002.

[8] COLLINS P C, BRICE D A, SAMIMI P, et al. Microstructural control of additively manufactured metallic materials[J]. Annual Review of Materials Research,2016,46:63-91.

11 固态相变

第 10 章讨论了金属从液态到固态的转变，很多固态体系在温度变化过程中也会发生转变。固态转变有多种类型，依据不同的出发点有不同的分类方式。与凝固过程不同，一般固态相变的母相是晶态，弹性模量不为 0，各向异性并存在各种缺陷。所以，尽管固态相变的基本原理与凝固过程相似，但也有其独具的特点。

11.1 固态相变的特点

11.1.1 相变的驱动力和形核的驱动力

相变的驱动力是相变终态新相的自由能 $G_{终态}$ 和相变初态母相的自由能 $G_{初态}$ 之差：$\Delta G=(G_{终态}-G_{初态})$。以图 11-1a 所示的 A-B 系合金为例，成分为 x_0^{α}（以 B 的摩尔分数表示）的 α 相从高温快冷至 T_1 温度保温，形成亚稳定的过饱和固溶体 α，α 析出第二相 β 而自身变为稳定的固溶体 α′（虽然 α′相的结构和 α 相一样，但是二者的成分不同，可看作一个新相）。这种反应称为脱溶反应，反应式可写为 α→α′+β（脱溶反应后续详细介绍）。图 11-1b 是 T_1 温度下，α 相和 β 相的成分与自由能曲线 $G^{\alpha}-x$ 和 $G^{\beta}-x$。当转变完成系统达到稳定平衡态，即 α 相和 β 相的成分均为该温度下的平衡成分时，两相的成分为 $G^{\alpha}-x$ 和 $G^{\beta}-x$ 曲线公切线的切点对应的成分。体系（α′+β）的自由能为图 11-1b 中 D 点对应的能量，原始 α 相的自由能为图 11-1b 中 C 点对应的能量。因此，整个相变过程的驱动力即为 DC 段所对应的能量。采用与第 10 章相同的对于相变过程驱动力的分析方法，脱溶反应相变驱动力

$$\Delta G^{\alpha\to\alpha'+\beta}=RT\left[(1-x_0^{\alpha})\ln\frac{a^{\alpha}_{A(x^{\alpha})}}{a^{\alpha}_{A(x_0^{\alpha})}}+x_0^{\alpha}\ln\frac{a^{\alpha}_{B(x^{\alpha})}}{a^{\alpha}_{B(x_0^{\alpha})}}\right] \tag{11-1}$$

如果有活度数据，可以准确地求出 $\Delta G^{\alpha\to\alpha'+\beta}$，否则需要按假设的熔体模型求出自由能的过剩

项,再对(11-1)式进行估算。如果 α 相是理想溶体,活度和成分相等,则式(11-1)可简化为与(10-13)式相同的形式:

$$\Delta G^{\alpha \to \alpha' + \beta} = RT\left[(1-x_0^{\alpha})\ln \frac{1-x^{\alpha}}{1-x_0^{\alpha}} + x_0^{\alpha}\ln \frac{x^{\alpha}}{x_0^{\alpha}}\right] \tag{11-2}$$

对于形核长大型相变,过程中形核驱动力一般不等于相变驱动力,新相核心(晶核)成分也不一定是新相的平衡成分。原因是母相开始形成新相核心时,析出新相的量相对母相的量来说很少,这时自由能变化不能用(11-1)式计算。当从大量的成分为 x_0 的 α 相中析出很少量成分为 x_β 的 β 相时,可以近似认为母相的成分不变,即把成分为 x_β 的少量物质由 α 相移至 β 相,这时自由能的变化,即形核的驱动力:

$$\Delta G_{\mathrm{I}} = (1-x^{\beta})\mu^{\alpha}_{\mathrm{A}(x^{\alpha})} + x^{\beta}\mu^{\alpha}_{\mathrm{B}(x^{\alpha})} - [(1-x^{\beta})\mu^{\alpha}_{\mathrm{A}(x_0^{\alpha})} + x^{\beta}\mu^{\alpha}_{\mathrm{B}(x_0^{\alpha})}]$$

$$= RT\left[(1-x^{\beta})\ln \frac{a^{\alpha}_{\mathrm{A}(x^{\alpha})}}{a^{\alpha}_{\mathrm{A}(x_0^{\alpha})}} + x^{\beta}\ln \frac{a^{\alpha}_{\mathrm{B}(x^{\alpha})}}{a^{\alpha}_{\mathrm{B}(x_0^{\alpha})}}\right] \tag{11-3}$$

从图 11-1b 看出,式(11-3)中的 $(1-x^{\beta})\mu^{\alpha}_{\mathrm{A}(x^{\alpha})} + x^{\beta}\mu^{\alpha}_{\mathrm{B}(x^{\alpha})}$ 相当于图中的 F 点,它的物理意义是成分为 x_β 的 β 相的自由能;$(1-x^{\beta})\mu^{\alpha}_{\mathrm{A}(x_0^{\alpha})} + x^{\beta}\mu^{\alpha}_{\mathrm{B}(x_0^{\alpha})}$ 相当于图中的 E 点,它的物理意义是在大量的成分为 x_0 的 α 相中取出少量的成分为 x^{β} 的物质的自由能。ΔG_{I} 的大小相当于 FE 线长度对应的值。如果 α 相是理想溶体,(11-3)式的活度 a 可以用成分 x 代替:

$$\Delta G_{\mathrm{I}} = RT\left[(1-x^{\beta})\ln \frac{1-x^{\alpha}}{1-x_0^{\alpha}} + x^{\beta}\ln \frac{x^{\alpha}}{x_0^{\alpha}}\right] \tag{11-4}$$

如果从大量的成分为 x_0 的 α 相中析出少量任意的成分为 x^{β} 的 β 相,按上面分析可知,自由能变化ΔG_{I} 的大小可以由 β 相的自由能曲线与过 x_0 成分点的 α 相自由能曲线切线(图 11-1b 中的 CE 线)之间的距离来量度。根据图 11-1b 的显示,成分为 x_0^{α} 的 α 相,由于没有形核驱动力,不可能形成成分对应 C 点到 J 点范围(图中灰色区域)的 β 相核心。而由成分为 x_0^{α} 的 α 相析出的 β 相核心的成分在 J 点和 M 点对应的成分范围都有形核驱动力,形成核心的成分可以有很大范围变化,但核心成分不同,形核的驱动力大小不同。例如,若图 11-1b 中析出 β 相的成分为 x_n^{β},则ΔG_{I} 大小为图中 IH 长度对应的值。对 β 相的自由能-成分曲线作一平行于 CE 的切线,当核心成分对应于切点成分 x_m^{β} 时,形核驱动力最大。这时形核驱动力相当于图中的 LK 长度对应的值。以最大驱动力形成的核心的成分一般不是平衡 β 相的成分(x^{β})。当 β 相的自由能-成分曲线比较窄时,x^{β} 和 x_m^{β} 差别不大,形核驱动力可以近似由(11-3)式求出。如果 β 相的自由能-成分曲线比较平缓,则 x_m^{β} 和 x^{β} 差别比较大,不能按(11-3)式求驱动力。这时应该首先求出核心成分,然后再求形核驱动力。

根据平行切线的数学关系式

$$\left[\frac{\partial G^{\alpha}}{\partial x}\right]_{x_0^{\alpha}} = \left[\frac{\partial G^{\beta}}{\partial x}\right]_{x_m^{\beta}} \tag{11-5}$$

以及(5-17)式所示的自由能表达式,按照选定的溶体模型,把(11-5)式具体化,就可以求出核心成分 x_m^{β}。以核心成分 x_m^{β} 再求形核驱动力ΔG_{I}。因为两条切线平行,所以形核驱动力ΔG_{I}(LK 长度对应的值)可以用 $\mu^{\beta}_{\mathrm{B}(x_m^{\beta})} - \mu^{\alpha}_{\mathrm{B}(x_0^{\alpha})}$ 或 $\mu^{\beta}_{\mathrm{A}(x_m^{\beta})} - \mu^{\alpha}_{\mathrm{A}(x_0^{\alpha})}$ 表达,即

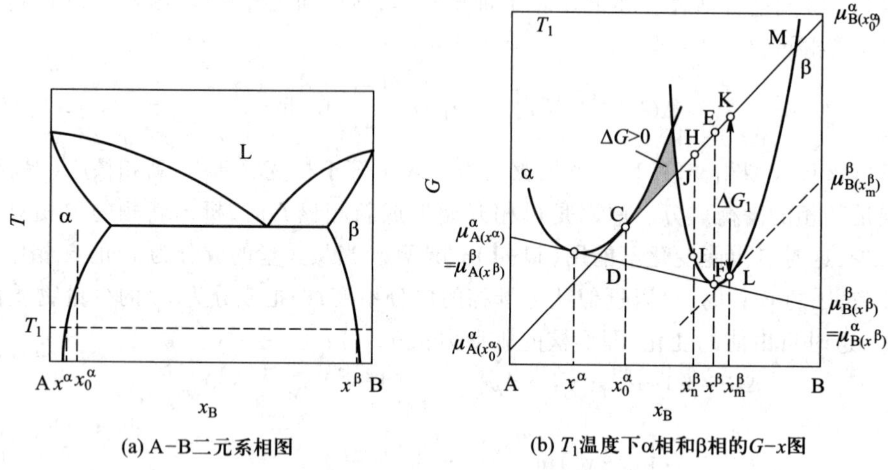

(a) A-B二元系相图　　(b) T_1温度下α相和β相的$G-x$图

图 11-1　二元合金中脱溶反应的例子

$$\Delta G_{\mathrm{I}}=\mu^{\beta}_{\mathrm{A}(x^{\beta}_{\mathrm{m}})}-\mu^{\alpha}_{\mathrm{A}(x^{\alpha}_{0})}=\Delta^{0}G^{\alpha\to\beta}_{\mathrm{A}}+RT\ln\frac{a^{\beta}_{\mathrm{A}(x^{\beta}_{\mathrm{m}})}}{a^{\alpha}_{\mathrm{A}(x^{\alpha}_{0})}} \tag{11-6}$$

式中：$\Delta^0 G_{\mathrm{A}}^{\alpha\to\beta}$ 是纯 A 从 α 相转变为 β 相的摩尔吉布斯自由能的变化。按给定的溶体模型，可对式(11-6)进行估算，但是需要求出未知的核心成分 x_{m}^{β}。如果 α 相和 β 相都是理想溶体，根据 $\mu^{\beta}_{\mathrm{B}(x^{\beta}_{\mathrm{m}})}-\mu^{\alpha}_{\mathrm{B}(x^{\alpha}_{0})}=\mu^{\beta}_{\mathrm{A}(x^{\beta}_{\mathrm{m}})}-\mu^{\alpha}_{\mathrm{A}(x^{\alpha}_{0})}$，得到

$$\Delta^{0}G^{\alpha\to\beta}_{\mathrm{B}}-\Delta^{0}G^{\alpha\to\beta}_{\mathrm{A}}+RT\ln\frac{x^{\alpha}_{0}}{1-x^{\alpha}_{0}}=RT\ln\frac{x^{\beta}_{\mathrm{m}}}{1-x^{\beta}_{\mathrm{m}}} \tag{11-7}$$

与 $\Delta^0 G_{\mathrm{A}}^{\alpha\to\beta}$ 的意义相似，$\Delta^0 G_{\mathrm{B}}^{\alpha\to\beta}$ 是纯 B 从 α 相转变为 β 相的摩尔吉布斯自由能的变化，它们也称为晶格稳定参数。当纯组元相变的焓变化 $\Delta H_i^{\alpha\to\beta}$ 和熵变化 $\Delta S_i^{\alpha\to\beta}$ 已知或直接知道晶格稳定参数时，可对(11-7)式用试探解法求出核心成分 x_{m}^{β}。然后把 x_{m}^{β} 和 x_0^{α} 成分取代(11-6)式中的活度，得到理想溶体的形核驱动力

$$\Delta G_{\mathrm{I}}=\Delta^{0}G^{\alpha\to\beta}_{\mathrm{A}}+RT\ln\frac{1-x^{\beta}_{\mathrm{m}}}{1-x^{\alpha}_{0}} \tag{11-8}$$

如果 α 相和 β 相的结构相同，相当于具有溶解度间隙的情况。

事实上，这种平行切线法求最大形核驱动力的方法只有在纯 A 的 β 相和纯 B 的 β 相的偏摩尔体积相等，即 $\overline{V}_{\mathrm{A}}^{\beta}=\overline{V}_{\mathrm{B}}^{\beta}$ 时才是准确的，否则需要进一步修正。

11.1.2　相变的均匀形核

因固态相变形核时新相与母相的比容不同，形核过程中系统增加 $V_\beta \Delta G_{\mathrm{E}}^{V}$ 的能量，其中 V_β 是核心体积，$\Delta G_{\mathrm{E}}^{V}$ 为新相引起的弹性应变能分摊到每单位体积新相的值。根据(10-28)式和(10-29)式，临界核心尺寸 r^* 和临界核心形成功(临界形核功) ΔG^* 分别为

$$r^{*}=\frac{2\gamma}{\Delta G^{V}+\Delta G^{V}_{\mathrm{E}}}=\frac{2\gamma T_{0}}{\Delta T\Delta H^{V}_{0}+T_{0}\Delta G^{V}_{\mathrm{E}}} \tag{11-9}$$

$$\Delta G^* = \frac{16\pi}{3}\frac{\gamma^3}{(\Delta G^V + \Delta G_E^V)^2} = \frac{16\pi\gamma^3 T_0^2}{3(\Delta H_0^V \Delta T + T_0 \Delta G_E^V)^2} \tag{11-10}$$

式中：T_0 是两相的平衡温度；ΔH_0^v 是单位体积的转变焓。均匀形核率 I[参见(10-39)式]为：

$$I = n_V A^* \nu \exp\left(-\frac{\Delta G_m}{k_B T}\right)\exp\left(-\frac{\Delta G^*}{k_B T}\right) \tag{11-11}$$

式中：n_V 是单位体积中能够形成核心的原子位置数；A^* 是临界核心的表面可以接受原子的原子位置数；ν 是原子(或单个分子)的振动频率(单位为 s^{-1}，数量级通常为 10^{13})；ΔG_m 是原子的迁动激活能。

1. 相界面能的作用

界面能作为形核的阻力，在形核过程中起到很重要的作用。在固态相变中，母相是晶体，弹性模量和结构排列都是各向异性的。新相和母相在界面上的原子排列结构会根据具体情况呈现出三种可能的状态：完全匹配(完全共格界面)、不完全匹配(半共格界面)以及混乱的完全不匹配(非共格界面)。显然，两相间的界面能随着界面两侧原子排列匹配程度加大而减小，两相在界面上的匹配程度取决于两相界面上晶面间错配度(失配度)δ 的大小(参见 7.4 节)。

在形核的过程中，系统总是倾向于拥有最低的总表面能。由于非共格的界面能太高，基本上不可能形成完全由非共格界面构成的核心。通过调整核心和母相的取向关系，使核心尽可能多地出现共格或半共格界面，可以有效降低形核功，从而使形核过程变得更加容易。然而，当母相和稳定的新相的晶体结构差异很大，以至于不管新相、母相如何调整取向关系都无法形成共格的低能界面时，则有可能形成另一种与母相呈共格界面关系的亚稳定相(亚稳相)晶核。

对于共格界面，界面两侧原子排列的间距差异由两相的弹性应变能承担，当新相长大到较大尺寸时，引起的弹性应变能太大，为了降低这种能量，会在界面上引入位错网络，这时界面变成半共格界面。当新相进一步长大到更大尺寸时，通过共格(半共格)关系减少的总界面能将不足以补偿维持这种共格(半共格)关系所引起的弹性能或结构能，这时新相和母相间就失去共格关系。另外，如果转变过程中母相因再结晶或晶粒长大改变了母相的晶体取向，也会使新相和母相间的共格关系丧失。

新相和母相的结构不同时，通过调整新相和母相的取向关系，可能出现一个低能的共格或半共格界面，但一个三维晶核很难使所有界面都是共格或者半共格的，还会有部分界面是高能的非共格界面。新相界面取向和界面能的关系图(γ 图)大致呈球状，但在垂直于共格(半共格)面方向有两个很深的脐点，如图 11-2 所示。按照 Wulff 法则可以知道，新相的平衡形状是圆盘状，圆盘面平行于新相和母相的良好匹配面。圆盘的直径和厚度的比值等于非共格界面能 γ_i 和共格(半共格)界面能 γ_c 的比值(γ_i/γ_c)。上述讨论未考虑体积弹性应变能，因此实际观察到的析出相的形状可能偏离这些理想形状；另外，由于在晶核长大时共格(半共格)面的迁移速度比非共格面低，所以圆盘的直径和厚度比要比上述大得多。

基于上述分析可以知道，新相倾向于在平行于母相的特定面析出，这个面被称为惯态面(habit plane，也称惯析面、惯习面)。此外，还可以看到片状析出相与母相之间一般会存在一定的取向关系。

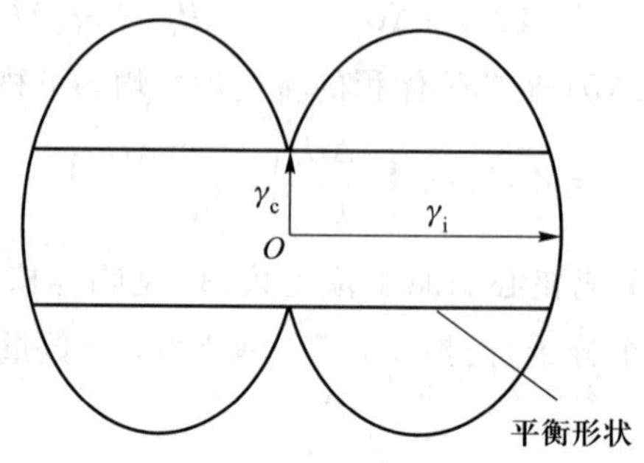

图 11-2 析出相界面 γ 图的一个截面

2. 应变能的影响

固态相变的过程中,形核产生的应变能会抵消一部分形核驱动力,因此应变能在形核过程也起着很重要的作用。

根据新相核心(晶核)形成过程中应变能的来源,可把应变能分两类:第一类是由新相和母相间共格界面引起的;第二类是由新相核心体积与核心形成前该区域母相的体积差异所导致的。这种体积的差异可能有多种原因:一,尽管核心中原子数目和形成核心前该区域母相的原子数目相同,但新相和母相的每个原子所占据的体积不同,从而导致了两相的体积差异,这也是大多数相变中常见的情况;二,母相中各组元的扩散速度存在显著差别,导致形成的核心中包含的原子数和形成核心前该区域的母相的原子数不相同,这种情况也会导致两相的体积差异。Cu-Zn 合金从 β 相中析出富锌的 γ 相核心就是这种情况:在 β 相中锌的扩散速度比铜大,流入核心的锌原子流量比流出核心的铜的原子流量大,使得形成核心后的原子数目比形成前该区域 β 相的原子数目多,产生膨胀应变。

形核所引起的弹性应变能一般取决于母相和新相核心形状和弹性性质。金属和合金的弹性模量都比较大,其数值一般在几十至几百 GPa。当核心附近发生局部弹性应变时,会产生很大的应变能,这种应变能随应变的平方增加。例如铝的弹性模量为 70 GPa,1% 的应变就会引起 3.5 MJ · m^{-3}(35 J/mol)的应变能,5% 的应变则引起 25×3.5 MJ · m^{-3} 的应变能。当应变能比较大时,可能会通过在界面引入位错(增加了界面能)或者位错移动的方式产生塑性变形来松弛应变。对于膨胀型应变,可以通过位错攀移或者点缺陷的扩散运动来松弛。然而,位错攀移和空位扩散只有在温度比较高时才可能实现。

当析出物和母相完全共格时,应变能是由共格应变引起的。如果母相是各相同性,并且母相和新相的弹性模量近似相等,则总的弹性应变能 ΔG_{st} 和析出物形状无关。假设泊松比 ν 为 1/3,在这种条件下

$$\Delta G_{st} = 4G\delta^2 V \tag{11-12}$$

式中:G 是母相的切变模量;V 是新相所在区域的原母相的体积。总的应变能和新相体积成正比,并与晶体点阵错配度的平方 δ^2[$\delta = (a_{新相} - a_{母相})/a_{母相}$]成正比。当新相的弹性模量不同于母相时,形核产生的应变能会受到形状的影响:当新相弹性模量大时,呈球状时应变能最小;当新相弹性模量小时,呈圆片状时应变能最小。实际上,母相一般不是各向同性的,析出的新相

往往使其最大应变的方向和母相的低弹性模量方向平行,使总的应变能最低。当析出新相核心是圆盘状时,在平行于盘面方向的错配度 δ 较小(几乎为零),在垂直于盘面方向的错配度比较大,如图 11-3 所示。这样,当母相的弹性模量呈现各向异性时,析出的圆盘状新相的盘面法线平行于母相弹性模量低的方向(对于大多数立方系而言,这个方向为<100>)。

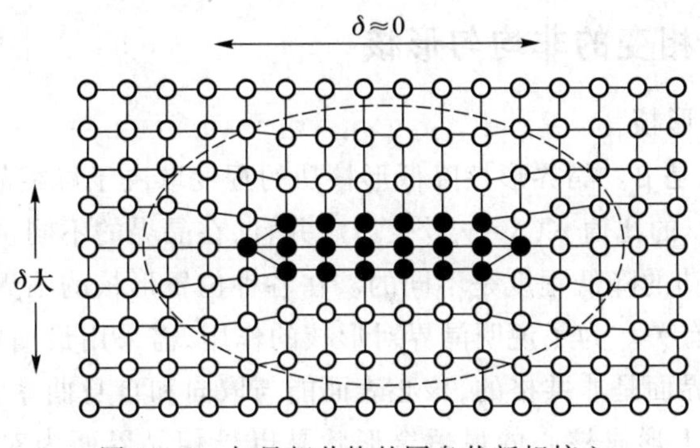

图 11-3 与母相共格的圆盘状新相核心

对于非共格析出物,没有上述的共格应变,仅有由新相体积和新相所在区域原来母相体积的差异 $\Delta V(=V_\beta-V_\alpha)$ 引起的应变。若析出相是一个旋转椭球(以椭圆的一个轴作旋转轴旋转而成的椭球),设旋转轴为 c 轴,另一轴为 a 轴,这个旋转体的形状取决于 c/a 的比值。旋转椭球体引起的弹性应变能

$$\Delta G_{st}=\frac{2}{3}G\frac{(\Delta V)^2}{V_\alpha}f(c/a) \tag{11-13}$$

式中:$f(c/a)$ 是考虑形状影响的因子,如图 11-4 所示。ΔV 及新相体积确定后,应变能随形状而变化,球状($c/a=1$)应变能最高,薄圆盘状($c/a\to 0$)应变能最低,针状($c/a\to\infty$)应变能大小处于前两者之间。若考虑弹性各向异性,$f(c/a)$ 的函数形式仍保留,只是它的实际值略有变化。

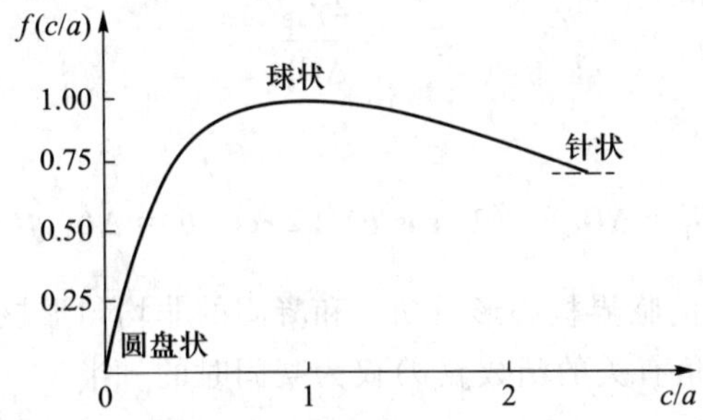

图 11-4 (11-13)式中 $f(c/a)$ 随 c/a 的变化关系

核心形成的过程总是倾向于使其表面能和应变能之和最小,因而析出物的形状是应变能和界面能综合影响的结果。对于与母相共格的析出物,从界面能方面看,核心呈球状时最低,但从应变能方面看,则核心呈圆盘状时最低。当错配度比较低时($\delta<5\%$),界面能的影响大于应变能,析出物以球状存在具有最小的自由能;当错配度比较高时($\delta>5\%$),析出物呈

圆盘状存在,这时降低的共格应变能足以补偿升高的界面能,使得析出物具有最小的自由能。对于与母相非共格的析出物,其真实平衡形状仍由总的表面能和应变能综合作用而决定。当$\Delta V/V$很小时,界面能起主要作用,析出物会呈现球状;$\Delta V/V$较大时,析出物可能呈现针状或圆盘状。

11.1.3 固态相变的非均匀形核

1. 在母相晶界上形核

设母相是α,新相是β。晶界形核降低形核功的程度取决于母相晶界的界面能$\gamma_{\alpha\alpha}$和新母相间的相界面能$\gamma_{\alpha\beta}$的比值$K(K=\gamma_{\alpha\alpha}/\gamma_{\alpha\beta})$。并且,在晶界的不同位置(晶界面,晶粒棱边和角隅)形核,对形核功的降低程度是不同的。在各种位置形核的临界形核功的实际表达式和形核时所作的假设有关。为了说明晶界对形核的作用,需采用最简单的情况来进行阐述。假设核心与母相的相界面是非共格的,核心表面能与取向和自身曲率无关,形核过程中的应变能为0,那么在晶界上形成核心的最适合形状是以母相晶界面为对称面的两个相接的球冠,如图11-5a所示。这时核心和界面交线处的静力平衡条件为

$$\cos\theta=\frac{\gamma_{\alpha\alpha}}{2\gamma_{\alpha\beta}} \tag{11-14}$$

式中:θ是核心和母相间的润湿角。若$2\gamma_{\alpha\beta}<\gamma_{\alpha\alpha}$,新相完全浸润晶界,此时不存在形核位垒,当第二相是液相时会发生这种情况,第二相将被毛细管力作用拉到晶界上,整个晶界被一层第二相薄膜所覆盖(参见7.5节)。析出相是固相时,界面能的关系一般$2\gamma_{\alpha\beta}>\gamma_{\alpha\alpha}$,这时形核就需要克服一定阻力。在晶界上形成晶胚的能量变化为

$$\Delta G_b=V_\beta\Delta G_I^V+A_{\alpha\beta}\gamma_{\alpha\beta}-A_{\alpha\alpha}\gamma_{\alpha\alpha} \tag{11-15}$$

式中:ΔG_I^V是形核驱动力;V_β是核心体积;$A_{\alpha\beta}$是新相界面面积;$A_{\alpha\alpha}$是形成核心后消失的母相晶界面积。把球冠的面积和体积(参见第10.5.2节)等代入上式,可获得球冠的临界半径r^*,它和母相的界面能无关:

$$r^*=\frac{2\gamma_{\alpha\beta}}{\Delta G_I^V} \tag{11-16}$$

临界核心形成功为

$$\Delta G_b^*=\Delta G_{ho}\frac{1}{2}(1-\cos\theta)^2(2+\cos\theta)=\Delta G_{ho}f(\theta) \tag{11-17}$$

式中:ΔG_{ho}是均匀形核时的临界核心形成功。和凝固的非均匀形核不同,固态相变形核的核心是双球冠,所以和润湿角有关的函数$f(\theta)$仅为凝固时的一半。

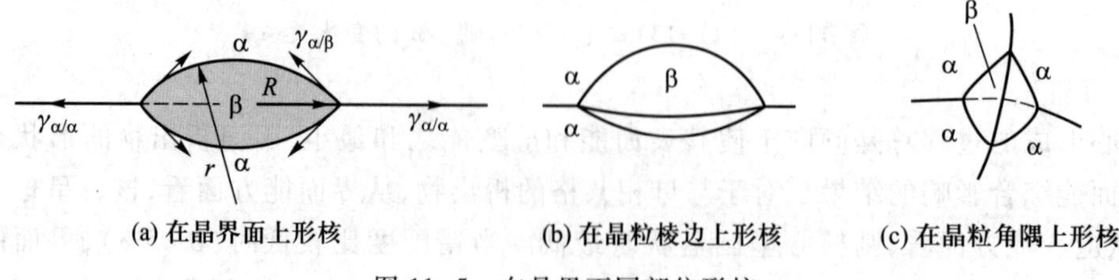

(a) 在晶界面上形核　(b) 在晶粒棱边上形核　(c) 在晶粒角隅上形核

图11-5 在晶界不同部位形核

在晶粒棱边和晶粒角隅上形核时(图 11-5 b、c),形核过程的形核位垒会降低更多,形核功更低。它们的形核功的形式和式(11-17)相似,都是 $\cos\theta$ 的函数,只是函数形式有所不同。这里将在晶界面、晶粒棱边和角隅形核时临界核心的形成功和均匀形核的临界核心形成功的比值统一写成

$$f_i=\frac{\Delta G_i^*}{\Delta G_3^*} \tag{11-18}$$

式中符号的下标 $i(i=0,1,2,3)$ 表示形核所依附位置的维数,体积形核(均匀形核)时为 3,界面形核时为 2,在晶粒棱边上形核时为 1,在晶粒角隅上形核时为 0。根据上述讨论可知,$f_3(\cos\theta)=1$,$f_2(\cos\theta)=(1-\cos\theta)^2(2+\cos\theta)/2$。$f_i$ 和 $\cos\theta$ 的关系如图 11-6 所示,可以看出,在所有的 $\cos\theta$ 值下都有 $f_0<f_1<f_2<f_3$ 的关系。$\cos\theta\geqslant\sqrt{3}/2$ 时,在晶粒棱边形核的自由能位垒变为 0;$\cos\theta\geqslant\sqrt{2}/\sqrt{3}$ 时,在角隅处形核的自由能位垒变为 0。

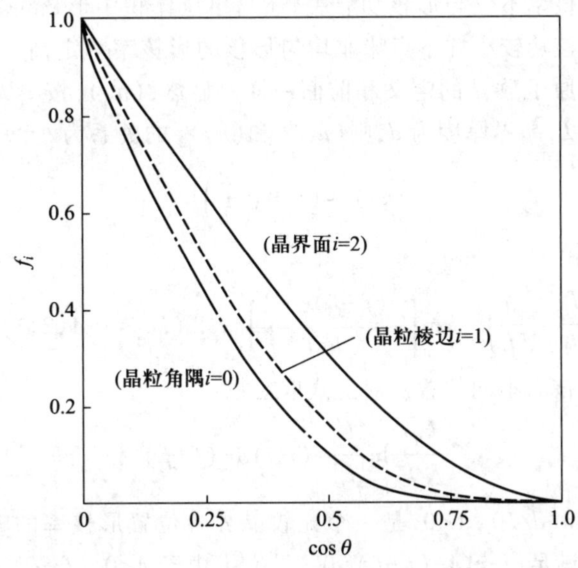

图 11-6　函数 f_i 随 $\cos\theta$ 的变化关系

上述讨论仅针对核心与其邻接母相的各个晶粒之间的界面能均相同的情况。如果核心的晶体点阵和邻接母相晶粒的晶体点阵匹配良好,核心和母相晶粒间的界面呈现部分或全部共格(半共格)关系,形核功将会进一步降低。当核心和母相晶粒之间仅存在一种特定的低能共格(半共格)取向关系的界面时,核心在该晶粒一侧呈现被切一角的球冠形,这个截面是一个低能的界面,如图 11-7a 所示。当核心和母相均是立方点阵结构,且核心点阵和邻接的一个母相晶粒的点阵匹配良好、错配度很小时,核心将保持为双球冠状,但这两个球冠会变得不对称。在匹配良好的一侧是共格界面,球冠的曲率半径较小;另一侧则是非共格界面,球冠的曲率半径较大,如图 11-7b 所示。图 11-7c 为晶界处形核和长大的显微照片,在 Cu-In 合金的晶界三叉节点处的 α 脱溶物(新相),其中 A 和 B 是非共格界面,C 是半共格界面。

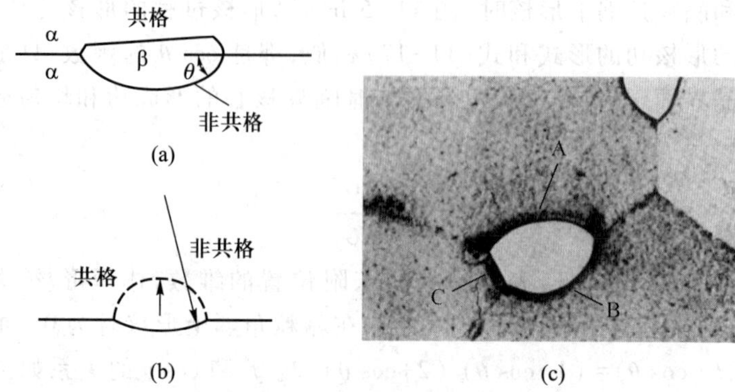

图 11-7　在界面(或角隅)上形成的新相核心

非均匀形核的形核率不仅与形核功有关,还与单位体积中形核位置的原子数 n_V 有关,因此非均匀形核的形核功较小并不意味非均匀形核的形核率一定高。以 $(n_V)_i$ 表示单位体积中不同形核位置的原子数,i 的定义和前面一样。显然,$(n_V)_i$ 按 i 从 3→0 的顺序大幅度减小。设晶粒尺寸为 L,晶界厚度为 d,则 $(n_V)_i$ 和 $(n_V)_3$ 的关系为

$$(n_V)_i=(n_V)_3\left(\frac{d}{L}\right)^{3-i} \tag{11-19}$$

根据(11-11)式和上式:

$$\frac{I_i}{I_j}=\left(\frac{d}{L}\right)^{j-i}\exp\left[-\frac{(f_i-f_j)\Delta G^*}{k_B T}\right] \qquad (i、j=0,1,2,3) \tag{11-20}$$

式中:i、j 分别表示形核的不同位置。对上式取对数:

$$\frac{k_B T}{\Delta G^*}\ln\frac{I_i}{I_j}=(j-i)A-(f_i-f_j) \tag{11-21}$$

式中:$A=(k_B T/\Delta G^*)\ln(d/L)$,$A<0$,是一个比较晶界各位置形核率的重要参数。从上式看出,若要 $I_i>I_j$,则必须满足 $(j-i)A-(f_i-f_j)>0$。设 $i>j$,由于 $A<0$、$(f_i-f_j)>0$,当 $(j-i)A>(f_i-f_j)$ 时,$I_i>I_j$ 成立。若 $I_i=I_{i+1}$,则

$$A=f_i-f_{i+1} \tag{11-22}$$

上式右边是 $\cos\theta$ 的函数,据此画出各种位置形核率相等时的 $A-K$ ($K=2\cos\theta$) 曲线,这些线划分了不同位置形核获得最大形核率的区域,如图 11-8 所示。图 11-8 中曲线的形状取决于导出 f_i 时所作的假设,因此对于真实系统,各曲线的形状略有不同。一般来说,小的 $\cos\theta$ 值,大的晶粒以及大的形核驱动力(小的 ΔG^*)有利于均匀形核;相反,则有利于在角隅处形核。原则上,驱动力增加(过冷度加大)的过程中,开始时主要在角隅处形核,然后依次是晶粒棱边、晶界面,最后是均匀形核。等温相变时,可能整个相变过程只在一种形核位置(最大形核率的形核位置)上形核;或者在相变早期阶段,居于支配地位的形核位置已被相变产生的新相全部占据,即这类形核位置饱和了,形核只在另一种相对形核率较大的位置形成。由于在不同位置的形核率可能相差很大,很多情况下,处于支配地位的形核位置形核饱和后,形核过程就停止了。

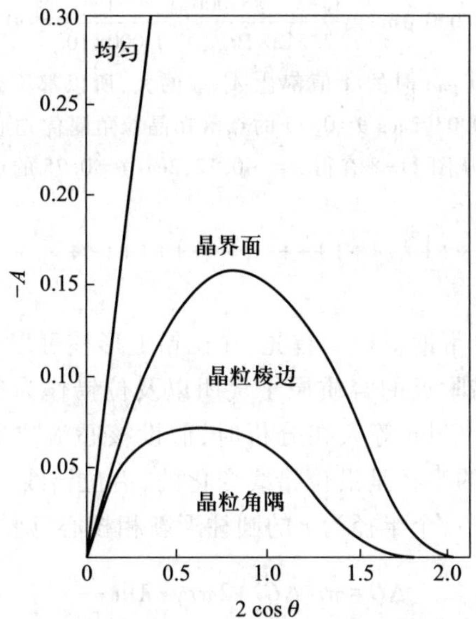

图 11-8 在晶界不同位置形核获得最大形核率的 A 和 K 范围

++

例题 11-1 ① 写出均匀形核与在晶界面上非均匀形核分界的 A-$\cos\theta$ 表达式。② 合金中 α 为母相，β 为析出相，α/β 界面能为 0.6 J · m^{-2}，α/α 界面能为 0.45 J · m^{-2}，1 000 K 时 α→β 的形核驱动力为 1.2×10^{7} J/m^{3}(其中已去除了弹性应变能的影响)。设晶界的厚度为 1 nm，问晶粒尺寸为 20 μm 和 1 000 μm，是否能在晶内形核？如果不能，会在晶界何处形核？

解 ① 在图 11-8 中均匀形核与晶界面非均匀形核的分界线上 $I_3=I_2$。根据(11-22)式，有

$$0=(2-3)A-(f_3-f_2)$$

因为 $f_3=1$，$f_2=(1-\cos\theta)^2(2+\cos\theta)/2$，故 A-$\cos\theta$ 的表述式为

$$A_{2\text{-}3}=-(f_3-f_2)=\frac{(1-\cos\theta)^2(2+\cos\theta)}{2}-1=\frac{\cos^3\theta-3\cos\theta}{2}$$

② β 相在 α 相界面上形核是双球冠状，其润湿角 θ 的余弦函数为

$$\cos\theta=\frac{\gamma_{\alpha/\alpha}}{2\gamma_{\alpha/\beta}}=\frac{0.45}{2\times0.6}=0.375$$

$I_3=I_2$ 时的 A 值为

$$A_{2\text{-}3}=\frac{\cos^3\theta-3\cos\theta}{2}=\frac{0.375^3-3\times0.375}{2}=-0.536$$

当 $A<-0.536$ 时，在晶内形核有利；反之，$A>-0.536$ 时，在晶界面或晶界其他位置形核有利。

现在计算 1 000 K 时 α→β 均匀形核的临界形核功 ΔG^*：

$$\Delta G^*=\frac{16\pi}{3}\frac{(\gamma_{\alpha/\beta})^3}{(\Delta G_1^V)^2}=\frac{16\pi}{3}\frac{0.6^3}{(1.2\times10^9)^2}\text{J}=2.513\times10^{-18}\text{J}$$

将 ΔG^* 以及晶粒尺寸 20 μm 和 1 000 μm，温度 1 000 K 代入公式 $A=(kT/\Delta G^*)\ln(d/L)$，求得

$$A(20\ \mu\text{m})=\frac{1.83^{-23}\times1\ 000}{2.513\times10^{-18}}\ln\frac{1}{20\times10^3}=-0.07$$

$$A(1\ 000\ \mu m)=\frac{1.83^{-23}\times 1\ 000}{2.513\times 10^{-18}}\ln\frac{1}{1\ 000\times 10^{3}}=-0.12$$

因为晶粒尺寸为 20 μm 和 1 000 μm 时的 A 值都比 $A_{(2-3)}$ 的大，所以都不会在晶内形核。当晶粒尺寸为 20 μm 时，从图 11-8 查得 $A=-0.07$，$2\cos\theta=0.75$ 的点落在晶粒角隅优先形核区域，这时会在晶粒角隅形核；当晶粒尺寸为 1 000 μm 时，从图 11-8 查得 $A=-0.12$，$2\cos\theta=0.75$ 的点落在晶粒棱边优先形核区域，这时会在晶界棱形核。

++

2. 在位错上形核

大量实验表明位错可以帮助形核。首先，在位错上形核可以松弛一部分位错的畸变能，从而降低形核功；其次，位错附近的溶质原子气团以及位错作为快速扩散通道，为形成富溶质的核心提供了有利条件。Cahn 等人在分析时，假设核心沿位错线析出，在垂直于位错线的截面上呈圆形，该截面上的半径是沿位错线变化的，沿位错线方向的截面状态如图 11-9a 所示。若在单位长度上形成一个半径为 r 的圆柱形新相核心，则自由能改变为

$$\Delta G=\pi r^{2}\Delta G_{1}^{V}+2\pi r\gamma-A\ln\frac{r}{r_{0}} \tag{11-23}$$

式中：A 是位错能量的常数[$A=\mu b^{2}/(4\pi K)$，K 值因位错类型而定]；r_0 是位错中心区域的大小。上式的第一项（新相、母相的体积自由能差值）和第三项（位错能量）都是负值，第二项（表面能量）是正值。

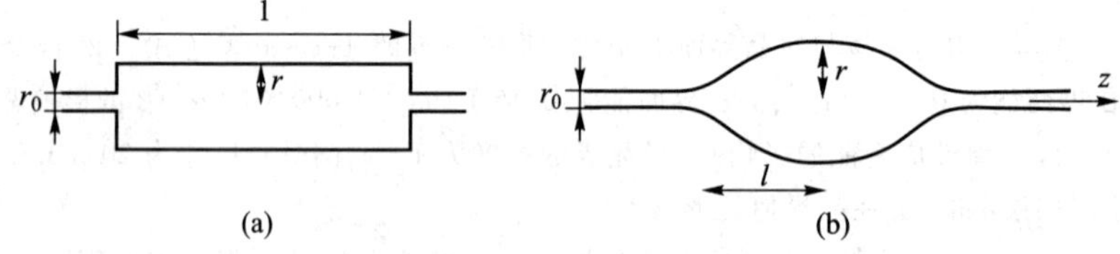

图 11-9 位错上的核心形状的示意图

如果形核时产生应变能，可以在（11-23）式的第一项中扣除。由 $\partial\Delta G/\partial r=0$ 求出临界半径 r^{*}

$$r^{*}=\frac{\gamma}{2\Delta G_{1}^{V}}\left[-1\pm\left(1+\frac{2A\Delta G_{1}^{V}}{\pi\gamma^{2}}\right)^{1/2}\right] \tag{11-24}$$

设 $\alpha^{D}=2A\Delta G_{1}^{V}/(\pi\gamma^{2})$，它是一个负值，只有 $\alpha^{D}\geqslant -1$ 时，r^{*} 有实根，当 $\alpha^{D}<-1$ 时，r^{*} 无实根，图 11-10 为$\Delta G-r$ 曲线的这两种情况。$\alpha^{D}<-1$ 时，形核驱动力比较大（过冷度或过饱和度比较大），$\Delta G-r$ 曲线上没有极点，此时在位错上形核不需要形核功，如果扩散过程允许的话，相变过程会自动进行。当 $\alpha^{D}\geqslant -1$ 时，形核驱动力较小（过冷度或过饱和度较小），$\Delta G-r$ 曲线上会出现两个极点，在 $r=r'$处（图 11-10 中 A 点）出现ΔG 的最低值，这时位错上的形核可粗略看作和位错自发形成的溶质气团相类似；在 $r=r^{*}$ 处出现ΔG 的最高值（图 11-10 中 B 点），相当于形核功。但是，比起均匀形核来说，在位错上形核形核功更小。当 $\alpha^{D}\geqslant 0.4\sim 0.7$ 时，在位错上的形核就比较明显。假设位错密度为 $10^{8}\ \mathrm{cm^{-2}}$，取合理的界面能值（$\gamma=0.2\ \mathrm{J\cdot m^{-2}}$）以及一定的过冷度（过饱和度约 30%），相应的 $\alpha^{D}=-0.6$，按上面的理论计算得 $r'=$

0.2 nm、$r^*=1$ nm,这些数值是比较合理的。据此计算得到形核率为 $10^{14}\mathrm{m}^{-3}\cdot\mathrm{s}^{-1}$,根据式(11-24)计算的均匀形核的形核率为 $10^{-64}\mathrm{m}^{-3}\cdot\mathrm{s}^{-1}$。由此可见,除了在过冷度(过饱和度)很高时能够实现共格均匀形核,一般情况下均匀形核是难以实现的。

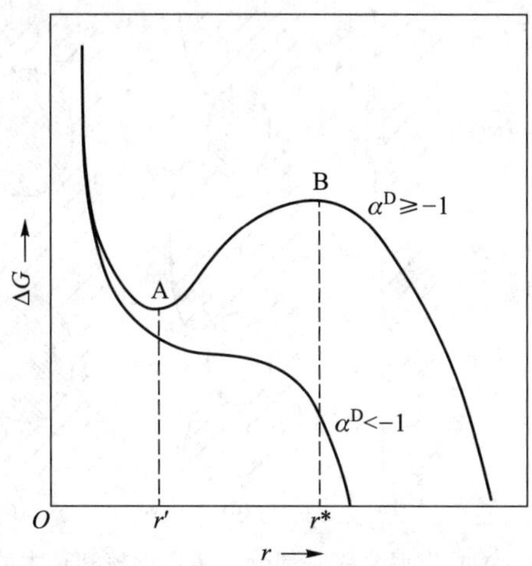

图 11-10 位错上形核时形核自由能ΔG与核心半径 r 的关系

实际上,与临界核心尺寸相比,位错线可视为无限长。若核心在位错线上以临界半径形成,那么所需的核心形成功(形核功)将会很大。设想核心形状在垂直位错线的截面上呈圆形,核心半径 r 是 z 的函数 $r(z)$,如图 11-9b 所示。对临界核心形成功求解的结果,与均匀形核相比,位错上形核的形核功更小。当$|\alpha|\geqslant 0.4\sim0.7$ 时,位错上的形核比较明显。

3. 在层错上形核

在 fcc 晶体中,如果层错能比较低,全位错会分解为扩展位错。在扩展位错中,层错实际上是几个原子层构成的 hcp 结构的晶体。当 hcp 结构的新相从 fcc 结构的母相中析出时,层错已经为这一转变准备了必要的结构条件,此时只需改变成分即可触发形核过程。如果层错中存在着铃木气团,那么层错也可能为形核准备了成分条件。因此,层错是这类转变的潜在形核位置。根据层错结构的特点,这类核心的形成必然遵循特定的取向关系:

$$(111)_{\text{母相}}//(0001)_{\text{新相}}$$

$$[1\bar{1}0]_{\text{母相}}//[11\bar{2}0]_{\text{新相}}$$

这种取向关系保证了良好匹配的低能的共格(或半共格)界面。Al-Ag 合金中 α 相(fcc 结构)脱溶析出过渡相——γ′相(hcp 结构)的形核就是在层错上形核的典型例子。

在 fcc 结构的晶体中一个全位错发生 $a[110]/2\rightarrow a[111]/3+a[11\bar{2}]/6$ 反应,两个部分位错也夹着一个层错带。其中的 $a[111]/3$ 是弗仑克尔部分位错的柏氏矢量,它的攀移可以释放出空位。当形核位于层错边缘,且析出的新相体积比原来母相大时,形核的过程会伴随部分位错的攀移。在此过程中,核心形成和长大能够吸收因位错攀移放出的空位,从而显著降低它的应变能。这类型形核的典型例子是在含 Nb 的奥氏体不锈钢中析出 NbC 化合物的过程。析出过程示意图如图 11-11 所示。图 11-11a 表示 NbC 核心在层错(E)一端的弗仑克尔位错(F)边缘形核;图 11-11b 表示位错的割阶(J)运动提供空位使 NbC 核心长大;图

11-11c 表示弗仑克尔位错的连续攀移一方面使 NbC 长大，另一方面扩大了层错区；图 11-11d 表示弗仑克尔位错全部包围了 NbC 形成一个新的可供形核的位错。这样的过程不断重复从而使形核过程重复。

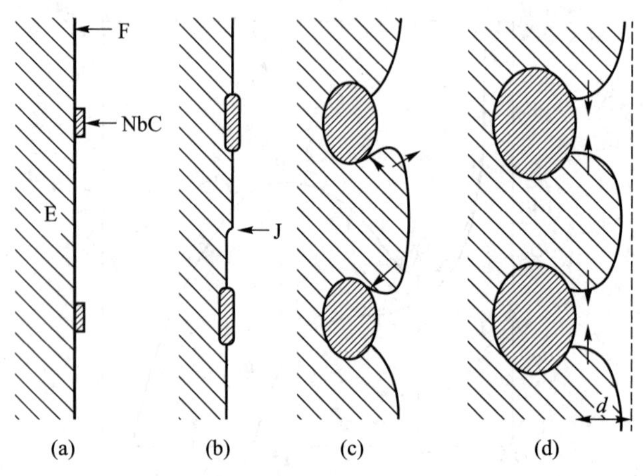

图 11-11 NbC 在弗仑克尔部分位错上形核和长大的示意图

11.1.4 固态相变的晶核的长大

如果母相和新相成分相同，界面上母相一侧的原子摆脱母相，跨越界面依附到新相中，界面便向母相推移。这种过程只涉及界面的最近邻原子的运动，一般被称为“由界面处原子过程控制的长大”，或简称为“界面过程控制长大”。当新相和母相成分不相同时，新相界面的推移除了需要界面最邻近的原子运动外，还可能涉及原子的长程扩散过程。因而长大过程可能受界面过程控制或受扩散过程控制，也可能同时受界面过程和扩散过程控制，这主要取决于界面过程的难易程度。

设 A-B 二元系从母相 α 中析出新相 β，相界面迁动的驱动力（核心长大的驱动力）是新相和母相的摩尔吉布斯自由能差$\Delta G_{\alpha/\beta}$，但是，由于新相的界面耗费了一部分能量，长大驱动力总是比$\Delta G_{\alpha/\beta}$小。随着新相粒子长大，分摊在每摩尔新相上的界面能减小，因此长大驱动力随着长大过程逐渐增加。如图 11-12a 所示，x_0 成分的 α 相在 T_1 温度下析出 β 相，两相在 T_1 温度的成分-自由能曲线如图 11-12b 所示。一般情况下，当 α 相析出成分为 x_β 的富 B 原子的 β 相后，在界面附近的 α 相会贫 B 原子。假设在界面上的 α 相的成分为 x'_α，则在 α 相中离相界面较远处与相界面处的浓度差为 $x_0-x'_\alpha$，离相界面较远处与相界面处 B 组元的化学势差为图 11-12b 中 IJ 段对应的数值，它驱使 B 原子向 α 相内扩散。相界面和 β 相的 B 组元的化学势差为图 11-12b 中的 KJ 段对应的数值，它驱使 B 原子跨过界面进入 β 相。界面上 α 相的成分不同（可能从 x_0 到 x_α 之间变化），α 相心部和界面上 B 组元的化学势差（浓度差）与界面两侧的 B 组元化学势差也不同。若在界面上的 α 相的成分从 x_0 变化到 x_α，则界面两侧的 B 组元化学势由图 11-12b JK 段对应的数值（最大值）变为 0，而 α 相心部和界面上的化学势差即由 0 变为图 11-12b 中的 IK 段数值。当界面过程不易进行时（界面难以迁动），要求尽可能大的界面迁动驱动力来克服界面迁移的势垒。由于界面过程进行得相对缓慢,因此有足够时间让足够的溶质原子从 α 相心部扩散到界面,以满足推动界面所需。这时界面上 α 相的成分为 x_0,界面得迁动由界面过程所控制,界面前沿 α 相的成分基本不变,如图 11-12c 中的虚线所示。当界面过程容易进行时,只需要少许的驱动力即可使界面迁移,界面上的 α 相成分可以维持平衡成分 N_α。由于界面过程进行得相对较快,溶质原子只需要从 α 相心部扩散到界面处,界面可以立刻吸收溶质原子而迁移。此时,界面迁动由扩散过程控制,界面前沿 α 相的成分分布如图 11-12c 中的实线所示。当界面前沿 α 相的成分调整为 x'_α 值,界面过程的驱动力以及 α 相心部和界面上的化学势差(扩散驱动力)相等,界面迁动吸收的溶质原子速率恰好和扩散时提供溶质原子的速率相平衡,此时界面迁动由界面过程及扩散过程共同控制。

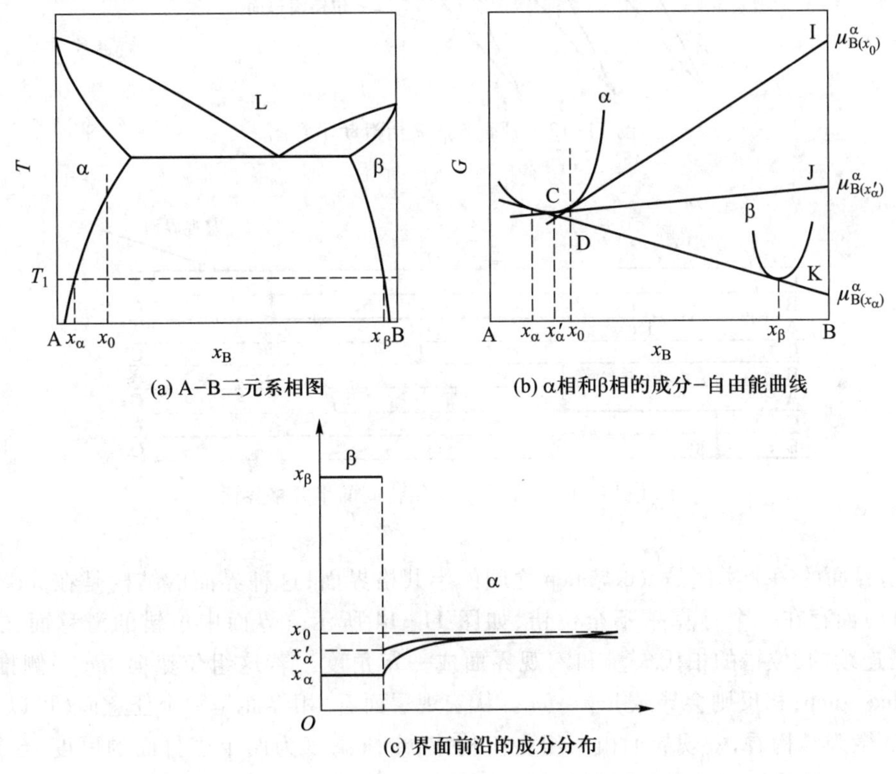

图 11-12 A-B 二元系从 α 相中析出 β 相

1. 界面过程控制的长大

界面过程是指在界面母相一侧原子转移到新相一侧的过程,其具体机制以及难易程度取决于界面的结构。根据界面两侧原子在界面推移过程的迁动方式,界面过程可以分为热激活和非热激活两种。

(1) 非热激活长大

界面推移时原子从母相迁移到新相并不需要跳离原来位置,也不改变相邻的排列次序,而是靠切变方式使整层母相原子转变为新相。这个过程是非热激活长大。

如果新母相的界面是半共格界面,其迁动是由界面上的位错滑移所引起,这就是非热激活长大过程。以这种方式移动的界面称滑动界面。但并非所有半共格界面都是滑动界面，其条件是界面所在的晶面不是位错的滑移面，并且界面位错在两个相中的滑移面是连续的。位错滑移后，使每个滑移面两侧相对发生一个大小为柏氏矢量的切动，结果使母相结构切变成新相结构。图 11-13 是界面非热激活滑动的示意图。

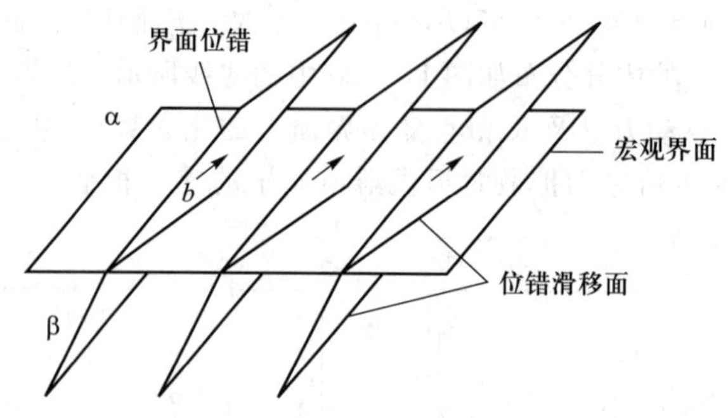

图 11-13　界面非热激活滑动示意图

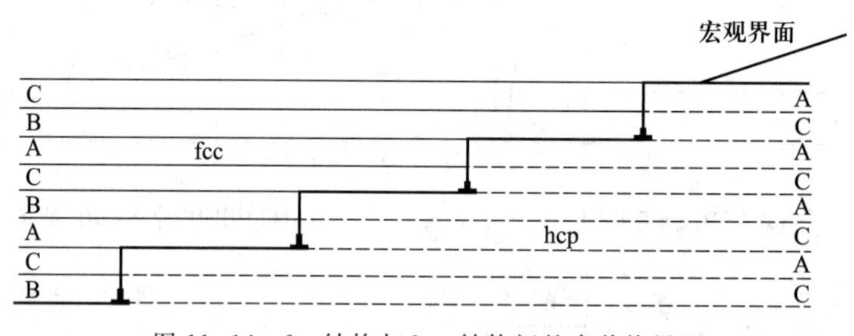

图 11-14　fcc 结构与 hcp 结构间的半共格界面

滑动界面的一个实例是 fcc 与 hcp 之间的半共格界面，这种界面的结构是在 fcc 中每隔一个(111)面存在一个肖克莱不全位错，如图 11-14 所示。界面中位错的滑移面在 fcc 和 hcp 中是连续的，位错的柏氏矢量和宏观界面成一定角度。若这组位错向 fcc 一侧推移，则会引起 fcc→hcp；相反则会导致 hcp→fcc。从宏观层面看，相界面是一个任意面(可以是无理面)，但从微观结构看，宏观界面由一组台阶构成，台阶高度为两个密排面的厚度，台阶的宽面是共格的。这种界面对应于两相的取向关系：

$$(111)_{fcc}//(0001)_{hcp}$$

$$\langle 1\bar{1}0\rangle_{fcc}//\langle 11\bar{2}0\rangle_{hcp}$$

如果界面的位错是同一种位错，则界面移动会使晶体发生很大的宏观形状变化(图 11-15a)，从而引起很大的应变能。为了避免这样的应变，一般界面上 fcc 结构(111)面上会有三种肖克莱位错(例如柏氏矢量分别为 $a/[11\bar{2}]6$、$a/[1\bar{2}1]6$、$a/[\bar{2}11]6$ 的位错)，并且这三种位错的数量相等，这些位错滑动使滑动面两侧原子发生的排列次序和由单一种位错滑动时的相同。这样的晶界滑动后就不再会发生宏观的整体变形(图 11-15b)。

尽管其他类型的滑动界面相比之前讨论的复杂得多，但上述原则仍然适用。这类界面推移的速度通常较快且对温度不敏感。

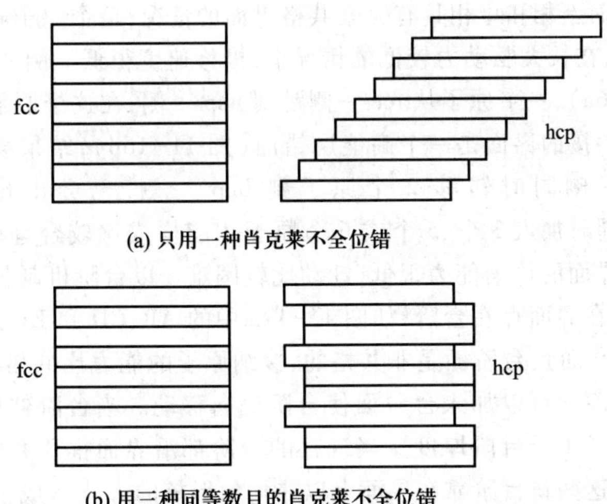

(a) 只用一种肖克莱不全位错

(b) 用三种同等数目的肖克莱不全位错

图 11-15　fcc 的密排面以不同方式切变成 hcp 结构的示意图

（2）热激活长大

界面的推移靠单个原子随机独立地跳越界面而进行。原子的跃迁需要克服一定位垒，过程中需要热激活帮助，因此界面的这种迁动是热激活迁动，迁动速度对温度十分敏感。相界面移动的速度公式和(10-48)式相似，只是把其中的ΔG_{LS}换成固态转变α→β的驱动力$\Delta G_{\alpha/\beta}$，指数前的系数写成B(包括了新相接纳原子的能力)，这时界面移动的速度为

$$v=B\exp\left(-\frac{\Delta G_{m}}{k_{B}T}\right)\left[1-\exp\left(\frac{\Delta G_{\alpha/\beta}}{k_{B}T}\right)\right] \tag{11-25}$$

显然，恒温转变时，长大速度是常数。当过冷度很小时，转变驱动力$\Delta G_{\alpha/\beta}$很小，$\Delta G_{\alpha/\beta}\ll k_{B}T$，上式可简化为

$$v=B\frac{\Delta G_{\alpha/\beta}}{k_{B}T}\exp\left(-\frac{\Delta G_{m}}{k_{B}T}\right)\approx\frac{D_{b}}{k_{B}T}\frac{\Delta G_{\alpha/\beta}}{d} \tag{11-26}$$

式中：D_{b}是原子在晶界的扩散系数；d是晶界的宽度。界面的迁移率为

$$M=\frac{v}{\Delta G_{\alpha/\beta}}=B\frac{\exp\left(-\frac{\Delta G_{m}}{k_{B}T}\right)}{k_{B}T}\approx\frac{D_{b}}{k_{B}T}\frac{1}{d} \tag{11-27}$$

当过冷度很大，即$\Delta G_{\alpha/\beta}$很大时，$\Delta G_{\alpha/\beta}\gg k_{B}T$，可以认为$\exp[\Delta G_{\alpha/\beta}/(k_{B}T)]\to 0$，此时界面迁移速度为

$$v=B\exp\left(-\frac{\Delta G_{m}}{k_{B}T}\right)\approx\frac{D_{b}}{d} \tag{11-28}$$

纯金属的多形性(同素异形)转变过程中，核心的长大过程是界面过程控制热激活长大的典型例子。由于纯金属中总有一些微量杂质，这些杂质会在相界面上发生吸附，从而对界面的迁移起拖曳作用(见第7章)，使长大速度延缓。如果转变的过冷度比较大(如大于50K)，界面迁动的驱动力足够大，则这种拖曳影响并不重要。

对于多形性转变时新相和母相具有完全共格界面的情况，单个原子随机地从母相跳到新相去会增加很大能量，在长大驱动力较低的情况下，推移速度很低。例如$(0001)_{hcp}//(111)_{fcc}$的共格界面(图 11-16a)，一个原子从 fcc 一侧跳到 hcp 一侧，在这个原子周围出现不全位错环，并且与这个原子相接的界面是一个高能层错面(图 11-16b)，结果会形成高能的不稳定结构。如果从 fcc 一侧同时转移 2 个原子到 hcp 一侧，也会出现类似的高能结构(图 11-16c)。只有同时加入 3 个、5 个或 6 个原子才能构成比较合理的结构(图 11-16d、e)。如此看来，共格界面的接纳能力很低，迁动比较困难。以台阶机制长大能够避免长大时遇到这样的困难。若在界面存在台阶，如图 11-17a 中的 AB、CD 和 EF 是共格界面(宽面)，BC、DE 是长大台阶(窄面)，台阶面是非共格的，接纳原子的能力比共格界面更优异，即接纳因子比共格界面的。原子可以加入台阶面使台阶侧向移动。当台阶伸展把界面覆盖后，则界面沿法线方向推移了 1 个台阶厚度。当现存的台阶都沿界面推移并完成长大之后，就需要有新的台阶出现。这些新台阶靠在界面上以非均匀形核的方式形成。台阶沿侧向伸展是比较容易的，但形成新台阶比较困难。因此，台阶机制的长大过程往往受到共格界面上形核以产生新台阶的步骤所控制。图 11-17c 是从电子显微镜观察到的台阶机制长大的实例，1.5%Mg_2Si-Al 合金中析出的 Mg_2Si(β 相)，图 11-17b 是根据观察和测量描绘的台阶长大的示意图(注意这种析出转变并不是多形性转变)。

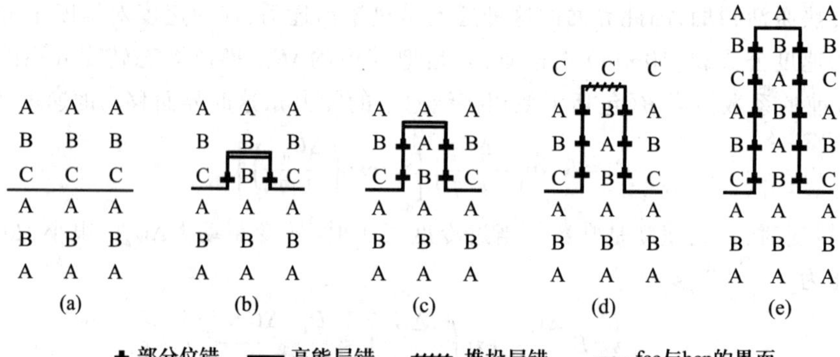

图 11-16 fcc-hcp 结构间的共格界面及几种结构变化

当界面以台阶机制长大时，长大速度和界面推移驱动力的线性关系式(11-26)不再成立。对于一些简单的情况，长大速度正比于驱动力的平方；更复杂的情况中会出现更复杂的关系。

通常情况下，在驱动力足够高时，各种类型的界面均可以实现连续生长；然而，当驱动力小于某个临界值时，界面需要以台阶机制生长。对于结构非常漫散的界面(例如大角度界面)，这个临界驱动力很低，几乎在所有条件下界面均可连续生长；而对于结构非常陡的界面(例如共格界面)，临界驱动力太高，界面几乎均为台阶机制生长。

应该注意到，对于一些复杂的相界面，例如 fcc-bcc 间的半共格界面(参见第 7 章)只能靠台阶机制生长，而生长“台阶”的侧面可能存在相当程度的共格，此生长过程不完全由扩散控制。

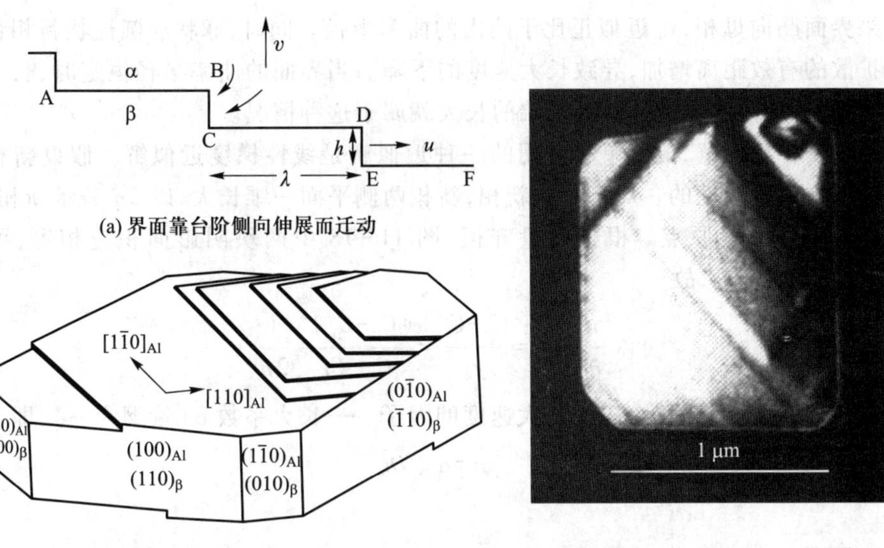

(a) 界面靠台阶侧向伸展而迁动

(b) 根据观察和测量描绘的台阶长大示意图

(c) 台阶长大机制的电子显微图像

图 11-17　台阶长大机制

2. 长程扩散控制的长大

无论是扩散过程控制或是界面过程和扩散过程共同控制长大，都是通过计算新相和母相界面上的扩散流量来确定界面推移速度的。以图 11-12a 所示的合金来进行分析，将其中的成分表示由原来的摩尔分数 x 改成体积浓度 C，其余下标的意义不变。

（1）简单形状新相粒子长大

第 8 章中讨论的反应扩散界面移动原理，适用于具有平直界面的新相长大过程中的界面移动。现以 r 表示垂直于界面的坐标，母相在界面上的成分为 C_α（如果是界面过程和扩散过程共同控制，则这一成分变为某一成分 C'_α，它的数值取决于界面控制的程度）。当单位面积界面在 Δt 时间向母相推移了 Δr，新相吸收了 $\Delta r(C_\beta - C_\alpha)$ 摩尔 B 原子，这些物质应由母相中扩散输运来提供。在 Δt 时间内，扩散到单位面积界面上 B 原子的数量为 $\Delta t D \left.\dfrac{\partial C}{\partial r}\right|_{r=\eta}$，其中 D 是溶质在母相中的扩散系数，$\left.\dfrac{\partial C}{\partial r}\right|_{r=\eta}$ 是在界面上母相中溶质原子的浓度梯度，η 是界面位置。界面迁移速度 v 可表示为

$$v = \left.\frac{\mathrm{d}r}{\mathrm{d}t}\right|_{r=\eta} = \frac{D}{C_\beta - C_\alpha} \left.\frac{\partial C}{\partial r}\right|_{r=\eta} \tag{11-29}$$

根据具体的边界条件和初始条件，通过解扩散方程，可以求得界面上母相中溶质原子的浓度场和浓度梯度。在难以获得浓度场的解析表达式的复杂情况下，可求出在界面的浓度梯度的数值解。现简化讨论，把上式的浓度梯度以$\Delta C/y_\mathrm{d}$ 来表示，其中ΔC 是母相中心与界面的浓度差，y_d 是溶质原子的有效扩散距离。则式（11-29）变为

$$v = \frac{\Delta C}{C_\beta - C_\alpha} \frac{D}{y_\mathrm{d}} \tag{11-30}$$

如果界面是平面，随着界面向前推移，溶质不断消耗，y_d 必然连续增加，导致长大速度连续下

降。如果界面凸向母相,y_d 近似正比于凸出的曲率半径。同时,球状和圆柱状新相粒子长大也会使扩散的有效距离增加,导致长大速度的下降。当界面的曲率半径恒定时,长大速度也恒定,圆盘状析出的边缘及针状的顶端的长大就属于这种情况。

对于浓度梯度的解,最简单和常用的一种近似解是线性梯度近似解。假设新相界面沿母相的浓度梯度是线性的。对于片状新相,新相两侧平面一维长大,以 2η 表示新相的厚度,其中点作为 r 坐标的原点。根据质量守恒,图 11-18 中两块阴影面积应相等,可得 $y_d = 2\eta(C_\beta - C_0)/(C_0 - C_\alpha)$,故

$$\left.\frac{\partial C}{\partial r}\right|_{r=\eta} = \frac{C_0 - C_\alpha}{y_d} = \frac{(C_0 - C_\alpha)^2}{C_\beta - C_0}\frac{1}{2\eta} \tag{11-31}$$

因为 η 正比于 $\sqrt{Dt}$,引入一个决定长大速度的因子——长大系数 α(量纲为一),即

$$\eta = \alpha\sqrt{Dt} \tag{11-32}$$

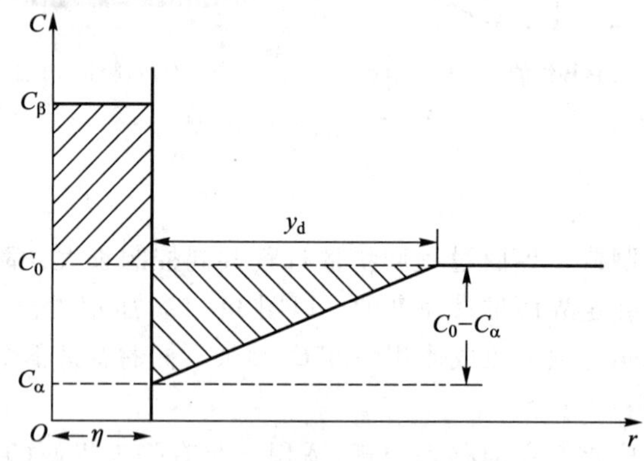

图 11-18 一维长大的线性梯度近似

那么,新相长大速度为

$$v = \frac{d\eta}{dt} = \frac{\alpha}{2}\sqrt{\frac{D}{t}} \tag{11-33}$$

只要求出长大系数 α,即可求出新相粒子的长大速度。把式(11-31)代入式(11-29),得到

$$v = \frac{d\eta}{dt} = \frac{D}{C_\beta - C_\alpha}\frac{(C_0 - C_\alpha)^2}{C_\beta - C_0}\frac{1}{2\eta} \tag{11-34}$$

对上式两侧积分,求出

$$\eta = \sqrt{Dt}\frac{C_0 - C_\alpha}{(C_\beta - C_\alpha)^{1/2}(C_\beta - C_0)^{1/2}} \tag{11-35}$$

把 η 代回式(11-33),得到

$$v = \frac{C_0 - C_\alpha}{2(C_\beta - C_\alpha)^{1/2}(C_\beta - C_0)^{1/2}}\sqrt{\frac{D}{t}} = \frac{\alpha}{2}\sqrt{\frac{D}{t}} \tag{11-36}$$

$$\alpha = \frac{C_0 - C_\alpha}{(C_\beta - C_\alpha)^{1/2}(C_\beta - C_0)^{1/2}} \tag{11-37}$$

根据上述推导可知,在扩散控制的新相长大过程中,新相的尺寸与时间的平方根成正比,新

相的长大速率与时间的平方根成反比,即随时间的平方根增加而减小。实验发现,对于一维长大的情况,上式符合得很好。但是,当长大的新相尺寸与其扩散场的尺寸(y_d)相当时,新相的尺寸会随时间的平方根增加而增加。

对于盘状边缘和针状顶端增长速率的计算,因其数值随边缘或顶端曲率不同而不同,因此计算较为困难。但是,通过实验观察可知,盘状边缘和针状顶端是以恒速增长的,这说明它们的曲率半径不变,在它们的前面有一个稳态的扩散场。实际上,盘状边缘及针状顶端的曲率半径应该对应其最大的长大速率,它和体系的过饱和度有关。此处不作详细讨论。

(2) 具有台阶界面的新相长大

前面介绍了同素异形转变的台阶长大,这种长大的过程中没有成分变化。对于长大过程伴随成分改变的情况,如果界面具有台阶(图 11-17),台阶的宽面是半共格界面,窄面是非共格界面。由于半共格界面难以迁动,往往通过非共格界面的侧向长大而使整个界面向前推移。台阶侧向长大和盘状边缘增长相似,析出的新相需要成分变化,必须伴随长程扩散。在这种情况下,通过解扩散方程精确求出台阶附近的浓度场比较复杂,常用式(11-30)作侧向长大速度 u 的近似估计,令有效扩散距离 $y_d = kh$,k 是常数,h 是台阶高度,得到

$$u=\frac{D\Delta C}{(C_\beta - C_\alpha)hk} \tag{11-38}$$

如果台阶宽面的宽度为 λ,则界面推移速度

$$v=\frac{D\Delta C}{k(C_\beta - C_\alpha)\lambda} \tag{11-39}$$

只要各个析出物的扩散场不重叠,界面推移速度就反比于台阶间距(即台阶宽面的宽度 λ)。但是,式(11-39)的前提是假定小台阶有恒定的 λ,这就要求在长大过程中不断有新的台阶产生。在宽面上一般靠重复表面形核或其他机制来产生新台阶,但各种机制产生的台阶都很难具有恒定的 λ。通常情况下,当界面存在台阶时,这些台阶的侧向长大会促使界面有较快的推移速度。一旦台阶被完全消耗,界面的推移几乎停滞,只能等待新的台阶形成后,界面才能继续向前推移。对上述情况进行举例说明:观察 $w_{Ag}=15\%$ 的 Al-Ag 合金在 400℃ 时 γ 相片层长大的情况(图 11-19),图中黑圆点代表 γ 相片层随时间增厚。不难看出,当 γ 相片层的厚度增加到一定程度,在之后的一段时间内,厚度几乎不再增加,这就是等待新台阶形成的阶段。另外,各阶段增厚的速率不同,这表明台阶形核是速度的控制过程。作为比较,图中给出同一系统由扩散控制的生长过程中非共格平直界面增厚的上限和下限曲线。

11.1.5 转变动力学

转变动力学指转变过程中的转变量与时间的关系。下面讨论扩散型形核长大转变的动力学过程。

在具有一定的转变驱动力下等温保温时,母相经过一段孕育期开始转变,之后转变速度逐渐增加,一直增至某一最大速度后逐渐下降,如图 11-20a 所示。

根据实验事实,可以简单唯象地(即不用考虑过程的细节,根据实验事实)用理论推导转变动力学曲线。可以看出,转变速度随时间(转变剩余体积)持续减小,如图 11-20b 所示,这是一级反应。设 V 是体系整体的体积,V^β 是已转变为新相 β 的体积,一级反应动力学表

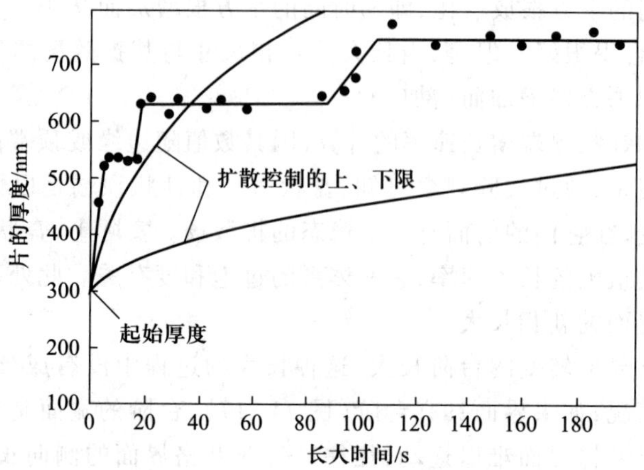

图 11-19 Al-Ag 合金中 γ 相片层厚度随时间变化曲线（$T=400$ ℃）

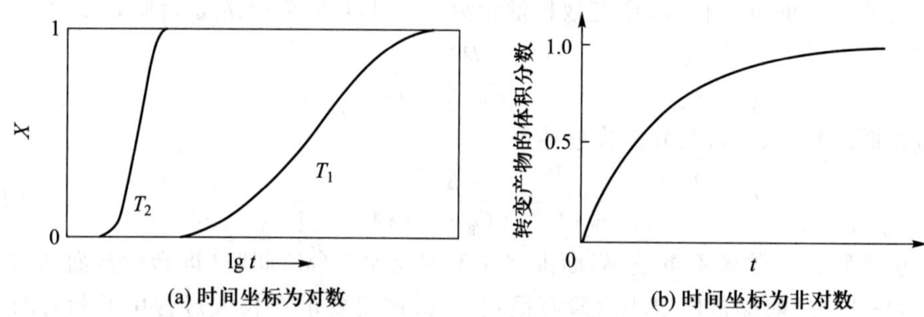

图 11-20 恒温转变动力学曲线

达式为

$$\frac{\mathrm{d}V^{\beta}}{\mathrm{d}t}=k(V-V^{\beta}) \tag{11-40}$$

式中：k 只是一个比例系数，不能说明它的物理意义。上式从 0 到 t 积分：

$$\int_0^{V^{\beta}}\frac{\mathrm{d}(V-V^{\beta})}{V-V^{\beta}}=\int_0^t -k\mathrm{d}t$$

得

$$\ln(V-V^{\beta})-\ln V=-kt \tag{11-41}$$

即

$$(V-V^{\beta})/V=\exp(-kt)$$

整理得

$$V^{\beta}/V=X=1-\exp(-kt) \tag{11-42}$$

约翰逊(Johnson)和梅尔(Mehl)最早根据形核率 I 和长大速度 v 推导出恒温转变动力学曲线的数学表达式。假设形核率 I 和核心长大速度 v 都是恒定值，不随时间变化，母相和新相各向同性，形核位置在整个体积内随机分布，核心在相碰处停止长大。

设讨论的整体体积 $V=1$。在相变时间 t 前某一时刻 $(t-\tau)$ 形成一个新相核心，如果在长大过程中未与其他新相相碰，则在此时刻新相核心的体积 V_{τ} 为

$$V_{\tau}=\eta v^3(t-\tau)^3 \tag{11-43}$$

式中：η 是形状因子，因核心形状不同而异，球状，则 $\eta=4\pi/3$。假想新相之间不相碰，并且未发生相变区域体积不改变，则在时间 τ 内单位体积期望获得新相的体积 X_{ex} 为

$$X_{ex}=\int_0^t V_\tau I\mathrm{d}\tau=\int_0^t \eta v^3(t-\tau)^3 I\mathrm{d}\tau \tag{11-44}$$

实际转变过程中，未转变区域体积不断减少，因此上式的计算偏高。设在单位体积中新相体积所占的比例为 X，余下未转变的体积则为 $1-X$，真实的相变增量 $\mathrm{d}X$ 和上面讨论的假想情况下转变增量 $\mathrm{d}X_{ex}$ 应有如下关系：

$$\mathrm{d}X=(1-X)\mathrm{d}X_{ex} \tag{11-45}$$

对上式积分得到

$$X_{ex}=-\ln(1-X) \tag{11-46}$$

把式(11-46)代回式(11-44)，得到

$$-\ln(1-X)=\int_0^t \eta v^3(t-\tau)^3 I\mathrm{d}\tau$$

或

$$X=1-\exp\left(-\int_0^t VI\mathrm{d}\tau\right) \tag{11-47}$$

因设 v 和 I 不随时间变化，故

$$X=1-\exp\left(-\frac{1}{4}\eta v^3 I t^4\right) \tag{11-48}$$

上式是按三维长大导出的，如果核心是二维（板状）长大或一维（丝状）长大，把核心的体积代入式(11-47)中，则可得到类似式(11-48)的方程，这时 v 和 t 的方次有所降低。形核率的具体情况均列于表 11-1 中。

事实上，形核率和长大速度是随时间而变的。假定形核率 I 随时间增加而下降，转变的动力学方程为

$$X=1-\exp(-Bt^n) \tag{11-49}$$

上式称为 JMAK 方程（Johnson-Mehl-Avrami-Kolmogorov 方程），式中 B 和 n 取决于转变类型的参数。对式(11-49)两端做两次对数处理，得到

$$\ln\left[\ln\left(\frac{1}{1-X}\right)\right]=\ln B+n\ln t \tag{11-50}$$

由于 B 是常数，不单独考虑它的正负。将 $\ln[1/(1-X)]$ 及 t 画在对数坐标图上，可得一条直线。其斜率是 n（表 11-1），截距是 $\ln B$。

表 11-1 动力学方程 $X=1-\exp(-Bt^n)$ 中的 n 值

机制	情况	n 值
多形性转变，非连续沉淀，共析分解，界面控制长大等	形核率增加	>4
	形核率为恒值	4
	形核率减小	3~4
	零形核率	3
	晶界面形核（饱和后）	1
	晶界边形核（饱和后）	2

续表

机制	情况	n 值
扩散控制长大	新相由小尺寸长大,形核率增加	>5/2
	新相由小尺寸长大,形核率为恒值	5/2
	新相由小尺寸长大,形核率减小	3/2 ~5/2
	新相由小尺寸长大,零形核率	3/2
	新相具有相当尺寸长大	1~3/2
	针状、片状新相具有有限长度	暂无明确 n 值范围
	两相远离	1
	长柱体(针)的加厚(端际完全相遇)	1
	很大片状新相的加厚(边际完全相遇)	1/2
	薄膜	1
	丝	2
	位错上沉淀(很早期)	~1/2

式(11-49)中的 n 值与形核长大过程中所作的假设相关,在 1~4 之间变化。对于界面控制长大的情况,形核率为恒值时,$n=4$;形核率随时间增加时,$n>4$;形核率随时间减小时,$n<4$。在晶界处形核并且形核饱和后,$n=1$;在晶粒棱边形核并且形核饱和后,$n=2$。对于扩散控制长大的情况,根据形核和长大所作假设不同,表 11-1 汇总了在不同实验条件下观察到的 n 值。只要形核机制没有变化,n 值就和温度无关。而 B 值与形核和长大速度有关,因此它的值与温度变化相关。新相占比 X 随时间的变化[(11-49)式]如图 11-21a 所示。

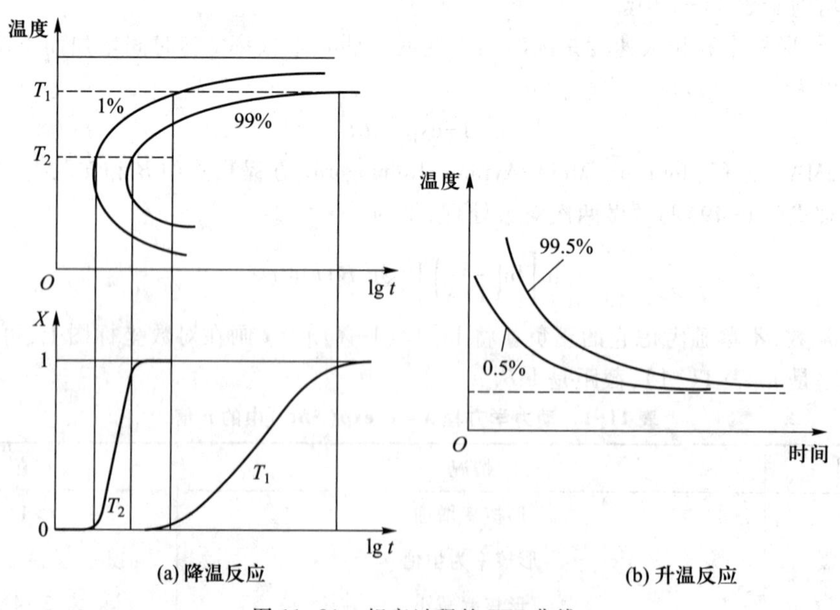

图 11-21 相变过程的 TTT 曲线

把每个温度下转变开始的时间和终了的时间分别连接起来,这曲线称恒温转变动力学曲线(时间-温度-转变曲线,TTT 曲线)。对于相变过程,随着驱动力的增加,形核率和长大速度会相应提升。然而,原子移动的活动性会随温度降低而变差,这会导致形核率和长大速度降低。综合两方面的影响,温度的降低引起相变速率的变化应是先增加,再降低。这使得恒温转变动力学曲线具有字母 C 的形状,俗称 C 曲线,如图 11-21a 所示。当相变过程涉及从低温相到高温相的转变时,通常随着温度的升高,相变驱动力和扩散能力都会相应地增强,从而导致相变速率增加,但不会出现 C 形的特征,如图 11-21b 所示。

对于金属而言,其凝固过程很难获得大的过冷,一般情况下观测不到转变随温度下降而变慢的过程,测量不出整根 C 曲线。但是对于黏度大的液体,结晶过程会有很大的过冷,可以测出完整的 C 曲线,例如玻璃,见图 10-120。

++

例题 11-2 某一转变的动力学遵从 Avrami 方程,参数 $n=1.7$,若经 100 s 转变进行了 50%,问转变到 99%所需的时间?

解 根据 Avrami 方程 $X=1-\exp(-Bt^n)$,先用 100s 转变进行了 50%的信息,求出系数 B:设 τ 时刻转变进行 99%,则有

$$1-0.5=\exp(-B\times100^{1.7})$$

$$B=-\frac{\ln 0.5}{100^{1.7}}=2.759\times10^{-4}$$

设转变进行 99%需要 τ 秒,则有

$$1-0.99=\exp(-2.759\times10^{-4}\times\tau^{1.7})$$

即

$$\tau^{1.7}=-\frac{\ln 0.01}{2.759\times10^{-4}}\ \mathrm{s}^{1.7}=16\ 691.45\ \mathrm{s}^{1.7}$$

结果

$$\tau=304.7\ \mathrm{s}$$

++

11.1.6 亚稳平衡过渡相的形成

从全过程看,相变最终的产物应该为最稳定相,因为这样能够使相变过程的总吉布斯自由能降低的最多。例如,A-B 系中和 α 相平衡的相有稳定的 β 相和亚稳定的 β′相,图 11-22 给出它们在某一温度 T 下的自由能-成分曲线。成分为 x_0 的 α 相,在温度 T 下能够析出稳定的 β 相,最终变为稳定的 α+β 相,这个过程降低的自由能对应 CD 段长度。如果析出亚稳定的 β′相,最终转变为 α+β′相,这个过程降低的自由能对应 CE 段的长度。显然,相比于转变为亚稳定相(亚稳相),相变的最终产物为稳定相时自由能降低的更多。

但是,形核的驱动力却不能用 CD 或 CE 来表示。为了简化讨论,用平行切线法来求形核驱动力。从图 11-22 看出,形成亚稳相 β′核心的驱动力(LK 的长度)比形成稳定相 β 的核心的驱动力(JI 段长度)大。因此,在析出稳定平衡相之前,可能优先析出 β′亚稳相。但从总过程的平衡趋势看,亚稳相将最终消失。亚稳相 β′是在转变为平衡相之前的一种过渡性产物,往往称为过渡亚稳相。其存在的时间与相变的动力学条件有关。铁-碳合金中的 Fe_3C 相是亚稳定相,石墨是稳定相,由于石墨形成十分缓慢,以致常看到的是亚稳定相 Fe_3C 而不是石墨。

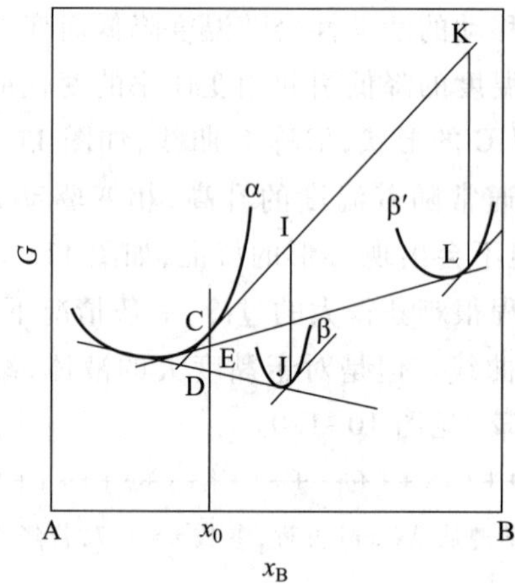

图 11-22 α 相、β 相、β′相在温度 T 下的自由能-成分曲线

11.2 过饱和固溶体分解

当一个固溶体体系在高温下呈现单相状态时，由于溶解度通常随温度降低而减小。因此，在冷却到一定温度后，这个单相体系会变成不稳定的过饱和固溶体，发生“相分离”。图 11-23 是描述二元合金中第二相沉淀的各种平衡相图。

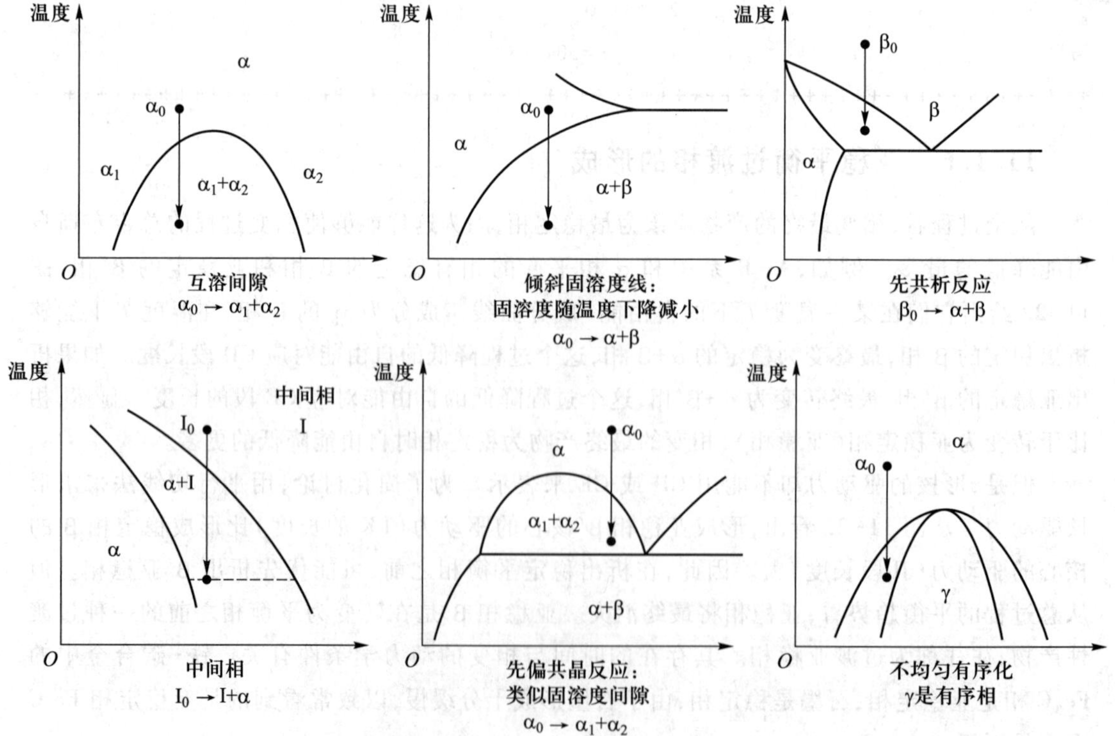

图 11-23 二元合金中第二相沉淀的各种平衡相图

图 11-24a 为具有互溶间隙的 A-B 二元系相图,其中包含拐点线。图 11-24b 为温度 T_1 下的自由能-成分曲线,曲线与公切线的交点对应稳定的两相成分,x_{s1} 和 x_{s2} 为自由能曲线的拐点成分。在两拐点成分之间,两相是不稳定的,在拐点成分与稳定成分之间,两相是亚稳定的。在相图中显示为,高温下稳定的单相固溶体快速冷却到互溶间隙中时,在固溶线与拐点线之间是亚稳定的,在拐点线之间则是不稳定的。

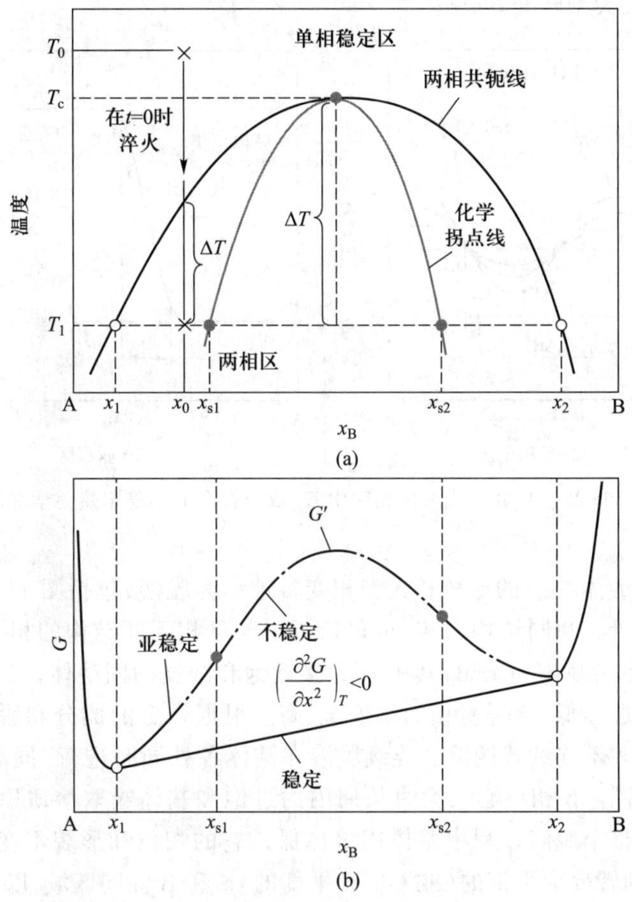

图 11-24 有互溶间隙的二元系过饱和固溶体分解

在第 10 章介绍了经历能量涨落和结构涨落过程的两类相变。根据其过饱和度的不同,可能会发生其中的一种转变。图 10-3 描述了这两种转变的特点,在图中采用的体积浓度 C_i 是指单位体积中 i 组元的物质的量(与图 11-24 的 x_i 相对应),描述体积浓度时所采用的体积相对于晶格单胞要足够大,相对于浓度涨落范围要足够小。图 11-25 a、b 分别表示 A-B 二元系溶解度间隙两相区中的合金(图 11-24 a)在不稳定区和亚稳区中的热力学涨落,这种热力学涨落是不稳定的,其中 $C(\boldsymbol{r})$ 是淬火后 t 时刻 $\boldsymbol{r}=(x, y, z)$ 处的浓度。图 11-25a 中原始状态是不稳定的,由原来均匀状态自发地成为非局域的长波长的浓度涨落的过程中,它的波幅随时间增大,图中表述了三个时刻的浓度分布,核心通过涨落连续地长大成新相,这类相变称为连续型相变,也称为调幅分解。合金成分处在拐点线以内才会发生这种机制的转变(后面会讲到,发生这种机制转变时,合金成分比这里所述范围还要窄)。处在拐点线与两相平衡分解线之间的具有亚稳定成分的合金,原子将会在很小范围(很小体积)中发生强烈重排的涨落,从而形成新相核心,然后向周围长大,如图 11-25b 所示。图中的 $2r^*$ 是分离相横截面的临界直径(临界核心),界面宽度为 δ,$\delta \ll r^*$,此时分离相的浓度达到两相平衡的成分 C_2。形成分离相核心和母相间有界面存在,从而引入了不连续区域,相转变是非均匀、不连续的,即形核长大型转变。

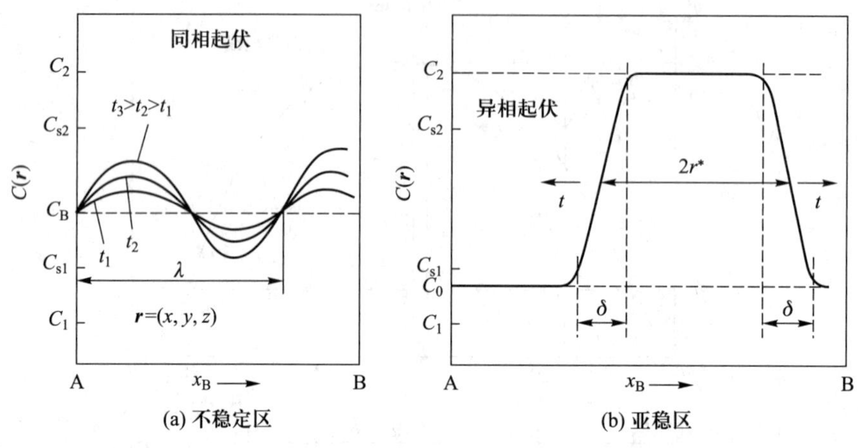

图 11-25 A-B 二元系两相区中 C_B 成分合金的不稳定热力学涨落

过饱和亚稳固溶体(α')的形核长大型相变常被称为脱溶,包括图 11-23 所示的从过饱和相中脱溶析出与母相相同结构的相,也包括析出与母相不同结构的相。若把析出相都表示为(β),则脱溶反应为 $\alpha' \to \alpha+\beta$,其中 α 为接近饱和浓度的固溶体,亚稳相的溶质浓度为 $x_{\alpha'}$,它比脱溶相浓度 x_β 低,比平衡相的浓度 x_α 高。根据合金的成分和脱溶条件,脱溶分解被分为连续式脱溶和不连续式脱溶。连续脱溶在基体各处同时进行(同时形核),但各处的形核速度可能不相同。β 相核心长大时从周围的过饱和基体吸取溶质原子,直至基体浓度达到饱和浓度。在整个脱溶过程中基体固溶体保持它的相位和形貌不变。相反,不连续脱溶的过程中,会分别转变为平衡的(或不完全平衡的)α 和 β 混同区域,以及未发生转变的过饱和 α'区域。已转变区域呈现胞状结构,而两相混同的胞状区域的边界则时两个移动的相界面(MTPB)。

在连续脱溶的过程中,尤其是低温条件下,在形成平衡结构前,由于析出的平衡相的结构与基体有较大差异,因此往往不会一开始就析出平衡相,而是先析出一些形核势垒比较低的过渡相和亚稳相,这些过程被称为预脱溶,预脱溶完成后才析出平衡相。预脱溶过程析出的过渡性亚稳结构通常尺度比较小,需要借助电子显微镜或高分辨率电子显微镜下才能观察到这些结构。同时,低温时原子扩散困难,所以这些分解过程与过饱和空位的数目有着密切的联系。此外,由于不同合金脱溶过程中变化的细节不同,预脱溶过程也会有所差异。

综上所述,过饱和固溶体发生相分离可以分为四种模式:① GP 区及亚稳相的形成;② 连续脱溶;③ 不连续脱溶;④ 调幅分解。

11.2.1 连续脱溶

过饱和固溶体的脱溶中会按一定的脱溶贯序析出亚稳的过渡结构。这种贯序一般为：富集溶质的原子团簇区（GP 区）、亚稳相、平衡相。不同合金和不同的温度下，脱溶过程的析出贯序不同。下面介绍脱溶贯序、相关相结构及组织形貌。

以 Al-4%Cu 合金（脱溶平衡相为 θ）为例进行讨论。图 11-26 是 Al-4%Cu 合金富 Al 侧的相图。把 Al-4%Cu 合金加热到 540℃以上温度，合金成为以 Al 为基的单相 α 固溶体。快速冷到低温，使 α 保留下来成为过饱和固溶体。过饱和固溶体通过低温下保温会发生脱溶分解，最终析出平衡相是 θ（$CuAl_2$）相。若过饱和 α 固溶体在 180℃（或以下）保温，它的脱溶贯序为：

$$\text{母相 }\alpha\rightarrow\alpha_1+\text{GP 区}\rightarrow\alpha_2+\theta''\rightarrow\alpha_3+\theta'\rightarrow\alpha_4+\theta$$

其中 α 的不同下标，表示不同成分的母相。下标从 1～4 变化的过程中，α 相的过饱和度降低，α_4 是该脱溶温度下平衡成分或接近平衡成分的母相。

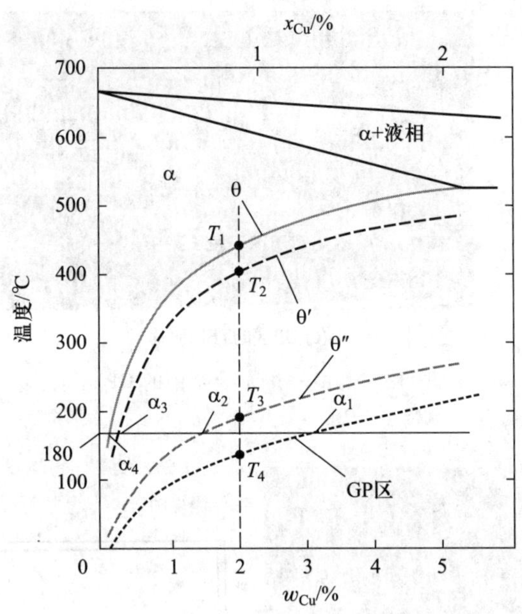

图 11-26 Al-4%Cu 合金在富 Al 侧的相图

在第一阶段的析出物质，由于尺寸微小在金相显微镜下观察不到。1938 年，由 Guinier 和 Preston 分别借助 X 射线衍射条纹检测到，因此这类产物所构成的区域被称为 GP 区。在 Al-4%Cu 合金中，GP 区是和母相完全共格的盘状富 Cu 区，盘面垂直于基体的低弹性模量方向，即<100>方向，如图 11-27a 所示。这些盘状产物大约有两个原子层厚，直径为 10 nm，相互间距约为 10 nm。图 11-27b 是通过场离子显微镜观察到的 GP 区模型。图 11-27c 是在透射电镜（TEM）下观察到的 GP 区。可以观察到，尽管在电子显微镜下 GP 区本身依然难以分辨，但沿着垂直于 GP 区方向上的共格错配畸变导致了电子衍射强度局部变化，这种变化在图像上表现为可识别的衬度差异。

图 11-28a 是 Al-1.4at%Cu 合金在 100 ℃退火 30 h 的情况下<110>晶带轴上 GP 区的高分辨率透射电镜图像(上部是对应 A、B、C 区的原子排列),成功显示了在(002)面上的富 Cu 片。图 11-28b 是 Al-1.7at%Cu 合金中 Cu 的三维原子探针(3DAP)图像。

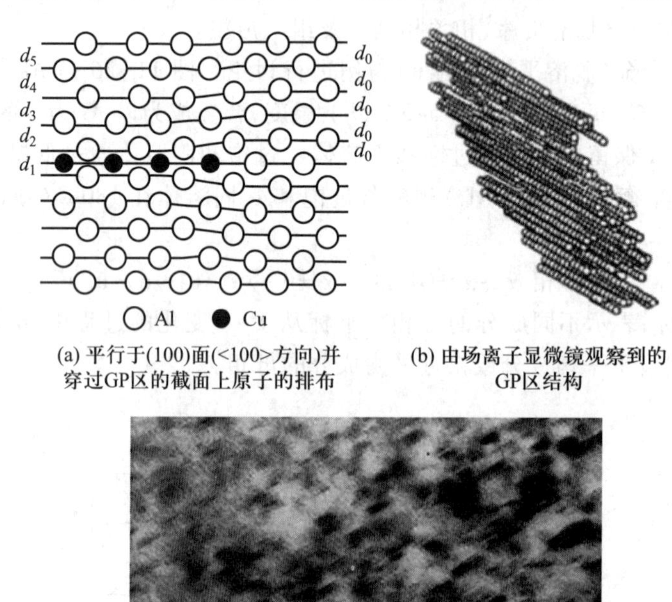

(a) 平行于(100)面(<100>方向)并穿过GP区的截面上原子的排布

(b) 由场离子显微镜观察到的GP区结构

(c) GP区的TEM照片

图 11-27 Al-4%Cu 合金中的 GP 区

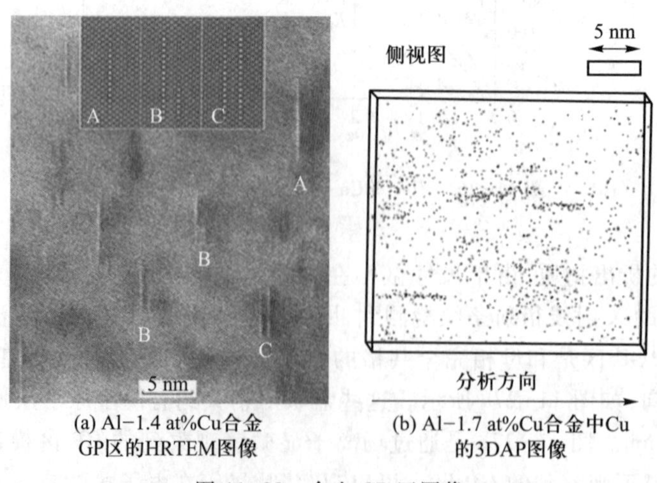

(a) Al-1.4 at%Cu合金GP区的HRTEM图像

(b) Al-1.7 at%Cu合金中Cu的3DAP图像

图 11-28 合金 GP 区图像

GP 区形成之后接着析出过渡相 θ″，其具有正方（四方）结构，基本上呈现畸变的 fcc 结构，厚度达 10 nm，直径达 100 nm。铜和铝原子分别各排列在(001)面上。(001)面的原子排列和基体一致。θ″相是以$\{100\}_\alpha$为惯态面的完全共格盘状脱溶物，它和基体的取向关系是：

$$(001)_{\theta''}//(001)_\alpha$$

$$[001]_{\theta''}//[001]_\alpha$$

图 11-29 描述了 θ″相的晶体结构和原子排列。GP 区显然是 θ″相非常有利的形核位置，因此 θ″相是在原来的 GP 区位置上出现的。图 11-33a 是 θ″相的显微组织照片。

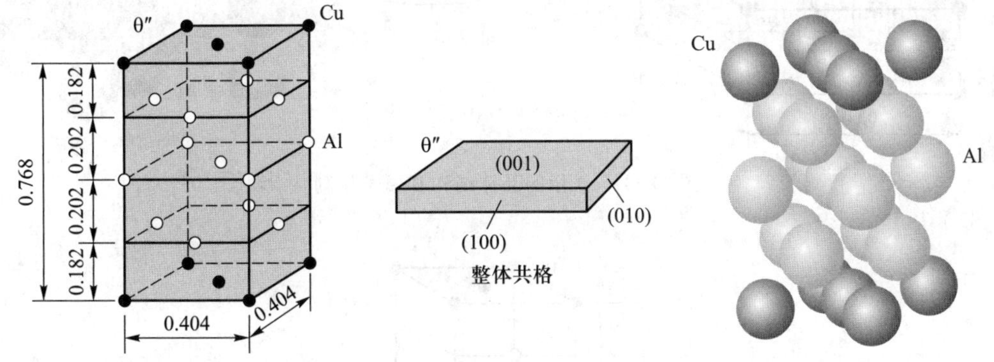

图 11-29　θ″相的晶体结构和原子排列

继 θ″相之后，析出的下一种过渡相是 θ′相，成分近似于 $CuAl_2$，同样为正方结构。它的(001)面原子排列和原子间距和基体相同，但(010)面和(100)面的排列和基体不同，在[001]方向的错配比较大，因此 θ′的惯态面以及和基体的取向关系和 θ″相同。在 θ′相析出开始时，其宽面是完全共格的，随着核心地长大共格关系慢慢丧失，侧面是非共格或是复杂的半共格结构。θ′片的直径约为 1 μm，并且在宽面上存在错配。图 11-30 描述了 θ′相的晶体结构和原子排列。θ′相一般在基体中的位错上形核，位错的应变场减小形核的错配度。随着 θ′相长大，周围的 θ″相会逐渐溶解。图 11-33b 是 θ′相的显微组织照片。

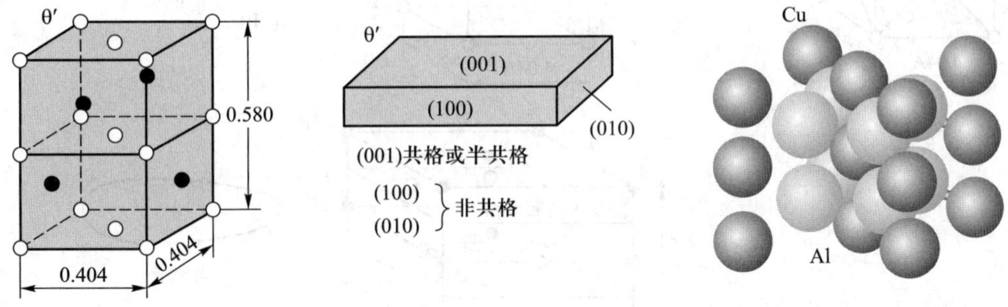

图 11-30　θ′相的晶体结构和原子排列

平衡相 θ 的成分接近于 $CuAl_2$，它具有复杂体心正方结构，所有面均不能和基体形成良好匹配。因此，θ 相和基体只能形成非共格或复杂的半共格界面。图 11-31 呈现了 θ 相的晶体结构和原子排列。图 11-32 呈现了母相 α 和亚稳相 θ″、θ′以及平衡相 θ 的晶体结构和形态。图 11-33c 为 Al-Cu 合金中 θ 相的显微组织照片。

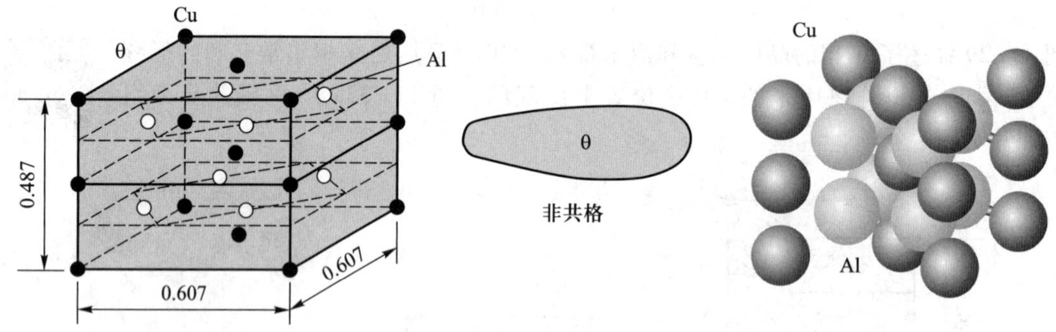

图 11-31 θ 相的晶体结构和原子排列

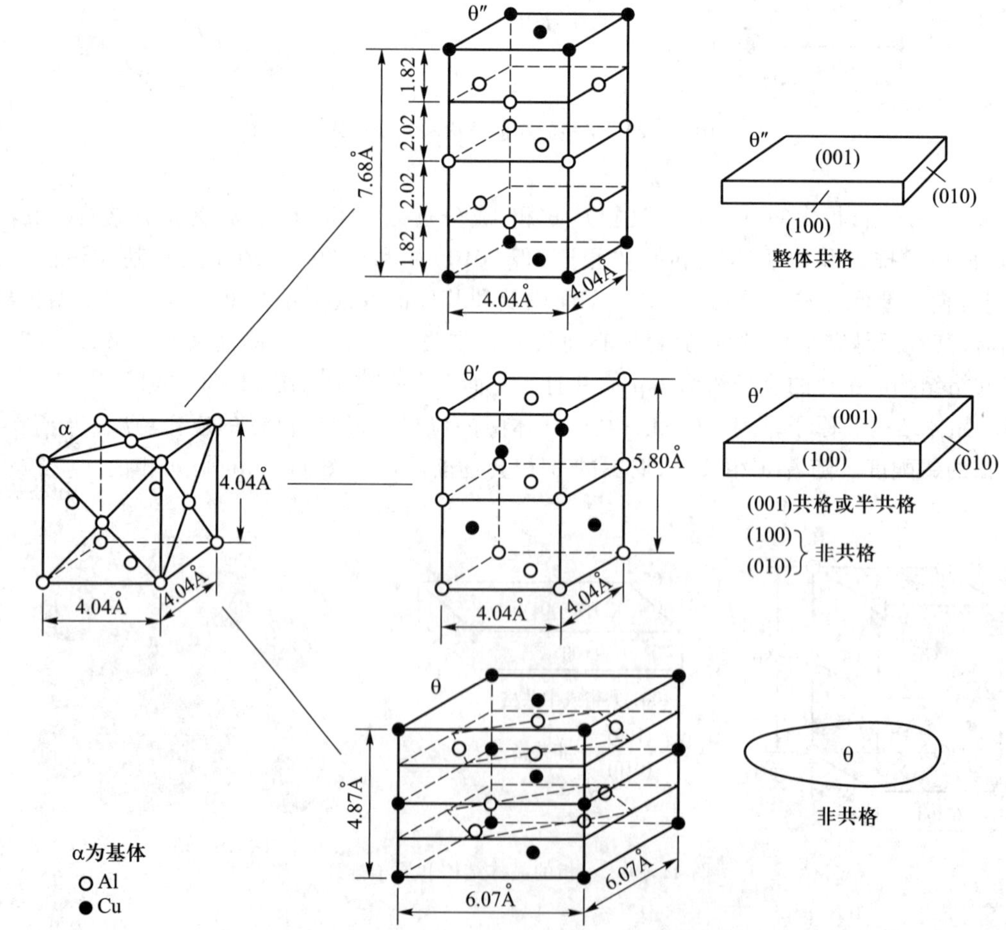

图 11-32 Al-Cu 合金中 θ″、θ′和 θ 相的结构和形态

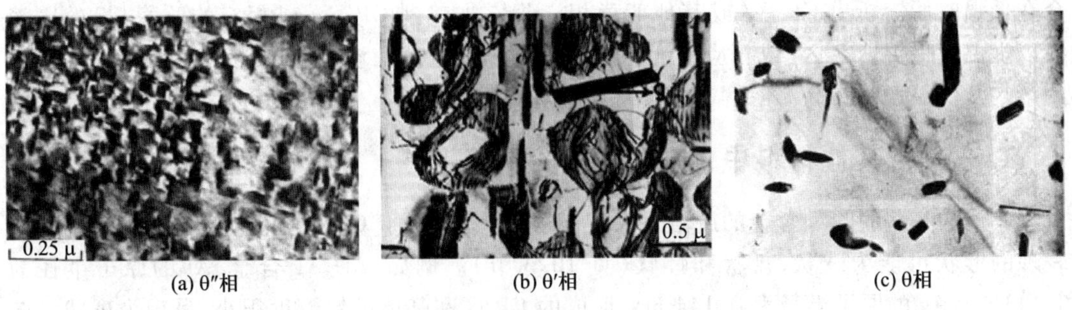

(a) θ″相 (b) θ′相 (c) θ相

图 11-33 Al-Cu 合金脱溶在 GP 区后不同阶段的显微组织照片

11.2.2 脱溶贯序的热力学分析

图 11-34a 示意性地给出了 180℃时 GP 区以及各种相的自由能-成分曲线(对应图 11-26)。GP 区和基体有相同的晶体结构,与基体的自由能-成分曲线重合,亚稳相 θ″相和 θ′相具有较高的自由能,没有平衡相 θ 稳定。用作公切线的方法可以得到与各种产物相平衡的基体相的不同成分 α_1、α_2、α_3 和 α_4。成分为 α_0 的母相的脱溶贯序是:$\alpha_0 \rightarrow \alpha_1$+GP 区→$\alpha_2+\theta'' \rightarrow \alpha_3+\theta' \rightarrow \alpha_4+\theta$,其自由能按 $G_0 \rightarrow G_1 \rightarrow G_2 \rightarrow G_3 \rightarrow G$ 的顺序降低。图 11-34b 描述了脱溶进行过程中体系总自由能的变化。

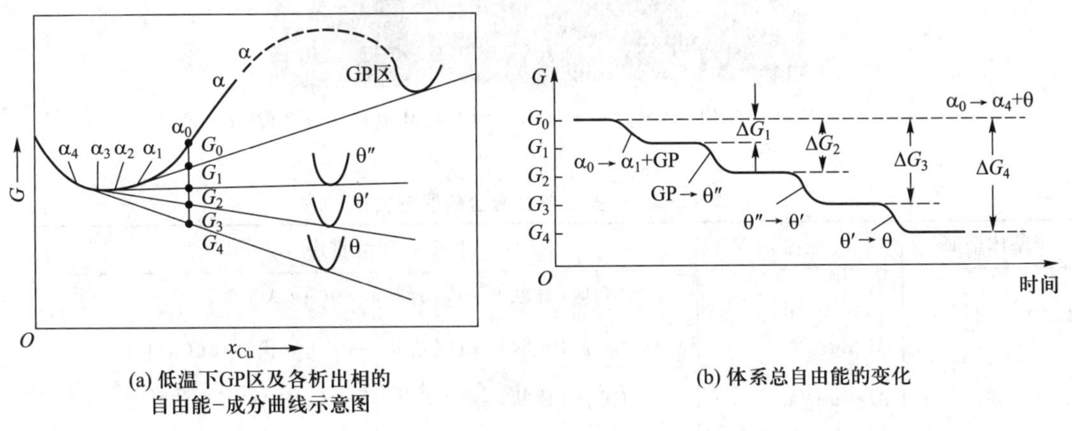

(a) 低温下GP区及各析出相的自由能-成分曲线示意图 (b) 体系总自由能的变化

图 11-34 Al-Cu 合金脱溶过程中的能量变化

当 α_4+θ 相析出完毕,体系达到最低自由能的平衡态,转变停止。虽然析出平衡相 θ 时能量降低最多(驱动力最大),但由 GP 区和过渡相的结构看出,形成 GP 区或过渡相核心时,体系具有低的界面能和弹性应变能,形核位垒较低,所以先于平衡相析出。从自由能-成分曲线可以看出析出贯序与温度以及母相的成分相关,在一定的条件下,上述的析出贯序可能会不完整。

在过饱和度低(过冷度小)的情况下,例如 Al-2%Cu 合金,在图 11-26 的 $T_1 \sim T_2$ 之间脱溶时,只可能析出平衡相 θ。在图 11-26 的 $T_3 \sim T_4$ 温度之间脱溶时,能析出 θ″、θ′和 θ 相。只有在过饱和度大(过冷度很大)时,例如 T_4 温度以下,才可能获得完整的析出贯序。当合金在低温时脱溶析出 GP 区(或其他亚稳相),把它加热到 GP 区(或相应的亚稳相)的固溶线以上温度保温,GP 区(或相应的亚稳相)将会溶解,析出在该过饱和度(过冷度)允许产生的产物。低温产物在高温溶解的这种现象被称为回归。

11.2.3 其他材料中的脱溶贯序

其他的一些脱溶型合金的脱溶贯序列于表 11-2。由于 GP 区和基体的错配度不同,其表现的形状可能为球状、盘状和针状(见 10.3 节)。例如,Al-Ag 合金,Al 的原子半径为 0.143 nm,Ag 的原子半径为 0.144 nm,形成的 GP 区和基体的错配度很小,呈现为球状。图 11-35 所示为x(Ag)= 1%的 Al(Ag)过饱和固溶体在 413 K 时效处理 92 h 后的 HREM 晶格条纹图像,黑色区域为富银区,GP 区周围的一层薄球壳几乎是纯铝。

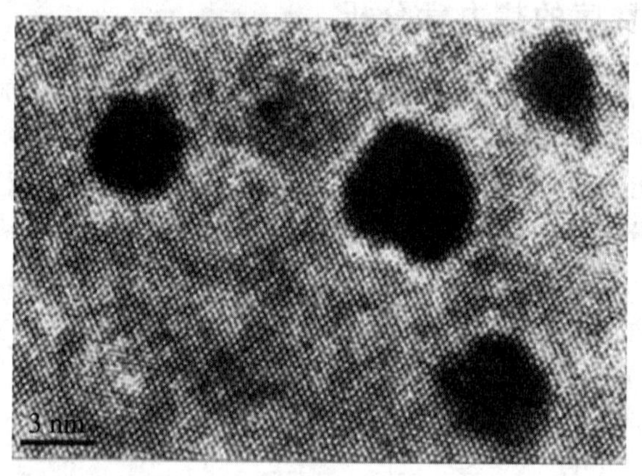

图 11-35 Al(Ag)过饱和固溶体的 HREM 晶格条纹图像

表 11-2 一些脱溶型合金的脱溶贯序

基体金属	合金	脱溶贯序
铝	Al-Ag	GP 区(球状)→γ'(片状)→γ(Ag_2Al)
	Al-Cu	GP 区(盘状)→θ''(盘状)→θ'(片状)→θ($CuAl_2$)
	Al-Cu-Mg	GP 区(棒状)→S′(条状)→S($CuMgAl_2$)(条状)
	Al-Zn-Mg	GP 区(球状)→η'(片状)→η($MgZn_2$)(片或条状)
	Al-Mg-Si	GP 区(棒状)→β'(棒状)→β(Mg_2Si)(片状)
铜	Cu-Be	GP 区(盘状)→γ'→γ(CuBe)
	Cu-Co	GP 区(球状)→β(Co)(片状)
铁	Fe-C	ε碳化物(盘状)→Fe_3C(片状)
	Fe-N	α'(盘状)→Fe_4N
镍	Ni-Cr-Ti-Al	γ(立方或球状)

++

例题 11-3 Al-Cu 合金的 α 过饱和固溶体脱溶析出 θ′相，θ′相呈圆盘状，厚度 t 为 2 nm，与母体间的错配度为 8%，求 θ′相与基体共格破坏时的圆盘直径。基体的弹性模量 $E=90$ GPa，非共格比晶界能 $\gamma=0.7\ \text{J/m}^2$。

解 形核时界面能起很重要的作用，共格形核可以减少界面能。但共格引起弹性畸变能，弹性畸变能与核心体积成正比[$\Delta G_{st}=4\mu\delta^2 V$，(11-12)式]，当核心长大到一定尺度后，共格引起的弹性畸变能比丧失共格后所增加的非共格界面还高时便会丧失共格取向，即$\Delta G_{st}=A\gamma$（A 是新相的总面积）时便丧失共格。

设 θ′圆盘直径为 d，则 θ′圆盘的体积 V 和总面积 A 为

$$V=\pi d^2 t/4,\qquad A=\pi d^2/2+\pi dt$$

因为切变模量 G 与弹性模量 E 之间的关系为

$$G=E/2(1+\nu)$$

其中 ν 为泊松比，对于一般金属约为 0.3，即 $G=E/2.6$。根据$\Delta G_{st}=A\gamma$，得到

$$4\mu\delta^2 V=(\pi d^2/2+\pi dt)A$$

即

$$4E\delta^2\pi d^2 t/(4\times 2.6)=(\pi d^2/2+\pi dt)\gamma$$

丧失共格。故丧失共格时

$$d=\frac{2\times 2.6\gamma t}{2E\delta^2 t-2.6\gamma}=\frac{2\times 2.6\times 0.7\times 2\times 10^{-9}}{2\times 90\times 10^9\times 0.08^2\times 2\times 10^{-9}-2.6\times 0.7}\text{m}=1.50\times 10^{-8}\ \text{m}=15\ \text{nm}$$

++

当陶瓷的过饱和固溶体发生脱溶时，由于平衡相所引发的应变能作用会产生一些易于形核的共格的或者具有一定取向的过渡相，尤其在许多氧离子紧密排列的氧化物结构中，这种情况尤为显著。例如，在具有尖晶石结构的镁铝氧化物（$MgAl_2O_4$ 为 fcc 结构）中存在过饱和的铝氧化物，受到应变能以及共格关系的影响首先沉淀出类似尖晶石结构的过渡相，它比稳定的 α-Al_2O_3 更易形核。图 11-36 给出镁铝氧化物在 850℃退火初期析出的两种类型（Ⅰ、Ⅱ）的亚稳相的照片，可以看出有少量的稳定 α-Al_2O_3（菱形结构）相存在。当退火时间延长后，稳定的 α-Al_2O_3 相逐渐粗化，亚稳相逐渐变少。同时，在很多氧化物系统，例如 SnO_2-TiO_2、Al_2O_3-Cr_2O_3、FeO-MnO 和 $CoFe_2O_4$-Co_3O_4 等体系中，可以看到析出相有很强的取向关系。

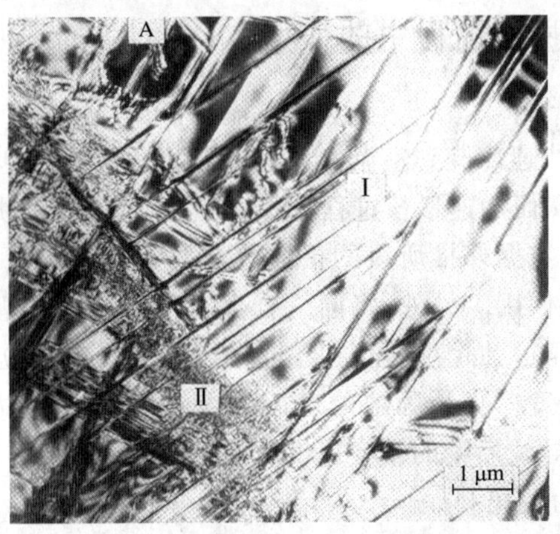

图 11-36 镁铝氧化物 850℃退火初期的显微组织照片

若析出相长大很快或在低温条件下析出并伴有成分变化时，其长大速度将受到散热速度或者物质流动速度的控制，这一因素对析出相的最终形貌起着决定性的影响。析出物长大的速度反比于析出物长大前沿的曲率半径，若长大前沿保持小的曲率半径，并且侧边也可能凸起发展成侧枝，结果就会形成树枝状结构。根据形成的条件不同，析出物的形貌也不相同。图 11-37 是从氧化镁（fcc 结构）中析出的镁铁尖晶石（ $MgFe_2O_4$ ）的各种形貌，图 11-37a 是 $MgFe_2O_4$ 平行氧化镁母相（100）面的片状析出；图 11-37b 是在低温长时间保温沉淀析出的 $MgFe_2O_4$ 树枝状形貌，析出相与母相仍有取向关系，因为长大速度受限制，从而析出相长成树枝状；图 11-37c 显示高温长时间保温下的 $MgFe_2O_4$ 形貌，为了降低总表面能，并由塑性流变松弛应变能，沉淀物变为球状。

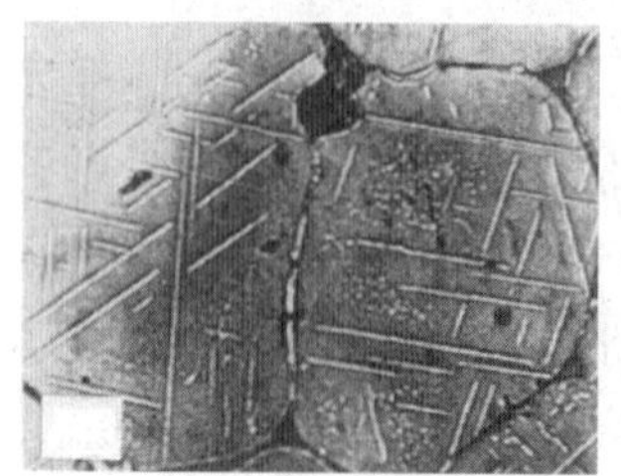
(a) 平行母相(100)面的片状析出(500倍)

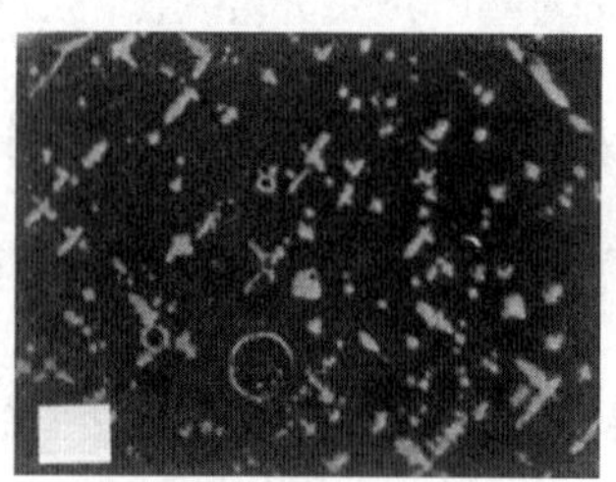
(b) 树枝状析出(975倍)

(c) 球状沉淀(232倍)

图 11-37 氧化镁中析出 $MgFe_2O_4$ 的各种形貌

11.2.4 空位在脱溶过程中的作用

1. 空位作用的实验证据

过饱和固溶体（高温快速冷却到室温）形成的同时，也会有过饱和浓度的空位产生，其能够加快原子的扩散速度，从而加速形核过程。事实上，通过低温下形成 GP 区的速度估算出的扩散系数相较于从高温数据外推所得的扩散数据要大几个数量级，这一差异间接说明了空位在扩散过程中的加速作用。另外，将同一合金在不同固溶处理温度下淬火至低温并在同一温度进行保温，结果显示，固溶处理温度最高的合金（具有相应的最大过饱和空位浓度）表现出最大的初始转变速度。如果固溶处理后合金在脱溶温度以上的某个中间温度停留（导致空位浓度降低），将导致后续的转变速度减慢。

2. 过饱和空位的行为及控制

晶体中的缺陷如位错和界面等是超额空位的阱，由于空位的扩散比较快，在淬火形成过饱和固溶体时晶界(位错)附近的部分空位不可避免地逸散到晶界上,使晶界附近有一个低空位浓度区,如图 11-38a 所示。由于在一定的脱溶温度下形核需要相应的临界空位过饱和浓度 x_v^c,而在晶界附近空位浓度比 x_v^c 低的区域不出现脱溶,因此在晶界附近出现一个无脱溶物区域(precipitation free zone,PFZ),如图 11-38 b 所示。PFZ 的宽度由晶界附近的空位浓度分布确定。从固溶温度冷却越慢,逸散到晶界的空位越多,低空位浓度区越宽,PFZ 也越宽;相反,冷却速度越快,PFZ 越窄,如图 11-38c 所示。

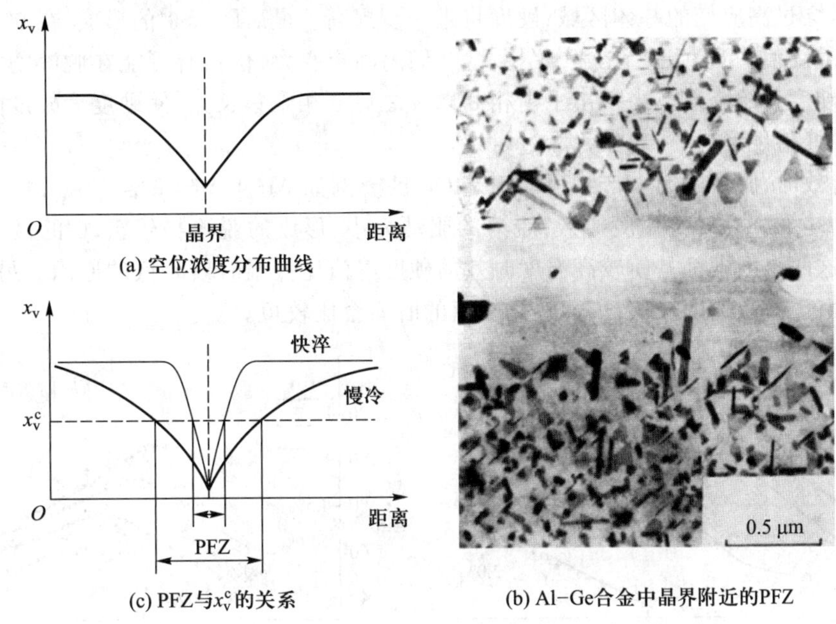

图 11-38 空位向晶界逸散而形成 PFZ

脱溶过程在晶界上开始形核,由于新相析出时具有高溶质原子浓度,它会吸收晶界周围的溶质原子,从而降低晶界附近基体的过饱和度。这种过程引发的脱溶分解是导致晶界附近出现 PFZ 的另一个原因。图 11-39 是 $x_O = 53.10\%$的方铁体(Fe_xO)析出 Fe_3O_4 的显微照片,由于在晶界析出沉淀物大大减小了附近的过饱和度,导致晶界析出物邻近出现 PFZ。

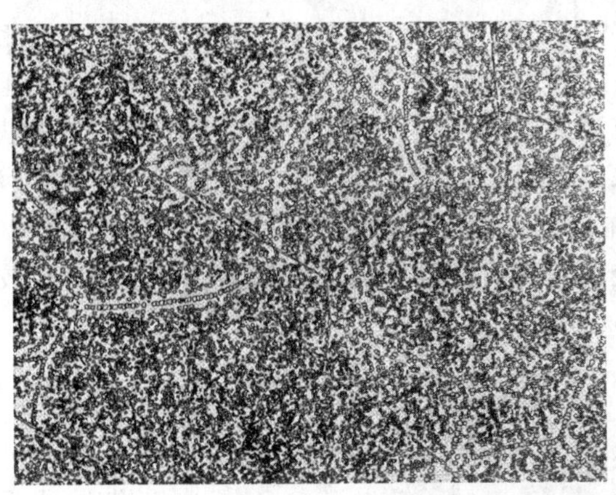

图 11-39 $x_O = 53.10\%$的方铁体(Fe_xO)析出 Fe_3O_4的显微照片(95 倍)

11.2.5 时效硬化

一切有关材料性能随时间变化的过程统称为时效过程。在合金脱溶过程中,开始时硬度会提高,后期硬度才会重新下降。图 11-40 是 Al-Cu 合金时效硬化的例子(脱溶合金随着脱溶过程进行硬度升高的现象称时效硬化)。例如,Al-4.5%Cu 合金脱溶析出 GP 区后,位错运动通过 GP 区时需要额外的应力,使得合金的硬度提高。随着共格 θ″脱溶物的形成,位错运动需穿过高应变的基体区域,硬度将进一步提高。最后随着 θ′的形成,在 θ″共同作用下,硬度达最高值。当 θ″逐渐溶解,θ′长大,它们的间距变大,位错有可能在脱溶物之间拱弯绕过,此时硬度开始降低。当析出平衡相 θ 以及之后 θ 相聚集长大,使硬度大幅度降低。时效硬度超过峰值硬度,这一现象称为过时效。

高温时效时,脱溶的第一产物可能不是 GP 区。例如 Al-4.5%Cu 合金在 190 ℃时效的第一脱溶物是 θ″。在较高温度时效,脱溶的驱动力小,形成的脱溶物较粗,θ″的最大体积分数也减小,这两个因素都是使较高温度时效的硬度峰值比低温时效时低的原因。另外,在较高温度下,由于扩散速度较快,因而达到峰值的时间会比较短。

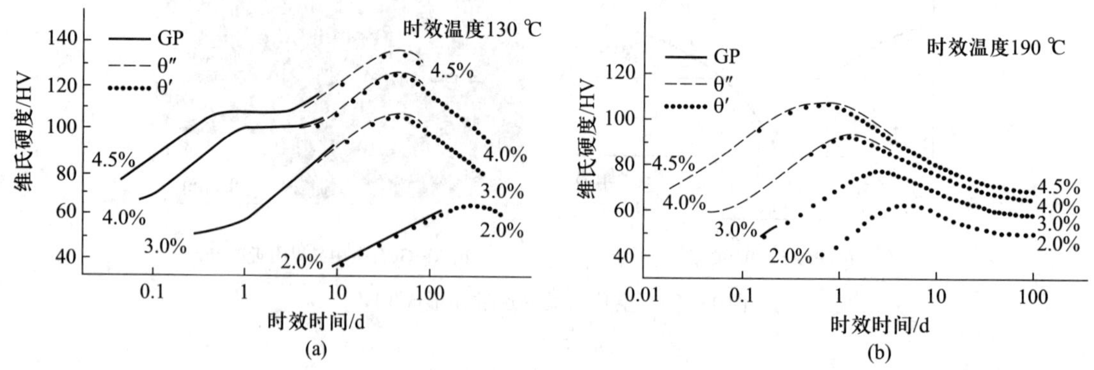

图 11-40 不同质量浓度的 Al-Cu 合金时效时硬度随时间的变化

图 11-41 是 Mg-2.4Zn-0.1Ag-0.1Ca 合金(ZQX600)160 ℃时效不同时间的 3DAP 图像及时效硬化曲线。图 11-41a:时效 10 min,基本是均匀固溶体;图 11-41b:时效 30 min,出现与 Ag 一起富 Zn 的 GP 区;图 11-41c:时效 8h,出现棒状 β′沉淀相。

高温时效获得的硬度峰值较低,低温时效获得的硬度峰值高,但所需的时间较长。为了使工业合金热处理有更好的经济效果,应在合理的处理时间内获得要求的性能。一些高强度时效硬化合金采用双时效工艺:先在 GP 区固溶线以下较低温度时效,以获得高弥散分布的 GP 区,然后在较高温度下时效,这时已析出的 GP 区作为非均匀形核的位置,这样可以获得比单纯在较高温度时效弥散得多的脱溶产物分布,在较短时间能够获得较好的硬化效果。

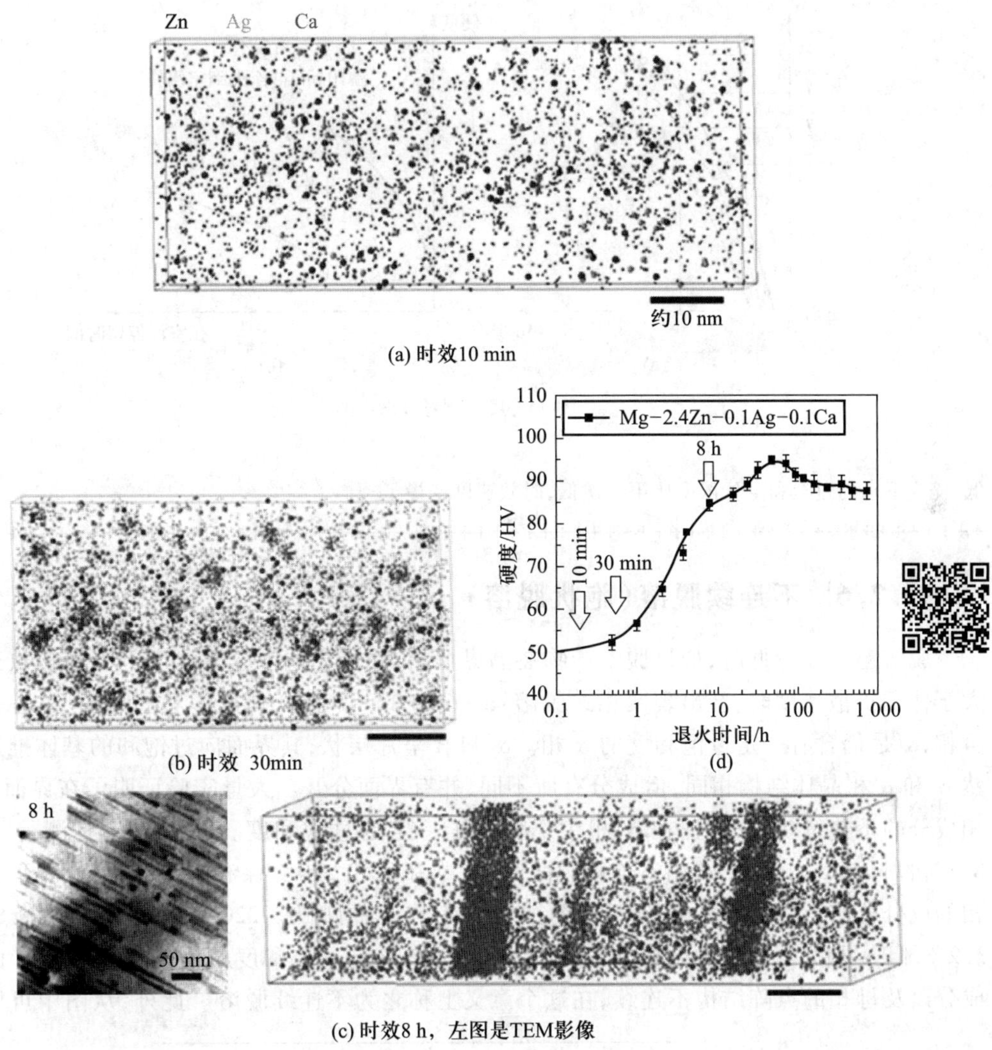

图 11-41 ZQX600 160℃时效的 3DAP 图像及相应时效硬化曲线(T. Hattacharjee 等,2013)

++

例题 11-4 A-B 合金的过饱和固溶体 α 的脱溶贯序是:GP 区、过渡相 θ′和平衡相 θ(见图 11-42a)。x_0 成分合金在 T_1 温度保温后淬火至室温,在室温停留时硬度随停留时间而增高(硬度曲线见图 11-42b),停留一段时间后重新加热到 $T_3 \sim T_4$ 之间保温 10 min 后再淬火至室温停留,所得的硬度曲线与之前的不同(见图 11-42b 的右下部分)。请分析在第一次室温停留时发生的变化,解释第二次室温停留的硬度曲线与第一次室温停留的硬度曲线不同的原因。

解 第一次室温停留时析出 GP 区并可能析出亚稳相 θ′,造成硬度提高。加热到 $T_3 \sim T_4$ 之间保温,GP 区溶解,如果存在 θ′相,它可能粗化或部分转变为平衡相。但是,第二次加热后重新淬火到室温,它的硬度和第一次淬火下来的硬度一样,说明它已经是均匀的固溶体,即在第二次加热时所有析出相都溶解了。如果第一次室温时效时析出了 θ′相,加热到 $T_3 \sim T_4$ 之间的温度时不可能全部消失,这样,重新淬冷下来的硬度一定比第一次淬冷下来的高,所以,可以判断在第一次时效时只析出 GP 区,没有析出 θ′相。第二次在室温保温时效,硬度亦会升高。从时效曲线看,硬度升高比第一次慢,这是因为第二次加热的温度比第一次

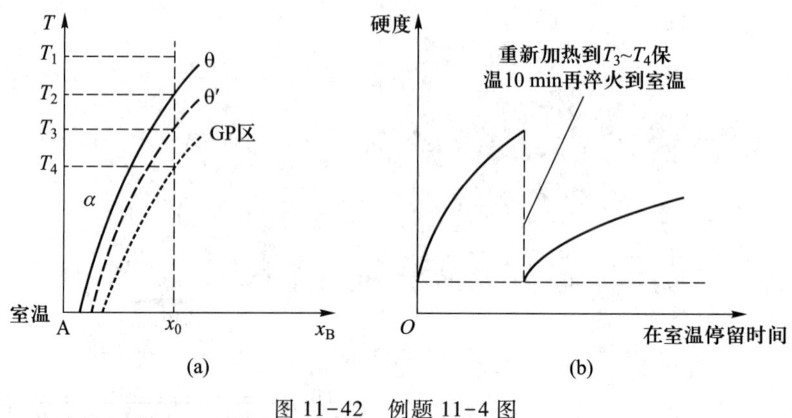

图 11-42 例题 11-4 图

低,淬火下来的过饱和空位浓度比第一次低,时效速度变慢了。

++

11.2.6 不连续脱溶(胞状脱溶)

脱溶温度比较低时,如果脱溶产物在晶界形核,并且在这个脱溶温度下界面扩散速度远大于体积扩散速度时,会出现两相式脱溶:α→α′+β。其中 α 是过饱和固溶体,β 是平衡脱溶相,α′是仍含有一定过饱和度的 α 相。α′和 β 呈片层状,其界面向过饱和的基体推进。虽然 α′和 α 相晶体结构相同,但成分有所不同,并有界面分开。大量实验证明了在界面两侧 α 相成分的不连续跳跃,并且在 α′相中仍保留了一定的过饱和度。图 11-43 是测得 $x_{\alpha(Al)}$ = 8.8%的 Mg-Al 合金中,α 相不连续脱溶时(过饱和 α 相 220 ℃保温 30 min)迁动界面两侧 α 相的成分分布。可以看到界面两侧的成分有不连续的跳跃。220 ℃时 α 相的平衡成分为 3.2%,但 α′相成分却为 5.8%,这说明 α′相仍是有一定过饱和度的固溶体。由于界面两侧成分以及母相的点阵结构不连续,在这个意义上称之为不连续脱溶。此外,从图中可以观察

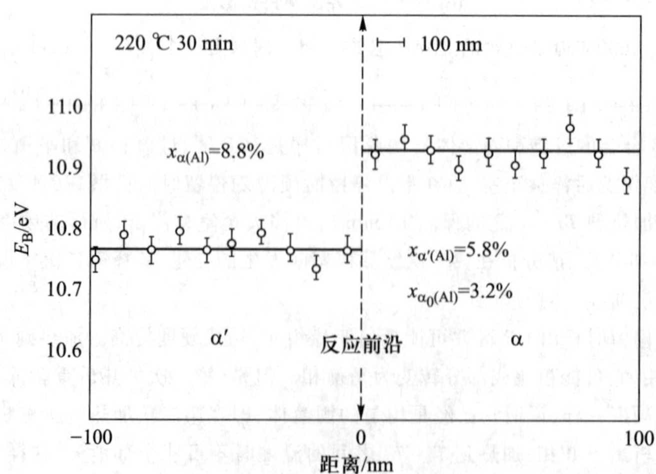

图 11-43 Mg-Al 合金不连续脱溶时界面两侧 α 相的电子能耗 E_B

到，脱溶产物前沿的基体成分保持不变，这表明脱溶过程中溶质的重新分配并非依赖于基体的体积扩散。由于脱溶温度相对较低，界面扩散相较于体积扩散具有显著优势，因此溶质的再分配是通过界面扩散来实现的。

图 11-44 说明了不连续脱溶形核及其发展的过程。脱溶相 β 相首先在母相 α 相的晶界上形核，核心与晶界一侧母相能够较好地匹配，界面呈共格或半共格关系，但它与另一侧的母相没有较好的取向关系，界面是非共格的；β 相生长时，为了保持能量的优势，界面应与母相保持低能关系，生长成片状，并拖着原来晶界前进。由于 β 相是高浓度相，其生长使其两侧的母相溶质贫化，变为平行 β 相并且成分近似平衡的片状 α′相：β 相与 α′相共同生长时，又会在 α/α′界面（其实也是移动了的原来 α′相晶界）上形成新的 β 相核心。因为脱溶产物总体是靠着界面凸出的胞状，所以也有把这类反应称胞状脱溶。从胞状脱溶物的形态及成分分布来看，这一反应与共析反应非常类似。图 11-45 是 Mg-8%Al(AZ80)合金胞状脱溶的显微照片。

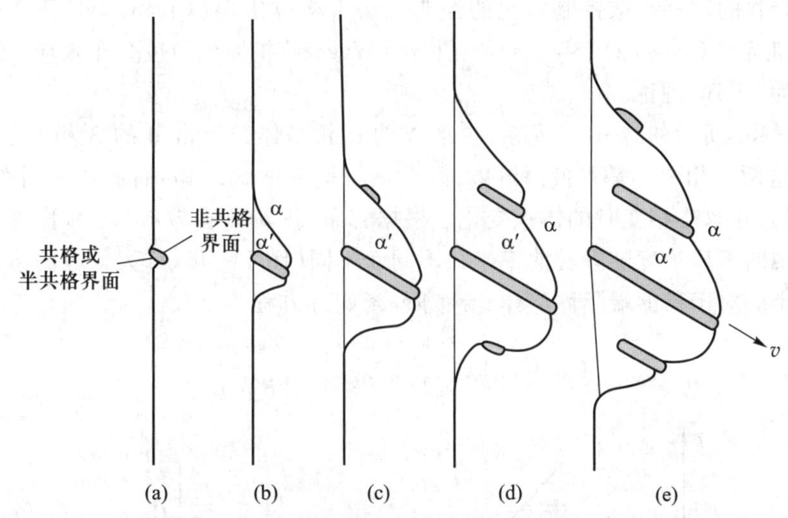

图 11-44 不连续脱溶（胞状脱溶）过程示意图

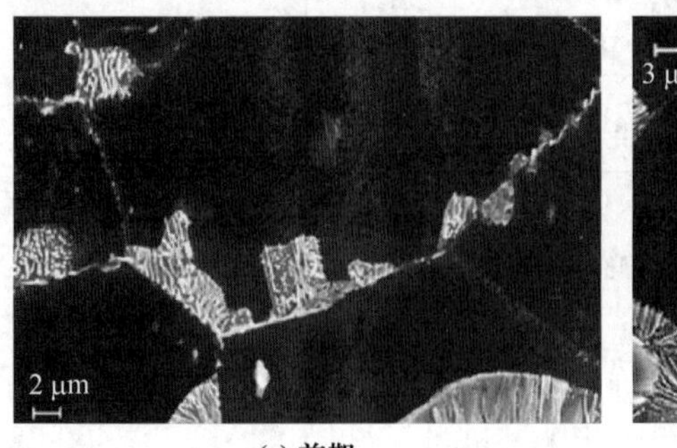

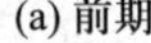

(a) 前期

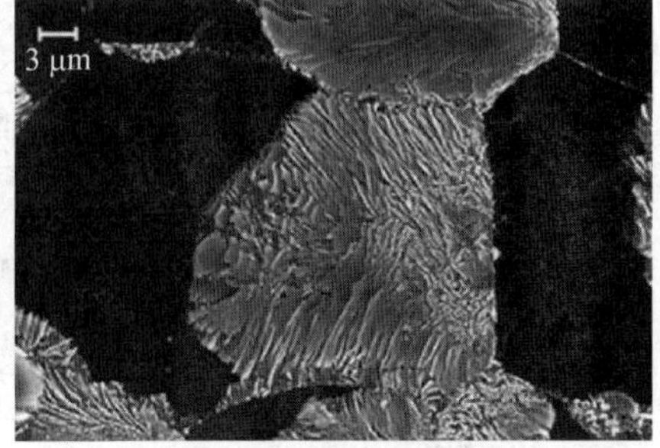

(b) 170 ℃时效保温15 h

图 11-45 Mg-8%Al(AZ80)合金胞状脱溶显微照片

界面形核发展成两相式脱溶过程的机制随合金不同而异，目前还未完全研究清楚。同时，在一些合金中能形成胞状脱溶而在另一些合金中却不能形成，这一现象还不能解释清楚。

通常情况下，脱溶过程会产生弥散分布的过渡脱溶产物，这种分布有助于提升材料的机械性能。相比之下，不连续脱溶会形成粗大的平衡相，并且随着胞状产物的推进，原先的过渡脱溶产物会被溶解，导致机械性能下降。因此，不连续脱溶是不希望出现的。

11.2.7 颗粒粗化——奥斯特瓦尔德(Ostwald)熟化

一个具有分散的第二相粒子的系统，系统中第二相的量接近平衡时的数量。分散的第二相粒子使系统具有很高的总界面能，因此系统是不稳定的。为了减小总界面能，颗粒将以大颗粒长大，小颗粒溶解的方式粗化。这种在成分接近平衡的基体中脱溶颗粒的竞争性长大一般被称作 Ostwald 熟化。在固溶体脱溶的过程中 Ostwald 熟化往往会损害材料的性能。描述两相混合物的这种扩散控制粗化的经典方法由格林伍德(Greenwood)于 1956 年提出，1961 年由利弗希茨(Lifshitz)、Slyozov 及瓦格纳(Wagner)扩展到粒度分布效应。这种分析理论通常称之为 GLSW 理论。

如图 11-46a 所示的 A-B 二元系，在富 A 的 α 相基体分布富 B 的 β 相(成分为 C_β)，A 和 B 原子在这两个相中都是置换固溶体，假设颗粒呈现球状，相界面能各向同性，界面迁移是扩散控制的，并忽略相变时的体积变化。根据吉布斯-汤姆孙效应(毛细管效应)，与颗粒相邻接基体中的溶质浓度随颗粒曲率半径不同而不同(图 11-46a)，大颗粒的溶解度比小颗粒的溶解度小。对于稀的端际固溶体，吉布斯-汤姆孙方程为

$$C_r = C_\infty\left(1+\frac{2\gamma V_{\mathrm{at}}}{k_{\mathrm{B}}Tr}\right) = C_\infty\left(1+\frac{2\gamma V_{\mathrm{m}}}{RTr}\right) \tag{11-51}$$

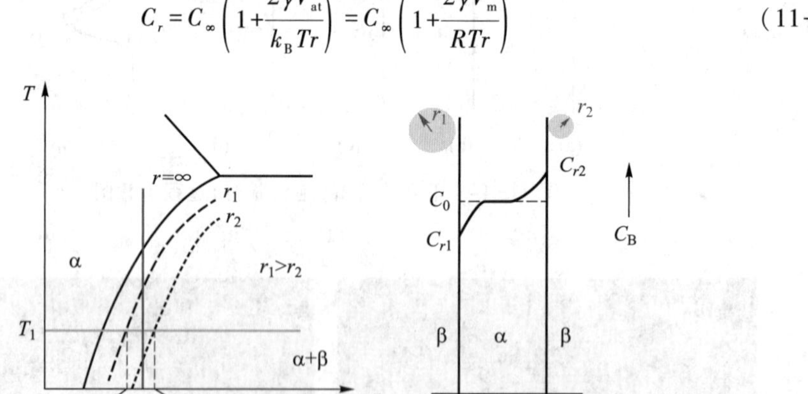

(a) A-B二元相图在富A的一角

(b) T_1温度下两种尺寸β相颗粒间α相的浓度分布

图 11-46 A-B 二元系脱溶颗粒的粗化

式中，C_r 和 C_∞ 是颗粒半径为 r 和 ∞ 时界面上母相的浓度，γ 是比界面能，V_{at} 和 V_{m} 分别是原子体积和摩尔体积。在 T_1 温度下，α 相与尺寸为 r_1 和 r_2 的 β 相颗粒的平衡浓度分别为 C_{r1} 和 C_{r2}(在这里换成体积浓度)。在 r_1 大颗粒与 r_2 小颗粒之间的 α 相基体就有 B 组元的浓度

场，如图 11-46b 所示。B 原子从小颗粒（作为源）边上通过基体扩散到大颗粒（作为阱）边上，引起①小颗粒收缩；②大颗粒长大；③颗粒总数减少；④颗粒平均尺寸增加。由于颗粒与基体界面的源、阱效率不同，颗粒粗化可能是扩散控制过程或是界面过程。

根据扩散控制长大过程的理论估算颗粒长大速度。设 r_1 与 r_2 之间的 α 基体的浓度呈线性分布，大颗粒以速度 v 增大，颗粒长大过程在单位时间吸收的溶质量为 $v4\pi r_1^2(C_\beta - C_{r1})$，$C_\beta$ 是 β 相的浓度。这些溶质原子需要由 α 基体通过扩散来供给，流向粒子的扩散通量为 $4\pi r^2\tilde{D}(\partial C/\partial r)$，这里的 r 是距离变量，故

$$vr_1^2(C_\beta - C_{r1}) = r^2\tilde{D}(\mathrm{d}C/\mathrm{d}r) \tag{11-52}$$

即

$$\frac{\mathrm{d}r}{r^2} = \frac{\tilde{D}\mathrm{d}C}{vr_1^2(C_\beta - C_{r1})} \tag{11-53}$$

上式左边对尺寸从 r_1 到∞积分，相应右边从 C_{r1} 到 $C_{\bar{r}}$ 对浓度积分。这里假设在离颗粒较远处，基体浓度相当于粒子系统平均颗粒半径 $\bar{r}$ 所对应的溶解度 $C_{\bar{r}}$，积分后得到

$$v = \frac{\tilde{D}(C_{\bar{r}} - C_{r1})}{r_1(C_\beta - C_{r1})} \tag{11-54}$$

把式（11-51）代入上式，并且认为 $C_\beta - C_{r1} \approx C_\beta - C_\infty$，得到

$$v = \frac{2\tilde{D}\gamma V_\mathrm{m} C_\infty}{(C_\beta - C_\infty)RT}\frac{1}{r_1}\left(\frac{1}{\bar{r}} - \frac{1}{r_1}\right) \tag{11-55}$$

由上式可求出，当 $r_1 = 2\bar{r}$ 时长大速度最大。图 11-47 中描述了（11-55）式。

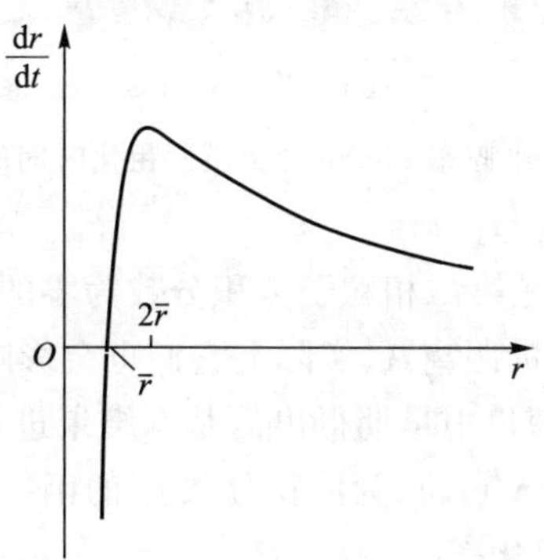

图 11-47 颗粒长大速度和颗粒半径的关系

假设颗粒以最大速度长大，则颗粒平均长大速度为

$$\bar{v} = \frac{\mathrm{d}\bar{r}}{\mathrm{d}t} = \frac{2D\gamma V_\mathrm{m} C_\infty}{(C_\beta - C_\infty)RT}\frac{1}{2\bar{r}}\left(\frac{1}{2\bar{r}}\right) = \frac{D\gamma V_\mathrm{m} C_\infty}{2(C_\beta - C_\infty)RT}\frac{1}{\bar{r}^2} \tag{11-56}$$

上式两侧积分，得到 t 时刻平均颗粒半径 $\bar{r}_t$ 的计算式为

$$\bar{r}_t^3 = \bar{r}_0^3 + \frac{3}{2}\frac{\tilde{D}\gamma V_\mathrm{m} C_\infty t}{RT(C_\beta - C_\infty)} \tag{11-57}$$

式中：$\bar{r}_0$ 为初始平均半径，在足够长的时间后可以忽略不计。这一结果经多次定性及定量检验，都是比较成功的。Lifshitz 等人在考虑初始粒径分布的情况下，得出了更详细的理论。他们得到的 t 时刻平均颗粒半径 $\bar{r}_t$ 的计算式为

$$\bar{r}_t^3 = \bar{r}_0^3 + \frac{8}{9}\frac{\tilde{D}\gamma V_m C_\infty t}{RT(C_\beta - C_\infty)} \tag{11-58}$$

如果 $C_\beta \gg C_\infty$，可以近似认为 $C_\beta - C_\infty \approx 1$。将式(11-57)和式(11-58)分别变换为

$$\bar{r}_t^3 = \bar{r}_0^3 + \frac{3}{2}\frac{\tilde{D}\gamma V_m C_\infty t}{RT} \tag{11-57'}$$

和

$$\bar{r}_t^3 = \bar{r}_0^3 + \frac{8}{9}\frac{\tilde{D}\gamma V_m C_\infty t}{RT} \tag{11-58'}$$

图 11-48 是对半固态的 Pb-Sn 合金颗粒粗化过程的观察，得到颗粒体积分数达到 0.64。其粗化规律与平均场理论预测的规律基本相符。

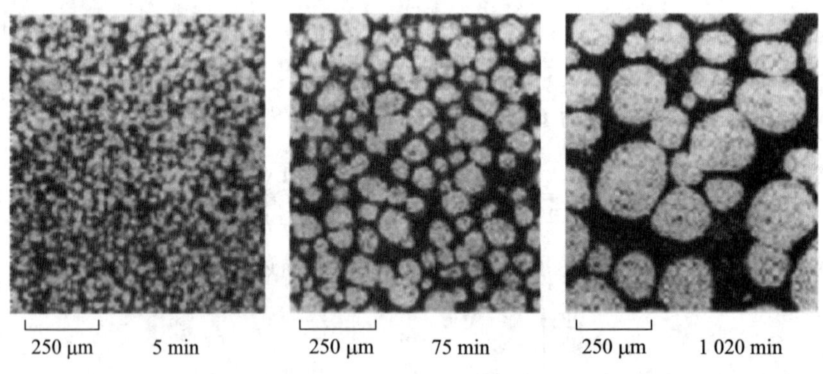

图 11-48　半固态 Pb-Sn 合金不同粗化时间的颗粒分布

上述的 GLSW 理论本质上是第二相粒子体积分数为零的平均场理论。没有考虑第二相的体积分数 f_V 以及沉淀物之间的距离 λ，实际上它们也会影响控制粗化过程的有效扩散场。阿德尔(Ardell)建议将 GLSW 理论中早期得出的基本结果进行近似处理：如果 $C_\beta \gg C_\infty$，可以近似认为 $C_\beta - C_\infty \approx 1$，系数改为 $K'(f_V)$，为体积分数 f_V 的函数，$K'(f_V)$ 的范围为 $1(f_V=0) \sim 10$ $(f_V= 0.25)$ 时，能够显著提高粗化率。

但是这样处理仍然会存在一些问题：实验所得的 $\bar{r}^3-t$ 的曲线斜率比(11-57)式预期的大，并且粒子尺寸分布比预期的宽；讨论时把基体浓度用 $C_{\bar{r}}$ 代替；在实际过程中可能存在共格应变能、界面能的各向异性，粒子形状非球状等。这些都会使问题复杂化。

在早期形核与长大阶段，颗粒的竞争性长大现象就已显现，这是由于形核与长大的过程伴随着基体中溶质原子浓度的逐渐下降，进而降低了基体的过饱和度。随着临界核心尺寸的相应增大，那些早期形成的核心，如果在后续长大过程中未能达到新的、更大的临界核心尺寸，将会重新溶解。

++

例题 11-5 Ostwald 熟化过程粒子长大速度遵循(11-56)式的关系,若第二相颗粒平均半径为 0.5 μm,设 $2\gamma V_m DC_\infty/R=5\times10^{-13}\,cm^3/s$,问在 1 000 K 保温 300 s 后,原来半径为 0.3 μm 和 0.55 μm 颗粒长大还是溶解?

解 根据(11-55)式,

$$v-\frac{2\tilde{D}\gamma V_m C_\infty}{(C_\beta-C_\infty)RT}\frac{1}{r_1}\left(\frac{1}{\bar{r}}-\frac{1}{r_1}\right)=\frac{5\times10^{-13}}{(C_\beta-C_\infty)T}\frac{1}{r_1}\left(\frac{1}{\bar{r}}-\frac{1}{r_1}\right)$$

半径为 0.3 μm 和 0.55 μm 粒子的长大速度分别为

$$\left.\frac{dr}{dt}\right|_{r_1=0.3}=\frac{5\times10^{-13}}{0.3\times10^{-4}\times1\,000}\left(\frac{1}{0.5\times10^{-4}}-\frac{1}{0.3\times10^{-4}}\right)\text{ cm/s}$$

$$=\frac{5\times10^{-13}}{0.03}\times(-133\times10^2)\text{ cm/s}=-2.22\times10^{-7}\text{cm/s}$$

$$\left.\frac{dr}{dt}\right|_{r_2=0.55}=\frac{5\times10^{-13}}{1\,000\times0.5\times10^{-4}}\left(\frac{1}{0.5\times10^{-4}}-\frac{1}{0.55\times10^{-4}}\right)\text{ cm/s}$$

$$=\frac{5\times10^{-13}}{0.05}\times(18.2\times10^2)\text{ cm/s}=1.81\times10^{-8}\text{cm/s}$$

计算表明 0.3 μm 的颗粒在溶解,0.55 μm 的颗粒在长大。

++

例题 11-6 Cu-Co 合金时效过程中,球形 Co 沉淀物变粗,527℃(800 K)14 h 后,其初始尺寸增加了一倍,并在 8 h 后将其初始温度提高到 577℃(850 K),计算该过程的激活能,可以假设该激活能是体积扩散控制的。

解 按照(11-58)式,在实验的温度范围内可以假设 γ、C 和 V_m 与温度无关。即

$$\frac{\gamma V_m C_\infty}{R(C_\beta-C_\infty)}=A\quad(A\text{ 为常数})$$

$$T_1=800\text{ K},\bar{r}_t=2\bar{r}_0,t_1=14\times3\,600\text{ s}=5\times10^4\text{ s}$$

$$T_2=850\text{ K},\bar{r}_t=3\bar{r}_0,t_2=8\times3\,600\text{ s}=2.88\times10^4\text{ s}$$

因此 $T_1=800$ K 时 $\bar{r}_t^3-\bar{r}_0^3(8-1)=7\bar{r}_0^3=AD_{800}\times5\times10^4/800$ (1)

$T_2=850$ K 时 $\bar{r}_0^3(27-1)=26\bar{r}_0^3=AD_{850}\times2.88\times10^4/850$ (2)

由(1)式 $D_{800}=56\bar{r}_0^3/(A\times500)$

由(2)式 $D_{850}=221\bar{r}_0^3/(A\times288)$

$$\frac{D_{800}}{D_{850}}=\frac{56/500}{221/288}=0.146$$

$$\ln(D_{800}/D_{850})=-(Q/R)(1/800-1/850)$$

即 $0.146=\exp[-(Q/8.314)(1/800-1/850)]$

由此得到 $Q=\dfrac{\ln(0.146)}{1/800-1/850}\times8.314\text{ J}\cdot\text{mol}^{-1}=2.2\times10^5\text{ J}\cdot\text{mol}^{-1}$

++

11.3 共析转变

11.3.1 共析转变机制

共析反应是指一个高温固相在低温时分解产生其他两个固相的反应,其过程和最终的组织形貌都与共晶反应相似。不同之处在于,共析转变的母相是固相而共晶反应的母相是液相。如图 11-49a 的共析成分 γ 相,低于共析温度时将发生 γ→α+β 的反应。共析反应在原来 γ 相的晶界形核,根据 γ 相晶界结构和成分的不同,可能先形成 α 相或 β 相的核心。当其中一相的核心形成,其周围的基体成分便有利于另一相的形成,于是另一相的核心便会在原先一相的旁边生成。这样在侧向两相交替出现形成片层状共析体(图 11-49b),片层状共析体共同向母相推进长大。实际的共析长大情况可能复杂得多,图 11-50 给出 γ-Fe 转变为 α+Fe_3C 共析体的示意图。图 11-50a 是在“干净”的 γ 晶界上形核:① Fe_3C 在晶界上形核,与界面一侧的 γ 是共格界面,并有取向关系,与另一侧 γ 之间是非共格界面;② α 相在 Fe_3C 旁形核,它与 γ 也有一定的取向关系(也构成 α 和 Fe_3C 间的取向关系);③ 形核过程向侧面重复;④ 以分叉机制形成新的片层。图 11-50b 是当晶界已存在先共析 Fe_3C 相时,共析体将在非共格的一边进行形核和长大,此时会形成 Fe_3C 和 α-Fe 间不同的取向关系。图 11-50c 表示生长后期的共析团。

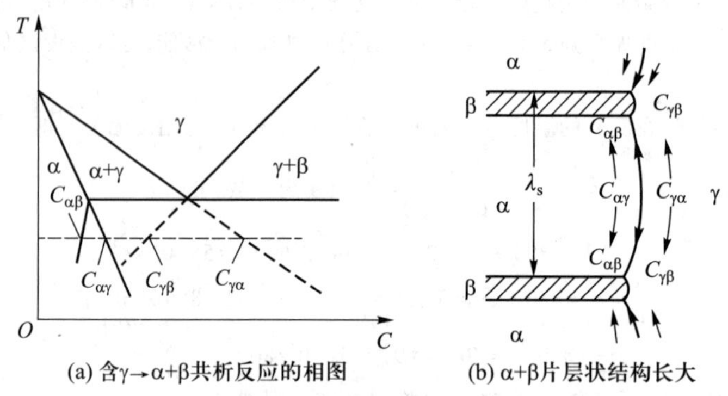

图 11-49 γ→α+β 共析转变

钢的珠光体团中的 α 相与形核一侧母相 γ 有 K-S 取向关系:

$$(111)_\gamma // (011)_\alpha, \quad [0\bar{1}\bar{1}]_\gamma // [1\bar{1}1]_\alpha$$

α 与它长入的一侧母相 γ 没有取向关系。在珠光体团中 α 和 Fe_3C 之间主要的取向关系是 Pitsch-Petch 关系:

$(001)_{Fe_3C} // (5\bar{2}\bar{1})_\alpha$;

$(010)_{Fe_3C}$ 与$(11\bar{3})_\alpha$ 偏离 2°~3°;

$(001)_{Fe_3C}$ 与$(13\bar{1})_\alpha$ 偏离 2°~3°。

还可能有另一种取向关系,Bagaryatskii 关系:

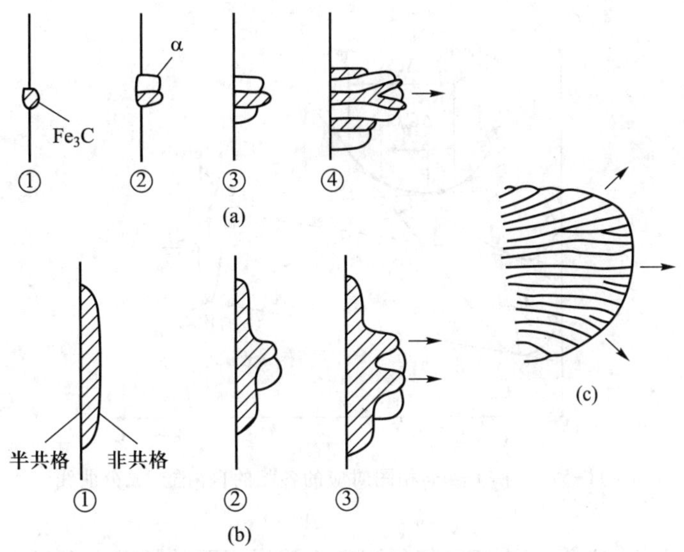

图 11-50 γ-Fe 共析分解为 $\alpha+Fe_3C$ 的形核和长大的示意图

$(100)_{Fe_3C}/\!/(0\bar{1}1)_\alpha$;

$(010)_{Fe_3C}/\!/(1\bar{1}\bar{1})_\alpha$;

$(001)_{Fe_3C}/\!/(211)_\alpha$。

同一试样可以观察到这两种关系。

过共析钢中,在珠光体转变前已有 Fe_3C 相存在,α 相在现存的 Fe_3C 边上形核,则 α 与 Fe_3C 之间形成 Bagaryatskii 关系。

11.3.2 共析片层生长速度

与共晶片层生长速度分析方法相似,在低于共析温度的某一过冷度ΔT下,由相图外推获得 γ 相和 α 及 β 平衡的成分(图 11-49a)$C_{\gamma\alpha}$ 及 $C_{\gamma\beta}$,α 相和 γ 及 β 相平衡的成分 $C_{\alpha\gamma}$、$C_{\alpha\beta}$。片层共析体前沿的 γ 相中存在浓度差ΔC_γ,在 α 相中亦存在浓度差ΔC_α。共析前沿 γ 相的浓度梯度近似为 $2\,\Delta C_\gamma/\lambda_s$,其中 λ_s 是片层间距(图 11-49b)。假设溶质扩散发生在距相界面厚度为 $\lambda_s/2$ 的层内,并假设两相的摩尔体积相同,根据反应扩散的溶质质量守恒获得长大速度

$$v=\frac{2D\Delta C_\gamma}{f_\alpha f_\beta}\frac{1}{C_\beta-C_\alpha}\frac{1}{\lambda_s} \tag{11-59}$$

式中:f_α 和 f_β 是两相的相对宽度(相对体积分数)。

(11-59)式没有考虑 α 和 β 间的界面能的作用。当形成片层状组织,必然有相当一部分驱动力消耗在形成的片层状结构中的界面能上。以 $\gamma_{\alpha\beta}$ 表示 α 和 β 相界面能,则单位体积共析组织中的总界面能是 $2\gamma_{\alpha\beta}/\lambda_s$,每摩尔共析组织的总界面能是 $2\gamma_{\alpha\beta}V_m/\lambda_s$。因为消耗了一部分驱动力(相当于实际过冷度减小或相当于 γ 相中的浓度差减小),γ 相中浓度差由原来的ΔC_γ 降低为$\Delta C_\gamma(\lambda_s)$(图 11-51)。引入 λ_{sc},当 $\lambda_s=\lambda_{sc}$ 时,$\Delta C_\gamma(\lambda_s)=0$,即全部相变驱动力

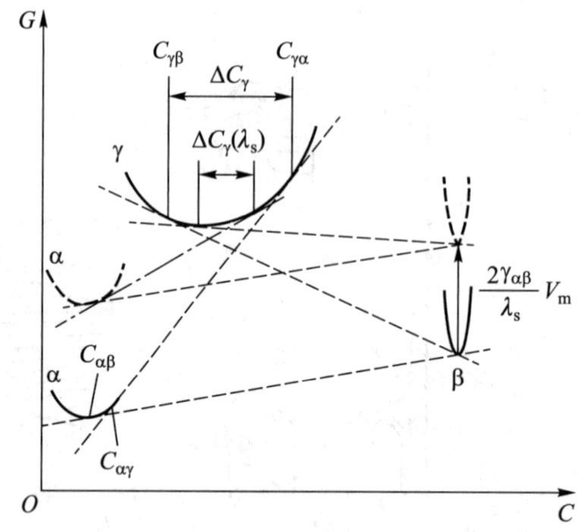

图 11-51　与 11-49a 相图对应的各相的自由能-成分曲线

转化为 α+β 的界面能，这是 α+β 相可能得到最小片层间距的情况。可以简单地把$\Delta C_\gamma(\lambda_s)$表述为

$$\Delta C_\gamma(\lambda_s)=\Delta C_\gamma\left(1-\frac{\lambda_{sc}}{\lambda_s}\right) \tag{11-60}$$

则(11-59)式变为

$$v=\frac{2D\Delta C_\gamma}{f_\alpha f_\beta(C_\beta-C_\alpha)}\times\frac{1}{\lambda_s}\left(1-\frac{\lambda_{sc}}{\lambda_s}\right) \tag{11-61}$$

铁-碳合金中的 $\gamma\to\alpha+Fe_3C$(珠光体转变)是共析反应的典型例子，图 11-52 是钢中的共析产物珠光体(不同珠光体团的片层排列方向不同)。在珠光体转变时，由于碳在 α-Fe 中扩散比在 γ-Fe 中扩散快得多，所以碳在 α 中扩散起重要作用，在 γ-Fe 中的扩散也需要考虑。由于界面是快速扩散的通道，共析体可能通过界面扩散控制长大。此时，(11-61)式中扩散厚度应从 $\lambda_s/2$ 减为晶界厚度 δ_b，考虑到在晶界的成分偏析，ΔC_γ 需要变为 $K_\gamma\Delta C_\gamma$，其中 K_γ 是溶质在晶界及 γ 相中的分配系数。严格地说，溶质在 α、γ 界面以及 β、γ 界面的分配系数是不同的，但是具体的分配系数难以得到，这里以一个平均值 K_γ 来取代这两个系数。考虑了这些因素，(11-61)式变为

$$v=\frac{8D_bK_\gamma\Delta C_\gamma\delta_b}{f_\alpha f_\beta(C_\beta-C_\alpha)}\cdot\frac{1}{\lambda_s^2}\left(1-\frac{\lambda_{sc}}{\lambda_s}\right) \tag{11-62}$$

在(11-61)式及(11-62)式中，含有 λ_s 和 λ_{sc} 两个未知数。实验表明：一个给定的生长速度应对应一个特定的 λ_s 值。早期 Zener 假定实际 λ_s 是最大长大速度时的片层间距，根据(11-60)式和(11-62)式对 λ_s 取导数求 v 的极值，对于体积扩散机制，$\lambda_s=2\lambda_{sc}$，对于界面扩散机制，$\lambda_s=1.5\lambda_{sc}$。后来研究者以实际 λ_s 是最大熵增时的片层间距，对于体积扩散机制得到 $\lambda_s=3\lambda_{sc}$，对于界面扩散机制得到 $\lambda_s=2\lambda_{sc}$。由于 λ_s 和 λ_{sc} 的相关性，只要求得最小片层间距 λ_{sc} 就可以明确长大速度。然而估算 λ_{sc} 需要知道共析转变的驱动力和共析产物两相界面能。在过冷度ΔT下，共析转变总驱动力，即没有消耗界面能时的相变吉布斯自由能差$\Delta G(\infty)$的最简单近似为

$$\Delta G_{\infty}=\frac{\Delta H\Delta T}{T_{\mathrm{E}}} \tag{11-63}$$

式中:ΔH 是热焓差;T_{E} 为共析平衡温度。这部分能量全部消耗于两相界面能时对应的片层间距就是最小片层间距 λ_{sc},故

$$\lambda_{\mathrm{sc}}=\frac{2\gamma T_{\mathrm{E}}V_{\mathrm{m}}}{\Delta H\Delta T} \tag{11-64}$$

因而实际的共析片层间距 λ_{s} 也和过冷度成反比。体积扩散控制的共析长大速度 $v\propto D(\Delta T)^2$[参见(11-62)式];界面扩散控制的共析长大速度 $v\propto D_{\mathrm{b}}(\Delta T)^3$。通过实验测定片层间距及已有的常数,根据上面相关公式分析共析(共晶)长大速度及驱动力的关系有重要意义。

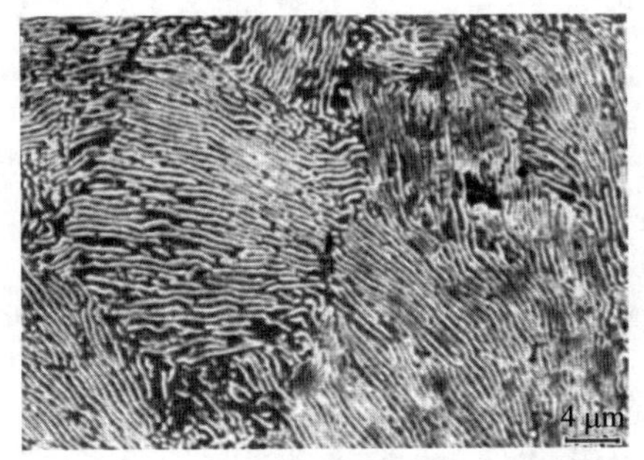

(a) 不同珠光体团

(b) 在γ相晶界形核并向γ相生长推进的珠光体团

图 11-52 钢中的共析产物珠光体

++

例题 11-7 不连续脱溶与共析转变有何差异及共同点?

解 两种转变都造成片层状的两相组织,形貌上很相似;都从原母相晶界形核。共析转变产生的两相与母相结构都不同,而不连续脱溶的片层组织中只有一相与母相结构不同,是新产生的相,另一相与母相本质上是同一相,只是因界面处有成分和晶格常数的突变,观察起来像是另外一相。

++

11.4 块状转变

11.4.1 块状转变的转变速度

图 11-53 所示为两种可能发生块状转变的合金相图。在合适的冷却速度下,形成的新相核心成分可能和母相的相同,非共格的新相界面依靠短程扩散以非协同方式快速向母相推进,这种相变称之为块状转变。为了与正常的 $\beta\rightarrow\alpha$ 平衡分解过程相区别,把块状转变写为 $\beta\rightarrow\alpha_{\mathrm{m}}$,下标 m 表示块状转变(massive transformation),这类转变最早是在铜系合金中发现的,目前发现在铁基以及其他的一些合金系也有块状转变。块状转变是热激活的形核长大型相变,在冷却和加热的过程中都可以发生。上面所说的合适的冷却速度是指冷却(加热)速度必须足够快,以抑制借助于长程扩散分解为平衡相的相变过程,但又不能太快,以免使

热激活生长消失而发生无扩散型的马氏体转变(将在第 11.5 节介绍)。块状转变在动力学上介于平衡反应和马氏体相变之间,借助于 TTT 曲线(图 11-54)可以清楚地表示出来。图 11-54 中冷却曲线③冷却速率太慢,没有避开长程扩散引起的转变,而冷却曲线①冷却速率太快,不但长程扩散转变被抑制,甚至块状转变也被抑制,冷却到低温时发生马氏体转变。在图中块状转变的 50%转变线非常靠近 0 线,这也表明块状转变的转变速度是很快的。

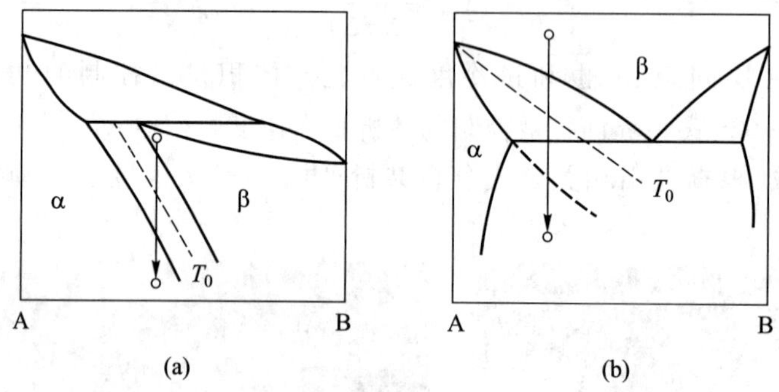

图 11-53　可能发生块状转变的合金相图示例

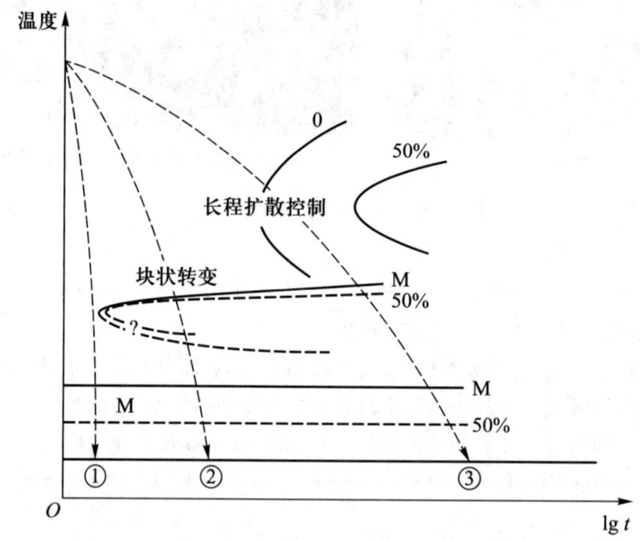

图 11-54　块状转变过程的动力学曲线示意图

11.4.2　块状转变的热力学条件

从热力学条件看,块状转变产物的摩尔吉布斯自由能必须比母相要低。图 11-55 所示为图 11-53 中低于相线某一温度 α 相和 β 相的成分-自由能曲线示意图。很显然,在这一温度下,只有两条曲线相交点以左成分的合金才能由 β 相转变为同成分的 α_m 相。也就是说,只有这些成分才有可能在这个温度发生块状转变。把各个温度的这一交点画在相图上,如图 11-53 的虚线所示,这条线标记为 T_0 线。这样,快速冷却到 T_0 温度以下是块状转变的必要条件。然而,实际的块状转变往往需要更低的温度,位于平衡相图单相区内的条件下才会发生。如果先快速冷到单相区以获得块状转变的产物核心,然后再加热到两相区(T_0 温度下),也可以在两相区内进行块状转变。

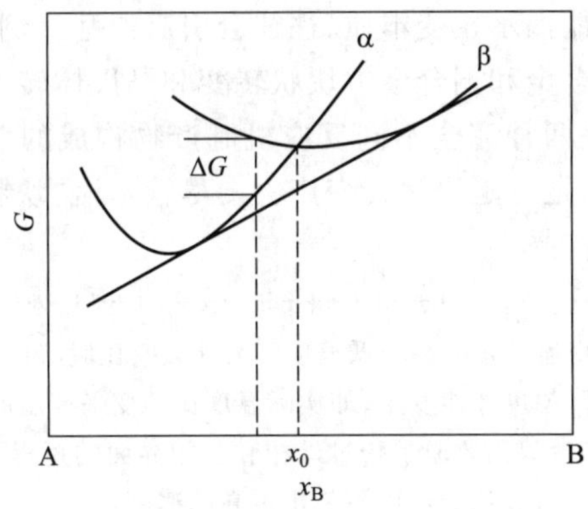

图 11-55 α 和 β 相的成分-自由能曲线示意图

11.4.3 块状转变的组织特点

块状转变通常在晶界形核,之后迅速长入周围母相中。新相的生长可以和母相具有取向关系,也可以没有取向关系。相界往往具有不规则外形,可以穿过母相的原始晶界。由此看出,块状转变过程中的生长机制必然是热激活的,相界面必然是非共格的。由于新相与母相的成分相同,原子仅需进行少量热激活跳跃即可跨越界面,这意味无需长程扩散就能促使界面迁移,因此界面迁移速度相较于长程扩散更快,且这一过程主要由界面过程所控制。界面迁动过程和单相材料中的再结晶过程很相似,但是块状转变的驱动力比再结晶的要大几个数量级,块状转变速度也远远比再结晶快。

根据块状转变的特点,比较极端的说法,所有纯物质的同素异形转变都可以被称为是块状转变。以 Cu-Zn 合金中的 $\beta \to \alpha_m$ 过程为例看一个实际合金中的块状转变过程。从 Cu-Zn 合金相图(图 10-59a)看出,大约 450℃以上 α 相的溶解度随温度降低而增加,T_0 线也会和 α 相溶解度线发生同样的转折,因此,只有在 x(Zn)大约为 38%的很窄的范围内,合金有可能发生 β-α_m 块状转变。图 11-56 是 x_{Zn}=38.7%的 Cu-Zn 合金由 850 ℃经 0 ℃盐水淬火后在 β 相(暗灰色)晶界处形成块状 α 相的显微照片。

图 11-56 Cu-Zn 合金盐水淬火后的显微照片(40 倍)

最后要说明的是，块状转变这个术语来源于转变产物具有不规则块状的金相组织形貌。但是，由形貌来定义相变不能揭示相变本质，往往会引起混乱。例如某些马氏体转变产物在金相组织上也呈块状；在铁合金和铜合金中块状转变和马氏体转变发生在相同的成分范围，观察到的组织有时可能是这两种完全不同反应机制产物构成的混合体。因而，有时不能单从金相组织形貌来简单判断是否是块状转变产物。尽管术语“块状转变”可能会引起上述混乱，但这个名词还是被广泛接受。

++

例题 11-8 为什么块状转变通常发生在较低温度？为什么它比脱溶析出的速度快？

解 块状转变至少要低于 T_0 温度才能发生，即实际温度比相变平衡温度低得多，脱溶析出可以在溶解度线以下任何温度发生。块状转变只需要原子跨过母相和新相界面的短程跳跃，不需要长程扩散，而脱溶一般需要长程扩散，因此块状转变可以达到比脱溶析出更高的速度。

++

11.5 连续型转变

连续型相变仅发生在原来的晶体结构和转变后的晶体结构都相同（或在液相和气相这样没有严格的晶体结构）的系统中。这是一种扩散型的转变，没有形核位垒，由母相中大范围的原子发生轻微重排的涨落连续地长大成新相。调幅分解和二级反应的有序-无序转变都属于连续型转变，下面分别进行讨论。

11.5.1 调幅分解

1. 调幅分解的热力学分析

分析图 11-57，高温的 α 相快速冷却到 T_1 温度，如果成分在溶解度间隙平衡成分和拐点线（$d^2G/dx_B^2=0$）之间，母相的任何成分涨落都会导致系统吉布斯自由能的升高（见图中的 x_0 成分合金），转变需要克服形核位垒，这时就会发生前面讨论过的脱溶分解过程，最后获得成分分别为 x_1 和 x_2 的 α 平衡相。如果成分在拐点线之间，母相的任何涨落都导致系统吉布斯自由能的减小（见图中的 x'_0 成分合金），系统将自动分解成富 A 和富 B 两部分，两部分的成分因上坡扩散而连续变化，直至达到平衡成分 x_1 和 x_2 为止。这类转变称为调幅分解。需要说明的是，这一名词是从外文文献中翻译过来的，国内的译名不统一，目前还有一定的争论：由于这类转变在拐点线之内发生，有人称这种转变为拐点分解；因为吉布斯把拐点称为“亚稳-失稳界限”，有人称这类转变为失稳分解；又因为转变把母相分成富 A 和富 B 两部分，这些部分之间的成分是连续分布的，根据这些特点，有人称这种转变为调幅分解。为便于讲述，本书采用“调幅分解”。

根据第 8 章（8-116）式，在二元系中互扩散系数 $\widetilde{D}$ 是

$$\widetilde{D}=(x_A D_B^* + x_B D_A^*)\varphi=(x_A D_B^* + x_B D_A^*)\frac{x_A x_B}{RT}\frac{d^2G}{dx_B^2}$$

$$\widetilde{D}=M_D\frac{d^2G}{dx_B^2} \tag{11-65}$$

式中：$M_D=(x_A D_B^* + x_B D_A^*)x_A x_B/RT$ 被称为扩散迁移率。由于在拐点以内成分的 α 相的 d^2G/dx_B^2 是负值，即互扩散系数是负值，即使是微小的成分涨落也会导致原本均匀的固溶体变得不稳定，进而引发上坡扩散，这种扩散过程会使涨落的振幅不断增大（参见图 10-3a）。按照扩散方程的解[（8-57）式]，涨落的波长 λ 越小转变速率越高，应该分解成 A 和 B 相间的有序固溶体。然而实际情况并非如此，在界面能和共格应变能的作用下，λ 有一个最小值，当 λ 低于其最小值时，调幅分解不可能出现。

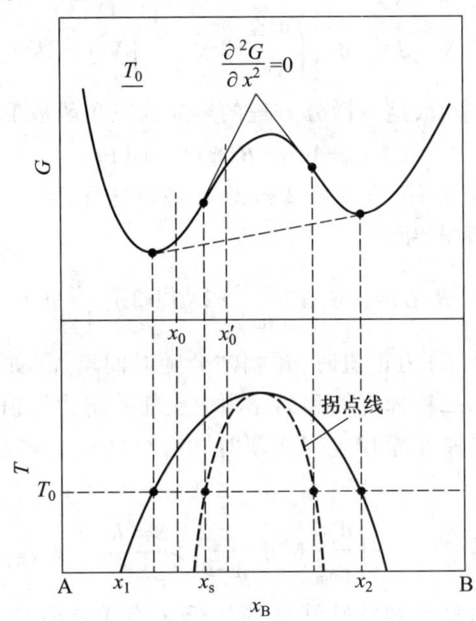

图 11-57 具有固溶度间隙的相图及在 T_0 温度下的自由能-成分曲线

2. 调幅分解的临界波长及相变阻力

在调幅分解的早期阶段，富 A 区和富 B 区之间的成分呈现连续变化，这种成分的连续变化导致了能量的增加。这种能量与成分梯度的变化相关，因此被称为“梯度能”。这种能量产生的原因与原子对相关，在有偏聚倾向的固溶体中，同类原子对的能量比异类原子对的能量低。与富 A 和富 B 的均匀固溶体相比，在具有成分梯度的固溶体中，原子近邻的异类原子数增多，能量相对较高，这就是梯度能的来源。促进能够使溶质分布均匀化的下坡扩散能够减小这一能量。根据非均匀固溶体的热力学，梯度能使扩散系数增加 $-2M_D K \nabla^2 C$。其中 K 是梯度能系数，与同类和异类原子对的键合能的差异以及原子作用距离有关；C 是体积摩尔浓度。

如果构成固溶体的组元原子尺寸存在差异，那么固溶体的晶格常数会随其成分的变化而变化。因此，成分的差异会导致共格应变能的产生。为了降低这种能量，会促使溶质发生下坡扩散，从而实现其分布的均匀化。共格应变能使扩散系数增加 $2M_D\eta^2E/(1-\nu)$。其中 η 是每单位成分差异引起点阵常数 a 的相对变化，即 $\eta=(da/dC)/a$；E 和 ν 分别是弹性模量及泊松比。

最后，调幅分解时的扩散流量可表述为：

$$\boldsymbol{J}=-M_{\mathrm{D}}\left(\frac{\mathrm{d}^2G}{\mathrm{d}x_{\mathrm{B}}^2}-2K\,\nabla^2+2\eta^2\,\frac{E}{1-\nu}\right)\nabla C \tag{11-66}$$

严格来说，一切扩散过程都会引起梯度能和应变能，因此上式对所有扩散过程都是适用的。然而，当扩散距离小于 1 μm 时，梯度能的影响才变得显著；同样的，在共格状态下，系统中应变能的影响才能凸显。因此，在一般的扩散过程中这些因素都可以忽略。

根据菲克第二定律，忽略 $\mathrm{d}^2G/\mathrm{d}x_{\mathrm{B}}^2$、$K$、$\eta$、$E$ 等对成分的影响，得成分随时间的变化关系

$$\frac{\mathrm{d}C}{\mathrm{d}t}=-\nabla\cdot\boldsymbol{J}=-M_{\mathrm{D}}\left[\left(\frac{\mathrm{d}^2G}{\mathrm{d}x_{\mathrm{B}}^2}+2\eta^2\,\frac{E}{1-\nu}\right)\nabla^2C-2K\,\nabla^4C\right] \tag{11-67}$$

从成分分布的周期性特征来看，这一微分方程的解应为三角函数形式（见 8.2.6 节）

$$C=C_0+A\exp[R(\beta)t]\cos(\beta r) \tag{11-68}$$

式中：C_0 是原始均匀时的成分；β 是波数 $2\pi/\lambda$；λ 是特殊涨落的波长；r 是距离；A 为常数；$R(\beta)$ 是振幅因子，它的表达式为

$$R(\beta)=-M_{\mathrm{D}}\beta^2\left(\frac{\mathrm{d}^2G}{\mathrm{d}x_{\mathrm{B}}^2}+2K\beta^2+2\eta^2\,\frac{E}{1-\nu}\right) \tag{11-69}$$

从式（11-69）看到，只有 $R(\beta)$ 为正值时，振幅才会随时间增加（如果降低，则对应偏析的均匀化过程）。上式括号中第二项梯度能和第三项应变能一定为正值，所以 $\mathrm{d}^2G/\mathrm{d}x_{\mathrm{B}}^2$ 只能为负值，并且负值大到足以抵消梯度能和应变能项时才有可能发生调幅分解。故发生调幅分解的条件是

$$-\left(\frac{\mathrm{d}^2G}{\mathrm{d}x_{\mathrm{B}}^2}+2\eta^2\,\frac{E}{1-\nu}\right)>\frac{8\pi^2K}{\lambda^2} \tag{11-70}$$

从上式看出，能否发生调幅分解和特殊涨落的波长 λ 有关。但是，由于应变能项和波长无关，所以，即使 $\lambda\to\infty$（梯度能阻力为 0），也至少需要满足 $\mathrm{d}^2G/\mathrm{d}x_{\mathrm{B}}^2+2\eta^2[E/(1-\nu)]<0$ 才可能发生调幅分解。所以，能够发生调幅分解的温度与成分的极限是

$$\frac{\mathrm{d}^2G}{\mathrm{d}x_{\mathrm{B}}^2}=-2\eta^2\,\frac{E}{1-\nu} \tag{11-71}$$

由式（11-71）定义的线在相图中称为共格拐点线（coherent spinnodal，此时只有应变能阻力），它全部在化学拐点线（$\mathrm{d}^2G/\mathrm{d}x_{\mathrm{B}}^2=0$）之内（此时不考虑阻力）。同理，当存在共格应变场时，溶解度间隙线也会发生偏移，这些偏移后的线会完全落在非共格溶解度间隙的范围之内。图 11-58 给出具有溶解度间隙（非共格）的相图，上面标有相应的化学拐点线、非共格溶解度间隙线和共格拐点线、共格溶解度间隙线。这样，成分落在共格拐点线之内时才会发生调幅分解，分解后最终出现平衡产物的成分由共格溶解度间隙线决定。

除了在具有稳定溶解度间隙的系统中会发生调幅分解之外，能够形成 GP 区的系统通常都具有一个亚稳定的溶解度间隙，即 GP 区固溶线。当这些系统处于高过饱和度状态时，GP 区有可能通过调幅机制形成。

当 λ 很小时，（11-71）式一定不能被满足。对式子两端取等号能够获得一个临界波长 λ_c。理论上，大于 λ_c 的任何波长都有可能发展成调幅分解。但是，各种波长所对应的增幅因子 $R(\beta)$ 是不相同的，调幅分解是由那些具有最大增幅因子的波长发展起来的。图 11-59 给出 $R(\beta)$ 随 λ 变化的示意图，其随波长变化有较尖锐的极大值，一般调幅分解的波长大体

在 λ_m 附近，并且随过冷度加大，λ_m 减小。调幅分解的调幅组织波长很小，只能在电子显微镜下观察。

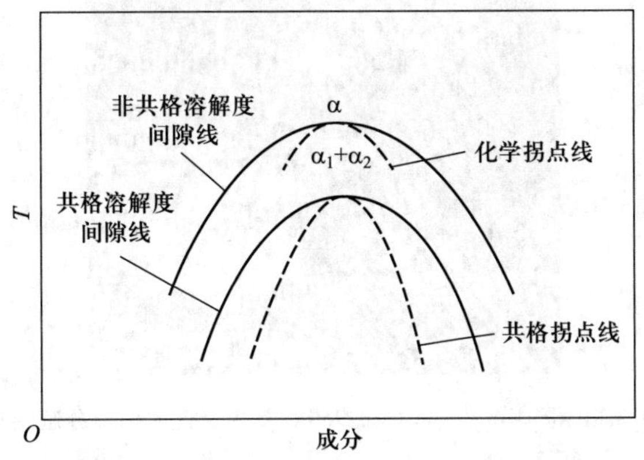

图 11-58 溶解度间隙中的化学拐点和共格拐点

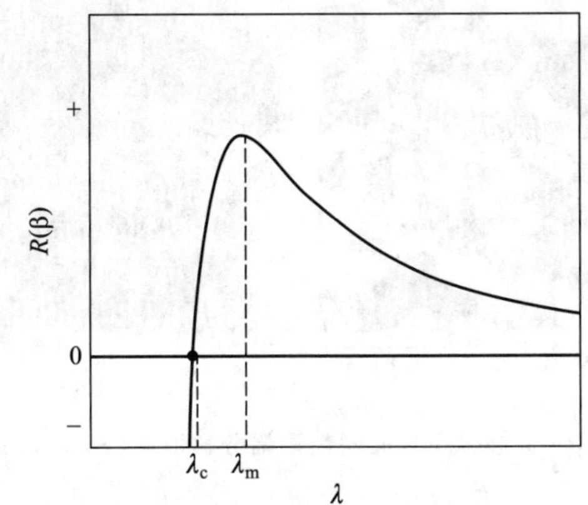

图 11-59 $R(\beta)$随 λ 变化示意图（在共格拐点线以下）

图 11-60 是 66.3%Cu-30%Ni-Cr-Mn-Zr-Ti 合金在 950℃ 固溶处理后慢冷至室温的显微照片，其中能够观察到调幅分解的结构。由于调幅组织弥散，通常会有好的力学性能，一些磁性合金（例如永磁合金 Alnico）也会通过获得调幅组织来获得优异的磁性性能。图 11-61 是 Fe-Cr-Co 合金中各向同性调幅分解的形貌，由于 Fe、Cr 的原子尺寸相近，弹性错配小，调幅分解的富 Cr 和贫 Cr 区在三维会呈现无方向性，呈海绵状。

图 11-62 为氧化物弥散强化铁素体钢 PM2000（Fe-19Cr-5.5Al-0.5Ti-0.5Y_2O_3）748 K 的三维原子探针（3DAP）图像，图 11-62a 各图分别为时效时间 10 h、100 h、500 h 和 3 600 h 的恒浓度面（25at%Cr），可以看到富 Cr 区浓度起伏并逐渐粗化。通过自协变函数分析，结果与调幅分解理论符合。各时效时间相应的显微硬度变化如图 11-62b 所示。

图 11-63 示意性地描述形核长大型转变与调幅分解的区别。图中标示"左"和"右"分别描述固溶体中两个相邻区域的情况；前面序号 1、2、3 为最初浓度小起伏的情况，4、5 为大起伏的情况；黑点表示其中的一个组元。

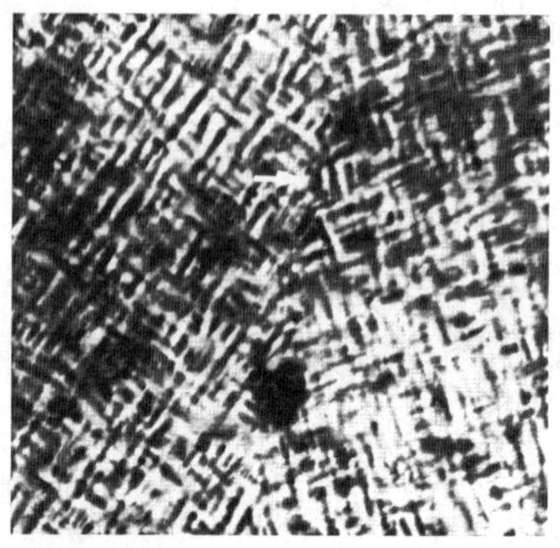

图 11-60　66.3%Cu-30%Ni-Cr-Mn-Zr-Ti 合金 950℃慢冷获得的调幅分解结构显微照片(31 000 倍)

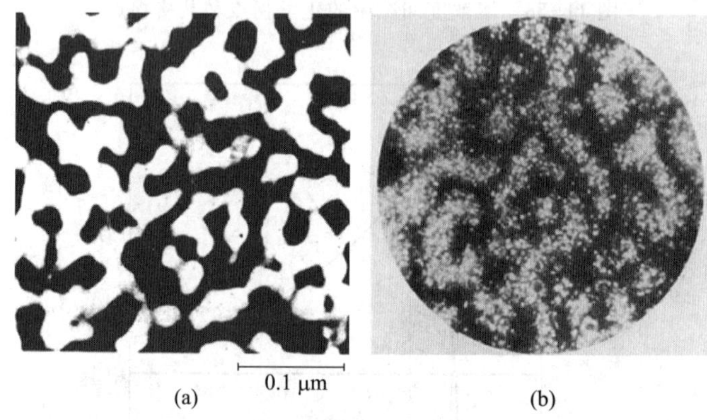

图 11-61　Fe-Cr-Co 合金中各向同性调幅分解形貌(Soffa、Brenner 等,1984)

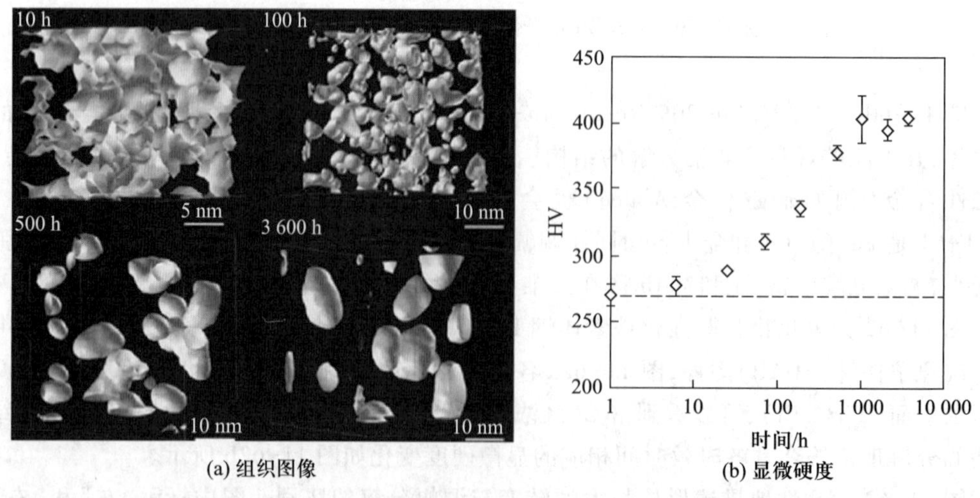

图 11-62　氧化物弥散强化铁素体钢不同时效时间的组织图像及显微硬度(Capdevilla 等,2008)

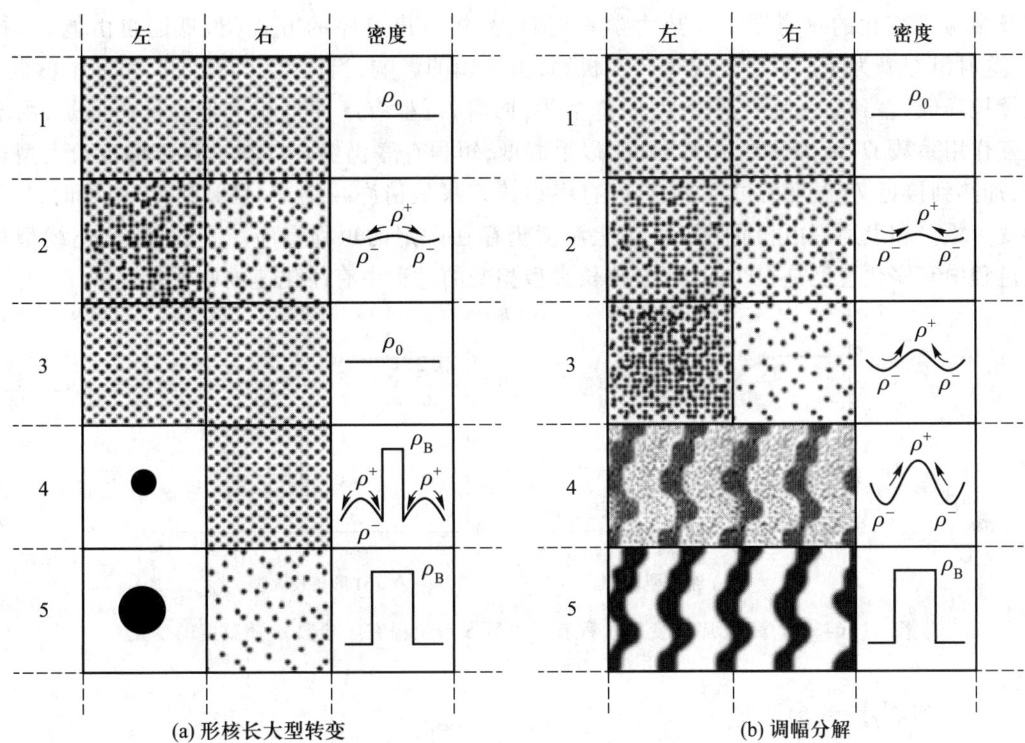

图 11-63 形核长大型转变与调幅分解的区别(E. P. Favvas 和 A. Ch. Mitropoulos, 2008)

++

例题 11-9 调幅分解以连续的方式发生相变,这种相变是否是二级相变?

解 是一级相变还是二级相变应以相变前后热力学参数的变化来定义。调幅分解只是形成新相的一种形式,形成的新相与母相的点阵常数是有变化的,即有体积突变,所以不是二级相变,应为一级相变。

++

11.5.2 有序-无序转变

1. 有序转变的类型

第 3 章中已经介绍过有序固溶体的晶体结构,定义了短程有序参数 σ 以及长程有序参数 S,并且介绍了 LI_0, LI_1, LI_2, B_2, DO_3, DO_{19} 等几种常见的有序晶体点阵结构。在第 5 章介绍了固溶体中的交互作用参数 Ω 为负值时固溶体中原子倾向于以异类原子邻近,这样在低温就出现有序的倾向;无序-有序转变可能是一级相变也可能是二级相变,同时还介绍了具有这两类转变的有序相区在相图中的表现形式。本章将介绍无序-有序转变的特点。

无序结构转化为有序结构的过程有两种可能的机制:(1) 在整个晶体内均匀地出现局部性重新排列,使短程有序程度逐渐提高,最终导致长程有序;(2) 先形成小的有序区域,称之为有序畴,然后这些畴逐渐长大形成有序结构。这两种机制分别和调幅分解及脱溶反应等价,前者是二级转变,即连续型转变;后者是一级转变,即形核长大型转变。

图 11-64 为单晶体中的这两种机制的无序-有序转变的长程有序参数 S 和短程有序参

数 σ 随温度变化的示意图。在热力学零度时，晶体以最有序的方式（最低的自由能态）排列，这时组态熵为零。对于连续型转变机制，由于熵的影响，当温度升高时，长程有序参数 S 连续地降低，直到某一临界温度 T_c 时降为零；同时，短程有序度也相应地降低。但是，由于交互作用系数 $\Omega<0$，即使到达 T_c 或 T_c 以上温度，短程有序仍然会存在。对于形核长大型相变，加热到接近 T_c 温度的过程中，长程有序参数 S 只是稍许减小，一旦到达 T_c 温度时，S 突然变为零。和上述理由相同，在 T_c 以上温度仍存在一定的短程有序。一般来说，连续型相变过程中有序化速度是很快的，而形核长大型相变的过程中有序化速度则比较慢。

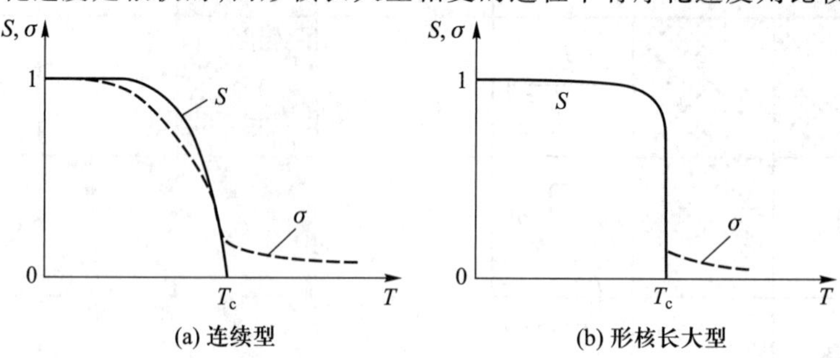

图 11-64 有序-无序转变的长程有序参数 S 和短程有序参数 σ 随温度的变化

2. 一级有序-无序转变

有序-无序转变按形核长大机制转变时，由于在转变温度以上就存在着短程有序以及转变前后的晶体结构基本相同，所以核心是共格的，形核的应变能比较低。尽管有序化的驱动力相对较低，但由于形核过程中存在的这些有利条件，形核基本上是均匀的，其过程不会过度依赖于晶体缺陷形核。一个核代表着晶体中的一个有序区域，这些区域也被称为有序畴。在这个过程中，由于各个核心是独立形成的，所以每个畴中异类原子排列的相位有可能不同，当两个相位不同的畴相遇时会出现界面，界面两侧的原子具有错误的排列，这就形成反相畴，它们以反相畴界（APB）分隔。例如 Cu_3Au（是有序相，具有 LI_2 结构）的晶体结构，图 11-65a 表示从{100}面考察的两个不同相位的畴中 Cu 和 Au 的原子排列，图 11-65b 和图 11-65c 表示两个反相畴相连而形成的反相畴界。类似于讨论一般相变后晶粒大小的原理，过冷度越大，有序化转变完成（即无序基体刚刚完全消失时）时形成的畴的尺寸越小。每个畴内的长程有序参数的变化如图 11-64b，但对于整个试样而言，由于反相畴的存在，整体的长程有序参数很低，只有畴的不断粗化才能使整体的长程有序参数增加。畴的粗化速度和有序结构的类型有关。例如 Cu_3Au 的无序结构是 fcc 结构，Au 原子可以占有 fcc 结构中 4 个原子位置的任一种位置构成有序点阵，即 Au 原子可以有四种排列方式来构成有序结构。四种有序畴能形成稳定的反相畴结构，使畴的粗化速度很慢。图 11-66 是有序的 Cu_3Au 的薄膜电子显微照片，照片中为反相畴界（由于成像方法的原因，大约有 1/3 的畴界看不到）。

又如 CuZn（具有 B2 结构，为有序相），无序相是 bcc 结构，有序相由简单立方的 Cu 原子和 Zn 原子点阵穿插而成，因而最多存在两种有序畴，不能形成稳定的反相畴结构，畴的粗化速度会较快。偏离有序相的化学计量成分的合金有序化时，不符合理想配比成分的多余原子往往被排到反相畴界上，形成比较厚的反相畴界。

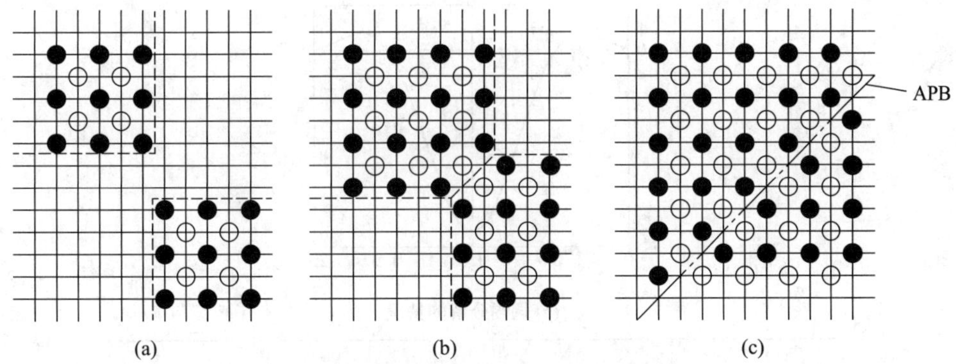

图 11-65 Cu_3Au 的两个不同相位的有序畴长大相遇形成的反相畴界({100}面)

图 11-66 Cu_3Au 中的反相畴界(42 300 倍)

3. 二级有序-无序转变

Cook、De Fontaine 和 Hilliard 等学者提出,用与调幅分解相似的离散点阵模型来讨论有序-无序的连续型转变。对于具有和有序相相同的理想配比成分合金,在 T_c 温度下,梯度能系数 K 为负值,d^2G/dx^2 为正值(与调幅分解相反),从而使无序相转变为有序相。根据和调幅分解类似的分析,获得振幅因子 $R(\beta)$ 随 a/λ(a 是简单立方点阵常数,λ 是波长)的变化如图 11-67b 所示。从图看到,最大振幅发生在 $a/\lambda=1$ 处,最大和最小成分发生在相邻的点阵位置,即获得有序结构。同时分析可知,在满足等式

$$\frac{d^2G}{dx^2}=-32K/a^2 \tag{11-72}$$

且相应的温度以上时,所有 a/λ 值下的振幅都是负的,如图 11-67c 所示,这时无序相不可能以连续型机制转变为有序相,这个温度称为临界不稳定温度 T_{instab}。在 T_c 和 T_{instab} 之间,只可能以形核长大型转变进行有序化。作为对比,图 11-67a 给出调幅分解的情况($d^2G/dx^2<0$, $K>0$),这个图和图 11-59 是等价的(有序合金高温无序时发生调幅分解与有序化并不对应)。

4. 调幅分解对有序-无序转变的影响

Cu-Ti、Cu-Ti-Sn 等合金经过调幅分解后在富溶质的区域可能获得有序相。Soffa 和

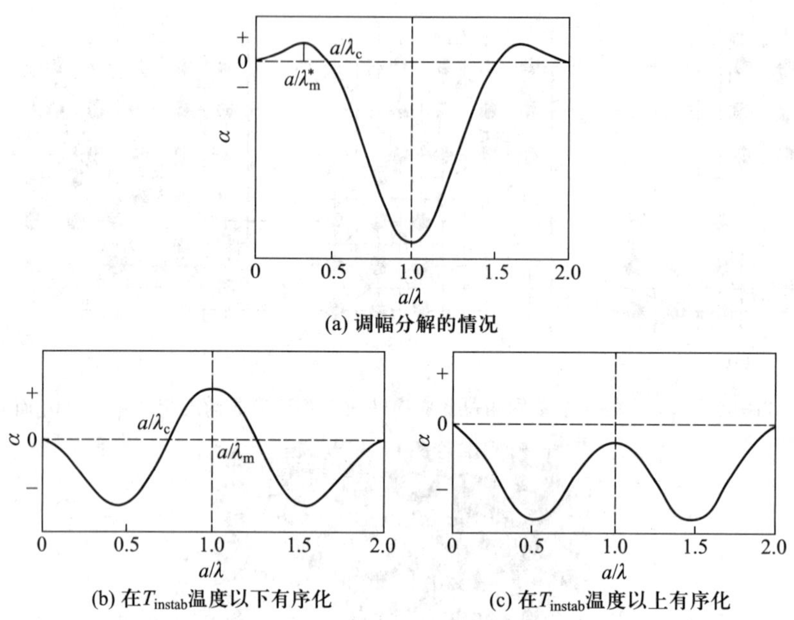

图 11-67 连续型转变的离散型点阵模型中的振幅因子

Laughlin 等学者通过有序相和无序相的吉布斯自由能-成分曲线来说明这类有序化的可能性，如图 11-68 所示，A_xB_y 是最终稳定相。图 11-68a 说明在所有成分范围内无序相都不可能发生调幅分解，而有序相则可能发生调幅分解。当合金的成分位于有序相的自由能-成分曲线拐点 S_1 的右侧（例如 x_0 点）时，有序化过程能够降低吉布斯自由能，降低的量如图中 PQ 段所示。随后，该有序相会经历调幅分解，逐渐演化出具有理想配比成分的有序相。成分在 S_1 左侧（例如 x'_0）的合金，有序化后降低自由能大小如图中 $P'Q'$ 表示，它不能发生连续型有序化，仅以形核方式形成符合理想配比成分的有序相。图 11-68b 表示无序相可以发生调幅分解的情况。成分位于无序相自由能曲线拐点以左的合金（例如 y_0）不能发生连续型有序化，仅以形核方式形成符合理想配比成分的有序相；成分位于无序相自由能曲线拐点以右的合金（例如 y'_0），往往无序相先调幅分解，当溶质原子富集到接近有序相的理想配比成分时，发生有序化转变。

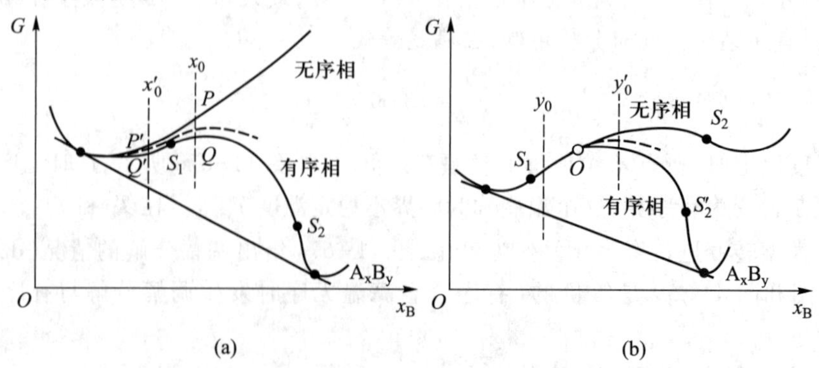

图 11-68 调幅分解和连续型有序化的吉布斯自由能-成分曲线

图 11-69 示意说明两种连续型转变的界面原子分布的情况。其中图 11-69a 表示原始状态,随机混合的合金;图 11-69b 表示经调幅分解,由长程扩散形成的富 B 及贫 B 区域间的漫散界面;图 11-69c 表示经有序化转变,由反相畴界分隔的有序畴。

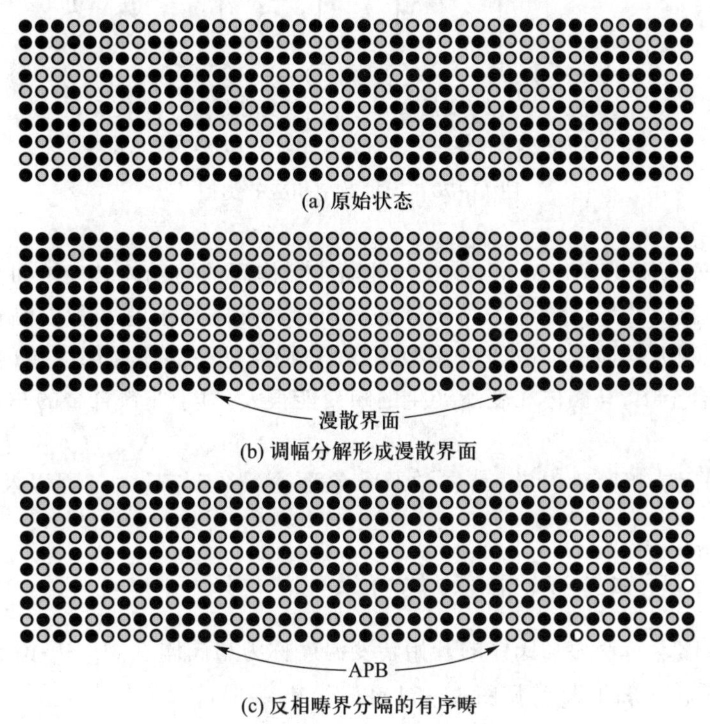

图 11-69 两种连续型转变的界面原子分布情况

11.6 无扩散型转变

无扩散型转变(相变)也是一种典型的固态相变,其过程中不存在原子的远程扩散,或者即使存在远程扩散,也不是相变发生的必要条件或主导因素。对于所有的金属和合金,只要冷速快到足以抑制扩散型相变发生,几乎均可发生无扩散型相变。无扩散型相变可分为点阵畸变位移式和原子位置调整位移式(shuffle)两类。前者为相变时原子保持相邻关系进行有组织的位移,如图 11-70a 所示;后者指原子只在晶胞内部改变位置,如图 11-70b 所示。

点阵畸变位移式相变具有点阵畸变,其形核的阻力以应变能为主;原子位置调整位移式相变的阻力则是以界面能为主。点阵畸变位移式相变又可分为以正应变为主的位移及切应变为主的位移两种,后者又可分为马氏体相变和赝马氏体相变。马氏体相变的动力学及相变产物的形态由应变能决定,而赝马氏体相变的动力学和相变产物的形态不由应变能决定。

钢中的马氏体相变(马氏体转变)在技术上十分重要,得到了广泛的研究。多年来,对钢中马氏体相变的研究已经积累了丰富的知识,一些纯金属和合金中的马氏体相变也相继被发现,例如:Fe、Ce、Co、Hf、La、Li、Hg、Tl、Ti、Pu、U、Zr 和 Au-Cd、Cu-Al、Cu-Sn、In-Tl、Au-

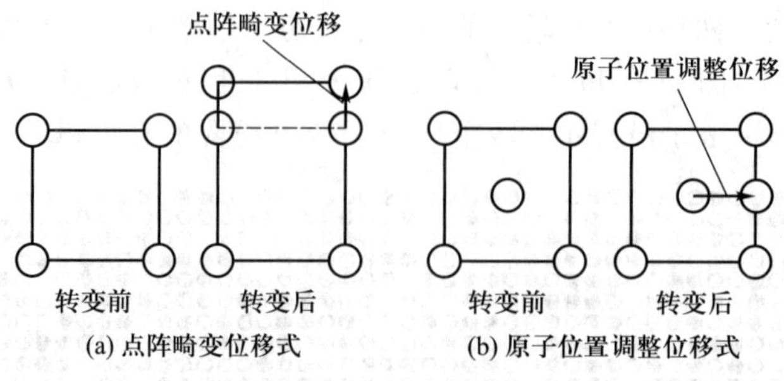

图 11-70　无扩散型相变的类型

Mg、Ag-Cd、Ag-Zn、Ni-Ti、Ni-Al 等,涉及各种晶体结构间的马氏体转变。目前,普遍将具有马氏体相变基本特征的产物统称为马氏体。马氏体相变本质上是一种以晶格畸变为主导、不涉及成分变化和无需远程扩散的位移型相变,其特点是在晶体局部区域内迅速发生剪切畸变。在铁-碳合金中,马氏体相变所产生的畸变能很大;对于非铁合金的马氏体相变,畸变能相对较小。

本节仅对马氏体相变热力学、晶体学及唯象理论、形核与长大过程以及动力学作简单介绍。

11.6.1　马氏体转变(相变)热力学

钢中由奥氏体 γ 转变为马氏体的开始转变温度称为马氏体点 M_s,M_s 位于 T_0(同成分的母相和新相自由能相等的温度,见图 11-71)以下,M_s 一般远远低于 T_0,由于此温度较低,原子的活动性较弱,因此新相的生长依靠界面的滑动而不发生原子的扩散。因为马氏体形成的温度低,核心的形成要越过比较大的能垒,这也就是马氏体需要很大的过冷度(即能提供足够的驱动力)才能形成的原因。在马氏体点 M_s 形成马氏体的自由能变化为

$$\Delta G^{\gamma\to M}=\Delta S^{\gamma\to M}(T_0-M_s) \tag{11-73}$$

上式应用了式(10-8)的形式,用熵变表示自由能的变化。

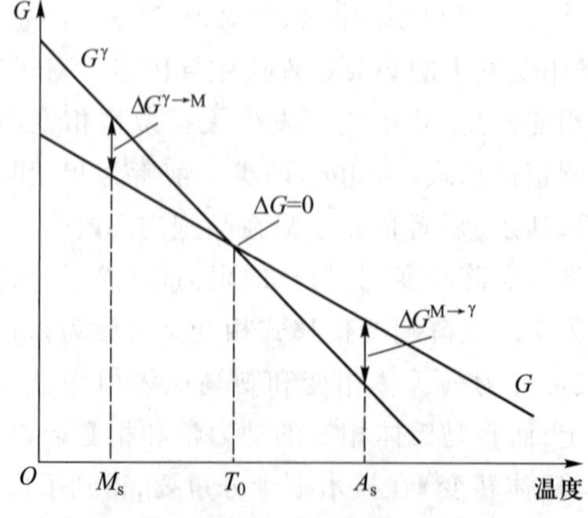

图 11-71　奥氏体与马氏体的自由能曲线

图 11-72a 给出了 Fe-C 在 912℃以下 723℃以上的低碳部分的相图，图 11-72b、c 分别是 T_1、T_2 温度下的 γ 和 α 两相的自由能-成分曲线。这些图中可以显示出无扩散特征的马氏体转变的热力学可能性。在 T_1 温度下，无扩散转变的 ΔG 大于零，而在 T_2 温度下则小于零。因为无扩散相变只能发生在 T_0 温度以下，T_1 在 T_0 以上，所以在这个温度只能发生扩散型相变；而 T_2 在 T_0 以下，在这个温度则可以发生无扩散转变。这些概念在讨论块状转变时已经说明。

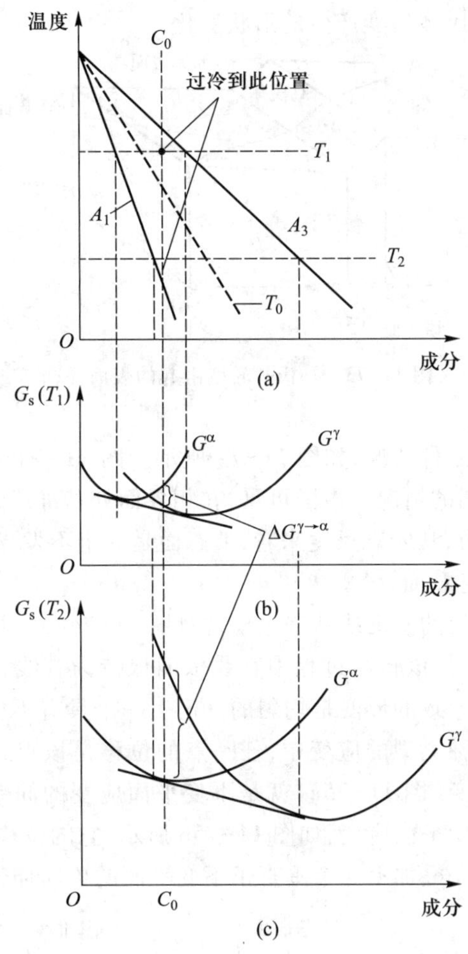

图 11-72 Fe-C 相图（部分）与两个温度的 ΔG（无扩散）

++

例题 11-10 若已知实际转变温度，哪些相变可根据相图确定过冷度？哪些不能准确确定？

解 对于同素异构、脱溶（平衡相）、共析等转变，过冷度是相变平衡温度与实际进行相变温度之差，相图都给出了相变平衡温度，所以可根据相图和实际转变温度来确定过冷度。而块状转变和马氏体转变的开始温度是 T_0，过冷度是 T_0 与实际相变温度之差，而一般的相图是不给出 T_0 温度的，所以不能从相图直接确定过冷度。

++

11.6.2 马氏体转变的晶体学及唯象理论

1. 马氏体转变晶体学

马氏体转变与形变孪生有相似之处，当一片马氏体与基体的自由表面相遇时，表面会产生浮凸，如图 11-73 所示。这种浮凸是由相变的切变性质产生的，在发生相变的地方突然发生形状改变。研究这个形状变化的传统方法是转变前在表面上划一条基准线，观察这条线在转变后的变化来揭示马氏体转变产生的形状变化。

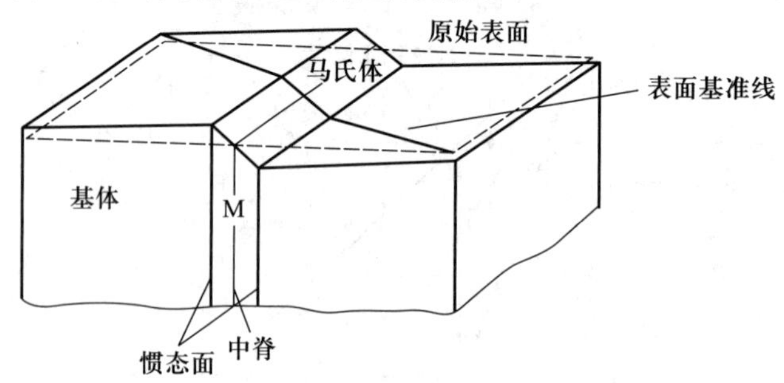

图 11-73　马氏体转变引起的表面浮凸

基准线的变形可能有三种情况，如图 11-74 所示。图 11-74a 是经常观察到的情况，而图 11-74b、c 是尚未观察到的情况。由图可见，在相界面处基准线是连续的。马氏体有一惯态面，已在图 11-73 中注明，从宏观尺度来看，惯态面是一个不发生畸变，也不发生转动的晶面，类似于孪晶中的不畸变 K 面。

马氏体晶体自由表面处的基准线从来未出现过图 11-74c 中的情况，这意味着该表面仍保持为平面。这个现象表明，该转变过程中直线依旧保持为直线，平面依然保持为平面，这一性质反映出这种转变所导致的形变是均匀的。产生一个具有不变平面的均匀形变的应变称为不变平面应变。在这种类型的应变中，任一点的位移是该点距离是与不变平面的距离的线性函数。孪生时的切变（图 11-75a）就是不变平面应变的简单例子。而马氏体转变一般会涉及更复杂类型的不变平面应变，如图 11-75b 所示，它的位移与不变平面成一定角度，可把它分解为一个简单切变叠加上一个垂直于不变平面的单向伸长或压缩。

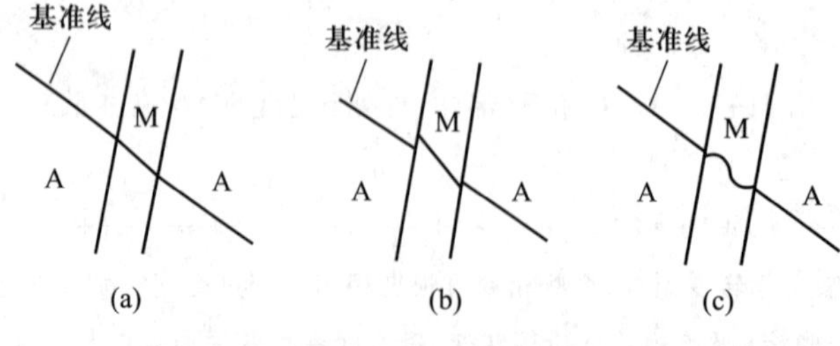

图 11-74　基准线变形情况

因此，在宏观尺度上看，马氏体的形状应变是一个不变平面应变。通常使用基体中某平面$\{hkl\}$表示马氏体的惯态面。为了测定该面，首先需要了解基体与马氏体之间的取向关

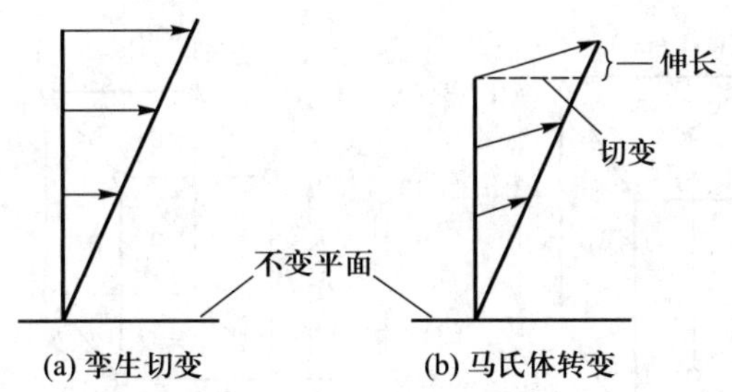

图 11-75 不变平面应变的例子

系。在高碳钢淬火至室温的过程中，会残留一定数量的奥氏体，这使得奥氏体与马氏体之间的取向关系能够被确定。随后，通过利用奥氏体中两个相互垂直的平面可以进一步确定马氏体相对于奥氏体的具体取向。通过广泛的研究得知以下事实：马氏体惯态面的面指数由钢的化学成分决定，一般皆为无理指数，这是马氏体转变的晶体学特点之一，如图 11-76 所示。

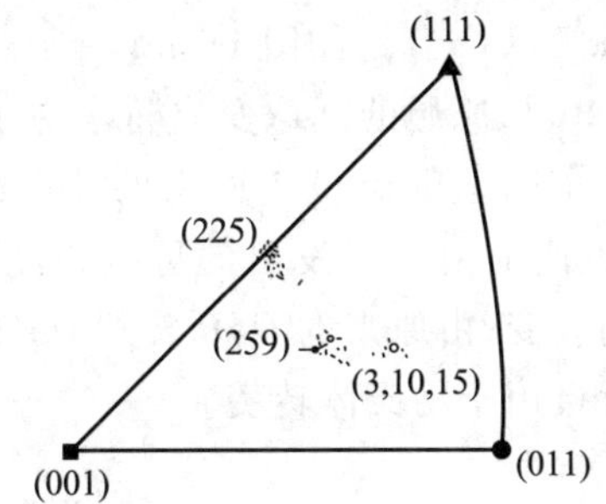

图 11-76 钢中马氏体的三类惯态面

2. 马氏体转变的唯象理论

本节以高碳含量的铁碳马氏体为例，介绍用晶体学方法阐明马氏体转变规律。在转变中，面心立方奥氏体转变为体心正方马氏体。1924 年，学者 E. C. Bain 提出了一个方案来说明这个变化，如图 11-77 所示，两个面心立方晶胞以（010）为公共面相连接，此面中心处的原子即正方点阵心处的原子，此正方点阵的晶格常数关系有 $c/a=\sqrt{2}/1$。若此晶胞沿 c 轴 $(x_3)_M$ 收缩 18%，沿 a 轴 $(x_1)_M$ 及 b 轴 $(x_2)_M$ 膨胀 12%就能得到轴比合适的具有体心正方结构的马氏体。这个联合起来的膨胀与收缩通常称为贝茵形变（Bain strain）。

按照这种机制进行转变，奥氏体与马氏体在晶体学上应存在一定的对应关系，奥氏体的 $[hkl]_A$ 与马氏体的 $[h'k'l']_M$ 相对应。例如，根据图 11-77，应该存在下列对应关系：

$[100]_M \to [1\bar{1}0]_A$

$[010]_M \to [110]_A$

$[001]_M \to [001]_A$

同样，基体中某晶面 $(hkl)_A$ 与马氏体的某晶面 $(h'k'l')_M$ 相对应，例如

$(112)_M \to (101)_A$

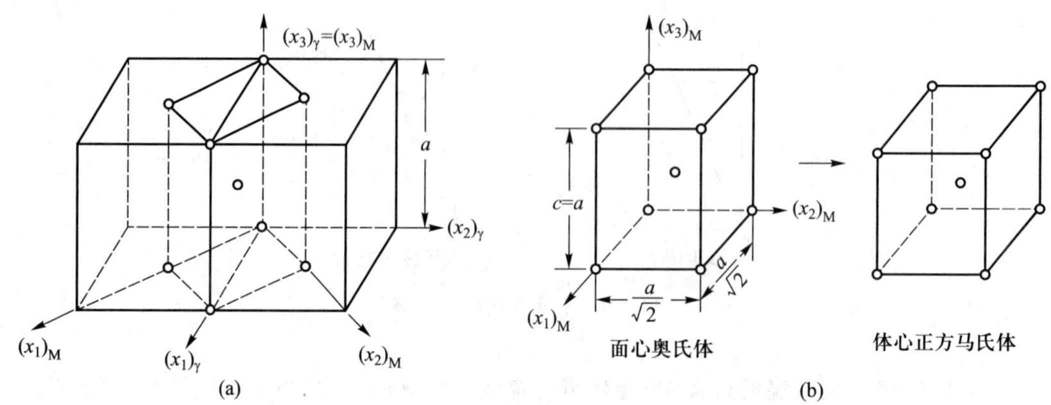

图 11-77 贝茵对应关系及贝茵形变

根据马氏体转变晶体学上的特点,这种对应关系要求必须产生一个零畸变的平面(不变平面)。现在检查一下贝茵形变是否能产生一个这样的零畸变平面:在奥氏体基体中建立一个球,它的三个主轴为$(x_1)_M$,$(x_2)_M$,$(x_3)_M$,如图 11-78 所示。若发生贝茵形变[沿$(x_3)_M$收缩 18%,沿$(x_1)_M$,$(x_2)_M$膨胀 12%],原始的圆球变成椭球,在此椭球上 $A'B'$圆上各点距原点 O 的距离等于原球体的半径,$A'B'$圆上的点位于原来的 AB 圆上。如果建立不同大小的圆球,$A'B'$圆将构成一圆锥面,圆锥面上由原点发出的母线长度与原来的球半径相同,这些矢量在形变前后长度不变,而方向改变,由原来的 OAB 转到 $OA'B'$。因此贝茵形变不能出现零畸变平面,贝茵对应关系不能直接用于马氏体转变。

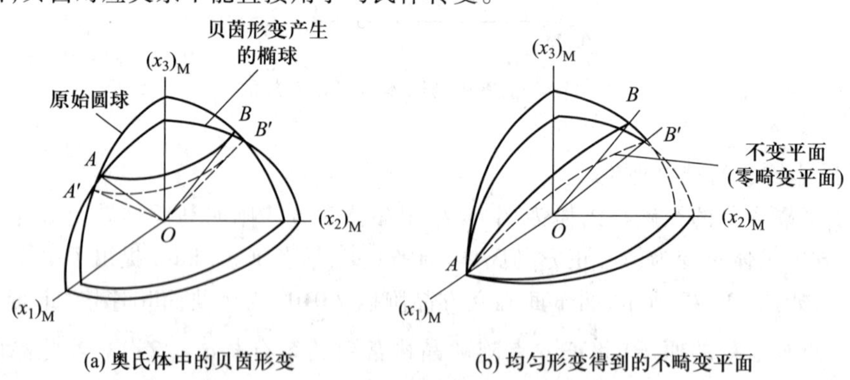

图 11-78 形变的球体表述

如图 11-78b 所示,若将任一主应变量规定为 0,比如令$(x_1)_M$的应(应变为 1)变量为 0,则平面 OAB'为一不畸变平面,但也发生了转动。有学者证明,当一个主应变量为 0、一个大于 0(应变大于 1)、一个小于 0(应变小于 1)时,通过均匀形变能够得到不畸变平面。显然,贝茵形变主应变为 1.12、1.12、0.82,不满足上述条件;而图 11-78b 中的主应变是 1、1.12、0.82,满足上述条件。总的来说,由一个点阵转变成另一种点阵的对应关系不能满足主应变的条件。

1953 年后,马氏体转变的唯象理论得到了发展,这种理论对转变过程中的原子运动不作解释,仅仅形式地处理转变初始与终了的晶体学状态,因而能指出必须应用的某些限制条件。

这种唯象理论的数学运算可以划分为三个步骤:

(1) 通过贝茵形变产生新点阵;

(2) 引入一适当的点阵不变切变得到一不畸变平面;

(3) 旋转马氏体使此不畸变平面具有原始位置。

第一步是形成马氏体所需的晶体结构。第二步是使一主应变为零,从而得到一个不畸变平面。在这一步骤中引入的切变必须保持第一步中形成的新点阵不变,这种切变被称为点阵不变切变。图 11-79a、b 展示了这种切变的示意图。有两种切变补偿方法使此斜方形变为一矩形的轮廓而不改变斜方形的晶体结构,分别为滑移(图 11-79c)和孪生(图 11-79d)。因此,这种理论要求马氏体内部存在亚结构,孪晶或者滑移层。

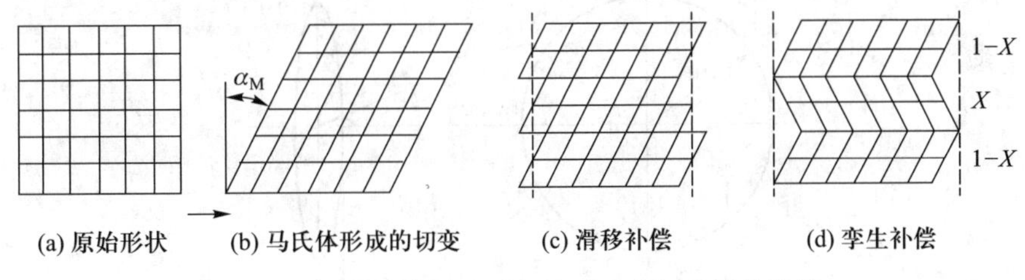

(a) 原始形状　(b) 马氏体形成的切变　(c) 滑移补偿　(d) 孪生补偿

图 11-79　马氏体转变中的点阵不变切变及其补偿

这种理论所需要的数据是:① 原始相与马氏体的晶体结构及点阵常数;② 点阵对应关系;③ 点阵不变切变(即滑移或孪生)。根据这些数据,唯象理论能够预测:惯态面、马氏体形成时的形状应变以及母相与马氏体之间的取向关系。对形状应变小的马氏体,如 Au-Cd、In-Tl 以及铁基合金的(225)马氏体,理论与实验结果有一定的差异,最近的理论分析与实验证明,在(225)马氏体中可能存在更复杂的亚结构。

总体而言,晶体学理论为马氏体相变提供了较好的说明,能够为马氏体的内部亚结构和无理指数的惯态面提供合理的解释。

11.6.3　马氏体的形核与长大

钢中单个马氏体的生长速度与声速接近,一片马氏体能够在 $10^{-7} \sim 10^{-5}$s 内长成。由于马氏体的生长速度很快,所以用实验方法研究其形核和长大过程非常困难。如此快的生长速度也能够说明马氏体形核早期与母相奥氏体的共格关系。因此,考虑共格核胚(晶核)如何出现应该是研究马氏体形核长大过程的一个重要的起点。

1. 马氏体共格核胚的形成

形核时引起的系统自由能变化由(10-24)式表示,在奥氏体基体上形成一个全共格的马氏体核胚时所引起的系统自由能变化为

$$\Delta G = A\gamma + V\Delta G_E + V\Delta G_V \tag{11-74}$$

这一表达式没有考虑可以利用的其余能量,例如由冷却热应力、外加应力及快速生长的马氏体片的端部应力等所提供的能量。和其他形核过程一样,以界面能和弹性应变能为阻力,化

学(体积)自由能为驱动力,相互之间存在着的抗衡。在马氏体相变过程中,共格核胚的应变能相较于界面能占据更为重要的地位。这是由于纯贝茵形变的切变分量可高达约 0.32,从而在周围奥氏体中引发明显的应变效应;相比之下,完全共格核胚的界面能则较小。

如图 11-80 所示,假定马氏体共格核胚的形状在球状和盘片状之间,片的半径为 r,中心一半厚度为 c,且 $c<r$。假定形核并不一定在晶界上发生,并且形核过程是均匀的,没有任何其他类型的晶体缺陷相助。如图 11-80 所示,核胚是以平行于薄片平面的简单切变 S 形成的,在界面上保持着完全共格。在这种情况,(11-74)式中的$\Delta G_E=4(S/2)^2G(c/r)$(式中 G 是切变模量,此式推导从略),式(11-74)可写成

$$\Delta G=2\pi r^2\gamma+\frac{16}{3}\pi\left(\frac{S}{2}\right)^2Grc^2+\frac{4}{3}\pi r^2c\Delta G_V \tag{11-75}$$

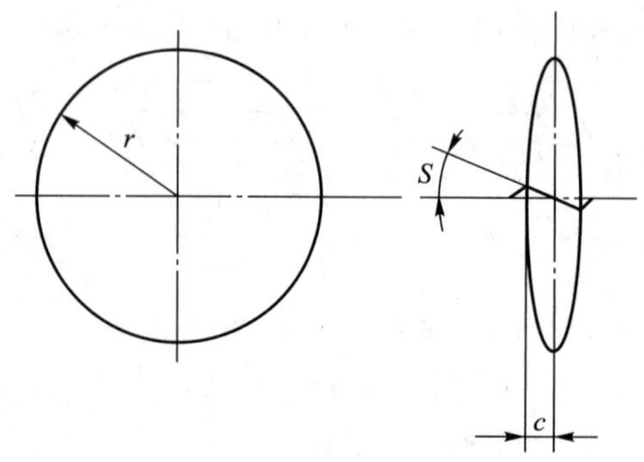

在圆中心线两侧沿上下方向逐渐切动

图 11-80 马氏体共格核胚示意图

将式(11-75)分别对 c 及 r 微分,并令其为 0:

$$\partial(\Delta G)/\partial c=0,\quad \partial(\Delta G)/\partial r=0$$

联立这两个方程,可求得晶核的临界尺寸为

$$c^*=\frac{2\gamma}{\Delta G_V} \tag{11-76}$$

$$r^*=\frac{16\gamma G\left(\frac{S}{2}\right)^2}{\Delta G_V^{\ 2}} \tag{11-77}$$

把上面的 c^* 和 r^* 代入 (11-74)式,求得临界核心形成功:

$$\Delta G^*=\frac{512}{3}\frac{\gamma^3}{\Delta G_V^4}\left(\frac{S}{2}\right)^4G^2\pi \tag{11-78}$$

++

例题 11-11 计算钢中的马氏体转变的临界形核功ΔG^*及晶核临界尺寸 r^*、c^*。假设$\Delta G_V=174$ J,$\gamma=20$ mJ/m^2,$S=0.2$,$G=80$ GPa。

解 根据(11-76)、(11-77)、(11-78)式,将各数据代入得

$$\Delta G^*=\frac{512}{3}\frac{\gamma^3}{\Delta G_V^4}\left(\frac{S}{2}\right)^4G^2\pi=\frac{512}{3}\times\frac{(20\times10^{-3})^3}{(174\times10^6)^4}\times\left(\frac{0.2}{2}\right)^4\pi(80\times10^9)^2\text{ J}$$

$$=2.99\times10^{-18}\ \mathrm{J}=18.7\ \mathrm{eV}$$

$$c^{*}=\frac{2\gamma}{\Delta G_{V}}=\frac{2\times20\times10^{-3}}{174\times10^{6}}\ \mathrm{m}=2.30\times10^{-10}\ \mathrm{m}=0.23\ \mathrm{nm}$$

$$r^{*}=\frac{16\gamma G\left(\frac{S}{2}\right)^{2}}{\Delta G_{V}^{2}}=\frac{16\times20\times10^{-3}\times80\times10^{9}\times(0.2/2)^{2}}{(174\times10^{6})^{2}}\ \mathrm{m}=8.46\times10^{-9}\ \mathrm{m}=8.46\ \mathrm{nm}$$

因 $\Delta G^{*}=2.99\times10^{-18}\ \mathrm{J}=18.7\ \mathrm{eV}$,这样高的形核位垒是难以用热激活克服的。因为当 $T=700\ \mathrm{K}$(相当于 M_s 为 427℃)时,$kT=0.06\ \mathrm{eV}$,与 18.7 eV 相差甚远;另外 r^{*} 非常大,可见经典的均匀形核理论不适用于马氏体相变。

++

大量事实证明,马氏体相变为非均匀形核。

2. 位错机制在马氏体形核过程中的作用

马氏体形核的位错机制近年来得到越来越多的重视,本节介绍位错机制的 Zener 模型。

Zener 模型说明了孪生过程中不全位错<112>$_{\gamma}$ 的运动如何在 fcc 点阵区域内产生一个薄的 bcc 区域,如图 11-81 所示。图中 fcc 结构的三层密排面由底层向上以 A、B、C 编号。在 fcc 点阵中通常的孪生矢量是 $\boldsymbol{b}$,可由一个 a<110>/2 位错分解成两个位错而得到 $\boldsymbol{b}=$

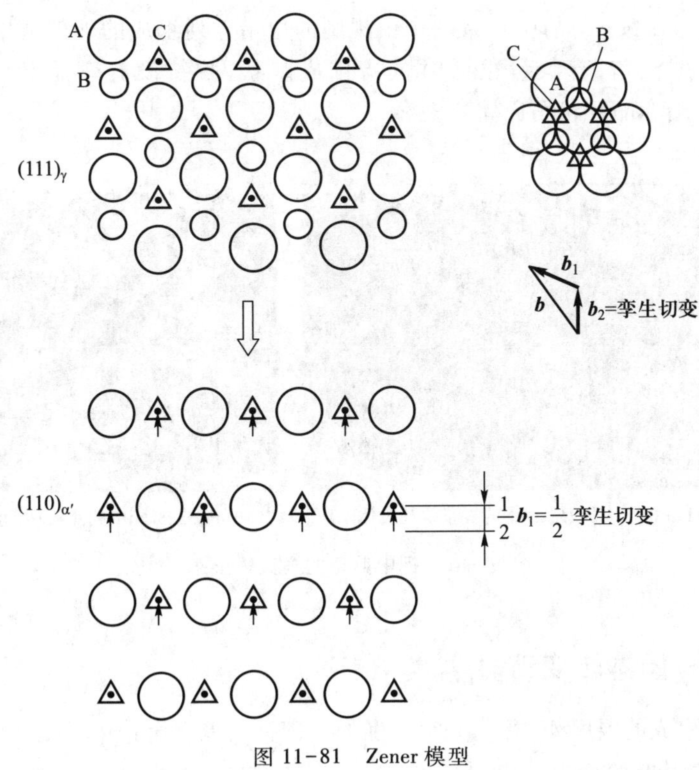

图 11-81 Zener 模型

$\boldsymbol{b}_1+\boldsymbol{b}_2$，即

$$\frac{a}{2}[\bar{1}10]=\frac{a}{6}[\bar{2}11]+\frac{a}{6}[\bar{1}2\bar{1}] \tag{11-79}$$

为了产生 bcc 结构，所有的 C 位置的原子需要向前跳动 $b/2=a[\bar{2}11]/12$。实际上这一切变之后所产生的点阵并不完全是 bcc 点阵，还需要有一些膨胀以得到正确的点阵间距。这样所产生的 bcc 点阵只有两个原子层厚度。Brooks 等学者通过电镜研究揭示，在位错塞积区域，可以通过这种机制形成较厚的核胚。在这些塞积群中，不全位错被迫相互靠近，导致滑移矢量减小，从而使核心部分的结构类似于 bcc 堆垛。此外，相邻平面上的塞积群能够相互作用，进一步增厚这种伪 bcc 区域。

3. 马氏体长大及形貌

一旦形核势垒被克服，体积自由能便足够大，促使马氏体片迅速生长，直至遭遇其他马氏体片或大角度晶界等障碍。在这个过程中，马氏体的生长速度极快，奥氏体与马氏体之间的界面呈现可滑动的半共格特性。鉴于马氏体在众多合金体系中均能形成，且形成过程中克服的阻力差异显著，因此形成的马氏体形态极为多样。钢中的马氏体形态主要有两种，低碳的板条状马氏体（图 11-82a）和高碳的片状马氏体（图 11-82b）。根据实验观察，钢中马氏体形成时首先形成高 r/c 比的薄片，然后增厚，高碳马氏体往往有一个高密度孪晶的中脊，它是最先形成的，其次是孪晶区，以及一个由规则的位错点列组成的外部区域。低碳板状马氏体中含有高密度位错，含碳量很低时位错排成胞状网络，没有孪晶；而含碳量很高的 $\{259\}_\gamma$ 马氏体为全孪晶片状马氏体。

(a) Fe-0.03%C-2%Mn中的板条状马氏体

(b) Fe-32%Ni中的片状马氏体

图 11-82 钢中典型的马氏体形态

11.6.4 马氏体转变动力学

马氏体开始形成的温度 M_s 往往是很明确的。碳钢与低合金钢中马氏体的形成数量（体积分数）只是相应温度的函数，如图 11-83a 所示。转变最终到达某一温度，在此温度下全部奥氏体转变为马氏体或者转变停止，这个温度称为马氏体终止温度 M_f。

实验表明，冷却速度高达 50 000 ℃/s 时，M_s 在±20 ℃内波动，一片马氏体能够在几微秒内形成，转变过程中马氏体的体积分数与时间的关系如图 11-83b 所示。冷却到一定温度后

恒温保持则不再产生马氏体，只有降温时马氏体才能继续形成，转变几乎与降温同步进行，直到 M_f 点转变才停止，这种马氏体称为非热激活马氏体。非热激活的物理含义在于，尽管马氏体的转变量确实受温度影响，但相界面的运动速度与温度并不直接相关。界面迁移速度可以表示为迁移率与驱动力的乘积，其中迁移率与扩散速度成正比。对于非热激活的马氏体而言，其运动速度本质上与温度无关，因此其生长几乎不需要激活能。

并非全部的马氏体转变都是非热激活的，在某些合金中，如 Fe-Ni-Mn 合金，马氏体转变动力学也服从类似 Avrami 方程的规律，图 11-83c 所示的转变动力学曲线呈现 C 字形，这种类型的马氏体称为恒温马氏体。恒温马氏体的继续转变要通过马氏体的继续形核进行。因此，两类马氏体转变动力学的主要区别是它们的形核特点不同。

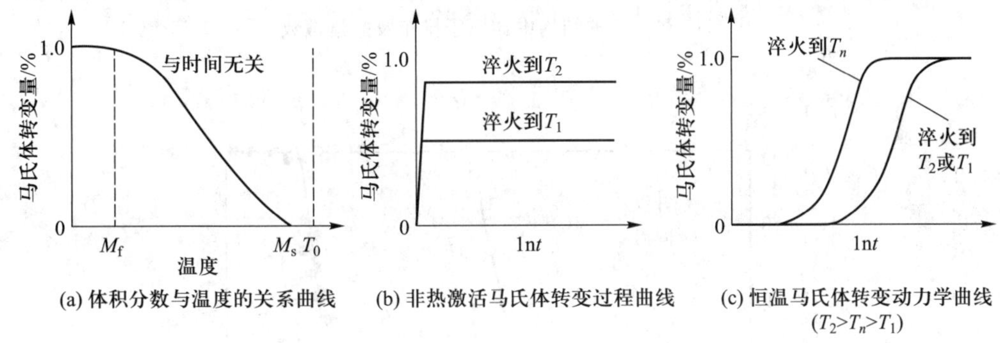

(a) 体积分数与温度的关系曲线 (b) 非热激活马氏体转变过程曲线 (c) 恒温马氏体转变动力学曲线 ($T_2>T_n>T_1$)

图 11-83 马氏体转变过程中体积分数的变化

11.6.5 陶瓷氧化锆中的马氏体转变

常压下氧化锆（ZrO_2）具有三种固态多形体：1 170 ℃以下，单斜结构最稳定；1 170～2 370 ℃，正方结构最稳定；2 370 ℃至熔点 2 680 ℃，立方结构最稳定。正方→单斜（T→M）转变是具有特殊商业意义的转变，这一转变过程会发生很大的体积变化（3%～5%），对由 ZrO_2 制造的产品（如坩埚和耐火材料）给予了苛刻的限制。在含有 ZrO_2 的 Al_2O_3 中，T→M 转变可以作为改善断裂韧性的机制。为了阐明改善韧性的微观机制，先说明 T→M 过程的转变动力学。

T→M 转变类似于钢中发生的马氏体型或无扩散型相变。原子不会以扩散迁移超过邻近原子，而是以不超过一个原子间距的位移来引发相变。因此，可以说转变后的相是母相的一种畸变形式。图 11-84 显示了这两种结构中的原子排布以及晶格常数。从两种结构的差异不难看出，T→M 转变会在固体基体内发生形状和容积的变化，随着转变分数增加，畸变程度也会增加。由于是无扩散转变，原子迁移无法松弛畸变，因此这种畸变成了进一步相变的阻碍。随着畸变能的增加，为了促使反应继续进行，就需要进一步降低温度。图 11-85 显示了四方 ZrO_2 质量分数随冷却温度的变化；图 11-86 是单斜结构 ZrO_2 的马氏体组织照片，马氏体片中含有细的孪晶片，片之间的区域同样是孪晶（T_1 和 T_2 之间）。

一个很重要的问题是，多形性转变发生在一个温度区间是否违背相律。回顾恒压条件下的相律形式是：$F=C-\phi+1$。对于两相平衡的单元系，$F=0$，这意味着这一相变只能发生在

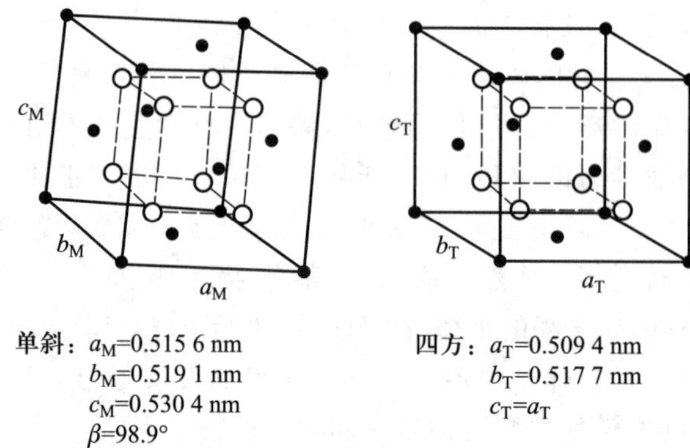

单斜：a_M=0.515 6 nm
b_M=0.519 1 nm
c_M=0.530 4 nm
β=98.9°

四方：a_T=0.509 4 nm
b_T=0.517 7 nm
c_T=a_T

图 11-84 两种结构中的原子排布及晶格常数

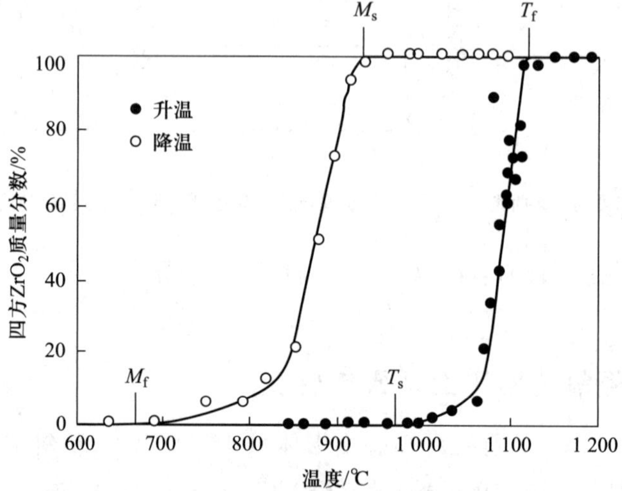

图 11-85 四方 ZrO_2 质量分数随冷却温度的变化

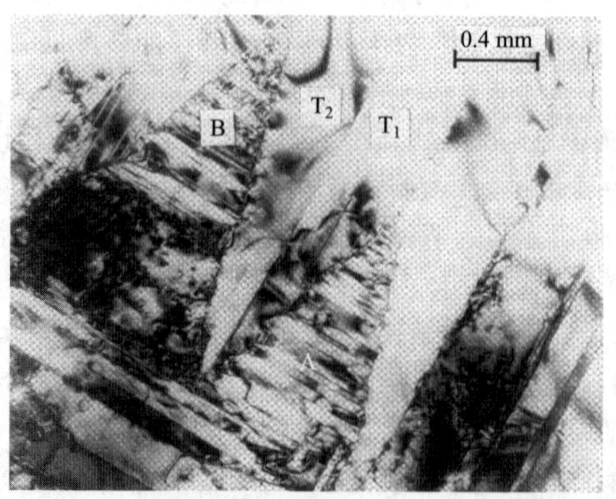

图 11-86 单斜结构 ZrO_2 中的马氏体组织照片

一个固定的温度，然而 T→M 转变时产生很大的应变并伴随着很大的局部应力，因此局部的压强并不固定，而是一个真实的变量，因而相律必须采用 $F=C-\phi+2$ 的形式。这样修改后，$F=1$，转变实际在一个温度范围内发生。这样就能够理解为什么这种转变以及其他类似的转变会发生在一个温度范围内。

常利用 ZrO_2 来增韧陶瓷。图 11-87a 为陶瓷中含有 ZrO_2 亚稳态四方结构的盘状沉淀微粒。这种微结构会通过三种不同的机理使陶瓷增韧。首先，随着裂纹的扩展，应力逐渐增大，促使四方结构的沉淀相通过马氏体相变转变为单斜结构。这一相变过程不仅吸收了能量，还引发了体积膨胀，从而在裂纹附近产生了显著的张应力和微区形变。图 11-87b 显示形变区临近裂纹的一个薄层内的变形单斜氧化锆。其次，相变粒子周围的应力场会吸收额外的能量，形成许多微裂纹，这些微结构的变化有效地降低了裂纹尖端附近的有效应力强度。最后，沉淀颗粒对裂纹的阻滞作用和局域残余应力场效应会引起裂纹的偏转，裂纹偏转又引起裂纹的表面积和有效表面能增加，从而增加了材料的韧性。TRIP 钢（相变诱发塑性）也是利用类似的原理提高材料的塑性。

钢中的马氏体相变一般用于提高强度，形状记忆合金（SMA）则是孪晶马氏体相变另一个重要的工业应用。

(a) ZrO_2亚稳态四方结构的盘状沉淀微粒

(b) 临近裂纹(左下角箭头处)薄层内的变形单斜ZrO_2

图 11-87 形变增韧氧化锆

11.7 按生长过程对相变分类

第 10 章详细说明了相变的分类，这一分类是基于热力学、相变方式以及相变过程中原子的迁移特征这三种情况。在探讨了各类相变之后，我们发现相变（包括第 12 章将要讨论的再结晶）在生长过程中各具特色。Christian 针对相变（或转变）过程的生长特性进行了分类，如图 11-88 所示。

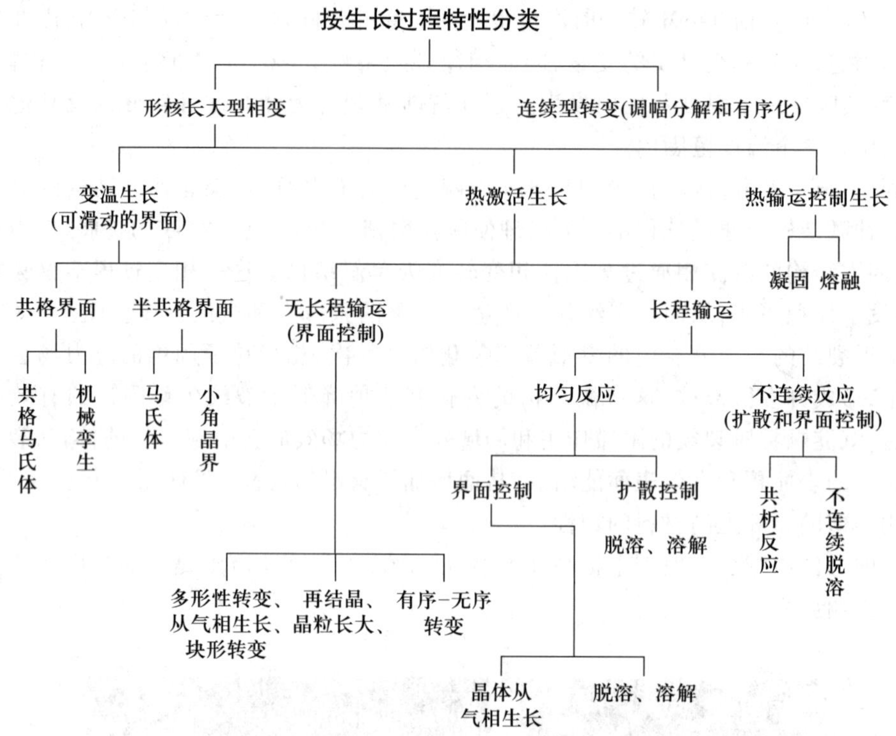

图 11-88 按生长过程特性的相变分类

总 结

形核长大型相变的一般概念已在第10章介绍。固态相变与凝固不同点在于母相是固相,它的弹性模量不为0,因此引起的畸变能会抵消部分驱动力;并且母相可能是各向异性的,为了减小形核势垒,形成的核心形状会更加多样化。此外,固相中存在的缺陷,如空位、位错以及相界等,均可作为非均匀形核的潜在位点。尽管非均匀形核所需的激活能相较于均匀形核更低,但由于非均匀形核所依赖的缺陷浓度差异显著,这导致了形核率会有较大波动,极端情况下,形核率甚至可能低于均匀形核。核心的生长过程可能受界面过程或长程扩散过程的单独控制,也可能同时受两者共同控制。至于恒温条件下的相变整体动力学,通常采用 Avrami 方程来描述。

固态相变种类繁多而复杂,这一章对有代表性的一些固态相变进行了分析。

脱溶分解最早在铝合金中得到深入的研究以及广泛的应用。当固溶体拥有足够的过饱和度时,脱溶分解一般都有一定的脱溶贯序,先析出一系列亚稳态的过渡相后再析出稳定相。过渡析出物具有显著的强化作用,这一过程被称为时效强化。合金的强化效果主要受材料的过饱和度(涉及成分和时效温度)以及时效时间的共同影响。当时效时间过长时,过渡析出物会逐渐消失,转而形成平衡相,甚至这些平衡相颗粒会发生聚集和长大,导致强化效果逐渐减弱,这一现象被称为过时效。在特定条件下,脱溶相会以不连续的方式析出,即发生所谓的两相式脱溶。不连续脱溶产物在形貌上与共析转变产物相似，但脱溶只产生一个不同于母相的相，另一个相的结构仍和母相相同，只是成分不同。不连续脱溶强化效果有限，是不被希望发生的过程。

一个分散的第二相颗粒系统，由于分散的第二相颗粒子使系统具有很高的总界面能，此时系统仍不是稳定的，由小颗粒溶解、大颗粒长大的方式粗化以降低系统的自由能，这过程称作 Ostwald 熟化。这种熟化过程在所有存在尺寸大小不同的第二相体系（甚至在形核过程）都会发生。

珠光体转变是一种共析转变，与共晶转变相似。因为相间的片层状的两个相共同生长，片层间距的大小对转变起着两个相反的影响，片层间距越薄，驱动能量消耗在界面能越多，不利于转变；但薄的片层间距使扩散距离短，有利于转变。因此，在一定过冷度下有一个最优化的片层间距，同时，片层间距随过冷度增加而减小。

块状转变是一种中温转变产物，这种转变优先在晶界形核，并且产物的成分与母相的一样，所以，转变过程不需要长程扩散，只需要界面处原子近程扩散过程，是界面过程控制的，转变速度很快。

调幅分解以其无须克服形核位垒、上坡扩散，形核时没有鲜明的相界面，区别于绝大多数讨论的一级相变。转变过程成分的连续变化引起的“梯度能”和应变能，这些能量与经典形核过程时考虑的阻力界面能和应变能有相似之处，受这些能量的影响，使得成分振幅波长有一个临界的波长，只有大于这临界波长的振幅才可能继续发展成调幅分解，但实际是具有最大的振幅因子的波长才主导地发展为调幅分解。这种连续转变是一级相变还是二级相变常引起研究者的迷惑。连续转变一词也容易与其他，如不连续脱溶、连续脱溶以及连续再结晶、不连续再结晶等发生混淆，应该注意区分它们。

马氏体转变的典型特征是无扩散、无切变，并有惯态现象。它与扩散型转变有明显的不同。钢中的马氏体是亚稳相，它的形成需要大的过冷度用以克服大的应变能。马氏体转变不是无扩散转变的等价词，而只是其中的一种；马氏体也不一定是亚稳相，例如在一些有色合金中它可作为平衡稳定相出现。马氏体转变晶体学是这类转变中最有特点的一个方面，也是在相变晶体学方面介绍较多的一个。马氏体转变还将形变的滑移和孪生机制引入，它们构成相变机制必不可少的一部分。马氏体转变不仅在金属材料中存在，在无机非金属材料中也存在，陶瓷 ZrO_2 中的马氏体转变增韧就是一个例子。另外，马氏体转变在有机化合物中也存在。

关键术语

脱溶（precipitation）
脱溶贯序（precipitation sequence）
回归（recovery）
无脱溶物区域（precipitation free zone，PFZ）
时效硬化（age hardening）
惯态面（habit plane）
共格（coherent）
（弹性）应变能（elastic energy）
GP 区（Guinier-Preston zone）
不连续脱溶（胞状脱溶）（discontinuous/cellular precipitation）
奥斯特瓦尔德（颗粒）熟化（Ostwald ripening）
块状转变（massive transformation）
非热激活长大（non-thermal activated growth）
扩散控制长大（diffusion-controlled growth）
界面过程控制长大（interface processes con-

trolled growth)
亚稳定相(metastable phases)
转变动力学(transformation kinetics)
TTT 曲线(time - temperature - transformation curves)
调幅分解(spinodal decomposition)
有序-无序转变(ordered-disordered transformation)
反相畴(antiphase domain)
板条马氏体(lath martensite)
片状马氏体(plate martensite)
贝茵应变(Bain strain)
唯象理论(phenomenological theory)
点阵不变切变(lattice invariant deformation)
珠光体(pearlite)
贝氏体(bainite)
马氏体(martensite)

练 习 题

11-1 由内耗法测出 Fe_3C 在 α-Fe 中的平衡溶解度为

$$C=0.736\exp\left(\frac{-4850}{T}\right)$$

其中 T 为温度,单位 K。求在 627℃时 Fe_3C 的颗粒(颗粒半径为 10 nm、100 nm、1 000 nm)在 α-Fe 中的溶解度。颗粒的曲率半径多大才对溶解度有实质性的影响?α/Fe_3C 的界面能为 0.71 J/m^2,Fe_3C 的摩尔体积 $V_m=23.4\ cm^3/mol$。

11-2 纯金属同素异形转变 α→β 在某一过冷度下两相体积吉布斯自由能差 $\Delta G=7\times10^5\ kJ/m^2$,α/β 界面能 $\gamma=0.6\ J/m^2$。若忽略形核的应变能,求形成球状、立方体以及直径厚度比(D/t)为 20 的圆盘状核心的临界核心尺寸和临界核心形成功。

11-3 导出二元合金中母相 α 和析出相 β 均为理想溶体以及规则溶体的相变总驱动力和形核驱动力(以 J/mol 表示)。设原始成分为 x_0,在脱溶温度 α 相平衡成分为 x_α,脱溶物核心成分和 β 相平衡成分近似相等为 x_β,两相交互作用系数相等,均为 Ω。

11-4 本题所用符号和上题相同,现讨论 α 和 β 均为理想溶体的情况。在 600 K 时,$x_0=0.1$,$x_\alpha=0.02$,$x_\beta=0.95$、α/β 界面能为 $0.5\ J\cdot m^{-2}$,两相偏摩尔体积同为 $10^{-5}\ m^3\cdot mol^{-1}$。

(1) 求相变总驱动力和形核驱动力(以单位体积的吉布斯自由能表示)。

(2) 求均匀形核的临界核心尺寸(球状)。

(3) 脱溶后,脱溶粒子间距为 50 nm,问粒子平均半径为临界核心半径 r^* 的多少倍?

(4) 转变前后总吉布斯自由能降低多少?还有多少以界面能形式保留下来?

11-5 设可能的形核位置数相同,核心的表面位置数相同,若非共格形核的形核率 I_i 与共格形核形核率 I_c 之比 $I_i/I_c\geqslant10^{30}$,则认为非共格形核是主要的。问在同一温度下,两者的临界核心形成功之差应为多大(以 k_BT 表示)?

11-6 过饱和 α 相脱溶析出 β 相,设两相的结构可以允许均匀共格形核和非共格均匀形核,同时,假设非共格形核时可以忽略形核的弹性应变能,但共格形核时必须考虑形核的弹性应变能。已知:共格界面能 $\gamma_c=160\ mJ/m^2$,非共格界面能 $\gamma_i=800\ mJ/m^2$,共格形核的弹性应变能 $\Delta G_E=2.6\times10^9\ J/m^3$,脱溶形核的驱动能 $\Delta G_1=8\times10^6(T-900)\ J/m^3\cdot K$。

(1) 在什么温度以下共格形核和非共格形核才是热力学可能的?

(2) 用上题的结果,判定在 500 K 下脱溶时,共格形核还是非共格形核是主要的?设核心是球状的(严格地说,共格核心不可能是球状的)。

11-7 Al-Mg 置换固溶体,估计溶质原子 Mg 产生的错配应变能,以 $J\cdot mol^{-1}$ 和 eV 表达。说明估算时所用的假设。Al 的原子半径为 0.143 nm、切变模量 $\mu=2.5\times10^{10}$ Pa,Mg 的 a 轴长 0.32 nm。

11-8 母相和析出相的切变模量 μ 相同,母相是各向同性连续介质。若形成共格的核心,导出球状和圆盘状核心长大丧失共格时的尺寸的表达式。

11-9 Al-Ag 和 Al-Cu 合金中,从以 Al 为基的固溶体中分别析出富 Ag 和富 Cu 的析出物。Al、Ag 和 Cu 的原子半径分别为 1.43 nm、1.44 nm 和 1.28 nm。若简单地由原子半径估计错配度 δ,并简单地认为析出物的非共格界面能为 0.5 J·m^{-2},共格界面能为 0.05 J·m^{-2},Al 的切变模量 $\mu=2.6\times10^{10}$ Pa,又设析出物的切变模量和 Al 的相同,估计这两种析出物丧失共格的尺寸。

11-10 α 为母相,β 为析出相,α/β 界面能为 0.5 J·m^{-2},α/α 界面能为 0.6 J·m^{-2}。

(1) 求 β 相在 α 相界面上形核(双球冠状)的接触角 θ 以及在界面上形核的 $f(\theta)$ 因子。

(2) 利用 11-4 题中的数据结果,设 α 相界面厚度 δ 和晶粒直径 D 之比 $\delta/D=10^{-5}$,求 $\ln(I_2/I_3)$。I_2 和 I_3 分别为在界面和在晶粒内形核的形核率。

11-11 新相 β 在母相 α 的晶界上(设界面是平面)形成双球冠的核心,设 α/β 界面能 $\gamma_{\alpha\beta}$ 是各向同性的,$\gamma_{\alpha\beta}$ 是 α 晶界能 $\gamma_{\alpha\alpha}$ 的 1.5 倍(即 $\gamma_{\alpha\beta}=1.5\gamma_{\alpha\alpha}$)。

(1) 以 $\gamma_{\alpha\beta}$ 长度 $\overline{\gamma}_{\alpha\beta}$ 等于核心临界半径 r^*($\overline{\gamma}_{\alpha\beta}=r^*$)作出 $\gamma_{\alpha\beta}$ 的 Wulff 界面能图。

(2) 根据 Wulff 界面能图求双球冠核心在 α 晶界上的球冠的高度 h 和截圆半径 R(从原 α 界面到球冠的最高点)之比(h/R)。

(3) 求 β 与 α 相的润湿角 θ。

11-12 γ 相晶粒直径为 1 mm,晶界厚度为 1 nm,在 1 000 K 析出 α 相,γ/α 非共格界面能为 0.5 J/m^2,共格界面能为 0.05 J/m^2,α 相在 γ 相晶界上接触角为 60 °,形核驱动力 $\Delta G_1^V=5\times10^8$ J/m^3,α 和 γ 相的摩尔体积约为 10^{-5} m^3/mol。问,若在晶内以共格圆盘状(直径厚度之比 $D/t=10$)均匀形核以及在晶界上非均匀形核(双球冠状,界面都是非共格),哪一种情况的形核率大?

11-13 利用 11-4 题的结果,设母相(fcc 结构)的切变模量 $\mu=5\times10^{10}$ Pa,泊松比 $\nu=0.3$,最近邻原子间距为 0.14 nm。若在刃位错上形核,如果简单地假设核心是圆柱状,长度为直径的两倍,又设位错密度为 10^6 cm^{-2}(简单地认为都是刃位错),位错线上每个原子面包含 10 个原子。估计 $\ln(I_{位错}/I_{均匀})$,并求核心临界直径。

11-14 纯铁发生 γ→α 多形性转变,界面是非共格的,估计在 1 150 K 以及 900 K 时 α-Fe 界面的迁移速度。界面扩散激活能近似为 120 kJ/mol,原子间距≈0.248 nm。

$$\Delta G^{\alpha\to\gamma}=A+BT+CT^2+DT^3+ET^4 \quad \text{(J/mol)}$$

其中系数:

温度 T 范围/K	A	B	C	D	E
740<T≤860	−269 693	1 294.373	−2.288 242	$1.779\,4\times10^{-3}$	$-5.156\,663\times10^{-7}$
860<T≤940	5 442 896	−24 104.31	40.029 58	$-2.953\,537\times10^{-2}$	$8.167\,968\times10^{-6}$
940<T≤1 080	243 631.7	−932.283 2	1.350 039	$-8.736\,977\times10^{-4}$	$2.126\,265\times10^{-7}$
1 080<T≤1 240	587 297	−1 967.562	2.473 726	$-1.382\,798\times10^{-3}$	$2.898\,708\times10^{-7}$

11-15 $w_C=0.25\%$的 Fe-C 合金,γ 相在 800 ℃保温析出 α 相,α 相只在 γ 相的晶界形核,很快形核位置饱和,即 α 铺满了所有 γ 相的晶界,再增厚长大。α/γ 界面是非共格界面,γ 相的晶粒直径为 0.04 mm,平衡成分为 $C_\gamma=0.32\%$、$C_\alpha=0.02\%$。在 800 ℃时,碳在 γ-Fe 中的扩散系数为 1.34×10^{-8} cm^2·s^{-1},α 长大时以 γ 相中浓度梯度为线性近似,求平衡时 α 相的厚度以及达到平衡时的时间(忽略形核饱和的时间)。

11-16 锰在 282 ℃时 β→α 等温转变的转变量摩尔分数 x 和转变时间的关系如下:

x	0.04	0.18	0.49	0.89
t/s	1 260	2 000	2 820	3 900

假设转变动力学服从 Avrami 关系，求出其中指数 n，并推断可能的形核及长大的方式。

11-17 当转变时间很短时，Avrami 方程可作怎样的简化？

(1) 若形核都是在晶粒角上，并且假设晶核都是在转变开始瞬间形成，形核位置饱和，核心以恒速长大，以简单的模型利用 Avrami 简化公式，证明指数 $n=3$。

(2) 若在晶界形核，并且假设晶核都是在转变开始瞬间形成，形核位置饱和，核心以恒速长大，以简单的模型利用 Avrami 简化公式，证明指数 $n=1$。

11-18 A-B 二元系，富 B 的 β 相颗粒分布在 α 相中，颗粒尺寸不均匀，平均半径为 0.1 μm。α/β 界面能为 $0.5\ \mathrm{J\cdot m^{-2}}$，在 1 000 K，在 α 相中扩散系数为 $10^{-11}\ \mathrm{m^2\cdot s^{-1}}$，两相的摩尔体积近似为 $2\times10^{-7}\ \mathrm{m^3}$，在 1 000 K，α 相和 β 相的平衡浓度分别为 2% 和 90%。

(1) 此时，半径为 0.05 μm 及 1.5 μm 颗粒的界面移动速度是多大？

(2) 求颗粒平均半径从 0.1 μm 长大到 0.3 μm 所需要的时间？

11-19 在 Cu-Co 合金的时效过程中，球形的 Co 沉淀相变粗，527 ℃下保温 14 h 后，其尺寸为初始尺寸的 2 倍。577 ℃下保温 8 h 后其尺寸达到初始尺寸的 3 倍。假设其为体积扩散控制，计算过程的活化能。

11-20 A-B 二元系固态完全互溶（α 相），并存在溶解度间隙，间隙的 $T_c=800$ K。550 K 时 B 的摩尔分数 $x_B=0.4$ 时，自由能-成分曲线 $\mathrm{d}^2G/\mathrm{d}x^2=-95.32$ J，测得在该成分下 $D_A^*=9\times10^{-12}\ \mathrm{cm^2/s}$，$D_B^*=2\times10^{-12}\ \mathrm{cm^2/s}$。若调幅分解的 $\lambda_m=100$ nm，问以多大的冷却速度从 850 K 冷却下来才可以避免在 550 K 发生调幅分解？

11-21 通过初始平均半径为 0.25 μm 的铬碳化合物颗粒分散来增强钢。工作温度为 650 ℃，并且材料强度不足以用于半径超过 0.75 μm 的颗粒。

(1) 如果界面能为 $\gamma=500\ \mathrm{mJ\cdot m^{-2}}$，并且粗化由碳扩散控制，估计部件寿命。碳在合金钢中的溶解度为 0.05%（质量百分数），对于碳扩散，$D_0=2\times10^{-5}\ \mathrm{m^2/s}$，$Q=130\ \mathrm{kJ\cdot mol^{-1}}$。

(2) 如果粗化由铬扩散限制，寿命会受到怎样的影响？Cr 的溶解度为 20%（质量浓度），对于 Cr 的扩散，$D_0=1.6\times10^{-4}\ \mathrm{m^2\cdot s^{-1}}$，$Q=240\ \mathrm{kJ\cdot mol^{-1}}$。

11-22 根据马氏体转变 Bain 机制，奥氏体（A）转变为马氏体（M）时，面心立方晶胞转变为体心立方晶胞，并沿 C_M 方向[001]收缩 18%，而沿 a_{1M} 和 a_{2M} 方向（原奥氏体的两个相互垂直的面对角线方向，[$1\bar{1}0$]和[110]）分别膨胀 12%，如图 11-77 所示。已知 fcc 的 $a=0.3548$ nm。

(1) 求钢中 A-M 时的相对体积变化。

(2) 由于体积变化而引起的长度方向上的相对变化为多少？

(3) 若钢的弹性模量 $E=200$ GPa，需要多大的拉应力才能使钢产生题(1)所得的长度变化？

11-23 什么是平面不变应变？什么是点阵不变应变？它们在马氏体转变中起何作用？

11-24 块状转变与马氏体转变的主要差异是什么？

参考文献

[1] CAHN R W, HAASEN P. Physical metallurgy [M]. Amsterdam: Elsevier, 1996.

[2] 中国金属学会编译组. 物理冶金进展评论[M]. 北京：冶金工业出版社，1985.

[3] RAY R K, JONAS J J, HOOK R E. Cold rolling and annealing textures in low carbon

and extra low carbon steels [J]. International Materials Reviews, 1994, 39(4): 129-172.

[4] HJELEN J, ØRSUND R, NES E. On the origin of recrystallization textures in aluminium[J]. Acta Metallurgica et Materialia, 1991, 39(7): 1377-1404.

[5] BERGER A, WILBRANDT P J, ERNST F, et al. On the generation of new orientations during recrystallization: recent results on the recrystallization of tensile-deformed fcc single crystals[J]. Progress in Materials Science, 1988, 32(1): 1-95.

[6] PORTER D A, EASTERLING K E, SHERIF M Y. Phase transformations in metals and alloys[M]. 3rd ed. Boca Raton: CRC Press, 2009.

[7] GOTTSTEIN G. Physical foundations of materials science[M]. Berlin: Springer, 2004.

12 回复和再结晶

金属和合金的显微组织结构会随着形变的过程发生变化，这种变化的程度会随着形变量加大而加大，同时变化的形式也愈发复杂。形变过程中消耗的机械能大部分转化为热能散失，一小部分（约百分之几）储留在形变材料之中。这部分能量的具体数值与材料种类密切联系，并和形变程度、形变温度、形变速率以及形变方式等因素相关。储存能主要储存在晶体中的点缺陷、位错和层错等缺陷中，其数值相对较小，通常在几十到几百焦耳每摩尔（J/mol）的范围内。在室温形变的过程中，大多数纯金属晶体的储存能不会超过 100 J/mol；对于固溶体合金，其储存能也少有超过 800 J/mol 的情况；小形变量的单晶体，储存能的典型值不超过 20 J/mol。可见，储存能的数值比相变潜热（熔化热大约几十千焦每摩尔，多形性转变潜热亦达几千焦每摩尔）小得多。从热力学角度看，冷形变金属是不稳定的，只要有合适的动力学条件，它就会向低能状态转变，消除形变所带来的“损伤”，恢复形变前的组织结构状态。这种能减小或消除“形变损伤”的热处理，被称为退火。

++

例题 12-1 回复和再结晶的驱动力为畸变能，若畸变能的主要项是位错能量，设形变后位错密度 $\rho\sim10^{15}\ \mathrm{m}^{-2}$，以铜为例估算回复和再结晶的驱动力。切变模量 $G=48\times10^{9}$ Pa。

解 单位长度位错能量简单表示为 $E=Gb^2/2$，其中 G 是切变模量，b 是位错的伯氏矢量。铜是 fcc 结构，点阵常数 $a=0.35$ nm，位错柏氏矢量 $b=a\sqrt{2}/2=0.35\sqrt{2}/2=0.208$ nm，单位体积的储存能 G_V 为

$$G_V=\rho E=\frac{\rho Gb^2}{2}=\frac{10^{15}\times48\times10^{9}\times(0.208\times10^{-9})^2}{2}\ \mathrm{J/m^3}=10^{7}\ \mathrm{J/m^3}$$

按第 7 章例题 7-11 计算，晶粒平均半径 $r=10^{-4}$ m 的大角度晶界迁动的压力 Δp 分别是 10^4 Pa（$10^4\ \mathrm{J/m^3}$），可见再结晶的驱动力比再结晶后的晶粒长大的驱动力大得多。

++

发生形变的材料是不稳定的，在任何温度下都有自发回复到稳定状态的倾向，但在不同的温度下回复的速度不同。从实际出发，如果过程慢到在我们所关心的时间范围都不足以察觉，那么这个过程可以忽略。总的来说，它不同于其他的相变：首先，它没有一个确定的热

力学温度,由于已经具备了热力学条件,在讨论这种转变时,主要关心转变过程的动力学;其次,这个过程没有相的变化,只是把相同结构的不稳定状态转变为稳定状态。

经冷加工的金属和合金在退火时以晶体缺陷消除、重排列和对消以及以大角度晶界移动扫过形变基体来去除形变“损伤”,从而减少或消除形变储存能。退火过程主要变化有:① 点缺陷消逸和湮没;② 异号位错对消和位错环收缩;③ 位错重排列成低能的结构组态(小角度晶界);④ 形成大角度晶界(界面);⑤ 大角度晶界移动吸收点缺陷和位错;⑥ 晶界迁移使晶界总面积减小。

①、②、③和④过程称回复,是退火过程最先发生的阶段。在这个阶段中,因为所有变化都不涉及大角度晶界迁动,所以形变的晶粒仍维持原来形状。如果存在形变织构,织构也不会发生变化。同时,在这个阶段,材料的物理和力学性能(电阻、强度、密度等)有不同程度的回复。

⑤也被称为再结晶过程。再结晶通过“形核”和核心长大的方式来消除形变合金的畸变。此过程中形成的核心通常是无畸变的,它们倾向于在局部形变程度较高的区域形成,或是源自回复亚晶长大所形成的大角度界面。再结晶核心通过消耗周边不稳定的形变组织来逐渐长大。一旦所有形变组织均被新生的再结晶晶粒所取代,再结晶过程即宣告完成。由于再结晶主要依赖于大角度晶界的迁移,这一过程往往伴随着显著的局部再取向,从而可能导致形变织构的变化。完全再结晶后,材料的各项性能基本上能够恢复到形变前的水平。然而值得注意的是,再结晶本质上仅涉及大角度界面的迁移,而不改变材料的晶体结构,因此从严格意义上讲,“再结晶”这一术语可能并不完全准确。

⑥归属于再结晶后的晶粒长大过程。再结晶完成后,晶界会继续迁动,但迁动的速度比较慢。晶界迁动引起晶粒间相互并吞,晶粒长大。由于总体积不变,晶粒尺度增大会使晶粒数目减少,总的晶界面积也减少。系统总晶界能的降低是这一阶段的驱动力。晶粒长大分为正常长大和异常长大。在正常长大的过程中,所有晶界的迁动速度大致相同,晶粒尺寸始终是均匀的。在异常晶粒长大过程中,只有少数晶界迁动,少数晶粒吞并周围的晶粒,这些晶粒长大到很大的尺寸。这些异常长大的晶粒经常伴随织构明显的变化。异常晶粒长大也称作二次再结晶,相应地把前面描述的再结晶阶段称作一次再结晶。通常说再结晶这一术语时,不必再加说明,指的就是一次再结晶。

因此,静态退火过程可以分为回复、再结晶和晶粒长大(包括正常长大和异常长大)三个阶段。由于形变后的晶体缺陷分布一般是不均匀的,所以在材料中的不同区域发生上述的三个过程的时间是不同的,每个阶段都可以是连续和不连续的,如表 12-1 所示。

表 12-1 传统静态退火现象

	回复	再结晶	晶粒长大
连续	亚晶长大	连续再结晶	正常长大
不连续	亚晶不连续长大	不连续再结晶	异常长大

Humphreys 提出分析退火时的回复和再结晶的新方法,他认为表 12-1 所列的六个退火现象都可归结为大角度或小角度晶界的迁移,它们之间的区别仅在于晶界性质和它们的空

间分布。大角度晶粒和小角度晶粒的均匀粗化会导致连续过程,而长大的不稳定导致不连续过程。图 12-1 示意性地描述了形变金属在退火时发生的回复和再结晶过程组织和性能的变化。

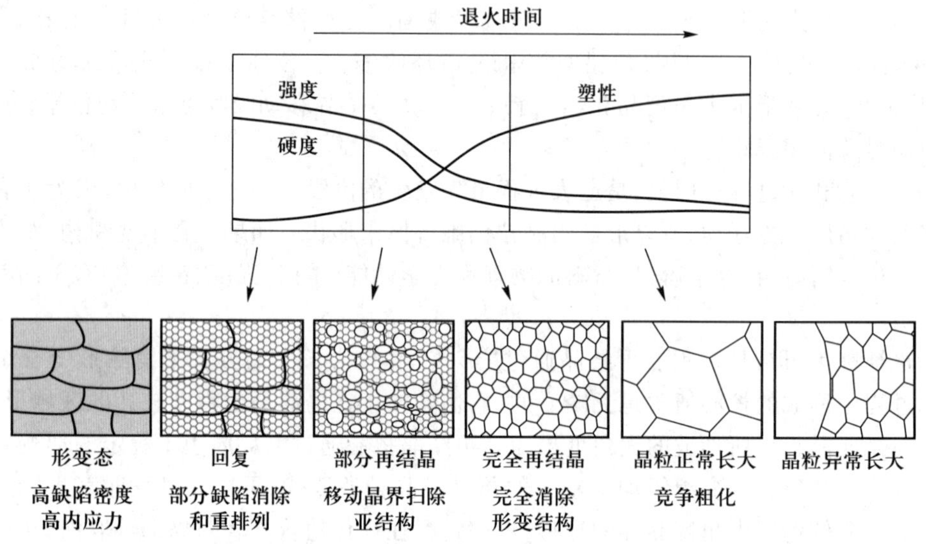

图 12-1 形变金属退火时发生回复和再结晶过程组织和性能的变化

值得注意的是,形变后的材料已经变得不稳定,不论在什么温度下都有自发回复到稳定状态的倾向,但回复过程的速度会有差异。前面提到,如果过程很慢,使得该过程在很大时间范围内都不足以察觉时,这个过程可以忽略。这是不同于其他相变的:首先,由于转变的热力学条件早已具备,没有一个转变的确定的热力学温度,所以讨论这种转变时,主要是关心过程的动力学;其次,这个过程没有相的变化,只是把相同结构的不稳定状态转变为稳定状态。

回复和再结晶的驱动力都是储存能,因此这两个过程是相互竞争的。已经发生再结晶的部分已消除了变形结构,在这个部分就不会再有回复发生。因此,回复的程度受到再结晶难易程度的影响。相反地,由于回复减少了储存能,也即降低了驱动再结晶发生的能量,所以先前的回复会延缓再结晶的进程。此外,回复过程为再结晶提供了“核心”,这使得这两个过程之间并没有明确的界限。

12.1 对回复和再结晶性能和组织的测量和跟踪方法

分析回复、再结晶和晶粒长大现象的动力学影响时,通常要探测与这些过程潜在微观结构演化相关的宏观或介观的机械、光学、量热或电磁特性的变化,例如,电阻率、硬度、强度或储存变形能的平均值的变化。

最简单的方法是测量回复和再结晶过程硬度或流变应力的变化,但这些力学性能主要取决于位错密度,因此在回复阶段变化不大,只在再结晶开始后才有较大的变化。

电阻率测量主要依靠不同缺陷对电阻率的相对贡献:点缺陷和内部界面对电阻率的贡献较大,而位错核心和弹性长程畸变对电阻率的贡献较小。

量热法的主要原理为,测量形变及未形变试样在相同升温速度加热退火时二者的功率差间接测量释放的储存能量,或直接用高灵敏度差示扫描量热计测量出释放的储存能量。

虽然硬度和电阻率特性上可以有效地跟踪与回复和再结晶有关的整体宏观性能变化,但是,再结晶"核心"通常是亚晶粒尺度,往往开始于含有微观结构不均匀的区域,形核严重依赖于潜在的形核位置。再结晶现象强烈依赖于许多微小和难以测量的细节,是最复杂的物理金属学研究课题之一,因此测量和跟踪再结晶需要采用先进的实验和建模相结合的方法。

采用 X 射线衍射(XRD)方法,可以定量地确定与冷加工金属退火有关的内应力变化。对于不同的晶体结构,衍射线宽展是不同的。因此可以按照 X 射线宽展锋锐化程度数据测量变形储存能的变化。

除了使用光学显微镜跟踪回复和再结晶现象外,还可以使用更高分辨率的透射电子显微镜(TEM)、扫描电子显微术 (SEM)、高压电子显微镜(HVEM)等。为了揭示晶体学特征,如晶界取向或晶粒取向,经常使用 EBSD(电子背散射衍射,也称为取向显微镜)方法,EBSD 可以提供关于局部相、晶体取向和低至 50nm 分辨率的局部取向差的信息。将常规 EBSD 显微成像与后续一系列显微组织切片的顺序序列切片相结合,可以进行层析显微组织成像。这种方法被称为 3D EBSD 或 EBSD 层析成像,是一种用于晶体微观结构三维高分辨率表征的技术,也可用于分析回复与再结晶现象。

下面将详细介绍回复和再结晶的各个过程。

12.2　回　　复

回复是冷形变金属退火过程中最早发生的变化。回复阶段所发生的变化都不涉及大角度晶界的迁动。因此,回复仅是形变材料的结构完整化过程,其过程主要是通过点缺陷消除,位错应力松弛、对消和重组来实现。位错的重新排列形成小角度晶界和亚晶,这些小角度晶界迁动使亚晶粗化。这些结构变化在形变基体各处或多或少地同时发生,可以认为回复过程是均匀的。

图 12-2 是塑性形变金属回复过程结构变化示意图。图 12-2a 和图 12-2b 表示位错缠结和位错胞结构的形成;图 12-2c 是胞内的位错重排列和对消,图 12-2d 是胞壁的锋锐化形成亚晶,图 12-2e 是亚晶的长大。在退火时这些结构变化的各个阶段是否发生取决于材料的纯度、应变量、变形温度和退火温度等。其中有些过程在变形时也会发生,这就是所谓动态回复。另外,各阶段之间也并没有明确界线,它们之间会相互重叠。

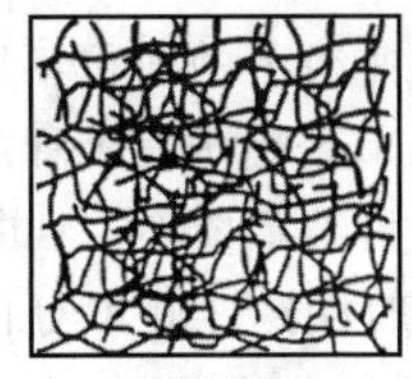
(a) 位错缠结

(b) 位错胞结构

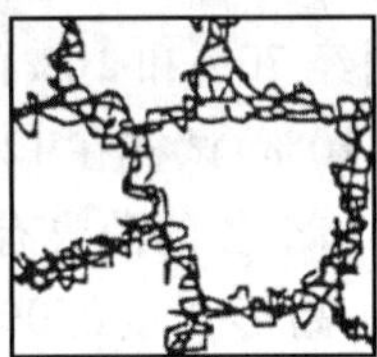
(c) 胞内位错重排列对消

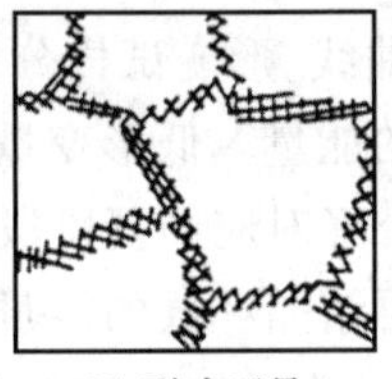
(d) 形成亚晶

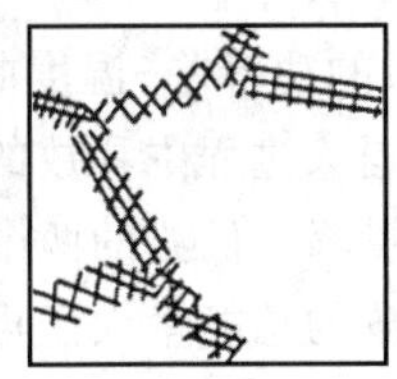
(e) 亚晶长大

图 12-2　塑性形变金属回复过程结构变化示意图

由于回复过程中所有变化都不涉及大角度晶界迁动，仅为晶粒内的点缺陷散逸和位错结构的改变，因此晶粒仍维持原来的形变状态。如果存在形变织构，织构也不会发生变化。位错应力松弛即消除各种加工过程所引起的第一类内应力的回复，导致这种回复的热处理退火称为应力松弛退火。

点缺陷的散逸、位错移动对消和重排列所需的激活能不同，因此，它们发生的先后次序和温度范围不同。点缺陷移动散逸的激活能较低，在回复过程中最先发生，随后是位错滑移对消、位错滑移和攀移重排列。学者 Van Buern 分析了经辐照和形变硬化的铜合金退火处理的大量研究资料，其他将退火过程电阻率回复所对应的机制分类归纳于表 12-2 中。他的分类归纳并不是全面和唯一的，其中一些过程的具体机制仍有争议，但整体来讲，还是说明了回复各个阶段最主要和最重要的机制，具有重要的参考价值。

表 12-2 铜和合金电阻率回复的基本过程

基本过程	阶段	温度范围/K	激活能/eV	过程的基本机制
回复：点缺陷消失	Ⅰ	30~40($0.03T_m$)	0.1	间隙原子-空位对重新结合
	Ⅱ	90~200[$(0.1\sim0.15)T_m$]	0.2~0.7	间隙原子迁移
	Ⅲ	210~320[$(0.16\sim0.20)T_m$]	0.7	空位迁移到阱，空位对迁移
回复：多边形化	Ⅳ	350~400[$(0.27\sim0.35)T_m$]	1.2	空位迁移到位错，位错重新分布（形成小角度界面）和部分消失
一次再结晶	Ⅴ	400~500[$(0.35\sim0.40)T_m$]	2.1	因位错攀移和热激活移动而部分消失以及形成大角度界面

注：金属的纯度变化可改变过程的温度范围。

概括来讲，低温（$T<0.2T_m$，T_m 是以热力学温度表示的熔点）加热时，回复只涉及点缺陷的运动；点缺陷迁移湮没在阱（如晶界、位错等处）中；在中温（$0.2T_m<T<0.35T_m$）加热时，回复涉及位错的简单滑移或交滑移迁动，同时空位也湮没在位错处使位错攀移，从而异号位错相互对消，位错重新排列形成小角度界面；高温（$T>0.35T_m$）加热时，位错攀移比较容易，位错攀移和交滑移使亚晶合并和长大，逐渐形成大角度界面。以后，大角度界面迁动，这时实质上已是再结晶了。

12.2.1 储存能的释放

图 12-3 是以 6 ℃/min 加热退火测得的纯镍（$w_{Ni}=99.96\%$）形变试样和标准试样（未形变）的功率差-温度曲线，形变试样分别经 70% 和 10% 的压缩形变。图中曲线下的面积正比于退火过程中释放的能量。低形变量（10%）试样在 120 ℃、270 ℃和 520 ℃处出现三个释放能量峰。低温的两个峰对应回复阶段，和空位的消失有关，高温的峰对应再结晶阶段。回复释放的总能量大于再结晶释放的能量。高形变量（70%）试样只有两个峰：在约 320 ℃处的峰对应再结晶阶段，发生再结晶的温度比低形变量试样的低得多；低温的峰对应回复，它和低形变试样的第一个回复峰对应。此时，低形变量试样的第二个回复峰和再结晶峰重叠而分辨不出来。

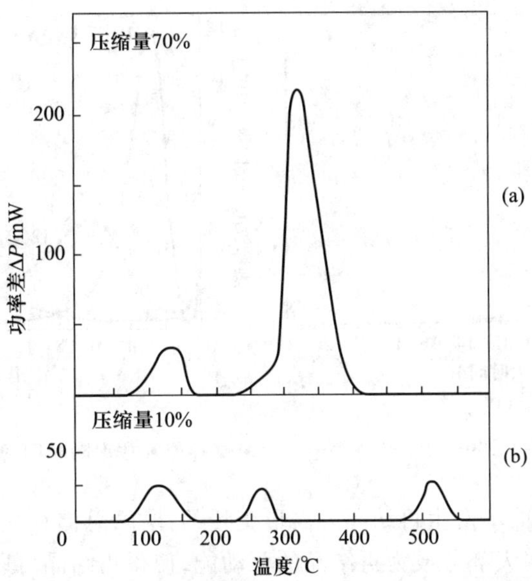

图 12-3 纯镍退火过程的功率差-温度曲线

要解释低形变量和高形变量试样在退火时释放能量的差别，必须了解再结晶的机制。简单来讲:再结晶核心总是在局部形变程度高的区域形成的，在低形变量的试样中，能形成核心的区域很少，当最终形成再结晶核心和少量大角度晶界时，由于以前的回复已释放了大部分储存能，已没有足够的驱动能使核心以可察觉的速度长大，导致在比较高的温度下才能进行再结晶。大变形量的试样中，能形成核心的区域很多，稳定的再结晶核心易于在整个试样形成，在第二个回复峰能量完全释放之前，再结晶就可以通过大角度晶界迁动而开始了，结果在比较低的温度下开始再结晶。

等温退火时，一般是先发生回复过程，之后发生再结晶过程。再结晶出现的时间因退火温度和试样的形变量而异。退火温度高，在回复很短时间后就出现再结晶；退火温度低，则再结晶出现的时间推迟；如果温度太低，实际上不会再出现再结晶过程。形变量越大，出现再结晶时间越早，再结晶所释放的能量所占的比例也越大。纯铜经两种不同拉伸应变(真应变分别为 19 和 0. 16)后在 189. 7 ℃下等温退火，其储存能释放率随退火时间的变化如图 12-4a 所示。从图可以看出，回复过程只释放少量的能量，并且不会因形变量不同而产生很大差异。但低形变量试样的总储存能量比高形变量试样低，回复消耗的储存能分数比较大，使得再结晶出现的时间比高形变试样的迟。相反，高形变试样回复消耗的储存能分数比较低，故再结晶出现的时间比低形变试样得早。这一结果也反映了回复与再结晶间的竞争关系。图 12-4b 所示为纯铜拉伸形变 30%后不同温度退火的情况。形变量相同的条件下，退火温度低时，需要经过长时间保温后才会开始再结晶；退火温度高时，很快就开始再结晶。

概括而言，低形变量试样的总储存能少，大部分储存能在回复阶段释放出来，只有一小部分作为再结晶的驱动能，因此，再结晶要在比较高的温度下发生，甚至有些情况下可以仅回复而不发生再结晶。密排六方单晶变形时在一个滑移系下产生很大的应变的情况，以及立方金属单晶在易滑移阶段(即单滑移系滑移)的情况都属于此类，即使形变量大，在退火时

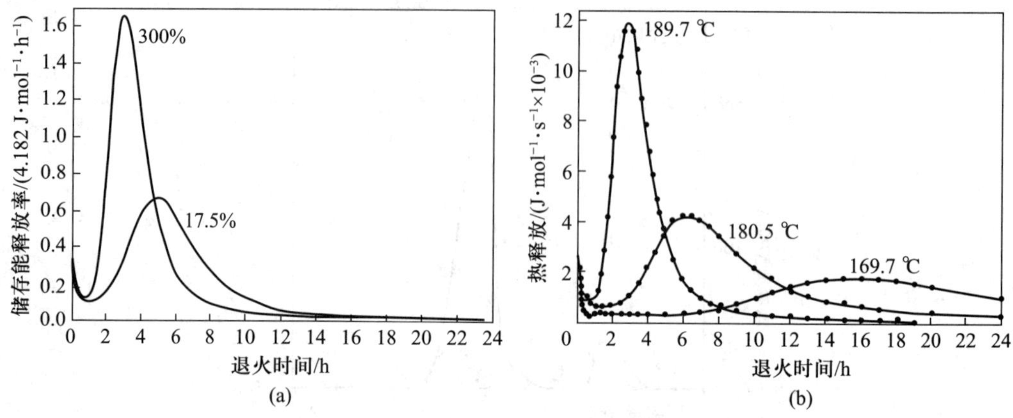

图 12-4 99.999%纯铜等温退火时储存能释放率随时间的变化

也可以仅发生回复现象而不发生再结晶。高形变量的试样，总储存能高，在回复过程仅能释放其中一小部分，剩余的大部分成为再结晶的驱动能，使得再结晶可以在较低温度下发生。

除了形变量之外，对于同一种金属，它所含的杂质以及形变方式等都会影响能量释放的温度图。例如，当镍的纯度增至 99.999%时，回复的第二个峰消失。由于回复与空位的消散有关，这一现象也从侧面显示了杂质可以以某种方式延缓空位的消除。此外，杂质原子可以钉扎位错，阻止形变时的动态回复过程，提高储存能，从而加速退火时的回复，延缓再结晶。一般而言，金属纯度越高，再结晶开始的温度就越低。对于不同的金属，层错能的大小对回复与再结晶两过程释放能量的比值也会有很大的影响，这是因为在回复阶段有一部分能量的释放是位错发生重新排列和消除引起的，层错能越低，位错攀移或交滑移离开原滑移面越困难（在极端情况下，甚至不会发生位错的重新排列和消除），这样回复释放能量所占的分数就越少。铝的层错能比较高，在室温以上回复释放的能量全部是由于位错重新排列的结果。另外，空位扩散的难易程度不同，也会影响能量的释放。例如，在铜和铝中空位扩散比在镍中容易，在室温时空位完全可以扩散消散，所以在室温以上不会出现空位消失的能量释放峰。

12.2.2 物理性能和机械性能的回复

金属经冷加工形变后，产生空位、位错和层错等晶体缺陷，外加部分电压时，电子定向流动会被这些缺陷散射，从而导致电阻增加。通过退火减少或消除缺陷，电阻会相应降低，即电阻得以回复。另外，由于缺陷减少和消除，材料的密度也会相应增加。

图 12-5 所示为 $w_{Ni}=99.85\%$纯镍经 70%压缩形变后以 6 ℃/min 的速度加热时电阻率（$\Delta\rho$）、材料相对密度（$\Delta\rho/\rho$）和能量释放率（功率差）随退火温度的变化关系。从图中可以看出，对应两个回复储存能释放峰的位置，电阻率和相对密度都有明显的变化，具体表现为电阻率降低和相对密度增加。在回复发生后，再结晶过程还未发生之前的这一温度范围内，没有储存能的释放，相应也没有电阻率和相对密度的变化。开始发生再结晶时，电阻率显著下降，相对密度也有所增加。

上面讨论的是连续加热时的情况。当进行等温退火时，在退火早期阶段电阻率随时间延

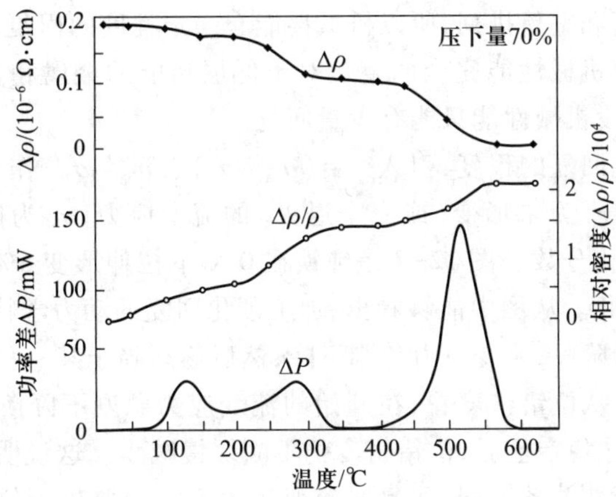

图 12-5 纯镍形变加热过程中电阻率、相对密度和能量释放率随温度的变化

长急剧下降，后来变化缓慢，最终趋向于一个稳定值。在不同温度下退火，这一稳定值会不同。退火温度越高，稳定值越低。图 12-6 为扭转形变铜不同温度退火电阻随退火时间的变化（图中的电阻全部是在 4.2 K 温度下测量的）。这些曲线显示出回复阶段的典型动力学特征。

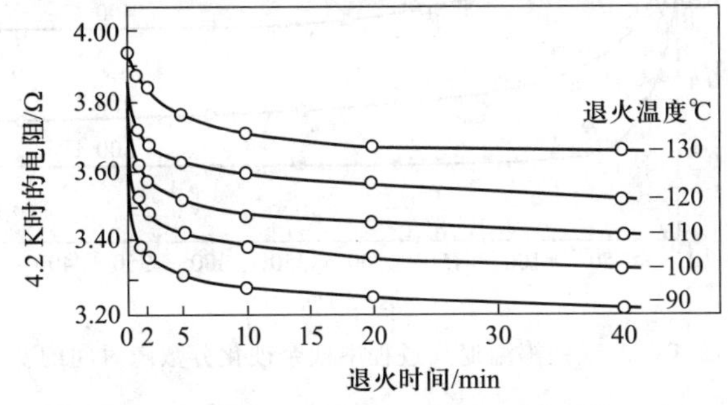

图 12-6 扭转形变的铜不同温度退火电阻随退火时间的变化

流变应力和硬度是位错密度和位错分布的函数，所以，只有在发生位错迁动时才会有机械性能的回复。在低温回复时，只涉及点缺陷的运动和消失，机械性能几乎保持不变。在较高温回复时，机械性能回复程度取决于金属和合金的形变性质以及金属和合金本身的特征。如果塑性形变具有层状性质，这时晶体没有严重的局部点阵弯曲，即没有可供再结晶形核的位置，所以不会发生再结晶。例如六方晶体结构金属形变时只在基面滑移以及立方晶体在易滑移阶段发生单系滑移等就属于这类情况。此时，只要通过回复就可以完全消除加工硬化。如果塑性形变具有湍流性质，这时晶体出现很多严重的局部点阵弯曲区域，这样在高温回复只能消除一部分加工硬化，在再结晶时才能消除全部加工硬化。例如，单晶体的多系滑移、多晶体形变（一般都会产生多系滑移），特别是靠近晶界的复杂形变就属于这种情况。普遍的规律是：形变量越大，塑性流变越具有湍流性质，回复退火使加工硬化消除的分数越小。而六方晶体通过易滑移面能获得较大的形变量，它是可以通过回复退火完全消除加工硬化的，因而这种情况应属例外。

对于高层错能的金属和合金，例如铁和铝，由于位错容易交滑移和攀移，在回复阶段位错会有一定程度的对消和重新排列，所以机械性能有一定程度的回复。如果形变量很小，甚至在回复阶段就可以使机械性能完全回复。对于低层错能的金属和合金，位错不易交滑移和重新排列，在回复阶段机械性能只能有少量回复。

为了描述机械性能回复的程度，引入 $r=(\sigma_m-\sigma_r)/(\sigma_m-\sigma_0)$ 作为回复参数。其中 σ_m 为形变后的流变应力，σ_0 为未形变（或完全退火）的流变应力，σ_r 为回复过程的流变应力，$(1-r)$ 被称为残余的硬化分数。图 12-7 是纯铁在 0 ℃下拉伸形变 5%后经不同温度退火时 $(1-r)$ 随退火时间的变化。从图中能够看出，加工硬化回复的动力学特征与电阻率回复的动力学特征相似。在开始阶段，流变应力急剧下降，然后逐渐趋于某一稳定值。这个稳定值随退火温度升高而减小。从位错密度看，在开始的流变应力急剧下降阶段平均位错密度有略微减小，而当流变应力达稳定值后，位错密度仍不断缓慢减小。这说明与形变时流变应力和位错密度的平方根成线性关系不同，回复时流变应力不完全取决于位错密度。下面还会介绍流变应力和亚晶尺寸的关系。

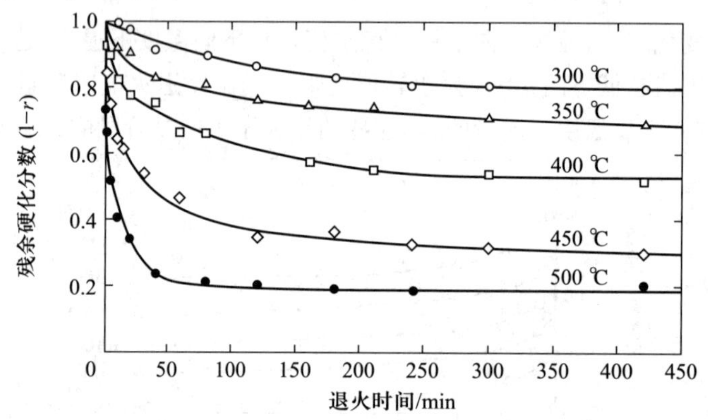

图 12-7 形变铁等温退火过程中残余硬化分数随时间的变化

12.2.3 回复动力学的经验关系

不同性质的回复过程遵循各自独特的机制，导致它们具有不同的回复激活能，进而决定了回复速率的差异。因此，在冷加工的金属中，会观察到一个包含多种回复现象的回复谱。若某一回复现象仅由一个单一的过程机制所主导，那么这些现象应具有相同的激活能。

描述回复动力学通常针对单一的回复参数，如硬度、屈服强度、电阻率和热释放率等。以 X_r 表示退火条件下的这些参数的变化，则回复的动力学速率 dX_r/dt 可以由实验获得。但由于回复过程结构变化复杂，往往同时或连续涉及几种机制，所以很难从这样的分析中获得 X_r 回复的本质动力学关系。

上述已经讨论过，等温退火的过程中电阻的回复及机械性能的回复都具有十分相似的动力学特征：无孕育期，开始阶段变化速率最快，然后逐渐变慢，最后变化速率趋于零，性质回复到某一稳定的特征值。

根据实验资料，回复动力学可以被分为两种类型：Ⅰ型动力学和Ⅱ型动力学。

1. Ⅰ型动力学

若回复机制主要由位错的热激活滑移控制，则回复是Ⅰ型的，位错密度随退火时间减少,即回复速率随退火时间减小。以 r 泛指各种性能的回复分数,在退火时回复分数 r 的衰减速度与时间 t 成反比,即从经验看,回复动力学有如下关系:

$$\frac{\mathrm{d}r}{\mathrm{d}t}=\frac{a}{t} \tag{12-1}$$

式中:a 是和温度有关的常数。给定温度,对上式两边积分得到

$$r=a\ln t+b \tag{12-2}$$

式中:b 也是和温度有关的常数。上式表明,回复参数 r 和退火时间的对数成线性关系。

回复速率 $\mathrm{d}r/\mathrm{d}t$ 和温度的关系一般是 Arrhenius 型的,从式(12-1)知道,$\mathrm{d}r/\mathrm{d}t$ 也可以以某一性能回复到某一程度所需的时间的倒数 $1/t$ 表示,故 $\mathrm{d}r/\mathrm{d}t$ 或 $1/t$ 和热力学温度 T 之间符合如下关系:

$$\frac{\mathrm{d}r}{\mathrm{d}t}=\frac{a}{t}=A\exp\left(-\frac{Q}{RT}\right) \tag{12-3}$$

式中:A 是速率常数;Q 是和过程有关的激活能;R 是气体常数。上式两边取对数得到

$$\ln\frac{\mathrm{d}r}{\mathrm{d}t}=\ln\frac{a}{t}=\ln A-\frac{Q}{RT} \tag{12-4}$$

当以 $\ln(\mathrm{d}r/\mathrm{d}t)$ 或 $\ln(1/t)$ 对 $1/T$ 作图,获得的是直线,直线斜率为 $-Q/R$。按这一关系可以通过实验求得不同回复温度下回复到某一程度的时间 t,作出 $\ln t-1/T$ 图,从而求出激活能。如果从实验求得激活能,把测得的值和某些已知过程激活能相比较,可以推断回复过程的机制。

如果回复机制主要由位错的热激活滑移控制,则回复是Ⅰ型的,位错密度随退火时间减少,回复速率随退火时间减小。例如,在低温发生形变的 Zn,由于其滑移系少,这时的变形只发生单系滑移,所以回复机制主要由位错的热激活滑移控制,回复动力学是Ⅰ型的。图 12-8 所示为单晶 Zn 在-50℃简单切变后对不同回复参数(r=0.1~0.4)的退火温度与时间的关系,图中标明,r、t 和温度 T 之间在很大范围符合式(12-4)的关系。图中所有直线的斜率相同,表明在这个回复参数范围内的激活能相同,即在这个回复阶段只对应同一种回复机制。根据图 12-8 求出的激活能平均值为 83.84 kJ/mol,这个数值和锌沿六次轴(c 轴)方向

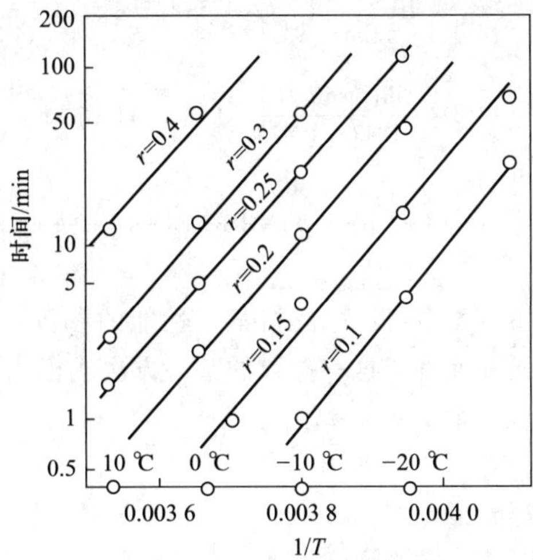

图 12-8 -50℃下简单切变的单晶 Zn 对应不同 r 值的退火温度与时间的关系

上的自扩散激活能相近，因而可以推断这个阶段的回复机制是和空位沿 c 轴方向迁移相关。

++

例题 12-2 已知单晶锌的回复激活能为 8.37×10^4 J/mol，将冷变形的单晶锌在 -50 ℃进行回复处理，如去除加工硬化效应的 25% 需要 17 d，问若在 5 min 内达到同样效果，需将温度提高多少度？

解 若初始时间回复分数为 0，(12-3)式积分得到

$$r = At\exp(-Q/RT)$$

因在 -50℃回复处理 17 d 去除加工硬化效应的 25%，即

$$0.25 = A\times17\exp[-Q/(R\times223)]$$

设在 T_2 温度回复 5 /(60×24) d 也能去除加工硬化效应的 25%，则有

$$0.25 = A(5/60\times24)\exp[-Q/(RT_2)]$$

上面两个式子相除，得

$$1=\frac{17\times60\times24}{5}\exp\left[-\frac{Q}{R}\left(\frac{1}{223}-\frac{1}{T_2}\right)\right]$$

即

$$\frac{1}{T_2}=\left(\frac{1}{223}+\frac{R}{Q}\ln\frac{5}{17\times60\times24}\right)=\left(\frac{1}{223}+\frac{8.314}{8.37\times10^4}\ln\frac{5}{17\times60\times24}\right)\mathrm{K}^{-1}=3.64\times10^{-3}\ \mathrm{K}^{-1}$$

得到 $T_2 = 274.7$ K

即需要提高温度(274.7-223) ℃ = 51.7 ℃。

++

例题 12-3 有一冷加工金属，其回复动力学是Ⅰ型的，在 150 ℃退火 5 h 和 200 ℃退火 10 min 都能使性能回复到同一数值，求该过程的回复激活能。

解 根据例题 12-1 导出的公式，在获得相同回复程度时，有

$$At_1\exp\left(-\frac{Q}{RT_1}\right)=At_2\exp\left(-\frac{Q}{RT_2}\right)$$

把题目给出的数据代入得到

$$5\exp\left(-\frac{Q}{R\times423}\right)=\frac{10}{60}\exp\left(-\frac{Q}{R\times473}\right)$$

即

$$\frac{5\times60}{10}=\exp\left[-\frac{Q}{R}\left(\frac{1}{473}-\frac{1}{423}\right)\right]$$

整理上式，得到

$$Q=-8.314\times\frac{\ln(5\times60/10)}{1/473-1/423}\ \mathrm{kJ/mol}=113.2\ \mathrm{kJ/mol}$$

所求回复激活能为 113.2 kJ/mol

++

2. Ⅱ型动力学

Ⅱ型回复动力学符合如下关系：设 X_r 泛指某一性能的参数（例如硬度、屈服应力、电阻和释放热等），这一参数的回复速度与这一参数的某一方次成正比：

$$\frac{\mathrm{d}X_r}{\mathrm{d}t}=-c_1X_r^m \tag{12-5}$$

式中：c_1 是常数。对上式积分，当 $m>1$ 得到

$$X_r^{-(m-1)}-X_0^{-(m-1)}=(m-1)c_1t \tag{12-6}$$

当 $m=1$，得到

$$\ln\left(\frac{X_r}{X_0}\right)=c_1 t \tag{12-7}$$

若回复机制主要是位错偶极子对消或位错攀移,则转变动力学是Ⅱ型的。

经复杂形变的金属和合金,回复过程往往包含不止一种机制,所以,回复表观激活能 Q 通常不是常数。有实验指出,回复激活能 Q 和回复程度 r 成线性关系:

$$Q=Q_0-n(1-r) \tag{12-8}$$

式中:n 是常数;Q_0 是回复过程完成时的激活能。

12.2.4 回复过程组织结构的变化

回复过程中空位的迁动和消失不会影响显微组织,只有位错迁动时才会影响显微组织。这种位错迁动和重新排列所引起的显微组织变化主要表现为多边形化和亚晶形成和长大。

1. 多边形化

多边形化一词起源于单晶体经一定程度弯曲后退火所发生的一种简单的显微组织变化。一个单晶体弯曲后,晶体上侧的尺寸比下侧的长,上侧应存在许多额外的点阵平面,这些平面终止在晶体内,它的边缘就是刃位错。对于特殊的情况,如果滑移面平行于晶体上、下表面,当晶体弯曲半径为 R 时,位错的柏氏矢量为 $\boldsymbol{b}$,则过量的同号刃位错密度就等于 $1/Rb$。退火时,由于位错的交互作用,位错会在垂直于滑移面的方向排列成位错墙,形成对称倾转晶界。这时,形变后晶体中圆滑弯曲滑移面分裂成有刃位错墙分隔开的多边形边段,因此这个过程称为多边形化。已经形成的位错墙进一步吸纳零散分布的点阵位错,一方面,晶界位错的总柏氏矢量加大,晶界中位错的平均间距 $\overline{d}$ 减小,使得界面的倾转角 θ(取向差)加大,界面能增加;另一方面,点阵位错被吸纳,使点阵能量降低;但综合来讲,这个过程会使体系的总能量降低。图 12-9a 是经塑性弯曲变形的 bcc 单晶体在滑移面上同号刃位错分布的示意图,图 12-9c 是各滑移面上的位错相互吸引形成位错墙(多边形化)的示意图。现在,多边形化这一词已经有更广泛的含义,泛指回复过程中由位错重新分布而形成确定的亚晶结构的过程。图 12-9b、d 是形变铁-硅合金多边形化的例子,图 12-9b 表示合金在 700 ℃经 1 h 回复退火沿滑移面排列的位错部分地转化为位错墙的过程,即逐渐多边形化。图 12-9d 表示合金在 925 ℃经 1 h 回复退火的结构,这时大多数位错都集中在多边形化边界中,邻近的位错墙逐渐合并,这一过程被称作"Y 过程"。

2. 亚晶形成

多晶体材料的形变结构比较复杂。在晶粒内含有很多位错胞结构(cell),胞内的位错密度比较低,胞间是由高位错密度的位错缠结构成的漫散胞壁(参见第 9 章)。在回复过程中,胞内的位错越来越少,胞壁的位错重新排列和对消,使其逐渐减薄而逐渐变锋锐,最后形成位错网络。也就是说,胞壁完全锋锐化的胞块就转化为亚晶。

漫散胞壁的锋锐化过程实质上是一种复杂的多边形化过程。由于形变时胞块形成涉及复杂的多系滑移,胞壁中含有多种不同柏氏矢量的位错,因此锋锐化的胞壁(即亚晶界)包含不止一种类型的位错组列。图 12-10 是在室温经 5%形变的纯铝(冷加工)在 200 ℃经不同时间回复退火的显微组织变化照片。图 12-10a 是冷加工后的组织,它由胞块构成,漫散的

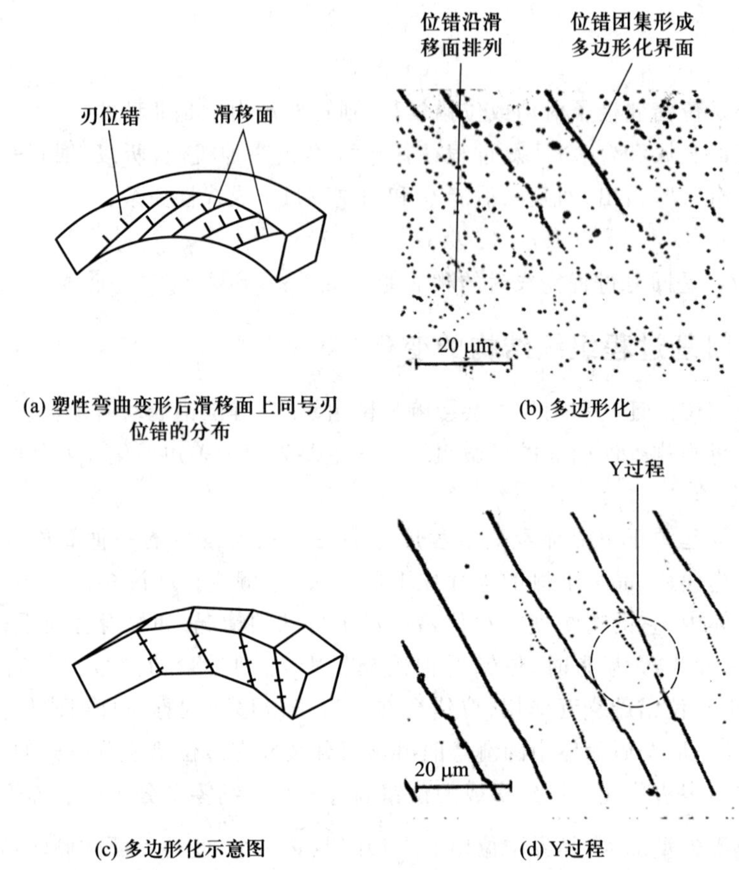

(a) 塑性弯曲变形后滑移面上同号刃位错的分布

(b) 多边形化

(c) 多边形化示意图

(d) Y过程

图 12-9 铁硅合图金单晶经弯曲塑性形变和退火后的位错组态

胞壁中包含高密度的位错缠结；图 12-10b 是在 200 ℃经 0.1 h 退火的组织，这是回复早期阶段的组织，胞壁中的位错缠结已开始变化，位错变得不那么混乱而稍直了些；图 12-10c 是退火 50 h 的组织，胞内的位错大多迁移到胞壁中去了，一些位错环收缩消失，胞壁中位错排成网络，胞已基本转化为亚晶；图 12-10d 是退火 300 h 的组织，此时亚晶已长大，亚晶界是由稳定的位错网络组成。

形变后位错胞结构的胞壁漫散程度不同，回复时发生的多边形化的难易程度也不同。对于层错能高的金属，例如铝和铁等，位错基本上不会分解，其交滑移和攀移能力高，在形变过程中胞壁已开始了锋锐化过程，形变后形成相当锋锐的位错胞结构，在之后的回复过程中基本只有亚晶的长大（图 12-10b、d）。从形变铝的回复可以看到，经过短时回复后，虽然晶粒形态没有发生很大变化，但亚晶形态却已有很大的改变。这样看来，取向差极小的亚晶界活动性比通常的小角度晶界大。

对于层错能比较低的金属，例如铜和银等，因为位错不易交滑移和攀移，形变后形成的位错胞结构具有厚而漫散的胞壁。对于层错能很低的合金，例如 α-铜和奥氏体不锈钢等，形变后只形成不完整的胞状结构。这些合金和金属，回复过程中胞壁锋锐化时间很长，有一些甚至形成不了锋锐的胞壁，回复时通常难以获得发展良好的亚晶，甚至在发生显著回复之

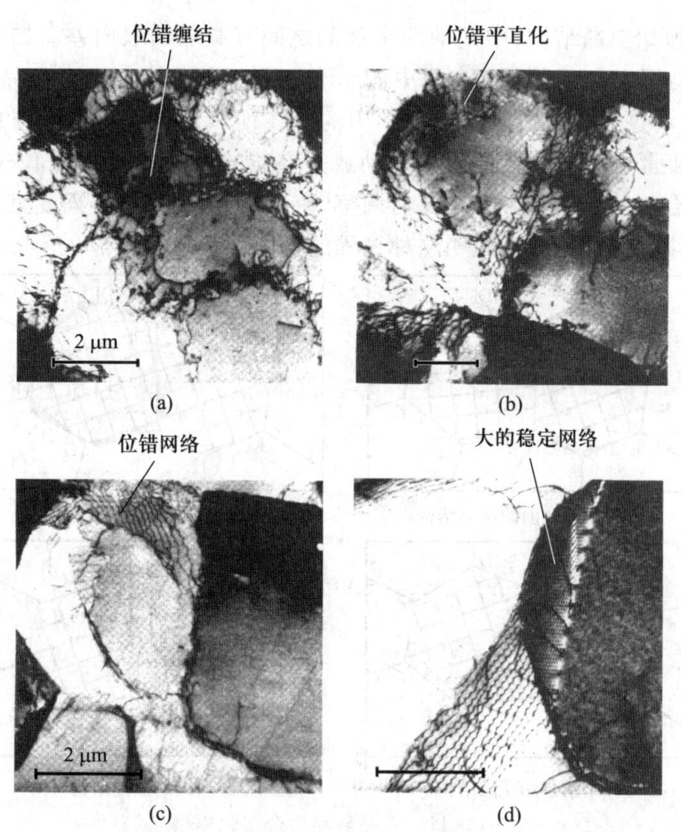

图 12-10 室温 5%形变纯铝(冷加工)在 200℃经不同时间回复退火的显微组织变化照片

前就开始再结晶。但是,如果再结晶受某些因素所阻碍(例如第 12.3.3 节讨论的弥散颗粒对亚晶界钉扎),在高温回复也可能发展良好的亚晶结构。

3. 亚晶粗化和长大

亚晶形成后,材料仍然保留有较大的储存能,亚晶将会进一步和各种机制长大竞争性粗化,进一步降低储存能。

亚晶长大的驱动压力为 $p=\alpha\gamma_s/R$,其中 γ_s 是亚晶界能;α 是形状因子(数量级约为 1);R 是亚晶的曲率半径。因为亚晶长大的驱动力和小角度晶界能 γ_s 成正比,所以,亚晶长大速度是亚晶间取向差的函数。若在整个样品中亚晶均匀长大、粗化,则无论亚晶长到多大尺寸,都属于回复阶段;若亚晶长大伴随大角晶界的迁移,则已经是再结晶形核阶段。

在低温下亚晶界就可以有很高的迁移率。但由于实际变形情况和变形结构比较复杂,取向差非常小的小角度亚晶界(胞壁)在纯热激活条件(即在没有压力的情况下)下的迁移率是很小的,由对称倾转界面组成的这种变形结构对亚晶长大所起的作用不大。但是,对称倾转界面可以通过构成它的位错的滑动而迁动,当存在小应力时,这种小角度亚边界的迁移率可以大幅度提高。

亚晶粗化的过程有许多机制,各种模型都有一定的实验证据,但也存在质疑。

亚晶聚合:李振民分析了亚晶粗化聚合的机制,其过程如图 12-11 所示。图 12-11a 是粗化聚合以前的原始亚晶结构，中间的两个亚晶之间有微弱的取向差。如果这两个亚晶要聚合为一，就需要把它们间的界面(图中的 CH)消除，这样其中 1 个亚晶必须转动，如图 12-11b 所示。转动过程必然引起原子从图中的影线面积沿界面扩散到空白面积中去。这个过程的实质是亚晶界上的位错的协同运动或是空位的协同运动。图 12-11c 表示刚聚合的亚晶结构。聚合后的亚晶边界再作几何调整，使 BCD 以及 IHG 界面变直，图 12-11d 是最终的亚晶结构。李振民从热力学说明这种过程的可能性。

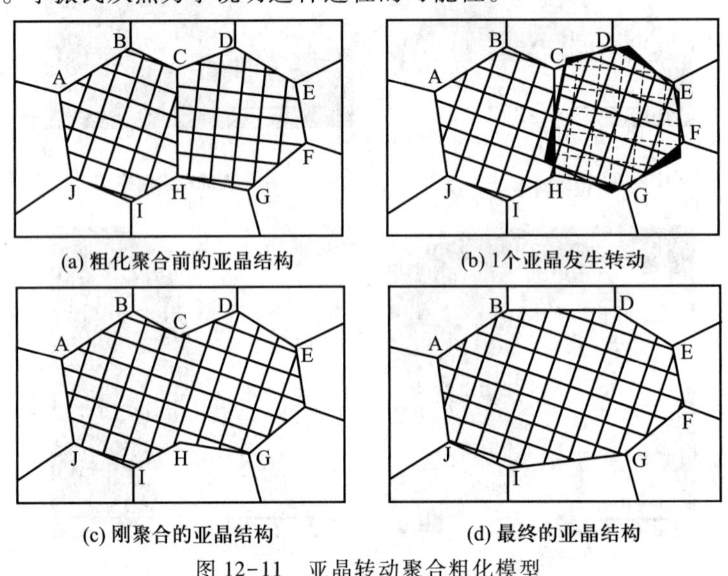

图 12-11 亚晶转动聚合粗化模型

图 12-12 是 Humphreys 和 Chan 用透射电子显微镜观察 Al-Ni 合金薄膜在 580 ℃退火的原位变化，可以观察到在 X 处的位错大量减少，这就是亚晶聚合机制的直接证据。

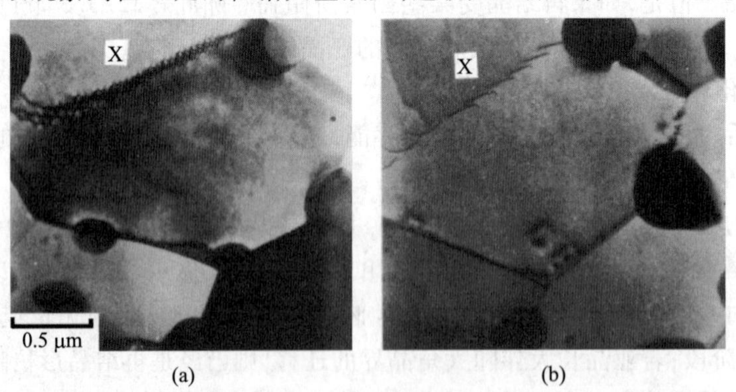

图 12-12 Al-Ni 合金薄膜在 580℃退火的原位变化(Humphreys 和 Chan，1996)

很多实验观察到，在回复组织中靠近大角度晶界的亚晶尺寸比在晶粒内部的亚晶尺寸大很多。目前这些差异产生的原因还不清楚，可能是由于在大角度晶界附近与晶粒内部形变差异引起的，也可能是退火过程引起的差异。但是，大角度晶界的能量基本与取向无关，它应该是亚晶转动的有利位置。Jones 等学者观察到与大角度晶界连接的小角度晶界中的位错分布是不均匀的，如图 12-13 所示，CD 为大角度晶界，AB 为小角度晶界，靠近大角度晶界的小角度晶界(B 位置)中位错密度比远离大角度晶界小角度晶界(A 位置)中的位错密度低。设想大角度晶界可以从小角度晶界吸收位错,这认为可能是亚晶转动的初期阶段,可以作为在大块试样中观察到亚晶转动的间接实验证据。

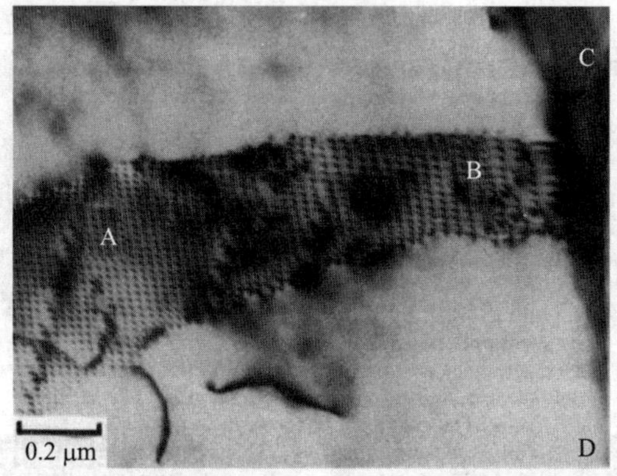

图 12-13 退火铝的投射电镜照片(Jones 等,1979)

图 12-14 是 Haslam 等对柱状多晶体的亚晶粗化进行分子动力学模拟的图片(图中并未显示晶界区域中的原子)。根据模拟结果可以发现在接近熔点温度时直径为 15 nm 的晶粒发生显著的转动,粗化以及晶界迁动。图中的亚晶 14 经过 1. 83 ns 的亚晶转动(图 12-14d),转动后的取向与亚晶 8 相同而合并。实线标出的是<120>方向。

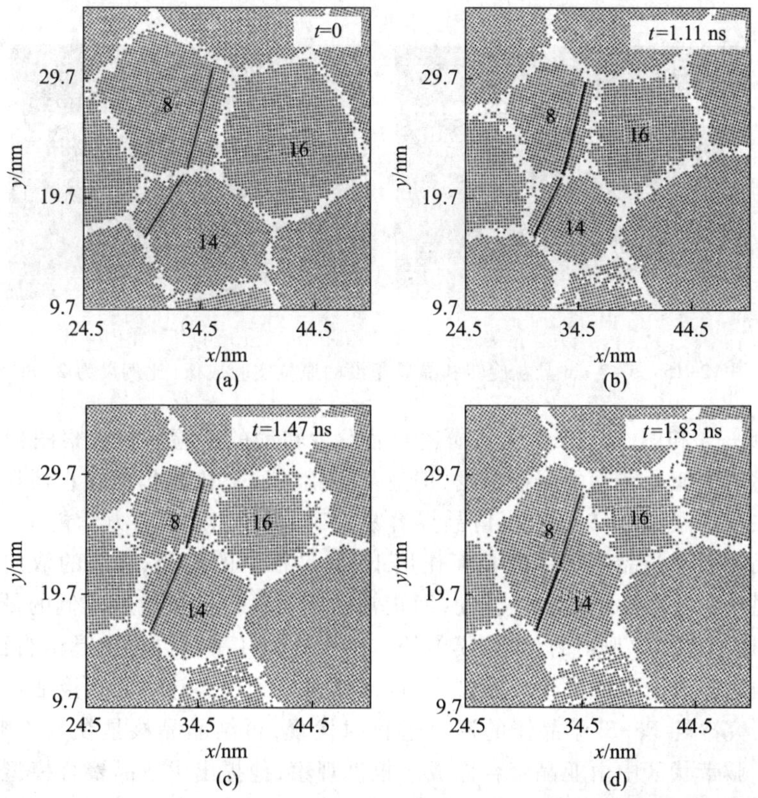

图 12-14 柱状多晶体的亚晶粗化分子动力学模拟图片(A. J. Haslam 等,2001)

同样,在对纳米级晶粒进行加载时,晶粒也可旋转导致晶界湮没。图 12-15 是 5~7 nm 的晶粒旋转和晶界湮没的原位实验成像。图 12-15b 中的白色长箭头为加载轴,图 12-15a 中颗粒 1 被大角度的晶界包围。应变使晶粒旋转,晶粒 1—3 和 1—4 之间的晶界转变为小角度晶界。随着应变的增加,晶界湮没,晶粒 1 和 3 合并为单一晶粒。

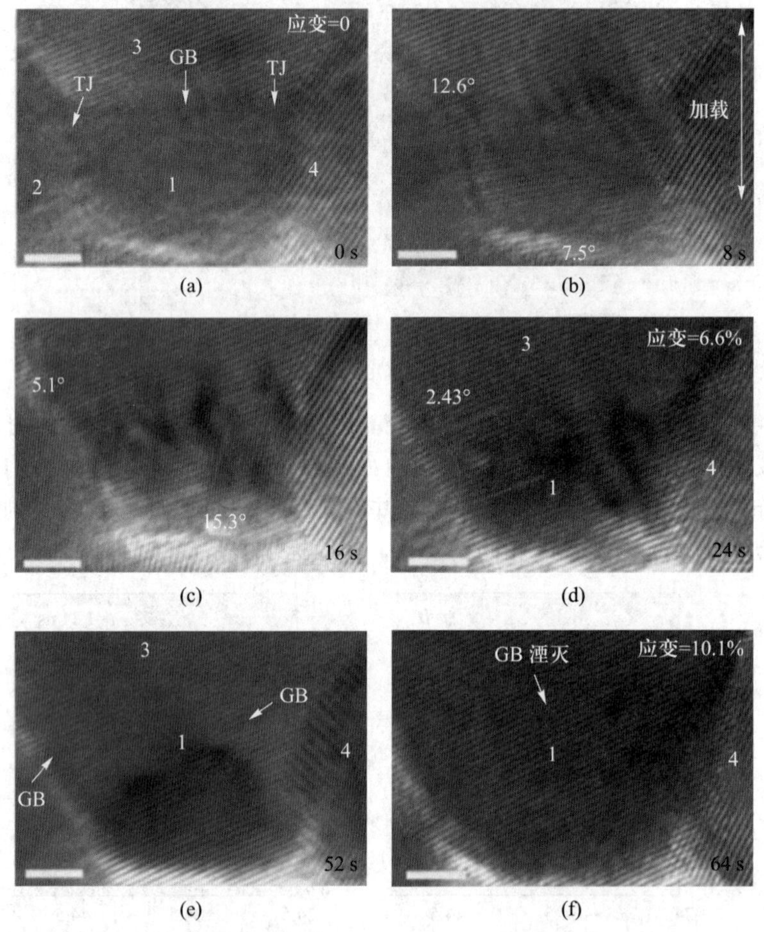

图 12-15 5~7 nm 晶粒旋转和晶界湮没的原位实验成像(比例尺为 2 nm)

尽管图 12-13 和图 12-15 给出了描述亚晶发生转动的实验原位观察图像,图 12-12 又提出了大块材料中亚晶转动的间接证据,但亚晶转动的回复机制仍然存在质疑。首先,上述的实验发生在较高温下($0.9T_m$),小角晶界容易迁移;其次,分子动力学模拟(图 12-14)证明的也是在晶界转动与晶界迁移的相互作用下,满足很小的亚晶、很小的取向差的情况下,在非常高的温度时才会发生亚晶的转动,而正常的回复过程是在温度较低的低温进行的;此外,实验结果是在薄膜中观察的,而薄膜中的位错重排列几乎可以肯定是由自由表面的帮助引发的。其他大多数退火的原位实验观察,都没能再找到亚晶转动的直接证据。

胡郇在研究冷轧 Fe-Si 单晶体的退火过程时发现,再结晶晶核是在点阵畸变和位错密度比较高的显微带状区中由亚晶聚合而成。根据观察,他提出了亚晶聚合模型(图 12-16),图中边界的粗细示意性地表示两亚晶界取向差的大小。图 12-16a 表示未形核前的亚晶结构,图 12-16b 表示其中 A 和 B、C 和 D 亚晶聚合,图 12-16c 表示两个已聚合的亚晶再聚合,图 12-16d 表示已聚合粗化的晶界成为大角度晶界,它实际上已是再结晶核心(图中的 R)。

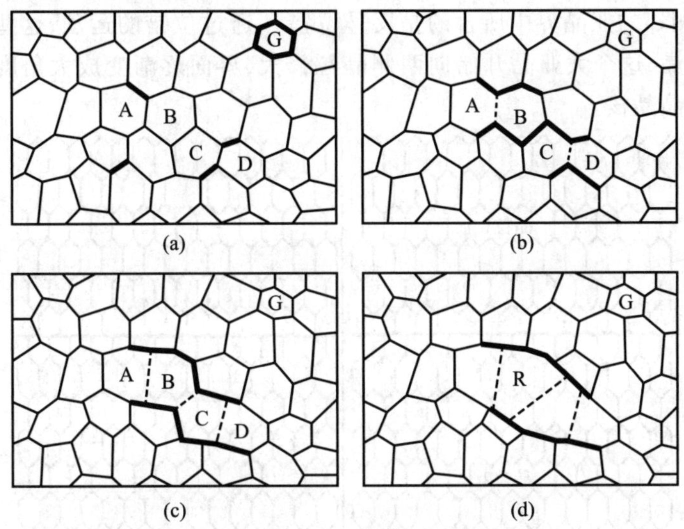

图 12-16 亚晶聚合模型(H. Hu, 1963)

实验发现,有些回复过程并非如前文所述那样连续且均匀,而是呈现出不连续性,具体表现为个别亚晶的长大速度明显快于其他亚晶。图 12-17 所示为 $x_{Si}=0.05\%$ 的 Al-Si 合金中亚晶长大的电子背散射衍射(EBSD)花样图,图中黑线是小角度晶界。在图中看到个别亚晶比其他亚晶的尺寸大得多,这显示了亚晶的不连续长大。这种特殊性长大的亚晶与其相邻亚晶之间的取向差比其他亚晶与其相邻亚晶的取向差要大。根据第 7 章对小角度晶界迁移率与取向差关系的讨论(见图 7-80),即使是微小的取向差变化,也可能导致晶界迁移率显著提升(例如,取向差增加约 3°时,迁移率可相应增加约 50 倍)。因此,那些与相邻亚晶取向差稍大的亚晶,会比其他亚晶更快地生长。

但是,亚晶的这种不连续的异常长大不易观察到,在一般情况下,亚晶演变到可以发生不连续长大之前,就已经发生再结晶了(更详细的介绍见第 12.3.2 节)。

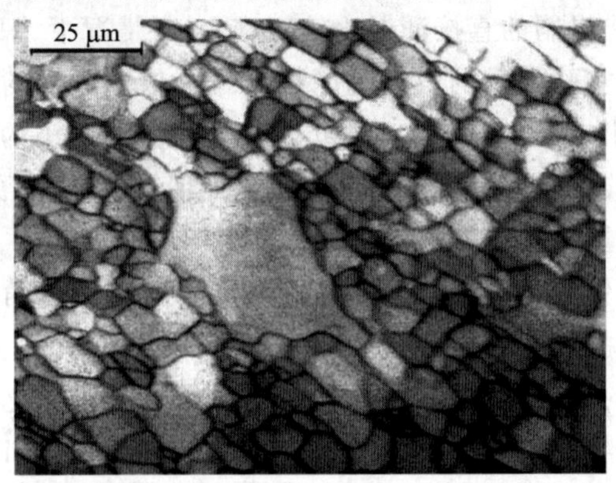

图 12-17 $x_{Si}=0.05\%$的 Al-Si 合金中亚晶长大的电子背散射衍射(EBSD)花样图

(Y. Huang 和 F. J. Humphreys, 2000)

Jones 等提出的另一个亚晶粗化聚合模型（亚晶不连续粗化），如图 12-18 所示。图中 AB 是原始晶界，晶粒 1 和晶粒 2 内为多边形化组织。在晶粒 1 靠近晶界 AB 处有性质基本相反的亚晶界（相邻的亚晶界中所含的是反号位错），通过位错的运动，这些亚晶很快聚合，形成一个大的亚晶，这个大亚晶开始向两侧晶粒长大，界面逐渐变成大角度晶界，即成为一个实际上的再结晶晶核。

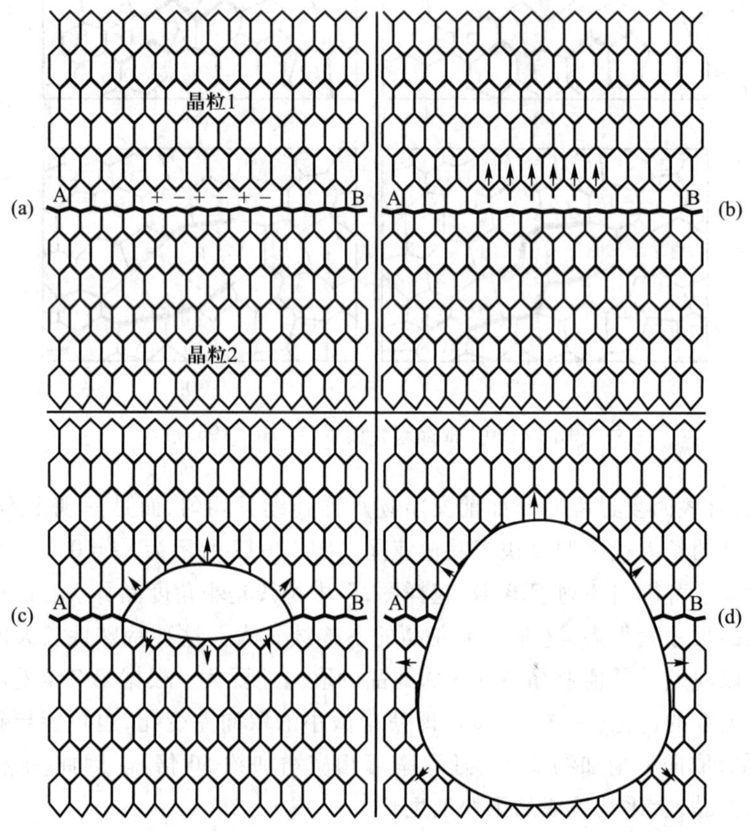

图 12-18　亚晶粗化聚合模型示意图（Jones 等）

提供退火回复的位错机制的直接证据比较困难，一般情况下，只能观察到大块试样回复前后的组织结构，这样的实验提供的只能是间接证据。根据这样的观察，通常情况下，提供的照片是在回复后显示出一个大晶粒，其中包含一些取向差极小的小角度晶界。这些照片往往将那些发展不完善的小角度晶界描述为因粗化而消失的晶界，并作为亚晶粗化的证据。然而，问题在于：在形变过程中，亚晶和位错胞是不断形成和更新的，新的亚晶界会不断在已有的亚晶中形成。因此，仅凭显微照片中亚晶内发展不完善的小角度晶界消失来作为亚晶合并粗化的证据是缺乏说服力的。

形变后位错胞结构的胞壁漫散程度不同，回复时发生多边形化的难易程度也不同。层错能高的金属（如铝和铁等），位错基本上不会分解为扩展位错，所以交滑移和攀移能力高，在形变过程中胞壁已经开始锋锐化过程，在形变后形成相当锋锐的位错胞结构，在以后的回复过程中基本只涉及亚晶的长大。

层错能比较低的金属(如铜和银等),形变后形成的位错胞结构具有厚而漫散的胞壁;层错能很低的金属和合金(如 α-黄铜和奥氏体不锈钢等),形变后只形成不完整的胞状结构。这些合金和金属,回复时有一个较长的胞壁锋锐化过程,有一些甚至形成不了锋锐的胞壁。

胞壁锋锐化形成亚晶以及随后亚晶长大都会使硬度和流变应力得到一定程度的恢复。由于在回复的早期阶段胞内的位错已减少了很大一部分,因而以后的强度变化只取决亚晶的尺寸而不取决亚晶中的位错密度。

4. 回复织构

因为回复只影响晶粒内位错和细胞亚结构,只有晶粒内位错和胞结构得到弛豫,不涉及大角度界面的牵动,所以导致原始的冷加工织构遗传到热处理材料的最终织构。对于大多数材料,包括具有高层错能的合金,在足够大的压下量(超过 70%)初始冷变形,就可以强回复抑制再结晶和获得形变织构的继承性。

12.3 形变晶体的再结晶

再结晶与回复的根本区别是有无大角度晶界的迁移。再结晶基本标志:“核心”(严格说是无应变能区域)通过无应变能区域与有应变能区域间的大角度界面向高形变能基体迁动,逐渐去除高形变能区域。这个过程是不连续的。

再结晶是通过“形核”和“长大”来消除形变和回复基体的过程,这个过程与一般的相变过程相似。但是,在经典形核理论中,形核过程基于热涨落完成,由热涨落提供能量以弥补临界核心所增加的能量。后边会介绍,再结晶“核心”的来源是早期亚晶粗化,即在冷加工的基体中会自发地形成微小的无应变团簇。由于形变后材料的储存能比一般相变的自由能差小得多,如果按经典形核,要获得形核的热涨落几乎是不可能的。所以,用经典理论的形核理论来说明再结晶的早期阶段会形成一定的误导。

相变的驱动力是新相和母相之间的摩尔吉布斯自由能差,即驱动力来自系统的化学自由能差异,而再结晶的驱动力则是形变金属和合金的机械储存能。由此看出,相变过程有一个临界温度,只有达到或越过这个临界温度才会有相变驱动力,即达到或越过这个温度才可能发生相变,这个临界温度是热力学意义的温度。对于形变的金属和合金,从它经受形变的一瞬间开始就获得储存能,即立刻就具有回复和再结晶的热力学条件,原则上可以发生回复和再结晶,温度不同仅仅会影响到过程的速度。所以,再结晶并没有一个热力学意义上的明确的临界温度。为了比较各种材料再结晶过程,在研究过程中人为地定义了一个“再结晶温度”,即:材料经大形变后,在一定时间内刚好完成再结晶的温度。显然,定义刚好完成再结晶的时间越长,再结晶温度就越低。因此,所谓的再结晶温度是一个动力学意义的温度。

再结晶过程首先要经历一段孕育期,即在某些有利位置形成几乎无应变的晶核(这种“核心”是在回复过程中形成的),这些晶核部分或完全地被大角度晶界所包围。晶核通过大角度界面迁移而长大。再结晶完成后,整个基体由再结晶晶粒所占据,之后进行晶粒的长大过程。

图 12-19 描述了 Al 再结晶初期的晶粒通过大角度界面迁移长入回复的亚晶中的 SEM 通道衬度显微照片。图 12-20 为黄铜再结晶过程的显微组织照片,其中图 12-20a 是经 33%

冷加工变形的晶粒组织；图 12-20b 为冷加工变形后在 580 ℃保温 3 s 后的组织照片，在图中可以看到形变的滑移带（形变过渡带）上形成细小的再结晶核心；图 12-20c 表示在 580 ℃保温 4 s 后再结晶晶粒长大吞噬变形的基体，并且有更多的再结晶晶粒形成；图 12-20d 表示在 580 ℃保温 8 s 后已经完全再结晶；图 12-20e 显示在 580 ℃保温 15 min 后的晶粒长大，在晶粒中能够看到很多退火孪晶；图 12-20f 为在 700 ℃保温 10 min 后的组织，显示了更大的晶粒，同样，在晶粒中有大量退火孪晶。从这些图片可以大略地了解再结晶整个过程组织的变化。

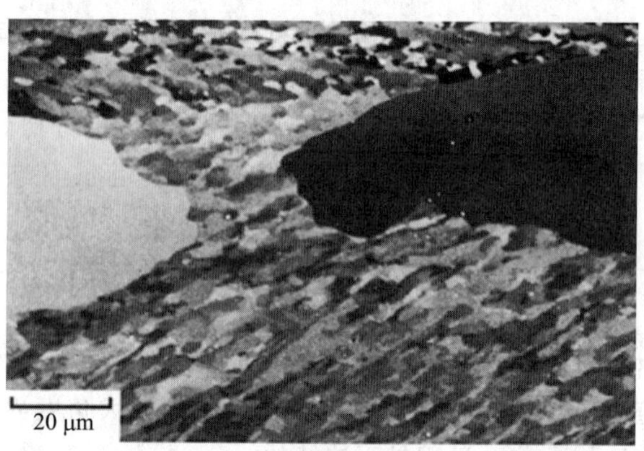

图 12-19 Al 再结晶初期的 SEM 通道衬度显微照片

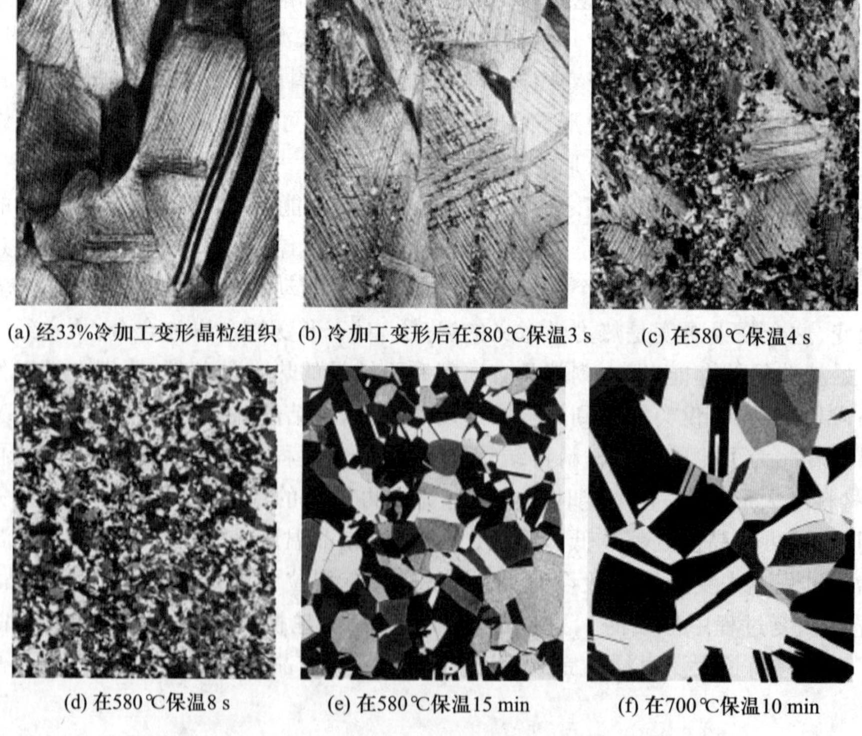

图 12-20 黄铜再结晶过程的显微组织照片（75 倍）

12.3.1 再结晶的唯象规律

通过大量的实验可以总结出再结晶的基本规律：

(1) 需要超过某个最小的形变量才能发生再结晶，这个最小的形变量称临界变形程度。

(2) 再结晶温度随形变量增加而降低，但当形变量大到一定程度后，再结晶温度趋于某一稳定值(图 12-21)。

(3) 再结晶刚完成时的晶粒尺寸主要取决于形变量而和退火温度关系不大。形变量越大，再结晶刚完成的晶粒尺寸越小(图 12-22)。在相同的形变量下，若给定退火时间，则晶粒尺寸随退火温度增加而增加，这是再结晶后晶粒长大的结果。

(4) 原始晶粒尺寸越大，要获得相同的再结晶温度的形变量越大。

(5) 形变温度越高，要获得相同程度的应变硬化所需的形变量越大。这也意味着在一定的形变量下，形变温度越高，使以后再结晶温度越高，再结晶后的晶粒尺寸越大。

(6) 新晶粒不会长入取向相同或取向略有差异的形变晶粒中。

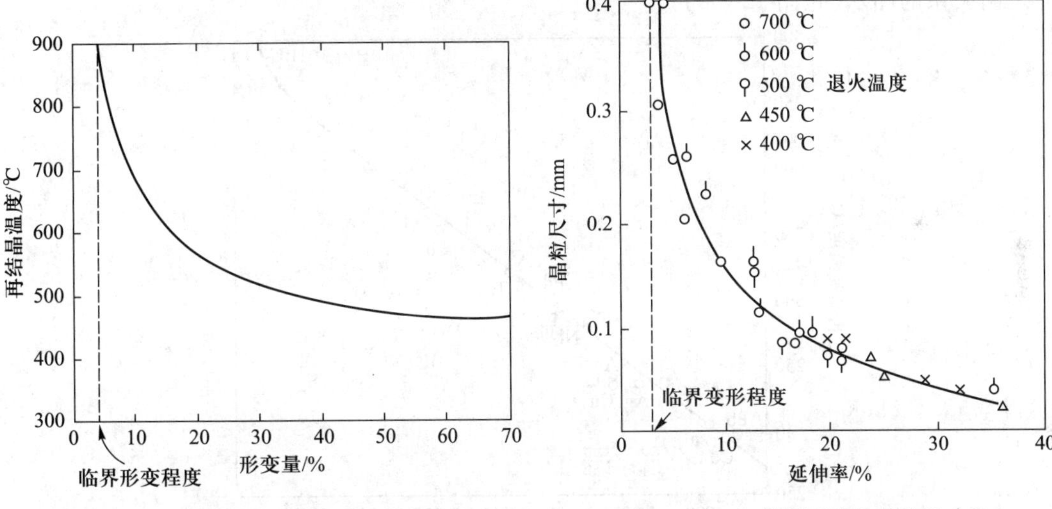

图 12-21 Fe 再结晶温度随形变量的变化

图 12-22 α-黄铜再结晶晶粒尺寸和形变量(延伸率)的关系

如果从再结晶的“形核”和核的“长大”两个基本过程来考虑再结晶，即使不了解其中的具体机制，也不难理解上述的规律。核心在应变硬化最大即位错密度高的局部区域(形变过渡带)形成，所以需要有一定的(临界)形变量(一般为 30%)，材料中才会出现这些区域，这就是前面的基本规律(1)。再结晶的驱动力(储存能)随着形变量增加而增加，因此，再结晶形核和长大可以在较低温度下进行，这可以解释基本规律(2)。形核和长大两个过程的竞争和平衡决定了再结晶完成后的晶粒尺寸，即晶粒尺寸取决于形核率和长大速率的相对比值。形核率很大而长大速率不大时晶粒尺寸较小；相反，形核率不大而长大速率很快时则晶粒尺寸较大。再结晶的核心来源于形变的高应变区域或经回复过程后存在的大角度晶界，因此核心数目或形核速率取决于形变量，而形变量对核心生长速率的影响远比它对形核速率的小，这就可以解释基本规律(3)。在多晶体形变过程中，晶界附近的形变规律复杂，这些地区往往是高储存能区，也是晶核易出现的地区，因而原始晶粒小，之后的再结晶越能促发形核，这就可以解释基本规律(4)。由于在比较高的温度下形变晶体中的位错密度较低，再结晶形核率较低，这就可以解释基本规律(5)。基本规律(6)明确了再结晶是一种通过大角度界面推移而实现的过程。

根据再结晶的经验规律，再结晶温度受形变量、原始组织甚至退火时间等因素的影响，这说明再结晶温度并非是热力学概念而是动力学概念。在工业上，再结晶温度被人为定义为在一定时间内刚好完成再结晶的温度。由于储存能因变形量加大而加大(见图 9-110)，按上面定义的再结晶的温度会因形变量加大而降低，所以在工业上，通常规定使大形变金属(形变量约大于 70%)在 1 h 内刚好完成(常用完成 95%或 98%)再结晶过程的温度为再结晶温度。一般纯金属的再结晶温度为 $0.35T_m \sim 0.4T_m$，T_m 是热力学温标下的熔点温度，见图 12-23。有些工业合金，因为杂质的影响，再结晶温度会高达 $0.7T_m$(下面讨论)。

人们常常关心再结晶后的晶粒尺寸，并通过控制形变量以及退火温度和时间来获得所希望的晶粒大小。再结晶图就是描述形变量、给定退火时间下的退火温度和退火后晶粒尺寸之间关系的图示(见图 12-56)。

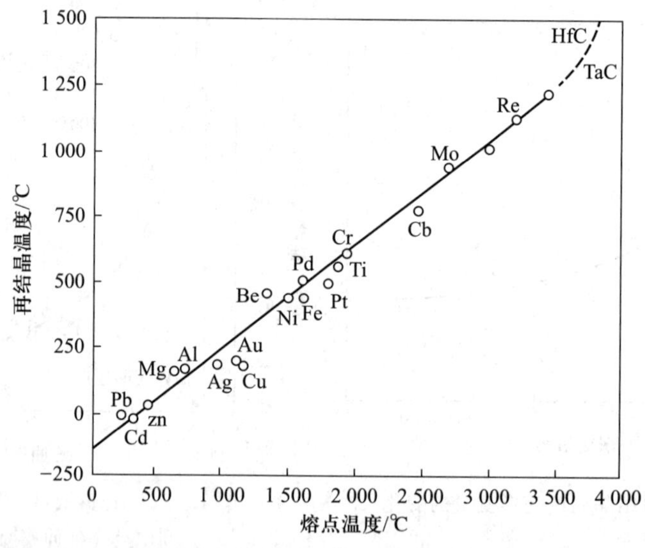

图 12-23 纯金属再结晶温度与熔点的关系(E. Hornbogen, 1979)

临界形变量是能使金属和合金发生再结晶的最小形变量，金属经临界形变量形变以后，只有很少的形核位置，所以退火后获得大的晶粒。当金属的形变量为临界形变量形变时，再缓慢加热或使它缓慢地通过陡的温度梯度，这样开始形成的极少量核心以很快速度长大，其他的潜在形核位置在实现形核前就会被很快长大的核心推移吞并掉，结果获得更大的晶粒。曾利用这种方法制备铝、铅、硅、铁等的大晶粒(单晶)。对于密排六方金属则不能用这种方法制备大晶体，因为它们在形变时很容易形成孪晶，在孪晶处是易于形核的位置，这样不易保证形成极少数晶核。另外，对于铜、银、金等金属，因为易于形成退火孪晶(将在第 12.3.8 节介绍)，破坏单一取向，也不宜用这种方法获得单晶。

12.3.2 再结晶的形核(再结晶开始)

从唯象角度来看,再结晶过程与相变过程相同,分为“形核”和“长大”过程,但是再结晶组织不是热动力学平衡的,因为存储的变形能量(本质上是位错的能量)只在局部机械平衡而非热力学平衡。再结晶“核心”是新形成的无缺陷的(相对形变晶体而言)由全部或最低限度部分可动的大角度晶界包围的新晶体。因此,再结晶形核是指涉及形成新的可动大角度晶界的那些机制,或者是那些已经存在的遗留拱起的大角度晶界。

许多情况下,形变亚结构所提供转变的驱动力被看作是一个均匀的参数,但再结晶形核不能被描述为均匀现象。这是由于冷变形的显微结构分布是不均匀的。例如,靠近晶界区域比晶粒内部有更高的点阵梯度和储存能。因此,虽然作为一级近似,可以使用一个标量和均匀的驱动力来理解再结晶一些基本动力学和再结晶的微观结构特性,但对于形核阶段则是不合适的。这意味着再结晶形核主要是显微组织不均匀性的结果。为了了解再结晶形核,应着重了解三个重要问题:

(1) 哪里存在高的局部驱动力?

(2) 哪里的显微结构有足够高的局部点阵畸变?或者哪里已经存在允许渐进的或自发形成可动的大角度晶界的取向差,并具有能扫过周围形变基体的高迁移率?

(3) 哪里有存在跨过大角度晶界储存能的足够高的取向差梯度?

这三个问题对在形变组织潜在的再结晶核心位置能否“成功”成为真正的再结晶核心的三个准则进行了说明。

对应上述问题(1)的是热力学不稳定准则(存在驱动力):如同相变形核一样,形成核心要使系统自由能降低。虽然再结晶核心并不是靠能量涨落的热激活形核的,但是这些预存在的核心长大时,它所增加的界面能必须能由界面扩展所减小的体积形变能所补偿。所以预存的核心尺寸也要超过一定的临界尺寸才能成为真正的核心。

对应上述问题(2)的是动力学不稳定准则(形成可动界面):核心存在后,必须要有可动的晶界才能使核心长大。只有大角度晶界才有足够高的迁移率。在形变基体中产生能迁移的大角度晶界是再结晶形核最困难的一步。

对应上述问题(3)的是机械不稳定准则(跨过界面的驱动力):核心的大角度晶界只在驱动力不平衡的方向移动,位错的不均匀分布或者在早期回复过程中发展的局部尺寸不平衡的亚晶等区域就符合这些条件。

这三个准则示意性表示于图 12-24 中。

以上准则从实验中也能得到印证:

(1) 核心优先在局部形变高(取向梯度大)的区域(形变带,晶界,夹杂附近及自由表面附近等)形成。图 12-25 所示冷轧铜经 HVEM 原位观察到的再结晶核心照片能够证

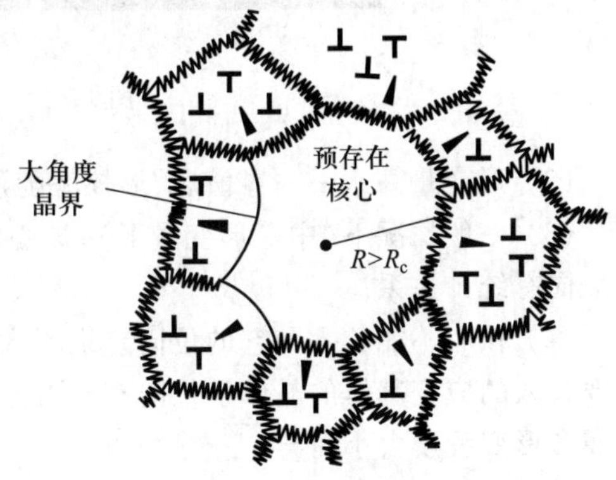

图 12-24 形变组织中潜在的再结晶核心示意图

明这一点。图 12-25a 所示为冷轧铜的横截面的亚结构以及一个区域的晶体学取向。观察到的亚晶宽度在 50~500 nm 之间，在横跨亚晶 1 与亚晶 8 的过渡带有激烈的取向变化。当加热到 200 ℃后，亚晶区 2 长入过渡带中。加热到 300 ℃后，新晶粒的取向发展与原始亚晶的取向一样（图 12-25 b）。

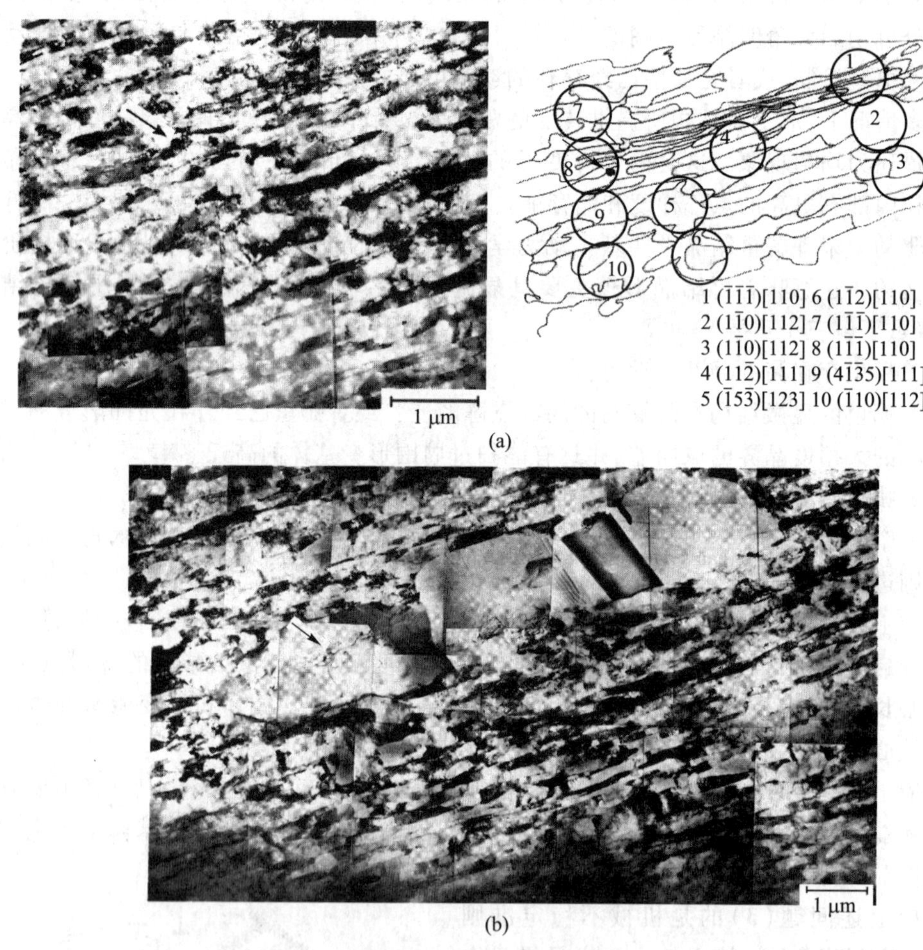

图 12-25 铜的电镜照片

（2）形变量高于一临界值后，形核率随形变量增加而急剧增加。

（3）一般情况下（中等形变量下），核心的晶体学取向与它形成所在的形变区域的晶体学取向有统计关系。

（4）核心不能长入和它的位向差别不大的区域中。一个有效核心的晶体学位向必须与它要长入的应变基体的晶体学位向有显著差异，它们的取向差应有 12°或更大些，视不同的金属和形变程度大小而异。

按照经典形核理论（参见第 10.5 节），因为再结晶的驱动力（储存能）远比一般相变的驱动力小得多，而晶界能却和相变的相界能差不多，所以，相对于驱动力来说，形成核心的大角度界面的总界面能非常高，因而形核的临界核心尺寸非常大（>0.1 μm），以至实际上不能实现。或者从另一个角度看,当形成一个合理尺寸的核心时,必须在几个 nm 范围内有 20% 的局部弹性应变,这也是不可能的。这样,所谓再结晶核心并不是热力学意义的核心,仅为在形变结构中再结晶前预先存在的几乎没有变形的小体积。

++

例题 12-4 按经典均匀形核理论估算 Al 的再结晶核心尺寸。

解 典型的纯金属晶体储存能不会超过 100 J/mol,现设储存能为 100 J/mol。Al 摩尔体积为 10 cm^3/mol,则单位体积储存能为 10 J/cm^3;Al 的大角度晶界 $\gamma=0.32\ J/m^2=3.2\times10^{-5}\ J/cm^2$。根据第 10 章讨论的均匀形核,其临界核心半径为(参见 10-26 式)

$$r^*=\frac{2\gamma}{\Delta G_V}$$

式中:ΔG_V 是储存能。把数据代入上式

$$r^*=\frac{2\times3.2\times10^{-5}}{10}\ \text{cm}=6.4\times10^{-6}\ \text{cm}=64\ \text{nm}$$

Al 的原子半径为 0.143 nm。如果核心是球状,则核心包含$(64/0.143)^3=8.96\times10^7$ 个 Al 原子,这样大的原子团,是不可能靠热激活形成的。所以,使用经典形核理论分析再结晶的早期阶段是错误的。

++

下面讨论几种已被普遍接受的形核机制。

1. 应变诱发晶界迁动(SIBM)形核

这个模型最初由学者 Beck 和 Sperry 基于光学显微镜观察到,随后经 Bailey 通过对 Cu、Ni、Ag 和 Al 的透射电镜图像研究进一步发展。在这些研究中,金属的形变量保持在 40% 以下。由于形变的不均匀性,导致原大角度晶界两侧的局部位错密度存在差异,进而储存能也有所不同。因此,大角度晶界会从位错密度较低的一侧向位错密度较高的一侧移动,形成类似"舌状物"的结构。凸进高位错密度晶粒的这块"舌状物"可能仍包含亚晶界,也可能是几乎无应变硬化缺陷的,突出的舌状物的晶体取向与原来晶粒的相同,这个鼓胀的亚晶就可看作是再结晶核心的长大。这和 Jones 等人提出的另一个亚晶粗化聚合模型(图 12-18)相似。图 12-26 所示为这种模型的示意图。图 12-26a 表示分开两个储存能不同的大角度晶界,晶粒 2 的储存能 E_2 比晶粒 1 的储存能 E_1 的高,晶界向晶粒 2 一侧拱出;图 12-26b 表示在迁移大角度晶界后面仍存在一些位错(亚晶界)结构,图 12-26c 表示迁移大角度晶界后没有亚晶界。

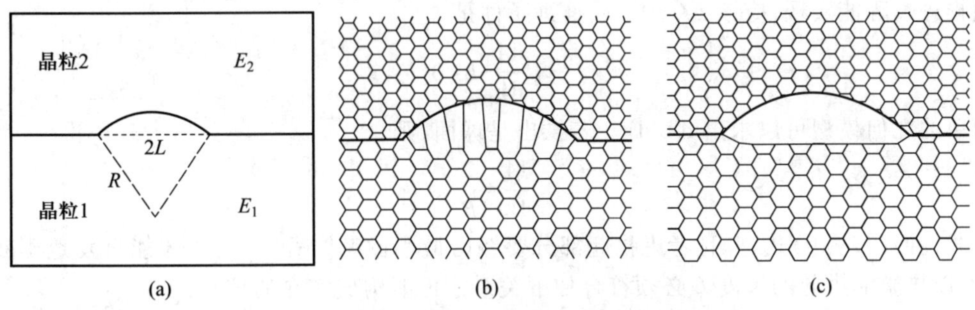

图 12-26 应变诱发晶界迁动模型示意图(Jones 等)

图 12-27a 所示为经 40%压缩形变的铝在 328 ℃退火 1 h 后观察到的应变诱发晶界迁动的实例(Bellier 和 Doherty,1977)。在这个例子中看到晶界一侧有很多凸出的“舌状物”,经证实这些“舌状物”的取向和它借以凸出的形变区域的取向相同。由于“舌状物”凸出的长大方向并不一定平行于所取的观察截面,它们有一些起源于观察截面之上(或之下),所以,虽然它们和原来晶界一侧的晶粒相连接,在观察截面上却看到是孤立的小岛。这种机制对于低应变材料特别重要。图 12-27b 所示的 EBSD 图显示经 50%轧制 Al 在退火早期出现的 SIBM(Hurley 和 Humphreys, 2003)。其中大角度晶界(白色)拱起,它下面周围的亚晶,亚晶界>0.5°。

由于新长成的晶粒和原来的在晶界凸出的晶粒取向相同,所以可以预料,以这种机制形核所获得的织构和原来的形变织构相同。

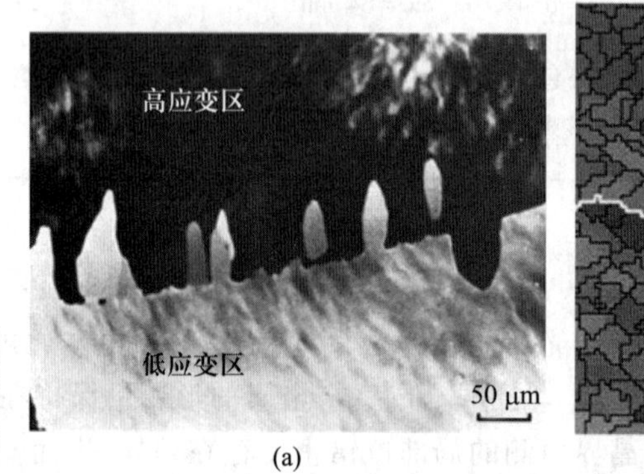

(a)

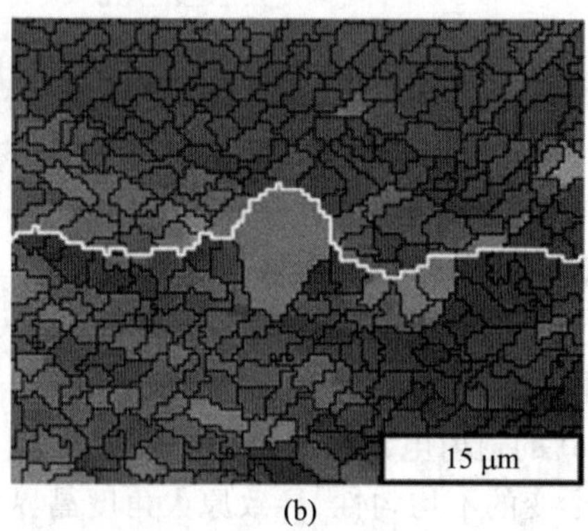

(b)

图 12-27　应变诱发晶界迁移

Bailey 和 Hirsch 分析了 SIBM 过程的动力学。如图 12-26a 中的水平线表示原来一个大角度晶界,上面的晶粒具有更高的位错密度。在热激活作用下,原晶界上直径为 $2L$ 的一部分以曲率半径为 R 的曲度向上拱出。$\Delta E=E_2-E_1$ 为拱起部分晶界两侧单位体积的储存能差。拱起部分再向前推进使体积增加 $\mathrm{d}V$,相应增加界面积 $\mathrm{d}A$,即增加的总界面能为 $\gamma_b\mathrm{d}A$,其中 γ_b 为大角度晶界能。这个推进过程使自由能的变化为

$$\Delta G=\left(\gamma_b\frac{\mathrm{d}A}{\mathrm{d}V}-E\right)\mathrm{d}V \tag{12-9}$$

要使推进过程能实现,应该 $\Delta G<0$。故推进条件是

$$\gamma_b\frac{\mathrm{d}A}{\mathrm{d}V}-E<0 \tag{12-10}$$

用简单的几何模型可以求出 $\mathrm{d}A/\mathrm{d}V$。若拱出是球面,则

$$\frac{\mathrm{d}A}{\mathrm{d}V}=\frac{2}{R}$$

把上式代回(12-10)式,并且考虑拱起部分要经历最小曲率半径 $R_{\min}=L$ 才能自发地不断推进,所以热激活拱起的尺度 L 必须符合如下关系才可能构成实在的核心:

$$L\geqslant\frac{2\gamma_b}{E} \tag{12-11}$$

现在还不完全清楚在拱起的晶界后边是否存在亚晶界，如果如图 12-26c 那样在拱起的晶面后边不存在亚晶界，则ΔE 就等于 E_2。Bailey 以拉伸形变量为 20%的银计算，$\Delta E \approx 1.66 \times 10^6$ J/m^3，$\gamma_b = 0.4$ J/m^2，根据式(12-11)计算得 $L > 5 \times 10^{-7}$ m，实验观察 $L \approx 10^{-6}$ m，说明这个分析结果和实际是相近的。

晶界两侧位错密度的差异源自形变过程。形变期间，位错的积累速度受晶粒取向的影响，而晶界两侧因取向不同导致储存能各异，有时这种储存能的差异在晶界两侧可能极为显著，使得低储存能的一侧能够向高储存能的一侧拱起，进而成为再结晶的核心。此外，还有一种可能是，在晶界的一侧附近会优先发生回复，形成较大的亚晶。这些较大的亚晶随后会沿着晶界向亚晶尺寸较小的另一侧拱起，最终发展成为再结晶的核心。

2. 亚晶聚合粗化形核和亚晶界迁动长大“形核”

如前文所述，在回复阶段，亚晶会以多种方式逐渐长大。当某个亚晶通过聚合与粗化达到一定尺寸，并且与其周围环境的取向差增大到 12°或更高时，这个亚晶的晶界将基本转变为大角度晶界。此时，该亚晶会以相对较快的速度进行迁移，从而成为一个有效的再结晶核心。

高形变量的低层错能金属和合金，亚晶尺寸分布比较散，在比较高的退火温度下，常发生亚晶界迁动形成再结晶核心。

这两种形核机制(特别是亚晶聚合粗化机制)在文献中存在很大的争议。有关这些机制的实验资料大都是用透射电镜对薄的试样原位观察获得的，这些机制在厚的试样上是否适用仍受到质疑。虽然 Jones 提出了大块试样的亚晶转动的间接证据(图 12-13)，但这一证据仍然不能令人信服。

3. 形核机制的综合比较

通过对铝、铁和铜的研究，可以作如下的大概概括：在中等形变程度时，亚晶聚合粗化机制是主要的机制；而在高形变程度及低层错能金属中，亚晶界迁动形核是主要机制；在小形变量或热加工时，SIBM 机制是主要的机制。表 12-3 综合了这三种可能的形核机制发生的条件。

表 12-3 再结晶形核机制

应变诱发晶界迁动	亚晶界迁动	亚晶聚合粗化
小应变量(高至约 40%) 热加工	大应变量 高退火温度 亚晶尺寸不均匀分布 低层错能金属和合金	中等应变量 较低退火温度 亚晶取向差分布比较分散 过渡带 高层错能金属和合金

在大多数情况下，不论是通过哪种机制形成核心，新晶粒都是源自形变基体中的亚晶，并且新晶粒的取向也继承自这些亚晶的取向。然而，也存在例外情况，特别是在某些低层错能合金中。在这些合金的回复阶段，会形成极小的孪晶，它们作为核心，通过应变诱导晶界迁移机制逐渐长大。换句话说，亚晶在生长过程中可能会产生新的孪晶取向，这种取向在原始的形变基体中并不存在。具有这种孪晶取向的新(亚)晶粒会“吞噬”形变晶粒，从而完成

再结晶过程。Haasen 等学者认为,再结晶晶粒的取向都可以从形变晶粒的取向通过多重孪晶的形成来解释。这里提到的孪晶与后文将要讨论的晶粒长大过程中产生的退火孪晶有所不同,因此被称为回复孪晶。无论是哪种孪晶的形成,其原因都可以用降低系统总的界面能来解释(详见第 12.3.8 节)。

不论哪种机制,要形成大角度晶界就必须要有取向梯度存在。不论是亚晶聚合粗化或是应变诱发晶界迁动,都需要有比较陡的取向梯度存在。取向梯度是形核的关键,如果没有取向梯度,即使有很大的形变量也不会发生再结晶。例如,锌以单系滑移获得近 200%的应变量,由于位向梯度不大,在退火过程中不会发生再结晶;又例如爆炸冲击形变金属,虽然加工硬化激烈,但位向梯度并不大,也不易再结晶。在形变过程中,晶体转动形成的形变带之间存在着显著的位向差异,而晶界附近的复杂形变也进导致了这些区域的位向梯度。实际上,再结晶的核心正是在这些具有高位向梯度的区域中形成的。这些核心的前身通常是这些区域内的某个亚晶,这解释了为什么再结晶后的晶体学位向与其形成区域的位向之间存在一定的统计相关性。此外,形变方式的不同会导致位向梯度的陡峭程度有所差异,按照压缩、轧制、拉拔、锻造以及冲击形变的顺序,位向梯度的陡峭程度依次减小,再结晶强度逐渐减弱。

回复过程中快速形成大角度晶界,就必须要求形变组织中晶粒内部存在局部取向梯度。图 12-28 示意说明取向梯度对回复后组织结构的影响。图中每 1 小格表示 1 个亚晶,它们的数字代表相对于左侧亚晶(数字为 1)的取向的大小,数字和 1 相差越大,与 1 的亚晶取向差越大。图 12-28a 的亚晶在整体上没有很大的取向梯度,这种情况在回复后虽然亚晶长大了,但并不存在大角度晶界(图 12-28b)。例如,图 12-29a 所示的经 70%冷轧低碳钢在{001}取向晶粒中取向差的分布,虽然从距原点远处有很大的取向差,但是邻近的点对点间的取向差很小,回复后难以形成大角度晶界。图 12-28c 的亚晶在整体上存在较大的取向梯度,回复后长大了的亚晶间的取向差很大,形成了大角度晶界(图 12-28d)。这种情况如图 12-29b 所示的低碳钢经 70%冷轧在{121}取向晶粒中取向差的分布,邻近的点对点间的取向差很大,回复后容易形成大角度晶界。

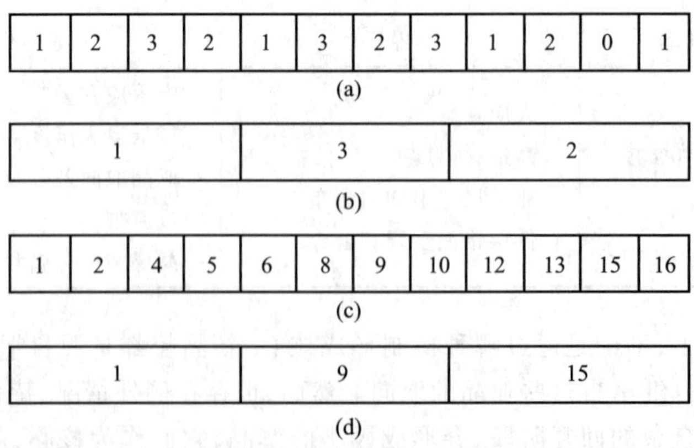

图 12-28 取向梯度对回复后组织结构的影响

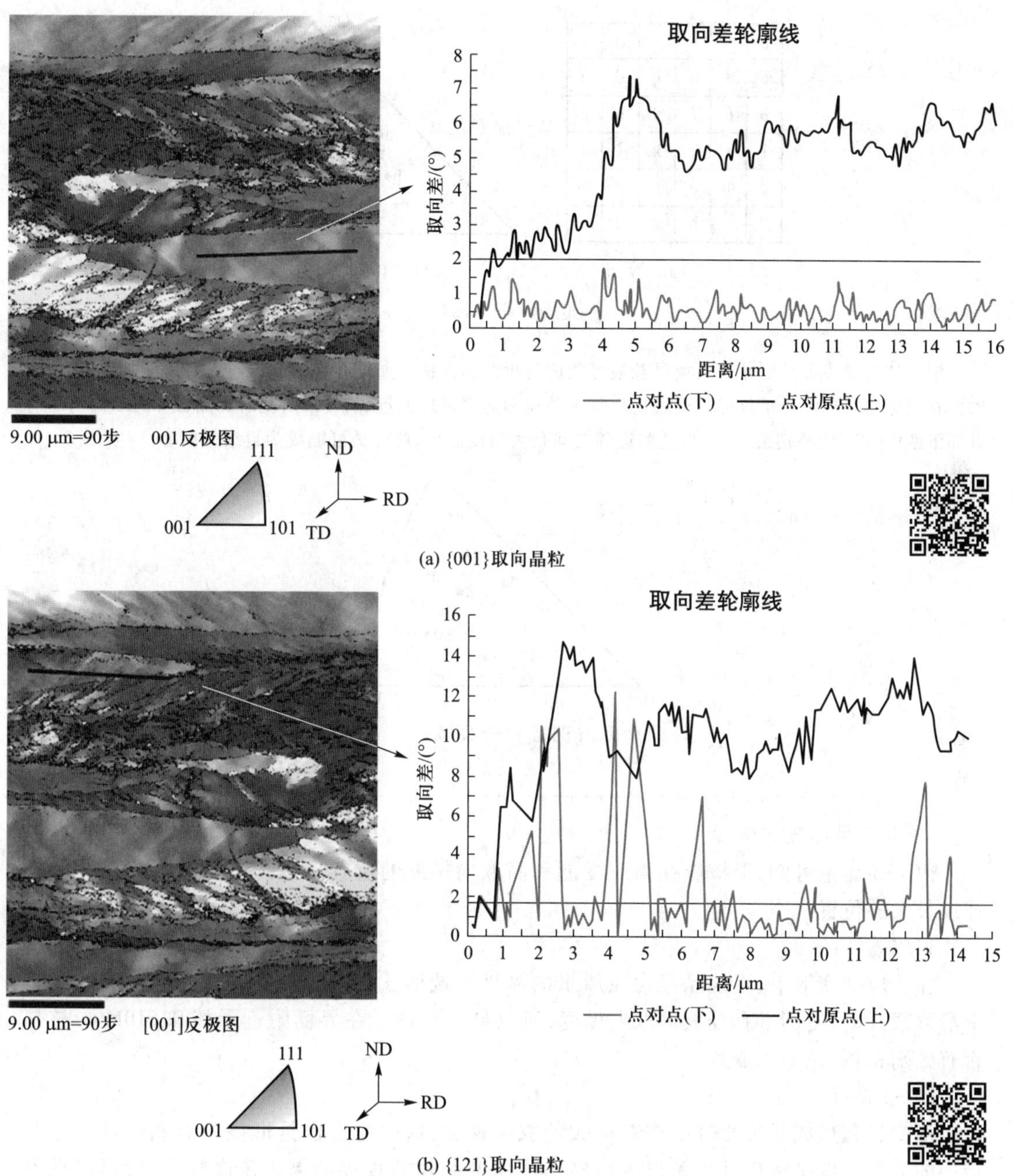

图 12-29 低碳钢经 70%冷轧在特定取向晶粒中的取向差分布

(I. Thomas、S. Zaefferer、F. Friedel、D. Raabe, 2003)

++

例题 12-5 下图所示"方形"晶粒的组合。有 16 个独立的晶粒取向(用 a ~ p 标表示),这些取向都表示在右边的极射投影三角形上。问在图上阴影的 5 个亚晶粒中,哪一个晶粒最容易成为再结晶晶核?为什么?

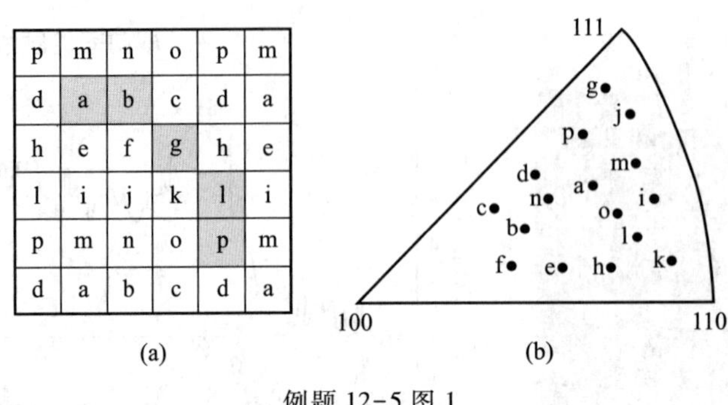

例题 12-5 图 1

解 拥有最多大角度晶界的亚晶粒最可能成为再结晶晶核。如果相邻的晶粒间有大角度晶界，它们的取向在投影三角形上相距较远。通过比较每个晶粒和与之最近的近邻，可以清楚看到晶粒 g 的取向与所有近邻下图中“○”的差别最大，它与这些近邻之间是大角度晶界，所以最可能成为再结晶核心。

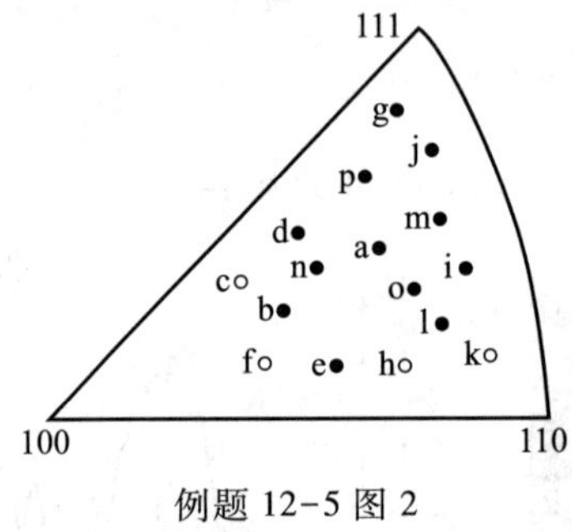

例题 12-5 图 2

++

4. 再结晶形核的位置

由上述讨论可知，形核应在高应变能和高取向梯度的位置，也就是形变不均匀、亚晶不连续长大的位置。

1）晶界

在大应变变形下，再结晶经常在原来的晶界邻域形核。因为形变时在晶界附近总是多个滑移系开动，使那里有较大的取向梯度，所以易于形核。在界面附近形核和 SIBM 形核是否有区别，目前还不太清楚。

2）过渡带

形变过程形成的过渡带中亦有很大的取向梯度，这些地方也是形核的有利位置。过渡带中的取向梯度是滑移过程及形变所经历的应变路径的直接结果。在这些区域，形核现象会引发再结晶晶粒的择优取向。因此，这种形核机制对于形成特定的再结晶织构具有重大意义。图 12-30a 是过渡带的结构示意图。在过渡带中，亚晶是伸长的，在垂直于过渡带方向的位向梯度大，平行于过渡带的方向的位向梯度小，这样，平行于过渡带的亚晶界界面能 γ_t 比垂直于形变带的亚晶界的界面能 γ_r 大。在退火时，界面相接的三叉点处（图 12-30b 中的 b 点）达到平衡应有以下关系：

$$\cos\phi = \frac{\gamma_r}{2\gamma_t} \tag{12-12}$$

如果图 12-30b 中的 b 点和 c 点能推移并连接在一起，则 abdfgh 亚晶会连续地长大。通过简单的几何运算，满足这个要求的条件是：

$$D_r > \frac{4}{3}\left[(d_r+d_t)\left(\frac{4\gamma_t^2}{\gamma_r^2}-1\right)\right]^{\frac{1}{2}} \tag{12-13}$$

式中：D_r、d_r 和 d_t 等符号的意义如图 12-30 中所示。可见，有大的取向梯度（即大的 γ_t/γ_r 值）并且足够长的亚晶会迅速长大形成再结晶核心。

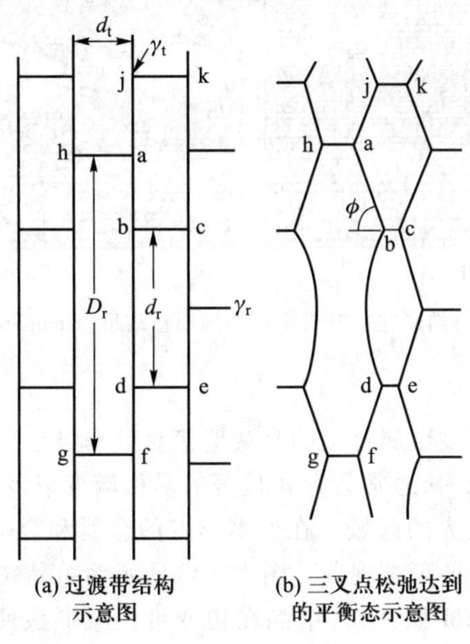

(a) 过渡带结构示意图　(b) 三叉点松弛达到的平衡态示意图

图 12-30　过渡带中亚晶的聚合粗化

图 12-31 所示为经高温热形变立方取向铝晶体在过渡带开始再结晶的示例。晶体形变不均匀，图 12-31a 显示的过渡带的 EBSD 图，其中黑色区域表示其取向与原始立方取向相差 15°，图 12-31b 所示为跨过过渡带（A-B-C）的积累取向差（Y. Huang 等，2000），跨过过渡带使得晶粒间有很大的取向梯度。退火时，在这个区域的亚晶长大速度很大，它们经过小量的长大就形成大角度晶界，即形成再结晶核心。

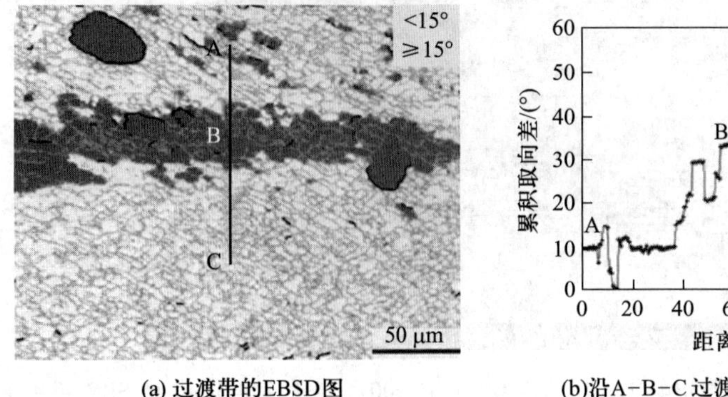

(a) 过渡带的EBSD图　(b)沿A-B-C过渡带的积累取向差

图 12-31　立方取向铝晶体在过渡带开始再结晶示例

图 12-32 为变形材料中再结晶在过渡带中形核的模拟结果。图 12-32a 描绘了过渡带内的情况，其中亚晶较小且较长；在选取的 10 个亚晶中心带上，每个亚晶都呈现出 5 度的垂直方向取向梯度。图 12-32b 则说明了“退火”后的组织状态，它与回复后的取向相似，但特点是出现了具有大角度晶界（以粗体线标示）的大而细长的晶粒。

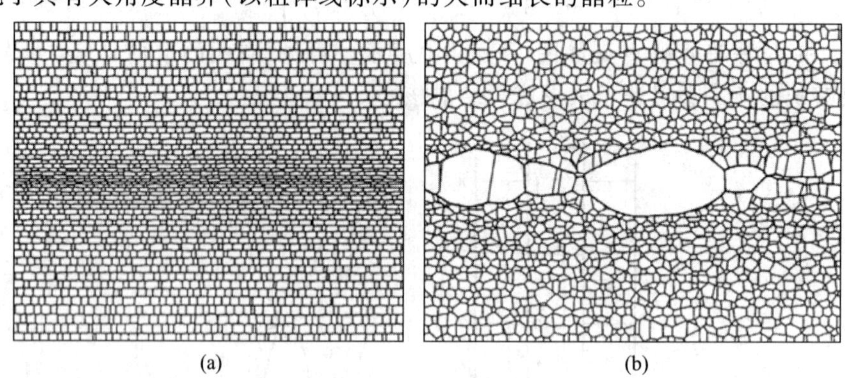

图 12-32 再结晶在过渡带中形核的模拟结果（Humphreys, 1992）

3）切变带

切变带是中和高形变程度金属合金的介观带状变形不均匀性的表现。在切变带与其周围基体材料之间的过渡区域内，通常会存在显著的晶格畸变以及极高密度的位错胞。切变带本身也是一个取向梯度极大的区域。在许多形变的金属和合金中，例如铜、铝和钢等，都观察到了再结晶在切变带中的形核现象。图 12-33 所示为粗晶粒钽经 72%压缩冷型锻后在 900 ℃退火保温 3 min 的 SEM 照片，再结晶在切变带区域形核使再结晶区域不均匀分布。在切变带中形核的细节仍不清楚，这样形成的晶粒取向在不同材料中大不相同。例如，在 α-黄铜中，晶粒取向非常漫散，而在铝中，晶粒取向则接近 S 织构取向（{123}<634>）。图 12-34 是 IF 钢再结晶在切变带形核的照片。

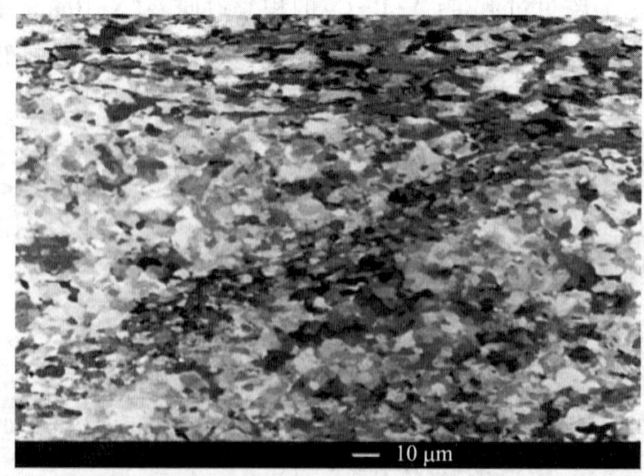

图 12-33 粗晶粒钽经 72%压缩冷型锻后在 900 ℃退火保温 3 min 的 SEM 照片

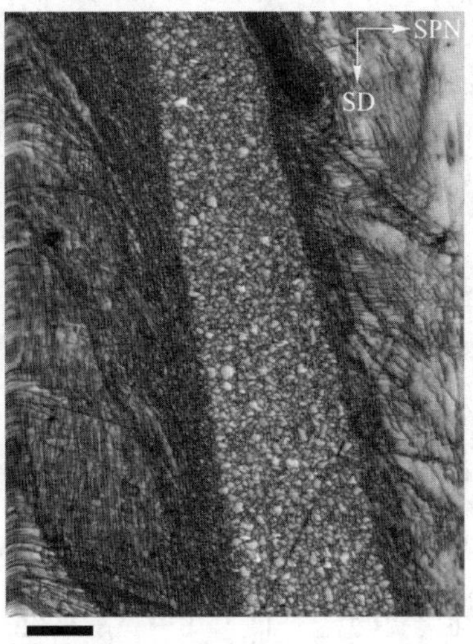

图 12-34 IF 钢再结晶在切变带形核(左图是彩色的)

4) 颗粒附近

大而硬且间距宽的第二相颗粒,由于形变时颗粒附近出现更多的不均匀形变区,特别是这些区域有很大的显微取向差(例如,2 μm 大小的颗粒附近取向差可达 45°),这就可以促发形核(颗粒触发形核,PSN)。图 12-35a 是含氧铁形变后退火在氧化物边缘激发再结晶核心形成。图 12-35b 是 HVTM 原位观察 Ni 再结晶中 SiO_2 颗粒群的 PSN(Humphreys,1980)。

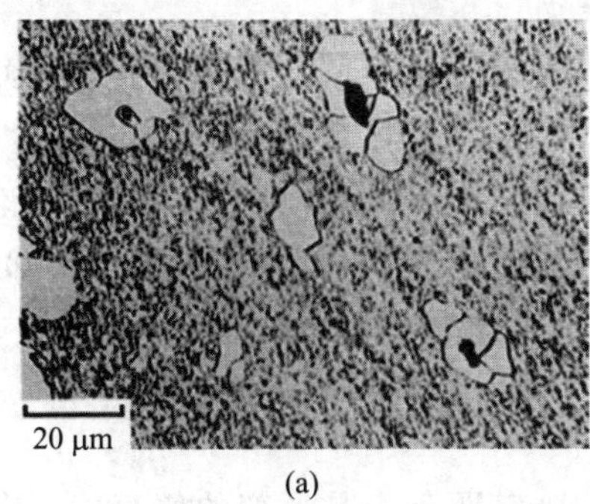

(a)

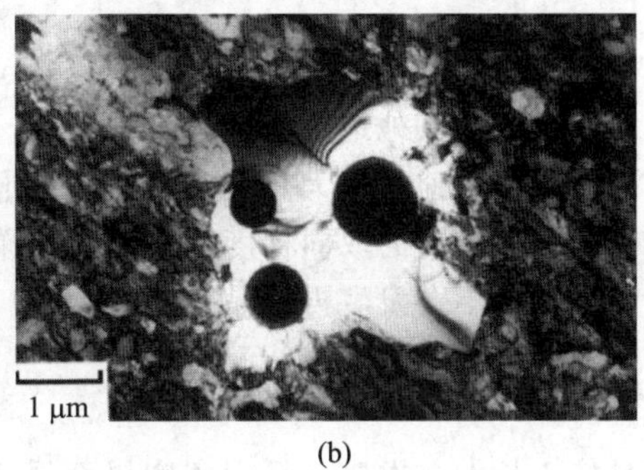

(b)

图 12-35 颗粒附近再结晶核心形成

当在颗粒边缘形成的核心(PSN)逐渐长大,直至其周围的颗粒附近高应变区域被耗尽后,核心进一步长大的主要驱动力便来自基体区域的形变储存能。然而,核心自身的曲率效应会产生一定的长大阻力[如(7-50)式所示]。只有当这一阻力小于由储存能所提供的驱动力时,核心才能继续扩展。值得注意的是,若颗粒尺寸较小,形变过程中会导致位错分布更为均匀且稳定,进而使得亚晶间的平均取向差减小,这样的条件并不利于形核,甚至可能完全阻碍形核过程。只有当颗粒尺寸超过某个与形变量相关的临界值时,形核过程才会加速。随着形变量的减小,这一临界尺寸会相应增大。在很多合金体系中,临界尺寸约为 1 μm。颗粒间距太小,在每个亚晶能发展成为有效核心之前就和颗粒相遇,这会使得形核比较困难;另外,颗粒相距太近,也会限制应变诱发晶界迁动形核机制的实现。一般认为,当颗粒间距小于形变基体中亚晶平均直径的 2 倍时,形核就会变得困难。图 12-36a 所示为轧制压下量对发生 PSN 的颗粒临界尺寸的影响,在一定的压下量(应变量)下,颗粒尺寸要超过某个临界值(临界尺寸)才可能激发形核。图 12-36b 所示为实验数据与理论预测的形核和长大的比较。

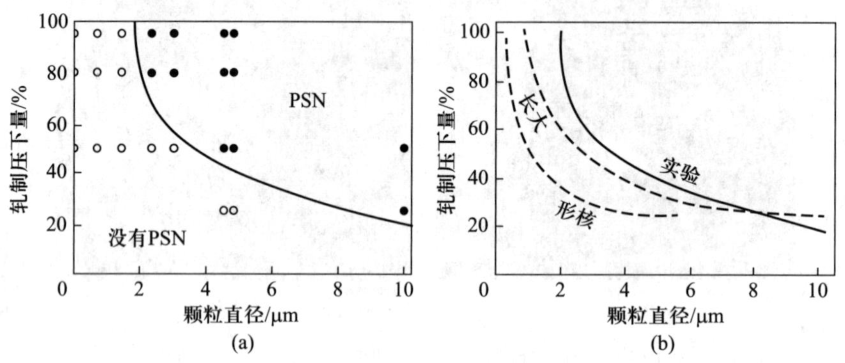

图 12-36 轧制压下量对 PSN 的颗粒临界尺寸的影响

不论再结晶形核是什么机制,可以肯定的:核心来源于形变后的具有高应变梯度的或者是已经存在的相对没有应变的小微晶,即形变后存在的位错胞结构或亚晶。虽然对这些预先存在的亚晶演变成核心具有争议,但是很清楚的是如下几点:

(1) 核心的取向是在形变结构中已存在的取向,形核或形核后(除了孪晶形核)没有形成新的取向。

(2) 没有足够的证据说明亚晶粗化对形核起重要的作用。HVEM 原位观察实验显示在核心邻域的回复要比其他地方快。

(3) 要使回复快速形成大角度晶界,就必须要有比较大的取向梯度存在。不论是什么形核机制都需有比较陡的取向梯度存在。取向梯度是形核的关键,如果没有取向梯度,即使有很大的形变量也不会发生再结晶。

12.3.3 再结晶核心的长大

再结晶核心长大在本质上是大角度界面得迁移,其驱动力是形变的储存能。在再结晶退火时,由于在再结晶的同时形变不断回复,使长大驱动力不断减小,导致晶核的长大速度逐渐变慢。

有关大角度晶界迁动的一般概念已在第 7 章已讨论过了。前面已经说过,形变储存能不大。对于大形变量金属的储存能以 20 J/mol 估算,分摊到每个原子的能量约为 3.32×10^{-23} J,即 pb^3 约为 2.07×10^{-4} eV。500 K 时,$k_B T$ 约为 0.043 eV,即 $pb^3/k_B T\approx0.004$。所以,再结晶核心长大的界面移动速度可直接用(7-56)式,即

$$v_b=\frac{b^2 D_b}{k_B T}P=MP \tag{12-14}$$

式中:

$$M=\frac{b^2 D_b}{k_B T}$$

式中：b 是原子间距；D_b 是晶界扩散系数。从上式看出，界面迁移速度和界面迁移驱动力成正比，迁移率 M 是在单位界面面积上受单位驱动力作用下的迁移速度，影响大角度界面迁移率的一般因素。

1. 温度

因为迁移率 M 与扩散系数成正比关系，所以迁移率 M 温度之间服从 Arrhenius 关系：

$$M=M_0\exp\left(-\frac{Q}{k_B T}\right) \tag{12-15}$$

对高纯金属，上式的晶界迁移激活能 Q 与晶界自扩散激活能相当。例如，高纯铝的晶界迁移激活能约为 1.05×10^{-19} J/原子（0.65 eV），晶界的自扩散激活能约为 1.089×10^{-19} J/原子（0.67eV），二者相当。但是，如果金属含有杂质原子，上面的结果是不适用的。关于杂质对晶界的拖曳作用参见第 7.2.4 节。

2. 晶界取向

在第 7 章表 7-5 已经列出一些晶界快速迁移的晶界取向，这里的约 40°<121>取向关系所对应的倾转晶界也有较高的迁移率，图 12-37 显示有这种关系的再结晶晶粒沿特定方向生长成“香烟”状。这种现象在形变金属单晶的再结晶过程中被广泛观察到，并且用于解释中、高层错能 fcc 结构金属再结晶织构得形成原因。类似地，在 bcc 结构的 Fe-3%Si 硅钢中则有满足约 27°<120>关系的再结晶晶粒快速生长的实验报道，这是铁基合金再结晶织构形成原因的一个常用的理论模型。

图 12-37 “香烟”状再结晶晶粒

经形变特别是经高形变量后的金属和合金，由于形变结构的不均匀性，各处发生再结晶的先后不同。例如图 12-38 给出冷轧粗晶单相 Al-0.05%Mn 合金退火组织 EBSD 图，可以看出已发生部分再结晶。形核前该区域有 3 个沿轧制方向形变的长条晶粒，中间晶粒具有戈斯取向{120}<001>，退火时上面和下面的形变晶粒已分别再结晶，下层再结晶晶粒尺寸约 15 mm，上层晶粒再结晶晶粒尺寸约 30 mm，有一些较大的晶粒（约 100 mm）从上、下晶粒向戈斯取向晶粒生长，而中间晶粒基本没有发生再结晶，这是由于戈斯取向晶粒形变储能低和亚晶组织均匀，再结晶形核困难的缘故。实际上不同形核地点形成的新晶粒的晶界类型不会完全相同。但如果初始晶粒比较细，再结晶过程还是比较均匀的。

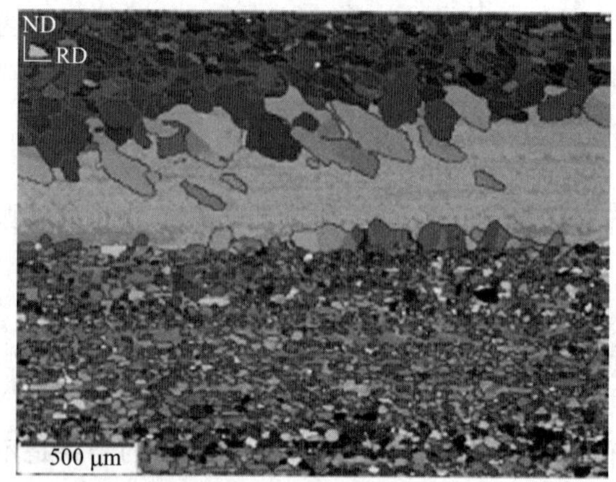

图 12-38 Al-0.05%Mn 合金退火组织 EBSD 图(Somerday 和 Humphreys，2003)

3. 基体的杂质和溶质原子

对大角度界面迁移的影响已在第 7 章进行了比较详细的论述。大多数工业用合金均包含两个或更多相,因此,深入理解两相材料的再结晶行为具有重要意义。这些第二相可能在形变前就已经存在,也可能在后续的退火过程中从过饱和的基体中析出。鉴于传统的工业合金通常含有少于 5%体积分数的第二相,我们的讨论将主要聚焦于这一情形。

如果第二相颗粒在变形前已经存在,则第二相颗粒对再结晶有三方面的影响。

(1)可能通过增加形变储存能而增加再结晶的驱动力。第二相粒子使形变后的结构复杂,使位错密度增加,故有此影响。有关含第二相颗粒材料的形变储存能的测量数据不多。图 12-39 所示为含 Al_2O_3 颗粒的铜以及纯铜的形变储存能与应变量之间的关系,这是第二相颗粒存在增加形变储存能的例子。H 线颗粒直径 $d=46$ nm,体积分数 $f_V=1.5\times10^{-2}$;L 线颗粒直径 $d=38$ nm,体积分数 $f_V=4\times10^{-3}$。

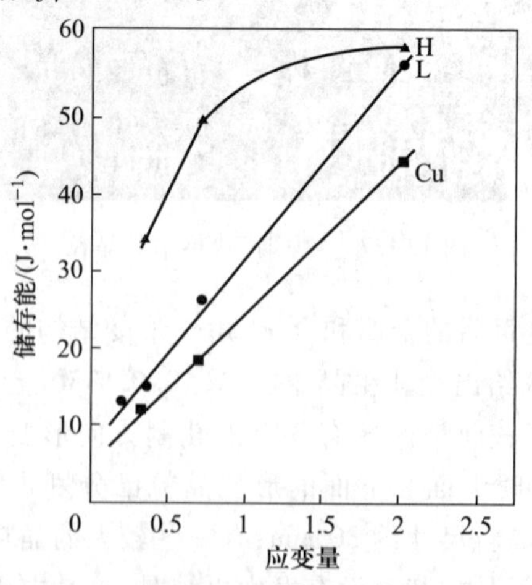

图 12-39 含 Al_2O_3 颗粒的铜以及纯铜的形变储存能与应变量之间的关系

(2) 在颗粒边缘形成的核心(PSN)长大。如前文所述,第二相粒子附近的高应变区加快核心长大，直至耗尽颗粒附近的高应变区域后，由基体的形变储存能控制长大。

(3) 弥散和稠密分布的第二相颗粒钉扎晶界，阻碍它的迁动。

除了上述影响大角度界面迁移的一般因素外，再结晶核心界面的迁动还具有一些特性。由于再结晶核心界面迁动的驱动力是形变储存能，在再结晶的同时形变基体不断进行回复，使核心长大驱动力不断减小，晶核的长大速度 v 逐渐变慢。另外，由于基体形变的不均匀，核心迁动的驱动力(储存能)的不均匀分布，使得核心长大速度难以阐述和预测。一些对 Al、Fe 和 Ti 再结晶核心界面迁动的详细测量，显示长大速度 v 随退火时间显著减小，表述为

$$v=\frac{A}{1+Bt^{r}} \tag{12-16}$$

式中：A、B 和 r 是常系数。如果时间很长，上式可简化为

$$v=Ct^{-r} \tag{12-17}$$

虽然 Vandermeer 和 Rath 对 Fe 的研究获得 $r=0.38$，但多数情况下 r 接近于 1。

12.3.4 再结晶整体动力学

再结晶动力学和相变动力学相似，再结晶的等温动力学曲线具有典型的 S 形特征，如图 12-40 所示。再结晶退火开始时有一段孕育期，然后再结晶速度逐渐增加，一直增至某一近似恒定的速度，最后速度又逐渐下降。

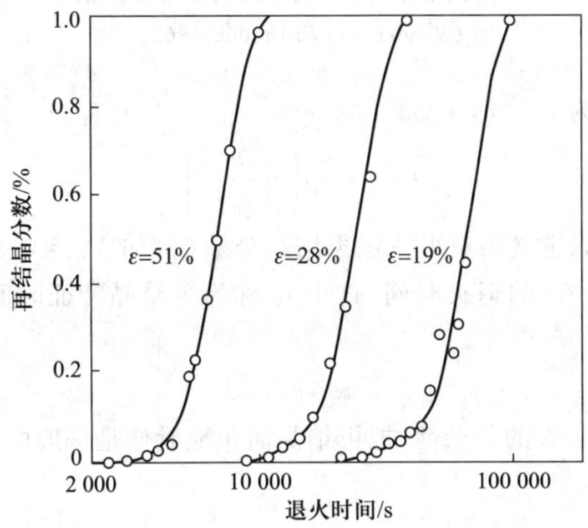

图 12-40 不同程度拉伸形变的纯铝($w_{Al}=99.97\%$)在 350 ℃退火时的再结晶动力学曲线

再结晶动力学引用形核长大型转变动力学的 JMAK 方程表述(参见第 11 章)。在实际的再结晶过程中，形变量不同可能会导致再结晶形核机制具有显著差异；长大速度取决于大角度晶界迁移率，如上所述，它受很多因素控制，并不是所有的核心的长大速度都相同。考虑再结晶的复杂性，再结晶动力学方程中还不能确切地直接用形核率和长大速度表达，一般用概括形式的 JMAK 方程描述：

$$X=1-\exp(-kt^{n}) \tag{12-18}$$

式中：X 是再结晶的体积分数；k 是包含形核率和长大速度影响的系数；n 是取决于再结晶类

型的参数。对(12-18)式两端取双对数:

$$\ln\ln\left(\frac{1}{1-X}\right)=\ln k+n\ln t \tag{12-19}$$

将 $\ln[1/(1-X)]$ 及 t 画在对数坐标图上,可得一条直线,其斜率是 n,截距是 $\ln k$。图 12-41 所示为 $x_{Cu}=0.0\,068\%$的精炼铝在 0℃经 40%形变量轧制,然后在不同温度下退火所得到的动力学曲线。根据绘制的图,测得 $n=2$。

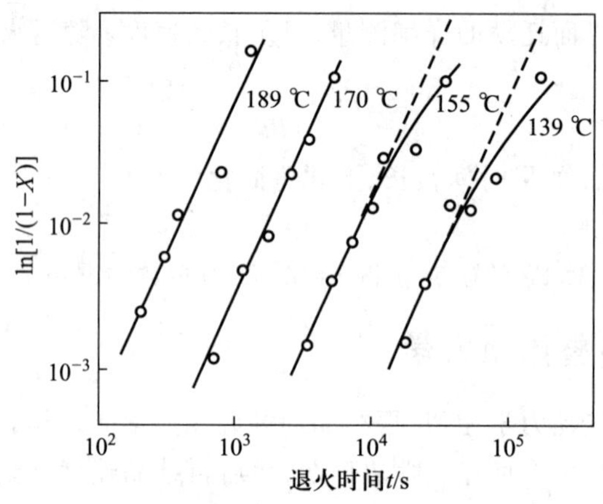

图 12-41 含铜精炼铝轧制后不同温度退火的动力学曲线
(Vandermeer 和 Gordon,1962)

(12-18)式还可以表述为

$$X=1-\exp\left\{-\left(\frac{t}{t_R}\right)^n\right\} \tag{12-20}$$

式中:n 为常系数,t_R 可以定义为获得一定再结晶分数(例如 $X_{0.5}=0.5$)的退火时间,如果 t_R 定义为 $X=(1-1/e)=0.63$ 的退火时间,这个 t_R 称为再结晶特征时间。比较(12-18)式和(12-20)式,t_R 等于

$$t_R=k^{-1/n} \tag{12-21}$$

如果忽略再结晶形核和长大的复杂性,把再结晶简单地看作是一般的"形核"和长大过程,按(11-48)式,得

$$t_R=\left(\frac{\eta}{4}Iv^3\right)^{-1/4} \tag{12-22}$$

式中:I 和 v 分别是"形核"率(单位时间在单位体积中的形核数目)和长大速度;η 是核心形状因子。为了简化问题,再结晶速率以完成再结晶一半所需时间的倒数 $1/t_{0.5}$ 来表示。

如果把经特征时间长大的尺寸 d 看作是再结晶尺寸,则再结晶的晶粒直径为

$$d\cong 2vt_R=2\left(\frac{4v}{\eta I}\right)^{1/4} \tag{12-23}$$

若把再结晶形核和长大都简单地描述为热激活过程,形核率 I 和长大速度 v 都服从 Arrhenius 关系:

$$I=I_0\exp(-Q_I/k_BT) \tag{12-24}$$

$$v=v_0\exp(-Q_v/k_BT) \tag{12-25}$$

式中：Q_I 和 Q_v 分别为形核和长大激活能，I_0 和 v_0 是与温度无关的系数。把上两式代入(12-22)式，得到

$$t_R=\left(\frac{4}{\eta I_0v_0^3}\right)^{1/4}\exp\left(\frac{Q_I+3Q_v}{4k_BT}\right)=A\exp\left(\frac{Q_R}{k_BT}\right) \tag{12-26}$$

上式中的$(Q_I+3Q_v)/4$ 即为再结晶的表观激活能 Q_R、$A=[4/(hI_0v_0^3)]^{1/4}$，$\ln t_R$ 与 $1/T$ 成直线关系，直线斜率就是再结晶表观激活能。图 12-42 所示为一些材料的 $\ln t_R$ 与退火温度倒数 $1/T$ 的线性关系，MS 代表 Cu-Zn 合金，后面的数字表示 Cu 的成分。一般来说，这样得出的激活能不易和再结晶机制联系起来，它是整体转变的表观激活能，并且往往不是常数。

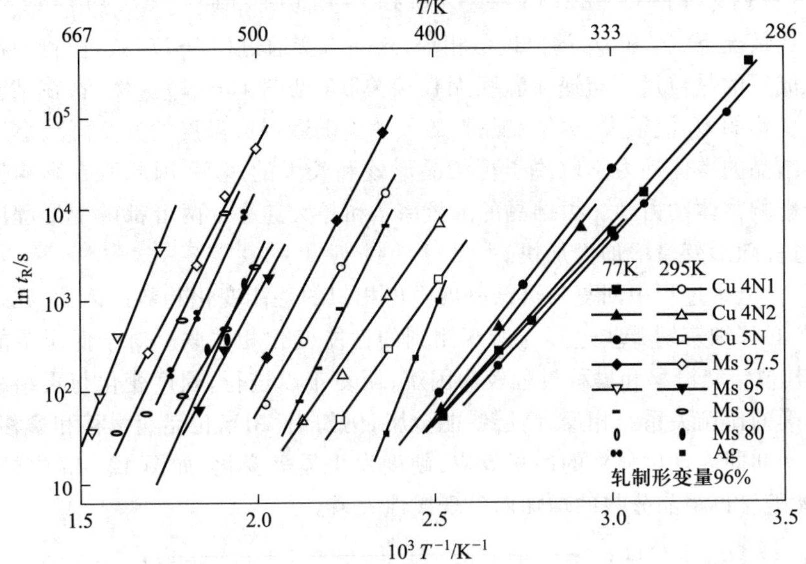

图 12-42　一些材料的 $\ln t_R$ 与 $1/T$ 的关系

(F. W. Rosenbaum, 1972)

因为再结晶温度定义为一定时间(1 h)完成再结晶的温度，从图 12-42 看到，当给定 t_R 时，合金的退火温度(再结晶温度)比纯金属的高。

把(12-24)式和(12-25)式代入(12-26)式，得到再结晶的晶粒直径 d 为

$$d\cong 2\left(\frac{4v_0}{\eta I_0}\right)^{1/4}\exp\left(\frac{Q_I-Q_v}{4k_BT}\right) \tag{12-27}$$

从上式看到，再结晶的晶粒尺寸取决于形核速率和长大速率的竞争，长大速率增加导致较大的晶粒出现，相反，长大速率不变时，形核速率增加导致小的晶粒出现。

++

例题 12-6　若再结晶 50%所需时间为 $t_{0.5}=300$ s，估计再结晶 95%所需时间 $t_{0.95}$ 为多少？再结晶特征时间 t_R 为多少？

解　设再结晶晶粒为球状，根据 JMAK 方程(11-49)式，即

$$X=1-\exp(-kt^4)$$

即
$$t=\left[-\frac{\ln(1-X)}{k}\right]^{1/4}$$

根据再结晶 50%所需时间为 $t_{0.5}=300\ \text{s}$ 求出 k 值：

$$k=-\frac{\ln(1-X)}{t^4}=-\frac{\ln(1-0.5)}{300^4}\ \text{s}^{1/4}=8.557\times10^{-11}\ \text{s}^{-1/4}$$

所以，再结晶 95%所需时间 $t_{0.95}$ 为

$$t_{0.95}=\left[-\frac{\ln(1-X)}{k}\right]^{1/4}=\left[-\frac{\ln(1-0.95)}{8.557\times10^{-11}}\right]^{1/4}\ \text{s}=432.6\ \text{s}$$

再结晶特征时间：

$$t_R=k^{-1/n}=(8.557\times10^{-11})^{-1/4}\ \text{s}=328.8\ \text{s}$$

++

在大多数情况下，Q_I 和 Q_v 的值近似相等，这一事实通过(12-27)式进行阐释，说明了为何再结晶完成后的晶粒尺寸与退火温度无直接关联(见图 12-22)。然而，在某些特定情况下，例如，形变铝的 Q_I 值很大，再结晶晶粒的尺寸会随着退火温度的升高而减小。

由于再结晶的整体动力学取决于再结晶形核和长大的速率，因此所有影响形核和长大的因素都会影响整体动力学。再结晶的形核率 I 和长大速率 v 两者都随变形程度增加而增加，再结晶过程随形变量增加而加快。

一般而言，退火过程中回复与再结晶展现出相似的性能变化趋势。因此，在探究再结晶动力学时，务必仔细辨别哪些过程与所观测到的性能变化相关联。对于低层错能金属如铜(Cu)，由于其位错交滑移和攀移过程较为困难，回复难以进行，硬度变化与再结晶体积分数之间存在明确的比例关系。相反，高层错能金属，例如铝(Al)，位错交滑移和攀移相对容易，因此在退火初期即表现出强烈的回复效应，硬度发生显著变化，如图 12-43 中的箭头所示。随后，硬度才随着再结晶分数的增加而呈现线性关系。

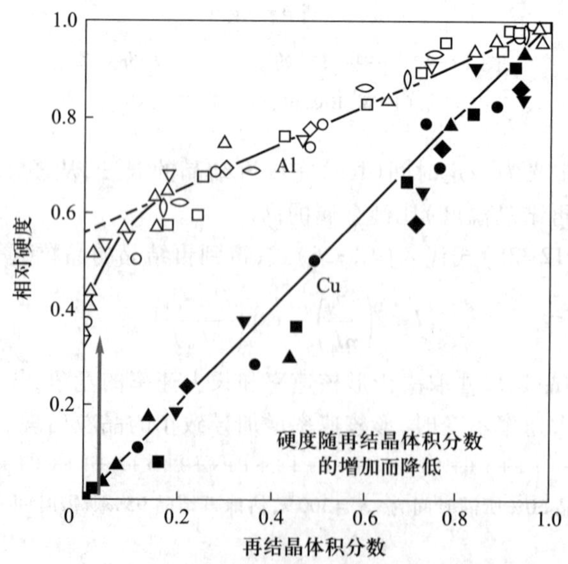

图 12-43　Cu 和 Al 相对硬度随再结晶体积分数的变化

在某些材料和特殊条件下，由于大角度晶界的移动，回复过程非常强烈，根本不会发生

再结晶。回复和再结晶可以相互竞争,因为两者都是由减少热力学不稳定的晶体缺陷(位错和晶界)的目标驱动的。然而,通常回复过程也是导致一次再结晶成核的过程;在这种情况下,回复有利于随后的再结晶。

12.3.5 影响再结晶动力学的因素

除形变量对再结晶动力学有影响外,还有其他影响再结晶动力学的因素。

1. 变形方式

单晶体的易滑移阶段变形,不会产生再结晶形核所需要的"位向梯度"(参见第12.3.2节),所以在退火时只发生回复现象而不会再结晶。压缩变形的影响不如拉伸变形的影响大,在同样的变形量下,拉伸变形比压缩变形材料的再结晶温度低,图12-44说明了这一现象。

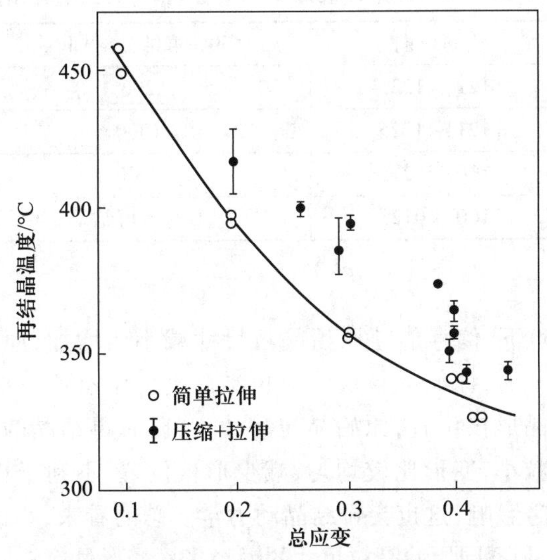

图12-44 铜经拉伸作用以及拉伸和压缩联合作用的再结晶温度与总应变的关系(Lindh 等,1993)

2. 晶粒取向

形变后晶粒的结构及储存能大小取决于开动的滑移系,即取决于晶粒的原始取向,因此晶粒的原始取向会影响再结晶的形核位置和形核驱动力。对于多晶体材料,再结晶的速度取决于变形前的织构及变形织构。对形变铁的储存能测量指出,不同轧制织构的储存能不同。例如{*hkl*}<110>轧制织构(即 bcc 结构中的 α 取向线织构,见图9-104),储存能 E 的大小的顺序是:$E_{\{110\}}>E_{\{111\}}>E_{\{211\}}>E_{\{100\}}$,可以预测这几种织构组分的再结晶形核先后顺序(时间)和形核速度如图12-45所示。这一预测被 Hutchinson 和 Ryde 的研究证实。对于 Al 合金,同样是由于不同形变织构,导致在退火时的再结晶动力学不同。另外,即使是同一种形变织构,如果原始织构不同,由于形变时形成相同的形变织构所经历的变形途径不同,使得它们的变形组织结构不同,从而导致再结晶速度亦很不同。

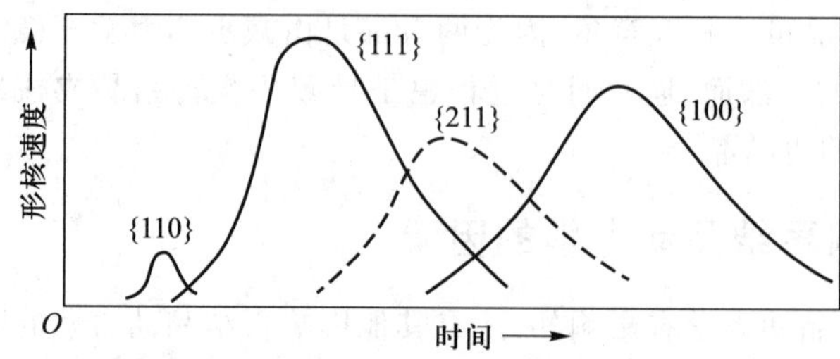

图 12-45 形变铁的再结晶形核速率与晶粒取向间关系的示意图(Hutchinson,1974)

表 12-4 给出 bcc 结构的具有不同初始取向的 Fe-3%Si 单晶冷轧形变 50%后 600 ℃退火的再结晶数据。不同取向的单晶轧制后内部形变储能不同,再结晶速度明显有差异,旋转立方取向单晶几乎不能再结晶。该表还给出初始取向、轧制织构和再结晶织构的关系,这将在后面进一步介绍。

表 12-4 Fe-3%Si 单晶冷轧形变 50%后 600℃退火的再结晶数据

初始取向	轧制取向	50%再结晶时间/s	再结晶取向
{121}<122>	{121}<122>	200	{120}<001>
{120}<001>	{121}<122>	1000	{120}<001>
{100}<001>	{100}<021>	7000	{100}<021>
{100}<012>	{100}<012>	不发生再结晶	{100}<012>

3. 原始晶粒尺寸

在低应变量($\varepsilon<0.5$)下,储存能随原始晶粒尺寸减小而增加,原始晶粒越小,有利于再结晶。但从再结晶的形核看,原始晶粒尺寸对再结晶动力学有相反的两方面影响:一方面,由于晶界是有利的再结晶形核位置,原始晶粒尺寸小,以后再结晶的形核位置多,有利于再结晶;另一方面,原始晶粒小,变形比较均匀,减少形核位置,不利于再结晶。原始晶粒尺寸不同还会对形变织构产生影响,这也会再结晶动力学。总的看来,小的原始晶粒会加速形变后的再结晶。图 12-46a 是不同原始晶粒尺寸的铜经 93%变形量冷轧后再在 225℃再结晶退火

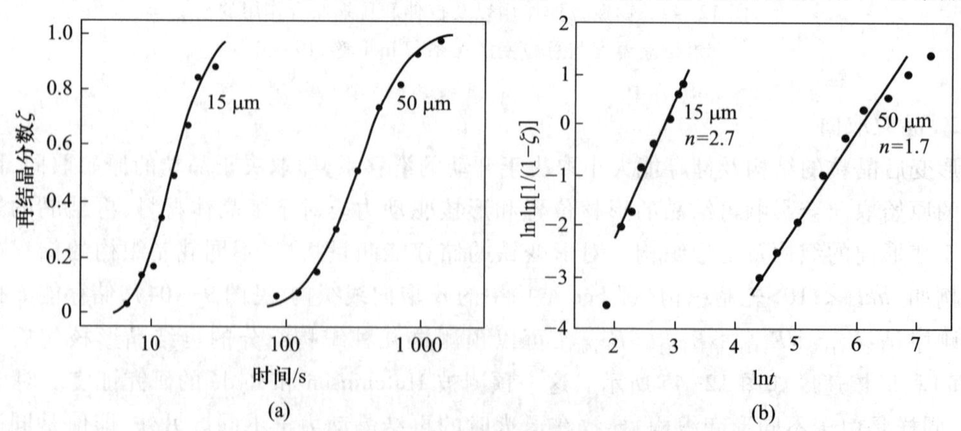

图 12-46 不同原始晶粒尺寸的铜经 93%变形量冷轧后在 225 ℃再结晶退火的动力学曲线

的动力学曲线,图中数字表示原始晶粒尺寸。细晶粒(15 μm)的再结晶速度是粗晶粒(50 μm)的 20 倍,这种影响是由于产生织构造成的。图 12-46b 是按 JMAK 方程拟合的直线(Hutchinson 等,1989),方程中的指数 n 对细晶粒(15 μm)等于 2.7,对粗晶粒(50 μm)等于 1.7。

4. 溶质原子的影响

溶质原子通常会延缓再结晶,它对再结晶的形核和长大都有影响,但主要是通过对晶界迁移率的影响而提高再结晶温度。对比几种大轧制量区域提纯和工业纯材料的再结晶温度就可以证明。表 12-5 列出了几种大轧制量的“工业纯”和“区域提纯”材料的再结晶温度,对比表中的数据就可以看出,少量的溶质原子对再结晶温度就有很大的影响。溶质原子对再结晶动力学的影响取决于溶质和溶剂的性质,有时很微量的溶质原子就能起到很大的作用。图 12-47 所示为高纯 Al 以及加入 0.01%的第二组元金属的再结晶时间与温度的关系,可以看出,溶质原子对再结晶动力学的影响很大。例如在高纯度铝中加入 0.01%的 Fe,在 150℃ 再结晶的时间大约为 10^{15} 的数量级。有报道,在纯 Al 中加入极少量的铁(约 0.004%)就使再结晶温度提高约 100 ℃。

表 12-5 纯度对再结晶温度的影响(Dimitrov 等,1978)

金属	再结晶温度/℃	
	工业纯	区域提纯
Al	200	-50
Cu	180	80
Fe	480	300
Ni	600	300
Zr	450	170

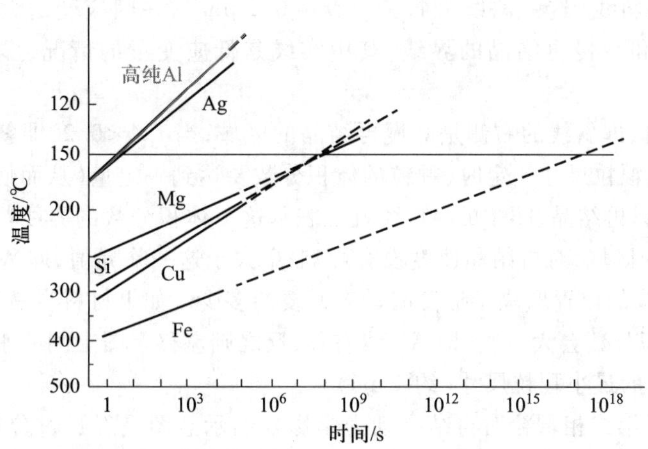

图 12-47 高纯 Al 加入第二组元金属的再结晶时间与温度的关系(K. Detert 和 K. Lucke, 1956)

5. 形变温度和形变速率

如果在能发生位错攀移等热激活过程的温度下变形,在变形过程中会发生动态回复。

形变温度越高,形变速率越慢,这些热激活过程进行得越完全,使得变形后的储存能减少,从而延缓了再结晶。

很多资料发现,有一些形变材料在再结晶后期的动力学偏离理想的 JMAK 直线,图 12-40 中低温退火后期实验数据偏离直线就是这种情况的例子。其原因可能有三种。(1) 回复和再结晶互相竞争,回复阶段释放的储存能越多,再结晶驱动力越低,会延缓再结晶的进行。在再结晶的同时,在尚未再结晶的基体上继续进行回复,这就会不断减少供给再结晶的驱动力,结果减慢了新晶粒的长大速率,导致再结晶过程延缓,其动力学关系偏离 Avrami 方程。这种现象越是低温越显著。(2) 杂质对回复和再结晶过程的激活能的影响不同,由于杂质显著延缓再结晶晶粒的长大,它往往使再结晶激活能的增加大于回复激活能的增加,从而使再结晶减慢更甚,由此也会使再结晶动力学关系偏离 Avrami 方程,这种影响在低温时更显著。(3) 形变组织的不均匀的分布会导致储存能以及再结晶形核位置的随机性。再结晶过程最初在高储存能的区域启动并扩展,随着这些高能量区域的逐渐消耗或完全消失,后续的再结晶过程转而在储存能较低的区域进行,此时其长大的驱动力相应减弱。因此,随着退火时间的增加,再结晶驱动力逐渐减小,这就是该现象的主要原因。

6. 第二相粒子

第 12.3.3 节介绍了第二相粒子对再结晶形核和核心长大的三种影响,前两种可以加速再结晶,后一种阻碍再结晶。第二相粒子的哪一种影响起主要作用取决于第二相颗粒的本质(是硬的还是可变形的)、第二相颗粒尺寸 r、颗粒的间距 λ 和第二相的体积分数 f_V。r、λ 和 f_V 之间是相关的,如果颗粒是球状的,并且均匀分布,则它们间有如下关系:

$$\lambda = r\left(\frac{4\pi}{3f_V}\right)^{1/3} \tag{12-28}$$

图 12-48 是第二相颗粒的尺寸、体积分数(颗粒间距)以及形变量对再结晶动力学影响的示意图。图中的斜线(这一斜线大致为 $f_V/r = 0.2\ \mu m^{-1}$,并因应变的大小不同而有所不同)是加速再结晶和减慢再结晶的界线,其中实线是低应变量的情况,虚线是高应变量的情况。

当 $f_V/r>0.2$ 时,即斜线的右侧是减慢再结晶的区域;当 $f_V/r<0.2$,即斜线的左侧是加速再结晶的区域。当颗粒尺寸一定时,颗粒的体积分数要达到一定量(从而使颗粒间距小于某一临界值)才会加速再结晶,图中的 AB 线就是表示这一体积分数的界线。f_V 小于这一临界值,即 AB 线左面的区域,对再结晶速度没有影响;f_V 大于这一临界值,即 AB 线右面的区域,加速再结晶。AB 线的位置取决于形变时动态回复的多少。如果材料容易发生动态回复(例如 Al),则临界体积分数会大一些,即 AB 线右移;反之则左移。图上侧的水平线是表示颗粒能促发再结晶形核的最小颗粒尺寸(约 1 μm)。

图 12-48 关于第二相颗粒对再结晶动力学影响的示意图是经过过分简化之后的,其他的影响因素并没有考虑在内。如果第二相颗粒是共格的,一般来说,这些颗粒的尺寸和间距都比非共格第二相颗粒小,它们总是钉扎晶界的。由于界面共格,在形变时位错可以由基体直接穿过第二相颗粒,所以,在第二相颗粒附近不会出现很大的位向梯度。另外,这种细小弥散的共格颗粒使形变时不易形成明显的位错胞状结构,使多边形化困难。所有这些都使共格颗粒不会加速形核。结果,共格的第二相颗粒的存在总是延缓再结晶的。

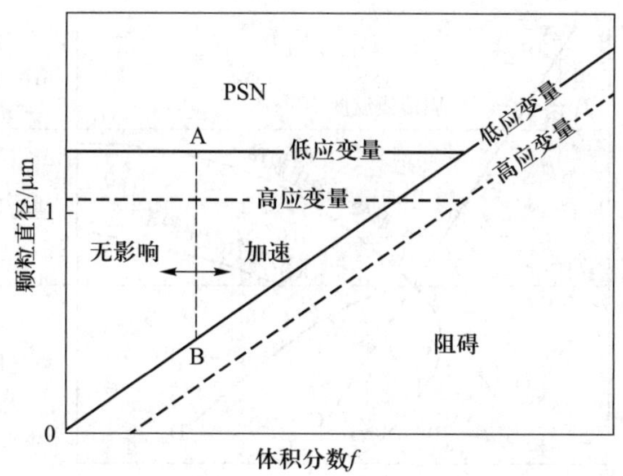

图 12-48 第二相颗粒直径、体积分数以及形变量对再结晶动力学影响的示意图

小气泡或孔洞亦有钉扎晶界的作用。例如,掺杂少量的钾、铝和硅等氧化物的钨丝,在烧结过程中氧化物大部分挥发掉而剩余一系列孔洞,加工时它们沿加工方向伸长,退火时分裂为成串平行于丝轴的小孔洞,阻止晶粒在垂直于轴的方向生长,形成沿轴向伸长的相互闭锁的晶粒。这样的组织会提高钨丝的蠕变强度。

12.3.6 脱溶与再结晶交互作用

过饱和固溶体在形变和退火过程中,再结晶过程和脱溶过程同时发生,情况非常复杂。脱溶和再结晶两个过程互相竞争,相互影响,再结晶程度取决于二者瞬时的平衡。形变引入的点阵缺陷促进脱溶和再结晶的形核过程,脱溶析出的第二相粒子反过来又会影响再结晶形核并钉扎晶界从而延缓再结晶。显然,它们之间的交互作用对温度是非常敏感的。

图 12-49 示意性地总结了过饱和固溶体形变后再结晶和脱溶之间的关系。其中 T_1 是合金的固溶线温度,在此温度以上不会发生脱溶。AC 线是未脱溶时的在各温度下的再结晶开始时间,BD 曲线是发生了脱溶过程的再结晶开始时间。可以看到,脱溶颗粒的存在延缓了再结晶过程。两条点线分别表示形变前、后金属的脱溶恒温动力学曲线,由于形变可以加速脱溶,所以经形变的合金的恒温动力学曲线在时间上比较靠前。真实的再结晶行为按温度可以分为三种情况:情况Ⅰ,$T>T_1$ 时,这时没有脱溶发生,再结晶行为与固溶体的一样;情况Ⅱ,$T_1>T>T_2$ 时,在发生足以影响再结晶的脱溶之前就开始再结晶,开始的再结晶不受脱溶的影响,但随后的脱溶颗粒会阻碍甚至完全抑制再结晶;情况Ⅲ,$T<T_2$ 时,在再结晶前已发生脱溶,颗粒控制回复速度,最终延缓再结晶。第Ⅲ种情况的再结晶量主要取决于退火温度,而几乎与退火时间无关。当退火温度稍高于 T_2 时,只发生少量再结晶;退火温度直至高达 T_1 才可能在脱溶前完全再结晶。在退火时,再结晶优先在脱溶缓慢并且形变储存能高或是高迁移率晶界处发生。图 12-50 所示图为 Al-0.12%Sc 合金在情况Ⅱ区域退火的 EBSD 图,图中显示很宽阔的 SIBM 界面,其中包括高迁移率取向 ~40°/<111>的界面,粗黑线表示大角度晶界。由于再结晶出现区域的选择性,在没有完全再结晶时,组织是极不均匀的。图下侧靠近立方取向的晶粒向上长入戈斯形变织构{100}<001>的晶粒。迁移拱起的晶界后面有亚晶界拖曳。

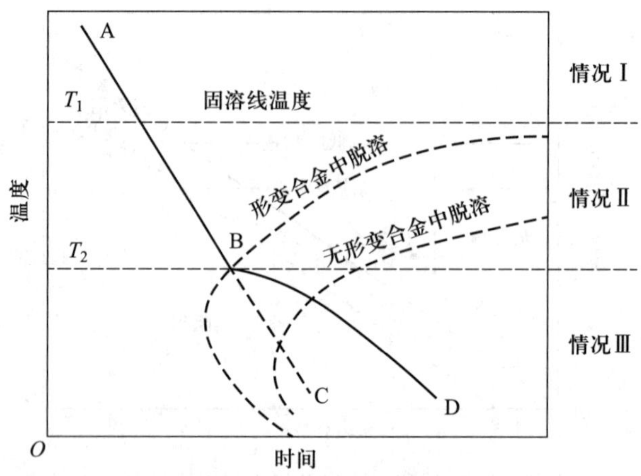

图 12-49 过饱和固溶体形变后再结晶和脱溶的关系

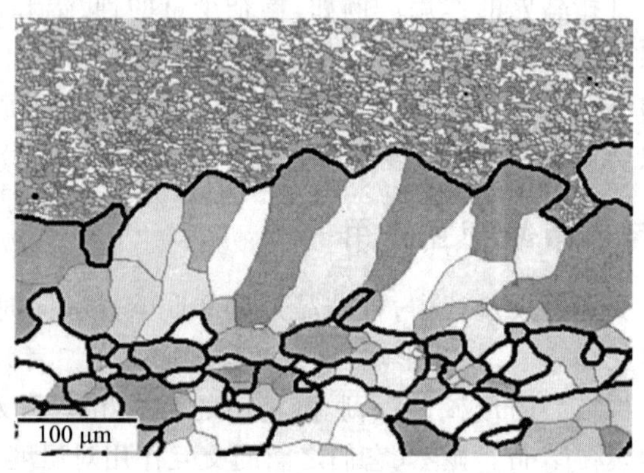

图 12-50 Al-0.12%Sc 合金在情况 Ⅱ 区域退火的 EBSD 图

12.3.7 再结晶完成后晶粒的长大

再结晶完成以后,虽然形变储存能已完全释放,但材料仍未达到最稳定状态。因为组织中含有晶界,为了减少总的界面能,晶粒仍有长大的趋势。晶粒长大的驱动力是总界面能的减少,这部分能量很低,例如晶粒直径由 10 μm 增加 10 倍,即增加到约为 100 μm,释放的能量约为 1 J/mol,大约相当于再结晶时释放能量的 1/100。晶粒的长大过程分为两类:正常晶粒长大(也称为连续晶粒长大)和异常晶粒长大(或称不连续晶粒长大),其中后者还被特别称为二次再结晶。在常规语境下,为了与二次再结晶这一术语相区分,往往将之前讨论过的再结晶过程称为一次再结晶。鉴于所谓的二次再结晶并不包含"形核"的步骤,而仅仅是某些晶粒的迅速扩展,因此将二次再结晶称为不连续晶粒粗化或不连续晶粒长大,是更为贴切的描述。

晶粒正常长大的特点是长大速度比较均匀,在长大过程中,晶粒的尺寸分布和形状分布几乎不变。作为一级近似看,晶粒长大前后的组织就像一张照片未经放大和经放大后的情况一样。晶粒的异常长大是指组织中少数晶粒通过并吞周围基体中的较小晶粒来实现自身增长,这一过程导致晶粒尺寸分布出现双峰现象。随着这些少数大晶粒逐渐吞并所有较小的晶粒,它们最终占据主导地位,并在此基础上重新启动正常的晶粒长大过程。图 12-51 直观地展示了晶粒正常长大与异常长大的过程,以及伴随这些过程发生的晶粒尺寸 d 分布的变化。

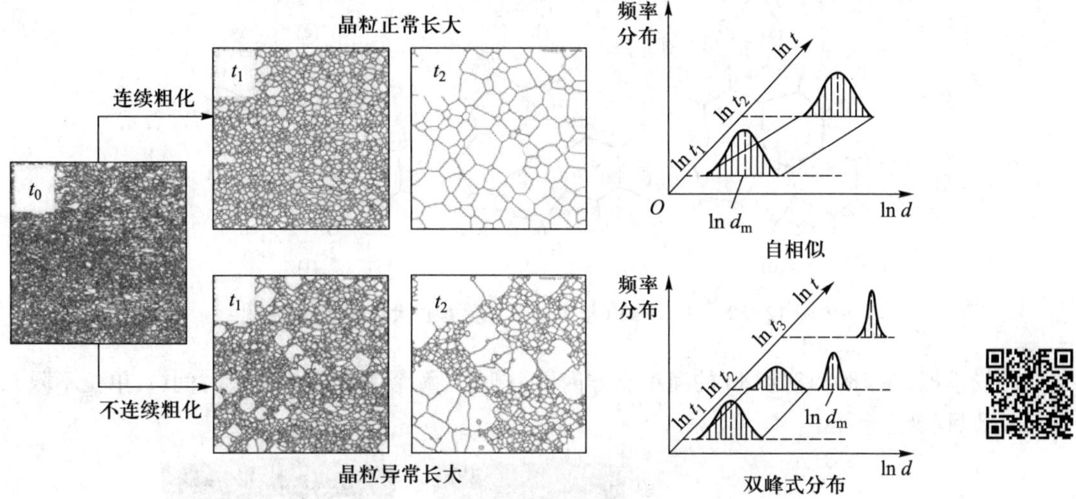

图 12-51 晶粒正常长大与晶粒异常长大以及对应的晶粒尺寸 d 分布的变化($t_2>t_1$)

1. 晶粒正常长大

第 7 章 7.5 节讨论过单相多晶体平衡形貌的拓扑关系,并且讨论过,对于二维晶粒结构,只有正六面体排列才能填满空间并且满足界面张力平衡条件。如果是其他形式的排列,必然导致晶粒长大。C. Smith 在 20 世纪 50 年代基于拓扑学理论给出了亚稳组织晶界分布特点,随后,M. Hillert 基于这种理论给出了二维晶粒长大的过程。图 12-52a 所示的二维多晶体中有一个五边形晶粒,为了保持每个晶粒平均有六个边,会出现一个七边形晶粒(图 12-52a 中带+号的晶粒)。平衡时,在三棱结点上各边之间应维持 120°。这样,五边形和七边形接触的边必须弯曲。根据第 7.5 节可知,凡是少于六个边的多边形晶粒与正常晶粒接触的边其曲率中心在自身晶粒的一侧。由于弯曲晶界两侧的压力差,使晶界向曲率中心方向移动。在上述二维多晶体的情况中,五边形晶粒收缩,最终收缩形成四棱结点(图 12-52b)。四棱结点是不稳定的,它分解成两个三棱结点,形成四边形晶粒(图 12-52c)。这个四边形晶粒有两个边与七边形晶粒接触,按上述的方式,四边形晶粒亦会收缩,变成三边形晶粒(图 12-52d)。最后三边形晶粒完全消失,留下一个新的五边形晶粒以及和它相邻的七边形晶粒(图 12-52f)。这些过程不断重复,晶粒数目不断减少,则晶粒不断长大。由此可见,正常晶粒长大是局部表面张力平衡的拓扑学和几何学所要求的互相作用的结果。

对于三维多晶体晶粒的长大,晶粒既要填满空间又要在晶粒角隅上使晶界张力保持平衡,晶粒的形状大体是 α-十四面体和β-十四面体(参见图 7-102)。这样形状的晶粒,它的晶界面和晶棱都需要适当弯曲,导致弯曲的界面一定会移动。因此,三维晶粒结构的晶粒长大是不可避免的。晶粒长大的三维演化模拟表明,在晶粒生长过程中,晶面数小于平均晶粒面数 14 的晶粒发生收缩,具有更多晶面的晶粒会变得更大。图 12-53 是对三维晶粒长大的微观结构演

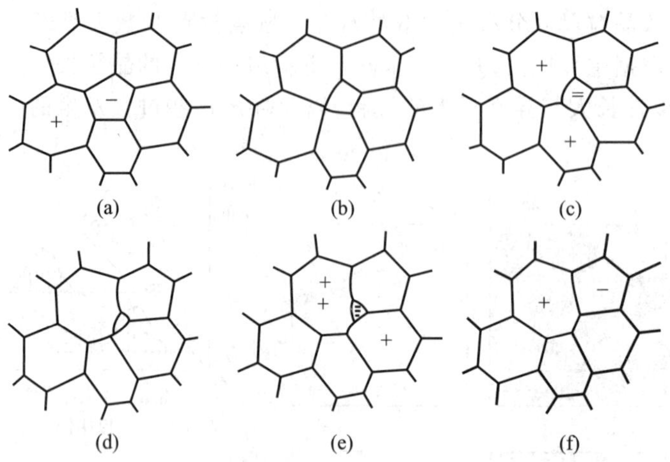

图 12-52 M. Hillert 给出的二维晶粒长大过程示意图

化的相场模拟,在 180×180×180 的简单立方网格上执行,每个图下面标出了时间(t,单位不限)和晶粒数目(N)。

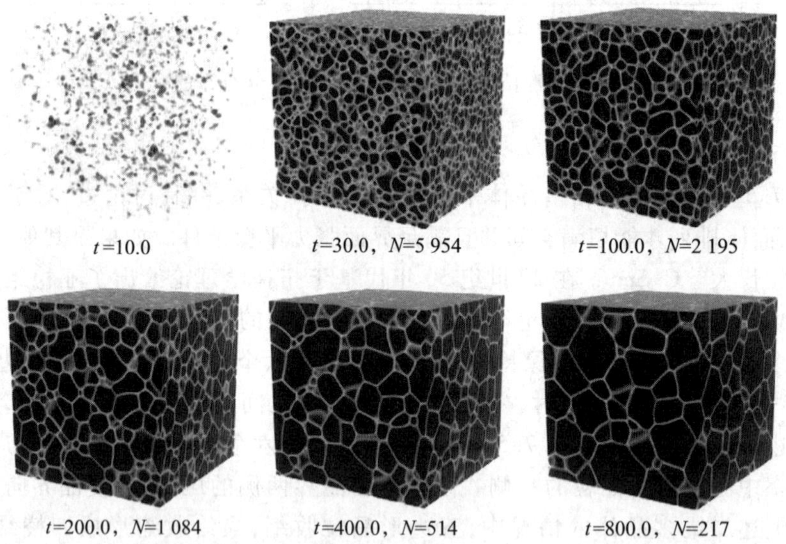

图 12-53 对三维晶粒长大的微观结构演化的相场模拟(Krill 和 Chen, 2002)

2. 正常晶粒长大动力学

晶界移动速率 v 和晶界移动的驱动压力 p 有如下关系:

$$v = Mp$$

正常晶粒长大的驱动压力 p 是由界面曲率引起的,假设晶粒是球状的,$p=\gamma_b/d$[参见(7-50)式],其中 γ_b 是界面能,d 是晶粒直径。p 是很小的,所以可以直接使用(7-56)式,并把驱动压力代入,得到

$$v=\frac{b^2 D_b}{k_B T}P=\frac{b^2 D_b \gamma_b}{k_B T d} \tag{12-29}$$

式中:b 是原子间距(伯氏矢量);D_b 是晶界的扩散系数。恒温下,上式可以简化写为

$$\frac{\mathrm{d}d}{\mathrm{d}t}=\frac{c_1}{d} \tag{12-30}$$

式中:

$$c_1=\frac{b^2 D_b \gamma_b}{k_B T}$$

对上式积分得到

$$\overline{d}^2-\overline{d}_0^2=2c_1 t=c_2 t \tag{12-31}$$

这个关系称为贝克(Beck)生长动力学关系。在极端情况,即 $\overline{d}^2 \gg \overline{d}_0^2$ 时,上式可写成

$$\overline{d}^2=c_2 t \tag{12-32}$$

(12-31)式和(12-32)式可写成更一般的形式

$$\overline{d}^n-\overline{d}_0^n=c_2 t \tag{12-33}$$

$$\overline{d}=c_2 t^{1/n} \tag{12-34}$$

式中:常数 n 称晶粒长大常数,根据上面的理论分析,$n=2$。一些如 Al、Fe、Pb 和 Sn 等的区域提纯金属(杂质仅百万分之几),n 值在 2~4,平均为 2.4±0.4;大多数陶瓷材料,n 值在 1~4 之间,例如 ZnO、MgO、CdO 和 UO_2 等陶瓷材料,n 值约为 3。实测的 n 值与理论 n 值(=2)的偏离可能有如下两方面原因引起的。(1) 导出晶粒长大的理论公式假设晶界迁移率是常数,即晶界移动速率与驱动压力成正比。但因极微小的杂质原子对晶界就有很大的拖曳作用,因此,除非在非常低或非常高的晶界移动速度下,否则晶界迁移率是随晶界移动速度变化的(参见第 7 章)。即使是非常纯的金属,在高温时晶界的结构和晶界的迁移率也会改变。(2) Grey 和 Higgins 根据经验分析提出将晶粒长大速度的(12-14)式改写为 $v=M(P-C)$,其中 C 是材料常数,晶粒长大驱动压力随着晶粒平均尺寸加大而减小,当 P 降低到 C 值时则停止长大。这可能是因为在固溶体中存在不易扩散的溶质原子的团簇,它像第二相颗粒一样对晶界起钉扎作用。

Beck 方程假设晶粒取向各向同性的、晶界能是常数,方程只给出晶粒尺寸与时间的关系,c 为常数,看不到与组织特征参数的关系(变量隐含在 c 中)。从再结晶过程的核心长大的介绍就知道,实际形变组织中不同取向的形变晶粒中再结晶晶粒尺寸、形核时间和长大速度都是不同的,这导致再结晶后存在不同的微区晶粒取向分布,对应晶粒尺寸不同,取向不同,取向差不同,晶界迁移率不是常数,理想的各向同性(即取向随机分布的晶粒)和晶界能是常数的材料是不存在的,因此后来又出现了更具体表征长大的定量关系,如基于统计理论的 Hillert 晶粒长大方程,$\mathrm{d}R/\mathrm{d}t=M\gamma(N/6-1)/R$,即晶粒长大速度 $\mathrm{d}R/\mathrm{d}t$ 与晶界迁移率 M、晶界能 γ、晶粒的边数 N 和晶粒尺寸 R 有关。不同位置的情况不同,有不同的长大速度,六条直边的晶粒将不长大。还有基于拓扑关系的 von Neumann-Mullins 方程,$\mathrm{d}A/\mathrm{d}t=M\gamma\pi(N-6)/3$,即晶粒表面积随时间的变化率 $\mathrm{d}A/\mathrm{d}t$ 与晶界迁移率 M、界面能 γ 和晶粒边数 N 影响。在计算机的帮助下,可以方便得出各参数相对变化对晶粒长大的影响规律。目前已有较多的晶粒长大定量规律的理论计算和实测工作,这里不再展开介绍。

完成一次再结晶后,晶粒尺寸分布的宽度(即晶粒尺寸的离散程度)取决于先前的形变

程度，并且这种分布特征在后续晶粒正常生长过程中得以保持。具体而言，形变程度越大，再结晶后的晶粒尺寸均匀性越高，即尺寸分布的宽度越窄。相反，晶粒尺寸分布越不均匀，意味着存在较多晶面面积较小的晶粒，这些晶粒更容易发生收缩，从而加速了晶粒长大的过程。因此，晶粒长大的动力学不仅直接关联于一次再结晶后的晶粒尺寸均匀度，还与原先的形变程度有关。

3. 纳米晶材料晶粒长大动力学

在纳米材料中广泛观察到晶粒长大常数 n 偏离理论分析的 $n=2$。例如，在纳米 Cu 中，通过将晶粒长大数据拟合确定 n 为 2、3 和 4；在纳米 Fe 中，获得的 n 从 663 K 时的大约为 12 变化到 783 K 时的大约为 3。这种变化表明 n 的值不能反映纳米级晶粒长大的物理机制。在纯纳米金属中观察到的 n 与 2 的偏差可能是由于纳米级晶粒的尺寸效应和制备合成过程中涉及的潜在杂质引起 M 和 γ 的变化引起的。传统的粗晶粒长大动力学的驱动机制是曲率驱动机制，没有考虑纳米系统的尺寸效应。纳米材料含有大量的晶界和三重结，它们含有多余的自由体积。在晶粒长大的过程中，释放的多余自由体积主要以非平衡空位的形式被晶粒内部容纳。在这些非平衡空位能够扩散至晶界并湮灭之前，它们的浓度增加会导致系统吉布斯自由能的提升，这一效应抵消了因晶粒粗化而减少的自由能，相当于增加了晶粒生长过程中的热力学阻力。对于粗晶粒材料而言，这种影响相对较小；然而，在含有大量晶界体积的纳米材料中，这种热力学阻力则不容忽视。

多晶材料中三叉结点和四重结点在晶粒长大过程中与晶界一起迁动。三重结点的迁移率很低，但由于纳米材料三重结的高体积分数，三重结点的低迁移率在晶粒长大动力学中起着重要作用。随着晶粒长大，这些三重结点和四重结点数量减小，晶粒长大阻力会急剧减小。图 12-54 是 Gottstein 等学者给出的纳米晶 Pd 室温下晶粒生长的实验数据和一些理论计算数据。

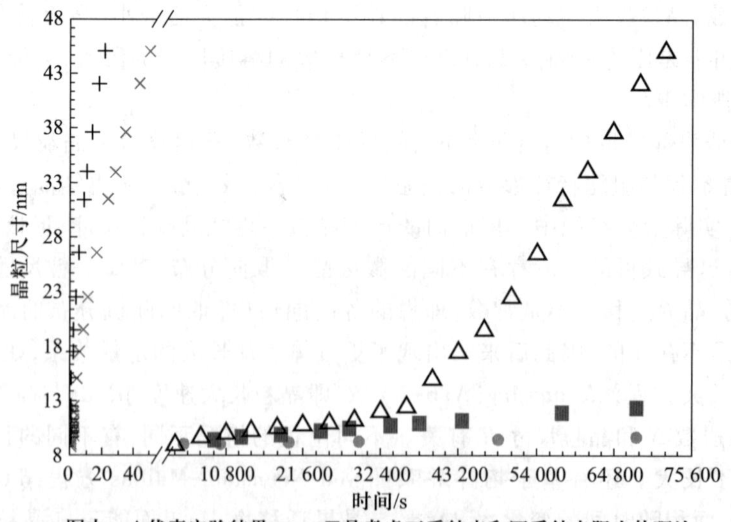

图 12-54 纳米晶 Pd 室温下晶粒长大的数据（Gottstein 等，2010）

++

例题 12-7 一高纯金属在 T 温度退火，开始时的平均晶粒直径 $\overline{d}_0=50\ \mu m$，保温 30 s 后 $\overline{d}_1=100\ \mu m$。问这种金属在 T 温度再保温 30 s 后晶粒尺寸多大？

解 对高纯金属，退火时晶粒大小与退火时间可用(12-31)式计算，并且 $n=2$。根据题意，有

$$(100^2-50^2)\ \mu m^2/s=30\ c_2$$

解得

$$c_2=250\ \mu m^2/s$$

再保温 30 s 后的晶粒尺寸为

$$\overline{D}^2=\overline{d}_1^2+c_2t=(100^2+250\times30)\ \mu m^2=17\ 500\ \mu m^2$$

故 $\overline{D}$ 等于 132.3 μm。

++

4. 第二相颗粒对晶粒长大的影响

弥散的第二相颗粒对晶界移动有钉扎作用，它对控制材料中晶粒尺寸有很重要作用。下面看晶界穿过一个第二相颗粒发生的情况。晶界开始穿过颗粒时，晶界面积减小，即减少了总的界面能量，这时颗粒帮助晶界前进；但当晶界到达颗粒的最大截面处后，晶界继续移动又会重新增加晶界面积，总的界面能量会增加，这时颗粒对晶界移动产生拖曳力，即起钉扎作用。Zener 最早讨论第二相颗粒对晶界移动阻碍作用的机制，故把这种钉扎作用称之为 Zener 钉扎。

Zener 假设：① 第二相颗粒的是尺寸相同的球；② 颗粒是随机地均匀分布的；③ 以晶粒的半径来表达晶粒界的曲率半径 r。晶界从颗粒中心位置继续移动时，晶界的面积随晶界距颗粒中心距离 x 而改变，晶界面积增加相当于界面截过的颗粒面积减小。截过颗粒的面积为$\pi(r^2-x^2)$，如图 12-55 所示。所以，晶界面积随 x 的增加率为

$$-\frac{d\pi(r^2-x^2)}{dx}=2\pi x \tag{12-35}$$

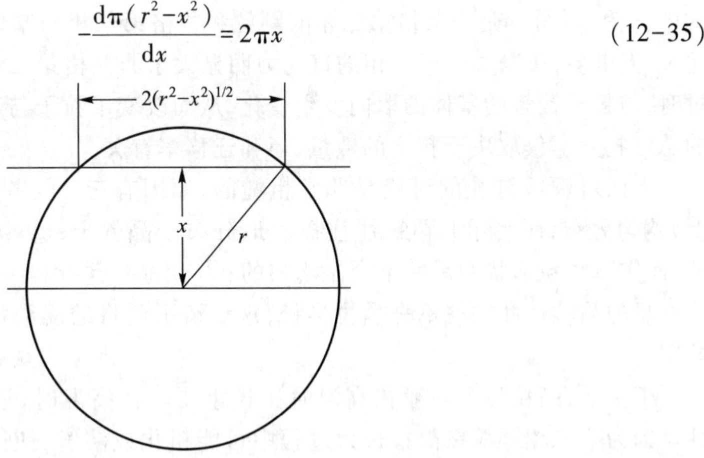

图 12-55 球形颗粒不同位置晶界面积的改变

显然，在 $x=r$ 处增加率最大，等于 $2\pi r$。所以，晶界移动时单个第二相颗粒使晶界能的最大增加率为 $P_r=2\pi r\gamma_b$（γ_b 为界面能），它就是颗粒对界面移动的钉扎力。还可以有多种不同的方法导出这个钉扎力，它们所得的结果都是相同的。若单位面积晶界上有 N_A 个第二相颗粒，则第二相颗粒对单位面积晶界移动的拖曳力 P_z 为

$$P_z = 2\pi r \gamma_b N_A \tag{12-36}$$

根据体视学原理可知,如果颗粒均匀随机分布,则单位体积中颗粒的数目 N_V 与单位面积随机截面截过颗粒数目 N_A 有如下关系:

$$N_A = 2N_V r \tag{12-37}$$

设 f 为第二相的体积分数,因每一个颗粒体积为$(4\pi r^3)/3$,那么 N_V 为

$$N_V = \frac{3f}{4\pi r^3} \tag{12-38}$$

把(12-37)式和(12-38)式代入(12-36)式,得到第二相颗粒尺寸(半径 r)和体积分数 f 的最大拖曳力为

$$P_z^* = \frac{3f\gamma_b}{r} \tag{12-39}$$

晶粒长大时,因晶界曲率而在晶界两侧产生的压力差等于 $2\gamma_b/R$,其中 R 是晶粒曲率半径。这样,存在第二相颗粒时,当晶粒两侧的压力差与单位面积晶界移动阻力相等时,即

$$\frac{2\gamma_b}{R} = \frac{3f\gamma_b}{r}$$

时停止长大。所以晶粒停止长大时最终晶粒平均半径 R^* 为

$$R^* = \frac{2r}{3f} \tag{12-40}$$

如果第二相颗粒与基体间的界面是共格的,则情况会有所不同。最大拖曳力 P^* 变为

$$P_z^* = \frac{12(\gamma - \gamma_c)f}{r} \tag{12-41}$$

式中:γ 和 γ_c 分别是非共格第二相的颗粒和共格第二相与基体间的界面能。一般情况下,γ 比 γ_c 大得多,所以共格第二相的钉扎力明显大于非共格第二相的钉扎力。当颗粒被晶界扫过时,与粒子接触的基体的取向发生变化,从而改变了粒子与基体之间的界面能。所以颗粒的总钉扎力不仅取决于粒子的数量,还和迁移率有关。

上面对颗粒钉扎的讨论是非常粗糙的,原因有三:① 考虑颗粒在整个体积(包括晶界上)均匀分布,而实际上颗粒往往择尤地分布于晶界上;② 认为颗粒的形状及尺寸是相同的,而实际颗粒形状和尺寸不会是均匀的;③ 用晶粒尺寸(半径)来表达晶界曲率半径,而实验测量的晶粒尺寸往往不是晶粒半径,这混淆了测量的晶粒尺寸与真实的晶界曲率半径的差别。

事实上,晶粒长大一般在高温时比较重要。在高温时,还应当考虑第二相颗粒的稳定性。因为第二相颗粒在晶粒长大过程中可能粗化或溶解,使得颗粒和晶粒长大的交互作用变得复杂。随退火温度上升和(或)弥散颗粒量减少而增加。在这种情况下,晶粒长大规律并不是由瞬时晶粒尺寸所控制,而是由瞬时晶粒尺寸和最终的极限尺寸之差的大小所控制。从降低晶界的总能量的观点来看,一个晶粒的尺寸的最低限度要比其邻近的晶粒大 30%才有可能吞并邻近晶粒而粗化。因此,使晶粒停止长大的第二相颗粒尺寸不仅和晶粒平均尺寸正比,同时也和瞬时晶粒的不均匀度有关。在退火过程中只要第二相颗粒不随晶粒长大同时粗化,晶粒长大到一定程度就会停止,这种影响称为弥散相抑制。

++

例题 12-8 在 $w_{Si}=3\%$的 Fe-Si 电工硅钢中含 MnS 颗粒，测得 MnS 粒的直径为 4×10^{-4} mm，以及在截面上 1 mm^2 内的颗粒数为 2×10^5 个。该电工硅钢加热到奥氏体相区（1 200 ℃），估算 MnS 颗粒对晶粒长大的影响晶粒长大的极限尺寸。

解 体积内颗粒数 N_V 与单位截面面积上的颗粒数 N_A 的关系为 $N_V=N_A/d$，在截面上 1 mm^2 内的颗粒数为 2×10^5 个，获得 1 mm^3 内的颗粒数 $N_V=2\times10^5/4\times10^{-4}$ 个/$mm^3=5\times10^8$ 个/mm^3。颗粒所占的体积分数

$$f=\frac{4}{3}\pi\left(\frac{d}{2}\right)^3 N_V=\frac{4}{3}\pi\left(\frac{4\times10^{-4}}{2}\right)^3\times5\times10^8=0.016\ 8$$

根据式（12-40），MnS 颗粒钉扎晶界，奥氏体长大的极限尺寸为

$$R^*=\frac{4r}{3f}=\frac{4\times2\times10^{-4}}{3\times0.016\ 8}\text{mm}=1.59\times10^{-2}\text{mm}$$

++

5. 织构和表面对晶粒长大的影响

如果一次再结晶后形成了非常锐利的织构，由于晶粒间的取向差异较小（小于 10°），这种情形下晶界的界面能会相对较低。鉴于晶粒长大的主要驱动力来源于界面能，因此，当存在这种锐利的织构时，它会抑制晶粒的进一步长大。这种现象被称为织构抑制效应。

对于薄板材，表面效应对晶粒长大的影响：当很多晶粒长大到其尺寸足够横跨板材厚度时，长大的晶粒两面都暴露于表面，这些晶粒的长大变成了二维长大。二维长大时，一方面晶界是圆柱弯曲而不是三维长大时的球状弯曲，这降低了长大驱动力；另一方面露在自由表面上的晶界由于晶界张力与表面张力平衡而形成表面蚀沟，这些蚀沟总是与晶界的瞬间位置相连，它随晶界移动而移动，结果对晶界产生钉扎作用。当在板面上测量的平均晶粒直径达到 2~3 倍板厚时，晶粒长大会完全停止。这种影响称为厚度抑制。

6. 晶粒非正常长大（二次再结晶）

有些材料在一次再结晶后，继续延长退火时间，在一定条件下，晶粒的正常长大被少数几个晶粒突然快速长大而中断，快速长大的大的晶粒不断吞并邻近的原来正常尺寸的晶粒，直至这些晶粒全部被吞并掉为止。在这一过程中，细粒和粗粒通常会出现一种双峰分布，直到它完成并产生一种新的单峰分布（图 12-51）。

由于这些少数长大的晶粒长大动力学以及显微组织与一次再结晶相似，所以有时称这种晶粒的不均匀长大过程为二次再结晶，前文讨论过“二次再结晶”并非是正确的术语，只是一种历史沿用的名称。

晶粒的非正常长大必须超过一个十分确定的最低温度才发生。非正常长大的大晶粒并不是由重新形核长大而获得的，它仅是原来一次再结晶的一些特殊晶粒经历一定孕育期后长大而成。这些特殊的晶粒比平均的一次再结晶晶粒尺寸大得多，并且它们的晶体学取向一定偏离一次再结晶织构。

发生晶粒非正常长大的前提是必须存在某些晶粒均匀长大的抑制因素，如弥散相抑制、织构抑制及板厚度抑制/表面能控制等，只有一般的晶粒长大很慢时，特殊大的晶粒才能有效地长大。在这样的前提下，要实现二次再结晶必须有某些晶粒能摆脱抑制长大的因素。图 12-56 是高纯铝的再结晶图，可以看到在大的形变量和在高温退火下出现二次再结晶。图 12-57 是的 Fe-3%Si 合金的二次再结晶早期的晶粒组织。

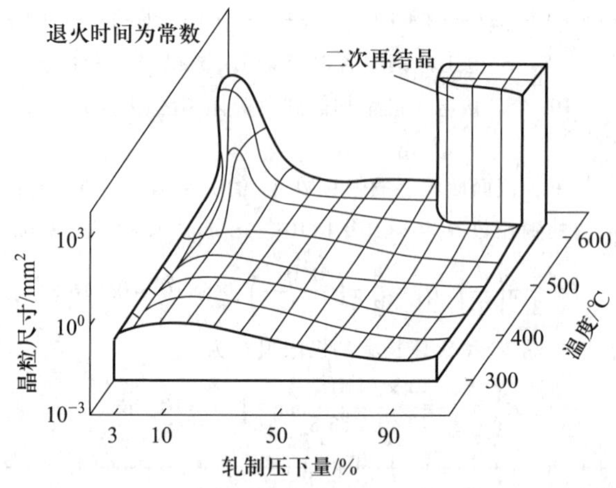

图 12-56 高纯铝的再结晶图(F. Dahl 和 Z. Pawlek,1936)

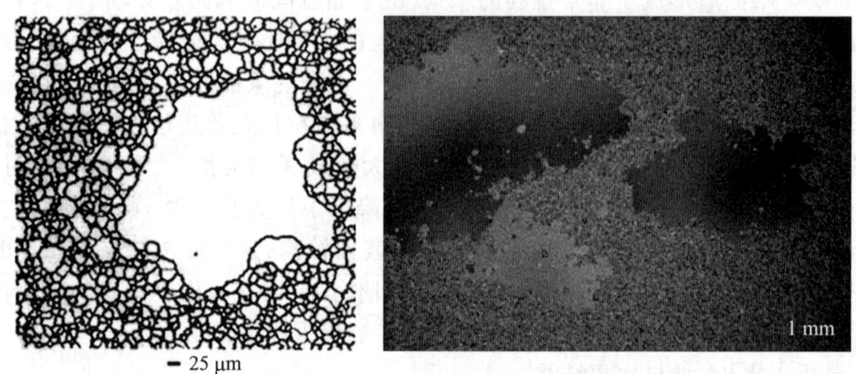

图 12-57 Fe-3%Si 合金(取向硅钢)二次再结晶早期的晶粒组织

R. Pei 等对 Mg 再结晶的正常和异常晶粒的长大进行了实验观察和模拟:结果表明,在 220 ℃退火 8 h 后,晶粒尺寸较小的晶粒被较大的细晶粒所包围。随着退火时间的延长,这种大和细的晶粒结构仍然存在于组织中,直到 7 天时,额外退火晶粒仍存在双峰组织。图 12-58a 所示为轧制 Mg 多晶体在 350 ℃退火 7 天的样品的光学显微结构(全景图像区域,RD-TD 平面 10×6 mm^2),几个局部放大区域(图 12-58b~d)显示非均匀长大的粗晶粒。图 12-59 所示为 Mg 在 220 ℃退火的晶粒正常均匀长大和等效于 350 ℃退火的晶粒异常长大的组织显微结构,晶界颜色表示它们的相对迁移率(红色最大,紫色最小)。图 12-59a、f 是轧制组织,图 12-59b~e 是随着退火时间增长的晶粒异常非均匀长大;图 12-59g~j 是与图 12-59b~e 对应相同时间退火的晶粒正常均匀长大。这与实际情况是相符的。

对于弥散质点抑制晶粒正常长大的情况,加热到更高温度时,由于质点的不均匀分布和不均匀溶解,在较少弥散质点以及质点尺寸较大的地方会有某几个晶粒的界面可以摆脱钉扎而迁动,结果发生晶粒异常长大。图 12-60 所示为含有弥散 MnS 粒子的 Fe-3%Si 合金(称取向硅钢)和高纯的 Fe-3%Si 合金冷轧板(厚 0.35 mm)缓慢加热退火过程中晶粒尺寸(图中虚线)与退火温度的关系(D. Turnbal 等,20 世纪 50 年代的经典实验)。高纯 Fe-3%Si

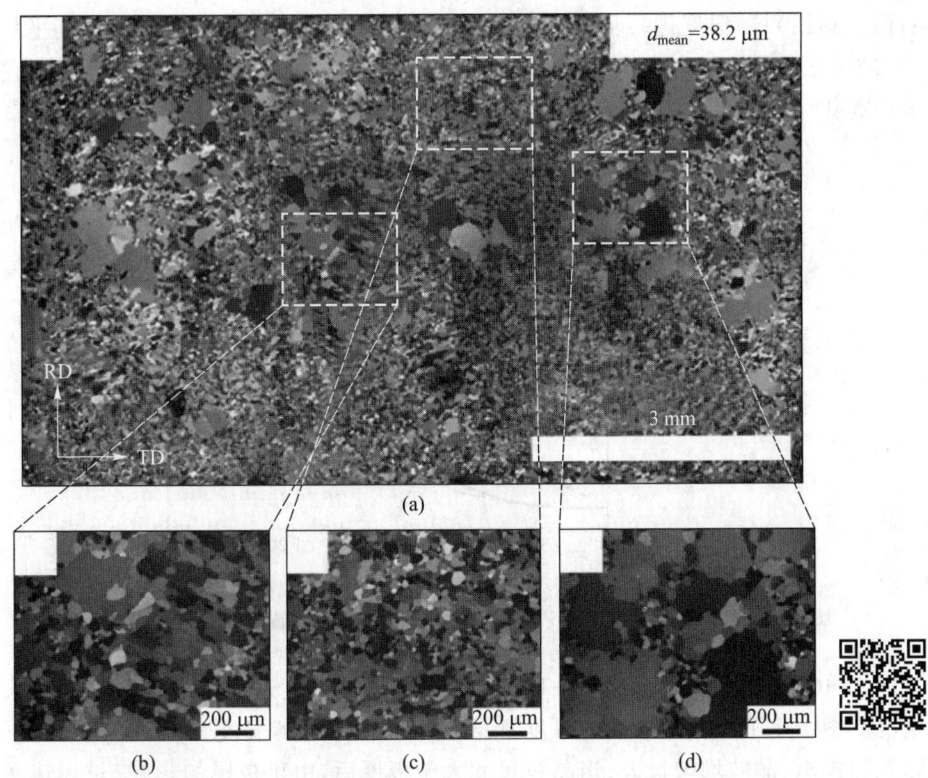

(a)

(b) (c) (d)

图 12-58 轧制 Mg 多晶体在 350 ℃退火 7 天的样品的光学显微结构(R. Pei 等,2020)

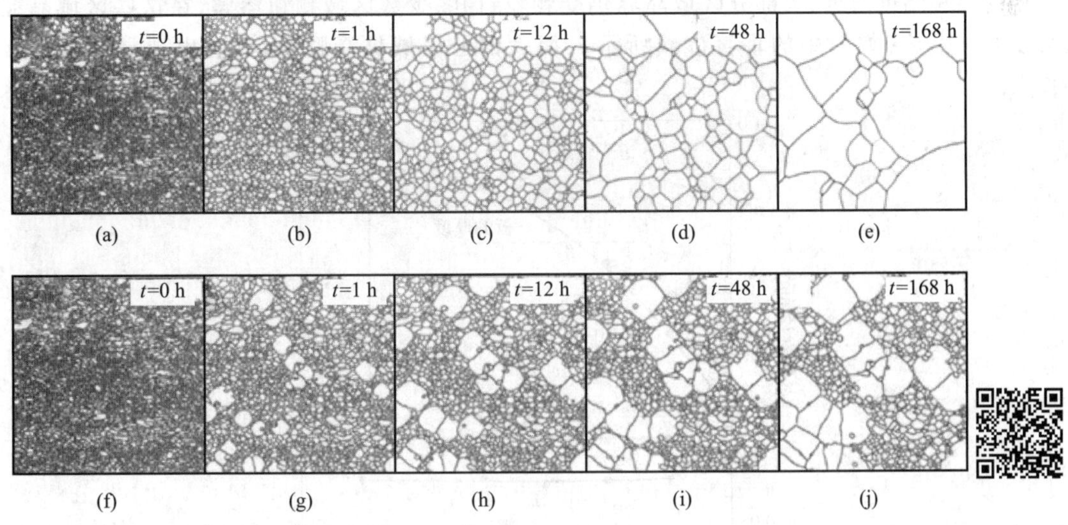

(a) (b) (c) (d) (e)

(f) (g) (h) (i) (j)

图 12-59 Mg 晶粒正常长大和晶粒异常长大的组织显微结构(R. Pei 等,2020)

中晶粒尺寸比较均匀地增大,不会发生晶粒异常长大;而含 MnS 粒子的合金在约 920 ℃,部分铁素体晶粒尺寸突然增大,尺寸可能是未长大晶粒的 50 倍,即发生了晶粒异常长大(图中实线);而多数原始一次再结晶晶粒因 MnS 粒子钉扎而非常缓慢地均匀长大(见图 12-60 中最右侧点画线)；随温度进一步升高到约 1 250 ℃，异常长大晶粒数目增多，其平均尺寸逐渐下降，最后三条曲线基本合在一起，这时因晶粒达到比板厚略大的一个极限值，它是由于自由表面起作用的结果。920 ℃正好是第二相的显著溶解或粗化的温度。

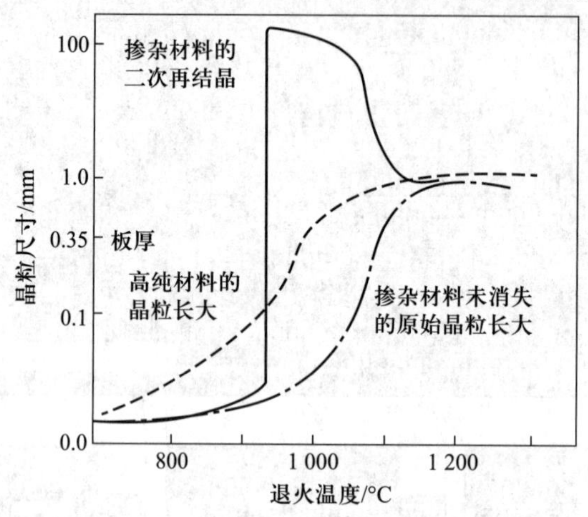

图 12-60 掺杂与高纯 Fe-3%Si 合金缓慢退火过程中晶粒尺寸与退火温度的关系

图 12-61 给出另一个形变 Al-1%Mn 合金中不同温度退火的晶粒直径随退火时间的增大情况。图中水平虚线是铝板的厚度。第二相颗粒的溶解温度是 625 ℃，在 650 ℃退火没有颗粒的析出，晶粒均匀长大，当晶粒尺寸大于板厚后，由于板厚的影响，长大速率比正常的晶粒长大速率慢；600 ℃退火，晶界受颗粒均匀钉扎，晶粒难以生长；625 ℃退火时，正好在第二相的溶解温度附近，大部分区域晶界仍受颗粒钉扎，少数区域颗粒溶解，在这些区域晶粒得以充分生长(如图中的垂直虚线所示)，而大部分区域仍受颗粒钉扎，出现晶粒非正常长大。

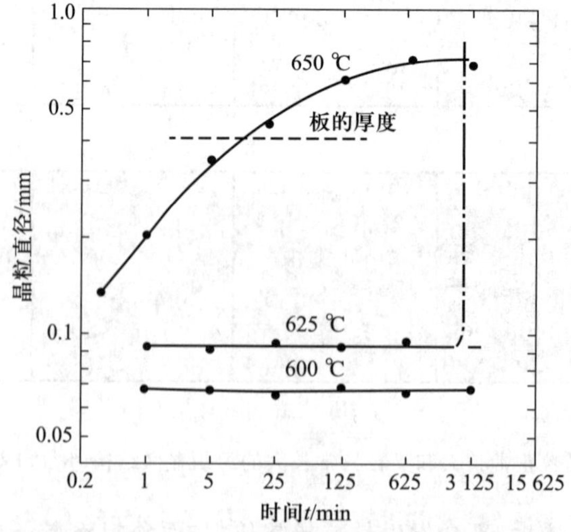

图 12-61 Al-1%Mn 合金不同温度退火的晶粒直径随退火温度的变化(P. A. Beck 等，1949)

对于一次再结晶后存在锋锐的织构抑制晶粒正常长大的情况,当偶然有少数晶粒的取向显著偏离织构的取向,这些晶粒的界面能一定比其他的晶粒的界面能高,更易迁动。当加热到更高温度时,这些晶粒就以比其他晶粒大得多的速度长大。这样的二次再结晶过程也不会产生锋锐的二次织构。当众多正常的一次晶粒中,有少数晶粒处于特殊的晶体位向,它们的界面具备极高的迁移率。在晶粒长大的过程中,这些晶粒会迅速扩张,从而引发一个二次再结晶过程,最终形成锋锐的二次织构。铝、铜、镍合金以及铁硅合金中,若具有立方织构,往往就是由于这种原因导致了二次再结晶的发生。

对于板材中晶粒正常长大受到厚度抑制的情况,由于晶粒都贯穿板厚,晶粒的表面能就起重要作用。不同晶面的表面能是不同的,在板面上具有表面能低的晶粒有利于长大,这就会使晶粒不均匀长大。这样的二次再结晶过程必然会伴随二次织构产生,织构的发展受表面能各向异性所控制。表面吸附杂质或退火时炉气气氛都会影响表面能,从而影响织构的发展。例如 Fe-3%Si 的硅钢片,{120}和{001}面的表面能比较低,当正常晶粒长大为板厚抑制时,通过二次再结晶获得{120}<001>高斯织构;若适当控制预先的压力加工过程以及高温退火炉气的气氛,则二次再结晶可获得(100)<001>立方织构。图 12-62 所示为硅钢的二次再结晶组织。

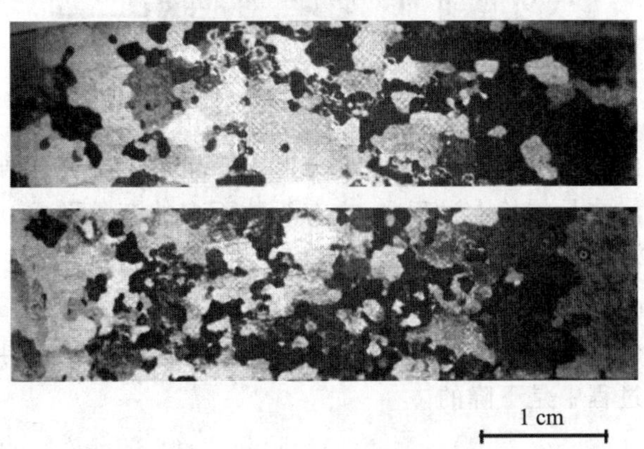

图 12-62 硅钢的二次再结晶组织

12.3.8 退火孪晶

在一些中等和低层错能的面心立方金属(例如铜族金属及其固溶体、铅以及奥氏体不锈钢等)的退火组织中经常看到一些两边界面平直的孪晶片,见图 12-19e、f。平直的界面是共格的孪晶界面,平行于{121}面,孪晶的台阶以及孪晶终端是非共格的。除了上述情况外,在层错能较高的铝合金中也能观察到一些退火孪晶,很多金属间化合物和陶瓷材料中也发现退火孪晶。

这里所述的退火孪晶既可在回复时的亚晶内出现(称回复孪晶)、可在再结晶新晶粒生长的任何一个阶段形成(称再结晶孪晶)、也可在晶粒正常长大阶段形成(称生长孪晶)。各阶段形成的孪晶之间也有一定关系。

由于层错能、形变量以及退火孪晶形成阶段的不同,存在多种退火孪晶形成的模型。这些模型包括:再结晶晶粒长入形变晶粒过程中形成的退火孪晶、通过不同类型晶界反应合并后形成的孪晶,以及具有孪晶关系的晶粒在生长过程中相遇所形成的退火孪晶等。无论哪种模型,都必须遵循能量降低的原则,即孪晶形成后,系统的总界面能量应有所降低。

图 12-63 所示为 Cu-30at%Zn(黄铜)扭转形变后在 250 ℃(比再结晶温度低 30 ℃)退火时形变带形成的回复孪晶,孪晶长 250 nm,宽 2~10 nm,如图 12-63 所示。在特定区域只有一组孪晶形成,它们总是与{110}<112>局部取向相关。随着退火的继续,孪晶的数量和宽度都有所增加,并且发展中的核周围没有明确的边界。

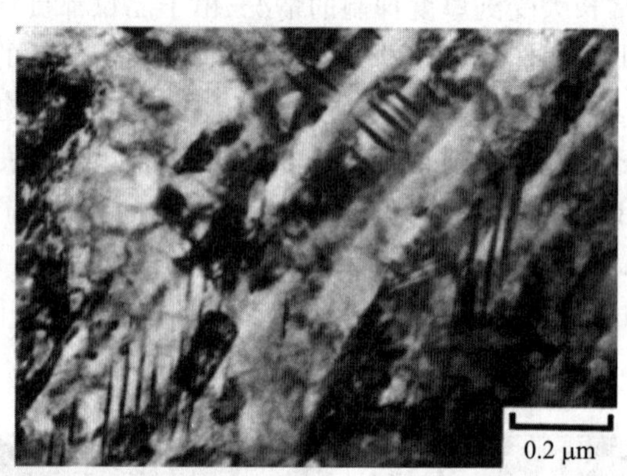

图 12-63 黄铜的回复孪晶(Hube 和 Hatherly, 1979)

虽然在回复过程也会产生孪晶,但是大部分退火孪晶是在一次再结晶过程中形成,它们随着晶粒长大而长大。在晶粒长大过程中,亦有为数不多的孪晶形成。Jin 等学者对不锈钢和纯镍的研究如图 12-64 所示。图 12-64 中黑色三角形是在再结晶过程孪晶密度 N_L 的变化,[$N_L=(L_{tb}/S)(2/\pi)$,L_{tb} 是截面积 S 中的孪晶界长度];黑色方角是三个不同退火时间随着晶粒长大过程孪晶密度的变化。从图 12-64 看到,孪晶大部分是在再结晶过程中形成的,孪晶密度在晶粒长大过程中是下降的。

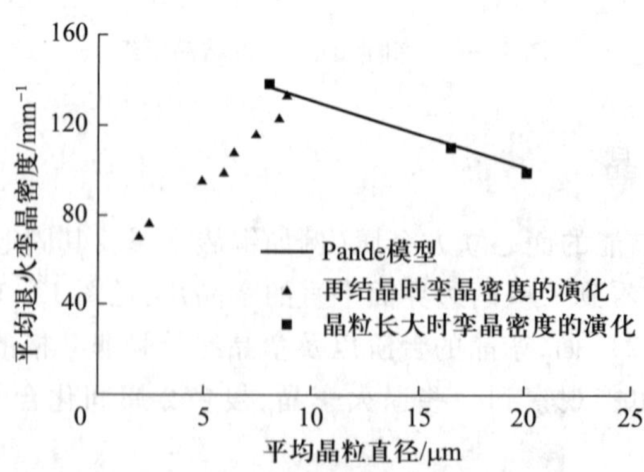

图 12-64 在再结晶和晶粒退火过程退火孪晶密度的变化(Jin 等,2014)

同时,Jin 等对纯镍进行了研究,证实了加热速率对再结晶过程中孪晶密度 N_L 没有影响,如图 12-65 所示(图中"V500"和"V5"分别表示加热速度为 500 ℃/min 和 5 ℃/min),

说明晶界移动速率并不是孪晶形成速度的直接因素。但是,晶界的移动速率与晶界形态有关。他们还证明了产生孪晶界的速率与再结晶前缘弯曲度成正比,前沿越粗糙,孪晶的密度就越高。进一步表明,再结晶完成后的孪晶密度与之前的变形程度相关。

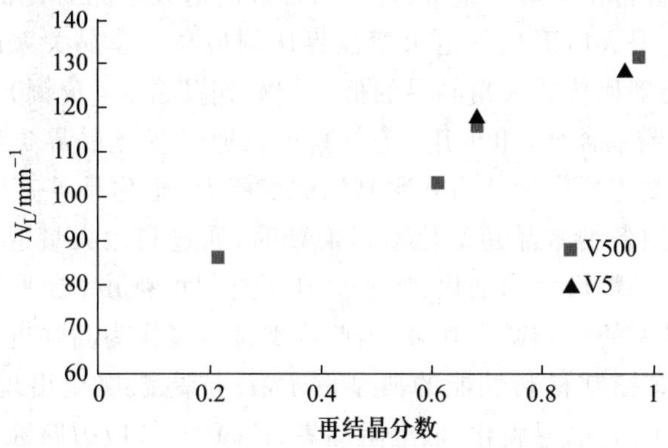

图 12-65　以不同加热速度退火的两个试样在 350 ℃退火再结晶过程孪晶数量的变化(Jin 等, 2015)

图 12-66a 是晶粒中退火孪晶的示意图。图 12-66b 是描述再结晶退火时孪晶生成的示意图。图中 A、B、C 三个晶粒交汇于一点,A 和 C 为再结晶晶粒,B 为形变晶粒,C/A、C/B 和 B/A 界面都是大角度界面,它们都向 B 晶粒推移。由于特定位向的偶然性,设 A 晶粒的某一种孪晶 T 的位向接近 C 晶粒的位向,那么 T/C 界面的界面能比 A/C 的界面能低很多。这样,在三叉点推移过程中由于偶然错排使三叉点处的 A 晶粒出现孪晶 T 时,总的界面能仍有可能降低,即 $\gamma_{A/T}L_{13}+\gamma_{T/C}L_{23}+\gamma_{A/C}L_{12}<\gamma_{B/T}L_{23}+\gamma_{A/B}L_{12}$,此时这个孪晶就是稳定的。孪晶随着晶粒长大而长大,当原来结点推移遇到另一个结点时,孪晶长大终止。这样的模型,说明了退火孪晶片数和三个晶粒相交结点数成正比。另外,还可以看出退火孪晶密度随形变的位错密度增加而增加。

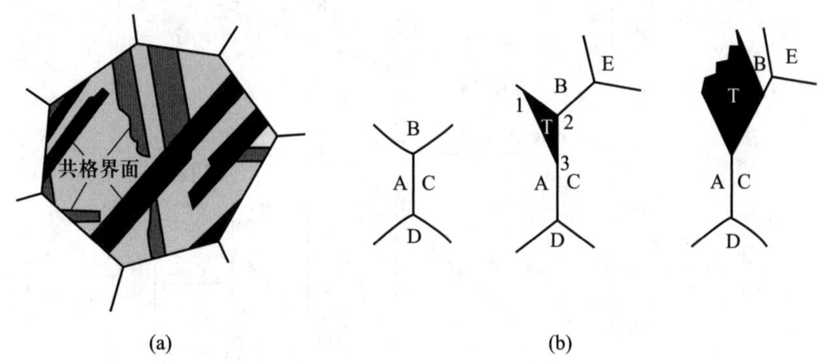

图 12-66　退火孪晶

根据上述讨论可知,孪晶界的界面能 γ_T 和晶界能 γ_b 的比值 γ_T/γ_b 很小时容易产生退火孪晶,小角度晶界的界面能 γ_b 比较低,所以小角度界面的迁动不会产生孪晶。对于一些 γ_T

较高的金属,例如铝,一般 $\gamma_T/\gamma_b \approx 0.2$,这个比值较高,所以在铝中看不到退火孪晶。体心立方金属和合金的孪晶界面能较高,一般不易产生退火孪晶。但在一些体心立方合金中(例如铁-铝合金)也能看到退火孪晶。

一般低层错能的材料在小形变量下,退火后形成的退火孪晶界比例最高;而中等层错能材料在中等形变量下,退火后形成的退火孪晶界比例最高。孪晶关系的晶界不论是共格的还是非共格的,界面能都比普通大角晶界的低。例如铜及合金(黄铜)、奥氏体不锈钢、镍及合金(高温合金)、银、铅基合金(电池用)等材料可以通过优化晶界类型将孪晶界与总晶界的比例提高到 80%来改善抗腐蚀能力和耐高温蠕变能力(也称晶界工程理论)。

另一个例子是在制备纳米晶超细化 Cu 和 Al 时,通过利用大量退火过程中形成的共格孪晶界,有效地保持了晶粒尺寸的细化,从而提升了材料的强度(参见第 9.12 节)。与此同时,这些孪晶界对电导率的影响微乎其微,因此这类材料可作为高强度导电材料使用。

通过晶界特征分布控制材料性能的典型例子有:抗高温蠕变出现晶界滑动;抗高温断裂;抗晶界偏析、晶界析出、晶界脆化;低电阻晶界;抗腐蚀、抗应力腐蚀。

12.3.9 有序合金的再结晶

有序合金与纯金属再结晶行为的一个本质差异是有序合金在退火的过程中可能出现有序化转变。有序合金形变机制要比纯金属复杂。形变后在高于有序化临界温度 T_c 退火时将转变为无序的结构,而在低于临界温度再结晶时会伴随有序化。与形变的过饱和固溶体再结晶时会伴随脱溶转变相似,这也是一种复合型转变。图 12-67 所示为 $(Co_{78}Fe_{22})_3V$ 和 Cu_3Au 两种有序合金再结晶 50%的时间 t_{50} 与退火温度的关系,图中曲线边的数字是再结晶的表观激活能。从图看到,在 T_c 临界温度 t_{50} 出现突变,因为再结晶伴随有序转变时需要更长的时间。图 12-68 给出无序的 Cu_3Au 轧制形变 86%,在 380 ℃退火 96 h 后的组织,可见,再结晶晶粒内发生了有序转变而出现反相畴界。

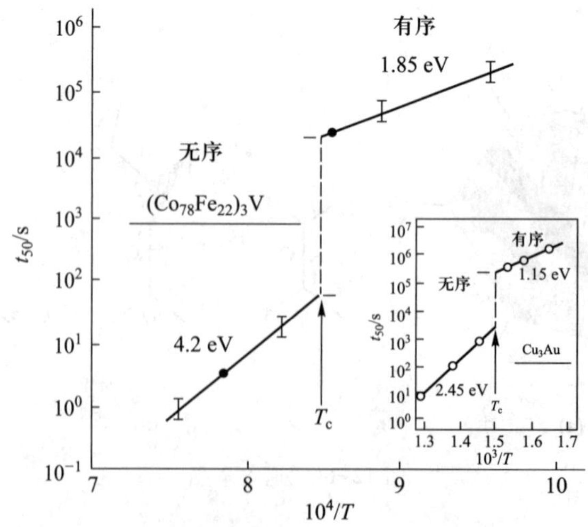

图 12-67 两种有序合金 t_{50} 与退火温度的关系

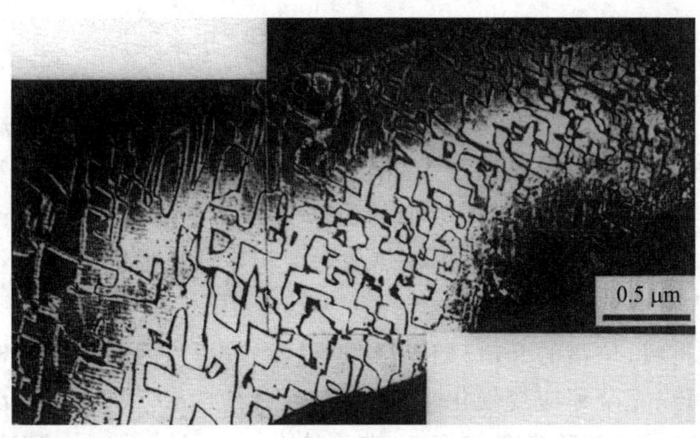

图 12-68　无序 Cu_3Au 在 380 ℃退火 96 h 后再结晶晶粒内出现的反相畴界

12.4　热加工过程的回复和再结晶

在材料的再结晶温度以上的加工过程称为热加工。在热加工过程中伴随发生的回复过程和再结晶过程称为动态回复和动态再结晶，它们是在形变过程的同时发生的回复和再结晶。热加工完毕（或中断热加工过程）去除外力后，加工时进行的回复和再结晶过程还会继续进行，这时的回复过程和前面讨论的无外力作用下的回复过程一样，为静态回复。加工时正在进行的再结晶，在去除外力后可能发生两种情况：其一是在动态再结晶时已形成的再结晶核心以及正在推移的再结晶晶粒界面，不必再经过任何孕育期继续长大和推移，这一过程称亚动态再结晶；另一种情况则是经过一段孕育期后，在形变的基体上，重新形成再结晶核心并长大，这一过程和前面讨论的无外力作用下的再结晶过程一样，为静态再结晶。虽然动态过程因形变硬化和软化机制同时开动而引起和静态过程不同的一些特点，但动态与静态过程具有很多相同的特征。

在热加工会发生热激活形变和回复过程，因此过程中的显微组织的演化依赖于变形温度 T、应变 ε 量和应变速率 $\dot{\varepsilon}$，流变应力 σ 与 T 和 $\dot{\varepsilon}$ 之间的关系是热加工变形的本构方程。由于低应变速率和高形变温度的作用相似，高应变速率和低形变温度的作用相似，所以通常用一个概括了变形温度 T 和应变速率 $\dot{\varepsilon}$ 的单一参数来描述热加工状态，这个参数称为 Zener-Hollomon 参数（Z 参数）。Z 参数定义为

$$Z=\dot{\varepsilon}\exp\left(\frac{Q_0}{RT}\right)=F(\sigma_m) \tag{12-42}$$

式中：Q_0 为表观形变激活能（和应力几乎无关）；R 为气体常数；σ_m 是应力-应变曲线第一个峰的流变应力值（见图 12-72）。由于 σ_m 随 $\dot{\varepsilon}$ 而变，Z 可以表示为 σ_m 的函数。不同的文献描述 Z 和 σ_m 的关系不同，他们分别把 Z 表示为 σ_m^n、$\exp(\beta\sigma_m)$ 或 $(\sinh\alpha\sigma_m)^n$ 等函数，其中 n、α、β 等为常数。Z 参数与应力有密切关系，从而与位错密度有密切关系。热加工过程的温度和应变速率都是知道的，所以 Z 参数对讨论热加工过程十分方便。

12.4.1 动态回复

在热加工过程中,一方面因形变使位错不断增殖和积累,另一方面,通过热激活使位错偶对消、胞壁锋锐规整化形成亚晶以及亚晶合并等过程也在进行,这些过程因外加应力对小角度晶界移动和反号位错对消提供了附加的驱动力而以更快的速度进行,即在应变硬化的同时发生动态回复。这两类相反的过程在热变形中相互消长程度取决于被热加工金属材料的本性、形变速率和形变温度等因素。

对于高层错能材料,位错的交滑移和攀移过程容易进行,因而热加工时容易发生动态回复,甚至回复过程可以完全和应变硬化平衡。这时,在应力-应变曲线上出现流变应力不随应变而变的稳态流变。达到稳态的应变 ε_m 典型值在 0.5 ~1 之间。在到达稳态阶段前,由于加工硬化速度大于回复速度,随着应变增加,位错密度增加,亚晶也在发展,晶粒伸长。在稳态流变阶段中,晶粒仍随流变方向伸长,但位错密度保持不变,回复所形成的亚晶保持等轴形状,并且其尺寸大体保持不变。另外,在稳态阶段中,虽然流变应力保持常数,但还没有达到显微组织的真正稳态,在亚晶界面张力以及位错密度的作用下,原来的晶界会发生局部的迁动,使伸长晶粒的晶界变成锯齿状。

图 12-69 所示为 Al-1%Mg 合金在 350 ℃平面应变速率 $\dot{\varepsilon}=0.25$、应变量 $\varepsilon=1$ 的组织图。图 12-69a 为 EBSD 图,显示出小角度晶界(白色)和大角度晶界(黑色);图 12-69b 为 SEM 通道衬度映像,显示出亚晶结构。这是典型的动态回复组织。

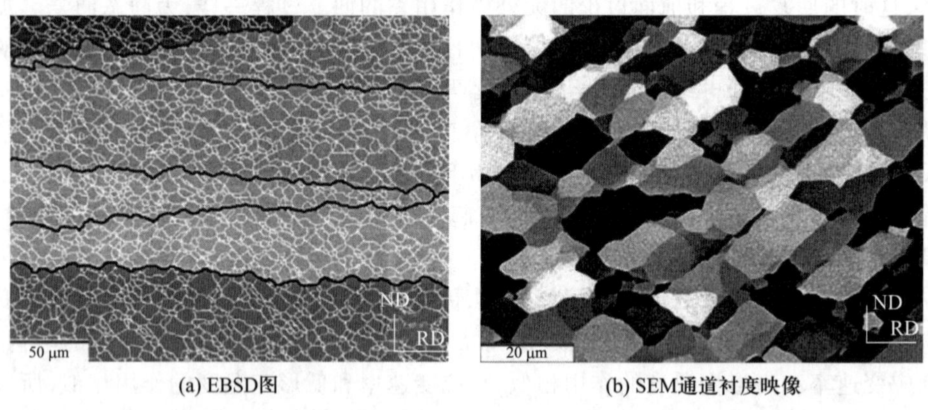

(a) EBSD图　　(b) SEM通道衬度映像

图 12-69　Al-0.1%Mg 合金在 350 ℃、$\dot{\varepsilon}=0.25$、$\varepsilon=1$ 的组织图

图 12-70 综合描述了发生动态回复的应力-应变曲线以及显微组织的变化,ε_m 是开始稳态流变的应变。

在同一应变速率下,形变温度越高,动态回复进行得越快,在稳态流变阶段的位错密度越低,亚晶尺寸也比较大。在同一形变温度下,应变速率越低,在相同的位错增殖积累条件下,有更多的时间进行动态回复,所以在稳态流变阶段的位错密度较低,亚晶尺寸较大。相反,当形变温度低或应变速率比较高时,在稳态流变阶段的位错密度较高,亚晶尺寸较小。对于低层错能或中等层错能材料,回复过程不如高层错能材料容易,动态回复往往难以同步抵消形变时位错的增殖积累,当位错积累到一定程度后就会促发再结晶形核,即发生动态再结晶。

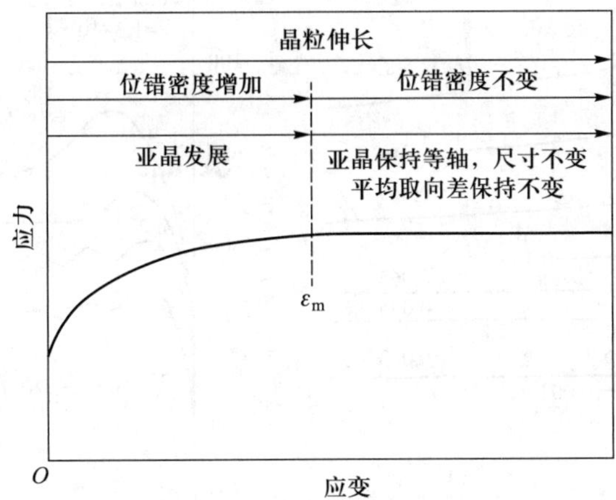

图 12-70 发生动态回复的应力-应变曲线以及显微组织的变化（C. M. Sellars，1986）

12.4.2 动态再结晶

对于低层错能或中等层错能的材料而言，其回复过程相较于高层错能材料更加困难。在形变过程中，动态回复往往难以有效且即时地抵消位错的增殖与积累。当位错积累达到某一临界水平时，便会触发再结晶形核，这一过程即为动态再结晶。动态再结晶通常包括再结晶核心的形成与核心长大的两个阶段，这种类型被称为不连续动态再结晶。然而，在某些特定条件下，动态再结晶可能不经历形核与长大的典型过程，这种情况则被称为连续动态再结晶。本节主要探讨的是一般性的不连续动态再结晶（简称 DRX）。除非另有特别说明，以下讨论均指不连续动态再结晶。

1. 发生动态再结晶的应力-应变曲线

材料发生动态再结晶时，应力-应变曲线可能出现单峰也可能出现多峰。当应变速率高或者形变温度低（高 Z 值）时，应力-应变曲线出现 1 个宽阔的单峰。当应变速率减小或者形变温度增加（低 Z 值）时，应力-应变曲线会从单峰过渡到多峰形状。图 12-71 是说明应变速率及形变温度对发生动态再结晶材料的应力-应变曲线影响的例子。图 12-71a 是含 $w_C=0.25\%$ 的碳钢在恒定温度下以不同形变速度扭转形变的真应力-应变曲线（C. Rossard，1960）。从图中可以看到只有应变速率小于 0.065/s 时，应力-应变曲线才出现多峰形状。图 12-71b 是含 $w_C=0.68\%$ 的钢以应变速率为 1.3×10^{-3}/s 在不同温度下拉伸形变的应力-应变曲线（Petkovic 等，1975）。从图中看出，在高于 825 ℃ 的温度下形变时，应力-应变曲线才会出现多峰形状。出现单峰或多峰的简单解释是：在高应变速率或低的形变温度下，再结晶的速度慢，当第一轮再结晶未完成时就开始第二轮再结晶，所以，在应力-应变曲线出现第一个峰后，材料始终保持部分再结晶状态，应力-应变曲线平滑化；而在低应变速率或高形变温度下，往往在第一轮再结晶完成后才开始第二轮再结晶，这些过程重复，应力-应变曲线就呈现出多峰摆动的形状。下面进一步半定量地讨论这些现象。

热加工时，材料中的位错必须积累到一定程度才能形成再结晶核心，即要经历一定的孕

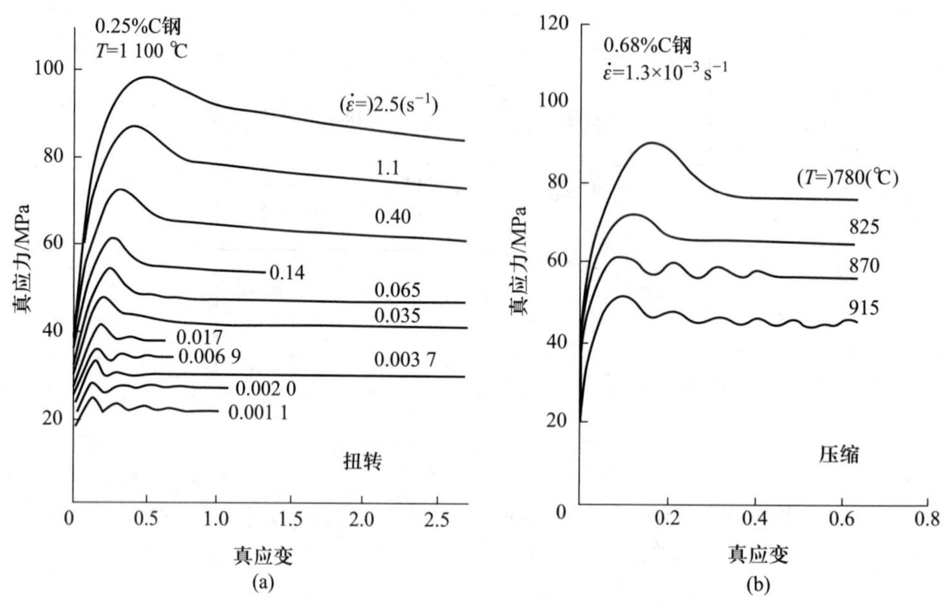

图 12-71 碳钢应变速率及形变温度对动态应力-应变曲线的影响

育应变量 ε_c 才会开始再结晶。当开始再结晶后，应力-应变曲线就显示软化状态，即应力随应变增加而下降，相应出现第一个峰值。以 ε_p 表示出现第一个峰值时的应变值。在实验时，观察到组织有少量再结晶（例如 2%）就确定为再结晶开始，由此确定 ε_c 值，但是少量再结晶还不足以立刻使整个试样软化，所以，ε_c 一般略小于 ε_p。为了讨论方便，经常近似地认为 $\varepsilon_c \approx \varepsilon_p$。从再结晶开始到再结晶完成（例如再结晶完成 98%）需要经历一段时间，与此同时形变继续进行。在这段时间内所对应的应变增量 ε_x（即完成再结晶时对应的应变 ε_s 和 ε_c 的差值）称为"长大"应变，一般近似地认为 $\varepsilon_x \approx \varepsilon_s - \varepsilon_p$。

热加工的应力-应变曲线出现单峰形状或是周期的多峰形状取决于 ε_c 和 ε_x 的相对大小。当 $\varepsilon_c > \varepsilon_x$，这对应于低应变速率或高加工温度下热加工的情况。应变达 ε_c 大小后，发生第一轮再结晶，相应应力-应变曲线出现第一个峰值。由于 $\varepsilon_c > \varepsilon_x$，所以在再结晶开始到终了期间，所有的再结晶区域重新地加工硬化不可能积累达到孕育应变 ε_c 的应变值，因而不会在已经再结晶的位置出现第二轮再结晶。在这种情况下，加工过程由两个相反的过程重叠：一是应变硬化，它包括在未再结晶区域及已进行第一轮再结晶区域应变硬化；二是第一轮再结晶的继续进行的软化过程。在早期，再结晶速率逐渐增加，软化过程起主导作用，整体的应力-应变曲线表现为软化状态。在再结晶后期，再结晶速率越来越慢，硬化过程越来越起主导作用，往往在还没有完成再结晶时整体的应力-应变曲线表现为硬化状态，即应力随应变的增加而增加。当早期再结晶区域的应变积累达 ε_c 的应变值时，第二轮再结晶开始，整体的应力-应变曲线又开始出现软化状态，则出现第二个峰值。如此继续下去，应力-应变曲线会周期性地出现峰值。

当 $\varepsilon_c < \varepsilon_x$，这时对应于高应变速率或低加工温度的情况。同样，在应变达 ε_c 后，发生第一轮再结晶，相应的应力-应变曲线出现峰值。由于 $\varepsilon_c < \varepsilon_x$，当第一轮再结晶进行一定分数

后，最早再结晶处可能积累了ε_c大小的应变值，在那里就开始第二轮再结晶。整体的应力-应变曲线继续表现为软化状态。这些过程继续，使得在同一时刻可以发生不止一轮的再结晶，而每一轮再结晶都处在各自的不同阶段（再结晶的分数不同），最后会达到具有从0到ε_c不同大小的应变的各个区域的平衡分布，这时，总体的流变应力是各个不同区域不同流变应力的平均值，应力-应变曲线会出现稳态流变，只出现单一的峰值。

Luton和Sellars用计算机模拟动态再结晶的应力-应变曲线，结果如图12-72所示。其中图12-72a是$\varepsilon_c>\varepsilon_x$的情况，应力-应变曲线规则地周期地出现峰值。图12-72b是$\varepsilon_c<\varepsilon_x$的情况，应力-应变曲线只出现一个峰，最后曲线趋于一个稳值。由于模拟时条件是简化的，所以它和真实曲线有所差异。例如，模拟的结果曲线出现的周期峰是很规则的，并且可以无限地周期延续下去；而事实上，实验表明，应力-应变曲线的峰值逐渐减小，经2~8个周期后峰会完全消失。又例如模拟曲线在峰值处的应变以及达到稳态的应变都比实测的大两倍，而稳态流变应力则比实测的低。这些差异是由于在模拟曲线时没有将动态回复的影响考虑进去，认为ε_x是常数；也没有考虑再结晶核心往往在晶界形成这一事实。之后Sandstrom和Lagneborg提出的模型将与动态再结晶同时发生的动态回复以及再结晶时的晶粒尺寸变化考虑进去，近似认为流变应力只由亚晶内平均位错密度所决定，而再结晶界面推移的驱动力则由亚晶界内的位错密度决定。当亚晶界内的位错密度达到某一临界值后晶界迁动而成为再结晶核心。假设了移动界面前后的位错密度分布，推算出单峰以及多峰的应力-应变曲线。根据界面迁动使位错密度分布越来越不均匀，使得多峰应力-应变曲线在大应变下峰逐渐消失。这个模型还可以半定量地估计应变速率对稳态时的晶粒尺寸d_s的影响。

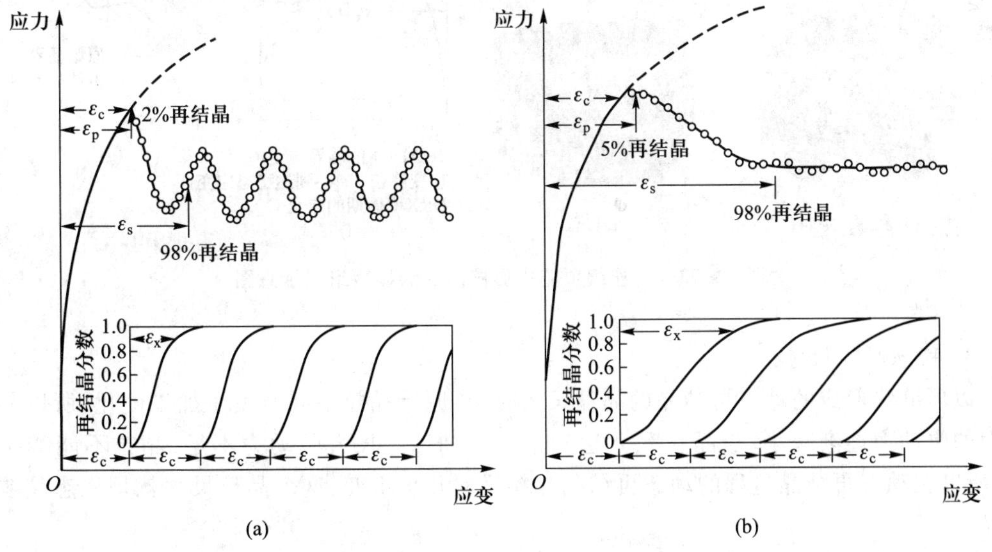

图12-72 计算机模拟动态再结晶的应力-应变曲线（M. J. Luton和C. M. Sellars，1969）

2. 动态再结晶组织的演化

动态再结晶显微组织的演化与静态再结晶十分不同，多晶体动态再结晶主要在原先存在的大角度晶界形核，然后向还没有再结晶的体积扩展。通常在再结晶开始之前，越来越多的晶界起伏为波纹状，新的晶粒一般沿晶界分布，导致形成沿晶界分布的“项链”状组织。图 12-73 所示为动态再结晶晶核连续以项链式形核的组织演变示意图，图 12-73a ~f 是原始晶粒比较大的情况；其中图 12-73a 所示为应变小于 ε_c，没有 DRX 晶粒，显微组织仅由未再结晶原始晶粒组成；图 12-73b 所示为在原始晶界处形成第一层项链状晶粒；图 12-73c 所示为形成第二层项链状晶粒，并在孪晶界也形成 DRX 核心，DRX 晶粒向原始晶粒内部推进；图 12-73d、e 所示为持续形成新的项链状 DRX 晶粒，扩展 DRX 体积，消耗原始晶粒体积；图 12-73f 所示为相应的流变应力-应变曲线。图 12-73g 所示为原始晶粒小的情况，因为原始晶粒小，所以在原始晶界形成的第一轮再结晶已经耗尽了变形结构。图 12-74 所示为铜在 400 ℃以 $\dot{\varepsilon}=2\times10^{-2}$ 变形，应变量 $\varepsilon=0.7$ 时发生的动态再结晶，在原来晶界上形成项链状的 DRX 晶粒。

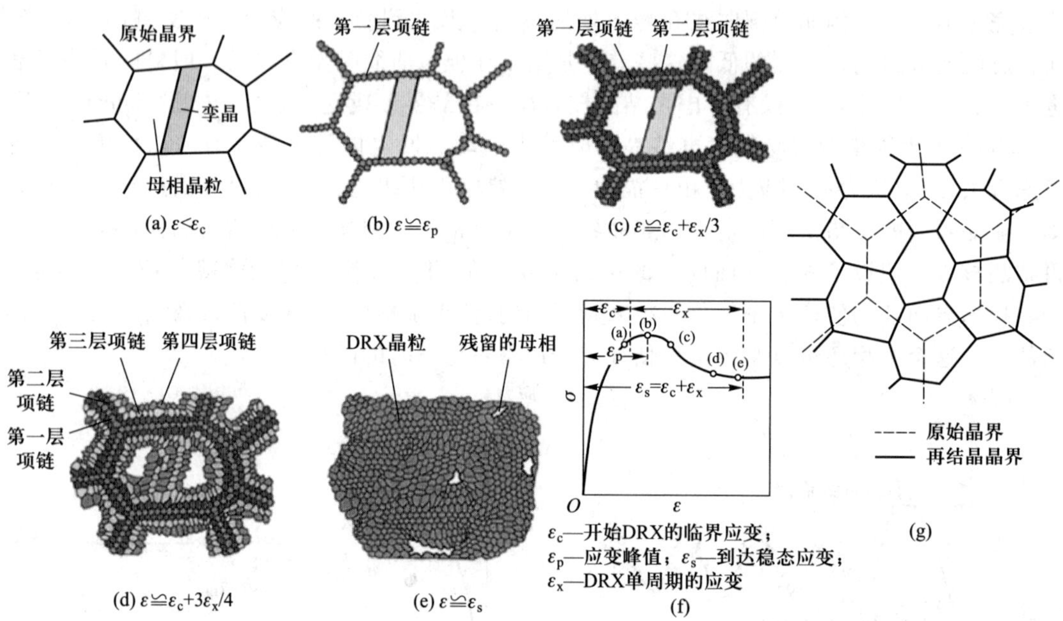

图 12-73　以连续项链式形核演变的显微组织示意图

3. 稳态晶粒尺寸

以项链状形成的动态再结晶的晶粒长大时，在原始晶粒中同时发生加工硬化，所以晶粒长大的驱动力逐渐减小，当晶粒尺寸达到某个 d_s 值后，长大驱动力不足，晶粒不能继续长大，所以在动态再结晶过程的动态再结晶晶粒尺寸几乎不变，这个晶粒尺寸就是稳态晶粒尺寸 d_s。

Sakai 和 Jonas 研究了 0.16%C 钢在 940 ℃拉伸应变及应变速率对平均晶粒尺寸的影响，实验材料的原始晶粒尺寸为 32 μm，结果如图 12-75 所示，图中 $P_i(i=1,2,3)$ 表示流变应力各峰值对应的应变值。实验表明，如果发生晶粒粗化，应力-应变曲线会出现多峰；如果发生晶粒细化（稳态晶粒尺寸 d_s 最低值是原始尺寸 d_0 的一半），应力-应变曲线则出现单峰。同时可以看到在高应变速率（图 12-75 中的 1.48×10^{-1}/s 及 18/s）下应力-应变曲线经历一

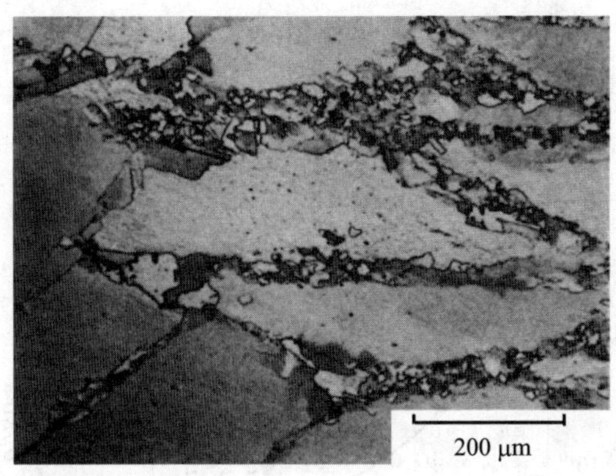

图 12-74 铜晶界上形成的 DRX 晶粒（Ardakani 和 Humphreys，1992）

个峰后晶粒尺寸就达到平稳状态。

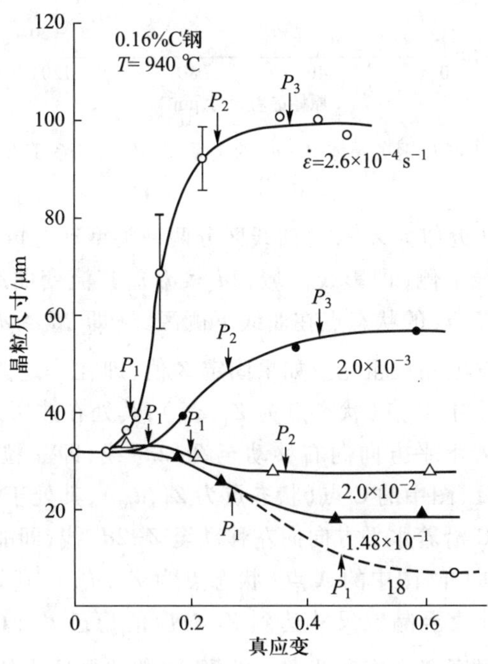

图 12-75 0.16%C 钢在 940 ℃拉伸应变及应变速率对平均晶粒尺寸的影响

以 Z_c 表示流变应力曲线从单峰过渡到多峰的临界 Z 值，如果流变应力曲线如图 12-75 所表示，取决于原始晶粒尺寸 d_0 与动态稳态晶粒尺寸 d_s 的比值，则 Z_c 对热加工材料的原始晶粒尺寸 d_0 以及稳态晶粒尺寸 d_s 会非常敏感。图 12-76 所示为 0.16%C 钢奥氏体的晶粒尺寸与 Z 参数之间的实验测量关系，其中空心圆点实线表示 Z_c-d_s 的关系，实圆点实线表示 Z_c-d_0 的关系，虚线表示 Z-$2d_s$ 的关系。从图中看到，Z_c-d_0 曲线与 Z-d_s 曲线是平行的，而 Z_c-d_0 与 Z-$2d_s$ 非常接近。流变应力曲线从单峰过渡到多峰其晶粒直径近似减缩约 2∶1。当 $2d_s \leqslant d_0$，应力-应变曲线是单峰的，并且动态再结晶时发生晶粒细化；当 $2d_s \geqslant d_0$，应力-应变曲线是多峰的，并且动态再结晶时发生晶粒粗化。因此可以用 $Z-2d_s$ 曲线来作出区别两种类型动态再结晶的显微组织的区域。

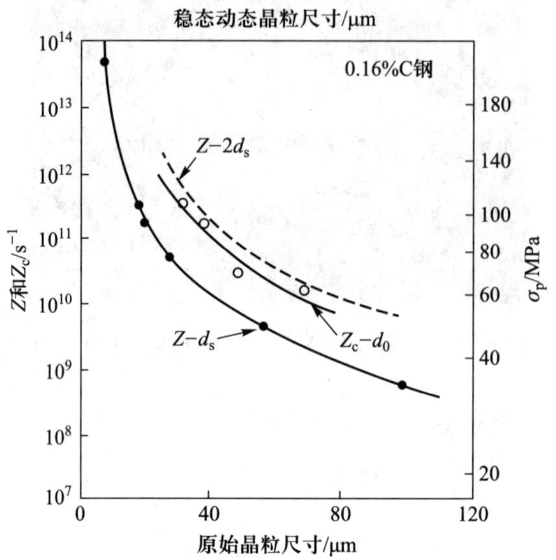

图 12-76 0.16%C 钢奥氏体 Z_c-d_0 的关系，$Z-d_s$ 的关系及 $Z-2d_s$ 的关系

图 12-77 是以 $Z-2d_s$（近似为 Z_c-d_0）曲线区分两种类型动态再结晶的显微组织示意图。如果 $Z-d_0$ 的状态点在曲线上侧（即影线区域，$2d_s \leqslant d_0$），其流变曲线是单峰的，并且动态再结晶发生晶粒细化；如果 $Z-d_0$ 的状态点在曲线下侧区域（即 $2d_s \geqslant d_0$），其应力-应变曲线是多峰的，并且动态再结晶发生晶粒粗化。如果固定 Z 值，即在一定关系上固定了形变速率 $\dot{\varepsilon}$ 和形变温度，例如图 12-77 中 B 点（状态点为 Z_1, d_{01}），其处在非影线区域，这时流变应力曲线是多峰的，状态点 B 沿着水平方向向右移动至 $Z-2d_s$ 线，即晶粒粗化直至晶粒尺寸达到 Z_1 对应的稳态 d_s 值。相反，图中的 C 点（状态点为 Z_1, d_{02}），其处于影线区域内，这时流变应力曲线是单峰的，状态点 C 沿着水平方向向左移动至 $Z-2d_s$ 线，即晶粒细化直至晶粒尺寸达到 Z_1 对应的稳态 d_s 值。同样，图中的 A 点（状态点为 Z_2, d_{01}），其处在影线区域内，流变应力曲线是单峰的，晶粒细化直至晶粒尺寸达到 Z_2 对应的稳态 d_s 值。在生产实际中利用中实验图，选择适当的加工温度 T 和应变速率 $\dot{\varepsilon}$ 的配合，即选择适当的 Z 值以达到控制热加工后晶粒大小的目的。

由于动态再结晶通常在较高温度下进行，而对其组织的研究观察则一般在室温条件下进行，因此，在实验过程中，必须确保在热加工结束后至冷却至室温的这段时间内，防止发生亚动态再结晶、静态再结晶以及可能的材料相变。这要求热加工停止后具备足够快的冷却速率。例如，之前观察到的 0.16%C 钢在 940 ℃ 下拉伸过程中发生的动态再结晶（如图 12-75 和图 12-76 所示），就是在拉伸结束后，通过以 2 500 ℃/s 的冷却速率进行氢气淬火获得的。

概括来说，动态再结晶的一般特征如下：

(1) 材料发生动态再结晶时其应力-应变曲线出现 1 个宽阔的峰或多个峰，这取决于 Z

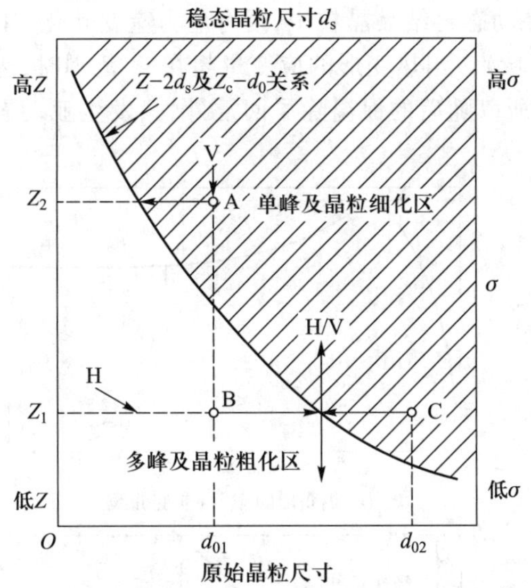

图 12-77 两种类型动态再结晶的显微组织示意图(Sakai 和 Jonas, 1984)

值和原始晶粒尺寸 d_0。

(2) 到达某一临界应变量 ε_c 才会开始动态再结晶,这个临界值比峰值应变略低。峰值对应的应力 σ_m 与 Z 有相关的关系。

(3) 临界应变量 ε_c 随应力 σ 或 Z 值的降低而降低。

(4) 动态再结晶的稳态晶粒尺寸 d_s 随着应力 σ 减小而增加。

(5) 虽然原始晶粒小使动态再结晶加速,但流变应力和稳态晶粒尺寸 d_s 几乎与原始晶粒尺寸无关。

(6) 虽然在非常低的应变速率和很大原始晶粒尺寸时动态再结晶也会在晶粒中形核,但通常都在原来的晶界上形核。

12.5 热变形后的退火(亚动态再结晶)

一些热加工操作过程(例如多道次热轧)在热加工间歇时间内会发生静态回复和静态再结晶,此外,大截面热轧件轧制后的冷却速度很慢,在停轧后就立刻发生热变形后的回复和再结晶。所以,热加工变形后的回复和再结晶有很大的工业意义。Djaic 和 Jonas 以图 12-78 示意描述不同形变量下各种软化机制对软化贡献的相对大小。当热变形的应变量很小时,热变形积累的位错密度很低,在随后保温时不可能发生再结晶,只有静态回复过程(如图 12-78 中的 1 区域)。当热变形的应变量加大直到 ε_c 前,热变形时没有发生动态再结晶,但因有相当的位错积累,在随后保温时除了发生静态回复外,还会发生经典的静态再结晶过程,软化的主要机制是静态再结晶(如图 12-78 中的 2 区域)。当热变形的应变量在 ε_c~ε_x 范围时,因为变形组织复杂,在随后保温时除了静态回复外,还发生多种软化机制:在已经发生动态再结晶区域,已经发生动态再结晶核心或晶粒继续长大,这就是亚动态再结晶;在未能发生动态再结晶以及在动态再结晶晶粒中，因有应力应变硬化，在这些区域发生静态再结晶（如图 12-78 中的 3 区域）。当热变形的应变量超在 ε_x 范围时，热变形组织是由各种程度的动态再结晶组织组成，所以随后的保温除了回复外，只发生亚动态再结晶（如图 12-78 中的 4 区域）。

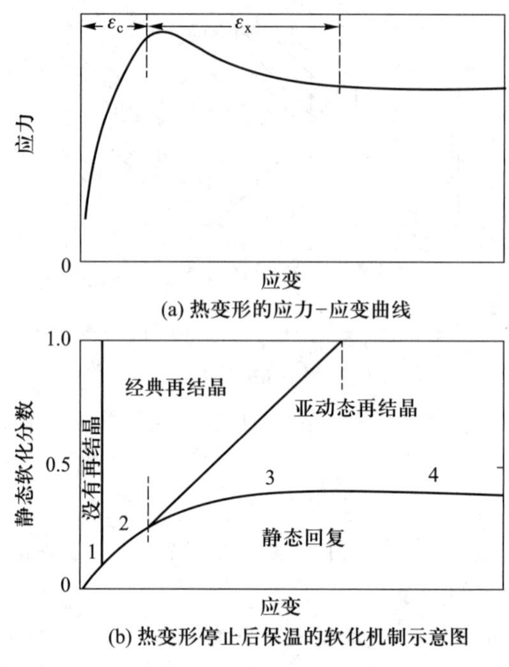

(a) 热变形的应力-应变曲线

(b) 热变形停止后保温的软化机制示意图

图 12-78 软化机制（Djaic 和 Jonas，1973）

12.6 连续再结晶

再结晶是由形核和长大过程组成，主要为大角度晶界突发式的迁移，过程是不连续的，一般称不连续再结晶或一次再结晶。如果再结晶过程均匀发生，看不到明显的形核阶段和长大阶段，这称连续再结晶，也称原位再结晶。

12.6.1 第二相颗粒演化引起的静态连续再结晶

若回复过程中发生脱溶，通常会导致大量细小的第二相颗粒析出，这些颗粒尺寸微小且分布紧密，从而不利于再结晶的形核过程。同时，析出的质点会钉扎在晶界上，进而可能完全抑制再结晶的发生。在此情境下，随着保温时间的延长，脱溶质点会逐渐聚集并长大，形变基体中的位错排列也会发生变化，表现为位错密度的逐渐降低以及亚晶晶界取向差和尺寸的调整，最终使基体恢复到形变前的结构状态。尽管这些过程在严格意义上并不等同于传统的再结晶，但由于它们最终实现了形变基体向未形变状态的恢复，因此这一过程被称为连续再结晶或原位再结晶。由于整个过程没有大角度晶界迁移，按其本质应是回复过程，所以也有人称之为扩展回复。这种现象首先在 Al-Cu 合金中观察到。图 12-79 是连续再结晶过程的示意图。其中图 12-79a 描述脱溶质点对位错钉扎，随着质点长大，位错重排和对消，使亚晶的尺寸和取向差增加；图 12-79b、c 描述亚晶被脱溶质点钉扎。这些过程之所以称为原位再结晶，是因为基体的形变结构是在原位逐渐消除的。图 12-80a 给出铝锰合金连续再结晶时的组织；图 12-80b 表明少数再结晶晶粒是在颗粒析出前形成的，一旦析出物出现，正常再结晶就无法进行。

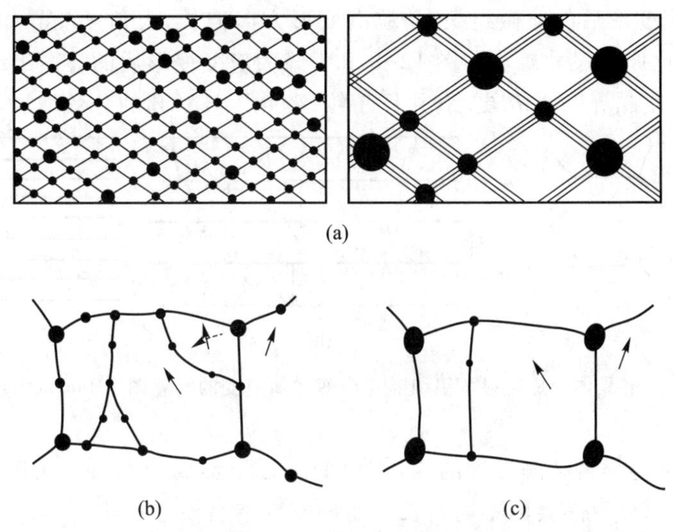

图 12-79　连续再结晶过程示意图

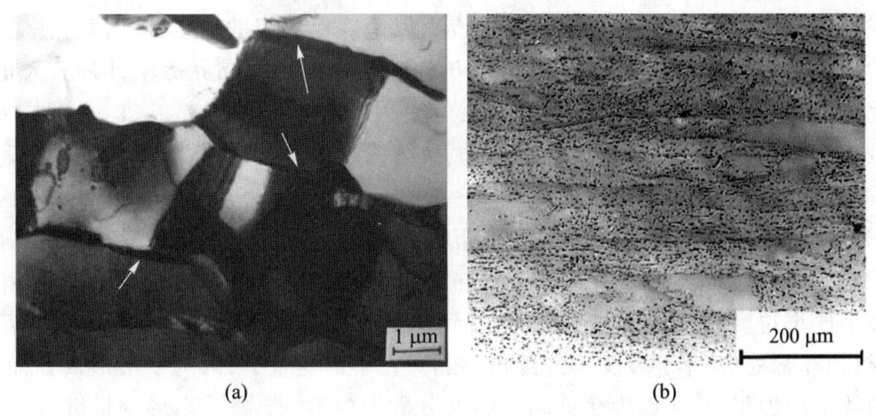

图 12-80　Al-1.3%Mn 合金固溶处理后冷轧压下量 80%（350 ℃退火）

12.6.2　大形变量金属退火发生的静态连续再结晶

大形变量冷加工金属能够形成一种独特的显微组织，该组织几乎完全由大角度晶界所构成。这种组织形态通常以亚微米晶粒（SMG）的形式存在。在经历变形过程或随后的退火处理时，这些大角度晶界几乎不发生迁移，从而形成了由大角度晶界紧密包围的细小晶粒结构。值得注意的是，这一转变过程并不依赖于传统意义上的可辨识“形核”及再结晶晶粒的

“长大”阶段来消耗变形所带来的损伤结构,而是直接形成了与传统再结晶显微组织相似的结构,这一过程被称为连续再结晶。

随形变量的增加,晶粒不断“碎化”产生新的晶界,大角度晶界占晶界分数增加。图12-80简单示意描述多晶体在轧制变形时显微组织随着应变增加的演变。图12-81a为未变形的原始晶粒,晶粒为等轴状,尺寸(晶粒的厚度,也是大角度晶界的间距)为 d_0。图12-81b为经中等应变变形后的显微组织,晶粒沿变形方向伸长,大角度晶界(HAGB)在垂直变形方向的间距 H 比原始尺寸减小。图12-81c为经大应变变形后的显微组织,亚晶的尺寸基本没有变化,大角度晶界间距 H 更小,并且晶粒“碎化”,HAGB的分数增加。

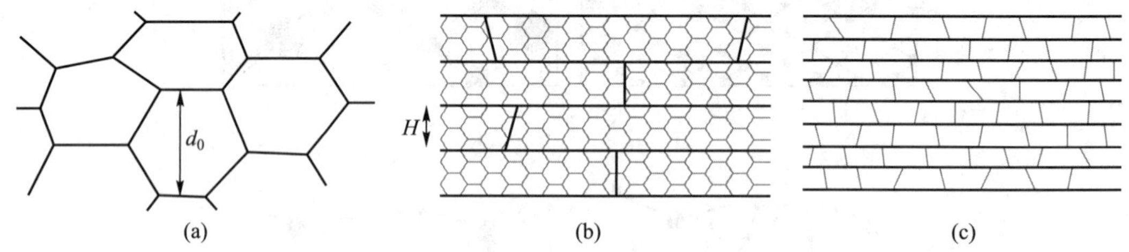

图12-81 多晶体变形时显微组织随着应变增加演变的示意图(Humphreys, 2014)

基于上述对不连续再结晶过程的探讨,形变过程中形成的大量小角度晶界在退火时往往呈现不稳定性,部分亚晶会因不均匀长大而形成再结晶核心。然而,当应变增加导致小角度晶界的平均取向差增大,且所有亚晶界的取向差趋于均匀时,这种稳定的晶界结构便难以成为再结晶核心的来源,从而有效抑制了不连续再结晶的发生。抑制不连续再结晶的关键在于形成足够高比例的大角度晶界(0.6~0.7),以此确保组织的稳定性。值得注意的是,随着应变的减小,大角度晶界(HAGB)的间距 H 的减小速度比亚晶界更快,因此,大角度晶界的百分比会随着应变的增加而逐渐上升。在应变达到足够大(即临界应变 ε_{cr})时,大角度晶界的比例会增至足够高(0.6~0.7),从而使显微结构趋于稳定,有效抑制了晶粒的不连续长大过程,即不连续再结晶。

图12-82示意性地描述了在室温变形下大角度晶界间距HAGB(H),小角度晶界尺寸LAGB(d)以及大角度晶界HAGB的百分数随形变量的变化。随着形变量增加,大角度晶界的间距减小比小角度晶界尺寸减小快得多,到达某一临界形变量范围 ε_c、H 和 d 都大体相同,这时组织非常稳定,不会发生不连续再结晶。在小形变量下,因为变形形成亚晶,小角度亚晶界的数量增加很快,所以大角度晶界的百分数HAGB%下降。当形变量继续增加,亚晶尺寸变化很小,而随着晶粒的伸长 H 减小和晶粒碎化,大角度晶界数量急剧增加,使HAGB%急剧增加,当形变量达到临界形变量范围后,HAGB%增加再趋于缓慢。

12.6.3 动态连续再结晶

在前面讨论动态回复知道,动态回复时大角度晶界发展为锯齿状,这些锯齿波与亚晶尺寸相当(参见图12-69),并且亚晶尺寸几乎与形变量无关,所以大角度晶界的百分数随形变量增加而增加。如果材料在横截面经受大的压缩(例如热轧或热挤压)变形,晶粒变为扁平状,最终当晶界的锯齿波纹尺寸与晶粒厚度相当时,波纹皱褶的晶界将会相互贯通,结果形

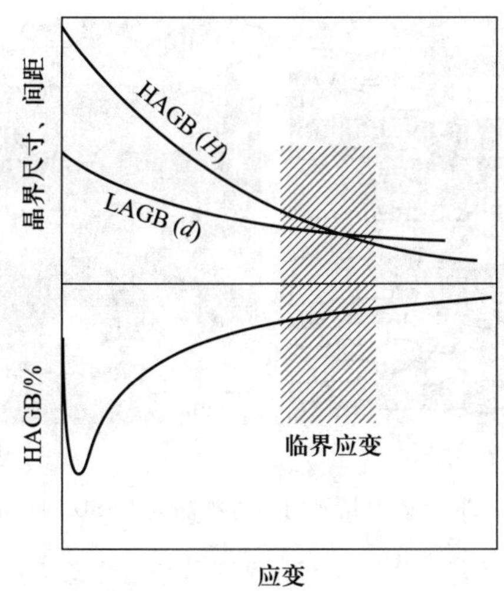

图 12-82 室温变形下 LAGB(d)、HAGB(H)及 HAGB 随应变量的变化(Humphreys,2014)

成小的与亚晶尺寸相当的小等轴晶,它们的晶界是大角度晶界。这样具有很大数量大角度晶界的细小等轴晶组织,它不涉及开动任何新的微观再结晶机制(即不涉及任何的“形核”和“核心长大”过程),很明显这个过程与不连续再结晶的动力学不同,是一种动态连续再结晶过程,这种连续再结晶是因为大变形过程的几何原因发生的,又称为几何动态再结晶。图 12-83 示意描述几何动态再结晶过程,其中粗黑线表示大角度晶界,细线表示亚晶界。图 12-83c 所示为大形变量组织示意图,晶界的锯齿波纹尺寸与晶粒厚度相当,使波纹皱褶的晶界相互贯通形成的小等轴晶组织,即进行了几何动态再结晶。

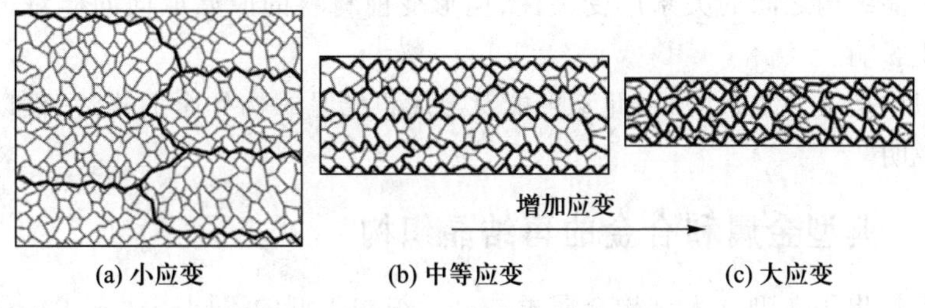

图 12-83 轧制时几何动态再结晶组织演变示意图

发生几何动态再结晶也需要临界压缩形变量 ε_c,这个形变量主要与原始晶粒尺寸 d_0 和亚晶尺寸 d 有关,即 $\varepsilon_c=\ln(Kd_0/d)$。$K$ 是数量级为 1 的常数。可见,Z 参数较高时(低温、高应变速率),亚晶尺寸小,所需临界应变量大;而 Z 参数(高温、低应变速率)较低时,亚晶尺寸大,所需临界应变量小。图 12-84 显示了 350 ℃下平面应变压缩变形的 Al-Mg-Fe 合金中几何动态再结晶的 EBSD 图,其中黑色表示小角度晶界,白色表示大角度晶界。在较低的应变下,可以看到扁平的含亚晶粒的原来晶粒,但在较大的应变下,形成了几乎等轴晶的微观组织。

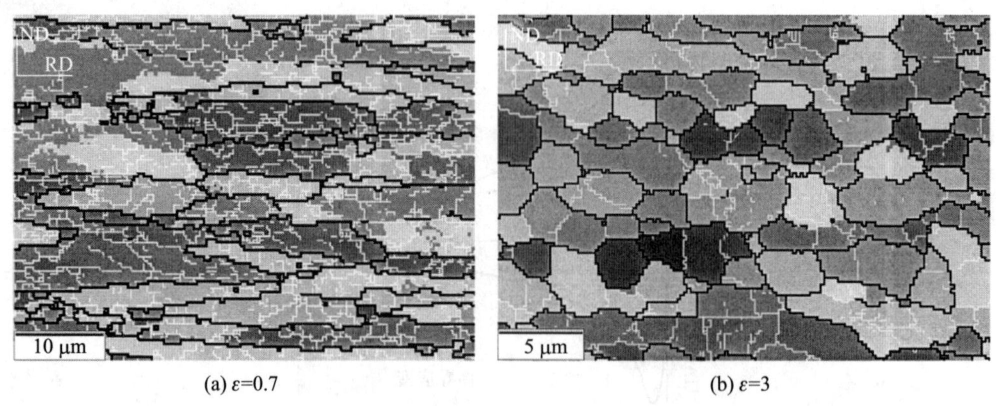

(a) ε=0.7　　(b) ε=3

图 12-84　Al-Mg-Fe 合金中几何动态再结晶的 EBSD 图(Gholinia 等,2002)

12.7　再结晶织构

形变后的材料在经历再结晶退火时,会重新形成织构,这一现象被称为再结晶织构或退火织构。这种新形成的织构可能与原有的形变织构保持一致,但更常见的是与形变织构完全不同。影响这一变化的主要因素是形变组织中小角度晶界与大角度晶界的比例,这一比例直接反映了形变量的大小。若亚晶或晶粒在退火过程中均匀生长,形变织构可能会得以保留;反之,若生长不均匀,则织构会发生变化。此外,退火织构在晶粒进一步长大的过程中还会持续演变。值得注意的是,微量其他元素的加入也能对再结晶织构产生影响。尽管形变织构与再结晶织构之间的关系广受关注,但形变前材料的原始取向同样对再结晶织构的形成具有重要影响。

再结晶织构是十分复杂的,因此不可能对金属再结晶织构作全面描述,仅以一些典型金属的例子来说明。

12.7.1　典型金属和合金的再结晶织构

图 12-85 给出了典型立方结构金属再结晶后织构类型的不同表达方式。利用这些图可以很方便地确定织构类型。表 12-6 为立方结构金属中的主要再结晶织构。

1. 面心立方金属的再结晶织构

再结晶织构和形变织构有着密切关系。面心立方金属和合金的形变织构已在第 9 章介绍过,这里不再重复。变形量很大的冷轧铜及中等和高层错能的金属和合金,退火后的再结晶织构含有很强的{001}<100>立方织构组分含量。如果层错能比较低,金属会产生退火孪晶,故还会含上述织构的镜面对称取向的组分{236}$\langle 38\bar{5}\rangle$。含 P 的铜合金,随着 P 的加入,立方织构组分很快消失,然后戈斯织构组分含量增长;含 Ge 的铜合金也有少量的戈斯织构组分。除了合金元素能使再结晶的立方织构组分含量降低外,原始粗的晶粒、低的退火温度等也会降低再结晶织构中的立方织构组分的含量。铝在冷轧后退火会生成较锋锐的再结晶织构。经低形变量轧制的铝板在 450 ℃退火时,主要发生回复和原位再结晶,冷轧织构仍保

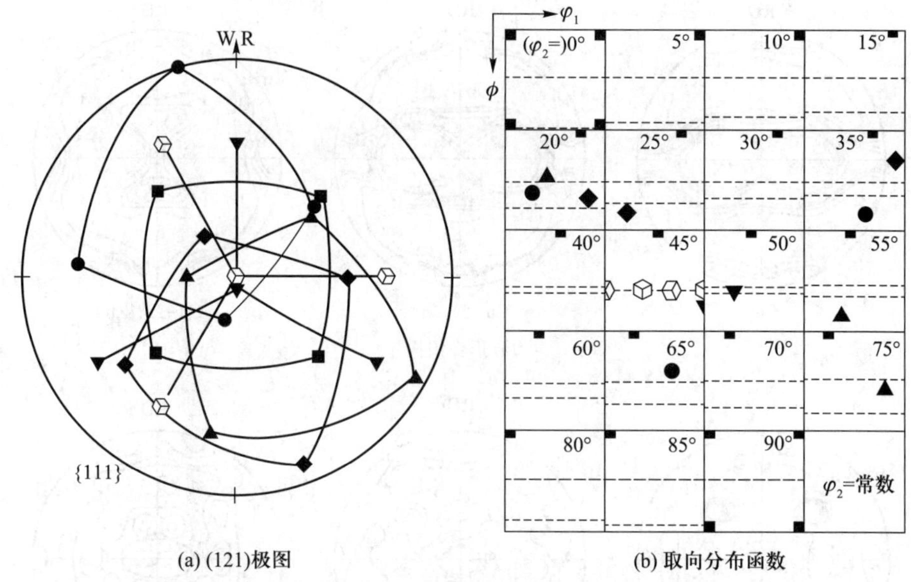

(a) (121)极图　　(b) 取向分布函数

图 12-85　典型立方结构金属再结晶后织构类型的不同表达

表 12-6　立方结构金属中的主要再结晶织构

织构类型	$\{hkl\}<uvw>$	欧拉角 φ_1,Φ,φ_2	符号
立方织构	$\{001\}<100>$	0°,0°,0°	■
R 织构	$\{123\}<63\bar{4}>$	59°,37°,63°	●
	$\{124\}<21\bar{1}>$	57°,29°,63°	
B 取向的再结晶织构	$\{236\}<38\bar{5}>$	79°,31°,33°	◆
	$\{258\}<1\bar{2}1>$	47°,34°,22°	▲
其他织构	$\{554\}<22\bar{5}>$	90°,61°,45°	▼
	$\{121\}<12\bar{2}>$	90°,55°,45°	
	$\{121\}<1\bar{1}0>$	0°,55°,45°	

注:其中符号与图 12-85 相同。

留。经中等轧制形变量(冷轧 70%、90%)的铝板在退火时出现黄铜型$\{120\}<11\bar{2}>$和立方型$\{120\}<001>$织构,但仍有部分形变织构保留下来。经高轧制变形量的铝板退火时,主要出现 R 织构$\{124\}<21\bar{1}>$和立方织构$\{100\}<100>$。这两种织构组分含量的多少与铝板的纯度有关。高纯铝的立方织构较强,R 织构较弱。

图 12-86 给出 Zn 含量对 Cu-Zn 合金形变织构和再结晶织构的影响。因为 Zn 降低层错能,所以改变形变机制和形变织构(铜型变为黄铜型)而最终影响再结晶织构的。图中的织构类型可对照图 12-85 及表 12-6 相关的资料。

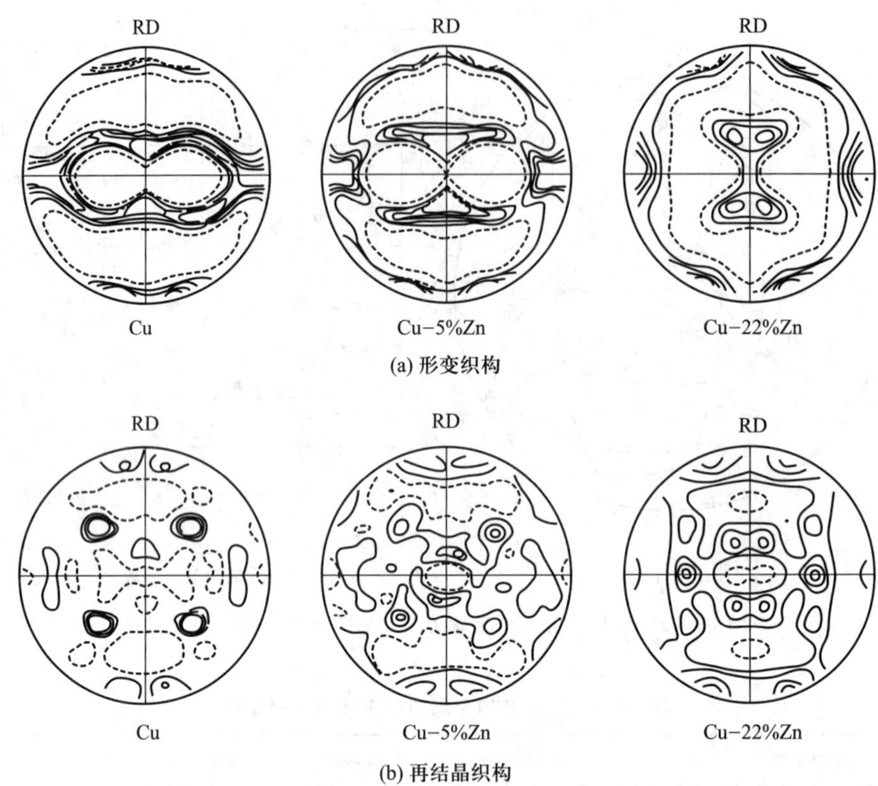

图 12-86 Zn 的含量对 Cu-Zn 合金形变织构和再结晶织构的影响

2. 体心立方金属的再结晶织构

低碳钢板是工业上大量使用的材料，所以，学者们对 Fe-C 合金的再结晶织构有比较多的关注。工业纯铁冷轧织构主要由 α 取向线上织构和 γ 取向线上织构组成（参见第 9.16.3 节）。再结晶退火后，α 取向线（指 RD//<012>取向的晶粒）的织构会消失，γ 取向线（指{121}//轧面的晶粒）织构则随退火时间逐渐增强。低碳钢、IF 钢也有这种变化。图 12-87 是冷轧应变为 85%的钢在 700 ℃退火下再结晶后织构的变化。图中说明 α 取向线的织构会消失，γ 取向线织构则为再结晶织构。

密排六方金属的再结晶织构 Mg、Ti、Zr 冷轧并退火后一般是弱化的形变织构。

12.7.2 晶粒长大时织构的发展

晶粒的长大分正常长大和异常长大，织构的变化也分两类情况。晶粒异常长大时，新织构会取代原来的再结晶织构；而正常长大时，随再结晶织构的强度不同、杂质含量不同、层错能不同等，会出现不同情况。在 Al 合金中立方织构会变强，也可能某一弱织构组织变强超过原来的一次再结晶织构。图 12-88 给出了取向硅钢高温退火升温过程中织构的变化（图 12-88a）及织构变化对应的 ODF 图（图 12-88b）。再结晶完成后主要有两种取向的晶粒，{100}<021>/{124}<481>取向晶粒（深色以外的晶粒，ODF 图中的 A 位置）和{121}<122>取向晶粒（深色，ODF 图中的 B 位置），随退火温度从 950 ℃升到 1 200 ℃，由于表层附近的

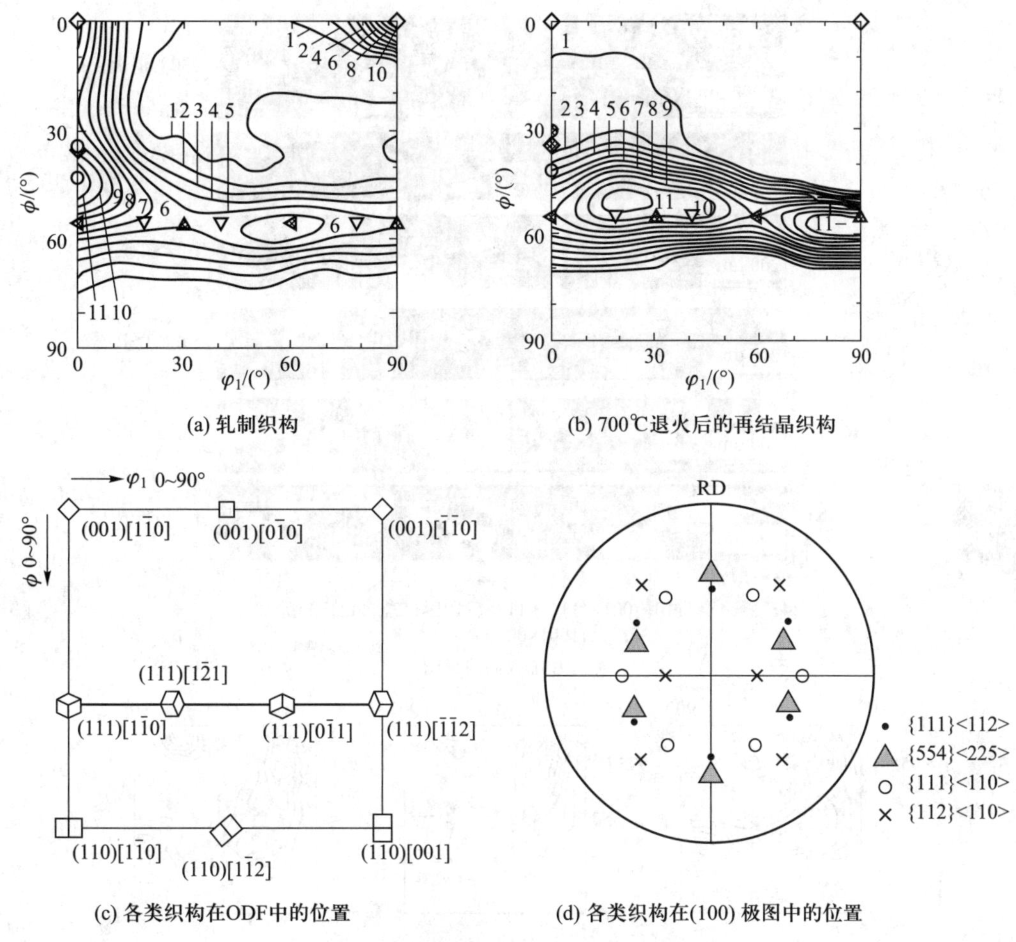

图 12-87 钢退火再结晶后织构的变化

AlN 抑制剂粒子受表面氢气的影响先熟化，表层晶粒先长大，最终长成上下两层晶粒的组织；同时{100}<021>{124}<481>一类晶粒先长大，逐渐吃掉{121}<122>取向的晶粒，见 ODF 图中 B 位置强度下降。

晶粒异常长大织构变化的典型例子：① 银和 Cu-30%Zn（黄铜），原来的低层错类型的{236}<$38\bar{5}$>织构被{120}<$1\bar{1}2$>织构所取代；② Al-3%Mg 合金，原来的立方织构被靠近{013}<$23\bar{1}$>织构所取代；③ 取向硅钢（Fe-3%Si），该商业合金含有弥散第二相可抑制晶粒的长大。图 12-89 给出取向硅钢二次再结晶前、后的织构变化。二次再结晶前以{121}<$11\bar{2}$>的一次再结晶织构为主（图 12-89 a），因为 MnS 粒子选择性钉扎，加上气氛等因素的帮助，促进了戈斯取向晶粒{120}<001>生长，抑制其他取向晶粒生长。最终二次再结晶后形成锋锐的高斯织构（图 12-89b）。图 12-89c 所示为二次再结晶开始时戈斯晶粒（粗大深色）吞并其他取向晶粒的取向成像图。

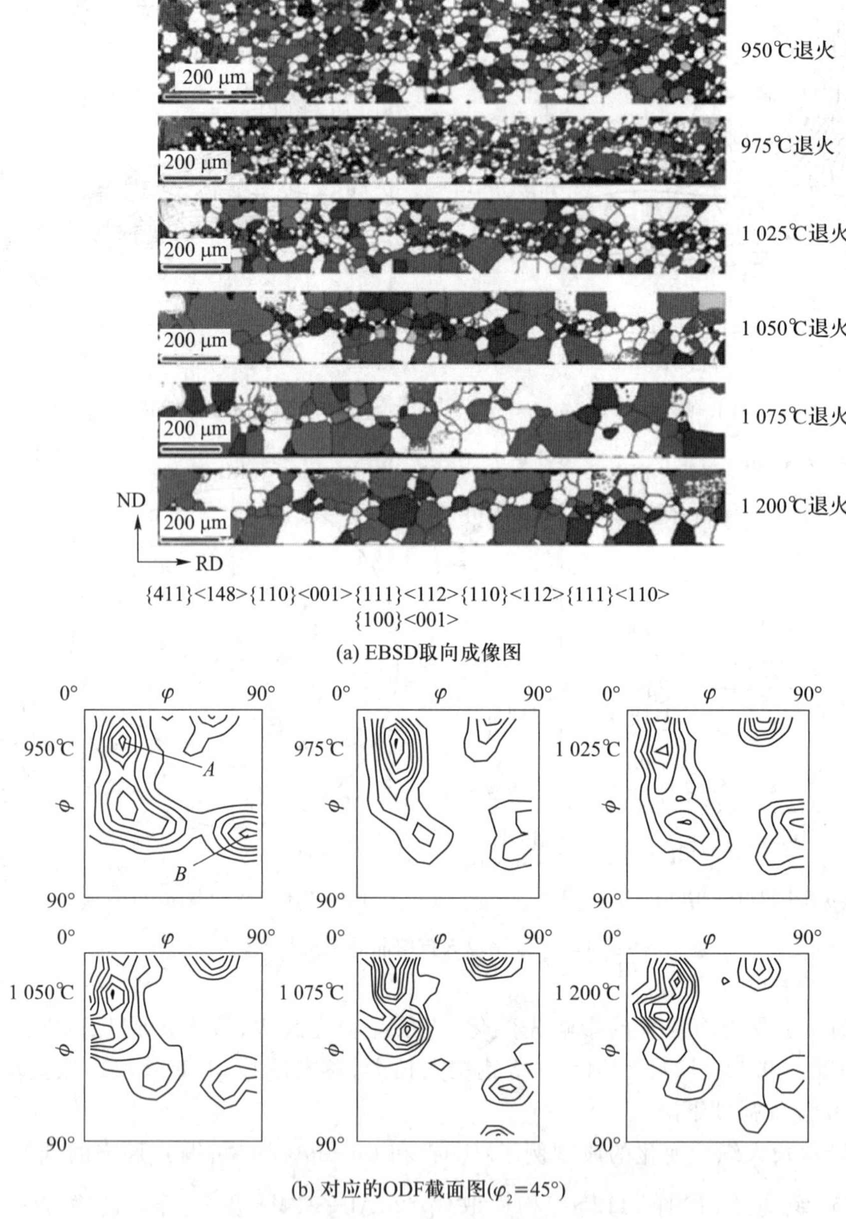

(a) EBSD取向成像图

(b) 对应的ODF截面图($\varphi_2=45°$)

图 12-88 取向硅钢高温退火升温过程中织构的变化

12.7.3 再结晶织构理论

再结晶织构的特性主要取决于新晶粒的取向,以及这些晶粒形核与长大速率之间的相对关系。长久以来,关于再结晶织构的形成机制一直存在争议,目前主要分为取向形核理论和取向生长理论两派。众所周知,再结晶核心源于形变基体,除非形变过程中产生孪晶导致取向变化,否则其核心取向通常不会改变。然而,再结晶织构往往与形变织构大相径庭,因

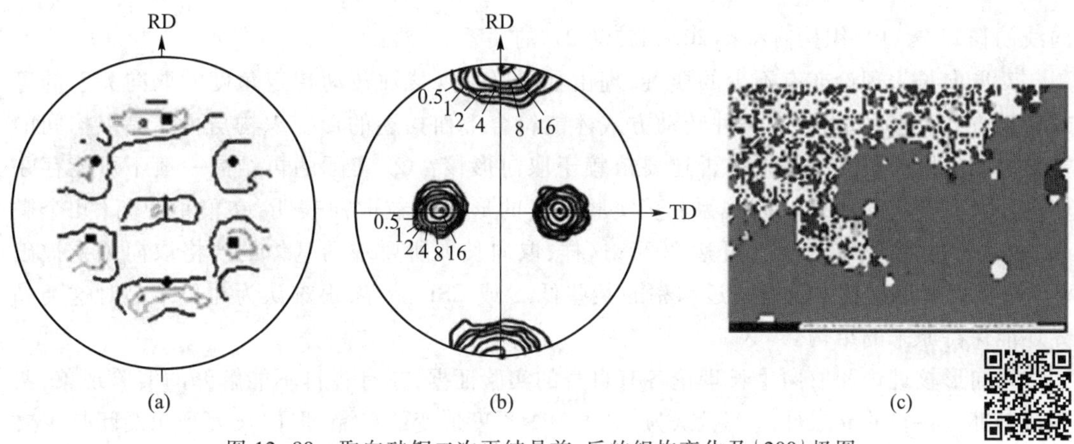

图 12-89 取向硅钢二次再结晶前、后的织构变化及{200}极图

此，无论哪种理论，其核心任务都在于解释新取向的起源。接下来，我们将分别阐述这两种观点。

1. 取向形核理论

在形变织构基体上形成特定的晶体学取向的核心，这些核心长大而成的晶粒必然会具有相对于基体位向的某种特定取向。因为基体是择尤取向的，所以这些晶核长大后的晶粒也必然具有择尤取向。例如，经热轧的面心立方晶体，一般具有立方{001}<100>织构，冷轧形变过程会逐渐转向 S 取向{123}<63$\bar{4}$>（参见第 9.16.3 节），在转动过程中形成具有取向梯度的过渡带，在过渡带中有一些立方取向晶体残留在转动的轨迹各处。因这些立方取向的晶体附近的取向梯度比较大，在再结晶退火时它们就成为再结晶核心，最后形成很强的再结晶立方织构。

某些金属和合金的再结晶织构与冷轧前的初始织构密切相关，有时甚至直接继承了冷轧前的织构特征，这一现象与取向形核机制紧密相关。鉴于再结晶过程的复杂性及影响因素的多样性，在许多情况下，再结晶并不完全依赖于取向形核。即便取向形核占据主导地位，也不能完全排除其他取向核心的形成可能性。

2. 取向长大理论

该理论认为再结晶核心不必是有特殊取向的，但只有那些相对于形变基体有特殊取向关系的核心才具有较大的长大速度，其他取向的核心因其界面迁移速度太慢，在竞争生长中被淘汰，结果导致再结晶后具有与形变基体取向有关的织构。这些具有高迁移率的特殊晶界的晶粒取向关系如表 7-5 所列。例如，对面心立方金属，有利于生长的取向关系是再结晶晶体相对于形变基体绕<121>轴转动约 40°；对体心立方金属，则是绕<120>轴转动约 27°；对密排六方金属，是绕<0001>轴转动约 30°。

支持取向长大理论的例子：工业纯铝再结晶的 R 织构与形变的 S 织构相对于形变织构恰好有近似的绕<121>轴转动约 40°的关系，再结晶时 R 织构的增长与 S 织构的减少同步进行；在 R 织构基本形成后又出现{001}<310>织构组分，这种取向与退火前的铜型 C 织构恰好也有绕<121>轴转动约 40°的关系；IF 钢再结晶出现的{554}<22$\bar{5}$>织构，它和退火前 α 取向线的{122}$\langle 1\bar{1}0\rangle$织构有绕<120>轴转动 27°的关系。

对取向长大理论亦有不少的质疑，理由如下：① 以某轴转动特定角度的取向关系的等效转动方式有多种，而只有一种转动方式才能符合上面描述的形变织构与再结晶织构间的关系，因此，取向长大的效果是否还要依赖于取向形核？② 实际的再结晶一般不可能存在取向长大所要求的严格取向关系；③ 实验测定的形变晶粒取向表明，在很小距离（几个微米）内就有很大的取向变化（可达 20°），这样，取向长大所要求的基体的严格取向关系被破坏；④ 在无变形材料中具有高迁移率的某些低 Σ 或 CSL 晶界，很难认为在再结晶时这类晶界还能保持原来的结构。

取向形核理论和取向生长理论各有自身的实验证据，亦有各自不能解释的实验现象，两种机制都有各自的局限性。一般认为，对于中等程度形变的单晶，取向长大毫无疑问是主要的控制机制。但对于多晶体，形变织构必然是比较漫散的，并且显微结构也比较复杂，再结晶织构主要由取向形核所决定，取向长大只在已经取向形核所确定的取向条件下起作用。

对于退火后保留的形变织构，一般认为决定性过程是取向形核。例如，应变诱发形核，原位（连续）再结晶等都不改变原来晶体学取向；又例如，通过适当的退火工艺获得大量和原来基体位向相同的核心但抑制其长大，这样也可获得保留织构。

F. J. Humphreys 和 M. Hatherly 对取向形核和取向长大理论的评论：把取向形核和取向长大理论极端化是站不住脚的，核心的取向来源于那些存在于变形材料的取向，没有任何证据证明会发生随机取向的核心。同样有无可置疑的证据证明，在某些情况下，某些取向关系与高或低晶界迁移率有直接的关联。现在大多数关于再结晶织构起源的讨论都集中在微米尺度上再结晶机制的取向关系，在这样的尺度区别“核心”和“早期的长大”是无意义的。再次强调，人为的取向形核和取向长大的论点是牵强的。

12.7.4　退火织构在工业上的意义

退火后究竟获得怎样的织构取决于一系列因素，这些因素诸如金属材料本身的性质，材料所含的杂质，原来形变织构的类型以及退火温度等。若材料存在织构，必然使性能产生各向异性。适当控制再结晶织构，对于获得某些材料的特殊性能具有重要意义。例如，普通冲压用的钢板如果存在织构，冲压后冲压件会出现薄厚不均，并且在冲压件边缘会出现一些凸出部分（称为“制耳”，见图 12-90），这是不希望的，在这种情况下要求尽量减小织构。对于超深冲钢板（无间隙原子钢，IF 钢），为了满足超深冲性能的要求，希望沿板面任何方向与板面法线的塑性应变比尽可能大，这样要求比较强的{121}面平行于板面的织构。又例如，对于电工用的硅钢（Fe-3.5%Si 合金）板的织构是二次再结晶织构，一般希望有高斯织构（{120}<001>织构，这种硅钢称为取向硅钢）和立方织构（{100}<001>织构，这种硅钢称双取向硅钢），这样的钢板有很好的软磁（即高磁感）性能。控制生成和减弱再结晶织构都是有实际意义的，具体方法因材料和所需织构类型而异。

退火后所获得的织构类型取决于多种因素，包括金属材料的基本属性、所含杂质种类、原有的形变织构类型以及退火温度等。材料中若存在织构，通常会导致性能上的各向异性。因此，合理控制再结晶织构对于实现特定材料的优异性能至关重要。对于超深冲钢板（如无间隙原子钢,即 IF 钢),为满足超深冲需求,需确保沿板面任意方向与板面法线的塑性应变比尽可能大,这就要求形成较强的{121}面平行于板面的织构。再如,电工用硅钢(Fe-3.5%Si 合金)板的织构为二次再结晶织构,通常期望得到高斯织构({120}<001>织构,此类硅钢称为取向硅钢)或立方织构({100}<001>织构,此类硅钢称为双取向硅钢),这样的钢板具有出色的软磁性能(即高磁感应强度)。控制和减弱再结晶织构均具有重要的实际意义,而具体方法则需根据材料种类及所需织构类型灵活调整。

图 12-90 冲压后出现"制耳"

12.8 纳米晶材料的热稳定性

纳米金属由于大量的晶界的存在而导致热稳定性差。一般而言,纳米晶的晶粒长大温度远低于粗晶的再结晶温度,一些纳米晶纯金属(如 Ag、Al、Pb、Cu 等)甚至在室温下即发生长大现象。热稳定性差已经成为限制纳米金属制备和应用的主要瓶颈。

由于纳米晶 (NC) 材料表现出许多优于其粗粒对应的物的特性,因此它们具有用于各种应用的巨大潜力。但是,由于它们的固有的热不稳定性限制了这些材料的潜在应用。因此,提高热稳定性是纳米结构材料的一个重要课题。

提高纳米晶材料热稳定性的方法可以分为两类:热力学稳定和动力学稳定。

12.8.1 热力学稳定

1. 利用晶界偏析降低晶界能获得热稳定

前面讨论知道,晶粒长大的驱动力为 $P=2\gamma/r$[见(7-50)式],其中 γ 是界面能,r 是晶粒的半径(晶界的曲率半径)。降低界面能可以有效减弱晶粒长大的热力学驱动力。通过溶质在晶界的偏析或采用低能晶界,可以降低晶界能,进而减小粗化的驱动力。溶质原子在晶界处的富集,由于溶质与溶剂原子间的相互作用以及弹性应变能的释放,会导致界面能的降低。值得注意的是,合金元素的固溶度通常与观察到的偏析程度成反比(见图 7-72),因此,溶解度较低的合金元素在降低晶界能方面往往更为有效。早在 1965 年,Hondros 就在 Fe-P 合金的零蠕变实验中观察到,随着溶质 P 的浓度(x_P)增加晶界能(γ)显著降低的现象,如图 12-91 所示,Γ_P 是界面单位面积的超额溶质原子数量。

Weissmuller 首先给出纳米晶晶界能 γ 的计算式。当偏析浓度比较高、溶质原子相互作

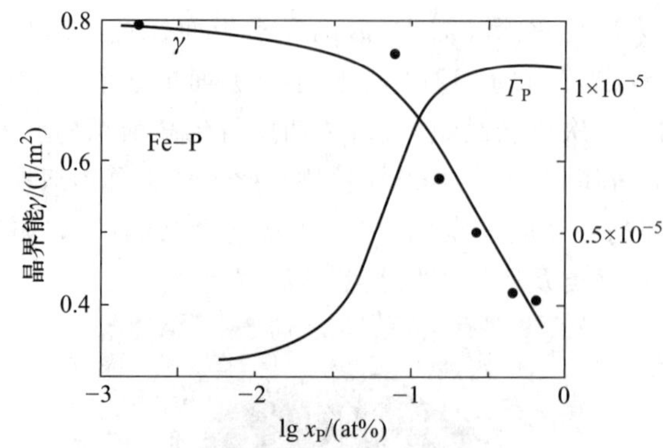

图 12-91　Fe-P 合金的溶质浓度与晶界能的关系(Hondros,1965)

用可以忽略时,Kirchheim 将 Weissmuller 的计算式简化为

$$\gamma=\gamma_0-\Gamma_{B0}(\Delta H_{seg}-T\Delta S_{seg})=\gamma_0-\Gamma_{B0}(k_B T\ln x_B^{bulk}+\Delta H_{seg}) \tag{12-43}$$

式中:ΔH_{seg}(注意,这里的 ΔH_{seg} 定义与第 7 章的 ΔG 定义相反,定义为晶粒内部和晶界中溶质原子之间的能量差,为正值)和 ΔS_{seg} 分别是溶质原子 B 的偏析焓和偏析熵;γ_0 是纯溶剂的界面能;k_B 是玻尔兹曼常数;T 是温度;x_B^{bulk} 是晶粒内溶质浓度;Γ_{B0} 是晶界区域的溶质原子的饱和量。偏析焓和晶界溶质浓度的增加有利于晶界能的减小。根据(12-42)式,晶界偏析焓 H_{seg} 必须足够大,以克服晶界焓损失 γ_0/Γ 和晶体固溶体的熵优势,得出稳定纳米晶状态的合金选择准则:

$$H_{seg}>\frac{\gamma_0}{\Gamma}-k_B T\ln(x) \tag{12-44}$$

基于(12-44)式,Kirchheim 分析了溶质偏析晶界能的三种可能情况,如图 12-92 所示。图中的纵坐标是晶界能 γ,横坐标是溶质的化学势 μ_B:在非常低的溶质浓度下,Γ_B 可以忽略不计,γ 几乎保持不变($=\gamma_0$), 在这种情况下,$\mu_B=RT\ln x_B=-H_{seg}$,如图中↑所示。如果溶质-溶质相互作用可以忽略不计,γ 的减少与 μ_B 的变化成正比,如图中①线所示。当 μ_B 达到 $\gamma_0/\Gamma_{B0}-H_{seg}$ 值时,γ 为零。这时具有溶质偏析的晶界将处于亚稳态平衡状态。当达到这种亚稳态平衡状态时,晶粒长大的驱动力消失,晶粒粗化在热力学上受到抑制。因此,对应于这种状态的晶粒尺寸定义为亚稳态平衡晶粒尺寸(d_{eq})。Kirchheim 还分析了溶质偏析和富溶质相沉淀之间的竞争:如果溶质-溶质相互作用很强,则永远不会达到晶界中的饱和溶质过量。因此,作为 μ_B 函数的 γ 的减少,偏离了①线,如②线所示。如果晶界发生富溶质相沉淀的情况,在沉淀开始时,μ_B 保持不变,γ 不能再减少,如③线所示。

如果晶粒是球形的,可以求得亚稳晶粒尺寸 d_{eq}:

$$d_{eq}=\frac{3\Gamma_{B0}V_m}{x_0-\exp(x_B^{bulk})} \tag{12-45}$$

式中:x_0 和 V_m 分别是溶质总浓度和摩尔体积。对于特定的合金系统,当 Γ_{B0} 可由实验确定时,方程(12-45)可用于预测 d_{eq} 随总浓度(x_0)或 T 的演变。Trelewicz & Schuh 构建了计算多晶二元合金系统的吉布斯混合自由能(G_{mix})模型(TS 模型),计算和绘制在 $G_{mix}-x_B^{Gb}-d$

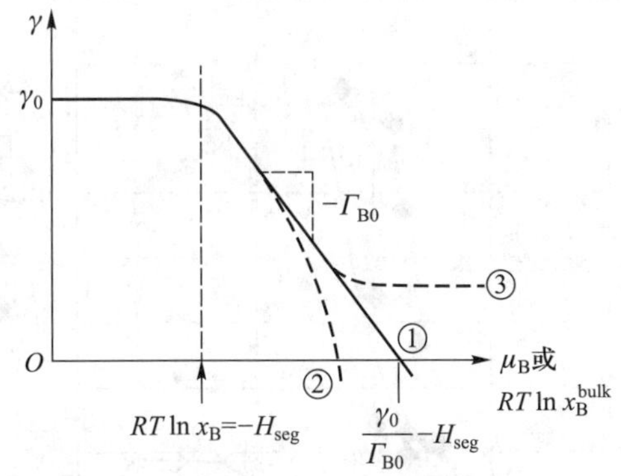

图 12-92　溶质偏析晶界能的三种可能情况（Kirchheim,2007）

三维坐标系中 G_{mix} 作为 d 和 x_B^{Gb} 的函数。特雷维奇和舒等计算和绘制这种图,如图 12-93 所示,箭头指示的最小 G_{mix} 相关的晶粒尺寸,相应于亚稳态。图中箭头指示的最小自由能 G_{mix} 相关的晶粒尺寸,即对应于亚稳态平衡晶粒尺寸 d_{eq}。

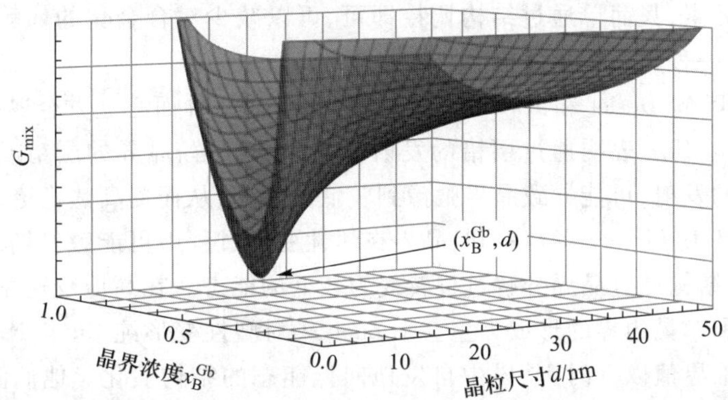

图 12-93　在特定总溶质浓度下的 G_{mix} 面（Murdoch 和 Schuh 等,2013）

从式(12-44)和式(12-45)看到,具有高 H_{seg} 的溶质元素的热稳定作用更强。例如铁基纳米合金,高 H_{seg} 的 Zr 和 Ta 溶质元素比低 H_{seg} 的 Zr 和 Ta 溶质元素对晶粒尺寸 d 的稳定作用更强。图 12-94 所示为不同溶质元素的铁基合金进行 1 小时等时退火的晶粒尺寸随退火温度的变化,当 $\gamma/\gamma_0=0$ 时,体系处于热力学稳定状态。可以看出,H_{seg} 对晶粒尺寸的稳定作用。对于低 H_{seg} 的 Fe-1at% Ni 的纳米合金,晶粒粗化行为与纯纳米 Fe 的晶粒粗化行为相似。

值得注意的是,上面讨论时假设原子随机混合的,这仅对置换合金系统是合理的,对于间隙合金系统,则需要另设模型讨论,但对间隙合金纳米材料进行的研究尚少。

2. 引入低能量晶界或相界,提高热稳定性

除了利用溶质在晶界偏析降低晶界能提高纳米结构材料的热稳定性之外,还可以在纳米结构中引入一些低能量晶界或相界,提高其热稳定性。与溶质偏聚相比,这种方法不需要

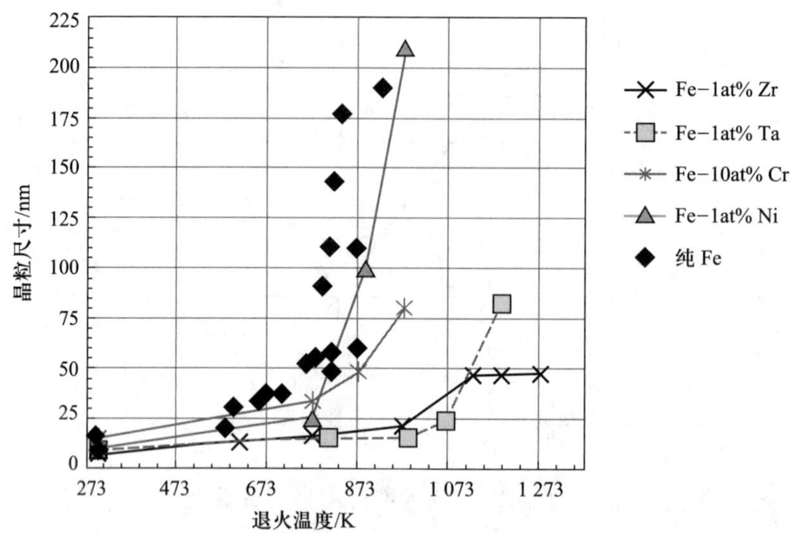

图 12-94 纳米铁基合金 1 小时等时退火时晶粒尺寸随退火温度的变化
(K. A. Darling 等,2011)

改变材料的组成元素,只简单通过结构调控即可,可以减少对合金化的依赖,有利于材料的重复循环利用,是一种更为优异的提高热稳定性的方法。

J. D. Rittner、P. M. Derlet 和 R. G. Hoagland 等学者对几种面心立方金属中倾转晶界范围进行了模拟和实验,研究表明通过层错的发射使晶界的分解,晶界的层错或孪晶的形成,并伴随着部分位错的发射,可能导致晶界弛豫到较低的能态,从而提高热稳定性。

K. Wang 和 W. L. Li 等学者观察到,晶界在塑性变形过程中可能触发纳米晶粒中的晶界弛豫,从而使晶界结构通过晶界分解过程转变为较低的能态。在高应变速率和低温条件下,塑性变形以层错和孪晶边界的形成为主。X. Zhou 等对塑性变形纯 Cu 和 Ni 进行了考察,当晶粒尺寸减小到临界值以下时,晶界中自发地向低能态的结构演化。他们测得晶粒尺寸约为 50 nm Cu 的晶界能只有常规的晶界能的一半,这种演化导致纳米颗粒具有显著的热稳定性,其表观不稳定性温度 T_{GC}(晶粒开始粗化温度)甚至高于粗颗粒。图 12-95 所示为 Cu 的晶粒尺寸对晶界能 γ 和不稳定温度 T_{GC} 的影响,图中处理工艺(ECAP)是等径角挤压、(DPD)是动态塑性变形、(HPT)是高压扭转、(CR)是冷轧和(IGC)是惰性气体冷凝。影线区域是铜的层错和孪晶界能(SF/TB)数值。从图可以看到,70 nm 以下的晶粒具有明显的稳定性。越小的纳米颗粒越稳定,其不稳定温度高达 $0.45T_m$(T_m 为平衡熔点),甚至高于粗晶 Cu 的再结晶温度(约 $0.4T_m$)。

很多高层错能金属形变后,经常会在结构内部引入一种层片状结构,其界面为小角晶界。这种小角晶界是在变形过程中由于位错的增殖和相互作用产生的,具有非常小的界面能,其界面可动性差,起到稳定纳米结构作用。

Liu 等人通过表面机械研磨(SMGT)技术在纯 Ni 棒状样品中制备了梯度纳米结构样品,其最表层为一层厚度约 80 μm 的纳米层片结构,其片层平均厚度约为 20 nm,片层间的界面为小角晶界(取向差都在 1°~12°)。大量的低能、低可动性的小角晶界使纳米 Ni 获得超高热稳定性。Ni 样品经过等时退火后,层片结构(NL)在 500 ℃左右开始粗化,粗化温度比超

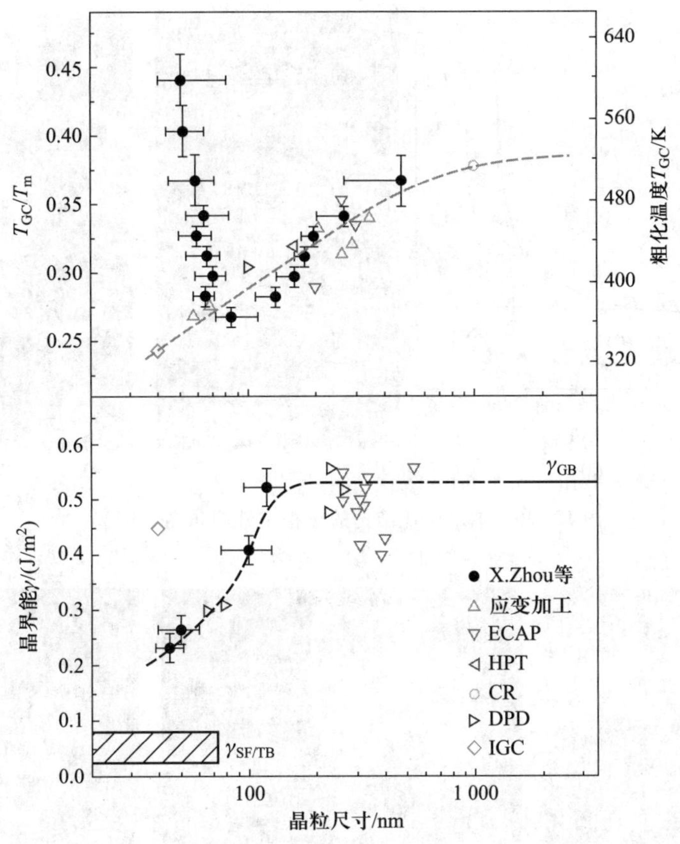

图 12-95 Cu(包括不同工艺处理)的晶粒尺寸对晶界能和不稳定温度的影响(X. Zhou 等,2018)

细晶结构纯 Ni(>100 nm)高 40 ℃，如图 12-96a 所示。图 12-96b 是表面机械研磨处理制备的样品中 80 mm 深度处纳米晶(NG)和纳米层片结构(NL)的明场 TEM 图像。图 12-96c 是在 500 ℃退火 1 h 后,Ni 样品中 NG/NL 结构的明场 TEM 图像。同时发现纳米层片结构的退火实验结果与位错界的迁移结果相同,说明小角晶界与位错界存在着很大的相似性。

孪晶界是一种特殊低能大角晶界,它的界面能只有普通晶界的十分之一左右(非共格孪晶界的晶界能约为普通大角晶界的一半),因此在纳米结构中引入孪晶结构必然会大幅提升其热稳定性。Zhang 等学者通过磁控溅射法制备了纳米孪晶铜薄膜材料,其结构尺寸在 10 nm 以内(孪晶与基体间的厚度约 5 nm),Cu 薄膜的平均柱状晶粒尺寸为 43 nm,具有高密度的{111}生长孪晶,如图 12-97a 所示。样品经过 800 ℃退火 1 h,平均晶粒尺寸增大;但高密度生长的孪晶仍然存在,孪晶的厚度变化不大,依然在 20 nm 以内,如图 12-97b 所示。图 12-97c 是经 400 ℃退火后铜薄膜中孪晶界面和柱状晶界的 HRTEM 显微照片,揭示了经 673 K 退火铜薄膜中孪晶界面和柱状晶界的细节。晶界两个柱状晶粒间具有小角度(约为 9°)晶界。图 12-98 所示为溅射沉积纳米孪晶铜膜中平均晶粒尺寸和孪晶厚度随退火温度的变化,在高达 0.8T_m(T_m 是熔点温度)退火,平均晶粒尺寸从 43 nm 增加到 500 nm 以上,而平均孪晶厚度保持在 20 nm 或更小,这显示纳米孪晶结构有非常优异的热稳定性。同样,Yan 等也证明变形孪晶也和生长孪晶一样具有优异的热稳定性。

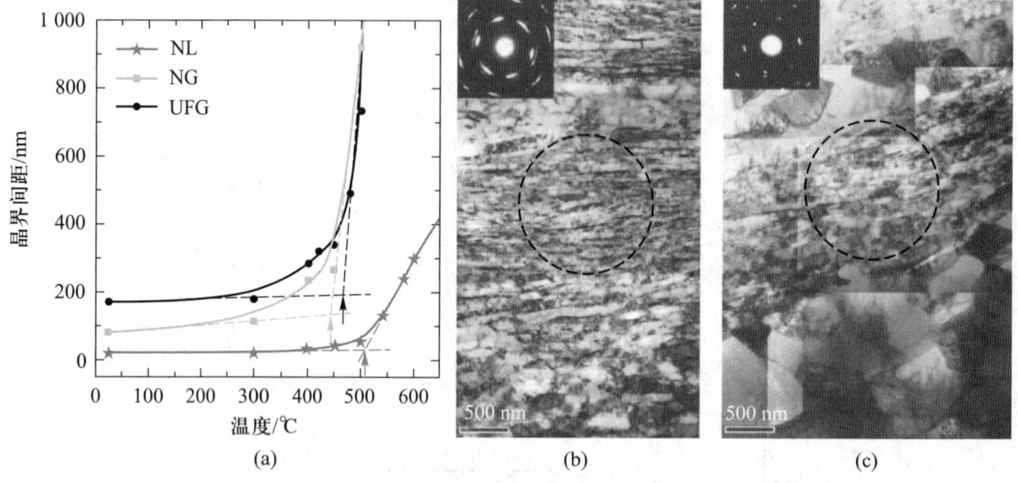

图 12-96 纳米层片结构的热稳定性（Liu 等，2013）

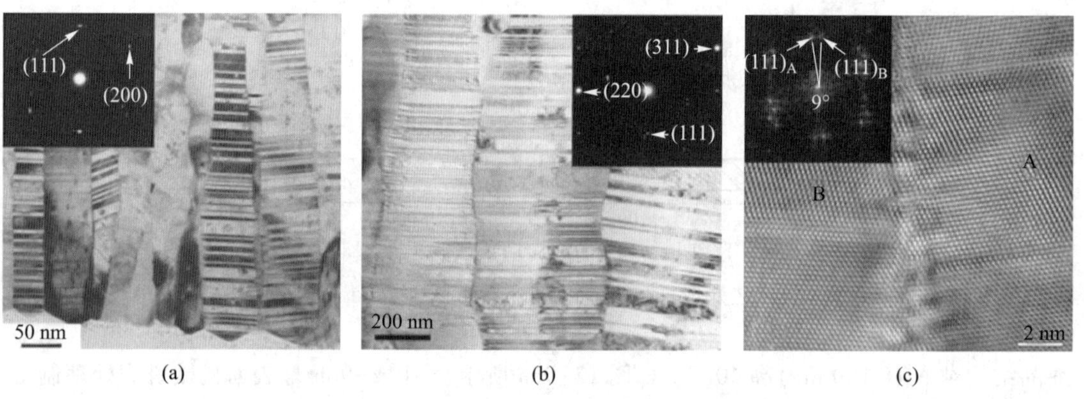

图 12-97 不同温度下退火的纳米孪晶铜膜的横截面 TEM 显微照片（Zhang 等，2012）

X. Y. Li 等发现，当纯铜和镍的晶粒通过塑性变形细化到几十纳米大小时，通过接近晶粒尺寸极限，纳米晶粒结构可能演变为更稳定的状态。晶界解离会触发自发的晶界弛豫到低能态，多晶体中的晶界演变为受孪晶界（Σ3）网络约束的三维最小界结构（作者称之为 Schwarz 晶体的多晶结构）。相应的晶界能降低，这导致纳米晶粒的热稳定性和机械稳定性显著提高。通过实验和分子动力学（MD）模拟，发现晶粒尺寸为几纳米的多晶纯铜中存在亚稳状态，这种状态是由晶界演变成受共格孪晶边界网络约束的三维界面结构而形成的。在这种类型的多晶中，晶粒粗化被有效抑制，甚至接近熔点晶粒都保持稳定，其强度也接近的理论强度 τ_{max} 值。图 12-99 描述了纳米 Cu 的极高的热稳定性和强度。图 12-99a 为初始平均晶粒尺寸分别为 50 nm、25 nm 和 10 nm 的晶粒尺寸随退火温度的变化。图 12-99b 为初始晶粒尺寸为 10 nm 的样品在 1 348 K 下退火 15 min 后的 TEM 图像。图 12-99c 为图 12-99b 中晶粒的高分辨率 TEM 图像，显示共格孪晶界网络。图 12-99d 为纯铜的晶粒粗化温度（T_{GC}）和强度与晶粒尺寸的关系。图 12-98a、d 看到，当晶粒尺寸为 10 nm 时，直到熔点温

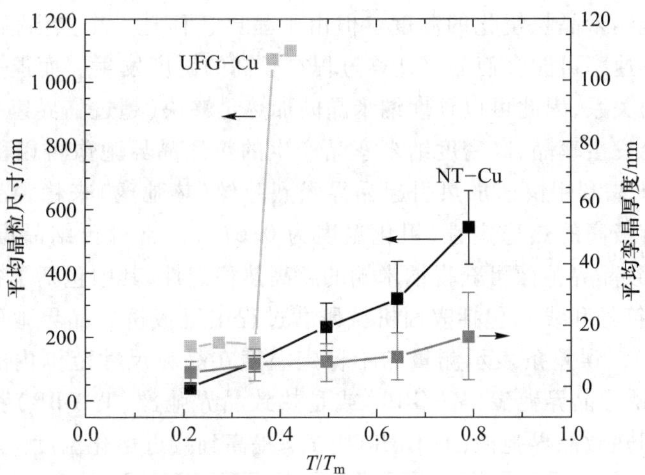

图 12-98 溅射沉积纳米孪晶铜膜中平均晶粒尺寸和孪晶厚度随退火温度的变化（Zhang 等，2012）

度晶粒都保持稳定，并且强度接近理论强度 τ_{max} 理论。

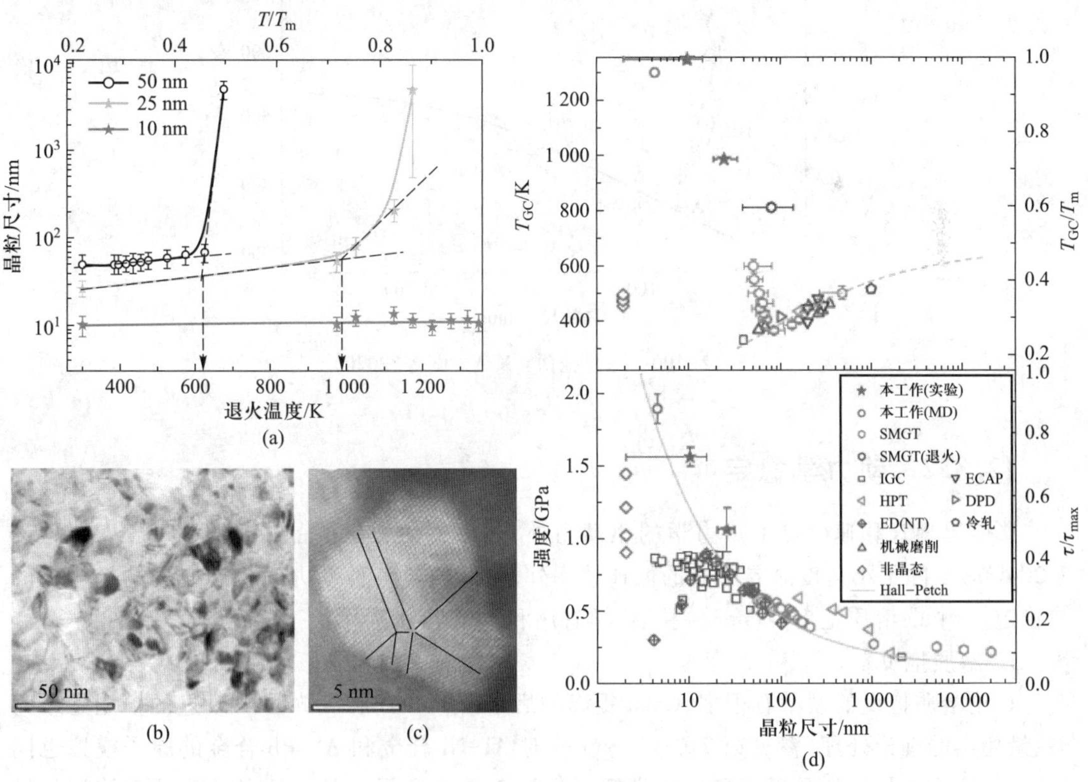

图 12-99 纳米 Cu 的热稳定性和强度（X. Y. Li 等，2020）

3．快速加热，热致晶界松弛提高热稳定性

在具有低层错能的金属中，如 Cu、奥氏体不锈钢和一些镍基高温合金，在高温退火时，常出现退火孪晶。反复变形和后续退火可产生大量的 $\Sigma3$ 或 $\Sigma3^n$ 晶界。而出现退火孪晶的温度范围远远高于纳米晶粒粗化的温度。但由于晶界迁移是一个热激活过程,与升温速率有关。较高的加热速率可能会使晶界迁移过程在较高的温度发生。而退火孪晶的形成和升温速率没有明显的关系,因此可以预期纳米晶的加热足够快(超过临界速率),在晶粒粗化之前纳米晶中可能会发生孪晶,高密度纳米孪晶产生的热致晶界弛豫可以稳定纳米结构。X. Y. Li 等对纯铜纳米晶利用快速加热引起晶界强烈弛豫(热弛豫)来稳定晶粒尺寸。热弛豫后的纳米颗粒具有极高的热稳定性,粗化温度为 $0.6T_m$,比常规再结晶温度高出约 280 K。图 12-100 显示热致晶界弛豫可获得纳米铜的超高热稳定性,其中包括了各种技术处理纯铜的文献数据(灰色符号和线),包括表面机械研磨过程中机械诱导晶界弛豫(M-GBR),热致晶界弛豫(T-GBR)。误差条表示测量的不稳定温度在晶粒尺寸范围内的变化范围。可以看出,无论是机械诱导晶界弛豫(M-GBR)或是热致晶界弛豫(T-GBR)都能提高晶粒开始粗化温度(T_{GC}),但热致晶界弛豫(T-GBR)使 T_{GC} 提高到接近熔化温度 T_m。

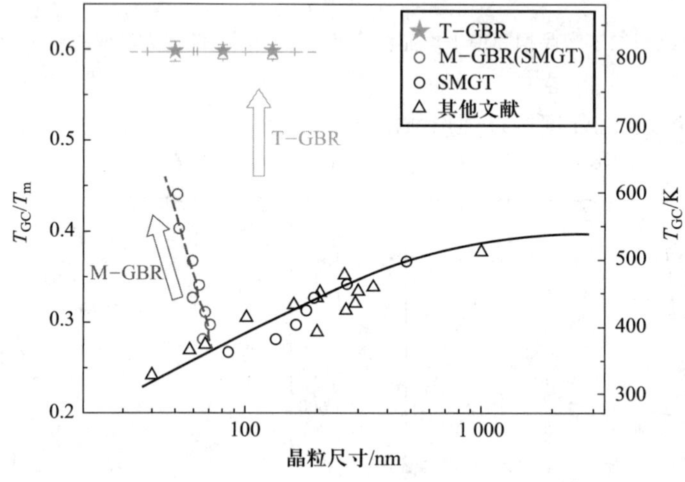

图 12-100 晶界弛豫(X. Y. Li 等,2020)

12.8.2 动力学稳定

影响晶界迁移速度除了热力学的驱动力外,还取决动力学的晶界的迁移率 M(参见第 7.2.4 节)。除了小角度晶界固有的低迁移率外,可以通过各种动力学机制实现纳米材料的热稳定。例如:溶质拖曳,Zener 钉扎、化学有序和空位阻力等。

1. 溶质拖曳

讨论溶质拖曳的模型有很多,Cahn 提出的后来由 Hillert 和 Sundman 改进的模型是最完整、最翔实的理论处理(参见第 7 章)。Sun 等对 Al-Ni 合金和 Al-Pb 合金的原子模拟也同样发现,溶质含量增加晶界迁移率的降低,如图 12-101 所示。其中原子数表示在体积晶界所含的掺杂原子数,例如,掺杂原子数为 10、20、41、61,相应的晶界掺杂原子平均浓度为 0.25%、0.5%、2.05%、3.05%。

孔洞与溶质、空位作用类似,也可以在晶界迁移时起到阻碍作用。Li 等人在 2020 年使用高纯 Cu(99.9995 %)圆盘作为模型材料,使用高纯 Cu 是以排除任何合金化效应。通过高

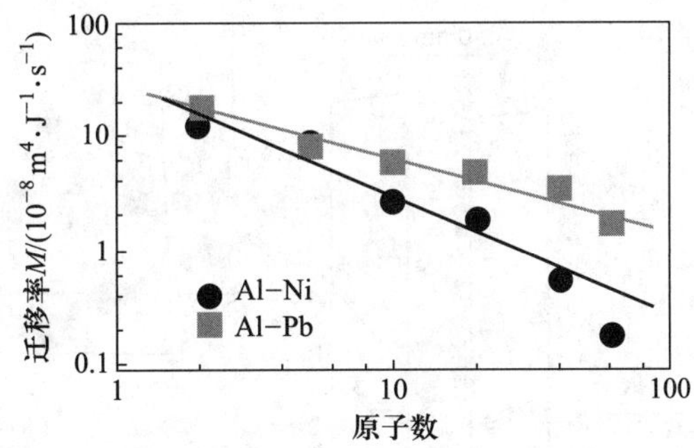

图 12-101 溶质原子数对晶界迁移率的影响(Sun 等,2014)

压扭转法在高纯 Cu 薄片状样品的超细晶表面层中,N_2 气通过样品表层混入结构内部,形成大量几个纳米的气孔。经过 600 ℃退火 1 h 后,尺寸依然稳定,具有极高的热稳定性。这是气孔对晶界的拖曳的例子。

2. 第二相颗粒对晶界的钉扎

这种动力学稳定机制通常归因于经典的 Zener 钉扎(参见第 12.3.7 节),特别是共格第二相颗粒,它的钉扎力明显大于非共格第二相的钉扎力。第二相颗粒在稳定纳米材料的晶粒尺寸方面起着重要作用,尤其是在高温下更显其重要性。

Chen 等人通过机械合金化(MA)法制备了纳米结构 Fe-Zr(5at%Zr)合金,由于 MA 技术不可避免地会含有 O 杂质,O 杂质与 Zr 和 Fe 具有较高的亲和力,会与它们发生反应。合金在退火处理时,在纳米结构基体中析出的大量与基体共格的弥散的 Fe-Zr-O 纳米团簇,其数量密度高达 10^{24} m^{-3} 量级。图 12-102 显示了合金在 773 K 退火 24 h 前后的 Fe-Zr-O 纳米团簇分布,并给出了对应于 bcc Fe 基体<100>晶带轴扫描透射电镜图像和快速傅里叶变换(FFT)花样,表明其结构成有序的 DO_3 结构。图中右上方为纳米团簇的放大图(绿色、红色、蓝色和青色球体分别代表 Fe、ZrO、Zr 和 O)。右下图是对应于 bcc Fe 基体<100>晶带轴的典型扫描透射电镜图像和图中两个标记区域的 FFT 花样。

这些合金的高密度共格 Fe-Zr-O 纳米团簇所产生的 Zener 钉扎效应在晶粒尺寸稳定中发挥重要作用。图 12-103 所示为合金在不同温度退火的情况。合金的晶粒尺寸 d 在退火前 10 min 内迅速粗化,然后进一步延长退火时间后,稳定在一个饱和值。在 973 K 退火比在 773 K 退火的团簇只发生了轻微的粗化,纳米团簇体积分数也发生了轻微的变化。在最高温度 1 173 K 退火,d 的饱和值也在 100 nm 以下。

3. 其他机制

有文献还报道了另外两种稳定纳米材料的机制。第一种机制涉及微应变。在纳米材料中广泛观察到微应变释放与晶粒粗化的关联,其中显著的晶粒粗化通常伴随着显著的微应变释放;如果位错是微应变的主要来源,则移动的晶界与晶粒长大时的位错之间的相互作用将对移动的晶界施加阻碍力(Molinari,2010)。因此,微应变可以被认为是一种动力学稳定机制。第二种机制是化学有序。晶界迁移是通过跨晶界的原子扩散发生,在合金系统中,微观结构的化学有序可能会抑制原子扩散,这可以阻止晶界迁移而导致晶粒尺寸的稳定。Zuo 等学者于 2005 年发现 MA 纳米结构 $Fe_{75}Si_{25}$ 合金在低温下晶粒长大的激活能为

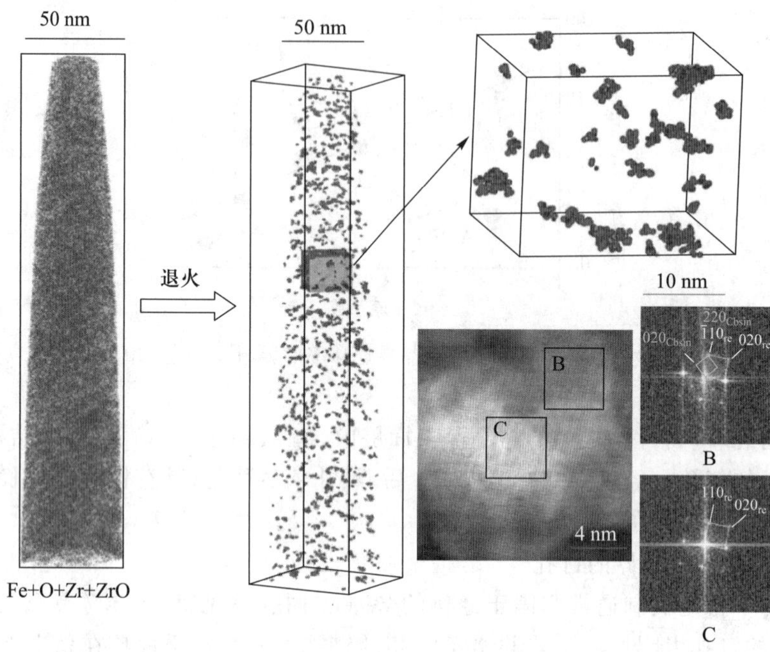

图 12-102 Fe-Zr 合金退火前后的纳米团簇分布(Chen 等,2018)

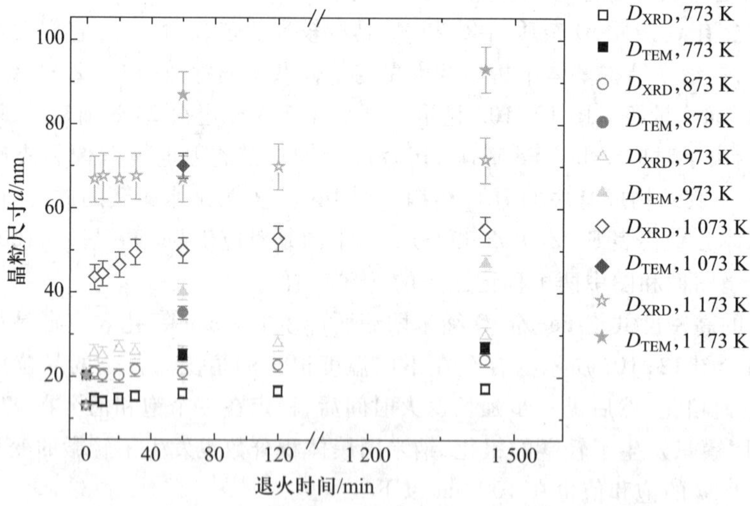

图 12-103 纳米结构 Fe-Zr 合金不同温度退火的情况(Chen 等,2018)

32.3 kJ/mol,而在高温下晶粒长大的激活能反而快速升高到 278.9 kJ/mol,激活能升高则标志着其晶界迁移阻力相应增加,其纳米结构稳定性增加。出现这一反常结果的主要原因是在高温退火时 Si 原子向晶界扩散,Fe_3Si 的有序-无序转变温度是 773 ℃,低于 773 ℃退火时形成的 Fe_3Si 结构会发生化学有序化,生成 DO_3 型有序相,这一过程会在很大程度上抑制晶粒的长大。

总　结

材料在形变过程中消耗的机械能大部分转化为热，只有一小部分储留在形变材料之中。从热力学角度看，冷形变金属是不稳定的，只要有合适的动力学条件，它就会向低能状态转变，即消除形变所带来的“损伤”，恢复形变前的组织结构状态。这一过程就是回复和再结晶。

回复和再结晶都是使有畸变的高能晶体恢复到低能状态的过程。这两个过程的区别在于：前者不涉及高角度晶界的迁移，靠过饱和点缺陷消散、和线缺陷对消、重排列和亚晶长大来降低能量；后者是靠大角度晶界推移消除高能基体来降低能量。所以，回复期间的组织变化主要多边形化及亚晶均匀长大，再结晶期间的组织变化是形核（严格说，核心已在回复过程准备好了）和核心长大。所谓再结晶的形核是亚晶长大形成大角度晶界或形变过程已经存在的某些大角度晶界能移动，是再结晶开始。因为所谓再结晶只是大角度界面迁移，材料的晶体状态在这个过程中不会改变，所以严格来说，“再结晶”不是一个正确的术语。

尽管再结晶分为“形核”和长大过程，与一般的相变相似，有孕育期，有与相变相同的动力学方程。但在经典的形核核理论中，形核过程是由热涨落提供能量以弥补临界核心所增加的能量。而再结晶“核心”的来源是早期亚晶粗化，即在冷加工的基体中会自发地形成微小的无应变团簇。形变后的储存能比一般相变的自由能差小得多，如果按经典形核，要获得形核的热涨落几乎是不可能的。所以，使用经典形核理论讨论再结晶的早期阶段是不合适的。

再结晶“核心”总在高应变能和高取向梯度的地点，如形变不均匀区、原始晶界、形变产生的新晶界和第二相粒子周围等。再结晶有两个主要“形核”机制，一是应变诱导晶界迁移 SIBM 机制，另一是亚晶聚合长大机制。再结晶“核心”长大遵守一般的晶界迁移速度模式：$v = Mp$，只是此时驱动力 p 是形变储存能。一般新晶粒是等轴轴状的，但在有特殊取向差并出现高迁移率界面时，再结晶晶粒的形状可以是盘状。大的第二相粒子可通过提高形变储能，或直接作为再结晶形核地点而促进再结晶，小的弥散分布的粒子因钉扎晶界而阻碍再结晶。若第二相粒子在退火时析出，则一定阻碍再结晶。

亚晶长大、再结晶晶粒的长大和再结晶后的晶粒长大都可以有均匀长大和不均匀长大两大类。亚晶若均匀长大，则对应回复过程，极端情况对应连续再结晶；若不均匀长大，就是再结晶形核过程，将引发一次再结晶。再结晶核心均匀长大，则得到均匀的再结晶组织；如果不均匀长大，则再结晶组织晶粒尺寸不均匀，晶粒形状也不均匀。再结晶完成后，若大角度晶界均匀迁移，则对应正常长大，若多数晶粒的长大被抑制，只有少数晶粒可以长大，则出现异常长大。上述 3 种过程的主要影响因素有：晶体结构、层错能、初始晶粒取向、溶质或第二相粒子、形变量、形变温度。

再结晶完成后的晶粒长大有正常（均匀）长大和异常长大（也称二次再结晶，因为所谓的二次再结晶并没有“形核”过程，只是一些晶粒的快速长大，所以二次再结晶是一个误导的术语，把它称为不连续晶粒粗化或不连续晶粒长大更合适。）两种，后者主要是某些局部的晶粒摆脱第二相粒子、表面气氛或厚度效应、织构等对晶粒正常长大的抑制造成的。

具有形变织构的材料在再结晶退火时会再度获得织构,这称为再结晶织构或退火织构。再结晶织构可能和原来的形变织构一致,但更经常和原来的形变织构完全不同。再结晶织构产生的原因是形变的特定模式(如有初始织构,特殊的晶粒“碎化”方式,留下特殊的形变不均匀区,原始晶粒尺寸较大等),以及新旧晶粒之间高迁移率的大角晶界。立方织构、R 织构、戈斯织构及其孪晶取向是常见的再结晶织构。退火织构在晶粒长大过程中还会继续发展。少量的其他元素的加入也能改变再结晶织构。虽然普遍注意到形变织构和再结晶织构间的关系,但是形变前的材料的取向对再结晶织构也起很大的作用。可以控制生成特定的再结晶织构,获得材料的某些需要的工艺性能和物理性能。

在加工过程同时产生的回复和再结晶称为动态回复和动态再结晶,一般是在较高温度下的加工过程中出现。因为在回复和再结晶的同时发生加工硬化,所以发生的组织和性能变化取决于这两个相反过程的消长。对单相合金,动态再结晶形核地点主要是原始晶界,因为高温变形时在较小的应变下即可再结晶,这时在晶粒内部还未形成明显的形变不均匀区。动态再结晶晶粒尺寸主要是形变温度和应变速率的函数。高 Z 值下可细化晶粒,低 Z 值下可导致再结晶晶粒的粗化。形变温度一定时,晶粒尺寸随时间的变化不大。动态再结晶后一般保留了形变织构。动态再结晶进行的程度可由应力应变曲线直接观察到。

关于纳米合金的热稳定的研究还处于发展之中,这里所提供的材料可作参考。

关键术语

储存能(stored energy)
回复(recovery)
再结晶(recrystallization)
晶粒长大(grain growth)
一次再结晶(primary recrystallization)
二次再结晶(secondary recrystallization)
回复动力学(recovery kinetics)
多边形化(polygonization)
再结晶温度(recrystallization temperature)
临界形变程度(critical deformation degree)
再结晶图(recrystallization diagram)
应变诱发晶界迁动(strain-induced boundary migration, SIBM)
过渡带(transition band)
颗粒促发形核(particle stimulated nucleation, PSN)
连续再结晶(continous recrystallization)
原位再结晶(in-situ recrystallization)
不连续再结晶(discontinous recrystallization)
正常晶粒长大 (normal grain growth)
异常晶粒长大 (abnormal grain growth)
Zener 钉扎(Zener pinning)
动态回复(dynamic recovery)
动态再结晶(dynamic recrystallization)
再结晶织构(recrystallization texture)
取向形核理论(oriented nucleation theory)
取向生长理论(oriented growth theory)

练 习 题

12-1 纯金属在不同温度加热后在水中淬火，它的电阻率比缓慢冷却时的高 $\Delta\rho_0$，$\Delta\rho_0$ 正比于空位浓度。

（1）如果忽略了淬火过程中消失在阱中的空位，根据图 12-104 的实验数据求出空位形成能。

（2）该金属经 700 ℃加热淬火并在不同温度恒温退火后，测得电阻变化 $\Delta\rho/\Delta\rho_0$（$\Delta\rho_0$ 是淬火后电阻的增加值，$\Delta\rho$ 是退火后的电阻和不经淬火的电阻差）数据如下：$\Delta\rho/\Delta\rho_0=2\times10^{-2}$ 时，在 165 ℃、140 ℃及 128 ℃退火分别需要保温时间为 17.65 min 和 61.76 min；$\Delta\rho/\Delta\rho_0=5\times10^{-2}$ 时，在 165 ℃、140 ℃及 128 ℃退火分别需要保温时间为 13.24 min、46.16 min 及 167.65 min，求出电阻回复的激活能。

（3）这种金属的自扩散激活能有多大？

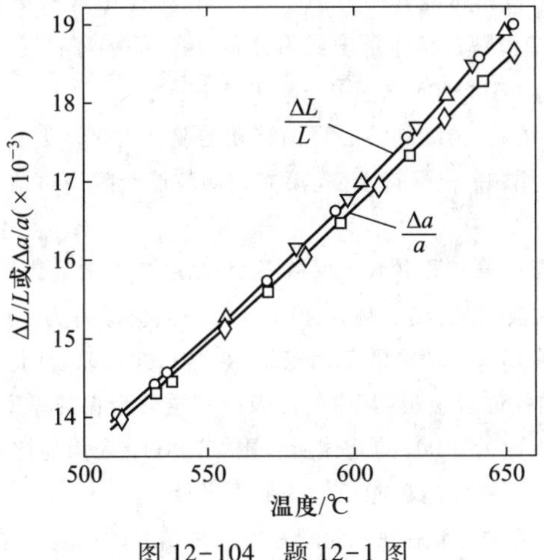

图 12-104 题 12-1 图

12-2 一个单晶体经弯曲后，如图 12-105 所示，估计导致弯曲的同号刃位错的总柏氏矢量的大小。求这些位错的位错密度。（设单个位错的柏氏矢量为 $\boldsymbol{b}$。）

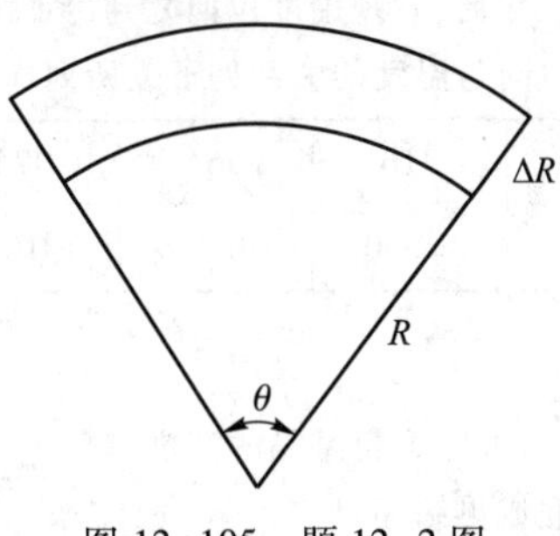

图 12-105 题 12-2 图

12-3 多边形化后形成的亚晶界包含 n 个刃位错，亚晶间的取向差为 10^{-3} 弧度。设多边形化前位错间无交互作用。

（1）多边形化后释放了多少能量（以百分数表示）。晶界能 $E_B=E_0\theta(A-\ln\theta)$，设其中 A 等于 0.5。

（2）如果两个这样的亚晶界合并形成一个新的亚晶界，问取向差增加多少？合并前后释放能量多少？

12-4　经大形变量的冷加工的铜块，储存能为 2×10^{6} J·m^{-2}，大角度界面能的典型值为 0.5 J·m^{-2}。

（1）如果按照经典的均匀形核理论，形成再结晶临界晶核尺寸有多大？

（2）若储存能主要由位错贡献，建立位错密度和临界核心尺寸的关系。

（3）如果形成一个半径为 2 nm 的核心，要求形核处的位错密度多大？

（4）评论经典形核的可能性。

（$\mu\approx4\times10^{10}$ Pa，$b\approx0.25$ nm）

12-5　假设再结晶时一个晶粒（简单地设为球形）尺寸 $r=1$ μm 的再结晶晶粒，形变基体与再结晶晶粒的位错密度差为 10^{16} m^{-2}。设切变模量 $\mu=10^{10}$ Pa，位错柏氏矢量 $b=0.28$ nm，界面能 $\gamma=0.5$ J·m^{-2}。

（1）再结晶晶粒的界面向哪个方向移动？

（2）单位面积界面移动的净驱动压力是多大？

（3）能成为再结晶核心的临界尺寸为多大？

12-6　某金属晶冷加工后位错密度 ρ 约为 10^{12} cm^{-2}，在基体中含有第二相颗粒，颗粒平均半径是 $r=1$ μm，体积分数是 $f=0.01$，第二相颗粒在体系中均匀分布。在 350 ℃晶界扩散系数 $D_b=5\times10^{-16}$ m^2/s，位错柏氏矢量 $b=0.3$nm，切变模量 $\mu=10^{5}$ MPa；界面能 $\gamma_b=0.5$ J/m^2。

（1）在 350 ℃保温发生再结晶，再结晶核心界面移动的驱动力是多大？

（2）在再结晶过程中第二相颗粒 r 保持不变，第二相颗粒能否阻碍再结晶？再结晶核心界面迁移速度 v_R 多大？

（3）再结晶完成后，同样假设第二相颗粒 r 保持不变，晶粒长大的最终尺寸是多大？

12-7　厚度为 40 mm 的铝板，轧制成一侧为 20 mm 另一侧仍保持为 40 mm 的楔形板，经再结晶退火。画出退火后从 20 mm 的一侧到 40 mm 一侧的截面组织示意图，并加以说明。

12-8　厚度为 5×10^{-4}m 的铁硅合金板，其中的晶粒已穿透合金板的厚度。一个表面为{120}在板面上截面为圆形的圆柱体晶粒，被表面为{100}的基体所包围，若{100}表面能比{120}表面能高 0.1 J·m^{-2}，大角度晶界能为 0.5 J·m^{-2}，估计圆柱体晶粒能长大的最小半径。

12-9　再结晶温度定义为经大变形后在 1 h 刚好完成再结晶的温度。某金属的熔点温度 $T_m=600$ ℃，这个金属的再结晶表观激活能 $Q=150$ kJ/mol。

（1）估计这个金属的再结晶温度。

（2）该金属经严重冷加工后，在 150 ℃退火 1 h 后硬度能回复为冷加工前的硬度。但该冷加工金属在再结晶温度以下的室温（300 K）放置一年后，发现硬度也回复到冷加工前的硬度，说明原因，并加以证明。

12-10　冷加工纯铜完全再结晶时间与温度的关系如下表所列：

温度/K	316	361	375	385	392	408
完成再结晶时间/(10^3s)	2 300	33	10	7	4	1.5

（1）确定再结晶激活能。

（2）确定工业定义的再结晶温度（1 h 完成再结晶的温度）。

（3）在室温（300 K）要多长时间完成再结晶？

12-11　对于某些转变符合 Avrami 方程的动力学，已知参数 n 的值为 1.5。如果反应在 125 s 后完成了 $\zeta=25\%$，问转变完成到 $\zeta=90\%$需要多长时间（总时间）？

12-12　高纯度铜经冷加工后，其屈服强度提高 4 倍，经不同温度再结晶退火，获得 50%再结晶的时间 t 和退火温度的关系如下：

温度/ ℃	50	80	120	140	170
时间 t/min	1.47×10^8	2.8×10^6	1.02×10^5	5.93×10^3	5.07×10^2

它符合 $\ln t=A+B/T$ 关系,其中 A 和 B 为常数,T 是热力学温度。

上述材料制成的电气元件分别在 100 ℃及 140 ℃下工作,若零件设计时要求强度为完全再结晶时的强度,并且安全系数为 2,求元件的寿命。(性能恢复大体正比于再结晶量。)

12-13 (1) 一个截面为圆,半径为 R 的圆柱晶粒嵌入一个很大的单晶片中,圆柱与单晶片面垂直,导出这个圆柱收缩的速度表达式。

(2) 一个半径为 R 的球晶粒嵌入一个很大的单晶体中,导出这个圆柱收缩的速度表达式。(假设圆柱界面能 γ 以及界面迁移率 M 为常数。)

12-14 下面是不同温度下保温晶粒长大实验所测得的数据,如果忽略了晶粒开始长大时的尺寸,问晶粒界移动速度是否和驱动力成正比。求出晶界迁移的激活能。

保温时间/h		0.25	0.5	1	2
平均晶粒尺寸 $/10^{-3}$cm	475 ℃	1.1	1.5	2.1	3.0
	500 ℃	1.6	2.2	3.2	4.5
	600 ℃	2.8	3.9	5.5	7.8
	650 ℃	3.3	4.7	6.6	9.4

12-15 计算下列两种情况的粒子在晶界上施加的钉扎力。

(1) 粒子半径 $r=10^{-8}$ m,单位体积颗粒数 $N=10^{21}\ \mathrm{m^{-3}}$,晶界表面能为($\gamma=0.5\ \mathrm{J/m^2}$)。

(2) $r=5\times10^{-9}$ m,$N=10^{22}\ \mathrm{m^{-3}}$,$\gamma=0.5\ \mathrm{J/m^2}$。

参考文献

[1] RAABE D. Recovery and recrystallization: phenomena, physics, models, simulation [M]// LAUGHLIN D E, HONO K. Physical metallurgy:Vol Ⅲ. 5th ed. Amsterdam: Elsevier, 2015: 2291-2397.

[2] HUMPHREYS J, ROHRER G S, ROLLETT A. Recrystallization and related annealing phenomena[M]. 3rd ed: Amsterdam: Elsevier, 2017.

[3] 中国金属学会编译组. 物理冶金进展评论[M]. 北京: 冶金工业出版社, 1985.

[4] GOTTSTEIN G. Physical foundations of materials science [M]. Berlin: Springer, 2004.

[5] GOTTSTEIN G, SHVINDLERMAN L S. Grain goundary migration in metals: thermodynamics, kinetics, applications[M]. Boca Raton: CRC press, 2009.

[6] SAKAI T. Dynamic recrystallization microstructures under hot working conditions[J]. Journal of Materials Processing Technology, 1995, 53(1-2): 349-461.

[7] PONGE D, GOTTSTEIN G. Necklace formation during dynamic recrystallization: mechanisms and impact on flow behavior[J]. Acta Materialia, 1998, 46(1): 69-80.

[8] WENK H R, HOUTTE P V. Texture and anisotropy[J]. Reports on Progress in Physics, 2004, 67(8):1367-1428.

附录

附录 A　元素的物理化学数据

原子序数	元素	符号	相对原子质量	固体密度/(g/cm^3)	晶体结构(20 ℃)	熔点/℃	电负性
1	氢	H	1.008			-259.34(TP)	2.10
2	氦	He	4.003			-271.69	—
3	锂	Li	6.941	0.533	bcc	180.6	0.98
4	铍	Be	9.012	1.85	hcp	1 289	1.57
5	硼	B	10.81	2.47		2 092	2.04
6	碳	C	12.01	2.27	六方	3 826(SP)	2.55
7	氮	N	14.01			-210.00(TP)	3.04
8	氧	O	16.00			-218.79(TP)	3.44
9	氟	F	19.00			-219.67(TP)	3.98
10	氖	Ne	20.18			-248.587	—
11	钠	Na	22.99	0.966	bcc	97.8	0.93
12	镁	Mg	24.31	1.74	hcp	650	1.31
13	铝	Al	26.98	2.70	fcc	660.452	1.61
14	硅	Si	28.09	2.33	金刚石	1 414	1.90
15	磷	P	30.98	1.82(白)	正交	44.14(白)	2.19
16	硫	S	32.06	2.09	正交	115.22	2.58
17	氯	Cl	35.45			-100.97(TP)	3.16
18	氩	Ar	39.95			-189.532(TP)	—
19	钾	K	39.10	0.862	bcc	63.71	0.82

续表

原子序数	元素	符号	相对原子质量	固体密度/(g/cm^3)	晶体结构(20 ℃)	熔点/℃	电负性
20	钙	Ca	40.08	1.53	fcc	842	1.00
21	钪	Sc	44.96	2.99	fcc	1 541	1.36
22	钛	Ti	47.90	4.51	hcp	1 670	1.54
23	钒	V	50.94	6.09	bcc	1 910	1.63
24	铬	Cr	52.00	7.19	bcc	1 863	1.66
25	锰	Mn	54.94	7.47	立方	1 246	1.55
26	铁	Fe	55.85	7.87	bcc	1 538	1.83
27	钴	Co	58.93	8.8	hcp	1 495	1.88
28	镍	Ni	58.71	8.91	fcc	1 455	1.91
29	铜	Cu	63.55	8.93	fcc	1 084.87	1.90
30	锌	Zn	65.38	7.13	hcp	419.58	1.65
31	镓	Ga	69.72	5.91	正交	29.774 1(TP)	1.81
32	锗	Ge	72.59	5.32	金刚石	938.3	2.01
33	砷	As	74.92	5.78	立方	603(SP)	2.18
34	硒	Se	78.96	4.81	菱形	221	2.55
35	溴	Br	79.90		六方	-7.25(TP)	2.96
36	氪	Kr	83.80			-157.385	—
37	铷	Rb	85.47	1.53	bcc	39.48	0.82
38	锶	Sr	87.62	2.58	fcc	769	0.95
39	钇	Y	88.91	4.48	hcp	1 522	1.22
40	锆	Zr	91.22	6.51	hcp	1 855	1.33
41	铌	Nb	92.91	8.58	bcc	2 469	1.6
42	钼	Mo	95.94	10.22	bcc	2 633	2.16
43	锝	Tc	98.91	11.50	hcp	2 204	1.9
44	钌	Ru	101.07	12.36	hcp	2 334	2.2
45	铑	Rh	102.91	12.42	fcc	1 963	2.28
46	钯	Pd	106.4	12.00	fcc	1 555	2.20

续表

原子序数	元素	符号	相对原子质量	固体密度/(g/cm³)	晶体结构(20 ℃)	熔点/℃	电负性
47	银	Ag	107.87	10.50	fcc	961.93	1.93
48	镉	Cd	112.4	8.65	hcp	321.108	1.69
49	铟	In	114.82	7.29	面心四方	156.634	1.78
50	锡	Sn	118.69	7.29	体心四方	231.968 1	1.96
51	锑	Sb	121.75	6.69	菱形	630.755	2.05
52	碲	Te	127.60	6.25	六方	449.57	2.1
53	碘	I	126.90	4.95	正交	113.6(TP)	2.66
54	氙	Xe	131.30			−111.758 2(TP)	2.6
55	铯	Cs	132.91	1.91 (−10 ℃)	bcc	28.39	0.79
56	钡	Ba	137.33	3.59	bcc	729	0.89
57	镧	La	138.91	6.17	六方	918	1.10
58	铈	Ce	140.12	6.77	fcc	798	1.12
59	镨	Pr	140.91	6.78	六方	931	1.13
60	钕	Nd	144.24	7.00	六方	1 021	1.14
61	钷	Pm	(145)		六方	1 042	1.13
62	钐	Sm	150.4	7.54	菱形	1 074	1.17
63	铕	Eu	151.96	5.25	bcc	822	1.2
64	钆	Gd	157.25	7.87	hcp	1 313	1.20
65	铽	Tb	158.93	8.27	hcp	1 356	1.1
66	镝	Dy	162.50	8.53	hcp	1 412	1.22
67	钬	Ho	164.93	8.80	hcp	1 474	1.23
68	铒	Er	167.26	9.04	hcp	1 529	1.24
69	铥	Tm	168.93	9.33	hcp	1 545	1.25
70	镱	Yb	173.04	6.97	fcc	819	1.1
71	镥	Lu	174.97	9.84	hcp	1 663	1.27
72	铪	Hf	178.49	13.28	hcp	2 231	1.3
73	钽	Ta	180.95	16.67	bcc	3 020	1.5

续表

原子序数	元素	符号	相对原子质量	固体密度/(g/cm^3)	晶体结构(20 ℃)	熔点/℃	电负性
74	钨	W	183.85	19.25	bcc	3 422	2.36
75	铼	Re	186.2	21.02	hcp	3 186	1.9
76	锇	Os	190.2	22.58	hcp	3 033	2.2
77	铱	Ir	192.22	22.55	fcc	2 447	2.20
78	铂	Pt	195.09	21.44	fcc	1 769.0	2.28
79	金	Au	196.97	19.28	fcc	1 064.43	2.54
80	汞	Hg	200.59			-38.836	2.00
81	铊	Tl	204.37	11.87	hcp	304	2.04
82	铅	Pb	207.2	11.34	fcc	327.502	2.33
83	铋	Bi	208.98	9.80	菱形	271.422	2.02
84	钋	Po	(约 210)	9.2	单斜	254	2.0
85	砹	At	(210)			约 302	2.2
86	氡	Rn	(222)			-71	—
87	钫	Fr	(223)		bcc	约 27	0.7
88	镭	Ra	226.03		体心四方	700	0.89
89	锕	Ac	(227)		fcc	1 051	1.1
90	钍	Th	232.04	11.72	fcc	1 755	1.3
91	镤	Pa	231.04		体心四方	1 572	1.5
92	铀	U	238.03	19.05	正交	1 135	1.38
93	镎	Np	237.05		正交	639	1.36
94	钚	Pu	(244)	19.81	单斜	640	1.28
95	镅	Am	(243)		六方	1 176	1.3
96	锔	Cm	(247)		六方	1 345	1.3
97	锫	Bk	(247)		六方	1 050	1.3
98	锎	Cf	(251)			900	1.3
99	锿	Es	(254)			860	1.3
100	镄	Fm	(257)			约 1 527	1.3

续表

原子序数	元素	符号	相对原子质量	固体密度/(g/cm³)	晶体结构(20 ℃)	熔点/℃	电负性
101	钔	Md	(258)			约 827	1.3
102	锘	No	(259)			约 827	1.3
103	铹	Lr	(260)			约 1 627	1.3

注:固体密度为(20±2)℃下的数值;TP 为三相点温度,SP 为常压下的升华温度。

"晶体结构"一栏中,fcc、bcc、hcp 分别代表面心立方、体心立方和密排六方。

附录B 元素的原子及离子半径与单化学键的离子特性百分数

1. 元素的原子及离子半径

原子序数	符号	原子半径/nm	离子	离子半径/nm
1	H	0.046	H^-	0.154
2	He	—	—	—
3	Li	0.152	Li^+	0.078
4	Be	0.114	Be^{2+}	0.054
5	B	0.097	B^{3+}	0.02
6	C	0.077	C^{4+}	<0.02
7	N	0.071	N^{5+}	0.01～0.02
8	O	0.060	O^{2-}	0.132
9	F	—	F^-	0.133
10	Ne	0.160	—	—
11	Na	0.186	Na^+	0.098
12	Mg	0.160	Mg^{2+}	0.078
13	Al	0.143	Al^{3+}	0.057
14	Si	0.117	Si^{4-}	0.198
			Si^{4+}	0.039
15	P	0.109	P^{5+}	0.03～0.04
16	S	0.106	S^{2-}	0.174
			S^{6+}	0.034
17	Cl	0.107	Cl^-	0.181
18	Ar	0.192	—	—
19	K	0.231	K^+	0.133
20	Ca	0.197	Ca^{2+}	0.106
21	Sc	0.160	Sc^{2+}	0.083
22	Ti	0.147	Ti^{2+}	0.076
			Ti^{3+}	0.069
			Ti^{4+}	0.064
23	V	0.132	V^{3+}	0.065

续表

原子序数	符号	原子半径/nm	离子	离子半径/nm
			V^{4+}	0.061
			V^{5+}	约 0.04
24	Cr	0.125	Cr^{3+}	0.064
			Cr^{6+}	0.03~0.04
25	Mn	0.112	Mn^{2+}	0.091
			Mn^{3+}	0.070
			Mn^{4+}	0.052
26	Fe	0.124	Fe^{2+}	0.087
			Fe^{3+}	0.067
27	Co	0.125	Co^{2+}	0.082
			Co^{3+}	0.065
28	Ni	0.125	Ni^{2+}	0.078
29	Cu	0.128	Cu^{+}	0.096
			Cu^{2+}	0.072
30	Zn	0.133	Zn^{2+}	0.083
31	Ga	0.135	Ga^{3+}	0.062
32	Ge	0.122	Ge^{4+}	0.044
33	As	0.125	As^{3+}	0.069
			As^{5+}	~0.04
34	Se	0.116	Se^{2-}	0.191
			Se^{6+}	0.03~0.04
35	Br	0.119	Br^{-}	0.196
36	Kr	0.197	—	—
37	Rb	0.251	Rb^{+}	0.149
38	Sr	0.215	Sr^{2+}	0.127
39	Y	0.181	Y^{3+}	0.106
40	Zr	0.158	Zr^{4+}	0.087
41	Nb	0.143	Nb^{4+}	0.074
			Nb^{5+}	0.069
42	Mo	0.136	Mo^{4+}	0.068

续表

原子序数	符号	原子半径/nm	离子	离子半径/nm
			Mo^{6+}	0.065
43	Tc	—	—	—
44	Ru	0.134	Ru^{4+}	0.065
45	Rh	0.134	Rh^{3+}	0.068
			Rh^{4+}	0.065
46	Pd	0.137	Pd^{2+}	0.050
47	Ag	0.144	Ag^{+}	0.113
48	Cd	0.150	Cd^{2+}	0.103
49	In	0.157	In^{3+}	0.092
50	Sn	0.158	Sn^{4-}	0.215
			Sn^{4+}	0.074
51	Sb	0.161	Sb^{3+}	0.090
52	Te	0.143	Te^{2-}	0.211
			Te^{4+}	0.089
53	I	0.136	I^{-}	0.220
			I^{5+}	0.094
54	Xe	0.218	—	—
55	Cs	0.265	Cs^{+}	0.165
56	Ba	0.217	Ba^{2+}	0.143
57	La	0.187	La^{3+}	0.122
58	Ce	0.182	Ce^{3+}	0.118
			Ce^{4+}	0.102
59	Pr	0.183	Pr^{3+}	0.116
			Pr^{4+}	0.100
60	Nd	0.182	Nd^{3+}	0.115
61	Pm	—	Pm^{3+}	0.106
62	Sm	0.181	Sm^{3+}	0.113
63	Eu	0.204	Eu^{3+}	0.113
64	Gd	0.180	Gd^{3+}	0.111
65	Tb	0.177	Tb^{3+}	0.109

续表

原子序数	符号	原子半径/nm	离子	离子半径/nm
			Tb^{4+}	0.089
66	Dy	0.177	Dy^{3+}	0.107
67	Ho	0.176	Ho^{3+}	0.105
68	Er	0.175	Er^{3+}	0.104
69	Tm	0.174	Tm^{3+}	0.104
70	Yb	0.193	Yb^{3+}	0.100
71	Lu	0.173	Lu^{3+}	0.099
72	Hf	0.159	Hf^{4+}	0.084
73	Ta	0.147	Ta^{5+}	0.068
74	W	0.137	W^{4+}	0.068
			W^{6+}	0.065
75	Re	0.138	Re^{4+}	0.072
76	Os	0.135	Os^{4+}	0.067
77	Ir	0.135	Ir^{4+}	0.066
78	Pt	0.138	Pt^{2+}	0.052
			Pt^{4+}	0.055
79	Au	0.144	Au^{+}	0.137
80	Hg	0.150	Hg^{2+}	0.112
81	Tl	0.171	Tl^{+}	0.149
			Tl^{3+}	0.106
82	Pb	0.175	Pb^{4-}	0.215
			Pb^{2+}	0.132
			Pb^{4+}	0.084
83	Bi	0.182	Bi^{3+}	0.120
84	Po	0.140	Po^{6+}	0.067
85	At	—	At^{7+}	0.062
86	Rn	—	—	—
87	Fr	—	Fr^{+}	0.180
88	Ra	—	Ra^{+}	0.152
89	Ac	—	Ac^{3+}	0.118

续表

原子序数	符号	原子半径/nm	离子	离子半径/nm
90	Th	0.180	Th^{4+}	0.110
91	Pa	—	—	—
92	U	0.138	U^{4+}	0.105

2. 单化学键的离子特性百分数

电负性差	0.1	0.2	0.3	0.4	0.5	0.6	0.7	0.8	0.9	1.0	1.1
离子特性百分数	0.5	1	2	4	6	9	12	15	19	22	26

电负性差	1.2	1.3	1.4	1.5	1.6	1.7	1.8	1.9	2.0	2.1	2.2
离子特性百分数	30	34	39	43	47	51	55	59	63	67	70

电负性差	2.3	2.4	2.5	2.6	2.7	2.8	2.9	3.0	3.1	3.2
离子特性百分数	74	76	79	82	84	86	88	89	91	92

附录 C　常用物理常数

阿伏伽德罗常数(Avogadro constant)	$N_A = 6.022\times10^{23}\ \mathrm{mol^{-1}}$
玻耳兹曼常数(Boltzmann constant)	$k_B = 1.38\times10^{-23}\ \mathrm{J/K}$
电子电荷量	$e = 1.602\times10^{-19}\ \mathrm{C}$
电子静止质量	$m_0 = 9.11\times10^{-31}\ \mathrm{kg}$
普朗克常量(Planck constant)	$h = 6.626\times10^{-34}\ \mathrm{J\cdot s}$
	$\hbar = \dfrac{h}{2\pi} = 1.054\times10^{-34}\ \mathrm{J\cdot s}$
摩尔气体常数 (gas constant)	$R = 8.314\ \mathrm{J/(mol\cdot K)}$
真空介电常数	$\varepsilon_0 = 8.854\times10^{-12}\ \mathrm{F/m}$
真空磁导率	$\mu_0 = 4\pi\times10^{-7}\ \mathrm{V\cdot s/(A\cdot m)}$
真空中光速	$c = 2.998\times10^{8}\ \mathrm{m/s}$
玻尔磁子 (Bohr magneton)	$1\ \mu_B = 9.274\times10^{-24}\ \mathrm{A\cdot m^2}$
电子能量换算关系	$1\ \mathrm{eV} = 1.602\times10^{-19}\ \mathrm{J}$
原子能量单位(里德伯能量单位)	$1\ \mathrm{Ry} = 13.6\ \mathrm{eV} = 2.18\times10^{-18}\ \mathrm{J}$

附录 D 元素周期表

图例（以 Fe 为例）：

26	原子序数
1 536°	熔点或气体冷凝点
1 402°，910°	转变温度
晶体结构符号	晶体结构
55.85	相对原子质量
7.87	密度 ρ (g/cm^3)
213	E 弹性模量 (GPa)
14.0	α 膨胀系数 ($10^{-6}K^{-1}$)
1.26	原子半径 (10^{-10}m)
2.86	a 晶格常数 (10^{-10}m) } 20 °C
—	c 晶格常数 (10^{-10}m) } 20 °C
$3d^64s^2$	电子结构

晶体结构符号：fcc；bcc；hcp；金刚石结构；正交,单斜,三斜；简单立方；tet；hex；菱形

( ) 熔点或冷凝点下的密度
\+ 金刚石
++ 白磷
** 硫
* 四面体配位半径

周期	族	原子序数	元素	熔点/转变温度与晶体结构（按印刷顺序）	相对原子质量	密度	E	α	原子半径	a	c	电子结构
1	ⅠA	1	H	−259.2°；hcp	1.01	0.089 9×10^{-3}	—	—	—	3.75	6.12	1s
1	惰性气体	2	He	−269.7°；hcp	4.00	0.178 5×10^{-3}	—	—	—	—	—	1s^2
2 [He]	ⅠA	3	Li	180°；bcc；fcc；−195°；hcp	6.94	0.534	11.5	46.6	1.55	3.51	—	2s
2 [He]	ⅡA	4	Be	128.4°；hcp	9.01	1.848	310	11.5	1.12	2.29	—	2s^2
2 [He]	ⅢA	5	B	2 300°；正交,单斜,三斜	10.81	2.34	—	2.3	0.88°	8.93	5.06	2s^{2}2p
2 [He]	ⅣA	6	C	—；金刚石结构；hcp	12.01	3.51	—	—	0.77*	—	—	2s^{2}2p^2
2 [He]	ⅤA	7	N	−210°；hcp	14.01	1.250×10^{-3}	—	—	0.70*	—	—	2s^{2}2p^3
2 [He]	ⅥA	8	O	−218.8°；简单立方	16.00	1.429×10^{-3}	—	—	0.66*	—	—	2s^{2}2p^4
2 [He]	ⅦA	9	F	−219.6°；—	19.00	1.696×10^{-3}	—	—	0.64*	—	—	2s^{2}2p^6
2 [He]	惰性气体	10	Ne	−248.6°；fcc	20.18	0.899 9×10^{-3}	—	—	—	—	—	2s^{2}2p^6
3 [Ne]	ⅠA	11	Na	98°；bcc；−237°；fcc	22.99	0.971 2	8.93	72	1.90	4.28	—	3s
3 [Ne]	ⅡA	12	Mg	650°；hcp	24.31	1.74	44.3	26	160	3.20	—	3s^2
3 [Ne]	ⅢA	13	Al	660°；fcc	26.98	2.70	70.5	23.3	1.43	4.04	—	3s^{2}3p
3 [Ne]	ⅣA	14	Si	1 423°；金刚石结构	28.09	2.33	113	—	1.32	5.43	—	3s^{2}3p^2
3 [Ne]	ⅤA	15	P	—；正交,单斜,三斜	30.97	1.83++	—	—	1.28	—	—	3s^{2}3p^3
3 [Ne]	ⅥA	16	S	119°；正交,单斜,三斜	32.97	2.07**	—	—	1.27	—	—	3s^{2}3p^4
3 [Ne]	ⅦA	17	Cl	−101°；tet	35.45	3.214×10^{-3}	—	—	0.99*	—	—	3s^{2}3p^5
3 [Ne]	惰性气体	18	Ar	−189.4°；fcc	39.95	1.784×10^{-3}	—	—	—	—	—	3s^{2}3p^6
4 [Ar]	ⅠA	19	K	63.5°；bcc	39.10	0.86	3.53	83	2.35	5.33	—	4s
4 [Ar]	ⅡA	20	Ca	850°；hcp；440°；fcc	40.08	1.55	19.6	22	1.97	5.56	—	4s^2
4 [Ar]	ⅢB	21	Sc	hex	44.96	2.99	—	—	1.62	—	—	3d4s^2
4 [Ar]	ⅣB	22	Ti	1 660°；bcc；885°；hcp	47.88	4.507	106	10	1.47	2.95	4.73	3d^{2}4s^2
4 [Ar]	ⅤB	23	V	1 720°；bcc	50.94	6.1	127	7.8	1.34	3.03	—	3d^{3}4s^2
4 [Ar]	ⅥB	24	Cr	1 845°；bcc	52.00	7.19	186	—	1.27	2.89	—	3d^{5}4s
4 [Ar]	ⅦB	25	Mn	1 243°；bcc；1 138°；fcc；1 095°；β；727	54.94	7.43	208	21	1.26	8.89	—	3d^{5}4s^2
4 [Ar]	Ⅷ	26	Fe	1 536°；bcc；1 402°；fcc；910°；bcc	55.85	7.87	213	14.0	1.26	2.86	—	3d^{6}4s^2
4 [Ar]	Ⅷ	27	Co	1 495°；fcc；440°；hcp	55.93	8.85	204	12	1.25	2.51	4.07	3d^{7}4s^2
4 [Ar]	Ⅷ	28	Ni	1 455°；fcc	58.89	8.90	202	12.5	1.24	3.52	—	3d^{8}4s^2
4 [Ar]	ⅠB	29	Cu	1 083°；fcc	63.65	8.96	123	16.5	1.28	3.61	—	3d^{10}4s
4 [Ar]	ⅡB	30	Zn	419°；hcp	65.39	7.13	92.2	—	1.38	2.66	4.95	3d^{10}4s^2
4 [Ar]	ⅢA	31	Ga	29.8°；正交,单斜,三斜	69.72	5.91	(9.8)	18	1.41	—	—	3d^{10}4s^{2}4p
4 [Ar]	ⅣA	32	Ge	936°；金刚石结构	72.61	5.32	—	—	1.37	5.66	—	3d^{10}4s^{2}4p^2
4 [Ar]	ⅤA	33	As	817°；菱形	74.92	5.72	—	—	1.39	4.14	—	3d^{10}4s^{2}4p^3
4 [Ar]	ⅥA	34	Se	220°；菱形	78.96	479	—	—	1.40	—	—	3d^{10}4s^{2}4p^4
4 [Ar]	ⅦA	35	Br	−7.2°；正交,单斜,三斜	79.90	3.12	—	—	1.11*	—	—	3d^{10}4s^{2}4p^5
4 [Ar]	惰性气体	36	Kr	−157.3°；fcc	8.80	3.743×10^{-3}	—	—	—	—	—	3d^{10}4s^{2}4p^6
5 [Kr]	ⅠA	37	Rb	39°；bcc	85.47	1.53	(2.35)	90	2.48	5.62	—	5s
5 [Kr]	ⅡA	38	Sr	770°；bcc；540°；hcp；235°；fcc	87.62	2.60	15.7	—	2.15	6.09	—	5s^2
5 [Kr]	ⅢB	39	Y	1 475°；hcp	88.91	4.47	—	—	1.80	3.66	5.81	4d5s^2
5 [Kr]	ⅣB	40	Zr	1 845°；bcc；852°；hcp	91.22	6.49	92.2	7.2	1.60	3.23	5.15	4d^{2}5s^2
5 [Kr]	ⅤB	41	Nb	2 415°；bcc	92.91	8.57	104	7.1	1.46	3.30	—	4d^{4}5s
5 [Kr]	ⅥB	42	Mo	2 600°；bcc	95.94	10.22	301	6.5	1.38	3.15	—	4d^{5}5s
5 [Kr]	ⅦB	43	Tc	2 200°；hcp	(98.91)	11.49	407	—	1.36	2.74	4.39	4d^{6}5s
5 [Kr]	Ⅷ	44	Ru	1 950°；hcp	101.07	12.2	(432)	9.8	1.34	2.70	4.27	4d^{7}5s
5 [Kr]	Ⅷ	45	Rh	1 966°；fcc	102.91	12.44	379	8.5	1.34	3.80	—	4d^{8}5s
5 [Kr]	Ⅷ	46	Pd	1 552°；fcc	106.42	12.02	113	11.2	1.37	3.88	—	4d^{10}
5 [Kr]	ⅠB	47	Ag	961°；fcc	107.87	10.49	79	18.7	1.44	4.08	—	4d^{10}5s
5 [Kr]	ⅡB	48	Cd	321°；hcp	112.41	8.65	50	—	1.54	2.97	5.61	4d^{10}5s^2
5 [Kr]	ⅢA	49	In	156.2°；tet	114.82	7.31	10.5	40	1.66	4.59	4.94	4d^{10}5s^{2}5p
5 [Kr]	ⅣA	50	Sn	232°；tet；13°；金刚石结构	118.71	7.30	54.3	—	1.62	5.82	3.18	4d^{10}5s^{2}5p^2
5 [Kr]	ⅤA	51	Sb	630°；菱形	121.75	6.62	54.9	—	1.59	4.50	—	4d^{10}5s^{2}5p^3
5 [Kr]	ⅥA	52	Te	450°；菱形	127.60	6.24	41.2	—	1.60	4.45	5.91	4d^{10}5s^{2}5p^3
5 [Kr]	ⅦA	53	I	113.7°；正交,单斜,三斜	126.90	4.94	—	—	1.28*	—	—	4d^{10}5s^{2}5p^5
5 [Kr]	惰性气体	54	Xe	−111.9°；fcc	131.29	5.896×10^{-3}	—	—	—	—	—	4d^{10}5s^{2}5p^6
6 [Xe]	ⅠA	55	Cs	30°；bcc	132.91	1.903	(1.47)	—	2.67	—	—	6s
6 [Xe]	ⅡA	56	Ba	710°；bcc	137.33	3.6	12.7	19	2.22	5.02	—	6s^2
6 [Xe]	ⅢB	57	La	920°；fcc；350°；hcp	138.91	6.19	37.5	5.8	1.87	3.76	6.06	5d6s^2
6 [Xe]	ⅣB	72	Hf	2 130°；bcc；1 310°；hcp	178.49	13.09	138	(6.0)	1.58	3.20	5.06	5d^{2}6s^2
6 [Xe]	ⅤB	73	Ta	3 000°；bcc	180.95	16.6	175	3.6	1.46	3.30	—	5d^{3}6s^2
6 [Xe]	ⅥB	74	W	3 400°；bcc	183.85	19.3	388	7.0	1.39	3.16	—	5d^{4}6s^2
6 [Xe]	ⅦB	75	Re	3 160°；hcp	186.21	21.04	461	6.8	1.37	2.76	4.46	5d^{5}6s^2
6 [Xe]	Ⅷ	76	Os	2 500°；hcp	190.20	22.57	560	—	1.36	2.73	4.31	5d^{5}6s^2
6 [Xe]	Ⅷ	77	Ir	2 454°；fcc	192.2	22.5	528	6.6	1.36	3.83	—	5d^{7}6s^2
6 [Xe]	Ⅷ	78	Pt	1 773°；fcc	195.08	21.45	168	8.94	1.38	3.92	—	5d^{9}6s
6 [Xe]	ⅠB	79	Au	1 063°；fcc	196.97	19.32	78.7	14.2	1.44	4.07	—	5d^{10}6s
6 [Xe]	ⅡB	80	Hg	−38.9°；菱形	200.59	13.55	—	—	1.67	3.0	—	5d^{10}6s^2
6 [Xe]	ⅢA	81	Tl	303°；fcc；232°；hcp	204.38	11.85	8.0	29	1.71	3.45	5.52	5d^{10}6s^{2}6p
6 [Xe]	ⅣA	82	Pb	327°；fcc	207.20	11.36	16.2	28	1.75	4.95	—	5d^{10}6s^{2}6p^2
6 [Xe]	ⅤA	83	Bi	271°；菱形	208.98	9.80	31.9	—	1.70	4.74	—	5d^{10}6s^{2}6p^3
6 [Xe]	ⅥA	84	Po	246°；正交,单斜,三斜	(208.98)	(9.2)	—	—	1.76	—	—	5d^{10}6s^{2}6p^4
6 [Xe]	ⅦA	85	Al	302°；—	(209.99)	—	—	—	—	—	—	5d^{10}6s^{2}6p^5
6 [Xe]	惰性气体	86	Rn	−71°；fcc	(222.02)	9.960×10^{-3}	—	—	—	—	—	5d^{10}6s^{2}6p^6
		92	U	1 133°；bcc；772°；tet；665°；正交,单斜,三斜	238.04	19.07	205	14.8	1.42	—	—	6d7s^2

注：表中数字上标的“°”为温度单位 °C 的简写。